SI 基本単位

物理量	SI 単位の名称	SI 単位の記号
長さ	メートル	m
質量	キログラム	kg
時間	秒	s
電流	アンペア	A
熱力学温度	ケルビン	K
物質量	モル	mol
光度	カンデラ	cd

SI 組立単位

物理量	SI 単位の名称	SI 単位の記号	SI 基本単位による表現
エネルギー, 仕事, 熱量	ジュール	J	$kg\, m^2\, s^{-2}$
力	ニュートン	N	$kg\, m\, s^{-2}$
工率, 仕事率	ワット	W	$kg\, m^2\, s^{-3}$
電荷・電気量	クーロン	C	$A\, s$
電気抵抗	オーム	Ω	$kg\, m^2\, s^{-3}\, A^{-2}$
電位差(電圧)・起電力	ボルト	V	$kg\, m^2\, s^{-3}\, A^{-1}$
静電容量・電気容量	ファラド	F	$A^2\, s^4\, kg^{-1}\, m^{-2}$
周波数・振動数	ヘルツ	Hz	s^{-1}

よく用いられる SI 以外の単位

単位の名称	物理量	記号	換算値
オングストローム	長さ	Å	$1\,\text{Å} = 10^{-10}\,\text{m} = 100\,\text{pm}$
熱化学カロリー	エネルギー	cal_{th}	$1\,cal_{th} = 4.184\,\text{J}$
デバイ	電気双極子モーメント	D	$1\,\text{D} = 3.335\,641 \times 10^{-30}\,\text{C m}$
ガウス	磁束密度	G	$1\,\text{G} = 10^{-4}\,\text{T}$
リットル	体積	L	$1\,\text{L} = 10^{-3}\,\text{m}^3 = 10^3\,\text{cm}^3$
トル	圧力	Torr	$1\,\text{Torr} = 1.333\,22 \times 10^{-3}\,\text{bar} = 1/760\,\text{atm}$

SI 接頭語

接頭語	記号	倍数	接頭語	記号	倍数
エクサ	E	10^{18}	デシ	d	10^{-1}
ペタ	P	10^{15}	センチ	c	10^{-2}
テラ	T	10^{12}	ミリ	m	10^{-3}
ギガ	G	10^9	マイクロ	μ	10^{-6}
メガ	M	10^6	ナノ	n	10^{-9}
キロ	k	10^3	ピコ	p	10^{-12}
ヘクト	h	10^2	フェムト	f	10^{-15}
デカ	da	10	アト	a	10^{-18}

基本物理化学

Raymond Chang・John W. Thoman, Jr. 著

岩澤康裕・北川禎三 訳

東京化学同人

PHYSICAL CHEMISTRY
for the Chemical Sciences

Raymond Chang
WILLIAMS COLLEGE

John W. Thoman, Jr.
WILLIAMS COLLEGE

Copyright © 2014 by University Science Books

序

　本書，"Physical Chemistry for the Chemical Sciences"は，物理化学の通年の入門コース（米国の大学ではふつう3年次）用に企画された．この授業をとる学生たちは一般化学や入門有機化学を履修してきたと思われる．だから本書では，物理化学の標準的な題材を適切なレベルで，読みやすさとわかりやすさに重点をおき呈示するようにした．本書の多くの題材で数学的取扱いは必要になるが，できる限り物理的な図版を示して，その概念の理解に努めた．本書の式の理解に必要なのは，微分・積分の基本的な方法だけである．章末問題を解くのに若干の積分方程式が必要になるが，化学や物理のハンドブック，Mathematicaなどのソフトウエアで容易に入手できる．

　本書の20の章は三つの部に分けることができる．第1～9章では熱力学とそれに関連する題材を取扱い，量子力学と分子分光学は第10～14章で，最後の第15～20章で化学反応速度論，光化学，分子間力，固体と液体，統計熱力学を述べる．これら題材の並べ方は，具体例があって取りつきやすく，日常生活の体験にも近い"熱力学"から始め，伝統的なものとした．本書の使い方として，"まず原子から"始めたい，あるいは分子論的アプローチを最初に取上げたい場合に，"第Ⅰ部"と"第Ⅱ部"の順番を入れ替えて，"第Ⅱ部"から始めてもつながりが不自然になることはない．

　各章内において，主題の説明，術語の定義，適切な例題とその応用例の紹介，実験の詳細などを記述した．また，多くの章で，章末に補遺をつけた．補遺には，より詳しい式の導出や背景，章の内容を超えた説明を記した．各章の最後には，その章で学んだ"重要な式"をまとめた表，さまざまな分野の入手しやすい参考文献の一覧，および多くの章末問題を収載した．偶数番号の計算問題については解答を巻末に入れた．付録として"物理化学で有用な数学と物理学の復習"，"熱力学データ"，さらに"用語解説"を加えた．用語解説は学生の皆さんが術語の定義を素早くチェックするのに役立つだろう．本の見返しには本書全体で役立つ一般的な情報を表にしてある．2色刷りにしたことで本文の内容と精巧な図版が理解しやすくなり，視覚的な楽しさも加わった．

　本書に収載のすべての問題の詳細な解答は，原出版社（University Science Books）から別の本（Helen O. Leung, Mark D. Marshall 著，"Solutions Manual"）として刊行されている〔訳注：この解答解説書，"Problems and Solutions to accompany Chang & Thoman's Physical Chemistry for the Chemical Sciences," University Science Books, Mill Valley, CA (2015)の日本語版は出版されていない〕．問題を解くテクニックを養う有用な考え方や洞察力が得られる本である．

　旧来の学問分野の境界線は新しい分野が定義されるたびに変更され続けている．本書は，より上級レベルの物理化学をさらに学ぶための基礎を述べている．また，それだけでなく，学際的な学問である生物物理化学，材料科学，環境化学（大気化学，生物地球化学）などの基礎ともなる．本書を使い物理化学を教える方，または学ばれる方，どちらにも，この

本が有益であることを願っている．

　この本のために有益なコメントや示唆を与えてくださった次の方々にお礼を申し上げたい：Dieter Bingemann (Williams College)，George Bodner (Purdue University)，Taina Chao (SUNY Purchase)，Nancy Counts Gerber (San Francisco State University)，Donald Hirsh (The College of New Jersey)，Raymond Kapral (University of Toronto)，Sarah Larsen (University of Iowa)，David Perry (University of Akron)，Christopher Stromberg (Hood College)，Robert Topper (The Cooper Union)．

　さらに次の方々にも感謝を捧げたい．University Science Books の Bruce Armbruster と Kathy Armbruster は全般的に助力してくださった．Wilsted & Taylor 社の Jennifer Uhlich が製作過程の管理をしてくださったことも幸運だった．彼女の高い専門的な能力と細部にわたる注意は，原稿を書き直し，魅力的な最終形にする作業を大きく助けてくれた．テキストをレイアウトし，多くの図版を作製してくれた Laurel Muller の美術的，専門的な技術にも感謝したい．Robert Ishi と Yvonne Tsang は趣のあるデザインをしてくれた．John Murdzek は注意深い編集作業を行ってくれた．最後に，本企画のすべてを統轄し，細大もらさず心を配ってくれた Jane Ellis に特にお礼を申し上げたい．

Raymond Chang
John W. Thoman, Jr.

訳　者　序

　本書は，米国で好評を博した学部学生向けの教科書，"Physical Chemistry for the Chemical and Biological Sciences"および"Physical Chemistry for the Biosciences"の姉妹編である．これらの著者 Raymond Chang がレーザー分光の専門家である John W. Thoman, Jr. を共著者に迎え，上記の本をもとに化学系学生向けに大幅に書き直した"Physical Chemistry for the Chemical Sciences"の全訳である．本書は，学部の物理化学コースを学ぶ学生のために章立てを考え，読みやすく理解しやすいように工夫し，内容を充実させた待望の"物理化学"の教科書である．

　前の二つに比べ，生物学的話題は減っているが，量子力学と分光学，および，原子・分子の電子構造が大幅に改訂され，新しい話題として，対応状態の法則，ジュール・トムソン効果，エントロピーの意味，多段階平衡と共役反応，化学ルミネセンスと生物発光などが加わっている．多くの章末で補遺があり，より詳しい式の導出や章の補足説明が加えられている．また，各章の最後には，その章で学んだ"重要な式"をまとめた表があり，教科書として物理化学の一つの手本になるものといえる．さらに，入手しやすい参考文献の一覧も収載され，章ごとの問題が増えて，巻末には偶数番号の計算問題の解答も付けられている．付録として"物理化学で有用な数学と物理学の復習"，"熱力学データ"，さらに"用語解説"が加えられている．

　物理化学を完全に説明しようとすると，一般的にかえって難しくなる傾向があるが，この"基本物理化学"では，とてもていねいな行き届いた説明により，理解しやすいように配慮されている．物理化学を学ぶ学生の立場で何が必要か熟慮し，適切な題材を読みやすく，わかりやすくまとめた，ほぼ完璧な物理化学の教科書となっている．本書は，より上級レベルの物理化学を学ぶための基礎を提供するであろう．

　化学現象を観察し，解析し，理解するために，また，構造，物性，反応など，分子や物質の基本的事項を理解するために，さらには新しい物質や材料を合成し，機能を開発するうえで，物理化学の知識と理解が必要である．本書が，化学を学ぶ学生のみならず，生物物理化学，応用化学，材料科学，環境科学，それらの関連分野の学生に対しても，物理化学の基礎を提供するものとして役立てば幸いである．

　本書"Physical Chemistry for the Chemical Sciences"の翻訳は，訳者の専門分野を考慮して分担を決めた．また，岩澤が訳者を代表して全体を通読した．翻訳に際し，兵庫県立大学大学院生命理学研究科の太田雄大特任講師には，専門分野に関連した章の翻訳，査読および校正など，多大なご協力をいただいた．ここに謝意を表する．東京化学同人編集部の植村信江氏は，翻訳すべてを原著と対照し誤りや欠落を訂正し，また用語の統一でも細心の注意を払い修正し，さらに読みやすい文章に直してくださった．植村氏の多大な尽力と支援なくして本書の完成はなかったと思う．深く感謝申し上げたい．

最後に，本書の出版にあたっては，全体の企画を担当された東京化学同人の住田六連氏に大変お世話になった．住田氏と植村氏の頭の下がる強力な編集作業と暖かな配慮および献身的なご尽力に心からの謝意を表したい．

　　2018年2月

岩　澤　康　裕
北　川　禎　三

目 次

1. 序論および気体の法則 ... 1

- 1・1 物理化学の本質 ... 1
- 1・2 基本定義 ... 1
- 1・3 温度の操作上の定義 ... 2
- 1・4 単位 ... 2
  - 力 ... 3
  - 圧力 ... 3
  - エネルギー ... 3
  - 原子量, 分子量, モル ... 4
- 1・5 理想気体の法則 ... 4
  - 絶対温度目盛, ケルビン ... 5
  - 気体定数, R ... 6
- 1・6 ドルトンの分圧の法則 ... 6
- 1・7 実在気体 ... 7
  - ファンデルワールスの式 ... 8
  - レドリッヒ・クウォンの式 ... 8
  - ビリアルの式 ... 9
- 1・8 気体の凝縮と臨界状態 ... 10
- 1・9 対応状態の法則 ... 12
- 訳者補遺: SI基本7単位の現在と改定後の比較 ... 13
- 重要な式 ... 13
- 参考文献 ... 14
- 問題 ... 15

2. 気体分子運動論 ... 19

- 2・1 気体のモデル ... 19
- 2・2 気体の圧力 ... 19
- 2・3 運動エネルギーと温度 ... 20
- 2・4 マクスウェルの速度と速さの分布則 ... 21
- 2・5 分子間衝突と平均自由行程 ... 24
- 2・6 大気圧式 ... 25
- 2・7 気体の粘性 ... 26
- 2・8 拡散と噴散のグレアムの法則 ... 27
- 2・9 エネルギーの等分配 ... 29
- 重要な式 ... 31
- 補遺2・1 式(2・29)の誘導 ... 32
- 参考文献 ... 33
- 問題 ... 33

3. 熱力学第一法則 ... 37

- 3・1 仕事と熱 ... 37
  - 仕事 ... 37
  - 熱 ... 40
- 3・2 熱力学第一法則 ... 40
- 3・3 エンタルピー ... 42
  - ΔU と ΔH の比較 ... 42
- 3・4 熱容量に関する詳細な議論 ... 44
- 3・5 気体の膨張 ... 46
  - 等温膨張 ... 46
  - 断熱膨張 ... 46
- 3・6 ジュール・トムソン効果 ... 48
- 3・7 熱化学 ... 50
  - 標準生成エンタルピー ... 50
  - 反応エンタルピーの温度依存性 ... 54
- 3・8 結合エネルギーと結合エンタルピー ... 54
  - 結合エンタルピーと結合解離エンタルピー ... 55
- 重要な式 ... 57
- 補遺3・1 完全微分と不完全微分 ... 58
- 参考文献 ... 58
- 問題 ... 59

4. 熱力学第二法則 ... 65

- 4・1 自発過程 ... 65
- 4・2 エントロピー ... 66
  - エントロピーの統計学的な定義 ... 66
  - エントロピーの熱力学的な定義 ... 68
- 4・3 カルノーサイクル ... 68
  - 熱効率 ... 70
  - エントロピー ... 70
  - 冷蔵庫, 空気調節装置, ヒートポンプ ... 70

- 4・4 熱力学第二法則・・・・・・・・・・・・・・72
- 4・5 エントロピー変化・・・・・・・・・・・・・・73
  - 理想気体の混合によるエントロピー変化・・・・・・73
  - 相転移によるエントロピー変化・・・・・・・・・・73
  - 加熱によるエントロピー変化・・・・・・・・・・・74
- 4・6 熱力学第三法則・・・・・・・・・・・・・・76
  - 絶対エントロピー（第三法則エントロピー）・・・・・76
  - 化学反応におけるエントロピー・・・・・・・・・77
- 4・7 エントロピーの意味・・・・・・・・・・・・78
  - 等温気体膨張・・・・・・・・・・・・・・・・・80
- 等温気体混合・・・・・・・・・・・・・・・・・81
- 加　熱・・・・・・・・・・・・・・・・・・81
- 相 転 移・・・・・・・・・・・・・・・・・81
- 化学反応・・・・・・・・・・・・・・・・・81
- 4・8 残余エントロピー・・・・・・・・・・・・・81
- 重要な式・・・・・・・・・・・・・・・・・82
- 補遺4・1 熱力学第二法則の記述・・・・・・・・・83
- 参考文献・・・・・・・・・・・・・・・・・83
- 問　題・・・・・・・・・・・・・・・・・・85

5. ギブズエネルギー，ヘルムホルツエネルギーおよびその応用・・・・・89

- 5・1 ギブズエネルギーとヘルムホルツエネルギー・・・89
- 5・2 ヘルムホルツエネルギーおよびギブズエネルギーの意味・・・・・・・90
  - ヘルムホルツエネルギー・・・・・・・・・・・・90
  - ギブズエネルギー・・・・・・・・・・・・・・91
- 5・3 標準生成ギブズエネルギー（$\Delta_\mathrm{f}\overline{G}°$）・・・・92
- 5・4 ギブズエネルギーの温度および圧力依存性・・・93
  - G の温度依存性・・・・・・・・・・・・・・・93
  - G の圧力依存性・・・・・・・・・・・・・・・94
- 5・5 ギブズエネルギーと相平衡・・・・・・・・・95
- クラペイロンの式とクラウジウス・クラペイロンの式・・・・・・96
- 相　図・・・・・・・・・・・・・・・・・・97
- ギブズの相律・・・・・・・・・・・・・・・・98
- 5・6 ゴムの弾性に関する熱力学・・・・・・・・・99
- 重要な式・・・・・・・・・・・・・・・・・100
- 補遺5・1 いくつかの熱力学関係式・・・・・・・・101
- 補遺5・2 ギブズの相律の誘導・・・・・・・・・102
- 参考文献・・・・・・・・・・・・・・・・・102
- 問　題・・・・・・・・・・・・・・・・・・103

6. 非電解質溶液・・・・・・・・・・・・・・107

- 6・1 濃度の単位・・・・・・・・・・・・・・・107
- 6・2 部分モル量・・・・・・・・・・・・・・・108
  - 部分モル体積・・・・・・・・・・・・・・・・108
  - 部分モルギブズエネルギー・・・・・・・・・・109
- 6・3 混合の熱力学・・・・・・・・・・・・・・109
- 6・4 揮発性液体の二成分混合物・・・・・・・・・111
  - ラウールの法則・・・・・・・・・・・・・・・111
  - ヘンリーの法則・・・・・・・・・・・・・・・112
- 6・5 実在溶液・・・・・・・・・・・・・・・・113
  - 溶媒成分・・・・・・・・・・・・・・・・・113
  - 溶質成分・・・・・・・・・・・・・・・・・114
- 6・6 二成分系の相平衡・・・・・・・・・・・・115
  - 蒸　留・・・・・・・・・・・・・・・・・115
  - 固-液平衡・・・・・・・・・・・・・・・・118
- 6・7 束一的性質・・・・・・・・・・・・・・・118
  - 蒸気圧降下・・・・・・・・・・・・・・・・119
  - 沸点上昇・・・・・・・・・・・・・・・・・119
  - 凝固点降下・・・・・・・・・・・・・・・・120
  - 浸 透 圧・・・・・・・・・・・・・・・・122
- 重要な式・・・・・・・・・・・・・・・・・124
- 参考文献・・・・・・・・・・・・・・・・・125
- 問　題・・・・・・・・・・・・・・・・・・126

7. 電解質溶液・・・・・・・・・・・・・・・130

- 7・1 溶液中の電気伝導・・・・・・・・・・・・130
  - いくつかの基本的な定義・・・・・・・・・・・130
  - 解 離 度・・・・・・・・・・・・・・・・132
  - イオン移動度・・・・・・・・・・・・・・・133
  - コンダクタンス測定の応用・・・・・・・・・・133
- 7・2 溶解過程の分子像・・・・・・・・・・・・134
- 7・3 溶液中のイオンの熱力学・・・・・・・・・136
  - 溶液中のイオン生成のエンタルピー，エントロピー，ギブズエネルギー・・・・137
- 7・4 イオンの活量・・・・・・・・・・・・・・138
- 7・5 電解質におけるデバイ・ヒュッケルの理論・・・140
  - 塩溶効果と塩析効果・・・・・・・・・・・・・141
- 7・6 電解質溶液の束一的性質・・・・・・・・・143
  - ドナン効果・・・・・・・・・・・・・・・・144
- 重要な式・・・・・・・・・・・・・・・・・146
- 補遺7・1 静電気学についての注解・・・・・・・・146
- 補遺7・2 複数の電荷をもったタンパク質が関わったドナン効果・・・・・・147
- 参考文献・・・・・・・・・・・・・・・・・148
- 問　題・・・・・・・・・・・・・・・・・・149

8. 化学平衡 151

- 8・1 気体系の化学平衡 151
  - 理想気体 151
  - 式 (8・7) に関するより詳しい考察 153
  - $\Delta_r G°$ と $\Delta_r G$ の比較 154
  - 実在気体 155
- 8・2 溶液中の反応 156
- 8・3 不均一系平衡 156
  - 溶解平衡 157
- 8・4 多段階平衡と共役反応 158
  - 共役反応の原理 158
- 8・5 平衡定数に対する温度, 圧力, 触媒の影響 159
  - 温度の影響 159
  - 圧力の影響 161
  - 触媒の影響 161
- 8・6 リガンドと金属イオンの巨大分子への結合 162
  - 一つの巨大分子当たり一つの結合部位 162
  - 一つの巨大分子当たり n 個の等価な結合部位 163
  - 平衡透析 164
- 重要な式 166
- 補遺 8・1 フガシティーと圧力の関係 166
- 補遺 8・2 K_1 と K_2 の関係と固有解離定数 K 167
- 参考文献 167
- 問題 168

9. 電気化学 173

- 9・1 化学電池 173
- 9・2 単極電位 175
- 9・3 化学電池の熱力学 175
  - ネルンスト式 177
  - 起電力の温度依存性 178
- 9・4 電極の種類 178
  - 金属電極 178
  - 気体電極 178
  - 金属–不溶性塩電極 179
  - ガラス電極 179
  - イオン選択性電極 179
- 9・5 化学電池の種類 179
- 濃淡電池 179
- 燃料電池 180
- 9・6 起電力測定の応用 180
  - 活量係数の決定 180
  - pH の決定 181
- 9・7 膜電位 181
  - ゴールドマンの式 182
  - 活動電位 183
- 重要な式 184
- 参考文献 185
- 問題 186

10. 量子力学 189

- 10・1 光の波動性 189
- 10・2 黒体放射とプランクの量子論 190
- 10・3 光電効果 191
- 10・4 水素原子発光スペクトルに関するボーアの理論 193
- 10・5 ド・ブロイの仮説 195
- 10・6 ハイゼンベルクの不確定性原理 198
- 10・7 量子力学の仮説 199
- 10・8 シュレーディンガー波動方程式 202
- 10・9 一次元の箱の中の粒子 204
- ポリエンの電子スペクトル 207
- 10・10 二次元の箱の中の粒子 208
- 10・11 環上の粒子 210
- 10・12 量子力学的トンネル 212
  - 走査 (型) 電子顕微鏡 213
- 重要な式 214
- 補遺 10・1 量子力学におけるブラケット記法 214
- 参考文献 215
- 問題 216

11. 量子力学の分光学への適用 222

- 11・1 分光学で使う用語 222
  - 吸収と発光 (放出) 222
  - 単位系 222
  - スペクトル領域 223
  - 線幅 223
  - 分解能 224
  - 強度 225
  - 選択律 226
- 信号対雑音比 227
- ランベルト・ベールの法則 227
- 11・2 マイクロ波分光法 228
  - 剛体回転子モデル 228
  - 剛体回転子のエネルギー準位 230
  - マイクロ波分光法 231
- 11・3 赤外分光法 233
  - 調和振動子 233

調和振動子の量子力学的解 ……………… 234
　　調和振動子の波動関数とトンネル効果 …… 235
　　赤外スペクトル ………………………… 236
　　振動・回転の同時遷移 …………………… 237
　11・4　対称性と群論 …………………………… 239
　　対称要素 ………………………………… 240
　　分子の対称性と双極子モーメント ……… 240
　　点　群 …………………………………… 241
　　指標表 …………………………………… 241
　11・5　ラマン分光法 …………………………… 242
　　回転ラマンスペクトル ………………… 244
　　重要な式 ………………………………… 244
　　補遺11・1　フーリエ変換赤外分光法 ……… 245
　　参考文献 ………………………………… 246
　　問　題 …………………………………… 247

12. 原子の電子構造 ……………………………………………………………………… 251

　12・1　水素原子 ………………………………… 251
　12・2　動径分布関数 …………………………… 252
　12・3　水素原子の軌道 ………………………… 254
　12・4　水素原子のエネルギー準位 …………… 256
　12・5　スピン角運動量 ………………………… 256
　12・6　ヘリウム原子 …………………………… 257
　12・7　パウリの排他原理 ……………………… 258
　12・8　構成原理 ………………………………… 260
　　フントの規則 …………………………… 261
　　原子の性質の周期的変化 ……………… 263
　12・9　変分原理 ………………………………… 265
　12・10　ハートリー・フォックの
　　　　　　つじつまのあう場の方法 ………… 267
　12・11　摂動論 ………………………………… 269
　　重要な式 ………………………………… 271
　　補遺12・1　変分原理の証明 ……………… 271
　　参考文献 ………………………………… 272
　　問　題 …………………………………… 274

13. 分子の電子構造と化学結合 ………………………………………………………… 277

　13・1　水素分子イオン ………………………… 277
　13・2　水素分子 ………………………………… 279
　13・3　原子価結合法 …………………………… 280
　13・4　分子軌道理論 …………………………… 282
　13・5　等核二原子分子と異核二原子分子 …… 284
　　等核二原子分子 ………………………… 284
　　異核二原子分子 ………………………… 286
　　電気陰性度, 極性, 双極子モーメント … 287
　13・6　多原子分子 ……………………………… 288
　　原子の配置 ……………………………… 288
　　原子軌道の混成 ………………………… 289
　13・7　共鳴と電子非局在化 …………………… 292
　13・8　ヒュッケル法の分子軌道理論 ………… 294
　　エチレン (C_2H_4) ……………………… 294
　　ブタジエン (C_4H_6) …………………… 296
　　シクロブタジエン (C_4H_4) …………… 298
　13・9　計算機化学の方法 ……………………… 299
　　分子力学法 (分子力場法) ……………… 299
　　経験的方法と半経験的方法 …………… 299
　　アブイニシオ法 ………………………… 299
　　重要な式 ………………………………… 300
　　参考文献 ………………………………… 301
　　問　題 …………………………………… 301

14. 電子スペクトルと磁気共鳴スペクトル ……………………………………………… 305

　14・1　分子の電子スペクトル ………………… 305
　　有機分子 ………………………………… 306
　　電荷移動相互作用 ……………………… 307
　　ランベルト・ベールの法則の応用 …… 308
　14・2　蛍光とりん光 …………………………… 309
　　蛍　光 …………………………………… 309
　　りん光 …………………………………… 310
　14・3　レーザー ………………………………… 311
　　レーザー光の特性 ……………………… 313
　14・4　レーザー分光学の応用 ………………… 315
　　レーザー誘起蛍光法 …………………… 315
　　超高速分光法 …………………………… 315
　　単一分子分光法 ………………………… 316
　14・5　光電子分光法 …………………………… 317
　14・6　核磁気共鳴分光法 ……………………… 319
　　ボルツマン分布 ………………………… 320
　　化学シフト ……………………………… 320
　　スピン-スピン結合 …………………… 322
　　NMRと反応速度過程 ………………… 323
　　^1H 以外の核の NMR ………………… 324
　　固体核磁気共鳴 ………………………… 325
　　フーリエ変換 NMR …………………… 326
　　磁気共鳴画像 (MRI) …………………… 328
　14・7　電子スピン共鳴分光法 ………………… 328
　　重要な式 ………………………………… 330
　　補遺14・1　フランク・コンドン原理 …… 330
　　補遺14・2　FT-IR と FT-NMR との比較 … 331
　　参考文献 ………………………………… 332
　　問　題 …………………………………… 334

15. 化学反応速度論 ········· 338

- 15・1 反応速度 ········· 338
- 15・2 反応次数 ········· 338
  - 零次反応 ········· 339
  - 一次反応 ········· 339
  - 二次反応 ········· 341
  - 反応次数の決定 ········· 342
- 15・3 反応分子数 ········· 343
  - 単分子反応 ········· 344
  - 二分子反応 ········· 345
  - 三分子反応 ········· 345
- 15・4 より複雑な反応 ········· 345
  - 可逆反応 ········· 345
  - 逐次反応 ········· 346
  - 連鎖反応 ········· 347
- 15・5 反応速度に対する温度の影響 ········· 347
  - アレニウス式 ········· 348
- 15・6 ポテンシャルエネルギー面 ········· 348
- 15・7 反応速度論 ········· 349
  - 衝突理論 ········· 349
  - 遷移状態理論 ········· 350
  - 遷移状態理論の熱力学的記述 ········· 351
- 15・8 化学反応における同位体効果 ········· 353
- 15・9 溶液中での反応 ········· 354
- 15・10 溶液中での高速反応 ········· 355
  - 流通法 ········· 356
  - 化学緩和法 ········· 356
- 15・11 振動反応 ········· 357
- 15・12 酵素反応速度論 ········· 358
  - 酵素の触媒作用 ········· 359
  - 酵素反応速度論の式 ········· 360
  - ミカエリス・メンテン速度論 ········· 360
  - 定常状態速度論 ········· 361
  - K_M と V_{max} の重要性 ········· 362
- 重要な式 ········· 363
- 補遺 15・1 式 (15・9) の誘導 ········· 364
- 補遺 15・2 式 (15・51) の誘導 ········· 364
- 参考文献 ········· 365
- 問 題 ········· 367

16. 光化学 ········· 374

- 16・1 はじめに ········· 374
  - 熱反応と光化学反応 ········· 374
  - 光化学初期過程と後続過程 ········· 374
  - 量子収率 ········· 375
  - 光強度の測定 ········· 375
  - 作用スペクトル ········· 376
- 16・2 地球の大気 ········· 376
  - 大気の組成 ········· 376
  - 大気の層 ········· 377
  - 滞留時間 ········· 377
- 16・3 温室効果 ········· 378
- 16・4 光化学スモッグ ········· 379
  - 窒素酸化物の生成 ········· 380
  - オゾン (O_3) の生成 ········· 380
  - ヒドロキシルラジカルの生成 ········· 380
  - 他の二次汚染物質の形成 ········· 381
  - 光化学スモッグの有害作用と防止 ········· 381
- 16・5 成層圏オゾン ········· 382
  - オゾン層の生成 ········· 382
  - オゾンの破壊 ········· 382
  - 極のオゾンホール ········· 384
  - オゾン破壊の阻止方法 ········· 384
- 16・6 化学発光と生物発光 ········· 384
  - 化学発光 ········· 385
  - 生物発光 ········· 385
- 16・7 放射の生物学的影響 ········· 385
  - 太陽光と皮膚癌 ········· 386
  - 光医学 ········· 387
- 重要な式 ········· 388
- 参考文献 ········· 388
- 問 題 ········· 390

17. 分子間力 ········· 393

- 17・1 分子間相互作用 ········· 393
- 17・2 イオン結合 ········· 394
- 17・3 分子間力の様式 ········· 394
  - 双極子−双極子相互作用 ········· 395
  - イオン−双極子相互作用 ········· 395
  - イオン−誘起双極子および双極子−誘起双極子相互作用 ········· 396
  - 分散力 (ロンドン分散力) ········· 397
  - 反発相互作用と全相互作用 ········· 397
- 17・4 水素結合 ········· 398
- 17・5 水の構造と性質 ········· 401
  - 氷の構造 ········· 401
  - 水の構造 ········· 402
  - 水の物理化学的性質 ········· 403
- 17・6 疎水性相互作用 ········· 404
- 重要な式 ········· 405
- 参考文献 ········· 405
- 問 題 ········· 406

18. 固　　体 … 409

- 18・1　結晶系の分類 … 409
- 18・2　ブラッグの式 … 411
- 18・3　X線回折による構造決定 … 411
  - 粉末法 … 412
  - NaClの結晶構造の決定 … 413
  - 構造因子 … 413
  - 中性子回折 … 415
- 18・4　結晶の種類 … 415
  - 金属結晶 … 416
  - イオン結晶 … 418
  - 共有結合結晶 … 421
  - 分子結晶 … 421
- 重要な式 … 422
- 補遺18・1　式(18・3)の誘導 … 422
- 参考文献 … 422
- 問　題 … 423

19. 液　　体 … 425

- 19・1　液体の構造 … 425
- 19・2　粘　性 … 426
  - 人体の血流 … 427
- 19・3　表面張力 … 429
  - 毛管上昇法 … 429
  - 肺の表面張力 … 430
- 19・4　拡　散 … 431
  - フィックの法則 … 432
- 19・5　液　晶 … 434
  - サーモトロピック液晶 … 435
  - リオトロピック液晶 … 436
- 重要な式 … 437
- 補遺19・1　式(19・13)の誘導 … 437
- 参考文献 … 438
- 問　題 … 439

20. 統計熱力学 … 441

- 20・1　ボルツマン分布則 … 441
- 20・2　分配関数 … 442
- 20・3　分子分配関数 … 443
  - 並進分配関数 … 444
  - 回転分配関数 … 444
  - 振動分配関数 … 445
  - 電子分配関数 … 445
- 20・4　分配関数から求まる熱力学量 … 446
  - 内部エネルギーと熱容量 … 446
  - エントロピー … 446
- 20・5　化学平衡 … 448
- 20・6　遷移状態理論 … 451
  - 衝突理論と遷移状態理論との比較 … 451
- 重要な式 … 452
- 補遺20・1　区別できない分子について $Q = q^N/N!$ となることの証明 … 453
- 参考文献 … 453
- 問　題 … 454

付録A　物理化学で有用な数学と物理学の復習 … 455
付録B　熱力学データ … 459
用語解説 … 461
問題の解答 —— 偶数番号の計算問題 … 473
和文索引 … 477
欧文索引 … 485

1 序論および気体の法則

難しい，難しい，おお何と難しいことだろうか！
Woody Guthrie[*1]

1・1 物理化学の本質

物理化学は，定量性を特徴とする化学研究の方法論の体系である．物理化学者は，確実なモデルや仮説を用いて，化学的事象を定量的に予言したり，説明したりすることを目指す．

物理化学で取扱う問題は広範囲にわたり，また複雑であるので，数多くの異なったアプローチが必要となる．たとえば，熱力学や反応速度論では，現象論的，巨視的なアプローチが用いられる．しかし，複数の分子の速度論に基づく挙動や反応機構を理解するためには，量子力学に基づく分子論的，微視的なアプローチが必要となる．すべての現象を，その変化の根源に立ち戻り，分子レベルで解明することができれば理想的である．しかし実際には，われわれのもつ原子や分子についての知識は，すべての事象を分子レベルで解明することを可能にするほどの広がりと深さをもっていない．したがって，適切な半定量的な理解で満足しなければならない場合もある．与えられたアプローチに対して，その適用範囲や限界を心得ておくことはきわめて大切である．

1・2 基本定義

気体の法則を議論する前に，本書を通して使用されるいくつかの基本用語を定義する．宇宙の中で問題にしている特定の部分を**系**（system）とよぶことが多い．系は容器に詰められた酸素分子の集合の場合もあれば，NaCl 溶液や，テニスボールまたはシャム猫の場合もある．系が定義されると，宇宙の残りの部分は**外界**（surroundings）とよばれる．系[*2]には3種ある．**開いた系**（open system）とは，物質（質量）とエネルギーの両方を外界と交換する系である．

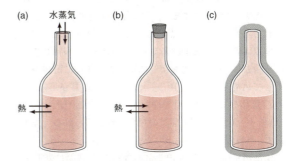

図 1・1 (a) 開いた系は物質（質量）とエネルギーの両方を交換する．(b) 閉じた系は質量は交換しないがエネルギーの交換が可能である．(c) 孤立系は質量もエネルギーも交換しない．

閉じた系（closed system）とは，外界と物質（質量）は交換しないが，エネルギーは交換可能な系である．**孤立系**（isolated system）とは，外界とは物質（質量）もエネルギーも交換しない系である（図1・1）．系を完全に定義するためには，系の状態を集団として記述する，圧力，体積，温度，組成などの実験的変数を理解する必要がある．

物質の性質の大半は二つに分類することができる．すなわち示量性と示強性である．たとえば，同温度において同量の水が入った二つのビーカーを考えよう．一方から他方のビーカーへ水を注いで，二つの系を結合すると，水は体積も質量も2倍になる．一方，水の温度と密度は変化しない．その値が系内に存在する物質の量に正比例する性質は**示量性**（extensive property）とよばれ，物質の量に依存しない性質は**示強性**（intensive property）とよばれる．示量性には，質量，面積，体積，エネルギー，電荷などが含まれる．すでに述べたように，温度と密度はどちらも示強性であり，圧力，電位も示強性の性質である．示強性変数は，普通，二つの示量性変数の比として定義できることに注意してほしい．たとえば次のようになる．

$$圧力 = \frac{力}{面積}$$

$$密度 = \frac{質量}{体積}$$

[*1] "Hard, Ain't It Hard," Words and Music by Woody Guthrie. TRO-© Copyright 1952 Ludlow Music, Inc., New York, N.Y.
[*2] 系は壁や表面のような明確な境界によって外界と隔てられている．

1・3 温度の操作上の定義

温度は科学の多くの分野において非常に重要な量であり、当然のことながらさまざまな定義の仕方がある。日常の経験から、温度は寒さ、暑さの尺度であることを知っている。しかし、物理化学で用いるためにはより正確な操作上の定義が必要である。次のような気体Aが入った容器を系として考えよう。容器の壁は柔軟であり、体積は膨張も収縮もできる。これは、物質(質量)は駄目だが、熱は容器に流入および流出できる閉じた系である。始状態の圧力(P)および体積(V)はP_AおよびV_Aである。今、この容器を圧力P_Bおよび体積V_Bの気体Bが入った同様の容器Bと接触した状態にすると、熱平衡に到達するまで熱交換が起こるだろう。平衡点においては、AとBの圧力および体積はP_A', V_A'およびP_B', V_B'に変わる。一時的に容器Aを除去し、その圧力および体積をP_A'', V_A''に再調整し、そしてAをP_B', V_B'のBと熱平衡にすることが可能である。実際には、平衡条件を満たす(P_A', V_A'), (P_A'', V_A''), (P_A''', V_A'''), … などの無数の組合わせが得られる。図1・2はこれらの点をプロットしたものである。

Bと熱平衡にあるAのこれらすべての状態に対して、温度とよばれる変数は同じ値をもつ。二つの系がもし第三の系と熱平衡にあるならば、三つの系はまた互いに熱平衡にあるに違いない。この法則は、**熱力学第零法則**(zeroth law of thermodynamics)として一般に知られている。図1・2の曲線は系Bと熱平衡にある状態を表すすべての点の軌跡である。このような曲線は**等温線**(isotherm)とよばれ、"温度一定の条件で、物質の状態変数の間に成り立つ関係を表す"曲線である。別の温度においては異なる等温曲線が得られる。

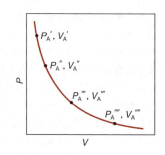

図1・2 ある量の気体の一定温度における圧力-体積プロット。このようなグラフは等温線とよばれる。

1・4 単位

本節では、化学者が物理量の定量的測定に用いる単位についてまとめておく。

科学者は長年にわたり測定値を記録するのに**メートル法**(メートルとキログラムを基本の単位とした十進法単位系)を用いていた。一方、1960年に国際度量衡総会で、**国際単位系**(International System of Units, SIと略す)が定められた[*1]。SI単位系の優れた点は、用いられる単位の多くが自然界の基本定数から誘導されることである。たとえば、SI単位系では、メートル[m]は、1秒の1/299 792 458の時間に光が真空中を伝わる行程の長さである。時間の単位、秒[s]は、セシウム133原子の基底状態の二つの超微細構造準位間の遷移に対応する放射の周期の9 192 631 770倍の継続時間である。これに対して、質量の基本単位、キログラム[kg]は、自然界の定数ではなく、人工物を基準にして定義される。1 kgは、フランスの国際度量衡局に保管されている白金-イリジウム製の国際キログラム原器[*2]の質量に等しい。

表1・1に七つのSI基本単位を、表1・2にSI単位と共に用いるSI接頭語を示す。SI単位系では、温度は度[°]の表示ではなく、300 K (300ケルビン、英語では300 kelvinsと複数)のようにケルビン[K]単位で表されることに注意せよ(詳細は§1・5 "絶対温度目盛、ケルビン"参照)。多くの物理量が表1・1の物理量から導かれる。

表1・1 SI基本単位

物理量	SI単位の名称	SI単位の記号
長さ	メートル (metre)	m
質量	キログラム (kilogram)	kg
時間	秒 (second)	s
電流	アンペア (ampere)	A
熱力学温度	ケルビン (kelvin)	K
物質量	モル (mole)	mol
光度	カンデラ (candela)	cd

表1・2 SI単位、メートル法と共に用いる接頭語

接頭語	記号	倍数	使用例
ペタ (peta-)	P	10^{15}	1 Pm = 1×10^{15} m
テラ (tera-)	T	10^{12}	1 Tm = 1×10^{12} m
ギガ (giga-)	G	10^{9}	1 Gm = 1×10^{9} m
メガ (mega-)	M	10^{6}	1 Mm = 1×10^{6} m
キロ (kilo-)	k	10^{3}	1 km = 1×10^{3} m
デシ (deci-)	d	10^{-1}	1 dm = 0.1 m
センチ (centi-)	c	10^{-2}	1 cm = 0.01 m
ミリ (milli-)	m	10^{-3}	1 mm = 0.001 m
マイクロ (micro-)	μ	10^{-6}	1 μm = 1×10^{-6} m
ナノ (nano-)	n	10^{-9}	1 nm = 1×10^{-9} m
ピコ (pico-)	p	10^{-12}	1 pm = 1×10^{-12} m
フェムト (femto-)	f	10^{-15}	1 fm = 1×10^{-15} m
アト (atto-)	a	10^{-18}	1 am = 1×10^{-18} m

[*1] 訳注: 2018年11月の国際度量衡総会で国際単位系(SI)の新しい定義が決議される予定である。SI基本単位は現在の定義から七つの基本物理量を定義値としたものになる。p. 13, 訳者補遺参照。
[*2] 2007年に、厳重に保管されている国際キログラム原器が、原器をもとにつくった複製の平均より50 μgも軽くなっていることが発見されたが、原因は謎である〔訳注: *1の新定義により、キログラム原器を用いた定義は廃止される〕。

以下，重要ないくつかの例をあげる．

力

力のSI単位は**ニュートン**（newton，記号N）〔英国の物理学者，Isaac Newton 卿（1642～1726）にちなむ〕*1 で，1 kg の質量に $1\,\mathrm{m\,s^{-2}}$ の加速度を与えるのに必要な力として定義される．すなわち，

$$1\,\mathrm{N} = 1\,\mathrm{kg\,m\,s^{-2}}$$

圧力

圧力は次式で定義される．

$$\text{圧力} = \frac{\text{力}}{\text{面積}}$$

圧力のSI単位は**パスカル**（pascal，記号Pa）〔フランスの数学者，物理学者，Blaise Pascal（1623～1662）にちなむ〕で，

$$1\,\mathrm{Pa} = 1\,\mathrm{N\,m^{-2}}$$

である．以下の関係が厳密に成立する．

$$1\,\mathrm{bar} = 1 \times 10^5\,\mathrm{Pa} = 100\,\mathrm{kPa}$$
$$1\,\mathrm{atm} = 1.013\,25 \times 10^5\,\mathrm{Pa} = 101.325\,\mathrm{kPa}$$
$$1\,\mathrm{atm} = 760\,\mathrm{Torr}$$

単位 Torr はイタリアの数学者，Evangelista Torricelli（1608～1674）にちなむ．標準大気圧（1 atm）は物質の標準融点と標準沸点を定義する際に用いられ，バール（bar）は物理化学では標準状態を定義するのに使われる．本書では，これらの圧力の単位すべてを用いる．

圧力はしばしばミリメートル水銀柱（mmHg）で表される．1 mmHg は，密度 $13.5951\,\mathrm{g\,cm^{-3}}$ で高さ 1 mm の水銀柱が，重力加速度 $980.67\,\mathrm{cm\,s^{-2}}$ のときにその下面に及ぼす圧力である．単位 mmHg と Torr の関係は次のようになる．

$$1\,\mathrm{mmHg} = 1\,\mathrm{Torr}\,{}^{*2}$$

大気の圧力を測る機器の一つに気圧計がある．簡単な気圧計は，一方が閉じられた長いガラス細管を水銀で満たし，それを注意深く傾けながら，空気が入らないように開口端を水銀だめに浸してガラス管を倒立させることによって組立てられる．このようにすると，細管中の水銀の一部が水銀だめに流出し，細管の閉口端に真空のギャップが生じる（図1・3）．細管に残った水銀柱の重量は，水銀だめの表面に作用する大気圧によって支えられている．

大気圧以外の気体の圧力を測定する装置としてマノメーターがある．その動作原理は気圧計と同様である．マノメーターには二つの種類がある（図1・4）．閉管型マノメーター〔図1・4(a)〕は，通常大気圧より低い圧力を測るのに用いられ，開管型マノメーター〔図1・4(b)〕は大気圧以上の圧力を測るのに適している．

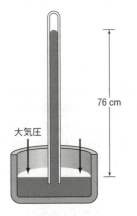

図 1・3 大気圧測定のための気圧計．細管内の水銀の上部は真空になっている．細管内の水銀柱は大気圧によって支えられている．

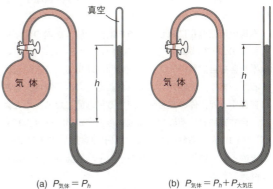

(a) $P_{\text{気体}} = P_h$　　(b) $P_{\text{気体}} = P_h + P_{\text{大気圧}}$

図 1・4 気体の圧力を測るための2種のマノメーター．(a) 大気圧より低い圧力を測る場合．(b) 大気圧より高い圧力を測る場合〔訳注: P_h は高さ h の水銀柱が及ぼす圧力〕．

エネルギー

エネルギーのSI単位は**ジュール**（joule，記号J）〔英国の物理学者，James Prescott Joule（1818～1889）にちなむ〕である．エネルギーは仕事をする能力と定義され，仕事は力と距離の積であるから，次の関係がある．

$$1\,\mathrm{J} = 1\,\mathrm{N\,m}$$

カロリー〔cal〕は，次式で定義されるエネルギーの非SI単位であるが，依然として使われることがある．

$$1\,\mathrm{cal} = 4.184\,\mathrm{J}\,（\text{正確に}）$$

物理量は，普通，単位をもち

$$\text{物理量} = (\text{その単位で得られる})\text{数値} \times \text{単位}$$

---

*1 面白いことに，1 N は，1個のリンゴに働く重力の大きさにほぼ等しい．

*2 等式は 2×10^{-7} Torr 以内の差で成立する．現在認められた定義と正確さで，1 mmHg は 1 Torr より 0.142 ppm 大きく，<u>計量計測</u>（metrology）の分野では，この違いは重要になる．

の形で表される．たとえば，真空中の光速度（c）なら

$$c = 3.00 \times 10^8 \text{ m s}^{-1}$$

これを変形すると

$$\frac{c}{\text{m s}^{-1}} = 3.00 \times 10^8$$

となる．本書の表や図中では，物理量を適当な単位で除した量（無次元の単なる数値）が見やすく便利なので，この形を使っている．

原子量，分子量，モル[*1]

国際協定により，質量数 12 の炭素同位体（^{12}C，6 個の陽子と 6 個の中性子をもつ）の質量は**統一原子質量単位**（unified atomic mass unit，記号 u）を用いて厳密に 12 u である．1 u は ^{12}C の質量の 1/12 の質量に等しいと定義されている．実験的に決められた水素の質量は，標準である ^{12}C 原子の 8.400 % である．したがって，水素原子の質量は，0.084 00×12＝1.008 u である．同様に，実験的に決められた酸素原子の質量は，16.00 u であり，鉄原子の質量は 55.85 u である．

本書の前見返しに載せてある周期表では，炭素の原子量として 12.00 ではなく 12.01 と記されている．この差異は，炭素を含む自然界の元素が複数の同位体をもつことに起因する．つまり，実験的に求められる元素の原子量は，自然に存在する同位体の混合物に対する平均値になる．たとえば，自然界における炭素の同位体存在度が ^{12}C が 98.90 %，^{13}C が 1.10 % であれば[*2]，^{13}C の原子の質量は 13.003 35 u と求められているから，炭素原子の平均質量は，次のように計算できる：

炭素原子の平均質量 ＝
$$(0.9890)(12 \text{ u}) + (0.0110)(13.003\ 35 \text{ u}) = 12.01 \text{ u}$$

^{12}C の存在度が ^{13}C より大きいので，平均原子量は 13 より 12 にずっと近くなる．このような平均を**荷重平均**（weighted average）という．

分子を構成する原子の原子量がわかれば，分子量が求まる．H_2O の相対分子質量は，

$$2(1.008 \text{ u}) + 16.00 \text{ u} = 18.02 \text{ u}$$

である．

物質量 1 **モル**（mole，記号 mol）とは，^{12}C の原子のみからなる 12 g の炭素中に含まれる ^{12}C の原子数と厳密に同じ数の原子，分子，イオンなどで，この数は，実験により 6.022 140 857(74)×10^{23} と決定されており[*3]，**アボガドロ数**（Avogadro's number）[イタリアの物理学者，数学者 Amedeo Avogadro（1776〜1856）にちなむ] とよばれる．アボガドロ数は単位をもたないが，この数値を mol で割った**アボガドロ定数**（Avogadro constant），N_A は，

$$N_A = 6.022\ 140\ 857(74) \times 10^{23} \text{ mol}^{-1}$$

のように mol^{-1} の単位をもつ．多くの場合，近似的に N_A＝6.022×10^{23} mol^{-1} とすることができる．以下の例は，1 mol の物質中に含まれる粒子の数と種類を示す．

1. ヘリウム原子 1 mol は，6.022×10^{23} 個の He 原子を含む．
2. 水分子 1 mol は 6.022×10^{23} 個の H_2O 分子，もしくは $2 \times (6.022 \times 10^{23})$ 個の H 原子と，6.022×10^{23} 個の O 原子を含む．
3. 食塩 1 mol は，6.022×10^{23} 個の NaCl 単位，もしくは 6.022×10^{23} 個の Na^+ イオンと 6.022×10^{23} 個の Cl^- イオンを含む．

ある物質の**モル質量**（molar mass）とは，その物質 1 mol の質量を g または kg 単位で表したものである．水素原子，水素分子，ヘモグロビンのモル質量はそれぞれ 1.008 g mol^{-1}，2.016 g mol^{-1}，65 000 g mol^{-1} である．モル質量を kg mol^{-1} 単位で計算すると便利な場合も多い．

1・5 理想気体の法則

気体状態は，多くの方法において最も研究がしやすいので，気体の振舞いを学ぶことで多くの化学的・物理的理論がもたらされてきた．ここでは理想気体の性質を考察することから始めよう．理想気体分子は自身の体積や，多分子との引力・斥力（反発力）を無視できる．理想気体の（気体状態の）系の状態変数を関係づける**状態方程式**（equation of state）は

$$PV = nRT \qquad (1 \cdot 1)$$

で表され，n はその気体分子の物質量（モル数[*4]），T はケ

[*1] 訳注：SI 単位の定義改定に伴い，アボガドロ定数（N_A）は不確定さのない定義値として決められ，物質量はその値を使い定義される [1 mol＝(6.022 140 857×10^{23})/N_A]．これにより 1 mol と ^{12}C の質量，統一原子質量単位（ドルトン）との関連はなくなる．p. 13, 訳者補遺参照．

[*2] 訳注：国際純正・応用化学連合（IUPAC）の原子量および同位体存在度委員会では，2009 年以降，試料中の同位体組成の変動が大きい元素の原子量を変動範囲で示すようになった．日本化学会の原子量表（2017）では炭素を含む 12 元素の原子量が変動範囲で示され，12 元素の同位体組成についても同様である．炭素では ^{12}C の同位体存在度は 98.84 以上，99.04 以下，^{13}C の同位体存在度は 0.96 以上，1.16 以下の範囲にあるとされる．

[*3] 訳注：括弧内の数値は最後の桁につく標準不確かさを示す．p. 13, 訳者補遺も参照．

[*4] 訳注：IUPAC の "量の用語には特定の単位名を用いない" という基本原則に従うと，モル数という用語は 2017 年現在，推奨されないが，本書では利便性を考えて原本表記通り使用したところもある．

ルビン単位の絶対温度，R は気体定数である．理想気体は仮想的な気体で実際には存在しないが，比較的高温（≥25 ℃）かつ低圧（≤10 atm）の気体であれば，理想気体の状態方程式で大まかに振舞いを予測できる．

状態方程式は，英国の化学者 Robert Boyle (1627~1691) と 2 人のフランスの物理学者 Jacques Charles (1746~1823)，Joseph Gay-Lussac (1778~1850) の研究の積み重ねが生んだ．3 人の発見した気体の法則は，それぞれ異なる条件を式 (1・1) に当てはめて誘導できる．たとえば，一定温度の下，気体の物質量（モル数）n が一定のとき

$$PV = 一定$$

と書けるが，これが**ボイルの法則**（Boyle's law）である．また，式 (1・1) は，一定圧力下，一定量の気体において

$$\frac{V}{T} = 一定$$

となり，一定体積下，一定量の気体においては

$$\frac{P}{T} = 一定$$

となるが，これらの関係が**シャルルの法則**（Charles' law）または**ゲーリュサックの法則**（Gay-Lussac's law）とよばれる．

もう一つの法則が Avogadro が定式化した**アボガドロの法則**（Avogadro's law）で，一定圧力・一定温度では一定体積が含む気体の分子数は同じである，というもので，式 (1・1) からは下記の式が誘導できる．

$$\frac{V}{n} = 一定$$

絶対温度目盛，ケルビン[*1]

前述のとおり，理想気体の状態方程式は低圧時でのみ成り立つ．それゆえ，P が 0 に近づく極限において，式 (1・1) を変形して下記の式が得られる．

$$T = \lim_{P \to 0} \frac{P\overline{V}}{R} \qquad (1・2)$$

ここで $\overline{V} = V/n$ で**モル体積**（molar volume）とよばれる．式 (1・2) を用いると，理想気体の状態方程式に基づきケルビン温度目盛が定義できる．P と $\overline{V}$ は負の値をとることはないので，T の最小値は 0 になる．

T K（ケルビン）と t ℃（セルシウス度）の間の関係は，圧力を一定にして，気体の体積と温度の関係を調べることで得られた．どんな圧力で一定に保っても温度-体積のプロットは直線を与え，この直線を体積 0 まで延長すると，温度軸と -273.15 ℃ で交差することがわかった．圧力を変えれば，温度-体積プロットについて別の直線を得るが，体積 0 となる温度軸との交点はまったく同じ -273.15 ℃ になる（図1・5）．（実際は，気体はすべて低温では凝縮して液体になるため，気体の体積を測定することは，限られた温度範囲でしかできない．）

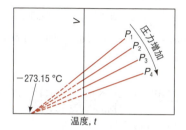

図1・5 ある量の気体の体積を温度（t ℃）に対して種々の圧力でプロットしたグラフ．十分低温に冷却されると気体はすべて最終的には凝縮する．これらの線は補外されると，すべて温度 -273.15 ℃ で体積 0 を示す点に収束する．

1848 年に，スコットランドの数学者，物理学者 William Thomson（のちに Kelvin 卿，1824~1907）は，この現象の重要性に気がついた．彼は -273.15 ℃ を理論的に達成できる最低温度である**絶対零度**（absolute zero）とみなし，絶対零度を開始点とする絶対温度目盛（現在ではケルビン温度目盛とよばれている）を設定した．ケルビン温度目盛では，1 ケルビン（K）は大きさとしては 1 ℃に等しい．ケルビン温度目盛とセルシウス温度目盛の唯一の違いはゼロ点位置が移動していることである．二つの目盛の関係は次式[*2]の通りである．

$$T/K = t/℃ + 273.15 \qquad (1・3)$$

ケルビン温度目盛には負の値がないことに注意．二つの目盛で重要な温度を比較すると下のようになる[*3]．

	ケルビン温度目盛	セルシウス温度目盛
絶対零度	0 K	-273.15 ℃
水の凝固点	273.15 K	0 ℃
水の沸点	373.15 K	100 ℃

二つの目盛を関係づける項として，273.15 の代わりに 273 を使うことが多い．慣習的に，絶対温度（ケルビン温度）を記述する場合には T を，セルシウス温度を指す場合には t を用いる．温度の絶対零度は非常に理論的な重要性をもっていることについては後述するが，気体の法則の問題や熱力学の計算においては必ず絶対温度を用いなくてはならない．

[*1] 訳注：SI 単位の定義改定に伴い，ボルツマン定数（k_B）は不確定さのない定義値として決められ，ケルビンはその値を使い定義される [1 K = (1.380 648 52×10^{-23})/k_B kg m^2 s^{-2}]．p. 13，訳者補遺参照．

[*2] 訳注：単位で記号を割るとただの数になる．すなわち $T = 298$ K ならば，$T/K = 298$ となる．

[*3] 標準沸点および標準凝固点は圧力 1 atm で測定する．

気体定数, R

R の値は以下のようにして得られる．実験的には，理想気体 1 mol は 1 atm, 273.15 K〔この条件は**標準温度・圧力** (standard temperature and pressure, **STP**) とよばれる〕において，22.414 L を占める*．このことから，

$$R = \frac{(1\text{ atm})(22.414\text{ L})}{(1\text{ mol})(273.15\text{ K})} = 0.082\,06\text{ L atm K}^{-1}\text{ mol}^{-1}$$

R を J K^{-1} mol^{-1} 単位で表すには，換算係数，

$$1\text{ atm} = 1.013\,25 \times 10^5\text{ Pa} \quad (1\text{ Pa} = 1\text{ N m}^{-2})$$
$$1\text{ L} = 1 \times 10^{-3}\text{ m}^3$$

を用いて

$$R = \frac{(1.013\,25 \times 10^5\text{ N m}^{-2})(22.414 \times 10^{-3}\text{ m}^3)}{(1\text{ mol})(273.15\text{ K})}$$
$$= 8.314\text{ N m K}^{-1}\text{ mol}^{-1}$$
$$= 8.314\text{ J K}^{-1}\text{ mol}^{-1} \quad (1\text{ J} = 1\text{ N m})$$

が得られる．二つの R の値は等しいから，次式のように書くことができる．

$$0.082\,06\text{ L atm K}^{-1}\text{ mol}^{-1} = 8.314\text{ J K}^{-1}\text{ mol}^{-1}$$

または

$$1\text{ L atm} = 101.3\text{ J} \qquad 1\text{ J} = 9.872 \times 10^{-3}\text{ L atm}$$

R を bar の単位で表すには，1 atm = 1.013 25 bar を変換係数として用い，次式のように書ける．

$$R = (0.082\,06\text{ L atm K}^{-1}\text{ mol}^{-1})(1.013\,25\text{ bar atm}^{-1})$$
$$= 0.083\,15\text{ L bar K}^{-1}\text{ mol}^{-1}$$

例題 1・1

肺に入った空気は最終的に肺胞とよばれる小嚢に入り，肺胞から酸素が血液中に拡散する．肺胞の平均半径は 0.0050 cm であり，内部の空気はモル百分率で 14% の酸素を含んでいる．肺胞内の圧力が 1.0 atm，温度が 37 ℃ であるとして，肺胞 1 個中の酸素分子の数を計算せよ．

解 1 個の肺胞の体積は

$$V = \frac{4}{3}\pi r^3 = \frac{4}{3}\pi(0.0050\text{ cm})^3$$
$$= 5.2 \times 10^{-7}\text{ cm}^3 = 5.2 \times 10^{-10}\text{ L} \quad (1\text{ L} = 10^3\text{ cm}^3)$$

肺胞 1 個中の空気の物質量（モル数）は，

$$n = \frac{PV}{RT} = \frac{(1.0\text{ atm})(5.2 \times 10^{-10}\text{ L})}{(0.082\,06\text{ L atm K}^{-1}\text{ mol}^{-1})(310\text{ K})}$$
$$= 2.0 \times 10^{-11}\text{ mol}$$

---

* 訳注: atm を用いる STP はかつての基準で，25 ℃ (298.15 K)，1 bar〔**標準室温・圧力** (standard ambient temperature and pressure, SATP)〕でのデータを用いることが多い．このとき理想気体のモル体積は 24.79 L mol^{-1} となる．

で与えられる．肺胞内の空気は 14% が酸素であるので，酸素分子の数は次式のようになる．

$$2.0 \times 10^{-11}\text{ mol 空気} \times \frac{14\%\text{ O}_2}{100\%\text{ 空気}} \times \frac{6.022 \times 10^{23}\text{ O}_2\text{ 分子}}{1\text{ mol O}_2} = 1.7 \times 10^{12}\text{ O}_2\text{ 分子}$$

1・6 ドルトンの分圧の法則

ここまでは，純粋な気体の圧力-体積-温度の振舞いについて議論してきたが，気体の混合物を扱うことも多い．たとえば，大気中のオゾンの減少を研究している化学者はいくつかの気体成分を扱わなければならない．二つ以上の異なる気体を含む系については，全圧 (P_T) は，それぞれの気体が単独で同体積を占有した場合に示す圧力の和となる．たとえば，

$$P_T = P_1 + P_2 + \cdots = \sum_i P_i \tag{1・4}$$

であり，ここで，$P_1, P_2, \cdots$ が成分 1, 2, $\cdots$ のそれぞれの圧力すなわち**分圧** (partial pressure) で，$\sum$ はその総和を表す記号である．式 (1・4) は**ドルトンの分圧の法則** (Dalton's law of partial pressure) として知られている〔英国の化学者，数学者 John Dalton (1766〜1844) にちなむ〕．

温度 T および体積 V において，二つの気体 (1 と 2) を含む系を考える．気体の分圧はそれぞれ P_1 および P_2 である．式 (1・1) から，

$$P_1 V = n_1 RT \quad \text{すなわち} \quad P_1 = \frac{n_1 RT}{V}$$
$$P_2 V = n_2 RT \quad \text{すなわち} \quad P_2 = \frac{n_2 RT}{V}$$

ここで，n_1 および n_2 は二つの気体の mol 単位の物質量（モル数）である．ドルトンの分圧の法則に従えば，

$$P_T = P_1 + P_2 = n_1 \frac{RT}{V} + n_2 \frac{RT}{V} = (n_1 + n_2)\frac{RT}{V}$$

分圧を全圧で割り，整理すると，次式が得られる．

$$P_1 = \frac{n_1}{n_1 + n_2} P_T = x_1 P_T$$
$$P_2 = \frac{n_2}{n_1 + n_2} P_T = x_2 P_T$$

ここで，x_1 および x_2 は気体 1 および 2 のモル分率である．モル分率は，一つの気体の物質量（モル数）と存在する全気体の合計物質量（合計モル数）の比として定義され，無次元の量である．さらに，定義によれば，混合物中のモル分率の総和は 1 である．すなわち，

$$\sum_i x_i = 1 \tag{1・5}$$

一般に気体混合物では，i 番目の成分の分圧 P_i は下式で与

$$P_i = x_i P_T \tag{1・6}$$

分圧はどのように決定されるだろう．マノメーターは気体混合物の全圧しか測定できない．分圧を得るには，成分気体のモル分率を知る必要があり，最も直接的な方法は質量分析計を用いることである．質量スペクトルのピークの相対強度はその気体の量に正比例し，すなわち存在する気体のモル分率に正比例するからである．

気体の法則は原子論の発展において重要な役割を果たした．さらに日常生活においても，気体の法則の実例を多く見ることができる．次に示す二つの簡単な例は，スキューバダイバーにとって特に重要なものである．海水は純水よりもわずかに密度が高い——1.00 g mL^{-1} に対して約 1.03 g mL^{-1} である．33 フィート（10 m）の海水の柱体によって生じる圧力は 1 atm の圧力に相当する．ダイバーが海面まで大急ぎで上昇したら，どのようなことが起こるだろうか．仮に海面下 40 フィートから上昇し始めた場合，この深さから海面までの圧力の減少は（40 フィート／33 フィート）×1 atm，すなわち 1.2 atm になるだろう．一定温度であるとすると，ダイバーが海面に到達したとき，肺の中に蓄えられた空気の体積は（1+1.2）atm／1 atm すなわち 2.2 倍に膨張するのである．このような急激な空気の膨張が起こると，肺の膜組織の破裂が起こり，ダイバーは致命的な傷を負うか命を落とすことになる．

ドルトンの分圧の法則はスキューバダイビングに直接活用されている．空気中の酸素の分圧は約 0.2 atm である．酸素はわれわれの生存に不可欠であるため，酸素も呼吸しすぎると有害であるというのは信じ難いが，実際，酸素の毒性については多くの文献によって立証されている*．生理学的には，ヒトの生体は酸素の分圧が 0.2 atm のときに最もよく機能する．このため，ボンベ内の空気の組成はダイバーが潜水するときに調整される．たとえば，全圧（静水圧＋大気圧）が 4 atm になる深さでは，最適な分圧を維持するために空気中の酸素含有量を体積にして 5% に減らしている（0.05×4 atm=0.2 atm）．より深いところでは，酸素含有量はさらに低くしなければならない．ボンベの中の酸素に混合する気体としては，空気の主成分である窒素が適当な選択であるように思えるが，実はそうではない．窒素の分圧が 1 atm を超えると，**窒素麻酔**（窒素酔い，潜水夫病，nitrogen narcosis）をひき起こすのに十分な量の窒素が血液中に溶解してしまう．この病気の症状はアルコール中毒に類似しており，意識がもうろうとして，判断力が低下する．窒素麻酔にかかったダイバーは，海底で踊ったり，鮫を追いかけたり不思議な行動をすることが知られている．このため，通常ボンベ内の酸素を希釈するのにヘリウムが使われる．不活性ガスであるヘリウムは窒素よりも血液に溶解しにくく，麻酔性効果を起こしにくい．

1・7 実在気体

気体が理想的に振舞わない条件では，式（1・1）に代えて実在気体の状態方程式を用いる必要がある．

気体が圧縮されると，分子は互いにより接近し，気体は理想的な振舞いからかなりずれるようになる．理想状態からのずれを見積もる方法の一つは，圧力に対して気体の**圧縮（率）因子**（compressibility factor），Z をプロットすることである．式（1・1）から始めよう．

$$PV = nRT$$

変形して

$$Z = \frac{P\overline{V}}{RT} \tag{1・7}$$

ここで $\overline{V} \text{ [L mol}^{-1}]$ は気体のモル体積である．理想気体については，ある T における P のあらゆる値に対して $Z=1$ である．しかしながら，図 1・6 に示すように，実在気体の圧縮因子は圧力に依存してかなりの発散を示す．低圧下では，大半の気体の圧縮因子は 1 に近い．実際に，P が限りなく 0 に近づくと，すべての気体について $Z=1$ と

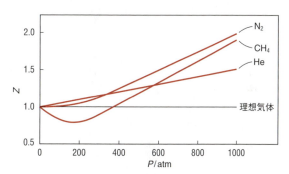

図 1・6 273 K における実在気体および理想気体の圧力－圧縮因子プロット．理想気体では，圧力がどんなに高くても $Z=1$ であることに注意せよ．

なる．この結果は予期されたものであるが，それはすべての気体が低圧下では理想的に振舞うからである．圧力が増加するにつれて，$Z<1$ となる気体もあるが，これは理想気体よりも圧縮されやすいことを意味している．さらに圧力が増加すると，すべての気体は $Z>1$ となる．この領域では，気体は理想気体よりも圧縮されにくくなる．これらの振舞いは分子間力に対してわれわれが理解していること

---

* 2 atm を超える分圧では，酸素はけいれんや昏睡をひき起こすほどの毒性を有するようになる．何年も前になるが，新生児が保育器内で**後水晶体線維増殖症**（retrolental fibroplasia，未熟児網膜症）を発症する事件がたびたび起こった．これは，過剰の酸素で網膜組織が損傷を受けるもので，視野欠損や失明に至ることが多い．

とつじつまがあう．一般に，引力は長距離力であり，一方，反発力は短距離でのみ作用する（この話題については第17章で詳しく述べる）．分子が遠くに離れると（たとえば低圧下），支配的な分子間力は引力となる．分子間の距離が縮まるにつれて，分子間の反発力がより重要になる．

長年，理想気体の式を実在気体に合うよう修正するのに，かなりの努力が払われてきた．提案された多くの方程式のうち，三つ——ファンデルワールスの式，レドリッヒ・クウォンの式，ビリアルの式——について考えよう．

ファンデルワールスの式

ファンデルワールスの（状態方程）式［van der Waals equation (of state)］［オランダの物理学者 Johannes Diderik van der Waals (1837~1923) が提案］は，非理想気体中の個々の分子がもつ有限体積と分子間に働く引力を説明しようとするもので，下の形をもつ．

$$\left(P + \frac{an^2}{V^2}\right)(V - nb) = nRT \qquad (1 \cdot 8)$$

個々の分子が容器の壁に及ぼす圧力は，壁と分子の衝突の頻度および分子によって壁に伝えられる運動量の両方に依存している．どちらの寄与も分子間引力によって減少する（図1・7）から，どの場合も圧力は，存在する分子の数，すなわち気体の密度 n/V に依存して減少する．それゆえ，

$$\text{分子間引力による圧力の減少} \propto \left(\frac{n}{V}\right)\left(\frac{n}{V}\right) = a\frac{n^2}{V^2}$$

ここで a は比例定数である．

つことを考えに入れるために，理想気体の式の V を $(V - nb)$ に置き換える．ここで nb は n mol の気体の全実効体積を表す．したがって，nb は体積の単位をもたなければならず，b の単位は L mol^{-1} である．a と b はどちらも研究対象である気体に特有の定数である．表1・3にいくつかの気体について a および b の値をあげた．a の値は引力の大きさに関係していて，分子間力の強さの尺度として沸点を用いると（沸点が高ければ高いほど，分子間力は強い），a の値とこれらの物質の沸点との間には大まかな相関関係があることがわかる．b の解釈は a より難しい．b は分子の大きさに比例するが，相関関係は常に直接的とは限らない．たとえば，ヘリウムの b の値は 0.0237 L mol^{-1} であり，ネオンは 0.0174 L mol^{-1} なので，これらの値に基づくと，ヘリウムはネオンよりも大きいと予想しそうになるが，しかしこれは正しくない．ある気体の a, b の値を求めるには方法がいくつかあるが，臨界状態の気体にファンデルワールスの式を当てはめて行うことがよくある．これについては §1・8 でもう一度学ぼう．

表 1・3　各物質のファンデルワールス定数†と沸点

物　質	a/atm L^2 mol^{-2}	b/L mol^{-1}	沸点 [K]
He	0.0341	0.0237	4.2
Ne	0.214	0.0174	27.2
Ar	1.34	0.0322	87.3
H$_2$	0.240	0.0264	20.3
N$_2$	1.35	0.0386	77.4
O$_2$	1.34	0.0312	90.2
CO	1.45	0.0395	83.2
CO$_2$	3.60	0.0427	195.2
CH$_4$	2.26	0.0430	109.2
C$_2$H$_6$	5.47	0.0651	184.5
H$_2$O	5.54	0.0305	373.15
NH$_3$	4.25	0.0379	239.8

† §1・4で見たように，物理量の記号を単位で割るとただの数になり，表内の記述から $b=0.0237$ L mol^{-1} などが得られる．

レドリッヒ・クウォンの式

ファンデルワールスの式は，非理想的な振舞いを分子的に解釈したはじめての状態方程式であり，歴史的に重要である．van der Waals がはじめてこの式を提示して以来，多くの同様な式が提案されてきたが，そのうちの一つの**レドリッヒ・クウォンの式**（Redlich-Kwong equation）はとりわけ有用なものである．

$$P = \frac{RT}{\overline{V} - B} - \frac{A}{\sqrt{T}(\overline{V})(\overline{V}+B)} \qquad (1 \cdot 9)$$

ここで A, B は定数である．レドリッヒ・クウォンの式にも一つの気体につき二つの定数が含まれる点はファンデルワールスの式と同様であるが，一方，より広い温度・圧力の範囲にわたってさらに正確な結果が得られる．

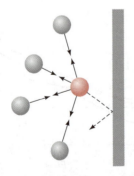

図 1・7　気体によって生じる圧力における分子間力の影響．器壁に向かって動く分子（●）の速度は近辺にある分子（●）によって生じる引力によって減速される．結果として，この分子が器壁に及ぼす衝撃は，分子間力がない場合よりも低くなる．一般に，測定される気体の圧力は理想気体として振舞うときに示す圧力よりも低い．

式 (1・8) では，P は気体の実測圧力であり，仮に分子間力が存在しないならば，$(P+an^2/V^2)$ が気体の圧力となる．an^2/V^2 は圧力の単位をもたなければならないので，a は atm L^2 mol^{-2} で表される．一方，分子が有限体積をも

例題 1・2

エタン（C_2H_6）のモル体積は，350 K で 0.1379 L mol^{-1} である．気体の圧力を，(a) 理想気体の状態方程式，(b) ファンデルワールスの式，(c) レドリッヒ・クウォンの式を用いて計算せよ．ただし，$A=96.89$ L^2 atm mol^{-2} $K^{0.5}$，$B=0.045\,15$ L mol^{-1} である．

解 (a) 式(1・1)から

$$P = \frac{RT}{\overline{V}}$$

$$= \frac{(0.082\,06 \text{ L atm K}^{-1}\text{ mol}^{-1})(350 \text{ K})}{0.1379 \text{ L mol}^{-1}}$$

$$= 208.3 \text{ atm}$$

(b) 式(1・8)を変形して

$$P = \frac{RT}{\overline{V}-b} - \frac{a}{\overline{V}^2}$$

表 1・3 よりエタンの a と b の値を代入し

$$P = \frac{(0.082\,06 \text{ L atm K}^{-1}\text{ mol}^{-1})(350 \text{ K})}{(0.1379 \text{ L mol}^{-1} - 0.0651 \text{ L mol}^{-1})} - \frac{(5.47 \text{ L}^2 \text{ atm mol}^{-2})}{(0.1379 \text{ L mol}^{-1})^2}$$

$$= 106.9 \text{ atm}$$

(c) 式(1・9)から

$$P = \frac{RT}{\overline{V}-B} - \frac{A}{\sqrt{T}(\overline{V})(\overline{V}+B)}$$

$$= \frac{(0.082\,06 \text{ L atm K}^{-1} \text{ mol}^{-1})(350 \text{ K})}{(0.1379 \text{ L mol}^{-1} - 0.045\,15 \text{ L mol}^{-1})} -$$
$$\frac{96.89 \text{ L}^2 \text{ atm mol}^{-2} \text{ K}^{0.5}}{\sqrt{350 \text{ K}}(0.1379 \text{ L mol}^{-1})(0.1379 \text{ L mol}^{-1} + 0.045\,15 \text{ L mol}^{-1})}$$

$$= 104.5 \text{ atm}$$

コメント 実験的に求めた圧力は 98.69 atm であった．したがって，レドリッヒ・クウォンの式はより近い値を与える（実験値と 6% だけ違う）．

ビリアルの式

気体の非理想状態を記述するもう一つの方法が**ビリアルの式**[*] (virial equation) を用いることである．この関係式では，圧縮因子はモル体積 $\overline{V}$ の累乗の逆数の級数の展開として表される．

$$Z = 1 + \frac{B}{\overline{V}} + \frac{C}{\overline{V}^2} + \frac{D}{\overline{V}^3} + \cdots \quad (1 \cdot 10)$$

ここで，$B, C, D \cdots$ は第二，第三，第四…ビリアル係数とよばれる．第一ビリアル係数は 1 で，理想気体内のように相互作用のない分子を意味する．第二項は 1 対の分子間の相互作用を，第三項は 3 分子間の相互作用を記述しており，以下同様である．どの気体についても，これらの係数は，

---
[*] "ビリアル"という術語はラテン語の"力"に由来する．非理想気体の振舞いの原因は"分子間力"である．

気体の P-V-T データにコンピューターを用いたカーブフィッティングを行って評価する．理想気体について，第二以上のビリアル係数は 0 であり，式(1・10)は式(1・1)と等価になる．

ビリアル展開は，上式に代えて，圧縮因子の圧力 P による展開式として書くこともできる．

$$Z = 1 + B'P + C'P^2 + D'P^3 + \cdots \quad (1 \cdot 11)$$

P と V は関係しているため，B と B'，C と C' などの間に関係があることは驚くに当たらない（問題 1・62 参照）．どちらの式でも，係数の値は急速に減少する．たとえば，式(1・11)において，係数の大きさが $B' \gg C' \gg D'$ であるので，0 atm と 10 atm の間の圧力において，温度がそれほど低くないとすると，考える必要があるのは第二項まででよい．

$$Z = 1 + B'P \quad (1 \cdot 12)$$

式(1・8)と，式(1・10)のアプローチの仕方は，かなり異なっている．ファンデルワールスの式（やレドリッヒ・クウォンの式）は，有限の分子体積と分子間力を修正することによって気体の非理想性を説明するものである．これらの修正は理想気体の式を的確に改良したものだが，それでも式(1・8)は近似式である．その理由は，分子間力に関する現在の知識が，巨視的な振舞いを定量的に説明するには不十分であるためである．一方，式(1・10)は実在気体については正確であるが，分子についての直接的な解釈は何も与えない．気体の非理想性は実験的に決定される係数 $B, C \cdots$ を含む級数展開式によって数学的に説明できるが，これら係数は（分子間力と間接的に関係づけることはできるが）物理的な意味をまったくもたない．したがって，物理的直感を与える近似式をとるか，気体の振舞いを正確に記述する（係数が既知であるならば）が分子の振舞いについては何も教えてくれない式をとるかのいずれかを，この場合選択することになる．

例題 1・3

メタンの第二ビリアル係数（B）が -0.042 L mol^{-1} であるとして，300 K，100 atm におけるメタンのモル体積を計算せよ．その結果と理想気体の式から得られた結果とを比較せよ．

解 式(1・10)から，C, D を含む項を無視して，

$$Z = 1 + \frac{B}{\overline{V}} = 1 + \frac{BP}{RT}$$

$$= 1 + \frac{(-0.042 \text{ L mol}^{-1})(100 \text{ atm})}{(0.082\,06 \text{ L atm K}^{-1} \text{ mol}^{-1})(300 \text{ K})}$$

$$= 1 - 0.17 = 0.83$$

$$\overline{V} = \frac{ZRT}{P}$$

$$= \frac{(0.83)(0.082\ 06\ \text{L atm K}^{-1}\ \text{mol}^{-1})(300\ \text{K})}{100\ \text{atm}}$$

$$= 0.20\ \text{L mol}^{-1}$$

理想気体について,

$$\overline{V} = \frac{RT}{P} = \frac{(0.082\ 06\ \text{L atm K}^{-1}\ \text{mol}^{-1})(300\ \text{K})}{100\ \text{atm}}$$

$$= 0.25\ \text{L mol}^{-1}$$

コメント 100 atm, 300 K においては,CH_4分子間の分子間引力のために,メタンは理想気体よりも圧縮されやすいことになる($Z=1$に対して$Z=0.83$).

1・8 気体の凝縮と臨界状態

気体が液体へ凝縮するのは身近な現象である.この過程の圧力-体積の関係についてはじめて定量的研究を行ったのは,1869年,アイルランドの化学者 Thomas Andrews (1813~1885) である.彼はさまざまな温度において,ある量の二酸化炭素体積を圧力の関数として測定し,図1・8に示した一連の等温曲線を得た.高温では曲線は大体双曲線となり,これは気体がボイルの法則に従うことを示しているが,低温の線になるにつれ,ずれが目立ち始め,T_4になったとき劇的に異なった振舞いが観察される.すなわち,等温曲線上を右から左に沿って動くと,圧力変化に伴い気体の体積は減少するが,曲線はもはや双曲線ではなくなり,それゆえ積PVも定数ではなくなる.圧力がさらに増加すると,等温曲線と右側の破線が交差する点に到達する.もしこの過程を観察することができれば,液体二酸化炭素がこの圧力で生成することに気づくだろう.圧力を一定に保てば体積は減少し続け(さらに蒸気が液体に変化する),最終的にすべての蒸気が凝縮する.この点(水平線と左側の破線の交点)を超えると,系は完全に液体となり,圧力がさらに増加しても体積はわずかに減少するだけになる.液体は気体よりも非常に圧縮されにくいからである.図1・9には二酸化炭素のT_1での液化を示した.

水平線(蒸気と液体が混在する領域)に相当する圧力は,その実験温度における,液体の**平衡蒸気圧**(equilibrium vapor pressure) もしくは単に**蒸気圧**(vapor pressure) とよばれる.温度の上昇と共に水平線の長さは減少する.特定の温度(図1・8のT_5)において,等温曲線は点線の接線となり単一の相(気相)のみが存在する.このとき水平線は**臨界点**(critical point) とよばれる点になる.臨界点における温度,圧力,体積を,それぞれ臨界温度(T_c),臨界圧(P_c),臨界体積(V_c)とよぶ.**臨界温度**(critical temperature) はそれ以上ではどのように圧力が増加しようとも凝縮が起こらない温度である.いくつかの気体の臨

界定数を表1・4に示した.臨界体積は通常モル量として表示され,モル臨界体積($\overline{V_c}$)とよばれ,V_c/nで与えられる.ここでnは存在する物質の物質量(モル数)である.

凝縮現象および臨界温度の存在は気体の非理想的振舞いの直接的結果である.結局,分子が相互に引き合わなければ凝縮は起こらないし,分子が体積をもたなければ液体や固体を観察することもできないのである.先に述べたように,分子間相互作用の特性のために,分子間の力は,分子が比較的離れている場合には引力であり,互いに接近すると(たとえば加圧下の液体),原子核間および電子間の静電的反発のために,この力は反発力になる.一般に,引力はある有限の分子間距離において最大値をとる.T_cより

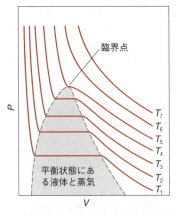

図 1・8 さまざまな温度(温度はT_1からT_7まで増加する)における二酸化炭素の等温曲線.温度上昇に伴い,水平の部分は短くなり,臨界温度はT_5である.この温度以上では,いくら圧力が高くても二酸化炭素は液化できない.

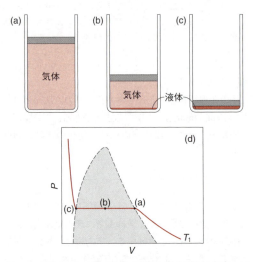

図 1・9 T_1(図1・8参照)における二酸化炭素の液化.(a)では,液体の1滴目が現れる.(b)から(c)では,気体は一定圧力のまま,しだいにそして完全に液体に変換する.液体は非常に圧縮されにくいから,(c)以降では,圧力が増加しても,体積はごくわずかしか減少しない.(d)には(a),(b),(c)の各段階と,その等温曲線全体のプロットを示す.

低い温度では，気体を圧縮して，分子の凝縮が起こりうる引力領域にもちこむことができる．T_c より高い温度では，気体分子の運動エネルギーが大きくなり，分子はこの引力領域から離脱し，凝縮は起こらない．図 1・10 は六フッ化硫黄 (SF_6) の臨界現象を示したものである．

表 1・4 各物質の臨界定数

物 質	P_c/atm	$\overline{V}_c$/L mol^{-1}	T_c/K
He	2.25	0.0578	5.2
Ne	26.2	0.0417	44.4
Ar	49.3	0.0753	151.0
H_2	12.8	0.0650	32.9
N_2	33.6	0.0901	126.1
O_2	50.8	0.0764	154.6
CO	34.5	0.0931	132.9
CO_2	73.0	0.0957	304.2
CH_4	45.4	0.0990	190.2
C_2H_6	48.2	0.1480	305.4
H_2O	217.7	0.0560	647.6
NH_3	109.8	0.0724	405.3
SF_6	37.6	0.2052	318.7

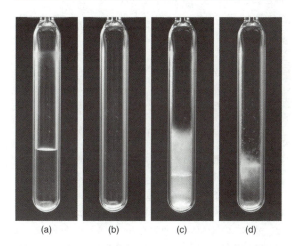

図 1・10 六フッ化硫黄 (T_c=45.5℃, P_c=37.6 atm) の臨界現象. (a) 臨界温度以下では透明な液相が見られる. (b) 臨界温度以上では液相が消える. (c) 物質が臨界温度まで冷却されると，臨界タンパク光という現象が起こり，臨界状態の流体の大きな密度のゆらぎが原因で光が散乱され霧のように見える．最終的に，(d) 液相が再び現れる.

ファンデルワールス定数 a と b および臨界定数の間には，興味深い関係がある．式 (1・8) を n で割って変形すると，次式を得る．

$$\overline{V}^3 - \left(b + \frac{RT}{P}\right)\overline{V}^2 + \frac{a\overline{V}}{P} - \frac{ab}{P} = 0 \quad (1 \cdot 13)$$

ここで $\overline{V}$ はモル体積である．これは三次式であり，$\overline{V}$ の解は 3 個の値をもつ．T_c より低い温度では，$\overline{V}$ は 3 個の実数解 (実根) をもち，うち二つは図 1・8 の破線の曲線と水平線の交点に相当するが，3 番目の解は物理的な意味をも

たない．T_c より高い温度では，$\overline{V}$ は実数解 1 個と虚数解* 2 個をもつ．一方，T_c では，$\overline{V}$ の三つの解はすべて実数解で同値である．すなわち，

$$(\overline{V} - \overline{V}_c)^3 = 0$$

展開して

$$\overline{V}^3 - 3\overline{V}_c\overline{V}^2 + 3\overline{V}_c^2\overline{V} - \overline{V}_c^3 = 0 \quad (1 \cdot 14)$$

式 (1・13) と式 (1・14) の $\overline{V}^3, \overline{V}^2, \overline{V}$ の係数を比較すると次のようになる．

$$\overline{V}^2 \text{ について}: 3\overline{V}_c = b + \frac{RT_c}{P_c} \quad (1 \cdot 15)$$

$$\overline{V} \text{ について}: 3\overline{V}_c^2 = \frac{a}{P_c} \quad (1 \cdot 16)$$

$$\overline{V}_c^3 = \frac{ab}{P_c} \quad (1 \cdot 17)$$

式 (1・15)〜式 (1・17) から，次式を得る．

$$a = 3P_c\overline{V}_c^2 \quad (1 \cdot 18)$$

$$b = \frac{\overline{V}_c}{3} \quad (1 \cdot 19)$$

$$R = \frac{8a}{27T_c b} \quad (1 \cdot 20)$$

したがって，ある物質の臨界定数が既知であれば，a および b を計算することができる．実際に，上述の 3 式のうちの 2 式を用いて a および b を求めることができる．もし，臨界領域でファンデルワールスの式に正確に従うならば，どれを選択しても問題ではない．しかし，これは正確とは言えない．a および b の値は，P_c–T_c か T_c–$\overline{V}_c$ か P_c–$\overline{V}_c$ のどれを用いるかに大きく依存している．通常 $\overline{V}_c$ は臨界定数の中では最も精度が低いため，P_c と T_c を用いる．式 (1・19) より，

$$\overline{V}_c = 3b \quad (1 \cdot 21)$$

これを式 (1・18) に代入して，

$$a = 3P_c(3b)^2 = 27P_c b^2 \quad (1 \cdot 22)$$

式 (1・22) を式 (1・20) に代入して，

$$b = \frac{RT_c}{8P_c} \quad (1 \cdot 23)$$

$$a = \frac{27R^2T_c^2}{64P_c} \quad (1 \cdot 24)$$

臨界領域ではファンデルワールスの式の信頼性が低いため，式 (1・23) および式 (1・24) は近似関係とみなすべきだが，ファンデルワールス定数を求めるためによく利用されている．たとえば，表 1・3 中の a および b の値は大半

---

* 虚数解には $\sqrt{-1}$ の項が含まれる．

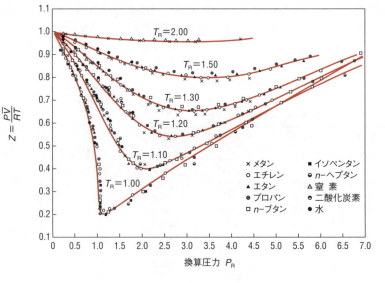

図 1·11 種々の気体について，換算圧力，換算温度の関数としての圧縮因子 (Z) のプロット〔出典: Gouq-Jen Su, *Ind. Chem.*, **38**, 803 (1946)〕

が臨界定数（表 1·4 参照）および式 (1·23)，式 (1·24) から計算されたものである．レドリッヒ・クウォンの式の定数 (A, B) を臨界定数に関係づけるにも，同様のやり方が使える．ただし数学的な手順はずっと複雑である．

近年，**超臨界流体**（<u>s</u>uper<u>c</u>ritical <u>f</u>luid, SCF）すなわち物質固有の臨界温度，臨界圧力を超えた状態の流体の実際の応用に，非常に興味がもたれている．最も研究されている SCF の一つは二酸化炭素である．適切な温度，圧力条件下で，二酸化炭素の超臨界流体はコーヒーの生豆からカフェインを除去したり，油抜きのポテトチップをつくるために食用油を除去するための溶媒として用いることができる．さらに，二酸化炭素は塩素化炭化水素を溶解するため，環境浄化にも利用されている．CO_2，NH_3 およびヘキサン，ヘプタンなどの特定の炭化水素の超臨界流体はクロマトグラフィーの移動相として使用される．さらに，CO_2 の超臨界流体は，抗生物質やホルモンなど，通常のガスクロマトグラフィー分離に必要な高温で不安定な物質の，有効な担体媒質であることがわかってきた．

1·9 対応状態の法則

式 (1·8) の展開による注目すべき結論の一つは van der Waals 自身が指摘した．まず，式 (1·8) をモル体積の項を使い表してみる．

$$\left(P + \frac{a}{\overline{V}^2}\right)(\overline{V} - b) = RT \quad (1·25)$$

気体の圧力，モル体積，温度をそれぞれその臨界定数で割ると，

$$P_R = \frac{P}{P_c} \quad \overline{V}_R = \frac{\overline{V}}{\overline{V}_c} \quad T_R = \frac{T}{T_c} \quad (1·26)$$

となる．ここで P_R, V_R, T_R は換算圧力，換算体積，換算温度とよばれる．式 (1·25) をこれらで表して

$$\left(P_R P_c + \frac{a}{\overline{V}_R^2 \overline{V}_c^2}\right)(\overline{V}_R \overline{V}_c - b) = RT_R T_c \quad (1·27)$$

式 (1·21)〜式 (1·23) より，次の関係があるから

$$P_c = \frac{a}{27b^2} \quad \overline{V}_c = 3b \quad T_c = \frac{8a}{27Rb} \quad (1·28)$$

式 (1·27) の $P_c, \overline{V}_c, T_c$ に上式の関係を代入して

$$\left(P_R + \frac{3}{\overline{V}_R^2}\right)(3\overline{V}_R - 1) = 8T_R \quad (1·29)$$

式 (1·29) は定数 a, b を含まないことに注意されたい．つまりこの式は物質の種類によらず成立する．式 (1·29) が**対応状態の法則**（law of corresponding states）の数学的表現である．要するに P_R, V_R, T_R の対応状態で比較すると，すべての気体は同じ性質をもつと言える．言い換えれば，二つの気体の T_R, P_R が同じ値をもつなら，$\overline{V}_R$ も同じ値にならねばならない．

例として，窒素ガス 1 mol が 6.58 atm, 189 K に，二酸化炭素ガス 1 mol が 14.3 atm, 456 K に保たれている状況を考えよう．この状態では，換算圧力は $P_R = 0.20$，換算温度は $T_R = 1.5$ で等しく，両気体は対応状態にあるので，換算モル体積も同じ値 ($V_R \approx 20$) を取らねばならない．式 (1·29) はもともとのファンデルワールスの式〔式 (1·25)〕と同様の制限があることを忘れないように．

図 1·11 は，対応状態の法則をみごとに図示したものである．$P-V-T$ データから，種々の状態にある気体につき，圧縮因子 Z〔$=(P\overline{V})/(RT)$〕が計算できるが，換算温度 T_R を一定にすると，種々の気体の P_R-Z のプロットがほぼ同じ曲線上にあることがわかる．このことから換算圧力，換算温度が同じ気体では，圧縮因子が等しいことが示され

る*.対応状態の法則は極限条件下の気体について多くの情報を手っ取り早く得る方法なので工学の分野でとりわけ有用である.

例題 1・4

504 ℃,435 atm の水のモル体積を図 1・11 を用いて見積もれ.

解 表 1・4 から水の $P_R = (435/217.7) = 2.0$,$T_R = [(504+273)/647.6] = 1.2$,図 1・11 から $Z \approx 0.60$ だからモル体積は

$$\overline{V} = \frac{RTZ}{P}$$

$$= \frac{(0.082\,06\text{ L atm K}^{-1}\text{ mol}^{-1})(777\text{ K})(0.60)}{435\text{ atm}}$$

$$= 0.088\text{ L mol}^{-1}$$

一方,理想気体の状態方程式からは $\overline{V} = 0.15\text{ L mol}^{-1}$ が得られる.

---

* $P = P_R P_c$,$\overline{V} = \overline{V}_R \overline{V}_c$,$T = T_R T_c$ だから $Z = (P_R \overline{V}_R / T_R)[P_c \overline{V}_c / (RT_c)]$ すなわち $(P_R \overline{V}_R / T_R) Z_c$ となる.表 1・4 から Z_c の値は大まかに同じであることがわかる.したがって,P_R,T_R が同じなら気体の $\overline{V}_R$,ひいては Z の値はほぼ同じと期待される.

訳者補遺: SI 基本 7 単位の現在と改定後の比較

現行では,時間,長さ,光度が基本物理定数により定義されているが,改定後は,残り四つについても,基本物理定数(プランク定数,電気素量,ボルツマン定数,アボガドロ定数)を不確定さのない定義値とし,それを使い定義する.

新定義で用いる基本物理定数を右表に示す.

現行の質量〔kg〕,電流〔A〕,熱力学温度〔K〕の定義は廃止され,物質量〔mol〕の定義は改定される.

現行と改定後の SI 基本単位の定義を下表に比較して示す.

SI 基本単位に用いる[†1] 基本物理定数の値

物理量	記号	数値(定義値)
^{133}Cs の基底状態の超微細構造の遷移の振動数	$\Delta\nu$	9 192 631 770 s^{-1} [†2]
真空中での光速度	c	299 792 458 m s^{-1} [†2]
プランク定数	h	6.626 070 040×10^{-34} J s
電気素量	e	1.602 176 620 8×10^{-19} C
ボルツマン定数	k_B	1.380 648 52×10^{-23} J K^{-1}
アボガドロ定数	N_A	6.022 140 857×10^{23} mol^{-1}
分光視感効率(540×10^{12} Hz の単色光の発光効率)	K_{cd}	653 lm W^{-1} [†2]

[†1] 2018 年 11 月改定予定. [†2] 数値に変更なし.

現在と改定後の七つの SI 基本単位の定義の比較

物理量	単位	2018 年 10 月までの定義	2018 年 11 月改定後の定義[†]
時 間	s	^{133}Cs の基底状態の二つの超微細構造のエネルギー準位間の遷移に対応する電磁波の周期の 9 192 631 770 倍の継続時間	1 s = 9 192 631 770/$\Delta\nu$
長 さ	m	1 s の 1/299 792 458 の時間に光が真空中を伝わる行程の長さ	1 m = c/299 792 458 s
質 量	kg	単位の大きさは国際キログラム原器の質量に等しい	1 kg = h/(6.626 070 040×10^{-34}) m^{-2} s
物質量	mol	0.012 kg の ^{12}C 中に存在する原子数に等しい数の要素粒子を含む系の物質量	1 mol = 6.022 140 857×10^{23}/N_A
電 流	A	真空中に 1 m の間隔で平行に配置された無限に小さい円形断面積を有する無限に長い 2 本の直線状導体のそれぞれを流れ,これらの導体の長さ 1 m につき 2×10^{-7} N の力を及ぼしあう一定の電流	1 A = e/(1.602 176 620 8×10^{-19}) s^{-1}
温 度	K	水の三重点の熱力学温度の 1/273.16	1 K = (1.380 648 52×10^{-23})/k_B kg m^2 s^{-2}
光 度	cd	周波数 540×10^{12} Hz の単色電磁波を放出し,所定の方向におけるその放射強度が 1/683 W sr^{-1} である光源のその方向における光度	1 cd = K_{cd}/683 kg m^2 s^{-3} sr^{-1}

[†] 時間,長さ,光度の定義は,実質的には改定前の定義と同様である.

重 要 な 式

$PV = nRT$	理想気体の状態方程式	式(1・1)
$P_T = \sum_i P_i$	ドルトンの分圧の法則	式(1・4)
$Z = \dfrac{PV}{nRT} = \dfrac{P\overline{V}}{RT}$	圧縮因子	式(1・7)
$\left(P + \dfrac{an^2}{V^2}\right)(V - nb) = nRT$	ファンデルワールスの式	式(1・8)

$Z = 1 + \dfrac{B}{\overline{V}} + \dfrac{C}{\overline{V}^2} + \dfrac{D}{\overline{V}^3} + \cdots$	ビリアルの式	式(1・10)
$Z = 1 + B'P + C'P^2 + D'P^3 + \cdots$	ビリアルの式	式(1・11)
$\left(P_R + \dfrac{3}{\overline{V}_R{}^2}\right)(3\overline{V}_R - 1) = 8T_R$	対応状態の法則	式(1・29)

参考文献

標準的な物理化学の教科書

P. W. Atkins, J. de Paula, "Physical Chemistry, 8th Ed.," W. H. Freeman, New York (2006) 〔邦訳: 千原秀昭, 中村亘男訳, "アトキンス物理化学(上・下)(第 8 版)", 東京化学同人 (2009), 最新版は中野元裕ほか訳, "アトキンス物理化学(上・下)(第 10 版)", 東京化学同人 (2017)〕.

K. J. Laidler, J. H. Meiser, B. C. Sanctuary, "Physical Chemistry, 4th Ed.," Houghton Mifflin Company, Boston (2003).

I. N. Levine, "Physical Chemistry, 5th Ed.," McGraw-Hill, New York (2009).

D. A. McQuarrie, J. D. Simon, "Physical Chemistry," University Science Books, Sausalito, CA (1997) 〔邦訳: 千原秀昭, 江口太郎, 齋藤一弥訳, "マッカーリ・サイモン物理化学――分子論的アプローチ(上・下)", 東京化学同人 (1999, 2000)〕.

J. H. Noggle, "Physical Chemistry, 3rd Ed.," Harper Collins College Publishers, New York (1996).

R. J. Silbey, R. A. Alberty, M. G. Bawendi, "Physical Chemistry, 4th Ed.," John Wiley & Sons, New York (2004).

物理化学の歴史的な発展

E. B. Wilson, Jr., 'One Hundred Years of Physical Chemistry,' *Am. Sci.*, **74**, 70 (1986).

K. J. Laidler, "The World of Physical Chemistry," Oxford University Press, New York (1993).

C. Cobb, "Magic, Mayhem, and Mavericks: The Spirited History of Physical Chemistry," Prometheus Books, Amherst, NY (2002).

気体の物理的性質

D. Tabor, "Gases, Liquids, and Solids, 3rd Ed.," Cambridge University Press, New York (1996).

A. J. Walton, "The Three Phases of Matter, 2nd Ed.," Oxford University Press, New York (1983).

論文

F. S. Swinbourne, 'The van der Waals Gas Equation,' *J. Chem. Educ.*, **32**, 366 (1955).

S. S. Winter, 'A Simple Model for van der Waals,' *J. Chem. Educ.*, **33**, 459 (1959).

F. L. Pilar, 'The Critical Temperature: A Necessary Consequence of Gas Nonideality,' *J. Chem. Educ.*, **44**, 284 (1967).

W. H. Bowman, R. M. Lawrence, 'The Cabin Atmosphere in Manned Space Vehicles,' *J. Chem. Educ.*, **48**, 152 (1971).

J. B. Ott, J. R. Goales, H. T. Hall, 'Comparisons of Equations of State in Effectively Describing *PVT* Relations,' *J. Chem. Educ.*, **48**, 515 (1971).

E. D. Cooke, 'Scuba Diving and the Gas Laws,' *J. Chem. Educ.*, **50**, 425 (1973).

A. F. Scott, 'The Invention of the Balloon and the Birth of Modern Chemistry,' *Sci. Am.*, January (1984).

S. Levine, 'Derivation of the Ideal Gas Law,' *J. Chem. Educ.*, **62**, 399 (1985).

E. F. Meyer, T. P. Meyer, 'Supercritical Fluids: Liquid, Gas, Both, or Neither? A Different Approach,' *J. Chem. Educ.*, **63**, 463 (1986).

D. B. Clark, 'The Ideal Gas Law at the Center of the Sun,' *J. Chem. Educ.*, **66**, 826 (1989).

J. G. Eberhart, 'The Many Faces of van der Waals's Equation of State,' *J. Chem. Educ.*, **66**, 906 (1989).

J. G. Eberhart, 'Applying the Critical Conditions to Equations of State,' *J. Chem. Educ.*, **66**, 990 (1989).

G. Rhodes, 'Does a One-Molecule Gas Obey Boyle's Law?' *J. Chem. Educ.*, **69**, 16 (1992).

R. Chang, J. F. Skinner, 'A Lecture Demonstration of the Critical phenomenon,' *J. Chem. Educ.*, **69**, 158 (1992).

C. S. Houston, 'Mountain Sickness,' *Sci. Am.*, October (1992).

M. Ross, 'Equations of State,' "Encyclopedia of Applied Physics," ed. by G.L. Trigg, Vol. 6, p. 291, VCH Publishers, New York (1993).

C. L. Phelps, N. G. Smart, C. M. Wai, 'Past, Present, and Possible Future Applications of Supercritical Fluid Extraction Technology,' *J. Chem. Educ.*, **73**, 1163 (1996).

J. Wisniak, 'Interpretation of the Second Virial Coefficient,' *J. Chem. Educ.*, **76**, 671 (1999).

C. B. Wakefield, C. Phillips, 'Virial Coefficients Using Different Equations of State,' *J. Chem. Educ.*, **77**, 1371 (2000).

J. Wisniak, 'The Thermometer――From the Feeling to the Instrument,' *Chem. Educator* [Online], **5**, 88 (2000).

D. Ben-Amotz, A. D. Gift. 'Updated Principle of Corresponding States,' *J. Chem. Educ.*, **81**, 142 (2004).

J. Gordon, L. Williams, J. James, R. Bernard, 'The Determination of Absolute Zero: An Accurate and Rapid Method,' *Chem. Educator* [Online], **13**, 351 (2008). DOI: 10.1333/s00897082170a.

B. O. Johnson, H. Van Milligan, 'How Heavy Is a Balloon? Using the Gas Laws,' *J. Chem. Educ.*, **86**, 224A (2009).

F. Watson, 'An Interesting Algebraic Rearrangement of Semi-empirical Gaseous Equations of State, Partitioning of the Compressibility Factor into Attractive and Repulsive Parts,' *Chem. Educator* [Online], **15**, 10 (2010). DOI: 10.1007/s00897102210a.

T. D. Varburg, A. J. Bendelsmith, K.T. Kuwata, 'Measurement of the Compressibility Factor of Gases: A Physical Chemistry Laboratory Experiment,' *J. Chem. Educ.*, **88**, 1166 (2011).

D. McGregor, W. V. Sweeney, P. Mills, 'A Simple Mercury-Free Laboratory Apparatus To Study the Relationship between Pressure, Volume, and Temperature in a Gas,' *J. Chem. Educ.*, **89**, 509 (2012).

問 題

理想気体

1・1 次の各性質を示量性か示強性に分類せよ：力，圧力 (P)，体積 (V)，温度 (T)，質量，密度，モル質量，モル体積 ($\bar{V}$)．

1・2 NO_2，NF_2 などのいくつかの気体はどのような圧力下でもボイルの法則に従わない．説明せよ．

1・3 0.85 atm，66 ℃ の状態にある理想気体を体積，圧力および温度がそれぞれ 94 mL，0.60 atm，45 ℃ になるまで膨張させた．もともとの体積はいくらだったか．

1・4 ボールペンの本体に小孔が空いているものがあるが，この穴の目的は何か．

1・5 理想気体の式から始めて，密度がわかれば気体のモル質量が計算できることを示せ．

1・6 STP（標準温度・圧力）において，0.280 L の気体は 0.400 g である．この気体のモル質量を計算せよ．

1・7 成層圏のオゾン分子は太陽からの有害な放射線の多くを吸収する．成層圏中の典型的なオゾンの温度および分圧はそれぞれ 250 K および 1.0×10^{-3} atm である．この条件で，1.0 L の空気中には何分子のオゾンが存在するか．理想気体を仮定せよ．

1・8 733 mmHg および 46 ℃ において，HBr の密度を $g\,L^{-1}$ で計算せよ．理想気体を仮定せよ．

1・9 不純物を含む $CaCO_3$ 3.00 g を過剰の HCl に溶解させたところ，0.656 L の CO_2（20 ℃，792 mmHg で測定）を生成した．試料中の $CaCO_3$ の質量分率（質量パーセント）を計算せよ．

1・10 水銀の飽和蒸気圧は 300 K で 0.0020 mmHg であり，300 K における空気の密度は $1.18\,g\,L^{-1}$ である．
(a) 空気中の水銀蒸気の濃度を $mol\,L^{-1}$ で計算せよ．
(b) 空気中の水銀の質量を ppm で求めよ．

1・11 1.0 atm，300 K で体積が 1.2 L の非常に柔らかい風船を成層圏まで上昇させた．成層圏の温度および圧力はそれぞれ 250 K および 3.0×10^{-3} atm である．風船の最終体積はいくらになるか．理想気体を仮定せよ．

1・12 炭酸水素ナトリウム（$NaHCO_3$）は俗に重曹とよばれ，加熱すると二酸化炭素を放出し，クッキー，ドーナツやパンを膨らませる．
(a) 180 ℃，1.3 atm において $NaHCO_3$ 5.0 g を加熱した場合に生成する CO_2 の体積（L 単位で）を計算せよ．
(b) 炭酸水素アンモニウム（NH_4HCO_3）もまた，膨らし粉として使われる．$NaHCO_3$ の代わりに NH_4HCO_3 をパン作りに用いた場合の利点および欠点を一つずつ述べよ．

1・13 圧力の非 SI 単位の一つに，ポンド毎平方インチ（psi）がある．1 atm＝14.7 psi である．18 ℃ と寒い場合には，自動車タイヤはゲージ圧で 28.0 psi まで膨張する．
(a) 自動車を運転してタイヤが 32 ℃ まで加熱されると，圧力はいくらになるか．
(b) タイヤの圧力をもとの 28.0 psi に減圧するためにはタイヤ内の空気の何パーセントを放出すればよいか．タイヤの体積は温度によらず一定であるとする〔タイヤのゲージはタイヤ内の圧力ではなく，外部の圧力（14.7 psi）からの超過分を測定している〕．

1・14 (a) 22 ℃ において 0.98 L の自転車のタイヤを，圧力 5.0 atm になるまで満たすには，同温で 1.0 atm の空気がどれくらいの体積必要だろうか．（5.0 atm はゲージ圧であり，タイヤ内部の圧力と大気圧の差であることに注意せよ．はじめタイヤのゲージ圧は 0 atm である．）
(b) ゲージの読みが 5.0 atm であるとき，タイヤ内の全圧はいくらか．
(c) タイヤにハンドポンプで 1.0 atm の空気を注入した．シリンダー内に気体を圧縮すると，ポンプ内の空気はすべてタイヤ内に加えられる．ポンプの体積がタイヤの体積の 33 % であるとすれば，ポンプを 3 往復動かすとタイヤのゲージ圧はいくらになるか．

1・15 学生が温度計を壊して，水銀（Hg）の大半が長さ 15.2 m，幅 6.6 m，高さ 2.4 m の実験室の床にこぼれた．
(a) 気温 20 ℃ の室内の水銀蒸気の質量を g 単位で計算せよ．
(b) 水銀蒸気の濃度は，空気の環境規制である空気 1 m^3 当たり 0.050 mg Hg を超えてしまうだろうか．
(c) 少量のこぼれた水銀を処理する方法の一つとして，水銀上に硫黄粉末を吹きかけるという方法がある．この処理方法の物理的および化学的な根拠を述べよ．20 ℃ において水銀の蒸気圧は 1.7×10^{-6} atm である．

1・16 窒素はいくつかの気体状酸化物を形成する．そのうちの一つは 764 mmHg，150 ℃ で測定した密度が 1.27 g L^{-1} である．この化合物の化学式を書け．

1・17 純粋な二酸化窒素（NO$_2$）は気相では得られない．NO$_2$ と N$_2$O$_4$ の混合物として存在するためである．25 ℃ および 0.98 atm において，この混合物気体の密度は 2.7 g L^{-1} である．各気体の分圧はいくらか．

1・18 超高真空ポンプは空気圧を 1.0 atm から 1.0×10^{-12} mmHg に減圧することができる．この圧力下 298 K で 1 L 中に含まれる空気分子の数を計算せよ．計算結果を 1.0 atm，298 K で 1.0 L 中の空気分子の数と比較せよ．理想気体を仮定せよ．

1・19 温度が 8.4 ℃，圧力が 2.8 atm の湖底にある半径 1.5 cm の気泡が水面に上昇する．水面では温度が 25.0 ℃，圧力が 1.0 atm である．水面に到達したときの気泡の半径を計算せよ．理想気体を仮定せよ〔ヒント: 半径 r の球の体積は $\frac{4}{3}\pi r^3$ である〕．

1・20 1.00 atm，34.4 ℃ における乾燥空気の密度は 1.15 g L^{-1} である．空気は窒素および酸素を含み，理想気体として振舞うと仮定して，空気の組成を質量分率（質量パーセント）で計算せよ〔ヒント: まず空気の"モル質量"を計算し，次にモル分率，そして O$_2$ と N$_2$ の質量分率を計算せよ〕．

1・21 グルコースの燃焼中に発生する気体は 20.1 ℃，1.0 atm で測ると 0.78 L である．燃焼温度が 36.5 ℃ の場合にはこの気体の体積はいくらになるか．理想気体を仮定せよ．

1・22 体積 V_A および V_B の二つの気球がコックで連結されている．気球内の気体の物質量はそれぞれ n_A mol および n_B mol で，始状態では気体は同じ圧力 P，温度 T にある．コックを開くと系の最終的な圧力は P に等しくなることを示せ．理想気体を仮定せよ．

1・23 平均海面での乾燥空気の組成は体積で N$_2$ 78.03 %，O$_2$ 20.99 %，CO$_2$ 0.033 % である．

(a) この空気試料の平均モル質量を計算せよ．

(b) N$_2$，O$_2$，CO$_2$ の分圧を atm 単位で計算せよ（定温，定圧下では気体の体積は気体のモル数に正比例する）．

1・24 窒素と水素を含む混合気体の質量が 3.50 g であり，300 K，1.00 atm において 7.46 L の体積を占めている．窒素と水素の質量分率を計算せよ．理想気体を仮定せよ．

1・25 容積 645.2 m^3 の閉め切った部屋の相対湿度は 300 K では 87.6 % であり，300 K における水の蒸気圧は 0.0313 atm である．空気中に含まれる水の質量を計算せよ〔ヒント: 相対湿度は $(P/P_s) \times 100 \%$ で定義され，ここで P および P_s はそれぞれ水蒸気の分圧および飽和分圧である〕．

1・26 密閉容器内での窒息死は通常酸素不足ではなく，体積にして約 7 % で起こる CO$_2$ の中毒によるものである．$10 \times 10 \times 20$ フィートの密閉した部屋内で，どのくらいの時間，安全にいられるか〔出典: J. A. Campbell, 'EcoChem,' *J. Chem. Educ.*, **49**, 538 (1972)〕．

1・27 2種類の理想気体 A と B が入ったフラスコがある．この系の全圧は気体 A の量にどのように依存するかを図示せよ．すなわち A のモル分率に対して全圧をプロットせよ．同じグラフに B についても同様にプロットせよ．A および B の全モル数は一定である．

1・28 気体ヘリウムと気体ネオンの混合物を 28.0 ℃，745 mmHg において水上置換により回収した．ヘリウムの分圧が 368 mmHg であるとき，ネオンの分圧はいくらになるか〔注意: 28 ℃ での水の蒸気圧は 28.3 mmHg である〕．

1・29 気圧計が示す圧力は地球の場所によって低下したり，上昇したりする．なぜかを説明せよ．

1・30 一片の金属ナトリウムは次のように水と完全に反応する．

$$2\,\text{Na}(s) + 2\,\text{H}_2\text{O}(l) \longrightarrow 2\,\text{NaOH}(aq) + \text{H}_2(g)$$

生成した気体水素を 25.0 ℃ で水上置換により回収し，1.00 atm で測定したところ体積は 246 mL である．反応で消費されたナトリウムは何グラムか，計算せよ〔注意: 25 ℃ での水の蒸気圧は 0.0313 atm である〕．

1・31 金属亜鉛試料は過剰の濃塩酸と完全に反応する．

$$\text{Zn}(s) + 2\,\text{HCl}(aq) \longrightarrow \text{ZnCl}_2(aq) + \text{H}_2(g)$$

生成した気体水素を 25.0 ℃ で水上置換により回収したところ体積は 7.80 L，圧力は 0.980 atm である．反応で消費された金属亜鉛の量〔g 単位で〕を計算せよ〔注意: 25 ℃ での水の蒸気圧は 23.8 mmHg である〕．

1・32 深海ダイバー用の酸素にはヘリウムが混合される．ダイバーが全圧が 4.2 atm になる深度まで潜水しなければならない場合の気体酸素の体積分率（%）を求めよ（この深さで酸素の分圧は 0.20 atm に維持されている）．

1・33 アンモニア（NH$_3$）気体の試料を鋼綿上で加熱して窒素と水素に完全に分解した．全圧が 866 mmHg であるとき N$_2$ と H$_2$ の分圧を計算せよ．

1・34 空気中の二酸化炭素の分圧は季節によって変化する．北半球での分圧は夏と冬でどちらが高いと予想されるか．説明せよ．

1・35 健康体の成人は 1 回の呼吸で約 5.0×10^2 mL の気体混合物を吐き出す．37 ℃，1.1 atm において，この体積中に含まれる分子数を計算せよ．この気体混合物の主成分を書き出せ．

1・36 気体混合物の分圧を測定する化学的または物理的手法（質量分析法以外で）を記述せよ．

(a) CO$_2$ および H$_2$

(b) He および N$_2$

1・37 気体の法則はスキューバダイバーにとって生死に関わるほど重要である．33 フィートの海水によって生じる水圧は 1 atm に匹敵する．

(a) あるダイバーが肺の中の空気を吐き出さずに，36 フィートの深さから水面まで素早く上昇した．水面に到達したとき，肺の体積は何倍に増加するか．温度は一定であると仮定せよ．

(b) 空気中の酸素の分圧は約 0.20 atm である（空気は体積にして 20 % が酸素である）．深海でのダイビングでこ

の分圧を保つには，ダイバーが呼吸する空気の組成を変えなければならない．ダイバーに掛かる全圧が 4.0 atm であるとき，酸素の含有量〔体積分率(%)で〕はいくらにしなければならないか．

1・38 コックを通して連結されている 1.00 L と 1.50 L の気球にそれぞれ 0.75 atm のアルゴン，1.20 atm のヘリウムが同温で満たされている．コックを開いた後の全圧と各気体の分圧および各気体のモル分率を計算せよ．理想気体の振舞いを仮定せよ．

1・39 ヘリウムとネオンの混合物 5.50 g は 300 K，1.00 atm において 6.80 L の体積を占める．混合物の組成を質量分率（質量パーセント）で計算せよ．

非理想気体と臨界状態

1・40 気体が理想的な振舞いをとらない実例を二つ述べよ．

1・41 理想的に振舞う気体に最も影響を及ぼす条件の組合わせは次のどれか．

 (a) 低圧，低温　　(b) 低圧，高温
 (c) 高圧，高温　　(d) 高圧，低温

1・42 ベンゼンのファンデルワールス定数は，それぞれ $a = 18.00$ atm L^2 mol^{-2}，$b = 0.115$ L mol^{-1} である．ベンゼンの臨界定数を求めよ．

1・43 表 1・3 のデータを用いて，450 K において 1.000 L の体積をもつ 2.500 mol の二酸化炭素により生じる圧力を計算せよ．理想気体を仮定した場合の圧力と比較せよ．

1・44 表を参照せずに，ファンデルワールスの式の b の最大値をもつ気体を次から選択せよ：CH_4, O_2, H_2O, CCl_4, Ne．

1・45 図 1・6 を見ると，He のプロットは低圧下でも正の勾配をもっている．この振舞いを説明せよ．

1・46 300 K において，CH_4 と N_2 の第二ビリアル係数 (B) はそれぞれ -42 cm^3 mol^{-1}，-15 cm^3 mol^{-1} である．300 K では，どちらの気体がより理想的に振舞うだろうか．

1・47 CO_2 の第二ビリアル係数 (B) を -0.0605 L mol^{-1} として，400 K，30 atm における二酸化炭素のモル体積を計算せよ．この結果を理想気体の式を用いて得られる結果と比較せよ．

1・48 ある温度における気体の振舞いを記述したビリアル展開 $Z = 1 + B'P + C'P^2$ を考える．次の Z–P プロットから，B' と C' の符号（<0, $=0$, >0）を導け．

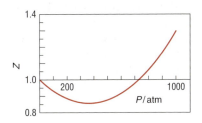

1・49 ナフタレンの臨界温度と臨界圧は，それぞれ 474.8 K，40.6 atm である．ナフタレンのファンデルワールス定数 a, b を計算せよ．

1・50 臨界点において $(\partial P/\partial \overline{V})_T = 0$, $(\partial^2 P/\partial \overline{V}^2)_T = 0$ であるとして，臨界定数からファンデルワールス定数 a, b を導き出せ（この問題は偏微分の知識が必要である）．

1・51 ファンデルワールス定数と臨界定数の関係から，$Z_c = (P_c \overline{V}_c)/(RT_c) = 0.375$ を示せ．ここで Z_c は臨界点での圧縮因子である．

1・52 マサチューセッツの建造物の外部には二酸化炭素消火剤が設置されている．冬季は消火器を静かに振ると，シャカシャカという音がする．夏季は振っても音がしない．説明せよ．消火器は漏れがなく未使用であるとする．

補 充 問 題

1・53 平均海面において 1.00 cm^2 の断面積をもつ気圧計は，760 mmHg の圧力を示す．地球の表面 1 cm^2 上の空気は，どこで測定しても，この水銀柱と同じ圧力を示すとする．水銀の密度が 13.6 g cm^{-3}，地球の平均半径が 6371 km であるとして，地球の大気の全質量を kg 単位で計算せよ〔ヒント：r を球の半径として球の表面積は $4\pi r^2$ である〕．

1・54 ヒトの呼吸 1 回には，平均すれば Wolfgang Amadeus Mozart (1756〜1791) がかつて吐き出した分子が含まれている，と言われている．以下の計算を行うとこの記述の正当性が示される．

 (a) 大気中の全分子数を計算せよ〔ヒント：問題 1・53 の結果と空気のモル質量 29.0 g mol^{-1} を用いよ〕．

 (b) 1 回の呼吸（吸い込みまたは吐き出し）の体積を 500 mL として，体温が 37 ℃ であるとき，1 回に吐き出される分子数を計算せよ．

 (c) Mozart の寿命が正確に 35 年であったとして，この期間（平均的なヒトは 1 分間に 12 回呼吸するとして）に吐き出した分子数を計算せよ．

 (d) Mozart によって吐き出された空気の大気中におけるモル分率を計算せよ．ヒトは 1 回の呼吸当たり何個の Mozart の分子を吸っているか．有効数字 1 桁で概算せよ．

 (e) これらの計算における重要な仮定を三つ書き出せ．

1・55 温度が 18.0 ℃，大気圧が 750 mmHg の日に，部分的にアセトンが満たされた 25.0 ガロンのドラム缶の中身を貯蔵管理者が測定したところ，15.4 ガロンの溶媒が残っていることがわかった．ドラム缶をしっかり密閉した後，助手が階上の有機実験室まで運ぶ途中に落としてしまい，ドラム缶がへこんで内容積が 20.4 ガロンに減少した．この事故の後，ドラム缶内の全圧はいくらになるか．18.0 ℃ においてアセトンの蒸気圧は 400 mHg である〔ヒント：ドラム缶を密閉した際にドラム缶内の圧力（これは空気およびアセトンの圧力の合計に等しい）は大気圧に等しくなった〕．

1・56 気圧の公式として知られている関係は，高度に伴う大気圧の変化を見積もるときに便利である．

 (a) 高度に伴って大気圧が減少するという知識から，$dP = -\rho g\, dh$ を得る．ここで ρ は空気の密度，g は重力加速度 (9.81 m s^{-2})，P と h は圧力および高さである．理想気体および一定温度であると仮定して，高さ h における

圧力 P が平均海面での圧力 P_0 ($h=0$) と $P=P_0 e^{(-gMh)/(RT)}$ によって関係づけられることを示せ〔ヒント：理想気体について $\rho=(PM)/(RT)$，ここで M はモル質量である〕．

(b) 空気の平均モル質量が $29.0\,\mathrm{g\,mol^{-1}}$ であるとき，温度が $5.0\,^\circ\mathrm{C}$ で一定であるとして，高さ $5.0\,\mathrm{km}$ における大気圧を計算せよ．

1・57 剛体球気体モデルの場合，分子は有限体積をもつが，分子間に相互作用がないとする．

(a) 理想気体と剛体球気体の P-V 等温曲線を比較せよ．

(b) b を気体の実効体積として，この気体の状態方程式を書け．

(c) この式から，剛体球気体について $Z=(P\bar{V})/(RT)$ を導き，T の二つの値 (T_1 および T_2, $T_2>T_1$) について P に対して Z をプロットせよ．Z 軸の切片の値を必ず示せ．

(d) 理想気体および剛体球気体に関して，P を固定して T に対して Z をプロットせよ．

1・58 ファンデルワールスの式の b を物理的に理解する方法の一つは，"排除体積"を計算することである．2個の同種球体分子間の最近接距離が分子半径の和 ($2r$) であると仮定せよ．

(a) 他の分子の中心が通過できない各分子の周りの体積を計算せよ．

(b) (a)の結果から，分子 $1\,\mathrm{mol}$ による排除体積すなわち定数 b を計算せよ．この分子 $1\,\mathrm{mol}$ の体積の合計と比べどの程度か．

1・59 皿にロウソクを立てて火をつけ，水を張り，逆さにしたコップをかぶせると，やがてロウソクは消え，皿の水がコップ内に吸い上げられる．この現象に対する一般的な説明は，コップ中の酸素が燃焼によって消費されるというものである．しかし酸素の損失分はごく微量である．

(a) パラフィンろうの分子式として $C_{12}H_{26}$ を用いて，燃焼の反応式を書け．生成物の性質に基づいて，酸素が排除されることによる水面の予測される上昇分は観測される変化よりもかなり小さいことを示せ．

(b) 捕集した空気中の酸素の体積を測定するための化学プロセスを考案せよ〔ヒント：スチールウールを用いよ〕．

(c) 炎が消えた後のコップ中の水面上昇のおもな理由は何か．

1・60 ファンデルワールスの式を式 (1・10) の形で表せ．ファンデルワールス定数 (a, b) とビリアル係数 (B, C, D) の関係式を導け．ただし次式を用いよ．

$$\frac{1}{1-x}=1+x+x^2+x^3+\cdots \qquad |x|<1$$

1・61 ボイル温度はビリアル係数 B が 0 になる温度である．したがって，実在気体はボイル温度では理想気体として振舞う．

(a) この振舞いを物理的に説明せよ．

(b) 問題 1・60 のファンデルワールスの式の B の結果を用いて，アルゴンのボイル温度を計算せよ．ここで $a=1.345\,\mathrm{atm\,L^2\,mol^{-2}}$，$b=3.22\times10^{-2}\,\mathrm{L\,mol^{-1}}$ とする．

1・62 式 (1・10) および式 (1・11) から，$B'=B/(RT)$ および $C'=(C-B^2)/(RT)^2$ を示せ〔ヒント：式 (1・10) からまず P および P^2 の式を得よ．次にこれらの式を式 (1・11) に代入せよ〕．

1・63 $100\,^\circ\mathrm{C}$, $1.0\,\mathrm{atm}$ において水蒸気分子間の距離〔Å〕を見積もれ．理想気体を仮定せよ．$100\,^\circ\mathrm{C}$ における水の密度が $0.96\,\mathrm{g\,cm^{-3}}$ であるとして，$100\,^\circ\mathrm{C}$ の液体の水についての計算を繰返せ．結果について考察せよ（H_2O 分子の直径はおよそ $3\,\mathrm{Å}$ で $1\,\mathrm{Å}=10^{-8}\,\mathrm{cm}$）．

1・64 メタン (CH_4) とエタン (C_2H_6) の混合物を 294 Torr の圧力で容器に蓄えた．この気体を空気中で燃焼させると CO_2 と H_2O ができる．CO_2 の圧力は，もとの混合物と同温，同体積で 356 Torr であった．混合気体のモル分率を計算せよ．

1・65 $5.00\,\mathrm{mol}$ の NH_3 気体の試料が $300\,\mathrm{K}$ で $1.92\,\mathrm{L}$ の容器に保存されている．気体の圧力を計算するのにファンデルワールスの式を用いて正しい答えが出ると仮定して，理想気体の式を用いて圧力を計算した場合の誤差（％）を求めよ．

1・66 気体状の炭化水素を $350\,\mathrm{K}$ で $20.2\,\mathrm{L}$ の容器に入れ，過剰の酸素と反応させたところ $205.1\,\mathrm{g}$ の CO_2 と $168.0\,\mathrm{g}$ の H_2O が生成した．炭化水素の分子式を求めよ．

1・67 体積 V, 温度 T, 圧力 P の空気と，同体積，同温，同圧の水蒸気を含んだ空気とでは，どちらの試料の質量が重いだろうか．

1・68 (a) ある流体が示す圧力 P [Pa] は hdg で表されることを示せ．ここで h は円柱状の流体の高さ [m], d は密度 [$\mathrm{kg\,m^{-3}}$], g は重力の標準加速度 ($9.81\,\mathrm{m\,s^{-2}}$) である．

(b) $5.24\,^\circ\mathrm{C}$ の湖の底で発生した泡の体積が，温度 $18.73\,^\circ\mathrm{C}$, 気圧 $0.973\,\mathrm{atm}$ の湖面まで上昇したとき，6倍に増加していた．湖水の密度は $1.02\,\mathrm{g\,cm^{-3}}$ であった．(a)の式を用いて湖の深さを m 単位で求めよ．

1・69 表 1・3 のファンデルワールス定数を用いてアルゴンの半径を pm 単位で見積もれ．

1・70 $7.8\,\mathrm{L}$ の体積の栓をしたフラスコに水が $1.0\,\mathrm{g}$ 入っている．水の半分が水蒸気になるのは何度か〔ヒント：後ろ見返しの水蒸気圧の表を参照せよ〕．

1・71 理想気体の式〔式 (1・1)〕は微視的な形で $PV=Nk_\mathrm{B}T$ と書ける．ここで N は分子数，k_B はボルツマン定数で $1.381\times10^{-23}\,\mathrm{J\,K^{-1}}$ である．$273\,\mathrm{K}$, $1.0\,\mathrm{atm}$ の空気分子間の平均距離を nm 単位で見積もれ〔ヒント：各空気分子は直径 d の球（球の体積 V/N）の中心にあると仮定せよ〕．

2 気体分子運動論

厳密には存在しないものを表す"静止"という言葉があるのは奇妙なことだ.
Max Born[*1]

気体の法則の研究は物理化学の現象論的[*2]で巨視的な手法の典型的なものである.気体の法則を記述する数式は比較的単純であり,実験結果と容易に対応づけられる.しかし,気体の法則の研究は,分子レベルで起こっていることの本当の物理的理解をもたらさない.ファンデルワールスの式は分子間の相互作用による理想的でない気体の振舞いを説明するために考え出された.とはいえ,かなりあいまいなやり方でなされたにすぎないので,気体の圧力はどのように個々の分子の運動に関連づけられるのか,あるいは,気体は定圧条件で加熱するとどうして膨張するのか,といった問いに答えるものではない.そこで,次なるステップとして,気体の振舞いを分子運動の動力学によって論理的に説明することが必要となる.本章では,気体分子の性質をより定量的に解釈するために,気体分子運動論についてふれる.

2・1 気体のモデル

実験結果を説明するための理論を展開するときはいつでも,取扱う系を最初に定義する必要がある.たいていの場合,系のすべての性質を理解しているわけではないので,いくつかの仮定をおかなければならない.**気体分子運動論モデル**(model for the kinetic theory of gases)は以下のような仮定に基づいている.

1. 気体は多数の原子または分子からなっており,互いの距離は原子,分子の大きさに比べて大きい.
2. 気体分子は質量をもつが,大きさは無視できるほど小さい.
3. 気体分子は無秩序に運動している.
4. 気体分子間および気体分子と容器の壁との衝突は**弾性的**(elastic)である.すなわち,運動エネルギーは分子間を移動するが,ほかのエネルギー状態には変換されない(内部エネルギー状態は変わらない).
5. 分子間には引力や斥力などの相互作用はない.

2と5の仮定は第1章の理想気体の議論でおなじみである.理想気体の法則と気体分子運動論との違いは,気体分子運動論では,圧力や温度などの巨視的な性質を個々の分子の運動で記述するために明確な形で前述の仮定を用いる点である.

2・2 気体の圧力

気体分子運動論のモデルを使って,圧力を分子の性質で表すことができる.一辺の長さが l の立方体の箱に入っている質量 m の N 個の分子からなる理想気体を考えよう.いかなる瞬間においても,箱の内部の気体分子の運動は完全に無秩序である.速度 v の特定の分子の運動を見てみよう.速度はベクトル量なので,大きさと方向をもち,相互に直交する三つの成分,v_x, v_y, v_z に分解できる.それら

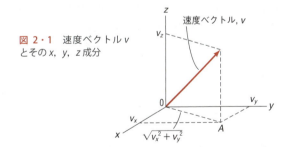

図 2・1 速度ベクトル v とその x, y, z 成分

の成分はそれぞれ x, y, z 軸方向の速度を表し,図2・1に示すように v は合成速度である.速度ベクトルの xy 平面への投影は $\overline{0A}$ であり,それはピタゴラスの定理により,

$$\overline{0A}^2 = v_x^2 + v_y^2$$

と表され,さらに同様にして,次式が得られる.

$$v^2 = \overline{0A}^2 + v_z^2 = v_x^2 + v_y^2 + v_z^2 \tag{2・1}$$

[*1] 出典: M. Born, "The Restless Universe, 2nd Ed.," Dover., New York (1951).
[*2] 訳注: 起こっている"現象"が合理的に説明できることに加え,"現象"が基づく"基本原理"を追究しようとする立場.

今，x 方向のみの分子の運動を考えよう．図 2・2 に分子が容器の壁（yz 面）に速度成分 v_x で衝突したときに起こる変化を示す．衝突は弾性的なので，衝突後の速度は衝突

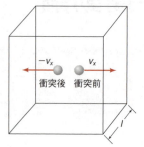

図 2・2 v_x で容器内壁と衝突した分子の速度の変化

前の速度と等しいが反対向きとなる．分子の運動量は m を分子の質量とすると mv_x である．したがって，運動量の変化は

$$mv_x - m(-v_x) = 2mv_x$$

で表される．分子が左から右に動くとき v_x を正に，右から左に動くとき負にとる．衝突後，l/v_x 時間後には分子はもう一方の壁に衝突し，$2l/v_x$ 後には同じ壁に再び衝突する[*1]．したがって，分子と注目している壁との衝突の頻度（単位時間当たりの衝突数）は $v_x/2l$ となり，単位時間当たりの運動量の変化は $(2mv_x)(v_x/2l)$，すなわち mv_x^2/l となる．ニュートンの運動の第二法則によると，

$$\begin{aligned}(\text{力}) &= (\text{質量}) \times (\text{加速度}) \\ &= (\text{質量}) \times (\text{距離}) \times (\text{時間})^{-2} \\ &= (\text{運動量}) \times (\text{時間})^{-1}\end{aligned}$$

である．したがって，一つの分子が 1 回の壁との衝突で生じる力 (F) は mv_x^2/l であり，N 個の分子による全体の力は，Nmv_x^2/l である．圧力 (P) は (力)/(面積) であり，面積 (A) は l^2 であるので，一つの壁に生ずる圧力は

$$P = \frac{F}{A} = \frac{Nmv_x^2}{l(l^2)} = \frac{Nmv_x^2}{V}$$

または

$$PV = Nmv_x^2 \tag{2・2}$$

である．ここで，V は立方体の体積（l^3 に等しい）である．多数の分子（たとえば $N \approx 6 \times 10^{23}$）を扱う場合には，分子の速度に広い分布が生ずる．したがって，式 (2・2) の v_x^2 を平均値 $\overline{v_x^2}$ で置き換えるのが適当である．速度成分の 2 乗の平均と，速度の 2 乗の平均 $\overline{v^2}$ とは，式 (2・1) と同様に

$$\overline{v^2} = \overline{v_x^2} + \overline{v_y^2} + \overline{v_z^2}$$

の関係がある．$\overline{v^2}$ は**平均二乗速度**（mean-square velocity）とよばれ，

$$\overline{v^2} = \frac{v_1^2 + v_2^2 + \cdots + v_N^2}{N} \tag{2・3}$$

で定義される．N が大きいときは，x, y, z 軸方向の分子の運動は等しいとおくことができるので，

$$\overline{v_x^2} = \overline{v_y^2} = \overline{v_z^2} = \frac{\overline{v^2}}{3}$$

となり，式 (2・2) は

$$P = \frac{Nm\overline{v^2}}{3V}$$

と書ける．分子と分母を 2 倍し，分子の平均運動エネルギー $\overline{E}_{\text{trans}}$ は $\frac{1}{2}m\overline{v^2}$ で表されることを思いだし（下つき文字 trans は並進運動[*2] の意），

$$P = \frac{2N}{3V}\left(\frac{1}{2}m\overline{v^2}\right) = \frac{2N}{3V}\overline{E}_{\text{trans}} \tag{2・4}$$

を得る．これは，N 個の分子が一つの壁に及ぼす圧力で，分子の運動方向 (x, y, z) にかかわらず成り立つ．この結果から，圧力は平均運動エネルギー，より正確には分子の平均二乗速度に正比例することがわかる．この関係の根拠となる物理的な意味は，速度が増すほど衝突の頻度が増加し，そして運動量の変化が大きくなるということである．したがって，これらの二つの独立した物理量（頻度と運動量変化）から，圧力を表す気体分子運動論の式内の $\overline{v^2}$ が求まる．

2・3 運動エネルギーと温度

ここで，式 (2・4) と理想気体の状態方程式を比べよう．式 (1・1) より

$$PV = nRT = \frac{N}{N_\text{A}}RT$$

変形して

$$P = \frac{NRT}{N_\text{A}V} \tag{2・5}$$

ここで N_A はアボガドロ定数である．式 (2・4) と式 (2・5) を等しいとおいて，

$$\frac{2}{3}\frac{N}{V}\overline{E}_{\text{trans}} = \frac{N}{N_\text{A}}\frac{RT}{V}$$

よって

$$\overline{E}_{\text{trans}} = \frac{3}{2}\frac{RT}{N_\text{A}} = \frac{3}{2}k_\text{B}T \tag{2・6}$$

が得られる[*3]．ここで，$R = k_\text{B}N_\text{A}$ で，k_B はボルツマン定数である〔オーストリアの物理学者，Ludwig Eduard Boltz-

---

[*1] 分子の運動する経路上に存在する他の分子との衝突は起こらないものと仮定した．分子間の衝突を考慮した厳密な扱いでもまったく同じ結果になる．

[*2] 並進運動は空間内の位置の移動で，原子や分子の質量中心（重心）の平行移動に相当する．

[*3] 訳注：気体 1 mol の運動エネルギーは $\frac{3}{2}N_\text{A}k_\text{B}T = \frac{3}{2}RT$ で与えられる．

mann (1844〜1906) にちなむ］. 値は $1.380\,648\,52(79) \times 10^{-23}\,\mathrm{J\,K^{-1}}$ であるが, ほとんどの計算では, 丸めた値の $1.381 \times 10^{-23}\,\mathrm{J\,K^{-1}}$ を用いる. 式 (2・6) から, 1 分子の平均運動エネルギーは絶対温度に比例することがわかる.

式 (2・6) の重要な点は, この式が, 分子の運動を用いて気体の温度を説明しているところにある. この理由で, 無秩序な分子運動はしばしば**熱運動**（thermal motion）とよばれる. ここで心に留めておいて欲しい重要なことは, 分子運動論はここで作成したようなモデルの統計的取扱いであり, したがって, 少数の分子の運動エネルギーに温度を関係づけることは意味がないという点である. 式 (2・6) は, 二つの理想気体の温度 T が同じ場合にはいつでも等しい平均運動エネルギーをもたねばならないということも意味する. その理由は, 式 (2・6) の $\overline{E}_{\mathrm{trans}}$ が, N が大きい場合は, 分子サイズ, モル質量, 気体の量などの分子の性質によらないからである.

$\overline{v^2}$ を測ることは, たとえそれができたとしても非常に難しいことは容易にわかる. $\overline{v^2}$ を得るには, 個々の分子の速度を測定し, 2 乗して平均をとらねばならない［式 (2・3) 参照］. 幸い, $\overline{v^2}$ は他の式から直接求めることができる. 式 (2・6) から,

$$\frac{1}{2}m\overline{v^2} = \overline{E}_{\mathrm{trans}} = \frac{3}{2}\frac{RT}{N_\mathrm{A}} = \frac{3}{2}k_\mathrm{B}T$$

と書くことができ, したがって,

$$\overline{v^2} = \frac{3RT}{mN_\mathrm{A}} = \frac{3k_\mathrm{B}T}{m}$$

すなわち

$$\sqrt{\overline{v^2}} = v_{\mathrm{rms}} = \sqrt{\frac{3RT}{\mathcal{M}}} = \sqrt{\frac{3k_\mathrm{B}T}{m}} \quad (\mathcal{M} = mN_\mathrm{A}) \quad (2\cdot7)$$

と書ける[*1]. ここで, v_{rms} は**根平均二乗速度**（root-mean-square velocity）[*2] であり, m は分子 1 個当たりの質量（kg 単位）, $\mathcal{M}$ は分子のモル質量（kg mol^{-1} 単位）である. ここで, v_{rms} は温度の平方根に正比例し, 分子のモル質量の平方根に反比例する. したがって, 分子が重くなるほど運動は遅くなる.

2・4 マクスウェルの速度と速さの分布則

根平均二乗速度 v_{rms} は, 多数の分子を取扱う際に非常に有益な平均値の一つである. たとえば, 1 mol の気体の研究をしている場合, 個々の分子の速度を求めることは以下の二つの理由で不可能である. 一つは, 分子の数が途方もなく多いので, それらすべての運動を追跡する方法がない. 二つめは, 分子の運動はきちんと定義された量であるが, その速度を正確に測定することはできない. したがって, 個々の分子の速度を取上げるのではなく, 以下の問いをしよう: "ある系の温度が既知のとき, どれだけの分子がある瞬間に v から $v + \Delta v$ の範囲の速度で運動しているか？ または, 巨視的な気体試料の中で, ある瞬間に, たとえば $306.5\,\mathrm{m\,s^{-1}}$ から $306.6\,\mathrm{m\,s^{-1}}$ の範囲の速度で運動する分子はどれだけあるか？".

分子の総数はとても多いので, 衝突の結果, 速度の連続的な広がり —— **分布**（distribution）が生じる. したがって, この速度の幅 Δv を極限まで小さくしていくと $\mathrm{d}v$ になり, このことは, 速度が v から $v + \mathrm{d}v$ の間の分子の数を計算するうえで, 総和を積分に置き換えることができるので非常に都合がよい（数学的にいえば, 多数の数列の総和をとるよりも積分の方が容易である）. この速度分布の手法は最初にスコットランドの物理学者 James Clerk Maxwell (1831〜1879) によって 1860 年に用いられ, その後 Boltzmann によって改良された. それによると, 外部と熱平衡にある N 個の理想気体分子を含む系では, x 軸方向に v_x から $v_x + \mathrm{d}v_x$ の速度で運動する分子の割合 ($\mathrm{d}N/N$) は

$$\begin{aligned}\frac{\mathrm{d}N}{N} &= \left(\frac{m}{2\pi k_\mathrm{B}T}\right)^{1/2} \mathrm{e}^{(-mv_x^2)/(2k_\mathrm{B}T)}\,\mathrm{d}v_x \\ &= f(v_x)\,\mathrm{d}v_x \end{aligned} \quad (2\cdot8)$$

で与えられ, ここで, m は分子の質量, k_B はボルツマン定数, T は絶対温度である. $f(v_x)$ は

$$f(v_x) = \left(\frac{m}{2\pi k_\mathrm{B}T}\right)^{1/2} \mathrm{e}^{(-mv_x^2)/(2k_\mathrm{B}T)} \quad (2\cdot9)$$

で表され, (x 軸方向の) 一次元の**マクスウェルの速度分布関数**（Maxwell velocity distribution function）とよばれる[*3]. 図 2・3 は, 3 種類の温度で窒素ガスの $f(v_x)$ を v_x に対してプロットしたものである. $f(v_x)$ が $v_x=0$ で最大値を

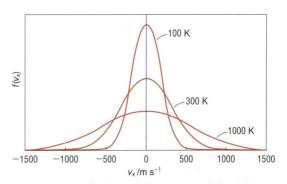

図 2・3 3 種類の温度での窒素分子の x 軸方向の速度分布. それぞれのプロットは v_x と $v_x + \mathrm{d}v_x$ （同様に $-v_x$ と $-v_x - \mathrm{d}v_x$）の間の速度をもつ分子の割合を表す. 曲線は $v_x=0$ に対して対称である.

[*1] k_B は 1 分子の質量と共に, R はモル質量と共に用いられることを忘れないように.

[*2] 速度はベクトル量なので, 分子の平均速度 $\overline{v}$ は 0 のはずである. というのは, 正の方向に動く分子と負の方向に動く分子の数は等しいからである. これに対して, v_{rms} は大きさはもつが方向をもたないスカラー量である.

[*3] 速度は $-\infty$ から $+\infty$ まで変化する.

とっているのは，これらの分子が静止していることを必ずしも意味するのではなく，むしろ，分子が x 軸に垂直方向に運動していて，x 軸への投影が 0 になっていることを単に示しているにすぎない．

すでに述べたように速度はベクトル量であるが，気体の性質を考えるうえでは，多くの場合，分子の速さ (c) を取扱えばよい．速さは，大きさはもつが方向はもたないスカラー量である[*1]．c と $c+dc$ の間の速さで動く分子の割合 dN/N は

$$\frac{dN}{N} = 4\pi c^2 \left(\frac{m}{2\pi k_B T}\right)^{3/2} e^{(-mc^2)/(2k_B T)} dc$$
$$= f(c) dc \qquad (2 \cdot 10)$$

で表される．ここで，$f(c)$ は**マクスウェルの速さ分布関数**（Maxwell speed distribution function）であり[*2]，下式で与えられる[*3]．

$$f(c) = 4\pi c^2 \left(\frac{m}{2\pi k_B T}\right)^{3/2} e^{(-mc^2)/(2k_B T)} \qquad (2 \cdot 11)$$

図 2・4 は，速さ分布曲線の温度依存性およびモル質量依存性を示す．いかなる温度においても，速さ分布曲線の一般的な形状は以下のように説明できる．まず，c が小さい場合は，式 (2・11) の c^2 の項が優勢なので，$f(c)$ は c が増すにつれて増加する．c が大きくなると，$e^{(-mc^2)/(2k_B T)}$ が優勢になる．これら二つの増減が対抗する項により，速さ分布曲線はあるところで最大値をとり，それより大きい c では c の増加につれて $f(c)$ はほぼ指数関数的に減少する．$f(c)$ が最大になる c の値を，それが最も多くの分子がとる速さなので，**最確の速さ**（most probable speed），c_{mp} とよぶ．

図 2・4(a) は速さ分布曲線の形状が温度にどのように依存するかを示す．低い温度では分布は比較的狭い．温度が上昇するにつれて，曲線は平たんになり，速く運動する分子がより多くなることを意味する．速さ分布曲線の温度への依存性は化学反応速度と密接に関連している．第 15 章で述べるように，反応するためには**活性化エネルギー**（activation energy）とよばれる最低量のエネルギーを分子が有する必要がある．低い温度では速く運動する分子の数は少なく，したがって反応はゆっくりと進行する．温度が上昇すると，エネルギー豊富な分子の数が増し，反応速度が増大する．図 2・4(b) から，同じ温度の条件ではより重い気体が軽い気体よりも速さ分布の幅が狭いことがわかる．このことは，より重い気体が軽い気体よりも平均してより遅く動くということを考えれば予想できる．

マクスウェルの速さ分布は，分子数を分子の速さの関数として測定することにより実験的に確かめられている．この目的のために考案された装置の一つは同軸上に固定されたくさび形の開口が付いた二つの円盤からなる（図 2・5）．ある温度の炉から飛び出す分子（または原子）はスリットによって細いビームに平行化される．軸の回転に伴って，最初の円盤のすき間を通り抜けた分子は，一つめの円盤を出てから二つめの円盤に到達するまでにかかる時間が一つのすき間からもう一つのすき間に回転するのにかかる時間の整数倍に等しい場合のみ，二つめの円盤を通り抜けることができる．検出器は二つめの円盤を通り抜けた分子数を記録する．回転速度がわかっているので，円盤を通り抜けた分子の速さを知ることができる．速さに対して分子数をプロットすると，図 2・4 と同様な曲線が得られる．

運動エネルギーは $E = \frac{1}{2} mc^2$ によって速さと関係づけられるので，この実験から，さらにエネルギー分布関数が得られることは驚くに当たらない．対応する運動エネルギー分布の式は

$$\frac{dN}{N} = 2\pi E^{1/2} \left(\frac{1}{\pi k_B T}\right)^{3/2} e^{-E/(k_B T)} dE$$
$$= f(E) dE \qquad (2 \cdot 12)$$

である．ここで，dN/N は E と $E+dE$ の間の運動エネルギーをもつ分子の割合で，$f(E)$ がエネルギー分布関数となる[*4]．図 2・6 に 300 K と 1000 K のエネルギー分布曲線を示す．これらの曲線はいかなる理想気体にも当てはまることを心に留めておくように．すでに述べたように，同じ

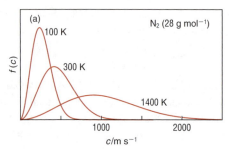

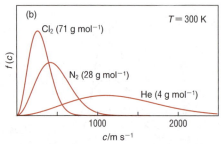

図 2・4 (a) 温度の関数としての窒素ガスの速さ分布．高温ではより多くの分子がより速く動く．(b) モル質量の異なる気体の速さ分布．ある一定の温度では，軽い分子ほど平均してより速く動く．

[*1] 訳注: 気体の性質は，気体粒子の速さに依存するが運動方向に依存しないものが多いから．
[*2] 速さは 0 から ∞ まで変化する．
[*3] 訳注: 式 (2・9) を三次元を考慮して積分することで求まる．

[*4] 運動エネルギーも 0 から ∞ まで変化する．

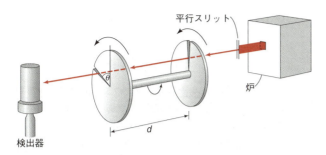

図 2・5 温度がわかっている炉から飛び出す分子（または原子）が平行スリットによって平行化され，規定された分子線が形成される．この分子線は，同じ軸上で回転するくさび形の開口部をもつ二つの円盤に当たる．二つの開口部は互いに角度 θ だけずれている．1 番目の開口部を通り抜けた分子の一部だけが 2 番目を通ることができて，それが検出器に到達する．回転速度と円盤間の距離 d を変化させることによって，異なる速さの分子を検出器に到達させることができる．この方法で，分子の速さに対する分子数をプロットすることができ，良く知られたマクスウェルの速さ分布曲線が得られる．

温度なら異なる気体でも平均運動エネルギーは等しく，結果としてエネルギー分布曲線も等しくなる．

マクスウェルの速さ分布関数は，平均の量を計算できるため有用である．同じ温度 T をもつ多数の分子集団の平均の速さ $\bar{c}$ を考えよう．平均の速さは個々の速さにその速さの分子の割合を掛け，それらの積を合計することで求まる．c から $c+dc$ の速さの分子の割合は $f(c)\,dc$ なので，これと速さの積は $cf(c)\,dc$ である．したがって，平均の速さ $\bar{c}$ は $c=0$ と $c=\infty$ の間の積分をとることによって得られる．

$$\bar{c} = \int_0^\infty c f(c)\,dc \qquad (2\cdot 13)$$

式 (2・11) から

$$\bar{c} = 4\pi \left(\frac{m}{2\pi k_\mathrm{B} T}\right)^{3/2} \int_0^\infty c^3 \mathrm{e}^{(-mc^2)/(2k_\mathrm{B} T)}\,dc$$

が得られる．化学や物理のハンドブック[*1] で積分公式を見ると，

$$\int_0^\infty x^3 \mathrm{e}^{-ax^2}\,dx = \frac{1}{2a^2}$$

が見つかる．ここで，

$$a = \frac{m}{2k_\mathrm{B} T}$$

であり，したがって，$\bar{c}$ が求まる．

$$\bar{c} = 4\pi \left(\frac{m}{2\pi k_\mathrm{B} T}\right)^{3/2} \times \frac{1}{2}\left(\frac{2k_\mathrm{B} T}{m}\right)^2$$
$$= \sqrt{\frac{8k_\mathrm{B} T}{\pi m}} = \sqrt{\frac{8RT}{\pi \mathcal{M}}} \qquad (2\cdot 14)$$

すでに述べた v_rms は根平均二乗速さ c_rms[*2] と等しいが，c_rms はまず次の積分

$$\int_0^\infty c^2 f(c)\,dc$$

を計算し，ついで結果の平方根をとることによって得られる（問題 2・18 参照）．

最確の速さ，c_mp を計算するには，式 (2・11) の分布関数を c で微分し，結果を 0 とおく．そしてそれを c について解くと最大値を与える c_mp が得られる（問題 2・19 参照）．

$$c_\mathrm{mp} = \sqrt{\frac{2k_\mathrm{B} T}{m}} = \sqrt{\frac{2RT}{\mathcal{M}}} \qquad (2\cdot 15)$$

例題 2・1

300 K での O_2 の c_mp, $\bar{c}$, c_rms を求めよ．

解 定数は

$$R = 8.314\ \mathrm{J\ K^{-1}\ mol^{-1}}$$
$$\mathcal{M} = 0.032\,00\ \mathrm{kg\ mol^{-1}}$$

である．式 (2・15) より，最確の速さ c_mp は

$$c_\mathrm{mp} = \sqrt{\frac{2 \times 8.314\ \mathrm{J\ K^{-1}\ mol^{-1}} \times 300\ \mathrm{K}}{0.032\,00\ \mathrm{kg\ mol^{-1}}}}$$
$$= \sqrt{1.56 \times 10^5\ \mathrm{J\ kg^{-1}}} = \sqrt{1.56 \times 10^5\ \mathrm{m^2\ s^{-2}}}$$
$$= 395\ \mathrm{m\ s^{-1}}$$

同様に $\bar{c}$ と c_rms は下式のようになる．

$$\bar{c} = \sqrt{\frac{8RT}{\pi \mathcal{M}}} = 446\ \mathrm{m\ s^{-1}}$$

$$c_\mathrm{rms} = \sqrt{\frac{3RT}{\mathcal{M}}} = 484\ \mathrm{m\ s^{-1}}$$

コメント この計算では $c_\mathrm{rms} > \bar{c} > c_\mathrm{mp}$ となるが，実際，これは一般的にも正しい．c_mp がこの三つの中

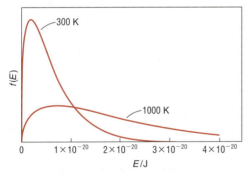

図 2・6 300 K と 1000 K での理想気体のエネルギー分布曲線．これらの曲線は E と $E+dE$ の間のエネルギーをもつ分子の割合を示す．

[*1] たとえば，"Handbook of Chemistry and Physics, 93rd Ed.," ed. by W. M. Haynes, CRC Press, Boca Raton, FL (2012) を参照〔訳注: 標準的な物質の物性値などが記載されている化学者，物理学者向けの便覧．付録に数学の公式集などが載っている〕．

[*2] 平均速度の 2 乗はスカラー量なので $\overline{v^2}=\overline{c^2}$ であり，したがって $v_\mathrm{rms}=c_\mathrm{rms}$ である．

で最小なのは曲線の非対称性のためである（図2・4参照）．c_{rms} が $\bar{c}$ より大きいのは，式 (2・3) の 2 乗する過程で，より大きな c に重みづけがなされるからである．

最後に，N_2 と O_2 の $\bar{c}$ と c_{rms} は共に空気中の音速に近いということをあげておこう．音波は圧力波で，空気中の分子が振動して疎・密の部分をつくり伝播するので，音速は分子の運動の速さに直接関係している．

2・5 分子間衝突と平均自由行程

平均の速さ $\bar{c}$ を明確に記述できたので，それを使って気体の動的な過程をいくつか検討することができる．知っての通り，分子の速さはいつも一定というわけでなく，衝突によって頻繁に変化する．したがって，問うべき論点は，分子はどれくらい頻繁に互いに衝突するのかである．衝突の頻度は気体の密度と分子の速さに依存し，したがって系の温度に依存する．気体分子運動論モデルでは，個々の分子は直径 d（d を衝突直径という）の剛体球であると仮定される．分子間の衝突は，二つの剛体球間の（おのおのの中心間の）距離が d となる場合に起こる．

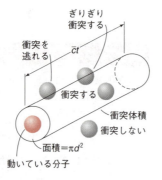

図 2・7 衝突断面積と衝突体積．中心が衝突体積（筒）の中または筒上にある分子は，動いてくる分子（●）と衝突する．

ある特定の分子の運動について考えよう．単純な方法は，ある瞬間にその一つを除いてすべての分子が静止していると仮定することである．時間 t の間にこの分子は $\bar{c}t$ だけ移動し（ここで $\bar{c}$ は平均の速さである），断面積 πd^2 の衝突体積（筒）を形づくる（図 2・7）．衝突体積（筒）は $(\pi d^2)(\bar{c}t)$ で，中心がこの筒の内部にあるすべての分子は，動いてくる分子と衝突する．もし，体積 V の筒の中に全部で N 個の分子があるとすると，気体の数密度は N/V であり，時間 t の間に起こる衝突数は $\pi d^2 \bar{c}t(N/V)$ であり，そして単位時間当たりの衝突数，すなわち**衝突頻度**（collision frequency），Z_1 は $\pi d^2 \bar{c}(N/V)$ である．衝突頻度の表現は，その他の分子が同じ位置に止まっていないとすると修正する必要があり，$\bar{c}$ を平均相対速さで置き換えなくては

いけない．図 2・8 には，二つの分子の三つの異なる衝突を示す．図 2・8(c) の場合，相対速さは $\sqrt{2}\bar{c}$ なので，

$$Z_1 = \sqrt{2}\pi d^2 \bar{c}\left(\frac{N}{V}\right) \text{ 衝突数 s}^{-1} \quad (2\cdot 16)$$

となる．これは，単一の分子が 1 秒間に衝突する回数である．体積 V 中には N 個の分子があり，それぞれが毎秒 Z_1 回の衝突をするので，単位体積，単位時間当たりの全体の分子間の衝突の総数，すなわち**二体衝突**（binary collisions）総数 Z_{11} は

$$Z_{11} = \frac{1}{2}Z_1\left(\frac{N}{V}\right)$$
$$= \frac{\sqrt{2}}{2}\pi d^2 \bar{c}\left(\frac{N}{V}\right)^2 \text{ 衝突数 m}^{-3}\text{ s}^{-1} \quad (2\cdot 17)$$

で与えられる．係数 $\frac{1}{2}$ が式 (2・17) に掛かっているのは，2 分子間の衝突を重複して数えないためである．3 分子以上が同時に衝突する頻度は高圧の場合を除き，とても小さい．化学反応の速度は一般に反応分子がどのくらいの頻度で互いに接触するかによるので，式 (2・17) は気相の反応速度論にとってきわめて重要である．この式については第 15 章で再び取上げる．

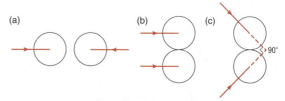

図 2・8 衝突する二つの分子の三つの異なる接近の仕方．(a) と (b) に示した状況は二つの極端な場合である．一方，(c) は分子の衝突の"平均的"な場合である．

図 2・9 連続した衝突の間に分子が移動する距離．これらの距離の平均は 平均自由行程とよばれる．

衝突頻度に密接に関連する量は，連続的に衝突する分子が移動する平均の距離である．この距離は**平均自由行程**（mean free path），λ（図 2・9）とよばれ，

$$\lambda = (\text{平均の速さ}) \times (\text{衝突の間の平均時間間隔})$$

で定義される．衝突の間の平均時間間隔は衝突頻度の逆数であるので，

$$\lambda = \frac{\bar{c}}{Z_1} = \frac{\bar{c}}{\sqrt{2}\pi d^2 \bar{c}(N/V)} = \frac{1}{\sqrt{2}\pi d^2(N/V)} \quad (2\cdot 18)$$

となる．平均自由行程は気体の数密度 (N/V) に反比例す

ることに注意せよ．このことは，密度の高い気体では単位時間当たりにより多く衝突し，したがって，連続した衝突の間に移動する距離は短くなることを意味する．平均自由行程は圧力でも表される．理想気体を仮定すると，

$$P = \frac{nRT}{V} = \frac{(N/N_A)RT}{V}$$

$$\frac{N}{V} = \frac{PN_A}{RT}$$

したがって，式(2·18)は

$$\lambda = \frac{RT}{\sqrt{2}\pi d^2 PN_A} \qquad (2·19)$$

となる．λ は T に正比例し，P に反比例するようにみえるかもしれないが，そうではない．気体の体積と量が一定の場合には，T と P の効果は打ち消しあうから，λ が依存するのは気体の密度だけである．

例題 2·2

1.00 atm, 298 K で，乾燥空気の数密度は約 2.5×10^{19} 分子 cm^{-3} である．空気が窒素分子のみからなっているとして，この条件下での窒素原子の衝突頻度，二体衝突数および平均自由行程を計算せよ．窒素の衝突直径 (d) は 3.75 Å ($1 Å = 10^{-8}$ cm) である．

解 最初に窒素の平均の速さを計算する．式(2·14)から，$\bar{c} = 4.8 \times 10^2$ m s^{-1} である．衝突頻度は

$$Z_1 = \sqrt{2}\pi(3.75 \times 10^{-8} \text{ cm})^2$$
$$(4.8 \times 10^4 \text{ cm s}^{-1})(2.5 \times 10^{19} \text{ 分子 cm}^{-3})$$
$$= 7.5 \times 10^9 \text{ 衝突数 s}^{-1}$$

で与えられる．ここで単位を"分子数"から"衝突数"に置き換えたことに注意しよう．その理由は，Z_1 の誘導における衝突体積内のそれぞれの分子が，一つの衝突数を表すからである．二体衝突数は

$$Z_{11} = \frac{Z_1}{2}\left(\frac{N}{V}\right)$$
$$= \frac{(7.5 \times 10^9 \text{ 衝突数 s}^{-1})}{2} \times 2.5 \times 10^{19} \text{ 分子 cm}^{-3}$$
$$= 9.4 \times 10^{28} \text{ 衝突数 cm}^{-3} \text{ s}^{-1}$$

で表される．ここでも，二体衝突の総数を計算するときに分子数を衝突数に換えた．最後に，平均自由行程は

$$\lambda = \frac{\bar{c}}{Z_1} = \frac{4.8 \times 10^4 \text{ cm s}^{-1}}{7.5 \times 10^9 \text{ 衝突数 s}^{-1}}$$
$$= 6.4 \times 10^{-6} \text{ cm 衝突数}^{-1} = 640 \text{ Å 衝突数}^{-1}$$

で与えられる．

コメント 通常は平均自由行程は衝突当たりの距離ではなく，距離で表せば十分である．したがって，この例では，窒素の平均自由行程は 640 Å または 6.4×10^{-6} cm である．

2·6 大気圧式

§2·6 では，地球の重力場の影響下での空気分子の分布状態と，それが大気圧に及ぼす影響を考えてみる．

温度とは異なり，気圧は厳密に高度に伴って一様に変化する*．分子の並進運動が沈降力と競争するので，大気中のガスは地球の重力の影響下でも地表にとどまることはない．その結果，高度の増加に伴って減少する，空気中の分子の密度勾配ができる．断面積 A の円柱状の空気を考えてみよう(図2·10)．高度 h の面と $h+dh$ の面に掛かる力の差は体積が $A\, dh$ である空気の領域の重量が及ぼす力に等しい．圧力＝(力)/(面積)なので次のように書ける．

$$dP = -\frac{\rho g A\, dh}{A} = -\rho g\, dh \qquad (2·20)$$

ここで ρ は空気の密度，g は重力の標準加速度 (9.81 m s^{-2}) であり，負の符号は圧力が高度の増加に伴って減少することを示している．理想気体を仮定すると，圧力 P を次式のように表すことができて，

$$P = \frac{nRT}{V} = \frac{m}{V}\frac{RT}{\mathcal{M}} = \rho\frac{RT}{\mathcal{M}}$$

つまり，

$$\rho = \frac{P\mathcal{M}}{RT} \qquad (2·21)$$

ここで m は分子の質量 (1種類のみを仮定している)，$\mathcal{M}$ はそのモル質量である．式(2·20)の ρ に式(2·21)を代入すると次のようになる．

$$-\frac{dP}{P} = \frac{g\mathcal{M}}{RT}dh \qquad (2·22)$$

温度が一定であると仮定すると，式(2·22)を高度 0（海面，圧力 P_0）から任意の高度 h（圧力 P）まで積分することができて

$$\int_{P_0}^{P}\frac{dP}{P} = -\frac{g\mathcal{M}}{RT}\int_0^h dh$$

$$\ln\frac{P}{P_0} = -\frac{g\mathcal{M}h}{RT}$$

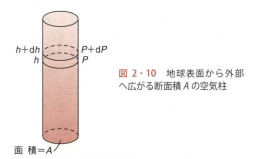

図 2·10 地球表面から外部へ広がる断面積 A の空気柱

---

* 訳注: 図16·2に高度と温度と圧力の関係が示されている．

つまり，

$$P = P_0 \,\mathrm{e}^{(-gMh)/(RT)} \tag{2・23}$$

式 (2・23) は**大気圧式** (barometric formula) として知られ，次のように書くこともできる．

$$P = P_0 \,\mathrm{e}^{(-gmh)/(k_B T)} \tag{2・24}$$

ここで k_B はボルツマン定数である．等温（温度一定）大気モデルの場合，気圧は地球表面からの高度と共に指数関数的に減少する．$(k_B T)/(gm)$ の項は長さの次元をもち，気圧が $1/e$ 倍に低下する特性距離を表す $[h = (k_B T)/(gm)$ のとき $P = P_0/e]$．式 (2・23) や式 (2・24) から，ある高度における気圧の大まかな見積もりが得られる．

例題 2・3

25℃ では海面の酸素分圧は 0.20 atm である．高度 30 km（成層圏）における酸素分圧を計算せよ．温度は一定のままであると仮定する．

解 式 (2・23) より

$P = 0.20\ \mathrm{atm} \times$
$\exp\left[-\dfrac{(9.81\ \mathrm{m\ s^{-2}})(0.032\,00\ \mathrm{kg\ mol^{-1}})(30 \times 10^3\ \mathrm{m})}{(8.314\ \mathrm{J\ K^{-1}\ mol^{-1}})(298\ \mathrm{K})}\right]$
$= 4.5 \times 10^{-3}\ \mathrm{atm}$

コメント 実際は成層圏の温度は 25℃ よりかなり低い（−23℃）が，大気圧式で大まかに見積もった．

2・7 気体の粘性

今までは，平衡状態にある気体分子の性質を主として扱ってきた．ここで，管の中の気体の流速をどのように測定するかについて考えよう．ある温度と密度における流速は，気体ごとに粘性，すなわち流れに対する抵抗が異なるため変化する．

気体の運動論から気体の粘性に関する簡単な式を以下のように導くことができる．管に沿った気体分子の流れは図 2・11 に示すように気体を層状に分割することによって解析できる．ここで，各層の厚さは無視できるほど薄いとする．管の内壁表面に接している層は付着する力が働いて動かないが，内側に行くに従って各層の速度は増加し，したがって，z 軸に沿って速度勾配*が生ずる．距離 λ で隔てられた 2 層を考えよう．ここで λ は平均自由行程とする．v をゆっくり動く方の層の速度とすると，速く動く方の層の速度は $v + \lambda(dv/dz)$ となる．ここで，(dv/dz) は速度勾

---

* 勾配とは，距離が変化したときのあるパラメーターの変化の程度で，速度勾配のほか温度勾配，濃度勾配，電場勾配などの例がある．

配である．x 方向への流れのほかに，z 方向への上下の運動が存在する．速い層から遅い層へ分子が運動するとき，その分子は遅い方の層に運動量を移し速度を増加させる．分子が遅い層から速い層に移るときは逆の現象が起こる．

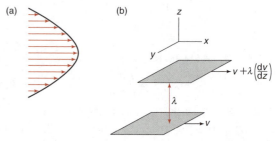

図 2・11 (a) 管に沿って動く気体の層と前面の動きを側面から見た図．(b) 平均自由行程 λ だけ隔たった二つの層の運動

結果として，二つの層の間で抵抗，すなわち摩擦力が働き，粘性（一様な速度にしようとする性質）を生ずる．一方，速度勾配を保持するためには，x 方向に外部から力 F を掛ける必要がある．力 F は層の面積 A と速度勾配の両方に正比例する．したがって，

$$F \propto A\left(\frac{dv}{dz}\right) = \eta A\left(\frac{dv}{dz}\right) \tag{2・25}$$

ここで，比例係数 η は**粘性率** (viscosity coefficient) または**粘度** (viscosity) とよばれ，単位は $\mathrm{N\ s\ m^{-2}}$ である．

次に，η を表す式を導こう．静止した面（すなわち管の内壁）から高さ h cm のところにある特定の層を考えよう．高さ h 以下の距離 λ からやってくるすべての分子は高さ h に到達したときに，最初の衝突をし，運動量が移行する．高さ h の平面内を動く分子の速度が $h(dv/dz)$ であれば，この平面より λ cm だけ低い平面にある分子の速度は $(h-\lambda)(dv/dz)$ である．遅く動く面から速く動く面にやってくる分子によって移行する運動量は $m(h-\lambda)(dv/dz)$ である．同様に，壁から $(h+\lambda)$ cm 上にある平面からやってくる分子によって移行する運動量は $m(h+\lambda)(dv/dz)$ である．粘性率測定実験では気体の流速を測定するが，気体内部の試料分子の運動は無秩序である．したがって，近似として，$\frac{1}{3}$ ずつの分子が x, y, z 軸に沿って運動していると仮定することができる．その結果，いつでも，ある特定の軸方向に $\frac{1}{6}$ の分子が正の方向に，$\frac{1}{6}$ の分子が負の方向に動くとすることができるので，単位面積，単位時間当たり，一つの層から隣の層に移動する分子の数は $\frac{1}{6}(N/V)\bar{c}$ となる．ここで，$\bar{c}$ は分子の平均の速さである．よって，上向きに動く分子によって移行する単位面積当たりの運動量移行の速度は

$$\left(\frac{1}{6}\right)\left(\frac{N}{V}\right)\bar{c}\,m(h-\lambda)\left(\frac{dv}{dz}\right)$$

となる．同様に，下向きの運動による単位面積当たりの運動量移行速度は

$$\left(\frac{1}{6}\right)\left(\frac{N}{V}\right)\overline{c}m(h+\lambda)\left(\frac{dv}{dz}\right)$$

となる．これら二つの差 $\frac{1}{3}(N/V)\overline{c}m\lambda(dv/dz)$ が，単位面積，単位時間当たりの正味の運動量移行，F/A[*1]を与える．かくして，

$$\frac{F}{A} = \frac{1}{3}\left(\frac{N}{V}\right)\overline{c}m\lambda\left(\frac{dv}{dz}\right)$$

式(2・25)から

$$\frac{F}{A} = \eta\left(\frac{dv}{dz}\right)$$

これらの二つの式から

$$\eta = \frac{1}{3}\left(\frac{N}{V}\right)m\lambda\overline{c} \qquad (2\cdot26)$$

を得る．式(2・18)を式(2・26)に代入すると，

$$\eta = \frac{m\overline{c}}{3\sqrt{2}\pi d^2} \qquad (2\cdot27)$$

となるが，これは興味深いというより，むしろ予想外の結果である．なぜなら，粘性率が密度に依存しないからである．式(2・26)から η は気体の密度 N/V が増加するにつれ増えるようにみえる．しかし，より密度の高い気体では分子間の衝突数が増加し，平均自由行程が短くなる．これらの粘性に対する二つの相反する寄与は完全に互いを打ち消しあう．しかも，平均の速さ $\overline{c}$ が $\sqrt{T}$ に比例するので[式(2・14)参照]，式(2・26)と式(2・27)から気体の粘性率は温度の平方根に比例して増加する．この結果は，液体に関してわれわれが知っていることとまさに反対である．日常の経験では，たとえば温かいシロップは冷えたシロップより注ぎやすい．この見かけ上の矛盾は，気体の粘性は

表 2・1 288 K での気体の粘性率と衝突直径[†1]

気体の種類	$\eta/10^{-4}$ N s m^{-2}	衝突直径 [Å]
Ar	0.2196	3.64
Kr	0.2431	4.16
Hg	0.4700[†2]	4.26
H$_2$	0.0871	2.74
空気	0.1796	3.72
N$_2$	0.1734	3.75
O$_2$	0.2003	3.61
CH$_4$	0.1077	4.14
CO$_2$	0.1448	4.59
H$_2$O	0.0926	4.60
NH$_3$	0.0970	4.43

†1 出典: E. H. Kennard, "Kinetic Theory of Gases," Copyright 1938 by McGraw-Hill.
†2 492.6 K で測定.

運動量の移行によって生ずるということを認識すれば理解できよう．より高い温度では，運動量移行速度が大きくなるので，気体の層の運動を保持するのにより大きい力が必要になる．

実験を行って，式(2・26)と式(2・27)がおおむね成り立つことが確認できる．表2・1に気体の粘性率と分子の衝突直径 d をまとめた．気体分子の衝突直径は式(2・27)によって計算できることに注意せよ．

例題 2・4

288 K での酸素ガスの粘性率を計算せよ．

解 定数は以下の通り．

$\overline{c} = 437$ m s^{-1}
$d = 3.61$ Å $= 3.61 \times 10^{-10}$ m (表2・1より)
$m = 32.00$ u $\times 1.661 \times 10^{-27}$ kg u^{-1} $= 5.315 \times 10^{-26}$ kg

式(2・27)から

$$\eta = \frac{(5.315\times 10^{-26}\text{ kg})(437\text{ m s}^{-1})}{3\sqrt{2}\pi(3.61\times 10^{-10}\text{ m})^2}$$
$$= 1.34\times 10^{-5}\text{ kg m}^{-1}\text{ s}^{-1} = 1.34\times 10^{-5}\text{ N s m}^{-2}$$

を得る．

コメント 計算で求めた粘性率は表2・1の実測値と少しばかり異なる．というのは，式(2・27)は近似式にすぎないからである．より厳密な取扱いでは，$\eta = (m\overline{c})/(2\sqrt{2}\pi d^2)$ が誘導できる．これを用いると $\eta = 2.00\times 10^{-5}$ N s m^{-2} が得られる．

2・8 拡散と噴散のグレアムの法則

気づかないうちに日々の生活でわれわれは分子運動を目の当たりにしている．香水が香るのは**拡散**（diffusion）の例だし，ヘリウムで膨張したゴム風船がしぼむのは**噴散**（エフュージョン，effusion）の例である．気体分子運動論は拡散にも噴散にも適用することができる．

気体の拡散の現象は分子運動の直接の証拠となる．拡散がなければ香水産業は成り立たず，スカンクはただのかわいらしい毛皮で覆われた動物だったであろう．容器の中で2種類の気体を隔てている仕切りを取除くと，分子はすぐに完全に混ざってしまう．それは自然に起こる過程であり，その熱力学的基礎は第4章で議論する．噴散においては，気体は高圧の領域から低圧の領域に穴（オリフィス）[*2]を通って動いていく（図2・12）．噴散が起こるためには，穴の直径に比べて分子の平均自由行程が長い必要がある．このことは，分子が穴が空いているところに来たときに，

[*1] 訳注: 運動量の変化量は受けた力積に等しい（$m\Delta v = F\Delta t$）という関係があるから．

[*2] 訳注: オリフィス（orifice）は穴の意味であるが，通常は小孔が1個開いた板のこと．

他の分子と衝突しないで穴を通り抜けることを保証する．つまり，オリフィスを通り抜けうる分子数は，オリフィスの穴と等しい面積の壁に衝突する分子数である．

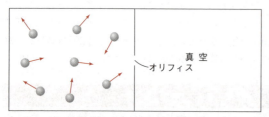

図2・12 噴散過程．分子は穴（オリフィス）を通って真空領域に移動する．噴散の条件は分子の平均自由行程が穴のサイズに比べて大きく，穴がある壁が薄いことである．この条件では穴を通る際に分子間の衝突が起こらない．同様に，右側の容器の圧が十分に低く，穴を通って移動する分子を妨げないことである．

拡散と噴散の分子論的な機構はかなり異なっている（前者はバルク，すなわち容器に含まれる分子全体の流れが関与し，後者は分子流が関与する）にもかかわらず，それらの二つの現象は同じ形の法則に従う．どちらの法則もスコットランドの化学者，Thomas Graham（1805～1869）によって，拡散の法則は1831年に，噴散の法則は1864年に発見された．これらの法則によると，温度と圧力が等しい条件下では，気体の拡散速度（または噴散速度）はモル質量の平方根に反比例する．したがって，2種類の気体1と気体2では

$$\frac{r_1}{r_2} = \sqrt{\frac{M_2}{M_1}} \quad (2・28)$$

である[*1]．ここでr_1, r_2は2種類の気体の拡散速度（または噴散速度）である．

噴散の日常生活での実例は本当にありふれたものである．前に述べたように，ヘリウムで満たされた風船は空気で満たされた風船よりずっと速くしぼむ．同一条件ではないにしても（なぜなら引き伸ばされたゴムの穴は十分に小さくはない），これは本質的には噴散過程であり，風船内部の気体の圧力は大気圧より高く，引き伸ばされたゴムの表面には気体分子が抜け出せる多くの穴があって，その速度は式（2・28）で与えられる．多分，噴散の最も有名な応用例はウラン同位体の分離であろう．^{235}Uと^{238}Uの天然存在比はそれぞれおよそ0.72％と99.28％で，^{235}Uだけが核分裂を起こす．ウラン単体は固体であるが，容易に六フッ化ウランUF_6に変換することができ，これは室温以上の温度で気化する．したがってこれら二つの同位体は噴散を使って分離することができる．なぜなら，$^{238}UF_6$は$^{235}UF_6$より重いので，より遅く噴散するからである[*2]．ここで，分離係数sを次式で定義する．

$$s = \frac{^{235}UF_6\text{の噴散速度}}{^{238}UF_6\text{の噴散速度}}$$

式（2・28）から

$$s = \sqrt{\frac{238+(6\times 19)}{235+(6\times 19)}} = 1.0043$$

が得られ，したがって，1回の噴散では，分離係数はほとんど1に近い．しかし，2回目の噴散過程を経ると全体の分離係数は$(1.0043)^2$，すなわち1.0086になり，少しよくなる．そして，一般にn回の噴散後のsの値は$(1.0043)^n$である．もし，nが大きい数（たとえば2000）であれば，実際に90％超に濃縮した^{235}Uを得ることができる[*3]．

噴散の研究では，ある面積（たとえばオリフィス）に分子が当たる速度を知ることが重要である．単位時間，単位面積当たりの衝突数Z_Aは，

$$Z_A = \frac{P}{(2\pi m k_B T)^{1/2}} \quad (2・29)$$

によって気体の圧力と温度に関係づけられる．ここで，Pはその気体の圧力または分圧である（p.32の補遺2・1に誘導を記す）．例題2・5で示すように，この式は光合成の速度を研究するうえで有用である．

例題 2・5

25℃で0.020 m²の面積の葉に，毎秒衝突するCO_2の量をg単位で計算せよ．ここで，空気中のCO_2の濃度は体積で0.033％，気圧は1.0 atmとする．

解 関連する量は

$$P = \frac{0.033}{100}\times 1.00\text{ atm}\times\frac{101\,325\text{ Pa}}{1\text{ atm}} = 33.4\text{ Pa}$$

$$m = 44.01\text{ u}\times 1.661\times 10^{-27}\text{ kg u}^{-1} = 7.31\times 10^{-26}\text{ kg}$$

である．式（2・29）から，

$$Z_A = \frac{33.4\text{ Pa}}{[2\pi(7.31\times 10^{-26}\text{ kg})(1.381\times 10^{-23}\text{ J K}^{-1})(298\text{ K})]^{1/2}}$$
$$= 7.7\times 10^{23}\text{ m}^{-2}\text{ s}^{-1}$$

と書ける．変換係数は，1 Pa＝1 kg m^{-1} s^{-2}と1 J＝1 kg m² s^{-2}である．

葉に毎秒衝突するCO_2分子の数は

$$7.7\times 10^{23}\text{ m}^{-2}\text{ s}^{-1}\times 0.020\text{ m}^2 = 1.5\times 10^{22}\text{ s}^{-1}$$

で，1秒当たり葉に衝突するCO_2の質量は

[*1] 訳注：式（2・28）を用いることで，噴散速度の比較からモル質量の推定が可能になる．

[*2] フッ素の安定同位体は1種類しかないので，同位体分離に関与する化学種は$^{235}UF_6$と$^{238}UF_6$だけですむ．

[*3] 訳注：^{235}Uの分率をxとすると

$$\frac{x}{1-x} = \frac{0.72}{99.28}\times(1.0043)^{2000}$$

これを解くとx＝0.97，すなわち97％濃縮となる．

$$1.5 \times 10^{22} \text{ 分子 s}^{-1} \times 7.31 \times 10^{-23} \text{ g 分子}^{-1} = 1.1 \text{ g s}^{-1}$$

になる.

2・9 エネルギーの等分配

§2・3で見たように，気体の平均運動エネルギーは，1分子では $\frac{3}{2}k_BT$，また 1 mol では $\frac{3}{2}RT$ である．このエネルギーはどのように分配されるのか．本節では，分子内のエネルギーの分配の法則について考える．この法則は古典力学に基づいており，気体の振舞いをうまく説明できる．

エネルギー等分配の法則（equipartition law of energy）によると，分子のエネルギーはすべてのタイプの運動すなわち**自由度**（degree of freedom）の間で等しく分配される．単原子気体では，原子はその位置を完全に定義するためにそれぞれ三つの座標 (x, y, z) が必要である．このことから，一つの原子は三つの並進自由度をもち，それぞれが $\frac{1}{2}k_BT$ のエネルギーをもつ．分子では，回転や振動のような他の種類の運動も存在し，したがって，さらにそれらのための自由度も存在する．N 個の原子からなる分子では，分子の運動を記述するのに全部で $3N$ の座標が必要である．三つの座標が（たとえば分子の重心の）並進運動を記述するのに必要であり，残り $(3N-3)$ 個が回転と振動の自由度である．分子の重心を通る，三つの互いに垂直な軸の周りに分子を回転させるのに，三つの角を定義する必要があるから，振動に残された自由度は $(3N-6)$ となる．直線形分子の場合は，回転を記述するのに二つの角で十分である．原子間軸の周りの分子の回転は，原子核の位置を変化させないので，この運動は回転にならない*1．したがって，HCl や CO_2 のような直線形分子は $(3N-5)$ の振動の自由度をもつ．図 2・13 に二原子分子の並進，回転および振動の運動を示す．

表 2・2　1 mol の気体に対するエネルギーの等分配

化学種	並進	回転	振動
原子	$\frac{3}{2}RT$	—	—
直線形分子	$\frac{3}{2}RT$	RT	$(3N-5)RT$
非直線形分子	$\frac{3}{2}RT$	$\frac{3}{2}RT$	$(3N-6)RT$

表 2・2 に種々の化学種に対するエネルギーの等分配を示す．1 mol の気体では，並進と回転のエネルギーは 1 自由度当たり $\frac{1}{2}RT$ である．一方，振動のエネルギーは 1 自由度当たり RT である．この理由は，振動エネルギーは運動エネルギー $\left(\frac{1}{2}RT\right)$ と位置エネルギー $\left(\frac{1}{2}RT\right)$ の二つの項を含むからである．したがって，1 mol の二原子分子気体の全エネルギーは，

$$\overline{U} = \underset{並進}{\frac{3}{2}RT} + \underset{回転}{RT} + \underset{振動}{RT} = \frac{7}{2}RT \quad (2・30)$$

である．ここで，$\overline{U}$ は系の 1 mol 当たりの内部エネルギーである．

熱容量を測定することによってエネルギー等分配の法則を確かめることができる．物質の**比熱**（specific heat）または**比熱容量**（specific heat capacity）は，1 g の物質の温度を 1℃ または 1 K 上昇させるのに必要なエネルギーで，J g^{-1} K^{-1} の単位をもつ*2．**熱容量**（heat capacity），C は，物質の温度を 1 K 上昇させるのに必要なエネルギーで，比熱と g 単位の物質の質量との積で表され，単位は J K^{-1} である．熱容量は

$$C = \frac{\Delta U}{\Delta T} \quad (2・31)$$

で定義され*3，ここで，ΔU は物質の温度を ΔT だけ上昇させるのに必要なエネルギーである．

第 3 章でより詳しく述べるように，物質の熱容量は加熱する方法にも依存する．たとえば，C は一定体積か一定圧力かどちらの条件で加熱するかによってかなり異なる．後者の場合，気体は膨張する．熱容量の測定では，両条件共に重要であるが，ここでは定容熱容量*4 C_V についてのみ述べる．定積での微少変化では，式 (2・31) は

$$C_V = \left(\frac{\partial U}{\partial T}\right)_V \quad (2・32)$$

と書ける．ここで ∂ は偏微分を表し，下つきの $_V$ はこれが定積条件での変化であることを示す．

化学者にとっては，熱容量は 1 mol 当たりで表した方がより便利である．n を存在する気体の量 [mol 単位] として，

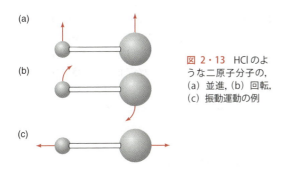

図 2・13　HCl のような二原子分子の，(a) 並進，(b) 回転，(c) 振動運動の例

---

*1 同じことが中心を通る軸の周りの原子のスピン運動についてもいえる．したがって，原子は分子のような回転はできないし，回転の自由度もない．

*2 訳注: SI 単位では J K^{-1} kg^{-1} である．
*3 ギリシャ文字 Δ は "〜の変化" を意味する関数の記号で，"変化後－変化前" である．
*4 訳注: 定積熱容量ともいう．

表 2・3 種々の気体の定容モル熱容量の計算値と実測値（298 K）

気体	$\overline{C}_V$/J K^{-1} mol^{-1} (計算値)	$\overline{C}_V$/J K^{-1} mol^{-1} (実測値)
He	12.47	12.47
Ne	12.47	12.47
Ar	12.47	12.47
H_2	29.10	20.50
N_2	29.10	20.50
O_2	29.10	21.05
CO_2	54.04	28.82
H_2O	49.88	25.23
SO_2	49.88	31.51

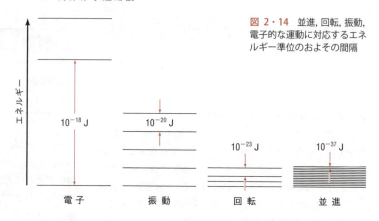

図 2・14 並進, 回転, 振動, 電子的な運動に対応するエネルギー準位のおよその間隔

モル熱容量 (molar heat capacity), $\overline{C}$ は C/n で与えられる. 比熱とモル熱容量は示強性であるが, 熱容量は存在する物質の量に依存し, 示量性である.

$\frac{3}{2}RT$ のエネルギーをもつ 1 mol の単原子気体のモル熱容量は

$$\overline{C}_V = \left(\frac{\partial \left(\frac{3}{2}RT\right)}{\partial T}\right)_V = \frac{3}{2}R = 12.47 \text{ J K}^{-1} \text{ mol}^{-1}$$

で与えられ, 1 mol の二原子分子 [式 (2・30)] のモル熱容量は

$$\overline{C}_V = \left(\frac{\partial \left(\frac{7}{2}RT\right)}{\partial T}\right)_V = \frac{7}{2}R = 29.10 \text{ J K}^{-1} \text{ mol}^{-1}$$

で表される. 多原子分子についても $\overline{C}_V$ は同様に計算される.

表 2・3 に種々の気体のモル熱容量の計算値と実測値を比較した. 単原子気体についてはそれらは完全に一致する. 一方, 分子については明らかに計算値と実測値は異なり, この不一致を説明するには, 量子力学を用いる必要がある. 量子力学によれば, 分子の電子, 振動, 回転のエネルギーは量子化されている (第 10, 11 章でさらに議論する). すなわち, 図 2・14 に示すように, 運動の種類によって分子のエネルギー準位が異なる. 隣りあう電子的エネルギー準位間の隔たりは振動エネルギー準位の隔たりに比べてはるかに大きく, 振動エネルギー準位の隔たりは回転エネルギー準位の隔たりに比べてはるかに大きい. 隣りあう並進運動エネルギー準位間の隔たりは非常に小さく, 実質的に連続したエネルギー準位として扱える. 実際, たいていの実用的な目的においては連続準位として扱える. したがって, 並進運動は, エネルギー変化が連続的なので, 量子論的というより古典的現象として扱える.

それらのエネルギー準位は熱容量にどう関与するのか. ある系 (たとえば気体分子試料) が外界から熱を吸収すると, そのエネルギーはいろいろな種類の運動を促進するのに使われる. この意味で, <u>熱容量の本当の意味はエネルギー容量</u>である. なぜなら, この値は系がエネルギーを蓄える能力を示すからである. 振動運動にエネルギーを蓄える場合は, 分子はより高い振動準位に上がるかもしれない. 電子的な運動や回転運動にエネルギーを蓄える場合も, 分子はより高い電子または回転エネルギー準位に上がるだろう.

図 2・14 を見ると, 高い回転準位に分子を励起する方が高い振動や電子準位に励起するよりも簡単そうであり, 実際その通りである. 定量的には, 二つのエネルギー準位 E_1, E_2 の占有数 (すなわち分子数) の比 N_2/N_1 は, **ボルツマン分布則** (Boltzmann distribution law) により次式で与えられる.

$$\frac{N_2}{N_1} = e^{-\Delta E/(k_B T)} \qquad (2 \cdot 33)$$

ここで, $\Delta E = E_2 - E_1 (E_2 > E_1 \text{ とする})$, k_B はボルツマン定数, T は絶対温度である. 式 (2・33) から, 有限の温度で熱平衡にある系では $N_2/N_1 < 1$ であり, 高い準位にある分子数は低い準位の分子数より<u>いつも少ない</u> (図 2・15).

式 (2・33) を用いていくつかの簡単な見積もりをするこ

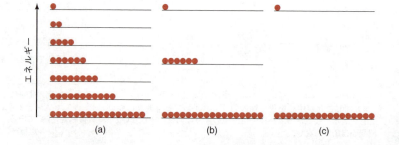

図 2・15 ある有限の温度 T でのボルツマン分布を, 3 種類のエネルギー準位において定性的に示した. エネルギー準位間の間隔が $k_B T$ より大きければ (c), ほとんどの分子は最低の準位にとどまる.

とができる．並進運動では，隣りあったエネルギー準位間のエネルギー差 ΔE は約 10^{-37} J であり，298 K での $\Delta E/(k_{\rm B}T)$ は

$$\frac{10^{-37}\,{\rm J}}{(1.381\times 10^{-23}\,{\rm J\,K^{-1}})(298\,{\rm K})}=2.4\times 10^{-17}$$

である．この数は非常に小さいので，式 (2・33) の右辺の指数項は本質的には 1 である．したがって，上の準位にある分子数は下の準位にある分子数と等しい．この結果の物理的な意味は，運動エネルギーは量子化されておらず，分子は任意の量のエネルギーを吸収して並進運動を増すことができるということである．

回転運動でも，ΔE は $k_{\rm B}T$ に比べて小さいことがわかる．したがって，N_2/N_1 の比は（1 よりも小さいものの）1 に近い．この結果は，分子が回転エネルギー準位全体にわたってかなり均等に分布していることを意味する．回転運動と並進運動の違いは，回転運動エネルギーだけは量子化されている点である．

振動運動では状況は大きく異なる．ここでは，準位間のエネルギー差は大きく〔$\Delta E>(k_{\rm B}T)$〕，N_2/N_1 は 1 よりはるかに小さい．したがって，298 K で，ほとんどの分子は最低の振動エネルギー準位にあり，ほんの一部の分子が上の準位にある．電子エネルギーに至っては，エネルギー準位間の差は非常に大きく，室温ではほとんどすべての分子が最低エネルギー準位にある．

この議論から，熱容量についていくつかの結論を導くことができる．室温にある分子では，並進と回転運動だけが熱容量に寄与すると予想される．例として O_2 分子を考える．熱容量への振動および電子的な寄与を無視すると，系のエネルギーは

$$\overline{U}=\frac{3}{2}RT+RT=\frac{5}{2}RT$$

となり〔式 (2・30) 参照〕，モル熱容量は

$$\overline{C_V}=\frac{5}{2}R=20.79\,{\rm J\,K^{-1}\,mol^{-1}}$$

となる．この計算値は測定値 21.05 J K^{-1} mol^{-1} に実に近い（表 2・3 参照）．わずかな違いは 298 K で実際には振動運動が $\overline{C_V}$ にいくらかの寄与をしていることを意味する．他の二原子分子，多原子分子でも，並進と回転運動の寄与を考慮するだけで良い一致が得られる．さらに温度が上昇

するにつれて，より多くの分子がより高い振動準位に上がることが予測される．それゆえ，高温では振動運動の熱容量への寄与がかなり大きくなるはずである．この予測は，O_2 の定容モル熱容量を温度を変えて測定した次の実験結果から支持される．

T/K	$\overline{C_V}/{\rm J\,K^{-1}\,mol^{-1}}$	T/K	$\overline{C_V}/{\rm J\,K^{-1}\,mol^{-1}}$
298	21.05	1000	26.56
600	23.78	1500	28.25
800	25.43	2000	29.47

表より，温度が上昇するにつれて O_2 の $\overline{C_V}$ の実測値はエネルギー等分配の法則で計算した値に近づく．1500 K での値は 29.10 J K^{-1} mol^{-1} に近い．さらに 2000 K では実測値は計算値より大きくなっている．この振舞いを説明する唯一の方法は，2000 K で電子的な運動が熱容量に寄与し始めたとすることである．

まとめると，室温では並進と回転運動だけが熱容量に寄与するということを覚えておく必要がある．高温では振動運動も考慮する必要がある．非常に高い温度でのみ電子的な運動が $\overline{C_V}$ の値に寄与する．図 2・16 に，電子的な運動が寄与しないと仮定したときの理想的な二原子分子のモル熱容量 $\overline{C_V}$ の温度変化を示す．

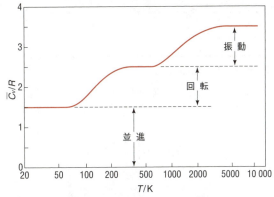

図 2・16 理想的な二原子分子のモル熱容量（$\overline{C_V}$）の温度依存性．低温（$T<100$ K）では，並進運動のみが $\overline{C_V}$ に寄与する．1000 K を超える温度では振動運動も $\overline{C_V}$ に寄与する．温度の目盛りは対数であり，$\overline{C_V}$ は R（気体定数）との比で表してあることに注意しよう．この図では電子的な運動の寄与は無視した．

重要な式

$\overline{E}_{\rm trans}=\dfrac{3}{2}\dfrac{RT}{N_{\rm A}}=\dfrac{3}{2}k_{\rm B}T$	平均運動エネルギー	式 (2・6)
$v_{\rm rms}=\sqrt{\dfrac{3RT}{\mathcal{M}}}=\sqrt{\dfrac{3k_{\rm B}T}{m}}$	根平均二乗速度	式 (2・7)

$\dfrac{dN}{N} = \left(\dfrac{m}{2\pi k_B T}\right)^{1/2} e^{(-mv_x^2)/(2k_B T)} dv_x$	マクスウェルの速度分布	式(2・8)
$\dfrac{dN}{N} = 4\pi c^2 \left(\dfrac{m}{2\pi k_B T}\right)^{3/2} e^{(-mc^2)/(2k_B T)} dc$	マクスウェルの速さ分布	式(2・10)
$\dfrac{dN}{N} = 2\pi E^{1/2} \left(\dfrac{1}{\pi k_B T}\right)^{3/2} e^{-E/(k_B T)} dE$	マクスウェルのエネルギー分布	式(2・12)
$\overline{c} = \sqrt{\dfrac{8k_B T}{\pi m}} = \sqrt{\dfrac{8RT}{\pi \mathcal{M}}}$	平均の速さ	式(2・14)
$c_{\mathrm{mp}} = \sqrt{\dfrac{2k_B T}{m}} = \sqrt{\dfrac{2RT}{\mathcal{M}}}$	最確の速さ	式(2・15)
$Z_1 = \sqrt{2}\,\pi d^2 \overline{c}\left(\dfrac{N}{V}\right)$	衝突頻度	式(2・16)
$Z_{11} = \dfrac{\sqrt{2}}{2}\pi d^2 \overline{c}\left(\dfrac{N}{V}\right)^2$	二体衝突数	式(2・17)
$\lambda = \dfrac{1}{\sqrt{2}\pi d^2 (N/V)}$	平均自由行程	式(2・18)
$P = P_0\, e^{(-gmh)/(k_B T)}$	大気圧式	式(2・24)
$\eta = \dfrac{m\overline{c}}{3\sqrt{2}\pi d^2}$	気体の粘性率	式(2・27)
$\dfrac{r_1}{r_2} = \sqrt{\dfrac{\mathcal{M}_2}{\mathcal{M}_1}}$	拡散と噴散のグレアムの法則	式(2・28)
$C_V = \left(\dfrac{\partial U}{\partial T}\right)_V$	定容熱容量	式(2・32)
$\dfrac{N_2}{N_1} = e^{-\Delta E/(k_B T)}$	ボルツマン分布則	式(2・33)

補遺 2・1 式(2・29)の誘導

x軸に沿って面積Aの壁に向かってv_xの速度で運動する分子を考える.ここでx軸は壁に垂直である(図2・17).

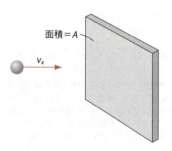

図2・17 速度v_xで面積Aの壁に向かって,正の方向(左から右)に動いている分子.$v_x\Delta t\,(v_x>0)$の距離にある分子のみがΔtの間に壁に到達できる.

壁からの距離が$v_x\Delta t$であれば,分子はΔt時間たったときに壁と衝突する.もし,容器の中のすべての分子が同じ$|v_x|$で動いているとすると,$Av_x\Delta t$の体積の中の,v_xが正の値をもつ分子はΔtの時間内に壁と衝突する(記号$|\ |$は絶対値を意味する,すなわちv_xの±は考慮しないで大きさのみを問題にする).この時間内の総衝突数は容積と数密度(N/V)の積,すなわち$Av_x\Delta t(N/V)$で表される.ここでNは全分子数,Vは容器の容積である.一方,速度には分布があり,式(2・8)に従って,すべての正のv_xの値について結果を足し合わせなければならない.したがって,Δt時間が経過したときの総衝突数は

$$\left(\dfrac{N}{V}\right)A\Delta t \int_0^\infty v_x f(v_x)\,dv_x$$

で表され,また,単位時間,単位面積当たりの衝突数Z_Aは式(2・9)から

$$\begin{aligned}Z_A &= \left(\dfrac{N}{V}\right)\int_0^\infty v_x f(v_x)\,dv_x \\ &= \left(\dfrac{N}{V}\right)\left(\dfrac{m}{2\pi k_B T}\right)^{1/2}\int_0^\infty v_x e^{(-mv_x^2)/(2k_B T)}\,dv_x\end{aligned} \quad (1)$$

となる.積分して*変形すると

---

* 訳注:$\int_0^\infty y\,e^{-\alpha y^2}\,dy$, $\alpha=m/(2k_B T)$は,$u=\alpha y^2\ (du/dy=2\alpha y)$の置換積分で$(1/2\alpha)\int_0^\infty e^{-u}\,du=1/2\alpha$と求まる.

$$Z_A = \left(\frac{N}{V}\right)\left(\frac{k_B T}{2\pi m}\right)^{1/2} \quad (2)$$

が得られる．理想気体では

$$PV = nRT = \left(\frac{N}{N_A}\right)RT \quad (3)$$

なので，

$$\left(\frac{N}{V}\right) = \frac{PN_A}{RT} = \frac{P}{k_B T} \quad (R = k_B N_A) \quad (4)$$

となる．式(4)を式(2)に代入して

$$Z_A = \frac{P}{k_B T}\left(\frac{k_B T}{2\pi m}\right)^{1/2} = \frac{P}{(2\pi m k_B T)^{1/2}} \quad (5)$$

が得られ，式(2・29)が誘導されたことになる．

参 考 文 献

書 籍

J. H. Hildebrand, "An Introduction to Molecular Kinetic Theory," Chapman & Hall, London (1963) (Van Nostrand Reinhold Company, New York).

J. O. Hirschfelder, C. F. Curtiss, R. B. Bird, "The Molecular Theory of Gases and Liquids," John Wiley & Sons, New York (1954).

D. Tabor, "Gases, Liquids, and Solids, 3rd Ed.," Cambridge University Press, New York (1996).

A. J. Walton, "The Three Phases of Matter, 2nd Ed.," Oxford University Press, New York (1983).

論 文

J. C. Aherne, 'Kinetic Energies of Gas Molecules,' *J. Chem. Educ.*, **42**, 655 (1965).

D. K. Carpenter, 'Kinetic Theory, Temperature, and Equilibrium,' *J. Chem. Educ.*, **43**, 332 (1966).

E. A. Mason, B. Kronstadt, 'Graham's Laws of Diffusion and Effusion,' *J. Chem. Educ.*, **44**, 740 (1967).

J. B. Dence, 'Heat Capacity and the Equipartition Theorem,' *J. Chem. Educ.*, **49**, 798 (1972).

B. Rice, C. J. G. Raw, 'The Assumption of Elastic Collisions in Elementary Gas Kinetic Theory,' *J. Chem. Educ.*, **51**, 139 (1974).

B. A. Morrow, D. F. Tessier, 'Velocity and Energy Distribution in Gases,' *J. Chem. Educ.*, **59**, 193 (1982).

S. M. Cohen, 'Temperature, Cool but Quick,' *J. Chem. Educ.*, **63**, 1038 (1986).

G. D. Peckham, I. J. McNaught, 'Applications of Maxwell-Boltzmann Distribution Diagrams,' *J. Chem. Educ.*, **69**, 554 (1992).

S. J. Hawkes, 'Misuse of Graham's Laws,' *J. Chem. Educ.*, **70**, 836 (1993).

S. J. Hawkes, 'Graham's Law and Perpetuation of Error,' *J. Chem. Educ.*, **74**, 1069 (1997).

F. Rioux, 'An Alternative Derivation of Gas Pressure Using the Kinetic Theory,' *Chem. Educator* [Online], **4**, 237 (2003). DOI: 10.1333/s00897030704a.

問 題

気体分子運動論

2・1 ボイルの法則，シャルルの法則，ドルトンの法則を気体分子運動論を用いて説明せよ．

2・2 温度は微視的な概念かそれとも巨視的な概念か．説明せよ．

2・3 気体に分子運動論を適用するときに，容器の内壁は分子衝突に対して弾性的であると仮定する．しかし実際は，衝突が弾性的か非弾性的かは気体と内壁とが同じ温度である限り何の違いも与えない．このことを説明せよ．

2・4 45 000 cm s^{-1} の速さで動いている 2.0×10^{23} 個のアルゴン(Ar)原子が，4.0 cm^2 の壁に対して 90°の角度で毎秒衝突するとき，壁に及ぼす圧力は何 atm か．

2・5 25℃の He が入った立方体の箱がある．もし，原子が垂直に (90°の角度で) 毎秒 4.0×10^{22} 回の割合で壁に当たるとすると，壁に及ぼす力と圧力を計算せよ．ここで，壁の面積は 100 cm^2，原子の速度は 600 m s^{-1} とする．

2・6 20℃での N$_2$ 1分子，および N$_2$ 1 mol の平均の並進運動エネルギーを計算せよ．

2・7 v_{rms} を 25℃の O$_2$ のものと同じにするには He を何度まで冷やす必要があるか．

2・8 CH$_4$ の c_{rms} が 846 m s^{-1} である．気体の温度は何度か．

2・9 成層圏のオゾン分子の c_{rms} を計算せよ．温度は 250 K である．

2・10 He 原子は何度で 25℃の N$_2$ 分子と同じ c_{rms} をもつか．N$_2$ の c_{rms} を計算しないで解け．

マクスウェルの速さ分布

2・11 マクスウェルの速さ分布を導くときに用いる条件をあげよ．

2・12 以下の速さ分布関数をプロットせよ．
 (a) 同じ温度での He, O$_2$, UF$_6$
 (b) 300 K と 1000 K での CO$_2$

2・13 以下の二つの曲線を同じグラフ上にプロットすることにより，マクスウェルの速さ分布曲線 (図2・4) の最大値を説明せよ．
 (1) c に対する c^2 のプロット
 (2) c に対する $e^{(-mc^2)/(2k_B T)}$ のプロット

(2)のプロットには 300 K のネオン，Ne を用いよ．

2・14 20℃の一つの N_2 分子を海抜 0 m で放して上向きに移動させる．温度が一定で，他の分子と衝突しないとすると，静止するまでどれだけ［m 単位で］移動するか．He 原子についても同様の計算をせよ［ヒント：分子が到達する高さ h では，ポテンシャルエネルギー mgh が運動エネルギーの初期値に等しく，ここで m は質量で，g は重力の標準加速度（9.81 m s^{-2}）である］．

2・15 12 個の粒子の速さが 0.5, 1.5, 1.8, 1.8, 1.8, 1.8, 2.0, 2.5, 2.5, 3.0, 3.5, 4.0 cm s^{-1} だとする．粒子の (a) 平均の速さ，(b) 根平均二乗速さ，(c) 最確の速さを計算し，その結果を説明せよ．

2・16 ある温度で，容器内の 6 個の気体分子の速さが 2.0, 2.2, 2.6, 2.7, 3.3, 3.5 m s^{-1} である．根平均二乗速さと分子の平均の速さを求めよ．それら二つの値は互いに似ている．しかし，根平均二乗値の方がいつも大きい．なぜか．

2・17 以下のグラフはある理想気体の二つの温度 T_1, T_2 でのマクスウェル速さ分布曲線である．T_2 の値を求めよ．

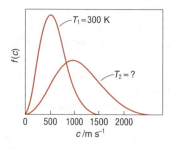

2・18 $\bar{c}$ の値を求めるために本章で用いたやり方にならい，c_{rms} を表す式を導け［ヒント：定積分を計算するには "Handbook of Chemistry and Physics" を参照せよ］．

2・19 本章で述べたやり方にならい，c_{mp} を表す式を導け．

2・20 298 K のアルゴンの c_{rms}, c_{mp}, $\bar{c}$ の値を計算せよ．

2・21 25℃での C_2H_6 の c_{mp} の値を計算せよ．989 m s^{-1} の速さの分子の数と，求めた c_{mp} の値をもつ分子の数との比はいくつか．

2・22 理想気体の最確の並進運動エネルギーを表す式を導き，理想気体の平均並進運動エネルギーとその結果とを比較せよ．

2・23 実験台の一方の端に濃アンモニア水の瓶を開けたとき，もう一端に臭いが到達するのに分単位の時間がかかる理由を分子の速さの点から説明せよ．

2・24 気体の平均自由行程は以下の変数にどのように依存するか．
  (a) 一定体積下での温度
  (b) 密度
  (c) 一定温度下での圧力
  (d) 一定温度下での体積
  (e) 分子の大きさ

2・25 20 個のビー玉が入った袋を激しく揺するときのビー玉の平均自由行程を計算せよ．袋の体積は 850 cm^3 で，各ビー玉は直径が 1.0 cm である．

2・26 300 K, 1.00 atm での HI 分子の平均自由行程と，1 L 当たりの毎秒の二体衝突数を計算せよ．HI 分子の衝突直径は 5.10 Å とし，理想気体を仮定せよ．

2・27 日常的に行われている超高真空実験の条件（全圧 1.0×10^{-10} Torr）で，350 K の N_2 分子の平均自由行程を計算せよ．

2・28 密閉された容器内ですべてのヘリウム原子が同じ速さ 2.74×10^4 cm s^{-1} で動き出したとする．それらの原子はマクスウェル分布が達成されるまで衝突しあうことが可能である．平衡での気体の温度は何度か．気体と外界との熱交換はないとせよ．

2・29 (a) 海抜 0 m（$T=300$ K，密度 1.2 g L^{-1}）と，(b) 成層圏（$T=250$ K，密度 5.0×10^{-3} g L^{-1}）とで，空気分子の衝突回数と平均自由行程を比較せよ．1 mol 当たりの空気の質量を 29.0 g とし，衝突直径を 3.72 Å とせよ．

2・30 40℃での水銀（Hg）蒸気の Z_1 と Z_{11} を $P=1.0$ atm と $P=0.10$ atm で計算せよ．Z_1 と Z_{11} は圧力にどのように依存するか．

気体の粘性

2・31 液体と気体とで粘性の温度依存性の違いを説明せよ．

2・32 288 K でのエチレンの平均の速さと衝突直径を計算せよ．298 K のエチレンの粘性率は 99.8×10^{-7} N s m^{-2} である．

2・33 21.0℃, 1.0 atm での二酸化硫黄の粘性率は 1.25×10^{-5} N s m^{-2} である．この温度と圧力での SO_2 分子の衝突直径と平均自由行程を求めよ．

気体の拡散と噴散

2・34 式 (2・14) から式 (2・28) を導け．

2・35 ある種の嫌気細菌によって湿地や下水では可燃性の気体が発生する．この気体の純粋な試料はオリフィスを通って 12.6 分で噴散する．同一の温度および圧力条件下で，同じオリフィスを通って噴散するのに酸素は 17.8 分かかる．この気体のモル質量を計算し，気体が何であるかを推定せよ．

2・36 ニッケルは化学式が Ni(CO)$_x$ の気体化合物を形成する．同じ温度および圧力条件下でメタン（CH$_4$）がこの化合物より 3.3 倍速く噴散するなら，そのときの x の値を求めよ．

2・37 29.7 mL の He が，あるオリフィスから 2.00 分間で噴散する．同温，同圧条件下で CO と CO_2 の混合気体 10.0 mL がこのオリフィスから 2.00 分間で噴散する．この混合気体の組成を体積比（％）で計算せよ．

2・38 ^{235}U は ^{238}U から UF$_6$ の噴散によって分離することができる．はじめに 50 : 50 の混合物があったとすると，1 回の分離操作後の濃縮の割合を計算せよ．

2・39 H_2 と D_2 の等モル混合物をある温度でオリフィスを通して噴散させる．オリフィスを通った気体の組成を計算せよ（モル分率で）．重水素のモル質量は 2.014 g mol^{-1} である．

2・40 容積 V に閉じ込められた分子が面積 A のオリフィスを通って噴散する速度 (r_{eff}) は $\frac{1}{4}nN_A\bar{c}A/V$ で表される．ここで n は気体の量 [mol 単位] である．容積 30.0 L，圧力 1500 Torr の自動車のタイヤが，とがったくぎの上を通ってパンクした．

(a) 穴の直径が 1.0 mm のときの噴散速度を計算せよ．

(b) 中の空気の半分が噴散によって失われる時間を計算せよ．噴散速度とタイヤの容積は一定だと仮定せよ．空気のモル質量は 29.0 g mol^{-1} で，温度は 32.0 ℃ である．

エネルギーの等分配

2・41 以下の分子の種々の自由度を計算せよ．

(a) Xe, (b) HCl, (c) CS_2, (d) C_2H_2, (e) C_6H_6, (f) 9272 原子を含むヘモグロビン分子

2・42 エネルギー等分配の法則を説明せよ．二原子分子や多原子分子の実測値が法則から外れてしまうのはなぜか．

2・43 500 J のエネルギーが，298 K で同じ一定の体積をもつ 1 mol の Ar, CH_4, H_2 に与えられたとする．どの気体の温度上昇が最も大きいか．

2・44 350 K での平均運動エネルギー $(\bar{E}_{\text{trans}})$ を (a)～(c) の気体につきジュール単位 [J] で計算せよ．またその結果を説明せよ．

(a) He, (b) CO_2, (c) UF_6

2・45 ネオンガスの試料が 300 K から 390 K に加熱された．運動エネルギー増加の割合 (%) を計算せよ．

2・46 並進運動と回転運動のみが熱容量に寄与するとして H_2, CO_2, SO_2 の $\bar{C}_V$ の値を計算せよ．計算で得られた結果と表 2・3 の実測値とを比較して違いを説明せよ．

2・47 はじめ 5 ℃ の 1 mol のアンモニアが，はじめ 90 ℃ の 3 mol のヘリウムと接触している．アンモニアの $\bar{C}_V$ は定積過程では $3R$ で与えられる．これらの気体の最終温度を計算せよ．

2・48 連続した，回転，振動，電子エネルギー準位間の典型的なエネルギー差はそれぞれ，5.0×10^{-22} J, 5.0×10^{-20} J, 1.0×10^{-18} J である．298 K での二つの隣り合ったエネルギー準位間の分子数の比（低い準位に対する高い準位）をそれぞれの場合について計算せよ．

2・49 ヘリウム原子の電子エネルギーの第一励起準位は基底準位より 3.13×10^{-18} J 上にある．電子的な運動が熱容量に対して有意な寄与をし始める温度を見積もれ．つまり，基底状態に対する第一励起状態の原子数の比が 5.0% になる温度を計算せよ．

2・50 同温，同圧の He, N_2 の気体が 1 mol ずつあるとする．以下の値はどちらの気体が大きいか（もし差があるなら）述べよ．

(a) $\bar{c}$, (b) c_{rms}, (c) $\bar{E}_{\text{trans}}$, (d) Z_1, (e) Z_{11}, (f) 密度, (g) 平均自由行程, (h) 粘性率

2・51 ある気体状の酸化物の根平均二乗速度は 20 ℃ で 493 m s^{-1} である．この気体化合物の分子式を記せ．

2・52 298 K では，SO_2 の $\bar{C}_V$ は CO_2 よりも大きい．非常に高温（>1000 K）では CO_2 の $\bar{C}_V$ が SO_2 より大きくなる．理由を述べよ．

2・53 24 ℃, 1.2 atm で，半径 43.0 cm の球状の風船の中の空気分子の全並進運動エネルギーを計算せよ．このエネルギーは，カップ 1 杯のお茶を用意するのに 200 mL の水を 20 ℃ から 90 ℃ に加熱するのに十分か．水の密度は 1.0 g cm^{-3} で，比熱は 4.184 J g^{-1} ℃$^{-1}$ である．

補充問題

2・54 原子や分子の速さを測定するために以下の装置を用いることができる．金属原子のビームを真空中で回転する筒に向ける．筒の小さい穴を通った金属原子は標的に到達する．筒は回転しているので，異なる速さで動く原子は異なる標内部位に当たることになる．やがて，標的部位に金属の層が付着するが，その厚さの変化量はマクスウェルの速さ分布に対応することがわかる．ある実験で，850 ℃でいくらかの Bi 原子がスリットの正反対の地点から 2.80 cm だけ離れた場所に当たったとする．筒の直径は 15.0 cm で，1 秒間に 130 回転する．

(a) 標的が動く速さ [m s^{-1}] を計算せよ〔ヒント：r を半径として円周は $2\pi r$ で与えられる〕．

(b) 標的が 2.80 cm 動くのに必要な時間 [秒単位] を計算せよ．

(c) Bi 原子の速さを決定せよ．この結果と，Bi の 850 ℃での c_{rms} の値とを比較し，違いについて説明せよ．

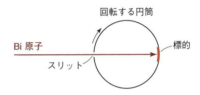

2・55 なぜ暑い湿った空気は暑い乾いた空気より不快で，冷たい湿った空気は冷たい乾いた空気より不快なのだろう．熱容量に関する知識を使い説明せよ．

2・56 地球の重力場からの脱出速度 v は $(2GM/r)^{1/2}$ で与えられる．ここで G は万有引力定数 (6.67×10^{-11} m^3 kg^{-1} s^{-2})，M は地球の質量 (6.0×10^{24} kg)，そして r は地球の中心から対象物までの距離 [m] である．熱圏（高度 100 km, $T=250$ K）での He と N_2 分子の平均の速さを比較せよ．これら二つの分子のうちどちらが脱出しやすいか．地球の半径は 6.4×10^6 m である．

2・57 宇宙船で月へ向かって旅行しているとしよう．宇宙船内部の大気は体積比で 20% の酸素と 80% のヘリウムからなっている．発射前に，そのままにしておくと噴散で 1 日当たり 0.050 atm の速度で気体が失われる漏れがあることがわかった．宇宙船内の温度が 22 ℃ に保持され，宇宙船の容積が 1.5×10^4 L だとして，10 日間の旅行で，漏れで失う分のために保持しておかなければならないヘリウムと酸素の量を計算せよ〔ヒント：まず，毎日失う気体の量を $PV=nRT$ を用いて計算せよ．噴散の速度は気体の圧力に比例することに注意せよ．噴散は宇宙船内の圧力や気体の平均自由行程に影響を与えないと仮定せよ〕．

2・58 360 K と 293 K とで，1300 m s^{-1} の速さをもつ O_3

分子の数比を求めよ．

2・59 300 K，1.0 atm で平衡状態にある 1.0 mol のクリプトン（Kr）の衝突頻度を計算せよ．以下の変化のうちどちらが衝突頻度を増加させるか〔ヒント：表 2・1 の衝突直径を利用せよ〕．
  (a) 一定圧力で温度を 2 倍にする．
  (b) 一定温度で圧力を 2 倍にする．

2・60 以下の状況に気体分子運動論の知識を応用して答えよ．
  (a) 同じ数のヘリウム原子が，容積 V_1, V_2 ($V_2 > V_1$) の二つのフラスコ内に同じ温度で入っている．
    (i) 二つのフラスコ内のヘリウム（He）原子の根平均二乗速さ（c_{rms}）と平均運動エネルギーを比較せよ．
    (ii) He 原子が容器の内壁に衝突する頻度と力を比較せよ．
  (b) 同じ数の He 原子が，温度 T_1 と T_2 ($T_2 > T_1$) の同じ容積の二つのフラスコ内に入っている．
    (i) 二つのフラスコ内の He 原子の c_{rms} を比較せよ．
    (ii) He 原子が容器の内壁に衝突する頻度と力を比較せよ．
  (c) 同じ数の He とネオン（Ne）原子が同じ容積の二つのフラスコ内に入っている．両方の気体の温度は 74 ℃ である．以下の文の正当性についてコメントせよ．
    (i) He の c_{rms} は Ne のそれと等しい．
    (ii) 二つの気体の平均運動エネルギーは等しい．
    (iii) 個々の He 原子の c_{rms} は 1.47×10^3 m s^{-1} である．

2・61 エンパイアステートビルディングの最上階の床面（373.2 m）と海面での気圧計の読みの違いを比較せよ．温度は 20 ℃ とする．

2・62 気体分子運動論を用いて，熱い空気が上昇する理由を説明せよ．

2・63 海面から測定して何 m の高さの大気までで，すべての空気分子の半分を含むだろうか．空気の平均温度は 250 K とする．

2・64 二つの理想気体 A，B が異なる温度に加熱されている．A，B の圧力と密度が同じならば，A，B の平均速さは同じでなければならないことを示せ．

2・65 He 原子と 25 ℃ の N_2 分子が同じ c_{rms} をもつとき，He 原子は何度か．

2・66 c_{rms} が同じ温度にある HI の 2.82 倍である気体は何か．

2・67 $(k_B T)/(gm)$（p.26 を参照）の項は長さの次元をもつことを次元解析で示せ．

3 熱力学第一法則

"お熱いのがお好き（Some like it hot）"

熱力学（thermodynamics）は熱と温度に関する学問であり，特に，熱エネルギーから力学的，電気的エネルギーなど他のエネルギー形態への変換を支配する法則を扱う．熱力学は化学，物理学，生物学，工学などに応用される科学の根幹的分野といえる．一体何が熱力学をそんなに強力な手法にしているのか．熱力学は徹底的に論理的な分野であり，数学的な技巧を使わなくとも応用できる．熱力学の実用的価値は，ある系で得られた実験事実を体系化し，それを用いてその系における別の事象や，別の系における類似の事象について，さらなる実験なしに推断することを可能とすることにある．たとえば，ある反応が進むかどうかや，反応の最高収率はいくらかを予測することができる．

熱力学は，圧力，温度，体積のような性質に関する巨視的な学問である．量子力学とは異なり，熱力学は特定の分子モデルをもとにしたものではないため，原子や分子の概念が変わってもその理論体系は変わらない．実際，熱力学のおもな基礎は，詳細な原子論が登場するずっと以前にすでに成立していた．このことは熱力学の強みでもあるが，逆に，熱力学の法則から導かれる式によっては複雑な現象を分子レベルで解釈することはできない．また，熱力学は，反応が進む方向やどの程度反応が進むかを予測する助けになるが，それがどのような速度で進むかということに対しては何も知見を与えない．このような速度論については，第15章の化学反応速度論で学ぶ．

本章では，熱力学第一法則を説明し，熱化学のいくつかの例について議論する．

3・1 仕事と熱

本節では熱力学第一法則の基礎となる二つの概念，仕事と熱について学ぶ．

仕事

古典力学では**仕事**（work）は力と距離の積で表される．熱力学の仕事の懸念はもう少し捉え難く，表面の仕事，電

表 3・1 さまざまな仕事の種類

仕事の種類	表現[†]	記号の意味
力学的仕事	$f\,dx$	f: 力，dx: 動かした距離
表面張力による仕事	$\gamma\,dA$	γ: 表面張力，dA: 面積の変化
電気による仕事	$E\,dQ$	E: 電位差，dQ: 移動した電荷量
重力による仕事	$mg\,dh$	m: 質量，g: 重力加速度，dh: 高さの変化
膨張による仕事	$P\,dV$	P: 圧力，dV: 体積の変化

[†] d の記号が示すように，なされた仕事はそれぞれ微小過程に対応している．

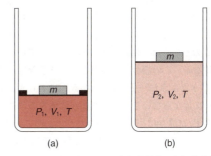

図 3・1 気体の等温膨張．(a) 始状態　(b) 終状態

気による仕事，磁力による仕事など，より広い範囲の作用を含む（表 3・1）．気体の膨張を例に，系がする仕事について考えてみよう．気体が，重さや摩擦の無視できるピストンによってシリンダー内に閉じ込められているとする．系の温度は常に一定で T とする．図 3・1 のように気体は始状態 P_1, V_1, T から終状態 P_2, V_2, T へと膨張できる．また，ピストンの外側には気体は存在しない，つまり，外圧はかかっていないとする．したがって，シリンダー内の気体が膨張しようとする力に対して，ピストンを押さえつける力はピストン上に置かれた質量 m のおもりによる力だけである．おもりを始めの位置 h_1 から終わりの位置 h_2 まで持ち上げるときになされる仕事 (w) は，

$$\text{仕事}\,(w) = -\text{力} \times \text{距離} = -\text{質量} \times \text{重力加速度} \times \text{距離}$$
$$= -mg(h_2 - h_1) = -mg\,\Delta h \tag{3・1}$$

となる．ここで，g は重力加速度 (9.81 m s^{-2})，$\Delta h = h_2 - h_1$ である．m, h の単位はそれぞれキログラム [kg]，メートル [m] なので，w はエネルギー [J] の単位をもつことになる．式 (3・1) に − 符号が付いているのは，$h_2 > h_1$ つまり気体が膨張する過程の w が負であることを意味する．この書き方は，系が外界に対して仕事をした場合，なした仕事を負とする慣例に従っている．一方，圧縮の過程では $h_2 < h_1$ なので，系に対して仕事がなされ，w は正となる．

内部の気体に対し，外側から掛かる圧力 P_{ex} は，力/面積であるから

$$P_{ex} = \frac{mg}{A}$$

ここで A はピストンの面積であり，$A \Delta h$ は体積の変化を表すから，式 (3・1) に上式を変形して代入し，整理すると

$$w = -P_{ex} A \Delta h = -P_{ex}(V_2 - V_1) = -P_{ex} \Delta V \quad (3 \cdot 2)$$

となる．式 (3・2) は，膨張の際になされる仕事量は P_{ex} に依存するということを示している．つまり，温度 T において気体が V_1 から V_2 まで膨張する際にする仕事量は，実験条件に依存してかなり変わりうる．極端な例として，気体が真空に対して膨張する過程（たとえば，おもり m がピストンから取去られたとき）を考えてみよう．$P_{ex} = 0$ なので，系がなした仕事 $-P_{ex}\Delta V$ も 0 となる．より一般的な状況として，ピストンの上におもりを載せた配置を考えよう．このときには気体は一定の外圧 P_{ex} に抗して膨張することになる．この場合に気体がなした仕事量は，これまで述べてきたように $-P_{ex} \Delta V$ となる ($P_{ex} \neq 0$)．ここで注意しなくてはならないことは，気体が膨張するに従って気体の圧力 P_{in} は徐々に小さくなっていくということである．気体が膨張するには，膨張過程のあらゆる段階において $P_{in} > P_{ex}$ でなければならない．たとえば，一定温度 T において，はじめの気体の圧力 P_{in} が 5 atm であり，一定の外圧 1 atm ($P_{ex} = 1$ atm) に抗して気体が膨張する状態を考えると，ピストンが上昇するに従って P_{in} が減少していき，1 atm に等しくなった時点でピストンは静止する．

同じ体積変化の膨張過程から，最大限の仕事を取出すにはどのようにしたらよいのだろうか．ここで，同じ質量をもった無限個のおもりがピストン上に載っており，おもり全体がピストンに及ぼす圧力が合計 5 atm であるとしよう．この状態では $P_{in} = P_{ex}$ であるから力学的に平衡にある．次におもりを一つピストン上から取去ると外圧 P_{ex} は極小量だけ減少し $P_{in} > P_{ex}$ となるため，内部の気体は膨張し，やがて再び P_{in} が P_{ex} と等しくなる．続いて二つめのおもりを取去れば，再び少し気体が膨張し，P_{in} が P_{ex} と等しくなる．この動作を繰返し，最終的に $P_{ex} = 1$ atm となったとき，前述のように膨張過程は終わる．この一連の動作で系がなした仕事量は，どのように見積もることができる

だろうか．膨張の各段階で（つまり，おもりをピストンから一つ取除くごとに）系がなした微小仕事量は体積の微小変化量を dV として $-P_{ex}$dV と表すことができる．したがって体積が V_1 から V_2 まで膨張する過程で系がなした仕事の総量は，

$$w = -\int_{V_1}^{V_2} P_{ex} \, dV \quad (3 \cdot 3)$$

と表される．この式において P_{ex} はもはや定数ではないため，このままでは積分計算できない*1．しかしながら膨張のどの段階でも P_{in} が P_{ex} より微小量だけ大きいことに留意すれば，

$$P_{in} - P_{ex} = dP$$

とおくことができ，これを用いて式 (3・3) は，

$$w = -\int_{V_1}^{V_2} (P_{in} - dP) \, dV$$

となる．dPdV は，二つの微小量の積であるから dPd$V \approx 0$ として無視することができる．したがって，上の式は

$$w = -\int_{V_1}^{V_2} P_{in} \, dV \quad (3 \cdot 4)$$

と書け，ずっと取扱いやすくなった．というのは，P_{in} は系（すなわち気体）の圧力なので，特別に気体の状態方程式を用いて表すことができて．理想気体の場合，

$$P_{in} = \frac{nRT}{V}$$

であり，n, T が一定のとき $P_1 V_1 = P_2 V_2$ であるので，式 (3・4) は

$$w = -\int_{V_1}^{V_2} \frac{nRT}{V} \, dV$$
$$= -nRT \ln \frac{V_2}{V_1} = -nRT \ln \frac{P_1}{P_2} \quad (3 \cdot 5)$$

となる．

式 (3・5) は，P_{ex} 一定で系がなした仕事 $-P_{ex} \Delta V$ とは異なっており，体積が V_1 から V_2 に膨張する際の最大の仕事量を表している．なぜそうなのかを理解するのは難しくないだろう．膨張仕事は外圧に抗してなされるから，あらゆる段階で外圧を内部の圧力よりも微小量だけ小さな値にして膨張するときに最大量の仕事をすることができるのである．このような過程では膨張は可逆的 (reversible) であるといえる*2．可逆的の意味するところは，もし微小量 dP だけ外圧を増加させれば膨張をすぐに止めることができ，さらに微小量 dP だけ P_{ex} を増加させれば気体を圧縮することができる，ということである．したがって，可逆

---

*1 P_{ex} が定数ならば，この積分は $-P_{ex}(V_2 - V_1) = -P_{ex}\Delta V$ となる．
*2 化学反応速度論では，可逆は両方向に進むことのできる反応を意味する．

過程とは常に平衡状態から微少量だけずらしてできる過程といえる．

本当の意味での可逆過程は成しとげるのに無限大の時間が必要である．したがって実際には可逆過程は実現できない．気体を非常にゆっくりと膨張させて系を可逆過程に近づけることはできるが，真の意味での可逆過程とは言えない．実験室において実現できるのは常に不可逆過程の仕事である．われわれが可逆過程に注目するのは，ある一つの過程から取出しうる最大仕事量を計算することができるからである．第 4 章で述べるが，この最大仕事量は，化学的過程あるいは生物学的過程の効率を評価するために重要な値である．

例題 3・1

0.850 mol の理想気体を 300 K で 15.0 atm から 1.00 atm まで等温膨張させる．以下の場合のそれぞれの仕事量を求めよ．
(a) 真空に抗しての膨張
(b) 一定の外圧 1.00 atm に抗する膨張
(c) 可逆膨張

解 (a) $P_{ex}=0$ であるから $-P_{ex}\,\Delta V=0$，したがって仕事はされない．

(b) 外圧が 1.00 atm であるから系は膨張に際して仕事を行う．理想気体の状態方程式より始めと終わりのそれぞれの体積は，

$$V_1 = \frac{nRT}{P_1}, \qquad V_2 = \frac{nRT}{P_2}$$

また，終状態の圧力は外圧（1 atm）に等しいので，$P_{ex}=P_2$ である．したがって，式 (3・2) より，下式が得られる．

$$\begin{aligned}w &= -P_2(V_2-V_1) = -nRTP_2\left(\frac{1}{P_2}-\frac{1}{P_1}\right)\\ &= -(0.850\ \text{mol})(0.082\,06\ \text{L atm K}^{-1}\text{mol}^{-1})\times\\ &\quad (300\ \text{K})(1.00\ \text{atm})\left(\frac{1}{1.00\ \text{atm}}-\frac{1}{15.0\ \text{atm}}\right)\\ &= -19.5\ \text{L atm}\end{aligned}$$

J 単位で表すともっと便利なので，1 L atm = 101.3 J の関係を用いて，仕事量は

$$w = -19.5\ \text{L atm}\times\frac{101.3\ \text{J}}{1\ \text{L atm}} = -1.98\times 10^3\ \text{J}$$

となる．

(c) 等温可逆過程では，仕事は式 (3・5) で与えられる．

$$\begin{aligned}w &= -nRT\ln\frac{V_2}{V_1} = -nRT\ln\frac{P_1}{P_2}\\ &= -(0.850\ \text{mol})(8.314\ \text{J K}^{-1}\text{mol}^{-1})(300\ \text{K})\\ &\quad \times\ln\frac{15.0\ \text{atm}}{1.00\ \text{atm}} = -5.74\times 10^3\ \text{J}\end{aligned}$$

コメント (b) および (c) で w に − の符号が付いているのは，この仕事が，系が外界になしたものであるということを示す．予想通り可逆膨張が最大の仕事量を示す．

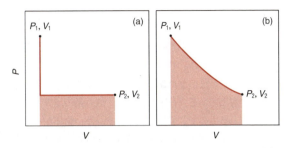

図 3・2 P_1, V_1 から P_2, V_2 への等温膨張．(a) 不可逆過程．(b) 可逆過程．どちらの場合でも，■ の面積は膨張の間に系がした仕事量を示す．可逆過程において最大量の仕事がなされる．

図 3・2 に，例題 3・1(b)，(c) において系がした仕事量を示した．不可逆過程 [図 3・2(a)] では，系がした仕事は $P_2(V_2-V_1)$ であり，これは図中の曲線下の面積 (■) に対応する．可逆過程においても，仕事量は図中の面積で示されるが [図 3・2(b)]，外圧はもはや一定値をとらないから，■ の面積はかなり大きくなることが理解できよう．

ここまで述べたことから，仕事についてのいくつかの結論を導き出すことができる．第一に，仕事はエネルギー移動の一形態と考えるべきである．気体が膨張するのは内外の圧力に差があればこそで，内圧と外圧が等しくなれば，仕事という言葉はもはや適用できない．第二に，仕事の量は，その過程がどのように行われたかに依存するということである．つまり，始状態と終状態が同じだったとしても，途中にたどる**経路** (path) が異なれば（たとえば，可逆的であるか，あるいは不可逆的であるか），得られる仕事量は違ってくる．その意味では，仕事は系の状態だけで決まる**状態量** (quantity of state) または**状態関数** (state function)*ではない．仕事はある系がもつ固有の値ではないため，"系が多くの仕事をもっている" などのような使い方はされない．

状態量の重要な性質の一つは，系の状態が変化したときの状態量の変化量は，系の始状態と終状態だけに依存し，系がどのような経路で変化したかにはよらないということである．ここで，一定の温度で気体が体積 V_1 (2 L) から V_2 (4 L) まで膨張した場合を考えてみよう．体積の増加量は，

---

* 熱力学で用いる術語のいくつかは p. 1 に説明してある．

$$\Delta V = V_2 - V_1 = 4\,\mathrm{L} - 2\,\mathrm{L} = 2\,\mathrm{L}$$

で与えられる．体積を変化させる方法は何通りもある．たとえば，直接 2 L から 4 L まで膨張させることも可能だし，初めに 6 L まで膨張させてから 4 L まで圧縮させる方法もある．どのような方法で変化させたとしても，体積の変化量は常に 2 L である．体積と同じように，圧力，温度も状態量である．

熱

熱（heat）とは温度の異なる二つの物体間で起こるエネルギーの移動である．仕事と同様に，熱も系の境界においてのみ現れるもので，経路に依存する．熱い物体から冷たい物体へエネルギーが移動するのは物体の間に温度差があればこそで，二つの物体の温度が等しくなれば，熱という言葉はもはや適用できない．熱は系がもつ固有の値ではないため状態量ではない．したがって熱は経路によって変わる量である．100.0 g の水を 1 atm で 20.0 ℃ から 30.0 ℃ まで加熱するとしよう．この過程の熱の移動はどのようになっているだろうか．この問いには，どのような経路によって温度の変化がもたらされたかを明らかにしない限り答えることができない．ここではヒーターを用いて電気的に，またはブンゼンバーナーで水を加熱し，温度を上昇させたとしよう．外界から系に伝達された熱量 q は，

$$\begin{aligned} q &= ms\,\Delta T \\ &= (100.0\,\mathrm{g})(4.184\,\mathrm{J\,g^{-1}\,K^{-1}})(10.0\,\mathrm{K}) \\ &= 4184\,\mathrm{J} \end{aligned}$$

となる．ここで s は水の比熱容量である．温度上昇は系に対する機械的仕事によってもなされうる．たとえば，マグネチックスターラーを用いて水をかくはんすれば，水とかくはん子の間の摩擦によって水温を上げることができる．この場合，熱の移動は 0 である．あるいは，はじめヒーターによって水を 20.0 ℃ から 25.0 ℃ まで加熱し，その後，スターラーを用いて水をかくはんし 30.0 ℃ まで昇温したとしよう．この場合，q は 0 と 4184 J の間の値をもつことになる．それゆえ，系の温度をある値だけ上昇するための方法は明らかに無限にあるのだが，そのときの熱の変化は，どの経路を通ったかにより常に異なっている．

まとめると，仕事と熱は状態量ではなく，どれくらいのエネルギーが移動したかを測る物差しである．また，仕事，熱の変化量は，どのような経路を通って状態が変化したかに依存している．**熱化学カロリー**（thermochemical calorie）とジュールとの間には，以下の変換式（熱の仕事当量）が成り立つ．

$$1\,\mathrm{cal} = 4.184\,\mathrm{J}\quad\text{（正確に定義された値）}$$

例題 3・2

体重 73 kg のヒトが 1 g 当たりの熱量が約 720 cal である牛乳 500 g を飲んだ．牛乳のもつエネルギーのうち 17 % が力学的仕事に変換されるとすると，このヒトは牛乳から得たエネルギーを使って何 m 登ることができるか．

解 力学的仕事に変換されるエネルギーは，

$$\begin{aligned} \Delta E &= 0.17 \times 500\,\mathrm{g} \times \frac{720\,\mathrm{cal}}{1\,\mathrm{g}} \times \frac{4.184\,\mathrm{J}}{1\,\mathrm{cal}} \\ &= 2.6 \times 10^5\,\mathrm{J} \end{aligned}$$

である．このエネルギーが，ヒトが登るときのポテンシャルエネルギーの増加にあてられる．

$$\Delta E = 2.6 \times 10^5\,\mathrm{J} = mgh$$

ここで m はヒトの質量で，g は重力の標準加速度（9.81 m s^{-2}），h は高さ [m] である．1 J = 1 kg m^2 s^{-2} であるので，

$$h = \frac{\Delta E}{mg} = \frac{2.6 \times 10^5\,\mathrm{kg\,m^2\,s^{-2}}}{73\,\mathrm{kg} \times 9.81\,\mathrm{m\,s^{-2}}} = 3.6 \times 10^2\,\mathrm{m}$$

となる．

3・2 熱力学第一法則

熱力学第一法則（first law of thermodynamics）は，"エネルギーはさまざまな形態へと変換することはできるが，生成することも消滅することもない" というものである．別の表し方をすれば，"全宇宙のエネルギーの総量は一定である"，すなわち "エネルギーは保存されている" と言える．一般的に，全宇宙のエネルギー $E_{宇宙}$ は，二つの部分に分けることができて，

$$E_{宇宙} = E_{系} + E_{外界}$$

ここで，$E_{系}$ は系がもつエネルギー，$E_{外界}$ は系を取囲む外界がもつエネルギーを示す．いかなる過程でも，エネルギーの変化量は

$$\Delta E_{宇宙} = \Delta E_{系} + \Delta E_{外界} = 0$$

すなわち

$$\Delta E_{系} = -\Delta E_{外界}$$

となる．したがって，ある系においてエネルギーが $\Delta E_{系}$ だけ増加あるいは減少すれば，宇宙のそれ以外の部分，すなわち外界がもつエネルギーはそれと同じ量だけ減少あるいは増加することになる．つまり，一方で増加した分のエネルギーが別の場所で失われているということである．また，エネルギーはその形態をさまざまなものに変えうるので，ある系で失われたエネルギーが，別の系・別のエネ

ギー形態での増加となりうる．たとえば，発電所で石油を燃やしたときに失ったエネルギーは，最終的にわれわれの家庭で電気エネルギー，熱エネルギー，光エネルギーなどとして現れるかもしれない．

化学で，普通，興味の対象となるのは，系のもつエネルギー変化であって，外界のもつエネルギー変化ではない．仕事や熱は状態量ではないから，系がどれくらいの熱や仕事をもっているかという質問には意味がないということをここまで学んできた．それに対し，系の内部エネルギーは状態量であり，温度，圧力，組成などの状態に関する熱力学パラメーターだけで決まる量である．ここで"内部"を付けたのは，系は他の形態のエネルギーをも含んでいることを示唆している．たとえば，系全体が動いていれば系は運動エネルギー (E_k) をもつ．系がポテンシャル（位置）エネルギー (E_p) をもつこともある．したがって，系が保有する全エネルギー $E_全$ は，

$$E_全 = E_k + E_p + U$$

で表されることになる．ここで U が内部エネルギーである．内部エネルギーには分子の並進，回転，振動，電子の各エネルギー，原子核のエネルギー，さらには分子間相互作用によるエネルギーも含まれている．われわれが想定する系のほとんどは静止した系であり，電場や磁場などのような外部からの作用は存在しないとする．したがって E_k, E_p 共に 0 で，$E_全 = U$ となる．これまでに述べたように，熱力学はある特定のモデルをもとにしているものではない．ゆえに，われわれは内部エネルギー U の厳密な本質を知る必要はないし，実際，U の値を正確に計算する手段をもっていない．これから述べるように，興味の対象はある過程における U の変化を見積もる方法である．簡単のため，これ以後はしばしば，内部エネルギーを単にエネルギーとよび，その変化量を ΔU で表す．ΔU は，

$$\Delta U = U_2 - U_1$$

で，U_1, U_2 はそれぞれ始状態および終状態の系の内部エネルギーである．

エネルギーは，系がある状態から別の状態に変わるとき，その経路によらず常に同じ量だけ変化するという点において，仕事や熱とは異なる．数学的には熱力学第一法則は次式で表される．

$$\Delta U = q + w \tag{3・6}$$

微小変化量に対しては

$$dU = đq + đw \tag{3・7}$$

となる．式(3・6) および式(3・7) は，系の内部エネルギー変化量は，系と外界との間の熱の移動 q と，系が外界にした（あるいは外界からされた）仕事*w との和で表されるということを示している．q と w の符号は慣例上，表 3・2 のように決められている．ここで q と w には Δ を付けていないことに注意されたい．Δ は始状態での値と終状態での値との違いを意味するが，状態量ではない q と w には Δ を付ける意味がないからである．また，dU は完全微分であり（補遺 3・1 参照），すなわちその積分形である $\int_1^2 dU$ は経路によらないのに対し，đ という表記法があり，đq, đw は不完全微分で，q, w は経路に依存する．本書では，状態量である熱力学量には，U, P, T, V のように大文字を用い，状態量ではない熱力学量には q, w など小文字を用いることにする．

式(3・6) を一定圧力 P での気体の不可逆膨張に応用してみよう．$w = -P\Delta V$ であるから，式(3・6) は次のようになる．

$$\Delta U = q - P\Delta V$$

膨張過程なので $\Delta V > 0$ であるから，気体は外界に対して仕事をすることになり，系の内部エネルギーは減少する．このとき気体が外界から熱を受け取れば，$q > 0$ となり系の内部エネルギーはその分だけ増加することになる．表 3・2 にあげた仕事と熱の符号は，熱力学第一法則の数学的表現と一致している．

熱力学第一法則はエネルギー保存の法則である．この法則を式の形にするに当たっては，さまざまな形のエネルギーの間の関係を研究して得た幅広い知識がものを言うことになる．第一法則は概念としては理解しやすく，あらゆる実際の系への応用が容易にできる．例として，定容断熱ボンベ熱量計（図 3・3）内の熱化学的変化を考えてみよう．この装置を使うと物質の燃焼熱が測定できる．装置は，厚いステンレスの容器で密閉され外界から熱的に隔離されていて，断熱 (adiabatic) とは系とそれを囲む外界との間の熱の交換がないという意味である．測定は次のように行う．調べる物質を容器の中に入れ，内部を約 30 atm の酸素で満たす．試料に接触させた 1 対の点火用電極に通電することで燃焼を開始する．この燃焼によって放出された熱は，熱量計の内側の容器内を満たす水の温度上昇の記録から見積もることができる．熱量計の熱容量から，燃焼反応

表 3・2 仕事と熱の符号

過程	符号
系が外界に対してする仕事	−
系が外界からされる仕事	+
系によって外界から吸収される熱量（吸熱反応）	+
系から外界に放出される熱量（発熱反応）	−

---

* なされた仕事はすべて P–V で表せるものと仮定した．

前後のエネルギーの変化を次式のように求めることができて[*1],

$$\Delta U = q_V + w = q_V - P\Delta V = q_V \quad (3\cdot 8)$$

この実験装置では，体積は一定に保たれているから，$P\Delta V=0$，$\Delta U=q_V$である．qの下つき文字$_V$は，実験条件が体積一定であることを強調している．式(3·8)は一見すると，状態量であるΔUが，前述したように状態量ではない放出熱量と，直接等号で結びつけられているので，奇妙に感じられるかもしれない．しかし，一定体積下で起こるなどのように，特定の過程や経路の下でと条件を制限しているので，熱量計内で特定の物質をある決まった量だけ燃焼させる場合，q_Vの値は一つに決まることになる．

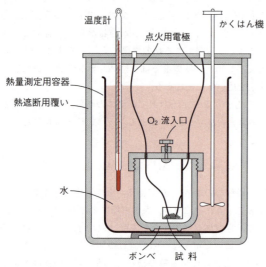

図 3·3 定容ボンベ熱量計のしくみ．熱量計の熱容量はボンベと水浴の熱容量の和となる．

3·3 エンタルピー

実験室での化学的，物理的過程の多くは，定容条件下ではなく定圧条件下（すなわち大気圧下）で行われる．一定の外圧Pに抗して不可逆膨張する気体を考えよう．すなわち$w=-P\Delta V$で，式(3·6)は

$$\Delta U = q + w = q_P - P\Delta V$$

または

$$U_2 - U_1 = q_P - P(V_2 - V_1)$$

となる．ここで下つき文字$_P$は定圧過程を示す．この式を変形して

[*1] 訳注：q_Vは熱容量と温度変化の積で求まる．詳細は§3·4で学ぶ．

$$q_P = (U_2 + PV_2) - (U_1 + PV_1) \quad (3\cdot 9)$$

となる．すでに学んだように，qは状態量ではないが，U，P，Vは状態量である．そこで，**エンタルピー**（enthalpy），Hとよばれる関数を以下のように定義する．

$$H = U + PV \quad (3\cdot 10)$$

U，P，Vはそれぞれ系の内部エネルギー，圧力，体積である．式(3·10)の項はすべて状態量となり，Hはエネルギーの単位をもつ．式(3·10)からHの変化は，

$$\Delta H = H_2 - H_1 = (U_2 + P_2V_2) - (U_1 + P_1V_1)$$

となる．一定圧力での変化なので$P_2=P_1=P$とおくと，式(3·9)との比較から，

$$\Delta H = (U_2 + PV_2) - (U_1 + PV_1) = q_P$$

となる．つまり，ここでも特定の経路――ここでは一定圧力条件――の変化に限っているので，熱量の変化q_Pが状態量であるHの変化と等号で直接結び付いたのである．

通常，ある系において状態1から状態2に変化するときのエンタルピーの変化は

$$\Delta H = \Delta U + \Delta(PV)$$
$$= \Delta U + P\Delta V + V\Delta P + \Delta P\Delta V \quad (3\cdot 11)$$

で表される．この式(3·11)は，圧力も体積も一定に保たれていなくても用いることができるが，最後の項，$\Delta P\Delta V$は無視することができない[*2]．式(3·11)のP，Vはどちらも系のものであることを思い出してほしい．圧力一定であり，また系が外界に及ぼす圧力(P_{in})と外界が系に及ぼす圧力P_{ext}とが等しいという条件の下では，

$$P_{\text{in}} = P_{\text{ext}} = P$$

となり，すなわち$\Delta P=0$なので式(3·11)は

$$\Delta H = \Delta U + P\Delta V \quad (3\cdot 12)$$

となる．同様の条件で微小変化量に対しては下式が成り立つ．

$$dH = dU + PdV$$

ΔUとΔHの比較

ΔUとΔHの違いは何であろうか．ΔUとΔHは共にエネルギー変化であるが，用いられる条件が異なるためそれら

[*2] 状態1から状態2へのPVの変化を表す$\Delta(PV)$は，$[(P+\Delta P)\cdot(V+\Delta V)-PV]=P\Delta V+V\Delta P+\Delta P\Delta V$と書くことに注意せよ．微小量の変化であれば，$dH=dU+PdV+VdP+dPdV$と書ける．$dPdV$は二つの微小量の積なので無視することができ，$dH=dU+PdV+VdP$となる．

の値は異なる．次のような状況を考えてみよう．2 mol の Na と水との反応,

$$2\,\mathrm{Na(s)} + 2\,\mathrm{H_2O(l)} \longrightarrow 2\,\mathrm{NaOH(aq)} + \mathrm{H_2(g)}$$

で放出される熱量は 367.5 kJ である．反応は定圧下で行われるので $q_P = \Delta H = -367.5$ kJ である．内部エネルギー変化を見積もるためには式 (3・12) を

$$\Delta U = \Delta H - P\Delta V$$

と変形する．温度を 25℃ とし，溶液の体積変化は小さいので無視するなら，1 atm で発生する 1 mol の H_2 の体積は 24.5 L なので，$-P\Delta V = -24.5$ L atm すなわち -2.5 kJ となる*．したがって

$$\Delta U = -367.5\,\mathrm{kJ} - 2.5\,\mathrm{kJ} = -370.0\,\mathrm{kJ}$$

この計算の結果，ΔU と ΔH の値がわずかに異なることがわかった．ΔH が ΔU より小さくなる理由は，放出される内部エネルギーの一部が，気体を膨張させる（発生する H_2 ガスが空気を押しのける）仕事に使われたため，発生する熱が減少したからである．一般に，気体が関与する反応では，ΔH と ΔU の差は $\Delta(PV)$ または $\Delta(nRT)$（温度 T が一定ならば $RT\Delta n$）である．ここで，Δn は気体の物質量（モル数）の変化であり，

$$\Delta n = n_{生成物} - n_{反応物}$$

と表される．上の反応では $\Delta n = 1$ mol である．したがって，$T = 298$ K では $RT\Delta n$ は約 2.5 kJ である．この値は小さいが，正確な実験では無視しきれない量である．それに対して，凝縮相（液相，固相）での化学反応では，ΔV は通常小さく（1 mol の反応物が生成物に変換されるに当たり 0.1 L 以下），$P\Delta V$ は 0.1 L atm すなわち 10 J で，ΔU や ΔH に比べて無視しうる．したがって実際上は，気体が関与しない反応や $\Delta n = 0$ の反応であれば，ΔU と ΔH はまったく同一であると考えてよい．

例題 3・3

0.5122 g のナフタレン（$C_{10}H_8$）を定容ボンベ熱量計中で燃焼させたところ，水の温度が 20.17℃ から 24.08℃ まで上昇した（図 3・3 参照）．このボンベ熱量計と水の熱容量（C_V）の合計を 5267.8 J K^{-1} として，ナフタレンが燃焼するときの ΔU および ΔH を kJ mol^{-1} 単位で求めよ．

解 ナフタレンの燃焼式は，

$$\mathrm{C_{10}H_8(s)} + 12\,\mathrm{O_2(g)} \longrightarrow 10\,\mathrm{CO_2(g)} + 4\,\mathrm{H_2O(l)}$$

---

* 訳注: 1 J = 1 Pa m^3 = 9.869 23 × 10^{-6} atm × 10^3 L. 1 kJ = 9.869 23 L atm. $-24.5/9.869\,23 \approx -2.5$.

である．反応は一定体積下で行われたので，$\Delta U = q_V$ である．発生する熱量は，

$$C_V\Delta T = (5267.8\,\mathrm{J\,K^{-1}})(3.91\,\mathrm{K}) = 20.60\,\mathrm{kJ}$$

であるから，ナフタレンのモル質量（128.2 g）より，ナフタレン 1 mol 当たりが発生する熱量に換算すると

$$q_V = \Delta U = -\frac{(20.60\,\mathrm{kJ})(128.2\,\mathrm{g\,mol^{-1}})}{0.5122\,\mathrm{g}}$$
$$= -5156\,\mathrm{kJ\,mol^{-1}}$$

となる．$-$ の符号は発熱反応であることを示す．

$\Delta H = \Delta U + \Delta(PV)$ を用いて，ΔH を求めてみよう．すべての反応物と生成物が凝縮相にあれば体積はほとんど変化しないので，ΔH，ΔU と比較して $\Delta(PV)$ は無視できる．気体が反応に関与していれば $\Delta(PV)$ は無視できない．理想気体として振舞うと仮定すると，反応中に気体が何 mol 変化したかを Δn で表して，$\Delta(PV) = \Delta(nRT) = RT\Delta n$ となる．ここでは，反応物と生成物を同じ条件で比較しているので，T は最初の温度を意味する．この反応では，$\Delta n = (10-12)$ mol $= -2$ mol であるから，

$$\Delta H = \Delta U + RT\Delta n$$
$$= -5156\,\mathrm{kJ\,mol^{-1}} + \frac{(8.314\,\mathrm{J\,K^{-1}\,mol^{-1}})(293.32\,\mathrm{K})(-2)}{1000\,\mathrm{J/kJ}}$$
$$= -5161\,\mathrm{kJ\,mol^{-1}}$$

となる．

コメント (1) この反応では ΔU と ΔH の差はきわめて少ない．それは，$\Delta(PV)$（ここでは $RT\Delta n$ に等しい）の値が ΔU や ΔH に比べて小さいためである．理想気体の振舞いを仮定し，また，凝縮相の体積変化を無視しているので，反応が定圧下で行われたか定積下で行われたかにかかわらず，ΔU は同じ値（-5156 kJ mol^{-1}）をとる（内部エネルギーは温度と物質量だけで決まり，圧力，体積によらないため）．同様に定圧，定積のどちらであるかによらず，ΔH は -5161 kJ mol^{-1} である．しかし，熱量変化 q は経路によって異なるため，定積条件下では -5156 kJ mol^{-1}，定圧条件下では -5161 kJ mol^{-1} と異なる．

(2) この計算では，生成物（水と二酸化炭素）および燃焼に用いた過剰の酸素の熱容量は，ボンベ熱量計の熱容量に比べて小さいので，無視しても重大な誤差は生じない．

例題 3・4

次の物理変化での ΔH と ΔU の値を比較せよ．
(a) 1 atm, 273 K での 1 mol の氷から 1 mol の水への変化

(b) 1 atm, 373 K での 1 mol の水から 1 mol の水蒸気への変化

273 K での氷と水のモル体積は, それぞれ 0.0196 L mol^{-1} と 0.0180 L mol^{-1} である. 373 K での水と水蒸気のモル体積は, それぞれ 0.0188 L mol^{-1} と 30.61 L mol^{-1} である.

解 両方とも定圧条件下での変化であるから,

$$\Delta H = \Delta U + \Delta(PV) = \Delta U + P\Delta V$$

すなわち

$$\Delta H - \Delta U = P\Delta V$$

である.

(a) 氷が溶けるときのモル体積変化は,

$$\begin{aligned}\Delta V &= \overline{V}(\mathrm{l}) - \overline{V}(\mathrm{s}) \\ &= (0.0180 - 0.0196)\ \mathrm{L\ mol^{-1}} \\ &= -0.0016\ \mathrm{L\ mol^{-1}}\end{aligned}$$

であるから,

$$\begin{aligned}P\Delta V &= (1\ \mathrm{atm})(-0.0016\ \mathrm{L\ mol^{-1}}) \\ &= -0.0016\ \mathrm{L\ atm\ mol^{-1}} = -0.16\ \mathrm{J\ mol^{-1}}\end{aligned}$$

となる.

(b) 水が気化するときのモル体積変化は,

$$\begin{aligned}\Delta V &= \overline{V}(\mathrm{g}) - \overline{V}(\mathrm{l}) \\ &= (30.61 - 0.0188)\ \mathrm{L\ mol^{-1}} = 30.59\ \mathrm{L\ mol^{-1}}\end{aligned}$$

であるから,

$$\begin{aligned}P\Delta V &= (1\ \mathrm{atm})(30.59\ \mathrm{L\ mol^{-1}}) \\ &= 30.59\ \mathrm{L\ atm\ mol^{-1}} = 3100\ \mathrm{J\ mol^{-1}}\end{aligned}$$

となる.

コメント この例から, 凝縮相における ΔH と ΔU の違いは無視できるほど小さいが, 気体が関与した場合には無視できない値をもつことがわかる. また, (a) の例では, $\Delta U > \Delta H$ なので, 系の内部エネルギーの増加量は系が吸収した熱量よりも大きい. これは, 氷が解けるときに体積が減少し, 系が外界から仕事をされたからである. (b) では逆に体積が増加するため, 水蒸気が外界に対して仕事をすることになる.

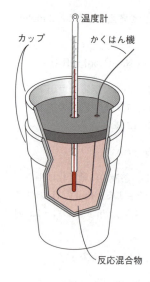

図 3・4 二つの発泡スチロール製カップを重ねてつくった定圧熱量計. 外側のカップは反応混合物を外界から断熱するために用いられる. 2 種類の反応物をそれぞれ溶媒に溶かして, 温度の等しい既知体積の二つの溶液を調製する. 二つの溶液を熱量計の中で慎重に混ぜて反応させる. 反応によって放出あるいは吸収された熱量は, 温度変化, 用いた溶液の量, 熱量計の熱容量から求めることができる.

多くの物理変化 (相転移など) や化学反応 (酸塩基中和など) の ΔH を測定する場合, 定圧熱量計を用いる. 定圧熱量計は, 図 3・4 のように二つの発泡スチロール製カップを重ねてつくることができる. 容器は大気中に置かれるので圧力は一定であり, 反応中の熱の出入りはエンタルピー変化と等しくなる ($q_P = \Delta H$). 熱量計の熱容量と温度変化がわかれば, 熱, すなわちエンタルピー変化を知ることができる. この点では定圧熱量計と定容熱量計は同じである.

3・4 熱容量に関する詳細な議論

熱容量についてはすでに第 2 章で学んだ. 本章ではここまで, 熱量測定, すなわち化学反応や物理的過程で系に出入りする熱の変化を測定する際に, 熱容量を用いた計算を行ってきた. 本節では熱容量の測定についてより深く議論を行う. 特に, 気体の熱容量が, 定積での変化か定圧での変化であるかによって異なるということを学ぶ.

物質に熱を加えれば, 物質の温度は上昇する*. これはよく知られた事実である. しかし, その温度がどれくらい上昇するかは, 1) 加えられた熱の量 (q), 2) 存在する物質の量 (m), 3) 物質の化学的性質と物理的状態, 4) 物質にエネルギーが加えられたときの状況, に影響される. ある量の物質に熱 (q) が加えられたときの温度上昇 ΔT は, 比例定数 C を用いて,

$$q = C\Delta T$$

すなわち

$$C = \frac{q}{\Delta T} \qquad (3 \cdot 13)$$

と表され, 比例定数 C が熱容量とよばれる. 温度の増加量は存在する物質の量にも依存するから, 物質 1 mol 当たりの熱容量, モル熱容量 ($\overline{C}$) を考えると便利なことが多い. $\overline{C}$ は,

$$\overline{C} = \frac{C}{n} = \frac{q}{n\Delta T} \qquad (3 \cdot 14)$$

と表され, ここで n は, 測定している物質が何 mol 存在するかを表す. C は示量性であるが, $\overline{C}$ は他のモル量と同様, 示強性であることに注意されたい.

---

* ここでの熱容量に関する議論では相変化は起こらないと仮定している.

3・4 熱容量に関する詳細な議論

熱容量は直接の測定が可能な値である．物質の量とそこに加えられた熱量，温度の変化量がわかれば，式 (3・14) に基づいて $\overline{C}$ を容易に求めることができる．一方，$\overline{C}$ は熱がどのような過程によって物質に加えられたかにも依存していることは明白である．実際には，この過程にはさまざまなものが考えられるが，ここでは重要な二つのケース，定容条件下と定圧条件下とを考えてみよう．すでに §3・2 において，定容条件下では系が得た熱は内部エネルギーの増加に等しい，つまり $\Delta U = q_V$ であることを学んだ．したがって，定容条件下での熱容量 C_V は，

$$C_V = \frac{q_V}{\Delta T} = \frac{\Delta U}{\Delta T}$$

となる．あるいは偏微分を用いて，

$$C_V = \left(\frac{\partial U}{\partial T}\right)_V \tag{3・15}$$

または下式のようになる．

$$dU = C_V\, dT \tag{3・16}$$

すでに見たように定圧過程では $\Delta H = q_P$ であるから，定圧熱容量は

$$C_P = \frac{q_P}{\Delta T} = \frac{\Delta H}{\Delta T}$$

となる．あるいは偏微分を用いて

$$C_P = \left(\frac{\partial H}{\partial T}\right)_P \tag{3・17}$$

または下式のようになる．

$$dH = C_P\, dT \tag{3・18}$$

C_V および C_P の定義から，定容または定圧過程での ΔU，ΔH をそれぞれ計算することができる．式 (3・16) および式 (3・18) を T_1 から T_2 の間で積分すると，

$$\Delta U = \int_{T_1}^{T_2} C_V\, dT = C_V(T_2 - T_1) = C_V \Delta T = n\overline{C}_V \Delta T \tag{3・19}$$

$$\Delta H = \int_{T_1}^{T_2} C_P\, dT = C_P(T_2 - T_1) = C_P \Delta T = n\overline{C}_P \Delta T \tag{3・20}$$

が得られる．n は対象となる物質の物質量（モル数）である．これまで，C_V および C_P は温度に関係なく一定であるとしてきたが，これは必ずしも正しくない．低い温度（≦300 K）では，§2・9 で述べたように，ほぼ並進運動と回転運動だけが熱容量に寄与している．高温になり，振動エネルギー準位間の遷移が無視できなくなると，それに伴い熱容量も増加する．多くの物質について熱容量の温度依存性を調べたところ，ある温度範囲において $C_P = a + bT$（a, b は物質の種類で決まる定数）となることがわかった．より厳密な計算には，このような式を，式 (3・20) に適用せねばならない．しかし $\Delta T \leq 50$ K 程度の小さい温度変化であれば，C_V と C_P は温度によらず一定であるとみなして差し支えない．

一般的には，同一の物質でも C_P と C_V は異なっている．定圧条件では系は外界に対して仕事をしなければならないため，一定量の物質を同じ温度だけ上昇させる場合でも定容条件下よりも定圧条件下の方が多くの熱を要する．そのため，主として気体の場合は $C_P > C_V$ になる．液体や固体の場合は，温度変化に伴う体積変化はほとんどないため，膨張するときになされる仕事は，気体の場合と比べ非常に少ない．したがってたいていの場合，凝縮相においては C_V および C_P は実質的に同じである．

それでは，C_P と C_V はどのように異なっているのであろうか．理想気体で見てみよう．はじめに，エンタルピーを以下の式のように書き改めよう．

$$H = U + PV = U + nRT$$

温度の微小変化 dT に対して，理想気体のエンタルピー変化は，

$$dH = dU + d(nRT) = dU + nR\, dT$$

と表される．ここで，$dH = C_P\, dT$，$dU = C_V\, dT$ を上式に代入して，

$$C_P\, dT = C_V\, dT + nR\, dT$$
$$C_P = C_V + nR$$
$$C_P - C_V = nR \tag{3・21a}$$

または

$$\overline{C}_P - \overline{C}_V = R \tag{3・21b}$$

となる．したがって，理想気体の場合，定圧モル熱容量は定容モル熱容量に比べ，気体定数 R だけ大きい．付録 B にさまざまな物質の $\overline{C}_P$ の値を示す．

例題 3・5

55.40 g のキセノンを 300 K から 400 K に加熱したときの ΔU および ΔH を求めよ．理想気体として振舞うことを仮定し，定容熱容量，定圧熱容量は共に温度に依存しないとする．

解 キセノンは単原子気体なので，§2・9 で見たように $\overline{C}_V = \frac{3}{2}R = 12.47$ J K^{-1} mol^{-1} である．また，式 (3・21b) より，$\overline{C}_P = \frac{3}{2}R + R = \frac{5}{2}R = 20.79$ J K^{-1} mol^{-1} である．キセノン 55.40 g は 0.4219 mol である．式 (3・19) と式 (3・20) より

$$\Delta U = n\overline{C}_V \Delta T$$
$$= (0.4219\ \text{mol})(12.47\ \text{J K}^{-1}\ \text{mol}^{-1})(400 - 300)\ \text{K}$$
$$= 526\ \text{J}$$

$$\Delta H = n\overline{C}_P \Delta T$$
$$= (0.4219 \text{ mol})(20.79 \text{ J K}^{-1}\text{mol}^{-1})(400-300) \text{ K}$$
$$= 877 \text{ J}$$

となる.

例題 3・6

酸素の定圧モル熱容量は $(25.7+0.0130\, T/\text{K})$ J K^{-1} mol^{-1} で表される.1.46 mol の酸素を 298 K から 367 K まで加熱するときのエンタルピー変化を求めよ.

解 式 (3・20) から,
$$\Delta H = \int_{T_1}^{T_2} n\overline{C}_P \, dT$$
$$= \int_{298\text{ K}}^{367\text{ K}} (1.46 \text{ mol})(25.7+0.0130\, T/\text{K}) \text{ J K}^{-1}\text{mol}^{-1} \, dT$$
$$= (1.46 \text{ mol})\left[25.7\,T+\frac{0.0130\,T^2}{2}\right]_{298\text{ K}}^{367\text{ K}} \text{J K}^{-1}\text{mol}^{-1}$$
$$= 3.02 \times 10^3 \text{ J}$$

3・5 気体の膨張

熱力学第一法則についてこれまで学んできたことを単純な過程である理想気体の膨張に適用してみよう.理想気体の膨張は化学的にはあまり重要でないが,本章ですでに出てきたいくつかの式を用いて熱力学量の変化を求めることができる.ここでは,等温膨張と断熱膨張という二つの特別な場合を扱う.

等温膨張

等温 (isothermal) 過程とは温度が一定に保たれた過程である.§3・1で,等温可逆膨張と不可逆膨張の両方の仕事について少し詳しく論じた.ここでは,これら過程の間の熱量,内部エネルギーおよびエンタルピーの各変化について見てみよう.

等温過程では温度が変化しないため,内部エネルギー変化はなく,$\Delta U=0$ である.これは理想気体であれば分子間に引力も反発力も働かないためである.つまり体積が変化して分子間の距離が変化しても内部エネルギーは常に一定の値をとる.このことは,偏微分を用いて,
$$\left(\frac{\partial U}{\partial V}\right)_T = 0$$
と表される.この偏微分は,系の内部エネルギー変化は等温条件下では体積の変化にかかわらず 0 であるということを示している.たとえば,1 mol の単原子理想気体では $U=\frac{3}{2}RT$,$\left[\partial\left(\frac{3}{2}RT\right)/\partial V\right]_T=0$ である.式 (3・6) より
$$\Delta U = q+w = 0$$

であり,
$$q = -w$$

となる.等温膨張では理想気体が得る熱量は,理想気体が外界に対してする仕事量に等しくなる.例題 3・1 から,理想気体が 300 K において 15 atm から 1 atm まで膨張する過程で気体が得る熱量は,(a) の場合 0,(b) の場合 1980 J,(c) の場合 5740 J と見積もられる.可逆過程では最大の仕事がなされるため,気体が得る熱量が最大になるのが (c) であることがわかるだろう.

最後に等温過程でのエンタルピー変化についても求めてみよう.
$$\Delta H = \Delta U + \Delta(PV)$$
において,上で述べたように $\Delta U=0$,また,T と n が一定ならボイルの法則から PV も一定であり,$\Delta(PV)=0$,したがって,$\Delta H=0$ である.あるいは,$\Delta(PV)=\Delta(nRT)$ であり,等温膨張では温度が不変で化学変化が起こっていない,つまり n と T は一定であるので,$\Delta(nRT)=0$ となり,やはり $\Delta H=0$ が得られる.

断熱膨張

図 3・1 のシリンダーを外界から熱的に隔離し,膨張の間に外部との熱交換が起こらないようにする.このとき $q=0$ であり,このような過程を**断熱膨張** (adiabatic expansion) という*.断熱膨張すると温度は低下し,もはや T は定数ではない.ここで二つの場合を考える.

断熱可逆膨張 はじめに,可逆膨張について考えてみよう.二つの問題がある:始状態と終状態の P-V の間にはどんな関係があるのだろう.また膨張に必要な仕事はどれくらいだろう.

微小な断熱膨張に対して,熱力学第一法則は,
$$dU = \text{đ}q + \text{đ}w = \text{đ}w = -P\,dV = -\frac{nRT}{V}dV$$

あるいは
$$\frac{dU}{nT} = -R\frac{dV}{V}$$

と表される.ここで,$\text{đ}q=0$ であることと,可逆過程なので気体の外圧を内圧で置き換えたことに注目してほしい.上式に $dU=C_V\,dT$ を代入すると,
$$\frac{C_V\,dT}{nT} = \overline{C}_V\frac{dT}{T} = -R\frac{dV}{V} \quad (3\cdot22)$$

と変形できる.式 (3・22) を始状態と終状態の間で積分すると,

---

*訳注:断熱的という言葉は外界との熱の交換がないことを意味する.

$$\int_{T_1}^{T_2} \overline{C}_V \frac{dT}{T} = -R \int_{V_1}^{V_2} \frac{dV}{V}$$

$$\overline{C}_V \ln \frac{T_2}{T_1} = R \ln \frac{V_1}{V_2}$$

が得られる（$\overline{C}_V$ は温度によって変わらないものと仮定する）. 理想気体では，$\overline{C}_P - \overline{C}_V = R$ であるから，

$$\overline{C}_V \ln \frac{T_2}{T_1} = (\overline{C}_P - \overline{C}_V) \ln \frac{V_1}{V_2}$$

となる. $\overline{C}_V$ で両辺を割ると，

$$\ln \frac{T_2}{T_1} = \left(\frac{\overline{C}_P}{\overline{C}_V} - 1 \right) \ln \frac{V_1}{V_2} = (\gamma - 1) \ln \frac{V_1}{V_2} = \ln \left(\frac{V_1}{V_2} \right)^{\gamma - 1}$$

となる. γ は次式で定義される**熱容量比**（heat capacity ratio）である.

$$\gamma = \frac{\overline{C}_P}{\overline{C}_V} \quad (3 \cdot 23)$$

単原子気体では，$\overline{C}_V = \frac{3}{2}R$（§2・9 参照），$\overline{C}_P = \frac{5}{2}R$ であるから，$\gamma = \frac{5}{3}$，すなわち 1.67 である. 二原子気体では $\overline{C}_V = \frac{5}{2}R$，$\overline{C}_P = \frac{7}{2}R$ なので，$\gamma = \frac{7}{5}$，すなわち 1.4 となる[*1].
γ を用いて変形し，以下の役に立つ結果が得られる.

$$\left(\frac{V_1}{V_2} \right)^{\gamma-1} = \frac{T_2}{T_1} = \frac{P_2 V_2}{P_1 V_1} \quad \left(\frac{P_1 V_1}{T_1} = \frac{P_2 V_2}{T_2} \right)$$

または

$$\left(\frac{V_1}{V_2} \right)^{\gamma} = \frac{P_2}{P_1}$$

したがって，断熱過程における P–V の関係は

$$P_1 V_1^{\gamma} = P_2 V_2^{\gamma} \quad (3 \cdot 24)$$

となる. この式を誘導した際の条件を思い出そう. この式は, 1) 理想気体の, 2) 断熱可逆変化に対して成り立つ. 断熱膨張では温度は一定ではないので，式 (3・24) はボイルの法則（$P_1 V_1 = P_2 V_2$）とは異なる（べき指数 γ が付いている）.

断熱過程での仕事は，

$$\begin{aligned} w &= \int_1^2 dU = \Delta U = \int_{T_1}^{T_2} C_V \, dT = C_V (T_2 - T_1) \\ &= n \overline{C}_V (T_2 - T_1) \end{aligned} \quad (3 \cdot 25)$$

となり，気体が膨張する過程だから $T_2 < T_1$，$w < 0$ となる. $\overline{C}_V$ は温度によって変わらないと仮定する.

体積が一定に保たれてはいないのに，式 (3・25) に $\overline{C}_V$ が現れるのを奇妙に感じるかもしれない. しかしながら断熱膨張（P_1, V_1, T_1 から P_2, V_2, T_2）は図 3・5 に示すように，二つのステップに分けて考えることができる. はじめに温度 T_1 のまま P_1, V_1 から P_2', V_2 へと等温膨張させる. このとき，温度一定であるから $\Delta U = 0$ である. 次に体積一定のまま，T_1 から T_2 に冷却し，このとき圧力も P_2' から P_2 へと低下する. このとき $\Delta U = n \overline{C}_V (T_2 - T_1)$ となり，式 (3・25) に等しくなる. U は状態量であるから，別の経路を想定しても値は変わらない.

例題 3・1 と例題 3・7 から，断熱可逆膨張から得られる仕事量は，等温可逆膨張から得られる仕事よりも少ないことがわかる[*2]. 等温可逆膨張では，気体が膨張するときにした仕事の分を補うような形で外界から系に熱が供給されるが，断熱過程では外部からの熱の供給がないため，温度の減少が起こる. 等温可逆膨張と断熱可逆膨張の P–V 曲線を図 3・6 に示す.

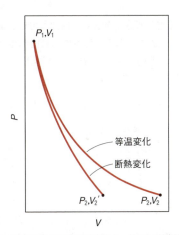

図 3・6 理想気体の断熱可逆膨張と，等温可逆膨張の P–V 曲線. それぞれの場合で系が膨張中に行う仕事量は，曲線の下の部分の面積に対応する. γ は 1 より大きいので断熱膨張の曲線の方が減少が急である. したがって，等温変化よりも断熱変化の方が仕事量が少ない.

例題 3・7

0.850 mol の単原子分子の理想気体を 300 K で 15.0 atm から 1.00 atm まで膨張させる（例題 3・1 参照）. 断熱可逆過程で膨張させたときの仕事量を求めよ.

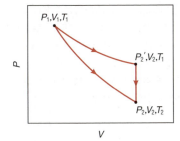

図 3・5 U は状態量であるから，P_1, V_1, T_1 から P_2, V_2, T_2 への変化に関しては，直接でもそうではなくても，経路にかかわらず，ΔU の値は同じである.

[*1] エネルギー等分配の法則はここでも成立すると仮定する.

[*2] すべての可逆過程が同じ量の仕事をするわけではないことが，この比較からわかる.

解 最初に終状態の温度 T_2 を求める．これには次の三つのステップを要する．まず気体の状態方程式 $V_1=nRT_1/P_1$ を用いてはじめの体積 V_1 を求める．

$$V_1 = \frac{(0.850 \text{ mol})(0.082\,06 \text{ L atm K}^{-1}\text{mol}^{-1})(300 \text{ K})}{15.0 \text{ atm}}$$
$$= 1.40 \text{ L}$$

次に，次式を用いて終状態の体積 V_2 を求める．

$$P_1V_1^\gamma = P_2V_2^\gamma$$
$$V_2 = \left(\frac{P_1}{P_2}\right)^{1/\gamma} V_1 = \left(\frac{15.0}{1.00}\right)^{3/5}(1.40 \text{ L}) = 7.11 \text{ L}$$

最後に気体の状態方程式 $P_2V_2=nRT_2$ を用いて，T_2 は

$$T_2 = \frac{P_2V_2}{nR}$$
$$= \frac{(1.00 \text{ atm})(7.11 \text{ L})}{(0.850 \text{ mol})(0.082\,06 \text{ L atm K}^{-1}\text{mol}^{-1})} = 102 \text{ K}$$

となる．したがって，仕事量は下のようになる．

$$w = \Delta U = n\overline{C}_V(T_2-T_1)$$
$$= (0.850 \text{ mol})(12.47 \text{ J K}^{-1}\text{mol}^{-1})(102-300) \text{ K}$$
$$= -2.10\times 10^3 \text{ J}$$

3・6 ジュール・トムソン効果

前節で述べたように，理想気体の内部エネルギーは気体の体積によって変わることはない．内部エネルギーは気体の温度のみの関数である．したがって理想気体が膨張しても仕事をしなければ，換言すれば真空に抗して膨張する場合には温度変化は起こらない．結果として内部エネルギーは変化せず $(\partial U/\partial V)_T=0$ となる．実在気体ではどうだろうか？ 1845 年，英国の物理学者 James Prescott Joule (1818～1889) は，ある実験 (図 3・7) を行って，この問いに対する答えを得た．ストップコックを開けると，気体は真空側へ膨張することができる．このとき抗する圧力はないので仕事はなされない．Joule の行った実験では水浴の温度変化は検出されなかった．これは気体と水浴の間に熱の交換がなかったことを意味するので，彼は"実在気体においても理想気体と同様，温度が一定なら，内部エネルギーは気体の体積によって変わらない"と結論した．

断熱不可逆膨張 最後に，断熱不可逆膨張で何が起こるかを考えよう．P_1, V_1, T_1 の理想気体があり，外圧が P_2 で一定である始状態から始める．終状態の体積，温度を V_2, T_2 とする．ここでも $q=0$ なので，

$$\Delta U = n\overline{C}_V(T_2-T_1) = w = -P_2(V_2-V_1) \quad (3\cdot 26)$$

となる．さらに，理想気体の状態方程式から，

$$V_1 = \frac{nRT_1}{P_1} \quad \text{および} \quad V_2 = \frac{nRT_2}{P_2}$$

であるので，式 (3・26) の V_1, V_2 に代入してそのまま

$$n\overline{C}_V(T_2-T_1) = -P_2\left(\frac{nRT_2}{P_2} - \frac{nRT_1}{P_1}\right)$$

と変形できる．したがって，始状態と P_2 がわかれば T_2 を求めることができ，それゆえなされた仕事がわかる (問題 3・34 参照)．

断熱膨張における系の温度低下，すなわち冷却効果は，興味深い結果を実際に生じる．よく知られた例では，瓶に入った炭酸飲料の王冠やシャンパンのコルク栓を抜くと霧ができる．栓を閉じた状態では炭酸飲料の瓶は，二酸化炭素や空気で高圧状態にあり，さらに飲料の液体上の空間には水蒸気が飽和している．栓を抜くとこれらの気体が勢いよく飛び出す．気体は素早く膨張するので，この過程は断熱過程とみなすことができる．その結果，気体の温度が下がり，水蒸気が冷やされて凝縮して霧ができる．

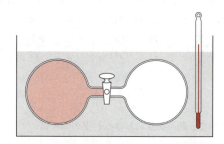

図 3・7 Joule の行った膨張の実験．気体が真空に抗して膨張する際の温度変化を温度計で測定する．

ところが，水浴の熱容量は気体の熱容量よりずっと大きいので，気体の温度変化は検出するのが難しく，Joule の行った実験は正しくないことがわかった．1853 年，William Thomson (Kelvin 卿) は Joule と共に同様の実験を行い，ずっと正確な結果を得た．図 3・8 (a) に示すように，はじめ P_1, V_1, T_1 の状態にある気体を多孔質壁*を間に介し，圧力 $P_2(P_2<P_1)$ に抗して膨張させた (ピストンを左から右に押した)．気体の透過速度はゆっくりなので圧力は P_1 と P_2 に保たれている．加えて装置は熱的に外界から隔離されており，断熱過程であるから $q=0$ である．

この過程でなされた仕事は二つの部分に分けて考えることができる．左側の気体になされた仕事 (w_L) は，終状態 [図 3・8 (b)] の気体の体積は 0 であるから

$$w_L = -P_1(0-V_1) = P_1V_1$$

となる (これは不可逆過程であり，なされた仕事は $-P\Delta V$

---

* 最初に行った実験で Joule は，おそらく彼の妻の絹のスカーフを借用した (多孔質壁として使用した)．

で求めることに注意).気体が多孔質壁を通って行くと，今度は一定圧力 P_2 に抗して仕事をするから，右側の気体がする仕事は

$$w_R = -P_2(V_2 - 0) = -P_2V_2$$

よって正味の仕事は

$$w = P_1V_1 - P_2V_2$$

内部エネルギー変化は

$$\Delta U = U_2 - U_1 = q + w = w = P_1V_1 - P_2V_2$$

両辺の項を並べ替えて

$$U_2 + P_2V_2 = U_1 + P_1V_1 \qquad (3 \cdot 27)$$

エンタルピーの定義 ($H=U+PV$) を用いて書き直すと

$$H_2 = H_1$$

すなわちこの気体の膨張は等エンタルピー ($\Delta H=0$) 下で起こる.

ジュール・トムソン膨張の実験より，気体膨張の結果，温度低下が起こることがわかった.ここで**ジュール・トムソン係数** (Joule-Thomson coefficient) μ_{JT} 〔K atm^{-1}〕を次式のように定義する*.

$$\mu_{JT} = \left(\frac{\partial T}{\partial P}\right)_H \qquad (3 \cdot 28)$$

これは等エンタルピー下での圧力に対する温度変化の尺度と言える.有限の変化については次の形に書ける.

$$\mu_{JT} = \left(\frac{\Delta T}{\Delta P}\right)_H \qquad (3 \cdot 29)$$

式 (3・28) からわかるように，μ_{JT} は T-P プロットの傾きから求まる.図3・9(a)のような曲線を描いてみよう.まず P_i, T_i (点a) から始めて，それに抗する圧力として P_f ($P_f<P_i$) を選び実験すると，温度 T_f の点 b になる.次に同じ P_i, T_i から出発し，抗する圧力 P_f を変えて実験し，温度 T_f を測定する(点c).さらに手順を繰返して d, e … を得て，滑らかな曲線でこれら点をつなぐ.各状態(点で表される)はすべて同じエンタルピーをもち，プロットの結果，**等エンタルピー** (isenthalpic) 曲線となる.点 d を境にして左側は正の傾きである.正の μ_{JT} は気体が膨張する際の冷却効果に相当する(圧力の減少に伴い温度が減少するということだから，ΔT と ΔP が共に負になる).点 d を境にして右側では反対の状況で，傾きは負になる.負の μ_{JT} は気体が膨張するときに温度が上がることを意味する.分子間相互作用の考えを使えば，冷却現象・加熱現象，共に理解できる.気体が多孔質壁を通って移動するとき温度が低下するのは，気体分子の運動エネルギーの一部が分子間引力を切るのに使われるからである.結果としてその気体の温度は下がる.別の温度・圧力条件下では，分子間引力より分子のサイズが効いて，分子の接近による斥力が引力を上回る.この場合，膨張の際に分子のポテンシャルエネルギーは低下し，外界に熱を放出することになる.等エンタルピー曲線の極大の d 点では傾きが 0 だから冷却効果も加熱効果も起こらない.この，$\mu_{JT}=0$ になる温度を**反転温度** (inversion temperature，または**逆転温度**) という.

ここでさらに別の等エンタルピー曲線を描こう.別の T_i, P_i から始め前回と同じ手順を行い，P_f を再び変えて T_f を測定する.これを繰返し，一連の曲線を得る〔図3・9(b)〕.図の境界線(---)は各等エンタルピー線の極大値の軌跡で，境界線の内部(■)は μ_{JT} が正で，T, P の組合わせをどう変えても，ジュール・トムソン膨張をする気体

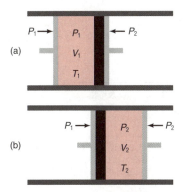

図3・8 ジュール・トムソン効果の実験装置.はじめに多孔質壁の左側の気体(■)は P_1, V_1, T_1 の状態にあり，右のピストンは多孔質壁に接触している.左のピストンをゆっくりと右に押し出すと，気体が多孔質壁を通って P_2 の圧力に抗して膨張する.ついには気体は壁の右側に移り，P_2, V_2, T_2 の終状態になる.装置は外界と熱的に隔離した孤立系なので $q=0$ である.

* 理想気体では $\mu_{JT}=0$ である.

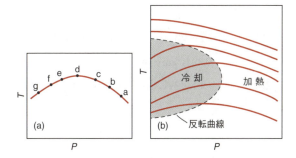

図3・9 (a) 一連のジュール・トムソン実験により等エンタルピー曲線が描ける(本文参照).線上のどの P, T であっても傾きはジュール・トムソン係数に等しい.(b) (a)の手順を繰返し，複数の等エンタルピー曲線を得る.等エンタルピー曲線の極大値の軌跡は冷却現象と加熱現象の境界線を描き，ここで $\mu_{JT}=0$ である〔出典: J. G. Kirkwood, I. Oppenheim, "Chemical Thermodynamics," McGraw-Hill Book Company, New York (1961) を改変〕.

は冷却現象を示す領域である．一方，境界線の外側では加熱現象を示す．

ジュール・トムソン効果は，気体を液化するという重要な実際の応用に関わる．図3・9(b)によれば，気体が膨張するとき冷却効果を生じるには，気体の始状態の温度が反転温度より低くなくてはいけない．ヘリウムと水素を除いてたいていの気体は反転温度の最大値が室温以上である．図3・10にリンデの冷凍機の仕組みを示す．この装置では，窒素のような気体（最大反転温度＝348℃）を室温で，はじめ圧縮し，次に断熱膨張させる．断熱膨張で冷却された気体は，そこにある気体の温度を下げながら循環され，圧縮装置に戻り，また次の膨張に供される．圧縮・膨張過程を何度も繰返すことで，気体の温度は窒素の沸点である -196 ℃ に到達し，窒素は液化する．水素では最大反転温度が -68 ℃ であるから，リンデ装置で液化する前に液体窒素で水素ガスの温度を下げておく必要がある．

化を伴う．**反応エンタルピー**(enthalpy of reaction)は，ある温度と圧力におかれた反応物が，同温，同圧の生成物になるとき吸収または放出される熱として定義される．定圧過程において，反応熱 q_P は反応におけるエンタルピー変化 $\Delta_r H$ に等しい．ここで下つき文字 r は反応(reaction)を意味する．**発熱反応**(exothermic reaction)は外界に熱を与える過程で，このとき $\Delta_r H$ は負である．逆に，**吸熱反応**(endothermic reaction)は外界から熱を吸収する過程なので $\Delta_r H$ は正である（図3・11）．

次のグラファイト（黒鉛）の反応を考えてみよう．

$$\text{C（グラファイト）} + \text{O}_2(g) \longrightarrow \text{CO}_2(g)$$

1 mol のグラファイトが過剰の酸素 1 bar の下 298 K で燃焼し，298 K，1 bar の二酸化炭素 1 mol を生じるとき，393.5 kJ の熱が放出される[*1]．この過程のエンタルピー変化は**標準反応エンタルピー**(standard enthalpy of reaction)とよばれ，$\Delta_r H°$ と表記される．単位は kJ（1 mol の反応当たり）を用いる．化学反応式の左辺の反応物が，化学量論係数で決まる物質量で反応し，右辺の生成物になるときを 1 mol の反応という[*2]．ここでグラファイトの燃焼の $\Delta_r H°$ を簡単に -393.5 kJ mol^{-1} と表して，標準状態の反応物が標準状態の生成物に変換されるときのエンタルピー変化と定義する．標準状態とは，固体または液体の場合は圧力 P が標準圧力 1 bar（§1・2参照）にある純物質の状態である[*3]．気体の場合は標準圧力 1 bar 下で，理想気体の振舞いを示す純物質の仮想的な状態と定義される．どちらも温度の指定はない．標準状態における値は ° を付けて表す．

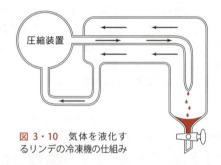

図3・10 気体を液化するリンデの冷凍機の仕組み

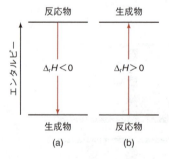

図3・11 (a) 発熱反応，(b) 吸熱反応のエンタルピー変化

例題 3・8

アルゴンのジュール・トムソン係数を 0.32 K atm^{-1} とし，30 atm，50℃ の Ar に，小孔を通り抜けさせて，1 atm の終状態にしたときの温度を見積もれ．

解 ジュール・トムソン係数の値は，式(3・29)より

$$\mu_{JT} = \left(\frac{\Delta T}{\Delta P}\right)_H$$

である．$\Delta P = (1-30)$ atm $= -29$ atm であるから

$$0.32 \text{ K atm}^{-1} = \frac{\Delta T}{-29 \text{ atm}}$$

よって $\Delta T = -9$ K．終状態の温度は $(50-9)$ ℃，すなわち 41℃ となる．

3・7 熱化学

本節では，熱力学第一法則を，化学反応におけるエネルギー変化を取扱う学問である熱化学に適用してみよう．

標準生成エンタルピー

化学反応はほとんどすべての場合においてエネルギー変

[*1] 燃焼中の温度は 298 K よりずっと高いが，反応物も生成物も 1 bar, 298 K にあるとして表す．したがって，実際に生成物を 298 K に冷却する際に放出される熱量は反応エンタルピーに含まれている．

[*2] 訳注：式(3・31)のように，$\Delta_r H°$ はモルエンタルピーと化学量論係数で計算できる．"1 mol の反応"とは，$\Delta_r H°$ の定義がモルエンタルピーを用いてなされるためと考えればよい．それゆえ，$\Delta_r H$ 値を引用するときは，化学反応式や化学量論係数を明記しなくてはならない．以降，簡単のため，$\Delta_r H°$ の単位として kJ mol^{-1} を用いることにする．

[*3] 標準状態は圧力(1 bar)によってのみ定義される［訳注：IUPACでは，標準圧力として 1 bar を推奨しているが 1 atm を標準圧力とする場合もある］．

一般的に，化学反応の標準エンタルピー変化は生成物のエンタルピーの和から反応物のエンタルピーの和を引いたものと考えることができる．

$$\Delta_r H° = \sum \nu \overline{H}°(\text{生成物}) - \sum \nu \overline{H}°(\text{反応物})$$

ここで $\overline{H}°$ は標準モルエンタルピー，ν は化学量論係数である．$\overline{H}°$ の単位は kJ mol^{-1} で，ν は無名数（単位の付いていない数）である．以下の化学反応（a, b, c, d は化学種 A, B, C, D の化学量論係数とする）

$$a\text{A} + b\text{B} \longrightarrow c\text{C} + d\text{D}$$

では，標準反応エンタルピーは次のように書ける．

$$\Delta_r H° = c\overline{H}°(\text{C}) + d\overline{H}°(\text{D}) - a\overline{H}°(\text{A}) - b\overline{H}°(\text{B})$$

ところが，各物質のモルエンタルピーの絶対値を測定する方法はない（任意の基準に対する相対値のみが測定できる）．これは，山や谷の高さを表すことに似ている．地理学では高さ，深さはすべて平均海面を基準（高さ "0 m"）として表すことが共通の約束になっている．化学でも，エンタルピーに対し，同様の基準点がある．

どんなエンタルピーを表す際にも "海面" に相当する基準点があり，**標準生成エンタルピー** (standard enthalpy of formation)，$\Delta_f \overline{H}°$ という．下つき文字 $_f$ は生成 (formation) を表す．標準生成エンタルピーは，1 bar，298 K においてその化合物 1 mol がそれを構成する元素の最も安定な単体からつくられるときのエンタルピー変化である．（標準状態は圧力のみで定義されていたことを忘れないように．普通，298 K の $\Delta_f \overline{H}°$ 値を用いるのは，たいていの熱力学データがこの温度で測定されているからである）．これを用いると上記の反応の標準エンタルピー変化は

$$\Delta_r H° = c\Delta_f \overline{H}°(\text{C}) + d\Delta_f \overline{H}°(\text{D}) - a\Delta_f \overline{H}°(\text{A}) - b\Delta_f \overline{H}°(\text{B}) \tag{3・30}$$

と書くことができる．一般的には次のように書き表す[*1]．

$$\Delta_r H° = \sum \nu \Delta_f \overline{H}°(\text{生成物}) - \sum \nu \Delta_f \overline{H}°(\text{反応物}) \tag{3・31}$$

上記のグラファイトの燃焼反応に式(3・31)を適用すると，標準反応エンタルピーは次のように書ける．

$$\Delta_r H° = \Delta_f \overline{H}°(\text{CO}_2) - \Delta_f \overline{H}°(\text{グラファイト}) - \Delta_f \overline{H}°(\text{O}_2)$$
$$= -393.5 \text{ kJ mol}^{-1}$$

慣例として，それぞれの元素について，298 K で最も安定な同素体[*2] の $\Delta_f \overline{H}°$ の値を 0 とおくことにする．1 bar，298 K では酸素分子やグラファイトが酸素や炭素の安定な同素体であるから

$$\Delta_f \overline{H}°(\text{O}_2) = 0$$
$$\Delta_f \overline{H}°(\text{グラファイト}) = 0$$

となる．一方，オゾンやダイヤモンドは，1 bar，298 K では酸素分子やグラファイトより安定ではないので，$\Delta_f \overline{H}°$ (O$_3$)=142.7 kJ mol^{-1} および $\Delta_f \overline{H}°$ (ダイヤモンド)=1.90 kJ mol^{-1} である．かくしてグラファイト燃焼の標準反応エンタルピーは

$$\Delta_r H° = \Delta_f \overline{H}°(\text{CO}_2) = -393.5 \text{ kJ mol}^{-1}$$

のように書けて，CO$_2$ の標準生成エンタルピーに等しくなる．

各元素の $\Delta_f \overline{H}°$ に基準を設け 0 とおくことは不思議ではない．上述したように，物質のエンタルピーの絶対値は決定できず，ある任意の基準に対する相対値しか得られない．熱力学においては，H の変化がおもな興味の対象となる．元素の $\Delta_f \overline{H}°$ に何らかの任意の値を与えてもよいのだが，0 とした方が計算が楽になる．標準生成エンタルピーの重要な点は，いったんその値がわかったら，標準反応エンタルピーが計算できるということにある．以下に示すように，$\Delta_f \overline{H}°$ の値を得るには直接的な方法と間接的な方法がある．

直接的方法　化合物がそれを構成する元素から容易に合成できる場合にこの方法により $\Delta_f \overline{H}°$ が求まる．グラファイトと O$_2$ とから CO$_2$ が生成する場合などがこれに該当する．構成元素から直接合成できる化合物の例としては SF$_6$，P$_4$O$_{10}$，CS$_2$ などがあげられる．それらの合成の反応式は以下のように表すことができる．

$$\text{S}(\text{斜方硫黄}) + 3\text{F}_2(g) \longrightarrow \text{SF}_6(g)$$
$$\Delta_r H° = -1209 \text{ kJ mol}^{-1}$$

$$4\text{P}(\text{黄リン}) + 5\text{O}_2(g) \longrightarrow \text{P}_4\text{O}_{10}(s)$$
$$\Delta_r H° = -2984.0 \text{ kJ mol}^{-1}$$

$$\text{C}(\text{グラファイト}) + 2\text{S}(\text{斜方硫黄}) \longrightarrow \text{CS}_2(l)$$
$$\Delta_r H° = 87.86 \text{ kJ mol}^{-1}$$

ここで S(斜方硫黄) や P(黄リン) は 1 bar，298 K での硫黄やリンの最も安定な同素体なので[*3]，$\Delta_f \overline{H}°$ の値は 0 である．CO$_2$ の場合と同様に，これら三つの反応についての標準反応エンタルピー ($\Delta_r H°$) はそれぞれの生成物の $\Delta_f \overline{H}°$ と等しい．

間接的方法　多くの化合物は，その構成元素から直接合成することはできない．ある場合には反応が非常にゆっくりしか進まないかまったく進まない，あるいは副反

[*1] 化学量論係数が 1 のときは，式(3・31)の係数はない (ν=1)．
[*2] 同素体とは，同じ元素からなる単体であるが，物理的，化学的性質の異なる二つ以上の物質のこと．

[*3] 訳注：リンの同素体中，最安定なのは黒リンであるが，手に入れやすく性質のよくわかっている黄リンが基準とされている（例外である）．

応により目的以外の生成物ができてしまう．このような場合，$\Delta_f \overline{H}°$ はヘスの法則に基づく間接的方法により決定することができる．**ヘスの法則** (Hess's law)〔スイス人化学者，Germain Henri Hess (1802～1850) による〕は次のように表せる："反応物が生成物に変換されるとき，それが一段階で起ころうと多段階で起ころうと，生じるエンタルピー変化は等しい"．言い換えれば，ある反応を $\Delta_r H°$ の値が測定できうる一連の反応にばらしてしまえれば，反応全体の $\Delta_r H°$ を計算できるということである．状態量であるエンタルピーの変化は経路には無関係であるから，ヘスの法則は道理にかなっている．

ヘスの法則を身の回りの現象にたとえてみよう．ビルの1階から6階までエレベーターで上がるとしよう．重力のポテンシャルエネルギー（全体の過程のエンタルピー変化に相当）の増加は，まっすぐ6階に上がったときと各階に止まりながら上がったとき（ある反応を構成する各段階に分けたときに相当）とで同じはずである．

ヘスの法則を用いて一酸化炭素の $\Delta_f \overline{H}°$ の値を求めてみよう．一酸化炭素 CO をその構成元素から合成する反応は次のように表せる．

$$C(\text{グラファイト}) + \frac{1}{2}O_2(g) \longrightarrow CO(g)$$

しかし，グラファイトを酸素中で燃焼させたら必ず同時に CO_2 が生成してしまうので，この方法は実際にはうまく行かないだろう．この課題を克服するために，次の二つの独立な反応を考えよう．これらはどちらも行える．

(1) $\quad C(\text{グラファイト}) + O_2(g) \longrightarrow CO_2(g)$
$$\Delta_r H° = -393.5 \text{ kJ mol}^{-1}$$

(2) $\quad CO(g) + \frac{1}{2}O_2(g) \longrightarrow CO_2(g)$
$$\Delta_r H° = -283.0 \text{ kJ mol}^{-1}$$

はじめに，式(2)の左辺と右辺を逆にしてみよう*．

(3) $\quad CO_2(g) \longrightarrow CO(g) + \frac{1}{2}O_2(g)$
$$\Delta_r H° = +283.0 \text{ kJ mol}^{-1}$$

化学反応式はちょうど代数方程式のように式同士を足したり引いたりできるから，式(1)と式(3)を足して式(4)を得る．

(4) $\quad C(\text{グラファイト}) + \frac{1}{2}O_2(g) \longrightarrow CO(g)$
$$\Delta_r H° = -110.5 \text{ kJ mol}^{-1}$$

このようにして $\Delta_f \overline{H}°(CO) = -110.5$ kJ mol^{-1} が求まる．別の見方をすると，CO_2 の生成反応〔式(1)〕を二つの部分〔式(2)および式(4)〕にばらして表せるわけである．図3・

---

* 反応式の右辺と左辺を入れ替えた場合は $\Delta_r H°$ の符号を逆にする．

12 にはここで行った手順の全体を模式的に示した．

ヘスの法則を適用する際の一般的なルールは，いくつかの化学反応式（段階的な化学反応に相当）を考えて並べ，最終的にこれらすべての式を足したときに，求めたい全体の反応式に現れる反応物と生成物以外は相殺されるようにする，ということである．これはつまり，構成元素は矢印の左に，欲しい化合物は右に置いた式がつくりたいということで，これを達成するために，しばしば個々の過程を表す反応式のいくつか（またはすべて）に適当な係数を掛けて足す必要が出てくる．このやり方を次の例題で見てみよう．

(a)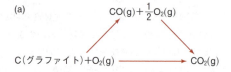

(b)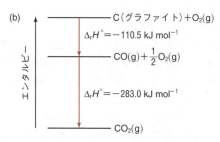

図 3・12 (a) グラファイトと O_2 からの CO_2 生成は二つの過程に分けられる．(b) 全体の反応のエンタルピー変化は二つの過程のエンタルピー変化の和に等しい．

例題 3・9

構成元素からのアセチレン (C_2H_2) 生成：

$$2\,C(\text{グラファイト}) + H_2(g) \longrightarrow C_2H_2(g)$$

の標準生成エンタルピーを計算せよ．いくつかの燃焼反応の式とそれに伴うエンタルピー変化を示す．

(1) $\quad C(\text{グラファイト}) + O_2(g) \longrightarrow CO_2(g)$
$$\Delta_r H° = -393.5 \text{ kJ mol}^{-1}$$

(2) $\quad H_2(g) + \frac{1}{2}O_2(g) \longrightarrow H_2O(l)$
$$\Delta_r H° = -285.8 \text{ kJ mol}^{-1}$$

(3) $\quad 2\,C_2H_2(g) + 5\,O_2(g) \longrightarrow$
$$4\,CO_2(g) + 2\,H_2O(l)$$
$$\Delta_r H° = -2598.8 \text{ kJ mol}^{-1}$$

解 C と H_2 を反応物とし，C_2H_2 を生成物として欲しいのだから，式(1)～式(3)の中に現れる O_2，CO_2，H_2O は余分であるから除きたい．ここで式(3)が 5 mol の O_2 と 4 mol の CO_2 と 2 mol の H_2O を含むことに注目しよう．まず式(3)の左辺と右辺を逆にして

生成物側に C_2H_2 をもってくる.

(4) $\quad 4\,CO_2(g) + 2\,H_2O(l) \longrightarrow$
$$2\,C_2H_2(g) + 5\,O_2(g)$$
$$\Delta_r H° = +2598.8\text{ kJ mol}^{-1}$$

次に式(1)を4倍,式(2)を2倍し,それらに式(4)を足すと

$4\,C(\text{グラファイト}) + 4\,O_2(g) \longrightarrow 4\,CO_2(g)$
$$\Delta_r H° = -1574.0\text{ kJ mol}^{-1}$$
$+ \quad 2\,H_2(g) + O_2(g) \longrightarrow 2\,H_2O(l)$
$$\Delta_r H° = -571.6\text{ kJ mol}^{-1}$$
$+ \quad 4\,CO_2(g) + 2\,H_2O(l) \longrightarrow$
$$2\,C_2H_2(g) + 5\,O_2(g)$$
$$\Delta_r H° = +2598.8\text{ kJ mol}^{-1}$$

$4\,C(\text{グラファイト}) + 2\,H_2(g) \longrightarrow 2\,C_2H_2(g)$
$$\Delta_r H° = +453.2\text{ kJ mol}^{-1}$$

すなわち

$$2\,C(\text{グラファイト}) + H_2(g) \longrightarrow C_2H_2(g)$$
$$\Delta_r H° = +226.6\text{ kJ mol}^{-1}$$

以上のように,構成元素から C_2H_2 を合成する式が得られ,そのエンタルピー変化は $\Delta_f \overline{H}°(C_2H_2) = \Delta_r H° = +226.6\text{ kJ mol}^{-1}$ と求まる(上の手順では反応式を2で割ったので $\Delta_r H°$ は半分になる).

一般的な無機・有機化合物の $\Delta_f \overline{H}°$ の値を表3・3にあげた(他の物質については付録Bを参照).注意すべき点は,物質によって $\Delta_f \overline{H}°$ の絶対値としての大小が異なるのはもちろん,その符号も異なっているということである.

表3・3 いくつかの無機および有機物質の 1 bar, 298 K での標準生成エンタルピー

物質の種類	$\Delta_f \overline{H}°/\text{kJ mol}^{-1}$	物質の種類	$\Delta_f \overline{H}°/\text{kJ mol}^{-1}$
C(グラファイト)	0	$SO_2(g)$	−296.1
C(ダイヤモンド)	1.90	$SO_3(g)$	−395.2
$CO(g)$	−110.5	$CH_4(g)$	−74.85
$CO_2(g)$	−393.5	$C_2H_6(g)$	−84.7
$HF(g)$	−273.3	$C_3H_8(g)$	−103.8
$HCl(g)$	−92.3	$C_2H_2(g)$	226.6
$HBr(g)$	−36.4	$C_2H_4(g)$	52.3
$HI(g)$	26.48	$C_6H_6(l)$	49.04
$H_2O(g)$	−241.8	$CH_3OH(l)$	−238.7
$H_2O(l)$	−285.8	$C_2H_5OH(l)$	−277.0
$NH_3(g)$	−46.3	$CH_3CHO(l)$	−192.5
$NO(g)$	90.4	$HCOOH(l)$	−424.7
$NO_2(g)$	33.9	$CH_3COOH(l)$	−484.2
$N_2O_4(g)$	9.7	$C_6H_{12}O_6(s)$	−1274.5
$N_2O(g)$	81.56	$C_{12}H_{22}O_{11}(s)$	−2221.7
$O_3(g)$	142.7		

水を始めとする $\Delta_f \overline{H}°$ が負の値をもつ物質は,エンタルピー軸においてその構成元素よりも"下"側にある(図3・13).これらの化合物は正の $\Delta_f \overline{H}°$ をもつ化合物よりも安定なことが多い. $\Delta_f \overline{H}°$ が負の化合物を構成元素に分解するには外部からのエネルギー供給が必要である(吸熱)が,$\Delta_f \overline{H}°$ が正の化合物は分解に伴い熱を発生する(発熱)からである.

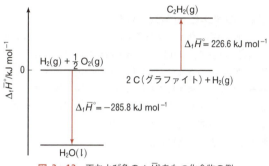

図3・13 正および負の $\Delta_f \overline{H}°$ をもつ化合物の例

例題 3・10

代謝とはわれわれが摂取した食物を成長や活動のためのエネルギーを得るために段階的に分解していくことである.この複雑な過程の全体の反応は,グルコース($C_6H_{12}O_6$)を CO_2 と H_2O に分解する次の式で一般的に表せる.

$$C_6H_{12}O_6(s) + 6\,O_2(g) \longrightarrow 6\,CO_2(g) + 6\,H_2O(l)$$

この反応の 298 K における標準反応エンタルピーを計算せよ.

解 式(3・31)より,

$$\Delta_r H° = [6\,\Delta_f \overline{H}°(CO_2) + 6\,\Delta_f \overline{H}°(H_2O)] -$$
$$[\Delta_f \overline{H}°(C_6H_{12}O_6) + 6\,\Delta_f \overline{H}°(O_2)]$$

表3・3に示した $\Delta_f \overline{H}°$ の値を用いて

$$\Delta_r H° = 6(-393.5\text{ kJ mol}^{-1}) + 6(-285.8\text{ kJ mol}^{-1})$$
$$- (-1274.5\text{ kJ mol}^{-1}) - 6(0\text{ kJ mol}^{-1})$$
$$= -2801.3\text{ kJ mol}^{-1}$$

となる.

コメント 1) この場合の反応エンタルピーは燃焼エンタルピーともよばれる.1 mol のグルコースを空気中で燃焼させたときも代謝の過程で分解したときも同量の熱が放出される.2) 表で $\Delta_f \overline{H}°$ の値を参照する場合は,正しい化合物を見つけるだけではなく,それが適当な物理状態であることを確認しなくてはいけない.たとえば,1 bar, 298 K の液体の水の $\Delta_f \overline{H}°$ の値は $-285.8\text{ kJ mol}^{-1}$ であるが,同じ条件での水蒸気の $\Delta_f \overline{H}°$ の値は $-241.8\text{ kJ mol}^{-1}$ である.その差は 44.0

kJ mol^{-1} であり，298 K における蒸発エンタルピーは

$$H_2O(l) \longrightarrow H_2O(g) \quad \Delta_{vap}\overline{H}^\circ = 44.0 \text{ kJ mol}^{-1}$$

である．3) 代謝過程は多くの段階を含む非常に複雑なものである．しかし，前述のように H は状態量なので，反応物と最終生成物の $\Delta_f\overline{H}^\circ$ の値だけから Δ_rH° を計算できるのである．

反応エンタルピーの温度依存性

今，ある温度，たとえば 298 K での標準反応エンタルピーを測定した後で，350 K での値を知りたいとしよう．その値を知る一つの方法は，350 K で同じ測定を繰返すことである．しかし，幸運なことにもう一度実験を繰返すことなく，熱力学データの表を用いて望みの値を得ることができる．どんな反応についても，ある温度でのエンタルピーの変化は次のように書ける．

$$\Delta_r H = \sum H(\text{生成物}) - \sum H(\text{反応物})$$

反応のエンタルピー ($\Delta_r H$) 自体が温度によってどう変化するかを知るには，この式を定圧条件下，温度で微分してみればよい．

$$\left(\frac{\partial \Delta_r H}{\partial T}\right)_P = \left(\frac{\partial \sum H(\text{生成物})}{\partial T}\right)_P - \left(\frac{\partial \sum H(\text{反応物})}{\partial T}\right)_P$$
$$= \sum C_P(\text{生成物}) - \sum C_P(\text{反応物})$$
$$= \Delta C_P \quad (3\cdot32)$$

ここで $(\partial H/\partial T)_P = C_P$ を用いた．式 (3・32) を積分すると

$$\int_1^2 d\Delta_r H = \Delta_r H_2 - \Delta_r H_1 = \int_{T_1}^{T_2} \Delta C_P \, dT = \Delta C_P(T_2 - T_1) \quad (3\cdot33)$$

ここで，$\Delta_r H_1$ と $\Delta_r H_2$ はそれぞれ温度 T_1 および T_2 における反応エンタルピーである．式 (3・33) は**キルヒホッフの法則**（Kirchhoff's law）［ドイツの物理学者，Gustav Robert Kirchhoff (1824~1887) が導出］として知られている．この法則によると，二つの異なる温度における反応エンタルピーの差は，生成物と反応物をそれぞれ T_1 から T_2 へ加熱したときのエンタルピー変化の差で表される（図 3・14）．この式を導き出すときに C_P が温度に対して一定であると仮定したことに注意しよう．もしそうでないなら，§3・4 で述べたように，C_P は温度 T の関数として積分中に置いておかなければならない．

例題 3・11

次の反応の標準反応エンタルピーは 1 bar, 298 K において $\Delta_rH^\circ = 285.4$ kJ mol^{-1} と与えられる．

$$3 O_2(g) \longrightarrow 2 O_3(g)$$

380 K での Δ_rH° の値を計算せよ．ただし $\overline{C}_P$ の値は温度に依存しないとする．

解 付録 B より O_2 と O_3 の定圧モル熱容量はそれぞれ 29.4 J K^{-1} mol^{-1} と 38.2 J K^{-1} mol^{-1} であり，式 (3・33) より次のように計算できる．

$$\Delta_rH^\circ_{380} - \Delta_rH^\circ_{298} = \Delta C_P(T_2 - T_1)$$
$$= \frac{[(2)38.2 - (3)29.4] \text{ J K}^{-1} \text{ mol}^{-1}}{(1000 \text{ J/kJ})}$$
$$\times (380 - 298) \text{ K}$$
$$= -0.97 \text{ kJ mol}^{-1}$$
$$\Delta_rH^\circ_{380} = \Delta_rH^\circ_{298} + (-0.97 \text{ kJ mol}^{-1})$$
$$= (285.4 - 0.97) \text{ kJ mol}^{-1}$$
$$= 284.4 \text{ kJ mol}^{-1}$$

コメント $\Delta_rH^\circ_{380}$ の値が $\Delta_rH^\circ_{298}$ の値とさほど違わないことに注目しよう．気相反応については，T_1 から T_2 への温度変化に伴う生成物のエンタルピーの増加は反応物のそれで打ち消されてしまうことが多い．

3・8 結合エネルギーと結合エンタルピー

化学反応は反応物や生成物の分子の化学結合を切ったりつないだりする過程を含むので，反応の熱化学的性質を正しく理解するには，結合エネルギーについての詳細な知識が必要である．結合エネルギーは二つの原子間の結合を切断するのに必要なエネルギーである．1 mol の H_2 分子を 1 bar, 298 K で解離することを考えてみよう．

$$H_2(g) \longrightarrow 2H(g) \quad \Delta_rH^\circ = 436.4 \text{ kJ mol}^{-1}$$

この式から H—H 結合のエネルギーは 436.4 kJ mol^{-1} だと言いたくなるかもしれないが，事態はもう少し複雑である．ここで測定した量は H_2 分子の結合エンタルピーであって結合エネルギーではない．この二つの物理量の違いを理解するために，まず結合エネルギーというものの意味を考えてみよう．

図 3・15 は H_2 分子のポテンシャルエネルギー曲線（po-

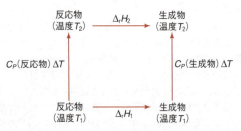

図 3・14 キルヒホッフの法則［式 (3・33)］を示す模式図．エンタルピー変化は $\Delta_rH_2 = \Delta_rH_1 + \Delta C_P(T_2-T_1)$．ここで ΔC_P は生成物と反応物の熱容量の差［C_P(生成物) − C_P(反応物)］である．

tential energy curve）である．まずどうやって分子ができるのかを考えることから始めよう．最初は，二つの水素原子が非常に遠く離れていて，互いにまったく影響を及ぼさない．両者の距離が縮まってくると，（電子と原子核の間に働く）クーロン引力と（電子−電子間と原子核−原子核間に働く）クーロン斥力（反発力）が共に原子に働き始める．斥力よりも引力が勝るので系のポテンシャルエネルギーは距離が縮まるほど下がる．この過程は正味の引力が最大に達するまで続き，水素分子を形成する．さらに距離を縮めると逆に反発が大きくなり急激にポテンシャルが上昇する．エネルギーの基準状態（ポテンシャルが0の点）は水素原子同士の距離が無限大のときである．ポテンシャルエネルギーが負のときが結合状態（つまり水素分子）で，結合をつくることによりエネルギーが熱の形で放出される．

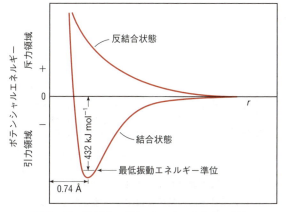

図 3・15 H_2 分子のポテンシャルエネルギー曲線．短い水平線は H_2 分子の最低振動エネルギー準位を示す．この水平線とエネルギー曲線の二つの交点は振動している分子の最大および最小の結合長に相当する．

図3・15で重要な点は，結合状態のポテンシャルエネルギー曲線における最小の点（分子が最も安定な状態に相当する）と，**平衡距離**（equilibrium distance）とよばれるそのときの原子間距離である．一方，分子は絶え間なく振動しており，それは0Kにおいても存続する．さらに，振動エネルギーは，原子中の電子エネルギーと同様，量子化されている．最低の振動エネルギーは0ではなく，$\frac{1}{2}h\nu$に等しく，**ゼロ点エネルギー**（zero-point energy）とよばれる．ここでνは H_2 分子の振動の基本振動数である．したがって，二つの水素原子は分子中で，エネルギーの最小値をとる一つの距離に固定されるようなことはない．その代わり，H_2 分子の最低振動準位は水平線で表され，その線とポテンシャルエネルギー曲線との二つの交点が，振動中にとる最長結合と最短結合になる．この場合も平衡結合距離を考えることができ，通常，両極端の結合長の平均がとられる．H_2 分子の結合エネルギーとは，最低振動エネルギー準位からポテンシャルエネルギーが0のエネルギー基準状態までの垂直方向の差に当たる．

観測されたエンタルピー変化（436.4 kJ mol⁻¹）は二つの理由により H_2 の結合エネルギーと同一とはみなせない．第一に，分子が解離するときは気相分子の数が2倍になり，よって気体が膨張することにより，外界に仕事を及ぼす．その場合エンタルピー変化（ΔH）は結合エネルギーに当たる内部エネルギー変化（ΔU）とは等しくなく，定圧条件下，次式のように関係づけられる．

$$\Delta H = \Delta U + P\Delta V$$

第二に，水素分子は解離する前には振動，回転，並進エネルギーをもっているが，水素原子は並進エネルギーしかもたない．このように，反応物と生成物とで全運動エネルギーが異なる．これらの運動エネルギーは結合エネルギーを考えるときには関係はないが，運動エネルギーの差が $\Delta_r H°$ の値に含まれてしまうのは避けられない．このように，結合エネルギーは確固たる理論的な裏付けをもっている量であるが，化学反応のエネルギー変化を学習するうえでは，実用的な理由により，結合エンタルピーを用いることにする．

結合エンタルピーと結合解離エンタルピー

H_2 分子や次式の例

$$N_2(g) \longrightarrow 2\,N(g) \qquad \Delta_r H° = 941.4 \text{ kJ mol}^{-1}$$
$$HCl(g) \longrightarrow H(g) + Cl(g) \qquad \Delta_r H° = 431.9 \text{ kJ mol}^{-1}$$

のような二原子分子にとっては，結合エンタルピーは特別重要な意味をもっている．なぜなら，一つの分子に一つの結合しかもたず，エンタルピー変化は間違いなくその結合によるものだからである．この理由により，二原子分子の場合は**結合解離エンタルピー**（bond dissociation enthalpy）という．多原子分子の場合はそれほど簡単ではなく，H_2O 分子の一つめの O–H 結合を切断するときと，二つめの O–H 結合を切断するときとで，必要とされるエネルギーが異なることが測定で示されている．

$$H_2O(g) \longrightarrow H(g) + OH(g) \qquad \Delta_r H° = 502 \text{ kJ mol}^{-1}$$
$$OH(g) \longrightarrow H(g) + O(g) \qquad \Delta_r H° = 427 \text{ kJ mol}^{-1}$$

どちらの過程でも O–H 結合が切断されるが，一つめの方が二つめより吸熱的である．二つの $\Delta_r H°$ の値が異なることから，化学的環境が変わったために第二の O–H 結合自体が変化したと思われる．H_2O_2，CH_3OH などのような他の化合物で O–H 切断過程を調べると，また別の $\Delta_r H°$ 値が得られるだろう．このように多原子分子の場合は，それぞれの結合の平均の結合エンタルピーしか評価できない．たとえば，異なる10個の多原子分子について O–H 結合

表 3・4 平均結合エンタルピー〔kJ mol^{-1}〕[†1]

結合の種類	結合エンタルピー	結合の種類	結合エンタルピー	結合の種類	結合エンタルピー	結合の種類	結合エンタルピー
H–H	436.4	C–H	414	N–N	393	P–P	197
H–N	393	C–C	347	N=N	418	P=P	490
H–O	460	C=C	619	N≡N	941.4	S–S	268
H–S	368	C≡C	812	N–O	176	S=S	351
H–P	326	C–N	276	N–P	209	F–F	158.8
H–F	568.2	C=N	615	O–O	142	Cl–Cl	242.7
H–Cl	430.9	C≡N	891	O=O	498.8	Br–Br	192.5
H–Br	366.1	C–O	351	O–P	502	I–I	151.0
H–I	298.3	C=O[†2]	724	O=S	469		
		C–P	264				
		C–S	255				
		C=S	477				

[†1] 二原子分子の結合エンタルピーは直接測定可能な量であり,多原子分子のように多くの分子での値の平均値ではないから,多原子分子の結合エンタルピーよりも有効桁数が大きい.
[†2] CO_2 分子の C=O 結合のエンタルピーは 799 kJ mol^{-1} である.

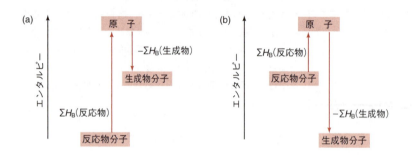

図 3・16 (a) 吸熱反応および,(b) 発熱反応における結合エンタルピー変化

エンタルピーが測定できたら,そのエンタルピーの和を 10 で割ることで O–H 結合の平均結合エンタルピーを算出できる.**結合エンタルピー**(bond enthalpy)と言ったときは平均値を指しているのに対し,結合解離エンタルピーは精密な測定値である.表3・4に一般的な化学結合の結合エンタルピーを示す.三重結合は二重結合よりも強く,二重結合は単結合より強いことがわかる.

結合エンタルピーの便利なところは,正確な熱化学データ(すなわち $\Delta_f H°$ の値)が得られないときにも $\Delta_r H°$ の値を見積もれることだろう.化学結合を切断するにはエネルギーが必要で,化学結合の生成時には熱の放出を伴うことから,反応によって解離した結合の数と生成した結合の数を数えあげて,それに伴うすべてのエネルギー変化を記録することにより,$\Delta_r H°$ の値を見積もることができる.気相反応のエンタルピー変化は次式で与えられる*.

$$\Delta_r H° = \sum H_B(\text{反応物}) - \sum H_B(\text{生成物})$$
$$= (\text{全流入エネルギー}) - (\text{全放出エネルギー})$$
(3・34)

ここで,H_B は平均結合エンタルピーである.式(3・34)で $\Delta_r H°$ を求める際の符号には気をつける必要がある.流入したエネルギーが放出されるエネルギーよりも大きいなら,$\Delta_r H°$ の値は正で反応は吸熱反応になる.逆に,吸収されるより多くのエネルギーが放出されるなら,$\Delta_r H°$ の値は負で反応は発熱反応となる(図3・16).もし反応物と生成物がすべて二原子分子ならば,二原子分子の結合解離エンタルピーは正確に求まるから式(3・34)は正しい結果を与える.反応物や生成物のうちのいくつかあるいはすべてが多原子分子ならば,計算に用いる結合エンタルピーは平均値だから式(3・34)は近似的な結果を与えるだけである.

例題 3・12

表3・4の結合エンタルピーの値を用いて,1 bar, 298 K でのメタンの燃焼エンタルピーを見積もれ.

$$CH_4(g) + 2\,O_2(g) \longrightarrow CO_2(g) + 2\,H_2O(g)$$

得られた結果を反応物や生成物の生成エンタルピーから求めた値と比較せよ.

解 最初にすべきことは,切断される結合の数と生

---

* これ以外の熱力学方程式とは異なり,本式の Δ は "始状態の値−終状態の値" を意味する.

成される結合の数を数えることである．これには次のような表を用いるとよいだろう．

切断される結合の種類	切断される結合の数	結合エンタルピー[kJ mol^{-1}]	エンタルピー変化[kJ mol^{-1}]
C−H	4	414	1656
O=O	2	498.8	997.6

生成される結合の種類	生成される結合の数	結合エンタルピー[kJ mol^{-1}]	エンタルピー変化[kJ mol^{-1}]
C=O	2	799	1598
O−H	4	460	1840

式(3・34)より

$$\Delta_r H° = [(1656 \text{ kJ mol}^{-1} + 997.6 \text{ kJ mol}^{-1}) - (1598 \text{ kJ mol}^{-1} + 1840 \text{ kJ mol}^{-1})]$$
$$= -784.4 \text{ kJ mol}^{-1}$$

式(3・31)を用い $\Delta_r H°$ の値を計算するには，表3・3から $\Delta_f \overline{H}°$ の値を得て以下のように書ける．

$$\Delta_r H° = [\Delta_f \overline{H}°(CO_2) + 2\Delta_f \overline{H}°(H_2O)] - [\Delta_f \overline{H}°(CH_4) + 2\Delta_f \overline{H}°(O_2)]$$
$$= [-393.5 \text{ kJ mol}^{-1} + 2(-241.8 \text{ kJ mol}^{-1})] - [(-74.85 \text{ kJ mol}^{-1}) + 2(0)]$$
$$= -802.3 \text{ kJ mol}^{-1}$$

コメント この例題の場合は，結合エンタルピーを用いて見積もった $\Delta_r H°$ の値と実際の $\Delta_r H°$ の値は非常によく一致している．一般的に反応が発熱的（または吸熱的）であればあるほど一致はよい．逆に実際の $\Delta_r H°$ の値がわずかに正か負の値ならば，結合エンタルピーから求められる値は信頼できなくなる．場合によると，反応のエンタルピー変化の正負が逆転してしまうこともある．

重 要 な 式

$w = -P_{ex}\Delta V$	気体の不可逆膨張による仕事	式(3・2)
$w = -nRT \ln \dfrac{V_2}{V_1} = -nRT \ln \dfrac{P_1}{P_2}$	理想気体の等温可逆膨張による仕事	式(3・5)
$\Delta U = q + w$	熱力学第一法則	式(3・6)
$dU = \text{đ}q + \text{đ}w$	熱力学第一法則	式(3・7)
$H = U + PV$	エンタルピーの定義	式(3・10)
$C_V = \left(\dfrac{\partial U}{\partial T}\right)_V$	定容熱容量	式(3・15)
$C_P = \left(\dfrac{\partial H}{\partial T}\right)_P$	定圧熱容量	式(3・17)
$\Delta U = n\overline{C}_V \Delta T$	内部エネルギー変化	式(3・19)
$\Delta H = n\overline{C}_P \Delta T$	エンタルピー変化	式(3・20)
$C_P - C_V = nR$	理想気体の熱容量の差	式(3・21)
$P_1 V_1^\gamma = P_2 V_2^\gamma$	理想気体の断熱可逆膨張	式(3・24)
$\mu_{JT} = \left(\dfrac{\partial T}{\partial P}\right)_H$	ジュール・トムソン係数	式(3・28)
$\Delta_r H° = \sum \nu \Delta_f \overline{H}°(\text{生成物}) - \sum \nu \Delta_f \overline{H}°(\text{反応物})$	標準生成エンタルピーと標準反応エンタルピー	式(3・31)
$\Delta_r H_2 - \Delta_r H_1 = \Delta C_P (T_2 - T_1)$	キルヒホッフの法則	式(3・33)
$\Delta_r H° = \sum H_B(\text{反応物}) - \sum H_B(\text{生成物})$	結合エンタルピーと標準反応エンタルピー	式(3・34)

補遺 3・1 完全微分と不完全微分

二つの変数 x と y の関数 z を考えよう.

$$z = f(x, y)$$

y を一定にして x をごくわずか変化させたとき，それに対応する z の変化は $dz = (\partial z/\partial x)_y\, dx$ で与えられる．同様に，x を一定にして y をごくわずか変化させたときは $dz = (\partial z/\partial y)_x\, dy$ となる．今，x と y が共にごくわずか変化したならば，そのときの z の変化は dx と dy による変化の和である．

$$dz = \left(\frac{\partial z}{\partial x}\right)_y dx + \left(\frac{\partial z}{\partial y}\right)_x dy \tag{1}$$

ここで，dx と dy の両方で表した dz を，**全微分** (total differential) とよぶ．

次の例で全微分を考えてみよう．1 mol の気体の圧力は体積と温度の関数だから，

$$P = f(V, T)$$

この全微分 dP は次のように書くことができる．

$$dP = \left(\frac{\partial P}{\partial V}\right)_T dV + \left(\frac{\partial P}{\partial T}\right)_V dT \tag{2}$$

1 mol のファンデルワールス気体について，まず式 (1・8) を変形して P を V と T の関数として表すと

$$P = \frac{RT}{V-b} - \frac{a}{V^2}$$

次に P を V と T で偏微分して

$$\left(\frac{\partial P}{\partial V}\right)_T = -\frac{RT}{(V-b)^2} + \frac{2a}{V^3} \quad \text{および} \quad \left(\frac{\partial P}{\partial T}\right)_V = \frac{R}{V-b}$$

これらの式を式 (2) に代入すると，ファンデルワールス気体の全微分 dP が得られる．

$$dP = \left[-\frac{RT}{(V-b)^2} + \frac{2a}{V^3}\right] dV + \frac{R}{V-b} dT \tag{3}$$

全微分の式は**完全微分** (exact differential) か**不完全微分** (inexact differential) で，両者には重要な差異がある．以下のタイプの全微分

$$dz = M(x, y)\, dx + N(x, y)\, dy$$

は次の条件が満たされれば完全微分といわれる．

$$\left(\frac{\partial M}{\partial y}\right)_x = \left(\frac{\partial N}{\partial x}\right)_y$$

これはオイラーの定理として知られている［スイスの数学者，Leonhard Euler (1707〜1783) にちなむ］．次の式で与えられる関数を考えよう．

$$dz = (y^2 + 3x)\, dx + e^x\, dy$$

ここで $M(x, y) = y^2 + 3x$ および $N(x, y) = e^x$ である．オイラーの定理を適用すると

$$\left(\frac{\partial M}{\partial y}\right)_x = \left[\frac{\partial (y^2 + 3x)}{\partial y}\right]_x = 2y$$

および

$$\left(\frac{\partial N}{\partial x}\right)_y = \left(\frac{\partial e^x}{\partial x}\right)_y = e^x$$

が得られる．したがって，dz は完全微分ではない．

他方，式 (3) の dP は，以下の両式が等しいことで確かめられるように，完全微分である．

$$\left[\partial\left(-\frac{RT}{(V-b)^2} + \frac{2a}{V^3}\right)/\partial T\right]_V = -\frac{R}{(V-b)^2}$$

および

$$\left[\partial\left(\frac{R}{V-b}\right)/\partial V\right]_T = -\frac{R}{(V-b)^2}$$

完全微分の重要な点は，(f を x と y の関数として) df が完全微分ならば，次の積分値は下限および上限の値のみに依存する，ということである．すなわち，

$$\int_1^2 df = f_2 - f_1$$

一方，不完全微分では

$$\int_1^2 đf \neq f_2 - f_1$$

である．ここで，不完全微分を表すのに đ という記号を用いた．$\int_1^2 đf$ の積分計算は，変数 x と y の関係式がわからなければできない．すでに dU と dH が完全微分であるのに対し，$đw$ と $đq$ が不完全微分であることを学んだ．これの意味するところは，ある過程でなされた仕事や交換された熱の量は系の始状態と終状態だけでなく，その変化の経路に依存するということである．重要な結論として，熱力学関数 X が状態量ならば，dX は完全微分であると言える．

演 習

1. ある一定量の理想気体について，$V = f(P, T)$ と書ける．dV は完全微分であることを証明せよ．

2. 演習 1 の結果を用い，$đw = -P\, dV$ で表される $đw$ が不完全微分であることを示せ．

参 考 文 献

書　籍

R. M. Hanson, S. Green, "Introduction to Molecular Thermodynamics," University Science Books, Sausalito, CA (2008).

I. M. Klotz, R. M. Rosenberg, "Chemical Thermodynamics: Basic Theory and Methods, 5th Ed.," John Wiley & Sons, New York (1994).

I. N. Levine, "Physical Chemistry, 6th Ed.," McGraw-Hill, New Yor (2009).

D. A. McQuarrie, J. D. Simon, "Molecular Thermodynamics," University Science Books, Sausalito, CA (1999).

P. A. Rock, "Chemical Thermodynamics," University Science Books, Mill Valley, CA (1983).

論文

F. J. Dyson, 'What is Heat,' *Sci. Am.*, September (1954).

S. W. Angrist, 'Perpetual Motion Machines,' *Sci. Am.*, January (1968).

T. B. Tripp, 'The Definition of Heat,' *J. Chem. Educ.*, **53**, 782 (1976).

'Conversion of Standard (1 atm) Thermodynamic Data to the New Standard-State Pressure, 1 bar (10^5 Pa),' *Bull. Chem. Thermodynamics*, **25**, 523 (1982).

J. N. Spencer, 'Heat, Work, and Metabolism,' *J. Chem. Educ.*, **62**, 571 (1985).

R. D. Freeman, 'Conversion of Standard Thermodynamic Data to the New Standard-State Pressure,' *J. Chem. Educ.*, **62**, 681 (1985).

E. A. Gislason, N. C. Craig, 'General Definitions of Work and Heat in Thermodynamic Processes,' *J. Chem. Educ.*, **64**, 660 (1987).

T. R. Penney, P. Bharathan, 'Power From the Sea,' *Sci. Am.*, January (1987).

E. R. Boyko, J. F. Belliveau, 'Simplification of Some Thermochemical Calculations,' *J. Chem. Educ.*, **67**, 743 (1990).

M. Hamby, 'Understanding the Language: Problem Solving and the First Law of Thermodynamics,' *J. Chem. Educ.*, **67**, 923 (1990).

T. Solomon, 'Standard Enthalpies of Formation of Ions in Solution,' *J. Chem. Educ.*, **68**, 41 (1991).

W. H. Corkern, L. H. Holmes, Jr., 'Why There's Frost on the Pumpkin,' *J. Chem. Educ.*, **68**, 825 (1991).

R. S. Treptow, 'Bond Energies and Enthalpies,' *J. Chem. Educ.*, **72**, 497 (1995).

P. A. G. O'Hare, 'Thermochemistry,' "Encyclopedia of Applied Physics," ed. by G. L. Trigg, Vol. 21, p. 265, VCH Publishers, New York (1997).

R. Q. Thompson, 'The Thermodynamics of Drunk Driving,' *J. Chem. Educ.*, **74**, 532 (1997).

D. R. Kimbrough, 'Heat Capacity, Body Temperature, and Hypothermia,' *J. Chem. Educ.*, **75**, 48 (1998).

R. S. Treptow, 'How Thermodynamic Data and Equilibrium Constants Changed When the Standard-State Pressure Became 1 Bar,' *J. Chem. Educ.*, **76**, 212 (1999).

L. S. Bartell, 'Stories to Make Thermodynamics and Related Subjects More Palatable,' *J. Chem. Educ.*, **78**, 1059 (2001).

E. A. Gislason, N. C. Craig, 'First Law of Thermodynamics: Irreversible and Reversible Processes,' *J. Chem. Educ.*, **79**, 193 (2002).

H. C. Van Ness, 'H is for Enthalpy,' *J. Chem. Educ.*, **80**, 486 (2003).

D. Keeports, 'A Close Look at Temperature during the Free Expansion of a Dilute Monatomic Ideal Gas,' *Chem. Educator*, **10**, 250 (2005).

R. Battino, 'Mysteries of the First and Second law of Thermodynamics,' *J. Chem. Educ.*, **84**, 753 (2007).

J. Barbera, C. E. Wieman, 'Effect of a Dynamic Learning Tutorial on Undergraduate Students' Understanding of Heat and the First Law of Thermodynamics,' *Chem. Educator* [Online], **14**, 45 (2009). DOI: 10.1333/s00897092193a.

A. Gaquere-Parker, K. Lawson, M. Logue, K. Sutton, C. Richardson, S. Gant, 'Heat of Combustion and GC-MS of Regular, Regular-Plus and Premium Gasoline: An Undergraduate Experiment,' *Chem. Educator* [Online], **16**, 310 (2011). DOI: 10.1333/s00897112401a.

問　題

仕事と熱

3・1 状態量を説明せよ．P, V, T, w, q のうち状態量はどれか．

3・2 熱とは何か．熱エネルギーと熱の違いは何か．どのような条件下で，ある系から別の系に熱は伝達されるか．

3・3 1 L atm = 101.3 J であることを示せ．

3・4 7.24 g のエタン試料は 294 K で 4.65 L を占める．

(a) この気体が一定の外圧 0.500 atm に抗して体積が 6.87 L になるまで等温膨張するときの仕事を計算せよ．

(b) 同様の膨張が可逆的に起こったときの仕事を計算せよ．

3・5 19.2 g のドライアイス（CO_2 の固体）を図 3・1 に示したような装置の中で昇華（蒸発）させる．22 ℃ の一定温度下，一定の外圧 0.995 atm に抗して，気体が膨張によりなす仕事を計算せよ．ドライアイスの最初の体積は無視できるものとし，CO_2 は理想気体として振舞うものと仮定せよ．

3・6 次の反応

$$Zn(s) + H_2SO_4(aq) \longrightarrow ZnSO_4(aq) + H_2(g)$$

により 1.0 mol の水素の気体が 1.0 atm，273 K で得られたときの仕事を計算せよ（気体以外の体積の変化は無視せよ）．

熱力学第一法則

3・7 時速 60 km で走るトラックが赤信号で完全に止まるとする．この速度の変化はエネルギー保存則に反するだろうか．

3・8 いくつかの運転教本には，速度が倍になると静止するまでの距離は4倍になると書いてある．この記述を力学と熱力学を用いて立証せよ．

3・9 次のそれぞれのケースを熱力学第一法則で説明してみよ．

(a) 自転車のタイヤを手動のポンプで膨らませるとき，タイヤの内部の温度は上昇する．温まっているのは弁棒に触ってみればわかる．

(b) 人工雪は約20 atmに圧縮した空気と水蒸気の混合物を人工降雪機から素早く周囲に吹き出させることによりつくられる．

3・10 理想気体が85 Nの力で0.24 mだけ等温的に圧縮される．ΔUとqの値を求めよ．

3・11 2 molのアルゴンガス（理想気体として振舞うと仮定せよ）が298 Kでもつ内部エネルギーを計算せよ．内部エネルギーを10 J増やすための方法を二つ提案せよ．

3・12 牛乳の入った魔法瓶を勢いよく振った．牛乳を系と考えよ．

(a) 振ることにより温度上昇は起こるか．
(b) 系内に熱は流入したか．
(c) 系に対して仕事はなされたか．
(d) 系の内部エネルギーは変化したか．

ΔU と ΔH

3・13 可動式ピストンの付いたシリンダーに入った14.0 atm，25℃の1.00 molのアンモニア試料が，1.00 atmの一定の外圧に抗して膨張するとする．平衡状態では気体の圧力と体積は1.00 atm，23.5 Lである．

(a) 試料の最終的な温度を計算せよ．
(b) この過程における$q, w, \Delta U$の値を計算せよ．

3・14 理想気体が2.0 atm，2.0 Lから4.0 atm，1.0 Lに等温圧縮される．この過程が，(a) 可逆的に行われた場合と，(b) 不可逆的に行われた場合，それぞれのΔUとΔHの値を計算せよ．

3・15 液体のアセトンが沸点で気体に変換されるときの分子レベルでのエネルギー変化を説明せよ．

3・16 カリウムの金属片を水を入れたビーカーに加える．そのとき起こる反応は次のようなものである．

$$2\,\text{K(s)} + 2\,\text{H}_2\text{O(l)} \longrightarrow 2\,\text{KOH(aq)} + \text{H}_2\text{(g)}$$

$w, q, \Delta U, \Delta H$の符号を予測せよ．

3・17 1 atm，373.15 Kで，液体の水と水蒸気のモル体積はそれぞれ，1.88×10^{-5} m^{3}と3.06×10^{-2} m^{3}である．水の蒸発熱を40.79 kJ mol^{-1}としたとき，次の過程の1 mol当たりのΔHとΔUの値を計算せよ．

$$\text{H}_2\text{O(l, 373.15 K, 1 atm)} \longrightarrow \text{H}_2\text{O(g, 373.15 K, 1 atm)}$$

3・18 1種類の気体を含む循環過程を考える．その過程の途中では気体の圧力が変わるが，最終的にはもとの値に戻るとき$\Delta H = q_p$と書くのは正しいだろうか．

3・19 1 molの単原子気体の温度が25℃から300℃に増加したときのΔHの値を計算せよ．

3・20 1 molの理想気体が300 Kで1.00 atmから終状態の圧力まで等温膨張をし，その間に200 Jの仕事をしたとする．外圧を0.20 atmとしたときの気体の終状態の圧力を計算せよ．

熱 容 量

3・21 6.22 kgの銅金属片を20.5℃から324.3℃まで加熱する．銅の比熱容量を0.385 J g^{-1} ℃$^{-1}$としたとき，銅片が吸収する熱量〔kJ単位〕を計算せよ．

3・22 18.0℃の10.0 gの金の薄板を55.6℃の20.0 gの鉄の薄板の上に重ねる．金の比熱容量は0.129 J g^{-1} ℃$^{-1}$，鉄では0.444 J g^{-1} ℃$^{-1}$とすると，重ねた両薄板は最終的に何度になるか．ただし外界への移動による熱損失はないものとせよ〔ヒント：金の薄板の得る熱量は鉄の薄板の失う熱量と等しいはずである〕．

3・23 定圧で24.6 gのベンゼンの温度を21.0℃から28.7℃まで上昇させるのに330 Jのエネルギーが必要である．ベンゼンの定圧モル熱容量はいくらか．

3・24 水の1 mol当たりの蒸発熱は298 Kで44.01 kJ mol^{-1}，373 Kで40.79 kJ mol^{-1}である．この二つの値の違いを定性的に説明せよ．

3・25 窒素の定圧モル熱容量は次式で与えられる．

$$\overline{C_P} = (27.0 + 5.90 \times 10^{-3}\,T/\text{K} - 0.34 \times 10^{-6}\,T^2/\text{K}^2)\ \text{J K}^{-1}\,\text{mol}^{-1}$$

1 molの窒素を25.0℃から125℃まで加熱するときのΔHの値を計算せよ．

3・26 X_2Yという分子式で表される気体の熱容量比（γ）が1.38である．分子構造について何が言えるか．

3・27 気体の熱容量比（γ）を測定する一つの方法は，次式で与えられるその気体中での音速（c）を測定することである．

$$c = \left(\frac{\gamma RT}{\mathcal{M}}\right)^{1/2}$$

ここで，$\mathcal{M}$は気体のモル質量である．ヘリウムガス中の25℃における音速を計算せよ．

3・28 He, N_2, CCl_4, HClの4種類の気体のうち298 Kで最も大きな$\overline{C_V}$の値をもつものはどれか．

3・29 (a) 冷蔵庫の冷凍室を最も効率良く使うには，すき間なく食料を詰めてしまうのがよい．熱化学的根拠は何か．

(b) 魔法瓶に入れておくと，紅茶やコーヒーは，同じ温度のスープよりも冷めるのが遅い．説明せよ．

3・30 19世紀にDulongとPetitという二人の科学者が，固体の元素のモル質量とその比熱容量との積は約25 J ℃$^{-1}$であることを見いだした．現在デュロン・プティの法則とよばれるこの所見は，金属の比熱容量を見積もるのに用いられた．アルミニウム（0.900 J g^{-1} ℃$^{-1}$），銅（0.385 J g^{-1} ℃$^{-1}$），鉄（0.444 J g^{-1} ℃$^{-1}$）について，この法則を検証してみよ．この法則は，金属のうち一つには当てはまらない．その金属は何か．またなぜ成り立たないのか．

気体の膨張

3・31 下図はある気体の P-V 変化を表している．外界に対してなした全体の仕事を式で書き表せ．

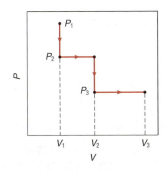

3・32 ある気体の状態方程式は $P[(V/n)-b]=RT$ で与えられる．この気体が V_1 から V_2 まで等温可逆膨張するときになす最大の仕事を式で表せ．

3・33 1 mol の単原子の理想気体が $5.00\ m^3$ から $25.0\ m^3$ まで断熱可逆膨張するときの $q,\ w,\ \Delta U,\ \Delta H$ の値を計算せよ．気体の始状態温度は 298 K とする．

3・34 0.27 mol のネオンを 2.50 atm，298 K で容器に密閉し，(a) 可逆的に 1.00 atm まで，または，(b) 1.00 atm の一定の外圧に抗して，どちらも断熱膨張させる．それぞれの場合の終状態の温度を計算せよ．

3・35 15.0 atm，300 K にあった単原子の理想気体 1 mol を 1.00 atm になるまで膨張させた．その膨張は，(a) 等温可逆過程，(b) 等温不可逆過程，(c) 断熱可逆過程，(d) 断熱不可逆過程，のどの経路でも起こる．不可逆過程では外圧 1.00 atm に抗して膨張が起こったとする．それぞれの場合について $q,\ w,\ \Delta U,\ \Delta H$ の値を計算せよ．

熱量測定

3・36 0.1375 g のマグネシウム試料を熱容量 1769 J ℃$^{-1}$ の定容ボンベ熱量計中で燃焼させる．熱量計中には正確に 300 g の水が入っており，温度上昇は 1.126 ℃ であった．マグネシウムが燃焼することにより放出した熱量を kJ g^{-1} と kJ mol^{-1} の単位で計算せよ．水の比熱容量は 4.184 J g^{-1} ℃$^{-1}$ とする．

3・37 安息香酸 (C_6H_5COOH) の燃焼エンタルピーは，定容ボンベ熱量計の較正用標準としてよく用いられる．その値は -3226.7 kJ mol^{-1} と正確に決定されている．

 (a) 0.9862 g の安息香酸が酸化されたとき，温度が 21.84 ℃ から 25.67 ℃ まで上がったとすると，その熱量計の熱容量はいくらか．

 (b) 同じ熱量計を使い，0.4654 g のグルコース ($C_6H_{12}O_6$) を酸化すると，温度は 21.22 ℃ から 22.28 ℃ まで上がった．グルコースの燃焼エンタルピー，燃焼反応の $\Delta_r U$ の値，グルコースのモル生成エンタルピーを計算せよ．

3・38 453 J ℃$^{-1}$ の熱容量をもつ定圧熱量計中で，0.862 M の HCl，2.00×10^2 mL と 0.431 M の Ba(OH)$_2$，2.00×10^2 mL を混合する．HCl と Ba(OH)$_2$ の水溶液はどちらも最初 20.48 ℃ だったとする．次の過程

$$H^+(aq) + OH^-(aq) \longrightarrow H_2O(l)$$

の中和エンタルピーは -56.2 kJ mol^{-1} である．混合した水溶液の最終的な温度は何度か．

3・39 1 mol のナフタレン ($C_{10}H_8$) を定容ボンベ熱量計中 298 K で完全に燃焼させると 5150 kJ の熱量が得られる．この反応について $\Delta_r U$ および $\Delta_r H$ の値を計算せよ．

熱化学

3・40 次式の反応を考えよう．

$$2\ CH_3OH(l) + 3\ O_2(g) \longrightarrow 4\ H_2O(l) + 2\ CO_2(g)$$
$$\Delta_r H° = -1452.8\ kJ\ mol^{-1}$$

(a) 反応式の両辺を 2 倍したとき，(b) 反応物と生成物を逆になるように反応式を逆向きにしたとき，(c) 液体の水ではなく水蒸気が生成物の場合について，それぞれ $\Delta_r H°$ の値を求めよ．

3・41 Na(s), Ne(g), CH$_4$(g), S$_8$(s), Hg(l), H(g) のうち，25 ℃ での標準生成エンタルピーが 0 でないものはどれか．

3・42 水溶液中のイオンの標準生成エンタルピーは便宜的に H$^+$ イオンの値を 0 すなわち $\Delta_f \overline{H}°[H^+(aq)]=0$ とすることにより求める．

 (a) 次式

$$HCl(g) \longrightarrow H^+(aq) + Cl^-(aq) \quad \Delta_r H° = -74.9\ kJ\ mol^{-1}$$

で与えられる反応において，Cl$^-$ イオンの $\Delta_f \overline{H}°$ の値を計算せよ．

 (b) HCl 溶液と NaOH 溶液の中和の標準エンタルピーは -56.2 kJ mol^{-1} であることがわかっている．25 ℃ における水酸化物イオンの標準生成エンタルピーを計算せよ．

3・43 1.26×10^4 g のアンモニアが次の反応

$$N_2(g) + 3\ H_2(g) \longrightarrow 2\ NH_3(g) \quad \Delta_r H° = -92.6\ kJ\ mol^{-1}$$

により生成されるときに放出される熱量を kJ 単位で求めよ．ただし，反応は 25 ℃ の標準状態で起こるとする．

3・44 2.00 g のヒドラジンが定圧条件で分解すると 7.00 kJ の熱が外界に伝達される．

$$3\ N_2H_4(l) \longrightarrow 4\ NH_3(g) + N_2(g)$$

この反応の $\Delta_r H°$ の値はいくらか．

3・45 次の反応を考える．

$$N_2(g) + 3\ H_2(g) \longrightarrow 2\ NH_3(g) \quad \Delta_r H° = -92.6\ kJ\ mol^{-1}$$

2.0 mol の N$_2$ が 6.0 mol の H$_2$ と反応して NH$_3$ が生成するとき，25 ℃ で 1.0 atm の外圧に抗してなす仕事を J 単位で計算せよ．また，この反応の $\Delta_r U$ の値はいくらか．その際，反応は右向きに完結すると仮定せよ．

3・46 フマル酸とマレイン酸の燃焼（二酸化炭素と水を生成する）の標準燃焼エンタルピーは，それぞれ -1336.0 kJ mol^{-1} と -1359.2 kJ mol^{-1} である．次の異性化過程のエンタルピーを計算せよ．

$$\underset{\text{マレイン酸}}{\begin{array}{c}\text{HOOC}\\ \diagdown\\ \text{H}\end{array}\text{C}=\text{C}\begin{array}{c}\text{COOH}\\ \diagup\\ \text{H}\end{array}} \longrightarrow \underset{\text{フマル酸}}{\begin{array}{c}\text{H}\\ \diagdown\\ \text{HOOC}\end{array}\text{C}=\text{C}\begin{array}{c}\text{COOH}\\ \diagup\\ \text{H}\end{array}}$$

3・47 次式の反応

$$C_{10}H_8(s) + 12\,O_2(g) \longrightarrow 10\,CO_2(g) + 4\,H_2O(l)$$
$$\Delta_r H° = -5153.0 \text{ kJ mol}^{-1}$$

および付録 B にあげた CO_2 と H_2O の標準生成エンタルピーから,ナフタレン($C_{10}H_8$)の生成エンタルピーを計算せよ.

3・48 298 K における酸素分子の標準生成エンタルピーは 0 である.315 K での値はいくらか〔ヒント: 付録 B で $\overline{C}_P$ の値を調べよ〕.

3・49 Fe(s), I_2(l), H_2(g), Hg(l), O_2(g), C(グラファイト)のうち 25℃ の $\Delta_f \overline{H}°$ の値が 0 でない物質はどれか.

3・50 エチレンの水素化反応は次式で与えられる.

$$C_2H_4(g) + H_2(g) \longrightarrow C_2H_6(g)$$

反応温度を 298 K から 398 K にしたときの水素化エンタルピーの変化を計算せよ.ただし,$\overline{C}_P$ は C_2H_4 43.6 J K^{-1} mol^{-1}, C_2H_6 52.7 J K^{-1} mol^{-1} である.

3・51 次式の反応の 298 K における $\Delta_r H°$ の値を,付録 B のデータを用いて計算せよ.

$$N_2O_4(g) \longrightarrow 2\,NO_2(g)$$

また,350 K での値を求めよ.計算するのに用いた仮定について述べよ.

3・52 以下の式から,ダイヤモンドの標準生成エンタルピーを計算せよ.

$$\text{C(グラファイト)} + O_2(g) \longrightarrow CO_2(g)$$
$$\Delta_r H° = -393.5 \text{ kJ mol}^{-1}$$
$$\text{C(ダイヤモンド)} + O_2(g) \longrightarrow CO_2(g)$$
$$\Delta_r H° = -395.4 \text{ kJ mol}^{-1}$$

3・53 光合成は二酸化炭素と水からグルコース($C_6H_{12}O_6$)と酸素を生成する.

$$6\,CO_2 + 6\,H_2O \longrightarrow C_6H_{12}O_6 + 6\,O_2$$

(a) この反応の $\Delta_r H°$ の値をどうやったら実験的に決定できるか.

(b) 地球上では太陽光により 1 年間に約 7.0×10^{14} kg のグルコースがつくられている.それに相当する $\Delta_r H°$ の値はいくらか.

3・54 次にあげる燃焼熱

$$CH_3OH(l) + \tfrac{3}{2}O_2(g) \longrightarrow CO_2(g) + 2\,H_2O(l)$$
$$\Delta_r H° = -726.4 \text{ kJ mol}^{-1}$$
$$\text{C(グラファイト)} + O_2(g) \longrightarrow CO_2(g)$$
$$\Delta_r H° = -393.5 \text{ kJ mol}^{-1}$$
$$H_2(g) + \tfrac{1}{2}O_2(g) \longrightarrow H_2O(l)$$
$$\Delta_r H° = -285.8 \text{ kJ mol}^{-1}$$

を用いて,その構成元素からのメタノール(CH_3OH)の生成エンタルピーを計算せよ.反応を次式に示す.

$$\text{C(グラファイト)} + 2\,H_2(g) + \tfrac{1}{2}O_2(g) \longrightarrow CH_3OH(l)$$

3・55 次式の反応の標準エンタルピー変化は 436.4 kJ mol^{-1} である.

$$H_2(g) \longrightarrow H(g) + H(g)$$

原子状水素(H)の標準生成エンタルピーを計算せよ.

3・56 298 K におけるグルコースの酸化

$$C_6H_{12}O_6(s) + 6\,O_2(g) \longrightarrow 6\,CO_2(g) + 6\,H_2O(l)$$

について,$\Delta_r H°$ と $\Delta_r U°$ の値の差を計算せよ.

3・57 アルコールの発酵は炭水化物がエタノールと二酸化炭素に分解する過程である.この反応は非常に複雑で,いくつもの酵素触媒反応段階を含む.全体の反応は

$$C_6H_{12}O_6(s) \longrightarrow 2\,C_2H_5OH(l) + 2\,CO_2(g)$$

と書き表せる.炭水化物がグルコースだとして,この反応の標準エンタルピー変化を計算せよ.

結合エンタルピー

3・58 (a) 分子の結合エンタルピーは常に気相反応により定義されている.なぜか.説明せよ.

(b) F_2 の結合解離エンタルピーは 158.8 kJ mol^{-1} である.F(g) の $\Delta_f \overline{H}°$ の値を計算せよ.

3・59 373 K における水のモル蒸発エンタルピーと H_2 と O_2 の結合解離エンタルピー(表 3・4 参照)から,水の O−H 結合の平均結合エンタルピーを求めよ.ただし,

$$H_2(g) + \tfrac{1}{2}O_2(g) \longrightarrow H_2O(l) \quad \Delta_r H° = -285.8 \text{ kJ mol}^{-1}$$

である.

3・60 エタンの燃焼

$$2\,C_2H_6(g) + 7\,O_2(g) \longrightarrow 4\,CO_2(g) + 6\,H_2O(l)$$

について,表 3・4 の結合エンタルピーの値を用い,燃焼エンタルピーを計算せよ.その結果を,付録 B にあげた反応物と生成物の生成エンタルピーから計算した値と比較せよ.

補 充 問 題

3・61 17.0℃ の 2.10 mol の酢酸の結晶を 17.0℃ で融解し,1.00 atm 下で 118.1℃(酢酸の標準沸点)に加熱する.118.1℃ で蒸発させた後 17.0℃ に急冷して再結晶する.この全過程の $\Delta_r H°$ の値を計算せよ.

3・62 次の過程 (a)〜(b) について,q, w, ΔU, ΔH の値が正,0,負のいずれか.予測せよ.

(a) 1 atm,273 K での氷の融解

(b) 1 atm で固体シクロヘキサンの通常の融点での融解

(c) 理想気体の等温可逆膨張

(d) 理想気体の断熱可逆膨張

3・63 $E = mc^2$ は,アインシュタインの特殊相対性理論

の帰結として導かれた方程式で，Eはエネルギー，mは質量，cは光速度である．この方程式は，エネルギー保存則，ひいては熱力学第一法則を無力化してしまうだろうか．

3・64 標準状態，そして（通常は）298 K で，すべての元素の（最も安定な状態の）単体のエンタルピーの値を便宜上 0 と仮定する慣習は，化学過程のエンタルピー変化を取扱うのに都合がよい．しかし，ある種の過程についてはこの取決めは適用できない．その過程とは何か．また，なぜ適用できないのか．

3・65 2 mol の理想気体を 298 K で 1.00 atm から 200 atm まで等温圧縮する．この過程が，(a) 可逆的に行われた場合，(b) 300 atm の外圧を掛けて行われた場合の q, w, ΔU, ΔH の値を計算せよ．

3・66 ハンバーガーの 1 g 当たりのカロリー（生理的燃焼熱）は約 3.6 kcal g^{-1} である．あるヒトが 1 ポンド（1 ポンド = 454 g）のハンバーガーを昼食に食べ，身体にそのエネルギーがまったく蓄えられないとすると，体温を一定に保つには，どれだけの水が発汗により失われる必要があるか見積もれ．

3・67 4.50 g の CaC$_2$ が大気圧下，298 K で過剰な水と次式の反応をした．

$$\mathrm{CaC_2(s) + 2\,H_2O(l) \longrightarrow Ca(OH)_2(aq) + C_2H_2(g)}$$

アセチレン気体が大気圧に抗してなす仕事を J 単位で求めよ．

3・68 酸素アセチレン炎は金属の溶接によく用いられる．次の反応により生じる炎の温度を見積もれ．

$$\mathrm{2\,C_2H_2(g) + 5\,O_2(g) \longrightarrow 4\,CO_2(g) + 2\,H_2O(g)}$$

ただし，この反応により生じる熱はすべて生成物を熱するのに使われるとせよ〔ヒント: 最初にこの反応の $\Delta_r H°$ の値を計算せよ．その後，生成物の熱容量を調べよ．その際，熱容量は温度に依存しないと仮定せよ〕．

3・69 付録 B にあげた $\Delta_f \overline{H}°$ の値は 1 bar, 298 K での値である．ある学生が 1 bar, 273 K での $\Delta_f \overline{H}°$ の表を新たに作成しようと思ったとする．アセトンを例にとり，どのように値の変換を行ったらよいか示せ．

3・70 エチレンとベンゼンの水素化エンタルピーは 298 K で次のように求められている．

$$\mathrm{C_2H_4(g) + H_2(g) \longrightarrow C_2H_6(g)} \quad \Delta_r H° = -132 \text{ kJ mol}^{-1}$$
$$\mathrm{C_6H_6(g) + 3\,H_2(g) \longrightarrow C_6H_{12}(g)} \quad \Delta_r H° = -246 \text{ kJ mol}^{-1}$$

ベンゼンが三つの局在化した非共役二重結合を含むとしたら，ベンゼンの水素化エンタルピーはいくらになるか．この仮定に基づいた計算結果と実測値との差はどのように説明できるか．

3・71 水のモル融解エンタルピーとモル蒸発エンタルピーはそれぞれ（298 K において）6.01 kJ mol^{-1} と 44.01 kJ mol^{-1} である．これらの値から，氷のモル昇華エンタルピーを見積もれ．

3・72 298 K での HF(aq) の標準生成エンタルピーは -320.1 kJ mol^{-1}, OH$^-$(aq) は -229.6 kJ mol^{-1}, F$^-$(aq) は -329.11 kJ mol^{-1}, H$_2$O(l) は -285.8 kJ mol^{-1} である．

(a) 次式で与えられる HF(aq) の中和エンタルピーを計算せよ．

$$\mathrm{HF(aq) + OH^-(aq) \longrightarrow F^-(aq) + H_2O(l)}$$

(b) 次式の反応

$$\mathrm{H^+(aq) + OH^-(aq) \longrightarrow H_2O(l)}$$

のエンタルピー変化が -55.83 kJ mol^{-1} であることを用いて，次の解離のエンタルピー変化を計算せよ．

$$\mathrm{HF(aq) \longrightarrow H^+(aq) + F^-(aq)}$$

3・73 反応が凝縮相で起こる場合は $\Delta_r H$ と $\Delta_r U$ の値の差は通常無視できるぐらい小さいと本章 (p. 43) で述べた．この記述はその過程が大気圧下で行われる場合は正しい．しかし，ある地球化学的過程を考えると，外圧が非常に大きいために $\Delta_r H$ と $\Delta_r U$ の値の差は相当大きくなる．よく知られた例としては，地表近くでグラファイトがゆっくりダイヤモンドに変換される過程がある．50 000 atm の圧力下で 1 mol のグラファイトが 1 mol のダイヤモンドに変換されるときの ($\Delta_r H - \Delta_r U$) の値を計算せよ．グラファイトとダイヤモンドの密度はそれぞれ 2.25 g cm^{-3}, 3.52 g cm^{-3} とする．

3・74 ヒトの身体は，代謝活動により 1 日当たりおよそ 1.0×10^4 kJ の熱を発散する．身体を 50 kg の水と仮定し，それが孤立系であるとするならば，体温はどのくらい上昇するか．通常の体温 (37 ℃) を維持するには，どれだけの水を発汗により外に出す必要があるか．計算結果についてコメントせよ．水の蒸発熱は 2.41 kJ g^{-1} としてよい．

3・75 可動式ピストンの付いたシリンダーに理想気体を入れ，V_1 から V_2 まで断熱圧縮したとする．その結果，気体の温度は上昇する．気体の温度が上昇する原因は何か．説明せよ．

3・76 標準沸点において，水の蒸発エンタルピーのうち水蒸気の膨張に使われる割合を計算せよ．

3・77 マグネシウムの燃焼を消すのに炭酸ガス消火器は使用すべきでない．それはなぜか．熱化学の観点から説明せよ．

3・78 グッドイヤー社製飛行船"ブリンプ"には，1.2×10^5 Pa のヘリウムガスが入っている．空っぽの飛行船と比較した内部エネルギー変化を計算せよ．膨らませた飛行船の体積は 5.5×10^3 m^3 である．このすべての内部エネルギーを 21 ℃ の 10.0 トンの銅を加熱するのに使ったら，銅は最終的に何度になるか〔ヒント: 1 米トン = 9.072×10^5 g〕．

3・79 本章の内容を参照せずに，次の方程式の成り立つ条件を述べよ．

(a) $\Delta H = \Delta U + P \Delta V$
(b) $C_P = C_V + nR$
(c) $\gamma = \dfrac{5}{3}$
(d) $P_1 V_1^\gamma = P_2 V_2^\gamma$
(e) $w = n \overline{C}_V (T_2 - T_1)$
(f) $w = -P \Delta V$

(g) $w = -nRT\ln(V_2/V_1)$
　(h) $dH = dq$

3・80 エタンの燃焼熱で 855 g の水を 25.0 ℃ から 98.0 ℃ まで加熱したい. 必要なエタン (C_2H_6) の体積を 23.0 ℃, 752 mmHg において求めよ.

3・81 $q, w, \Delta U, \Delta H$ を見出しとする表を作成せよ. 以下の各過程について, それぞれの量が正(+), 負(−), 0 のいずれかを推測し, 表に記せ.
　(a) 1 atm でアセトンの通常の融点におけるアセトンの凝固
　(b) 理想気体の等温不可逆膨張
　(c) 理想気体の断熱圧縮
　(d) ナトリウムと水との反応
　(e) 液体アンモニアの標準沸点での沸騰
　(f) 一定の外圧に抗する気体の断熱不可逆膨張
　(g) 理想気体の等温可逆圧縮
　(h) 気体の定容過程での加熱
　(i) 水の 0 ℃ での凝固

3・82 以下の記述が正しいか誤りかを答えよ.
　(a) 気体や高圧過程を除けば $\Delta U \approx \Delta H$ である.
　(b) 気体の圧縮において, 可逆過程が最も仕事が大きい.
　(c) ΔU は状態量である.
　(d) 開いた系では $\Delta U = q + w$ である.
　(e) C_V は気体については温度に依存しない.
　(f) 実在気体の内部エネルギーは温度のみに依存する.

3・83 理想気体に対し $(\partial C_V/\partial V)_T = 0$ が成り立つことを示せ.

3・84 ファンデルワールス気体の等温可逆膨張によってなされる仕事の式を誘導せよ. 最終的な式に係数 a, b が現れる道筋を物理的に説明せよ [ヒント: $\ln(V-nb)$ にテイラー級数
$$\ln(1-x) = -x - \frac{x^2}{2} \cdots \quad \text{ここで} \quad |x| \ll 1$$
を適用し, a は引力項, b は斥力(反発力)項を表すことを思い出せ].

3・85 理想気体の断熱可逆膨張に対して, 次式が成り立つことを示せ.
$$T_1^{C_V/R} V_1 = T_2^{C_V/R} V_2$$

3・86 4.0 L の理想気体が 2.0 atm, 300 K の始状態から等温圧縮され, 2.0 L になった. (a) 可逆過程および, (b) 不可逆過程で, それぞれなされた仕事を求めよ. 答えの裏付けになる過程のグラフも描くこと.

3・87 0.005 mol の単原子理想気体が下図に示す可逆サイクル(循環過程)を行うとする. 各過程およびサイクルが完了したときの $q, w, \Delta U$ を求めよ.

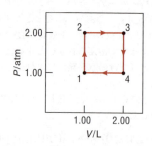

3・88 酸・塩基の理論では, 通常 $H^+(aq)$ と $H_3O^+(aq)$ は同じ化学種として扱われる. しかしながら熱力学ではそうではない. $\Delta_f \overline{H}°[H^+(aq)]$ と $\Delta_f \overline{H}°[H_3O^+(aq)]$ の値を求めよ.

3・89 (a) ファンデルワールス気体が V_1 から V_2 まで等温可逆膨張をしたときの仕事 (w) の式を誘導せよ.
　(b) 2.0 mol の Ne が 298 K で 0.50 L から 1.0 L まで等温可逆膨張をしたときの w を求めよ.
　(c) (b) の結果を理想気体の結果と比較し, その差を説明せよ.

4 熱力学第二法則

> ハンプティ・ダンプティ，塀の上，
> ハンプティ・ダンプティ，どんと落ちて，
> 王様の馬がみんなでも，王様の家来がみんなでも
> ハンプティを元の場所には戻せない

　第3章で学習したように，熱力学第一法則は，"エネルギーは宇宙のある部分から他の部分に流れたり，ある形態から別の形態に変換されるが，生成することも消滅することもない"と言うことを述べている．つまり，宇宙における全エネルギーの総和は一定である．これは，化学反応のエネルギー論の研究において非常に重要なものであるが，第一法則には，変化する方向は予測できないという制約が存在する．流入してきたエネルギー，放出された熱，なされた仕事などのようなエネルギー収支を付けるのに，熱力学第一法則は役立つのであるが，この制約のために，問題としている過程が実際に起こりうるのかどうかについては何もわからないのである．そこで，それについて知るために，熱力学第二法則を学習することが重要となってくる．

　本章では，熱力学第二および第三法則において中心となる**エントロピー**（entropy），Sとよばれている新しい熱力学関数についてふれる．エントロピー変化（ΔS）は，あらゆる反応過程の方向を予測するのに必要な情報を与えてくれる．まずは，エントロピー関数の導入として，ある条件下において独りでに進む自発過程について見ていくことにする．

4・1 自発過程

　角砂糖をコーヒーに入れると溶ける．氷は手の中で解ける．マッチを擦ると大気中で燃える．われわれは，毎日の生活の中でこのような多くの**自発**（spontaneous）過程を目にしており，それらのすべてをあげることはほとんど不可能なほどである．自発過程の興味深い点は，同じ条件下では逆の過程は絶対に起こらないことである．地面に落ちている落ち葉が自然に舞い上がって再び元の木の枝に戻ることはできないのである．野球の球が窓ガラスを粉々にするシーンを逆回しの映像で見て面白いのは，実際にはそんな過程は起こらないことを誰もが知っているからなのである．氷は，20℃，1 atm で融解するが，水は同じ温度，圧力下では自発的に氷に戻ることはできないのである．しかしなぜ起こらないのであろうか．確かにここに示した（そしてここで述べきれなかった他の数えきれない）変化は，熱力学第一法則と矛盾しない方向のどちらにも起こる可能性があるが，それにもかかわらず，実際には，それぞれの過程は一方向でしか起こらないのである．われわれは，多くの観察結果から，一方向に自発的に起こる過程は，反対方向では，自発的には起こらない（図4・1）ことを知っている（もし起こるなら何も起こらないのと同じことだ）．

　それでは，なぜ，自発過程の逆は独りでには起こらないのか．ゴムの球が床から上に離れて存在する場合を考えてみよう．球を離すと床に落ち，球は床に衝突して上方に跳ね上がる．そして，ある位置まで上がると再び落下するのである．落下する過程で，球のポテンシャルエネルギーは運動エネルギーに変えられる．これらの経験から，跳ね上がった球が再び同じ高さに戻らないことがわかる［図4・2(a)］．その理由は，球と床の衝突は非弾性的なため，球が床と衝突するごとに，球の運動エネルギーの一部が床内部の分子の間に散逸してしまうからである．そして，跳ね返るごとに，床の温度はわずかずつ上昇するのである*．このようなエネルギーの流入により，床内部の分子の回転運動，振動運動が増大する．最終的には，球の運動エネルギーは床の方に完全に散逸するため，球は完全に静止することになる．この過程を言い換えると，球がはじめにもっているポテンシャルエネルギーがすべて運動エネルギーに変換され，これらが熱として逃げて減少していくということであ

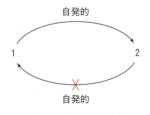

図4・1 状態1から状態2に変化する過程が自発的であるとき，その逆過程，つまり，状態2から状態1に変化する過程は自発的に起こらない．

---

* 実際には球および球の周囲の空気の温度も衝突後わずかに上昇している．しかし，ここでは床で起こっていることだけに着目している．

る.

　ここで自発過程の逆過程が起こる場合，つまり，床の上にあるボールが床から熱を吸収し，大気中である高さまで

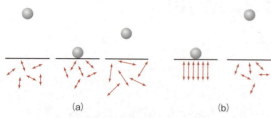

図 4・2　(a) 自発過程．球が床に落ちたとき，その運動エネルギーの一部は，床の内部分子に散逸する．結果として，球は最初と同じ高さまで上がることはなく，一方，床の温度がわずかに上昇する．図中の矢印は，分子振動の振幅を示している．(b) 不可能な事象．床の上に置いてある球が，床から熱エネルギーを吸収して自発的に跳ね上がることはありえない．

自発的に上昇するような場合を考えてみよう．このような過程が熱力学第一法則を破らないことは言うまでもない．仮に球の質量を m，床からの高さを h とすると，

$$床から受けるエネルギー = mgh$$

となる．ここで g は重力加速度である．床の熱エネルギーは乱雑な分子運動である．床から跳ね上がるのに十分なエネルギーを球に与えるには，図 4・2(b) に示すように，床分子の大部分は球の真下で整列し，同位相で振動していなくてはならない．球が床から離れる瞬間に，球が上方に移動するのに見合うエネルギー移動を起こすために，これら床分子内の原子がすべて上向きに動かなくてはならない．このような同期した運動を起こすのは，数百万個の分子なら考えられる．しかし，必要なエネルギー移動の大きさを考えると，多分，その分子数はアボガドロ数，すなわち 6×10^{23} の桁でなければならないのである．分子運動の乱雑な性質を考えると，これはとても起こりそうには思えない，実際には不可能な出来事である．事実，誰も床から球が自発的に跳ね上がるのをかつて見たことはなく，これからも見ることはないと結論づけても差し支えないのである．

　床から自発的に球が跳ね上がることはありそうにないということを見てきたが，このような現象を考えることは，多くの自発過程の性質を理解する上で役に立つものである．可動ピストン付きのシリンダー内に閉じ込められた気体試料というよく使われる例で考えてみよう．もし，気体の圧力がシリンダーの外圧よりも大きいとすると，シリンダーの内圧と外圧が等しくなるまで気体は膨張し続けるだろう．これは自発的な過程である．では，ひとたび力学的平衡に到達したら気体が自発的に収縮するためには何が必要だろうか．気体分子の大部分がピストンから離れる方向に動き，シリンダーの他の部分に向かって同時に移動せね

ばならないだろう．ここでどの瞬間をとっても，多くの気体分子が実際にこのような動きをしているが，分子の並進運動は総体的には無秩序であるから，6×10^{23} 個もの分子が一方向に動いているのを見ることは決してないだろう．同じ理由で，一定の温度にある金属棒の一端が突然熱くなったり，他端が冷たくなったりというようなことはないのである．このような温度勾配が成り立つには，乱雑に振動している原子間の衝突による熱の移動が，一端で減少し他端で増加しなければならず，これはかなり不自然なことである．

　この問題を別の角度から眺めて，自発過程に伴ってどんな変化が起こるかを考えてみよう．あらゆる自発過程は系のエネルギーが減少する方向に起こると想定するのは論理的に思われる．このような仮定は，"なぜ物は落下するのか"，"なぜばねは緩むのか"，などを説明する手助けとなる．しかし，ある過程が自発的であるかどうかを予言するにはエネルギー変化だけでは十分でない．たとえば，第 3 章で，真空に抗する理想気体の膨張は内部エネルギー変化をもたらさないということを学んだ．それにもかかわらず，その過程は自発的である．また，氷が 20 ℃ で自発的に解けて水になったとき，系の内部エネルギーは実際に増加する．事実，吸熱的な物理，化学過程で自発的なものも多いし，発熱的な過程で自発的でないものも多い．もし，エネルギー変化を用いて自発過程の方向を示すことができないのであれば，別の熱力学関数を使う必要がある．これがエントロピー (S) なのである．

4・2　エントロピー

　自発過程の議論は巨視的な事象に基づいて行う．気体が収縮するという先ほどの例を考える場合，アボガドロ数ほどの分子ではなく，数百万の分子が特定の方向に同時に動いているのを思い浮かべればよい．分子数が 6×10^{23} 個と同じくらい大きくなると，ほぼ同数の分子があらゆる方向に動き回る．外部からの影響がない場合，すべての分子が同時に特定の方向を選ぶ理由はない．それゆえ自発過程を理解しようとする場合は，少数の分子の運動ではなく，非常に多くの分子の<u>統計学的振舞い</u>に注目すべきである．本節では，エントロピーの統計学的な定義を導き，それから熱力学量を用いてエントロピーを定義する．

エントロピーの統計学的な定義

　図 4・3 のようなヘリウム原子の入っているシリンダーを考えると，すべての He 原子がシリンダーに入っていることがわかっているので，シリンダーの全体積に，ある一つの He 原子を見つける確率は 1 である．一方，シリンダーの半分に相当する体積に，あるヘリウム原子を見つける確

率は $\frac{1}{2}$ だけとなる. 仮に,ヘリウム原子の数が二つになったとすると,全体積にこの両方のヘリウム原子を見つける確率は依然1であるが,半分の体積にこの両方のHe原子を見つける確率は,$\left(\frac{1}{2}\right)\left(\frac{1}{2}\right)$ すなわち $\frac{1}{4}$ となる[*1]. $\frac{1}{4}$ はかなり大きな値であるので,与えられた時間内で同じ領域中に両方のHe原子を見いだすことは意外なことではない.しかしながら,He原子の数が増加するにつれ,半分の体積にすべてのヘリウム原子を見いだす確率 (p) は徐々に小さくなる. このことを理解するのは難しくはないだろう.

$$p = \left(\frac{1}{2}\right)\left(\frac{1}{2}\right)\left(\frac{1}{2}\right)\cdots\cdots = \left(\frac{1}{2}\right)^N$$

ここで N は全原子数である. もし, $N=100$ であるならば,その確率は,

$$p = \left(\frac{1}{2}\right)^{100} = 8\times10^{-31}$$

となる. もし, N が 6×10^{23} の桁であるならば,その確率は $\left(\frac{1}{2}\right)^{6\times10^{23}}$ となり, 実際上ほとんど0とみなせる小さな値である[*2]. これらの単純な計算結果には非常に重要な情報が含まれている. 最初に,半分の体積にすべてのHe原子を圧縮し,この気体が自発的に膨張可能だとすると,最終的には,ヘリウム原子は,全体積に均一に分布することがわかる. これは最も起こりやすい状態に対応している. このように,自発変化は気体の体積がより大きくなる方向,すなわち,存在確率が低い状態から最大の確率をもつ状態になる方向で起こる.

始状態と終状態が起こる確率を用いて自発変化の方向を予測する方法を学んだが,エントロピー (S) を取扱う方が適切に思える. ここでエントロピーは確率に正比例する,すなわち $S = k_B p$ (k_B は比例定数) で表されるものとする. しかし,この表現は以下の理由から役に立たない. U や H のように,エントロピーは示量性をもっている. 結果として,分子数が2倍になれば,その系のエントロピーも2倍となる. しかし,たった今見たように,二つの独立した事象が共に起こる確率は,おのおのの事象に対する確率の積となる. したがって,分子数を1から2にすると確率は p^2 となる. このように,エントロピーの増加 (S から $2S$)と確率の減少 (p から p^2) には,前述の単純な式から予測されるような相関は互いに見られないのである. そこでこのジレンマから脱出するために,以下のように確率の自然対数としてエントロピーを表すことにする[*3].

$$S = k_B \ln p + a \qquad (4\cdot1)$$

ここで k_B はボルツマン定数 ($1.381\times10^{23}\,\mathrm{J\,K^{-1}}$), a は値のわかっていない定数である. $\ln p$ は無次元の量なので,エントロピーの単位は $\mathrm{J\,K^{-1}}$ になる. 式 (4・1) を用いて絶対エントロピーを見積もることは魅力的であるが,定数 a の値は決められないため,これは不可能である. しかし,式 (4・1) は始状態1から終状態2へ系が変化するときのエントロピー変化を計算するのには使える. その理由はエントロピーが状態量 (系の状態より一義的に決まる量で,状態に至る経路には依存しない) だからで,1→2の過程のエントロピー変化 ΔS は

$$\begin{aligned}\Delta S &= S_2 - S_1 \\ &= (k_B \ln p_2 + a) - (k_B \ln p_1 + a) \\ &= k_B \ln \frac{p_2}{p_1}\end{aligned} \qquad (4\cdot2)$$

である.

図4・3で述べた状況に,式 (4・2) を適用すると $p_2=1$, $p_1=\left(\frac{1}{2}\right)^N$ で,エントロピー変化は

$$\Delta S = k_B \ln\left[1/\left(\frac{1}{2}\right)^N\right] = k_B \ln 2^N = N k_B \ln 2$$

で与えられる. $N = nN_A$ (n はモル数, N_A はアボガドロ定数) の関係を用いて,上記の式は

$$\Delta S = n N_A k_B \ln 2 = nR \ln 2$$

に書き換えられる. ここで

$$k_B = \frac{R}{N_A} = \frac{8.314\,\mathrm{J\,K^{-1}\,mol^{-1}}}{6.022\times10^{23}\,\mathrm{mol^{-1}}} = 1.381\times10^{-23}\,\mathrm{J\,K^{-1}}$$

である. 図4・3より $V_2/V_1 = 2$ であり,一般に,気体が V_1 から V_2 に膨張するとき,エントロピー変化は次式で与えられる.

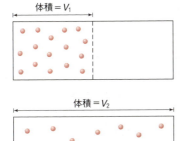

図4・3 体積 V_1 と V_2 の容器を占める N 個のヘリウム原子の概略図

[*1] 両方の事象が起こる確率は,二つの独立した事象の確率の積になる. ここでは,ヘリウムを理想気体として仮定しているので, V_1 の中にある一つのHe原子の存在はどんな場合でも V_1 中の他のHe原子の存在に影響しない.

[*2] 目安として,ある野生ザルの一族にでたらめにコンピューターのキーボードをたたかせて,一つのミスもなくシェークスピアの作品を完成させる確率よりも,この確率は,15×10^{15} 倍も低いことになる.

[*3] $0 \leq p \leq 1$ なので $\ln p < 0$ および $p^2 < p$ となる.

$$\Delta S = nR \ln \frac{V_2}{V_1} \quad (4・3)$$

系のエントロピーは，温度変化にも依存するので，式(4・3)は等温膨張のときしか成り立たないことを忘れないように．さらに，S は状態量であるので，膨張による変化が起こっているときの状況，つまり，可逆的か不可逆的であるかを特定する必要はないのである．

例題 4・1

2.0 mol の理想気体の体積が 1.5 L から 2.4 L に等温膨張するときのエントロピー変化を計算せよ．また，この気体が 2.4 L から 1.5 L に自発的に収縮する確率を求めよ．

解 式(4・3)より

$$\Delta S = nR \ln \frac{V_2}{V_1}$$

$$\Delta S = (2.0 \text{ mol})(8.314 \text{ J K}^{-1} \text{ mol}^{-1}) \ln \frac{2.4 \text{ L}}{1.5 \text{ L}}$$

$$= 7.82 \text{ J K}^{-1}$$

となる．自発的に収縮する確率を見積もるために，この過程を起こすには，-7.82 J K^{-1} に等しいエントロピー減少が必要であるということに注目しよう．収縮過程は今度は 2→1 の変化として定義されるので，式(4・2)より

$$\Delta S = k_B \ln \frac{p_1}{p_2}$$

$$-7.82 \text{ J K}^{-1} = (1.381 \times 10^{-23} \text{ J K}^{-1}) \ln \frac{p_1}{p_2}$$

$$\ln \frac{p_1}{p_2} = -5.7 \times 10^{23}$$

すなわち，

$$\frac{p_1}{p_2} = e^{-5.7 \times 10^{23}}$$

となる．

コメント このような非常に小さい比は，この過程が独りでに起こる可能性が事実上ないことを意味している．もちろん，この計算結果は，気体が 2.4 L から 1.5 L に収縮できないことを示しているのではない．ただ外力の助けがないと収縮できないことを表している．

エントロピーの熱力学的な定義

式(4・1)は，統計的に考えた場合のエントロピーの式であり，確率によるエントロピーの定義から分子的な解釈が得られた．しかしながら，一般的に，この式はエントロピー変化の計算には使われない．たとえば，化学反応が起こる複雑な系において p の値を計算するのは非常に難しい．エントロピー変化は，ΔH のような他の熱力学量の変化から都合よく測定できる．§3・5で見たように等温可

逆膨張で理想気体により吸収される熱は，

$$q_{\text{rev}} = nRT \ln \frac{V_2}{V_1}$$

もしくは，

$$\frac{q_{\text{rev}}}{T} = nR \ln \frac{V_2}{V_1}$$

で与えられる．上式の右辺は ΔS 〔式(4・3)参照〕に等しいので，

$$\Delta S = \frac{q_{\text{rev}}}{T} \quad (4・4)$$

となる．式(4・4)を文章で表すと，"可逆過程での系のエントロピー変化は，吸収される熱をその過程が起こる温度で割ったものである"となる．一方，微小過程では，

$$dS = \frac{dq_{\text{rev}}}{T} \quad (4・5)$$

と表せる*．式(4・4)と式(4・5)のどちらもエントロピーの熱力学的な定義である．これらの式は，気体の膨張に対して得られたものであるが，一定温度のどんな過程にも適用できる．ただしその定義は，下つきの $_\text{rev}$ で示されているように可逆過程においてだけ成り立つことに注意せよ．S は経路に依存しない状態量であるが，q はそうではない．そのためエントロピーを定義する際に可逆的な経路を特定しなくてはいけない．もし，膨張が不可逆的であるならば，可逆過程のときよりも，気体によって外界になされる仕事は小さくなるため，気体が外界から吸収する熱も小さくなり，$q_{\text{irrev}} < q_{\text{rev}}$ となる．このときエントロピー変化は同じで，$\Delta S_{\text{rev}} = \Delta S_{\text{irrev}} = \Delta S$ となるはずであるが，不可逆過程では $\Delta S > q_{\text{irrev}}/T$ となる．この点については，§4・4で再びふれることにしよう．

4・3 カルノーサイクル

さらに厳密に，エントロピーの熱力学的な定義を行うために，カルノー熱機関〔フランス人技術者，Sadi Carnot (1796〜1832)にちなむ〕の働きを解析していこう．熱機関は熱を力学的仕事に変換するので，蒸気機関，発電のための蒸気タービン，自動車の内燃機関など，われわれの技術社会できわめて重要な役割を果たしている．カルノー熱機関は，あらゆる熱機関の働きに対する理想化したモデルとなっている．このモデルには，工業・化学・生物学的過程の研究において非常に重要な熱力学的効率の概念も含まれている．

ここで，カルノー熱機関を記述するのに，摩擦のない可動ピストン付きのシリンダーに 1 mol の理想気体が入っていて，P–V 仕事を気体に及ぼしたり気体からなされると

---

* 経路を定義したので đq_{rev} ではなく dq_{rev} と書く．

考えてみる．図4・4は，熱的外界および力学的外界と熱機関との関係を示したものである．このカルノー熱機関の完全な1サイクルには，以下の四つの段階が含まれる．

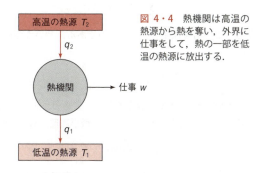

図4・4 熱機関は高温の熱源から熱を奪い，外界に仕事をして，熱の一部を低温の熱源に放出する．

段階1：温度 T_2 の気体が熱源から熱 q_2 を吸収して，体積 V_1 から V_2 へ等温可逆膨張する変化

$$\Delta U = 0 \quad (\text{等温過程，理想気体})$$

なされる仕事 $= w_2 = -RT_2 \ln \dfrac{V_2}{V_1}$ (3・5)

吸収される熱 $= q_2 = RT_2 \ln \dfrac{V_2}{V_1}$

$(q_2 = -w_2;\ \text{第一法則より})$

段階2：気体が断熱可逆膨張して，体積が V_2 から V_3 へ，温度が T_2 から T_1 へ低くなるときの変化

$$q = 0 \quad (\text{断熱過程})$$

なされる仕事 $= \Delta U = \overline{C}_V(T_1 - T_2)$

(3・25；$\overline{C}_V$ は温度に依存しないと仮定)

段階3：気体が等温可逆的に V_3 から V_4 に圧縮され，放出される熱は温度 T_1 の低温の熱源に伝達される．その変化は

$$\Delta U = 0 \quad (\text{等温過程，理想気体})$$

なされる仕事 $= w_1 = -RT_1 \ln \dfrac{V_4}{V_3}$ (3・5)

吸収される熱 $= q_1 = RT_1 \ln \dfrac{V_4}{V_3}$ $(q_1 = -w_1)$

段階4：気体が体積 V_4 から V_1 へ断熱可逆圧縮され，気体の温度が T_1 から T_2 に上昇するときの変化

$$q = 0 \quad (\text{断熱過程})$$

なされる仕事 $= \Delta U = \overline{C}_V(T_2 - T_1)$

(3・25；$\overline{C}_V$ は温度に依存しないと仮定)

図4・5は，カルノー熱機関の操作における**カルノーサイクル**（Carnot cycle）とよばれている四つの段階を示したものである．

ここで，全体のカルノーサイクルの計算をまとめると以下のようになる．

$\Delta U (\text{サイクル}) = 0 \quad (U \text{は状態量})$

$q (\text{サイクル}) = q_2 + q_1 \quad (q_2 \text{は正および} q_1 \text{は負})$

$\begin{aligned} w (\text{サイクル}) &= -RT_2 \ln \dfrac{V_2}{V_1} + \overline{C}_V(T_1 - T_2) \\ &\quad -RT_1 \ln \dfrac{V_4}{V_3} + \overline{C}_V(T_2 - T_1) \\ &= -RT_2 \ln \dfrac{V_2}{V_1} - RT_1 \ln \dfrac{V_4}{V_3} \end{aligned}$

続いて，V_1, V_2, V_3, V_4 間の関係を求める．等温および断熱過程において P–V 関係は

$$P_1 V_1 = P_2 V_2 \qquad P_3 V_3 = P_4 V_4 \quad (\text{ボイルの法則})$$
$$P_2 V_2^{\gamma} = P_3 V_3^{\gamma} \qquad P_1 V_1^{\gamma} = P_4 V_4^{\gamma} \quad (3 \cdot 24)$$

と表せる．ここで，断熱過程における P–V の比を取ると

$$\dfrac{P_2 V_2^{\gamma}}{P_1 V_1^{\gamma}} = \dfrac{P_3 V_3^{\gamma}}{P_4 V_4^{\gamma}}$$

すなわち

$$\dfrac{P_2 V_2}{P_1 V_1} \times \dfrac{V_2^{\gamma-1}}{V_1^{\gamma-1}} = \dfrac{P_3 V_3}{P_4 V_4} \times \dfrac{V_3^{\gamma-1}}{V_4^{\gamma-1}}$$

と表せるので

$$\left(\dfrac{V_2}{V_1}\right)^{\gamma-1} = \left(\dfrac{V_3}{V_4}\right)^{\gamma-1}$$

となる．したがって

$$\dfrac{V_2}{V_1} = \dfrac{V_3}{V_4}$$

となる．

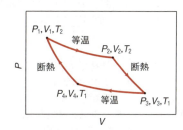

図4・5 カルノーサイクルの四つの段階．囲まれた部分の面積は，熱機関が外界にした仕事量を表している．$T_2 > T_1$．

ここで，このサイクルの間になされた正味の仕事量は

$$w(\text{サイクル}) = -R(T_2 - T_1) \ln \dfrac{V_2}{V_1} \quad (4 \cdot 6)$$

と書き表せる．また，高温の熱源から吸収した熱および低温の熱源に放出した熱は以下のように表せる．

$$q_2 = RT_2 \ln \dfrac{V_2}{V_1} \quad (4 \cdot 7)$$

$$q_1 = RT_1 \ln \dfrac{V_4}{V_3} = -RT_1 \ln \dfrac{V_2}{V_1} \quad (4 \cdot 8)$$

これをまとめて，

$$q(\text{サイクル}) = R(T_2 - T_1) \ln \dfrac{V_2}{V_1} = -w(\text{サイクル})$$

熱効率

正味のなされた仕事量と吸収された熱量が求まると、熱機関の熱効率を求めることができる。効率は、出力量と入力量との比によって表せるので、熱機関の熱効率 η は以下のようになる。

$$\eta = \frac{\text{熱機関によりなされた正味の仕事}}{\text{熱機関で吸収された熱}} = \frac{|w|}{q_2}$$
$$= \frac{R(T_2 - T_1)\ln(V_2/V_1)}{RT_2 \ln(V_2/V_1)} = \frac{T_2 - T_1}{T_2} = 1 - \frac{T_1}{T_2}$$
$$(4 \cdot 9)$$

上式を求める際に、w は負の値(正味の仕事量は、気体が外界に対してした仕事)なので、w の符号は取り、大きさを用いたことに注意してほしい。式 (4・9) は、あらゆる熱機関の熱力学的効率を表している。熱力学的効率は、高温の熱源と低温の熱源との温度差を高温の熱源の温度で割って求めることができる。実際に、T_1 は 0 になることはなく[*1]、T_2 は無限大になることもないので、熱力学的効率は決して 1、すなわち 100 % にならない[*2]。

例題 4・2

ある発電所では、電気を発生させる熱タービンを稼働させるのに 560 ℃ に過熱した蒸気を使い、その蒸気を 38 ℃ の冷却塔に放出する。この過程における最大の熱効率を計算せよ。

解 まず、温度をケルビン単位に変える ($T_2 = 833$ K, $T_1 = 311$ K)。式 (4・9) より、このときの熱効率は

$$\eta = \frac{T_2 - T_1}{T_2} = \frac{833 \text{ K} - 311 \text{ K}}{833 \text{ K}} = 0.63$$

すなわち 63 % になる。

コメント 実際には、摩擦、熱損失、その他の要因により、蒸気タービンの最大効率は約 40 % にまで減少する。したがって、発電所で燃焼した石炭 1 トンにつき、0.40 トンの石炭が電気を発生させ、残りは外界の加熱に使われてしまうことになる。

エントロピー

前述したように、カルノーサイクルを解析することで、そのほかにもエントロピーに関わる重要な項目が明らかになる。すでに見てきたように、このサイクルの過程において、U の全体の変化は 0 であるが、その過程でなされた仕事と熱量に関しては、それらが状態量ではないため 0 とならない。しかしながら、ここで q/T の比を考えると、

$$\frac{q_2}{T_2} + \frac{q_1}{T_1} = \frac{RT_2 \ln(V_2/V_1)}{T_2} + \frac{-RT_1 \ln(V_2/V_1)}{T_1} = 0$$

となる。要するに、多くの段階を含んだサイクル過程を実行する熱機関では、q/T の合計は 0 となる。つまり、i 個の段階につき

$$\sum_i \frac{q_i}{T_i} = 0$$

となる。この結果は注目すべきものである。というのは、これは、

$$\Delta S = \frac{q_{\text{rev}}}{T}$$

で定義される状態量 S を示唆するからである。上式は式 (4・4) とまったく同じである。また、微小過程においては

$$dS = \frac{dq_{\text{rev}}}{T}$$

と表せる。ここで、下つきの rev は、その過程が可逆的であることを示している。また、サイクル過程においては、

$$\sum_i \frac{q_i}{T_i} = \sum_i \Delta S_i = 0$$

と書ける。ΔS_i は、i 番目の段階でのエントロピー変化を示している。サイクル過程での S の変化は、エントロピーが状態量であるから、0 である。

冷蔵庫,空気調節装置,ヒートポンプ

毎日の生活から、熱というものは、熱いものから冷たいものの方に自発的に流れていることがわかる。しかし、もし、何らかの仕事が行われた場合は、自発過程に反して、熱移動の方向は逆になる。おなじみの冷蔵庫、空気調節装置(エアコン)、ヒートポンプの三つの装置では、いずれの場合も、熱移動の方向は自発過程の方向とは反対になる。図 4・6 に、カルノー熱機関の逆過程を示す。ここでの仕事は、低温の熱源から熱量 q_1 を取出すためになされ、熱量 q_2 が高温の熱源に移動する。カルノーサイクルにおけるのと同様に、エネルギー保存の法則により、

$$-q_2 = q_1 + w$$

と表せる [式 (4・6)〜式 (4・8) 参照]。

冷蔵庫 図 4・7 に、冷蔵庫の概略図を示す。冷媒[*3]とよばれる気体状物質が閉じた系の中を循環する。サイクルを 1 回回るごとに、冷媒は、圧縮、冷却、膨張を起こす。冷媒が冷蔵庫の中で膨張するときには冷媒は食物から熱を吸収する。冷媒が冷蔵庫の外部にあるときは、冷媒は圧縮され、熱は周囲に放出される。このため作動中の冷蔵庫の外側(冷蔵庫の脇や背面)は温かく感じられるのである。

冷蔵庫の性能は、なされた仕事と低温の熱源から取出さ

[*1] 絶対零度は実際には決して到達できない温度である。
[*2] すべての熱を仕事に変換することは不可能で、そのうちの一部は、消費された熱として外界に拡散する。

[*3] 冷媒としては、クロロフルオロカーボン (CFCs) に代わり、ハイドロフルオロカーボン (HFCs; 代替フロンともいう) が最もふつうに使われている。

れた熱量の比率である**成績係数**（coefficient of performance, COP）から評価できる．

$$\text{COP} = \frac{q_1}{w} \quad (q_1とwは共に正) \quad (4\cdot10)$$

続いて，高温の熱源の温度 (T_2) と低温の熱源の温度 (T_1) に COP を関係づけた式を求める．式 (4·9) より，

$$\frac{w}{|q_2|} = 1 - \frac{T_1}{T_2} \quad (q_2は負) \quad (4\cdot11)$$

である．したがって，

$$\frac{T_1}{T_2} = 1 - \frac{w}{|q_2|} = \frac{|q_2| - w}{|q_2|} = \frac{q_1}{|q_2|} \quad (4\cdot12)$$

となる．式 (4·12) の最初と最後の項の逆数をとると，

$$\frac{|q_2|}{q_1} = \frac{T_2}{T_1}$$

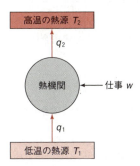

図 4·6 逆方向で働くカルノー熱機関．冷蔵庫，空気調節装置，ヒートポンプは，低温の熱源から熱量 q_1 を取込むために仕事 w がなされ，高温の熱源に熱量 q_2 を放出する．

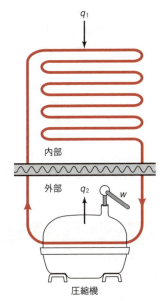

図 4·7 冷蔵庫の作動の原理．膨張コイルは冷蔵庫の内部に位置し，圧縮機はその外側にある．冷媒となる気体が圧縮されると，その温度は上昇し，熱 (q_2) は気体から外界に流れる．冷却後，圧縮された気体は冷蔵庫の中を通り，これが膨張するときに温度が下降し，熱 (q_1) は食べ物からコイル内の気体の方に流れる．暖まり圧縮されていない状態に戻った気体は，再び圧縮機の中に入り，このサイクルを繰返す．

また

$$\frac{|q_2| - q_1}{q_1} = \frac{w}{q_1} = \frac{T_2 - T_1}{T_1}$$

となるので，最終的に，COP は，

$$\text{COP} = \frac{q_1}{w} = \frac{T_1}{T_2 - T_1} \quad (4\cdot13)$$

と表せる．ここでは，可逆的に働く理想気体を考えているので，式 (4·13) は，COP の最大値を与えていることに注意しなければならない．たとえば，もし，ある冷蔵庫の温度が 273 K，室内の温度が 293 K に設定されているときには，COP≈14 となる．実際には，理想的な条件下で働いているわけではないので，市販されている冷蔵庫の COP 値は，2～6 の範囲に過ぎない．

空気調節装置 空気調節装置（エアコン）の働きは冷蔵庫によく似ている．この場合，室内自体が低温の熱源で，室外が高温の熱源となる．空気調節装置の性能もその COP 値によって評価される．

ヒートポンプ 原理的に，ヒートポンプと冷蔵庫（もしくは空気調節装置）との間に違いは存在しない．しかし，実際には，ヒートポンプは，部屋の温度を下げるよりもむしろ暖める方に使われるのである．ポンプという言葉は，ここにあげた三つの装置すべてに当てはまるのであるが，低温の熱源から高温の熱源への熱の伝達を表している．その過程は，地球の重力に逆らって塔の上方に水を汲み上げるのと似ている．

従来の電熱ヒーターと比べたヒートポンプの利点は，以下のような事実で理解できる．部屋を暖めるのに，500 J のエネルギーが利用できると仮定しよう．このエネルギー量が電熱ヒーターに与えられたとすると，ヒーターはその部屋に 500 J の熱を伝えることになる．一方，ヒートポンプの場合は，温度の低い室外から暖かい室内に熱 q_1 を汲み上げる仕事をするのにエネルギーが使われ，室内には $-q_2 = q_1 + w$ というエネルギー量が伝えられる．このように，ヒートポンプは，その部屋に 500 J 以上の熱を伝えることになる．ヒートポンプの性能も，成績係数値により評価されるが，ヒートポンプの役割は熱を運ぶことであるので，COP は運ばれた熱 q_2 となされた仕事との比となる．

$$\text{COP} = \frac{|q_2|}{w} \quad (4\cdot14)$$

冷蔵庫や空気調節装置のときと同様の考え方から，COP は

$$\text{COP} = \frac{T_2}{T_2 - T_1} \quad (4\cdot15)$$

と表せる．式 (4·13) と式 (4·15) の比較から，T_1 と T_2 がそれぞれ同じ値であるときは，ヒートポンプの COP 値は，冷蔵庫の COP 値よりもずっと大きな値となる．

例題 4・3

室外の温度が，(a) 5 ℃ および，(b) −10 ℃ のとき，22 ℃ に維持された室内に 5000 J の熱を伝達するのに，ヒートポンプがする仕事はどのくらいか．求めよ．

解 最初に，室外の温度 (T_1) と室内の温度 (T_2) と w との関係式を求めよう．エネルギー保存則と式 (4・12) より下のようになる．

$$w = |q_2| - q_1 = |q_2| - |q_2|\left(\frac{T_1}{T_2}\right) = |q_2|\left(1 - \frac{T_1}{T_2}\right)$$

(a) $w = 5000\,\text{J}\left(1 - \dfrac{278\,\text{K}}{295\,\text{K}}\right) = 288\,\text{J}$

(b) $w = 5000\,\text{J}\left(1 - \dfrac{263\,\text{K}}{295\,\text{K}}\right) = 542\,\text{J}$

コメント (a), (b) どちらも，なされた仕事量は，実際に家の内部に伝達される熱よりも，かなり小さいことがわかる．予想通り，室外温度が低い [(b) の場合] 方が，同じ熱量を伝達するのにより多くの仕事が必要である．

4・4 熱力学第二法則

ここまでは，系に焦点を当ててエントロピー変化を考えてきたが，さらに，エントロピーについて理解を深めるには，外界で起こっているエントロピー変化についても考えなければならない．系の外界は，外界の大きさと外界が含む物質量のために，無限に大きな熱浴として考えられる．したがって，ある系とその外界の間の熱と仕事の交換は，その外界の性質を微小な量しか変化させない．微小変化は可逆過程の特徴であるので，あらゆる過程が可逆過程として，その外界に同じ影響を及ぼすことになる．かくして，ある過程がその系において可逆的か不可逆的であるかに関係なく，その外界で起こる熱量変化は以下のように表せる．

$$(dq_{外界})_{\text{rev}} = (dq_{外界})_{\text{irrev}} = dq_{外界}$$

この理由のために，$dq_{外界}$ の経路は決めなくてもよいのである．外界のエントロピー変化は，

$$dS_{外界} = \frac{dq_{外界}}{T_{外界}}$$

となり，ある有限の等温過程，つまり，実験室で研究できるような過程においては下のように表せる．

$$\Delta S_{外界} = \frac{q_{外界}}{T_{外界}}$$

理想気体の等温膨張過程に戻って考えてみると，可逆過程の間に外界から吸収された熱量は，$T_系$ をその系の温度とすると，$nRT_系 \ln(V_2/V_1)$ と表せる．系は，過程全体を通じて外界と熱平衡状態にあるので，$T_系 = T_{外界} = T$ となる．したがって，系の外界で失われた熱量は，$-nRT \cdot \ln(V_2/V_1)$ であり，それに相当するエントロピー変化は

$$\Delta S_{外界} = \frac{q_{外界}}{T}$$

である．宇宙（系と外界）における全エントロピー変化 $\Delta S_{宇宙}$ は

$$\Delta S_{宇宙} = \Delta S_系 + \Delta S_{外界} = \frac{q_系}{T} + \frac{q_{外界}}{T}$$

$$= \frac{nRT \ln(V_2/V_1)}{T} + \frac{[-nRT \ln(V_2/V_1)]}{T} = 0$$

で与えられる．このように，可逆過程において，宇宙の全エントロピー変化は 0 に等しくなる．

ところで，膨張が不可逆過程であったとしたら何が起こるだろうか．極端な場合，気体は真空下においても膨張することが想定できる．S が状態量であることから，系のエントロピー変化は，この場合も $\Delta S_系 = nR \ln(V_2/V_1)$ で与えられる．しかしながら，この過程では仕事はなされないので，系と外界との間で熱交換は起こらないことになる．よって，$q_{外界} = 0$，$\Delta S_{外界} = 0$ である．ここで宇宙全体でのエントロピー変化は，

$$\Delta S_{宇宙} = \Delta S_系 + \Delta S_{外界} = nR \ln \frac{V_2}{V_1} > 0$$

により与えられる．$\Delta S_{宇宙}$ におけるこれらの 2 通りの表し方を組合わせると，

$$\Delta S_{宇宙} = \Delta S_系 + \Delta S_{外界} \geq 0 \qquad (4 \cdot 16)$$

が得られる．ここでは，可逆過程のときに等号が成り立ち，不可逆過程（すなわち自発過程）においては不等号（>）が成り立つ．式 (4・16) は，**熱力学第二法則** (second law of thermodynamics) の数式による表現である．言葉で表すと，第二法則は以下のように表せる：孤立系のエントロピーは，不可逆過程では増大し，可逆過程では不変である．決して減少することはない[*1]〔補遺 4・1 に熱力学第二法則のいろいろな表現（すべて同じ意味である）をあげたので参照せよ〕．このように，ある特定の過程では，$\Delta S_系$ か $\Delta S_{外界}$ のどちらかが負の値をとりうるが，これらの合計は決して 0 より小さい値をとることはない．

例題 4・4

20 ℃ で 0.50 mol の理想気体が，2.0 atm の一定圧力下で，1.0 L から 5.0 L に等温膨張するときの $\Delta S_系$，$\Delta S_{外界}$，$\Delta S_{宇宙}$ を計算せよ．

解 与えられた条件から[*2]，気体の圧力は 12 atm

[*1] 宇宙全体ではエントロピーの値は増大するということである．

[*2] $P = nRT/V = (0.50\,\text{mol})(0.082\,06\,\text{L atm K}^{-1}\,\text{mol}^{-1})(293\,\text{K})/(1.0\,\text{L}) = 12\,\text{atm}$.

であることがわかる．まず，$\Delta S_系$ を計算する．この過程が等温的であることに着目すると，$\Delta S_系$ はその過程が可逆的であっても不可逆的であっても同じになるので，式 (4・3) より，

$$\Delta S_系 = nR\ln\frac{V_2}{V_1}$$
$$= (0.50\text{ mol})(8.314\text{ J K}^{-1}\text{ mol}^{-1})\ln\frac{5.0\text{ L}}{1.0\text{ L}}$$
$$= 6.7\text{ J K}^{-1}$$

となる．次に，$\Delta S_{外界}$ を求めるのに，まずは，不可逆的な気体膨張下で外界になされた仕事を求めると

$$w = -P\Delta V = -(2.0\text{ atm})(5.0-1.0)\text{ L}$$
$$= -8.0\text{ L atm} = -810\text{ J} \quad (1\text{ L atm} = 101.3\text{ J})$$

となる．$\Delta U=0$ より $q=-w=+810\text{ J}$ である．よって，外界が失った熱量は，-810 J でなければならない．外界のエントロピー変化は，以下のように与えられる．

$$\Delta S_{外界} = \frac{q_{外界}}{T} = \frac{-810\text{ J}}{293\text{ K}} = -2.8\text{ J K}^{-1}$$

したがって，式 (4・16) より下のようになる．

$$\Delta S_{宇宙} = \Delta S_系 + \Delta S_{外界}$$
$$= 6.7\text{ J K}^{-1} - 2.8\text{ J K}^{-1} = 3.9\text{ J K}^{-1}$$

コメント この結果は，膨張過程が自発過程であることを示しており，それは，気体のはじめの圧力 (12 atm) が求まれば予測できるものである．

4・5 エントロピー変化

ここまで，エントロピーの統計学的定義および熱力学的定義についてふれ，熱力学第二法則について学習してきたので，さまざまな過程が系のエントロピーにどのように影響しているかを学ぶ用意ができた．すでに，理想気体の等温可逆膨張過程に対するエントロピー変化は $nR\ln(V_2/V_1)$ で与えられることをみてきた．本節では，ほかの例についても，エントロピー変化を考えることにする．

理想気体の混合によるエントロピー変化

図 4・8 に示したように，ある容器内に T, P, V_A の n_A mol の理想気体 A と T, P, V_B の n_B mol の理想気体 B が，仕切り板で分けられているとする．ここで，仕切り板を取除いたとすると，気体は自発的に混ざり合い，この系のエントロピーは増大する．混合エントロピー $\Delta_{mix}S$ を計算するために，この過程を二つの等温的な気体膨張過程として取扱うことができる．

気体 A について：$\Delta S_A = n_A R \ln\dfrac{V_A + V_B}{V_A}$

気体 B について：$\Delta S_B = n_B R \ln\dfrac{V_A + V_B}{V_B}$

したがって

$$\Delta_{mix}S = \Delta S_A + \Delta S_B = n_A R \ln\frac{V_A + V_B}{V_A} + n_B R \ln\frac{V_A + V_B}{V_B}$$

となる．アボガドロの法則によれば，体積は，一定の T, P 下で，気体の物質量（モル数）に正比例するので，上式は，以下のように表せる．

$$\Delta_{mix}S = n_A R \ln\frac{n_A + n_B}{n_A} + n_B R \ln\frac{n_A + n_B}{n_B}$$
$$= -n_A R \ln\frac{n_A}{n_A + n_B} - n_B R \ln\frac{n_B}{n_A + n_B}$$
$$= -n_A R \ln x_A - n_B R \ln x_B$$
$$= -R(n_A \ln x_A + n_B \ln x_B) \quad (4 \cdot 17)$$

ここで，x_A と x_B は，それぞれ気体 A と B のモル分率である．$x<1$ であるので，$\ln x<0$ であるから，式 (4・17) の右辺は正となり，このことは，この過程が自発的な性質をもつことに一致する[*1]．

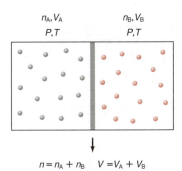

図 4・8 同温，同圧で，二つの理想気体を混合すると，エントロピーは増大する．

相転移によるエントロピー変化

氷の融解はおなじみの相転移であり，0 ℃，1 atm で氷と水は平衡にある．この条件下で，融解過程の間に氷は可逆的に熱を吸収する．さらに，この過程は，定圧下で起こっているので，吸収される熱は系のエンタルピー変化に等しくなり[*2]，$q_{rev} = \Delta_{fus}H$ と表せる．ここで $\Delta_{fus}H$ は，**融解熱**（heat of fusion）または**融解エンタルピー**（enthalpy of

---

[*1] A と B は理想気体なので，分子間力は存在せず，混合による熱変化は起こらないことになる．結果として，外界のエントロピー変化は 0 となり，反応過程の方向は，系のエントロピー変化にのみ依存することになる．

[*2] 訳注：§3・3 で $\Delta H = q_p$ を求めた．

fusion) とよばれている．H は状態量であるから，もはや経路を特定する必要はなく，融解過程が可逆的に起こる必要もないことになる．よって，融解エントロピー $\Delta_{\text{fus}} S$ は，

$$\Delta_{\text{fus}} S = \frac{\Delta_{\text{fus}} H}{T_{\text{f}}} \tag{4・18}$$

で与えられる．ここで，T_{f} は融点（融解点）である（氷のとき 273 K）．同様に，蒸発エントロピー $\Delta_{\text{vap}} S$ は，

$$\Delta_{\text{vap}} S = \frac{\Delta_{\text{vap}} H}{T_{\text{b}}} \tag{4・19}$$

となる．ここで，$\Delta_{\text{vap}} H$ はこの液体の蒸発エンタルピー，T_{b} は液体の沸点である．

表 4・1 おもな物質の沸点（T_{b}），モル蒸発エンタルピー（$\Delta_{\text{vap}} \overline{H}$），モル蒸発エントロピー（$\Delta_{\text{vap}} \overline{S}$）

物 質	T_{b}/K	$\Delta_{\text{vap}} \overline{H}/\text{kJ mol}^{-1}$	$\Delta_{\text{vap}} \overline{S}/\text{J K}^{-1} \text{mol}^{-1}$
臭 素（Br_2）	331.8	30.0	90.4
エタノール（C_2H_5OH）	351.3	39.3	111.9
ジエチルエーテル（$C_2H_5OC_2H_5$）	307.6	26.0	84.5
ヘキサン（C_6H_{12}）	341.7	28.9	84.6
水 銀（Hg）	630	59.0	93.7
メタン（CH_4）	109	9.2	84.4
水（H_2O）	373	40.79	109.4

例題 4・5

水のモル融解エンタルピー，モル蒸発エンタルピーが，それぞれ，6.01 kJ mol^{-1}，40.79 kJ mol^{-1} であるとき，水の標準融点，標準沸点でのモル融解エントロピーおよびモル蒸発エントロピーを計算せよ．

解 式（4・18）より，

$$\Delta_{\text{fus}} \overline{S} = \frac{\Delta_{\text{fus}} \overline{H}}{T_{\text{f}}} = \frac{6.01 \times 1000 \text{ J mol}^{-1}}{273 \text{ K}}$$
$$= 22.0 \text{ J K}^{-1} \text{mol}^{-1}$$

となる．また，式（4・19）より，

$$\Delta_{\text{vap}} \overline{S} = \frac{\Delta_{\text{vap}} \overline{H}}{T_{\text{b}}} = \frac{40.79 \times 1000 \text{ J mol}^{-1}}{373 \text{ K}}$$
$$= 109.4 \text{ J K}^{-1} \text{mol}^{-1}$$

コメント 1）一般的に，エントロピーの値はかなり小さいので，kJ K^{-1} mol^{-1} よりも J K^{-1} mol^{-1} で表される．

2）融解，蒸発の両過程において，エントロピーは増加していることがわかった．氷は 273 K で水と平衡にあり，水は 373 K で蒸気と平衡にあるから，エントロピー変化はそれぞれの場合で 0 になるものと予測され，この結果を奇妙に感じるかもしれない．しかし，ここで求められたエントロピー変化は，系のみを考えている．平衡過程において，熱は可逆的に吸収されるので，融解，蒸発における外界のエントロピー変化は，それぞれ $-\Delta_{\text{fus}} \overline{H}/T_{\text{f}}$，$-\Delta_{\text{vap}} \overline{H}/T_{\text{b}}$ で表せる．したがって，宇宙における全エントロピー変化は，それぞれの場合で 0 となる．

3）今回の計算結果からわかるように，実際に，同じ物質において，$\Delta_{\text{vap}} \overline{S}$ の方が $\Delta_{\text{fus}} \overline{S}$ よりも大きい．固体と液体はどちらも凝縮相であるので，構造，すなわち秩序をもっている．結果として，固-液転移での分子の乱雑さの増加は，比較的小さい．一方，気体状態での分子の配列は完全にランダムであるので，液-気転移の場合には，大きな無秩序さの増加を伴うことになる．

表 4・1 に，液体のモル蒸発エントロピーをいくつか示した．この表より，モル蒸発エントロピーは，液体が異なってもほぼ同じ値（約 88 J K^{-1} mol^{-1}）を示すことがわかる．このような観察からの経験則は**トルートンの規則**（Trouton's rule）として知られる．この現象を分子的に解釈すると，たいていの液体とほとんどすべての気体は同様の構造をもつので，蒸発時に生じる無秩序さの量は同等なので，$\Delta_{\text{vap}} \overline{S}$ は類似の値をとることになるのである．表 4・1 において，例外は水とエタノールで，他より明らかに大きい $\Delta_{\text{vap}} \overline{S}$ を示している．その理由は，これらの液体は水素結合によってより秩序だった構造をとっているからで，そのため沸点で無秩序さがより増大することになるからである．

加熱によるエントロピー変化

系の温度が，T_1 から T_2 に上昇するとき，系のエントロピーも増大する．この関係は，エネルギーが取込まれ，そのために，並進エネルギー，回転エネルギー，振動エネルギーにおいて，より高いエネルギー準位に分子が昇位され，分子レベルでの無秩序さが増大するためである．このときのエントロピーの増大は以下のように計算できる．まず，状態 1 と 2（T_1，T_2 に対応する）での系のエントロピーをそれぞれ S_1 と S_2 とする．もし，その系に熱が可逆的に伝達されるとすると，微小量の熱伝達に対するエントロピーの増大は式（4・5）より

$$dS = \frac{dq_{\text{rev}}}{T}$$

と与えられる．ここで，T_2 でのエントロピー S_2 は，

$$S_2 = S_1 + \int_{T_1}^{T_2} \frac{dq_{\text{rev}}}{T}$$

と表せる．これが普通よくあるように，定圧過程であるなら，$dq_{\text{rev}} = dH$ となるので，

$$S_2 = S_1 + \int_{T_1}^{T_2} \frac{dH}{T}$$

となる．そして，式（3・18）より，$dH = C_P dT$ であるので，S_2 は，

$$S_2 = S_1 + \int_{T_1}^{T_2} \frac{C_P}{T} dT = S_1 + \int_{T_1}^{T_2} C_P \, d\ln T \quad (4 \cdot 20)$$

と書ける*. もし, 温度領域が狭く, C_P が温度に依存しないとすると, 式 (4・20) は, 以下のように表せる.

$$S_2 = S_1 + C_P \ln \frac{T_2}{T_1} \quad (4 \cdot 21)$$

よって, 加熱の結果としてのエントロピーの増大, ΔS は下のようになる.

$$\Delta S = S_2 - S_1 = C_P \ln \frac{T_2}{T_1} = n \overline{C}_P \ln \frac{T_2}{T_1} \quad (4 \cdot 22)$$

例題 4・6

定圧下で, 水 200.0 g を 10 ℃ から 20 ℃ に加熱した際の, エントロピーの増大を計算せよ. ここで, 水の定圧モル熱容量は, 75.3 J K^{-1} mol^{-1} とする.

解 ここで存在する水は, 200.0 g/18.02 g mol^{-1} = 11.1 mol となる. よって, 式 (4・22) より, エントロピーの増大, ΔS が求められる.

$$\Delta S = n \overline{C}_P \ln \frac{T_2}{T_1}$$
$$= (11.1 \, \text{mol})(75.3 \, \text{J K}^{-1} \, \text{mol}^{-1}) \ln \frac{293 \, \text{K}}{283 \, \text{K}}$$
$$= 29.0 \, \text{J K}^{-1}$$

コメント この計算において, $\overline{C}_P$ は温度に依存せず, 加熱時に水の膨張は起こらず, 仕事はまったくなされないものと仮定している.

ここで, ブンゼンバーナーを使用した場合のように, 例題 4・6 での水の加熱が不可逆的になされた (実際にはこれが普通である) と仮定してみよう. エントロピーの増大はどうなるだろうか. 経路を考慮しなければ, 始状態と終状態が同じで, つまり, 水 200 g を 10 ℃ から 20 ℃ まで加熱していることに注目しよう. したがって, 式 (4・20) の右辺の積分から不可逆的な加熱における ΔS を求めることができる. この結論は, ΔS は T_1 と T_2 という温度にだけ依存し, 経路には依存しないという事実から得られた. かくして, 加熱を可逆的に行っても不可逆的に行っても, この過程の ΔS は, 29.0 J K^{-1} となる.

例題 4・7

過冷却の水とは, 通常の凝固点以下に冷却された状態の液体の水のことである. この状態は熱力学的に不安定であり, 自発的に氷になる傾向がある. ここで, 2.00 mol の過冷却された水が, −10 ℃, 1.0 atm で氷に

---

* 積分公式を思い出そう: $\int \frac{dx}{x} = \ln x$

なるとする. この過程における $\Delta S_{系}$, $\Delta S_{外界}$, $\Delta S_{宇宙}$ を計算せよ. ここで, 0 ℃ と −10 ℃ の温度範囲での水と氷の $\overline{C}_P$ は, それぞれ, 75.3 J K^{-1} mol^{-1} と 37.7 J K^{-1} mol^{-1} とする.

解 まず, 相変化は, 二つの相が平衡にある温度でのみ可逆的であることに注目する. −10 ℃ の過冷却された水と −10 ℃ の氷は平衡ではないので, 凝固過程は可逆的ではない. $\Delta S_{系}$ を計算するには, −10 ℃ に過冷却された水が −10 ℃ で氷に変化する過程を一連の可逆的な段階に分ける工夫が必要である (図 4・9).

段階 1: 過冷却された水を −10 ℃ から 0 ℃ に可逆的に加熱する過程:

$$\text{H}_2\text{O}(l) \longrightarrow \text{H}_2\text{O}(l)$$
$$-10\,℃ \qquad\qquad 0\,℃$$

であり, 式 (4・22) より下のようになる.

$$\Delta S_1 = n \overline{C}_P \ln \frac{T_2}{T_1}$$
$$= (2.0 \, \text{mol})(75.3 \, \text{J K}^{-1} \, \text{mol}^{-1}) \ln \frac{273 \, \text{K}}{263 \, \text{K}}$$
$$= 5.62 \, \text{J K}^{-1}$$

段階 2: 水が 0 ℃ で氷に凝固する過程:

$$\text{H}_2\text{O}(l) \longrightarrow \text{H}_2\text{O}(s)$$
$$0\,℃ \qquad\qquad 0\,℃$$

例題 4・5 での手順に従うと下のようになる.

$$\Delta S_2 = n \Delta_{\text{fus}} \overline{S}$$
$$= -(2.00 \, \text{mol})(22.0 \, \text{J K}^{-1} \, \text{mol}^{-1})$$
$$= -44.0 \, \text{J K}^{-1}$$

段階 3: 氷を 0 ℃ から −10 ℃ に可逆的に冷却する過程:

$$\text{H}_2\text{O}(s) \longrightarrow \text{H}_2\text{O}(s)$$
$$0\,℃ \qquad\qquad -10\,℃$$

再び, 式 (4・22) から,

$$\Delta S_3 = n \overline{C}_P \ln \frac{T_2}{T_1}$$
$$= (2.00 \, \text{mol})(37.7 \, \text{J K}^{-1} \, \text{mol}^{-1}) \ln \frac{263 \, \text{K}}{273 \, \text{K}}$$
$$= -2.81 \, \text{J K}^{-1}$$

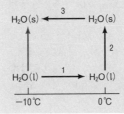

図 4・9 −10 ℃ に過冷却された水の自発的な凝固 (赤い矢印で表す) は三つの可逆過程 (1, 2, 3) に分けて考えることができる.

となる．よって，これらをまとめると下のようになる．

$$\Delta S_{系} = \Delta S_1 + \Delta S_2 + \Delta S_3$$
$$= (5.62 - 44.0 - 2.81)\,\mathrm{J\,K^{-1}} = -41.2\,\mathrm{J\,K^{-1}}$$

$\Delta S_{外界}$ を計算するには，まず，上記の段階のそれぞれにおける外界の熱変化を決めなければならない．

段階1: 過冷却された水が得た熱は，外界が失った熱に等しくなるので下のようになる．

$$(q_{外界})_1 = -n\overline{C}_P\Delta T$$
$$= -(2.00\,\mathrm{mol})(75.3\,\mathrm{J\,K^{-1}\,mol^{-1}})(10\,\mathrm{K})$$
$$= -1.5 \times 10^3\,\mathrm{J}$$

段階2: 水が0℃で凝固するとき，熱が外界に与えられる．よって，例題4・5でのデータより下のようになる．

$$(q_{外界})_2 = n\Delta_{\mathrm{fus}}\overline{H}$$
$$= (2.00\,\mathrm{mol})(6010\,\mathrm{J\,mol^{-1}})$$
$$= 1.20 \times 10^4\,\mathrm{J}$$

段階3: 0℃から−10℃に氷が冷却されるとき，外界に放出される熱は

$$(q_{外界})_3 = n\overline{C}_P\Delta T$$
$$= (2.00\,\mathrm{mol})(37.7\,\mathrm{J\,K^{-1}\,mol^{-1}})(10\,\mathrm{K})$$
$$= 754\,\mathrm{J}$$

に等しくなる．よって，全熱量変化は，

$$(q_{外界})_{全} = (q_{外界})_1 + (q_{外界})_2 + (q_{外界})_3$$
$$= (-1.5 \times 10^3) + (1.20 \times 10^4) + (754)\,\mathrm{J}$$
$$= 1.12 \times 10^4\,\mathrm{J}$$

となる．過程が可逆か不可逆かにかかわらず $\Delta S_{外界} = q_{外界}/T$ であることを忘れないように．−10℃でのエントロピー変化は，

$$\Delta S_{外界} = \frac{1.12 \times 10^4\,\mathrm{J}}{263\,\mathrm{K}} = 42.6\,\mathrm{J\,K^{-1}}$$

となる．したがって，$\Delta S_{宇宙}$ は最終的に下のようになる．

$$\Delta S_{宇宙} = \Delta S_{系} + \Delta S_{外界}$$
$$= -41.2\,\mathrm{J\,K^{-1}} + 42.6\,\mathrm{J\,K^{-1}} = 1.4\,\mathrm{J\,K^{-1}}$$

コメント ここでの結果（$\Delta S_{宇宙} > 0$）から，過冷却された水は不安定であり，自発的に凝固しそのままの状態でいることが確認できる．この過程において，水が氷に変化するので，系のエントロピーは減少する．しかし，外界に放出される熱によって $\Delta S_{外界}$ の値は増加し，$\Delta S_{系}$ よりも（絶対値として）大きいから，$\Delta S_{宇宙}$ は正の値となる．

4・6 熱力学第三法則

熱力学では，たとえば ΔU や ΔH のように性質の変化だけが，通常興味の対象である．内部エネルギーやエンタルピーの絶対的な値を測定することはできないが，ある物質の絶対エントロピーを求めることは可能である．実際に，式(4・20)から，T_1 と T_2 というある適当な温度領域にわたるエントロピー変化は測定できる．ここで，式の下限の温度を絶対零度，つまり $T_1=0$ K とし，上限の温度（T_2）を T とすると，式(4・20)は

$$\Delta S = S_T - S_0 = \int_0^T \frac{C_P}{T}\,\mathrm{d}T \qquad (4 \cdot 23)$$

となり，任意の温度 T でのある物質のエントロピーは，0 K から上限の温度までのエントロピーの寄与の総和に等しくなる．式(4・23)の積分を計算するには，温度の関数として熱容量を測定し，もしあるならば，相転移によるエントロピー変化をも含まなくてはならない．ただしこの方法には，二つの問題点が生じることになる．第一に，絶対零度にある物質のエントロピー，S_0 はいくらになるのかである．第二に，測定可能な最も低い温度と絶対零度との間のエントロピーの部分的な寄与を全エントロピーに対してどのように見積もればよいのかである．

第一の問題点は**熱力学第三法則**（third law of thermodynamics）が解決する．これの述べるところは，"<u>すべての物質は有限の正のエントロピーをもっているが，絶対零度では，エントロピーは0になるかもしれない．そして，このことは完全な結晶状態の純物質で成立する</u>"である．数学的には，第三法則は以下のように表せる．

$$\lim_{T \to 0\,\mathrm{K}} S = 0 \quad \text{（純物質の完全結晶）} \qquad (4 \cdot 24)$$

絶対零度を超える温度では，熱運動が物質のエントロピーに寄与するため，たとえ純物質の完全結晶であっても，エントロピーはもはや0にはならない．第三法則の重要性は，以下に述べるように，エントロピーの絶対的な値の計算を可能にしたことである．

絶対エントロピー（第三法則エントロピー）

熱力学第三法則より，温度 T での物質のエントロピーを求めることができる．完全結晶物質では，$S_0=0$ であり，式(4・23)より，

$$S_T = \int_0^T \frac{C_P}{T}\,\mathrm{d}T = \int_0^T C_P\,\mathrm{d}\ln T \qquad (4 \cdot 25)$$

となる*．求めたい温度領域での熱容量測定は可能であるが，かなりの低温域（≤ 15 K）では難しいので，デバイの熱

---

* S への相転移による寄与も，式(4・25)に当然含めなくてはならない．

容量式〔オランダ生まれの米国の物理学者，Peter Debye (1884〜1966) にちなむ〕を用いて熱容量を求める．

$$C_P = aT^3 \tag{4・26}$$

ただし，a は物質により定義される定数である．このわずかな温度域でのエントロピー変化は，

$$\Delta S = \int_0^T \frac{aT^3}{T}dT = \int_0^T aT^2\,dT$$

となる．式 (4・26) は，絶対零度付近でのみ適用できる．表 4・2 は，298.15 K の HCl ガスの標準モルエントロピー ($\overline{S}°$) を求めるのに踏まねばならないいくつかの段階を示したものである．式 (4・25) を用いる際には，0 K で完全に秩序立って配列した物質についてのみこれが成り立つことを思い出さなくてはならない．図 4・10 は，一般的な物質の，温度に対する $S°$ のプロットを示したものである．

式 (4・25) を用いて計算したエントロピー値は絶対エントロピー（第三法則エントロピー）とよばれ，何らかの基準となる状態に基づいた値ではない．表 4・3 に，よくある元素や化合物の 298 K における絶対[*1]標準モルエントロピーを示した．付録 B にはこれ以外の物質のデータも示してある．この値は絶対的な値であるので，Δ の記号と下つきの f を省略して，$\overline{S}°$ と表しているが，標準生成モルエンタルピーではこれらの記号は付いたままである ($\Delta_f \overline{H}°$) ことに注意せよ．

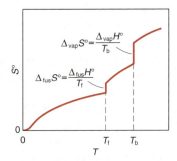

図 4・10 絶対零度からある温度の気体状態までの，ある物質における標準エントロピーの増加．相転移（融解と沸騰）による $S°$ 値への寄与に注意せよ．

化学反応におけるエントロピー

これで，化学反応時に起こるエントロピー変化を計算する準備はできたことになる．先に反応エンタルピーを求めたのと同様に〔式 (3・31) 参照〕，以下の反応

$$aA + bB \longrightarrow cC + dD$$

を仮定すると，エントロピー変化は

$$\begin{aligned}\Delta_r \overline{S}° &= c\,\overline{S}°(C) + d\,\overline{S}°(D) - a\,\overline{S}°(A) - b\,\overline{S}°(B) \\ &= \sum \nu \overline{S}°(\text{生成物}) - \sum \nu \overline{S}°(\text{反応物})\end{aligned} \tag{4・27}$$

と表される[*2]．ここで，ν は，化学量論係数を表す．これについては，下の例題に例をあげて説明する．

表 4・2 298.15 K における HCl のモルエントロピーの求め方[†1]

寄　　与	$\overline{S}°_T / \mathrm{J\,K^{-1}\,mol^{-1}}$
1. 0 K〜16 K での補外〔式 (4・26) 参照〕	1.3
2. 16 K〜98.36 K での固体 I の $\int \overline{C}_P\,d\ln T$	29.5
3. 98.36 K での固体 I → 固体 II の相転移 $\Delta H/T = 1190\,\mathrm{J\,mol^{-1}}/98.36\,\mathrm{K}$	12.1
4. 98.36 K〜158.91 K での固体 II の $\int \overline{C}_P\,d\ln T$	21.1
5. 融解，1992 J mol^{-1}/158.91 K	12.6
6. 158.91 K〜188.07 K での液体の $\int \overline{C}_P\,d\ln T$	9.9
7. 蒸発，16 150 J mol^{-1}/188.07 K	85.9
8. 118.07 K〜298.15 K での気体の $\int \overline{C}_P\,d\ln T$	13.5
	$\overline{S}°_{298.15} = 185.9$[†2]

†1 出典: W. J. Moore, "Physical Chemistry, 4th Ed.," © 1972 Prentice-Hall, Englewood Cliffs, NJ.
†2 本表の標準状態は 1 bar ではなく 1 atm なので，この値は表 4・3 や付録 B の値とわずかに異なる．

表 4・3 よくある無機物と有機物の 298 K, 1 bar での標準モルエントロピー

物　質	$\overline{S}°$ / J K^{-1} mol^{-1}	物　質	$\overline{S}°$ / J K^{-1} mol^{-1}
C (グラファイト)	5.7	O$_2$ (g)	205.0
C (ダイヤモンド)	2.4	O$_3$ (g)	237.7
CO (g)	197.9	SO$_2$ (g)	248.5
CO$_2$ (g)	213.6	CH$_4$ (g)	186.2
HF (g)	173.5	C$_2$H$_6$ (g)	229.5
HCl (g)	186.5	C$_3$H$_8$ (g)	269.9
HBr (g)	198.7	C$_2$H$_2$ (g)	200.8
HI (g)	206.3	C$_2$H$_4$ (g)	219.5
H$_2$O (g)	188.7	C$_6$H$_6$ (l)	172.8
H$_2$O (l)	69.9	CH$_3$OH (l)	126.8
NH$_3$ (g)	192.5	C$_2$H$_5$OH (l)	161.0
NO (g)	210.6	CH$_3$CHO (l)	160.2
NO$_2$ (g)	240.5	HCOOH (l)	129.0
N$_2$O$_4$ (g)	304.3	CH$_3$COOH (l)	159.8
N$_2$O (g)	220.0	C$_6$H$_{12}$O$_6$ (s)	210.3
		C$_{12}$H$_{22}$O$_{11}$ (s)	360.2

例題 4・8

以下の 298 K での反応における標準モルエントロピーを計算せよ．
(a) CaCO$_3$(s) ⟶ CaO(s) + CO$_2$(g)
(b) 2 H$_2$(g) + O$_2$(g) ⟶ 2 H$_2$O(l)
(c) N$_2$(g) + O$_2$(g) ⟶ 2 NO(g)

解　それぞれの反応のエントロピーは，付録 B の $S°$ の値を用いて，式 (4・27) より求められる．

---

*1 単純化するために，"絶対" "モル" を省いて **標準エントロピー** (standard entropy) とよぶことも多い．
*2 化学量論係数が 1 のときは，式 (4・27) の係数はない ($\nu=1$)．

(a) $\Delta_r S° = [\overline{S}°(\text{CaO}) + \overline{S}°(\text{CO}_2)] - \overline{S}°(\text{CaCO}_3)$
$= (39.8 + 213.6) \text{ J K}^{-1} \text{ mol}^{-1}$
$\quad - 92.9 \text{ J K}^{-1} \text{ mol}^{-1}$
$= 160.5 \text{ J K}^{-1} \text{ mol}^{-1}$

(b) $\Delta_r S° = (2)\,\overline{S}°(\text{H}_2\text{O}) - [(2)\,\overline{S}°(\text{H}_2) + \overline{S}°(\text{O}_2)]$
$= (2)(69.9 \text{ J K}^{-1} \text{ mol}^{-1})$
$\quad - [(2)(130.6) + (205.0)] \text{ J K}^{-1} \text{ mol}^{-1}$
$= -326.4 \text{ J K}^{-1} \text{ mol}^{-1}$

(c) $\Delta_r S° = (2)\,\overline{S}°(\text{NO}) - [\overline{S}°(\text{N}_2) + \overline{S}°(\text{O}_2)]$
$= (2)(210.6 \text{ J K}^{-1} \text{ mol}^{-1})$
$\quad - (191.6 + 205.0) \text{ J K}^{-1} \text{ mol}^{-1}$
$= 24.6 \text{ J K}^{-1} \text{ mol}^{-1}$

コメント この結果は予想した通りで，反応(a)のように気体分子数の正味の増加をもたらす反応はかなりのエントロピー増大を伴って起こる．一方，反応(b)においては，逆の議論が成り立ち，エントロピーは減少する．反応(c)では，気体分子数の合計数に変化はないので，エントロピー変化は比較的小さくなる．ここでのエントロピー変化は，すべて，系に適用していることに注意せよ．

例題 4・9

25 ℃でのアンモニア合成における$\Delta S_\text{系}$, $\Delta S_\text{外界}$, $\Delta S_\text{宇宙}$ を計算せよ．

$$\text{N}_2(\text{g}) + 3\,\text{H}_2(\text{g}) \longrightarrow 2\,\text{NH}_3(\text{g})$$
$$\Delta_r H° = -92.6 \text{ kJ mol}^{-1}$$

解 付録Bのデータと例題4・8の手順を参考にすると，この反応におけるエントロピー変化 $\Delta S_\text{系}$ は，$(2)(192.5) - [191.6 + (3)(130.6)] = -198 \text{ J K}^{-1} \text{ mol}^{-1}$ となる．

$\Delta S_\text{外界}$ を計算するには，系が外界と熱的平衡にあることを踏まえて，$\Delta H_\text{外界} = -\Delta H_\text{系}$ より，

$$\Delta S_\text{外界} = \frac{\Delta H_\text{外界}}{T} = \frac{-(-92.6 \times 1000) \text{ J mol}^{-1}}{298 \text{ K}}$$
$$= 311 \text{ J K}^{-1} \text{ mol}^{-1}$$

となる．また宇宙のエントロピー変化，$\Delta S_\text{宇宙}$は下のようになる．

$$\Delta S_\text{宇宙} = \Delta S_\text{系} + \Delta S_\text{外界}$$
$$= -198 \text{ J K}^{-1} \text{ mol}^{-1} + 311 \text{ J K}^{-1} \text{ mol}^{-1}$$
$$= 113 \text{ J K}^{-1} \text{ mol}^{-1}$$

コメント $\Delta S_\text{宇宙}$は正の値であるので，この反応は25 ℃では自発的であると予測できる．反応が自発的であるというそれだけで，観測できる反応速度で反応が起こっていると言うことはできない．事実，アンモニアの合成は，室温では非常にゆっくりとしか進行しない．このように，熱力学は，特定の条件下で反応が自発的に起こりうるかどうかを教えてくれるが，その反応がどのくらいの速度で起こりうるかを示すものではない．反応速度は，化学反応速度論の章で取扱う問題である（第15章参照）．

4・7 エントロピーの意味

ここまでにエントロピーの統計学的および熱力学的定義については学んだ．熱力学第三法則を用いて物質の絶対エントロピーを決めることもできる．物理的過程と化学反応におけるエントロピー変化の例もいくつか見てきた．しかしエントロピーとははたして何なのだろうか．

しばしばエントロピーは無秩序とか不規則性だとかの目安として述べられている．無秩序であればあるほど系のエントロピーは大きい．この言い方は役に立つと同時に，主観的な概念であるため注意して用いることが必要である[*]．一方，エントロピーと確率を関係付けることは，確率が定量的な概念であることから，より意味があり，前述したように気体の膨張の仕方を確率の見地から眺めることができる．自発過程では，確からしさの低い状態からより確かである状態に向かって系は進み，対応するエントロピー変化は，式(4・2)を用いて計算することができる．

次のステップは分子レベルでエントロピーを解釈することである．熱力学では，巨視的な系の状態，すなわち**巨視的状態**（macrostate）は P, V, T, n, U, H のような性質によって記述される．一方，**微視的状態**（microstate）とは，系の個々の粒子——原子や分子——に関わる変数のいくつか，あるいはすべてを指定する条件と言える．しかし，普通は，バルクには非常に多くの粒子があるから，バルクの物質の個々の微視的状態については考えず，その代わり，微視的状態の平均量に基づいて温度，圧力，体積，エネルギー，エンタルピーなどの巨視的状態についての変数を求めていく．

微視的状態について考える一つの方法は，系の全状態が何通り生じるかという数と微視的状態とを関係づけることである．この"系の状態の場合の数"はその状態が起こる確率を決定する．微視的状態と巨視的状態との間の関係を示すためにサイコロを振る例から始めてみよう．サイコロを1個だけ持っているとすると，1, 2, 3, 4, 5, 6で与えられる6通りの微視的状態がある．それぞれの目を出すには1通りの方法しかないので，微視的状態と巨視的状態は同じである．サイコロが二つの場合，状況は異なってくる．今回は，巨視的状態は両方のサイコロの目の合計（2, 3,

---
[*] D. F. Styer, *Am. J. Phys.*, **68**, 1090 (2000), およびF. L. Lambert, *J. Chem. Educ.*, **79**, 187 (2002) を参照．

4, ···, 10, 11, 12) で定義される. 図 4・11 は 36 (6×6) の微視的状態が 11 の巨視的状態に分類できることを示している. 最も確率の高い巨視的状態は合計の目が 7 で, それは 6 通りの異なる微視的状態からできている. 別の言い方をすると, 二つのサイコロを投げて 7 の目を得る確率は 6/36 である. 一方で, 2 (あるいは 12) という巨視的状態はたった一つの微視的状態からなり, この目が出る確率は 1/36 である. ここで重要なことに注目しよう. それは, 36 個の微視的状態のうちのどれか一つを得る確率は同じであるということである. 2 よりも 7 の目が出やすいのは単に 2 よりも 7 の目を出すのにより多くの方法があるからなのである.

4 個のサイコロでは 4 から 24 にわたる 1296 個 (6×6×6×6) の微視的状態があり, 全部で 21 個の巨視的状態を生じる. 4 という目を得る確率は 1/1296 である (これは最も可能性の低い巨視的状態の一つで, もう一つは 24 の目である). 一方で 14 を得る確率は 146/1296 である (これは最も可能性の高い巨視的状態である). サイコロの数がさらに増えると最も可能性の高い巨視的状態に対応する微視的状態の数が急速に増えるということがわかる. サイコロの数がアボガドロ数に近づくと, 最も可能性の高い巨視的状態を生む微視的状態の数は他の巨視的状態を生む微視的状態の数に比べて圧倒的な数になり, サイコロを振ればいつもその目が出るということになるだろう (図 4・12).

それでは分子系に移ろう. 三つの同一かつ相互作用しない分子がいくつかのエネルギー準位に分布し, 系の全エネルギーは 3 エネルギー単位で一定であるとする. この分布にはいくつの異なった取り方があるだろうか. 分子は同一であるけれども, 占める位置によって互いに区別できる (たとえば, 分子が結晶中で異なった格子点を占める場合). 図 4・13 に示すように, 3 種類の異なった分布 (三つの巨視的状態) I, II, III を構成する分子の分布には, 10 通りの方法 (10 個の微視的状態) があることがわかる. すべての巨視的状態の確からしさが等しいわけではなく, 巨視的状態 II は状態 I に比べ 6 倍確率が高く, 状態 III に比べ 2 倍確率が高い.

ある分布の微視的状態の数 (W) を計算する一般的な式は

$$W = \frac{N!}{n_1! \, n_2! \cdots} \tag{4・28}$$

である. ここで N は存在する分子の全数であり, $n_1, n_2 \cdots$ は下から 1 番目の準位, 下から 2 番目の準位などにある分子の数である. 記号 ! は "階乗" とよばれる. $N!$ は

$$N! = N(N-1)(N-2)\cdots 1$$

で与えられ, また定義により $0! = 1$ である. 式 (4・28) は

$$W = \frac{N!}{\prod_i n_i!} \tag{4・29}$$

のように簡単に書くこともできる. ここで $\prod_i$ は, 分布にあるすべての i の値について積をとる意味である.

図 4・13 の分子系に式 (4・29) を適用すると,

$$W_{\text{I}} = \frac{3!}{3!} = \frac{3 \times 2 \times 1}{3 \times 2 \times 1} = 1$$

$$W_{\text{II}} = \frac{3!}{1! \, 1! \, 1!} = \frac{3 \times 2 \times 1}{1 \times 1 \times 1} = 6$$

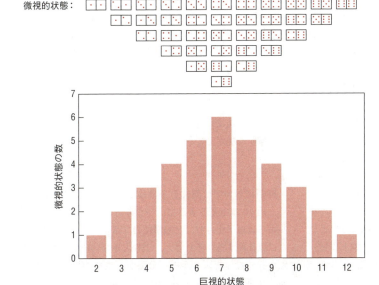

図 4・11 二つのサイコロの組合わせから生じる微視的状態と対応する巨視的状態

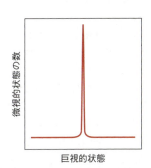

図 4・12 アボガドロ数個のサイコロでは, 最も確からしい巨視的状態は他の巨視的状態に比べて圧倒的に多くの微視的状態をもっている.

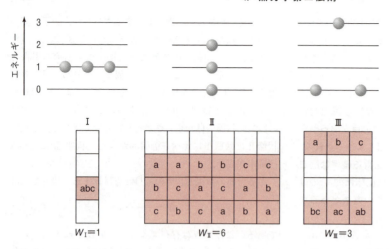

図 4·13 全エネルギーが3単位になるような，三つの分子のエネルギー準位への並べ方

写真：オーストリアのウィーンにあるLudwing Boltzmannの墓碑．彼の有名な式が刻まれている〔提供：John Simon〕．

$$W_{\mathrm{III}} = \frac{3!}{2!\,1!} = \frac{3 \times 2 \times 1}{2 \times 1 \times 1} = 3$$

となる．空の準位からの寄与は $0!$ であるので W の値には影響しない．

　非常に多くのエネルギー準位に分布した N 個の粒子（N はアボガドロ数の大きさの程度）を含む巨視的状態が平衡状態にある様子を考えよう．サイコロを投げたときと同様，このとき，他の巨視的状態に比べて圧倒的な数の微視的状態をもつ巨視的状態または分布がたった一つできる．統計熱力学において最も重要な背景にある仮説は，**先験的等重率の原理**（principle of equal *a priori* probability）*とよばれるものであり，それはすべての微視的状態は等しく出現するというものである．この原理は，起こりにくい巨視的状態に属するある微視的状態に系を見いだす確率は，起こりやすい巨視的状態に属する微視的状態に同じ系を見いだす確率と同じであるという意味である．系が常に起こりやすい分布で見いだされるのは，最も起こりやすい巨視的状態に属している微視的状態が非常にたくさんあるためである．

　ここでの議論から，エントロピーについて次のように言うことができる．エントロピーは，使える分子エネルギー準位間へのエネルギー分配すなわち分布に関係する．熱的平衡においては，常に最も起こりやすい巨視的状態の系が見られるが，その系は最大数の微視的状態と最も起こりやすいエネルギー分布をもつ．顕著な占有を示すエネルギー準位の数が多ければ多いほど，エントロピーは大きいということを覚えておくように．それゆえ，系のエントロピーは，W それ自体が最大となるから，平衡時に最大になる．

---

* *a priori* は"経験の影響なしで"という意味である．

　先に，式(4·1)を用いて，エントロピーと確率を関係づけたが，ある系が特定の巨視的状態にある確率は，その巨視的状態をつくる微視的状態の数に比例するので，W を用いてエントロピーを表現する方が妥当であろう．

$$S = k_{\mathrm{B}} \ln W \tag{4·30}$$

式(4·30)はエントロピーを統計学的に定義したボルツマンの式である（写真参照）．しかしながら巨視的な系に対する W が何かはわからないので，この式は一般にエントロピーを計算するのに使われない．先に述べたようにエントロピーの値はふつう熱量測定の方法で求める．それにもかかわらず，分子的な解釈を用いることでエントロピーの性質やエントロピー変化がより理解しやすくなる．式(4·30)を用いれば，熱力学第三法則をも説明できることに注目しよう．完全結晶の物質では絶対零度において，原子や分子はある特定の配置のみをとりうるため，微視的状態も一つに決まる．結果として $W=1$ で下式が得られる．

$$S_0 = k_{\mathrm{B}} \ln W = k_{\mathrm{B}} \ln 1 = 0$$

本節の最後に，先に述べたエントロピー変化について分子的解釈を提示しておく．

等温気体膨張

　膨張においては気体分子は体積を大きくする方向に動く．第10章で見るように，一つの分子の並進の運動エネルギーは量子化され，どの準位のエネルギーも容器の大きさに反比例する．それゆえ，より大きな体積では準位は間隔が狭くなってエネルギー分配がしやすくなることになる．結果として，より多くのエネルギー準位が占有され，最も起こりやすい巨視的状態に対応する微視的状態の数が

増えて，エントロピーが増大する．

等温気体混合
二つの気体の一定温度での混合は，別々の気体の膨張二つとして取扱うことができる．ここでもエントロピーの増大が予測される．

加　熱
物質の温度を上昇させるとき加えられたエネルギーは，分子の運動（並進，回転，振動）準位の低い方から高い方への昇位に使われる．そのため，分子のエネルギー準位それぞれへの占有の仕方が増加して微視的状態の数が増え，結果として，エントロピーは増大する．これが，一定体積での加熱で起こることである．もし，加熱を定圧で行うと膨張によるエントロピーへの寄与がさらに加わる．定積条件と定圧条件の間の違いは，物質が気体である場合にのみ重要である．

相 転 移
固体ではふつう回転運動が制限され，並進運動は起こらないので，分子は格子点の周りで振動することができるのみである．融点で分子は液相に入り回転運動，並進運動がより自由に行えるようになる．これが相転移で，微視的状態，ひいては系のエントロピーも増大する．沸点では凝縮相から自由な空間への分子運動が著しく強められ，運動の形も制限がなくなる．このことに対応して微視的状態が増大してかなり大きくなり，そのためエントロピーも増大するであろう．

化 学 反 応
例題4・9を参照すると，窒素と水素からアンモニアを合成すると，正味2 molの気体が反応ごとに失われることがわかる．分子の運動の減少は微視的状態の数が減ることに反映されるから，系のエントロピーが減少することになると期待できる．反応が発熱的であるため，放出される熱は外界の空気の分子の運動を活発にする．空気分子の微視的状態の増加は外界のエントロピー増大をひき起こす．外界のエントロピー増大は系のエントロピー減少よりも勝るため，反応は自発的である．エントロピー変化の予測は，凝縮相の関与する反応，すなわち気体成分の数が変化しない場合には，信頼性が小さくなることを覚えておいて欲しい．

4・8　残余エントロピー
これまで学んできたように，絶対エントロピーは，熱力学第三法則を用いて求めることができ，また，298 Kでの分光学的データに基づいた統計熱力学（第20章参照）の方法を使って計算することもできる．一般的には，これらの二つの方法から同様の結果が得られる．しかし，ある場合には，熱力学第三法則により実験的に得られた絶対エントロピー値は，統計熱力学的手法からの計算値よりも小さくなる場合がある．このような違いは，0 Kでの物質における**残余エントロピー**（residual entropy），つまり"0よりも大きな"エントロピー値のせいである．

残余エントロピーがどのように生じるかを理解するために，ここでは，絶対零度での一酸化炭素結晶を使って考えてみよう．一酸化炭素は小さな双極子モーメント（$\mu = 0.12$ D）をもっており，分子内では，わずかな電荷分離が起こっている．結果として，図4・14(b)に示したように，分子は乱雑に配列しているかもしれない．もし，一定の配向性をもたないとすると，一つの分子において，配向の仕方は2通り，すなわち2^1通り考えられる．二つの分子においては4通り，すなわち2^2通り考えられる．よってn molのCO分子では2^{nN_A}通り考えられる．$R = k_B N_A$より，ボルツマンの式を使って，1 molのCO分子の残余エントロピー（S_0）値は以下のように計算できる*．

$$\begin{aligned} S_0 &= k_B \ln W = k_B \ln 2^{nN_A} \\ &= n\,k_B N_A \ln 2 = nR \ln 2 \\ &= (1\,\text{mol})(8.314\,\text{J K}^{-1}\,\text{mol}^{-1}) \ln 2 \\ &= 5.8\,\text{J K}^{-1} \end{aligned}$$

統計熱力学により計算された298 KでのCOのモルエントロピーは，第三法則エントロピーよりも4.2 J K^{-1} mol^{-1}大きな値を示している．このことは，絶対零度での残余エントロピーの存在を示唆している．この差が5.8 J K^{-1} mol^{-1}よりも小さいという事実は，結晶内でのCO分子の配向が完全に乱雑というわけではないことを意味している．

残余エントロピーが存在する物質の他の例として一酸化二窒素（N_2O; 0.166 Dの双極子モーメントをもつ）がある．この場合には，統計熱力学による計算値が第三法則エントロピーよりも5.8 J K^{-1} mol^{-1}だけ大きくなる．一酸化二窒素は直線分子で，原子の配列はNNOである．エネルギー的に，その分子の配向性がNNOかONNであるか

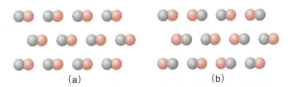

図4・14　(a) 完全に規則正しく配列した結晶中の一酸化炭素分子．0 Kで$S_0 = 0$．(b) 配列の規則性が不完全な結晶中の一酸化炭素分子．0 Kで$S_0 > 0$．●がC原子で，●がO原子

---
* 訳注: エントロピーにおけるこの（0からの）増加は，物質の性質を単純化したことの代償である．

は違いがない．COの場合と同様に，ボルツマンの式は，$5.8\,\mathrm{J\,K^{-1}\,mol^{-1}}$の残余エントロピーを予測しており，これは実験結果によく一致した．

最後に水の場合を考えよう．298 Kでの水蒸気について，統計熱力学と分光学的測定から計算したエントロピー値は，$188.7\,\mathrm{J\,K^{-1}\,mol^{-1}}$である．一方，熱力学第三法則から求めた値は$185.3\,\mathrm{J\,K^{-1}\,mol^{-1}}$であった．この$3.4\,\mathrm{J\,K^{-1}\,mol^{-1}}$の違いは，0 Kでの氷の残余エントロピーに帰することができる．米国の化学者 Linus Pauling[*1]（1901～1994）は，幾何学的な考えに基づいてこの結果の正確な説明を行った．氷の結晶は，$2N$個のH原子を含むN個のH_2O分子からなっている．それぞれのH原子は，O原子に近い位置（σ結合 O–H の場合），もしくは，遠い位置（水素結合 O⋯H の場合）の，どちらか一方に存在する．したがって，合計で2^{2N}通りの配列の仕方が考えられる．表4・4に，氷中でO原子の周りに四つのH原子を置く場合の$2^4=16$通りをまとめた．このうち10通りは，二つのH原子がO原子に結合している状態よりも少ないか多いHが結合している状態なので，格子内に正か負の電荷をもっている．これらの電荷分離はエネルギー的に不利なので，0 Kでは起こらない．図4・15に示した残りの6通りの配列が可能なものである．結果として，N個のO原子における2^{2N}通りのH原子の配列は，$(6/16)^N$倍に減らさなければならない．すなわち，

$$W = 2^{2N} \times \left(\frac{6}{16}\right)^N = \left(\frac{3}{2}\right)^N$$

である．$n\,\mathrm{mol}$のH_2O分子において，$N=nN_A$であるので，このときの残余エントロピーは以下のようになる[*2]．

$$\overline{S}_0 = k_B \ln\left(\frac{3}{2}\right)^{nN_A} = nk_B N_A \ln\left(\frac{3}{2}\right)$$

$$= (8.314\,\mathrm{J\,K^{-1}\,mol^{-1}}) \ln\left(\frac{3}{2}\right) = 3.4\,\mathrm{J\,K^{-1}\,mol^{-1}}$$

これは，実験結果にすばらしくよく一致する．

最後に注意したいのは，残余エントロピーが存在している物質の方が大多数というわけではない，ということである．それにもかかわらず，残余エントロピーが存在すると，実際には到達できない絶対零度における結晶内の分子配列を研究できる方法になるのである．

表 4・4 氷の状態における，O原子の周りの四つのH原子の配列の仕方

配列の仕方	化学種	等価な配列の数
すべてのH原子はO原子とσ結合	H_4O^{2+}	1
三つのH原子はO原子とσ結合，一つのH原子はO原子と水素結合	H_3O^+	4
二つのH原子はO原子とσ結合，二つのH原子はO原子と水素結合	H_2O	6
一つのH原子はO原子とσ結合，三つのH原子はO原子と水素結合	OH^-	4
すべてのH原子はO原子と水素結合	O^{2-}	1

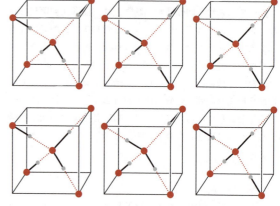

図 4・15 中心のO原子（●）とその周りの四つのH原子（●）における等価な6通りの配列の仕方．それぞれの場合で，O原子は二つのσ結合と二つの水素結合で，H原子と四面体的に結合している．

[*1] Pauling は，異なる分野のノーベル賞を二つ（1954年 化学賞，1962年 平和賞）単独で受賞した唯一の人である．

[*2] 訳注：$n=1\,\mathrm{mol}$で，ここでも$k_B N_A = R$を用いた．

重 要 な 式

$\Delta S = nR \ln \dfrac{V_2}{V_1}$	気体の等温膨張によるエントロピー変化	式 (4・3)
$\Delta S = \dfrac{q_{\mathrm{rev}}}{T}$	エントロピーの熱力学的な定義	式 (4・4)
$dS = \dfrac{dq_{\mathrm{rev}}}{T}$	エントロピーの熱力学的な定義	式 (4・5)
$\eta = \dfrac{T_2 - T_1}{T_2} = 1 - \dfrac{T_1}{T_2}$	熱効率	式 (4・9)
$\Delta S_{宇宙} = \Delta S_{系} + \Delta S_{外界} \geq 0$	熱力学第二法則	式 (4・16)

$\Delta_{mix}S = -R(n_A \ln x_A + n_B \ln x_B)$	等温混合エントロピー変化	式 (4・17)
$\Delta_{fus}S = \dfrac{\Delta_{fus}H}{T_f}$	融解エントロピー変化	式 (4・18)
$\Delta_{vap}S = \dfrac{\Delta_{vap}H}{T_b}$	蒸発エントロピー変化	式 (4・19)
$\Delta S = S_2 - S_1 = n\overline{C}_P \ln \dfrac{T_2}{T_1}$	定圧での加熱のエントロピー変化	式 (4・22)
$\lim_{T \to 0K} S = 0$	熱力学第三法則	式 (4・24)
$S_T = \int_0^T \dfrac{C_P}{T} dT = \int_0^T C_P d\ln T$	第三法則エントロピー	式 (4・25)
$\Delta_r S° = \sum \nu \overline{S}°(生成物) - \sum \nu \overline{S}°(反応物)$	標準反応エントロピー	式 (4・27)
$S = k_B \ln W$	ボルツマンの式	式 (4・30)

補遺 4・1 熱力学第二法則の記述

熱力学第二法則は,最も重要な物理法則の一つである.何年にもわたって,この法則は非常に多様な分野の科学者たちにより研究され,適用されてきた.第二法則には多くの異なった(しかし同義な)記述の仕方があるが,これは意外なことではない.以下にその中でも有名なものをあげた.

1. 外部作用によらない自動装置において,ある物体からもう一方のより高温の物体に熱を伝えることは不可能である.すなわち熱が低温の物体から高温の物体に自然に移動することはありえない [Rudolf Julius Clausius (1822~1888), ドイツの物理学者].

2. 宇宙のエネルギーは一定であり,エントロピーは最大に向かって増大し続ける [Clausius].

3. エントロピーは時間の矢である [Sir Arthur Stanley Eddington (1882~1944), 英国の数学者, 天体物理学者].

4. 最大エントロピーは,孤立系では最も安定な状態である [Enrico Fermi (1901~1954), イタリアの物理学者].

5. すべての系では,それを干渉することなく系の進むがままにしておくと,概して最大確率の状態へ変化する [Gilbert Newton Lewis (1875~1946), 米国の化学者].

6. 不可逆過程では,関係するすべての物体の全エントロピーは増大する [Lewis].

7. 実際にある過程が進行しているとき,その関与するすべての系を,そのもとの状態に戻す方法は存在しない [Lewis].

8. 熱力学第二法則は,"コップ1杯の水を海の中に注いだとすると,再び同じ水を取ることは不可能である"というのと同じくらい正しい [James Clerk Maxwell].

9. 他の物体の系に変化を残さずに,物体における系のエントロピーを減少させることはどうやっても不可能である [Max Planck (1858~1947), ドイツの物理学者].

10. 機械的な仕事の変化は完全に熱に変換されるかもしれないが,これに反してある熱の変化は仕事に完全に変換されることは決してない.ある量の熱が仕事に変換されるときはいつも,別の量の熱が,それに相当しそれを補う変化を受けなければならないからである [Planck].

参 考 文 献

書　籍

H. A. Bent, "The Second Law," Oxford University Press, New York (1965).

J. B. Fenn, "Engines, Energy, and Entropy," W. H. Freeman, New York (1982).

R.M. Hanson, S.Green, "Introduction to Molecular Thermodynamics," University Science Books, Sausalito, CA (2008).

I. M. Klotz, R. M. Rosenberg, "Chemical Thermodynamics: Basic Theory and Methods, 5th Ed.," John Wiley & Sons, New York (1994).

H. C. von Baeyer, "Warmth Disperses and Time Passes," Random House, New York (1998).

D. A. McQuarrie, J. D. Simon, "Molecular Thermodynamics," University Science Books, Sausalito, CA (1999).

論　文

熱力学第二法則 (総説):

H. A. Bent, 'The Second Law of Thermodynamics,' *J. Chem. Educ.*, **39**, 491 (1962).

M. L. McGlashan, 'The Use and Misuse of the Laws of Thermodynamics,' *J. Chem. Educ.*, **43**, 226 (1966).

K. G. Denbigh, 'The Scope and Limitations of Thermodynamics,' *Chem. Brit.*, **4**, 339 (1968).

R. D. Freeman, 'Conversion of Standard Thermodynamic Data to the New Standard-State Pressure,' *J. Chem. Educ.*, **62**, 681 (1985).

M. F. Granville, 'Student Misconceptions in Thermodynamics,' *J. Chem. Educ.*, **62**, 847 (1985).

R. S. Treptow, 'How Thermodynamic Data and Equilibrium Constants Changed When the Standard-State Pressure Became 1 Bar,' *J. Chem. Educ.*, **76**, 212 (1999).

P. A. Molina, 'Revitalizing Modern Thermodynamics Instruction within an Old Technique: A State Functions Table,' *Chem. Educator* [Online], **12**, 137 (2007). DOI: 10.1333/s00897072026a.

J. M. Rubi, 'The Long Arm of the Second Law,' *Sci. Am.*, November (2008).

エントロピー:

A. J. Ayer, 'Chance,' *Sci. Am.*, October (1965).

W. Ehrenberg, 'Maxwell's Demon,' *Sci. Am.*, November (1967).

J. Braunstein, 'States, Indistinguishability, and the Formula $S=k \ln W$ in Thermodynamics,' *J. Chem. Educ.*, **46**, 719 (1969).

A. Wood, 'Temperature-Entropy Diagrams,' *J. Chem. Educ.*, **47**, 285 (1970).

D. Layzer, 'The Arrow of Time,' *Sci. Am.*, December (1975).

W. G. Proctor, 'Negative Absolute Temperature,' *Sci. Am.*, August (1978).

J. A. Campbell, 'Reversibility and Returnability,' *J. Chem. Educ.*, **57**, 345 (1980).

J. N. Spencer, E. S. Holmboe, 'Entorpy and Unavailable Energy,' *J. Chem. Educ.*, **60**, 1018 (1983).

P. Djurdjevic, I. Gutman, 'A Simple Method for Showing that Entropy is a Function of State,' *J. Chem. Educ.*, **65**, 399 (1985).

J. P. Low, 'Entropy: Conceptual Disorder,' *J. Chem. Educ.*, **65**, 403 (1988).

N. C. Craig, 'Entropy Analyses of Four Familiar Processes,' *J. Chem. Educ.*, **65**, 760 (1988).

D. F. R. Gilson, 'Order and Disorder and Entropies of Fusion,' *J. Chem. Educ.*, **69**, 23 (1992).

T. Thoms, 'Periodic Trends for the Entropy of Elements,' *J. Chem. Educ.*, **72**, 16 (1995).

N. C. Craig, 'Entrpoy Diagrams,' *J. Chem. Educ.*, **73**, 716 (1996).

R. S. Ochs, 'Thermodynamics and Spontaneity,' *J. Chem. Educ.*, **73**, 952 (1996).

I. K. Howard, '*S* is for Entropy. *U* is Energy. What Was Clausius Thinking?' *J. Chem. Educ.*, **78**, 505 (2001).

F. L. Lambert, 'Disorder —— A Cracked Crutch for Supporting Entropy Discussions,' *J. Chem. Educ.*, **79**, 187 (2002).

F. L. Lambert, 'Entropy is Simple, Qualitatively,' *J. Chem. Educ.*, **79**, 1241 (2002).

L. Watson, O. Eisenstein, 'Entropy Explained: The Origin of Some Simple Trends,' *J. Chem. Educ.*, **79**, 1269 (2002).

N. C. Craig, 'Campbell's Rule for Estimating Entropy Changes in Gas-Producing and Gas-Consuming Reactions and Related Generalizations about Entropies and Enthalpies, *J. Chem. Edu.*, **80**, 1432 (2003).

F. Hynne, 'Understanding Entropy with the Boltzmann Formula,' *Chem. Educator* [Online], **9**, 74 (2004). DOI: 10.1333/s00897040755a.

F. Hynne, 'From Microstates to Thermodynamics,' *Chem. Educator* [Online], **9**, 262 (2004). DOI: 10.1333/s00897040827a.

R. M. Hanson, 'Regarding Entropy Analysis,' *J. Chem. Educ.*, **82**, 839 (2005).

R. Battino, 'Mysteries of the First and Second Laws of Thermodynamics,' *J. Chem. Educ.*, **84**, 753 (2007) [*J. Chem. Educ.*, **86**, 31 (2009) も参照].

J. Olmsted Ⅲ, 'Rescaling Temperature and Entropy,' *J. Chem. Educ.*, **87**, 1195 (2010).

A. Ben-Naim, 'Entropy: Order or Information,' *J. Chem. Educ.*, **88**, 594 (2011).

S. F. Cartier, 'The Statistical Interpretation of Classical Thermodynamic Heating and Expansion Processes,' *J. Chem. Educ.*, **88**, 1531 (2011).

M. G. Raizen, 'Demons, Entropy, and the Quest for Absolute Zero,' *Sci. Am.*, March (2011).

熱機関, ヒートポンプ, 熱効率:

J. F. Sandfoot, 'Heat Pumps,' *Sci. Am.*, May (1951).

C. M. Summers, 'The Conversion of Energy,' *Sci. Am.*, September (1971).

W. D. Metz, 'Energy Conversion: Better Living Through Thermodynamics,' *Science*, **188**, 820 (1975).

J. P. Lowe, 'Heat-Fall and Entropy,' *J. Chem. Educ.*, **59**, 353 (1982).

C. H. Bennett, 'Demons, Engines, and the Second Law,' *Sci. Am.*, November (1987).

D. J. Wink, 'The Conversion of Chemical Energy,' *J. Chem. Educ.*, **69**, 109 (1992).

S. Luchter, 'Steam Engines,' "Encyclopedia of Applied Physics," ed. by G. L. Trigg, Vol. 19, p. 563, VCH Publishers, New York (1997).

C. Salter, 'A Simple Approach to Heat Engine Efficiency,' *J. Chem. Educ.*, **77**, 127 (2000).

E. Peacock-López, 'Carnot Cycle Revisited,' *Chem. Educator* [Online], **7**, 127 (2002). DOI: 10.1333/s00897020555a.

S. Ashley, 'Diesels Come Clean,' *Sci. Am.*, March (2007).

M. Fischetti, 'Warming *and* Cooling,' *Sci. Am.*, August (2008).

T. R. Casten, P. F. Schewe, 'Getting the Most from Energy,' *Am. Scientist*, Jan-Feb (2009).

熱力学第三法則と残余エントロピー:

E. M. Loebl, 'The Third Law of Thermodynamics, the Unattainability of Absolute Zero, and Quantum Mechanics,' *J. Chem. Educ.*, **37**, 361 (1960).

L. K. Runnels, 'Ice,' *Sci. Am.*, December (1966).

M. M. Julian, F. H. Stillinger, R. R. Festa, 'The Third Law of Thermodynamics and the Residual Entropy of Ice,' *J. Chem. Educ.*, **60**, 65 (1983).

M. G. Raizen, *loc. cit.*

問　題

確　率

4・1 (a) 1 分子, (b) 20 分子, (c) 2 000 000 分子からなる気体があるとき，これらの気体分子がある容器の半分の中に見つけられる確率をそれぞれ求めよ．

4・2 あなたの友人が以下のような非日常的な出来事をあなたに話したと仮定する．500 g の金属の塊が，テーブルの上から自発的に上昇しテーブルから 1.00 cm の高さで静止した．友人は，この金属の塊はテーブルから熱エネルギーを吸収し，それを用いて重力による落下に反して上昇したと言った．

(a) この過程は熱力学第一法則に反するか．

(b) 熱力学第二法則に関してはどうか．ただし，室温は 298 K, テーブルの大きさは，その温度がこのエネルギーの移動によって影響されない程度の大きさがあるとする [ヒント: まずはじめに，この過程の結果，減少するエントロピーを計算し，次に，そのような過程が起こる確率を見積もる．ここで，重力加速度は 9.81 m s^{-2} とする]．

カルノーサイクル

4・3 水力発電所で電気を発生させたときと，熱機関を用いたときとを比べよ．効率のよいのはどちらか．またそれはなぜか．

4・4 カルノーサイクルの P-V 図を T-S 図に描き換えよ．また，T-S 図で囲まれた部分の面積を求めよ．

4・5 ある 1200 kg の車の内部エンジンは，オクタン (C_8H_{18}) で動くように設計されており，燃焼エンタルピーは，5510 kJ mol^{-1} である．車がある傾斜を登るとき 1.0 ガロンの燃料で登れる最大の高さを求めよ [m 単位で]．ただし，エンジンのシリンダーの温度は 2200 ℃, 出口の温度が 760 ℃ であると仮定し，摩擦は起こらないものとする．また，燃料 1 ガロンの重さが，3.1 kg であるとする [ヒント: 垂直方向に車を動かすのになされる仕事は，車の重さを m kg, 重力加速度 (9.81 m s^{-2}) を g, 高さを h m とすると mgh と表せる]．

4・6 210 ℃ と 35 ℃ の温度範囲で熱機関が動いているとする．2000 J の仕事を得るのに，高温の熱源から取出さなければならない熱量の最小値を計算せよ．

熱力学第二法則

4・7 次の文章について意見を述べよ: "エントロピーについて考えるだけでも，宇宙のエントロピー値は増大してしまう"．

4・8 熱力学第二法則に関する多くの記述の中の一つとして，"外部からの作用を受けずに，熱が低温度の物体から高温度の物体に移動することはありえない" というものがある．今，温度がそれぞれ T_1, T_2 ($T_2 > T_1$) である 1, 2 という二つの系を考える．熱量 q が，1 から 2 に自発的に流れるとすると，その過程は宇宙のエントロピーを減少させることを示せ．(この過程を可逆的なものと考えてよいほどに，熱の流れは非常に遅いものとして考えてよい．また，系 1 での熱の損失と系 2 での熱の獲得は温度 T_1 と T_2 には影響を与えないものとする．)

4・9 インド洋を航海している船が，28 ℃ の海水を取込み，使用後に海面に放出することで，動力となる熱機関を動かしている．この過程は熱力学第二法則に反するか．また，その場合には，何を変えればこの仕事はうまく行くようになるだろうか．

4・10 絶対零度よりも高い任意の温度 T で，気体分子が一定の動きをしているとする．このような "絶え間のない動き" は，熱力学の法則に反するか．

4・11 熱力学第二法則によると，孤立系での不可逆過程のエントロピーは常に増大しなければならない．一方，生体系でのエントロピーは小さいまま保たれていることはよく知られている (たとえば，それぞれのアミノ酸からより複雑なタンパク質分子を合成する過程は，エントロピーを減少させる過程である)．生体系では熱力学第二法則は成り立たないのか．説明せよ．

4・12 ある暑い夏の日に，冷蔵庫の扉を開けて自分自身を冷やそうと考えた．これは賢い方法だろうか．熱力学的に説明せよ．

エントロピー変化

4・13 エタノールのモル蒸発熱が 39.3 kJ mol^{-1}, 沸点が 78.3 ℃ であるとすると，エタノール 0.50 mol の蒸発について $\Delta_{\text{vap}}S$ を計算せよ．

4・14 以下の過程の ΔU, ΔH, ΔS を計算せよ．

25 ℃, 1 atm での 1 mol の水 ⟶
　　　　　　　100 ℃, 1 atm での 1 mol の水蒸気

ここで，373 K での水のモル蒸発熱は 40.79 kJ mol^{-1}, 水のモル熱容量は 75.3 J K^{-1} mol^{-1} とする．また，モル熱容量は温度に依存せず，理想気体の振舞いをすると考える．

4・15 定圧下で，50℃ から 77℃ に 3.5 mol の単原子理想気体を加熱するときの ΔS を計算せよ．

4・16 6.0 mol の理想気体を 17℃ から 35℃ に定容下で可逆的に加熱したとする．このときのエントロピー変化を計算せよ．また，この過程が不可逆的であるとした場合の ΔS はどうなるか．

4・17 1 mol の理想気体を，はじめ定圧下で T から $3T$ に加熱し，次に定容下で T まで冷却したとする．
　(a) 過程全体における ΔS の式を誘導せよ．
　(b) 過程全体を考えると，もとの体積 V から $3V$ への，温度 T における気体の等温膨張過程に等しくなることを示せ．
　(c) (a) の過程の ΔS の値が (b) の過程の ΔS と一致することを示せ．

4・18 25.0℃ の水 35.0 g (A) と，86.0℃ の水 160.0 g (B) を混ぜたとする．このとき，
　(a) 混合が断熱的に行われたと仮定したときの系の最終温度を計算せよ．
　(b) A, B，および系全体でのエントロピー変化を計算せよ．

4・19 塩素ガスの熱容量は，
$$\overline{C_P} = (31.0 + 0.008\, T/\text{K}) \text{ J K}^{-1} \text{ mol}^{-1}$$
で与えられる．定圧下で 300 K から 400 K まで加熱したときの 2 mol の気体のエントロピー変化を計算せよ．

4・20 はじめ，20℃ で 1.0 atm であったヘリウム(He)気体の試料が，1.2 L から 2.6 L に膨張し，同時に 40℃ に加熱されたとする．この過程のエントロピー変化を計算せよ．

4・21 原子爆弾の開発における初期の実験の一つは，^{235}U は核分裂を起こす同位体であるが，^{238}U はそうではないことを示すことであった．質量分析計を用いて，^{238}UF$_6$ から ^{235}UF$_6$ を分離した．気体混合物 100 mg を分離するときの ΔS を計算せよ．ただし，^{235}U と ^{238}U の天然の同位体存在度は，それぞれ，0.72% と 99.28% であり，^{19}F は 100% であるとする．

4・22 298 K で 1 mol の理想気体が，(a) 可逆的に，および (b) 12.2 atm の一定の外圧に抗して，1.0 L から 2.0 L に等温膨張を起こすとする．このときの $\Delta S_\text{系}$, $\Delta S_\text{外界}$, $\Delta S_\text{宇宙}$ を (a), (b) の両方について計算せよ．また計算結果は，その過程の性質に一致しているか．

4・23 O$_2$ と N$_2$ の絶対モルエントロピーは 25℃ で，それぞれ，205 J K^{-1} mol^{-1}, 192 J K^{-1} mol^{-1} である．同温，同圧下で，2.4 mol の O$_2$ と 9.2 mol の N$_2$ を混合したときのエントロピーはどうなるか．

4・24 0.54 mol の蒸気が，はじめ 350℃, 2.4 atm で，$q = -74$ J で循環過程を経るとする．このとき，その過程の ΔS を計算せよ．

4・25 以下の 298 K におけるそれぞれの反応においてエントロピー変化が正であるか，負であるかを予測せよ．
　(a) $4\text{Fe(s)} + 3\text{O}_2(g) \longrightarrow 2\text{Fe}_2\text{O}_3(s)$
　(b) $\text{O}(g) + \text{O}(g) \longrightarrow \text{O}_2(g)$
　(c) $\text{NH}_4\text{Cl}(g) \longrightarrow \text{NH}_3(g) + \text{HCl}(g)$
　(d) $\text{H}_2(g) + \text{Cl}_2(g) \longrightarrow 2\text{HCl}(g)$

4・26 付録 B のデータを用いて，問題 4・25 に示したそれぞれの反応において $\Delta_r S^\circ$ を計算せよ．

4・27 0.35 mol の理想気体が 15.6℃ で，1.2 L から 7.4 L に膨張するとする．この過程が，(a) 等温可逆的，および (b) 1.0 atm の外圧に抗して等温不可逆的に，起こるとする．このときの $w, q, \Delta U, \Delta S$ の値を計算せよ．

4・28 1 mol の理想気体が，300 K で等温的に，5.0 L から 10 L に膨張するとする．この過程が，(a) 可逆的，および (b) 2.0 atm の外圧に抗して不可逆的に，起こるとする．系，外界，宇宙のエントロピー変化を比較せよ．

4・29 水素の熱容量が以下の式で表されるとする．
$$\overline{C_P} = (1.554 + 0.0022\, T/\text{K}) \text{ J K}^{-1} \text{ mol}^{-1}$$
300 K から 600 K まで 1.0 mol の水素を，(a) 可逆的に加熱，および，(b) 不可逆的に加熱したとき，系，外界，宇宙のエントロピー変化を計算せよ〔ヒント：(b) では外界は 600 K であると仮定する〕．

4・30 反応
$$\text{N}_2(g) + \text{O}_2(g) \longrightarrow 2\text{NO}(g)$$
を考える．298 K での反応混合物，外界，宇宙の $\Delta_r S^\circ$ をそれぞれ計算せよ．また，この結果がどうして地球上の生物に安心を与えることになるのか，説明せよ．

熱力学第三法則と残余エントロピー

4・31 $\Delta_f \overline{H^\circ}$ は，負の値，0, 正の値のいずれもとりうるが，$\overline{S^\circ}$ は，0 と正の値しかとれず負の値にはならない．この理由を説明せよ．

4・32 以下の二つの物質で，モルエントロピーが大きい方を選べ．特に断りがない限り，温度は 298 K とする．
　(a) H$_2$O(l), H$_2$O(g)
　(b) NaCl(s), CaCl$_2$(s)
　(c) N$_2$(0.1 atm), N$_2$(1 atm)
　(d) C(ダイヤモンド), C(グラファイト)
　(e) O$_2$(g), O$_3$(g)
　(f) エタノール C$_2$H$_5$OH, ジメチルエーテル CH$_3$OCH$_3$
　(g) N$_2$O$_4$(g), 2 NO$_2$(g)
　(h) Fe(s)(298 K), Fe(s)(398 K)

4・33 ある化学者は，ある化合物の第三法則エントロピーと統計熱力学より計算したエントロピーとが異なることを知っている．
　(a) どちらが大きいか．
　(b) このような違いが生じる理由を二つあげよ．

4・34 絶対零度で，(a) 3 通り，(b) 4 通り，(c) 5 通りのエネルギーの等しい配向をとりうる分子の固体のモル残余エントロピーを計算せよ．

4・35 CH$_3$D 分子では，10.1 J K^{-1} mol^{-1} の残余エントロピーをもつことが測定されているが，これについて説明せよ．

4・36 298 K において $\overline{S^\circ}$(グラファイト)は，$\overline{S^\circ}$(ダイヤ

モンド）よりも大きくなるが，この理由を説明せよ（付録Bを参照）．また，この関係は0Kでも成り立つだろうか．

補 充 問 題

4・37 エントロピーは別名"時間の矢"と記述されることがある．それは，将来の時間がどちらの方向かを決定する性質をもっているからである．これについて説明せよ．

4・38 以下の式が成り立つときの条件を述べよ．
(a) $\Delta S = \Delta H/T$
(b) $S_0 = 0$
(c) $dS = C_P\, dT/T$
(d) $dS = dq/T$

4・39 以下のそれぞれの反応においてエントロピー変化は，正の値，ほとんど0，負の値のどれをとるのか．熱力学データを参照せずに予測せよ．
(a) $N_2(g) + O_2(g) \longrightarrow 2\,NO(g)$
(b) $2\,Mg(s) + O_2(g) \longrightarrow 2\,MgO(s)$
(c) $2\,H_2O_2(l) \longrightarrow 2\,H_2O(l) + O_2(g)$
(d) $H_2(g) + CO_2(g) \longrightarrow H_2O(g) + CO(g)$

4・40 体積0.780 Lの容器に入っている25℃，1.0 atm のネオンが，1.25 Lに膨張するのと同時に，85℃に加熱されるとする．このときのエントロピー変化を計算せよ．ただし，ネオンは理想気体の振舞いをすると考える［ヒント：S は状態量であるので，まず，膨張過程における ΔS を計算し，続いて，1.25 Lでの定容下の加熱に対する ΔS を計算すればよい］．

4・41 成績係数4.0の可逆的に働く冷蔵庫が0℃の水1.0 kgを凍らせるとき，どれほどの仕事がなされる必要があるか．

4・42 1 molの単原子理想気体が，400 Kから300 Kまでの冷却中に2.0 atmから6.0 atmに圧縮された．この過程における $\Delta U, \Delta H, \Delta S$ を計算せよ．

4・43 熱力学の三法則は以下のように表現されることもある．"第一法則：無から有は生じない；第二法則：一様になることが最良の方法である；第三法則：一様になることはありえない"．これらの記述のそれぞれに科学的根拠を与えよ［ヒント：第三法則の帰結の一つは，"絶対零度に到達することは不可能である"ということである］．

4・44 以下のデータを使って，水銀の標準沸点を求めよ［K単位で］．また，この計算を可能にするために，どのような仮定をしなくてはいけないか．説明せよ．

$Hg(l): \Delta_f\overline{H}^\circ = 0$（定義），
$\overline{S}^\circ = 75.9\ J\,K^{-1}\,mol^{-1}$
$Hg(g): \Delta_f\overline{H}^\circ = 60.78\ kJ\,mol^{-1}$,
$\overline{S}^\circ = 175.0\ J\,K^{-1}\,mol^{-1}$

4・45 トルートンの規則を調べると，液体のHFでは，$\Delta_{vap}\overline{H}/T_b$ の比率が，90 J K^{-1} mol^{-1} よりもかなり小さい．なぜか．説明せよ．

4・46 以下のそれぞれの用語について詳しい例をあげて説明せよ．
(a) 熱力学的自発過程

(b) 熱力学第一法則に反する過程
(c) 熱力学第二法則に反する過程
(d) 不可逆過程
(e) 平衡過程

4・47 理想気体の可逆的な断熱膨張において，エントロピー変化には，気体の膨張と冷却という二つの寄与がある．これらの二つの寄与は，大きさは同じで符号が反対であることを示せ．また，これが不可逆的な断熱膨張の場合には，これらの二つの寄与の大きさはもはや等しくない．このことを示し，ΔS の符号を予測せよ．

4・48 20℃の台所で冷蔵庫の温度を0℃に設定して使用している（放熱している）とする．
(a) 500 mLの水（およそ製氷容器の体積）を凍らせるのに，どのくらいの仕事が必要か．
(b) この過程の間にどのくらいの熱量が放出されるか．
ただし，水のモル融解エンタルピーは 6.01 kJ mol^{-1}，冷蔵庫は 35 % の効率で動いているものとする．

4・49 過熱状態の水とは，100℃を超えても沸騰せずに加熱されている状態の水である．過冷却状態の水（例題4・7参照）に比べて，過熱状態の水は熱力学的には不安定である．110℃, 1.0 atmで過熱状態にある 1.5 mol の水が，同温，同圧下で水蒸気に変化するときの $\Delta S_{系}, \Delta S_{外界}$, $\Delta S_{宇宙}$ を計算せよ（水のモル蒸発エンタルピーは，40.79 kJ mol^{-1}, 100～110℃の温度範囲での水と水蒸気のモル熱容量は，それぞれ，75.5 J K^{-1} mol^{-1} と 34.4 J K^{-1} mol^{-1} とする）．

4・50 トルエン (C_7H_8) は双極子モーメントをもっているが，一方，ベンゼン (C_6H_6) は無極性である．

融点：	5.5℃	−95℃
沸点：	80.1℃	110.6℃

予想に反して，ベンゼンがトルエンよりも高い温度で融解する理由を説明せよ．またトルエンの沸点が，ベンゼンよりも高くなる理由も説明せよ．

4・51 学生寮の部屋が不規則に乱雑になることとエントロピーの増大とは，ときに関係づけられたものだが，このたとえは正しいだろうか．批評せよ．

4・52 §4・2で100個のヘリウム原子がすべてピストンの片側に見いだされる確率は$8×10^{-31}$であった（図4・3参照）．宇宙が140億歳であるとして，この出来事が観測される時間は何秒か．

4・53 2.0 mol の Ar と 3.0 mol の Xe からなる系のエントロピーは 298 K でいくつか．計算せよ．

4・54 2 mol のアルゴンがはじめ 300 K, 2.00 L の状態にあり，400 K まで加熱して 6.00 L の体積になった．アルゴンは理想的な振舞いをし，$\overline{C}_V$ は温度に依存しないと仮定して，この過程の ΔS を計算せよ．

4・55 カルノーサイクルの各段階の $\Delta S, \Delta S_{宇宙}$ を計算せよ．

4・56 72℃で自発的に進むある反応のエンタルピー変化が 19 kJ mol^{-1} のとき，この反応の ΔS の最小値はいくつか．

4・57 8個の区別できる粒子があり，全エネルギーは6単位に等しいと仮定する（図4・13参照）．系への分布を (n_0, n_1, n_2, n_3) のように表す．次の各分布について微視的状態の数 (W) を計算せよ．
  (a) $(6, 0, 0, 2)$
  (b) $(5, 1, 1, 1)$
  (c) $(4, 2, 2, 0)$
  (d) $(2, 6, 0, 0)$

4・58 10個の分子が5個のエネルギー準位に等しく分布しているときの微視的状態の数 (W) を計算せよ．1分子をある状態から除き，別の状態に加えた場合，W の値はいくつになるか．

4・59 巨視的な系の最も確率の高い巨視的状態に関係する微視的状態の数の大きさの評価に役立つのは，ポアンカレ回帰時間（系がかつて占有した微視的状態に戻るのに必要な平均時間）である．ポアンカレ回帰時間の大きさは，以下の検討を行うことで評価できる．一組のトランプを配り，その順序（数と組，両方）を特定することで微視的状態を規定するとしよう．
  (a) 微視的状態はいくつあるか．
  (b) カードをシャッフルし，1秒に1枚カードを配った場合，再び同じ順序になるにはどれくらいかかるだろうか．

5 ギブズエネルギー，ヘルムホルツエネルギーおよびその応用

> 数学は言語である．
> Josiah Willard Gibbs*1

前章においてエントロピーという熱力学関数および熱力学第二，第三法則について学んだので，化学および物理過程を学ぶのに必要不可欠な手段については，本質的にはすべてを手に入れたことになる．しかしながら本章では，系や特定の実際の状態に注目する際に役立つように，化学熱力学の基礎となる二つの関数，ギブズエネルギーとヘルムホルツエネルギーについて詳しく説明する．

5・1 ギブズエネルギーとヘルムホルツエネルギー

エネルギーの収支を扱う熱力学第一法則，および，ある過程が自発的に進行するかどうかを判断するのに役立つ熱力学第二法則によって，十分な熱力学量を得ることができるので，どんな状況でも取扱えそうに思える．これは原則的には正しいが，ここまで誘導した式は実際に応用するにはあまり便利ではない．たとえば，第4章で展開した熱力学第二法則の式[式(4・16)]を使うためには，系とその外界の両方のエントロピー変化を計算しなければならない．通常関心がもたれるのは，ある系において何が起こるのかであって，外界で起こることは重要ではないため，$\Delta S_{宇宙}$のような全宇宙に対するものではなく，ある系内における熱力学関数の変化によって平衡と自発性に関する指標を確立できれば，より簡便になると思われる．

ある温度 T において外界と熱的平衡にある系を考えてみよう．系で一つの過程が起こった結果，無限小の熱量 $\mathrm{d}q$ が系から外界へ伝達されたとする．当然，$-\mathrm{d}q_{系}=\mathrm{d}q_{外界}$ となる．式(4・16)によると全エントロピーの変化は，

$$\mathrm{d}S_{宇宙} = \mathrm{d}S_{系} + \mathrm{d}S_{外界} \geq 0$$
$$= \mathrm{d}S_{系} + \frac{\mathrm{d}q_{外界}}{T} \geq 0$$
$$= \mathrm{d}S_{系} - \frac{\mathrm{d}q_{系}}{T} \geq 0$$

となる．上式の右辺の量がすべて系内についての量で書けたことに注意せよ．この過程が定圧過程ならば，$\mathrm{d}q_{系} = \mathrm{d}H_{系}$ であり，下式のように記述できる．

$$\mathrm{d}S_{系} - \frac{\mathrm{d}H_{系}}{T} \geq 0$$

両辺に $-T$ を掛けると，下式のようになる*2．

$$\mathrm{d}H_{系} - T\,\mathrm{d}S_{系} \leq 0$$

ここで，**ギブズエネルギー***3 (Gibbs energy) とよばれる熱力学関数，G を以下のように定義する [米国の物理学者，Josiah Willard Gibbs (1839～1903) にちなむ]．

$$G = H - TS \qquad (5・1)$$

式(5・1)からわかるように，H, T, S はすべて状態量であるから，G もまた状態量である．加えてエンタルピー同様，G の単位もエネルギーである．

等温ならば，微小過程における系のギブズエネルギー変化は下式で与えられる．

$$\mathrm{d}G_{系} = \mathrm{d}H_{系} - T\,\mathrm{d}S_{系}$$

$\mathrm{d}G_{系}$ を平衡および自発性の指標として以下のように用いる．

$$\mathrm{d}G_{系} \leq 0 \qquad (5・2)$$

＜の符号は自発過程であることを示し，等号は等温・等圧において平衡であることを示す．

特に記述しない限り，今後はギブズエネルギー変化を議論する際は，系についてのみ考えることにする．よって，

---

*1 Gibbs は古典語（ギリシャ語，ラテン語）と数学のどちらの分野を学ぶことが学生にとって重要であるかについての，エール大学の教授会における非常に長い議論の最後に，この簡潔な言葉を残した．

*2 $x>0$ ならば $-x<0$ であるから，不等式の両辺に負の数を掛けると不等号の向きが逆転することは納得できよう．

*3 ギブズエネルギーは以前，**ギブズの自由エネルギー** (Gibbs free energy)，もしくは単に**自由エネルギー** (free energy) とよばれていた．しかし，IUPAC（国際純正・応用化学連合）により自由の語は付けないことが推奨された．手短に言えば，ヘルムホルツエネルギーについても同様の推奨が行われている．

表 5・1　反応の ΔG に影響を及ぼす因子[†]

ΔH	ΔS	ΔG	反応例
+	+	低温において正．高温において負． 高温では反応は正方向に自発的に進行．低温では逆方向に自発的に進行．	$2\,HgO(s) \longrightarrow 2\,Hg(l) + O_2(g)$
+	−	温度によらず正．反応は温度によらず逆方向に自発的に進行．	$3\,O_2(g) \longrightarrow 2\,O_3(g)$
−	+	温度によらず負．反応は温度によらず正方向に自発的に進行．	$2\,H_2O_2(l) \longrightarrow 2\,H_2O(l) + O_2(g)$
−	−	低温において負．高温において正． 低温では反応は自発的に進行．高温では逆方向に進行する傾向．	$NH_3(g) + HCl(g) \longrightarrow NH_4Cl(s)$

[†] ΔH と ΔS は共に温度に依存しないものと仮定した．

以下，$_\text{系}$ という下つき文字を省略することにする．ある有限の等温過程 1→2 においてギブズエネルギー変化は

$$\Delta G = \Delta H - T\Delta S \tag{5・3}$$

と表すことができ，等温・等圧における平衡および自発性の状態は以下のように表せる．

$$\Delta G = G_2 - G_1 = 0 \quad \text{系は平衡状態にある}$$
$$\Delta G = G_2 - G_1 < 0 \quad \text{1 から 2 への過程は自発的に進行}$$

もし ΔG が負ならば，その過程は**エキサゴニック**（exergonic）（ギリシャ語で"仕事を生じる"意）であると言われ，ΔG が正ならば**エンダーゴニック**（endergonic）（同じく"仕事を消費する"意）であると言う．$q=\Delta H$ とおくために圧力は一定である必要があり，式 (5・3) を導くために温度も一定である必要があることに注意する．一般的に，過程の間中ずっと圧力が一定である場合のみ，q を ΔH と置き換えることができる．しかしながら，G は状態量であるため，ΔG は経路には依存しない．したがって，式 (5・3) は温度および圧力が過程の始状態，終状態で等しいならばどんな過程に対しても適用できる．

ギブズエネルギーはエントロピー，エンタルピー両方を含んでいるために有用である．ある反応においては，エンタルピーとエントロピーの寄与は互いに強めあう．たとえば，ΔH が負（発熱反応）で，ΔS が正（さらに分子が乱雑になる）である場合は，$\Delta H - T\Delta S$ すなわち ΔG は負となり，その過程は左辺から右辺に進行するのが有利である．エンタルピーとエントロピーが互いに反対方向に働く反応もある．つまり，ΔH と $(-T\Delta S)$ が逆符号の場合である．このような場合，ΔG の符号は ΔH と $T\Delta S$ の大小によって決定される．$|\Delta H| \gg |T\Delta S|$ であるならば，ΔG の符号は ΔH の符号によって支配的に決定されるため，その反応は**エンタルピー駆動**であるといい，反対に $|T\Delta S| \gg |\Delta H|$ であるならば，**エントロピー駆動**であるという．表 5・1 に，ΔH および ΔS の符号が ΔG に及ぼす影響を温度ごとにまとめた．

ギブズエネルギーと同様の熱力学関数は，等温・定容過程においても得ることができる．それが**ヘルムホルツエネ**

ルギー（Helmholtz energy），A であり［ドイツの生理学者，物理学者，Hermann Ludwig Helmholtz（1821〜1894）にちなむ］，以下のように定義される．

$$A = U - TS \tag{5・4}$$

ここでもすべての項は"系"について示している．ギブズエネルギーと同様，ヘルムホルツエネルギーも状態量であり，エネルギーの単位をもつ．ギブズエネルギーに対するのと同じ手順で，等温・定容における平衡と自発性に関する基準の式が以下のように求められる．

$$dA_\text{系} \leq 0 \tag{5・5}$$

ある有限の過程については，下つき文字$_\text{系}$を省略して，以下の式が得られる．

$$\Delta A = \Delta U - T\Delta S \tag{5・6}$$

5・2　ヘルムホルツエネルギーおよびギブズエネルギーの意味

式 (5・3) および式 (5・6) は，自発変化の方向，化学的および物理的平衡の性質を扱う際の非常に役立つ基準となる．加えて，熱力学関数である G, A から，ある過程においてなされうる仕事の量を決定することも可能になる．

ヘルムホルツエネルギー

等温における微小過程においては式 (5・4) は下式の形になる．

$$dA = dU - T\,dS$$

可逆変化に対しては $dq_\text{rev} = T\,dS$［式 (4・5) 参照］であるから，上式は以下のようになる．

$$dA = dU - dq_\text{rev}$$

熱力学第一法則［式 (3・7) 参照］を適用すると，

$$dA = dq_\text{rev} + dw_\text{rev} - dq_\text{rev} = dw_\text{rev} \tag{5・7}$$

となり，ある有限の過程においては以下のように記述でき

る.

$$\Delta A = w_{\text{rev}} \quad (5 \cdot 8)$$

ΔA<0 ならばその過程は自発的に進行し，もしこの変化が可逆的であれば，w_{rev} は系によって外界になされる仕事を表す（本書の取決めでは，この場合の w_{rev} は負の量であることに注意）．さらに，w_{rev} は得られる最大の仕事である.

式(5・6)を適用して，一定温度 T，一定体積 V において 2 種の理想気体 1, 2 を混合する過程における ΔA を算出してみよう．等温過程なので $\Delta U=0$，また式(4・17)から混合エントロピーは $-R(n_1 \ln x_1 + n_2 \ln x_2)$ であるので，ΔA は以下のように表すことができる.

$$\Delta A = \Delta U - T\Delta S = RT(n_1 \ln x_1 + n_2 \ln x_2)$$

x<1 であるので $\ln x$<0 となり，上記の値は負になる．この結果は，2 種の理想気体の等温条件における混合が自発過程であるという知識に矛盾しない．次の例題から，ある化学反応により得ることができる最大仕事を，式(5・6)を使って求める方法が学べる.

例題 5・1

25 ℃における，グルコースの水および二酸化炭素への代謝

$$C_6H_{12}O_6(s) + 6\,O_2(g) \longrightarrow 6\,CO_2(g) + 6\,H_2O(l)$$

について考察せよ．熱量測定，および，付録 B から，1 mol のグルコースの燃焼において，$\Delta_r U = -2801.3$ kJ mol^{-1}，$\Delta_r S = 260.7$ J K^{-1} mol^{-1} が得られた．仕事としてどれだけのエネルギー変化が取出せるか求めよ．

解 式(5・6)からヘルムホルツエネルギー変化を求める.

$$\begin{aligned}\Delta_r A &= \Delta_r U - T\Delta_r S \\ &= -2801.3 \text{ kJ mol}^{-1} - (298\text{ K})\left(\frac{260.7\text{ J K}^{-1}\text{ mol}^{-1}}{1000\text{ J/kJ}}\right) \\ &= -2879.0 \text{ kJ mol}^{-1}\end{aligned}$$

コメント この結果から，グルコースの生化学的分解によって理論的に得られる最大仕事（2879.0 kJ mol^{-1}）が，内部エネルギー変化（2801.3 kJ mol^{-1}）より実際には大きいことがわかる．これは，この過程がエントロピーの増大を伴い，それが最大仕事に寄与することに起因している．実際には，この仕事の一部分しか役に立つ生化学的活動には変換されない.

ギブズエネルギー

ギブズエネルギー変化と仕事との関係を表すために，G の定義から始める．

$$G = H - TS$$

微小過程においては下式が導かれる.

$$dG = dH - T\,dS - S\,dT$$

ここで，エンタルピーの定義から下式を得ることができる.

$$H = U + PV$$
$$dH = dU + P\,dV + V\,dP$$

また，熱力学第一法則から下式を導くことができる*.

$$dU = đq + đw$$
$$dU = đq - P\,dV$$

可逆変化については，式(4・5)より

$$đq_{\text{rev}} = T\,dS$$

とおけ，dU, dH は以下のようにおくことができる.

$$dU = T\,dS - P\,dV \quad (5 \cdot 9)$$
$$dH = (T\,dS - P\,dV) + P\,dV + V\,dP = T\,dS + V\,dP$$

最後に，dG は以下のようになる.

$$\begin{aligned}dG &= (T\,dS + V\,dP) - T\,dS - S\,dT \\ &= V\,dP - S\,dT\end{aligned} \quad (5 \cdot 10)$$

式(5・9)は熱力学第一法則および第二法則をまとめて表しており，一方，式(5・10)は G が圧力および温度に依存することを示している．これら両方が重要であり，熱力学の基礎公式である（より多くの熱力学関係式が p. 101 の補遺 5・1 で誘導してある）.

式(5・10)は，膨張による仕事のみを伴う過程に対して適用でき，その他の種類の仕事がある場合には，それに加えて考慮しなければならない．例として，電子を生成し，電気的な仕事（w_{el}）をする化学電池の酸化還元反応の場合には，式(5・9)は次のように修正される.

$$dU = T\,dS - P\,dV + dw_{\text{el}}$$

それゆえ

$$dG = V\,dP - S\,dT + dw_{\text{el}}$$

下つき文字 el は電気的の意である．P, T 一定では，

$$dG = dw_{\text{el, rev}}$$

となり，有限の過程においては以下の式が導かれる.

$$\Delta G = w_{\text{el, rev}} = w_{\text{el, max}} \quad (5 \cdot 11)$$

---

* ここでは P–V タイプの仕事だけを考慮した．

式(5・11)は，ΔG が P, T 一定における可逆過程で得られる非膨張による最大仕事であることを示しており，第9章で電気化学について議論する際に用いられる．

例題 5・2

例題4・5を参照して，(a) 0℃，(b) 10℃，(c) −10℃での氷の融解に対する ΔG を求めよ．水のモル融解エンタルピー，モル融解エントロピーはそれぞれ，6.01 kJ mol^{-1}，22.0 J K^{-1} mol^{-1} であり，これらは温度に依存しないと仮定する．

解 式(5・3)を三つすべての場合に適用する．
(a) 氷の通常の融点では，
$$\Delta G = \Delta H - T\Delta S$$
$$= 6.01 \text{ kJ mol}^{-1} - 273 \text{ K} \left(\frac{22.0 \text{ J K}^{-1} \text{mol}^{-1}}{1000 \text{ J/kJ}}\right)$$
$$= 0 \text{ kJ mol}^{-1}$$
(b) 10℃では，
$$\Delta G = 6.01 \text{ kJ mol}^{-1} - 283 \text{ K} \left(\frac{22.0 \text{ J K}^{-1} \text{mol}^{-1}}{1000 \text{ J/kJ}}\right)$$
$$= -0.22 \text{ kJ mol}^{-1}$$
(c) −10℃では，
$$\Delta G = 6.01 \text{ kJ mol}^{-1} - 263 \text{ K} \left(\frac{22.0 \text{ J K}^{-1} \text{mol}^{-1}}{1000 \text{ J/kJ}}\right)$$
$$= 0.22 \text{ kJ mol}^{-1}$$

コメント これらの結果は，0℃では系は平衡にあり $\Delta G=0$ で (a)，10℃では氷は自発的に溶け $\Delta G<0$ であり (b)，−10℃では氷は自発的に溶けることはなく $\Delta G>0$ である (c)，という知識と矛盾しないものである．

例題 5・3

燃料電池中では，メタンのような天然ガスが，燃焼過程におけるのと同様な酸化還元反応を経て，二酸化炭素と水になり，電気を生じる（§9・5参照）．25℃において1 mol のメタンから得られる最大の電気的仕事を求めよ．

解 反応は以下のように記述できる．
$$\text{CH}_4(g) + 2\text{O}_2(g) \longrightarrow \text{CO}_2(g) + 2\text{H}_2\text{O}(l)$$

付録Bの $\Delta_f \overline{H}°$，$\overline{S}°$ から $\Delta_r H = -890.3$ kJ mol^{-1}，$\Delta_r S = -242.8$ J K^{-1} mol^{-1} が求められる*．よって式(5・3)から下式が導かれる．
$$\Delta_r G = -890.3 \text{ kJ mol}^{-1} -$$
$$298 \text{ K} \left(\frac{-242.8 \text{ J K}^{-1} \text{mol}^{-1}}{1000 \text{ J/kJ}}\right)$$
$$= -818.0 \text{ kJ mol}^{-1}$$

---

* 訳注：$\Delta_r H = [2(-285.8)+(-393.5)] - [2(0)+(-74.85)]$，$\Delta_r S = [2(69.9)+(213.6)] - [2(205.0)+(186.2)]$ より求まる．

また，式(5・11)から以下のようになる．
$$w_{\text{el,max}} = -818.0 \text{ kJ mol}^{-1}$$

よってこの系は，CH$_4$ 1 mol につき，最大で 818.0 kJ mol^{-1} の電気的仕事を外界にすることができる．

コメント 興味深い点は2点ある．一つは反応によってエントロピーが減少するために，生成する熱よりもなされる電気的仕事の方が小さいという点である．これが秩序に対し払われる代償である．二つめは，この燃焼エンタルピーが熱機関で仕事に換えられた場合，熱−仕事変換の効率は式(4・9)によって制限されてしまう．しかし，燃料電池は熱機関ではないので，熱力学第二法則による制限に左右されることなく，ギブズエネルギーを100％仕事に変換することが原則的には可能となる．

最後に，定圧の条件下は定容の条件下より一般的なので，ギブズエネルギーがヘルムホルツエネルギーより頻繁に使われることに注意せよ．

5・3　標準生成ギブズエネルギー（$\Delta_f \overline{G}°$）

エンタルピーに対するのと同様，ギブズエネルギーの絶対値を測定することはできないので，便宜上，1 bar，298 K における最も安定な同素体の状態の元素について標準生成ギブズエネルギーを0とする．グラファイトの燃焼をもう一度例として取上げる（§3・7参照）．

$$\text{C}(\text{グラファイト}) + \text{O}_2(g) \longrightarrow \text{CO}_2(g)$$

この反応が，1 bar の反応物が 1 bar の生成物に変換されることでなされたならば，標準反応ギブズエネルギー $\Delta_r G°$ は以下のように記述される．

$$\Delta_r G° = \Delta_f \overline{G}°(\text{CO}_2) - \Delta_f \overline{G}°(\text{グラファイト}) - \Delta_f \overline{G}°(\text{O}_2)$$
$$= \Delta_f \overline{G}°(\text{CO}_2)$$

つまり，
$$\Delta_f \overline{G}°(\text{CO}_2) = \Delta_r G°$$

となる．これはグラファイトと O$_2$ の $\Delta_f \overline{G}°$ が共に0であるためである．$\Delta_r G°$ を求めるために式(5・3)を用い，

$$\Delta_r G° = \Delta_r H° - T\Delta_r S°$$

とおき，第3章 (p. 51) から，$\Delta_r H° = -393.5$ kJ mol^{-1} である．$\Delta_r S°$ を求めるには，式(4・27)と付録Bのデータを用いる．

$$\Delta_r S° = \overline{S}°(\text{CO}_2) - \overline{S}°(\text{グラファイト}) - \overline{S}°(\text{O}_2)$$
$$= (213.6 - 5.7 - 205.0) \text{ J K}^{-1} \text{ mol}^{-1}$$
$$= 2.9 \text{ J K}^{-1} \text{ mol}^{-1}$$

以上から，標準反応ギブズエネルギーは以下のように求められる．

$$\Delta_r G° = -393.5 \text{ kJ mol}^{-1} - 298 \text{ K} \left(\frac{2.9 \text{ J K}^{-1} \text{ mol}^{-1}}{1000 \text{ J/kJ}}\right)$$
$$= -394.4 \text{ kJ mol}^{-1}$$

最終的に，次の結果に到達する．

$$\Delta_f \overline{G}°(\text{CO}_2) = -394.4 \text{ kJ mol}^{-1}$$

このやり方で，たいていの物質の $\Delta_f \overline{G}°$ を求めることができる．表5・2には，いくつかの一般的な無機および有機物質について $\Delta_f \overline{G}°$ を示した（付録Bにはさらに多くの物質についての $\Delta_f \overline{G}°$ を示した）．

一般に，下式の反応

$$a\text{A} + b\text{B} \longrightarrow c\text{C} + d\text{D}$$

における $\Delta_r G°$ は，次式によって求められる．

$$\Delta_r G° = c\,\Delta_f \overline{G}°(\text{C}) + d\,\Delta_f \overline{G}°(\text{D}) - a\,\Delta_f \overline{G}°(\text{A}) - b\,\Delta_f \overline{G}°(\text{B})$$
$$= \sum \nu \Delta_f \overline{G}°(\text{生成物}) - \sum \nu \Delta_f \overline{G}°(\text{反応物}) \quad (5 \cdot 12)$$

ここでも ν は化学量論係数[*1]である．後の章において，$\Delta_r G°$ を平衡定数や電気化学的測定から求める例がある．

ギブズエネルギー変化は二つの部分——エンタルピーによる部分と温度とエントロピーの積による部分——から構成されているために，ある過程における $\Delta_r G°$ へのそれらの寄与の比較は非常に有用である．図5・1に，例題5・1，5・3で求めた燃焼のデータを用いて，二つの部分の寄与をベクトル図で示した．

表 5・2 いくつかの無機および有機物質の 1 bar, 298 K における標準生成ギブズエネルギー

物　質	$\dfrac{\Delta_f \overline{G}°}{\text{kJ mol}^{-1}}$	物　質	$\dfrac{\Delta_f \overline{G}°}{\text{kJ mol}^{-1}}$
C（グラファイト）	0	CH$_4$(g)	-50.79
C（ダイヤモンド）	2.87	C$_2$H$_6$(g)	-32.9
CO(g)	-137.3	C$_3$H$_8$(g)	-23.5
CO$_2$(g)	-394.4	C$_2$H$_2$(g)	209.2
HF(g)	-275.4	C$_2$H$_4$(g)	68.12
HCl(g)	-95.3	C$_6$H$_6$(l)	124.5
HBr(g)	-53.4	CH$_3$OH(l)	-166.3
HI(g)	1.7	C$_2$H$_5$OH(l)	-174.2
H$_2$O(g)	-228.6	CH$_3$CHO(l)	-128.1
H$_2$O(l)	-237.2	HCOOH(l)	-361.4
NH$_3$(g)	-16.6	CH$_3$COOH(l)	-389.9
NO(g)	86.7	C$_6$H$_{12}$O$_6$(s)	-910.6
NO$_2$(g)	51.84	C$_{12}$H$_{22}$O$_{11}$(s)	-1544.3
N$_2$O$_4$(g)	98.3		
N$_2$O(g)	103.6		
O$_3$(g)	163.4		
SO$_2$(g)	-300.1		
SO$_3$(g)	-370.4		

[*1] $\nu=1$ のときは式(5・12)にわざわざ記さない．

C$_6$H$_{12}$O$_6$[*2]:
$\Delta_r H° = -2801.3 \text{ kJ mol}^{-1}$
$-T\Delta_r S° = -77.7 \text{ kJ mol}^{-1}$
$\Delta_r G° = -2879.0 \text{ kJ mol}^{-1}$

CH$_4$:
$\Delta_r H° = -890.3 \text{ kJ mol}^{-1}$
$-T\Delta_r S° = 72.3 \text{ kJ mol}^{-1}$
$\Delta_r G° = -818.0 \text{ kJ mol}^{-1}$

ここで一つの疑問が生ずる．それは大きい負の $\Delta_r G°$ が示しているように，グルコースおよびメタンの燃焼が自発的なら，なぜグルコースとメタンは明らかな変化もなく空気中に長時間存在できるのか，という疑問である．ここに熱力学の限界が存在しており，熱力学は反応の進行する方向について情報を与えるだけで，その速度に関しては何の情報ももたらさない．どのような反応も，その反応が始まるには，活性化エネルギー障壁を乗り越えるのに十分なエネルギーを反応物がまず獲得しなくてはならない．容器中のグルコース（やメタン）分子は，常温では，これらのエネルギーをもっていないために完全に安定なのである．この話題についてのさらなる議論は第15章に譲る．

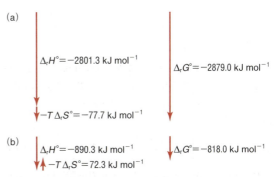

図 5・1　(a) グルコースと，(b) メタンの 298 K での燃焼反応における $\Delta_r H°$，$-T\Delta_r S°$，$\Delta_r G°$ の変化を示したベクトル図

5・4　ギブズエネルギーの温度および圧力依存性

ギブズエネルギーは化学熱力学において中心的な役割を担っているために，この特性の理解は重要である．式(5・10)はギブズエネルギーが温度および圧力の両方の関数であることを示している．本節では，G が温度や圧力のそれぞれによりどのように変化するかを考察する．

G の温度依存性

式(5・10)から式を展開していく．

$$dG = V\,dP - S\,dT$$

[*2] 例題5・1からグルコースのデータが得られる．気体の物質量（モル数）に変化はないから $\Delta n = 0$，それゆえ $\Delta_r U° = \Delta_r H°$，$\Delta_r A° = \Delta_r G°$ となる．

一定圧力の条件下においては，この式は

$$dG = -S\,dT$$

となる．よって，定圧条件下における T に対する G の変化量は以下のように求められる．

$$\left(\frac{\partial G}{\partial T}\right)_P = -S \quad (5 \cdot 13)$$

上式から式(5・1)は以下のように記述できる．

$$G = H + T\left(\frac{\partial G}{\partial T}\right)_P$$

上式の両辺を T^2 で割り，変形すると下式が得られる．

$$-\frac{G}{T^2} + \frac{1}{T}\left(\frac{\partial G}{\partial T}\right)_P = -\frac{H}{T^2}$$

上式の左辺は，定圧条件下，G/T を T で偏微分したものである．つまり，

$$\left[\frac{\partial (G/T)}{\partial T}\right]_P = -\frac{G}{T^2} + \frac{1}{T}\left(\frac{\partial G}{\partial T}\right)_P$$

であることから，下式のように書き直すことができる．

$$\left[\frac{\partial (G/T)}{\partial T}\right]_P = -\frac{H}{T^2} \quad (5 \cdot 14)$$

式(5・14)は**ギブズ・ヘルムホルツの式**(Gibbs-Helmholtz equation)として知られている．ある有限の過程に応用すると，G および H は ΔG および ΔH となるので，式は以下のようになる．

$$\left[\frac{\partial (\Delta G/T)}{\partial T}\right]_P = -\frac{\Delta H}{T^2} \quad (5 \cdot 15)$$

式(5・15)は，ギブズエネルギー変化の温度依存性，したがって平衡の位置を，エンタルピー変化と関係づけているために重要である．第8章において再度この式を使用することになる．

G の圧力依存性

ギブズエネルギーの圧力依存性について議論するために，再度，式(5・10)を用いる．一定温度においては式(5・10)は以下のようになる．

$$dG = V\,dP$$

つまり，下式を導くことができる．

$$\left(\frac{\partial G}{\partial P}\right)_T = V \quad (5 \cdot 16)$$

体積は正でなければいけないから，式(5・16)は，一定温度下のある系におけるギブズエネルギーは圧力に伴って常に増加することを示している．系の圧力が P_1 から P_2 に増加するのに伴い，どのように G が増加するのかは興味がもたれるところである．G の変化を ΔG と表記すると，系が状態1から状態2に変化するにつれて，ΔG は以下のように求められる．

$$\Delta G = \int_1^2 dG = G_2 - G_1 = \int_{P_1}^{P_2} V\,dP$$

理想気体においては，$V = nRT/P$ であるので，

$$\Delta G = G_2 - G_1 = \int_{P_1}^{P_2} \frac{nRT}{P}\,dP$$
$$= nRT \ln \frac{P_2}{P_1} \quad (5 \cdot 17)$$

となる．$P_1 = 1\,\text{bar}$（標準状態）とすると，G_1 は標準状態を表す $^\circ$ を付けて G°，G_2 は G，P_2 は P と表記できるので，式(5・17)は以下のようになる．

$$G = G^\circ + nRT \ln \frac{P}{1\,\text{bar}}$$

モル量に表現し直すと以下のようになる．

$$\overline{G} = \overline{G}^\circ + RT \ln \frac{P}{1\,\text{bar}} \quad (5 \cdot 18)$$

$\overline{G}$ は温度と圧力両方に依存し，$\overline{G}^\circ$ は温度のみの関数である．式(5・18)は理想気体のモルギブズエネルギーとその圧力とを関連づけている．次章で，混合物中のある物質のギブズエネルギーとその濃度とを関連づける類似の式を学ぶであろう．

> **例題 5・4**
>
> 300 K，1.50 bar，0.590 mol の理想気体を，圧力が 6.90 bar になるまで等温的に圧縮した．この過程におけるギブズエネルギー変化を求めよ．
>
> **解** 式(5・17)を用いる．
>
> $$P_1 = 1.50\,\text{bar}, \quad P_2 = 6.90\,\text{bar}$$
>
> であるので，
>
> $$\Delta G = nRT \ln \frac{P_2}{P_1}$$
> $$= (0.590\,\text{mol}) \cdot (8.314\,\text{J K}^{-1}\,\text{mol}^{-1}) \cdot (300\,\text{K}) \cdot$$
> $$\ln \frac{6.90\,\text{bar}}{1.50\,\text{bar}}$$
> $$= 2.25 \times 10^3\,\text{J}$$

ここまでは，G の圧力依存性を議論するにあたって気体に注目していた．一方，液体や固体の体積は実質的に掛けた圧力に依存しないので，以下のように記述できる．

$$G_2 - G_1 = \int_{P_1}^{P_2} V\,dP = V(P_2 - P_1) = V\Delta P$$

つまり，

$$G_2 = G_1 + V\Delta P$$

で，体積 V は定数と見なせるため，積分記号の外に出すことができる．通常は，液体や固体のギブズエネルギーは圧力によってほとんど変化しないため，地球内部の地質学的過程や実験室における特別な高圧条件下の場合を除い

て，G の P に伴う変化は無視される．

5・5 ギブズエネルギーと相平衡

本節では，相平衡の理解にギブズエネルギーを適用する方法を見ていこう．相（phase）とは，ある系内における均一な部分であり，この部分は同じ系内の他の部分と接しているが，明白な境界をもって他の部分と分かれている．相平衡の例としては，凝固や蒸発などの物理平衡と化学平衡があり，第 8 章では，化学平衡へのギブズエネルギーの適用を学ぶことになる．本節での議論は一成分系に限定することにする．

ある温度，圧力において，一成分系の二相（たとえば固体と液体）が平衡状態にあるとしよう．この状態はどのような式で表せるだろうか．下式のようにギブズエネルギーが等しいと考えがちかもしれない．

$$G_{固相} = G_{液相}$$

しかしこの式は当てはまらない．というのは，0℃ の真水の大洋に小さな氷片を浮かべることはできるが，それにもかかわらず水のギブズエネルギーは氷片のそれより明らかにずっと大きいのである．上式の代わりに，示強性状態量である，その物質の<u>単位モル当たりの</u>ギブズエネルギー（すなわちモルギブズエネルギー）が，平衡にある二つの相において等しいことを示すべきである．これは示強性状態量は存在する物質量によらないからである．以上から下式が導かれる．

$$\overline{G}_{固相} = \overline{G}_{液相}$$

もし温度や圧力などの外部条件が変化して，$\overline{G}_{固相} > \overline{G}_{液相}$ となったとすると，固体はいくらか溶ける．それは

$$\Delta G = \overline{G}_{液相} - \overline{G}_{固相} < 0$$

となるからである．反対に，$\overline{G}_{固相} < \overline{G}_{液相}$ となった場合はある量の液体が自発的に凝固することになる．

次に，固体，液体，気体のモルギブズエネルギーが温度や圧力にどのように依存しているか見ていこう．式 (5・13) をモル量で表記すると以下のようになる．

$$\left(\frac{\partial \overline{G}}{\partial T}\right)_P = -\overline{S}$$

物質のエントロピーは相にかかわらず常に正であるため，一定圧力下で $\overline{G}$ を T に対してプロットすると負の勾配をもった直線となる．ある一つの物質の三つの相に対して，それぞれ以下の式が得られる*．

$$\left(\frac{\partial \overline{G}_{固相}}{\partial T}\right)_P = -\overline{S}_{固相}, \left(\frac{\partial \overline{G}_{液相}}{\partial T}\right)_P = -\overline{S}_{液相}, \left(\frac{\partial \overline{G}_{気相}}{\partial T}\right)_P = -\overline{S}_{気相}$$

いかなる温度でも，物質のモルエントロピーは以下の順番で減少する．

$$\overline{S}_{気相} \gg \overline{S}_{液相} > \overline{S}_{固相}$$

これらの違いは，図 5・2 の直線の勾配として反映される．高温においては，モルギブズエネルギーが最も小さいので気相が最も安定であるのに対し，温度が低くなるに従って，液相が安定な相となり，さらに温度を減少させると，最終的には固相が最も安定となる．気相線と液相線の交点はこれら二つの相が平衡にある点を示し，$\overline{G}_{気相} = \overline{G}_{液相}$ である．これに対応する温度 T_b は沸点である．同様に，固体と液体が平衡状態で共存する温度 T_f は融点である．

圧力の増加は相平衡にどのような影響を与えるのであろうか．前節で物質のギブズエネルギーは圧力増加に伴い常に増加することがわかった〔式(5・16) 参照〕．さらに，ある一定の圧力が増加した場合，気相への影響が最も大きく，液相および固相に対してはずっと小さい．この結果は式 (5・16) から求まる．式 (5・16) をモル量で表記すると

$$\left(\frac{\partial \overline{G}}{\partial P}\right)_T = \overline{V}$$

のようになり，気相のモル体積は通常，液相および固相のモル体積よりおよそ千倍大きいからである．

図 5・3 は圧力が P_1 から P_2 に増加した際の，気，液，固相の $\overline{G}$ の増加について示したものである．T_f, T_b が共により高い値に移動していることがわかるが，T_b の変化の方が大きい．これは気相の $\overline{G}$ の増加が他相の変化に比べ大きいためである．このように，外部圧力の増加によって物質の融点および沸点は共に一般的に上昇する．図 5・3 には示していないが，逆もまた真である．つまり，外部圧力

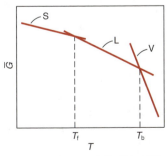

図 5・2 ある物質の定圧条件下の気相，液相，固相におけるモルギブズエネルギーの温度依存性．ある温度において最小の $\overline{G}$ になる相が最も安定である．気相線 (V) と液相線 (L) の交点の温度が沸点 (T_b)，液相線と固相線 (S) の交点の温度が融点 (T_f) である．

---

* 気体 (gas) と蒸気 (vapor) を同義語として用い，ここでは気相と表しているが，厳密に言うと，これらの言葉の意味は異なる．気体とは常温，常圧において通常気体の状態にある物質を指すのに対し，蒸気は標準的な温度，圧力においては液体か固体である物質の気体である状態を指す．よって 25℃，1 atm においては，"水は蒸気で，酸素は気体" と言うことになる（ここの式の気相は蒸気の意味）．

の減少によって融点および沸点は共に降下する．ここまでの議論における，融点に対する圧力の影響についての結論は，液体のモル体積が固体のモル体積より大きいという前提のもとに成立していることに留意されたい．この前提はたいていの物質について成立するが，物質によっては成立しないこともある．重要な例外は水である．実際，氷のモル体積は水のモル体積より大きいため，氷は水に浮くのである．加えて，水の場合には外部圧力の増加によって融点は降下する．水のこの特性についてはさらに後で述べる．

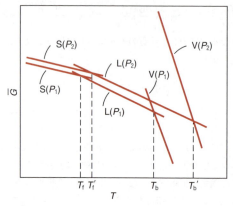

図 5・3 モルギブズエネルギーの圧力依存性．ほとんどの物質（水は重要な例外である）は圧力の上昇に伴って融点も沸点も共に上昇する（ここでは $P_2 > P_1$ である）．

クラペイロンの式とクラウジウス・クラペイロンの式

ここで，相平衡の定量的理解に役立つ，一般的ないくつかの関係式を誘導しよう．α, β 二相からなるある物質を考えよう．一定温度，一定圧力下における平衡状態において下式が成り立つ．

$$\overline{G}_\alpha = \overline{G}_\beta$$

よって

$$d\overline{G}_\alpha = d\overline{G}_\beta$$

α, β 二相間の変化における dP と dT の関係式を導くために式 (5・10) を用いて，

$$d\overline{G}_\alpha = \overline{V}_\alpha\, dP - \overline{S}_\alpha\, dT = d\overline{G}_\beta = \overline{V}_\beta\, dP - \overline{S}_\beta\, dT$$
$$(\overline{S}_\beta - \overline{S}_\alpha)\, dT = (\overline{V}_\beta - \overline{V}_\alpha)\, dP$$

つまり，下式が得られる．

$$\frac{dP}{dT} = \frac{\Delta \overline{S}}{\Delta \overline{V}}$$

$\Delta \overline{V}$ および $\Delta \overline{S}$ はそれぞれ，α→β の相転移によるモル体積およびモルエントロピーの変化を示している．平衡状態において $\Delta \overline{S} = \Delta \overline{H}/T$ が成り立つため，上式は以下のよう

に書き換えることができる．

$$\frac{dP}{dT} = \frac{\Delta \overline{H}}{T \Delta \overline{V}} \quad (5 \cdot 19)$$

ここで T は相転移温度，すなわち融点や沸点のほか，異なる二相が平衡状態で共存できる温度のことである．式 (5・19) は，**クラペイロンの式**とよばれている［この式を誘導したフランス人技師，Benoit-Paul-Émile Clapeyron (1799～1864) にちなむ］．この簡単な式によって，圧力変化と温度変化の比を，その過程におけるモル体積変化やモルエンタルピー変化のような容易に測定可能な量で表すことが可能となる．この式はグラファイト−ダイヤモンドというような同素体間の平衡はもちろん，融解，蒸発，昇華という現象に当てはめることができる．

クラペイロンの式を蒸発および昇華平衡に用いる際は，便利な近似形で表すことができる．これらの場合では，気相のモル体積は凝縮相のそれに対し非常に大きいので，以下のように近似できる．

$$\Delta_\text{vap}\overline{V} = \overline{V}_\text{気相} - \overline{V}_\text{凝縮相} \approx \overline{V}_\text{気相}$$

さらに，気相を理想気体とみなすことで以下のように記述できる．

$$\Delta_\text{vap}\overline{V} = \overline{V}_\text{気相} = \frac{RT}{P}$$

式 (5・19) に上式の $\Delta_\text{vap}\overline{V}$ を代入して下式が得られ，

$$\frac{dP}{dT} = \frac{P \Delta_\text{vap}\overline{H}}{RT^2}$$

すなわち，式 (5・20) となる．

$$\frac{dP}{P} = d\ln P = \frac{\Delta_\text{vap}\overline{H}\, dT}{RT^2} \quad (5 \cdot 20)$$

式 (5・20) は**クラウジウス・クラペイロンの式** (Clausius-Clapeyron equation) とよばれる［Clapeyron とドイツの物理学者，Rudolf Julius Clausius (1822～1888) にちなむ］．式 (5・20) を P_1, T_1 から P_2, T_2 の範囲で定積分することによって次式が得られる．

$$\int_{P_1}^{P_2} d\ln P = \ln \frac{P_2}{P_1} = \frac{\Delta_\text{vap}\overline{H}}{R}\int_{T_1}^{T_2} \frac{dT}{T^2}$$
$$= -\frac{\Delta_\text{vap}\overline{H}}{R}\left(\frac{1}{T_2} - \frac{1}{T_1}\right)$$

もしくは以下のようになる．

$$\ln \frac{P_2}{P_1} = \frac{\Delta_\text{vap}\overline{H}}{R} \frac{(T_2 - T_1)}{T_1 T_2} \quad (5 \cdot 21)$$

$\Delta_\text{vap}\overline{H}$ は温度に依存しないと仮定している．式 (5・20) を不定積分すると下式のように $\ln P$ を温度の関数として表すことができる．

$$\ln P = -\frac{\Delta_\text{vap}\overline{H}}{RT} + C \quad (5 \cdot 22)$$

ここで C は定数を表す．したがって，$1/T$ に対して $\ln P$

をプロットすると，勾配が $-\Delta_{vap}\overline{H}/R$（負の値）の直線になる（図5・4）.

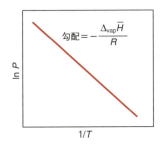

図5・4 $\ln P$ と $1/T$ のグラフから，液体のモル蒸発エンタルピー $\Delta_{vap}\overline{H}$ が求められる.

相　図

ここまで勉強してきて，いくつかのおなじみの系の相平衡について議論する準備ができたことになる．系が固，液，気のどの相で存在しているかは，横軸に温度，縦軸に圧力をとった**相図**（phase diagram）に簡単にまとめられる．水と二酸化炭素の相平衡について考察を進めていこう．

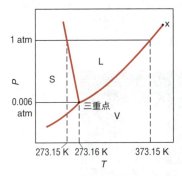

図5・5 水の相図．S-L曲線が負の勾配をもつことに注意せよ．L-V曲線は臨界点 x（647.6 K, 217.7 atm）において終わる（縦軸，横軸共に目盛は正確ではないことに注意）．

水　水の相図を図5・5に示す．S, L, V の各領域では固相，液相，気相の各単一相のみが存在でき，おのおのの曲線上ではそれぞれ対応する二相が共存可能である．それら曲線の勾配は dP/dT によって与えられる．例として，領域Lと領域Vを分ける曲線は，温度による水の蒸気圧変化を表している．373.15 K においては水の蒸気圧は1 atm であり，この条件が水の標準沸点を表す．ここで，L-V曲線が突然終わってしまうことに注意してほしい．この点（臨界点）を超えて液相が存在することはできない．水の標準凝固点（氷の標準融点）は同様に，S-L曲線の1 atm における温度から 273.15 K と定義される．最後に，気，液，固相すべてが共存できる<u>三重点</u>とよばれる一点があり，水の場合は $T=273.16$ K, $P=0.006$ atm を満たす点である．

例題 5・5

水の S-L 曲線の 273.15 K における勾配を atm K^{-1} 単位で求めよ．$\Delta_{fus}\overline{H}=6.01$ kJ mol^{-1}, $\overline{V}_L=0.0180$ L mol^{-1}, $\overline{V}_S=0.0196$ L mol^{-1} の値を用いよ．

解　クラペイロンの式[式（5・19）]を用いる.
$$\frac{dP}{dT}=\frac{\Delta_{fus}\overline{H}}{T_f\,\Delta_{fus}\overline{V}}$$
1 J $=9.87\times10^{-3}$ L atm であるので，以下のようになる．
$$\frac{dP}{dT}=\frac{(6010\text{ J mol}^{-1})(9.87\times10^{-3}\text{ L atm J}^{-1})}{(273.15\text{ K})(0.0180-0.0196)\text{ L mol}^{-1}}$$
$$=-136 \text{ atm K}^{-1}$$

コメント　1) 液体の水のモル体積は氷のそれより小さいため，図5・5に示すように勾配は負の値となる．さらに，$(\overline{V}_L-\overline{V}_S)$ の値が小さいため，勾配は非常に急になる．

2) dT/dP の計算によって，融点の変化（減少）を圧力の関数として表せるという興味深い結果が得られる．先の結果から，$dT/dP=-7.35\times10^{-3}$ K atm^{-1} であることがわかるが，これは氷の融点が圧力が1 atm 増加するごとに 7.35×10^{-3} K ずつ降下することを示している．アイススケートはこの効果によって可能になる．スケート靴の刃の面積は小さいので，体重によって氷にはかなりの圧力がかかる（500 atm 程度）．したがって氷は解け，解けた氷によってできた，スケート靴の刃と氷の間の水の膜が潤滑剤として働き，氷上での動きを容易にするのである．しかしながら，さらなる詳しい研究によると，氷が解ける主たる要因は，スケートの刃と氷の間に生じる摩擦熱である．

例題 5・6

下のデータは水の蒸気圧の変化を温度の関数として表したものである．

P/mmHg	17.54	31.82	55.32	92.51	149.38	233.7
t/°C	20	30	40	50	60	70

水のモル蒸発エンタルピーを求めよ．

解　式（5・22）を用いる．はじめにこれらのデータをプロットするのに適した形に変換する．

$\ln P$	2.864	3.460	4.013
$(1/T)/$K^{-1}	3.41×10^{-3}	3.30×10^{-3}	3.19×10^{-3}
$\ln P$	4.527	5.006	5.454
$(1/T)/$K^{-1}	3.10×10^{-3}	3.00×10^{-3}	2.92×10^{-3}

$1/T$ を横軸に，$\ln P$ を縦軸にしたプロットを図5・6に示す．図から勾配を求めると，勾配とモル蒸発エンタルピーには以下の関係式が成り立つ．
$$-5090\text{ K}=-\frac{\Delta_{vap}\overline{H}}{R}$$

よって，モル蒸発エンタルピーは以下のように求められる．

$$\Delta_{vap}\overline{H} = (8.314\ \mathrm{J\ K^{-1}\ mol^{-1}})(5090\ \mathrm{K})$$
$$= 42.3\ \mathrm{kJ\ mol^{-1}}$$

コメント 1) 標準沸点で測定された水のモル蒸発熱は，$40.79\ \mathrm{kJ\ mol^{-1}}$ である．$\Delta_{vap}\overline{H}$ はある程度は温度に依存するし，一方，図5・6 から求めた値は 20°C から 70°C における平均値であるから，食い違うのであろう．

2) データをプロットする際に，$\ln P$ は無次元であり，圧力の単位が mmHg であろうが atm であろうが得られる勾配は同じであることに注意せよ．それは以下の理由による．atm と mmHg の間には以下の関係式が成立する．

$$P' = CP$$

ここで P' は atm 単位で，P は mmHg 単位で，それぞれ表した圧力，C は変換係数である．圧力を atm 単位で表すと，直線の勾配は下式のように求められる．

$$\text{勾配} = \frac{(\ln P'_2 - \ln P'_1)}{1/T_2 - 1/T_1} = \frac{\ln CP_2 - \ln CP_1}{1/T_2 - 1/T_1}$$
$$= \frac{\ln P_2 - \ln P_1}{1/T_2 - 1/T_1}$$

上に述べたように，圧力を atm 単位で表記（P'_1, P'_2）しても，mmHg 単位で表記（P_1, P_2）しても，勾配は同じ値になる．

も正となるためである．ここで留意すべきことは，液体の CO_2 は 5 atm 未満の圧力では安定ではないことである．この理由から固体の CO_2 は常圧下では融解せずに昇華のみし，"ドライアイス"とよばれる．そのうえドライアイスは図5・8 に示すように氷と似ている．液体 CO_2 は室温で存在できるが，通常は，67 atm（！）の圧力下，金属製円筒容器中に保管されている．

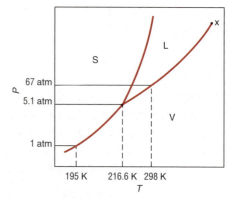

図5・7 二酸化炭素の相図．たいていの物質でそうであるように S–L 曲線は正の勾配をもつことに注意せよ．L–V 曲線は臨界点 x（304.2 K, 73.0 atm）において終わる（縦軸，横軸共に目盛りは正確でないことに注意）．

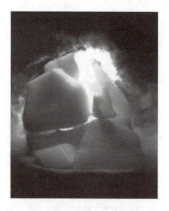

図5・8 1 atm では固体の二酸化炭素は融解せず，昇華だけが可能である．

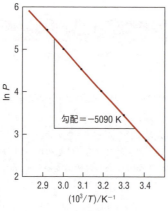

図5・6 $\ln P$ 対 $1/T$ のグラフ．グラフの勾配から $-\Delta_{vap}\overline{H}/R$ が求まる．

二 酸 化 炭 素 図5・7 は二酸化炭素の相図である．水の相図との大きな違いは，CO_2 の S–L 曲線の勾配が正の値であることである．これは二酸化炭素では $\overline{V}_{液相} > \overline{V}_{固相}$ であるために，式 (5・19) の右辺が正の値となり，dP/dT

ギブズの相律

相平衡に関する議論の最後に，Gibbs によって導かれた以下に示す有用な法則〔**相律**（phase rule）〕について考察してみよう（誘導については p. 102 の補遺 5・2 参照）．

$$f = c - p + 2 \tag{5・23}$$

ここで c は系内の成分の数，p は系内の相の数である．**自由度**[*]（degree of freedom），f は平衡状態において相の数

---

[*] ここで言う自由度という語は，§2・9 における分子運動に関するものとは異なる意味で用いられている．

を変化させることなく独立して変えることが可能な示強性変数（圧力，温度，組成など）の数である．たとえば容器中に一つの気体が存在するというような，単一成分，単一相系（$c=1, p=1$）では，この気体の温度および圧力は，相の数を変えることなく，それぞれ独立に操作可能である．これは $f=2$，つまりこの系が2の自由度をもつからである．

相律を水（$c=1$）に適用してみる．図5・5中のS, L, Vの各領域のような純相においては $p=1$ であるので $f=2$ となり，温度と独立に圧力を変化させることができる（2の自由度をもつ）．S-L, L-V, S-Vの各境界では，$p=2$ であり，$f=1$ となる．したがって，P を決めると同時に T も決定されてしまう．逆も同じである（自由度は1である）．最後に，三重点では $p=3$ であるので $f=0$（自由度は0）である．この条件下では系は完全に固定されており，圧力も温度も変化させることができない．このような系を**不変系**（invariant system）といい，圧力と温度をプロットした図では点として表される．

5・6　ゴムの弾性に関する熱力学

本節では熱力学関数を気体以外の系 —— ありふれた輪ゴム —— に応用してみる．

天然ゴムの主成分は cis-ポリイソプレンであり，下式の単量体単位の繰返しから構成されている．

$$\left(\begin{array}{cc} CH_3 & H \\ C=C & \\ -CH_2 & CH_2- \end{array}\right)_n$$

重合度 n は数百程度である．ゴムの特徴的な性質はその弾性にあり，引っ張ることによって10倍程度にまで伸びるが，手を離せばもとの長さに戻る．この挙動はゴムの長鎖状分子が柔軟性をもつことに由来している．伸ばしていないときには，ゴムは高分子鎖のもつれたものであると言えるが，外力が十分に大きいと個々の鎖は互いにずれあい弾性をほぼ失う．1839年，米国の化学者 Charles Goodyear（1800～1860）は，天然ゴムの鎖を硫黄で橋かけ結合（架橋）すると高分子鎖のずれを阻止できることを発見した．この方法を**加硫**（vulcanization）という．図5・9に示すように，伸びていない状態のゴムはいろいろな立体配置をとることができ，それゆえ，より少ない立体配置しかとれない伸びた状態よりも，大きなエントロピーをもつ．

輪ゴムが外力 f によって弾性的に伸びるときになされる微分仕事，dw は以下のように二つの項によって書ける．

$$dw = f\,dl - P\,dV \qquad (5 \cdot 24)$$

第1項は力と伸びた長さの積であるが，第2項は小さいため通常は無視できる（輪ゴムは伸ばすと通常薄くなるが，また長くもなるので，体積変化，dV は無視できる）．もし輪ゴムがゆっくり伸ばされたとすると，ゴムに及ぼす外力とゴムの復元力はすべての段階で等しく，その結果この過程は可逆過程と仮定することができる．一定体積，一定温度の過程における最大仕事量はヘルムホルツエネルギーの変化量に等しいことはすでに見た通りである．

$$dw_{rev} = dw_{max} = dA$$

すなわち，

$$dA = f\,dl$$

また，復元力はヘルムホルツエネルギーを用いて次式のように表すことができる．

$$f = \left(\frac{\partial A}{\partial l}\right)_T \qquad (5 \cdot 25)$$

式（5・4）から，

$$A = U - TS$$

であるので，A を伸び l について偏微分すると

$$\left(\frac{\partial A}{\partial l}\right)_T = \left(\frac{\partial U}{\partial l}\right)_T - T\left(\frac{\partial S}{\partial l}\right)_T \qquad (5 \cdot 26)$$

となり，式（5・25）を式（5・26）に代入することによって

$$f = \left(\frac{\partial U}{\partial l}\right)_T - T\left(\frac{\partial S}{\partial l}\right)_T \qquad (5 \cdot 27)$$

が得られる．式（5・27）は，復元力に二つの寄与 —— 伸びによる内部エネルギー変化の寄与とエントロピー変化の寄与 —— があることを示している[*]．

f 対 T のプロットを図5・10に示す．直線は正の勾配をもつ，つまり $(\partial S/\partial l)_T$ が負であることに注意せよ．これは，ゴムが伸びることによって高分子がより整列した状態になり，エントロピーが減少するという概念と一致する結果となっている．また，$(\partial U/\partial l)_T$ 項（y 切片）は $(\partial S/\partial l)_T$ 項の $\frac{1}{5}$ から $\frac{1}{10}$ ほどの大きさしかもたないことも実験結果から明らかである．これは炭化水素分子間に働く分子間力は比較的小さいので，伸びによって輪ゴムの内部エネル

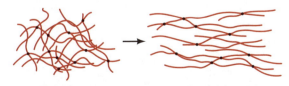

図5・9 伸びていないゴム（左）は伸びたゴム（右）よりもはるかに多くの立体配置をとることができる．長鎖状の加硫されたゴム分子は，硫黄原子の架橋（•）によって互いを支え合い，ずれを防いでいる．

---

[*] 伸びた輪ゴムの復元力を実験的に測定する方法の詳細は，J. P. Byrne, *J. Chem. Educ.*, **71**, 531 (1994) を参照．

ギーはあまり変化しないためである．それゆえ，復元力にはエネルギーではなくエントロピーが支配的に寄与する．伸びた輪ゴムがもとの形に回復する際，その過程は主としてエントロピーの増大によってひき起こされるのである．

最後に，輪ゴムの伸張と気体の圧縮の類似性についてふれておこう．ゴムと気体が理想的に振舞うとすると，それぞれについて下式が成り立つ．

$$\left(\frac{\partial U}{\partial l}\right)_T = 0 \text{（ゴム）} \quad \text{および} \quad \left(\frac{\partial U}{\partial V}\right)_T = 0 \text{（気体）}$$

ゴムにとって理想的な振舞いとは，分子間力が分子の立体配置に依存しないということである．一方，理想気体には分子間力が存在しない．一定温度下でゴムを伸ばすと，輪ゴムのエントロピーは減少する．これは等温的に気体を圧縮すると気体のエントロピーが減少する*ことにまさに類似している．

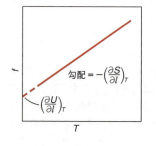

図 5・10 輪ゴムの復元力 (f) 対温度 (T) のグラフ

---

* 訳注：補遺 5・1 の式 (19) 参照．式 (19) の下に説明がある．

重要な式

$G = H - TS$	ギブズエネルギーの定義	式 (5・1)
$dG_\text{系} \leq 0$	定温定圧条件	式 (5・2)
$\Delta G = \Delta H - T\Delta S$	定温定圧条件	式 (5・3)
$A = U - TS$	ヘルムホルツエネルギーの定義	式 (5・4)
$dA_\text{系} \leq 0$	定温定容条件	式 (5・5)
$\Delta A = \Delta U - T\Delta S$	定温定容条件	式 (5・6)
$\Delta A = w_\text{rev}$	ΔA と最大仕事との関係	式 (5・8)
$dU = T\,dS - P\,dV$	熱力学第一法則と第二法則の関係	式 (5・9)
$dG = V\,dP - S\,dT$	G の T, P 依存性	式 (5・10)
$\Delta G = w_\text{el, max}$	ΔG と電気的仕事の関係	式 (5・11)
$\Delta_\text{r} G° = \sum \nu \Delta_\text{f} \overline{G}°\text{（生成物）} - \sum \nu \Delta_\text{f} \overline{G}°\text{（反応物）}$	標準反応ギブズエネルギー	式 (5・12)
$\left[\dfrac{\partial (\Delta G/T)}{\partial T}\right]_P = -\dfrac{\Delta H}{T^2}$	ギブズ・ヘルツホルツの式	式 (5・15)
$\Delta G = nRT \ln \dfrac{P_2}{P_1}$	P の変化による理想気体の G の変化	式 (5・17)
$\overline{G} = \overline{G}° + RT \ln \dfrac{P}{1\,\text{bar}}$	気体のモルギブズエネルギーの式	式 (5・18)
$\dfrac{dP}{dT} = \dfrac{\Delta \overline{H}}{T\,\Delta \overline{V}}$	クラペイロンの式	式 (5・19)
$\ln \dfrac{P_2}{P_1} = \dfrac{\Delta_\text{vap}\overline{H}}{R} \dfrac{(T_2 - T_1)}{T_1 T_2}$	クラウジウス・クラペイロンの式	式 (5・21)
$\ln P = -\dfrac{\Delta_\text{vap}\overline{H}}{RT} + 定数$	クラウジウス・クラペイロンの式	式 (5・22)
$f = c - p + 2$	ギブズの相律	式 (5・23)
$f = \left(\dfrac{\partial U}{\partial l}\right)_T - T\left(\dfrac{\partial S}{\partial l}\right)_T$	伸びた輪ゴムの復元力	式 (5・27)

補遺 5・1　いくつかの熱力学関係式

本補遺では基礎的な熱力学関係式をいくつか誘導してみよう.

式 (5・9), 式 (5・10) から

$$\mathrm{d}U = -P\,\mathrm{d}V + T\,\mathrm{d}S \tag{1}$$
$$\mathrm{d}G = V\,\mathrm{d}P - S\,\mathrm{d}T \tag{2}$$

であり, $\mathrm{d}H$ と $\mathrm{d}A$ に関して上と同様の式を得ることができる. H の定義 ($H=U+PV$) から始め, 式 (1) を用いて

$$\begin{aligned}\mathrm{d}H &= \mathrm{d}U + P\,\mathrm{d}V + V\,\mathrm{d}P \\ &= -P\,\mathrm{d}V + T\,\mathrm{d}S + P\,\mathrm{d}V + V\,\mathrm{d}P \\ &= V\,\mathrm{d}P + T\,\mathrm{d}S\end{aligned} \tag{3}$$

$\mathrm{d}A$ に関しては A の定義 ($A=U-TS$) から,

$$\begin{aligned}\mathrm{d}A &= \mathrm{d}U - T\,\mathrm{d}S - S\,\mathrm{d}T \\ &= -P\,\mathrm{d}V + T\,\mathrm{d}S - T\,\mathrm{d}S - S\,\mathrm{d}T \\ &= -P\,\mathrm{d}V - S\,\mathrm{d}T\end{aligned} \tag{4}$$

式 (1) から, U は V と S の関数であることがわかるので, 完全微分 $\mathrm{d}U$ は

$$\mathrm{d}U = \left(\frac{\partial U}{\partial V}\right)_S \mathrm{d}V + \left(\frac{\partial U}{\partial S}\right)_V \mathrm{d}S \tag{5}$$

のように記述できる (p. 58, 補遺 3・1 参照). 式 (1) と式 (5) の $\mathrm{d}V$ と $\mathrm{d}S$ の係数を比較すると以下の結果を得る.

$$\left(\frac{\partial U}{\partial V}\right)_S = -P \tag{6}$$
$$\left(\frac{\partial U}{\partial S}\right)_V = T \tag{7}$$

同様の方法で, $\mathrm{d}H$ は

$$\mathrm{d}H = \left(\frac{\partial H}{\partial P}\right)_S \mathrm{d}P + \left(\frac{\partial H}{\partial S}\right)_P \mathrm{d}S \tag{8}$$

のように記述できる. 式 (3) と式 (8) の $\mathrm{d}P$ と $\mathrm{d}S$ の係数を比較すると以下の結果を得る.

$$\left(\frac{\partial H}{\partial P}\right)_S = V \tag{9}$$
$$\left(\frac{\partial H}{\partial S}\right)_P = T \tag{10}$$

同様に式 (4) から

$$\mathrm{d}A = \left(\frac{\partial A}{\partial V}\right)_T \mathrm{d}V + \left(\frac{\partial A}{\partial T}\right)_V \mathrm{d}T \tag{11}$$

のように記述できて, 式 (4) と式 (11) の $\mathrm{d}V$ と $\mathrm{d}T$ の係数を比較すると以下の結果を得る.

$$\left(\frac{\partial A}{\partial V}\right)_T = -P \tag{12}$$
$$\left(\frac{\partial A}{\partial T}\right)_V = -S \tag{13}$$

同様に式 (2) から

$$\mathrm{d}G = \left(\frac{\partial G}{\partial P}\right)_T \mathrm{d}P + \left(\frac{\partial G}{\partial T}\right)_P \mathrm{d}T \tag{14}$$

のように記述できて, 式 (2) と式 (14) の $\mathrm{d}P$ と $\mathrm{d}T$ の係数を比較すると以下の結果を得る.

$$\left(\frac{\partial G}{\partial P}\right)_T = V \tag{15}$$
$$\left(\frac{\partial G}{\partial T}\right)_P = -S \tag{16}$$

式 (6), (7), (9), (10), (12), (13), (15), (16) から, 異なる条件下において, U, H, A, G の四つの熱力学関数が圧力, 体積, 温度, エントロピーに伴ってどのように変化するかがわかる.

マクスウェルの関係式

1870 年代に Maxwell は S を P, V, T に関係づける一連の式を導いた. 式 (1) から始めて, $\mathrm{d}U$ が完全微分であることから, オイラーの定理 (補遺 3・1 参照) を応用することで下式が得られる.

$$-\left(\frac{\partial P}{\partial S}\right)_V = \left(\frac{\partial T}{\partial V}\right)_S \tag{17}$$

同様に式 (3), 式 (4), 式 (2) から, それぞれ以下の式が得られる.

$$\left(\frac{\partial V}{\partial S}\right)_P = \left(\frac{\partial T}{\partial P}\right)_S \tag{18}$$
$$\left(\frac{\partial P}{\partial T}\right)_V = \left(\frac{\partial S}{\partial V}\right)_T \tag{19}$$
$$\left(\frac{\partial V}{\partial T}\right)_P = -\left(\frac{\partial S}{\partial P}\right)_T \tag{20}$$

これらの式は, 明白にはわかりにくい変数間の関係を知るのに有用であり, また, 熱力学関数の P, V, T 依存性を学ぶのに役立つ. 例として, $(\partial S/\partial V)_T$ は測定が容易ではないが, 式 (19) からこの値は $(\partial P/\partial T)_V$ に等しいことがわかっており, これは一定体積下で系の圧力が温度に伴ってどのように変わるかだから, 実験的に, より簡単に求めることができる. これらの関係式のいくつかを用いることによって, **熱力学的状態方程式** (thermodynamic equation of state) を導くことができる. 熱力学的状態方程式の一つは, 温度一定における系の内部エネルギーの体積依存性を表す*(問題 5・41 参照).

---

* 訳注: もう一つは温度一定における系のエンタルピーの圧力依存性

$$\left(\frac{\partial H}{\partial p}\right)_T = -T\left(\frac{\partial V}{\partial T}\right)_p + V$$

である.

補遺 5・2　ギブズの相律の誘導

ギブズの相律の誘導の前に，**成分**(component)，c という術語についてまず定義しておくと役に立つ．系の成分の数とは，その系のすべてのありうる組成の変化を記述するのに必要な最小限の数である．これは以下の式で表される．

$$c = s - r \qquad (1)$$

s は原子，分子，イオンなど，存在する構成物質の総数であり，r は制限条件の数，すなわち変動する組成の間の代数的関係式の数である．式(1)の理解のためにいくつかの例を以下にあげる．

例 1　純水の場合：構成物質の数は 1 である ($s=1$)．水の自己解離などの反応を無視して，反応は起こらないとすると $r=0$ となり，$c=1$ という結果になり，この系は一成分系である．

例 2　エタノールと水の混合物の場合：構成物質数は 2 である ($s=2$)．エタノールと水は反応しないので $r=0$，よって $c=2$ であり，この系は二成分系である．

例 3　アンモニアと塩化水素の両成分について平衡が成立している塩化アンモニウムの場合：最初は NH_4Cl だけが存在していたと仮定する．

$$NH_4Cl(s) \rightleftharpoons NH_3(g) + HCl(g)$$

この系には三つの構成物質が存在するので $s=3$ である．また，構成物質間に二つの代数的関係が成立している．それは平衡定数の式

$$K = [NH_3][HCl]$$

と

$$[NH_3] = [HCl]$$

である．したがって，$r=2$ であり成分数 c は

$$c = 3 - 2 = 1$$

つまりこの系は一成分系である．

ギブズの相律

c 個の成分と p 個の相をもち，平衡状態にある系について考察する．系のすべての相に関して完全に定義するためには，濃度の条件はいくつ必要であるだろうか．一成分系 ($c=1$) だとすると，濃度の条件は必要ない．多成分系だと ($c-1$) 個の濃度条件が必要となる．たとえば，二成分系 ($c=2$) ならば，一つの成分についてモル分率がわかれば，他方についても濃度が定義できる．このように，p 個の相がある場合には，完全に濃度を決定するために $p(c-1)$ の濃度条件を必要とする．圧力と温度は任意の変数であることに留意すると，以下の式が成立する．

$$\text{独立示強性変数の総数} = p(c-1) + 2 \qquad (2)$$

平衡状態において，各成分のモルギブズエネルギーはすべての相 ($\alpha, \beta, \gamma, \cdots$) において等しいので，各成分に対する，平衡条件での独立な式の数は ($p-1$) になる*．たとえば，一つの成分が二相に分かれている系においては，平衡条件は

$$\overline{G}_\alpha = \overline{G}_\beta$$

の式，一つだけである．また，一つの成分で三つの相がある系では，平衡条件は

$$\overline{G}_\alpha = \overline{G}_\beta \qquad \overline{G}_\beta = \overline{G}_\gamma$$

の二つの式である ($\overline{G}_\alpha = \overline{G}_\gamma$ は独立式でないことに注意)．それぞれの式は式(2)の総変数を変え，自由度を 1 減らす．c 個の成分系では，$c(p-1)$ 個の式が成立する．結果として，示強性変数の総数と独立式の総数の差が，平衡状態にある相の数を変えることなく独立に変化させることのできる変数の数，自由度 f となる．

$$f = [p(c-1) + 2] - c(p-1) = c - p + 2 \qquad (3)$$

こうして式(5・23)が誘導された．

---

* 相律の厳密な誘導には化学ポテンシャル（部分モルギブズエネルギー）を用いる必要がある（第 6 章参照）．ここでの結果はモルギブズエネルギーを用いたため，一成分系にしか適用できない．しかし多成分系への一般化は可能である．

参考文献

書　籍

H. A. Bent, "The Second Law," Oxford University Press, New York (1965).

R. M. Hanson, S. Green, "Introduction to Molecular Thermodynamics," Uneversity Science Books, Sausalito, CA (2008).

I. M. Klotz, R. M. Rosenberg, "Chemical Thermodynamics: Basic Theory and Methods, 5th Ed.," John Wiley and Sons, New York (1994).

D. A. McQuarrie, J. Simon, "Molecular Thermodynamics," University Science Books, Sausalito, CA (1999).

P. A. Rock, "Chemical Thermodynamics," University Science Books, Sausalito, CA(1983).

論 文
総 説:

H. Hall, 'The Synthesis of Diamond,' *J. Chem. Educ.*, **38**, 484(1961).

H. A. Bent, 'The Second Law of Thermodynamics,' *J. Chem. Educ.*, **39**, 491(1962).

M. L. McGlashan, 'The Use and Misuse of the Laws of Thermodynamics,' *J. Chem. Educ.*, **43**, 226(1966).

K. G. Denbigh, 'The Scope and Limitations of Thermodynamics,' *Chem. Brit.*, **4**, 339(1968).

L. K. Runnels, 'Thermodynamics of Hard Molecules,' *J. Chem. Educ.*, **47**, 742(1970).

D. E. Stull, 'The Thermodynamic Transformation of Organic Chemistry,' *Am. Sci.*, **54**, 734(1971).

C. Kittel, 'Introduction to the Thermodynamics of Biopolymer Growth,' *Am. J. Phys.*, **40**, 60(1972).

A. P. Hagen, 'High Pressure Synthetic Chemistry,' *J. Chem. Educ.*, **55**, 620(1978).

J. A. Campbell, 'Reversibility and Returnability,' *J. Chem. Educ.*, **57**, 345(1980).

M. F. Granville, 'Student Misconceptions in Thermodynamics,' *J. Chem. Educ.*, **62**, 847(1985).

D. Fain, 'The True Meaning of Isothermal,' *J. Chem. Educ.*, **65**, 187(1988).

D. J. Wink, 'The Conversion of Chemical Energy,' *J. Chem. Educ.*, **69**, 109(1992).

D. L. Gibbon, K. Kennedy, N. Reading, M. Quierox, 'The Thermodynamics of Home-Made Ice Cream,' *J. Chem. Educ.*, **69**, 658(1992).

R. J. Tykodi, 'Spontaneity, Accessibility, Irreversibility, "Useful Work": The Availability Function, the Helmholtz Function, and the Gibbs Function,' *J. Chem. Educ.*, **72**, 103(1995).

S. E. Wood, R. Battino, 'The Gibbs Function Controversy,' *J. Chem. Educ.*, **73**, 408(1996).

R. S. Treptow, 'How Thermodynamic Data and Equilibrium Constants Changed When the Standard-State Pressure Became 1 Bar,' *J. Chem. Educ.*, **76**, 212(1999).

P. A. Molina. 'Revitalizing Modern Thermodynamics Instruction with an Old Technique: A State Functions Table,' *Chem. Educator* [Online], **12**, 137(2007). DOI: 10.1333/s00897072026a.

相 平 衡:

F. L. Swinton, 'The Triple Point of Water,' *J. Chem. Educ.*, **44**, 541(1967).

L. F. Loucks, "Subtleties of Phenomena Involving Ice-Water Equilibria," *J. Chem. Educ.*, **63**, 115(1986). *J. Chem. Educ.*, **65**, 186(1988)も参照.

J. Walker, C. A. Vanse, 'Reappearing Phases,' *Sci. Am.*, May(1987).

K. M. Scholsky, 'Supercritical Phase Transitions at Very High Pressure,' *J. Chem. Educ.*, **66**, 989(1989).

B. L. Earl, 'The Direct Relation Between Altitude and Boiling Point,' *J. Chem. Educ.*, **67**, 45(1990).

R. Chang, J. F. Skinner, 'Ice Under Pressure,' *J. Chem. Educ.*, **67**, 789(1990).

R. Battino, 'The Critical Point and the Number of Degrees of Freedom,' *J. Chem. Educ.*, **68**, 276(1991).

G. D. Peckham, I. J. McNaught, 'Phase Diagrams of One-Component Systems,' *J. Chem. Educ.*, **70**, 560(1993).

R. M. Rosenberg, 'Description of Regions in Two-Component Phase Diagrams,' *J. Chem. Educ.*, **76**, 223(1999).

J. S. Alper, 'The Gibbs Phase Rule Revisited: Interrelationships between Components and Phases,' *J. Chem. Educ.*, **76**, 1567(1999).

J. S. Wellaufer, J. G. Dash, 'Melting Below Zero,' *Sci. Am.*, February(2000).

S. Velasco, F. L. Román, J. A. White, 'On the Clausius-Clapeyron Vapor Pressure Equation,' *J. Chem. Educ.*, **86**, 106(2009).

R. G. Haverkamp, 'Nanotechnology Provides a New Perspective on Chemical Thermodynamics,' *J. Chem. Educ.*, **86**, 50(2009).

A. Ciccioli, L. Glasser, 'Complexities of One-Component Phase Diagrams' *J. Chem. Educ.*, **88**, 586(2011).

問 題

ΔG と ΔA

5・1 初期温度, 15.6 ℃, 0.35 mol の理想気体を 1.2 L から 7.4 L に膨張させた. (a) 等温可逆過程の場合, (b) 等温不可逆過程の場合, それぞれについて, w, q, ΔU, ΔS, ΔG を求めよ. 外圧は 1.0 atm とする.

5・2 かつて, 調理用の家庭ガスは"水性ガス"とよばれ, 以下のようにつくられていた.

$$H_2O(g) + C(グラファイト) \longrightarrow CO(g) + H_2(g)$$

付録 B の値を用いて 298 K でこの反応が進行するかどうか予測せよ. 298 K で進行しない場合は, 何度なら進行すると予測されるか. $\Delta_r H°$ および $\Delta_r S°$ は温度によらず一

5・3 付録Bの値を用いて，以下のアルコール発酵における $\Delta_r G°$ の値を計算せよ．

$$\text{グルコース(aq)} \longrightarrow 2\,C_2H_5OH(l) + 2\,CO_2(g)$$

$\Delta_f \overline{G}°$〔グルコース (aq)〕$= -914.5\,\text{kJ mol}^{-1}$ である．

5・4 付録Bの値を使わずに，298 K での以下の反応における $(\Delta_r G° - \Delta_r A°)$ の値を計算せよ．気体は理想気体として振舞うと仮定する．

$$C(s) + CO_2(g) \longrightarrow 2\,CO(g)$$

5・5 タンパク質は，未変性の（生理学的に機能する）状態と，変性した状態のどちらかの形で存在すると，近似的に仮定することができる．あるタンパク質の変性の標準エンタルピーおよび標準エントロピーはそれぞれ 512 kJ mol^{-1}，1.60 kJ K^{-1} mol^{-1} である．これらの値の符号，大小について考察し，変性が自発的に進行する温度を計算せよ．

5・6 土壌中のある細菌は亜硝酸イオンを硝酸イオンに酸化することで増殖に必要なエネルギーを得ている．

$$2\,NO_2^-(aq) + O_2(g) \longrightarrow 2\,NO_3^-(aq)$$

NO_2^- および NO_3^- の標準生成ギブズエネルギーは，それぞれ $-34.6\,\text{kJ mol}^{-1}$，$-110.5\,\text{kJ mol}^{-1}$ である．1 mol の NO_2^- を 1 mol の NO_3^- に酸化する際に放出されるギブズエネルギーを求めよ．

5・7 下式による尿素の合成について考察する．

$$CO_2(g) + 2\,NH_3(g) \longrightarrow (NH_2)_2CO(s) + H_2O(l)$$

付録Bの値を用いて，この反応の 298 K での $\Delta_r G°$ を計算せよ．理想気体と仮定して，この反応の 10.0 bar における $\Delta_r G$ を求めよ．尿素の $\Delta_f \overline{G}°$ は $-197.15\,\text{kJ mol}^{-1}$ である．

5・8 グラファイトからのダイヤモンド合成

$$C(\text{グラファイト}) \longrightarrow C(\text{ダイヤモンド})$$

に関して以下の問題に答えよ．

(a) この反応の $\Delta_r H°$ と $\Delta_r S°$ を求めよ．この反応は 25℃ もしくは他の温度で自発的に進行するだろうか．

(b) 密度測定から，グラファイトのモル体積はダイヤモンドより 2.1 cm^3 大きいことがわかった．グラファイトからダイヤモンドへの変換は，グラファイトに圧力を掛けることで 25℃ において進行するか．進行するならば，反応が自発的になる圧力を求めよ〔ヒント：式 (5・16) から，等温過程における式 $\Delta G = (\overline{V}_{\text{ダイヤモンド}} - \overline{V}_{\text{グラファイト}})\Delta P$ を誘導する．次に，必要とされるギブズエネルギーの減少が達成できる ΔP の値を計算する〕．

5・9 自発過程において $\Delta A_{\text{系}} < 0$ であることを導くために，T および V が一定であるという条件が必要なのはなぜか．

5・10 298 K におけるベンゼンの標準燃焼エンタルピーから，この過程における $\Delta_r A°$ を求めよ．$\Delta_r A°$ と $\Delta_r H°$ を比較し，その差について意見を述べよ．

5・11 ある学生がA, B, C 3種の物質，各 1 g を容器の中に置いたところ，1週間後，何の変化も起こっていないことがわかった．反応が起こらなかったことについて，考えられる解釈をせよ．A, B, C は完全に混合できる液体と仮定する．

5・12 1 atm での以下の過程における系の ΔH，ΔS，ΔG の符号について予測せよ．

(a) -60℃でのアンモニアの融解
(b) -77.7℃でのアンモニアの融解
(c) -100℃でのアンモニアの融解

（アンモニアの標準融点は -77.7℃である）．

5・13 過飽和溶液からの酢酸ナトリウムの結晶化は自発的に進行する．ΔS および ΔH の符号について考察せよ．

5・14 ある学生が付録Bから CO_2 の $\Delta_f \overline{G}°$，$\Delta_f \overline{H}°$，$\overline{S}°$ を探し出した．これらの値を式 (5・3) に代入することによって，彼は 298 K において $\Delta_f \overline{G}° \neq \Delta_f \overline{H}° - T\overline{S}°$ であることを見つけた．彼の試みのどこが誤りであるか．

5・15 ある反応は 72℃ において自発的に進行する．この反応によるエンタルピー変化が 19 kJ であるとき，この反応における $\Delta_r S$ の最小値を J K^{-1} 単位で求めよ．

5・16 ある反応の $\Delta_r G°$ は -122 kJ であることがわかっている．反応物を混合すればこの反応は必然的に進行するか．

相 平 衡

5・17 いろいろな温度での水銀の蒸気圧は以下のように決定されている．水銀の $\Delta_{\text{vap}}\overline{H}$ を求めよ．

T/K	323	353	393.5	413	433
P/mmHg	0.0127	0.0888	0.7457	1.845	4.189

5・18 体重 60.0 kg のスケーターが氷に及ぼす圧力は約 300 atm である．凝固点降下を求めよ．水および氷のモル体積はそれぞれ $\overline{V}_L = 0.0180\,\text{L mol}^{-1}$，$\overline{V}_S = 0.0196\,\text{L mol}^{-1}$ である．

5・19 図 5・5 の水の相図から以下の反応の方向を予測せよ．

(a) 水の三重点で，等圧で温度を下げる．
(b) S-L 曲線上の任意の点で，等温で圧力を増加する．

5・20 図 5・5 の水の相図から，水の凝固点および沸点の圧力依存性について考察せよ．

5・21 平衡状態にある以下の系について考える．

$$CaCO_3(s) \rightleftharpoons CaO(s) + CO_2(g)$$

いくつの相が存在するか．

5・22 炭素の相図の概略図を以下に示す．

(a) 三重点はいくつ存在し，それぞれの三重点において共存できる相は何か．
(b) ダイヤモンドとグラファイトで密度がより大きいのはどちらか．
(c) 合成ダイヤモンドはグラファイトからつくることができる．ダイヤモンドの合成方法について相図を利用して考察せよ．

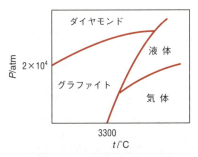

5・23 一成分系について示した以下の相図において誤っているところはどこか．

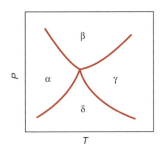

5・24 図5・4のグラフは高温では直線ではなくなる．説明せよ．

5・25 コロラドのパイクスピークという頂はおよそ海抜 4300 m である，海面を 10 ℃ とする．山頂での水の沸点は何度か〔ヒント：式(2・24)参照；空気のモル質量は 29.0 g mol^{-1} であり，水の $\Delta_{vap}\overline{H}$ は 40.79 kJ mol^{-1} である〕．

5・26 エタノールの標準沸点は 78.3 ℃，モル蒸発エンタルピーは 39.3 kJ mol^{-1} である．30 ℃ での蒸気圧を求めよ．

5・27 以下の系における成分数を求めよ．
(a) H$^+$ と OH$^-$ への自己解離を伴う水．
(b) 密封容器内での以下の反応を考える．

$$2\,NH_3(g) \rightleftharpoons N_2(g) + 3\,H_2(g)$$

(i) 3種すべての気体が始状態で任意量存在し，反応が起こるには温度が低すぎる場合．
(ii) 平衡が成立するのに十分な温度であるほかは，(i) と同じ条件である場合．
(iii) 始状態では NH$_3$ しか存在しておらず，系が平衡に到達できる場合．

補 充 問 題

5・28 以下の式が成立するための条件を求めよ．
(a) d$A \leq 0$ (平衡と自発性に関する式)
(b) d$G \leq 0$ (平衡と自発性に関する式)
(c) $\ln \dfrac{P_2}{P_1} = \dfrac{\Delta \overline{H}}{R} \dfrac{(T_2 - T_1)}{T_1 T_2}$
(d) $\Delta G = nRT \ln \dfrac{P_2}{P_1}$

5・29 硝酸アンモニウムを水に溶かすと，溶液は冷たくなる．この過程における $\Delta S°$ についてどのような結論がひき出されるか．考察せよ．

5・30 タンパク質分子はアミノ酸からなるポリペプチド鎖である．生理学的機能を有する，すなわち未変性の状態では，これらの鎖は，アミノ酸の非極性部分が水にほとんどあるいはまったく接しないように，普通はタンパク質の内部に埋まっているというような特殊な様式をもって折りたたまれている．タンパク質が変性すると，これらの折りたたみがほぐれて非極性部分が水と接する．変性によってひき起こされる熱力学量の変化を見積もるには，メタン(無極性物質)のような炭化水素が不活性溶媒(ベンゼンや四塩化炭素など)から水性環境へ移動するのを考察する有用な方法がある．

$$CH_4(不活性溶媒) \longrightarrow CH_4(g) \quad (a)$$
$$CH_4(g) \longrightarrow CH_4(aq) \quad (b)$$

$\Delta H°$ および $\Delta G°$ がそれぞれ近似的に，(a) では 2.0 kJ mol^{-1}，-14.5 kJ mol^{-1}，(b) では -13.5 kJ mol^{-1}，26.5 kJ mol^{-1} であるとするとき，下式の反応における 1 mol の CH$_4$ の移動による $\Delta H°$ および $\Delta G°$ を求めよ．

$$CH_4(不活性溶媒) \longrightarrow CH_4(aq)$$

結果について意見を述べよ．$T = 298$ K と仮定する．

5・31 幅が約 0.5 cm の輪ゴムがある．素早く輪ゴムを伸ばした後，すぐに輪ゴムを唇に付けると，少し温かく感じるだろう．次に，今の逆，輪ゴムを素早く伸ばした後，その位置で数秒固定する．そして素早く手を離したら，すぐに唇に輪ゴムを付ける．今度は少し冷たく感じるだろう．式(5・3)を用いてこの現象を熱力学的に考察せよ．

5・32 輪ゴムの一端に重りを提げ，他端はスタンドの丸型クランプに結びつけ，垂直に伸ばす．ドライヤーで加熱すると輪ゴムはわずかに縮む．この現象を説明せよ．

5・33 水素化反応は Ni や Pt などの遷移金属触媒によって促進される．水素がニッケル表面に吸着されるときの $\Delta_r H$，$\Delta_r S$，$\Delta_r G$ の符号について考察せよ．

5・34 過冷却された水試料はたとえば -10 ℃ で凍る．この過程における ΔH，ΔS，ΔG の符号について考察せよ．すべての変化は系についてのものである．

5・35 ベンゼンの沸点は 80.1 ℃ である．(a) $\Delta_{vap}\overline{H}$ と，(b) 74 ℃ における蒸気圧を見積もれ〔ヒント：p. 74，トルートンの規則参照〕．

5・36 ある化学者が炭化水素化合物 (C$_x$H$_y$) を合成した．この化合物の $\Delta_f \overline{H}°$，$\overline{S}°$，$\Delta_f \overline{G}°$ を決定するのに必要な測定法を簡潔に示せ．

5・37 2.00 mol の水を 100 ℃，1.00 atm で蒸発させるときの ΔA，ΔG を計算せよ．H$_2$O(l) のモル体積は 100 ℃ で 0.0188 L mol^{-1} である．理想気体の振舞いを仮定せよ．

5・38 ある人がお茶を飲もうと電子レンジを使ってカップ内の水を温めていた．カップをレンジから出した後で，ティーバッグをお湯に入れたところ，驚いたことにお湯が突沸し始めた．何が起こったのか説明せよ．

5・39 0.45 mol の気体ヘリウムを 25 ℃ で 0.50 atm，22 L の状態から 1.0 atm まで可逆的に，等温圧縮する過程につ

いて考察せよ．

(a) この過程における $w, \Delta U, \Delta H, \Delta S, \Delta G$ を計算せよ．

(b) この過程が自発的に進行するかどうかを ΔG の符号から予測することができるか．説明せよ．

(c) この圧縮過程によってなされうる最大の仕事はどのくらいか．理想気体とみなしてよい．

5・40 アルゴン (Ar) のモルエントロピーは下式で与えられる．

$$\overline{S}^\circ = (36.4 + 20.8 \ln T/\mathrm{K}) \text{ J K}^{-1} \text{ mol}^{-1}$$

1.0 mol の Ar を 20℃ から 60℃ まで一定圧力下で加熱したときのギブズエネルギー変化を求めよ〔ヒント: $\int \ln x \, \mathrm{d}x = x \ln x - x$ であることを利用する〕．

5・41 以下に示す熱力学的状態方程式を誘導せよ．

$$\left(\frac{\partial U}{\partial V}\right)_T = -P + T\left(\frac{\partial P}{\partial T}\right)_V$$

上式を，(a) 理想気体の場合と，(b) ファンデルワールス気体の場合に適用せよ．結果について意見を述べよ〔ヒント: 補遺 5・1 の熱力学関係式を参照せよ〕．

非電解質溶液

ヨウ素のベンゼン溶液を冷却すると赤い色が深まるが，温めた場合には，色はヨウ素蒸気の紫色に近づく．これは予想通り，温度上昇に伴い溶媒和が減少することを意味する．　　　　　　J. H. Hildebrand, C. A. Jenks*

多くの興味深く役に立つ化学および生化学過程は液体状溶体（溶液）中で起こるので，溶液の研究は非常に重要である．一般的に，溶体は，単一相を形成する二つ以上の成分の均質な混合物として定義される．ほとんどの溶体は液体であるが，気溶体（たとえば空気）や固溶体（たとえばハンダ）なども存在する．本章では，イオン種を含まない非電解質の理想溶液，非理想溶液の熱力学的研究とこれら溶液の束一的性質について学ぶ．

6·1　濃度の単位

溶液に関するいかなる定量的な研究でも，溶媒中に溶解している溶質の量，すなわち溶液の濃度を知っていることが必要になる．化学ではいくつかの異なる濃度単位が採用されているが，それらおのおのには利点と制約がある．一般に溶液の利用の仕方により，その濃度をいかに表現するかが決まる．本節では，四つの濃度単位，質量パーセント濃度，モル分率，モル濃度，質量モル濃度，を定義する．

質量パーセント濃度　　溶液中の溶質の**質量パーセント濃度**（mass percent concentration）は次式のように定義される．

$$質量パーセント濃度(\%) = \frac{溶質の質量}{溶質の質量+溶媒の質量} \cdot 100$$
$$= \frac{溶質の質量}{溶液の質量} \cdot 100 \quad (6 \cdot 1)$$

モル分率 (x)　　モル分率（mole fraction）の概念は§1·6 で導入された．溶液の成分 i のモル分率 x_i は次式のように定義される．モル分率には単位はない．

$$x_i = \frac{成分\,i\,の物質量〔mol〕}{全成分の物質量〔mol〕} = \frac{n_i}{\sum_j n_j} \quad (6 \cdot 2)$$

モル濃度 (M)　　モル濃度（molarity）（物質量濃度）は 1 L の溶液中に溶解している溶質の物質量（モル数）として定義される．すなわち，

$$モル濃度(M) = \frac{溶質の物質量〔mol〕}{溶液の体積〔L〕} \quad (6 \cdot 3)$$

したがってモル濃度の単位は L 当たりの物質量〔mol L^{-1}〕となる．慣例で，モル濃度を表すために〔　〕で囲むこともある．

質量モル濃度 (m)　　質量モル濃度（molality）は 1 kg（1000 g）の溶媒に溶解している溶質の物質量で定義される．すなわち

$$質量モル濃度(m) = \frac{溶質の物質量〔mol〕}{溶媒の質量〔kg〕} \quad (6 \cdot 4)$$

したがって質量モル濃度の単位は溶媒 1 kg 当たりの物質量〔mol kg^{-1}〕となる．

これら四つの濃度の単位の便利さを比較してみよう．質量パーセント濃度は溶質のモル質量を知っている必要がない，という点で有利である．この単位は，モル質量がわからない，あるいは純度がわからない巨大分子をよく扱う生化学者にとって便利である（タンパク質や DNA 溶液でよく用いる単位は mg mL^{-1} である）．さらに，質量で定義されているために，溶液中の溶質の質量パーセントは温度に依存しない．モル分率は気体の分圧（§1·6 参照）を計算したり，溶液の蒸気圧（後述する）を研究するのに便利である．モル濃度は最もよく用いられる濃度単位の一つである．モル濃度を使用する利点は，溶媒を秤量するより，正確に較正されたメスフラスコを用いて溶液の体積を測定する方が一般に容易である，ということである．モル濃度の欠点は，まず温度の上昇により溶液の体積が通常増加するため，温度依存性があるということで，もう一つは存在している溶媒の量がわからないということである．一方，質量モル濃度は溶媒の質量に対する溶質のモル数の比で定義されるので，温度依存性はない．この理由により，質量モル濃度は，いくつかの溶液の束一的性質（§6·7 参照）

---

* J. H. Hildebrand, C. A. Jenks, *J. Am. Chem. Soc.*, **42**, 2180 (1920).

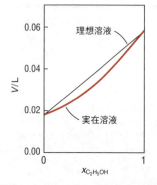

図 6・1 エタノールのモル分率の関数としての水-エタノール混合物の全体積. いかなる濃度においてもモル分率の和は1になる. 直線は理想溶液のモル分率に対する体積変化を示し, 曲線は実際の変化を示す. $x_{C_2H_5OH}=0$ において V は水のモル体積に対応し, $x_{C_2H_5OH}=1$ において V はエタノールのモル体積である.

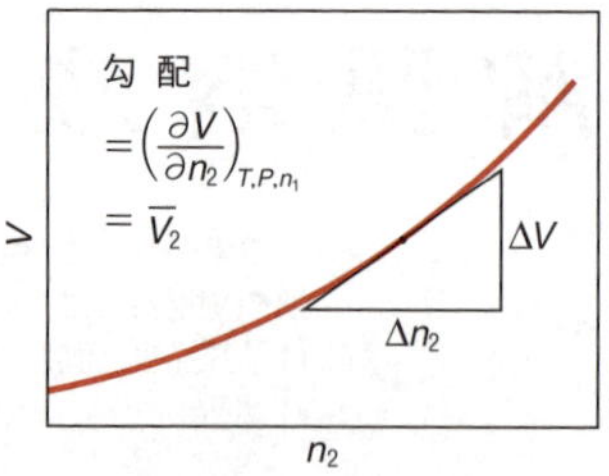

図 6・2 部分モル体積の決定. 二成分溶液の体積を, 成分2のモル数, n_2 の関数として測定する. ある値 n_2 における勾配が, 温度, 圧力, 成分1のモル数を一定に保っている際のその濃度における部分モル体積 $\overline{V}_2$ を与える.

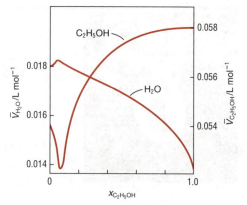

図 6・3 エタノールのモル分率の関数としての水とエタノールの部分モル体積. 水(左)とエタノール(右)とで縦軸の目盛りは別々であることに注意せよ.

におけるように, 温度変化を含む研究において好まれる濃度単位である.

6・2 部分モル量

一定温度, 一定圧力における一成分系の示量性は, 存在する系の量にのみ依存している. たとえば水の体積は存在している水の量に依存している. しかしながら, 体積をモル量として表した場合には, これは示強性になる. たとえ, 水がいかに少なく, あるいは多く存在しても, 1 atm, 298 K における水のモル体積は 0.018 L mol^{-1} である. 溶液では基準が異なる. 溶液は, その定義からして少なくとも2成分を含んでいる. 溶液の示量性は温度, 圧力, 溶液の組成に依存する. どのような溶液の性質を議論する場合でもモル量を用いることはできず, 代わりに**部分モル量**(partial molar quantity) を用いなければならない. 多分, 最も理解しやすい部分モル量は, 以下で述べる**部分モル体積** (partial molar volume) である.

部分モル体積

水とエタノールのモル体積は 298 K でそれぞれ 0.018 L と 0.058 L である. 各液体の 0.5 mol ずつを混合する場合, 体積は 0.018 L/2 と 0.058 L/2 の和の 0.038 L と予想されるが, 実際の体積は 0.036 L である*. 体積の減少は異なる分子間の非等価な分子間相互作用の結果である. 水分子とエタノール分子間の引力が水分子同士およびエタノール分子同士の場合より大きいために, 全体積はそれぞれの体

---

* 財政的には, この体積の減少はバーテンダーにとって損失効果をもたらす.

積の和よりも小さくなる. 異なる分子間の相互作用がより小さい場合には膨張が起こり, 最終的な体積は各体積の和よりも大きくなる. 同種分子間の相互作用と異種分子間の相互作用が同じ場合にのみ体積は加成性を示す. 最終的な体積が個別の体積の和と等しい場合に, 溶液は理想溶液とよばれる. 図6・1はモル分率の関数として表した水-エタノール溶液の全体積を示す. 実在 (非理想) 溶液においては各成分の部分モル体積は他成分の存在に影響される.

一定の温度, 圧力において, 溶液の体積は存在するそれぞれの物質の物質量 (モル数) の関数となる. すなわち,

$$V = V(n_1, n_2, \cdots)$$

二成分系において全微分 dV は

$$dV = \left(\frac{\partial V}{\partial n_1}\right)_{T,P,n_2} dn_1 + \left(\frac{\partial V}{\partial n_2}\right)_{T,P,n_1} dn_2 \\ = \overline{V}_1 dn_1 + \overline{V}_2 dn_2 \tag{6・5}$$

と表される. ここで $\overline{V}_1$ と $\overline{V}_2$ が成分1と2の部分モル体積である. たとえば, 部分モル体積 $\overline{V}_1$ は, T, P, 成分2の物質量 (モル数) が一定という条件下での, 成分1のモル数に対する体積の変化率を示す. あるいは, $\overline{V}_1$ は, 成分1の 1 mol を濃度が変化しないような非常に大きい体積の溶液に加えたときの体積増加と考えることもできる. $\overline{V}_2$ も同様に解釈できる. 式 (6・5) は積分できて

$$V = n_1 \overline{V}_1 + n_2 \overline{V}_2 \tag{6・6}$$

となる. この式を用いると, 各成分のモル数と部分モル体積の積の和を計算することで溶液の体積を計算できる (問題 6・55 参照).

図6・2 に部分モル体積の測定法を示した. 物質1と2

からなる溶液を考える．$\overline{V_2}$ を測定するためには，ある T と P において，成分1の決まったモル数を含み（すなわち n_1 が一定），異なる n_2 の量を含んだ一連の溶液を用意する．溶液の体積 V を測定して n_2 に対してプロットすると，ある n_2 組成における曲線の勾配がその組成における $\overline{V_2}$ を与える．ひとたび $\overline{V_2}$ が測定されたら，同じ組成における $\overline{V_1}$ は式 (6・6) を用いて計算できる．

$$\overline{V_1} = \frac{V - n_2 \overline{V_2}}{n_1}$$

図 6・3 はエタノール–水溶液のエタノールと水の部分モル体積を示す．ある成分の部分モル体積が増加するときには，必ず他方の成分が減少することに注意せよ．この関係はすべての部分モル量の特徴である．

部分モルギブズエネルギー

部分モル量を用いると，任意の組成の溶液について，体積，エネルギー，エンタルピー，ギブズエネルギーなどの示量性を全部まとめて表すことが可能になる．溶液中の i 成分の部分モルギブズエネルギー $\overline{G_i}$ は

$$\overline{G_i} = \left(\frac{\partial G}{\partial n_i}\right)_{T, P, n_j} \quad (6 \cdot 7)$$

と与えられる．ここで，n_j は他に存在するすべての成分のモル数を表す．再び，$\overline{G_i}$ は，一定の温度と圧力において，成分 i の 1 mol を，ある指定した濃度の大量の溶液に加える際のギブズエネルギーの増加量を示す係数と考えることができる．部分モルギブズエネルギーは**化学ポテンシャル** (chemical potential)，μ ともよばれ，

$$\overline{G_i} = \mu_i \quad (6 \cdot 8)$$

と書くことができる．二成分溶液の全ギブズエネルギーの式は体積についての式 (6・6) と似ている．

$$G = n_1 \mu_1 + n_2 \mu_2 \quad (6 \cdot 9)$$

化学ポテンシャルは，単一成分系のモルギブズエネルギーと同様に，多成分系の平衡と自発性の尺度を与える．化学ポテンシャルが μ_i^A のある始状態 A から，化学ポテンシャルが μ_i^B のある終状態 B に，成分 i の dn_i mol を移すことを考えよう．一定の温度，圧力において実行されるこの過程に対して，ギブズエネルギーの変化 dG は

$$dG = \mu_i^B dn_i - \mu_i^A dn_i = (\mu_i^B - \mu_i^A) dn_i$$

と与えられる．もし $\mu_i^B < \mu_i^A$ ならば，$dG < 0$ で，A から B への dn_i mol の移動は自発過程となり，もし $\mu_i^B > \mu_i^A$ ならば，$dG > 0$ で，B から A への移動が自発過程となる．後に見るように，この移動は，ある相から他の相へ，または，ある化学結合状態から他の化学結合状態への変化でなされ，拡散，蒸発，昇華，凝縮，結晶化，溶液生成，化学反応による輸送のこともある．過程の本質にかかわらず，どの場合でも，移動はより高い μ_i の値からより低い μ_i の値に進む．化学ポテンシャルという名はこの特徴による．力学においては，自発変化の方向は常に，系をより高いポテンシャルエネルギー状態からより低い状態に向かわせる．熱力学においては，エネルギーとエントロピー因子の双方を考慮する必要があるために，状況はこれほど単純ではない．それにもかかわらず，一定の温度と圧力において，自発変化の方向は常に，系のギブズエネルギーが減少する方向に向かうことがわかっている．したがって，ギブズエネルギーが熱力学において果たす役割は，力学におけるポテンシャルエネルギーと類似している．これが，モルギブズエネルギー，より一般的には部分モルギブズエネルギーを化学ポテンシャルとよぶ理由である．

6・3　混合の熱力学

溶体の生成は熱力学の原理に支配されている．本節においては，混合により生じる熱力学量の変化について議論する．特に気体に焦点を絞る．

式 (6・9) は，系のギブズエネルギーの組成に対する依存性を与える．気体の自発的混合は組成の変化を伴い，結果として系のギブズエネルギーは減少する．§5・4 において理想気体のモルギブズエネルギーの式を求めた〔式 (5・18)〕．

$$\overline{G} = \overline{G}^\circ + RT \ln \frac{P}{1 \text{ bar}}$$

理想気体の混合において，第 i 成分の化学ポテンシャルは

$$\mu_i = \mu_i^\circ + RT \ln \frac{P_i}{1 \text{ bar}} \quad (6 \cdot 10)$$

と与えられる．ここで，P_i は混合気体の成分 i の分圧で，μ_i° は分圧が 1 bar のときの成分 i の標準化学ポテンシャルである．温度 T，圧力 P における気体1の n_1 mol と，同じ T, P の気体2の n_2 mol の混合を考える．混合前には系の全ギブズエネルギーは式 (6・9) で与えられ，ここで，化学ポテンシャルはモルギブズエネルギーと等しい[*1]．

$$G = n_1 \overline{G_1} + n_2 \overline{G_2} = n_1 \mu_1 + n_2 \mu_2$$
$$G_{混合前} = n_1(\mu_1^\circ + RT \ln P) + n_2(\mu_2^\circ + RT \ln P)$$

混合後は，気体は P_1 と P_2 の分圧を示す．ここで，$P_1 + P_2 = P$ であり[*2]，ギブズエネルギーは

$$G_{混合後} = n_1(\mu_1^\circ + RT \ln P_1) + n_2(\mu_2^\circ + RT \ln P_2)$$

[*1] 簡単にするため，"1 bar" の項を省いた．結果として，P の値は無次元となることに注意する．
[*2] 混合の結果，体積に変化がない場合，すなわち，$\Delta_{mix} V = 0$ のときのみ $P_1 + P_2 = P$ は成り立つ．この条件は理想溶体について成立する．

となる．混合ギブズエネルギー $\Delta_{\text{mix}} G$ は

$$\Delta_{\text{mix}} G = G_{\text{混合後}} - G_{\text{混合前}} = n_1 RT \ln \frac{P_1}{P} + n_2 RT \ln \frac{P_2}{P}$$
$$= n_1 RT \ln x_1 + n_2 RT \ln x_2$$

となる．ここで，$P_1 = x_1 P$ かつ $P_2 = x_2 P$ であり，x_1, x_2 はそれぞれ1と2のモル分率である（標準化学ポテンシャル，μ° は純粋な状態および混合状態で同じである）．さらに，全モル数を n とすると，関係式

$$x_1 = \frac{n_1}{n_1 + n_2} = \frac{n_1}{n} \quad \text{および} \quad x_2 = \frac{n_2}{n_1 + n_2} = \frac{n_2}{n}$$

より

$$\Delta_{\text{mix}} G = nRT(x_1 \ln x_1 + x_2 \ln x_2) \qquad (6 \cdot 11)$$

を得る．x_1 と x_2 は 1 より小さいため，$\ln x_1$ と $\ln x_2$ は負であり $\Delta_{\text{mix}} G$ も負である．この結果は一定の T と P において気体の混合は自発過程であるという予測と矛盾しない．

これで，混合の他の熱力学量を計算できる．式 (5・10) より一定圧力において，

$$\left(\frac{\partial G}{\partial T}\right)_P = -S$$

したがって，混合エントロピーは式 (6・11) を一定圧力のもとで温度に対して微分すれば得られる．

$$\left(\frac{\partial \Delta_{\text{mix}} G}{\partial T}\right)_P = nR(x_1 \ln x_1 + x_2 \ln x_2) = -\Delta_{\text{mix}} S$$

すなわち，

$$\Delta_{\text{mix}} S = -nR(x_1 \ln x_1 + x_2 \ln x_2) \qquad (6 \cdot 12)$$

この結果は式 (4・17) と同等である．式 (6・12) のマイナスの符号は $\Delta_{\text{mix}} S$ を正の量にし，自発過程であることと合致する．混合エンタルピーは式 (5・3) の項を入れ替えることで得られる．

$$\Delta_{\text{mix}} H = \Delta_{\text{mix}} G + T \Delta_{\text{mix}} S = 0$$

この結果は驚くべきことではない．なぜなら，理想気体の分子は互いに相互作用しないので，混合の結果，熱は吸収も放出もされないからである．図 6・4 は二成分系の $\Delta_{\text{mix}} G$, $T \Delta_{\text{mix}} S$, $\Delta_{\text{mix}} H$ を組成の関数としてプロットしたものである．$T \Delta_{\text{mix}} S$ の極大と $\Delta_{\text{mix}} G$ の極小が，共に $x_1 = 0.5$ において起こることに注意せよ．この結果は，気体の等モル量の混合により最大の無秩序を達成することができ，また，この点において，混合ギブズエネルギーが極小となることを意味する（問題 6・57 参照）．

等モル分率からなる二成分溶液が，この混合過程を逆に進むと，系のギブズエネルギーは増加し，エントロピーは減少する．それには，周囲から系にエネルギーを供給する必要がある．はじめ，$x_1 \approx x_2$ において，$\Delta_{\text{mix}} G$ と $T \Delta_{\text{mix}} S$ の

曲線はほぼ平坦であり（図 6・4 参照），分離は容易に行うことができる．しかしながら，一方の成分（たとえば成分1）が多くなると，曲線は非常に急峻になる．そこで，成分1から成分2を分離するにはかなりの量のエネルギー入力が必要になる．たとえば，少量の望ましくない化学物質により汚染された湖を清浄化しようとする際に，この困難に直面する．同じ考察は化合物の精製にも当てはまる．95%の純度にすることはたいていの化合物で比較的容易だが，99%，あるいはそれ以上の純度を達成するにはさらに多くの労力が必要である．たとえば，固体電子工学で使用されるシリコン結晶に対してはこのような純度が必要になる．

別の例として，海洋から金を捜して得られる可能性を探ってみよう．海の水 1 mL にはおよそ 4×10^{-12} g の金が存在すると見積もられている．この量は多くないように見えるかもしれないが，この量に海水の全体積 1.5×10^{21} L を掛けてみると，金は 6×10^{12} g すなわち 600 万トン存在しており，誰でも満足できるはずである．あいにく，海水中の金の濃度が非常に低いだけでなく，金は，海の中のおよそ 60 種の元素のうちの一つにすぎない．海水中に，はじめに非常に低濃度で存在する一つの純粋な元素を分離すること（すなわち，図 6・4 の曲線の急峻な部分から出発すること）は，実際に着手するには，恐ろしいほど困難（かつ高価）な仕事であろう．

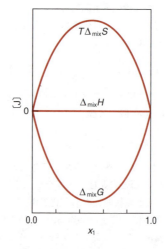

図 6・4 二成分の混合で理想溶液ができる場合の $T \Delta_{\text{mix}} S$, $\Delta_{\text{mix}} H$, $\Delta_{\text{mix}} G$ の組成 x_1 の関数としてのプロット

例題 6・1

1 atm, 25 ℃ のアルゴン 1.6 mol を，1 atm, 25 ℃ の窒素 2.6 mol に混合する際のギブズエネルギーとエントロピーを計算せよ．理想的な振舞いを仮定せよ．

解 アルゴンと窒素のモル分率は

$$x_{\text{Ar}} = \frac{1.6}{1.6 + 2.6} = 0.38 \quad x_{\text{N}_2} = \frac{2.6}{1.6 + 2.6} = 0.62$$

式 (6・11) より

$$\Delta_{\text{mix}} G = nRT(x_1 \ln x_1 + x_2 \ln x_2)$$
$$= (4.2\text{ mol})(8.314\text{ J K}^{-1}\text{ mol}^{-1})(298\text{ K}) \cdot$$
$$[(0.38)\ln 0.38 + (0.62)\ln 0.62]$$
$$= -6.9\text{ kJ}$$

$\Delta_{\text{mix}} S = -\Delta_{\text{mix}} G / T$ なので

$$\Delta_{\text{mix}} S = -\frac{-6.9 \times 10^3 \text{ J}}{298\text{ K}} = 23\text{ J K}^{-1}$$

コメント この例題では，気体が混合されるときの温度と圧力が同じである．もし，気体のはじめの圧力が異なる場合には，$\Delta_{\text{mix}} G$ には二つの寄与があることになる．すなわち，混合それ自身と圧力の変化である．問題 6・58 ではこの状況を例にあげて説明する．

6・4 揮発性液体の二成分混合物

§6・3 で得られた気体混合物についての結果は，理想溶液にも同様に適用される．溶液を研究するには，各成分の化学ポテンシャルの表し方を知らなければならない．二つの揮発性液体，すなわち容易に測定可能な蒸気圧を示す液体を，2 種類含んだ溶液について考える．

密閉された容器中の蒸気と平衡にある液体から始める．系は平衡状態にあるので，液相の化学ポテンシャルと蒸気相の化学ポテンシャルは等しいに違いない．すなわち，

$$\mu^*(l) = \mu^*(g)$$

ここで，* は純粋な成分であることを示す．さらに，理想気体の $\mu^*(g)$ の式から次のように書ける*1．

$$\mu^*(l) = \mu^*(g) = \mu^\circ(g) + RT \ln \frac{P^*}{1\text{ bar}} \quad (6 \cdot 13)$$

ここで $\mu^\circ(g)$ は $P^* = 1\text{ bar}$ における標準化学ポテンシャルである．各成分がその蒸気相と平衡にある二成分溶液については，どちらの成分の化学ポテンシャルも，いまだ二つの相において等しい．したがって，成分 1 については，

$$\mu_1(l) = \mu_1(g) = \mu^\circ(g) + RT \ln \frac{P_1}{1\text{ bar}} \quad (6 \cdot 14)$$

と書ける．ここで，P_1 は分圧である．式 (6・13) の $\mu^\circ(g)$ を $\mu_1^\circ(g)$ と置き換え，先の二つの方程式をまとめると

$$\mu_1(l) = \mu_1^\circ(g) + RT \ln \frac{P_1}{1\text{ bar}}$$
$$= \mu_1^*(l) - RT \ln \frac{P_1^*}{1\text{ bar}} + RT \ln \frac{P_1}{1\text{ bar}}$$
$$= \mu_1^*(l) + RT \ln \frac{P_1}{P_1^*} \quad (6 \cdot 15)$$

---
*1 この式は式 (5・18) から導かれる．純粋な成分については化学ポテンシャルはモルギブズエネルギーに等しい．

となる．このように，溶液中の成分 1 の化学ポテンシャルは，純粋な状態の液体の化学ポテンシャルと，溶液および純粋な状態の液体の蒸気圧を用いて表すことができる．

ラウールの法則

フランスの化学者，François Marie Raoult (1830~1901) は，いくつかの溶液に対して，式 (6・15) の比 P_1/P_1^* が成分 1 のモル分率と等しいことを見いだした．すなわち，

$$\frac{P_1}{P_1^*} = x_1$$

あるいは

$$P_1 = x_1 P_1^* \quad (6 \cdot 16)$$

式 (6・16) は，**ラウールの法則** (Raoult's law) として知られており，"溶液のある成分の蒸気圧がモル分率と純粋な液体の蒸気圧との積に等しい"，ということを述べている．式 (6・16) を式 (6・15) に代入すると，

$$\mu_1(l) = \mu_1^*(l) + RT \ln x_1 \quad (6 \cdot 17)$$

が得られる．純粋な液体 ($x_1 = 1$ であり $\ln x_1 = 0$) では，$\mu_1(l) = \mu_1^*(l)$ となることがわかる．**理想溶液** (ideal solution) はラウールの法則に従う．ほぼ理想溶液である例としてベンゼン-トルエン系がある．図 6・5 はベンゼンのモル分率に対する蒸気圧のプロットを示す．

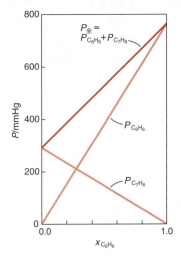

ベンゼン

トルエン

図 6・5 80.1℃におけるベンゼンのモル分率の関数としてのベンゼン-トルエン混合物の全蒸気圧

例題 6・2

液体 A と B が理想溶液をつくる．45℃において純粋な A と B の蒸気圧はそれぞれ 66 Torr と 88 Torr である．この温度においてモル分率 (%) が 36 の A を含む溶液と平衡にある蒸気の組成を計算せよ．

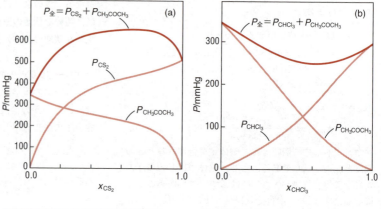

図 6・6 非理想溶液によるラウールの法則からのずれ. (a) ラウールの法則からの正のずれ: 35.2 ℃における二硫化炭素-アセトン系. (b) 負のずれ: 25.2 ℃におけるクロロホルム-アセトン系 [出典: J. Hildebrand, R. Scott, "The Solubility of Nonelectrolytes," ©1950, Litton Educational Publishing. Van Nostrand Reinhold Company]

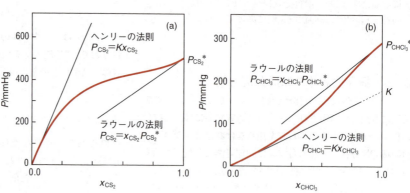

図 6・7 図 6・6 の二成分系に対してラウールの法則とヘンリーの法則が適用できる領域を示した図. ヘンリー定数はモル分率=1 の線と接線との交点として求まる [(b) 参照].

解 $x_A=0.36$ で $x_B=1-0.36=0.64$ であるから, ラウールの法則により

$$P_A = x_A P_A^* = 0.36(66\,\text{Torr}) = 23.8\,\text{Torr}$$
$$P_B = x_B P_B^* = 0.64(88\,\text{Torr}) = 56.3\,\text{Torr}$$

全蒸気圧, P_T は

$$P_T = P_A + P_B = 23.8\,\text{Torr} + 56.3\,\text{Torr} = 80.1\,\text{Torr}$$

最後に, 蒸気相の A と B のモル分率 x_A^v と x_B^v は

$$x_A^v = \frac{P_A}{P_T} = \frac{23.8\,\text{Torr}}{80.1\,\text{Torr}} = 0.30$$

および

$$x_B^v = \frac{P_B}{P_T} = \frac{56.3\,\text{Torr}}{80.1\,\text{Torr}} = 0.70$$

理想溶液においては, 分子が似ている, いないにかかわらず, すべての分子間力は等しい. ベンゼン-トルエン系は, ベンゼンとトルエン両分子が似た形と電子構造をもっているために, この要求に近い. 理想溶液では, $\Delta_{mix}H=0$ であり, $\Delta_{mix}V=0$ である. しかしながら, たいていの溶液は, 理想的に振舞わない. 図 6・6 はラウールの法則からの正, および負のずれを示す. 正のずれ [図 6・6(a)] は異種分子間の分子間力が同種分子間の分子間力より弱い場合に対応し, これらの分子については, 理想溶液の場合よりも, 溶液を離れる傾向がより強い. 結果として, 溶液の蒸気圧は理想溶液の蒸気圧の和よりも大きくなる. ラウールの法則からの負のずれは [図 6・6(b)], ちょうど逆が当てはまる. この場合, 異種分子同士は, 同種分子同士よりも強く引き合い, 溶液の蒸気圧は理想溶液の蒸気圧の和よりも小さくなる.

ヘンリーの法則

一つの溶液の成分が過剰に存在するとき (この成分が溶媒とよばれる), その蒸気圧は式 (6・16) によりきわめて正確に記述される*. 図 6・7(a) にラウールの法則が適用できる領域を二硫化炭素-アセトン系について示した. 対照的に, 少量の成分 (この成分は溶質とよばれる) の蒸気圧は式 (6・16) から予想されるような, 溶液の組成に伴う変化はしない. しかし, それでも溶質の蒸気圧は濃度に対して一次の関係で変化する.

$$P_2 = K x_2 \qquad (6・18)$$

式 (6・18) は**ヘンリーの法則** (Henry's law) [英国の化学者, William Henry (1775〜1836) にちなむ] として知られ

---

* 溶質と溶媒の明確な区別はない. 区別できるときには, 成分 1 を溶媒とよび, 成分 2 を溶質とよぶ.

る．ここで，ヘンリーの法則の比例定数（ヘンリー定数）K は圧力の単位をもつ．ヘンリーの法則は溶質のモル分率をその分圧（蒸気圧）と関係づける．式（6・18）に代えて，ヘンリーの法則は

$$P_2 = K'm \qquad (6 \cdot 19)$$

とも表せる．ここで，m は溶液の質量モル濃度で，定数 K' はその溶媒に対する atm mol^{-1} kg の単位で表される．表 6・1 はいくつかの気体について 298 K の水に対する K と K' の値を示している．

　ヘンリーの法則は通常，液体への気体の溶解に関するものであるが，気体状態でない揮発性の溶質を含む溶液にも同様に適用できる．化学および生物系に大きな実用的重要性があるので，さらに議論するに値する．ソフトドリンクやシャンパンの瓶を開けるときに見られる泡立ちは，気体 ── たいていは CO_2 ── の分圧が下がったときに気体の溶解度が減少することの良い例示になっている．深海に潜ったダイバーが水面に早く上がりすぎたときにかかる空気塞栓症（血流中の気泡による循環障害）もヘンリーの法則で説明できる．海面下約 40 m の位置において，全圧はおよそ 6 atm となり，血漿中の窒素の溶解度はそのときおよそ $(0.8 \times 6 \text{ atm})/[1610 \text{ atm mol}^{-1} \text{ (kg H}_2\text{O)}]$ すなわち 3.0×10^{-3} mol (kg H$_2$O)$^{-1}$ であり，海面の溶解度の 6 倍である．もしダイバーがあまりにも早く上昇したら，溶存窒素が沸きだし始める．最も穏やかな症状は浮動性めまいであり，最も深刻な場合には死に至る*．ヘリウムの方が窒素よりも血漿中の溶解度が低いので，深海の潜水用タンクの酸素ガスを希釈するにはヘリウムが選ばれる．

　ヘンリーの法則からのずれにはいくつかの種類がある．第一に，先に述べたように，法則は希薄溶液についてのみ成立する．第二に，もし溶存気体が溶媒と化学的に相互作用したら，溶解度は大きく増大する．CO_2，H_2S，NH_3，HCl などの気体はみな水への溶解度が高い．なぜなら，これらは溶媒と反応するからである．第三のタイプのずれ

は，血液中の酸素の溶解を例として説明できる．通常，酸素は水に対してはきわめて溶解度が低い（表 6・1 参照）が，溶液がヘモグロビンやミオグロビンを含んでいると溶解度は劇的に増加する．

例題 6・3

298 K の水に対する 3.3×10^{-4} atm の圧力（空気中の CO_2 の分圧に相当する）の二酸化炭素の溶解度を質量モル濃度で表せ．

解　溶質（二酸化炭素）のモル分率は式（6・18）により

$$x_{CO_2} = \frac{P_{CO_2}}{K}$$

と与えられる．水 1000 g に溶解する CO_2 はわずかなので，モル分率を次式のように近似する．

$$x_{CO_2} = \frac{n_{CO_2}}{n_{CO_2} + n_{H_2O}} \approx \frac{n_{CO_2}}{n_{H_2O}}$$

したがって

$$n_{CO_2} = \frac{P_{CO_2} n_{H_2O}}{K}$$

最後に表 6・1 の CO_2 の K の値を用いて，

$$n_{CO_2} = (3.3 \times 10^{-4} \times 760) \text{ Torr} \times \frac{1000 \text{ g}}{18.01 \text{ g mol}^{-1}} \times \frac{1}{1.24 \times 10^6 \text{ Torr}}$$
$$= 1.12 \times 10^{-5} \text{ mol}$$

と書ける．これは，1000 g すなわち 1 kg の H_2O に対する CO_2 量〔mol〕なので，質量モル濃度は 1.12×10^{-5} mol (kg H$_2$O)$^{-1}$ である．

あるいは，式（6・19）を用いることにより，次式のように求めることもできる．

$$m = \frac{P_{CO_2}}{K'} = \frac{3.3 \times 10^{-4} \text{ atm}}{29.4 \text{ atm mol}^{-1} \text{ kg H}_2\text{O}}$$
$$= 1.12 \times 10^{-5} \text{ mol (kg H}_2\text{O)}^{-1}$$

コメント　水に溶解した二酸化炭素は炭酸に変化するので，長時間空気にさらされていた水は酸性になる．

6・5　実在溶液

§6・4 で指摘したように，ほとんどの溶液は理想的には振舞わない．非理想溶液を扱うに際し，まず生じる問題は，溶媒および溶質成分に対して，化学ポテンシャルをどのように記述するか，ということである．

溶媒成分

まず溶媒成分に注目しよう．先に見た通り，理想溶液の溶媒の化学ポテンシャルは

表 6・1　298 K の水に対するいくつかの気体のヘンリー定数

気体	K/Torr	K'/atm mol^{-1} (kg H$_2$O)
H_2	5.54×10^7	1311
He	1.12×10^8	2649
Ar	2.80×10^7	662
N_2	6.80×10^7	1610
O_2	3.27×10^7	773
CO_2	1.24×10^6	29.4
H_2S	4.27×10^5	10.1

---

* その他の興味深いヘンリーの法則の実例については，T. C. Loose, *J. Chem. Educ.*, **48**, 154 (1971); W. J. Ebel, *J. Chem. Educ.*, **50**, 559 (1973); D. R. Kimbrough, *J. Chem. Educ.*, **76**, 1509 (1999) 参照．

表 6・2 273 K における水-尿素溶液中の水の活量[†]

尿素の質量モル濃度, m_2	水のモル分率, x_1	水の蒸気圧, P_1/atm	水の活量, a_1	水の活量係数, γ_1
0	1.000	6.025×10^{-3}	1.000	1.000
1	0.982	5.933×10^{-3}	0.985	1.003
2	0.965	5.846×10^{-3}	0.970	1.005
4	0.933	5.672×10^{-3}	0.942	1.010
6	0.902	5.501×10^{-3}	0.913	1.012
10	0.847	5.163×10^{-3}	0.857	1.012

[†] 出典: National Research Council, "International Critical Tables of Numerical Data: Physics, Chemistry, and Technology," Vol. 3. ©1928, McGraw-Hill. 溶質 (尿素) は不揮発性であることに注意せよ.

$$\mu_1(l) = \mu_1^*(l) + RT \ln x_1$$

となる [式 (6・17) 参照]. ここで, $x_1 = P_1/P_1^*$ であり, P_1^* は純粋な成分 1 の T における平衡蒸気圧である. 標準状態は純粋な液体であり, $x_1 = 1$ において達成される. ここで非理想溶液については

$$\mu_1(l) = \mu_1^*(l) + RT \ln a_1 \quad (6\cdot20)$$

と書き, a_1 を溶媒の**活量** (activity) とする. 非理想性は, 溶媒-溶媒分子間と溶媒-溶質分子間の分子間力が異なる結果である. それゆえ, 非理想性の程度は溶液の組成に依存し, 溶媒の活量は"実効的な"濃度の役割を果たす. 溶媒の活量は蒸気圧を用いて

$$a_1 = \frac{P_1}{P_1^*} \quad (6\cdot21)$$

と表され, P_1 は (非理想) 溶液の成分 1 の分圧 (蒸気圧) である. 活量と濃度 (モル分率) の関係は

$$a_1 = \gamma_1 x_1 \quad (6\cdot22)$$

のようになり, ここで γ_1 は**活量係数** (activity coefficient) である. これを踏まえ, 式 (6・20) は次のように書ける.

$$\mu_1(l) = \mu_1^*(l) + RT \ln \gamma_1 + RT \ln x_1 \quad (6\cdot23)$$

γ_1 の値は理想性からのずれの尺度となる. $x_1 \to 1$ の極限の場合には $\gamma_1 \to 1$ となり, 活量とモル分率は等しくなる. この条件はもちろんすべての濃度の理想溶液で成り立つ.

式 (6・21) から溶媒の活量を求めることができる. 一連の範囲の濃度にわたり溶媒の蒸気圧 P_1 を測定することで, P_1^* が既知なら各濃度における a_1 の値を計算することができる[*1]. 表 6・2 はさまざまな濃度の水-尿素溶液の水の活量を示す.

溶 質 成 分

次に溶質を扱う. すべての濃度範囲で両方の成分がラウールの法則に従う理想溶液はまれである. 化学的相互作用が存在しない希薄な非理想溶液においては, 溶媒はラウールの法則に従うが, 溶質はヘンリーの法則に従う[*2]. そのような溶液は "理想希薄溶液" とよばれることがある. もし溶液が理想的なら溶質の化学ポテンシャルもラウールの法則より

$$\mu_2(l) = \mu_2^*(l) + RT \ln x_2 = \mu_2^*(l) + RT \ln \frac{P_2}{P_2^*}$$

と与えられる. 理想希薄溶液ではヘンリーの法則が成り立ち, これは $P_2 = Kx_2$ であるので,

$$\mu_2(l) = \mu_2^*(l) + RT \ln \frac{K}{P_2^*} + RT \ln x_2$$
$$= \mu_2^\circ(l) + RT \ln x_2 \quad (6\cdot24)$$

ここで $\mu_2^\circ(l) = \mu_2^*(l) + RT \ln(K/P_2^*)$ である. 式 (6・24) は式 (6・17) と同じ形をとっているように見えるが, 重要な違いがあり, それは標準状態の選び方にある. 式 (6・24) によれば, 標準状態は $x_2 = 1$ とすることで達成される純粋な溶質として定義される. しかし, 式 (6・24) は希薄溶液についてのみ成り立つものである. これら二つの条件はいかにして同時に満たされるのであろうか. このジレンマの簡単な解決法は, 標準状態はしばしば, 仮想の状態であり, 物理的に実現可能ではない, ということを認識することである. したがって, 式 (6・24) で定義される溶質の標準状態は, K に等しい蒸気圧 ($x_2 = 1$ のときに $P_2 = K$) を示す仮想的な純粋な成分 2 である. ある意味では, これは "モル分率 1 の無限希釈状態" である. すなわち, 溶媒である成分 1 に関してはモル分率 1 の溶質により無限希釈されている. 一般的に, 非理想溶液 (希薄溶液の限界を超えた) に対しては式 (6・24) を修正して

$$\mu_2(l) = \mu_2^\circ(l) + RT \ln a_2 \quad (6\cdot25)$$

とする. ここで, a_2 は溶質の活量である. 溶媒成分の場合と同様, $a_2 = \gamma_2 x_2$ であり, ここで, γ_2 は溶質の活量係数である. ここで, $x_2 \to 0$ で $a_2 \to x_2$ すなわち $\gamma_2 \to 1$ である.

[*1] P_1 の値を求めるためには全圧 P を測定し, 混合物の組成を分析する必要がある. そして, 式 (1・6) を用いて分圧 P_1 を計算することができる. すなわち, $P_1 = x_1^v P$ で, ここで x_1^v は蒸気相における溶媒のモル分率である.

[*2] 理想溶液ではラウールの法則とヘンリーの法則は等しくなる. すなわち, $P_2 = Kx_2 = P_2^* x_2$.

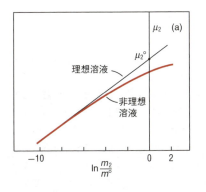
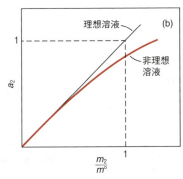

図 6・8 (a) 非理想溶液について，質量モル濃度の対数に対する溶質の化学ポテンシャルのプロット．(b) 非理想溶液の質量モル濃度の関数として表示された溶質の活量．標準状態は $m_2/m^\circ = 1$ である．

そこでヘンリーの法則は下式のようになる．

$$P_2 = K a_2 \tag{6・26}$$

濃度は普通，モル分率ではなく，質量モル濃度（あるいはモル濃度）で表される．質量モル濃度では，式(6・24)は

$$\mu_2(l) = \mu_2^\circ(l) + RT \ln \frac{m_2}{m^\circ} \tag{6・27}$$

の形をとる．ここで，$m^\circ = 1$ mol kg^{-1} であり，比 m_2/m° は無次元である．ここで，標準状態は，質量モル濃度が 1 であるが溶液は理想的に振舞う状態として定義される．この場合もまた，この標準状態は仮想のものであり，実際には到達できない（図 6・8）．非理想溶液に対しては式(6・27)は

$$\mu_2(l) = \mu_2^\circ(l) + RT \ln a_2 \tag{6・28}$$

と書き直せる．ここで $a_2 = \gamma_2 (m_2/m^\circ)$ で，$m_2 \to 0$ の極限の場合，$a_2 \to m_2/m^\circ$ すなわち $\gamma_2 \to 1$ となる〔図 6・8(b) 参照〕．

式(6・24)と式(6・27)がヘンリーの法則を用いて導かれたが，溶質が揮発性であるか否かにかかわらず，どんな溶質にも適用できることに留意する必要がある．これらの表現は溶液の束一的性質を議論する上で（§6・7 参照），また，第 8 章で見るように，平衡定数を求めるときに役に立つ．

6・6 二成分系の相平衡

束一的性質について研究する前に，まず，2 成分を含む溶液の性質に相図とギブズの相律を適用してみよう．

蒸 留

二つの揮発性液体成分の分離は普通，分別蒸留（分留）により行われ，これは，実験室および工業プロセスにおいて多くの応用がある．分別蒸留を用いるには，二成分液体混合物の気-液平衡に圧力と温度がいかに影響を与えるかを理解しなくてはならない．

圧力-組成図 モル分率の関数として，および溶液と平衡にある蒸気の組成の関数として，溶液の蒸気圧を示す相図をつくることから始める．理想的なベンゼン-トルエン溶液を例として，ラウールの法則を用い，両成分の蒸気圧を次のように表すことができる．

$$P_b = x_b P_b^* \quad \text{および} \quad P_t = x_t P_t^*$$

ここで，x_b と x_t はそれぞれ溶液中のベンゼンとトルエンのモル分率を表し，* は純粋成分を示す．全圧 P は

$$\begin{aligned} P &= P_b + P_t = x_b P_b^* + x_t P_t^* \\ &= x_b P_b^* + (1 - x_b) P_t^* \\ &= P_t^* + (P_b^* - P_t^*) x_b \end{aligned} \tag{6・29}$$

により与えられる．図 6・9(a) は x_b に対する P のプロットを示し，直線となっている．

次に P を蒸気相のベンゼンのモル分率である x_b^V を用いて表そう．式(1・6)によれば蒸気相のベンゼンのモル分率は

$$x_b^V = \frac{P_b}{P} = \frac{x_b P_b^*}{P_t^* + (P_b^* - P_t^*) x_b}$$

と与えられる．この式を x_b について解けば，平衡時の蒸気相のモル分率 x_b^V に対応する溶液中のベンゼンのモル分率の表式を得ることができ，次式のようになる．

$$x_b = \frac{x_b^V P_t^*}{P_b^* - (P_b^* - P_t^*) x_b^V} \tag{6・30}$$

再び，式(1・6)とラウールの法則により，

$$P_b = x_b^V P = x_b P_b^*$$

であり，式(6・30)を用いて

$$P = \frac{x_b P_b^*}{x_b^V} = \frac{P_b^* P_t^*}{P_b^* - (P_b^* - P_t^*) x_b^V} \tag{6・31}$$

となる．図 6・9(b) は x_b^V に対する P のプロットを示す．

式(6・29)と式(6・31)を合わせたプロットを図 6・9(c)に示した．直線の上では系は液体状態である（この結果は，高圧において液体はより安定な相であるという予測と矛盾しない）．曲線の下，すなわち低圧では，系は蒸気

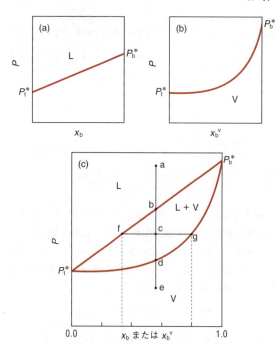

図 6・9 23℃におけるベンゼン-トルエン溶液系の相図. 圧力対組成を液体(L)-蒸気(V)についてプロットした. (a) 溶液中のベンゼンのモル分率に対する蒸気圧のプロット. (b) 気相のベンゼンのモル分率に対する蒸気圧のプロット. (c) (a)と(b)を合わせたプロット. 直線の上では系は完全に液体状態にあり,曲線の下では系は完全に蒸気状態にある. 直線と曲線で囲まれた領域では液体と蒸気が共存する. c点の液体の組成は $x_b=0.34$,蒸気の組成は $x_b^V=0.80$ となる.

として存在する.二つの線の間では(すなわち囲まれた領域の中の点では)液体と蒸気が両方存在する.

ここで,ベンゼン-トルエン系を図6・9(c)の点aの液相から始めるとしよう.ギブズの相律(p.98参照)によれば,二成分一相系では自由度は

$$f = c - p + 2 = 2 - 1 + 2 = 3$$

温度を一定にし,モル分率を固定すると自由度は残り一つとなる.それゆえ,組成と温度を一定にしたまま(点aから),点bに到達するまで圧力を低くすることができる.点bでは,液体はその蒸気と平衡状態で存在できる(液体が蒸発し始めるのはこの点である).さらに,圧力を減らすと点cに到達する.水平の"結線"から,この点での液体の(モル分率での)組成がf,蒸気の組成がgであることがわかる.平衡状態で存在する液体と蒸気の相対量は,てこの規則で与えられる(図6・10).

$$n_L l_L = n_V l_V \qquad (6・32)$$

ここで,n_L と n_V はそれぞれ液体と蒸気で存在するモル数で,l_L と l_V は図6・10で定義される距離である.点cでは二成分,二相系となっているので,全自由度は

$$f = 2 - 2 + 2 = 2$$

それゆえ,一定温度においては一つの自由度しかないので,もし,ある圧力を選んだら,液体と蒸気の組成は(結線で示されるように)定まる.

一定温度において,トルエンからベンゼンを分離する方法を考えてみよう(図6・11).溶液上の圧力は,蒸発が開始する(点a)まで下げることができる.点aにおいてモル分率はそれぞれ $x_b=0.2$ と $x_t=1-0.2=0.8$ である.溶液と平衡にある蒸気の組成(点b)は $x_b^V=0.5$ と $x_t^V=0.5$ という値をもつ.したがって蒸気層は液相よりもベンゼンに富んでいる.そこで,蒸気を凝縮し(b→c),その液体を再蒸発させたら(c→d),ベンゼンの蒸気相でのモル分率はさらに高くなる.定温でこの過程を繰返せば,ついには,ベンゼンとトルエンの定量的な分離に至る.

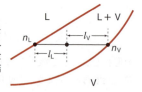

図 6・10 てこの規則を使うと,二相系の各相に存在する物質のモル比は $n_L l_L = n_V l_V$ として与えられる.ここで,l_L と l_V は二相系の全体のモル分率に対応する点から結線の端点までの距離に対応する.

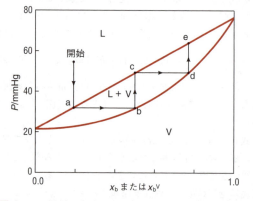

図 6・11 23℃におけるベンゼン-トルエン系の圧力-組成図

温度-組成図 実際には,蒸留は定温条件よりも定圧条件で行う方がより容易である.それゆえ,**温度-組成図** (temperature-composition diagram) すなわち**沸点図** (boiling-point diagram) を見ていく必要がある.温度と組成の関係は複雑であり,通常は実験的に決定される.

ベンゼン-トルエン系について再び注目し,図6・12と図6・9を比較すると,液体と蒸気の領域が逆転し,液体曲線,蒸気曲線共に直線ではなくなっていることがわかる.より揮発性の高い成分であるベンゼンは,より高い蒸気圧を示すから,沸点はトルエンより低くなる.図6・9から,温度一定の場合,より高圧で安定な相は液体である

ことがわかる．同様に，図 6・12 から，圧力一定の場合，より低温で安定になる相が液体であることもわかる．溶液を加熱すると，やがて蒸発が始まる (a→b)．蒸気相はよりベンゼンに富んでおり，凝縮させ (b→c)，そして蒸発させ (c→d)，この過程を繰返すことで二つの成分はついには完全に分離する．この操作は**分別蒸留**または**分留** (fractional distillation) とよばれる．蒸発・凝縮の各過程は**理論段** (theoretical plate) という．

集められる．石油精製でも同様なアプローチが採用されている．原油は数千の化合物の複雑な混合物であり，およそ 80 m の高さで数百の理論段をもつ蒸留カラムで原油を加熱，凝縮することにより，沸点の範囲に応じて混合物成分を分離することができる．

共沸混合物 ほとんどの溶液は非理想的であり，実験的に求められた温度-組成図は図 6・12 に示されたものより複雑である．もし系がラウールの法則から正のずれを示したら，曲線は極小の沸点を示す．逆に，ラウールの法則からの負のずれは極大の沸点を与える（図 6・14）．前者の例はアセトン-二硫化炭素，エタノール-水，n-プロパノール-水である．極大沸点を示す系はあまり多くない．よく知られている例にはアセトン-クロロホルム，塩酸-水がある．どの例においても，単純な分留では混合物を完

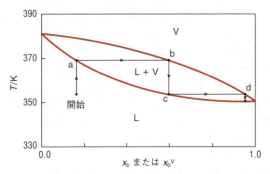

図 6・12　1 atm におけるベンゼン-トルエン系の温度-組成図．ベンゼンとトルエンの沸点はそれぞれ 80.1 ℃ と 110.6 ℃ である．

実験室では図 6・13 に示すような器具を用いて揮発性液体を分離する．ベンゼン-トルエン溶液を含む丸底フラスコに小さいガラスビーズを充填した長いカラムを装着する．溶液が沸騰したら蒸気はカラムの下の部分のビーズ上で凝縮し，液体は蒸留フラスコ内に落ちて戻る．時間が経過するとビーズはしだいに加熱され，蒸気がゆっくりと上に行けるようになる．要するに，充填物質のおかげでカラムは多くの理論段をもつことになり，ベンゼン-トルエン混合物は多くの蒸発-凝縮ステップを連続的に受けることになる．各ステップにおいて，カラム内の蒸気の組成はより揮発性の高い，すなわち低沸点の成分（この場合，ベンゼン）に富むようになる．カラムの最上段に上がった蒸気は純粋なベンゼンとなっており，受けフラスコで凝縮し，

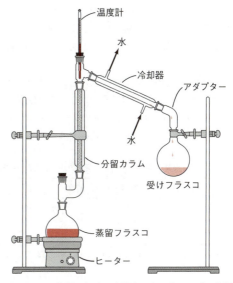

図 6・13　分留のための実験室のセットアップ．分留カラムに多くの小さいガラスビーズを充填することで，凝縮-蒸発ステップは多くの理論段をもつことになる．

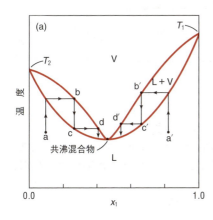
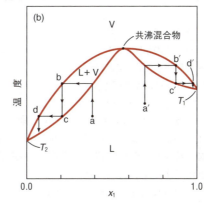

図 6・14　共沸混合物．(a) 極小沸点をもつ系，(b) 極大沸点をもつ系

全に純粋な成分に分離することはできない．

図6・14(a)を参照しながら次なるステップを考えよう．点aで示すある組成の溶液を加熱する．凝縮（b→c）した蒸気は成分1に富むようになる．一方，容器に残っている溶液は成分2に富むようになり，結果として，液体曲線上の，容器中の溶液の組成を示す点は蒸留が進行するにつれて左側に動くようになり，沸点は上昇する．溶液を沸騰させ，蒸気を凝縮させ，再び凝縮した蒸気を沸騰させれば，ついには留出物の組成が容器中の溶液と同じになる．そのような留出物は**共沸混合物**(azeotrope)として知られる（ギリシャ語で"変化せずに沸騰する"意味）．一方，容器に残る溶液の沸点はついには純粋な成分2の沸点になる（すなわちT_2）．ひとたび共沸混合物の留出物が生成されたら，さらに蒸留しても分離は進まず，一定の温度で沸騰する．もし，点a′から始めて，同じ蒸発–凝縮ステップを行ったら，同じ共沸混合物ができるまで蒸気は成分2に富むようになり，溶液の沸点は成分1の沸点に近づく．極大沸点をもつ系［図6・14(b)］も，純粋成分が留出物に現れ，共沸混合物が容器中に現れる，ということを除いては同じように説明できる．

共沸混合物は，蒸留においてあたかも単一成分であるかのように振舞うが，実際にはそうではないことは容易に示すことができる．すなわち表6・3のデータからわかるように，共沸混合物の組成は圧力に依存する．

表6・3 HCl–水共沸混合物の沸点と組成の圧力に伴う変化[†]

P/T	組成（HClの質量パーセント濃度）	沸点［℃］
760	20.222	108.584
700	20.360	106.424
500	20.916	97.578

[†] W. D. Bonner, R. E. Wallace, *J. Am. Chem. Soc.*, **52**, 1747 (1930).

固–液平衡

二つの物質からなる溶液を十分低い温度まで冷却したら固体が生成するだろう．この温度は溶液の凝固点であり，溶液の組成に依存する．次節で見るように，溶液の凝固点は常に溶媒の凝固点よりも低い．

アンチモン(Sb)と鉛(Pb)の二成分系を考える．図6・15に，この系の固–液の相図を示した．この相図は一定圧力における異なる組成の一連の溶液の融点を測定することによって作成された．非対称なV字形の曲線は凝固点曲線であり，その上では系は液体である（PbとSbの融点はそれぞれ328℃と631℃である）．点aにおける溶液が一定圧力で冷却されたときに何が起こるか考えよう．点bに到達したときに溶液は凝固し始め，溶液から分離する固体は純粋なSbである．さらに温度が下げられると，より多くのSbが凝固し，溶液はしだいにPbに富んでくる．

たとえば点cにおける溶液の組成は結線 gch を描くことで得られる．この点で，溶液の組成は点hからx軸に垂直線を射影することによって得られる．溶液の温度をさらに低下させ続けると，ついには点dに到達する．この温度での溶液の組成は点eにより与えられる．

点iの溶液の冷却を始めてみよう．点jにおいて，溶液は凝固し始め，固体Pbが生成する．さらに冷却すると，点kに到達する．この点で溶液の組成は再び点eで与えられる．それゆえ，この点は液体が両方の固体と平衡になっている点である．点eを**共融点**[*] (eutectic point) とよぶ．共融点は次の重要性をもっている．1) 溶液が存在できる最低温度を示す，2) 共融点において溶液から分離した固体は溶液と同じ組成をもつ．この点で，共融点での組成をもつ溶液は純粋な化合物のように振舞う．しかしながら，共融混合物の組成は外圧に依存するので，異なる圧力での凝固現象を研究することにより，その振舞いを純粋な液体のそれと区別することが容易にできる．

共融点において，2成分（PbとSb）と3相（固体Pb，固体Sb，溶液）を有しているので，自由度 f は

$$f = c - p + 2 = 2 - 3 + 2 = 1$$

のように与えられる．しかしながら，この自由度1は圧力を指定するのに用いられる．結果として，共融点では温度も組成も変化しない．

なじみ深い共融混合物に，電子回路基板の組立てに使われるハンダがある．ハンダはおよそ33%の鉛と67%のスズであり，183℃で融解する（スズは232℃で融解する）．

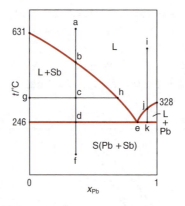

図6・15 鉛–アンチモン系の固–液相図．共融点はeにある．

6・7 束一的性質

溶液の一般的な性質には，蒸気圧降下，沸点上昇，凝固点降下，浸透圧などがある．これらの性質は，これらが共

---

[*] 共融点は246℃である．

通の起源を通して結びつけられることから，一般に，**束一的性質** (colligative property) あるいは**集合的性質** (collective property) とよばれる．束一的性質は存在する溶質分子の数にのみ依存し，分子の大きさやモル質量には依存しない．これらの現象を記述する式を導くために，三つの重要な仮定を行う: 1) 溶液は理想希薄溶液で，溶媒がラウールの法則に従う; 2) 溶液は希薄溶液である; 3) 溶液は非電解質を含む．いつものように二成分系のみ考えよう．

蒸気圧降下

スクロースの水溶液のような，溶媒1と不揮発性溶質2を含む溶液を考える．溶液は理想希薄溶液なので，ラウールの法則が適用される．

$$P_1 = x_1 P_1^*$$

$x_1 = 1 - x_2$ なので，上式は

$$P_1 = (1 - x_2) P_1^*$$

となる．この式を書き換えると

$$P_1^* - P_1 = \Delta P = x_2 P_1^* \qquad (6\cdot33)$$

となる．ここで，純粋な溶媒の蒸気圧からの減少，ΔP は，溶質のモル分率に正比例する．

溶液の蒸気圧はなぜ溶質の存在で減少するのだろうか．分子間力が変化を受けるためにそうなる，と提案したくなるかもしれない．しかし，この考えは正しくない．なぜなら，溶質-溶媒間と溶媒-溶媒間相互作用に違いがない理想溶液においてでさえ**蒸気圧降下** (depression of vapor pressure, vapor-pressure depression) が起こるからである．より説得力のある説明はエントロピー効果によってなされる．溶媒が蒸発するときに，宇宙のエントロピーは増大する．なぜならどんな物質のエントロピーも，(同じ温度において) 液体状態の場合より気体状態の方が大きいからである．§6・3で見たように，溶解過程そのものはエントロピー増大を伴う．この結果は，純粋な溶媒には存在しない，余分な乱雑さあるいは無秩序さが，溶液には存在することを意味している．それゆえ，溶液から溶媒が蒸発すると，エントロピーの増大はより少なくなる．結果として，溶媒は溶液から離れる傾向が低くなり，溶液は純粋な溶媒よりもより低い蒸気圧を示す (問題6・40参照).

沸点上昇

溶液の沸点はその蒸気圧が外圧と等しくなる温度である．先に述べた議論より，不揮発性の溶質を加えることで蒸気圧は降下するので，それが溶液の沸点を高くするはずと予想するかもしれないが，実際に，この効果はある．

不揮発性溶質を含む溶液については，**沸点上昇** (elevation of boiling point) は，溶質の存在により溶媒の化学ポテンシャルが変化することに起因する．式 (6・17) より，溶液中の溶媒の化学ポテンシャルは，$RT \ln x_1$ の量だけ純粋な溶媒の化学ポテンシャルより小さくなることがわかる．この変化がいかに溶液の沸点に影響を与えるかは図6・16からわかる．実線は純粋な溶媒を示す．溶質は不揮発性なので蒸発しない．それゆえ，蒸気相の曲線は純粋な蒸気と同様である．他方，液相は溶質を含んでいるので溶媒の化学ポテンシャルは減少する (--- 参照). 蒸気の曲線が2種類の液体の曲線 (純粋な液体と溶液) と交差する点が，それぞれ純粋な溶媒と溶液の沸点に対応し，溶液の沸点 (T_b') は純粋な溶媒の沸点 (T_b) よりも高いことがわかる．

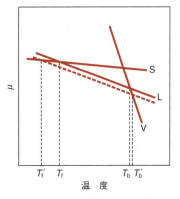

図6・16 束一的性質を示すための温度に対する化学ポテンシャルのプロット．--- は溶液相を示す．T_b: 溶媒の沸点，T_b': 溶液の沸点，T_f: 溶媒の凝固点，T_f': 溶液の凝固点

ここで，沸点上昇現象の定量的取扱いを行う．沸点では溶媒の蒸気は溶液中の溶媒と平衡にあるので

$$\mu_1(g) = \mu_1(l) = \mu_1^*(l) + RT \ln x_1$$

あるいは

$$\Delta \mu_1 = \mu_1(g) - \mu_1^*(l) = RT \ln x_1 \qquad (6\cdot34)$$

ここで $\Delta \mu_1$ は，溶液の沸点である温度 T において，溶媒1 molを溶液から蒸発させるのに関わるギブズエネルギー変化である．したがって $\Delta \mu_1 = \Delta_{vap} \overline{G}$ と書くことができる．式 (6・34) を T で割ることにより，

$$\frac{\Delta_{vap} \overline{G}}{T} = \frac{\mu_1(g) - \mu_1^*(l)}{T} = R \ln x_1$$

が得られる．ギブズ・ヘルムホルツの式 [式 (5・15)] から

$$\frac{d(\Delta G / T)}{dT} = -\frac{\Delta H}{T^2} \qquad (P\text{一定})$$

と書くことができる．すなわち，

$$\frac{d(\Delta_{vap} \overline{G} / T)}{dT} = \frac{-\Delta_{vap} \overline{H}}{T^2} = R \frac{d(\ln x_1)}{dT}$$

ここで $\Delta_{vap}\overline{H}$ は溶液から溶媒が蒸発する場合のモル蒸発エンタルピーである. 溶液は希薄なので, $\Delta_{vap}\overline{H}$ は純粋な溶媒のモル蒸発エンタルピーと同等とみることができる. 最後の式を書き換えると

$$d \ln x_1 = \frac{-\Delta_{vap}\overline{H}}{RT^2} dT \quad (6 \cdot 35)$$

となり, x_1 と T との関係を探すために, 式 (6·35) を, それぞれ, 溶液と純粋な溶媒の沸点に対応する上端 T_b' と下端 T_b の間で積分する. 溶媒のモル分率は T_b' において x_1 で, T_b において 1 なので,

$$\int_{\ln 1}^{\ln x_1} d \ln x_1 = \int_{T_b}^{T_b'} \frac{-\Delta_{vap}\overline{H}}{RT^2} dT$$

すなわち

$$\begin{aligned}
\ln x_1 &= \frac{\Delta_{vap}\overline{H}}{R}\left(\frac{1}{T_b'} - \frac{1}{T_b}\right) \\
&= \frac{-\Delta_{vap}\overline{H}}{R}\left(\frac{T_b' - T_b}{T_b'T_b}\right) \\
&= \frac{-\Delta_{vap}\overline{H}}{R}\frac{\Delta T_b}{T_b^2} \quad (6 \cdot 36)
\end{aligned}$$

ここで, $\Delta T_b = T_b' - T_b$ である. 式 (6·36) を求める際に二つの仮定を用いたが, 両方共 T_b' と T_b が少量 (数度) しか違わないという事実に基づいている. 第一の仮定は, $\Delta_{vap}\overline{H}$ が温度に依存しないとしたこと, 第二の仮定は $T_b' \approx T_b$ なので, $T_b'T_b \approx T_b^2$ としたということである.

式 (6·36) は, **沸点上昇度** (ΔT_b) と溶媒の濃度 (x_1) とを関係づける. しかしながら, 慣習では, 濃度を表すのに存在する溶質の量を用いるので,

$$\ln x_1 = \ln(1 - x_2) = \frac{-\Delta_{vap}\overline{H}}{R}\frac{\Delta T_b}{T_b^2}$$

ここで[*1]

$$\ln(1 - x_2) = -x_2 - \frac{x_2^2}{2} - \frac{x_2^3}{3} \cdots \approx -x_2 \quad (x_2 \ll 1)$$

であるから, 下式のようになる.

$$\Delta T_b = \frac{RT_b^2}{\Delta_{vap}\overline{H}} x_2$$

モル分率 (x_2) を, 質量モル濃度 (m_2) などのより実用的な濃度単位に変換するために

$$x_2 = \frac{n_2}{n_1 + n_2} \approx \frac{n_2}{n_1} = \frac{n_2}{w_1/\mathcal{M}_1} \quad (n_1 \gg n_2)$$

と書く. ここで, w_1 は溶媒の質量 [kg], $\mathcal{M}_1$ は溶媒のモル質量 [kg mol^{-1}] である. n_2/w_1 が溶液の質量モル濃度 m_2 を与えるので, $x_2 = \mathcal{M}_1 m_2$ となり, したがって

$$\Delta T_b = \frac{RT_b^2 \mathcal{M}_1}{\Delta_{vap}\overline{H}} m_2 \quad (6 \cdot 37)$$

となる. 式 (6·37) の右辺の m_2 の前の係数のすべての量は, 溶媒を決めれば定数となるので,

$$K_b = \frac{RT_b^2 \mathcal{M}_1}{\Delta_{vap}\overline{H}} \quad (6 \cdot 38)$$

とおき, K_b を**モル沸点上昇** (molar elevation of boiling point) とよぶ. K_b の単位は K mol^{-1} kg である. 最終的に下式が得られる.

$$\Delta T_b = K_b m_2 \quad (6 \cdot 39)$$

質量モル濃度を用いる利点は, §6·1 で述べたように, 温度に依存しないので, 沸点上昇を研究するのに適しているということである.

図 6·17 は純水と水溶液の相図を示す. 不揮発性の溶質を加えると, 溶液の蒸気圧が各温度で減少する. 結果として, 1 atm における溶液の沸点は 373.15 K よりも大きくなる.

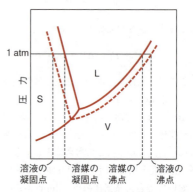

図 6·17 純水 (——) および不揮発性固体を含む水溶液 (---) 中の水の相図. グラフの尺度は両軸とも正確に描いたものではないことに注意せよ.

凝 固 点 降 下

化学者でなければ沸点上昇現象には永久に気づかないだろうが, 寒冷気候で暮らしている偶然の観察者でも**凝固点降下** (depression of freezing point) の例は目撃するだろう. すなわち冬の道路や歩道の氷は塩[*2] と共に散水すると容易に解ける. この解凍法は, 水の凝固点を降下させることによる.

凝固点降下の熱力学的解析は沸点上昇の場合と似ている. 溶液が凍るときに溶液から分離する固体が溶媒のみを含んでいると仮定すると, 固体の化学ポテンシャルの曲線は変化しない (図 6·16 参照). 結果として, 固体の曲線

[*1] この展開はマクローリン級数として知られる. この関係は, x_2 に小さい数 (≤0.1) を代入して確かめることができる.

[*2] 使用される塩は普通, 塩化ナトリウムであり, セメントを冒し, 多くの植物に有害である. J. O. Olson, L. H. Bowman, 'Freezing Ice Cream and Making Caramel Topping,' *J. Chem. Educ.*, **53**, 49 (1976) も参照.

（—）と溶液中の溶媒の曲線（---）は純粋な溶媒の凝固点（T_f）よりも低い点（T_f'）で交差する．沸点上昇の場合とまったく同様の手順で，凝固点降下度，ΔT_f（すなわち $T_f - T_f'$，ここで T_f と T_f' はそれぞれ純粋な溶媒と溶液の凝固点である）は

$$\Delta T_f = K_f m_2 \quad (6 \cdot 40)$$

であることが示される．ここで，K_f は**モル凝固点降下**（molar depression of freezing point）または**モル凝固点定数**（molar constant of freezing point）であり，

$$K_f = \frac{RT_f^2 \mathcal{M}_1}{\Delta_{fus}\overline{H}} \quad (6 \cdot 41)$$

で与えられる．ここで，$\Delta_{fus}\overline{H}$ は溶媒のモル融解エンタルピーである．

凝固点降下現象は，図 6・17 を考察することでも理解できる．1 atm において溶液の凝固点は，(固相と液相の間の) 破線の曲線（---）と 1 atm における水平線との交点になる．沸点上昇の場合には溶質は不揮発性でなければならなかったが，凝固点降下の際にはそのような制約が存在しない[*1]ことは興味深い．このことの証拠は，エタノール（沸点 351.65 K）が不凍剤として使用されていることである．

溶質のモル質量を決定するのに，式（6・39）と式（6・40）のどちらでも使用できる．一般に凝固点降下の実験の方が容易に行えるので，化合物のモル質量の測定には通常はこちらが採用される．表 6・4 にはいくつかの一般的な溶媒の K_b と K_f の値をあげた．

凝固点降下現象の多くの例が日常生活や生物系で見られる．上述したように，塩化ナトリウムや塩化カルシウムなどの塩が道路や歩道の氷を融解するのに使用される．有機化合物のエチレングリコール，[$CH_2(OH)CH_2(OH)$] は，一般的な自動車の不凍液であり[*2]，飛行機の除氷液としても用いられている．近年では，ある種の魚がいかにして極地の海の氷のように冷たい水でうまく生き延びているか，その方法の理解に大きな関心が集まっている．海水の凝固点はおよそ $-1.9\,°C$ であり，これは氷山を取巻く海水の温度である．$1.9\,°C$ の凝固点降下は質量モル濃度にして 1 mol kg^{-1} に対応し，適切な生理機能にとってはあまりに高すぎる．たとえば，この濃度では浸透圧の平衡を変えてしまうのである（浸透圧については次項参照）．極地の魚の血液には，凝固点を束一的に低下させる溶解している塩や他の物質のほかに，ある種の防御的効果をもつ特別な種

表 6・4 一般的な溶媒のモル沸点上昇とモル凝固点降下

溶　媒	K_b/K mol^{-1} kg	K_f/K mol^{-1} kg
H_2O	0.51	1.86
C_2H_5OH	1.22	1.99
C_6H_6	2.53	5.12
$CHCl_3$	3.63	4.68
CH_3COOH	2.93	3.90
CCl_4	5.03	29.8

類のタンパク質が含まれている．これらのタンパク質はアミノ酸単位と糖単位の両方をもち，糖タンパク質とよばれている．魚の血液中の糖タンパク質濃度はきわめて低く（およそ 4×10^{-4} mol kg^{-1}），それらの作用は束一的性質によっては説明できない．糖タンパク質は微小な氷結晶が生成し始めるとすぐに，その表面に吸着することができ，生体に損傷を与えるような大きさに氷が成長することを妨げている，と考えられている．結果として，これらの魚の血液の凝固点は $-2\,°C$ 以下になる．

例題 6・4

316.0 g の水に溶解したスクロース（$C_{12}H_{22}O_{11}$）45.20 g の水溶液について，(a) 沸点と，(b) 凝固点を計算せよ．

解 (a) 沸点：$K_b = 0.51$ K mol^{-1} kg であり，溶液の質量モル濃度は

$$m_2 = \frac{(45.20\,g)(1000\,g/1\,kg)}{(342.3\,g\,mol^{-1})(316.0\,g)} = 0.418\,mol\,kg^{-1}$$

と与えられる．式（6・39）より

$$\Delta T_b = K_b m_2$$
$$= (0.51\,K\,mol^{-1}\,kg)(0.418\,mol\,kg^{-1}) = 0.21\,K$$

したがって，溶液は $(373.15 + 0.21)$ K，すなわち 373.36 K で沸騰する．

(b) 凝固点：式（6・40）より

$$\Delta T_f = K_f m_2$$
$$= (1.86\,K\,mol^{-1}\,kg)(0.418\,mol\,kg^{-1}) = 0.78\,K$$

したがって，溶液は $(273.15 - 0.78)$ K，すなわち 272.37 K で凝固する．

コメント 等しい濃度の水溶液に対して，凝固点降下の大きさは対応する沸点上昇の大きさより常に大きい．式（6・38）と式（6・41）の二つの式を比較すると理由がわかる．

$$K_b = \frac{RT_b^2 \mathcal{M}_1}{\Delta_{vap}\overline{H}} \quad K_f = \frac{RT_f^2 \mathcal{M}_1}{\Delta_{fus}\overline{H}}$$

$T_b > T_f$ であるが，水の $\Delta_{vap}\overline{H}$ は 40.79 kJ mol^{-1} で，一方，$\Delta_{fus}\overline{H}$ は 6.01 kJ mol^{-1} しかない．K_b と，ひいては ΔT_b をより小さくしているのは，分母の大きい $\Delta_{vap}\overline{H}$ である．

[*1] 訳注：沸点上昇と蒸気圧降下では，揮発性物質は気体になってしまい測定できない（溶媒中に粒子が残らない）．一方，凝固点降下は，低い凝固点の溶媒を用いれば揮発性物質でも揮発しにくいため測定できる．

[*2] 訳注：不凍液はそのエチレングリコール濃度からいって希薄溶液と考えるには無理がある．水分子の間隙にエチレングリコール分子が入り込み凍りにくくなると思われる．

浸 透 圧

図6・18で**浸透**(osmosis)現象を説明しよう．装置の左側の区画には純粋な溶媒が，右側には溶液が入っている．二つの区画は**半透膜**(semipermeable membrane)(たとえばセロハン膜)で仕切られており，溶媒分子は通過できるが，溶質分子が右から左に移動することはできない．

したがって，実際的見地からいえば，この系は二つの異なる相をもっていることになる．平衡において，右側の管の溶液の高さは左側の純粋な溶媒の高さより h だけ大きくなる．この静水圧[*1]の差は**浸透圧**(osmotic pressure)とよばれる．以下のようにして浸透圧の式を導くことができる．

μ_1^L と μ_1^R をそれぞれ左側と右側の区画の溶媒の化学ポテンシャルとする．まず，平衡に到達する前に，

$$\mu_1^L = \mu_1^* + RT \ln x_1 = \mu_1^* \quad (x_1 = 1)$$

および

$$\mu_1^R = \mu_1^* + RT \ln x_1 \quad (x_1 < 1)$$

である．したがって，

$$\mu_1^L = \mu_1^* > \mu_1^R = \mu_1^* + RT \ln x_1$$

となる．μ_1^L は純粋な溶媒の標準化学ポテンシャル μ_1^* と同じであり，不等号は $RT \ln x_1$ が負の量であることを示しているのに注意せよ．結果として，平均すれば，より多くの溶媒分子が膜を通って左から右に移動する．右区画の溶液を溶媒によって希釈することはギブズエネルギーが減少し，エントロピーが増大することになるので，この過程は自発的である．最終的に平衡が達成されるのは，この溶媒の流れが二つの側管の静水圧の差と正確に釣り合ったときである．この静水圧の差は，溶液中の溶媒の化学ポテンシャル，μ_1^R を増加する．式(5・16)より

$$\left(\frac{\partial G}{\partial P}\right)_T = V$$

であることがわかっている．一定温度において，化学ポテンシャルの圧力に伴う変化について同様な式を書くことができる．したがって，右区画の溶媒成分について，

$$\left(\frac{\partial \mu_1^R}{\partial P}\right)_T = \overline{V}_1 \qquad (6・42)$$

ここで，$\overline{V}_1$ は溶媒の部分モル体積である．希薄溶液については，$\overline{V}_1$ は純粋な溶媒のモル体積 $\overline{V}$ とほぼ等しい．圧力が外部の大気圧 P から $(P+\Pi)$ に増加した際の，溶液区画の溶媒の化学ポテンシャルの増加 ($\Delta \mu_1^R$) は

$$\Delta \mu_1^R = \int_P^{P+\Pi} \overline{V} dP = \Pi \overline{V}$$

と与えられる．液体の体積は圧力による変化が小さいため，$\overline{V}$ は定数として扱われる．ギリシャ文字 Π は浸透圧を表す．溶液の浸透圧という言葉は，溶媒の化学ポテンシャルを，大気圧下の純粋な液体の値にまで増加させるために溶液に加える必要のある圧力を指す．

平衡においては，次式の関係が成り立たねばならない．

$$\mu_1^L = \mu_1^R = \mu_1^* + RT \ln x_1 + \Pi \overline{V}$$

$\mu_1^L = \mu_1^*$ なので，

$$\Pi \overline{V} = -RT \ln x_1 \qquad (6・43)$$

が成り立つ．Π を溶質の濃度と関係づけるために，以下の段階を踏んで考える．沸点上昇の際に用いた手続きにより

$$-\ln x_1 = -\ln(1-x_2) \approx x_2 \quad (x_2 \ll 1)$$

さらに

$$x_2 = \frac{n_2}{n_1 + n_2} \approx \frac{n_2}{n_1} \quad (n_1 \gg n_2)$$

ここで，n_1 と n_2 はそれぞれ溶媒と溶質の物質量(モル数)である．式(6・43)は

$$\Pi \overline{V} = RT x_2 = RT \left(\frac{n_2}{n_1}\right) \qquad (6・44)$$

となる．式(6・44)に $\overline{V} = V/n_1$ を代入して

$$\Pi V = n_2 RT \qquad (6・45)$$

を得る．V がL単位であれば，

$$\Pi = \frac{n_2}{V} RT = MRT \qquad (6・46)$$

となり[*2]，ここで，M は溶液のモル濃度である．浸透圧測定は通常一定温度で行われるので，ここではモル濃度が便利な濃度単位である．あるいは，式(6・46)は次式のように書き換えることができる．

$$\Pi = \frac{c_2}{\mathcal{M}_2} RT \qquad (6・47)$$

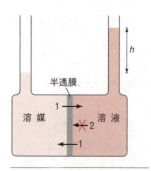

図6・18 浸透圧現象を示す装置．1は溶媒分子を，2は溶質分子を表す．

[*1] 訳注: **静水圧**(hydrostatic pressure)は，静止している水中において働く圧力で，方向によらず同じ大きさで，その大きさは水の密度，重力加速度，深さの積に等しい．

[*2] 式(6・46)は異なる濃度をもつ二つの同様な溶液にも適用される．

あるいは，

$$\frac{\Pi}{c_2} = \frac{RT}{M_2} \quad (6 \cdot 48)$$

ここで，c_2 は溶液の溶質の g L^{-1} 単位の濃度であり，M_2 は溶質のモル質量である．式 (6・48) は浸透圧測定から化合物のモル質量を決定する方法を与えている．

式 (6・48) は理想的な振舞いを仮定して誘導しているので，モル質量の決定のためには，いくつかの異なる濃度で Π を測定し，濃度 0 に補外することが望ましい (図 6・19)．非理想溶液については任意の濃度，c_2 における浸透圧は

$$\frac{\Pi}{c_2} = \frac{RT}{M_2}(1 + Bc_2 + Cc_2^2 + Dc_2^3 + \cdots) \quad (6 \cdot 49)$$

と与えられる*1．ここで，B, C, D はそれぞれ第二，第三，第四ビリアル係数とよばれる．ビリアル係数の大きさは $B \gg C \gg D$ となっている．希薄溶液では第二ビリアル係数のみを注意すればよい．理想溶液では，第二および高次のビリアル係数はすべて 0 になり，式 (6・49) は式 (6・48) になる．

浸透圧はよく研究された現象であるが，関与する機構は必ずしも明確に理解されていない．ある場合には，半透膜は分子ふるい（モレキュラーシーブ）として振舞い，より小さな溶媒分子は通過させ，より大きな溶質分子は通さない．別の場合には，膜において，溶質よりも溶媒の溶解度がより高いことから浸透圧がひき起こされるようである．それぞれの系の研究は別々になされるべきである．これまでの議論は，熱力学の便利さと限界の両方を示している．ここまで化学ポテンシャルの差だけを用いて，溶質のモル質量を実験的に測定可能な量 —— 浸透圧 —— と関係づける便利な式を導いてきた．しかしながら，熱力学はいかなる特定のモデルにも基づいていないので，式 (6・47) からは浸透圧の機構については何もわからない．

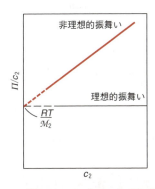

図 6・19 理想溶液および非理想溶液の浸透圧測定による溶質のモル質量の決定．($c_2 \to 0$ のときの) y 軸の切片がモル質量の正確な値を与える．

例題 6・5

右区画には 1 L 中に 20 g のヘモグロビンを含む溶液が入り，左区画には純水が入った配置を考えよ（図 6・18 参照）．平衡において，右のカラムの水の高さは左のカラムの溶媒の高さより 77.8 mm 高い．ヘモグロビンのモル質量はいくらか．系の温度は一定で 298 K である．

解 ヘモグロビンのモル質量を決定するために，まず，溶液の浸透圧を計算する必要がある．まず，次のように書くことから始める．

$$\text{圧力} = \frac{\text{力}}{\text{面積}} = \frac{Ah\rho g}{A} = h\rho g$$

ここで，A は管の断面積で，h は右カラムの液体の超過分の長さで，ρ は溶液の密度，g は重力加速度である．定数は

$$h = 0.0778 \text{ m}, \ \rho = 1 \times 10^3 \text{ kg m}^{-3}, \ g = 9.81 \text{ m s}^{-2}$$

(希薄溶液の密度は水の密度と等しいと仮定した)．パスカル単位 [N m^{-2}] の浸透圧は

$$\Pi = 0.0778 \text{ m} \times 1 \times 10^3 \text{ kg m}^{-3} \times 9.81 \text{ m s}^{-2}$$
$$= 763 \text{ kg m}^{-1} \text{ s}^{-2} = 763 \text{ N m}^{-2}$$

のように与えられる．式 (6・47) から

$$M_2 = \frac{c_2}{\Pi} RT$$
$$= \frac{(20 \text{ kg m}^{-3})(8.314 \text{ J K}^{-1} \text{ mol}^{-1})(298 \text{ K})}{763 \text{ N m}^{-2}} \times \frac{1 \text{ N m}}{1 \text{ J}}$$
$$= 65 \text{ kg mol}^{-1}$$

例題 6・5 は，浸透圧測定が沸点上昇や凝固点降下の技術よりもモル質量を決定するより敏感な方法であることを示している．なぜなら，7.8 cm は容易に測定可能な高さだからである．一方で，同じ溶液はおよそ 1.6×10^{-4} ℃ の沸点上昇と 5.8×10^{-4} ℃ の凝固点降下を示すが，これらは正確に測定するにはあまりに小さい．ほとんどのタンパク質はヘモグロビンより溶解度が低い．それにもかかわらず，それらのモル質量も浸透圧測定で決定できることが多い*2．浸透圧測定の不利な点は平衡に到達する時間が数時間〜数日もありうるという点である．

化学系および生物系において，浸透圧現象の多くの例が見いだされる．もし，二つの溶液が等しい濃度を有し，したがって同じ浸透圧を示す場合，それらは**等張** (isotonic) とよばれる．浸透圧の等しくない二つの溶液については，より濃度の高い溶液を**高張** (hypertonic)，濃度の低い溶液を**低張** (hypotonic) とよぶ (図 6・20)．半透膜で外界から保護されている赤血球の中身を研究するときには，生化学者は**溶血** (hemolysis) とよばれる技術を用いる．低張液に赤血球を入れると，水が細胞の中に入り込む．細胞

---

*1 式 (6・49) を式 (1・11) と比べてみよう．

*2 今日では，高分解能質量分析が，巨大分子のモル質量を決定する一般的で便利な方法となった．

は膨張し，ついには破裂し，ヘモグロビンや他のタンパク質分子が流出する．一方，細胞が高張液に入れられたときには，浸透圧により，細胞内の水が細胞から周囲のより濃度の高い溶液に移動しようとする．この過程は金平糖状化とか円鋸歯状化（crenation）とよばれ，細胞の収縮を起こし，ついには機能が停止する．

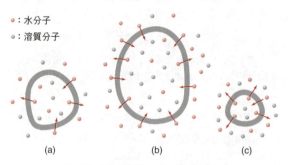

● : 水分子
● : 溶質分子

図 6・20 (a) 等張溶液，(b) 低張溶液，(c) 高張溶液中の細胞．(a) では細胞に変化がなく，(b) では膨張し，(c) では収縮する．

哺乳類の腎臓は著しく有能な浸透圧装置である．そのおもな機能は，浸透圧により半透膜を通して，血流からより濃度の高い尿へ，代謝老廃物や他の不純物を除去することである．この方法によって失われる生物的に重要なイオン（Na^+ や Cl^- など）は同じ膜を通して，血液へ能動的に戻される．腎臓を通した水の損失は抗利尿ホルモン（ADH）により制御される．ADH は視床下部で合成され，下垂体後葉で貯蔵，血液に分泌される．ADH がわずかしか，あるいはまったく分泌されないと，毎日大量（おそらく正常の 10 倍）の水が尿として流れ出る．他方，大量の ADH が血液中に存在すると膜を通した水の透過性が減少し，生成される尿の体積は正常量の半分程度になろう[*1]．このように，腎臓-ADH の組合わせが，水と他の低分子老廃物の損失量を制御している．

淡水魚の体液中の水の化学ポテンシャルはそれらの環境中の水より小さいので，鰓の膜を通した浸透により水を取

込むことができる．過剰の水は尿として排泄される．逆の過程が海水産硬骨魚類で起こっている．浸透により鰓の膜を通して体の水をより濃度の高い環境に捨てているので損失を釣り合わせるために海水を飲んでいる．

浸透圧は植物が水を吸い上げるための主要な機構となっている．木の葉は周囲に定常的に水を捨てており，この過程は蒸散（transpiration）とよばれる．したがって，葉の流動液の溶質濃度は増加する．かくして浸透圧によって水は幹や枝を通って押し上げられるが，浸透圧は最も高い木の頂上に到達できるように，10〜15 atm にも達することがある[*2]．葉の動きも同様に浸透圧に関係しているかもしれない興味深い現象である．光が存在するとき，何らかの過程が，葉の細胞中の塩濃度を増加させると考えられており，浸透圧の上昇により細胞が拡大し，腫れ上がり，光の方に葉を向けることになる．

逆浸透 浸透に関係する現象に逆浸透（reverse osmosis）とよばれるものがある．図 6・18 の溶液区画に平衡時の浸透圧よりも大きい圧力を掛けると，純溶媒が溶液区画から溶媒区画に流れる．この浸透の逆過程を行うと溶液成分が分離できる．逆浸透の重要な応用は，水の淡水化である．本章で議論したいくつかの技術は，少なくとも原理的には海水から純水を得るのに適している．たとえば，海水の蒸留，あるいは凍結で目的を達成できるだろう．しかしながら，これらの過程は液体から蒸気，あるいは液体から固体という相変化を含み，やりとげるにはエネルギーの入力がかなり必要である．一方，逆浸透は，相変化を含まず，大量の水を処理しても経済的に適正であるため，より魅力的である[*3]．約 0.7 M の NaCl 水溶液である海水が示す浸透圧は 30 atm と見積もられる．海水から純水を 50％ 回収するために逆浸透を起こすには，海水区画に外から 60 atm を掛けねばならない．大規模な淡水化の成功は，水は透過するが溶解している塩は透過せず，長時間にわたって高圧に耐えられる適切な膜を選ぶことにかかっている．

[*1] 訳注: 前者の疾患例として尿崩症，後者の疾患例として ADH 分泌異常症候群がある．

[*2] P. E. Steveson, 'Entropy Makes Water Run Uphill—in Trees,' *J. Chem. Educ.*, **48**, 837 (1971) 参照．
[*3] C. E. Hecht, 'Desalination of Water by Reverse Osmosis,' *J. Chem. Educ.*, **44**, 53 (1967) 参照．

重要な式

$V = n_1\overline{V}_1 + n_2\overline{V}_2$	部分モル体積で表した溶液の体積	式 (6・6)
$\overline{G}_i = \left(\dfrac{\partial G}{\partial n_i}\right)_{T,P,n_j}$	化学ポテンシャルの定義	式 (6・7)
$\Delta_{mix}G = nRT(x_1 \ln x_1 + x_2 \ln x_2)$	混合ギブズエネルギー	式 (6・11)
$\Delta_{mix}S = -nR(x_1 \ln x_1 + x_2 \ln x_2)$	混合エントロピー	式 (6・12)

$P_1 = x_1 P_1^*$	ラウールの法則	式 (6・16)
$\mu_1(l) = \mu_1^*(l) + RT \ln x_1$	理想溶液中の溶媒の化学ポテンシャル	式 (6・17)
$P_2 = K x_2$	ヘンリーの法則	式 (6・18)
$P_2 = K' m$	ヘンリーの法則	式 (6・19)
$a_1 = \dfrac{P_1}{P_1^*}$	溶媒の活量	式 (6・21)
$a_1 = \gamma_1 x_1$	活量係数の定義	式 (6・22)
$\mu_2(l) = \mu_2^\circ(l) + RT \ln a_2$	実在溶液中の溶質の化学ポテンシャル	式 (6・25)
$\mu_2(l) = \mu_2^\circ(l) + RT \ln \dfrac{m_2}{m^\circ}$	理想溶液中の溶質の化学ポテンシャル	式 (6・27)
$\Delta P = x_2 P_1^*$	蒸気圧降下	式 (6・33)
$\Delta T_b = K_b m_2$	沸点上昇	式 (6・39)
$\Delta T_f = K_f m_2$	凝固点降下	式 (6・40)
$\Pi = MRT$	浸透圧	式 (6・46)

参 考 文 献

論 文

総 説:

W. A. Oates, 'Ideal Solutions,' *J. Chem. Educ.*, **46**, 501 (1969).

A. Lainez, G. Tardajos, 'Standard States of Real Solutions,' *J. Chem. Educ.*, **62**, 678 (1985).

E. F. Meyer, 'Thermodynamics of Mixing of Ideal Gases: A Presistent Pitfall,' *J. Chem. Educ.*, **64**, 676 (1987).

M. P. Tarazona, E. Saiz, 'Understanding Chemical Potential,' *J. Chem. Educ.*, **72**, 882 (1995).

S. Sattar, 'Thermodynamics of Mixing of Real Gases,' *J. Chem. Educ.*, **77**, 1361 (2000).

J.-Y. Lee, H.-S. Yoo, J. S. Park, K.-J. Hwang, J. S. Kim, 'Applying Chemical Potential and Partial Pressure Concepts To Understanding the Spontaneous Mixing of Helium and Air in a Helium-Inflated Balloon,' *J. Chem. Educ.*, **82**, 288 (2005).

R. P. D'Amelia, D. Clark, W. Nirode, 'An Undergraduate Experiment Using Differential Scanning Calorimetry: A Study of the Thermal Properties of a Binary Eutectic Alloy of Tin and Lead,' *J. Chem. Educ.*, **89**, 548 (2012).

相 平 衡:

K. J. Mysels, 'The Mechanism of Vapor Pressure Lowering,' *J. Chem. Educ.*, **32**, 179 (1955).

M. L. McGlashan, 'Deviations from Raoult's Law,' *J. Chem. Educ.*, **40**, 516 (1963).

F. E. Schubert, 'Removal of an Assumption in Deriving the Phase Change Formula $T = K \cdot m$,' *J. Chem. Educ.*, **56**, 259 (1979).

J. S. Walker, C. A. Vause, 'Reappearing Phases,' *Sci. Am.*, May (1987).

L. Earl, 'The Direct Relation Between Altitude and Boiling Point,' *J. Chem. Educ.*, **67**, 45 (1990).

J. J. Carroll, 'Henry's Law: A Historical View,' *J. Chem. Educ.*, **70**, 91 (1993).

R. E. Treptow, 'Phase Diagrams for Aqueous Systems,' *J. Chem. Educ.*, **70**, 616 (1993).

N. K. Kildahl, 'Journey Around a Phase Diagram,' *J. Chem. Educ.*, **71**, 1052 (1994).

D. R. Kimbrough, 'Henry's Law and Noisy Knuckles,' *J. Chem. Educ.*, **76**, 1509 (1999).

B. H. Erne, 'Thrmodynamics of Water Superheated in the Microwave Oven,' *J. Chem. Educ.*, **77**, 1309 (2000).

R. DeLorenzo, 'From Chicken Breath to the Killer Lake of Cameroon: Uniting Seven Interesting Phenomena with a Single Chemical Underpinning,' *J. Chem. Educ.*, **78**, 191 (2001).

R. M. Rosenberg, 'Henry's Law: A Retrospective,' *J. Chem. Educ.*, **81**, 1647 (2004).

H. de Grys, 'Determining the Pressure Inside an Unopened Carbonated Beverage,' *J. Chem. Educ.*, **82**, 116 (2005).

束 一 的 性 質:

H. W. Smith, 'The Kidney,' *Sci. Am.*, January (1953).

A. E. Snyder, 'Desalting Water by Freezing,' *Sci. Am.*, December (1962).

C. E. Hecht, 'Desalination of Water by Reverse Osmosis,' *J. Chem. Educ.*, **44**, 53 (1967).

J. W. Ledbetter, Jr., H. D. Jones, 'Demonstrating Osmotic and Hydrostatic Pressures in Blood Capillaries,' *J. Chem. Educ.*, **44**, 362 (1967).

M. J. Suess, 'Reverse Osmosis,' *J. Chem. Educ.*, **48**, 190 (1971).

R. F. Probstein, 'Desalination,' *Am. Sci.*, **61**, 280 (1973).

F. Rioux, 'Colligative Properties,' *J. Chem. Educ.*, **50**, 490 (1973).

R. K. Hobbie, 'Osmotic Pressure in the Physics Course for Students of the Life Sciences,' *Am. J. Phys.*, **42**, 188 (1974).

R. E. Feeney, 'A Biological Antifreeze,' *Am. Sci.*, **62**, 172 (1974).

H. T. Hammel, 'Colligative Properties of a Solution,' *Science*, **192**, 748 (1976).

J. T. Eastman, A. C. DeVries, 'Antarctic Fishes,' *Sci. Am.*, November (1986).

H. F. Franzen, 'The Freezing Point Depression Law in Physical Chemistry,' *J. Chem. Educ.*, **65**, 1077 (1988).

F. Lang, S. Waldegger, 'Regulating Cell Volume,' *Am. Sci.*, **85**, 456 (1997).

M. J. Canny, 'Transporting Water in Plants,' *Am. Sci.*, **86**, 152 (1998).

'An After-Dinner Trick,' *J. Chem. Educ.*, **79**, 480A (2002).

S. M. McCarthy, S. W. Gordon-Wylie, 'A Greener Approach for Measuring Colligative Properties,' *J. Chem. Educ.*, **82**, 116 (2005).

M. Fischetti, 'Fresh From the Sea,' *Sci Am.*, September (2007).

問　題

濃度の単位

6・1 質量パーセント濃度にして 5.00% の尿素水溶液を調製するには，20.0 g の尿素に何 g の水を加えなければならないか．

6・2 2.12 mol kg^{-1} の硫酸水溶液のモル濃度はいくらか．この溶液の密度は 1.30 g cm^{-3} である．

6・3 1.50 M のエタノール水溶液の質量モル濃度を計算せよ．この溶液の密度は 0.980 g cm^{-3} である．

6・4 実験室で使用する濃硫酸は質量パーセント濃度にして 98.0% の硫酸である．溶液の密度が 1.83 g cm^{-3} であるとして，濃硫酸の質量モル濃度とモル濃度を計算せよ．

6・5 0.25 mol kg^{-1} のスクロース溶液を質量パーセント濃度に変換せよ．溶液の密度は 1.2 g cm^{-3} である．

6・6 溶液の密度が純粋な溶媒とほぼ等しい希薄水溶液について，溶液のモル濃度は質量モル濃度と同じである．この記述が 0.010 M の尿素 [(NH$_2$)$_2$CO] 水溶液について正しいことを示せ．

6・7 糖尿病患者の血糖（グルコース）値は血液 100 mL 当たりおよそ 0.140 g である．患者がグルコース 40 g を摂取するたびに，血糖値は血液 100 mL 当たりおよそ 0.240 g に上昇する．グルコースの摂取前と後の，血液 1 mL 当たりのグルコースの量 [mol] および血液中の全グルコース量 [mol 単位と g 単位で] を計算せよ（患者の体の血液の全体積は 5.0 L と仮定せよ）．

6・8 アルコール飲料の強度は通常，"プルーフ" 単位で表される．プルーフはエタノールの体積分率 (%) の 2 倍で定義される．75 プルーフの 2 クォートのジンに含まれているアルコールは何 g か，計算せよ．またジンの質量モル濃度はいくらか（エタノールの密度は 0.80 g cm^{-3} であり，1 クォート＝0.946 L である）．

混合の熱力学

6・9 液体 A と B は非理想溶液をつくる．以下の各場合について分子論的解釈を与えよ： $\Delta_\text{mix}H>0$, $\Delta_\text{mix}H<0$, $\Delta_\text{mix}V>0$, $\Delta_\text{mix}V<0$.

6・10 以下の過程についてエントロピー変化を計算せよ．
(a) 1 mol の窒素と 1 mol の酸素との混合
(b) 2 mol のアルゴン，1 mol のヘリウム，3 mol の水素の混合

(a), (b) 共に一定温度 (298 K) と一定圧力下において行われる．理想的振舞いを仮定せよ．

6・11 25 ℃，1 atm においてメタンとエタンの絶対エントロピーは，それぞれ気相で 186.19 J K^{-1} mol^{-1} と 229.49 J K^{-1} mol^{-1} である．各気体 1 mol が含まれる "溶体" の絶対エントロピーを計算せよ．理想的振舞いを仮定せよ．

ヘンリーの法則

6・12 気体の溶解度に関するヘンリーの法則の別な表現の仕方としては，"一定体積の溶液中に溶解している気体の体積は，与えられた温度において圧力に依存しない" がある．これを証明せよ．

6・13 地表から 900 フィート下の坑道で働いている人が昼食休憩の間に清涼飲料を飲んだ．驚いたことに，飲料はかなり気が抜けているようだった（すなわち，栓を開けてもあまり泡立ちが見られなかった）．昼食後まもなく，彼は地表へのエレベーターに乗った．上への移動中に，彼はとてもげっぷをしたくなった．説明せよ．

6・14 25 ℃ の水に対する酸素のヘンリー定数は，773 atm mol^{-1} (kg H$_2$O) である．0.20 atm の分圧での水中の酸素の質量モル濃度を計算せよ．37 ℃ の血液への酸素の溶解度が 25 ℃ の水への場合とほぼ等しいと仮定し，ヘモグロビン分子がない場合のヒトの生存の見込みについてコ

6・15 37℃で分圧 0.80 atm の条件での血液への N_2 の溶解度は 5.6×10^{-4} mol L^{-1} である。深海に潜るダイバーは N_2 の分圧が 4.0 atm の圧縮空気を呼吸する。体の中の血液の全体積を 5.0 L と仮定せよ。ダイバーが N_2 の分圧が 0.80 atm の水面に戻ってきたときに、放出される N_2 ガスの量[L 単位]を計算せよ。

化学ポテンシャルと活量

6・16 以下のどちらがより高い化学ポテンシャルをもっているか。もしどちらでもなければ、"同じ"と答えよ。
 (a) 水の標準融点における $H_2O(s)$ または $H_2O(l)$.
 (b) -5℃, 1 bar における $H_2O(s)$ または -5℃, 1 bar における $H_2O(l)$.
 (c) 25℃, 1 bar におけるベンゼン、または 25℃, 1 bar におけるベンゼン中の 0.1 M トルエン溶液中のベンゼン.

6・17 エタノールと n-プロパノールの溶液は理想的に振舞う。沸点(78.3℃)におけるモル分率が 0.40 であるときに、純粋なエタノールを基準として、溶液中のエタノールの化学ポテンシャルを計算せよ。

6・18 化学ポテンシャルを用いてギブズの相律[式(5・23)]を導け。

6・19 以下のデータは 35.2℃ における二硫化炭素-アセトン溶液の圧力を示したものである。ラウールの法則とヘンリーの法則からのずれに基づき、両成分の活量係数を計算せよ[ヒント: まず、ヘンリー定数を図を用いて求めよ]。

x_{CS_2}	0	0.20	0.45	0.67	0.83	1.00
P_{CS_2}/Torr	0	272	390	438	465	512
$P_{C_3H_6O}$/Torr	344	291	250	217	180	0

6・20 73 g のグルコース($C_6H_{12}O_6$, モル質量 180.2 g)を 966 g の水に溶解して溶液をつくった。この溶液が -0.66 ℃ で凍る場合、溶液中のグルコースの活量係数を計算せよ。

6・21 ある希薄溶液は 20℃ において 12.2 atm の浸透圧を示す。溶液中の溶媒の化学ポテンシャルと純粋な水の化学ポテンシャルとの差を計算せよ。密度は水と等しいと仮定せよ[ヒント: 化学ポテンシャルをモル分率 x_1 を用いて表し、浸透圧式を $\Pi V = n_2 RT$ のように書き直す。ここで n_2 は溶質のモル数で、$V = 1$ L である]。

6・22 45℃ において、グルコースのモル分率が 0.080 であるグルコース溶液の水の蒸気圧は 65.76 mmHg である。溶液中の水の活量と活量係数を計算せよ。45℃ において純水の蒸気圧は 71.88 mmHg である。

6・23 A が揮発性、B が不揮発性であるときに、A と B の液体二成分系を考える。溶液の組成はモル分率で表すと $x_A = 0.045$ および $x_B = 0.955$ である。混合物の A の蒸気圧は 5.60 mmHg であり、同じ温度において純粋な A の示す蒸気圧は 196.4 mmHg である。この濃度における A の活量係数を計算せよ。

束一的性質

6・24 式(6・39)を導く際の重要な仮定を列挙せよ。

6・25 液体 A(沸点 T_A°)と液体 B(沸点 T_B°)は理想溶液をつくる。異なる量の A と B を混合してつくる溶液の沸点の範囲を予測せよ。

6・26 36.4℃ においてエタノールと n-プロパノールの混合物は理想的に振舞う。
 (a) 36.4℃, 72 mmHg で沸騰するエタノールと n-プロパノールの混合物の n-プロパノールのモル分率を図を描いて求めよ。
 (b) n-プロパノールのモル分率が 0.60 であるときに、36.4℃ において混合物上の全蒸気圧はいくらか。
 (c) (b)の蒸気の組成を計算せよ(36.4℃ においてエタノールと n-プロパノールの平衡蒸気圧は、それぞれ 108 mmHg と 40.0 mmHg である).

6・27 50 mL の 0.10 M 尿素と 50 mL の 0.20 M 尿素をそれぞれ含むビーカー 1 と 2 が、298 K においてよく密閉されたガラス鐘中に置かれている。平衡時の溶液中の尿素のモル分率を計算せよ。理想的振舞いを仮定せよ[ヒント: ラウールの法則を用い、平衡において両方の溶液の尿素のモル分率は同じであることに注意せよ]。

6・28 298 K において純水の蒸気圧は 23.76 mmHg であり、海水の蒸気圧は 22.98 mmHg である。海水が NaCl のみからなると仮定してその濃度を見積もれ[ヒント: 塩化ナトリウムは強電解質である]。

6・29 寒冷気候の木は -60℃ くらい低い温度にさらされる。この温度において凍らないでいられる木の幹の中の水溶液の濃度を見積もれ。これは理にかなった濃度だろうか。結果についてコメントせよ。

6・30 ジャムやはちみつがどちらも大気圧の条件の下で、長期間腐敗せずに保存できるのはなぜか。説明せよ。

6・31 沸点図における正と負のずれと共沸混合物の生成について分子論的に解釈せよ。

6・32 安息香酸のモル質量はアセトン中の凝固点降下の測定より 122 g と求まった。ベンゼン中での同様な測定では 244 g という値が得られた。この違いを説明せよ[ヒント: 溶媒-溶質および溶質-溶質相互作用を考えよ]。

6・33 車のラジエーターのよく使われる不凍液にエチレングリコール、$CH_2(OH)CH_2(OH)$ がある。もし冬の最も寒い日が -20℃ ならば、ラジエーターの 6.5 L の水にこの物質を何 mL 加えればよいだろうか。夏に、ラジエーター中にこの物質を入れたままにしておいても水の沸騰は起こらずにすむだろうか(エチレングリコールの密度と沸点はそれぞれ 1.11 g cm^{-3} と 470 K である).

6・34 静脈内注射のためには、注射される溶液の濃度は血漿の濃度と同等になるように非常に注意する必要がある。なぜか。

6・35 知られているうちで最も高い木はカリフォルニアのアメリカスギである。アメリカスギの高さを 105 m(およそ 350 フィート)と仮定して、根から木の頂上まで水を押し上げるのに必要な浸透圧を見積もれ。

6・36 液体 A と B の混合物は理想的振舞いを示す。84

℃においてAを1.2 mol, Bを2.3 mol含む溶液の全蒸気圧は331 mmHgである. 溶液にさらにBを1 mol加えると蒸気圧は347 mmHgに増加した. 84℃における純粋なAとBの蒸気圧を計算せよ.

6・37 魚は鰓を通して水に溶解した空気を呼吸している. 空気中の酸素と窒素の分圧をそれぞれ0.20 atmと0.80 atmと仮定して, 298 Kにおける水中の酸素と窒素のモル分率を計算せよ. 結果についてコメントせよ.

6・38 液体A (モル質量 100 g mol^{-1}) とB (モル質量 110 g mol^{-1}) は理想溶液をつくる. 55℃においてAは95 mmHgの蒸気圧を示し, Bは42 mmHgの蒸気圧を示す. 溶液はAとBの等しい重量を混合してつくられる.
　(a) 溶液中の各成分のモル分率を計算せよ.
　(b) 55℃における溶液上のAとBの分圧を計算せよ.
　(c) (b)で記述される蒸気の一部が液体に凝縮したと仮定する. この液体中の各成分のモル分率と55℃におけるこの液体上の各成分の蒸気圧を計算せよ.

6・39 ニワトリの卵白から抽出したリゾチームは13 930 g mol^{-1}のモル質量を示す. 298 Kで50 gの水にこのタンパク質が正確に0.1 g溶解している. この溶液の蒸気圧降下, 凝固点降下, 沸点上昇, 浸透圧を計算せよ. 298 Kの純粋な水の蒸気圧は23.76 mmHgである.

6・40 溶媒の蒸気圧が純粋な溶媒の上よりも, 溶液の上の方が低くなること, および降下の大きさが濃度に比例することを説明するために, 以下の議論がよく用いられる. "どちらの場合も動的平衡が存在し, 溶媒分子が液体から蒸発する速度が凝縮する速度と常に等しい. 凝縮速度は蒸気の分圧に比例する. 一方, 蒸発速度は純粋な溶媒では減じられることはないが, 溶液表面の溶質分子により低下する. それゆえ, 脱出の速度は溶質の濃度に比例して低下し, 平衡の維持のためには対応する凝縮速度の低下が必要となり, ひいては蒸気相の分圧の降下が必要となる." この議論が不正確な理由を説明せよ 〔出典: K. J. Mysels, *J. Chem. Educ.*, **32**, 179 (1955)〕.

6・41 0.458 gの重さの化合物を30.0 gの酢酸に溶解した. 溶液の凝固点は純粋な溶媒よりも1.50 K降下していることがわかった. 化合物のモル質量を計算せよ.

6・42 ある温度において, 二つの尿素水溶液がそれぞれ2.4 atmと4.6 atmの浸透圧を示す. 同じ温度において, これら二つの溶液の等しい体積を混合してできた溶液の浸透圧はいくらか.

6・43 裁判化学に携わる捜査官が分析のために白い粉を与えられた. 彼女はこの物質0.50 gを8.0 gのベンゼンに溶解した. その溶液は3.9℃で凝固した. 彼女は化合物がコカイン ($C_{17}H_{21}NO_4$) であると結論することができるだろうか. この分析にはどんな仮定がなされているだろうか. ベンゼンの凝固点は5.5℃である.

6・44 "徐放性"薬物は一定の速度で体に薬を放出する利点があり, いつでも, 有害な副作用が出るほど薬物濃度を高くせず, 効き目が出ないほどには低くしない. この原理に基づく薬剤の作用の模式図を下に示す. どのように作用するか説明せよ.

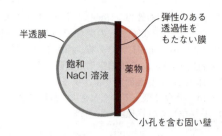

6・45 不揮発性の有機化合物Zを用いて, 二つの溶液をつくった. 溶液Aは5.00 gのZが100 gの水に溶解し, 溶液Bは2.31 gのZが100 gのベンゼンに溶解している. 溶液Aは水の標準沸点において754.5 mmHgの蒸気圧を示し, 溶液Bはベンゼンの標準沸点において同じ蒸気圧を示す. 溶液AとBの中のZのモル質量を計算し, 違いを説明せよ.

6・46 酢酸分子は極性分子で水分子と水素結合をつくることができる. それゆえ, 水に高い溶解度を示す. それにもかかわらず, 酢酸は無極性溶媒であり水素結合をつくる能力に欠けているベンゼン (C_6H_6) にも溶解できる. 80 gのC_6H_6中にCH_3COOH 3.8 gを含む溶液の凝固点は3.5℃である. 溶質のモル質量を計算し, その構造を推定せよ 〔ヒント: 酢酸分子は同じ分子同士で水素結合をつくることができる〕.

6・47 85℃においてAの蒸気圧は566 TorrでBの蒸気圧は250 Torrである. 圧力が0.60 atmであるときに, 85℃で沸騰するAとBの混合物の組成を計算せよ. 同様に, 蒸気混合物の組成を計算せよ. 理想的振舞いを仮定せよ.

6・48 以下の各記述について, 正しいか誤りかをコメントし, 簡単にその答えを説明せよ.
　(a) 溶液の一成分がラウールの法則に従うなら, 他の成分も同じ法則に従わなくてはならない.
　(b) 理想溶液においては分子間力は小さい.
　(c) 3.0 Mのエタノール水溶液15.0 mLを3.0 Mのエタノール水溶液55.0 mLと混合したら, 全体積は70.0 mLである.

6・49 液体AとBはある温度において理想溶液をつくる. 純粋なAとBの蒸気圧はこの温度においてそれぞれ450 Torrと732 Torrである.
　(a) 溶液の蒸気試料を凝縮した. もとの溶液がAを3.3 mol, Bを8.7 mol含んでいたとして, 凝縮物のモル分率での組成を計算せよ.
　(b) 平衡のときのAとBの分圧を測定する方法を提案せよ.

6・50 非理想溶液は成分間の分子間力が等しくないことの結果である. この知識に基づき, 液体のラセミ混合物が理想溶液として振舞うか否かについてコメントせよ.

6・51 水のモル沸点上昇 (K_b) を計算せよ. 水のモル蒸発エンタルピーは100℃において40.79 kJ mol^{-1}である.

6・52 次の現象を説明せよ.
　(a) キュウリを濃い塩水につけておくと縮んでピクルスになる.
　(b) 真水につけておいたニンジンの体積が膨張する.

補充問題

6・53 血漿中と尿中の尿素の質量モル濃度がそれぞれ 0.005 mol kg^{-1} と 0.326 mol kg^{-1} であるとしたとき，ヒトの腎臓が血漿から尿へ水 1 kg 当たり 0.275 mol の尿素を分泌する際の 37℃ におけるギブズエネルギー変化を計算せよ．

6・54 (a) 次のうちどちらが，二成分溶液中の成分 A の部分モル体積の表現として正しくないか．それはなぜか．どのように訂正したらよいか．

$$\left(\frac{\partial V_m}{\partial n_A}\right)_{T,P,n_B} \qquad \left(\frac{\partial V_m}{\partial x_A}\right)_{T,P,x_B}$$

(b) この混合物の A と B のモル体積 (V_m) が

$$V_m = [0.34 + 3.6\, x_A x_B + 0.4\, x_B(1-x_A)] \text{ L mol}^{-1}$$

で与えられるとき，$x_A = 0.20$ のときの A の部分モル体積の式を導き，値を計算せよ．

6・55 25℃ で，モル分率が 0.5 のベンゼン-四塩化炭素溶液の部分モル体積は，それぞれ $\bar{V}_b = 0.106$ L mol^{-1} と $\bar{V}_c = 0.100$ L mol^{-1} である．ここで，下つき文字 $_b$ と $_c$ は C_6H_6 と CCl_4 を表す．

(a) おのおの 1 mol ずつからなる溶液の体積はいくらか．

(b) モル体積が，$C_6H_6 = 0.089$ L mol^{-1} と $CCl_4 = 0.097$ L mol^{-1} であるとき，C_6H_6 と CCl_4 をそれぞれ 1 mol ずつ混合する際の体積変化はいくらか．

(c) C_6H_6 と CCl_4 の間の分子間力の特性について何が推論できるか．

6・56 298 K においてトルエン中のポリメタクリル酸メチルの浸透圧を濃度を変えて測定した．ポリメタクリル酸メチルのモル質量を図を用いて決定せよ．

Π/atm	8.40×10^{-4}	1.72×10^{-3}	2.52×10^{-3}	3.23×10^{-3}	7.75×10^{-3}
c/g L^{-1}	8.10	12.31	15.00	18.17	28.05

6・57 ベンゼンとトルエンは理想溶液をつくる．混合のエントロピーが最大であるためには各成分のモル分率が 0.5 でなければならないことを証明せよ．

6・58 0.80 atm, 25℃ の He 2.6 mol を，2.7 atm, 25℃ の Ne 4.1 mol と混合すると仮定する．この過程のギブズエネルギー変化を計算せよ．理想的振舞いを仮定せよ．

6・59 二つのビーカーを密閉した容器中に入れる．ビーカー A ははじめ 100 g のベンゼン (C_6H_6) 中に 0.15 mol のナフタレン ($C_{10}H_8$) を含み，ビーカー B ははじめ 100 g のベンゼン中に未知化合物 31 g を溶解して含んでいる．平衡において，ビーカー A は 7.0 g を失っていることがわかった．理想的振舞いを仮定して，未知化合物のモル質量を計算せよ．行った仮定をすべて記せ．

6・60 正餐後の余興として，パーティのホストが，水の入ったグラスに角氷を浮かべ，一本の糸を客の前に持ち出し，糸を使って角氷を動かしてほしいとゲストに依頼した．ただし氷の周りを糸でくくってはいけないという．どうやったらゲストはこの仕事を完了できるだろう．

6・61 学生が，炭酸飲料の瓶内の二酸化炭素の圧力を測定する実験を次の手順で実行した．まず，瓶の重さを測定し 853.5 g を得た．次に注意深くキャップを外し CO_2 ガスを逃がした．最後にこの飲料の体積を測り 452.4 mL を得た．水中の CO_2 のヘンリー定数は 25℃ で 3.4×10^{-2} mol L^{-1} atm^{-1} として，最初の瓶内の CO_2 の圧力を計算せよ．間違いの原因をあげよ．

6・62 (a) 溶液の質量モル濃度 (m) とモル濃度 (M) の間の関係式

$$m = M\bigg/\left(d - \frac{MM}{1000}\right)$$

を誘導してみよ．ここで d は溶液の密度 [g mL^{-1}]，M は溶質のモル質量 [g mol^{-1}] である [ヒント：溶液の質量と溶質の質量の差を用いて，溶媒の質量 [kg] の式を立てるところから始めてみよ]．

(b) 希薄水溶液では m は M にほぼ等しいことを示せ．

6・63 あるグルコース溶液の浸透圧は 298 K で 10.50 atm である．この溶液の凝固点を計算せよ．ただし溶液の密度は 1.16 g mL^{-1} である．

6・64 乾燥した空気のモル分率は，およそ O_2 21%，N_2 79% である．25℃，1 atm において 1000 g の水に溶解しているこれら二つの気体の質量を計算せよ．

7 電解質溶液

> 雨が凧と麻糸を濡らし,雷が自由に通るようになったとき,手許の鍵からそれが噴出するのを見るだろう. Benjamin Franklin[*1]

すべての生体系,多くの化学系はさまざまなイオンを含む水溶液である.多くの反応の速度は,存在するイオンの種類と濃度に強く依存する.このため,溶液中のイオンの振舞いをはっきりと理解することは大切である.

電解質とは溶媒(一般に水)に溶かしたとき,電気伝導性のある溶液をつくりだす物質のことである.電解質は酸,塩基,塩になりうる.本章ではイオン伝導,イオン解離,溶液中のイオンの熱力学,そして電解質溶液の理論と束一的性質について考えよう.

7・1 溶液中の電気伝導
いくつかの基本的な定義

電解質が電気を通すという性質は,溶液中でのイオンの振舞いを調べる単純で直接的な方法として利用することができる.まずいくつかの基本的な定義から始めることにしよう.

オームの法則 特定の媒質を通って流れる電流(I)は,媒質の両端間の電圧もしくは電位差(V)に比例し,媒質の抵抗(R)に反比例する.これをオームの法則[ドイツの物理学者,George Simon Ohm(1787~1854)にちなむ]という.

$$I = \frac{V}{R} \qquad (7 \cdot 1)$$

単位は,I がアンペア[A],V はボルト[V],R はオーム[Ω]である.

抵抗(R) 特定の媒質の両端間の**抵抗**(resistance)の大きさは媒質の幾何学的形状に依存する.すなわち媒質の長さ(l)に比例し,断面積(A)に反比例する.

$$R \propto \frac{l}{A} = \rho \frac{l}{A} \qquad (7 \cdot 2)$$

比例定数 ρ は**抵抗率**(resistivity),または**比抵抗**(specific resistance)とよばれる.単位は R は Ω,l は cm か m,A は cm² か m²,ρ は Ωcm または Ωm である.また,抵抗率は媒質を構成する物質に固有の量である.

コンダクタンス(C) コンダクタンス(conductance)は抵抗の逆数で

$$C = \frac{1}{R} = \frac{1}{\rho}\frac{A}{l} = \kappa \frac{A}{l} \qquad (7 \cdot 3)$$

で表せる.ここで κ は**電気伝導率**(electric conductivity),または**比電気伝導率**(specific conductivity)[*2]で,$1/\rho$ に等しい.コンダクタンスは SI 単位系ではジーメンス[S][*3][ドイツの物理学者,Werner von Siemens(1816~1892)にちなむ]で表し,$1\,\mathrm{S}=1\,\Omega^{-1}$ である.電気伝導率は $\Omega^{-1}\,\mathrm{cm}^{-1}$ または $\Omega^{-1}\,\mathrm{m}^{-1}$ の単位をもつ.

典型的な伝導度測定セルを図7・1に示す.コンダクタンスは式(7・3)で与えられる[*4].比 l/A は個々のセルに固有な**セル定数**(cell constant)で,すべての溶液で同じ値になる.A は電極の面積,l は電極間距離である.実際にセル定数を決めるときには,標準物質であり,電気伝導率 κ が既知である塩化カリウム溶液を測定することで較正を行う.

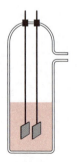

図7・1 伝導度測定セル.電極は白金でできている[訳注:測定は交流で,電気分解が起こらない電圧範囲で行う.交流を用いる影響を減らすために電極の表面積を大きく(白金黒付き白金電極)してある].

[*1] 出典: "The Papers of Benjamin Franklin," ed. by L. W. Labaree et al., Vol. 4, p. 367, Yale University Press, New Haven, CT (1961).
[*2] 訳注:このほかに電気伝導度,導電率,比導電率などとよばれる.
[*3] コンダクタンスの以前の単位はオーム(ohm)を後ろから読んだモー(mho,記号 ℧)である.
[*4] 一般に電解質溶液では,抵抗よりもむしろコンダクタンスを用いるのが普通である.

例題 7・1

溶液のコンダクタンスは $0.689\ \Omega^{-1}$ である．セル定数が $0.255\ \text{cm}^{-1}$ のとき，電気伝導率を求めよ．

解 式 (7・3) より

$$\kappa = C\frac{l}{A} = 0.689\ \Omega^{-1} \times 0.255\ \text{cm}^{-1}$$
$$= 0.176\ \Omega^{-1}\ \text{cm}^{-1}$$

電気伝導率は，(既知のセル定数と実験で決定したコンダクタンスによって) 容易に測定することができるが，電解質溶液の伝導過程の研究に使うには最適な値ではない．たとえば，溶液の濃度が異なれば，一定体積中のイオン数が異なり，それだけの理由で電気伝導率が異なる．そのため電気伝導率を 1 mol 当たりの量として表す方が望ましく，**モル伝導率** (molar conductivity)，Λ を式 (7・4) で定義する．

$$\Lambda = \frac{\kappa}{c} \tag{7・4}$$

c は溶液のモル濃度である．Λ の SI 単位は $\text{S mol}^{-1}\ \text{m}^2$ であるが，$\Omega^{-1}\ \text{mol}^{-1}\ \text{cm}^2$ の単位で表す方が便利なことが多い．

例題 7・2

0.0560 M の KCl 水溶液を含むセルのコンダクタンスが $0.0239\ \Omega^{-1}$ である．同じセルに 0.0836 M の NaCl 水溶液を満たしてコンダクタンスを測定したところ $0.0285\ \Omega^{-1}$ であった．KCl のモル伝導率が $1.345 \times 10^2\ \Omega^{-1}\ \text{mol}^{-1}\ \text{cm}^2$ であるとき NaCl 水溶液のモル伝導率を計算せよ．

解 セル定数を知る必要がある．そこで，最初に KCl 水溶液の電気伝導率を計算する．式 (7・4) より

$$\kappa = \Lambda c = 1.345 \times 10^2\ \Omega^{-1}\ \text{mol}^{-1}\ \text{cm}^2$$
$$\times \frac{0.0560\ \text{mol}}{1\ \text{L}} \times \frac{1\ \text{L}}{1000\ \text{cm}^3}$$
$$= 7.53 \times 10^{-3}\ \Omega^{-1}\ \text{cm}^{-1}$$

次に式 (7・3) よりセル定数を計算する．

$$\frac{l}{A} = \frac{\kappa}{C} = \frac{7.53 \times 10^{-3}\ \Omega^{-1}\ \text{cm}^{-1}}{0.0239\ \Omega^{-1}} = 0.315\ \text{cm}^{-1}$$

NaCl 水溶液の電気伝導率は，式 (7・3) を変形して

$$\kappa = \frac{l}{A}C = (0.315\ \text{cm}^{-1})(0.0285\ \Omega^{-1})$$
$$= 8.98 \times 10^{-3}\ \Omega^{-1}\ \text{cm}^{-1}$$

で与えられる．結局，NaCl 水溶液のモル伝導率は

$$\Lambda = \frac{\kappa}{c} = \frac{8.98 \times 10^{-3}\ \Omega^{-1}\ \text{cm}^{-1}}{0.0836\ \text{mol L}^{-1}} \times \frac{1000\ \text{cm}^3}{1\ \text{L}}$$
$$= 1.07 \times 10^2\ \Omega^{-1}\ \text{mol}^{-1}\ \text{cm}^2$$

で与えられる [式 (7・4) 参照]．

式 (7・4) を見ると Λ は溶液の濃度と無関係であると期待できる (κ は濃度に比例するが，κ/c は物質によって決まる定数である)．しかし，実際に注意深い測定を行うと，そうはならない．ドイツの化学者 Friedrich Wilhelm Georg Kohlrausch (1840〜1910) は，ある特定の温度で，強電解質[*1]のモル伝導率と濃度との間に下の関係が成立することを発見した．

$$\Lambda = \Lambda_0 - B\sqrt{c} \tag{7・5}$$

ここで Λ_0 は無限希釈時の極限モル伝導率で，$c \to 0$ のとき $\Lambda \to \Lambda_0$ になり，B は電解質によって決まる正の定数である．Λ_0 は，Λ を $\sqrt{c}$ に対してプロットし，濃度 0 へ補外することで容易に得ることができる (図 7・2)．この方法は弱電解質には不十分である．それは低濃度で曲線が急勾配になるからである (CH_3COOH のプロットを参照)[*2]．

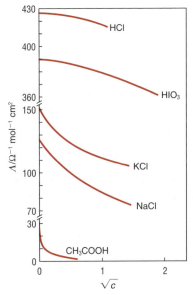

図 7・2 いくつかの電解質のモル伝導率を濃度 [mol L^{-1}] の平方根に対してプロットしたグラフ

表 7・1 298 K の電解質水溶液の無限希釈時の極限モル伝導率[†]

電解質	$\Lambda_0/\Omega^{-1}\ \text{mol}^{-1}\ \text{cm}^2$	電解質	$\Lambda_0/\Omega^{-1}\ \text{mol}^{-1}\ \text{cm}^2$
HCl	426.16	LiNO$_3$	110.14
CH$_3$COOH	390.71	NaNO$_3$	121.56
LiCl	115.03	KNO$_3$	144.96
NaCl	126.45	CuSO$_4$	267.24
AgCl	137.20	CH$_3$COONa	91.00
KCl	149.85		

[†] Λ_0 を $\Omega^{-1}\ \text{mol}^{-1}\ \text{m}^2$ で表現するためには 10^{-4} を掛ければよい．HCl の Λ_0 は $426.16\ \Omega^{-1}\ \text{mol}^{-1}\ \text{cm}^2$，すなわち $4.2616 \times 10^{-2}\ \Omega^{-1}\ \text{mol}^{-1}\ \text{m}^2$ である．

[*1] 強電解質は溶液の中で完全にイオンに解離している．
[*2] 訳注: 酢酸の Λ_0 は $\Lambda_0^{HCl} + \Lambda_0^{CH_3COONa} - \Lambda_0^{NaCl}$ から求まる．後述する $\lambda_0^{H^+} + \lambda_0^{CH_3COO^-}$ を用いてもよい．

表 7・2　298 K における一般的なイオンのモル伝導率とイオン移動度

イオン	$\dfrac{\lambda_0{}^{\dagger 1}}{\Omega^{-1}\,mol^{-1}\,cm^2}$	$\dfrac{\text{イオン移動度}^{\dagger 2}}{10^{-4}\,cm^2\,s^{-1}\,V^{-1}}$	$\dfrac{\text{イオン半径}}{\text{Å}}$	イオン	$\dfrac{\lambda_0{}^{\dagger 1}}{\Omega^{-1}\,mol^{-1}\,cm^2}$	$\dfrac{\text{イオン移動度}^{\dagger 2}}{10^{-4}\,cm^2\,s^{-1}\,V^{-1}}$	$\dfrac{\text{イオン半径}}{\text{Å}}$
H^+	349.81	36.3	——	OH^-	198.3	20.50	——
Li^+	38.68	4.01	0.60	F^-	55.4	5.74	1.36
Na^+	50.10	5.19	0.95	Cl^-	76.35	7.91	1.81
K^+	73.50	7.62	1.33	Br^-	78.14	8.10	1.95
Rb^+	77.81	7.92	1.48	I^-	76.88	7.95	2.16
Cs^+	77.26	7.96	1.69	$NO_3{}^-$	71.46	7.41	——
$NH_4{}^+$	73.5	7.62	——	$HCO_3{}^-$	44.50	4.61	——
Mg^{2+}	106.1	5.50	0.65	CH_3COO^-	40.90	4.24	——
Ca^{2+}	119.0	6.17	0.99	$SO_4{}^{2-}$	160.0	8.29	——
Ba^{2+}	127.3	6.59	1.35				
Cu^{2+}	107.2	5.56	0.72				

†1　出典: R. A. Robinson, R. H. Stokes, "Electrolyte Solutions," Academic Press, New York (1959).
†2　出典: A. W. Adamson, "A Textbook of Physical Chemistry," Academic Press, New York (1973).

表 7・1 にいくつかの電解質の Λ_0 の値をあげた．同じカチオンまたはアニオンを含む二つの電解質の Λ_0 の差を調べると興味深いことがわかる．たとえば，

$$\Lambda_0{}^{KCl} - \Lambda_0{}^{NaCl} = 23.4\ \Omega^{-1}\,mol^{-1}\,cm^2$$
$$\Lambda_0{}^{KNO_3} - \Lambda_0{}^{NaNO_3} = 23.4\ \Omega^{-1}\,mol^{-1}\,cm^2$$

となり，差が等しい．Kohlrausch はこのことに注目し，無限希釈時の極限モル伝導率はアニオンとカチオンの二つの寄与に分割できると結論した．

$$\Lambda_0 = \nu_+ \lambda_0{}^+ + \nu_- \lambda_0{}^- \tag{7・6}$$

$\lambda_0{}^+$, $\lambda_0{}^-$ は無限希釈時のイオンの極限モル伝導率，ν_+, ν_- は化学式中のカチオンとアニオンの数である．式(7・6) は**コールラウシュのイオン独立移動の法則**（Kohlrausch's law of independent ionic migration）である．この式は，無限希釈時のモル伝導率はカチオン，アニオン両種からの独立の寄与からなる，ということを意味している．このことから，前の例でなぜ同じ値が得られるのかがわかる．すなわち*，

$$\Lambda_0{}^{KCl} - \Lambda_0{}^{NaCl} = \lambda_0{}^{K^+} + \lambda_0{}^{Cl^-} - \lambda_0{}^{Na^+} - \lambda_0{}^{Cl^-}$$
$$= \lambda_0{}^{K^+} - \lambda_0{}^{Na^+}$$

および

$$\Lambda_0{}^{KNO_3} - \Lambda_0{}^{NaNO_3} = \lambda_0{}^{K^+} + \lambda_0{}^{NO_3{}^-} - \lambda_0{}^{Na^+} - \lambda_0{}^{NO_3{}^-}$$
$$= \lambda_0{}^{K^+} - \lambda_0{}^{Na^+}$$

表 7・2 に多くのイオンの極限モル伝導率をあげた．

解 離 度

ある濃度では電解質は一部しか解離していないかもしれ

ないが，無限希釈時には弱い強いにかかわらずすべての電解質が完全に解離している．1887 年スウェーデンの化学者，Svante August Arrhenius (1859〜1927) は，電解質の**解離度**（degree of dissociation），α が式(7・7) のような単純な関係で計算できるとした．

$$\alpha = \frac{\Lambda}{\Lambda_0} \tag{7・7}$$

ここで Λ は α が適用される濃度におけるモル伝導率である．式(7・7) を用いて，ドイツの化学者，Wilhelm Ostwald (1853〜1932) は酸の解離定数の測定の方法を示した．弱酸 HA の濃度を $c\,[mol\,L^{-1}$ 単位] とすると，平衡状態で

$$\text{HA} \rightleftharpoons \text{H}^+ + \text{A}^-$$
$$c(1-\alpha)\quad\ \ c\alpha\quad\ c\alpha$$

の関係が得られる．ここで α は HA が解離した割合である．解離定数 K_a は

$$K_a = \frac{[H^+][A^-]}{[HA]} = \frac{c^2\alpha^2}{c(1-\alpha)} = \frac{c\alpha^2}{1-\alpha}$$

で与えられる．α に式(7・7) を代入して

$$K_a = \frac{c\Lambda^2}{\Lambda_0(\Lambda_0 - \Lambda)} \tag{7・8}$$

式(7・8) を並べ替えて

$$\frac{1}{\Lambda} = \frac{1}{K_a \Lambda_0{}^2}(\Lambda c) + \frac{1}{\Lambda_0} \tag{7・9}$$

が得られる．式(7・9) は**オストワルトの希釈律**（Ostwald dilution law）として知られている．K_a の値は式(7・8) から直接，または $1/\Lambda$ を Λc に対してプロットし（図 7・3），式(7・9) を用いることにより，より正確に求めることができる．当然，式(7・8) のみから K_a を求めるためには，Λ_0 の値が既知でなければならない．

---

*　ここの電解質はすべて 1:1 なので $\nu_+ = \nu_- = 1$ であることに注意．

例題 7・3

0.10 M の酢酸水溶液のモル伝導率は 298 K において $5.2\ \Omega^{-1}\ mol^{-1}\ cm^2$ である. 酢酸の解離定数を計算せよ.

解 表7・1より $\Lambda_0 = 390.71\ \Omega^{-1}\ mol^{-1}\ cm^2$ であり, 式(7・8)から

$$K_a = \frac{(0.10\ mol\ L^{-1})(5.2\ \Omega^{-1}\ mol^{-1}\ cm^2)^2}{(390.71\ \Omega^{-1}\ mol^{-1}\ cm^2)[(390.71-5.2)\ \Omega^{-1}\ mol^{-1}\ cm^2]}$$
$$= 1.8 \times 10^{-5}\ mol\ L^{-1}$$

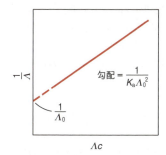

図 7・3 式(7・9)に従った K_a のグラフによる決定法

イオン移動度

溶液のモル伝導率はイオンの移動の容易さによって決まる. イオンの移動速度は一定ではなく, 電場の強さ (E)[*1] によって決まる. 一方, **イオン移動度** (ionic mobility), u は, 単位電場当たりのイオンの速度で定義されるので, 定数になる. カチオンのイオン移動度, u_+ は

$$u_+ = \frac{v_+}{E} \quad (7 \cdot 10)$$

で与えられる. v_+ は強さ E の電場中でのカチオンの移動速度である. イオン移動度は $(cm\ s^{-1})/(V\ cm^{-1})$ すなわち $cm^2\ s^{-1}\ V^{-1}$ の単位をもち, 無限希釈時の極限モル伝導率とは次の関係がある.

$$u_+ = \frac{\lambda_0^+}{F} \quad および \quad u_- = \frac{\lambda_0^-}{F} \quad (7 \cdot 11)$$

F はファラデー定数[*2][英国の化学者, 物理学者 Michael Faraday (1791〜1867) にちなむ] である.

表7・2にさまざまなイオンの 298 K におけるイオン移動度をまとめた. H^+ と OH^- のイオン移動度は他のイオンに比べかなり大きい. この高い値は水素結合のためである. 水の中ではプロトンは水和されていて, その動きは次のように書ける.

→ H⁺—O—H·····O—H·····O—H → H·····O—H·····O—H·····O—H →

同様に水酸化物イオンの動きは

← —O—H·····O—H·····O—H ← O—H·····O—H·····O— ←

のように書くことができる. どちらの場合もイオンは水素結合のネットワークが延びるのに沿って動くことができるため, 非常に大きい移動度をもつ.

イオン移動度は, タンパク質と核酸の精製, 同定の手法である電気泳動でよく用いる.

例題 7・4

塩化物イオンの水中での移動度は 25℃ において $7.91 \times 10^{-4}\ cm^2\ s^{-1}\ V^{-1}$ である.
(a) 無限希釈時のイオンの極限モル伝導率を計算せよ.
(b) 電場が $20\ V\ cm^{-1}$ 掛かっているとき, イオンが 4.0 cm の電極間を移動するにはどれだけ時間がかかるか.

解 (a) 式(7・11)より

$$\lambda_0^- = Fu_-$$
$$= (96\ 500\ C\ mol^{-1})(7.91 \times 10^{-4}\ cm^2\ s^{-1}\ V^{-1})$$
$$= 76.3\ C\ s^{-1}\ V^{-1}\ mol^{-1}\ cm^2$$
$$= 76.3\ \Omega^{-1}\ mol^{-1}\ cm^2$$

最後の式の変形は $1\ C\ s^{-1} = 1\ A$ および $A/V = \Omega^{-1}$ (オームの法則) による.

(b) 最初にイオンの速度を式(7・10)を変形して求める.

$$v_- = Eu_-$$
$$= (20\ V\ cm^{-1})(7.91 \times 10^{-4}\ cm^2\ s^{-1}\ V^{-1})$$
$$= 1.58 \times 10^{-2}\ cm\ s^{-1}$$

次に

$$時間 = \frac{距離}{速度} = \frac{4.0\ cm}{1.58 \times 10^{-2}\ cm\ s^{-1}}$$
$$= 2.5 \times 10^2\ s = 4.2\ min$$

コンダクタンス測定の応用

精密なコンダクタンスの測定は簡単にできるので多くの応用例がある. 以下に二つの例を述べよう.

酸塩基滴定 前述の通り, H^+ と OH^- の電気伝導率は他のカチオンやアニオンに比べ非常に大きいといえる. HCl 溶液の電気伝導率を, 加えた NaOH 溶液の関数としてプロットすると, 図 7・4 に示すような滴定曲線が得ら

[*1] たとえば, セル中, 距離が 2.0 cm の電極間の電位差が 5.0 V の場合, 電場の強さは $(5.0\ V)/(2.0\ cm)$ すなわち $2.5\ V\ cm^{-1}$ になる.
[*2] ファラデー定数 (F) は 1 mol の電子がもつ電気量に等しく, $96\ 485\ C\ mol^{-1}$ (C はクーロン) であるが, 多くの計算では四捨五入して $96\ 500\ C\ mol^{-1}$ を用いる [訳注: ファラデー定数は歴史的には 1 価のイオン 1 mol を電解するのに要する電気量として定義されている].

れる．最初，溶液の電気伝導率は下がる．なぜなら，より小さいイオン伝導率をもつ Na^+ が H^+ に取って代わるからである．この傾向は当量点に到達するまで続く．これを過ぎると過剰の OH^- のためにコンダクタンスが増加し始める．もし酸が酢酸のような弱電解質であれば，曲線の最初の部分の勾配はなだらかなものとなる —— 実際にコンダクタンスはまさしく最初から増加する —— このため当量点の決定がより不確かになる．

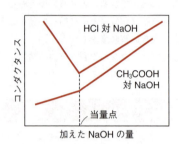

図 7・4 コンダクタンス測定で見た酸塩基滴定．強酸－強塩基滴定（HCl 対 NaOH）と弱酸－強塩基滴定（CH_3COOH 対 NaOH）の違いに注意せよ．

溶解度の決定 ここまで，酢酸の解離定数がどのようにしてコンダクタンス測定から得られるかを見てきた．同じ方法を難溶性の塩の溶解度の決定に応用することができる．298 K の水中での AgCl（1：1 電解質）の溶解度 $[mol\ L^{-1}$ 単位$]$ と溶解度積を求めたいとしよう．式 (7・4) より，

$$\Lambda = \frac{\kappa}{c} = \frac{\kappa}{S}$$

と書ける．ここで S が溶解度（単位は $mol\ L^{-1}$）である．AgCl は難溶性の塩で，溶液の濃度は低いため，$\Lambda \approx \Lambda_0$ とみなすことができる．したがって

$$S = \frac{\kappa}{\Lambda} \approx \frac{\kappa}{\Lambda_0}$$

となる．実験的に飽和 AgCl 溶液の電気伝導率は $1.86 \times 10^{-6}\ \Omega^{-1}\ cm^{-1}$ であることがわかっている．一方，水は弱電解質なので，水自身による寄与は無視できる（水の κ は $6.0 \times 10^{-8}\ \Omega^{-1}\ cm^{-1}$ である）．したがって，

$$\begin{aligned}\kappa(AgCl) &= (1.86 \times 10^{-6}) - (6.0 \times 10^{-8}) \\ &= 1.8 \times 10^{-6}\ \Omega^{-1}\ cm^{-1}\end{aligned}$$

表 7・1 より AgCl の Λ_0 は $\Lambda_0 = 137.2\ \Omega^{-1}\ mol^{-1}\ cm^2$ である．最終的には

$$\begin{aligned}S &= \frac{\kappa}{\Lambda_0} = \frac{1.8 \times 10^{-6}\ \Omega^{-1}\ cm^{-1}}{137.2\ \Omega^{-1}\ mol^{-1}\ cm^2} \times \frac{1000\ cm^3}{1\ L} \\ &= 1.3 \times 10^{-5}\ mol\ L^{-1}\end{aligned}$$

が得られる．AgCl の溶解度積，K_{sp} は

$$\begin{aligned}K_{sp} &= [Ag^+][Cl^-] = (1.3 \times 10^{-5})(1.3 \times 10^{-5}) \\ &= 1.7 \times 10^{-10}\ mol^2\ L^{-2}\end{aligned}$$

となる．

7・2 溶解過程の分子像

なぜ NaCl は水に溶けてベンゼンに溶けないのだろうか．NaCl は，Na^+ と Cl^- が結晶格子中，静電引力で結ばれた安定な化合物であることが知られている．NaCl が水性の環境に入り込むには，なんとかしてその強い引力に打ち勝たなくてはならない．NaCl が水に溶解するということから，次の二つの疑問が生じる．すなわち，どうやってイオンは水分子と相互作用しているのか，またどうやってイオン同士が相互作用しているのか．

水はイオン化合物に対する良い溶媒である．水は極性分子であり，それゆえにイオンをイオン－双極子相互作用によって安定化させ，水和することができるからである．一般に，大きいイオンよりも小さいイオンの方が効果的に水和される．小さいイオンは高い電荷密度をもつため，極性分子である水と大きな静電的相互作用を生じるのである[*1]．図 7・5 は水和の概要を図示したものである．イオンはそれぞれの型ごとに，異なった数の水分子に取囲まれているので，イオンの**水和数** (hydration number) という量を考えてみよう．水和数は価数に比例し，イオンの大きさに反比例する．バルクの水分子と "水和圏" 内の水は異なった性質をもち[*2]，それらは核磁気共鳴（NMR）などの分光学的手法によって見分けることができる．水分子はこの二つの状態間で動的平衡になっている．水分子が水和圏内にいられる "平均寿命" は，イオンによって大きく変化する．たとえば，水和圏内の水の平均寿命をイオン別に列挙すれば，Br^-，10^{-11} 秒；Na^+，10^{-9} 秒；Cu^{2+}，10^{-7} 秒；Fe^{2+}，10^{-5} 秒；Al^{3+}，7 秒；Cr^{3+}，1.5×10^5 秒（42 時間）のように

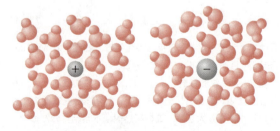

図 7・5 カチオンとアニオンの水和．一般に，カチオン，アニオン共に，水和圏内で結びつく水分子の数はそれぞれ決まっている．

[*1] 静電気学の理論によれば，半径 r の帯電した球の表面での電場は ze/r^2 に比例する．z は価数，e は電子の電荷（電気素量）である．
[*2] イオンの水和圏内の水分子は個々の並進運動を行わない．それらはイオンと共にまとまって動く．

なる.

溶けたイオンと水分子の間のイオン–双極子相互作用（第17章参照）は，バルクの水のいくつかの特性に影響を与える．Li^+, Na^+, Mg^{2+}, Al^{3+}, Er^{3+}, OH^-, F^- のような，小さくかつ多価のイオン，および小さいかまたは多価のイオンは，**構造形成イオン**（structure-making ion）とよばれる．これらのイオンの強い電場は水分子を分極させ，第一水和圏を越えてさらなる秩序を生み出す．この相互作用が溶液の粘性率を大きくする．一方，大きくてかつ1価のイオンである K^+, Rb^+, Cs^+, NH_4^+, Cl^-, NO_3^-, ClO_4^- などは**構造破壊イオン**（structure-breaking ion）である．広がった表面電荷とそれゆえに弱い電場は，第一水和圏を越えて水分子を分極させることはできない．その結果，これらのイオンを含む溶液の粘性率は，普通，純水よりも低くなる.

溶液中の水和イオンの有効半径は，結晶内の半径すなわちイオン半径[*1]よりもかなり大きくなりうる．たとえば，水和した Li^+, Na^+, K^+ の有効半径はそれぞれ 3.66 Å, 2.80 Å, 1.87 Å と見積もられている．実際のイオン半径は Li^+ から K^+ へと順に大きくなっているが，イオン移動度が水和半径に反比例すると考えてみてはどうだろう．表7・2からこの考えが正しいことがわかる．一方，H^+ イオンは非常に小さいため強力に水和していると予想されるが，そのイオン移動度は高い．これは，前節で述べた通り，水素結合による H^+ イオンの速い動きから生じている.

次に先にあげたもう一つの疑問について考えよう．すなわち，イオン同士はどうやって相互作用しているのか，である．クーロンの法則〔フランスの物理学者，Charles Augustin de Coulomb（1736〜1806）にちなむ〕に従えば，真空中で Na^+ と Cl^- との間に働く力（F）は

$$F = \frac{q_{Na^+} q_{Cl^-}}{4\pi\varepsilon_0 r^2} \quad (7\cdot 12)$$

で与えられる．ε_0 は**真空の誘電率**（permittivity of vacuum）で 8.854×10^{-12} C^2 N^{-1} m^{-2}，q_{Na^+} と q_{Cl^-} はイオンの電荷，r はイオン間の距離である．因子 $4\pi\varepsilon_0$ は SI 単位で表した結果の補正である．極性溶媒である水の中では，図7・6のように，水分子はその双極子の＋の端を－電荷に，－の端を＋の電荷に向けるように配列する．この配列により，正電荷中心と負電荷中心での有効電荷は $1/\varepsilon_r$ に減少する（p. 146, 補遺7・1参照）．ここで ε_r は媒質の**比誘電率**（relative permittivity または dielectric constant）である[*2]．それゆえ真空以外のすべての媒質について式（7・12）は

$$F = \frac{q_{Na^+} q_{Cl^-}}{4\pi\varepsilon_0 \varepsilon_r r^2} \quad (7\cdot 13)$$

の形になる．

表7・3にいろいろな溶媒の比誘電率をあげた．ε_r は温度が上昇すると常に小さくなることを覚えておくこと．たとえば 343 K の水の比誘電率は約 64 である．水の大きな比誘電率は Na^+ と Cl^- の間の引力を弱め，それらが溶液中でばらばらで存在するのを可能にする．

溶媒の比誘電率はまた，溶液中のイオンの"構造"を決める．溶液中での電気的中性を保つため，カチオンの近くには必ずアニオンが存在しなければならず，また逆も同様である．二つのイオンの近接度により，それらを"自由"イオンまたは"イオン対"のどちらかであると考えることができる．個々の自由イオンは，少なくとも1層あるいは多分何層かの水和圏の水分子によって取囲まれている．イオン対ではカチオンとアニオンは互いに接近しており，それらの間にはたかだか数個の溶媒分子しか存在しない．一般に，自由イオンとイオン対は化学反応性のまったく異なる種として熱力学的に区別することができる．NaCl のような 1 : 1 電解質の希薄水溶液中では，イオンは自由イオンの形であると考えられる．一方，より高い価数の $CaCl_2$ や Na_2SO_4 などの電解質では，中性で電気を通さないイオン対の生成が伝導率の測定から示されている．溶液の中で自由イオン，イオン対，どちらが存在するかは，二つの正反対の要因で決まっている．すなわちカチオンとアニオン間の引力のポテンシャルエネルギーと，k_BT 程度の個々のイオンの運動（熱）エネルギーである.

なぜ NaCl がベンゼンに溶けないかがもう容易にわかるだろう．無極性分子であるベンゼンは Na^+ と Cl^- を効果的に溶媒和しないのである．さらに，ベンゼンの小さな比誘電率は，Na^+ と Cl^- をばらばらにして溶解する傾向がほとんどないことを意味している．

図7・6 (a) 真空中で離れて存在するカチオンとアニオン，(b) 水中で離れて存在する同じカチオンとアニオン．直線極性分子として表された水の配向は誇張されている．熱運動のため，極性分子は部分的にしか配向しない．にもかかわらず，この配向は電場やその結果としてイオン間の引力を減少させる.

例題 7・5

正確に 1 nm（10 Å）離れた Na^+ と Cl^- のイオン対の間に働く力 [N 単位で] を，(a) 真空中，(b) 25℃ の水中での場合について求めよ．Na^+ と Cl^- の電荷はそれぞれ 1.602×10^{-19} C と -1.602×10^{-19} C である．

解 式（7・12），式（7・13），表7・3より

[*1] 訳注：**イオン半径**（ionic radius）は，イオン結晶（§18・4参照）中の隣接する正・負イオン間の距離を，各イオンの有効核電荷，主量子数，価数を考慮して各イオンに割り振った値で，あるイオン結晶中での正・負それぞれのイオン半径の和は，ほぼそのイオン間距離となる．

[*2] 真空の比誘電率は1である．

表 7・3　298 K における純粋な液体の比誘電率

液　体	比誘電率 ε_r†	液　体	比誘電率 ε_r†
H_2SO_4	101	CH_3OH	32.6
H_2O	78.54	C_2H_5OH	24.3
$(CH_3)_2SO$(ジメチルスルホキシド)	49	CH_3COCH_3(ジメチルエーテル)	20.7
$C_3H_8O_3$(グリセロール)	42.5	CH_3COOH	6.2
CH_3NO_2(ニトロメタン)	38.6	C_6H_6	4.6
$HOCH_2CH_2OH$(エチレングリコール)	37.7	$C_2H_5OC_2H_5$(ジエチルエーテル)	4.3
CH_3CN(アセトニトリル)	36.2	CS_2	2.6

† 比誘電率は次元のない量である．

(a)
$$F = \frac{(1.602\times10^{-19}\,\text{C})(-1.602\times10^{-19}\,\text{C})}{4\pi(8.854\times10^{-12}\,\text{C}^2\,\text{N}^{-1}\,\text{m}^{-2})(1)(1\times10^{-9}\,\text{m})^2}$$
$$= -2.31\times10^{-10}\,\text{N}$$

(b)
$$F = \frac{(1.602\times10^{-19}\,\text{C})(-1.602\times10^{-19}\,\text{C})}{4\pi(8.854\times10^{-12}\,\text{C}^2\,\text{N}^{-1}\,\text{m}^{-2})(78.54)(1\times10^{-9}\,\text{m})^2}$$
$$= -2.94\times10^{-12}\,\text{N}$$

となる．

コメント　予想された通り，イオン間に働く引力は，真空中に比べ水溶液の環境では大体 1/80 に減少する．F の負の符号は引力であることを表す．

7・3　溶液中のイオンの熱力学

本節ではイオン化合物が溶液に溶け込む過程の熱力学パラメーターと水溶液中のイオン生成の熱力学関数について簡単に説明する．

定圧下での NaCl の溶解は次のように書ける．

$$NaCl(s) \xrightarrow{1} Na^+(g)+Cl^-(g) \xrightarrow{2} Na^+(aq)+Cl^-(aq)$$
(過程 3 は NaCl(s) から直接 Na$^+$(aq)+Cl$^-$(aq) へ)

過程 1 でのエンタルピー変化は，結晶格子から無限遠に 1 mol のイオンを離すのに必要なエネルギーと一致する．このエネルギーを**格子エネルギー** (lattice energy)，U_0 とよぶ．過程 3 でのエンタルピー変化は，NaCl が多量の水に溶解するときの吸熱または発熱の溶解エンタルピー $\Delta_{sol}\overline{H}°$ である．過程 2 は水和エンタルピー（水和熱）$\Delta_{hydr}\overline{H}°$ で，ヘスの法則で求まる．すなわち

$$\Delta_{hydr}\overline{H}° = \Delta_{sol}\overline{H}° - U_0$$

$\Delta_{sol}\overline{H}°$ の値は実験的に測定できる．U_0 の値は結晶構造がわかれば見積もることができる．NaCl では $U_0=787$ kJ mol^{-1} と $\Delta_{sol}\overline{H}°=3.8$ kJ mol^{-1} であり，したがって

$$\Delta_{hydr}\overline{H}° = 3.8 - 787 = -783\,\text{kJ mol}^{-1}$$

となる．ゆえに Na$^+$ と Cl$^-$ の水和は大きな発熱になる．

上で得られた水和エンタルピーは両方のイオンからの寄与の和であるが，イオン個々の値を求めたいと思うことも多い．実際には，イオンをばらばらにして調べることはできないが，個々の値は次のようにして得ることができる．

$$H^+(g) \longrightarrow H^+(aq)$$

のような過程の水和エンタルピーは，理論的方法により高い信頼度で -1089 kJ mol^{-1} と見積もられている．この値を出発点として，F$^-$, Cl$^-$, Br$^-$, I$^-$ の各アニオンそれぞれの $\Delta_{hydr}\overline{H}°$ の値を計算することができ (HF, HCl, HBr, HI のデータから)，さらに Li$^+$, Na$^+$, K$^+$, そしてその他のカチオンの $\Delta_{hydr}\overline{H}°$ の値を得ることができる（ハロゲン化アルカリ金属のデータから）．表 7・4 にいくつかのイオンの標準状態の $\Delta_{hydr}\overline{H}°$ の値をあげた．すべての $\Delta_{hydr}\overline{H}°$ の値が負である．これは気体のイオンの水和が発熱過程であることによる．さらに（イオンの電荷/半径）と水和エンタルピーの間

表 7・4　298 K における気体イオンの水和の熱力学量

イオン	$-\Delta_{hydr}\overline{H}°$ kJ mol^{-1}	$-\Delta_{hydr}\overline{S}°$ J K^{-1} mol^{-1}	イオン半径 Å	イオン	$-\Delta_{hydr}\overline{H}°$ kJ mol^{-1}	$-\Delta_{hydr}\overline{S}°$ J K^{-1} mol^{-1}	イオン半径 Å	イオン	$-\Delta_{hydr}\overline{H}°$ kJ mol^{-1}	$-\Delta_{hydr}\overline{S}°$ J K^{-1} mol^{-1}	イオン半径 Å
H$^+$	1089	109	—	Mg^{2+}	1926	268	0.65	F$^-$	506	151	1.36
Li$^+$	520	119	0.60	Ca^{2+}	1579	209	0.99	Cl$^-$	378	96	1.81
Na$^+$	405	89	0.95	Ba^{2+}	1309	159	1.35	Br$^-$	348	80	1.95
K$^+$	314	51	1.33	Mn^{2+}	1832	243	0.80	I$^-$	308	60	2.16
Ag$^+$	468	94	1.26	Fe^{2+}	1950	272	0.76				
				Cu^{2+}	2092	259	0.72				
				Fe^{3+}	4355	460	0.64				

表 7・5　1 bar, 298 K における水溶液中のイオンの熱力学データ

イオン	$\Delta_f \overline{H}°/$kJ mol^{-1}	$\Delta_f \overline{G}°/$kJ mol^{-1}	$\overline{S}°/$J K^{-1} mol^{-1}	イオン	$\Delta_f \overline{H}°/$kJ mol^{-1}	$\Delta_f \overline{G}°/$kJ mol^{-1}	$\overline{S}°/$J K^{-1} mol^{-1}
H$^+$	0	0	0	OH$^-$	−229.6	−157.3	−10.75
Li$^+$	−278.5	−293.8	14.23	F$^-$	−329.1	−276.5	−13.8
Na$^+$	−239.7	−261.9	50.9	Cl$^-$	−167.2	−131.2	56.5
K$^+$	−252.4	−283.3	102.5	Br$^-$	−121.6	−104.0	82.4
Mg^{2+}	−466.9	−454.8	−138.1	I$^-$	−55.2	−51.57	111.3
Ca^{2+}	−542.8	−553.6	−53.1	CO$_3^{2-}$	−677.1	−527.8	−56.9
Fe^{2+}	−89.1	−78.9	−137.7	NO$_3^-$	−206.6	−110.5	146.4
Zn^{2+}	−153.9	−147.2	−112.1	PO$_4^{3-}$	−1277.4	−1018.7	−221.8
Fe^{3+}	−48.5	−4.7	−315.9				

に相関関係がある. $\Delta_{hydr}\overline{H}°$ の値は同じ電荷であれば小さいイオンの方が大きいイオンよりも大きな負の値をもつ. 小さいイオンはより大きな電荷密度をもち, より強く水分子と相互作用することができるからである. 大きな電荷をもつイオンもまた同様に大きな負の $\Delta_{hydr}\overline{H}°$ の値をもつ.

もう一つの興味深い量は水和エントロピー $\Delta_{hydr}\overline{S}°$ である. 水和過程では, 個々のイオンの周りに少なからぬ水分子の配列が生じ, そのため $\Delta_{hydr}\overline{S}°$ もまた負の値になる*. 表 7・4 からわかるように, 標準 $\Delta_{hydr}\overline{S}°$ のイオン半径に伴う変化は, $\Delta_{hydr}\overline{H}°$ の変化にきわめてよく似ている. 最後に, 溶解エントロピー $\Delta_{sol}\overline{S}°$ には二つの寄与があることに注意する必要がある. 一つは水和過程で, これはエントロピーを減少させる. もう一つは, 固体から自由に動ける溶液中イオンへの分解によるエントロピーの増大である. $\Delta_{sol}\overline{S}°$ の符号は対立する二つの要因の大小による.

溶液中のイオン生成のエンタルピー, エントロピー, ギブズエネルギー

イオンはばらばらにして調べることができないため, 個々のイオンの標準生成エンタルピー, $\Delta_f\overline{H}°$ を測定することはできない. この困難を回避するために, 水素イオンの生成エンタルピーを 0, つまり $\Delta_f\overline{H}°[\mathrm{H}^+(\mathrm{aq})]=0$, とし, その他のイオンの $\Delta_f\overline{H}°$ の値をこれと相対的に評価することにする. 次の反応について考察してみよう.

$$\frac{1}{2}\mathrm{H}_2(\mathrm{g}) + \frac{1}{2}\mathrm{Cl}_2(\mathrm{g}) \longrightarrow \mathrm{H}^+(\mathrm{aq}) + \mathrm{Cl}^-(\mathrm{aq})$$

$$\Delta_r H° = -167.2 \text{ kJ mol}^{-1}$$

標準反応エンタルピーは実験で測定できる量であり, 次の式で表せる.

$$\Delta_r H° = \Delta_f\overline{H}°[\mathrm{H}^+(\mathrm{aq})] + \Delta_f\overline{H}°[\mathrm{Cl}^-(\mathrm{aq})]$$
$$- \left(\frac{1}{2}\right)(0) - \left(\frac{1}{2}\right)(0)$$

したがって

---
* H$^+$(g) の水和エントロピーは -109 J K^{-1} mol^{-1} と見積もられている.

$$\Delta_r H° = \Delta_f\overline{H}°[\mathrm{Cl}^-(\mathrm{aq})]$$

ゆえに

$$\Delta_f\overline{H}°[\mathrm{Cl}^-(\mathrm{aq})] = -167.2 \text{ kJ mol}^{-1}$$

ひとたび $\Delta_f\overline{H}°[\mathrm{Cl}^-(\mathrm{aq})]$ の値が決まってしまえば, 次式の反応の $\Delta_r H°$ を測定することができ,

$$\mathrm{Na}(\mathrm{s}) + \frac{1}{2}\mathrm{Cl}_2(\mathrm{g}) \longrightarrow \mathrm{Na}^+(\mathrm{aq}) + \mathrm{Cl}^-(\mathrm{aq})$$

それから, $\Delta_f\overline{H}°[\mathrm{Na}^+(\mathrm{aq})]$ などの値を決定することができる.

表 7・5 にいくつかのカチオンとアニオンの $\Delta_f\overline{H}°$ の値をあげた. この表では二つの点が注目に値する. 第一に, 水溶液の場合には, 標準状態というのは, 1 bar の圧力下で質量モル濃度が 1 [溶質 (イオン) の活量が 1] の理想溶液という仮想の状態である. 温度は 298 K とすることが多い. したがって, 表 7・5 は, イオン間に働く相互作用が無視できるような無限希釈の溶液がもつであろう性質を表している. 第二に, すべての $\Delta_f\overline{H}°$ の値は, $\Delta_f\overline{H}°[\mathrm{H}^+(\mathrm{aq})]$ の値を基準値 (0) とした相対的な値である.

$\Delta_f\overline{G}°[\mathrm{H}^+(\mathrm{aq})]$, $\overline{S}°[\mathrm{H}^+(\mathrm{aq})]$ を 0 にするという同様の方法によって, 298 K におけるイオンの 1 mol 当たりの標準生成ギブズエネルギーと標準モルエントロピーを決定することができる. 表 7・5 にそれらの値もあげてある. 水溶液中のイオンのエントロピーの値は H$^+$ の値を基準にしたことから, 正負どちらにもなりうる. たとえば Ca^{2+}(aq) のエントロピーは -53.1 J K^{-1} mol^{-1}, NO$_3^-$(aq) のエントロピーは 146.4 J K^{-1} mol^{-1} である. エントロピーの大きさと符号は, H$^+$(aq) と比較して, 溶液中で水分子をどの程度周囲に配列させるかによって決まる. 小さく, 高い価数をもつイオンは負のエントロピーの値をもつが, 大きく, 1 価のイオンは正のエントロピーの値をもつ.

例題 7・6

次式の標準反応エンタルピーを使い $\Delta_f\overline{H}°[\mathrm{Na}^+(\mathrm{aq})]$

の値を計算せよ.

$$\text{Na(s)} + \frac{1}{2}\text{Cl}_2(\text{g}) \longrightarrow \text{Na}^+(\text{aq}) + \text{Cl}^-(\text{aq})$$

$$\Delta_r H^\circ = -406.9 \text{ kJ mol}^{-1}$$

解 標準反応エンタルピーは，次式で与えられる.

$$\Delta_r H^\circ = \Delta_f \overline{H}^\circ[\text{Na}^+(\text{aq})] + \Delta_f \overline{H}^\circ[\text{Cl}^-(\text{aq})]$$
$$- (0) - \left(\frac{1}{2}\right)(0)$$

$$-406.9 \text{ kJ mol}^{-1} = \Delta_f \overline{H}^\circ[\text{Na}^+(\text{aq})] - 167.2 \text{ kJ mol}^{-1}$$

したがって

$$\Delta_f \overline{H}^\circ[\text{Na}^+(\text{aq})] = -239.7 \text{ kJ mol}^{-1}$$

7・4 イオンの活量

次にしなければならないことは，溶液中の電解質の化学ポテンシャルを書けるようにすることである．はじめに，質量モル濃度で濃度を表した理想的な電解質溶液について議論しよう．

理想的な NaCl 溶液の化学ポテンシャル，μ_NaCl は，式 (7・14) で与えられる.

$$\mu_\text{NaCl} = \mu_{\text{Na}^+} + \mu_{\text{Cl}^-} \quad (7 \cdot 14)$$

カチオンとアニオンをばらばらにして調べることができないため，μ_{Na^+} と μ_{Cl^-} は測定することができない．それでも，カチオンとアニオンの化学ポテンシャルを次のように表すことができる[*1].

$$\mu_{\text{Na}^+} = \mu_{\text{Na}^+}^\circ + RT \ln m_{\text{Na}^+}$$
$$\mu_{\text{Cl}^-} = \mu_{\text{Cl}^-}^\circ + RT \ln m_{\text{Cl}^-}$$

$\mu_{\text{Na}^+}^\circ$ と $\mu_{\text{Cl}^-}^\circ$ はイオンの標準化学ポテンシャルである．式 (7・14) は

$$\mu_\text{NaCl} = \mu_\text{NaCl}^\circ + RT \ln m_{\text{Na}^+} m_{\text{Cl}^-}$$

のように書け，ここで，

$$\mu_\text{NaCl}^\circ = \mu_{\text{Na}^+}^\circ + \mu_{\text{Cl}^-}^\circ$$

である．
一般に，$\text{M}_{\nu_+}\text{X}_{\nu_-}$ の化学式をもつ塩は，次のように解離する.

$$\text{M}_{\nu_+}\text{X}_{\nu_-} \rightleftharpoons \nu_+ \text{M}^{z_+} + \nu_- \text{X}^{z_-}$$

ν_+ と ν_- はそれぞれ塩に含まれるカチオンとアニオンの数であり，z_+ と z_- はそれぞれカチオンとアニオンの価数で

ある．NaCl では $\nu_+ = \nu_- = 1$, $z_+ = +1$, $z_- = -1$ で，CaCl_2 では $\nu_+ = 1$, $\nu_- = 2$, $z_+ = +2$, $z_- = -1$ である．化学ポテンシャルは

$$\mu = \nu_+ \mu_+ + \nu_- \mu_- \quad (7 \cdot 15)$$

で与えられる．ここで

$$\mu_+ = \mu_+^\circ + RT \ln m_+$$
$$\mu_- = \mu_-^\circ + RT \ln m_-$$

である[*2]．カチオンとアニオンの質量モル濃度は，はじめに溶液に溶かした塩の質量モル濃度 m と次のように関係づけられる.

$$m_+ = \nu_+ m \qquad m_- = \nu_- m$$

μ_+ と μ_- の式を式 (7・15) に代入すると

$$\mu = (\nu_+ \mu_+^\circ + \nu_- \mu_-^\circ) + RT \ln m_+^{\nu_+} m_-^{\nu_-} \quad (7 \cdot 16)$$

イオンの平均質量モル濃度 (mean ionic molality)，$m_\pm$ を個々のイオンの質量モル濃度の相乗平均 (付録 A 参照) として定義でき，

$$m_\pm = (m_+^{\nu_+} m_-^{\nu_-})^{1/\nu} \quad (7 \cdot 17)$$

ここで $\nu = \nu_+ + \nu_-$ であり，式 (7・16) は

$$\mu = (\nu_+ \mu_+^\circ + \nu_- \mu_-^\circ) + \nu RT \ln m_\pm \quad (7 \cdot 18)$$

となる．イオンの平均質量モル濃度は溶液の質量モル濃度 m で表すことができる．$m_+ = \nu_+ m$ と $m_- = \nu_- m$ であるので，

$$m_\pm = [(\nu_+ m)^{\nu_+} (\nu_- m)^{\nu_-}]^{1/\nu} = m[(\nu_+^{\nu_+})(\nu_-^{\nu_-})]^{1/\nu} \quad (7 \cdot 19)$$

が得られる．

例題 7・7

$\text{Mg}_3(\text{PO}_4)_2$ の化学ポテンシャルを溶液の質量モル濃度で表せ.

解 $\text{Mg}_3(\text{PO}_4)_2$ は $\nu_+ = 3$, $\nu_- = 2$ で，$\nu = 5$ となる．イオンの平均質量モル濃度は

$$m_\pm = (m_+^3 m_-^2)^{1/5}$$

で，化学ポテンシャルは

$$\mu_{\text{Mg}_3(\text{PO}_4)_2} = \mu_{\text{Mg}_3(\text{PO}_4)_2}^\circ + 5RT \ln m_\pm$$

である．式 (7・19) より

$$m_\pm = m(3^3 \times 2^2)^{1/5} = 2.55 m$$

[*1] それぞれの m 項は $m^\circ [= 1 \text{ mol (kg H}_2\text{O})^{-1}]$ で割っているので，対数中の項は無次元である．

[*2] それぞれの m 項は m° で割っていることを忘れないように．

ゆえに

$$\mu_{\text{Mg}_3(\text{PO}_4)_2} = \mu_{\text{Mg}_3(\text{PO}_4)_2}^\circ + 5RT\ln 2.55m$$

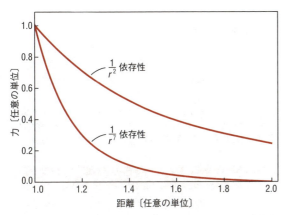

図 7・7 引力の距離 r への依存性の比較. イオン間に働く静電力 ($1/r^2$) と，分子間に働くファンデルワールス力 ($1/r^7$)

非電解質溶液と異なり，ほとんどの電解質溶液は非理想的に振舞う．その理由は以下の通りである．電荷のない分子種間に働く分子間力は，一般に $1/r^7$ に従う．ここで r は分子間の距離である．0.1 mol kg^{-1} の非電解質溶液は，ほとんどの実際上の用途において理想溶液とみなすことができる．しかし，クーロンの法則は $1/r^2$ の依存性をもつ（図 7・7）．この依存性は，かなりの希薄溶液（たとえば 0.05 mol kg^{-1}）であっても，イオン間に働く静電力が，理想的な振舞いからの逸脱をひき起こすのに十分大きいことを意味している．したがって，多くの場合において質量モル濃度を活量に置き換えなければならない．イオンの平均質量モル濃度と同じようにして，**イオンの平均活量**（mean ionic activity），$a_\pm$ を次のように定義できる．

$$a_\pm = (a_+^{\nu_+} a_-^{\nu_-})^{1/\nu} \tag{7・20}$$

a_+ と a_- はそれぞれカチオンとアニオンの活量である．イオンの平均活量とイオンの平均質量モル濃度は**イオンの平均活量係数**（mean ionic activity coefficient），$\gamma_\pm$ と関連し，それは

$$a_\pm = \gamma_\pm m_\pm \tag{7・21}$$

である．ここで，

$$\gamma_\pm = (\gamma_+^{\nu_+} \gamma_-^{\nu_-})^{1/\nu} \tag{7・22}$$

である．非理想電解質溶液の化学ポテンシャルは

$$\begin{aligned}\mu &= (\nu_+\mu_+^\circ + \nu_-\mu_-^\circ) + \nu RT\ln a_\pm \\ &= (\nu_+\mu_+^\circ + \nu_-\mu_-^\circ) + RT\ln a_\pm^\nu \\ &= (\nu_+\mu_+^\circ + \nu_-\mu_-^\circ) + RT\ln a\end{aligned} \tag{7・23}$$

で与えられる．ここで電解質の活量 a は，イオンの平均活量と次式のような関係がある．

$$a = a_\pm^\nu$$

$\gamma_\pm$ の実験値は，凝固点降下，浸透圧測定*，電気化学的研究（第 9 章参照）によって得られる．ゆえに，$a_\pm$ の値は式（7・21）によって計算できる．極限の場合の無限希釈時 ($m\to 0$) には

$$\lim_{m\to 0}\gamma_\pm = 1$$

が得られる．

図 7・8 にいくつかの電解質について $\gamma_\pm$ を m に対してプロットした．非常に低い濃度では $\gamma_\pm$ はすべての電解質で 1 に近づく．電解質の濃度が上がると，理想状態からの逸脱が生じる．希薄溶液の $\gamma_\pm$ の濃度変化は，次に議論するデバイ・ヒュッケルの理論で説明できる．

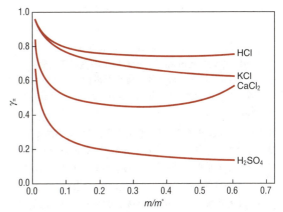

図 7・8 それぞれの電解質について平均活量係数，$\gamma_\pm$ を質量モル濃度，m に対してプロットした．無限希釈時 ($m\to 0$) には平均活量係数は 1 になる．

例題 7・8

KCl，Na$_2$CrO$_4$，Al$_2$(SO$_4$)$_3$ の活量 (a) を質量モル濃度とイオンの平均活量係数の項で表せ．

解 $a = a_\pm^\nu = (\gamma_\pm m_\pm)^\nu$ の関係を用いる．

KCl: $\nu = 1+1 = 2$; $m_\pm = (m^2)^{1/2} = m$ ゆえに
$$a_{\text{KCl}} = m^2\gamma_\pm^2$$

Na$_2$CrO$_4$: $\nu = 2+1 = 3$; $m_\pm = [(2m)^2(m)]^{1/3} = 4^{1/3}m$
ゆえに $a_{\text{Na}_2\text{CrO}_4} = 4m^3\gamma_\pm^3$

Al$_2$(SO$_4$)$_3$: $\nu = 2+3 = 5$; $m_\pm = [(2m)^2(3m)^3]^{1/5} = 108^{1/5}m$ ゆえに $a_{\text{Al}_2(\text{SO}_4)_3} = 108m^5\gamma_\pm^5$

---

* 興味のある読者は第 1 章にあげた物理化学の標準的な教科書で $\gamma_\pm$ 測定の詳細について調べられたい．

7・5 電解質におけるデバイ・ヒュッケルの理論

ここまで述べてきた電解質溶液の理想状態からの逸脱の取扱い方は，理論というより実験に基づいたもので，活量係数と既知の濃度から得られるイオンの活量を使い，化学ポテンシャル，平衡定数，その他の特性を計算した．この方法には，溶液中のイオンの振舞いの物理的解釈が欠けている．1923 年に Debye とドイツの化学者，Erich Hückel (1896～1980) は，電解質溶液の学問を大きく進める定量的な理論を提唱した．このデバイ・ヒュッケルの理論を用いれば，かなり単純なモデルをもとに，溶液の特性から $\gamma_\pm$ の値を計算できる．

デバイ・ヒュッケルの理論の数学的詳細は複雑すぎるので，ここでは述べず（興味ある読者は第 1 章にあげた標準的な物理化学の教科書を参照するとよい），その代わりに，この理論の背景にある基本的な仮定と，最終的な結果を議論したい．デバイ・ヒュッケルの理論ではまず次の三つの仮定を行う：

1) 電解質は溶液中で完全にイオンに解離する．
2) 溶液は $0.01\ \mathrm{mol\ kg^{-1}}$ かそれ以下の希薄溶液である．
3) 平均的には個々のイオンは反対電荷のイオンに取囲まれ，**イオン雰囲気** (ionic atmosphere) を形成する [図 7・9 (a)]．

Debye と Hückel はこれらの仮説から，イオン雰囲気下で，他のイオンの存在により生じる各イオンの位置での平均静電ポテンシャルを計算した．そうすると，イオンのギブズエネルギーは個々のイオンの活量係数と関係づけられる．γ_+ も γ_- も直接測定できないため，最終結果は電解質のイオンの平均活量係数によって次のように表現される．

$$\log \gamma_\pm = -0.509 |z_+ z_-| \sqrt{I} \quad (7 \cdot 24)$$

ここで | | 記号は積 $z_+ z_-$ の大きさを示しており，符号は考えない．$CuSO_4$ では，$z_+ = 2$, $z_- = -2$ であるが，$|z_+ z_-| = 4$ になる．I は**イオン強度** (ionic strength) とよばれ，次のように定義される．

$$I = \frac{1}{2} \sum_i m_i z_i^2 \quad (7 \cdot 25)$$

ここで m_i と z_i はそれぞれ電解質中の i 番目のイオンの質量モル濃度と価数（電荷数）である．イオン強度は最初，米国の化学者 Gilbert Newton Lewis (1875～1946) らによって導入された．彼らは，電解質溶液中で観測される非理想性は，それぞれのイオン種の化学的性質というよりはむしろ，存在する電荷の総量に由来することに気づいていた．式 (7・25) は，あらゆるタイプの電解質について，そのイオン濃度を共通に表現でき，その結果，個々のイオンの電荷を分類する必要がなくなるのである．式 (7・24) は**デバイ・ヒュッケルの極限法則** (Debye-Hückel limiting law)* として知られており，298 K の電解質水溶液に適用できる．式 (7・24) の右辺は次元をもたないことに注意．そのため I の項は $m°\ [= 1\ \mathrm{mol\ (kg\ H_2O)^{-1}}]$ で割ってあると考える．

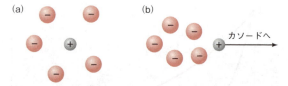

図 7・9 (a) 簡略化した，溶液中のカチオンの周囲のイオン雰囲気．(b) 電気伝導率測定中，カソードへのカチオンの移動は，あとに残されるイオン雰囲気がつくる電場のために遅くなる．

例題 7・9

298 K, $0.010\ \mathrm{mol\ kg^{-1}}$ の $CuSO_4$ 水溶液の平均活量係数 ($\gamma_\pm$) を計算せよ．

解 溶液のイオン強度は式 (7・25) で与えられ，

$$I = \frac{1}{2}[(0.010\ \mathrm{mol\ kg^{-1}}) \times 2^2 + (0.010\ \mathrm{mol\ kg^{-1}}) \times (-2)^2] = 0.040\ \mathrm{mol\ kg^{-1}}$$

式 (7・24) より

$$\log \gamma_\pm = -0.509(2 \times 2)\sqrt{0.040} = -0.407$$

すなわち

$$\gamma_\pm = 0.392$$

同じ濃度で $\gamma_\pm$ は実験的には 0.41 である．

式 (7・24) を適用するうえで，二つの点が注意に値する．一つは，いくつかの種類の電解質を含む溶液中では，溶液中のすべてのイオンがイオン強度に寄与するが，z_+ と z_- は $\gamma_\pm$ を計算しようとする特定の電解質のイオンの価数のみを指すことである．二つめは，式 (7・24) を使えば個々のカチオンとアニオンについてイオンの活量係数を計算できることである．i 番目のイオンについては

$$\log \gamma_i = -0.509\ z_i^2 \sqrt{I} \quad (7 \cdot 26)$$

と書けて，z_i はイオンの価数である．この方法で計算された γ_+ と γ_- の値は，$\gamma_\pm$ と式 (7・22) の関係がある．

図 7・10 に種々のイオン強度での $\log \gamma_\pm$ の計算値 (—) と実測値 (—) をあげた．式 (7・24) は，希薄溶液ではきわめてよく成立するが，電解質の濃度が高いとき起こる大きな逸脱を説明するには，式を修正する必要があり，より高濃度の溶液を取扱うために，いくつかの改良と修正がこの

---

* "極限" の語は，この式が低濃度の極限の希薄溶液でしか成り立たないことを意味する．

式に対して加えられてきた.

実験的に決定された $\gamma_\pm$ 値と, デバイ・ヒュッケルの理論を用いて計算された $\gamma_\pm$ 値とは一般によく一致するが, これは溶液中のイオン雰囲気の存在を強力に裏付ける. イオン雰囲気のモデルは, 非常に強い電場中で電気伝導率測定を行って試すことができる. 実際には, 伝導度測定セル中で, イオンは対極を目指してまっすぐに動くわけではなく, ジグザグに動く. 微視的には, 溶媒は連続的な媒質ではない. それぞれのイオンは溶媒の穴から別の穴へ"跳び", イオンが溶液を切って動くにつれ, そのイオン雰囲気は破壊と形成を繰返す. イオン雰囲気は即座に形成されるのではなく, **緩和時間**(relaxation time)とよばれる有限の時間が必要で, それは 0.01 mol kg^{-1} の溶液中では, およそ 10^{-7} 秒である. 通常の伝導率測定の条件下ではイオンの速度は十分に小さく, イオン雰囲気による静電力はイオンの運動を遅らせ, その結果, 伝導率を減少させる傾向がある〔図7・9(b)参照〕. しかし, もし電気伝導率測定が非常に強力な電場(およそ 2×10^5 V cm^{-1})下で行われたなら, イオンの速度はおよそ 10 cm s^{-1} になるだろう. 0.01 mol kg^{-1} の溶液のイオン雰囲気の半径はおおよそ 5 Å すなわち 5×10^{-8} cm であり, イオンがイオン雰囲気から外に出るのに必要な時間は 5×10^{-8} cm/(10 cm s^{-1}), すなわち 5×10^{-9} s となり, これは緩和時間と比べてずっと短い時間である. したがって, イオンはイオン雰囲気の形成による遅延の影響を受けずに溶液中を動くことができて, 伝導率の顕著な増加につながる. この現象はドイツの物理学者, Wilhelm Wien (1864~1928) にちなみ**ウィーン効果** (Wien effect) とよばれる(彼が 1927 年にはじめてこの実験を行った). ウィーン効果はイオン雰囲気が存在することの最も強力な証拠の一つである.

塩溶効果と塩析効果

デバイ・ヒュッケルの極限法則は, タンパク質の溶解度の研究にも応用できる. 水溶液におけるタンパク質の溶解度は, 温度, pH, 比誘電率, イオン強度, さらに媒質のその他の特性にも依存するが, 本節では, この中でイオン強度の影響に焦点を合わせて考えていこう.

まず最初に, 無機化合物である AgCl の溶解度に対するイオン強度の影響について調べていこう. 溶解の平衡は下式で表せる.

$$AgCl(s) \rightleftharpoons Ag^+(aq) + Cl^-(aq)$$

この過程に対する**熱力学的溶解度積**, $K_{sp}°$ は次のように与えられる.

$$K_{sp}° = a_{Ag^+} a_{Cl^-}$$

イオンの活量は, イオン濃度と以下のように関係づけられている.

$$a_+ = \gamma_+ m_+ \quad \text{および} \quad a_- = \gamma_- m_-$$

したがって,

$$K_{sp}° = \gamma_{Ag^+} m_{Ag^+} \gamma_{Cl^-} m_{Cl^-} = \gamma_{Ag^+} \gamma_{Cl^-} K_{sp}$$

ここで, $K_{sp} = m_{Ag^+} m_{Cl^-}$ は**見かけの溶解度積**である. 熱力学的溶解度積と見かけの溶解度積との違いは次のようである. よく知られているように, 見かけの溶解度積は質量モル濃度(あるいは何か他の濃度単位)によって表される. この量は, 一定量の水で飽和溶液を作製するのに必要な AgCl の量がわかれば, 容易に計算できる. しかしながら, 静電力があるので, 溶解したイオンはすぐ隣のイオンの影響を受ける. このために, 実際のイオンの数, あるいは実効的なイオンの数は, 溶液の濃度から計算された数と同じではなくなる. たとえば, もしカチオンがアニオンと強いイオン対をつくるような場合には, 溶液中に存在する化学種は, 熱力学的な観点からは 1 種類であり, 単純に期待されるように 2 種類ではない. このことが, 濃度の代わりに実効的な濃度を表す活量を用いる理由である. それゆえ, 熱力学的溶解度積が溶解度積の真の値を表し, 一般的には, 見かけの溶解度積とは異なる値をもつ.

$$\gamma_{Ag^+} \gamma_{Cl^-} = \gamma_\pm^2$$

であるので,

$$K_{sp}° = \gamma_\pm^2 K_{sp}$$

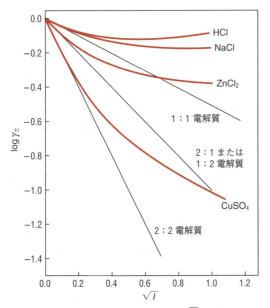

図 7・10 各電解質イオンの $\log \gamma_\pm$ 対 $\sqrt{I}$ のプロット. 直線は式 (7・24) によって計算したプロットである.

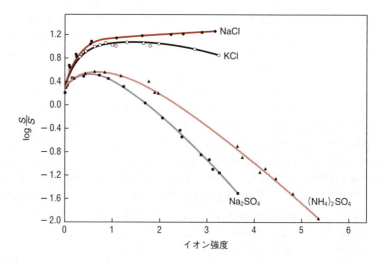

図 7・11 種々の無機塩の存在下のウマヘモグロビン水溶液について，イオン強度に対して $\log(S/S°)$ をプロットした図．$I=0$ のとき，すべての曲線が $\log(S/S°)$ 軸の同じ点に収束していることに注目しよう．このとき，$S=S°$ である〔出典: E. Cohn, J. Edsall, "Proteins, Amino Acids and Peptides," © Litton Educational Publishing (1943)〕．

と書くことができる．両辺の対数をとり整理すると，次のようになる．

$$-\log \gamma_\pm = \log \left(\frac{K_{sp}}{K_{sp}°}\right)^{1/2} = 0.509|z_+z_-|\sqrt{I}$$

上式の最後の等式は，デバイ・ヒュッケルの極限法則である．溶解度積は溶解度 (S) と直接に関係づけることができて，1:1 の電解質においては，

$$(K_{sp})^{1/2} = S \quad \text{および} \quad (K_{sp}°)^{1/2} = S°$$

となる．ここで，S と $S°$ は，それぞれ，mol L^{-1} で表した，見かけの溶解度と，熱力学的溶解度である．最後に，電解質の溶解度と溶液のイオン強度とを関係づけて

$$\log \frac{S}{S°} = 0.509|z_+z_-|\sqrt{I} \quad (7 \cdot 27)$$

となる．この式で，$S°$ の値は $\log S$ を $\sqrt{I}$ に対してプロットしたグラフから求まることに注目しよう．$\log S$ 軸の切片 ($I=0$) が $\log S°$ を与えるので，それから $S°$ を得ることができる．

AgCl を水に溶解する場合，溶解度 (S) は 1.3×10^{-5} mol L^{-1} であるが，KNO$_3$ 水溶液に溶解する場合，溶液のイオン強度が式 (7・27) に従い増加するので，溶解度は大きくなることがわかる．KNO$_3$ 水溶液の中では，イオン強度は二つの濃度の和になる．一つは，AgCl からのものであり，もう一つは，KNO$_3$ からのものである．イオン強度の増加により起こる溶解度の増加を**塩溶効果**（salting-in effect）とよぶ．

式 (7・27) はイオン強度の限られた範囲の値においてのみ成り立つものである．イオン強度がさらに増加すると，次の式で置き換える必要が生じる．

$$\log \frac{S}{S°} = -K'I \quad (7 \cdot 28)$$

この式で，K' は，溶質の性質と存在する電解質の特性に依存する正の定数である．溶質分子が大きくなると，K' の値は大きくなる．式 (7・28) によると，高イオン強度の領域での溶解度の比は，実際に I と共に減少することがわかる（式中の一に注意しよう）．イオン強度の増加による溶解度のこの減少は，**塩析効果**（salting-out effect）とよばれる．この現象は，水和によって説明することができる．水和は溶液中のイオンを安定化する過程であることを思い出すこと．塩の濃度が高いときは，水和に使える水分子の数が減少する．その結果，イオン化合物の溶解度もまた減少するのである．塩析効果は，特にタンパク質にとって注目すべき現象である．タンパク質は表面積が大きいので，水に対する溶解度がイオン強度に敏感なのである．式 (7・27) と式 (7・28) を合わせると，次の近似式を得ることができる．

$$\log \frac{S}{S°} = 0.509|z_+z_-|\sqrt{I} - K'I \quad (7 \cdot 29)$$

式 (7・29) は広範囲のイオン強度に対して適用できる．

図 7・11 は，種々の無機塩のイオン強度が，どのようにウマヘモグロビンの溶解度に影響を与えているかを示したものである．見ればわかるように，タンパク質はイオン強度が低い領域*で塩溶を示す．I が増加するにつれて曲線は最大値をとり，ついにには勾配が負になり，I の増加につれて溶解度が減少する．この勾配が負の領域では，式 (7・29) の第2項がおもに効いている．この傾向は Na$_2$SO$_4$ や (NH$_4$)$_2$SO$_4$ のような塩で最も顕著に現れる．

塩析効果の実際上の価値は，それによって，溶液からタンパク質を沈殿させることができることである．さらに，この効果はタンパク質を精製する際にも用いることができる．図 7・12 は，硫酸アンモニウムの存在下で，いくつか

---

* I が1より小さいとき $\sqrt{I} > I$ となる．したがってイオン強度が低いと，式 (7・29) では第1項の影響が大きくなる．

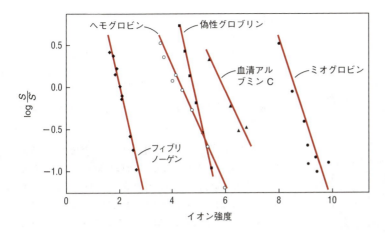

図7・12 硫酸アンモニウム水溶液中のいくつかのタンパク質について、イオン強度に対して $\log(S/S°)$ をプロットした図. 塩析効果を示している〔出典: E. J. Cohn, *Chem. Rev.*, **19**, 241 (1936)〕.

のタンパク質が塩析現象を起こす領域を示している. タンパク質の溶解度は, 水和の程度に敏感であるが, 水分子が結合する強さは, すべてのタンパク質に対して同じではない. ある特定のイオン強度におけるそれぞれのタンパク質の溶解度が相対的に異なれば, これらを選択的に沈殿させることができる. この方法のポイントは, タンパク質の塩析には高イオン強度が必要であるが, 沈殿はイオン強度の狭い領域において生じるということである. このために, 鋭敏な分離ができるのである.

7・6 電解質溶液の束一的性質

電解質溶液の束一的性質は, 溶液中に存在するイオンの数によって決まる. たとえば, $0.01\ \mathrm{mol\ kg^{-1}}$ の NaCl 水溶液での水の凝固点降下は, もし, この水溶液が完全に電離しているものとすれば, $0.01\ \mathrm{mol\ kg^{-1}}$ のスクロース(ショ糖)水溶液の降下に比べて2倍になっている. 電離が不完全な塩については, この関係はさらに複雑になるが, イオンの数によって決まるという基本事項を理解すれば, 電解質の電離の程度を測る別法となる.

ここで, **ファントホッフの係数** (van 't Hoff's factor) 〔オランダの化学者, Jacobus Hendricus van 't Hoff (1852〜1911) にちなむ〕または**浸透係数** (osmotic coefficient) とよばれる係数 i を次のように定義しよう.

$$i = \frac{\text{平衡状態の溶液中の実際の粒子の数}}{\text{電離する前の溶液中の粒子の数}} \quad (7\cdot 30)$$

今, 溶液が N 個の電解質単位を含んでおり, α を電離の度合いとすると

$$\mathrm{M}_{\nu_+}\mathrm{X}_{\nu_-} \rightleftharpoons \nu_+\mathrm{M}^{z_+} + \nu_-\mathrm{X}^{z_-}$$
$$N(1-\alpha) \qquad N\nu_+\alpha \qquad N\nu_-\alpha$$

と書くことができる. この式を見ると, $N(1-\alpha)$ 個の電離していない単位と, $(N\nu_+\alpha+N\nu_-\alpha)$, すなわち $N\nu\alpha$ 個のイオンが平衡状態の溶液中に存在することがわかるであ

ろう. ここで, $\nu=\nu_++\nu_-$ である. これから, ファントホッフの係数を次式のように書くことができる.

$$i = \frac{N(1-\alpha)+N\nu\alpha}{N} = 1-\alpha+\nu\alpha$$

さらに

$$\alpha = \frac{i-1}{\nu-1} \quad (7\cdot 31)$$

となる. 強電解質については, i は電解質1単位から生成するイオンの数にほぼ等しい. たとえば, NaCl や $\mathrm{CuSO_4}$ では, $i \approx 2$, $\mathrm{K_2SO_4}$ や $\mathrm{BaCl_2}$ では $i \approx 3$ となる. これら溶液の濃度の増加と共に i の値は減少するが, これはイオン対の生成に起因するものである.

イオン対の存在は, 溶液の束一的性質にも影響を及ぼすが, これは溶液中における自由粒子の数が減少するためである. 一般的に, イオン対の生成は電荷の大きなカチオンとアニオンの間で, 誘電率の低い溶媒中において最も顕著となる. たとえば, $\mathrm{Ca(NO_3)_2}$ の水溶液中において, $\mathrm{Ca^{2+}}$ と $\mathrm{NO_3^-}$ は次のようにイオン対を生成する.

$$\mathrm{Ca^{2+}(aq) + NO_3^-(aq) \rightleftharpoons Ca(NO_3)^+(aq)}$$

しかし, このようなイオン対生成に対する平衡定数は正確にはわからず, そのため電解質溶液の束一的性質の計算は困難なものとなっている. また, 最近の研究[*]から, 多くの電解質溶液における束一的性質からのずれは, イオン対生成にではなく, むしろ水和に起因することがわかった. 電解質溶液中では, カチオンやアニオンはその水和圏の中に多くの水分子を拘束するために, バルクの溶媒中の自由な水分子の数は減少する. 溶液の濃度(モル濃度あるいは質量モル濃度)を計算する際に, 溶媒の水分子の総数から水和圏にある水分子の正確な数を差し引いて考えると, この束一的性質からのずれは消える.

---

[*] A. A. Zavitsas, *J. Phys. Chem.*, **105**, 7805 (2001).

例題 7・10

0.01 mol kg^{-1} のCaCl$_2$溶液と 0.01 mol kg^{-1} のスクロース溶液の 298 K での浸透圧は，それぞれ，0.605 atm と 0.224 atm である．ファントホッフの係数およびCaCl$_2$の電離の度合いを計算せよ．すべて，理想的な振舞いをするものとして考えよ．

解 浸透圧の測定に関する限り，塩化カルシウムとスクロースのおもな違いは，CaCl$_2$だけがイオン（Ca^{2+}とCl$^-$）に電離するということである．さもなければ，CaCl$_2$溶液とスクロース溶液は同じ濃度なのだから同じ浸透圧をもっているはずである．溶液の浸透圧は存在している粒子の数に直接比例するので，CaCl$_2$溶液のファントホッフの係数は次のように計算できる．式 (7・30) より

$$i = \frac{0.605 \text{ atm}}{0.224 \text{ atm}} = 2.70$$

CaCl$_2$に対しては，$\nu_+ = 1$，$\nu_- = 2$であるので，$\nu = 3$ となり，

$$\alpha = \frac{2.70 - 1}{3 - 1} = 0.85$$

となる．

最後に，非電解質溶液の束一的性質を決定する際に用いられる関係式[式 (6・39), 式 (6・40), 式 (6・46)]は，電解質溶液に対しては次のように修正しなければならないということを注記しておく．

$$\Delta T = K_b(im_2) \quad (7 \cdot 32)$$
$$\Delta T = K_f(im_2) \quad (7 \cdot 33)$$
$$\Pi = iMRT \quad (7 \cdot 34)$$

電解質溶液に対しては，理想的な振舞いを仮定して，活量の代わりに濃度を用いた．

ドナン効果

ドナン効果（Donnan effect）[英国の化学者，Frederick George Donnan (1870～1956) にちなむ] を学ぶに当たり，浸透圧の取扱いから始めよう．ドナン効果を考えることで，小さな拡散可能なイオンは自由に透過させるが高分子電解質イオンは透過させない膜の片側に高分子電解質が存在する場合の，膜の両側での小さなイオンの平衡分布を記述することができる．

細胞が半透膜によって二つの部分に仕切られているとしよう．この半透膜は水や小さなイオンは拡散させるが，タンパク質分子は拡散させないものである．以下では，次の三つの場合について考えよう．

ケース1 タンパク質溶液を左の区画に，水を右の区画に置く．タンパク質分子は中性*であると仮定しよう．タンパク質溶液の濃度をc [mol L^{-1}] とすると，式 (6・46) から，溶液の浸透圧は以下のように与えられる．

$$\Pi_1 = cRT$$

それゆえ，浸透圧の測定からタンパク質分子のモル質量を容易に決定することができる．

ケース2 このケースでは，タンパク質はナトリウム塩のアニオン Na$^+$P$^-$ で，この塩は強電解質であると仮定する．再び，濃度cのタンパク質溶液を左の区画に，純水を右の区画に置く．電気的な中性を維持するために，すべてのNa$^+$イオンは左の区画にとどまっている．そうすると，この場合，溶液の浸透圧は，

$$\Pi_2 = (c + c)RT = 2cRT$$

$\Pi_2 = 2\Pi_1$であるので，この場合に決定されるモル質量は，真のモル質量の半分にしかならない[式 (6・47) から$\mathcal{M}_2 = c_2RT/\Pi$ が得られるので，Π が2倍になることが$\mathcal{M}_2$の値を半分に減少させるのである]．実際には，事情はもっと悪いものである．なぜならば，タンパク質イオンは20～30 もの負（または正）の実効電荷をもつかもしれないからである．ずいぶん以前，タンパク質のモル質量は浸透圧から決定しようとしていたが，電離の過程が認識され，それに対する補正の努力がなされる前は，おそろしく劣った結果しか得られなかった（p. 147 の補遺 7・2 参照）．

ケース3 ケース2で議論したのと似たような配置を考えて，それに NaCl（濃度 b mol L^{-1}）を右の区画に加える[図 7・13 (a)]．平衡状態においては，ある量，x [mol L^{-1}] の Na$^+$ と Cl$^-$ のイオンが膜を通して，右から左へ拡散して，最終的には図 7・13 (b) に示した状態になる．膜の両側は共に電気的に中性でなければならないから，それぞれの区画ごとにカチオンの数はアニオンの数に等しい．平衡

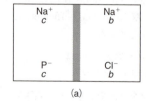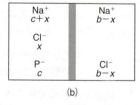

図 7・13 ドナン効果の模式図．(a) 拡散の起こる前．(b) 平衡状態．左右の区画を分けている膜は，P$^-$イオン以外はすべて透過させる．二つの区画の体積は等しく，変わらないと仮定する．

---

* タンパク質は両性電解質であり，酸，塩基両方の性質をもつ．溶媒の pH によって，タンパク質はカチオン，アニオン，中性の化学種として存在できる．

7·6 電解質溶液の束一的性質

表 7·6 ドナン効果と浸透圧

初濃度		平衡濃度					右から左へ移動したNaClの割合(%)	浸透圧 [atm]	該当するケース
左の区画	右の区画	左の区画			右の区画				
$c=[\mathrm{Na^+}]=[\mathrm{P^-}]$	$b=[\mathrm{Na^+}]=[\mathrm{Cl^-}]$	$(c+x)=[\mathrm{Na^+}]$	$c=[\mathrm{P^-}]$	$x=[\mathrm{Cl^-}]$	$(b-x)=[\mathrm{Na^+}]$	$(b-x)=[\mathrm{Cl^-}]$			
0.1	0	0.1	0.1	0	0	0	0	4.90	2
0.1	0.01	0.1008	0.1	0.000 83	0.009 17	0.009 17	8.3	4.48	3
0.1	0.1	0.1333	0.1	0.0333	0.0667	0.0667	33.3	3.26	3
0.1	1.0	0.576	0.1	0.476	0.524	0.524	47.6	2.56	3
0.1	10.0	5.075	0.1	4.975	5.025	5.025	49.75	2.46	3
[P]=0.1	0	0	[P]=0.1	0	0	0	0	2.45	1

の条件から，二つの区画の中の NaCl の化学ポテンシャルは等しいと考えられる.

$$(\mu_{\mathrm{NaCl}})^{\mathrm{L}} = (\mu_{\mathrm{NaCl}})^{\mathrm{R}}$$

あるいは [式 (7·23) 参照]，

$$(\mu° + 2RT\ln a_\pm)_{\mathrm{NaCl}}{}^{\mathrm{L}} = (\mu° + 2RT\ln a_\pm)_{\mathrm{NaCl}}{}^{\mathrm{R}}$$

標準化学ポテンシャル $\mu°$ は両方の区画で同じになるから，次のように書ける.

$$(a_\pm)_{\mathrm{NaCl}}{}^{\mathrm{L}} = (a_\pm)_{\mathrm{NaCl}}{}^{\mathrm{R}}$$

さらに式 (7·20) から

$$(a_{\mathrm{Na^+}}\, a_{\mathrm{Cl^-}})^{\mathrm{L}} = (a_{\mathrm{Na^+}}\, a_{\mathrm{Cl^-}})^{\mathrm{R}}$$

となる. 溶液が希薄である場合は，イオンの活量を対応する濃度に置き換えることができる. つまり，$a_{\mathrm{Na^+}}=[\mathrm{Na^+}]$, $a_{\mathrm{Cl^-}}=[\mathrm{Cl^-}]$ とおいて，

$$([\mathrm{Na^+}][\mathrm{Cl^-}])^{\mathrm{L}} = ([\mathrm{Na^+}][\mathrm{Cl^-}])^{\mathrm{R}}$$

すなわち

$$(c+x)x = (b-x)(b-x)$$

この関係式を x について解くと，

$$x = \frac{b^2}{c+2b} \quad (7·35)$$

式 (7·35) によると，右の区画から左の区画へ拡散する NaCl の量，x は，左の区画にある拡散しないイオン ($\mathrm{P^-}$) の濃度，c が増加すると減少することがわかる. このように拡散可能なイオン ($\mathrm{Na^+}$ と $\mathrm{Cl^-}$) は二つの区画に不均衡に分布するが，これをドナン効果によると表現する*.

この場合，したがって，タンパク質溶液の浸透圧は右の区画と左の区画の粒子数の差によって決定される. つま

---

* 訳注: 半透膜を隔てての電解質の不均衡な平衡状態を**ドナンの膜平衡** (Donnan's membrane equilibrium) とよぶ.

り，次のように書ける.

$$\Pi_3 = [\underbrace{(c+c+x+x)}_{\text{左の区画}} - \underbrace{2(b-x)}_{\text{右の区画}}]RT = (2c+4x-2b)RT$$

式 (7·35) によると

$$\Pi_3 = \left(2c + \frac{4b^2}{c+2b} - 2b\right)RT = \left(\frac{2c^2+2bc}{c+2b}\right)RT$$

上の関係式は，二つの極限のケースに適用することができる. もし，$b \ll c$ の場合には，$\Pi_3 = 2cRT$ となる. これはケース 2 の結果と同じである. これに対して，$b \gg c$ の場合には，$\Pi_3 = cRT$ となる. これはケース 1 と同一である. ここで到達した重要な結論は，右の区画に NaCl が存在することが，タンパク質溶液の浸透圧をケース 2 に比べて減少させ，したがって，ドナン効果を小さくする，ということである. 非常に多くの量の NaCl が存在する場合には，ドナン効果を事実上無視できる. 一般的には，$\Pi_1 \le \Pi_3 \le \Pi_2$ である. タンパク質は通常，多くの量のイオン種を含んだ緩衝溶液中で研究が行われるので，測定される浸透圧は，純水を溶媒とした場合に比べて小さくなるであろう. 表 7·6 には NaCl を例にとって，いくつかの濃度におけるドナン効果と，それに対応する 298 K における浸透圧を示した.

タンパク質が実効電荷をもたない**等電点** (isoelectric point) とよばれる pH を選ぶことによっても，ドナン効果は無視できる. 等電点の pH では，拡散可能などんなイオンでも，両区画内の分布が常に等しくなるだろう. しかし，たいていのタンパク質は，等電点において最も溶解しにくいから，この方法の適用は難しい.

ドナン効果についての以上の議論は理想的な振舞いを仮定することによって簡単化されており，pH の変化とか溶液の体積変化とかいったものは考慮されていない. 加えて，簡単に考えるために，式 (7·35) を導出する際に，よく知られた拡散可能なイオンである $\mathrm{Na^+}$ を用いた.

ドナン効果の理解は，生物体中の膜の両側でのイオン分布と膜電位 (第 9 章参照) を調べるうえで重要である.

重要な式

式	名称	式番号
$\Lambda = \dfrac{\kappa}{c}$	モル伝導率	式(7・4)
$\Lambda_0 = \nu_+ \lambda_0^+ + \nu_- \lambda_0^-$	コールラウシュのイオン独立移動の法則	式(7・6)
$\dfrac{1}{\Lambda} = \dfrac{1}{K_a \Lambda_0^2}(\Lambda c) + \dfrac{1}{\Lambda_0}$	オストワルトの希釈律	式(7・9)
$F = \dfrac{q_A q_B}{4\pi\varepsilon_0 r^2}$	クーロンの法則	式(7・12)
$m_\pm = (m_+^{\nu_+} m_-^{\nu_-})^{1/\nu}$	イオンの平均質量モル濃度	式(7・17)
$a_\pm = (a_+^{\nu_+} a_-^{\nu_-})^{1/\nu}$	イオンの平均活量	式(7・20)
$a_\pm = \gamma_\pm m_\pm$	$\gamma_\pm$ の定義	式(7・21)
$\gamma_\pm = (\gamma_+^{\nu_+} \gamma_-^{\nu_-})^{1/\nu}$	イオンの平均活量係数	式(7・22)
$\log \gamma_\pm = -0.509|z_+ z_-|\sqrt{I}$	デバイ・ヒュッケルの極限法則	式(7・24)
$I = \dfrac{1}{2}\sum_i m_i z_i^2$	イオン強度	式(7・25)
$\log \dfrac{S}{S^\circ} = 0.509|z_+ z_-|\sqrt{I}$	塩溶効果	式(7・27)
$\log \dfrac{S}{S^\circ} = -K'I$	塩析効果	式(7・28)

補遺 7・1 静電気学についての注解

電荷(q_A)はその周りの空間に**電場**(electric field), E をつくり出すとされ, 電場はその空間内のいかなる電荷(q_B)にも力を及ぼす. クーロンの法則により, 真空中で距離 r だけ隔てられているこれら二つの電荷の間のポテンシャルエネルギー (V)* は以下のように与えられる.

$$V = \frac{q_A q_B}{4\pi\varepsilon_0 r} \tag{1}$$

そして電荷間の静電力 F は

$$F = \frac{q_A q_B}{4\pi\varepsilon_0 r^2} \tag{2}$$

である. ε_0 は真空の誘電率である (p. 135 参照). 電場は単位正電荷が受ける静電力である. したがって q_A による q_B での電場は, F を q_B で割ったものである. つまり,

$$E = \frac{q_A q_B}{4\pi\varepsilon_0 r^2 q_B} = \frac{q_A}{4\pi\varepsilon_0 r^2} \tag{3}$$

である. E はベクトルで q_A から q_B への方向をもつことに注意しよう. その単位は $V\,m^{-1}$ もしくは $V\,cm^{-1}$ である.

電場の他の重要な特性はその**電位** (electric potential, 静電ポテンシャルともいう), ϕ で, それは電場中の単位正電荷のポテンシャルエネルギーである. その単位は $J\,C^{-1}$ すなわち V である ($1\,J=1\,C\times 1\,V$ より). 電場 E 中の単位正電荷は大きさが E と等しい力を受ける. 電荷 q が電場 E によってある距離 dr だけ動かされるとき, ポテンシャルエネルギーの変化は $qE\,dr$ であるが, $q=1\,C$ であるので $E\,dr$ となる. 電場を生み出している正電荷 q_A に単位正電荷が近づくほど, 反発的なポテンシャルエネルギーは増加するので, ポテンシャルエネルギーの変化 $d\phi$ は $-E\,dr$ である ($-$ 符号となっていることで, dr の減少に対して $-E\,dr$ は確かに正の値になり, これは二つの正電荷の間の反発が増加するということを意味する). 電荷 q_A から距離 r 離れたある点での電位というのは, 単位正電荷を無限遠から距離 r まで運んだときに生じるポテンシャルエネルギーの変化である.

$$\phi = -\int_{r=\infty}^{r=r} E\,dr = -\int_{r=\infty}^{r=r} \frac{q_A}{4\pi\varepsilon_0 r^2}dr = \frac{q_A}{4\pi\varepsilon_0 r} \tag{4}$$

$r=\infty$ で $\phi=0$ であることに注意する. 式(4)をもとに, 単位電荷を点1から点2へ運ぶのになされた仕事として電場中の点1と点2の間の電位差を定義できる. すなわち

$$\Delta\phi = \phi_2 - \phi_1 \tag{5}$$

この差は通常, 点1と点2の間の電圧とよばれる.

比誘電率(ε_r)と静電容量(C)

2枚の金属の平行平板で絶縁体の物質[**誘電体** (dielectric) とよばれる]を挟んだものを**コンデンサー** (capacitor)

---

* ポテンシャルエネルギー V の単位はジュール [J] か電子ボルト [eV] である. $1\,eV=1.602\times 10^{-19}\,J$ の関係にある.

とよぶ．2枚の平板が，大きさが等しく逆の電荷をもつとき，誘電体は分極する．理由は図7・14に示されているように，板間の電場が誘電体の永久双極子を配向させるか，もしくは双極子モーメントを誘起するためである．物質の比誘電率，ε_r は次のように定義されている．

$$\varepsilon_r = \frac{E_0}{E} \quad (6)$$

E_0 と E はそれぞれ，誘電体がないとき（真空）とあるときのコンデンサーの板の間の空間の電場である．双極子（もしくは誘起双極子）の配向はコンデンサー板の間の電場を減少させる．そのため $E<E_0$，つまり $\varepsilon_r>1$ となることを覚えておこう．水溶液中のイオンについていうと，電場のこの減少はカチオンとアニオンの間の引力を減少させる（図7・6参照）．

コンデンサーの**静電容量**（capacitance，**キャパシタンス**，**電気容量**ともいう），C は，ある電位差を電極間に与えた際の電荷を蓄える能力（容量）の尺度で，電荷/電位差で表される．電極間が誘電体で満たされているときの静電容量（C）および真空の場合の静電容量（C_0）は

$$C = \frac{Q}{\Delta\phi} \quad (7)$$

$$C_0 = \frac{Q}{\Delta\phi_0} \quad (8)$$

で与えられる．$\Delta\phi = Ed$（d は電極間の距離）なので，式(6)はまた次のように書くことができる．

$$\varepsilon_r = \frac{(\Delta\phi_0/d)}{(\Delta\phi/d)} = \frac{(Q/C_0)}{(Q/C)} = \frac{C}{C_0} \quad (9)$$

静電容量は実験的に測定できる量であるから，それによって物質の比誘電率を決めることができる．静電容量のSI単位はファラド[F]で，F = C V^{-1} である．式(9)の C/C_0 は比であるから ε_r は無次元量となることに注意しよう．

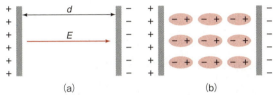

図7・14 (a) コンデンサーに誘起された電荷．電場 E の向きは距離 d だけ隔てられた＋に帯電した電極板から－に帯電した電極板へと向かっている．電極板の間が真空である場合は誘電率は ε_0 なので比誘電率は1である．(b) コンデンサーに挿入された誘電体の双極子の配向．配向の程度は誇張して描いてある．誘電体物質はコンデンサーの電極板間の電場を弱める．媒質の比誘電率は $\varepsilon_r(=\varepsilon/\varepsilon_0)$ で表す．

補遺7・2　複数の電荷をもったタンパク質が関わったドナン効果

等電点以外のpHでは，タンパク質は全体として正もしくは負の電荷をもっている．その場合に，もう一つの因子を考えなければならない．すなわち電気的中性を保つには，対イオンが必要であるということである．§7・6では，タンパク質が一つの負電荷だけをもっているという簡単な場合を考えた．ここではタンパク質が複数の負電荷（z）をもっている場合を取扱う．すなわち，タンパク質，$(Na^+)_z P^{z-}$ が強電解質であり，

$$(Na^+)_z P^{z-} \longrightarrow z\,Na^+ + P^{z-}$$

に解離していると仮定する．図7・13を参考にして，二つの場合を考える．

ケース1

タンパク質溶液を左の区画に入れて，水を右の区画に入れる．溶液の浸透圧（Π_1）は

$$\Pi_1 = (z+1)cRT$$

で与えられる．ここで c はタンパク質溶液の濃度（質量モル濃度）である．z は典型的には30程度なので，タンパク質のモル質量を決めるためにこの実験配置を用いると，

$z=1$ と考えて得た質量は，真の値の1/30の値になってしまう．

ケース2

ケース1と同様に，左の区画にはタンパク質溶液を置くが，右の区画にはNaCl溶液が置かれる．ある成分の化学ポテンシャルは系全体で同じであるべきという要請は水と同様にNaClに対しても適用される．平衡を達成するため，NaClは右の区画から左の区画へと動くであろう．ここで移動したNaClの実際の量を計算することができる．$(Na^+)_z P^{z-}$ の最初のモル濃度を c とし，NaClの最初のモル濃度を b とする．平衡状態において濃度は

$$[P^{z-}]^L = c \quad [Na^+]^L = (zc+x) \quad [Cl^-]^L = x$$

および

$$[Na^+]^R = (b-x) \quad [Cl^-]^R = (b-x)$$

である．x は右の区画から左の区画に拡散したNaClの量である．

希薄溶液では平衡状態で $(\mu_{NaCl})^L = (\mu_{NaCl})^R$ であるので，活量を濃度で置き換えると，

$$([Na^+][Cl^-])^L = ([Na^+][Cl^-])^R$$

すなわち

$$(zc+x)x = (b-x)(b-x)$$
$$x = \frac{b^2}{zc+2b}$$

である。浸透圧 (Π_2) は，両側の溶質濃度の差に比例しており，

$$\Pi_2 = [\underbrace{(c+zc+x+x)}_{\text{左の区画}} - \underbrace{(b-x+b-x)}_{\text{右の区画}}]RT$$

つまり

$$\Pi_2 = (c+zc-2b+4x)RT$$

で与えられる。x に上の結果を代入すると

$$\Pi_2 = \left(c+zc-2b+\frac{4b^2}{zc+2b}\right)RT$$
$$= \frac{zc^2+2bc+z^2c^2}{zc+2b}RT \quad (1)$$

式 (1) は両側で溶液の pH もしくは体積に変化がないと仮定して誘導したものである。さらに二つの極端な場合を考える。

もし $b \ll zc$（塩濃度がタンパク質濃度よりもはるかに低いとき）ならば，

$$\Pi_2 = \frac{zc^2+z^2c^2}{zc}RT = (zc+c)RT = (z+1)cRT$$
$$= \Pi_1$$

もし $b \gg z^2c$（塩濃度がタンパク質濃度よりもはるかに高いとき）*ならば，

$$\Pi_2 = \frac{2bc}{2b}RT = cRT \quad (2)$$

この極端な場合，浸透圧は純粋に等電点にあるタンパク質の浸透圧に近づく。実際，塩を加えるとドナン効果は減少する（そして十分高い塩濃度ではドナン効果は観測されない）。これらの条件では，浸透圧測定によって決定されたモル質量は真の値に近くなるだろう。

---

* 実際には $c \leq 1\times10^{-4}$ M, $z \leq 30$. よって，$z^2c \approx 0.1$ M となる。かくしてこの極端な状態を保つのに加える必要のある塩の濃度は約 1 M であろう。

参 考 文 献

書　籍

J. P. Hunt, "Metal Ions in Aqueous Solution," W. A. Benjamin, Menlo Park, CA (1963).

G. Pass, "Ions in Solution," Clarendon Press, Oxford (1973).

R. A. Robinson, R. H. Stokes, "Electrolyte Solutions, 2nd Ed.," Academic Press, New York (1959).

M. P. Tombs, A. R. Peacocke, "The Osmotic Pressure of Biological Macromolecules," Clarendon Press, New York (1975).

M. R. Wright, "An Introduction to Aqueous Electrolyte Solutions," John Wiley & Sons, New York (2007).

論　文
総　説：

J. E. Prue, 'Ion Pairs and Complexes: Free Energies, Enthalpies, and Entropies,' *J. Chem. Educ.*, **46**, 12 (1969).

W. H. Cropper, 'On Squid Axons, Frog Skins, and the Amazing Uses of Thermodynamics,' *J. Chem. Educ.*, **48**, 182 (1971).

R. K. Hobbie, 'Osmotic Pressure in the Physics Course for Students of the Life Sciences,' *Am. J. Phys.*, **42**, 188 (1974).

R. I. Holliday, 'Electrolyte Theory and SI Units,' *J. Chem. Educ.*, **53**, 21 (1976).

C. A. Vincent, 'The Motion of Ions in Solution Under the Influence of an Electric Field,' *J. Chem. Educ.*, **53**, 490 (1976).

C. M. Criss, M. Salomon, 'Thermodynamics of Ion Solvation and Its Significance in Various Systems,' *J. Chem. Educ.*, **53**, 763 (1976).

R. Chang, L. J. Kaplan, 'The Donnan Equilibrium and Osmotic Pressure,' *J. Chem. Educ.*, **54**, 218 (1977).

D. W. Smith, 'Ionic Hydration Enthalpies,' *J. Chem. Educ.*, **54**, 540 (1977).

E-I. Ochiai, 'Paradox of the Activity Coefficient $\gamma_\pm$,' *J. Chem. Educ.*, **67**, 489 (1990).

T. Solomon, 'Standard Enthalpies of Formation of Ions in Solution,' *J. Chem. Educ.*, **68**, 41 (1991).

D. B. Green, G. Rechtsteiner, A. Honodel, 'Determination of the Thermodynamic Solubility Product, $K_{sp}°$, of PbI_2 Assuming Nonideal Behavior,' *J. Chem. Educ.*, **73**, 789 (1996).

A. A. Zavitsas, 'Properties of Water Solutions of Electrolytes and Nonelectrolytes,' *J. Phys. Chem. B*, **105**, 7805 (2001).

T. Solomon, 'The Definition and Unit of Ionic Strength,' *J. Chem. Educ.*, **78**, 1691 (2001).

A. Belletti, R. Borromei, G. Ingletto, 'The Conductivity of Strong Electrolytes: A Computer Simulation in LabVIEW,' *Chem. Educator* [Online], **13**, 224 (2008). DOI: 10.1333/s00897082144a.

問　題

イオン伝導性

7・1 0.010 M の NaCl 溶液の抵抗は 172 Ω であった．溶液のモル伝導率が 153 Ω^{-1} mol^{-1} cm^2 のとき，セル定数はいくらか．

7・2 問題7・1で記述したセルを使って，学生が 0.086 M の KCl 溶液の抵抗を測定したところ 20.4 Ω であった．この溶液のモル伝導率を計算せよ．

7・3 伝導度測定セルのセル定数 (l/A) は 388.1 m^{-1} である．25℃ において 4.8×10^{-4} mol L^{-1} の塩化ナトリウム水溶液の抵抗は 6.4×10^4 Ω であり，水の抵抗は 7.4×10^6 Ω である．この濃度の溶液中の NaCl のモル伝導率を計算せよ．

7・4 弱電解質の Λ_0 を測定によって得ることは一般に難しいとしよう．表7・1のデータから CH_3COOH の Λ_0 の値をどのようにして推測することができるか [ヒント: CH_3COONa, HCl, NaCl について考える]．

7・5 水の塩分を決定する簡単な方法は，電気伝導率を測定し，その伝導率がすべて塩化ナトリウムによるものとみなすことである．実験をしたところ，試料溶液の抵抗値が 254 Ω と得られた．同じセルで 0.050 M の KCl 溶液の抵抗を測定すると 467 Ω であった．試料溶液中の NaCl 濃度を見積もれ [ヒント: 最初に R について Λ, c との関係式を立て，Λ_0 の値を Λ に代入する]．

7・6 伝導度測定セルの二つの電極は，それぞれ，面積が 4.2×10^{-4} m^2，間隔が 0.020 m である．このセルを 6.3×10^{-4} M の KNO_3 溶液で満たしたとき，抵抗は 26.7 Ω であった．溶液のモル伝導率はいくらか．

7・7 図7・4を参照し，滴定に弱酸を使ったとき，コンダクタンス対 NaOH 滴下量の勾配が最初から右上がりになる理由を説明せよ．

溶　解　度

7・8 $BaSO_4$ の溶解度 [g L^{-1} 単位] を，(a) 水中と，(b) 6.5×10^{-5} M の $MgSO_4$ 溶液中で計算せよ．$BaSO_4$ の溶解度積は 1.1×10^{-10} であり，理想的に振舞うとみなす．

7・9 AgCl の熱力学的溶解度積は 1.6×10^{-10} である．(a) 0.020 M の KNO_3 溶液中と，(b) 0.020 M の KCl 溶液中での [Ag$^+$] はいくらか．

7・10 問題7・9を参考にして，298 K における飽和溶液の下式の過程の $\Delta G°$ を計算せよ [ヒント: 既知の式，$\Delta G° = -RT \ln K$ を用いる]．

$$AgCl(s) \rightleftharpoons Ag^+(aq) + Cl^-(aq)$$

7・11 25℃ における CdS と CaF_2 の見かけの溶解度積は 3.8×10^{-29} と 4.0×10^{-11} である．各化合物の溶解度 [g/(溶液 100 g) 単位で] を計算せよ．

7・12 シュウ酸 $(COOH)_2$ は，ホウレンソウなど，多くの植物，野菜中に存在する化合物で，大量に摂取すると有害である．シュウ酸カルシウムはわずかしか水に溶けないため (25℃, $K_{sp} = 3.0 \times 10^{-9}$)，シュウ酸の摂取によって腎結石を生ずることがある．

(a) 水中でのシュウ酸カルシウムの見かけの溶解度と熱力学的溶解度を計算せよ．

(b) 0.010 M の $Ca(NO_3)_2$ 溶液中でのカルシウムとシュウ酸イオンの濃度を計算せよ．(b) では理想溶液を仮定せよ．

イオン活量

7・13 電解質 KI, $SrSO_4$, $CaCl_2$, Li_2CO_3, $K_3[Fe(CN)_6]$, $K_4[Fe(CN)_6]$ について，各イオンの a_+, a_-, γ_+, γ_-, m_+, m_- を用いて，平均活量，平均活量係数，平均質量モル濃度を示せ [ヒント: $[Fe(CN)_6]^{4-}$ は錯イオンである]．

7・14 次の溶液の 298 K におけるイオン強度と平均活量係数を計算せよ．

(a) 0.10 mol kg^{-1} NaCl
(b) 0.010 mol kg^{-1} $MgCl_2$
(c) 0.10 mol kg^{-1} $K_4[Fe(CN)_6]$

7・15 0.010 mol kg^{-1} の H_2SO_4 溶液の平均活量係数は 0.544 である．イオンの平均活量はいくらか．

7・16 25℃ において 0.20 mol kg^{-1} の $Mg(NO_3)_2$ 溶液のイオンの平均活量係数は 0.13 である．化合物の平均質量モル濃度，平均活量係数，活量を計算せよ．

デバイ・ヒュッケルの極限法則

7・17 デバイ・ヒュッケルの極限法則は 2:2 の電解質よりも 1:1 の電解質の方がより信頼できる．このことを説明せよ．

7・18 イオン雰囲気の大きさはデバイ半径とかデバイ長とよばれ，理論的には $1/\kappa$ であり，κ は次のように与えられる（第1章にあげた物理化学の教科書を参照）．

$$\kappa = \left(\frac{e^2 N_A}{\varepsilon_0 \varepsilon_r k_B T} \right)^{1/2} \sqrt{I}$$

e は電荷，N_A はアボガドロ定数，ε_0 は真空の誘電率 (8.854×10^{-12} C^2 N^{-1} m^{-2})，ε_r は溶媒の比誘電率，k_B はボルツマン定数，T は絶対温度，I はイオン強度である．25℃ の 0.010 mol kg^{-1} Na_2SO_4 水溶液のデバイ半径を計算せよ．

7・19 平均活量，平均質量モル濃度，平均活量係数を定義するとき，相加平均よりも相乗平均が好ましい理由を説明せよ．

束一的性質

7・20 0.010 mol kg^{-1} の酢酸溶液の凝固点降下は 0.0193 K である．この濃度での酢酸の解離度を計算せよ．

7・21 イオン化合物 $Co(NH_3)_5Cl_3$ の濃度 0.010 mol kg^{-1} の水溶液の凝固点降下は 0.0558 K である．このことから，この化合物の構造について何が言えるか．上記の化合物は強電解質であると仮定せよ．

7・22 血漿の浸透圧は 37℃ でおよそ 7.5 atm である．溶存種の総濃度と血漿の凝固点を見積もれ．

7・23 298 K の 0.0020 mol kg^{-1} の $MgCl_2$ 水溶液のイオ

ン強度を計算せよ．デバイ・ヒュッケルの極限法則を使って，(a) この溶液中の Mg^{2+}, Cl^- の活量係数と，(b) それらのイオンの平均活量係数を見積もれ．

7・24 図7・13を参照しながら，298 K における以下の場合について，浸透圧を計算せよ．

(a) 左の区画には1 L の溶液中に 200 g のヘモグロビンがあり，右の区画には純水がある場合．

(b) 左の区画には(a)の場合と同じヘモグロビン溶液があり，右の区画には 1 L の溶液中に 6.0 g の NaCl がはじめに含まれている場合．

溶液の pH はヘモグロビン分子が Na^+Hb^- の形になっているとした場合の値と仮定してよい（ヘモグロビン分子のモル質量は 65 000 g mol^{-1} である）．

補 充 問 題

7・25 以下の表のデータが与えられているとき，KI 溶液の溶解熱を求めよ．

	NaCl	NaI	KCl	KI
格子エネルギー [kJ mol^{-1}]	787	700	716	643
溶解熱 [kJ mol^{-1}]	3.8	−5.1	17.1	?

7・26 表7・2のデータから，H_2O の Λ_0 を求めよ．水の電気伝導率 (κ) を 5.7×10^{-8} Ω^{-1} cm^{-1} として，298 K の水のイオン積 (K_w) を計算せよ．

7・27 本章（図7・2と図7・11を参照）と第6章（図6・19での Π の測定を参照）では，濃度依存性をもった物理量を溶質濃度が0のところまで補外して値を求めた．これらの補外値はどのような物理的な意味をもつのだろうか．また，これらの値が純粋の溶媒の値と異なるのはなぜかを説明せよ．

7・28 (a) 植物の根の細胞は土壌の水よりも相対的に浸透圧の高い溶液（高張液）を含む．したがって水は根の中に浸透する．氷を溶かすために塩（NaCl と $CaCl_2$）を道路にまくことがなぜ近くの樹に有害なのかを説明せよ．

(b) 尿がヒトの身体から排出される直前，尿を含む腎臓中の集合管は塩分濃度が血液や組織中よりもかなり大きい液体の中を通る．どのようにしてこのことが身体の中に水を保持することに役立つのかを説明せよ．

7・29 非常に長いパイプの一方の端が半透膜で閉じられている．このパイプを海中に入れたとき，どのくらいの深さ [m] まで沈めれば，この半透膜を通して真水が浸透してくるようになるか．海水は 20°C で 0.70 M NaCl 溶液であるとせよ．また，海水の密度は 1.03 g cm^{-3} とせよ．

7・30 (a) デバイ・ヒュッケルの極限法則を用いて，25°C における 2.0×10^{-3} mol kg^{-1} の Na_3PO_4 溶液の $\gamma_\pm$ の値を計算せよ．

(b) Na_3PO_4 溶液について，γ_+ と γ_- の値を計算せよ．それらの値から $\gamma_\pm$ を求め，(a) で得られた値と同じであることを示せ．

8 化 学 平 衡

化学平衡にある系では，平衡を支配するパラメーターの一つに変動を受けた結果，平衡のずれを生じるが，そのずれは，他のパラメーターがそれに関与しないと仮定した場合，問題のパラメーターを逆方向に変化させるようなものである．
Henri-Louis Le Châtelier

　第6章と第7章では，非電解質溶液と電解質溶液の物理平衡について議論したが，本章では気相および凝縮相における化学平衡に注目する．平衡とは，何の経時変化も観測されない状態である．すなわち，平衡では化学反応の反応物と生成物の濃度が一定に保たれている．しかしながら，その平衡においても反応物分子は生成物分子を生成し続ける一方で，生成物分子は反応物分子へ戻る反応をし続けるから，分子レベルで見ると活発に化学反応が起こっているのである．この過程は，動的平衡の一つの例である．熱力学の法則を用いることにより，さまざまな化学反応条件下における平衡組成を予測することができる．

8・1　気体系の化学平衡

　本節では，気相中の化学反応のギブズエネルギー変化を，反応種の濃度および温度に関係づける式を誘導する．はじめに，すべての気体が理想的に振舞う場合について考える．

理 想 気 体

　最も単純な化学平衡

$$A(g) \rightleftharpoons B(g)$$

の例としては，シス-トランス異性化，ラセミ化，シクロプロパンからプロペンを生成する開環反応があげられる．化学反応の進行は，**反応進行度** (extent of reaction) とよばれる量 ξ (ギリシャ文字のグザイ) を使ってモニターできる．微量のAがBに変化したとすると，Aの変化量は $dn_A = -d\xi$ であり，Bの変化量は $dn_B = +d\xi$ である (ここで dn は，何モル変化したかを表す)．この変化が一定温度 T および一定圧力 P で起こるときのギブズエネルギー変化は下式で与えられる．

$$dG = \mu_A dn_A + \mu_B dn_B = -\mu_A d\xi + \mu_B d\xi$$
$$= (\mu_B - \mu_A) d\xi \quad (8\cdot1)$$

ここで μ_A と μ_B は，それぞれAとBの化学ポテンシャルを表している．式 (8・1) を書き直すと

$$\left(\frac{\partial G}{\partial \xi}\right)_{T,P} = \mu_B - \mu_A \quad (8\cdot2)$$

$(\partial G/\partial \xi)_{T,P}$ の値は，$\Delta_r G$ によって表される．$\Delta_r G$ は，1 mol の反応当たりのギブズエネルギー変化であり，単位は kJ mol^{-1} である*．

　反応の間，化学ポテンシャルは系の組成の変化と共に変化する．反応は G が減少する方向，すなわち $(\partial G/\partial \xi)_{T,P} < 0$ の方向へ進行する．したがって，$\mu_A > \mu_B$ のときは正反応 (A→Bの反応) が自発的に進行するが，$\mu_B > \mu_A$ のときには逆反応 (B→Aの反応) が自発的に進行する．平衡では $\mu_A = \mu_B$ であり，下式が成り立つ．

$$\left(\frac{\partial G}{\partial \xi}\right)_{T,P} = 0$$

　図 8・1 は，反応進行度に対するギブズエネルギーのプロットである．一定温度 T および一定圧力 P の下では

$\Delta_r G < 0$　　正反応が自発的
$\Delta_r G > 0$　　逆反応が自発的
$\Delta_r G = 0$　　反応系は平衡

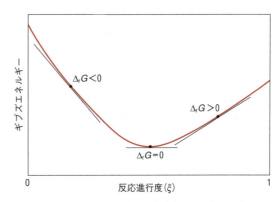

図 8・1　反応進行度に対するギブズエネルギーのプロット．反応系が平衡にあるとき曲線の勾配は0である．

---

* 簡潔にするために kJ (mol 反応)$^{-1}$ ではなく kJ mol^{-1} の単位を使う．

である.

より複雑な場合を考えてみる.

$$a\mathrm{A(g)} \rightleftharpoons b\mathrm{B(g)}$$

a および b は化学量論係数である.式 (6・10) によると,混合物中の i 番目の成分の化学ポテンシャルは,理想的振舞いを仮定したとき

$$\mu_i = \mu_i° + RT \ln \frac{P_i}{P°}$$

で与えられる.ここで,P_i は混合物中の成分 i の分圧で,$\mu_i°$ は成分 i の標準化学ポテンシャルであり,$P°=1\ \mathrm{bar}$ である.したがって

$$\mu_\mathrm{A} = \mu_\mathrm{A}° + RT \ln \frac{P_\mathrm{A}}{P°} \qquad (8・3\mathrm{a})$$

$$\mu_\mathrm{B} = \mu_\mathrm{B}° + RT \ln \frac{P_\mathrm{B}}{P°} \qquad (8・3\mathrm{b})$$

と書ける.反応ギブズエネルギー $\Delta_r G$ は

$$\Delta_r G = b\mu_\mathrm{B} - a\mu_\mathrm{A} \qquad (8・4)$$

と表すことができる.式 (8・3) を式 (8・4) に代入すると

$$\Delta_r G = b\mu_\mathrm{B}° - a\mu_\mathrm{A}° + bRT \ln \frac{P_\mathrm{B}}{P°} - aRT \ln \frac{P_\mathrm{A}}{P°} \qquad (8・5)$$

となり,標準反応ギブズエネルギー $\Delta_r G°$ は,ちょうど反応物と生成物の標準ギブズエネルギーの差である.すなわち

$$\Delta_r G° = b\mu_\mathrm{B}° - a\mu_\mathrm{A}°$$

したがって,式 (8・5) を

$$\Delta_r G = \Delta_r G° + RT \ln \frac{(P_\mathrm{B}/P°)^b}{(P_\mathrm{A}/P°)^a} \qquad (8・6)$$

と書くことができる.定義より平衡では $\Delta_r G = 0$ であるから式 (8・6) は

$$0 = \Delta_r G° + RT \ln \frac{(P_\mathrm{B}/P°)^b}{(P_\mathrm{A}/P°)^a}$$
$$0 = \Delta_r G° + RT \ln K_P$$

すなわち

$$\Delta_r G° = -RT \ln K_P \qquad (8・7)$$

K_P は平衡定数であり(下つき文字 P は反応種の濃度が圧力で表されていることを示している),

$$K_P = \frac{(P_\mathrm{B}/P°)^b}{(P_\mathrm{A}/P°)^a} = \frac{P_\mathrm{B}^b}{P_\mathrm{A}^a}(P°)^{a-b} \qquad (8・8)$$

で与えられる.

式 (8・7) は,化学熱力学において最も重要かつ役に立つ式の一つであり,平衡定数 K_P と標準反応ギブズエネルギー $\Delta_r G°$ をきわめて簡潔に関係づけている.$\Delta_r G°$ はある与えられた温度の下では定数であり,反応物と生成物の性質および温度にのみ依存することを覚えておこう.ここの例では,前述の通り $\Delta_r G°$ は,反応物 A が温度 T および圧力 1 bar の状態下,同じく温度 T で圧力 1 bar の状態にある生成物 B へと変化する反応 1 mol 当たりの標準ギブズエネルギーである.図 8・2 は $\Delta_r G° < 0$ の反応について,反応進行度に対するギブズエネルギーを示している.反応物と生成物が混合しないときは,ギブズエネルギーは反応が進行するにつれて直線的に減少し,最終的にはすべての反応物が生成物へと変化するだろう.しかしながら式 (6・11) が示す通り,$\Delta_\mathrm{mix}G$ は負の量であるから,実際の反応経路におけるギブズエネルギーは,非混合の場合よりも低くなるだろう.結果として,ギブズエネルギーの最小値をとる点である平衡点は,これらの二つの相反する傾向,すなわち反応物から生成物へと変化する傾向と生成物と反応物が混合しようとする傾向,の折り合いの付く点となる.

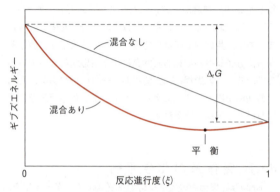

図 8・2 $a\mathrm{A(g)} \rightleftharpoons b\mathrm{B(g)}$ の反応について $\Delta_r G° < 0$ を仮定したときの反応進行度に対する全ギブズエネルギー.平衡は生成物側に偏っている.ギブズエネルギーが最小値をとる平衡点は,$\Delta_r G°$ と混合ギブズエネルギーの折り合いの付く点になることに注意する.

式 (8・7) は,$\Delta_r G°$ の値を知れば平衡定数 K_P を計算することができ,また逆に K_P から $\Delta_r G°$ を知ることができることを示している.§5・3 で議論したように,標準反応ギブズエネルギーは,生成物と反応物の標準生成ギブズエネルギー($\Delta_f \overline{G}°$)のまさしく差である.したがって,ある反応を定義したときに,その反応の平衡定数は,付録 B にあげた $\Delta_f \overline{G}°$ 値と式 (8・7) から通常計算できる.これらの値はすべて 298 K のときの値であることに注意せよ.本章の後半(§8・5)で,298 K における K_P の値がわかっているときの,他の温度における K_P の値の求め方を,学ぶ予定である.

最後に,平衡定数は温度のみの関数であり($\mu°$ は温度のみに依存するから)無次元であることに注意しよう.これは,K_P の式において,各圧力項を標準状態の値 1 bar で割り算しており,それによって P の値を変えることなく圧力の単位が相殺されることによる.

例題 8・1

付録 B にあげた熱力学データを用いて，298 K における次の反応の平衡定数を計算せよ．

$$N_2(g) + 3H_2(g) \rightleftharpoons 2NH_3(g)$$

解 上の化学反応式に対する平衡定数は

$$K_P = \frac{(P_{NH_3}/P°)^2}{(P_{N_2}/P°)(P_{H_2}/P°)^3}$$

で与えられる．K_P の値を計算するには，式 (8・7) と $\Delta_r G°$ の値が必要である．式 (5・12) と付録 B から

$$\begin{aligned}\Delta_r G° &= 2\,\Delta_f \overline{G}°(NH_3) - \Delta_f \overline{G}°(N_2) - 3\,\Delta_f \overline{G}°(H_2) \\ &= (2)(-16.6 \text{ kJ mol}^{-1}) - (0) - (3)(0) \\ &= -33.2 \text{ kJ mol}^{-1}\end{aligned}$$

を得る．式 (8・7) より

$$-33\,200 \text{ J mol}^{-1} = -(8.314 \text{ J K}^{-1} \text{ mol}^{-1})(298 \text{ K}) \ln K_P$$
$$\ln K_P = 13.4$$

すなわち

$$K_P = 6.6 \times 10^5$$

コメント 化学反応式を

$$\tfrac{1}{2}N_2(g) + \tfrac{3}{2}H_2(g) \rightleftharpoons NH_3(g)$$

と書いたとしたら，$\Delta_r G°$ の値は $-16.6 \text{ kJ mol}^{-1}$ であり，平衡定数は以下のように計算されることに注意する．

$$K_P = \frac{(P_{NH_3}/P°)}{(P_{N_2}/P°)^{1/2}(P_{H_2}/P°)^{3/2}} = 8.1 \times 10^2$$

したがって，釣り合いのとれた化学式を n 倍したときは，平衡定数 K_P は n 乗して K_P^n へと換える．ここでは $n=1/2$ であるから，K_P を $K_P^{1/2}$ に換えた．

式 (8・7) に関するより詳しい考察

標準反応ギブズエネルギー ($\Delta_r G°$) は通常 0 ではない．式 (8・7) に従えば，$\Delta_r G°$ が負の値をもつなら，平衡定数は 1 より大きくなるはずで，事実，ある温度で $\Delta_r G°$ が負に大きいほど，K_P は大きくなる．もし，$\Delta_r G°$ が正の値をもつなら，逆のことが成立し，平衡定数は 1 より小さくなる．もちろん，$\Delta_r G°$ が正だからといって，反応が進行しないわけではない．たとえば，$\Delta_r G° = 10 \text{ kJ mol}^{-1}$ で $T=298 \text{ K}$ のとき，$K_P=0.018$ になる．0.018 は 1 に比べ小さいけれども，大量の反応物を反応させたら，平衡状態で十分検知できる程度の生成物がそれでも得られるだろう．$\Delta_r G°=0$ という特別な場合もあり，そのとき K_P の値は 1 である．すなわち，平衡状態で生成物と反応物の有利さ加減は等しい．

理解を深めるために，$\Delta_r G°$ および K_P に影響する因子について考察しよう．式 (5・3) から

$$\Delta_r G° = \Delta_r H° - T\Delta_r S°$$

を得るので，温度 T での平衡定数は二つの項，すなわちエンタルピー変化の項と温度とエントロピー変化の積の項とによって支配されていることがわかる．室温以下での多くの発熱反応 ($\Delta_r H° < 0$) では，上記の右辺の第一項が支配的である．この結果，K_P は 1 より大きな値となり，したがって反応物に比べ生成物が有利となる．吸熱反応 ($\Delta_r H° > 0$) では，$\Delta_r S° > 0$ で反応が高温で進行する場合のみ，平衡状態の組成は生成物が多く，このことを理解するために，A→B の過程が吸熱的であるような次の反応を考えよう．

$$A \rightleftharpoons B$$

図 8・3 に示すように，A のエネルギー準位は B のそれよりも低く，したがって A から B への変換はエネルギー的には不利である．これはすべての吸熱反応の性質である．しかし，B のエネルギー準位の間隔はより密であるので，ボルツマン分布則 [式 (2・33) 参照] に基づいて考えると，B 分子のエネルギー準位にわたる分布の広がりは A 分子のそれよりも大きいことがわかる．その結果，B のエントロピーは A のそれよりも大きくなり，$\Delta_r S° > 0$ となる．したがって十分高い温度では，$T\Delta_r S°$ の項は $\Delta_r H°$ の項よりも大きさが勝り，結果として $\Delta_r G°$ は負の値になる．

$T\Delta_r S°$ に対する $\Delta_r H°$ の相対的な重要性の実例として，石灰石や白亜 ($CaCO_3$) の熱分解反応を考えてみよう．

$$CaCO_3(s) \rightleftharpoons CaO(s) + CO_2(g)$$
$$\Delta_r H° = 177.8 \text{ kJ mol}^{-1}$$

付録 B のデータを使い，$\Delta_r S° = 160.5 \text{ J K}^{-1} \text{ mol}^{-1}$ を得る*．

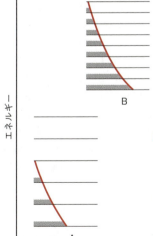

図 8・3 B のエネルギー準位の占有の広がりは A よりも大きく，その結果，B の微視的状態はより多く，B のエントロピーは A のエントロピーより大きい．平衡状態では，たとえ A→B が吸熱反応であっても B の生成が主になる．

---

* 訳注: 式 (4・27) より $\Delta_r S° = \sum \nu \overline{S}°$(生成物) $- \sum \nu \overline{S}°$(反応物)．付録 B より $\overline{S}° [\text{J K}^{-1} \text{ mol}^{-1}]$ はそれぞれ $CaCO_3$ 92.9，CaO 39.8，CO_2 213.6 である．

298 K では,

$$\Delta_r G° = 177.8 \text{ kJ mol}^{-1} - (298 \text{ K})(160.5 \text{ J K}^{-1} \text{mol}^{-1}) \left(\frac{1 \text{ kJ}}{1000 \text{ J}}\right)$$

$$= 130.0 \text{ kJ mol}^{-1}$$

である. $\Delta_r G°$ は正に大きな値であるので，反応は 298 K では生成物の生成に有利ではないと結論できる. 実際, CO_2 の平衡圧力は室温において非常に低く, 測定できないレベルである. $\Delta_r G°$ が負の値をとる条件を考えるため, $\Delta_r G°$ が 0 になる温度をまず求めよう. すなわち,

$$0 = \Delta_r H° - T \Delta_r S°$$

ここから,

$$T = \frac{\Delta_r H°}{\Delta_r S°} = \frac{177.8 \text{ kJ mol}^{-1}}{160.5 \text{ J K}^{-1} \text{mol}^{-1}} \cdot \frac{1000 \text{ J}}{1 \text{ kJ}}$$

$$= 1108 \text{ K または } 835 \text{ °C}$$

である. 835 °C より高温では, $\Delta_r G°$ は負になり, つまり反応は CaO と CO_2 の生成に有利になる. たとえば, 840 °C (1113 K) では,

$$\Delta_r G° = \Delta_r H° - T \Delta_r S°$$
$$= 177.8 \text{ kJ mol}^{-1} -$$
$$(1113 \text{ K})(160.5 \text{ J K}^{-1} \text{mol}^{-1}) \left(\frac{1 \text{ kJ}}{1000 \text{ J}}\right)$$
$$= -0.8 \text{ kJ mol}^{-1}$$

である.

上記の計算について, 指摘しておくべきことが二つある. 一つは, 25 °C での $\Delta_r H°$ と $\Delta_r S°$ の値を用いてそれよりはるかに高温で起こる変化を計算したという点である. $\Delta_r H°$ と $\Delta_r S°$ はどちらも温度に伴い変化するので, このやり方では $\Delta_r G°$ の正確な値は得られない. だが, おおよその見積もりには十分である. 第二に, 835 °C 以下では何も起こらず, 835 °C になると $CaCO_3$ が突然分解し始めると誤解してはいけないという点である. それは大きな間違いである. 835 °C 以下のある温度で $\Delta_r G°$ が正の値をとるということは, CO_2 がまったく生成しないということを意味するわけではない. その温度で生成する CO_2 ガスの圧力が 1 bar (標準状態の値) より低いということを意味するのである. 835 °C は, CO_2 の平衡圧力が 1 bar に到達する温度であり, そのことが重要である. 835 °C より高温では, CO_2 の平衡圧力は 1 bar を超える.

$\Delta_r G°$ と $\Delta_r G$ の比較

反応物がすべて標準状態にある (すなわち 1 bar にある) 気相反応から考察を始めよう. 反応が始まるとすぐに, 反応物あるいは生成物には標準状態の条件は成立しなくなる. なぜなら, それらの圧力は 1 bar ではなくなるからで

ある. 標準状態ではない条件の下では, 反応の方向を予想するのに $\Delta_r G°$ よりもむしろ $\Delta_r G$ を用いなければならない[*1].

標準反応ギブズエネルギー ($\Delta_r G°$) と式 (8・6) から $\Delta_r G$ の値を求めることができる. $\Delta_r G$ の値は二つの項, すなわち $\Delta_r G°$ と濃度依存項により決まる. ある一定温度の下で $\Delta_r G°$ は一定であるが, $\Delta_r G$ の値は気体の分圧を調節することにより変えることができる. 反応物と生成物の分圧からなる比率は平衡定数の形をしているが, P_A と P_B が平衡における分圧でない限り, それは平衡定数ではない. 一般に, 式 (8・6) は

$$\Delta_r G = \Delta_r G° + RT \ln Q \quad (8 \cdot 9)$$

と書き直すことができる. ここで, Q は **反応商** (reaction quotient) であり, $\Delta_r G = 0$ でない限り $Q \neq K_P$ である. 式 (8・6) または式 (8・9) の有用さは, 反応種の濃度がわかっているときに, 自発変化の方向を知ることができる点にある. 式 (8・9) の $RT \ln Q$ が $\Delta_r G°$ と逆符号で同じ程度の大きさをもつくらいに反応物もしくは生成物のどちらかが大量に存在する場合を除くと, $\Delta_r G°$ の絶対値が大きい (50 kJ mol^{-1} 以上) 場合は, 反応の進む方向はおもに $\Delta_r G°$ だけで決定される ($\Delta_r G$ の符号はおもに $\Delta_r G°$ の符号で決まる). $\Delta_r G°$ の絶対値が小さい (たとえば 10 kJ mol^{-1} 以下) ときは, 反応はどちらにも進行しうる[*2].

例題 8・2

反応

$$N_2O_4(g) \rightleftharpoons 2 NO_2(g)$$

の平衡定数 (K_P) は 298 K において 0.113 である. これは 5.40 kJ mol^{-1} の標準反応ギブズエネルギーに相当する. ある実験で, 初期圧力は $P_{NO_2} = 0.122$ bar および $P_{N_2O_4} = 0.453$ bar であった. これらの圧力での反応の $\Delta_r G$ を計算し, 正味の反応の方向を予測せよ.

解 正味の反応の方向を求めるためには, 式 (8・9) と与えられた $\Delta_r G°$ の値を使って非標準状態でのギブズエネルギー変化 ($\Delta_r G$) を計算する必要がある. それぞれの分圧は 1 bar の標準状態の値で割ってあるので, 分圧は反応商 Q においては無次元の量として表されていることに注意する必要がある.

[*1] $\Delta_r G°$ ではなく, $\Delta_r G$ の符号が自発的な反応の方向を定める.
[*2] もう一つの方法として, Q と K_P を比較することにより反応の進行方向を決めることもできる. 式 (8・7) と式 (8・9) から, $\Delta_r G = RT \ln (Q/K_P)$ となることが示される. したがって, もし $Q < K_P$ なら, $\Delta_r G$ は負であり, 反応は正方向 (左から右) へ進行する. もし $Q > K_P$ なら, $\Delta_r G$ は正である. この場合, 反応は逆方向 (右から左) へ進行する.

$$\begin{aligned}
\Delta_r G &= \Delta_r G° + RT \ln Q \\
&= \Delta_r G° + RT \ln \frac{P_{NO_2}{}^2}{P_{N_2O_4}} \\
&= 5.40 \times 10^3 \text{ J mol}^{-1} + \\
&\quad (8.314 \text{ J K}^{-1} \text{ mol}^{-1})(298 \text{ K}) \times \ln \frac{(0.122)^2}{0.453} \\
&= 5.40 \times 10^3 \text{ J mol}^{-1} - 8.46 \times 10^3 \text{ J mol}^{-1} \\
&= -3.06 \times 10^3 \text{ J mol}^{-1} \\
&= -3.06 \text{ kJ mol}^{-1}
\end{aligned}$$

$\Delta_r G < 0$ なので,正味の反応は平衡に到達するまで左から右へと進行する.

コメント $\Delta_r G° > 0$ であるけれども,最初は生成物の濃度(圧力)は反応物のそれよりも小さいために,反応は生成物の生成に有利となるという点に注意しよう.

実在気体

実在気体の場合,平衡定数はどんな形を取るのだろうか.第1章で見たように,実在気体の振舞いは理想気体の式で表すことができず,たとえばファンデルワールス式のような,より正確な状態方程式を必要とする.しかしながら,もしファンデルワールス式を,たとえばすべての気体に対して用いて P の値を計算しようとし,さらにこの値を平衡定数式に代入するとしたら,最終的な式は大変扱いにくいものになるだろう.代わりに,第6章で濃度に対して活量を用いたのと同様のより簡略化した方法を採用しよう.実在気体に対しては,**フガシティー** (fugacity) とよばれる新しい変数 (f) を定義して,分圧の代わりにする.式(8·3)は理想気体にのみ当てはまり,実在気体に対しては

$$\mu = \mu° + RT \ln \frac{f}{P°} \tag{8·10}$$

と書かねばならない.フガシティーは,圧力と同じ次元をもつ.図8·4は気体のフガシティーと圧力の変化を示し

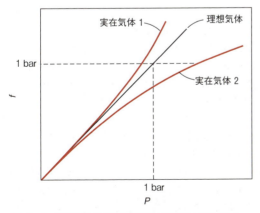

図 8·4 実在気体および理想気体に対するフガシティー (f) と圧力 (P) の関係.理想気体の振舞いを示す仮想的状態において 1 bar の圧力をもつ気体は標準状態にある.

ている.低圧では気体は理想的に振舞い,フガシティーと圧力は等しいが,圧力が増すとそれらにずれが生じる.図からわかるように,理想気体の圧力が 1 bar のとき,そのフガシティーは 1 bar である.実在気体が低圧から 1 bar まで理想的に振舞うとしたときに,そのフガシティーが 1 bar となる状態を,実在気体のフガシティーについての標準状態として定義する.一般的に

$$\lim_{P \to 0} f = P$$

である.**フガシティー係数** (fugacity coefficient) は γ で表され

$$\gamma = \frac{f}{P} \tag{8·11}$$

で与えられる[*1].また

$$\lim_{P \to 0} \gamma = 1$$

となる.圧力は直接測定できるが,フガシティーは計算によってのみ得られる[*2].フガシティーと圧力の関係は補遺 8·1 (p.166) に説明してある.

式(8·10)から出発して,先に議論した仮想的な反応 ($a\text{A} \rightleftharpoons b\text{B}$) に対する平衡定数 K_f(ここで下つき文字 f はフガシティーを表す)を導出しよう.

$$K_f = \frac{(f_B/1 \text{ bar})^b}{(f_A/1 \text{ bar})^a} \tag{8·12}$$

$f = \gamma P$ であるから,式(8·12)は

$$K_f = \frac{\gamma_B{}^b(P_B/1 \text{ bar})^b}{\gamma_A{}^a(P_A/1 \text{ bar})^a} = K_\gamma K_P \tag{8·13}$$

と書き直すことができ,K_γ は $(\gamma_B{}^b/\gamma_A{}^a)$ で,K_P は $(P_B{}^b/P_A{}^a) \cdot (1 \text{ bar})^{a-b}$ で与えられる.式(8·12),式(8·13)で定義される K_f は**熱力学(的)平衡定数** (thermodynamic equilibrium constant) とよばれ,厳密な結果を与える.一方,K_P は定数ではなく,ある与えられた温度で圧力に依存するので,**見かけの平衡定数** (apparent equilibrium constant) とよばれる.理想気体の反応において,K_f は K_P と等しい.K_f と K_P の相違を示す例として,高温高圧の窒素と水素からアンモニアを合成する反応について考えてみよう.

$$\frac{1}{2}\text{N}_2(g) + \frac{3}{2}\text{H}_2(g) \rightleftharpoons \text{NH}_3(g)$$

表8·1に,上の反応のさまざまな圧力下における見かけの平衡定数および熱力学平衡定数を示す.全圧が低い間は,K_P は K_f にきわめて近く,気体はまずまず理想的に振舞っていることがわかる.全圧が 300 bar を超えると,かなりのずれが生じる.一方,熱力学平衡定数は,圧力が変

[*1] $\gamma < 1$ は分子間引力がおもに働いていることを示している.逆に $\gamma > 1$ は反発的な分子間力が働いていることを意味する.

[*2] 訳注: フガシティーは気体についての P–V–T データや適当な状態方程式を用いての計算によってのみ得られる.

表 8·1 450°Cにおける反応, $\frac{1}{2}$N$_2$(g) + $\frac{3}{2}$H$_2$(g) $\rightleftharpoons$ NH$_3$(g) の平衡定数[†]

全圧 [bar]	P_{NH_3}/bar	P_{N_2}/bar	P_{H_2}/bar	K_P	K_γ	$K_f(K_\gamma K_P)$
10.2	0.204	2.30	7.67	0.0063	0.994	0.0063
30.3	1.76	6.68	21.9	0.0066	0.975	0.0064
50.6	4.65	10.7	35.2	0.0068	0.95	0.0065
101.0	16.6	19.4	65.0	0.0072	0.89	0.0064
302.8	108	42.8	152	0.0088	0.70	0.0062
606	326	56.5	223	0.0130	0.50	0.0065

[†] A. J. Larson, *J. Am. Chem. Soc.*, **46**, 367 (1924) のデータによる.

化しても比較的一定に保たれている.K_fはわずかながら変動しているが,これは気体のフガシティーを決める際の不確かさによる.

8·2 溶液中の反応

溶液中の化学平衡の取扱いは気相中のときと同様に行う.ただし溶液中の反応種の濃度は,通常,質量モル濃度かモル濃度で表す.再び仮想的な反応の考察から始めよう.今回は溶液中で,

$$a\,A \rightleftharpoons b\,B$$

AとBは非電解質溶質とする.理想的振舞いを仮定し,かつ,溶質の濃度を質量モル濃度で表す.式(6·27)から

$$\mu_A = \mu_A^\circ + RT \ln \frac{m_A}{m^\circ}$$

を得る.m°は1 mol (kg 溶媒)$^{-1}$を表す.Bについても同様の式を立てる.§8·1において理想気体に対して用いたのと同じ手順に従い,標準反応ギブズエネルギーを得る.

$$\Delta_r G^\circ = -RT \ln K_m \qquad (8·14)$$

ここで

$$K_m = \frac{(m_B/m^\circ)^b}{(m_A/m^\circ)^a}$$

である.

溶質の濃度をモル濃度で表す場合には,平衡定数は

$$K_c = \frac{([B]/1\,\text{M})^b}{([A]/1\,\text{M})^a}$$

という形をとる.[ ]は mol L^{-1}を意味する.また,各濃度項を標準状態の値 (1 mol kg^{-1} または 1 mol L^{-1}) で割り算しているので,K_m, K_c共に再び無次元量である.非平衡反応についてギブズエネルギー変化は

$$\Delta_r G = \Delta_r G^\circ + RT \ln Q$$

で与えられる.ここでQは反応商である.

非理想溶液のとき,濃度は活量で置き換えねばならない.式(6·25)から,i番目の成分の化学ポテンシャルは

$$\mu_i = \mu_i^\circ + RT \ln a_i$$

と書ける.濃度を活量で置換することは,圧力をフガシティーで置き換えることに類似している.上記の化学ポテンシャルの表式から出発して,熱力学平衡定数K_aを得る.

$$K_a = \frac{a_B^b}{a_A^a} \qquad (8·15)$$

$a = \gamma m$であるから,式(8·15)は

$$K_a = \frac{\gamma_B^b}{\gamma_A^a} \times \frac{(m_B/m^\circ)^b}{(m_A/m^\circ)^a} = K_\gamma K_m \qquad (8·16)$$

と書くことができる.K_γは(γ_B^b/γ_A^a)で与えられ,非理想溶液反応の見かけの平衡定数K_mは,$(m_B^b/m_A^a)(m^\circ)^{a-b}$で与えられる.

8·3 不均一系平衡

これまでは,均一系の平衡,すなわち単一相中で起こる反応について集中的に考察した.本節では,反応物と生成物が2相以上に存在する不均一系平衡について考察する.

閉じた系で炭酸カルシウムを熱分解する反応を考える.

$$\text{CaCO}_3(s) \rightleftharpoons \text{CaO}(s) + \text{CO}_2(g)$$

二つの固体と一つの気体が三つの異なる相を形成する.この反応の平衡定数は

$$K_c' = \frac{[\text{CaO}][\text{CO}_2]}{[\text{CaCO}_3]}$$

のように書けるだろう.しかしながら,慣習により固体の濃度は平衡定数の表式に含めないことにする.どんな純粋な固体の濃度も,固体に含まれる全物質量(モル数)を固体の体積で割った比率である.固体の一部を取除くと固体のモル数は減少するが,同様に固体の体積も小さくなる.逆の場合も正しくて,固体物質を加えると固体のモル数が増えるが,体積も大きくなる.この理由で,固体の体積に対するモル数の比率は常に一定である.よって,最初に用いるCaCO$_3$の量にかかわらず,平衡において多少なりとも固体が存在する限り,生成するCO$_2$とCaOの量は常に同じである.そこで,先に与えられた平衡定数表式は以下のように変形できる.

$$\frac{[\text{CaCO}_3]}{[\text{CaO}]} K_c' = [\text{CO}_2]$$

[CaCO₃] と [CaO] は共に定数であるから，左辺のすべての項は定数であり

$$K_c = [\text{CO}_2]$$

と書ける．ここで K_c は"新しい"平衡定数で，$[\text{CaCO}_3]K'_c/[\text{CaO}]$ で与えられる．さらに都合のよいことに，CO_2 の圧力は測定できて

$$K_P = P_{\text{CO}_2}$$

と書ける．$[\text{CO}_2]$ は標準状態における値 1 M で，P_{CO_2} は 1 bar で，それぞれ割り算してあるので，K_c と K_P はどちらも無次元である．平衡定数 K_c と K_P は互いに簡単な形で関係づけられる（問題 8・1 参照）．

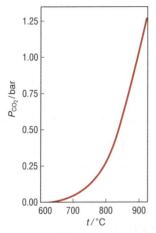

図 8・5 温度 (t) の関数として，CaO および CaCO₃ 上の CO₂ の平衡圧力 (P) をプロットした図

不均一系の平衡は，見かけの平衡定数の代わりに熱力学平衡定数を書くことで，より簡単に取扱うことができる．濃度を活量で置き換えて

$$K_a = \frac{a_{\text{CaO}}\, a_{\text{CO}_2}}{a_{\text{CaCO}_3}}$$

と書き，慣習により，標準状態（すなわち 1 bar）における純粋固体（および純粋液体）の活量は 1 とする．すなわち $a_{\text{CaO}}=1$ および $a_{\text{CaCO}_3}=1$ である．穏和な圧力下における反応について，それらの値は 1 から大きく外れないと仮定することができ，平衡定数を CO_2 のフガシティーによって書くことができる．

$$K_a = \frac{f_{\text{CO}_2}}{1\ \text{bar}}$$

または，気体の理想的振舞いを仮定して

$$K_P = \frac{P_{\text{CO}_2}}{1\ \text{bar}}$$

ここでフガシティーと圧力は bar の単位をもつ．図 8・5 は CaCO₃ の熱分解における CO₂ の平衡圧力を温度の関数として示している．

例題 8・3

付録 B にあげたデータを用いて，298 K における以下の反応の平衡定数を求めよ．

$$2\,\text{H}_2(\text{g}) + \text{O}_2(\text{g}) \rightleftharpoons 2\,\text{H}_2\text{O}(\text{l})$$

解 熱力学平衡定数は

$$K_a = \frac{a_{\text{H}_2\text{O}}^2}{(f_{\text{H}_2}/1\ \text{bar})^2 (f_{\text{O}_2}/1\ \text{bar})} = \frac{1}{f_{\text{H}_2}^2 f_{\text{O}_2}} (1\ \text{bar})^3$$

で与えられる．理想的振舞いを仮定して

$$K_P = \frac{1}{P_{\text{H}_2}^2 P_{\text{O}_2}} (1\ \text{bar})^3$$

と書く．標準反応ギブズエネルギーは

$$\begin{aligned}\Delta_r G^\circ &= 2\,\Delta_f \overline{G}^\circ(\text{H}_2\text{O}) - 2\,\Delta_f \overline{G}^\circ(\text{H}_2) - \Delta_f \overline{G}^\circ(\text{O}_2) \\ &= (2)(-237.2\ \text{kJ mol}^{-1}) - 2(0) - (0) \\ &= -474.4\ \text{kJ mol}^{-1}\end{aligned}$$

で与えられる．最後に，式（8・7）から

$$-474.4 \times 10^3\ \text{J mol}^{-1} = -(8.314\ \text{J K}^{-1}\ \text{mol}^{-1}) \cdot (298\ \text{K}) \cdot \ln K_P$$

$$K_P = 1.4 \times 10^{83}$$

この非常に大きな K_P 値は，事実上反応が本質的に完結することを示唆している．

溶解平衡

不均一系平衡のもう一つの例に，飽和溶液中でわずかに溶解した塩とそのイオンの間の平衡がある．たとえば，塩化銀を水に溶解したとき，次の平衡が成立する．

$$\text{AgCl}(\text{s}) \rightleftharpoons \text{Ag}^+(\text{aq}) + \text{Cl}^-(\text{aq})$$

この過程の平衡定数を活量で表すと

$$K_a = \frac{a_{\text{Ag}^+}\, a_{\text{Cl}^-}}{a_{\text{AgCl}}}$$

固体である AgCl の活量は 1 なので，上式は

$$K_a = K_{\text{sp}} = a_{\text{Ag}^+}\, a_{\text{Cl}^-}$$

と書き直せる．ここで K_{sp} は**溶解度積**（solubility product）である．Ag^+ と Cl^- の濃度は普通きわめて低いので，K_{sp} を計算するのに活量でなく濃度を使っても差し支えない．

例題 8・4

飽和 AgCl 溶液中の Ag^+ イオンと Cl^- イオンの濃度は 25℃ でどちらも 1.27×10^{-5} である．次の過程

$$\text{AgCl}(\text{s}) \rightleftharpoons \text{Ag}^+(\text{aq}) + \text{Cl}^-(\text{aq})$$

の K_{sp} と $\Delta_r G^\circ$ を計算せよ．

> **解** 活量でなく濃度で表した AgCl の溶解度積の式から
>
> $$K_{sp} = [\text{Ag}^+][\text{Cl}^-]$$
> $$= (1.27 \times 10^{-5})(1.27 \times 10^{-5}) = 1.61 \times 10^{-10}$$
>
> 式 (8・14) から
>
> $$\Delta_r G° = -RT \ln K_{sp}$$
> $$= -(8.314 \text{ J K}^{-1} \text{ mol}^{-1})(298 \text{ K}) \ln (1.61 \times 10^{-10})$$
> $$= 5.59 \times 10^4 \text{ J mol}^{-1} = 55.9 \text{ kJ mol}^{-1}$$
>
> $\Delta_r G°$ は大きな正の値であるから，平衡状態では反応物の生成する方が有利であるということになる．この結果は AgCl の溶解度が小さいことと矛盾しない．

8・4 多段階平衡と共役反応

ここまで考えてきた反応はすべて比較的単純であった．ここで，一つの平衡過程の生成物分子の一つが第二の平衡過程に関わる，より複雑な次式のような過程を考えてみる．

$$(1) \quad \text{A} + \text{B} \rightleftharpoons \text{C} + \text{D}$$
$$(2) \quad \text{C} \rightleftharpoons \text{E}$$

反応 (1) で生じた生成物の一つがさらなる反応で生成物 E になる．反応 (1) の平衡定数 K_1 は

$$K_1 = \frac{[\text{C}][\text{D}]}{[\text{A}][\text{B}]}$$

で与えられる．同様に反応 (2) については

$$K_2 = \frac{[\text{E}]}{[\text{C}]}$$

全反応は反応 (1) と (2) の和になり

$$(1) \quad \text{A} + \text{B} \rightleftharpoons \text{C} + \text{D}$$
$$(2) \quad \text{C} \rightleftharpoons \text{E}$$
$$(3) \quad \text{A} + \text{B} \rightleftharpoons \text{D} + \text{E}$$

式 (3) に対応する平衡定数は

$$K_3 = \frac{[\text{D}][\text{E}]}{[\text{A}][\text{B}]}$$

となり，K_1 と K_2 を掛けても同じ結果が得られ，

$$K_1 K_2 = \frac{[\text{C}][\text{D}]}{[\text{A}][\text{B}]} \times \frac{[\text{E}]}{[\text{C}]} = \frac{[\text{D}][\text{E}]}{[\text{A}][\text{B}]}$$

それゆえ，

$$K_3 = K_1 K_2$$

となる．多段階平衡について重要な点を述べよう：一つの反応が二つ以上の反応の和で表せるなら全反応の平衡定数は個々の反応の平衡定数の積で与えられる．

多段階平衡の多くの例の中の一つに，水溶液中の二塩基酸の解離がある．これを例にして，上の結果を確かめてみよう．炭酸 (H_2CO_3) の平衡定数は 25℃ で次式のようにわかっており

$$\text{H}_2\text{CO}_3 \rightleftharpoons \text{H}^+ + \text{HCO}_3^-$$
$$K_1 = \frac{[\text{H}^+][\text{HCO}_3^-]}{[\text{H}_2\text{CO}_3]} = 4.2 \times 10^{-7}$$

$$\text{HCO}_3^- \rightleftharpoons \text{H}^+ + \text{CO}_3^{2-}$$
$$K_2 = \frac{[\text{H}^+][\text{CO}_3^{2-}]}{[\text{HCO}_3^-]} = 4.8 \times 10^{-11}$$

全反応は二つの反応の和であるから

$$\text{H}_2\text{CO}_3 \rightleftharpoons 2\text{H}^+ + \text{CO}_3^{2-}$$

となり，平衡定数は

$$K_3 = \frac{[\text{H}^+]^2[\text{CO}_3^{2-}]}{[\text{H}_2\text{CO}_3]}$$

よって，

$$K_3 = K_1 K_2 = (4.2 \times 10^{-7})(4.8 \times 10^{-11}) = 2.0 \times 10^{-17}$$

全反応の標準ギブズエネルギーを，個々の反応と関係づけることもできて，

$$-RT \ln K_3 = -RT \ln K_1 - RT \ln K_2$$

なので，

$$\Delta_r G_3° = \Delta_r G_1° + \Delta_r G_2°$$

となる．

共役反応の原理

多くの化学反応および生体反応は**エンダーゴニック反応** (endergonic reaction) ($\Delta_r G° > 0$) であり，平衡状態では生成物が生じる方向は有利でない．しかしながら，ある場合には**エキサゴニック反応** (exergonic reaction) ($\Delta_r G° < 0$) と共役することで，それらの反応は十分に行われうる．まず，銅をその鉱石，Cu_2S から抽出する化学過程を考察してみる．下式に示すように，この反応の $\Delta_r G°$ は大きな正の値をもつので，鉱石を加熱するだけでは銅を十分な収量で得ることはできないだろう．

$$\text{Cu}_2\text{S(s)} \longrightarrow 2\text{Cu(s)} + \text{S(s)} \quad \Delta_r G° = 86.2 \text{ kJ mol}^{-1}$$

しかしながら，Cu_2S の熱分解を硫黄から二酸化硫黄への酸化反応と共役させると*，結果は劇的に変わる．

$$\text{Cu}_2\text{S(s)} \rightarrow 2\text{Cu(s)} + \text{S(s)} \quad \Delta_r G° = 86.2 \text{ kJ mol}^{-1}$$
$$\text{S(s)} + \text{O}_2\text{(g)} \rightarrow \text{SO}_2\text{(g)} \quad \Delta_r G° = -300.1 \text{ kJ mol}^{-1}$$

全反応：
$$\text{Cu}_2\text{S(s)} + \text{O}_2\text{(g)} \rightarrow 2\text{Cu(s)} + \text{SO}_2\text{(g)}$$
$$\Delta_r G° = -213.9 \text{ kJ mol}^{-1}$$

---

* この共役反応の代償は，SO_2 の生成によりひき起こされる酸性雨である．

全反応のギブズエネルギーは，二つの反応のギブズエネルギーの和である．Cu_2S の熱分解における正のギブズエネルギーに対し，硫黄の酸化反応の負のギブズエネルギーはかなり大きいため，全反応のギブズエネルギーは大きく負であり，Cu 生成に有利になる．図 8・6 は，共役反応を力学的な模型で説明したものである．

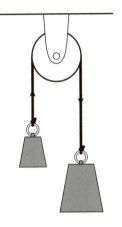

図 8・6 共役反応を説明するための力学的な模型．普通は重力の影響でおもりは下向きに落ちる(自発過程)が，より大きなおもりが落ちるのと組合わせることで，小さなおもりを上に動かすこと(非自発過程)が可能になる．全体は自発過程のままである．これと同様に，大きな負の $\Delta_r G°$ をもつ反応は，より小さな正の $\Delta_r G°$ をもつ別の反応を非自発的な方向に進ませることができる．

共役反応は生体系で重要な役目を果たしている．たとえば，ヒトの体では，代謝過程の間に，グルコースで代表される食物分子を二酸化炭素と水に変換し，その際にギブズエネルギーの相当な放出を伴う．

$$C_6H_{12}O_6 + 6\,O_2 \longrightarrow 6\,CO_2 + 6\,H_2O$$
$$\Delta_r G° = -2880\,\text{kJ mol}^{-1}$$

生きている細胞では，反応は 1 段階（空気中のグルコースの燃焼時のように）で起こることはなく，それどころか，グルコース分子は，酵素の助けを借り，一連の段階を経て，分解される．反応中に放出される多量のギブズエネルギーは，アデノシン二リン酸 (ADP) と正リン酸からアデノシン三リン酸 (ATP) を合成するのに使われる．

$$ADP + H_3PO_4 \longrightarrow ATP + H_2O \quad \Delta_r G° = +31\,\text{kJ mol}^{-1}$$

ATP の役割は，細胞がギブズエネルギーを必要とするまで，それを蓄えておくことにある．適切な状況下では ATP は加水分解されて ADP と正リン酸になり，その際に 31 kJ mol^{-1} のギブズエネルギーを放出するが，これは，タンパク質合成のようなエネルギー的に不利な反応を進めるのに用いられる．

タンパク質はアミノ酸の重合体であり，その段階的な合成には個々のアミノ酸をつないでいく過程が関わる．アラニンとグリシンからアラニルグリシンというジペプチド（2 個のアミノ酸が結合した単位）が生成する反応を考えてみよう．

$$\text{アラニン} + \text{グリシン} \longrightarrow \text{アラニルグリシン}$$
$$\Delta_r G° = +29\,\text{kJ mol}^{-1}$$

この反応は生成物の生成方向にあまり有利ではなく，平衡状態では少量のジペプチドが生成するのみである．しかしながら酵素の助けを借りれば，反応が ATP の加水分解と共役できて次式のようになる．

$$ATP + H_2O + \text{アラニン} + \text{グリシン} \longrightarrow$$
$$ADP + H_3PO_4 + \text{アラニルグリシン}$$

よって，全体の反応ギブズエネルギーは $\Delta_r G° = (-31 + 29)$ kJ mol^{-1}，すなわち -2 kJ mol^{-1} となり，共役反応は生成物ができる方向に有利になったことがわかる（図 8・7）．

最後に注意しておきたいのは，共役反応が多段階平衡に必ず関与できるとは限らないということである．すなわち，一方の反応の生成物が他方の反応に関与できないかもしれない．このような場合，共役の機構は酵素の助けを借りることで可能になる．

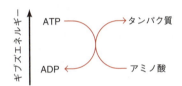

図 8・7 タンパク質合成の際に起こるギブズエネルギー変化の模式図

8・5 平衡定数に対する温度，圧力，触媒の影響

多くの工業的過程では，最も短い時間で最良の収量を得ることを目標にしている．そしてコストを削減するために，できることなら穏和な条件下で反応を行いたい．したがって，平衡定数が温度や圧力のような外部パラメーターによりいかに影響を受けるかを調べることは，実用上，非常に重要である．本節では，平衡定数に対する温度，圧力，触媒の使用の影響について考える．

温度の影響

式 (8・7) は，標準反応ギブズエネルギーと平衡定数を任意の温度において関係づける式であるけれども，通常は，熱力学データが入手しやすいことから，298 K における平衡定数，K_P を求めるのが最も都合がよい．しかしながら，実際には反応が 298 K 以外の温度で行われるかもしれないから，他の温度における $\Delta_r G°$ を知るか，あるいはそのときの K_P 値を求める方法を見つけるか，しなければいけない．ここで問題である: 温度 T_1 におけるある反応の平衡定数 K_1 がわかっているとき，温度 T_2 における同じ反応の

平衡定数 K_2 を計算できるだろうか．答えはイエスである．

温度と平衡定数を関係づける非常に便利な式を，以下で導いてみよう．式 (8・7) を，標準状態の変化について書かれたギブズ・ヘルムホルツの式 [式 (5・15)] に代入すると

$$\left[\partial\left(\frac{\Delta_r G°}{T}\right)\bigg/\partial T\right]_P = -\frac{\Delta_r H°}{T^2}$$

$$\left[\partial\left(\frac{-RT \ln K}{T}\right)\bigg/\partial T\right]_P = -\frac{\Delta_r H°}{T^2}$$

$$\left(\frac{\partial \ln K}{\partial T}\right)_P = \frac{\Delta_r H°}{RT^2} \qquad (8\cdot17)$$

となる．式 (8・17) は**ファントホッフの式** (van 't Hoff equation) として知られている．$\Delta_r H°$ が温度に依存しないと仮定すると，この式は積分でき，

$$\ln \frac{K_2}{K_1} = \frac{\Delta_r H°}{R}\left(\frac{1}{T_1} - \frac{1}{T_2}\right)$$

$$= \frac{\Delta_r H°}{R}\left(\frac{T_2 - T_1}{T_1 T_2}\right) \qquad (8\cdot18)$$

を与える．

$$\ln K = -\frac{\Delta_r G°}{RT}$$

であり，かつ

$$\Delta_r G° = \Delta_r H° - T\Delta_r S°$$

であるから

$$\ln K = -\frac{\Delta_r H°}{RT} + \frac{\Delta_r S°}{R} \qquad (8\cdot19)$$

が導かれる．

式 (8・19) はファントホッフの式のもう一つの形であり，$\Delta_r S°$ は標準反応エントロピーである*．したがって，$\ln K$ を $1/T$ に対してプロットすると勾配が $-\Delta_r H°/R$ に等しく縦軸の切片が $\Delta_r S°/R$ となる直線が得られる (図 8・8)．これは，反応の $\Delta_r H°$ と $\Delta_r S°$ の値を決める便利な方法である．このグラフは，$\Delta_r H°$ と $\Delta_r S°$ が共に温度依存性を示さないときに限り直線になることに注意せよ．比較的小さな温度範囲においては (たとえば 50 K 以内)，この方法はまずまず良い近似値を与える．

式 (8・18) から，いくつかの興味深い性質が見いだされる．ある反応が正方向に対して吸熱的であるとき (すなわち $\Delta_r H°$ が正)，$T_2 > T_1$ を仮定すると，式 (8・18) の左辺は正になり，$K_2 > K_1$ を意味する．反対に，その反応が正方向に対して発熱的であるとき (すなわち $\Delta_r H°$ が負)，式 (8・18) の左辺は負になり，すなわち $K_2 < K_1$ となる．したがって，温度が上昇すると吸熱反応において平衡は左から右

---

* もし $\Delta_r H°$ に温度依存性がないのなら，生成物と反応物の熱容量の変化は 0 である．そのことは，$\Delta_r S°$ にも温度依存性がないことを意味する．$\Delta_r S°/R$ 項は，式 (8・17) の不定積分の積分定数である．

(生成物の生成の方向) へずれるが，発熱反応では右から左 (反応物の生成の方向) へ平衡が移ると結論することができる．この結果は，**ルシャトリエの原理** (Le Châtelier's principle) [フランスの化学者，Henry Louis Le Châtelier (1850～1936) にちなむ] と矛盾しない．ルシャトリエの原理は，平衡にある系に外部からのストレスが加えられると，その平衡を再び達成する上で外部からのストレスを部分的に相殺するように，系はそれ自身を調整するということを言っている．今の場合，"ストレス" は温度変化になる．

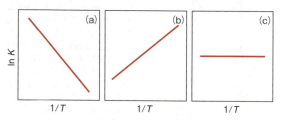

図 8・8　ファントホッフの式について $\ln K$ 対 $1/T$ のグラフ．勾配は $-\Delta_r H°/R$ に等しく，縦軸 ($\ln K$) の切片は $\Delta_r S°/R$ と等しい．(a) $\Delta_r H° > 0$，(b) $\Delta_r H° < 0$，(c) $\Delta_r H° = 0$．すべての場合について，$\Delta_r H°$ は温度に依存しないと仮定する．

例題 8・5

気相において，ヨウ素分子の解離

$$I_2(g) \rightleftharpoons 2I(g)$$

の平衡定数が，下記の温度の下で測定されている．

T/K	872	973	1073	1173
K_P	1.8×10^{-4}	1.8×10^{-3}	1.08×10^{-2}	0.0480

グラフを用いて，この反応の $\Delta_r H°$ と $\Delta_r S°$ を求めよ．

解　式 (8・19) が必要である．まずはじめに，次の表をつくる．

$(1/T)/\text{K}^{-1}$	1.15×10^{-3}	1.03×10^{-3}	9.32×10^{-4}	8.53×10^{-4}
$\ln K_P$	-8.62	-6.32	-4.53	-3.04

次に，$1/T$ に対して $\ln K_P$ をプロットする (図 8・9) と，プロットした点は直線に乗り，その式は $\ln K_P = (-1.875 \times 10^4 \text{ K})/T + 12.954$ となる．$\Delta_r H°$ が温度に依存しないと仮定すると

$$-\frac{\Delta_r H°}{R} = -1.875 \times 10^4 \text{ K}$$

すなわち

$$\Delta_r H° = 1.56 \times 10^2 \text{ kJ mol}^{-1}$$

縦軸の切片は，$\Delta_r S°/R$ に等しいから

$$\Delta_r S° = 12.954(8.314 \text{ J K}^{-1}\text{ mol}^{-1})$$
$$= 108 \text{ J K}^{-1}\text{ mol}^{-1}$$

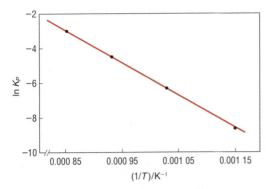

図 8・9 ヨウ素蒸気の解離反応に対する
ファントホッフのプロット

圧力の影響

圧力が変化したとき平衡定数は変わるのだろうかという問いに対しては，平衡定数 K_P を $\Delta_r G°$ と関係づける式 (8・7) を吟味すれば答えることができる．$\Delta_r G°$ は，反応種が特定の圧力 (1 bar) の下で定義されているから，実験が異なる圧力下で行われても変化しない．しかしながら，見かけの平衡定数 K_P は，理想気体のみが反応に関与しているときは圧力に依存しないが，実在気体を含む反応においては圧力に依存する．一方，熱力学平衡定数 K_f は，理想気体および実在気体のどちらにおいても，反応の圧力に依存しない．理想気体の反応については $K_f = K_P$ であるから，一定温度 T の下で

$$\left(\frac{\partial K_P}{\partial P}\right)_T = 0$$

と書ける．

K_P が圧力の影響を受けないということは，平衡にある種々の気体の量が圧力により変化しないということではない．この点を明らかにするために，次のような平衡にある理想気体の気相反応について考察しよう．

$$\underset{n(1-\alpha)}{A(g)} \rightleftharpoons \underset{2n\alpha}{2B(g)}$$

ここで n はもともと存在する A の物質量（モル数）で，α は解離した A 分子の割合を表す．平衡にある分子の全モル数は $n(1+\alpha)$ で，A と B のモル分率は

$$x_A = \frac{n(1-\alpha)}{n(1+\alpha)} = \frac{(1-\alpha)}{(1+\alpha)}$$

$$x_B = \frac{2n\alpha}{n(1+\alpha)} = \frac{2\alpha}{(1+\alpha)}$$

であり，A と B の分圧は

$$P_A = \frac{(1-\alpha)}{(1+\alpha)}P \quad \text{および} \quad P_B = \frac{2\alpha}{(1+\alpha)}P$$

である．ここで P は系の全圧である．平衡定数は

$$K_P = \frac{P_B{}^2}{P_A} = \left(\frac{2\alpha}{1+\alpha}P\right)^2 \Big/ \left(\frac{1-\alpha}{1+\alpha}P\right) = \left(\frac{4\alpha^2}{1-\alpha^2}\right)P$$

で与えられる*．最後の式を変形して

$$\alpha = \sqrt{\frac{K_P}{K_P + 4P}}$$

が得られる．K_P は定数であるから，α の値は P のみに依存する．P が大きければ α は小さいし，P が小さければ α は大きい．この予測はルシャトリエの原理を再び思い起こさせるものである．系が受けるストレスが圧力の増加であるとき，平衡は分子数をより減らす方向，ここでの例だと右から左側へと平衡がずれ，それゆえに α が小さくなる．圧力が減少する場合には逆が成り立つ．

触媒の影響

触媒は，それ自身消費されることなく反応速度を増大させる物質と定義されている．触媒を平衡にある反応系に添加すると，その平衡を特定の方向へとずらすだろうか．この疑問に答えるために，気相平衡

$$A(g) \rightleftharpoons 2B(g)$$

を思考実験として再度考察してみよう．逆反応 ($2B \to A$) を有利にし，正反応 ($A \to 2B$) を不利にする触媒が存在すると想定しよう．次に，図 8・10 に示すような装置を組立てるとする．可動式ピストンの付いたシリンダー中に小さな箱を置く．箱の蓋は糸でピストンに連結し，ピストンの動きに合わせて箱の蓋の開閉ができるようになっている．シリンダー中に気体 A と B の平衡混合物が入っている状態から始め，次にそこに触媒を添加する［図 8・10(a)］．すぐに平衡は A を生成する方向へずれる．1 分子の A を生成するのに 2 分子の B が消費されることから，この段階はシリンダー中の全分子数を減少させ，それゆえに内部の気圧を低下させる．その結果，ピストンは外部の圧力により内側へと押込まれ，その動きはシリンダーの内部と外部の圧力の均衡が再びとれるまで続く．この段階で，箱の蓋は下ろされる［図 8・10(b)］．触媒との接触が無くなり，

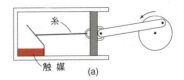

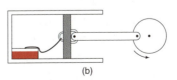

図 8・10 気体反応の平衡の位置を一方向にずらすことができる仮想的な触媒を使った永久運動機械

---

* 簡略化のため，K_P の中の $P°$ 項は省略する．

気体は徐々にそれぞれもとの濃度に戻りBが生成する結果，全分子数が増加しピストンを左から右へと箱の蓋が開くまで押し返す．その後，この全過程はこの系自身により繰返される．

この全体の過程には矛盾があるのだが，気が付いただろうか．このピストンはエネルギーを与えられることなく，また，化学物質の正味の消耗なくして働き続けることができる．そのような装置は永久運動機械として知られる．しかしながら永久運動機械をつくることは熱力学の法則に矛盾するからできないのである．この機械が実現できない理由は，いかなる触媒も，逆反応の速度を同様に増大させることなしに，一方向の反応の速度のみを増大させることはできないからである．この簡単な思考実験から導かれる重要な結論は，触媒は平衡の位置をずらすことができないということである[*1]．平衡にない反応混合物に対し，触媒は正方向と逆方向の反応速度を上げ，その結果，系はより早く平衡に到達するが，たとえ触媒がなくても最終的には同じ平衡状態に達するのである．

8・6 リガンドと金属イオンの巨大分子への結合

小分子（リガンド）がタンパク質や膜表面上の特定の受容体部位とする相互作用は，最も広範に研究された生化学現象の一つである．これら相互作用は可逆的で，その例には，タンパク質中の酸性基および塩基性基によるプロトンの結合および放出，Mg^{2+} や Ca^{2+} などのカチオンとタンパク質や核酸との結合，抗原−抗体反応，ミオグロビンやヘモグロビンによる可逆的な酸素分子との結合などがある．これらの過程は酵素と基質および阻害剤との結合と深く関わっている．

本節では，溶液中におけるリガンドおよび金属イオンの巨大分子への結合に，平衡の考え方を適用してみる．二つの場合に話を絞る．一つは，1巨大分子当たり一つの結合部位をもっている場合，もう一つは，1巨大分子当たりn個の等価で独立した結合部位を含んでいる場合である．ここで用いる手法は厳密に熱力学的であるから，巨大分子の構造および，結合にあずかる共有結合力や他の分子間力の性質については，議論の必要はない．

一つの巨大分子当たり一つの結合部位

これは最も簡単な場合で，巨大分子Pの一つの結合部位がリガンド（L）の1分子（もしくは一つのイオン）と結合する場合である．この反応は

$$P + L \rightleftharpoons PL$$

のように表せる．この結合反応の平衡定数 K_a は

$$K_a = \frac{[PL]}{[P][L]}$$

であるが[*2]，解離定数 K_d を取扱った方がより便利になることが多い[*3]．

$$K_d = \frac{[P][L]}{[PL]} \quad (8 \cdot 20)$$

K_d の値が小さいほど，PL複合体は"より強く"結合している．これら平衡定数は，単純な式，$K_a K_d = 1$ で関係づけられている．

K_d の値を決めるため，まず**結合部位の飽和分率**（fractional saturation of sites）とよばれる Y 値を次式のように定義する．

$$Y = \frac{\text{Pに結合したLの濃度}}{\text{Pの総濃度（すべての形）}}$$
$$= \frac{[PL]}{[P] + [PL]} \quad (8 \cdot 21)$$

Y の値は 0（$[PL]=0$ のとき）から 1（$[P]=0$ のとき）の範囲をとる．たとえば $Y=0.5$ のとき，P分子の半分がLと複合体を形成していて，残りの半分は結合しておらず，したがって，$[P]=[PL]$ および $[L]=K_d$ である．K_d の値を決めるために，まず式 (8・20) を変形して

$$[PL] = \frac{[P][L]}{K_d}$$

この $[PL]$ の表式を式 (8・21) に代入して

$$Y = \frac{[P][L]/K_d}{[P]+[P][L]/K_d} = \frac{[L]}{[L]+K_d} \quad (8 \cdot 22)$$

を得る．$[L]$ は平衡状態で結合していないリガンドの濃度であることに留意する．Y の値 [式 (8・21) 参照] は，以下の方法で決めることができる．はじめに，既知濃度（$[L]_0$）のLを既知濃度（$[P]_0$）のPに加える．平衡においては，$[PL]$ もしくは $[L]$ のいずれかを測定すればよい．なぜなら $[L]_0$ は最初にわかっているうえ，質量収支から $[L]+[PL]=[L]_0$ が要求されるからである．$[P]+[PL]=[P]_0$ より $[P]=[P]_0-[PL]$ となるので，$[P]$ の値を測定する必要はない．$[L]$ と $[PL]$ を実験的に決める手順については，すぐ後で説明する．

式 (8・22) の逆数をとり

$$\frac{1}{Y} = 1 + \frac{K_d}{[L]} \quad (8 \cdot 23)$$

を得る．$1/Y$ を $1/[L]$ に対してプロットすると勾配 K_d の

[*1] 触媒が正方向と逆方向の両方の反応速度を増大させるはずだという真理は，微視的可逆性の原理により推測される（第15章参照）．

[*2] 理想的振舞いを仮定し，活量の代わりに濃度を用いる．
[*3] 訳注：解離平衡は $PL \rightleftharpoons P+L$ と表せる．

直線になる．もう一つの方法として，式 (8・22) を変形して*

$$\frac{Y}{[\mathrm{L}]} = \frac{1}{K_\mathrm{d}} - \frac{Y}{K_\mathrm{d}} \tag{8・24}$$

この場合，$Y/[\mathrm{L}]$ を Y に対してプロットすると，勾配 $-1/K_\mathrm{d}$ の直線となる（図 8・11）．

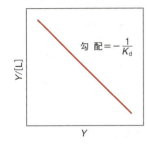

図 8・11 式 (8・24) に従い，$Y/[\mathrm{L}]$ を Y に対しプロットした図

一つの巨大分子当たり n 個の等価な結合部位

次に，1 巨大分子が n 個の等価な結合部位をもつ場合を考えてみる．n 個の等価な結合部位とは，各結合部位は同じ K_d 値をもっているということで，同一分子上の他の部位が占められてもその値は変わることはない．まず $n=2$ の場合を考察し，その後，$n>2$ の場合に一般化する．

巨大分子が二つの等価な結合部位をもつ場合，二つの結合平衡が存在するだろう．

$$\mathrm{P} + \mathrm{L} \rightleftharpoons \mathrm{PL} \qquad K_1 = \frac{[\mathrm{P}][\mathrm{L}]}{[\mathrm{PL}]}$$

$$\mathrm{PL} + \mathrm{L} \rightleftharpoons \mathrm{PL}_2 \qquad K_2 = \frac{[\mathrm{PL}][\mathrm{L}]}{[\mathrm{PL}_2]}$$

K_1 と K_2 は解離定数（図 8・12）である．ここでの Y は

$$\begin{aligned} Y &= \frac{\mathrm{P}\text{に結合した L の濃度}}{\mathrm{P}\text{の総濃度（すべての形）}} \\ &= \frac{[\mathrm{PL}] + 2[\mathrm{PL}_2]}{[\mathrm{P}] + [\mathrm{PL}] + [\mathrm{PL}_2]} \end{aligned} \tag{8・25}$$

と定義される．PL_2 は 1 分子の P に 2 分子の L が結合しているから，L の濃度は $[\mathrm{PL}_2]$ を 2 倍する必要があることに注意する．

$$[\mathrm{PL}] = \frac{[\mathrm{P}][\mathrm{L}]}{K_1} \quad \text{と} \quad [\mathrm{PL}_2] = \frac{[\mathrm{PL}][\mathrm{L}]}{K_2} = \frac{[\mathrm{P}][\mathrm{L}]^2}{K_1 K_2}$$

を式 (8・25) に代入して

$$\begin{aligned} Y &= \frac{[\mathrm{P}][\mathrm{L}]/K_1 + 2[\mathrm{P}][\mathrm{L}]^2/(K_1 K_2)}{[\mathrm{P}] + [\mathrm{P}][\mathrm{L}]/K_1 + [\mathrm{P}][\mathrm{L}]^2/(K_1 K_2)} \\ &= \frac{[\mathrm{L}]/K_1 + 2[\mathrm{L}]^2/(K_1 K_2)}{1 + [\mathrm{L}]/K_1 + [\mathrm{L}]^2/(K_1 K_2)} \end{aligned} \tag{8・26}$$

---

* 訳注: p. 164 の式 (8・32) の誘導を参照．

と書き表す．

二つの結合部位は独立で同じ解離定数をもっていることから，K_1 と K_2 は同じになると最初は思うかもしれない．しかし，ある統計的要因のためにこれは真ではない．K を

$$\boxed{} \underset{K_1}{\rightleftharpoons} \boxed{\mathrm{L}} \underset{K_2}{\rightleftharpoons} \boxed{\mathrm{L}\mathrm{L}}$$
$$\mathrm{P} \qquad\qquad \mathrm{PL} \qquad\qquad \mathrm{PL}_2$$

図 8・12 二つの等価な結合部位をもつ巨大分子へのリガンド L の逐次結合

ある結合部位の解離定数としよう．このとき，K は **固有解離定数**（intrinsic dissociation constant）とよばれる．すると，$2K_1 = K$ である．なぜなら，L と P の結合の仕方は 2 通りであり，PL から L が脱離する仕方は 1 通りだからである（もし一つの結合部位しかないとしたら，K_1 は K と等しいだろう）．一方，L が結合した後では，L と PL の結合の仕方は 1 通りであり，PL_2 から L が脱離する仕方は 2 通りである．ゆえに，$K_2 = 2K$ である．i 番目の解離定数 K_i と K の一般的な関係式は

$$K_i = \left(\frac{i}{n-i+1}\right) K \tag{8・27}$$

で与えられる．今回の例では $i=1, 2$ で $n=2$ であり，式 (8・27) から

$$K_1 = \frac{K}{2} \quad \text{と} \quad K_2 = 2K$$

したがって，純粋な統計的分析に基づいて，第二解離定数は第一解離定数より 4 倍大きい，すなわち $K_2 = 4K_1$ であることがわかる (p. 167 の補遺 8・2 参照)．K は個々の解離定数の相乗平均であることに注目する．すなわち

$$K = \sqrt{K_1 K_2} \tag{8・28}$$

次に，式 (8・26) は

$$\begin{aligned} Y &= \frac{2[\mathrm{L}]/K + 2[\mathrm{L}]^2/K^2}{1 + 2[\mathrm{L}]/K + [\mathrm{L}]^2/K^2} \\ &= \frac{(2[\mathrm{L}]/K)(1 + [\mathrm{L}]/K)}{(1 + [\mathrm{L}]/K)^2} = \frac{2[\mathrm{L}]}{[\mathrm{L}] + K} \end{aligned} \tag{8・29}$$

と書くことができる．式 (8・29) は二つの等価な結合部位に対して得られた結果である．

一般的に n 個の等価な結合部位に対して

$$Y = \frac{n[\mathrm{L}]}{[\mathrm{L}] + K} \tag{8・30}$$

である*．式 (8・30) は，グラフで表すのに適した形に変形することができる．最もよく行われる三つの方法を見ていこう．

---

* n 個の等価な結合部位に対して，$K = (K_1 K_2 K_3 \cdots K_n)^{1/n}$ である．

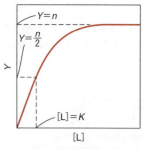

図8・13 リガンド濃度（[L]）に対する飽和分率（Y）のプロット

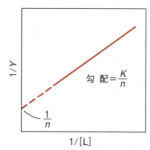

図8・14 1/[L]に対する1/Yのプロット．二重逆数プロット，ヒューズ・クロッツプロットともよばれる．

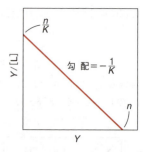

図8・15 Yに対するY/[L]のプロット．スキャッチャードプロットともよばれる．

1. 直接プロット 図8・13は，Yをリガンド濃度に対してプロットしたグラフを示している．このタイプの直接プロットは双曲線を与えるが，これは単純な結合（すなわち，その結合部位がすべて等価で相互作用しないような結合）に特徴的なものである．[L]=KのときはY=n/2が得られ，リガンドが非常に高濃度のときには[L]≫Kを仮定することができるので，Y=nとなる．しかしながら，直接プロットはnとKの値を求めるのに一般にそれほど便利ではない．なぜなら，リガンドを非常に高濃度にしてnを決めるのは難しいことが多いが，nの値がわからないとKを決めることができないからである．

2. 二重逆数プロット 式 (8・30) の各辺の逆数をとると

$$\frac{1}{Y} = \frac{1}{n} + \frac{K}{n[L]} \quad (8 \cdot 31)$$

を得る．したがって，1/Yを1/[L]に対してプロットすると勾配K/nの直線になり，縦軸の切片が1/nとなる（図8・14）．このプロットは，**二重逆数プロット**（double reciprocal plot）または**ヒューズ・クロッツプロット**（Hughes-Klotz plot）として知られている．

3. スキャッチャードプロット 式 (8・30) から出発して

$$Y[L] + KY = n[L]$$
$$\frac{Y[L]}{K} + Y = \frac{n[L]}{K}$$
$$Y = \frac{n[L]}{K} - \frac{Y[L]}{K}$$

すなわち

$$\frac{Y}{[L]} = \frac{n}{K} - \frac{Y}{K} \quad (8 \cdot 32)$$

を得る．式 (8・32) のプロットは**スキャッチャードプロット**（Scatchard plot）として知られている［米国の化学者，George Scatchard（1892～1973）にちなむ］．したがって，Yに対してY/[L]をプロットすることで，勾配が$-1/K$で横軸の切片がnの直線が得られる（図8・15）．

平衡透析

巨大分子へのリガンドの結合の理論的側面については議論したので，次に，nとKの値を決めるための一つの特別な実験方法である**平衡透析**（equilibrium dialysis）を概観してみる．

透析とは，タンパク質溶液に含まれる小さなイオンや他の溶質分子を，半透膜を通してタンパク質溶液から取除く過程である．今，仮に，ヘモグロビンを硫酸アンモニウムを用いた塩析によって溶液から析出させたとしよう（§7・5

図8・16 透析実験．小さな点（●）はリガンドを表し，大きな点（●）はタンパク質を表す．(a) 透析の始まり．(b) 平衡状態では，いくらかの小さいイオンはセロハン袋の外へ拡散している．ビーカーの中の緩衝液を繰返し交換することにより，この過程ですべての小さいイオンを取除くことができる．

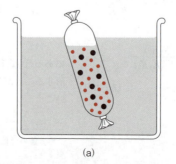

(a)

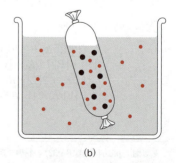

(b)

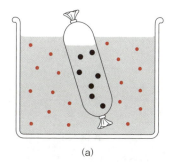
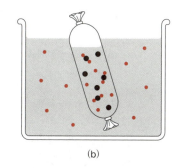

図 8・17 平衡透析の模式図．小さな点（●）はリガンドを，大きな点（●）はタンパク質を表す．(a) はじめにタンパク質溶液が入ったセロハン袋をリガンドを含む緩衝液に浸す．(b) 平衡状態では，いくらかのリガンドは袋の中へと拡散し，タンパク質分子と結合する．

参照)．析出したタンパク質から以下の方法で $(NH_4)_2SO_4$ 塩を取除ける．まず析出物を水，もしくはより一般的には緩衝液へ溶かす．次にこのタンパク質溶液を半透膜であるセロハン袋に移してから，その袋と同じ緩衝液が入ったビーカーに浸す (図 8・16)．NH_4^+ と SO_4^{2-} イオンは共に十分小さいので，膜を貫通して拡散できるが，タンパク質分子は膜を通り抜けることができないので，袋内のイオンは化学ポテンシャルの低い袋外の溶液へと溶け込んでいく．

$$(\mu_{NH_4^+})_{袋内} > (\mu_{NH_4^+})_{袋外}$$
$$(\mu_{SO_4^{2-}})_{袋内} > (\mu_{SO_4^{2-}})_{袋外}$$

袋からのイオンの流出は，袋の内と外とで，カチオンとアニオンの化学ポテンシャルが等しくなるまで続き，平衡に達する．必要があれば，ビーカー中の緩衝液を何回も交換することにより，すべての $(NH_4)_2SO_4$ を除くことができる．

上述した方法は，逆に，イオンや小さなリガンドとタンパク質の結合について調べる方法としても利用できる．その場合，まずリガンドを含まない緩衝液に溶かしたタンパク質溶液 (相 1 とよぶ) をセロハン袋に入れる．次に既知濃度のリガンド (L) を含む同類の緩衝液 (相 2 とよぶ) にセロハン袋を浸す．平衡においては，自由な (結合していない) リガンドの化学ポテンシャル (μ_L) は両相において同じでなければいけない (図 8・17)．したがって

$$(\mu_L)_1^{未結合} = (\mu_L)_2^{未結合} \quad (8・33)$$

すなわち

$$(\mu° + RT \ln a_L)_1^{未結合} = (\mu° + RT \ln a_L)_2^{未結合} \quad (8・34)$$

ここで標準化学ポテンシャル $\mu°$ は，袋の両側において同じなので

$$(a_L)_1^{未結合} = (a_L)_2^{未結合} \quad (8・35)$$

である．希薄溶液のときは，活量を濃度で置き換えることができるので

$$[L]_1^{未結合} = [L]_2^{未結合} \quad (8・36)$$

であるが，袋の中のリガンドの全濃度は

$$[L]_1^{全} = [L]_1^{結合} + [L]_1^{未結合} \quad (8・37)$$

で与えられる．したがって，タンパク質分子に結合したリガンドの濃度は

$$[L]_1^{結合} = [L]_1^{全} - [L]_1^{未結合} \quad (8・38)$$

である．式 (8・38) の右辺の 1 番目の量は，ビーカーから袋を取出した後，袋の中の溶液を分析することにより決めることができる．2 番目の量は，ビーカーに残っている溶液中のリガンドの濃度を測定することによって得ることができる (結合していないリガンドの濃度は相 1 と 2 で等しいことを思い出そう)．さてここで，固有解離定数 K と結合部位の数 n の平衡透析法による求め方を見ていこう．既知濃度のタンパク質溶液が相 1 に，既知濃度のリガンド溶液が相 2 に入っているところから始めるとしよう．平衡において Y は

$$Y = \frac{[L]_1^{結合}}{[P]^{全}} \quad (8・39)$$

で与えられる [式 (8・25) 参照]．$[P]^{全}$ はもともとのタンパク質溶液の濃度である．実験は，タンパク質溶液とリガンド溶液の濃度を変化させて繰返し行うことができるので，ヒューズ・クロッツプロットもしくはスキャッチャードプロットから K と n の値を決めることができる．式 (8・31) と式 (8・32) 中の [L] は，平衡において結合していないリガンドの濃度に当たることに留意しよう．今の場合だと，$[L]_1^{未結合}$ である．

平衡透析法は，薬物，ホルモン，その他の小分子をタンパク質や核酸に結合させる方法として非常にうまく用いられてきた．リガンドは非電解質であるとし，また相 1 および相 2 の中の結合していないリガンドの濃度は平衡において等しいと，暗黙のうちに仮定したことに注意しよう．もしリガンドが電解質ならば，透析のデータを扱う上でドナン効果を適用しなくてはならない．

重要な式

$\Delta_r G° = -RT \ln K_P$	$\Delta_r G°$ と K_P との関係	式(8·7)
$\Delta_r G = \Delta_r G° + RT \ln Q$	反応ギブズエネルギー	式(8·9)
$\gamma = \dfrac{f}{P}$	フガシティー係数	式(8·11)
$\ln \dfrac{K_2}{K_1} = \dfrac{\Delta_r H°}{R}\left(\dfrac{T_2 - T_1}{T_1 T_2}\right)$	ファントホッフの式	式(8·18)
$\ln K = -\dfrac{\Delta_r H°}{RT} + \dfrac{\Delta_r S°}{R}$	ファントホッフの式	式(8·19)

補遺 8·1 フガシティーと圧力の関係

§8·1で述べたように，フガシティーは特に高圧の気体が関わる化学平衡を研究する上で，実在気体の圧力を表現するために導入された．簡単のため，純物質の気体についてフガシティーと圧力の関係式を導くことにするが，その結果は容易に混合気体の分圧へと展開できる．

理想気体のギブズエネルギーは

$$\overline{G}_{\text{理想}} = \overline{G}° + RT \ln \frac{P}{1\,\text{bar}} \tag{1}$$

で与えられる[式(5·18)参照]．Gilbert Lewis は，実在気体に対し，類似の式

$$\overline{G}_{\text{実在}} = \overline{G}° + RT \ln \frac{f}{1\,\text{bar}} \tag{2}$$

を使えると提案した．この f が実在気体のフガシティーである．フガシティーは圧力と同じ単位をもつが，実験的には測定できない．気体の圧力が0に近づくにつれて，実在気体は理想気体の振舞いに近づき，フガシティーと圧力は合致し，同じ量になる．

種々の温度と圧力の下，気体のフガシティーを計算する方法を見つけることが次の問題となる．理想気体の標準状態では，$P=1\,\text{bar}$ である．1 bar での実在気体は標準状態ではないが，差は小さいので，式(1)と式(2)の中の $\overline{G}°$ の値は同じと仮定する（図8·4参照）．ここで

$$\overline{G}_{\text{実在}} - \overline{G}_{\text{理想}} = RT \ln \frac{f}{P} \tag{3}$$

と書くことができる．$(\overline{G}_{\text{実在}} - \overline{G}_{\text{理想}})$ を見積もるために，以下のような操作を行う．式(5·16)はモル量で表すと

$$\left(\frac{\partial \overline{G}}{\partial P}\right)_T = \overline{V} \tag{4}$$

となる．すなわち

$$d\overline{G} = \overline{V}\,dP$$

この式は，理想気体および実在気体のいずれにも適用される．$P\overline{V}_{\text{理想}} = RT$ であるから，理想気体に対しては

$$d\overline{G}_{\text{理想}} = \overline{V}_{\text{理想}}\,dP = \left(\frac{RT}{P}\right)dP \tag{5}$$

であり，また実在気体に対しては

$$d\overline{G}_{\text{実在}} = \overline{V}_{\text{実在}}\,dP \tag{6}$$

である．実在気体のモル体積 $\overline{V}_{\text{実在}}$ は直接測定できるし，また実在気体の状態方程式から計算できる．したがって

$$d(\overline{G}_{\text{実在}} - \overline{G}_{\text{理想}}) = \left(\overline{V}_{\text{実在}} - \frac{RT}{P}\right)dP$$

となる．$P=0$（このとき $\overline{G}_{\text{実在}} = \overline{G}_{\text{理想}}$ で，圧力とフガシティーは等しい）から問題にしている圧力 P までの範囲で積分し，

$$\int_0^P d(\overline{G}_{\text{実在}} - \overline{G}_{\text{理想}}) = (\overline{G}_{\text{実在}} - \overline{G}_{\text{理想}})$$
$$= \int_0^P \left[\overline{V}_{\text{実在}} - \left(\frac{RT}{P}\right)\right]dP \tag{7}$$

式(3)を式(7)に代入して

$$\ln \frac{f}{P} = \frac{1}{RT}\int_0^P \left[\overline{V}_{\text{実在}} - \left(\frac{RT}{P}\right)\right]dP$$
$$= \int_0^P \left(\frac{\overline{V}_{\text{実在}}}{RT} - \frac{1}{P}\right)dP \tag{8}$$

を得る．すなわち式(9)となる．

$$\ln f = \ln P + \int_0^P \left(\frac{\overline{V}_{\text{実在}}}{RT} - \frac{1}{P}\right)dP \tag{9}$$

温度 T における $\overline{V}_{\text{実在}}$ が圧力の関数としてわかっているなら，式(9)の積分はグラフを用いて見積もることができる．もう一つの方法として，$\overline{V}_{\text{実在}}$ が状態方程式を使って圧力の関数として表せるのなら，積分により解析解を見積もることができる．以下の例題は後者の手法の例である．

例題 1

アンモニアに対する満足のいく状態方程式に，いわゆる剛体球気体モデルに対する改良ファンデルワールス式，$P(\overline{V}-b) = RT$ がある．ここで $b=0.0379$ L mol^{-1} である．温度 298 K における圧力が 50 atm のとき，この気体のフガシティーを計算せよ．

解 $\overline{V}_{\text{実在}} = (RT/P) + b$ であるから，式(8)は

$$\ln\frac{f}{P} = \int_0^{50\,\text{atm}} \left(\frac{b}{RT}\right) dP$$

$$= \frac{(0.0379\,\text{L mol}^{-1})(50\,\text{atm})}{(0.082\,06\,\text{L atm K}^{-1}\,\text{mol}^{-1})(298\,\text{K})} = 0.0775$$

と書ける.したがって

$$f = P\,e^{0.0775} = (50\,\text{atm})(1.08) = 54\,\text{atm}$$

コメント 圧力が高いので,アンモニア気体が理想的に振舞うことは期待できない.フガシティー係数 γ すなわち f/P は,54/50 つまり 1.1 である.

補遺 8・2　K_1 と K_2 の関係と固有解離定数 K

巨大分子 (P) が,二つの独立で等価な結合部位をもっている場合を考えてみよう.これら二つの部位は区別できるものとして,それぞれ (1) および (2) というようにラベルを付ける.これらの部位は等価であるから,リガンド (L) の解離の平衡定数,すなわち p.163 で固有解離定数 (K) とよんだものは以下の二つの過程に対して同じである.

$$P + L \rightleftharpoons PL^{(1)} \qquad K = \frac{[P][L]}{[PL^{(1)}]}$$

$$P + L \rightleftharpoons PL^{(2)} \qquad K = \frac{[P][L]}{[PL^{(2)}]}$$

PL の全濃度は下式で与えられる.

$$[PL] = [PL^{(1)}] + [PL^{(2)}]$$
$$= \frac{[P][L]}{K} + \frac{[P][L]}{K} = \frac{2[P][L]}{K} \tag{1}$$

また,結合平衡を以下のようにも表せる.

$$P + L \rightleftharpoons PL \quad (どちらかの部位)$$

このときの解離定数 K_1 は式 (2) で表せる.

$$K_1 = \frac{[P][L]}{[PL]} \tag{2}$$

式 (1) を式 (2) に代入して下式を得る.

$$K_1 = \frac{[P][L]}{2[P][L]/K} = \frac{K}{2} \tag{3}$$

固有解離定数の定義に立ち戻って,リガンドが結合部位 (1) と (2) に逐次的に結合すると仮定すると

$$P + L \rightleftharpoons PL^{(1)} \qquad K = \frac{[P][L]}{[PL^{(1)}]}$$

$$PL^{(1)} + L \rightleftharpoons PL_2^{(1)(2)} \qquad K = \frac{[PL^{(1)}][L]}{[PL_2^{(1)(2)}]}$$

全反応:　$P + 2L \rightleftharpoons PL_2^{(1)(2)}$

と書ける.全反応に対する解離定数は,それぞれの段階の解離定数の積で与えられるので

$$K_{全体} = K^2 = \frac{[P][L]^2}{[PL_2^{(1)(2)}]} \tag{4}$$

すなわち

$$[PL_2^{(1)(2)}] = \frac{[P][L]^2}{K^2} \tag{5}$$

次に以下の過程を考える.

$$PL(どちらかの部位) + L \rightleftharpoons PL_2^{(1)(2)}$$

この過程の解離定数 K_2 は式 (6) で表せる.

$$K_2 = \frac{[PL][L]}{[PL_2^{(1)(2)}]} \tag{6}$$

式 (1) と式 (5) を式 (6) に代入すると,式 (7),式 (8) の結論に達する.

$$K_2 = \frac{(2[P][L]/K)[L]}{[P][L]^2/K^2} = 2K \tag{7}$$

$$K_2 = 4K_1 \tag{8}$$

参考文献

書　籍

R. M. Hanson, S. Green, "Introduction to Molecular Thermodynamics," University Science Books, Sausalito, CA (2008).

I. M. Klotz, R. M. Rosenberg, "Chemical Thermodynamics, 6th Ed.," John Wiley & Sons, New York (2000).

D. A. McQuarrie, J. Simon, "Molecular Thermodynamics," University Science Books, Sausalito, CA (1999).

P. Rock, "Chemical Thermodynamics," University Science Books, Sausalito, CA (1983).

論　文

総　説:

J. T. MacQueen, 'Some Observations Concerning the van 't Hoff Equation,' *J. Chem. Educ.*, **44**, 755 (1967).

R. C. Plumb, "High Altitude Acclimatization," *J. Chem. Educ.*, **48**, 75 (1971).

M. D. Seymour, Q. Fernando, 'Effect of Ionic Strength on Equilibrium Constants,' *J. Chem. Educ.*, **54**, 225 (1977).

W. F. Harris, 'Clarifying the Concept of Equilibrium in Chemically Reacting Systems,' *J. Chem. Educ.*, **59**, 1034 (1982).

M. L. Hernandez, J. M. Alvarino, 'On the Dynamic Nature of Chemical Equilibrium,' *J. Chem. Educ.*, **60**, 930 (1983).

R. T. Allsop, N. H. George, 'Le Châtelier's Principle — a Redundant Principle?' *Educ. Chem.*, **21**, 82 (1984).

J. Gold, V. Gold, 'Le Châtelier's Principle and the Law of van 't Hoff,' *Educ. Chem.*, **22**, 82 (1985).

R. J. Tykodi, 'A Better Way of Dealing with Chemical Equilibrium,' *J. Chem. Educ.*, **63**, 582 (1986).

H. R. Kemp, 'The Effect of Temperature and Pressure on Equilibria: A Derivation of the van 't Hoff Rules,' *J. Chem. Educ.*, **64**, 482(1987).

S. R. Logan, 'Entropy of Mixing and Homogeneous Equilibrium,' *Educ. Chem.*, **25**, 44(1988).

J. J. MacDonald, 'Equilibrium, Free Energy, and Entropy: Rates and Differences,' *J. Chem. Educ.*, **67**, 380(1990).

J. J. MacDonald, 'Equilibria and $\Delta G°$,' *J. Chem. Educ.*, **67**, 745(1990).

A. A. Gordus, 'Chemical Equilibrium,' *J. Chem. Educ.*, **68**, 138, 215, 291, 397, 566, 656, 759, 927(1991).

F. M. Horuack, 'Reaction Thermodynamics: A Flawed Derivation,' *J. Chem. Educ.*, **69**, 112(1992).

D. J. Wink, 'The Conversion of Chemical Energy,' *J. Chem. Educ.*, **69**, 264(1992).

K. Anderson, 'Practical Calculation of the Equilibrium Constant and the Enthalpy of Reaction at Different Temperature,' *J. Chem. Educ.*, **71**, 474(1994).

A. C. Banerjee, 'Teaching Chemical Equilibrium and Thermodynamics in Undergraduate General Chemistry Classes,' *J. Chem. Educ.*, **72**, 879(1995). *J. Chem. Educ.*, **73**, A261(1996) も参照.

R. S. Ochs, 'Thermodynamics and Spontaneity,' *J. Chem. Educ.*, **73**, 952(1996).

R. S. Treptow, 'Free Energy Versus Extent of Reaction,' *J. Chem. Educ.*, **73**, 51(1996). *J. Chem. Educ.*, **74**, 22(1997) も参照.

R. S. Treptow, L. Jean, 'The Iron Blast Furnace: A Study in Chemical Thermodynamics,' *J. Chem. Educ.*, **75**, 43 (1998).

S. V. Glass, R. L. DeKock, 'A Mechanical Analogue for Chemical Potential, Extent of Reaction, and the Gibbs Energy,' *J. Chem. Educ.*, **75**, 190(1998).

F. H. Chapple, 'The Temperature Dependence of $\Delta G°$ and the Equilibrium Constant, K_{eq}; Is There a Paradox?' *J. Chem. Educ.*, **75**, 342(1998).

R. S. Treptow, 'How Thermodynamic Data and Equilibrium Constants Changed When the Standard-State Pressure Became 1 Bar,' *J. Chem. Educ.*, **76**, 212(1999).

S. G. Canagaratna, 'The Use of Extent of Reaction in Introductory Courses,' *J. Chem. Educ.*, **77**, 52(2000).

R. Chang, J. W. Thoman, Jr., 'Illustrating Chemical Concepts with Coin Flipping,' *Chem. Educator* [Online], **6**, 360(2001). DOI: 10.1007/s00897010524a.

J. C. Barreto, T. Dubetz, D. W. Brown, P. D. Barreto, C. M. Coates, A. Cobb, 'Determining the Enthalpy, Free Energy, and Entropy for the Solubility of Salicylic Acid with the van 't Hoff Equation: A Spectrophotometric Determination of K_{eq},' *Chem. Educator* [Online], **12**, 18 (2007). DOI: 10.1333/s00897072002a.

フガシティー:

J. S. Winn, 'The Fugacity of van der Waals Gas,' *J. Chem. Educ.*, **65**, 772(1988).

L. L. Combs, 'An Alternative View of Fugacity,' *J. Chem. Educ.*, **69**, 218(1992).

M. C. A. Donkersloot, 'Fugacity — More Than a Fake Pressure,' *J. Chem. Educ.*, **69**, 290(1992).

J. D. Ramshaw, 'Fugacity and Activity in a Nutshell,' *J. Chem. Educ.*, **72**, 601(1995).

M. Jemal, 'An Alternate Method of Introducing Fugacity,' *Chem. Educator* [Online], **4**, 1(1999). DOI: 10.1007/s00897990284a.

結合における平衡:

S. A. Katz, C. Parfitt, R. Purdy, 'Equilibrium Dialysis,' *J. Chem. Educ.*, **47**, 721(1970).

A. Orstan, J. F. Wojcik, 'Spectroscopic Determination of Protein-Ligand Binding Constants,' *J. Chem. Educ.*, **64**, 814(1987).

R. H. Barth, 'Dialysis,' "Encyclopedia of Applied Physics," ed. by G. L. Trigg, Vol. 4, p. 533, VCH Publishers, New York(1992).

A. D. Atlie, R. T. Raines, 'Analysis of Receptor-Ligand Interactions,' *J. Chem. Educ.*, **72**, 119(1995).

A. T. Marcoline, T. E. Elgren, 'A Thermodynamic Study of Azide Binding to Myoglobin,' *J. Chem. Educ.*, **75**, 1622 (1998).

問　題

化学平衡

8・1 気体反応の平衡定数は，圧力 (K_P)，濃度 (K_c)，モル分率 (K_x) の形で表すことができる．

$$a\,\mathrm{A(g)} \rightleftharpoons b\,\mathrm{B(g)}$$

という仮想的な反応に対し，以下の関係式を導け．

(a) $K_P = K_c(RT)^{\Delta n}(P°)^{-\Delta n}$

(b) $K_P = K_x P^{\Delta n}(P°)^{-\Delta n}$

ここで，Δn は反応物と生成物の差(モル単位)であり，P は系の全圧である．理想気体の振舞いをすると仮定せよ．

8・2 1024 ℃ において酸化銅(II)(CuO) の分解で発生する酸素の圧力は 0.49 bar である．

$$4\,CuO(s) \rightleftharpoons 2\,Cu_2O(s) + O_2(g)$$

(a) 反応の K_P の値はいくらか.
(b) 0.16 mol の CuO を 2.0 L のフラスコに入れ，1024 ℃ に加熱したときに CuO が分解する割合を求めよ.
(c) 1.0 mol の CuO を用いたときは CuO の分解する割合はどうなるか.
(d) 反応が平衡に達するための CuO の最少量は何モルか.

8・3 気体の二酸化窒素は実際には，二酸化窒素 (NO_2) と四酸化二窒素 (N_2O_4) の混合気体である．この混合気体の密度が 74 ℃，1.3 atm で 2.3 g L^{-1} であるとして，それら気体の分圧を求め，N_2O_4 の解離に対する K_P の値を計算せよ.

8・4 工業用水素は，約 75 % が **水蒸気改質法** (steam reforming process) によって製造されている．この製造過程は第一変成および第二変成とよばれる，二つの段階からなっている．第一段階では，約 30 atm の水蒸気とメタンの混合物を 800 ℃ のニッケル触媒上で加熱することにより，水素と一酸化炭素を生成する.

$$CH_4(g) + H_2O(g) \rightleftharpoons CO(g) + 3\,H_2(g)$$
$$\Delta_r H° = 206\ \text{kJ mol}^{-1}$$

第二段階は，約 1000 ℃ で行われ，空気の存在下で未反応のメタンを水素へと転換する.

$$CH_4(g) + \tfrac{1}{2} O_2(g) \rightleftharpoons CO(g) + 2\,H_2(g)$$
$$\Delta_r H° = 35.7\ \text{kJ mol}^{-1}$$

(a) 第一段階と第二段階の反応をどちらも有利に進めるには，どんな温度と圧力の条件にすればよいか.
(b) 800 ℃ における第一段階の平衡定数 K_c は 18 である.
(ⅰ) 反応の K_P の値を計算せよ.
(ⅱ) メタンと水蒸気の初期分圧を共に 15 atm にすると，平衡におけるすべての気体の圧力はいくらになるか.

8・5 以下の反応を考える.

$$PCl_5(g) \rightleftharpoons PCl_3(g) + Cl_2(g)$$

250 ℃ における K_P は 1.05 である．2.50 g の PCl_5 を真空にした 0.500 L のフラスコに入れ，250 ℃ に加熱した.

(a) PCl_5 が解離しないときの PCl_5 の圧力を計算せよ.
(b) 平衡での PCl_5 の分圧を計算せよ.
(c) 平衡での全圧はいくらか.
(d) PCl_5 の解離度はいくらか（解離度は解離した PCl_5 の比率で与えられるとする).

8・6 26 ℃ での水銀の蒸気圧は 0.002 mmHg である.

(a) $Hg(l) \rightleftharpoons Hg(g)$ の過程について K_c と K_P の値を計算せよ.
(b) ある化学者が温度計を壊し，長さ 6.1 m，幅 5.3 m，高さ 3.1 m の実験室の床の上に水銀をまき散らしてしまった．水銀蒸気が平衡に達したときの蒸気になった水銀の質量 [単位は g] と水銀蒸気の濃度 [単位は mg m^{-3}] を計算せよ．この濃度は，安全限界値 0.05 mg m^{-3} を上回るか（実験室内の備品および他の器物の体積は無視せよ).

8・7 密閉容器の中で 0.20 mol の二酸化炭素を過剰のグラファイトと共にある温度まで加熱し，以下の平衡に至った.

$$C(s) + CO_2(g) \rightleftharpoons 2\,CO(g)$$

これらの条件下で，気体の平均モル質量は 35 g mol^{-1} であった.

(a) CO と CO_2 のモル分率を計算せよ.
(b) 全圧が 11 atm のとき K_P の値はいくらか〔ヒント：平均モル質量は，それぞれの気体のモル分率に各モル質量を掛け合わせ，その和をとったものである〕.

ファントホッフの式

8・8 $CaCO_3$ の熱分解について考える.

$$CaCO_3(s) \rightleftharpoons CaO(s) + CO_2(g)$$

CO_2 の平衡蒸気圧は，700 ℃ では 22.6 mmHg，950 ℃ では 1829 mmHg である．標準反応エンタルピーを計算せよ.

8・9 以下の反応について考える.

$$CO_2(g) + H_2(g) \rightleftharpoons CO(g) + H_2O(g)$$

この反応の平衡定数は 960 K で 0.534，1260 K で 1.571 である．反応エンタルピーはいくらか.

8・10 ドライアイス（固体の CO_2）の蒸気圧は，−80 ℃ で 672.2 Torr，−70 ℃ で 1486 Torr である．CO_2 のモル昇華熱を計算せよ.

8・11 自動車の排気ガスに含まれる一酸化窒素 (NO) は，主要な大気汚染物質である．付録 B のデータを用いて，25 ℃ における以下の反応の平衡定数を計算せよ.

$$N_2(g) + O_2(g) \rightleftharpoons 2\,NO(g)$$

このとき，$\Delta_r H°$ と $\Delta_r S°$ はどちらも温度に依存しないと仮定せよ．1500 ℃（自動車が走り出してからしばらくしたときの，自動車エンジンのシリンダー内部の典型的な温度）におけるこの反応の平衡定数を計算せよ.

$\Delta G°$ と K

8・12 298 K において平衡定数が，それぞれ 1.0×10^{-4}，1.0×10^{-2}，1.0，1.0×10^{2}，1.0×10^{4} の場合の，$\Delta_r G°$ を計算せよ.

8・13 付録 B にあげたデータを用いて，298 K で HCl を合成する下記の反応の平衡定数 K_P を計算せよ.

$$H_2(g) + Cl_2(g) \rightleftharpoons 2\,HCl(g)$$

平衡が下式で表された場合の K_P の値はいくらか.

$$\tfrac{1}{2} H_2(g) + \tfrac{1}{2} Cl_2(g) \rightleftharpoons HCl(g)$$

8・14 298 K および 1 atm の下で，N_2O_4 の NO_2 への解離

$$N_2O_4(g) \rightleftharpoons 2\,NO_2(g)$$

は 16.7 % 達成される．この反応の平衡定数と標準反応ギ

ブズエネルギーを計算せよ［ヒント：解離度を α, P を全圧とし, $K_P=4\alpha^2P/(1-\alpha^2)$ を示せ］.

8・15 気体の *cis*- および *trans*-2-ブテンの標準生成ギブズエネルギーはそれぞれ 67.15 kJ mol^{-1} および 64.10 kJ mol^{-1} である. 298 K におけるこれら気体異性体の平衡圧力の比を計算せよ.

8・16 炭酸マグネシウムの分解について考える.

$$MgCO_3(s) \rightleftharpoons MgO(s) + CO_2(g)$$

(a) 反応の平衡定数 (K_P) を式で表せ.
(b) 二酸化炭素の分圧が 1 bar になるまで分解速度は遅い. 分解が自発的になる温度を計算せよ. $\Delta_rH°$ と $\Delta_rS°$ は温度に依存しないと仮定せよ. 計算には付録 B のデータを用いよ.

8・17 付録 B のデータを用い, 25 ℃ における以下の反応の平衡定数 (K_P) を計算せよ. それぞれの場合で用いた近似を述べて, 結果を比較せよ.

$$2SO_2(g) + O_2(g) \rightleftharpoons 2SO_3(g)$$

(a) ファントホッフの式［式(8・18)］を用いて 60 ℃ で反応するときの K_P を計算せよ.
(b) ギブズ・ヘルムホルツの式［式(5・15)］を用いて 60 ℃ における $\Delta_rG°$ を求め, それにより同じ温度での K_P を計算せよ.
(c) $\Delta_rG°=\Delta_rH°-T\Delta_rS°$ を用いて 60 ℃ での $\Delta_rG°$ を求め, それにより同じ温度での K_P を計算せよ.
［ヒント：式(5・15)から次の関係式が導かれる］.

$$\frac{\Delta_rG_2}{T_2} - \frac{\Delta_rG_1}{T_1} = \Delta_rH\left(\frac{1}{T_2} - \frac{1}{T_1}\right)$$

ルシャトリエの原理

8・18 次の反応について考える.

$$2NO_2(g) \rightleftharpoons N_2O_4(g) \quad \Delta_rH° = -58.04 \text{ kJ mol}^{-1}$$

この系が平衡にあるときに,
(a) 温度が上昇したらどうなるか.
(b) 系の圧力が増したらどうなるか.
(c) 系を一定圧力に保ったままで不活性ガスを注入したらどうなるか.
(d) 系を一定体積に保ったままで不活性ガスを注入したらどうなるか.
(e) 系に触媒を加えたらどうなるか.

8・19 問題 8・14 に関して, 全圧が 10 atm のとき N_2O_4 の解離度を計算せよ. 結果についてコメントせよ.

8・20 ある温度の下で NO_2 と N_2O_4 の平衡圧力は, それぞれ 1.6 bar と 0.58 bar である. 一定温度の下で容器の体積を 2 倍にしたときに, 平衡が再び成立したときのそれぞれの気体の分圧はどのようになっているか.

8・21 卵の殻の主成分は, 以下の反応により生成した炭酸カルシウム ($CaCO_3$) である.

$$Ca^{2+}(aq) + CO_3^{2-}(aq) \rightleftharpoons CaCO_3(s)$$

炭酸イオンは, 代謝の過程で生成した二酸化炭素から供給される. ニワトリの呼吸が荒くなる夏に, 卵の殻が薄くなる理由を説明せよ. この改善策を提案せよ.

8・22 光合成は

$$6CO_2(g) + 6H_2O(l) \rightleftharpoons C_6H_{12}O_6(s) + 6O_2(g)$$
$$\Delta_rH° = 2801 \text{ kJ mol}^{-1}$$

で表せる. 以下の変化によって, 平衡がどのように影響を受けるか説明せよ.
(a) CO_2 の分圧が増したとき.
(b) O_2 を混合物から除いたとき.
(c) $C_6H_{12}O_6$（グルコース）を混合物から取除いたとき.
(d) さらに水を加えたとき.
(e) 触媒を加えたとき.
(f) 温度を下げたとき.
(g) その植物に日光がより強く降り注いだとき.

8・23 大気圧にある気体を加熱したとき, 25 ℃ でその色が濃くなった. 150 ℃ 以上に加熱するとその色はあせてきて, 550 ℃ ではほとんど色が識別できなくなった. しかしながら, 550 ℃ において系の圧力を増すことにより部分的に色を取戻した. 以下のどの場合が, 上記の現象と最も一致するか. その選択の理由も述べよ.
(a) 水素と臭素の混合物
(b) 純粋な臭素
(c) 二酸化窒素と四酸化二窒素の混合物
［ヒント：臭素は赤色, 二酸化窒素は茶色, その他の気体は無色である］.

8・24 工業的な金属ナトリウムの製法は, 溶融塩化ナトリウムの電気分解である. カソードでの反応は $Na^+ + e^- \rightarrow Na$ である. 金属カリウムも同様に, 溶融塩化カリウムの電気分解でつくられると考えるかもしれない. しかし金属カリウムは溶融塩化カリウムに溶解するため, 回収するのが難しく, さらに, カリウムはその作業温度で容易に気化するため, 大変危険な状況になる. この反応の代わりにカリウムは, 892 ℃ においてナトリウム蒸気存在下, 溶融塩化カリウムを蒸留してつくられる.

$$Na(g) + KCl(l) \rightleftharpoons NaCl(l) + K(g)$$

カリウムは, ナトリウムよりも強い還元剤であることを考慮して, なぜこの製法がうまくいくのか説明せよ（ナトリウムとカリウムの沸点は, それぞれ 892 ℃ と 770 ℃ である）.

8・25 高地に住んでいるヒトの赤血球細胞の中には, 海面の近くに住んでいるヒトよりも, 多くのヘモグロビンが含まれている. なぜか説明せよ.

結合平衡

8・26 式(8・23)を式(8・21)より導け.

8・27 カルシウムイオンは, あるタンパク質と結合し, 1:1 複合体を形成する. 以下のデータが実験により得られている.

すべての Ca^{2+} [μM]	60	120	180	240	480
タンパク質に結合した Ca^{2+} [μM]	31.2	51.2	63.4	70.8	83.4

Ca^{2+}-タンパク質複合体の解離定数をグラフを用いて決めよ. どの実験においてもタンパク質の濃度は 96 μM とした（$1 \mu M = 1 \times 10^{-6}$ M）.

8・28 ある平衡透析の実験により，結合していないリガンド，結合したリガンド，およびリガンドの結合していないタンパク質の濃度が，それぞれ 1.2×10^{-5} M, 5.4×10^{-6} M, 4.9×10^{-6} M とわかった．$PL \rightleftharpoons P + L$ の反応について解離定数を計算せよ．タンパク質 1 分子当たりの結合部位は一つと仮定せよ．

補 充 問 題

8・29 定常状態と平衡状態の重要な相違点を二つあげよ．

8・30 これまで本書で扱った物質について，$\Delta_r G°$ 値を反応過程について計算する方法をできるだけ多く述べよ．

8・31 n-ヘプタンの水への溶解度は，25℃の溶液 1 L 当たり 0.050 g である．同じ温度で n-ヘプタンを水へ 2.0 g L^{-1} の濃度で溶解させる仮想的過程のギブズエネルギー変化はいくらか〔ヒント: 平衡過程からまず $\Delta_r G°$ の値を計算し，次に式 (8・6) を使って $\Delta_r G$ の値を計算せよ〕．

8・32 物理化学では溶液の標準状態を 1 M [mol L^{-1}] としているが，生体系では生理的 pH がおよそ 7 であることから 1×10^{-7} M で定義する．結果として，二つの定義に基づいた標準ギブズエネルギーは，H^+ の取込みや放出を伴う場合に，どちらの定義を用いたかに依存して異なるだろう．この場合に，生化学的過程の標準ギブズエネルギーであることを ′ で表して，$\Delta_r G°$ を $\Delta_r G°′$ で置き換えることができる．

(a) 次式の反応を考える（x は化学量論係数）．

$$A + B \longrightarrow C + x H^+$$

$\Delta_r G°$ と $\Delta_r G°′$ の間の関係を誘導せよ．$\Delta_r G$ はどちらの定義を用いたかにかかわらず，一つの過程に対して同じ値をもつことを覚えておくように．逆反応

$$C + x H^+ \longrightarrow A + B$$

についても同様に誘導してみよ．

(b) NAD^+ と NADH は酸化型および還元型ニコチンアミドアデニンジヌクレオチドで，代謝経路の重要な化合物である．NADH の酸化

$$NADH + H^+ \longrightarrow NAD^+ + H_2$$

に対して，298 K で $\Delta_r G° = -21.8$ kJ mol^{-1} である．$\Delta_r G°′$ を計算せよ．また，[NADH] $= 1.5 \times 10^{-2}$ M, [H^+] $= 3.0 \times 10^{-5}$ M, [NAD^+] $= 4.6 \times 10^{-3}$ M, $P_{H_2} = 0.010$ bar であるとき，物理化学の定義，生化学の定義の両方で，$\Delta_r G$ を計算せよ．

8・33 問題 8・32 を参照すると，O_2 や CO_2 のような気体の取込みや放出が関与する反応に対しても $\Delta_r G°′$ は適用できることがわかる．これらの場合，生化学的標準状態は $P_{O_2} = 0.2$ bar および $P_{CO_2} = 0.0004$ bar（値はそれぞれ空気中の O_2 および CO_2 の分圧）である．

(a) 次の反応

$$A(aq) + B(aq) \longrightarrow C(aq) + CO_2(g)$$

について考えよ．ここで，A, B, C は分子種を表す．310 K におけるこの反応の $\Delta_r G°$ と $\Delta_r G°′$ の関係を導け．

(b) 酸素のヘモグロビン (Hb) への結合はきわめて複雑であるが，ここでの目的のためにはその過程は

$$Hb(aq) + O_2(aq) \longrightarrow HbO_2(aq)$$

と表せる．この反応に対する $\Delta_r G°$ の値が 20℃ において -11.2 kJ mol^{-1} のとき，$\Delta_r G°′$ の値を計算せよ．

8・34 AgCl の K_{sp} の値は 25℃ において 1.6×10^{-10} である．60℃ ではその値はいくらか．

8・35 多くの炭化水素は，分子式は同じだが異なる構造をもつ構造異性体として存在する．たとえば，ブタンとイソブタンは同じ分子式 C_4H_{10} で表される．ブタンおよびイソブタンの標準生成ギブズエネルギーがそれぞれ -15.9 kJ mol^{-1} および -18.0 kJ mol^{-1} であるとき，25℃ におけるこれらの平衡混合物中の分子のモル分率を計算せよ．得られた結果は，直鎖の炭化水素（すなわち C 原子が直線でつながっている炭化水素）が枝分かれをもつ炭化水素より不安定であるという概念を支持しているか．

8・36 $3 A \rightleftharpoons B$ という平衡系を考える．以下の状況での A と B の濃度の経時変化を図で説明せよ．

(a) はじめに A のみが存在するとき．
(b) はじめに B のみが存在するとき．
(c) はじめに A と B が共存するとき（A が B より高濃度で存在する）．

それぞれの場合において，平衡では B の濃度が A の濃度よりも高いと仮定せよ．

8・37 25℃ における以下の反応

フマル酸イオン$^{2-}$ + NH_4^+ ⟶ アスパラギン酸イオン$^{1-}$
$$\Delta_r G°′ = -36.7 \text{ kJ mol}^{-1}$$

フマル酸イオン$^{2-}$ + H_2O ⟶ リンゴ酸イオン$^{2-}$
$$\Delta_r G°′ = -2.9 \text{ kJ mol}^{-1}$$

から，次の反応の標準反応ギブズエネルギーと平衡定数を計算せよ．

リンゴ酸イオン$^{2-}$ + NH_4^+ ⟶
アスパラギン酸イオン$^{1-}$ + H_2O

8・38 ポリペプチドは，ヘリックス形かランダムコイル形で存在する．ヘリックス形からランダムコイル形への転移反応の平衡定数は，40℃ で 0.86，60℃ で 0.35 である．この反応の $\Delta_r H°$ と $\Delta_r S°$ の値を計算せよ．

8・39 水を満たしたガラス容器に数片の角氷を置き，数分後に見ると，いくつかの角氷が融合してまとまっていた．何が起こったのか説明せよ．

8・40 14.6 g のアンモニア試料を 4.00 L のフラスコに入れ、栓をして、375℃まで加熱した。平衡に到達したときの、すべての気体の濃度をモル濃度単位で計算せよ。ただし、次の反応の平衡定数 K_c は、375℃で 0.83 である。

$$2\,NH_3(g) \rightleftharpoons N_2(g) + 3\,H_2(g)$$

8・41 1.0 mol の N_2O_4 を真空の球状容器に入れ、ある一定の温度で下記の平衡状態に到達させた。

$$N_2O_4(g) \rightleftharpoons 2\,NO_2(g)$$

反応混合物の平均モル質量は 70.6 g mol^{-1} であった。
(a) この気体のモル分率を計算せよ。
(b) 全圧が 1.2 atm のとき、この反応の K_P を計算せよ。
(c) 同じ温度のまま、体積を減らすことで圧力を 4.0 atm まで増やした場合、モル分率はいくつになるか。

8・42 下記の反応

$$C(s) + CO_2(g) \rightleftharpoons 2\,CO(g)$$

の平衡定数 (K_P) は 727℃ で 1.9 であった。CO_2, 0.012 mol および CO, 0.025 mol を得るために反応系にどれだけの全圧を掛ければよいか。

8・43 反応

$$2\,NO(g) + O_2(g) \rightleftharpoons 2\,NO_2(g)$$

の平衡定数を温度を変えて測定した結果を表に示す。グラフを使ってこの反応の $\Delta_r H°$ を求めよ。

K_P	138	5.12	0.436	0.0626	0.0130
T/K	600	700	800	900	1000

8・44 ある一定温度における次の反応

$$A_2 + B_2 \rightleftharpoons 2\,AB$$

を考える。A_2 1 mol と B_2 3 mol を混合し、平衡状態で AB x mol を得た。ここに A_2 をもう 2 mol 加えたところ、さらに x mol の AB を得た。この反応の平衡定数はいくつか。

8・45 ある一定温度における平衡分圧はそれぞれ $P_{NH_3}=$ 321.6 atm, $P_{N_2}=69.6$ atm, $P_{H_2}=208.8$ atm であった。
(a) 例題 8・1 の反応について K_P の値を計算せよ。
(b) $\gamma_{NH_3}=0.782$, $\gamma_{N_2}=1.266$, $\gamma_{H_2}=1.243$ のとき、熱力学平衡定数を計算してみよ。

8・46 ヨウ素は水にわずかしか溶けないが、四塩化炭素中ではより溶けるようになる。これら二つの相の間での I_2 の分配平衡

$$I_2(aq) \rightleftharpoons I_2(CCl_4)$$

の平衡定数（分配係数ともよぶ）は 20℃ で 83 である。
(a) 0.030 L の CCl_4 を I_2 0.032 g を含む水溶液 0.200 L に加え、混合物を振り混ぜてから二相を分離させた。水溶液相に残る I_2 の分率を計算せよ。
(b) さらに CCl_4 を 0.030 L 加え、I_2 の抽出を繰返した。水溶液相に残るもともとの溶液由来の I_2 の分率を計算せよ。
(c) (b) の結果を CCl_4 0.060 L を用いて 1 回抽出した場合と比較せよ。両者の違いについて述べよ。

8・47 次の平衡

$$N_2O_4(g) \rightleftharpoons 2\,NO_2(g) \quad \Delta_r H° = 58.0\text{ kJ mol}^{-1}$$

にある系について考える。
(a) 一定温度で反応系の体積を変化させるとき、この系の P 対 $1/V$ のプロットはどのような形になるか。
(b) 一定圧力で反応系の温度を変化させるとき、この系の V 対 T のプロットはどのような形になるか。

8・48 第 8 章に出てくる適当な式を用いて 60℃ の水の蒸気圧を見積もれ。

8・49 反応

$$I_2(g) \rightleftharpoons 2\,I(g)$$

の平衡定数 (K_P) は、872 K で 1.8×10^{-4}、1173 K で 0.048 である。このデータから I_2 の結合エンタルピーを計算せよ。

9 電気化学

古代ギリシャの神プロメテウスが人類に火の恩恵をもたらしたと言われている．電気による恩恵は Faraday がもたらしたと言えるだろう．
Sir William Lawrence Bragg

電気化学反応は電気分解の逆作用である．電気分解が電気エネルギーを化学エネルギーに変換するのに対し，電気化学反応は化学エネルギーを直接，電気エネルギーに変換する．電気化学反応と通常の化学反応には都合のよいことに違いがある．それは電気化学反応におけるギブズエネルギー変化は，その系から取出しうる最大の電気的な仕事に等しいことであり，またそれは容易に測定できる．

本章では，電気化学の基本的な原理および膜電位を含む応用について述べる．

9・1 化 学 電 池

亜鉛の金属片を $CuSO_4$ 水溶液中に浸すと二つのことが起こる．亜鉛の金属片の一部は Zn^{2+} イオンとして溶液中に溶解し，溶液中に存在する Cu^{2+} イオンは金属銅として亜鉛電極上に析出し始める．この自発的な酸化還元反応は次式で表される．

$$Zn(s) + Cu^{2+}(aq) \longrightarrow Zn^{2+}(aq) + Cu(s)$$

反応が進行するにつれ，$CuSO_4$ 溶液の青色は次第に色あせていく．同様な例は他にもあり，一片の銅線を $AgNO_3$ 溶液中に浸すと，金属銀は銅線上に析出し，銅の金属片の一部は水和 Cu^{2+} イオンとして溶解し始めるため，溶液は次第に青みがかっていく．いずれの場合も，銅片と $ZnSO_4$ のように金属の組合わせを替えて実験を行うと何も起こらないことがわかる．

さて次に以下のような系について考えてみる．図 9・1 に示すように $ZnSO_4$ 溶液および $CuSO_4$ 溶液を別々の区画に入れ，それぞれに亜鉛および銅の金属棒を浸す．両水溶液の入った区画は，NH_4NO_3 や KCl などの反応性の低い電解質溶液を含んだ管である**塩橋** (salt bridge) により，電気的に接続されている[*1]．この電解質溶液が隔室中に流れ出ないように，管の両端を焼結した円盤で塞いだり，寒天[*2] などを電解質溶液と混ぜてゲル状にするなどの処理を行っている．亜鉛と銅の金属電極を金属線によって接続すると，電子が金属線を通じて亜鉛電極から銅電極へと流れ始める．同時に亜鉛電極の一部は Zn^{2+} イオンとなって左の区画中の溶液に溶け出し，Cu^{2+} イオンは金属銅として銅電極上に析出し始める．塩橋の役割は二つの溶液間の電気回路を完成し，溶液中に存在するイオンの溶液間移動を容易にすることである．

上で述べた化学電池は，**ガルバニ電池** (galvanic cell) や **ボルタ電池** (voltaic cell) とよばれるタイプの一つで，**ダニエル電池** (Daniell cell) として知られている[*3]．ガルバニ電池の電池作用は **酸化還元反応** (oxidation–reduction reaction) または **レドックス反応** (redox reaction) により生じる．亜鉛-銅電池では，この酸化還元反応は各電極における二つの **半電池反応** (half-cell reaction) を用いて表される．

アノード： $Zn(s) \longrightarrow Zn^{2+}(aq) + 2\,e^-$
カソード： $Cu^{2+}(aq) + 2\,e^- \longrightarrow Cu(s)$

亜鉛電極では酸化反応（電子が奪われる）が起こり，銅電極では還元反応（電子を奪う）が起こる．酸化が起こる方の電極を **アノード** (anode)，還元が起こる方の電極を **カソード** (cathode) という[*4]．ダニエル電池に対する **電池式** (cell diagram) は

$$Zn(s)\,|\,ZnSO_4(1.00\ M)\,||\,CuSO_4(1.00\ M)\,|\,Cu(s)$$

と記される．｜は相の境界を表し，‖は塩橋を表す．慣例

[*1] 訳注：塩橋に用いる電解質には陽イオン・陰イオンの移動度の差が大きくなく，液間電位差が小さいものが選ばれる．

[*2] 寒天は多糖類の一種である．

[*3] 訳注：ダニエル電池という名称は図 9・1 の電池の構成を英国の Daniell が 1938 年に考案したため．ボルタ電池は希酸などの水溶液に異種金属の電極 2 本を浸した構成をもち，イタリアの Volta が 1800 年に考案した．ガルバニ電池は，正負の電極がどちらも化学的に同一組成の物質に接続されている電池で，一般的な電池もガルバニ電池である．

[*4] 訳注：アノード・カソードは，電池では負極・正極とよぶ（電気分解ではそれぞれ陽極・陰極）．

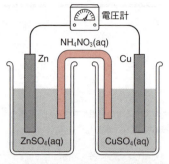

図 9・1 ガルバニ電池の模式図. 電子は亜鉛電極から銅電極へと外部回路を流れる. 溶液中ではアニオン (SO_4^{2-}, NO_3^-) は亜鉛アノードに向かって移動し, カチオン (Zn^{2+}, Cu^{2+}, NH_4^+) は銅カソードに向かって移動する. 〔訳注: これらアニオン・カチオンを活物質とよぶ. 反応の進行につれ, Zn^{2+} の濃度は高く Cu^{2+} の濃度は低くなる. $CuSO_4$ の濃度が高い方が電流は長時間流れる.〕

表 9・1 298 K (pH=0) での各半電池に対する標準還元電位, $E°$ [†1]

電極	電極反応	$E°/V$
Pt｜F_2｜F^-	$F_2(g) + 2e^- \longrightarrow 2F^-$	+2.87
Pt｜Co^{3+}, Co^{2+}	$Co^{3+} + e^- \longrightarrow Co^{2+}$	+1.92
Pt｜Ce^{4+}, Ce^{3+}	$Ce^{4+} + e^- \longrightarrow Ce^{3+}$	+1.72
Pt｜MnO_4^-, Mn^{2+}	$MnO_4^- + 8H^+ + 5e^- \longrightarrow Mn^{2+} + 4H_2O$	+1.507
Pt｜Mn^{3+}, Mn^{2+}	$Mn^{3+} + e^- \longrightarrow Mn^{2+}$	+1.54
Au^{3+}｜Au	$Au^{3+} + 3e^- \longrightarrow Au$	+1.498
Pt｜Cl_2｜Cl^-	$Cl_2(g) + 2e^- \longrightarrow 2Cl^-$	+1.36
Pt｜$Cr_2O_7^{2-}$, Cr^{3+}	$Cr_2O_7^{2-} + 14H^+ + 6e^- \longrightarrow 2Cr^{3+} + 7H_2O$	+1.23
Pt｜Tl^{3+}, Tl^+	$Tl^{3+} + 2e^- \longrightarrow Tl^+$	+1.252
Pt｜O_2, H_2O	$O_2(g) + 4H^+ + 4e^- \longrightarrow 2H_2O$	+1.229
Pt｜Br_2, Br^-	$Br_2 + 2e^- \longrightarrow 2Br^-$	+1.087
Pt｜Hg^{2+}, Hg_2^{2+}	$2Hg^{2+} + 2e^- \longrightarrow Hg_2^{2+}$	+0.92
Hg^{2+}｜Hg	$Hg^{2+} + 2e^- \longrightarrow Hg$	+0.851
Ag^+｜Ag	$Ag^+ + e^- \longrightarrow Ag$	+0.800
Pt｜Fe^{3+}, Fe^{2+}	$Fe^{3+} + e^- \longrightarrow Fe^{2+}$	+0.771
Pt｜I_2, I^-	$I_2 + 2e^- \longrightarrow 2I^-$	+0.536
Pt｜O_2, OH^-	$O_2(g) + 2H_2O + 4e^- \longrightarrow 4OH^-$	+0.401
Pt｜$[Fe(CN)_6]^{3-}$, $[Fe(CN)_6]^{4-}$	$[Fe(CN)_6]^{3-} + e^- \longrightarrow [Fe(CN)_6]^{4-}$	+0.36
Cu^{2+}｜Cu	$Cu^{2+} + 2e^- \longrightarrow Cu$	+0.342
Pt｜Hg_2Cl_2, Hg, Cl^- (1 M)	$Hg_2Cl_2 + 2e^- \longrightarrow 2Hg + 2Cl^-$	+0.268
Cl^-｜AgCl｜Ag	$AgCl + e^- \longrightarrow Ag + Cl^-$	+0.222
Pt｜Sn^{4+}, Sn^{2+}	$Sn^{4+} + 2e^- \longrightarrow Sn^{2+}$	+0.151
Pt｜Cu^{2+}, Cu^+	$Cu^{2+} + e^- \longrightarrow Cu^+$	+0.153
Br^-｜AgBr｜Ag	$AgBr + e^- \longrightarrow Ag + Br^-$	+0.0713
Pt｜H_2｜H^+	$2H^+ + 2e^- \longrightarrow H_2(g)$	0.0
Pb^{2+}｜Pb	$Pb^{2+} + 2e^- \longrightarrow Pb$	−0.126
Sn^{2+}｜Sn	$Sn^{2+} + 2e^- \longrightarrow Sn$	−0.138
Co^{2+}｜Co	$Co^{2+} + 2e^- \longrightarrow Co$	−0.277
Tl^+｜Tl	$Tl^+ + e^- \longrightarrow Tl$	−0.336
SO_4^{2-}｜$PbSO_4$｜Pb	$PbSO_4 + 2e^- \longrightarrow Pb + SO_4^{2-}$	−0.359
Cd^{2+}｜Cd	$Cd^{2+} + 2e^- \longrightarrow Cd$	−0.403
Pt｜Cr^{3+}, Cr^{2+}	$Cr^{3+} + e^- \longrightarrow Cr^{2+}$	−0.41
Fe^{2+}｜Fe	$Fe^{2+} + 2e^- \longrightarrow Fe$	−0.447
Zn^{2+}｜Zn	$Zn^{2+} + 2e^- \longrightarrow Zn$	−0.762
Pt｜H_2O｜H_2, OH^-	$2H_2O + 2e^- \longrightarrow H_2(g) + 2OH^-$	−0.828
Mn^{2+}｜Mn	$Mn^{2+} + 2e^- \longrightarrow Mn$	−1.180
Al^{3+}｜Al	$Al^{3+} + 3e^- \longrightarrow Al$	−1.662
Mg^{2+}｜Mg	$Mg^{2+} + 2e^- \longrightarrow Mg$	−2.372
Na^+｜Na	$Na^+ + e^- \longrightarrow Na$	−2.714
Ca^{2+}｜Ca	$Ca^{2+} + 2e^- \longrightarrow Ca$	−2.868
Sr^{2+}｜Sr	$Sr^{2+} + 2e^- \longrightarrow Sr$	−2.899
Ba^{2+}｜Ba	$Ba^{2+} + 2e^- \longrightarrow Ba$	−2.905
K^+｜K	$K^+ + e^- \longrightarrow K$	−2.931
Li^+｜Li	$Li^+ + e^- \longrightarrow Li$	−3.05

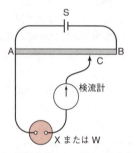

図 9・2 電位差計による電池の起電力の測定

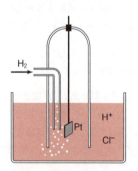

図 9・3 水素電極の模式図. H^+ イオンを含む溶液中に水素気体を導入し, 溶液中に浸した白金電極面で半電池の酸化還元反応を起こす.

[†1] データはおもに "CRC Handbook of Chemistry and Physics, 94th Ed.," Taylor-Francis/CRC Press, Boca Raton, FL(2013) より.

[†2] 訳注: 電極の一部(金属電極など)の書き方は一般的な記載に直した.

として, まずアノードをはじめに書き ‖ の左まで続け, 残りの区画も, 電気の通り道に従ってカソードまで書いていく. 通常各溶液の濃度も電池式に併記しておく.

アノードからカソードへ電子が流れるという事実は電極間に電位差が生じていることを意味する. この電位差のことを電池の**電池電位** (cell potential) とよぶ〔**起電力** (electromotive force, emf), E というよび方もよく使われる

("力" という文字がついているが電圧の尺度である)〕*.

ダニエル電池では, 温度 298 K, $CuSO_4$ および $ZnSO_4$ 水

* 訳注: 電池の起電力とは, 電池内に電流が流れていない状態のときに電池の端子間に発生する電位差のこと. IUPAC グリーンブックでは, "電位差は力ではない" ため, 起電力の使用は推奨できないと記述されているが, 本書では, 電池電位, 起動力が共に使われている.

溶液が等モル濃度の条件で，$E = 1.104\,\text{V}$ である．

電池の起電力測定は通常，電位差計を用いて行われる（図 9・2）．電位差計は，測定しようとする電池の起電力より大きな起電力をもった電池 S，高い抵抗値をもった均質な導線 AB，および検流計からなる．電池 S を抵抗 AB の両端につなぎ，測定したい電池 X を，A および電流を計測する検流計に接続する．通常の測定では，接触点（矢印で示してある）を AB に沿って動かし，検流計が電流値 0 を示す点（C）まで動かす．この点では，電池 S から AC の部分までの電位は，電池 X の起電力 E_X と完全に等しく釣り合った状態にある．同じ手順を起電力が正確にわかっている電池 W（起電力 E_W）についても繰返し行い，このときの釣り合い点が C′ だったとすると以下の関係式が成り立つ．

$$\frac{E_X}{E_W} = \frac{\text{AC}}{\text{AC}'}$$

W としては普通，ウェストン電池*（温度 298 K で $E_W = 1.018\,\text{V}$）を用いるので，下式になる．

$$E_X = 1.018\,\text{V} \times \frac{\text{AC}}{\text{AC}'}$$

電池の起電力の正確な測定は電気化学反応の熱力学量を算出するのに不可欠である．

9・2 単 極 電 位

溶液中のある一つのイオンの活量をモニターするのが不可能であるのと同様，ある単一の電極の電位を測定するのは不可能である．電気回路を形成するには必ず二つの電極が必要であり，すべての電極について，電極電位の測定は**標準水素電極**（standard hydrogen electrode, SHE または normal hydrogen electrode, NHE）を基準として行うのが慣例となっている（図 9・3）．H_2 圧 1 bar，H^+ 濃度 1 M（より正確には単位活量）での SHE の電位を 0 と定義する．すなわち

$$H^+(1\,\text{M}) + e^- \rightleftharpoons \tfrac{1}{2} H_2(1\,\text{bar}) \qquad E° = 0\,\text{V}$$

$\rightleftharpoons$ は SHE がカソードにもアノードにもなりうることを示す．SHE を一方の電極として測定した起電力をその電極の電位とする．ここで注意しておきたいのは，すべての電極電位の測定に SHE を用いる必要はないことで，すでに SHE に対して較正された別の電極を用いて，問題の電極の標準還元電位を測定する方が便利なことが多い．

表 9・1 に一般的な半電池反応に対する**標準還元電位**（standard reduction potential），$E°$ をあげた．還元電位の値が正で大きいほど，より強い酸化剤として働く．表より，

---
* 訳注: 電圧測定器の校正や電圧の比較に用いる標準電池の一種．カドミウム標準電池ともいい，$Cd(Hg)\,|\,CdSO_4 \cdot \tfrac{2}{3} H_2O\,(固)\,|\,CdSO_4$ 飽和溶液$\,|\,Hg_2SO_4$ ペースト$\,|\,Hg$ の構造をもつ．

電子を引き付ける傾向が最も大きい電気陰性な F_2 が最も強い酸化剤であり，F^- が最も弱い還元剤であることがわかる．また最も弱い酸化剤は Li^+ であり，これは Li が最も強力な還元剤として働くことを意味する．表に示した標準還元電位は温度 298 K，水溶液中の各成分濃度 1 M，気体の圧力 1 bar の条件で測定した値である．

電極電位は示強性変数であり，物質の種類，濃度，温度のみに依存し，電極の大きさや存在する溶液の量には依存しない．さらに半電池反応は可逆反応であり，条件によってはいかなる電極もアノードあるいはカソードになりうる．ある半電池反応の逆反応を考えると $E°$ の絶対値は同じであるが符号は逆転する．たとえば次式のようになる．

$$Sr^{2+}(aq) + 2\,e^- \longrightarrow Sr(s) \qquad E° = -2.899\,\text{V}$$
$$Sr(s) \longrightarrow Sr^{2+}(aq) + 2\,e^- \qquad E° = 2.899\,\text{V}$$

化学電池に対する標準電極電位は表 9・1 に示した標準還元電位を用いて容易に求まる．ガルバニ電池の起電力（$E°$）は次式のように求めるのが慣例である．

$$E° = E°_{\text{カソード}} - E°_{\text{アノード}} \qquad (9 \cdot 1)$$

ここで $E°_{\text{カソード}}$ および $E°_{\text{アノード}}$ はカソード，アノードの標準還元電位を表す．例としてダニエル電池を用いると

アノード： $\quad Zn(s) \longrightarrow Zn^{2+}(aq) + 2\,e^-$
カソード： $\quad Cu^{2+}(aq) + 2\,e^- \longrightarrow Cu(s)$
全体：$\quad Zn(s) + Cu^{2+}(aq) \longrightarrow Zn^{2+}(aq) + Cu(s)$

よって電池の起電力は以下のように求められる．

$$E° = 0.342\,\text{V} - (-0.762\,\text{V}) = 1.104\,\text{V}$$

最後に注意しておきたいのは，電極反応が進行するにつれ，アノード室およびカソード室の溶液濃度は変化し，もはや標準状態の濃度ではなくなっている──すなわち標準還元電位から求めた電池の起電力は反応開始時のそれを表しているにすぎない，ということである．

9・3 化学電池の熱力学

電池より得られる電気化学的なエネルギーを反応の $\Delta_r G$ と関係づけるには，電池が次のように可逆的に振舞わなくてはならない．外部から電池の電位に等しく逆向きの電位を与えた場合，電池内で反応は進行しない．しかしながら外部電位にさらに微小量の増減を与えてやれば電池反応は正あるいは逆向きに進行するであろう．このような振舞いを示す電池は**可逆電池**（reversible cell）とよばれ，ここでの議論は §3・1 で述べた気体の可逆膨張のそれと似ている．通常の条件下では，可逆的に動作したとしても，電池から電流を取出すことは決してできないから，電池は決して可逆的には働かない．しかしながら，電池の起電力を

測定することで，反応を逆向きに進行させるのに何が必要かがわかる．すでに（図9・2参照）述べたように，電位の釣り合いのとれた点では正味の電流値は実際に0になる．

電子が，ある電極から他の電極（すなわちアノードからカソード）へと流れる化学電池反応を考えよう．1 mol が反応したときに電極の間を移動した総電荷量 Q [C 単位] は

$$Q = \nu F$$

となる．ν は化学量論係数である．F はファラデー定数で電子 1 mol 当たりの電荷の大きさ[*1] である．すなわち

ファラデー定数 = 電気素量 × 1 mol 当たりの電子数
= 1.6022×10^{-19} C $\times 6.022 \times 10^{23}$ mol^{-1}
= 96 485 C mol^{-1}

となる．すでに述べたように，非常に厳密な測定以外は，ファラデー定数として丸めた値 96 500 C mol^{-1} を用いる．原理的には化学電池により得られる全電流を仕事として用いることができて，得られる電気的仕事の総量は，電荷量 νF [C] と起電力 E [V] の積に−符号を付けたもの（$-\nu FE$）で与えられ，これらの単位の間には 1 J = 1 V × 1 C の関係がある．−の符号は §3・1 で述べた慣例に従って，仕事が電池反応により外界に対してなされるということを示している．

ある温度および圧力条件下で可逆電池として動作する電池に対して，$-\nu FE$ は得られる最大仕事を表し，それは系のギブズエネルギーの減少量に等しくなる [式 (5・11) 参照][*2]．

$$\Delta_r G = -\nu FE \quad (9 \cdot 2)$$

ここで $\Delta_r G$ は生成物と反応物のギブズエネルギーの差である．式 (9・2) は次式のようにも書ける．

$$E = \frac{-\Delta_r G}{\nu F} \quad (9 \cdot 3)$$

一定の温度，圧力条件下で反応が自発的に進行するには，その反応の $\Delta_r G$ が負の値でなければならない．式 (9・3) より，$\Delta_r G$ が負の値となるには起電力 E が正の値をとることが必要である．ある化学電池において E が正の値をとるときはそのセルはガルバニ電池であり，電池反応は書かれた通りの方向に自発的に進行する（逆に E が負の値をとるとき，正反応は電気分解である）．非自発的な電気分解反応を行うには，E より大きな外部電圧をセルに掛けなくてはならない．

式 (9・3) の特別な場合として，すべての反応物と生成物が標準状態にある電池を考える．このときの起電力は標準起電力 $E°$ とよばれ，標準反応ギブズエネルギー $\Delta_r G°$ と次式の関係にある．

$$E° = \frac{-\Delta_r G°}{\nu F} \quad (9 \cdot 4)$$

$\Delta_r G°$ は平衡定数と式 (8・7) の関係にあるので

$$E° = \frac{RT \ln K}{\nu F} \quad (9 \cdot 5)$$

あるいは

$$K = e^{\nu FE°/RT} \quad (9 \cdot 6)$$

が得られる．すなわち $E°$ がわかれば電池反応の酸化還元平衡定数を算出することができる．

例題 9・1

次の反応が標準状態で自発的に起こるかどうかを判定し，25℃ における平衡定数を求めよ．

$$\text{Sn(s)} + 2\,\text{Ag}^+(\text{aq}) \rightleftharpoons \text{Sn}^{2+}(\text{aq}) + 2\,\text{Ag(s)}$$

解 二つの半反応は

酸化: $\text{Sn(s)} \longrightarrow \text{Sn}^{2+}(\text{aq}) + 2\,\text{e}^-$
還元: $2\,[\text{Ag}^+(\text{aq}) + \text{e}^- \longrightarrow \text{Ag(s)}]$
全体: $\text{Sn(s)} + 2\,\text{Ag}^+(\text{aq}) \longrightarrow \text{Sn}^{2+}(\text{aq}) + 2\,\text{Ag(s)}$

表 9・1 よりこれら二つの半反応の標準還元電位が求まり，式 (9・1) を用いて全反応の $E°$ を求めると

$$E° = 0.800\,\text{V} - (-0.138\,\text{V}) = 0.938\,\text{V}$$

のようになる．ここで $E°$ は正の値なので，この反応は平衡状態では生成物が生成する方が有利になる．

次に平衡定数は，$\nu = 2$（全反応で二つの電子が移動する）であるので，式 (9・6) から下のように求まる．

$$K = \exp\left[\frac{(2)(96\,500\,\text{C mol}^{-1})(0.938\,\text{V})}{(8.314\,\text{J K}^{-1}\,\text{mol}^{-1})(298\,\text{K})}\right] = 5.4 \times 10^{31}$$

反応が自発的に進むかどうかを判断するもう一つの方法は $\Delta_r G°$ を算出してみることである．

$$\Delta_r G° = -\nu FE° = -(2)(96\,500\,\text{C mol}^{-1})(0.938\,\text{V})$$
$$= -1.81 \times 10^5\,\text{C V mol}^{-1} = -181\,\text{kJ mol}^{-1}$$

$\Delta_r G°$ は大きな負の値であるので，この反応は標準状態で自発的に進行することがわかる．

例題 9・2

下の二つの半反応における標準電極電位から

$\text{Fe}^{2+}(\text{aq}) + 2\,\text{e}^- \longrightarrow \text{Fe(s)}$ (1) $E°_1 = -0.447\,\text{V}$
$\text{Fe}^{3+}(\text{aq}) + \text{e}^- \longrightarrow \text{Fe}^{2+}(\text{aq})$ (2) $E°_2 = 0.771\,\text{V}$

次式の半反応の標準還元電位を求めよ．

[*1] 訳注: 歴史的には，1価のイオンの1 mol を電解するのに要する電気量として定義されていた．
[*2] 反応の $\Delta_r G$（または $\Delta_r G°$）は，電気化学的な測定手法により最も直接的に求めることができる．

$$Fe^{3+}(aq) + 3\,e^- \longrightarrow Fe(s) \quad (3) \quad E°_3 = ?$$

解 式(3)が式(1)と式(2)の和で与えられるので，$E°_3$ は $E°_1 + E°_2$ すなわち 0.324 V であると思われるかもしれないが，これは正しくない．なぜ正しくないかというと，起電力は示量性変数ではないからで，$E°_3 = E°_1 + E°_2$ のように加えることはできない．一方，ギブズエネルギーは示量性変数なので，全反応のギブズエネルギーを求めるのに各反応のギブズエネルギーを加えることができる．すなわち

$$\Delta_r G°_3 = \Delta_r G°_1 + \Delta_r G°_2$$

$\Delta_r G° = -\nu F E°$ の関係を用いると，次式が得られる．

$$\nu_3 F E°_3 = \nu_1 F E°_1 + \nu_2 F E°_2$$

ここで $\nu_1 = 2$，$\nu_2 = 1$，$\nu_3 = 3$ であり，変形して

$$E°_3 = \frac{\nu_1 E°_1 + \nu_2 E°_2}{\nu_3}$$
$$= \frac{(2)(-0.447\,\text{V}) + (1)(0.771\,\text{V})}{3}$$
$$= -0.041\,\text{V}$$

式(9・4)から，水との反応性が高いアルカリ金属やいくつかのアルカリ土類金属の $E°$ 値を決定できる．ここでリチウムの標準還元電位を求めてみる．

$$Li^+(aq) + e^- \longrightarrow Li(s) \quad E° = ?$$

リチウムは水と反応して水素と水酸化リチウムを生成するため，リチウム電極を実際に水溶液中に浸すことはできないが，次式のような電気化学反応を仮定する[*1]．

$$Li^+(aq) + \tfrac{1}{2}H_2(g) \longrightarrow Li(s) + H^+(aq)$$

この反応においてリチウムイオンはリチウム電極で還元され，H_2 分子は水素電極で酸化される．付録 B のデータから，$\Delta_r H°$ および $\Delta_r S°$ を計算できて

$$\Delta_r H° = \Delta_f \overline{H}°[Li(s)] + \Delta_f \overline{H}°[H^+(aq)] - \Delta_f \overline{H}°[Li^+(aq)] - \left(\tfrac{1}{2}\right)\Delta_f \overline{H}°[H_2(g)]$$
$$= (0) + (0) - (-278.5\,\text{kJ mol}^{-1}) - \left(\tfrac{1}{2}\right)(0)$$
$$= 278.5\,\text{kJ mol}^{-1}$$

$$\Delta_r S° = \overline{S}°[Li(s)] + \overline{S}°[H^+(aq)] - \overline{S}°[Li^+(aq)] - \left(\tfrac{1}{2}\right)\overline{S}°[H_2(g)]$$
$$= 28.03\,\text{J K}^{-1}\text{mol}^{-1} + (0) - (14.23\,\text{J K}^{-1}\text{mol}^{-1}) - \left(\tfrac{1}{2}\right)(130.6\,\text{J K}^{-1}\text{mol}^{-1})$$
$$= -51.5\,\text{J K}^{-1}\text{mol}^{-1}$$

[*1] この反応は自発的に進まない．

となる．したがって 298 K では

$$\Delta_r G° = \Delta_r H° - T\Delta_r S°$$
$$= 278.5\,\text{kJ mol}^{-1} - (298\,\text{K})\left(\frac{-51.5\,\text{J K}^{-1}\text{mol}^{-1}}{1000\,\text{J/kJ}}\right)$$
$$= 293.8\,\text{kJ mol}^{-1}$$

結局，式(9・4)より

$$E° = \frac{-\Delta_r G°}{\nu F} = \frac{-293.8 \times 1000\,\text{J mol}^{-1}}{96\,485\,\text{C mol}^{-1}} = -3.05\,\text{V}$$

と求まる[*2]．同様な手順によって，他の反応性の高い金属やフッ素分子 (F_2)（こちらも水と反応する）の $E°$ 値を求めることができる（問題 9・32 参照）．

ネルンスト式

次に，電池の起電力を温度や反応種の濃度などの変数と関係づける式を求めてみる．次式の電池反応

$$a\,A + b\,B \longrightarrow c\,C + d\,D$$

に対するギブズエネルギー変化は，式(8・6)より

$$\Delta_r G = \Delta_r G° + RT \ln \frac{a_C^c a_D^d}{a_A^a a_B^b}$$

と表される．ここで a は活量である．両辺を $-\nu F$ で割り，式(9・3)および式(9・4)を用いると次式が得られる．

$$E = E° - \frac{RT}{\nu F} \ln \frac{a_C^c a_D^d}{a_A^a a_B^b} \quad (9\cdot7)$$

式(9・7)はドイツの化学者，Walther Hermann Nernst (1864〜1941) にちなみ**ネルンスト式** (Nernst equation) とよばれる．E は電池の起電力の測定値で，$E°$ は標準起電力，すなわちすべての反応物および生成物の活量が 1 の標準状態での起電力である．平衡状態では $E = 0$ であるから

$$E° = \frac{RT}{\nu F} \ln K = \frac{-\Delta_r G°}{\nu F}$$

たいていの化学電池は室温近くで動作するので，$R = 8.314\,\text{J K}^{-1}\text{mol}^{-1}$，$T = 298\,\text{K}$，$F = 96\,500\,\text{C mol}^{-1}$ とすると RT/F は

$$\frac{(8.314\,\text{J K}^{-1}\text{mol}^{-1})(298\,\text{K})}{96\,500\,\text{C mol}^{-1}} = 0.0257\,\text{J C}^{-1} = 0.0257\,\text{V}$$

となる．結局，式(9・7)は次のように書ける．

$$E = E° - \frac{0.0257\,\text{V}}{\nu} \ln \frac{a_C^c a_D^d}{a_A^a a_B^b} \quad (9\cdot8)$$

例題 9・3

次の反応は温度 298 K で自発的に進行するか．

$$Cd(s) + Fe^{2+}(aq) \longrightarrow Cd^{2+}(aq) + Fe(s)$$

[*2] ここの計算では有効数字を考慮して，ファラデー定数に，より正確な値を使っていることに注意してほしい．

なお $[Cd^{2+}] = 0.15$ M, $[Fe^{2+}] = 0.68$ M とする.

解 半電池反応は

アノード: $Cd(s) \longrightarrow Cd^{2+}(aq) + 2\,e^-$

カソード: $Fe^{2+}(aq) + 2\,e^- \longrightarrow Fe(s)$

式 (9・1), 表 9・1 から

$$E° = -0.447\,\text{V} - (-0.403\,\text{V}) = -0.044\,\text{V}$$

ここで溶液は理想的振舞いをすると仮定する. 固体の活量は 1 であるから, この反応に対するネルンスト式は

$$E = -0.044\,\text{V} - \frac{0.0257\,\text{V}}{2} \ln \frac{[Cd^{2+}]}{[Fe^{2+}]}$$

$$= -0.044\,\text{V} - \frac{0.0257\,\text{V}}{2} \ln \frac{0.15\,\text{M}}{0.68\,\text{M}}$$

$$= -0.025\,\text{V}$$

E は負の値なので, 反応は自発的に起こらない. したがって反応は以下の方向で進行する.

$$Fe(s) + Cd^{2+}(aq) \longrightarrow Fe^{2+}(aq) + Cd(s)$$

$[Cd^{2+}]$ と $[Fe^{2+}]$ の比がいくらのときに, 例題 9・3 の電池反応は自発的に進行するだろうか. これを求めるにはまず E を 0 とおき, すなわち平衡状態のときの $[Cd^{2+}]$ と $[Fe^{2+}]$ の比を求める. すなわち

$$0 = -0.044\,\text{V} - \frac{0.0257\,\text{V}}{2} \ln \frac{[Cd^{2+}]}{[Fe^{2+}]}$$

よって

$$\frac{[Cd^{2+}]}{[Fe^{2+}]} = 0.033 = K$$

したがって $[Cd^{2+}]/[Fe^{2+}]$ が 0.033 より小さいときに E は正となり, 反応は自発的に進行する.

起電力の温度依存性

電池反応における各熱力学量は起電力の温度依存性から求まる. まず次の式

$$\Delta_r G° = -\nu F E°$$

を圧力一定の条件の下で温度で微分すると

$$\left(\frac{\partial \Delta_r G°}{\partial T}\right)_P = -\nu F \left(\frac{\partial E°}{\partial T}\right)_P$$

が得られる. 式 (5・13) より G と S の変化量に関して

$$\left(\frac{\partial \Delta_r G°}{\partial T}\right)_P = -\Delta_r S°$$

であるから

$$\Delta_r S° = \nu F \left(\frac{\partial E°}{\partial T}\right)_P \qquad (9\cdot9)$$

となる. したがって温度に伴う $E°$ の変化* から, 電池の標準反応エントロピーを求めることができる. ここでダニエル電池の $(\partial E°/\partial T)_P$ の値を決定したいとしよう. 最も簡便な方法は $[Zn^{2+}] = 1.00$ M, $[Cu^{2+}] = 1.00$ M (どちらも標準状態) とおき, いくつかの温度に対し, 電池の起電力を測定することである. ある温度での $\Delta_r S°$ と $\Delta_r G°$ がわかれば, 次式から $\Delta_r H°$ を計算できる.

$$\Delta_r G° = \Delta_r H° - T\Delta_r S°$$

すなわち

$$\Delta_r H° = \Delta_r G° + T\Delta_r S°$$
$$= -\nu F E° + \nu F T \left(\frac{\partial E°}{\partial T}\right)_P \qquad (9\cdot10)$$

一般に $\Delta_r H°$ と $\Delta_r S°$ の温度変化は非常に小さい (50 K かそれ以下の温度範囲では) が, $\Delta_r G°$ はすでに学んだように温度と共に変化する. 式 (9・10) は, 直接熱量を測定しなくても標準反応エンタルピーが求まることを示している.

9・4 電極の種類

化学電池で進行する酸化還元反応のタイプに従い, 多種類の電極が用いられている. 以下にいくつかの例を示す.

金属電極

金属電極の構成は, ある金属片がその金属のカチオンを含んだ溶液に浸されている形で, 電極反応は以下のように表される.

$$M^{z+}(aq) + z\,e^- \rightleftharpoons M(s)$$

ここで z はカチオン上の正電荷数である. ダニエル電池では金属電極 (Zn および Cu) を用いている. 先に示したように水と反応するアルカリ金属や, いくつかのアルカリ土類金属 (Ca, Sr, Ba) は金属電極として使用できない. これらの金属に対し, 標準還元電位 (表 9・1 参照) を求めるには, まず電池反応の $\Delta_r H°$ と $\Delta_r S°$ を決定し, その値から 298 K における $\Delta_r G°$ を算出し, 最後に式 (9・4) より $E°$ を計算すればよい.

気体電極

気体電極の例としては, 前述 (図 9・3 参照) の標準水素電極があげられる. 標準水素電極は $Pt\,|\,H_2(g)\,|\,H^+(aq)$ と表される. 不活性白金金属には二つの役割がある. 一つ

---

* たいていの自動車で用いられているバッテリーの起電力の温度依存性は, 普通非常に小さく, 5×10^{-4} V K^{-1} 程度である. この値が, 冬の寒い朝に車のエンジンが掛かりにくい理由を説明するには十分でない. これに関する本当の理由を説明した興味深い記事は次の文献を参照されたい. L. K. Nash, *J. Chem. Educ.*, **47**, 382 (1970).

は触媒としての役割で H_2 を原子状水素に分解（あるいは H 原子の再結合による H_2 の生成）することで，もう一つは外部回路と電気的な接続を行うことである．電極反応は次式で表される．

$$2\,H^+(aq) + 2\,e^- \rightleftharpoons H_2(g)$$

気体電極の他の例としては塩素電極，酸素電極などがある．

金属-不溶性塩電極

金属-不溶性塩電極は，金属片を同じ金属の不溶性塩で覆ったもので，この電極は，その金属塩のアニオンを含んだ溶液に浸される．よく用いられる例としては，銀-塩化銀電極，$Cl^-(aq)\,|\,AgCl(s)\,|\,Ag(s)$ がある．Cl^- は KCl または HCl から供給される．電極反応は下のように表される．

$$AgCl(s) + e^- \rightleftharpoons Ag(s) + Cl^-(aq)$$

この種の電極で多分最もよく知られているのは，図9・4 の**カロメル電極** (calomel electrode) であろう．この電極は，カロメルすなわち塩化水銀(I) (Hg_2Cl_2) と接した金属水銀からなり，このカロメルは KCl からの Cl^- イオンを含んだ溶液に接している．電極は $Pt(s)\,|\,Hg_2Cl_2(s),Hg(l),Cl^-(aq,飽和)$ と表され，電極反応は次のようになる．

$$Hg_2Cl_2(s) + 2\,e^- \rightleftharpoons 2\,Hg(l) + 2\,Cl^-(aq)$$

KCl 溶液は飽和していることが多いが，この場合は特に**飽和カロメル電極** (saturated calomel electrode) とよばれる．このとき Cl^- イオンの濃度は温度により決まる定数である．飽和カロメル電極は，参照電極として電気化学の研究において有用であり，一度 SHE に対して較正を行えば他の多くの電極の標準還元電位を決定するのに用いることができる[*1]．

ガラス電極

最も広く使われている電極の一つである**ガラス電極** (glass electrode) は H^+ イオンに選択的であるので，**イオン選択性電極** (ion-selective electrode) の一つである．ガラス電極の特徴を図9・5 に示した．この電極は球状の頭部をもち，H^+ イオンが透過できる特殊な素材のガラスを用いてつくった非常に薄い膜でできている．$AgCl\,|\,Ag$ 電極を Cl^- イオンを含んだ緩衝溶液 (pH 一定) に浸しておく．ガラス部分を緩衝溶液と異なった pH をもつ溶液に浸すことにより，二つの溶液間に生じる電位差を pH の差として測定できる[*2]．

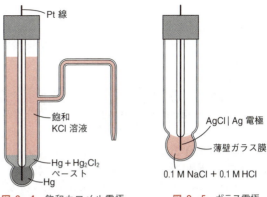

図9・4　飽和カロメル電極．横手に伸びた管の鉛直端部は KCl 溶液が電極室（この図には示していない）内に流れ出ないよう寒天を含んでいる．

図9・5　ガラス電極

イオン選択性電極

H^+ イオンに選択的なガラス電極のほかに，Li^+, Na^+, K^+, Ca^{2+}, NH_4^+, Ag^+, Cu^{2+} などのカチオン，ハロゲン化物イオン，S^{2-}, CN^- などのアニオンに選択的な電極など多くの種類がある．これら特殊な電極は簡便で正確な起電力の測定が可能であるため，医薬から環境まで幅広い研究分野での手軽な分析方法として用いられている．ここではこれらの電極の働きの詳細についてはふれないが，興味をもたれた読者は章末に示した参考文献を参照されたい．

9・5　化学電池の種類

先に述べたガルバニ電池は，現在用いられている数種類の化学電池の一つである．本節ではその他の例として，濃淡電池および燃料電池の二つについて述べることにする．

濃 淡 電 池

濃淡電池 (concentration cell) は同じ金属および同じイオンを含んだ溶液の二つの電極から構成されるが，溶液の濃度が異なる．たとえば $ZnSO_4$ 濃淡電池は

$$Zn(s)\,|\,ZnSO_4(0.10\,M)\,\vdots\vdots\,ZnSO_4(1.0\,M)\,|\,Zn(s)$$

のように表記され[*3]，電極反応は下のように表される．

アノード：　　　　　$Zn(s) \longrightarrow Zn^{2+}(0.10\,M) + 2\,e^-$
カソード：$\underline{Zn^{2+}(1.0\,M) + 2\,e^- \longrightarrow Zn(s)}$
全体：　　　　$Zn^{2+}(1.0\,M) \longrightarrow Zn^{2+}(0.10\,M)$

全体の反応は希釈過程であり，電極反応が進行するにつれ，

[*1] 訳注：表9・1 の電極は KCl 1 M の規定カロメル電極で，飽和カロメル電極は SHE に対し 0.241 V (25 ℃) である．

[*2] ガラス電極に関する詳しい説明は，R. A. Durst, *J. Chem. Educ.*, **44**, 175 (1970) や M. Dole, *ibid.*, **57**, 134 (1980) を参照せよ．

[*3] 濃淡電池では常にカソード室の溶液濃度の方が，アノード室の溶液濃度よりも高くしてあることに注意．それは電子を受け入れる傾向を大きくするためである．

アノード室の Zn^{2+} 濃度は増加し，カソード室の Zn^{2+} 濃度は減少する．最終的に両隔室の溶液濃度が等しくなると電池は機能しなくなる．この電池の 298 K での反応開始時における起電力は

$$E = E° - \frac{RT}{\nu F} \ln \frac{[Zn^{2+}]_\text{淡}}{[Zn^{2+}]_\text{濃}}$$
$$= 0 - \frac{0.0257 \text{ V}}{2} \ln \frac{0.10 \text{ M}}{1.0 \text{ M}} = 0.030 \text{ V}$$

となる．濃淡電池ではまったく同じ電極が用いられるので，ネルンスト式において $E°$ は 0 となる．濃淡電池は一般的に起電力は小さいため，実用上用いられない．しかし，濃淡電池の動作原理を学んでおくと，後で膜電位について学習する際に役に立つ．

燃料電池

化石燃料は現在主要なエネルギー源となっている．しかしながらあいにく化石燃料の燃焼は非常に不可逆的な過程であり，その熱力学的効率は低い．一方，**燃料電池** (fuel cell) は多量の化学エネルギーを有効な仕事に変換することにより，燃焼をより可逆的に行うことが可能である．さらに燃料電池は熱機関のようには動作しないので，エネルギー変換の際に，熱機関と同様の熱力学的制限〔式 (4・9) 参照〕〕を受けることはない．

最も簡単な例として水素-酸素燃料電池について考えよう．この電池は硫酸や水酸化ナトリウムなどの電解質溶液と二つの不活性電極からなる．水素はアノードに，酸素はカソードにそれぞれ導入され，各電極では次の反応が起こる[*1]．

アノード： $H_2(g) + 2 \text{ OH}^-(aq) \longrightarrow 2 H_2O(l) + 2 e^-$
カソード： $\frac{1}{2} O_2(g) + H_2O(l) + 2 e^- \longrightarrow 2 \text{ OH}^-(aq)$
全体： $H_2(g) + \frac{1}{2} O_2(g) \longrightarrow H_2O(l)$

全体の反応は水素を空気中で燃焼した場合と同じである．二つの電極間で電位差が生じ，アノードからカソードへ二つの電極をつないだ導線を通じて電子が流れる．

電極の役割は次の二つである．一つは，アノードが電子供給源，カソードが電子だめとして働くこと．二つめは，分子をまず原子状に分解するのに必要な表面を，電極が用意することである．これらの電極は**電極触媒** (electrocatalyst) とよばれ，白金，イリジウム，ロジウムなどは非常に良い電極触媒となる．

もう一つの燃料電池の例としてプロパン-酸素燃料電池を図 9・6 に示した．半電池反応および全体の反応は以下のように表される．

[*1] 298 K での電池の $E°$ は 1.229 V である．

アノード： $C_3H_8(g) + 6 H_2O(l) \longrightarrow$
$\qquad\qquad 3 CO_2(g) + 20 H^+(aq) + 20 e^-$
カソード： $5 O_2(g) + 20 H^+(aq) + 20 e^- \longrightarrow 10 H_2O(l)$
全体： $C_3H_8(g) + 5 O_2(g) \longrightarrow$
$\qquad\qquad 3 CO_2(g) + 4 H_2O(l)$

全体の反応はプロパンを酸素中で燃焼した場合と同じである．本電池のエネルギー変換効率は最大 70% に達し，これは内燃機関を用いた場合の約 2 倍である．さらに燃料電池は従来の発電所で通常連想されるような，騒音，振動，熱伝達などの問題なく電気を生み出すことができる．こうした長所は非常に魅力的であるため，遠からず大規模な稼働が最も見込まれるものである．現在，さまざまなガスに適した電極触媒の開発が精力的に行われている[*2]．

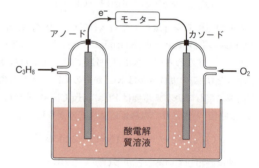

図 9・6 プロパン-酸素燃料電池の模式図

9・6 起電力測定の応用

続いて起電力測定の重要な応用を二つ述べよう．

活量係数の決定

起電力測定はイオンの活量係数を決定するための最も簡便で正確な方法の一つである．例として次のような電池を考えよう．

$$\text{Pt} \mid H_2(1 \text{ bar}) \mid \text{HCl}(m) \mid \text{AgCl(s)} \mid \text{Ag}$$

この電池の全体の反応は

$$\frac{1}{2} H_2(g) + \text{AgCl(s)} \longrightarrow \text{Ag(s)} + H^+(aq) + Cl^-(aq)$$

であり，298 K での電池の起電力は

$$E = E° - 0.0257 \text{ V} \ln \frac{a_{H^+} \cdot a_{Cl^-} \cdot a_{Ag}}{f_{H_2}^{1/2} \, a_{AgCl}}$$

となる．Ag, AgCl 共に固体なので，活量は 1 である．水素ガス 1 bar でのフガシティーは約 1 であるから，前式は

[*2] 訳注：電解質が溶液でなく固体高分子膜や固体酸化物であるもの，燃料電池自動車や定置用燃料電池に用いるものなどの開発，普及が精力的に行われている．

次のように簡単になる．

$$E = E° - 0.0257\,\text{V}\,\ln a_{\text{H}^+} a_{\text{Cl}^-}$$

式(7・21)より，また HCl のような 1：1 の電解質溶液では，$m_\pm = m$ であるから，

$$a_{\text{H}^+} a_{\text{Cl}^-} = \gamma_\pm^2 m_\pm^2 = \gamma_\pm^2 m^2$$

したがって電池の起電力は次式のように表される．

$$E = E° - 0.0257\,\text{V}\,\ln(\gamma_\pm\, m)^2$$
$$= E° - 0.0514\,\text{V}\,\ln m - 0.0514\,\text{V}\,\ln\gamma_\pm$$

上の式は次のようにも書き直せる．

$$E + 0.0514\,\text{V}\,\ln m = E° - 0.0514\,\text{V}\,\ln\gamma_\pm$$

さまざまな HCl の質量モル濃度 m での E を測定して，$(E + 0.0514\,\text{V}\,\ln m)$ を算出する．次に各 m に対して $(E + 0.0514\,\text{V}\,\ln m)$ をグラフ上にプロットし，$m=0$ での値を補外すれば，$m=0$ では $\gamma_\pm = 1$ で $\ln\gamma_\pm = 0$ であるから $E°$ の値を決定できる．一度 $E°$ の値を求めてしまえば，ある m に対する $\gamma_\pm$ を求めることができる（問題 9・34 参照）．

pH の決定

起電力の測定により pH を求める方法は広く用いられている．pH を求めるのに水素電極そのものを用いるのは実用的でないので，実際の装置は，ガラス電極と飽和カロメル電極を組合わせている．次の電池を考えよう（図 9・4，図 9・5 を参照）．

$$\underbrace{\text{Ag}(s)\,|\,\text{AgCl}(s)\,|\,\text{HCl}(aq),\text{NaCl}(aq)}_{\text{ガラス電極}}\,|\,\underbrace{\text{HCl}(aq)}_{\text{pH 未知の溶液}}\,|$$

$$\underbrace{\text{Cl}^-(aq)\,|\,\text{Hg}_2\text{Cl}_2(s)\,|\,\text{Hg}(l)\,|\,\text{Pt}(s)}_{\text{飽和カロメル電極}}$$

298 K でのこの電池の起電力 E は次式で与えられる．

$$E = E_{\text{ref}} - 0.0591\,\text{V}\,\log a_{\text{H}^+} = E_{\text{ref}} + 0.0591\,\text{V}\,\text{pH}$$

ここで pH $= -\log a_{\text{H}^+}$ であり[*1]，E_{ref} はガラス電極とカロメル電極間の標準電極電位の差である．実用上，精密な実験以外では a_{H^+} を $[\text{H}^+]$ で置き換えることができる．上の式は次のようにも書ける．

$$\text{pH} = \frac{E - E_{\text{ref}}}{0.0591\,\text{V}}$$

あらかじめ正確に pH 値のわかったいくつかの溶液に対して E を測定することにより E_{ref} を決定することができる．E_{ref} が決まれば，ガラス電極とカロメル電極[*2] を組合わせ

[*1] pH の定義に従って対数を自然対数（ln）から常用対数（log）へ変更した．
[*2] 訳注：ガラス電極（指示電極），カロメル電極（参照電極）の組合わせは，後者による環境汚染への懸念により使われなくなっている．参照電極としては銀−塩化銀電極を用いることが多い．

て E を測定することにより，別の溶液の pH を求めることができる．この組合わせで実用化されたものが，pH 計である．

9・7 膜電位

電位はさまざまな種類の細胞の膜を挟んで存在する．神経細胞や筋肉細胞のようないくつかの細胞は興奮性であると言われているが，その理由は，それらの膜に沿って電位の変化を伝達する能力があるからである．本節では膜電位の性質を簡単に議論する．

ヒトの神経細胞は，細胞体および**軸索**（axon）とよばれる直径，約 $10^{-5} \sim 10^{-3}$ cm の長く伸びた単一の繊維からなり，軸索は細胞体からのインパルスを隣接した神経細胞に伝達する（図 9・7）．表 9・2 は典型的な神経細胞のイオン分布を示している．軸索の膜は構造に関して他の細胞膜と似ており，また組成に関しては細胞体中の液体と似ている．膜を介したイオン濃度の差により生じた電位は**膜電位**（membrane potential）として知られている．

膜電位が上昇する仕組みを理解するため，図 9・8 の単純な化学系を考えてみよう．図 9・8(a) は，二つの KCl 溶液が両方共 0.01 M の濃度であり，二つの区画は K^+ イオンは通すが，Cl^- イオンは通さない膜によって分けられている．そのため K^+ が対イオン（Cl^-）なしで膜を横切って拡散する．二つの区画での濃度は同じであるから，K^+ イオンの正味の移動はどちらの向きについても 0，それゆえ膜を介した電位も 0 である．図 9・8(b) の配置では，左の区画の濃度が右の区画の濃度の 10 倍で，この場合，

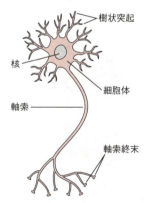

図 9・7 ニューロン（神経細胞）の概略図．ニューロンは細胞体，軸索，樹状突起からなる．樹状突起が他のニューロンから細胞体への一方向の神経インパルスを伝達する．軸索は隣接したニューロンへインパルスを伝達する〔訳注：軸索終末はシナプス前終末ともいい，この部分が次のニューロンの樹状突起上と近接してシナプスを形成する〕．

表 9・2 典型的な神経細胞の膜の両側の主要なイオン分布

イオン	濃度 [mM]	
	細胞内	細胞外
Na^+	15	150
K^+	150	5
Cl^-	10	110

より多くのK⁺イオンが左から右へと拡散し，右側に正の電荷が増加するので，膜を隔てた電位差ができあがる．K⁺イオンの動きは，右側の区画の余分な正電荷が，さらに追加される正電荷を反発するまで続き，一方左側の区画では過度の負電荷の静電引力がK⁺イオンを引き留める働きをする．平衡状態での膜を隔てた電荷分離による電位差は，K⁺イオン[*1]の平衡膜電位，あるいは簡単にK⁺イオンの膜電位とよばれる．

K⁺イオンの膜電位は以下のように計算できる．298 Kでの単一のイオン種のネルンスト式は

$$E_{K^+} = E°_{K^+} - \frac{0.0257\,\text{V}}{\nu} \ln [K^+]$$

である．神経細胞（もしくは他の生きている細胞）の内側の電位（E_{in}）を細胞の外側の電位（E_{ex}）に対して相対的に表すのが慣例である．すなわち膜電位は $E_{in} - E_{ex}$ と定義される．$\nu = 1$ であるので，K⁺イオンの膜電位 ΔE_{K^+} は

$$\Delta E_{K^+} = E_{K^+,in} - E_{K^+,ex} = 0.0257\,\text{V} \ln \frac{[K^+]_{ex}}{[K^+]_{in}}$$

と書ける．表9・2から

$$\Delta E_{K^+} = 0.0257\,\text{V} \ln \frac{5\,\text{mM}}{150\,\text{mM}}$$
$$= -8.7 \times 10^{-2}\,\text{V} = -87\,\text{mV}$$

を得る．ところが，図9・9に示したような装置で実測すると，神経細胞の膜電位が約 -70 mV しかないという結果が得られてしまう．その不一致の理由は，Na⁺イオンの存在による膜電位も生じることにある．Na⁺イオンの濃度は細胞の内より外で高いので，細胞の中へのNa⁺イオンの動きは内側をより正にする．再び表9・2を参考にすると，

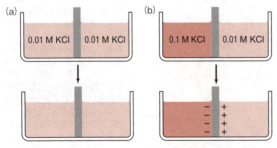

図9・8 二つの区画はK⁺イオンのみが透過できる膜で分けられている．(a) 二つの区画の濃度は等しいため，膜を横切るイオンの正味の流れはなく，電位差も生じない．(b) 濃度差によって左の区画から右の区画へK⁺イオンが移動する．平衡状態では，膜の左側に負の電荷，右側に正の電荷が集まることによって膜を隔てた電位が発生する．量的にはほんのわずかな割合のK⁺イオンが膜電位を生じるのに関与している．

---

*1 膜が特定のイオン（この場合Cl⁻）に対して透過性をもたない場合，そのイオンの存在は膜電位に対して影響を及ぼさないであろう．

$$\Delta E_{Na^+} = 0.0257\,\text{V} \ln \frac{[Na^+]_{ex}}{[Na^+]_{in}} = 0.0257\,\text{V} \ln \frac{150\,\text{mM}}{15\,\text{mM}}$$
$$= 5.9 \times 10^{-2}\,\text{V} = 59\,\text{mV}$$

と書ける．しかしながら，膜がNa⁺イオンよりもK⁺イオンに対して透過性が高いので，測定される電位はK⁺イオンの膜電位に近い．

上に述べたように実験的に測定される膜電位は，K⁺膜電位と等しくない．なぜならNa⁺イオンがとぎれなく細胞内へ入り，これと同時に出ていくK⁺イオンの効果を打ち消すためである．そのような正味のイオンの動きが起こるなら，なぜ細胞内部のNa⁺の濃度が段々と増えないのだろう，そして細胞内部のK⁺の濃度が段々と減らないのだろう．その理由は，Na⁺, K⁺-ATPアーゼとよばれる特異的な膜タンパク質が存在し，ATP加水分解のエネルギーを使って，Na⁺を細胞中から細胞外へ，K⁺を細胞中へと輸送しているからである．

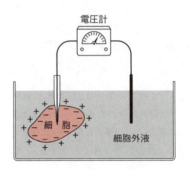

図9・9 細胞の膜電位を測定するための装置

ゴールドマンの式

ネルンスト式は，一度に1種類のイオン種の膜電位しか計算できず，同じ膜を隔てて不均衡な濃度で分布する数種のイオンによる膜電位の計算には適用できない．そのような場合の膜電位を計算するには，ゴールドマンの式〔米国の生物物理学者，David Eliot Goldman（1910〜1998）にちなむ〕を用いなければならない．この式はネルンスト式を，それぞれのイオン種の相対的な透過性を含めて拡張して一般化したものである．298 Kでの神経細胞へ応用すると，ゴールドマンの式は次のようになる．

$$E_m = 0.0257\,\text{V} \ln \frac{[K^+]_{ex}P_{K^+} + [Na^+]_{ex}P_{Na^+} + [Cl^-]_{in}P_{Cl^-}}{[K^+]_{in}P_{K^+} + [Na^+]_{in}P_{Na^+} + [Cl^-]_{ex}P_{Cl^-}}$$
(9・11)

ここで E_m は膜電位[*2]，P_{ion} はあるイオンに対する膜の透過性を表すパラメーター（透過係数）である[*3]．静止状態の神経細胞膜はNa⁺よりもK⁺に対して約100倍透過性が

---

*2 訳注：静止電位，静止膜電位という．
*3 P_{ion} の単位はm s⁻¹であるが，普通は P_{ion} の相対比を用いる．

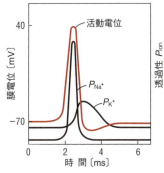

図 9・10 活動電位の上昇と下降および，このできごとの間の Na$^+$ と K$^+$ イオンに対する膜の透過性の変化

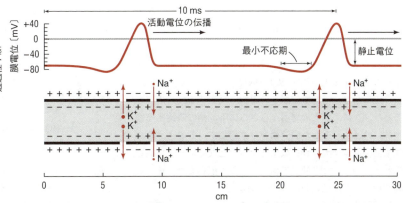

図 9・11 軸索膜を隔てた電位変化によって"扉の開閉"が調節されている．言い換えれば，制御されたチャネルを通って局所的な Na$^+$ イオンの流入と，それに続いて K$^+$ イオンの流出が起こり，これらと同時に軸索に沿った神経インパルスの伝播が起こる．軸索を伝わる神経インパルスを送る電気的な現象は通常，細胞体の中で始まる．細胞体からインパルスを進行させるのは，軸索膜を隔てたわずかな脱分極，すなわち負の電位の減少で，わずかな電位シフトがいくつかの Na$^+$ チャネルを開口し，さらにいっそう電位をシフトさせる．Na$^+$ イオンの流入は膜の内側表面が局所的に正になるまで進行する．電位の反転は，Na$^+$ チャネルを閉じ，K$^+$ チャネルを開ける．K$^+$ イオンの流出によって素早く負の電位が回復する．活動電位として知られる電位反転は，軸索に沿って伝播する．短い不応期の後，第二のインパルスが続いて発生しうる（不応期とは活動電位の間およびその後しばらく膜が再度興奮できない期間のことである）．このインパルス伝播の速度はヤリイカの巨大軸索で測定されたものである．

高く，Cl$^-$ に対してはほとんど非透過である．すなわち $P_{Cl^-} \approx 0$ である．これらの条件下で式 (9・11) は

$$E_m = 0.0257\,\text{V}\,\ln\frac{[K^+]_{ex}P_{K^+} + [Na^+]_{ex}P_{Na^+}}{[K^+]_{in}P_{K^+} + [Na^+]_{in}P_{Na^+}}$$

$$= 0.0257\,\text{V}\,\ln\frac{[K^+]_{ex}P_{K^+}/P_{Na^+} + [Na^+]_{ex}}{[K^+]_{in}P_{K^+}/P_{Na^+} + [Na^+]_{in}} \quad (9・12)$$

となる．$P_{K^+}/P_{Na^+} \approx 100$ なので，

$$E_m = 0.0257\,\text{V}\,\ln\frac{5\,\text{mM} \times 100 + 150\,\text{mM}}{150\,\text{mM} \times 100 + 15\,\text{mM}} = -81\,\text{mV}$$

この値は実験的に求められた膜電位に近くなった．

活動電位

神経細胞が電気的，化学的もしくは機械的に刺激されると，細胞膜は K$^+$ イオンよりも Na$^+$ イオンをより透過しやすくなり，その結果 $P_{K^+}/P_{Na^+} \approx 0.17$ となる．はじめ K$^+$ イオンに対する膜の透過性はあまり大きく変化しないが，Na$^+$ イオンに対する透過性は 600 倍増加する．神経細胞への刺激によって細胞内に少量の Na$^+$ イオンが急激に入り，膜電位の変化が生じる [膜の脱分極 (membrane depolarization) と言われる]．式 (9・12) から

$$E_m = 0.0257\,\text{V}\,\ln\frac{5\,\text{mM} \times 0.17 + 150\,\text{mM}}{150\,\text{mM} \times 0.17 + 15\,\text{mM}} = 34\,\text{mV}$$

非常に短い間に（1 ms 以下），膜電位は -70 mV から約 35 mV（内側が正）へ変化し，その後急速にもとの値に戻る（図 9・10）．膜電位の瞬間的なスパイク波は**活動電位** (action potential) とよばれる．

なぜ膜電位はそんなに速くその静止状態の値（静止電位）に戻るのだろうか．それには二つの要因が関係している．第一に，増加した Na$^+$ 透過性は，細胞の中への Na$^+$ イオンの初期の流入後すぐにもとに戻る．第二に，ある短い時間（約 1 ms）にわたって，K$^+$ イオンに対する膜の透過性はその静止状態のときの値に比べて増加する．このため，膜電位は，実際にははじめに -70 mV 以下に下がってから，その後普段の値に戻る（図 9・10 参照）．そして，次の信号を受け取ると再び"発火"できるよう準備ができるのである．細胞内のわずかに過剰の Na$^+$ イオンはやがては細胞から汲み出される．

活動電位をひき起こすできごとは，神経細胞膜の限られた領域の中やその周りで起こる．そのとき活動電位は神経の軸索に沿って伝えられる．図 9・7 を見てみると，軸索が電気のケーブルのように働いていると実感できるだろう．それはつまるところ，軸索の構造がケーブルに似ているからである．軸索は電解質溶液の芯をもっており，電気的な絶縁体として働く膜に囲まれている．しかしながら軸索形質（軸索内部の細胞質）の抵抗は同じ大きさの銅の抵抗よりも数億倍大きく，それゆえ，軸索は比較的弱い電気伝導体である．それにもかかわらず，活動電位はニューロンの特定の場所で発生すると軸索に沿って素早くしかもその大きさを減らすことなく伝えられることがわかっている．図 9・11 は活動電位の伝播の機構を示している．活動電位の起こるまさしくその場所で，Na$^+$ イオンが流入することによって脱分極が起こると，近接した領域で膜電位の

ゆっくりとした脱分極が起こる．このゆっくりとした脱分極が，**閾電位***(threshold potential) とよばれるある値以上に近くの膜の電位を押し上げたときに，Na^+ イオンに対する膜の透過性は劇的に増加し，K^+ イオンの流出よりも多量な Na^+ が細胞の中へ流れ込む．したがって，電位はより正になり，活動電位がこの場所で発生する．このできごとは，次に，もとの場所からさらに下流側の隣接する細胞体にゆっくりとした脱分極をひき起こす．このような様式で活動電位は大きさを減少させることなくニューロンを伝わっていく．ヒト神経の軸索に沿って伝わる最も速い活動電位伝播速度は約 $30\ m\ s^{-1}$ である．

活動電位は軸索に沿って伝わっていき，**シナプス接合部**(synaptic junction)(神経細胞間の接合部分)もしくは**神経筋接合部**(neuromuscular junction)(神経細胞と筋細胞の間の接合部分)に到着する．シナプスでは活動電位が到着すると**神経伝達物質**(neurotransmitter)が放出される．神経伝達物質はシナプス小胞中のアセチルコリンなど，小さく拡散できる分子である．そのアセチルコリン分子はシナプス後膜に拡散し，そこで膜の透過性に大きな変化をひき起こす．すなわち Na^+ と K^+ イオン両方の電気伝導性は著しく増加し，Na^+ イオンの内側への大きな流れと K^+ イオンの外側への小さな流れを生じる．Na^+ イオンの内側への流れはシナプス後膜を再び脱分極させ，近接した軸索の

---

* 閾電位は漸進的な脱分極が爆発的な脱分極により取って代わられるところの電位である．それは静止膜電位よりも約 20~40 mV 正で，およそ $-30 \sim -50$ mV の間である．

活動電位をひき起こす．最後に，アセチルコリンは，以下のように酵素のアセチルコリンエステラーゼによって酢酸とコリンに加水分解される．

$$CH_3-\overset{O}{\underset{\|}{C}}-O-CH_2-CH_2-\overset{+}{N}(CH_3)_3 + H_2O \longrightarrow$$
アセチルコリン

$$HO-CH_2-CH_2-\overset{+}{N}(CH_3)_3 + CH_3COO^- + H^+$$
コリン

似たような方式で，神経細胞中で発生した活動電位が筋細胞へ伝えられる．心臓の筋細胞では，大きな活動電位がそれぞれの心拍の間に発生する．この電位は胸に置いた電極で検出できるくらい大きな電流を生み出す．増幅後，この信号を移動記録紙に記録したり，オシロスコープに表示できる．**心電図**(electrocardiogram, ECG)〔EKG としても知られており，K はドイツ語の kardio (心臓) からきている〕とよばれるこのような記録は，心臓病を診断するのに大変有効である（図 9・12）．

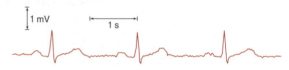

図 9・12 ヒトの ECG の出力．心房と心室での脱分極と再分極のために見かけ上は図 9・11 に示した活動電位よりも複雑な形をしている．皮膚の上から測定されたので，活動電位の大きさは心臓で測られたものよりもかなり小さい．

重要な式

$E° = E°_{カソード} - E°_{アノード}$	電池の標準起電力	式 (9・1)
$\Delta_r G = -\nu FE$	$\Delta_r G$ と電池の起電力との関係	式 (9・2)
$E° = \dfrac{-\Delta_r G°}{\nu F}$	$\Delta_r G°$ と電池の標準起電力との関係	式 (9・4)
$E° = \dfrac{RT \ln K}{\nu F}$	$E°$ と平衡定数との関係	式 (9・5)
$E = E° - \dfrac{RT}{\nu F} \ln \dfrac{a_C^c a_D^d}{a_A^a a_B^b}$	ネルンスト式	式 (9・7)
$E = E° - \dfrac{0.0257\ V}{\nu} \ln \dfrac{a_C^c a_D^d}{a_A^a a_B^b}$	298 K でのネルンスト式	式 (9・8)
$\Delta_r S° = \nu F \left(\dfrac{\partial E°}{\partial T}\right)_P$	$\Delta_r S°$ と温度に伴う $E°$ の変化との関係	式 (9・9)
$\Delta_r H° = -\nu F E° + \nu F T \left(\dfrac{\partial E°}{\partial T}\right)_P$	電気化学反応の標準エンタルピー変化	式 (9・10)

参 考 文 献

書　籍

C. M. A. Brett, A. M. Oliveira Brett, "Electrochemistry: Principles, Methods, and Applications," Oxford University Press, New York (1993).

R. G. Compton, G. H. W. Sanders, "Electrode Potentials," Oxford Science Publications, New York (1996).

P. H. Rieger, "Electrochemistry," Prentice-Hall, Englewood Cliffs, NJ (1987).

D. T. Sawyer, A. Sobkowiak, J. L. Roberts, Jr., "Electrochemistry for Chemists," John Wiley & Sons, New York (1995).

論　文

総　説：

J. Weissbart, 'Fuel Cells —— Electrochemical Converters of Chemical to Electrical Energy,' *J. Chem. Educ.*, **38**, 267 (1961).

H. Taube, 'Mechanisms of Oxidation–Reduction Reactions,' *J. Chem. Educ.*, **45**, 452 (1968).

D. P. Gregory, 'Fuel Cells —— Present and Future,' *Chem. Brit.*, **5**, 308 (1969).

A. H. Heyn, 'Equivalence Point Potential in Redox Titrations,' *J. Chem. Educ.*, **47**, 240 (1970).

C. A. Vincent, 'Thermodynamic Parameters from an Electrochemical Cell,' *J. Chem. Educ.*, **47**, 365 (1970).

A. K. Vijh, 'Electrochemical Principles Involved in a Fuel Cell,' *J. Chem. Educ.*, **47**, 680 (1970).

R. A. Durst, 'Ion-Selective Electrodes in Science, Medicine and Technology,' *Am. Sci.*, **59**, 353 (1971).

R. M. Lawrence, W. H. Bowman, 'Electrochemical Cells for Space Power,' *J. Chem. Educ.*, **48**, 359 (1971).

D. N. Bailey, A. Moe, Jr., J. N. Spencer, 'On the Relationship Between Cell Potential and Half-Cell Reactions,' *J. Chem. Educ.*, **53**, 77 (1976).

R. E. Treptow, 'Dental Filling Discomforts Illustrates the Electrochemical Potential of Metals,' *J. Chem. Educ.*, **55**, 189 (1978).

G. A. Rechnitz, 'Ion and Bio-Selective Membrane Electrodes,' *J. Chem. Educ.*, **60**, 282 (1983).

J. J. MacDonald, 'Cathodes, Terminals, and Signs,' *Educ. Chem.*, **25**, 52 (1988).

P. J. Morgan, E. Gileadi 'Alleviating the Common Confusion Caused by Polarity in Electrochemistry,' *J. Chem. Educ.*, **66**, 912 (1989).

M. K. Ahn, D. J. Reuland, K. D. Chadd, 'Electrochemical Measurements in General Chemistry Lab Using a Student-Constructed Ag-AgCl Reference Electrode,' *J. Chem. Educ.*, **69**, 74 (1992).

A. S. Feiner, A. J. McEvoy, 'The Nernst Equation,' *J. Chem. Educ.*, **71**, 493 (1994).

R. L. DeKock, 'Tendency of Reaction, Electrochemistry, and Units,' *J. Chem. Educ.*, **73**, 955 (1996).

P. Millet, 'Electric Potential Distribution in an Electrochemical Cell,' *J. Chem. Educ.*, **73**, 956 (1996).

M. J. Sanger, T. J. Greenbowe, 'Students' Misconceptions in Electrochemistry,' *J. Chem. Educ.*, **74**, 819 (1997).

'The Future of Fuel Cells (三つの記事),' *Sci. Am.*, July (1999).

J. M. Bonicamp, R. W. Clark, 'Textbook Error: Short Circuiting an Electrochemical Cell,' *J. Chem. Educ.*, **84**, 731 (2007).

S. Satayapal, J. Petrovic, G. Thomas, 'Gassing Up With Hydrogen,' *Sci. Am.* April (2007).

R. Toomey, E. DePierro, F. Garafalo, 'Insights Obtained Through the Study of a Concentration Cell,' *Chem. Educator* [Online], **12**, 67 (2007). DOI: 10.1333/s00897072008a.

C. A. Kauffman, A. L. Muza, M. W. Porambo, A. L. Marsh, 'Use of a Commercial Silver-Silver Chloride Electrode for the Measurement of Cell Potentials to Determine Mean Ionic Activity Coefficients,' *Chem. Educator* [Online], **15**, 178 (2010). DOI: 10.1007/s00897102272a.

生物電気化学：

P. F. Baker, 'The Nerve Axon,' *Sci. Am.*, March (1966).

W. D. Hobey, 'Biogalvanic Cells,' *J. Chem. Educ.*, **49**, 413 (1972).

N. Sutin, 'Electron Transfer in Chemical and Biological Systems,' *Chem. Brit.*, **8**, 148 (1972).

I. Axelrod, 'Neurotransmitters,' *Sci. Am.*, June (1974).

T. P. Chirpith, 'Electrochemistry in Organisms. Electron Flow and Power Output,' *J. Chem. Educ.*, **52**, 99 (1975).

G. A. Rechnitz, 'Membrane Electrode Probes for Biological Systems,' *Science*, **190**, 234 (1975).

K. A. Rubinson, 'Chemistry and Nerve Conduction,' *J. Chem. Educ.*, **54**, 345 (1977).

R. D. Keynes, 'Ion Channels in the Nerve-Cell Membrane,' *Sci. Am.*, March (1979).

C. F. Stevens, 'The Neuron,' *Sci. Am.*, September (1979).

J. H. Schwartz, 'The Transport of Substances in Nerve Cells,' *Sci. Am.*, April (1980).

P. Mitchell, 'Davy's Electrochemistry: Nature's Protochemistry,' *Chem. Brit.*, **17**, 14 (1981).

Y. Dunant, M. Israel, 'The Release of Acetylcholine,' *Sci. Am.*, April (1985).

H. A. O. Hill, 'Bio-Electrochemistry,' *Pure Appl. Chem.*, **59**, 743 (1987).

A. Veca, J. H. Dreisbach, 'Classical Neurotransmitters and Their Significance within the Nervous System,' *J. Chem. Educ.*, **65**, 108 (1988).

問題

化学電池の起電力

9・1 次の反応の 298 K における標準起電力を求めよ.

$$Fe(s) + Tl^{3+} \longrightarrow Fe^{2+} + Tl^+$$

9・2 $CuSO_4$ 水溶液および $ZnSO_4$ 水溶液の濃度がそれぞれ 0.50 M, 0.10 M のときの 298 K におけるダニエル電池の起電力を求めよ. 濃度の代わりに活量を用いたときの起電力はどうなるだろうか ($CuSO_4$ および $ZnSO_4$ の各濃度での $\gamma_{\pm}$ 値はそれぞれ 0.068, 0.15 である).

9・3 ある電極での半反応

$$Al^{3+}(aq) + 3e^- \longrightarrow Al(s)$$

において 1.00 ファラデーの電気量が電極を流れたときに何 g の Al が析出するか求めよ*[1].

9・4 標準状態でない条件下で動作するダニエル電池について考える. 電池反応が 2 倍になったとすると, ネルンスト式における以下の量はどう変化するか.
 (a) E, (b) $E°$, (c) Q, (d) $\ln Q$, (e) ν

9・5 学生が実験室で二つの溶液が入ったビーカーを与えられたとする. 一方のビーカーには 0.15 M Fe^{3+} と 0.45 M Fe^{2+} を含んだ溶液, もう一方のビーカーには 0.27 M I^- と 0.050 M I_2 を含んだ溶液が入っている. 各溶液には白金の金属線が浸してある.
 (a) 25 ℃ での標準水素電極に対する各電極電位を求めよ.
 (b) 二つの電極をつなぎ, 塩橋で溶液を電気的に接続したときどんな化学反応が進行するか予想せよ.

9・6 表 9・1 に記載の $Cu^{2+}|Cu$ および $Pt|Cu^{2+}, Cu^+$ の標準還元電位を用いて $Cu^+|Cu$ の標準還元電位を求めよ.

化学電池の熱力学とネルンスト式

9・7 次の表の空欄を埋めよ. また電池反応が自発的に進行するか否かも 3 列目に記せ.

E	$\Delta_r G$	電池反応
+		
	+	
0		

9・8 次式の反応の 25 ℃ における $E°$, $\Delta_r G°$, K の値を求めよ.
 (a) $Zn + Sn^{4+} \rightleftharpoons Zn^{2+} + Sn^{2+}$
 (b) $Cl_2 + 2I^- \rightleftharpoons 2Cl^- + I_2$
 (c) $5Fe^{2+} + MnO_4^- + 8H^+ \rightleftharpoons Mn^{2+} + 4H_2O + 5Fe^{3+}$

9・9 下の反応

$$Sr + Mg^{2+} \rightleftharpoons Sr^{2+} + Mg$$

において平衡定数は 25 ℃ で 6.56×10^{17} である. $Sr^{2+}|Sr$, $Mg^{2+}|Mg$ 半電池からなる電池の $E°$ を求めよ.

9・10 二つの水素電極からなる濃淡電池を考える. 25 ℃ でこの電池の起電力は 0.0267 V であった. アノードの水素ガス圧が 4.0 bar であったとするとカソードの水素ガス圧はいくらか.

9・11 次の二つの半電池からなる化学電池を考える. 一方は 2.0 M KBr と 0.050 M Br_2 を含んだ溶液に白金金属線を浸したもの, もう一方は 0.38 M Mg^{2+} 溶液にマグネシウム金属線を浸したものである.
 (a) どちらがアノードで, どちらがカソードか.
 (b) この電池の起電力はいくらか.
 (c) 自発的電池反応はどうなるか.
 (d) 電池反応の平衡定数はいくらか. ただし温度は 25 ℃ とする.

9・12 表 9・1 に示した $Sn^{2+}|Sn$ および $Pb^{2+}|Pb$ の標準還元電位を用いて, 25 ℃ での平衡状態における $[Sn^{2+}]/[Pb^{2+}]$ 比と電池反応の $\Delta_r G°$ を求めよ.

9・13 次の電池反応を考える.

$$Ag(s)|AgCl(s)|NaCl(aq)|Hg_2Cl_2(s)|Hg(l)|Pt(s)$$

 (a) 半電池反応を書け.
 (b) 温度と電池の標準起電力の関係は下表の通りである. これを用いて 298 K における $\Delta_r G°$, $\Delta_r S°$, $\Delta_r H°$ を求めよ.

T/K	291	298	303	311
$E°/mV$	43.0	45.4	47.1	50.1

9・14 次の濃淡電池の 298 K における起電力を求めよ.

$$Mg(s)|Mg^{2+}(0.24\ M)\ ||\ Mg^{2+}(0.53\ M)|Mg(s)$$

9・15 0.100 M $AgNO_3$ 溶液 346 mL に浸した銀電極と 0.100 M $Mg(NO_3)_2$ 溶液 288 mL に浸したマグネシウム電極からなる化学電池がある.
 (a) 25 ℃ における電池の起電力を求めよ.
 (b) 電流が, 1.20 g の銀が銀電極上に析出するまで流れた. この段階の電池の起電力を求めよ.

膜電位

9・16 神経細胞膜は Na^+ に対してよりも K^+ に対して透過性が大きいことを示す実験について説明せよ*[2].

9・17 K^+ イオンに対してのみ透過性のある膜を用いて, 次の二つの溶液を分離する.

 α: [KCl] = 0.10 M　　[NaCl] = 0.050 M
 β: [KCl] = 0.050 M　　[NaCl] = 0.10 M

25 ℃ での膜電位を計算し, より負の電位をもつ溶液はどちらか決めよ.

---

*[1] 訳注: ファラデー定数に 1 mol を乗じたものを単にファラデーとよび, 約 96 500 C の電気量を表す単位として用いることもあるが, SI 単位ではない.

*[2] 訳注: 図 9・9 の装置を用いてみよ.

9・18 図9・8(b)を参照して，次の計算を行え．
　(a) K^+イオンによる25℃での膜電位を計算せよ．
　(b) 生体膜は，典型的におよそ $1\,\mu F\,cm^{-2}$ の静電容量（キャパシタンス）をもっているとする．膜の単位面積（1 cm^2）当たりの電荷をクーロン単位で計算せよ（静電容量の単位については補遺7・1参照）．
　(c) (b)の電荷を K^+ イオンの数として求めてみよ．
　(d) (c)の結果を，左の区画の溶液 1 cm^3 中の K^+ イオンの数と比較してみよ．膜電位を生じるのに必要な K^+ イオンの相対的な数について，どんな結論が得られるだろうか．

補 充 問 題

9・19 次式の半電池反応の $E°$ の値を調べよ．

$$Ag^+ + e^- \longrightarrow Ag$$
$$AgBr + e^- \longrightarrow Ag + Br^-$$

その値を用いて25℃におけるAgBrの溶解度積（K_{sp}）を求める方法を述べよ．

9・20 よく知られた有機酸化還元系にキノン‐ヒドロキノン対がある．pH 8以下の水溶液中では以下のようになっている．

この系はキンヒドロン，QH（QとHQが等モル含まれた分子化合物）を水に溶解することによって調製できる．キンヒドロン電極はキンヒドロン溶液に白金線を浸して作成する．
　(a) キノン‐ヒドロキノン対の電極電位を求める式を $E°$ および水素イオン濃度を用いて表せ．
　(b) キノン‐ヒドロキノン対を飽和カロメル電極と接続したときの電池の起電力は0.18 Vであった．この電池では飽和カロメル電極がアノードとなる．キンヒドロン溶液のpHを求めよ．ただし温度は25℃とする．

9・21 土中に埋めた鉄パイプがさびるのを防ぐ一つの方法はそれをマグネシウムあるいは亜鉛の金属棒と導線でつないでおくことである．この現象の電気化学的な原理を述べよ*．

9・22 アルミニウムは，標準還元電位が鉄より大きな負の値であるが，それにもかかわらず，鉄ほどさびたり腐食したりしない．理由を述べよ．

9・23 ダニエル電池の $\Delta_r S°$ が $-21.7\,J\,K^{-1}\,mol^{-1}$ のとき，電池の温度に伴う係数，$(\partial E°/\partial T)_P$ および80℃における電池の起電力を求めよ．

---
*訳注: 金属のさび（腐食）を防ぐ防食法の一つでカソード防食といい，マグネシウムなどは犠牲アノードとよばれる．

9・24 長い間，水銀(I)イオンは溶液中で Hg^+ として存在するのか Hg_2^{2+} として存在するのか，はっきりとわからなかった．そこで二つの可能性を区別するために次式の系を構成した．

$$Hg(l) \,|\, 溶液\,A \,\|\, 溶液\,B \,|\, Hg(l)$$

溶液Aは1 L当たり硝酸水銀(I)を0.263 g含んでおり，溶液Bは1 L当たり同物質を2.63 g含んでいる．18℃で測定したこの電池の起電力が 0.0289 V だったとすると，溶液中の水銀イオンの存在状態についてどういった結論が導き出されるか．

9・25 次の標準還元電位を用いて25℃における水のイオン積 K_w（$[H^+][OH^-]$）を求めよ．

$$2H^+(aq) + 2e^- \longrightarrow H_2(g) \qquad E° = 0.00\,V$$
$$2H_2O(l) + 2e^- \longrightarrow H_2(g) + 2OH^-(aq) \qquad E° = -0.828\,V$$

9・26 下の2式

$$2Hg^{2+}(aq) + 2e^- \longrightarrow Hg_2^{2+}(aq) \qquad E° = 0.920\,V$$
$$Hg_2^{2+}(aq) + 2e^- \longrightarrow 2Hg(l) \qquad E° = 0.797\,V$$

から，次式の反応の25℃における $\Delta_r G°$ と K を求めよ．

$$Hg_2^{2+}(aq) \longrightarrow Hg^{2+}(aq) + Hg(l)$$

［上の反応は**不均化反応**（disproportionation reaction）の一例で，ある酸化状態の元素が，酸化と還元を同時に起こしている．］

9・27 二つの金属電極X，Yの標準電極電位の大きさが

$$X^{2+} + 2e^- \longrightarrow X \qquad |E°| = 0.25\,V$$
$$Y^{2+} + 2e^- \longrightarrow Y \qquad |E°| = 0.34\,V$$

である．ここで｜｜は絶対値であることを表し，符号に関しては下線部不明であることを示している．半電池X，Yを電気的に接続すると，XからYへ電子が流れ出し，XをSHEに接続するとXからSHEへ電子は流れる．
　(a) $E°$ 値は，X，Yのどちらが正でどちらが負か．
　(b) XとYからなる電池の標準起電力はいくらか．

9・28 次のような化学電池を考える．一方の半電池は1.0 M Sn^{2+} と1.0 M Sn^{4+} を含んだ溶液に白金線を浸したもの，もう一方の半電池は1.0 M Tl^+ 溶液にタリウム金属棒を浸したものからなる．
　(a) 半電池反応および全体の反応を書け．
　(b) 25℃における平衡定数を求めよ．
　(c) Tl^+ の濃度が10倍になったときの電池の電圧はいくらか．

9・29 Au^{3+} の標準還元電位について，次式

$$Au^+(aq) + e^- \longrightarrow Au(s) \qquad E° = 1.69\,V$$

が与えられたとして，次の問いに答えよ．
　(a) なぜ金は空気中でさびないのか．
　(b) 次の不均化反応は自発的に進行するか．

$$3Au^+(aq) \longrightarrow Au^{3+}(aq) + 2Au(s)$$

(c) 金とフッ素ガスの間で進行する反応を予測せよ．

9・30 図9・1のダニエル電池について考える．この図では電子がアノードからカソードへ流れるため，アノードが負にカソードが正に帯電するように思われる．しかし溶液中のアニオンはアノードに向かって移動するので，アニオンに対して正に帯電しているとも考えられる．アノードは同時に正および負にはなりえないのであるから，この明らかに矛盾した状況を説明せよ．

9・31 次式の25℃での反応において平衡を維持するのに必要な H_2 圧 [bar単位] を求めよ．

$$Pb(s) + 2H^+(aq) \rightleftharpoons Pb^{2+}(aq) + H_2(g)$$

ただし $[Pb^{2+}]=0.035$ M で，溶液は緩衝溶液で pH 1.60 に保たれている．

9・32 付録Bのデータと $\Delta_f \overline{G}°[H^+(aq)]=0$ であることを用いてナトリウムとフッ素の標準還元電位を求めよ（ナトリウムと同様，フッ素も水と激しく反応する）．

9・33 表9・1のデータを用いて，$Fe^{2+}(aq)$ の $\Delta_f \overline{G}°$ を求めよ．

9・34 次の電池を考える．

$$Pt \mid H_2(1\,bar) \mid HCl(m) \mid AgCl(s) \mid Ag$$

25℃における各質量モル濃度での起電力は下表のようになった．

m/mol kg^{-1}	0.124	0.0539	0.0256	0.0134
E/V	0.342	0.382	0.418	0.450
m/mol kg^{-1}	0.009 14	0.005 62	0.003 22	
E/V	0.469	0.493	0.521	

(a) 上の値をグラフにし，そこから $E°$ の値を求めよ．求めた値を表9・1の値と比べてみよ．

(b) HCl 0.124 mol kg^{-1} での平均活量係数 ($\gamma_\pm$) を求めよ．

9・35 濃淡電池の二つの区画の濃度が等しくなると電池反応は止まる．この段階で濃度を変えずに別のパラメーターを調節して起電力を発生できるだろうか．説明せよ．

9・36 次式の反応を考える．

$$Mg(s) + 2AgNO_3(aq) \longrightarrow Mg(NO_3)_2(aq) + 2Ag(s)$$

(a) 反応の $\Delta_r G°$，$\Delta_r H°$，$\Delta_r S°$ を熱化学的に測定するにはどうすればよいか．

(b) 同じく電気化学的に測定するにはどうすればよいか．二つの方法を比べてみよ．

9・37 水素-酸素燃料電池の300 Kでの効率を，300 K（低温熱だめ）と600 K（高温熱だめ）の間で働く可逆的な熱機関で得られる最大仕事と比較せよ［ヒント: 水素の燃焼の $\Delta_r H°$ を計算し，式 (4・9) を用いよ］．

9・38 p.182で述べたプロパン-酸素燃料電池の298Kでの $E°$ を計算せよ．C_3H_8 の $\Delta_f \overline{G}° = -23.49$ kJ mol^{-1} である．

9・39 Mg/Mg^{2+} と Cu/Cu^{2+} の半電池（どちらも218 mLの体積）からなるガルバニ電池を25℃の標準状態の条件下で働かせた．電池は31.6 hの間0.22 Aの電流を生じて働いた．体積は一定であると仮定せよ．

(a) Cuは何g析出したか．

(b) $[Mg^{2+}]$ を求めよ．

9・40 0.10 M と 2.0 M の濃度の Co/Co^{2+} の区画からなる濃淡電池を考えよう．両方の区画の体積とも1.00 Lのまま一定であると仮定せよ．

(a) 25℃の E を求めよ．

(b) E が 0.020 V に低下したとき，区画の濃度はどうなっているか．

10 量子力学

今日私は，Newton と同じぐらい大きな発見をしたと思う．
1900 年のある日，Max Planck が息子へ語った言葉*

これまでの章ではおもに，物質の巨視的な性質について考察してきた．熱力学は，化学的な過程について重要な情報を与えるが，分子レベルで起こっている現象を説明しない．本章では，微視的な原子と分子の性質について考察する．そのためには，量子力学に慣れ親しむことが必要になる．19 世紀の終わりに，その当時の物理学の理論（今日では古典論とよばれる）では説明できない実験結果が報告されていた．1900 年になり，ドイツの物理学者 Max Planck は量子論を提唱することにより，当時未解明であった実験結果の一つを説明した．本章では，量子論の歴史にふれ，初期の発展から追っていく．量子現象の多くは分光学，すなわち光と物質の相互作用の研究により理解されるようになった．それゆえ最初に，波の物理学的性質と光の波動説について説明する．

10・1 光の波動性

17 世紀に Newton は，白色光線（太陽光）をガラスのプリズムに通すと，それを構成する多色の光線に分離し，さらに分離した光線をもう一つのプリズム（上下を反転させた逆プリズム）に通すと，それらが重ね合わさり白色光線に戻ることを見いだした．その後，光の干渉効果に関する実験が Young によりなされ（p. 190 参照），光が波の性質をもつことが示された．さらに，Maxwell の理論的研究により，光の波の描像が確立した．まず，波の性質について考えよう．

最も単純な一次元の波は，次式で表される正弦波である．

$$A = A_0 \sin(\nu t + \phi) \tag{10・1}$$

A_0 は波の振幅，ν は振動数（単位は s^{-1} もしくはヘルツ〔Hz〕），t は時間，ϕ は位相である（図 10・1）．位相は角度で表され，0° から 360°（0 から 2π）の値をとり，位相が 0 の正弦波からのずれ（波の進み具合）を表わす．可視光線の振動数はかなり大きい（10^{14} s^{-1} の大きさ）ことから，光波を表すのに，振動数 ν をナノメーター〔nm〕単位の波

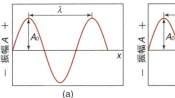

図 10・1 振幅 A_0 の正弦波．(a) 空間領域の図で，ピーク間は λ（波長）に相当する．(b) 時間領域の図で，ピーク間は τ（振動の周期）に相当する．

長 λ に換算することが多い．波長は，隣り合う波の最大値間または最小値間の長さに相当する．波の周期 τ は，波が最大値（または最小値）を伝播するのに要する時間であり，振動数の逆数として表される．

$$\tau = \frac{1}{\nu} \tag{10・2}$$

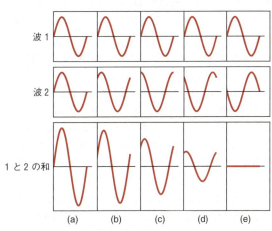

図 10・2 等しい振幅と波長をもつ二つの波の干渉．(a) 二つの波が同じ位相であるとき，干渉により強め合う．(b)〜(d) 二つの波の位相が異なり，部分的に打ち消し合う．(e) 二つの逆位相〔位相が 180°（もしくは π）違う〕の波が干渉すると打ち消し合う．

* 出典: H. W. Cropper, "The Quantum Physicists," Oxford University Press, New York (1970), p. 7.

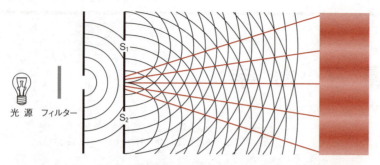

図 10・3 ヤングのスリットの実験の模式図で，二つのスリット S_1 と S_2 から出射した光が干渉する様子を表している．スクリーン上には明暗が交互に繰返す帯ができている．明るい部分の強度は，光源からの距離に依存して減少する．同心円は光の波面を表し，隣の同心円と 1 波長異なる様子を示している．

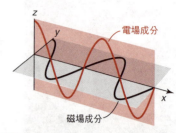

図 10・4 電場と磁場成分からなる電磁波の模式図．波は x 軸に沿って進む．本図の電磁波は直線偏光であり，電場成分が x–z 面に，磁場成分が x–y 面に存在する．

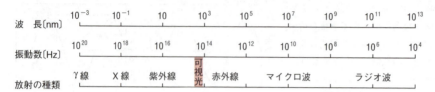

図 10・5 電磁放射の分類．可視光は 400 nm (紫色) から 750 nm (赤色) の波長域に当たる．

時間 τ 後に波は距離 λ 進むので，波の速さ u*¹ は式(10・3)のように表される．

$$u = \frac{\lambda}{\tau} = \lambda \nu \tag{10・3}$$

光の速さ c は透過する媒体に依存するが，多くの場合は 3.00×10^8 m s^{-1} と近似してよい．

二つの光の波を合わせると，それらの振幅の大きさは足し引きされる．フランス人数学者，Jean Baptiste Fourier (1768～1830) は，いかなる波形も正弦波の和として表せることを示した．正弦波を足し合わせるときは，波の相対的な位相 [すなわち **位相差** (phase difference)] を考慮することが重要である．たとえば，足し合わせる二つの波の山と山および谷と谷が重なり合っているか，もしくはそれらがずれているかにより，新たにできる波の形は異なる．振幅と振動数が同じ二つの波を足し合わせても，それらの位相のずれにより，振幅の強め合いもしくは弱め合いが起こる (図 10・2)．この現象はオーディオ製品にも応用されている．たとえば，ノイズリダクション (雑音低減) ヘッドホンは，外部の雑音 (たとえば，飛行機エンジンが発する耳障りな雑音など) に対して，位相の異なる音波を積極的に発生させている．

このように，波は干渉することから，光の干渉性が示されれば，光が波の性質をもつことになる．光の干渉効果は，ヤングのスリットの実験 [英国の物理学者，Thomas Young (1773～1829) が行った有名な実験で，光源と二つのスリットを巧みに使った (図 10・3)] によりはじめて示された．

この実験では，単色 (すなわち，単一の波長の光) かつ可干渉性*² (すなわち，光の位相が揃っている) の光を使う．光源となる電球の光を色フィルターで単色光にし，さらにスリットに通すことで可干渉性の光が得られる．最初のスリットから等距離にあるスリット S_1 と S_2 から出射した光の位相差は，干渉し合う位置 (スリットからの距離) により異なり，光の波の振幅が強め合ったり弱め合ったりする．この光の干渉の結果，光源とスリットの延長上にあるスクリーンには明部分と暗部分が交互に観測される．

Maxwell は 1873 年に発表した著書で，可視光は電場と磁場の成分からなる電磁波の一種であるとする理論を提唱した (図 10・4)．電磁波は波長 (もしくは振動数) によって，最も長い波長をもつラジオ波や，最も短い波長をもつ γ 線などに分類される (図 10・5)．後の章で学ぶように，さまざまな波長域の電磁波を用いた各種分光法により，原子や分子の種々の物理化学的性質を調べることができる．

10・2 黒体放射とプランクの量子論

1800 年代には，物質が温度によって異なる色を呈することが知られていた．たとえば，金，銀，銅，鉄は室温 (～300 K) では普段目にするような外見を示すが，～1000 K という高温に熱すると赤く輝く．さらに高い温度に熱すると，それら金属が放射する光の色は赤から青へと変わる．白熱電球のタングステンフィラメントは ～3000 K まで加熱すると白色に見える．

---

*¹ 本書では，ν (ギリシャ文字のニュー) と間違えないよう，速さ (またはベクトル量の速度) を表すのに u を使うことにする．

*² 訳注: **干渉性**，コヒーレンス (coherence) ともいう．波動が互いに干渉することのできる性質．

当時，この現象を理論的に解釈しようとする研究が盛んに行われた．そして，1859年にドイツの物理学者 Gustov Kirchoff (1824～1887) が，入射するすべての色の光を吸収する仮想的な物体を考案し，その現象の理論的解釈を試みた．その仮想的な物体は光を一切反射せず，黒色に見えることから，**黒体** (black body) とよばれる．小さい穴が開けられた中空容器（容器の壁は光を透過しないとする），すなわち空洞は，黒体とみなすことができる物体の例である．穴に照射された光は，空洞内において反射を繰返し，ついには壁により吸収されてしまうため，空洞内部は真っ暗である．また，黒体は外界と熱平衡にあり，あらゆる波長にわたり光を放射する[*1]ので，完全な放射体でもある．図 10・6 は，さまざまな温度の黒体が放射するエネルギー密度 $[\mathrm{J\,m^{-4}}$ 単位$]$ を波長に対してプロットしたグラフで，黒体放射曲線とよばれる[*2]．

多くの科学者が古典物理学を用いて，放射の分布を温度の関数として説明しようと試みた．英国の物理学者 Rayleigh 卿 (1842～1919) は，英国の数学者かつ物理学者，James Hopwood Jeans 卿 (1877～1946) の協力を得て，黒体が放射する光は，原子や分子からなる振動子の集まりが発すると仮定し，波長と分光放射エネルギー密度の間に，次式 (10・4) の関係があることを提案した．

$$\rho_\lambda = \frac{8\pi k_B T}{\lambda^4} \quad (10\cdot 4)$$

ここで k_B はボルツマン定数，T は絶対温度で，式 (10・4) は**レイリー・ジーンズの法則** (Rayleigh-Jeans' law) として知られる．この式より導かれる放射エネルギー密度は，赤外光の領域において実験結果とよい一致を示すが，可視光の領域において実験値と合わなくなり，さらに紫外光の領域では無限大へと発散してしまう[*3]．

この"失敗"を解決するために，ドイツの物理学者 Max Planck (1858～1957) は，古典物理学の常識から離れて，一つの仮説を立てた．Planck は，振動子により放射されるエネルギーは任意の値をとらず，**量子** (quanta) とよばれる不連続な値のエネルギーが放射されることを提案し，全波長域において実験結果を良く再現する式を導きだした．

$$\rho_\lambda = \frac{8\pi hc}{\lambda^5} \frac{1}{\mathrm{e}^{(hc)/(\lambda k_B T)} - 1} \quad (10\cdot 5)$$

式 (10・5) は**プランクの放射則** (Planck radiation law)[*4] として知られ，h はプランク定数 ($6.626\times 10^{-34}\,\mathrm{J\,s}$) である．

古典理論では，エネルギーは連続的な値をとることができるが，式 (10・5) を導出するためのプランクモデルでは，次に示すとびとびの値しかとることができない．

$$E = nh\nu \quad n = 0, 1, 2, \cdots \quad (10\cdot 6)$$

この式は，エネルギー (E) が振動数の整数倍に量子化されることを示しており[*5]，古典力学の概念を覆す革命的な発見となった．Planck は，エネルギーは不連続な値をとるものと仮定することによってのみ実験結果を説明できることを見いだし，多くの理論家による何十年もの挑戦に終止符が打たれた．もはや，エネルギーが連続的な任意の値をとると考えることができなくなった．Planck の驚くべき洞察が，量子論の礎を築いたのである．

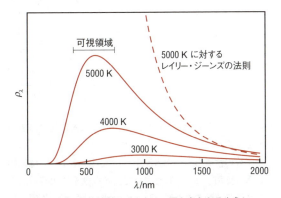

図 10・6 黒体放射スペクトル．図からわかるように，レイリー・ジーンズの法則 (- -) は，長波長（赤外）域では実験による曲線 (—) とよく一致するが，短波長域では著しくずれてしまう．一方，プランクの放射則は，すべての波長域において，各温度における放射エネルギー密度の波長分布を正確に予測することができる．

10・3 光電効果

以下に示す**光電効果** (photoelectric effect) も，古典理論では説明できない実験事実であった[*6]．真空中におかれた清浄な金属表面に，ある振動数の光を照射すると，電子が放出される．実験により，

1) 放出される電子（光電子とよばれる）の数は，光の強度に比例する
2) 放出された電子の運動エネルギーは，入射光の振動数に比例する
3) 入射光の振動数が，ある閾値（しきい値）〔その振動数を，**しきい振動数**もしくは**限界振動数** (threshold frequency) とよぶ〕より低い場合，光源の強度がどんなに強くても電子はまったく放出されない

[*1] 訳注：物体から熱エネルギーが電磁波として放出される現象を熱放射という．
[*2] 訳注：**黒体放射** (black-body radiation) は黒体輻射，空洞放射ともいう．
[*3] 古典物理学では，短波長域の黒体放射をうまく説明できない．これを"**紫外発散** (ultraviolet catastrophe)"という．
[*4] プランクの放射則の興味深い議論については，T. A. Lehman, *J. Chem. Educ.*, **49**, 832 (1972) を参照されたい．
[*5] 訳注：プランクの量子仮説といわれる．
[*6] 訳注：光電効果は物質が光を吸収して起こす電気的現象で，本節で述べているのはその中の**光電子放出** (photoemission) である．

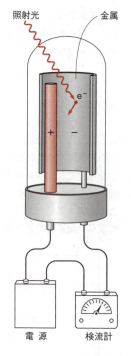

図 10・7 光電管は光子を検出する装置であり、光電効果を研究するために用いられる。ある振動数の光を、真空中に置いた清浄な金属表面（光電陰極）に照射すると電子が飛び出す。飛び出した電子は陽極へ引きつけられ、それにより生じる電流が検流計により測定される。電子の運動エネルギーを測定するための阻止電圧のグリッドは省略してある。

といったことがわかっていた。図 10・7 に光電効果の実験装置を示す。

光が波の性質をもつと考えると、放射エネルギーは振幅の 2 乗に比例する[*1]。したがって、光電効果により放出される電子の運動エネルギーは、光（波）の強度（振幅）に依存して振動数の影響は受けないはずであるが、これは上記 2) の内容と矛盾する。1905 年に、ドイツ系米国人の物理学者、Albert Einstein (1879〜1955) は、光を粒子 [後に、**光子** (photon) とよばれるようになる[*2]] と考えることにより、光電効果を説明することに成功した。すなわちそれぞれの光子のエネルギーは、

$$E_{光子} = h\nu \tag{10・7}$$

で与えられ（h はプランク定数、ν は光の振動数）、十分なエネルギーをもつ光子が金属表面に衝突すると、電子が一つ飛び出してくるとした。ここでエネルギー保存の法則に従えばエネルギーの入力は出力に等しいのだから、ν がしきい振動数より大きければ次の関係が成り立つはずである。

$$h\nu = \Phi + \frac{1}{2}m_e u^2 \tag{10・8}$$

ここで m_e は電子の質量、u は飛び出した電子の速さになる。Φ は**仕事関数** (work function) とよばれ、どれだけ強く電子が金属表面に束縛されているかを示す尺度で、光電効果で観測されるしきい振動数と関係する。すなわち光子エネルギーが仕事関数より小さいと、表面から電子は放出されない。ちょうどしきい振動数をもつ光を照射すると、電子は飛び出すが運動エネルギーは 0 である。しきい振動数以上の光照射により飛び出した電子の運動エネルギーは、照射光の振動数が高ければ大きくなる。また、光の強度は光子数に対応し、光が強ければ光子数は増える。しきい振動数以上の振動数をもつ光子一つにより、一つの光電子が生じることから、より強い光照射により多くの電子が発生して、大きな光電流が流れる。

式 (10・8) より、飛び出した電子の運動エネルギーを入射光の振動数に対してプロットして得る直線と x 軸との交点（x 切片）は、仕事関数を表す値になることがわかる（図 10・8）。実際にこれは、金属表面の仕事関数を見積もる便利な方法である。アインシュタインの式によると、このプロットの傾きはプランク定数 h に等しい。したがって、光電効果の実験から、直接プランク定数を求めることができる。

光電効果は、光検出器にも応用されている。光検出器は、カメラの露出計のような装置で、光の入力に対し電気的に応答する。ほとんどの光検出器は紫外光や可視光のみに感度が高いが、仕事関数が低い金属や合金を用いると赤外光の検出が可能になる。

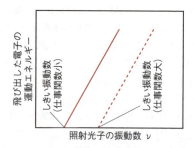

図 10・8 照射した光の振動数と、二つの異なるしきい値をもつ金属表面から飛び出した電子の運動エネルギーとの関係を示すプロット。x 切片がしきい振動数に相当し、それぞれの金属表面の仕事関数に比例する。

例題 10・1

光電子増倍管 (photomultiplier tube, PMT) は、光電効果に基づいた電磁波の検出器である。最初にある波長の光子が光電陰極に衝突する。それによって飛び出した電子が電子増倍管で増幅され、電流計で測定される。いわゆる**ソーラーブラインド**型 PMT[*3] につい

[*1] 訳注：電磁気学では、電磁波の電場の大きさ（振幅）を E、光速を c、真空中の誘電率を ε_0 とすると、単位体積当たりの電磁波のエネルギー I は $I = \varepsilon_0 c E^2 / 2$ と表される。

[*2] "光子"という術語は、1920 年代、米国の物理化学者 Gilbert Newton Lewis（原子の価電子を点で表すルイス構造式でおなじみ）が、電子や陽子などと同類のものとして提案した。

[*3] 訳注：太陽光に感度のない光電子倍増管。300 nm 以上の波長の光に対して、感度が急激に低下している。

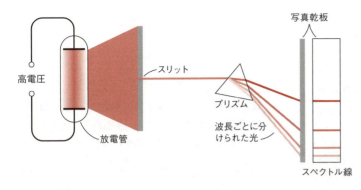

図 10・9 原子や分子の発光スペクトルを研究するための実験装置の模式図．研究対象となる気体（ここでは水素）を，二つの電極からなる放電管に充填する．電子がカソード（陰極）からアノード（陽極）へ移動するとき水素分子と衝突する．衝突した水素分子は水素原子へと解離する．生成した水素原子は励起状態をとるが，すぐさま発光によりエネルギーを放出して基底状態に戻る．その水素原子から発せられた光は，プリズムを透過すると波長ごとに空間的に分離される．光の各波長成分は，スクリーン（または写真乾板）上の波長により決まる位置にスリットの像をつくる．そのスリットの像を，スペクトル線（輝線）とよぶ．

原子を高温に熱するか，もしくは放電にさらすと，ある特有な振動数をもつ電磁波が放出されることが知られていた．図 10・9 は，水素原子発光スペクトルを研究する装置の模式図である．水素原子のスペクトルは，一連の鋭く明瞭な線を示す．原子が異なれば，観測される電磁波の振動数も異なる．この観測されるスペクトル線（輝線）の起源はわかっていなかったが，この現象を利用して，既知の元素のスペクトルと比較することにより，未知の試料に含まれる元素，もしくははるか彼方の星に存在する元素が同定されていた．

スウェーデン人物理学者の Johannes Rydberg（1854～1919）は，実験データに基づき，すべての水素原子発光スペクトル線を計算により再現する式を提案した．

$$\tilde{\nu} = \frac{1}{\lambda} = \tilde{R}_H \left(\frac{1}{n_f^2} - \frac{1}{n_i^2} \right) \quad (10 \cdot 9)$$

式（10・9）は，**リュードベリの公式**（Rydberg formular）として知られ，$\tilde{\nu}$ は波数（単位長さ当たりの波の数で分光学でよく使われる）［単位は m^{-1} または cm^{-1}］，$\tilde{R}_H$ は**リュードベリ定数**（Rydberg constant）（109 737 cm^{-1}）で，n_f と n_i は整数値をとる（$n_i > n_f$）．発光線は主値である n_f により分類される．表 10・1 には，水素発光スペクトルの五つの系列を表記してあり，系列の名前はそれらの発見者の名前にちなんで付けられた．

て，仕事関数が 4.0 eV の光電陰極を使うことを仮定して，検出可能な最大波長を計算せよ．この波長は電磁スペクトルのどの領域にあるか．換算係数は，1 eV=1.602×10⁻¹⁹ J である．

解 検出可能な最大波長を計算するためには，式（10・8）を用いて光電子の運動エネルギーを 0 とし，検出可能な最小の光子の振動数を計算する．

$$\nu = \frac{\Phi}{h} = \frac{(4.0 \text{ eV} \times 1.602 \times 10^{-19} \text{ J eV}^{-1})}{6.626 \times 10^{-34} \text{ J s}}$$
$$= 9.67 \times 10^{14} \text{ s}^{-1}$$

続いて振動数を波長に変換する．

$$\lambda = \frac{c}{\nu} = \frac{(3.00 \times 10^8 \text{ m s}^{-1})(10^9 \text{ nm/1 m})}{(9.67 \times 10^{14} \text{ s}^{-1})}$$
$$= 310 \text{ nm}$$

この波長は電磁スペクトルの紫外領域にあり，このソーラーブラインド型 PMT では，可視光を"見る"ことはできない．

式（10・8）は光の性質に関する疑問に一つ答えを出したが，さらなる疑問も投げかける．光の正体はいったい何なのか？ 光の波動性はまぎれもなく証明されている．しかしまた一方では，光電効果は光の粒子性を仮定しないと説明がつかない．光は粒子性と波動性の両方を兼ね備えることができるのだろうか？ 量子論の黎明期の科学者たちにとって，この光に関する概念は奇妙でなじみのないものであった．しかし，しだいに科学者たちは，微視的な粒子は巨視的な物体と振舞いが異なることを理解し始めた．

10・4 水素原子発光スペクトルに関するボーアの理論

20 世紀初頭，量子論でしか説明できない実験的な観測結果が，ほかにもいくつかあった．本節ではこのうち，量子力学を学ぶための出発点となる，原子発光スペクトルについて考えていこう．

表 10・1 水素原子の発光スペクトルの各系列

系列	n_f	n_i	領域
ライマン（Lyman）	1	2, 3, …	紫外
バルマー（Balmer）	2	3, 4, …	可視，紫外
パッシェン（Paschen）	3	4, 5, …	赤外
ブラケット（Brackett）	4	5, 6, …	赤外
プント（Pfund）	5	6, 7, …	赤外

20 世紀のはじめには，英国の物理学者 Joseph John Thomson（1856～1940）や，ニュージーランドの物理学者 Ernest Rutherford（1871～1937）らの研究により，原子の構造について，ある程度までは良く理解されるようになっ

ていた．Rutherfordは，金箔にα粒子をぶつける実験を行い，原子が原子核から構成され，原子核は正電荷をもつ粒子（それを陽子とよんだ）から構成されていることを発見した．したがって，原子核の安定性のために中性の粒子が必要と考えられていたが，後に英国の物理学者James Chadwick (1891～1972) により中性子が発見された．原子は電気的に中性であるから，原子中に陽子があるなら，同数の負の荷電粒子（それを電子とよぶ）が存在するはずである．電子は原子核の外に存在し，原子核の周りを円軌道で高速回転していると信じられていた．このモデルは，太陽の周りを回る惑星の動きに似ているために一見受け入れやすかったが，深刻な欠点をもっていた．なぜなら，古典物理学の法則からは，そのような電子はエネルギーをすぐに失い原子核へ向かってらせんを描いて落ちていき，電磁波を放出すると予言されていたからである．1913年に，デンマークの物理学者Neils Bohr (1885～1962) は，プランクの量子仮説および光は粒子からなるとの概念を用いて，発光スペクトルをうまく説明する新しい水素原子モデルを提案した．

Bohrの考察の出発点は，当時考えられていた電子の描像，すなわち原子核の周りの半径rの円軌道上を動いている粒子に基づいていた．電子を円軌道に保つ力（F）は，陽子と電子の間のクーロン引力であり，クーロンの法則から，

$$F = \frac{Ze^2}{4\pi\varepsilon_0 r^2} \qquad (10\cdot 10)$$

ここでZは原子番号（原子核中の陽子数）[*1]，eは電子の電荷，ε_0は"自由空間（真空）"の誘電率（補遺7・1参照），rは軌道の半径である．クーロン力は次式の遠心力と釣り合い，

$$F = \frac{m_e u^2}{r} \qquad (10\cdot 11)$$

ここでm_eは電子の質量，uは瞬間の速さ（電子が円軌道の接線方向に動く瞬時の速さ）である．式 (10・10) と式 (10・11) を等しいとおき，

$$\frac{Ze^2}{4\pi\varepsilon_0 r^2} = \frac{m_e u^2}{r} \qquad (10\cdot 12)$$

が得られる．電子の全エネルギーEは，運動エネルギーと位置（ポテンシャル）エネルギーの和として表すことができ，

$$E = \frac{1}{2}m_e u^2 - \frac{Ze^2}{4\pi\varepsilon_0 r} \qquad (10\cdot 13)$$

位置エネルギーにつけた負の符号は，電子と原子核の間の相互作用が引力であることを示している．式 (10・12) を整理して

[*1] この式に原子番号を含めたので，これ以降に導出した最終的な式は，He^+ や Li^{2+} のような水素類似イオン（1電子系）にも適用できる．

$$m_e u^2 = \frac{Ze^2}{4\pi\varepsilon_0 r} \qquad (10\cdot 14)$$

式 (10・14) を式 (10・13) に代入し

$$E = \frac{1}{2}m_e u^2 - m_e u^2 = -\frac{1}{2}m_e u^2 \qquad (10\cdot 15)$$

Bohrは量子論に基づき，電子の角運動量（$m_e u r$；付録A参照）を量子化する条件を加えた．すなわち，角運動量は次式に示すある値しかとれないのである[*2]．

$$m_e u r = n\frac{h}{2\pi} = n\hbar \qquad n = 1, 2, 3, \cdots \qquad (10\cdot 16)$$

ここで$\hbar$は，これから量子力学で使う多くの式で出会う記号でhバーとよび，$h/2\pi$である．式 (10・14) を式 (10・16) で割ると

$$u = \frac{Ze^2}{2nh\varepsilon_0} \qquad (10\cdot 17)$$

が得られ，式 (10・17) を式 (10・15) に代入して

$$E_n = -\frac{m_e Z^2 e^4}{8h^2 \varepsilon_0^2} \frac{1}{n^2} \qquad n = 1, 2, 3, \cdots \qquad (10\cdot 18)$$

となる．上式ではEに下つき文字nを付けてあることに着目してほしい．これはn ($=1, 2, 3, \cdots$) の値によりEの値が異なるからである．電子と陽子が無限遠に離れている場合のエネルギーは，0と考えることができる．したがって，式 (10・18) に付けた負の符号は，ある軌道に存在する電子がとりうるエネルギーは，電子と陽子が無限遠に離れている場合と比べて**小さい**ことを意味する．E_nがより小さい値（すなわち大きな負の値）なら，電子と陽子の間の引力が強く，電子が安定化することを意味する．したがって最も安定な状態は$n=1$の場合で，これを**基底状態** (ground state) とよぶ．

軌道の半径についても，次のように導出できる．式 (10・16) と式 (10・17) から

$$r_n = \frac{n\hbar}{m_e u} = \frac{n\hbar}{m_e} \times \frac{2nh\varepsilon_0}{Ze^2} = \frac{n^2 h^2 \varepsilon_0}{Z\pi m_e e^2} \qquad (10\cdot 19)$$

ここでr_nはn番目の軌道の半径である．電子のエネルギーは量子化しているので，電子はある特定の軌道にしか存在できないと期待していたかもしれないが，実際に式 (10・19) において，r_nはnによって定められており，この考察が正しいことがわかる．さらにこの式から，軌道の大きさがn^2に伴って増大することも予想がつく．

例題 10・2

水素原子の最小軌道半径 [**ボーア半径** (Bohr radius) として知られる] を計算せよ．

解 次の定数

[*2] 式 (10・16) のnを量子数という．

$\varepsilon_0 = 8.8542 \times 10^{-12} \text{ C}^2 \text{ N}^{-1} \text{ m}^{-2}$ $h = 6.626 \times 10^{-34} \text{ J s}$
$m_e = 9.109 \times 10^{-31} \text{ kg}$ $e = 1.602 \times 10^{-19} \text{ C}$

と式(10・19)を用いると，$n=1$ について r は次の値となる．

$$r = \frac{(1)^2(6.626 \times 10^{-34} \text{ J s})^2(8.8542 \times 10^{-12} \text{ C}^2 \text{ N}^{-1} \text{ m}^{-2})}{(1)\pi(9.109 \times 10^{-31} \text{ kg})(1.602 \times 10^{-19} \text{ C})^2}$$
$$= 5.29 \times 10^{-11} \text{ m} = 0.529 \text{ Å}$$

ここで $1 \text{ Å} = 1 \times 10^{-10} \text{ m}$ である．

コメント オングストローム [Å] は SI 単位ではない．しかし，典型的な化学結合の長さが 1 Å のオーダーであり，原子や分子の大きさを表すのに適していることから，依然として使われている．

式(10・18)は，水素原子の発光スペクトルを解析するための基礎になる．ボーアモデルの枠組みの中では，電子が高エネルギー準位から低エネルギー準位へ遷移するときに光子が放出される．その電子遷移の**共鳴条件** (resonance condition) は次式で与えられる[*1]．

$$\Delta E = E_f - E_i = h\nu \quad (10 \cdot 20)$$

E_f と E_i は，遷移に関わる最終および最初の準位のエネルギーで，$h\nu$ は放出された光子のエネルギーである．吸収過程ではまったく反対の現象が起こる（図 10・10）．発光過程に式(10・18)を適用すると，電子は高準位から低準位に遷移するので，次式のように書ける．

$$\Delta E = E_f - E_i = \left(\frac{m_e Z^2 e^4}{8h^2 \varepsilon_0^2}\right)\left(\frac{1}{n_i^2} - \frac{1}{n_f^2}\right) \quad (10 \cdot 21)$$

エネルギーを波数に換算すると，

$$\tilde{\nu} = \frac{1}{\lambda} = \frac{\nu}{c} = \frac{\Delta E}{hc} = \left(\frac{m_e Z^2 e^4}{8ch^3 \varepsilon_0^2}\right)\left(\frac{1}{n_i^2} - \frac{1}{n_f^2}\right)$$
$$= \tilde{R}_H \left(\frac{1}{n_i^2} - \frac{1}{n_f^2}\right) \quad (10 \cdot 22)$$

となる．上式のリュードベリ定数は $Z = 1$ として次のようになる（問題 10・13 参照）．

$$\tilde{R}_H = \frac{m_e e^4}{8ch^3 \varepsilon_0^2} = 109\,737.315\,685\,39 \text{ cm}^{-1} \quad (10 \cdot 23)$$

計算の際には，$\tilde{R}_H$ の値として $109\,737 \text{ cm}^{-1}$ を使えばよい．式(10・21)と式(10・22)の ΔE と $\tilde{\nu}$ の符号については，次のように考えればよい．吸収では $n_f > n_i$ であり，そのため ΔE も $\tilde{\nu}$ も正である．発光では $n_f < n_i$ であり ΔE は負になる．このことは，系が外界にエネルギーを放出する事実と矛盾しない．しかしながら，$\tilde{\nu}$ も負の値になってしまい，物理的意味がなくなってしまう．遷移が吸収でも発光でも，$\tilde{\nu}$ の計算値が常に正の値をもつようにするには，その絶対値をとればよい [$(1/n_i^2) - (1/n_f^2)$ の符号は考慮せず，大きさのみを考える]．

図 10・11 は水素原子のエネルギー準位図で，表 10・1 に示したスペクトル系列に該当する発光過程も示している．

例題 10・3

水素原子の $n = 4 \rightarrow 2$ の遷移に対応するエネルギーを計算し，波長 [nm を単位とする] で表せ．

解 表 10・1 および図 10・11 より，水素原子の $n = 4 \rightarrow 2$ の遷移は発光（放出）過程であり，そのスペクトル線はバルマー系列に属することがわかる．式(10・22)を使い $\tilde{\nu}$ を計算すると[*2]，

$$\tilde{\nu} = (109\,737 \text{ cm}^{-1})\left|\frac{1}{4^2} - \frac{1}{2^2}\right| = 2.058 \times 10^4 \text{ cm}^{-1}$$

したがって，

$$\lambda = \frac{1}{\tilde{\nu}} = \frac{1}{2.058 \times 10^4 \text{ cm}^{-1}} = 4.86 \times 10^{-5} \text{ cm}$$
$$= 486 \text{ nm}$$

コメント バルマー系列では，例題の線を含んだ四つのスペクトル線が可視領域に存在する．この 486 nm のスペクトル線は青緑色に見える．

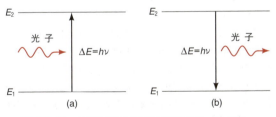

図 10・10 原子や分子と電磁波の相互作用．(a) 吸収，(b) 発光（放出）．どちらの場合でも光子のエネルギー ($h\nu$) は二つの準位のエネルギー差 ΔE に等しい．

10・5 ド・ブロイの仮説

Bohr の理論は，物理学者たちを戸惑わせたが，興味をもそそった．そして，水素原子の電子のエネルギーがどうして量子化されうるのか，より正しく言い表すと，なぜボーア原子モデルに含まれる電子は，原子核からある定まった距離にある軌道にしか存在できないのか，という疑問が生じたが，これに対して，Bohr 自身も含めて誰も論理的に説明することはできなかった．1924 年，この答えを見いだしたのはフランスの物理学者，Louis de Broglie[*3] (1892～1977) である．

[*1] 訳注：この場合の共鳴は，物質内のエネルギー準位の差が入射光の光子のエネルギーと一致したときに生じ，吸収スペクトルとして観測される．吸収スペクトルのピーク位置や強度などの情報から，物質の構造や性質がわかることが多い．

[*2] 式中の二つの縦線は大きさのみを考えるための絶対値である．

[*3] de Broglie は貴族出身で公子の爵位を冠していた．

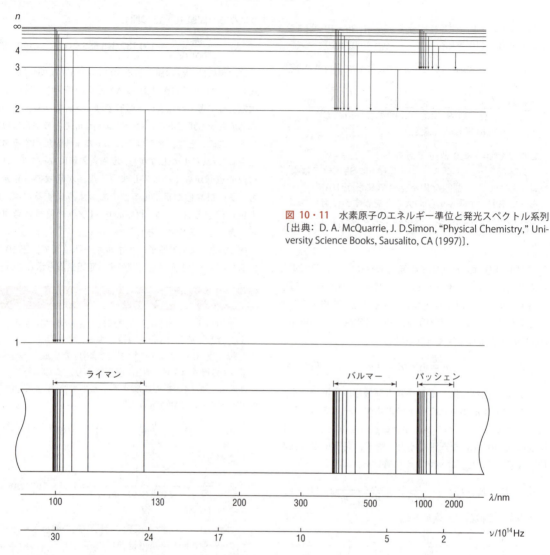

図 10・11 水素原子のエネルギー準位と発光スペクトル系列 [出典: D. A. McQuarrie, J. D.Simon, "Physical Chemistry," University Science Books, Sausalito, CA (1997)].

de Broglie は，Einstein と Planck によって導かれた電磁波のエネルギーを表す式と，古典物理学により導かれる電磁波の運動量を表す式から，粒子性と波動性を関係づける式を導出した．その基礎となる二つの式は，

$$E = h\nu \qquad p = \frac{E}{c} \qquad (10・24)$$

で，p は運動量，c は光の速度である．右式の分子の E を左式からの $h\nu = hc/\lambda$ で置き換えると，**ド・ブロイの関係式** (de Broglie relation) が得られる[*1]．

$$p = \frac{h}{\lambda}$$

すなわち

$$\lambda = \frac{h}{p} = \frac{h}{mu} \qquad (10・25)$$

式 (10・25) は，質量が m で速度 u で動くいかなる粒子も，波長 λ で特徴づけられる波のような性質をもつということを示している[*2]．

式 (10・25) の実験による証明は，1927 年に米国の物理学者，Clinton Davisson (1881〜1958) と Lester Germer (1896〜1972) によって，また 1928 年に英国の物理学者，G. P. Thomson (1892〜1975) によってなされた．Thomson は，薄いアルミ箔に電子を衝突させると[*3]，同心円状の回折像がスクリーン上に現れることを発見した．その回折像は，X 線（波の性質をもつ電磁波として知られていた）をア

[*1] アインシュタインの特殊相対性理論によると，光子の静止質量は 0 であるが，動くことにより質量をもち運動量を生じると説明されている．

[*2] 訳注：式 (10・25) で表される λ が**ド・ブロイ波長** (de Broglie wavelength) で，粒子が波動性を表しているとき，これを**物質波** (material wave)，**ド・ブロイ波** (de Broglie wave) とよぶ．

[*3] 訳注：Thomson はセルロイド，金，白金の薄膜でも実験した．

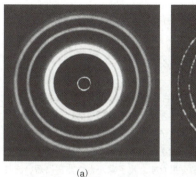
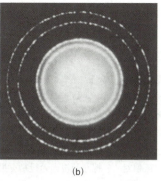

図 10・12 (a) アルミ箔による X 線の回折像. (b) アルミ箔による電子線の回折像. この二つの回折像が似ていることは, 電子が X 線のように振舞い, 波としての性質をもつことを示唆している〔提供: Copyright 2013 Education Development Center, Inc. 禁無断転載〕.

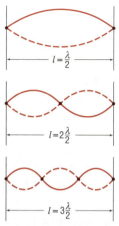

図 10・13 ギターの弦を弾いて生じる定常波を表す. 弦の長さ l は, 波の波長の半分の整数倍 ($n\lambda/2$) でなくてはならない.

ルミ箔に照射してできるものと似ていた*. 図 10・12 に, アルミ箔に X 線を照射して得られる回折像と電子を衝突させて得られる回折像を示す.

例題 10・4

テニスのサーブで放たれたボールの速度は $68\ \mathrm{m\ s^{-1}}$ に達することが知られている. テニスボールの質量を $6.0 \times 10^{-2}\ \mathrm{kg}$ として, この速さで動くテニスボールのド・ブロイ波長を求めよ. また, 電子が同じ速度で運動したときのド・ブロイ波長についても計算せよ.

解 式 (10・25) を用いて,

$$\lambda = \frac{6.626 \times 10^{-34}\ \mathrm{J\ s}}{(6.0 \times 10^{-2}\ \mathrm{kg})(68\ \mathrm{m\ s^{-1}})} \left(\frac{1\ \mathrm{kg\ m^2\ s^{-2}}}{1\ \mathrm{J}} \right)$$

したがって,

$$\lambda = 1.6 \times 10^{-34}\ \mathrm{m}$$

原子の大きさが $1 \times 10^{-10}\ \mathrm{m}$ 程度であることを考えると, これはきわめて短い波長である. したがって, いかなる分析法を用いても, テニスボールの波動性を検出することはできない.

電子については,

$$\lambda = \frac{6.626 \times 10^{-34}\ \mathrm{J\ s}}{(9.109 \times 10^{-31}\ \mathrm{kg})(68\ \mathrm{m\ s^{-1}})} \left(\frac{1\ \mathrm{kg\ m^2\ s^{-2}}}{1\ \mathrm{J}} \right)$$
$$= 1.1 \times 10^{-5}\ \mathrm{m} = 1.1 \times 10^{4}\ \mathrm{nm} = 11\ \mathrm{\mu m}$$

となり, これは, 赤外光の波長に相当する.

コメント この計算により, ド・ブロイの式は, 電子, 原子, 分子など微視的物体においてのみ重要であることがわかる. 巨視的な物体では, 波動性を観測することはできない.

de Broglie によると, 原子核に束縛された電子は, **定常波** (standing wave) のように振舞う. 定常波は, たとえばギターの弦を弾いたときに生じる. この波は, 弦に沿って進行しないために定常的に (静止した形で) 描かれる (図 10・13). また, 弦上には, 上下にまったく動かない点がいくつかあり, これは**節** (node) とよばれ, 節において波の振幅は 0 となる. 振動数が高いほど波長が短くなり, かつ節の数が増える. 図 10・13 に示すように, 弦上で運動が許容される波は, ある決まった波長をもたなければならない. de Broglie は, 水素原子中の電子が定常波のように振舞うとしたら, 波が軌道の円周にうまく収まるような波長でなければならないと考えた (図 10・14). さもなければ, 電子の波は軌道上で打ち消し合い, 振幅が減衰して 0 になって消滅してしまうだろう.

許容される軌道の円周 ($2\pi r$) と, 電子の波長 (λ) との関係は次式のように表される.

$$2\pi r = n\lambda \qquad n = 1, 2, 3, \cdots$$

式 (10・25) の λ の式を用いると

$$2\pi r = n \frac{h}{m_e u}$$

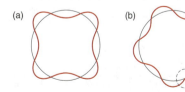

図 10・14 (a) 軌道の円周は波長の整数倍に等しく (この図では円周の長さは 4 波長分に相当する), 許容された電子の軌道である. (b) 軌道の円周が波長の整数倍に等しくない場合, 電子の波は軌道上で自身につながることができず, 強め合う干渉が生じない. この軌道は許容されない.

---

* 訳注: p. 412, 図 18・9 参照. 図 10・12 (a) に示す X 線の回折像はデバイ・シェラー環といわれる.

式を変形すると，

$$m_e u r = n\hbar$$

となり[*1]，これは式(10・16)に等しい．したがって，ド・ブロイの仮説から，水素原子について量子化された電子の角運動量およびエネルギー状態が導かれる．

電子の波としての性質は，電子顕微鏡において応用されている．ヒトの目が知覚できる光の波長は，400 nm から 700 nm で，視覚によって小さな構造の細部を見分けるヒトの能力には分解能による限界がある．分解能は，観察対象となるいくつかの微細構造を別々の構造として見分けることができた最小距離として定義される．分解能で定められる距離より短い距離にある二つの観察物は，一つの観察物となってぼやけて見えてしまう．ヒトの目の最小の分解能はおよそ 0.1 mm であり[*2]，それより小さい物体は識別できない．一方，光学顕微鏡の最小の分解能は 200 nm (0.2 μm) である．このことは，光学顕微鏡を使うことで紫色の光の波長 (400 nm) の半分の大きさの物体まで見ることができるが，それより小さな物を見ることはできないことを意味する．しかし，電子顕微鏡は，可視光の 1/100 000 程度のきわめて短いド・ブロイ波長の電子を発生させることが可能であり，より優れた分解能で物体の観察が可能になる．電子ビームが加速用静電場（電位差が V の2枚の平行電極板からなる）を通るようにすると，各電子が得るポテンシャルエネルギー (eV) は，以下の運動エネルギーに等しくなる．

$$eV = \frac{1}{2} m_e u^2$$

すなわち，

$$u = \sqrt{\frac{2eV}{m_e}}$$

となり，ここで e は電子一つの電荷量（電気素量）を表す．上記の速度を表す式を，式(10・25)中の u と置き換えることで，電子の波長が得られる．

$$\lambda = \frac{h}{\sqrt{2 m_e eV}} \tag{10・26}$$

例題 10・5

1.00×10^3 V の電圧で加速された電子の波長はいくらか．

解 式(10・26)を用いて，

$$\lambda = \frac{6.626 \times 10^{-34}\,\text{J s}}{\sqrt{2(9.109 \times 10^{-31}\,\text{kg})(1.602 \times 10^{-19}\,\text{C})(1000\,\text{V})}}$$

1 J = 1 C × 1 V の換算係数を使い，さらに単位を変換すると，

$$\lambda = 3.88 \times 10^{-11}\,\text{m} = 0.0388\,\text{nm}$$

キロボルト [kV] さらにはメガボルト [MV] の領域の加速電圧を発生させることは比較的容易であり，それから非常に短い波長をもつ電子を得ることができる．光学顕微鏡では可視光を使い物体を観察するが，電子顕微鏡では電子線が可視光の役割を果たす．電子線がもつ非常に短い波長の性質により，優れた分解能で物体の観察が可能になる．この技術は，大きな分子や重原子を"見る"ことを可能にする．電子顕微鏡がX線回折法に勝る点として，電子は電荷を帯びた粒子であり，電場および磁場により観察対象の物体に向けて集光できることが上げられる．このとき，電場および磁場はレンズの役割を果たす．一方で，X線は帯電しておらず電場と磁場で集光することはできない上，X線を集光するレンズはない．

10・6 ハイゼンベルクの不確定性原理

1927 年，ドイツの物理学者 Werner Heisenberg (1901～1976) は，量子力学の哲学的基盤の中でも最重要な原理を提唱した．彼は，粒子の運動量と位置を同時に測定したとき，それらの不確定さを掛け合わせた値は，プランク定数を 4π で割った値におおよそ等しくなると，思考実験に基づいて提案した．数学的に表現すると，

$$\Delta x \, \Delta p \geq \frac{h}{4\pi} \tag{10・27}$$

ここで，Δ は"ある量の不確定さを有する"ことを意味する．つまり Δx は位置の不確定さで，Δp は運動量の不確定さである．もちろん，測定された位置や運動量の不確定さが大きいときには，それらの積は $h/(4\pi)$ よりかなり大きくなることもある．式(10・27)，つまり**ハイゼンベルクの不確定性原理** (Heisenberg uncertainty principle) の数学的表現の重要な帰結は，どんなによい条件で位置と運動量を測定したとしても，それらの不確定さの積の最小値は常に $h/(4\pi)$ になるということである．

不確定性原理が存在する理由は概念的に，次のように理解することができる．どの観測手法においても，観測の対象となる系に物理的作用を与えてその応答を調べなければならず，その間に系を撹乱してしまう．量子力学が適用される系，たとえば電子について，位置を決めたいとしよう．電子の位置を Δx という距離の間において特定しようとすれば，波長 λ が Δx 程度の光を用いなくてはならないだろう．すると光子と電子の相互作用（衝突）により，光子の運動量 ($p = h/\lambda$) の一部が電子に移ってしまう．つまり，

[*1] $\hbar = h/(2\pi)$ を思い出そう．
[*2] ヒトの髪の毛の直径は 0.1 mm 程度である．

電子を"見よう"とする行い自体によって，電子の運動量を変えてしまう．もし，より正確に電子の位置を特定しようとすると，より短い波長の光を用いなければならない．その結果，光子はより大きな運動量をもち，観測対象の電子の運動量を大きく変えてしまう．要するに，Δx をより小さくしようとすると，運動量の不確定さ Δp はそれと共に大きくなる．同様に，電子の運動量をより正確に決めようとする実験を行えば，今度はそれと共に電子の位置の不確定さが大きくなる．この不確定さは測定技術や実験技術が足りないからではなく，観測という行いの基本的な性質によるものであることを知っておいて欲しい．

では，巨視的な物体についてはどうであろうか．たとえば，野球のボールの位置と運動量の測定では，正確にそれらの物理量を同時に決めることができる．それは，野球のボールは量子力学的な系と比べて比較にならぬほど大きいため，観測に用いる光との相互作用が無視できるほど小さいからである．したがって，巨視的な物体の位置と運動量を同時に正確に決めることができる．プランク定数は非常に小さな値なので，原子スケールの粒子を取扱うときだけ，不確定性原理は重要となる．

例題 10・6

(a) 例題 10・2 で，水素原子のボーア半径は 0.529 Å (0.0529 nm) であることを理解した．水素原子軌道の電子の位置が，半径の 1% の正確さでわかると仮定して，電子の速さの不確定さを計算せよ．

(b) 時速 161 km で投げられた野球の球 (0.15 kg) は 6.7 kg m s^{-1} の運動量をもつ．この運動量の測定の不確定さが，運動量の測定値の 1.0×10^{-7} ほどの割合であると仮定して，野球の球の位置の不確定さを計算せよ．

解 (a) 電子の位置の不確定さは，

$$\Delta x = 0.01 \times 0.0529 \text{ nm} = 5.29 \times 10^{-4} \text{ nm}$$
$$= 5.29 \times 10^{-13} \text{ m}$$

式 (10・27) より，

$$\Delta p = \frac{h}{4\pi \Delta x} = \frac{6.626 \times 10^{-34} \text{ J s}}{4\pi (5.29 \times 10^{-13} \text{ m})} \left(\frac{\text{kg m}^2 \text{ s}^{-2}}{\text{J}} \right)$$
$$= 9.97 \times 10^{-23} \text{ kg m s}^{-1}$$

$\Delta p = m_e \Delta u$ より，速さの不確定さは，

$$\Delta u = \frac{9.97 \times 10^{-23} \text{ kg m s}^{-1}}{9.109 \times 10^{-31} \text{ kg}} = 1.1 \times 10^8 \text{ m s}^{-1}$$

電子の速さの不確定さは，光の速さ (3×10^8 m s^{-1}) と同程度であることがわかる．この不確定さの程度では，電子の速さについて現実的には何もわかっていないことになる．

(b) 野球のボールの位置の不確定さは，

$$\Delta x = \frac{h}{4\pi \Delta p}$$
$$= \frac{6.626 \times 10^{-34} \text{ J s}}{4\pi \times 1.0 \times 10^{-7} \times 6.7 \text{ kg m s}^{-1}} \left(\frac{\text{kg m}^2 \text{ s}^{-2}}{\text{J}} \right)$$
$$= 7.9 \times 10^{-29} \text{ m}$$

これはきわめて小さい値だから，まったく影響ない．

コメント 巨視的な物体の世界では，不確定性原理は無視できるが，電子のようなきわめて小さな質量をもつ観測対象には，大きな影響が見られる．この例題では，式 (10・27) に $\geq$ ではなく ＝ を用いて，不確定さの最小値を求めた．

最後に，ハイゼンベルクの不確定性原理は，次のようにエネルギーと時間の項でも書き表せることを見ておこう．なぜなら，

運動量 ＝ 質量 × 速さ
　　　 ＝ 質量 × (速さ/時間) × 時間
　　　 ＝ 力 × 時間

したがって，

運動量 × 距離 ＝ 力 × 距離 × 時間
　　　　　　 ＝ エネルギー × 時間

すなわち，

$$\Delta x \Delta p = \Delta E \Delta t$$

ここで，ΔE は系がある状態で存在するときのエネルギーの不確定さ，Δt は系がその状態をとる時間である．式 (10・27) は，次のように書くこともできる．

$$\Delta E \Delta t \geq \frac{h}{4\pi} \qquad (10 \cdot 28)$$

したがって，ある時間内において，ある粒子の (運動) エネルギーを，完全に正確に ($\Delta E = 0$) 計測することはできない．式 (10・28) は特に，スペクトル線幅を見積もるのに役立つ (§11・1 を参照)．量子力学の言葉では，運動量と位置は共役な対であると言い，エネルギーと時間についても，同様に共役の関係にある．この点については，第 11 章においてもう一度考察する．

10・7 量子力学の仮説

水素原子に関するボーア理論は，黎明期の量子理論における成功の一つであった．しかし，多電子原子*の発光スペクトルの説明ができないこと，また磁場下における原子の挙動を説明できないことがわかり，ボーア理論に欠点が

---

* 量子化学では，"多電子"とは二つもしくはそれ以上の電子を指す．

多いことがわかってきた．さらには，電子が原子核の周りの決まった軌道を周回するという考え方は，不確定性原理の考えと矛盾する．したがって，巨視的な物体の運動を記述するニュートンの式に相当する基礎方程式の発明が，微視的な系に対して求められていた．1926年，オーストリアの物理学者 Erwin Schrödinger (1887〜1961) は，ド・ブロイ波の考えに刺激を受け，必要に見合う方程式 [**シュレーディンガー方程式** (Schrödinger equation)] を考え出した（式の詳細は §10・8 で考察する）．本節では，量子力学を展開する際に導入されたいくつかの仮説を見ながら，その数学的，物理的背景を考察する．ニュートンの法則や熱力学の法則と同様に，それらの仮説は第一原理より導かれるものではないが，直感的に理解しやすくかつ実験事実を矛盾なく説明する．

仮説1：系の状態は関数 $\Psi(\tau, t)$ で完全に記述できる

この関数は，状態関数または**波動関数** (wave function) とよばれ，空間座標 τ および時間 t により決まる（ここでは τ を一般的な空間座標を表すために用いる）．ある粒子が一次元座標にある場合，一般的に空間座標を x として波動関数 $\Psi(x, t)$ を使う．三次元空間中の粒子の場合には直交座標系 (x, y, z) を用いることで，波動関数は四つの変数の関数 $\Psi(x, y, z, t)$ になる．さしあたり，波動関数の時間依存性は無視することとし，**定常状態** (stationary state) を記述する波動関数 $\psi(\tau)$ に焦点を当てよう．

波動関数 ψ は実数の関数でも**複素数**を含む複素関数でもよい．複素数は実数部分と**虚数部分**からなり，i (i=$\sqrt{-1}$) を含む数を虚数とよぶ．複素関数に対して，ψ^* を ψ の**複素共役** (complex conjugate) とよび，ψ の全 i を $-$i に換えたものになる．たとえば a, b を実数の定数とし，ψ が $a+\mathrm{i}b$ で与えられる複素数なら，$\psi^* = a - \mathrm{i}b$，$\psi^*\psi = (a+\mathrm{i}b)(a-\mathrm{i}b) = a^2 + b^2$ となる．$\psi^*\psi$ の積は ψ の**絶対値**[*1]**の2乗**に等しく，常に正で実数をとる．絶対値の2乗は $|\psi|^2$ と書き，ψ が実関数 (i を含まない) の場合，$\psi^* = \psi$，$|\psi|^2 = \psi^2$ となる．

波動関数の有用性は，量子力学的意味において，わかりたいことすべてを説明してくれる点にあるが，波動関数自体には物理的意味はない．しかしながら 1926 年，ドイツの物理学者 Max Born (1882〜1970) が，$|\psi|^2$ は系の確率分布または**確率密度** (probability density) として解釈できることを提案した．$\psi(x)$ がある粒子を記述する波動関数なら，$|\psi(x)|^2 \, \mathrm{d}(x)$ は x と $x+\mathrm{d}x$ の間に粒子を見つける確率になる．$|\psi|^2$ と確率密度を関係づけるという**ボルンの解釈**は，波動説との類推によりもたらされたものである．波動説によれば，光の強度は波の振幅の2乗，すなわち A^2 に比例する．光子を最も見いだしやすそうな場所は，強度が最大の場所，すなわち A^2 が最大の場所である．同様な議論から，$|\psi|^2$ の大きさと粒子の見いだしやすさを関連づけることができ，たとえば電子なら原子核の近くの領域ということになる．

より一般的には，確率を $|\psi|^2 \, \mathrm{d}\tau$ と書くことができ，$\mathrm{d}\tau$ は無限小の体積要素を表す．一次元では $\mathrm{d}\tau = \mathrm{d}x$ であり，三次元直交座標では $\mathrm{d}\tau = \mathrm{d}x\,\mathrm{d}y\,\mathrm{d}z$ である．$\mathrm{d}\tau$ という一般表記を用いる方が，特定の座標系に限定されないので便利である．

$|\psi|^2$ や $\psi^*\psi$ を確率密度として解釈することから，波動関数 ψ に用いることが可能な関数の型は限られる．領域1と2の間に粒子を見出す確率 (P) を計算するには，次式のように確率密度を積分すればよい．

$$P = \int_1^2 \psi^*\psi \, \mathrm{d}\tau$$

粒子がこの領域内のどこかに存在しなくてはならないので，全領域にわたり粒子を見つける確率は1に等しく，

$$\int_{\text{全空間}} \psi^*\psi \, \mathrm{d}\tau = 1 \qquad (10\cdot29)$$

となる．式 (10・29) は**規格化条件** (normalization condition，**正規化条件**ともいう) とよばれる．

全空間にわたり積分可能で有限な積分値を与える関数は，任意の点において有限な一つの値を与え，"よく振舞う"といったタイプでなくてはならない．数学的によく振舞うとは，関数が連続かつ**自乗可積分**[*2] であることを意味する．自乗可積分であることは，ψ も $\mathrm{d}\psi/\mathrm{d}\tau$ も連続になることを意味する．図 10・15 に波動関数としてふさわしくない例を示した．

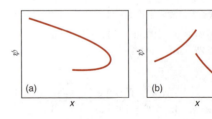

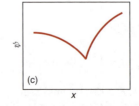

図 10・15 波動関数として不適切な例．(a) 関数が1価関数でない．(b) 関数が連続的でない．(c) 関数の勾配が不連続で，$\mathrm{d}\psi/\mathrm{d}x$ のグラフが断絶する．

---

*1 訳注：複素数 $z = a + \mathrm{i}b$ の絶対値は $|z| = \sqrt{a^2+b^2}$ で定義される実数である．

*2 $\int_{-\infty}^{\infty} |\psi|^2 \, \mathrm{d}\tau < \infty$，すなわち波動関数の絶対値の2乗の全空間にわたる積分が収束しなければならない．

10・7 量子力学の仮説

仮説2: 古典力学におけるすべてのオブザーバブル（可観測量）*に対して，量子力学では線形なエルミート演算子が存在する

演算子（operator）とは，関数に作用する数学のツールに過ぎない．数学記号の上に^を付けて演算子を示し，変数xの関数$f(x)$, $g(x)$を下記のように用いると，慣習により，演算子はその右側に書かれた関数（f）に"作用"して，新しい関数（g）を生じる．

$$\hat{A}f(x) = g(x)$$

ここで$\hat{A}$が演算子で，たとえば，$f(x)=x^2$, $\hat{A}$がd/dxならば

$$\hat{A}f(x) = \frac{d(x^2)}{dx} = 2x = g(x)$$

となる．線形演算子では次の関係が成り立つ．

$$\hat{A}[c_1 f(x) + c_2 g(x)] = c_1 \hat{A}f(x) + c_2 \hat{A}g(x) \quad (10・30)$$

c_1, c_2は定数である．

エルミート演算子（Hermition operator）には，いくつかの特別な性質があり，それが量子化学の計算において有用であることが知られている．エルミート演算子は，次式の"固有関数-固有値の関係（固有値方程式）"を満たす．

$$\hat{A}f(x) = af(x) \quad (10・31)$$

上式で，関数fは固有関数とよばれ方程式の両辺で同じであり，aは固有値といい実数になる．具体例として，演算子$\hat{A}=d/dx$, 関数$f(x)=e^{ax}$を考えると，

$$\hat{A}f(x) = \frac{d}{dx}(e^{ax}) = ae^{ax} = af(x)$$

となり，固有値方程式の関係を満たし，固有値はaである．

例題 10・7

次の演算子と関数は，固有値方程式の関係を満たすだろうか．満たす場合，固有値は何か．
(a) 演算子: $\times C$（Cは定数）; 関数: $f(x)$
(b) 演算子: d/dx; 関数: e^{ax^2}
(c) 演算子: d^2/dx^2; 関数: $\sin ax$

解 (a) 関数にCを掛けて$Cf(x)$を得る．よって$f(x)$はこの演算子の固有関数で，固有値はCである．
(b) $d(e^{ax^2})/dx = 2ax\, e^{ax^2}$
関数が右辺で異なっているので，固有値方程式の関係を満たさない．
(c) $d^2(\sin ax)/dx^2 = -a^2 \sin ax$
演算子を作用させた結果，もとの関数に戻っているので，固有値方程式の関係を満たす．固有値は$-a^2$である．

波動関数ψのように，エルミート演算子も複素数をとりうる．数式で示すと，エルミート演算子は次式の条件を満たさねばならない．

$$\int_{全空間} \psi_i^* \hat{A} \psi_j \, d\tau = \int_{全空間} \psi_j \hat{A}^* \psi_i^* \, d\tau \quad (10・32)$$

ここで演算の順序は重要であり，演算子は右側にある関数に作用する．演算子の複素共役（$\hat{A}^*$）は，演算子（$\hat{A}$）のiを$-i$で置き換えて得られる．

エルミート演算子の二つ目の有用な性質は，その固有関数が**正規直交**（orthonormal）であることで，すなわち全空間の積分が0か1になる．

$$\int_{全空間} \psi_i^* \psi_j \, d\tau = 0 \quad \text{ここで}\ i \neq j$$
$$\int_{全空間} \psi_i^* \psi_j \, d\tau = 1 \quad \text{ここで}\ i = j$$

次式の**正規直交化条件**（orthonormalization condition, **規格直交化条件**）の式は，クロネッカーのデルタ記号δ_{ij}を用いた簡便な表記法で表してある．δ_{ij}は$i \neq j$のとき0をとり，$i=j$のとき1になる．

$$\int_{全空間} \psi_i^* \psi_j \, d\tau = \delta_{ij} \quad (10・33)$$

仮説3: 状態ψ_nの系に対する唯一のオブザーバブル（可観測量）a_nは，固有値方程式の関係 $\hat{A}\psi_n = a_n \psi_n$ を満たす

ψおよびaの下つきnは，量子数nで定まる一群の固有関数と固有値が存在することを意味する．水素原子の場合，固有関数ψ_nは特定の原子軌道を表し，演算子との作用により固有値a_nが与えられる．その固有値は，対応する原子軌道のエネルギーである．一つの**オブザーバブル**（observable, **可観測量**）とは，系を一度測定することより決められる一つの物理量のことである．また，エルミート演算子の固有値は実数であるという性質から，可観測量を与える演算子がエルミート演算子というのは当を得ているということが理解されよう．

基本的にすべての観測量は量子化されている．場合によっては，ある状態と他の状態の量子化された値の違いが小さすぎて，それぞれの状態を区別して観測できないかもしれない．しかし，量子化の概念に変わりはない．また一方で，ある状態に対するいかなる測定によっても観測できない値もある．たとえば，巨視的な現象の例として，6面のサイコロを考えて欲しい．サイコロを投げると1から6の面のうち上を向いた面の数字が結果として得られることから，1から6の整数がサイコロの固有値と考えることができる．したがって，2.3, 2.7182, 3.14159などの値を観測することはできない．サイコロの可観測量は1から6の整数である．

---

* 訳注: オブザーバブル（可観測量）については，すぐ後の仮説3を参照．

仮説4：波動関数 ψ_n で記述される状態に対する一連の測定（演算子 $\hat{A}$ に対応する）で観測される物理量の平均値もしくは期待値は次のように表される

$$\langle a \rangle = \frac{\int \psi_n^* \hat{A} \psi_n \, d\tau}{\int \psi_n^* \psi_n \, d\tau} \quad (10 \cdot 34)$$

ここで $\langle a \rangle$ は a の期待値 (expectation value) であることを示す．この仮定は，ψ_n が演算子の固有関数であろうとなかろうと正しい．再び，サイコロ投げを例として考察しよう．サイコロを投げたとき，サイコロの各面が上を向いて止まる確率は等しいとすると，サイコロを投げて得られる数の平均は 3.5〔$(1+2+3+4+5+6)/6$ によって与えられる〕である．しかし，この数値は，サイコロを1回投げて得ることはできない．

もし一つのサイコロを投げた後，カップを使ってサイコロを覆い隠してしまったら，どんな結果になるだろうか．カップを持ち上げて答えを見る前に，カップの中でサイコロはどの数字を示しているのだろうか．私たちの期待値は 3.5 であるが，当然ながらサイコロは整数値しか示さない．さて，カップに覆われたサイコロの波動関数をどのように記述すべきか．量子力学の言葉で，サイコロは**重ね合わせの状態** (superposition state) にあると言うことができる．すなわち，六つの状態が同時に起こっている．

$$\Psi_{\text{隠したサイコロ}} = \frac{1}{\sqrt{6}} (\psi_1 + \psi_2 + \psi_3 + \psi_4 + \psi_5 + \psi_6)$$
$$= \frac{1}{\sqrt{6}} \sum_{n=1}^{6} \psi_n$$

ここで，ψ_n は n の数字の面が上を向いている状態を表す．$1/\sqrt{6}$ は規格化定数とよばれる因子で，サイコロを見いだす確率を1に等しくするために含めてある[*1]．重ね合わせの状態は，Schrödinger によって考案された有名なパラドックスを示している．Schrödinger は思考実験において，閉ざされた小部屋に猫を入れ，その部屋に致死性のシアン(HCN)ガスと放射性物質が入った密閉容器を置いた．もし，放射性物質となる核が一つでも崩壊した場合，生成した α 粒子によって密閉容器が壊されるような仕掛けをつくる．したがって，核分裂が起こるとシアンガスが放出され猫は死ぬ．閉ざされた小部屋の中において，猫は生きているか死んでいるかの，どちらかでしかないはずである．しかし，核分裂によりシアンガスが放出されて猫は死んだのか，それとも核分裂が起こらずに猫は生きているのか，小部屋を開けるまで結末を知ることはできない．したがって，量子力学的に言うと，猫は生きている状態と死んでいる状態のどちらでもあり，それらの状態の重ね合わせとして表される．

$$\Psi_{\text{猫}} = \frac{1}{\sqrt{2}} (\psi_{\text{死亡}} + \psi_{\text{生存}})$$

上式の $1/\sqrt{2}$ もまた規格化定数である．コペンハーゲン解釈[*2]では，猫の波動関数は閉ざされた小部屋にいるときは重ね合わせの状態にあるが，部屋を開けることにより観測されるとどちらかの固有関数（死んでいる状態もしくは生きている状態）へ収縮すると考える．（シュレーディンガーの猫はあくまで思考実験上の存在であることを，心に留めておいて欲しい．猫は死んでいる状態から生きている状態へと戻れるはずがなく，生と死の状態の重ね合わせの状態であることもない．しかし，シュレーディンガーの猫は，重ね合わせの状態の物理的解釈について議論をするうえで重要な役割を果たした．）

仮説5：系の波動関数は時間と共に変化し，その変化は時間を含むシュレーディンガー方程式により記述される．

$$\hat{H} \Psi_n(\tau, t) = i\hbar \frac{\partial \Psi_n(\tau, t)}{\partial t} \quad (10 \cdot 35)$$

$\hat{H}$ は**ハミルトニアン演算子** (Hamiltonian operator)〔アイルランド人の数学者 William Hamilton (1805〜1865) にちなむ〕であり，次節においてより詳細に考察する．この仮説において，時間を含む波動関数を，時間を含まない波動関数 ψ と時間を含む関数の積として表すことができる．

$$\Psi_n(\tau, t) = \psi_n(\tau) \, e^{-iE_n t/\hbar} \quad (10 \cdot 36)$$

ここで E_n は第 n 番目の状態にある系のエネルギーを示す．空間 (τ) と時間 (t) の変数を含む関数が分離していることから，数式の取扱いが容易である．たとえば，もし系が固有状態 $\Psi_n(\tau, t)$ にあるとすると，その確率密度は時間に依存しない．

$$\Psi_n^*(\tau, t) \, \Psi_n(\tau, t) \, d\tau = \psi_n^*(\tau) \, e^{iE_n t/\hbar} \, \psi_n(\tau) \, e^{-iE_n t/\hbar} \, d\tau$$
$$= \psi_n^*(\tau) \, \psi_n(\tau) \, d\tau$$

時間を含む量子力学は，定常状態間の遷移確率を記述するのに役立つ．また，分光学的選択律が，時間を含む量子力学より導かれる．本書では，時間を含む量子力学を適用した結果について言及するのみとし，詳細な式の導出は割愛する．

10・8 シュレーディンガー波動方程式

前節で述べた五つの仮説から，系の波動関数を知ることが重要であることを学んだ．Schrödinger はまず，波動力学の手法を量子力学へ適用した．時間を含まないシュレーディンガー波動方程式（もしくは単に，シュレーディンガー

[*1] 訳注：p.205，式 (10・53) の前後を参照．

[*2] コペンハーゲン解釈とは，1927年頃コペンハーゲンにおいて，Bohr と Heisenberg により提唱された量子力学の解釈のことを指す．

10・8 シュレーディンガー波動方程式

方程式とよぶ)は，一見単純そうな形をしている．

$$\hat{H}\psi = E\psi \quad (10\cdot37)$$

ここで $\hat{H}$ はハミルトニアン演算子，ψ は波動関数，E は系のエネルギーを表す．この波動関数の解を得るには，ハミルトニアン演算子についての固有値方程式を"単に"解けばよいと思うかもしれない．だが，あいにく，ほとんどの化学的な系についてシュレーディンガー方程式の解析解は存在しない．ただし，いくつかのモデル系において解析解が求められている．したがって，まず解析解が求められている系について考察しよう．その考察により，シュレーディンガー方程式の基本概念について理解できるほか，より複雑な系の近似解を求めるための基礎を学ぶことができるからである．

ハミルトニアン演算子 $\hat{H}$ は，系の全エネルギー演算子である．古典力学においては，エネルギー E は運動エネルギー (K) とポテンシャルエネルギー (V) の和として表される．

$$E = K + V \quad (10\cdot38)$$

ハミルトニアン演算子は同様に，運動エネルギー演算子とポテンシャルエネルギー演算子の和として表される．

$$\hat{H} = \hat{K} + \hat{V} \quad (10\cdot39)$$

表 10・2 に，エネルギー，運動量，位置などに関する量子力学において最も重要な演算子があげてあるので，必要に応じてこれらを参照しよう．

まず，一方向に動く質量 m の粒子について考えよう．話を簡単にするために，粒子は x 軸に沿って動くとし，つまり線上を粒子が動く系を考える．粒子のエネルギー E は，運動エネルギーとポテンシャルエネルギーの和で表される．

$$E = \frac{1}{2}mu^2 + V(x) = \frac{p^2}{2m} + V(x)$$

$V(x)$ はポテンシャルエネルギー関数で，u は粒子の速度，p は運動量を表す．全エネルギー E は一定であるが，運動エネルギーおよびポテンシャルエネルギーは位置 x の関数である．表 10・2 よりハミルトニアン演算子は，

$$\hat{H} = \frac{-\hbar^2}{2m}\frac{d^2}{dx^2} + V(x)$$

線上を動く粒子のシュレーディンガー方程式は，

$$\frac{-\hbar^2}{2m}\frac{d^2\psi(x)}{dx^2} + V(x)\psi(x) = E\psi(x)$$

自由空間における粒子（電場，磁場，重力場が存在しない）には，空間のいたる場所に一定のポテンシャルエネルギー (V) が存在する．力は $-dV(x)/dx$ で表され，$V(x)$ は定数になる．もし，定数を 0 とした場合，上記の式は次のように簡略化される．

$$\frac{-\hbar^2}{2m}\frac{d^2\psi(x)}{dx^2} = E\psi(x) \quad -\infty < x < \infty \quad (10\cdot40)$$

これは 2 次の微分方程式であり，簡単な考察で解くことができるかもしれない．正弦，余弦，もしくは指数関数がその解の候補として考えられるので，まず次の二つの試行関数を試してみよう．

$$\psi(x) = Ae^{+ikx} \quad (10\cdot41\text{a})$$

および

$$\psi(x) = Ae^{-ikx} \quad (10\cdot41\text{b})$$

A と k は定数である．最初の波動関数のエネルギーを求めるために，式 (10・41a) を式 (10・40) へ代入する．

$$\frac{-\hbar^2}{2m}\frac{d^2\psi(x)}{dx^2} = \frac{-\hbar^2}{2m}\frac{d^2Ae^{ikx}}{dx^2} = (ik)^2\frac{-\hbar^2}{2m}(Ae^{ikx})$$
$$= \frac{k^2\hbar^2}{2m}\psi(x)$$

用いた試行関数は，式 (10・40) に示すハミルトニアン演算子の有効な固有関数であることがわかる．また固有値 E は，

$$E = \frac{k^2\hbar^2}{2m} \quad (10\cdot42)$$

これは興味深い結果である．なぜなら，エネルギーが量子化されていないからである．定数 k はいかなる値もとることができ，いかなるエネルギーもとりうる．式 (10・41b) の波動関数で同じ計算を行っても同じ結果が得られる．

例題 10・8

表 10・2 より，線上を動く一次元粒子の運動量演算子は，次のように表される．

表 10・2 古典力学におけるオブザーバブルと，それらに対応する量子力学的演算子の例

オブザーバブル		演算子	
名称	記号	記号	演算[†]
位置	x	$\hat{X}$	x を掛ける
運動量	p_x	$\hat{P}_x$	$-i\hbar\dfrac{\partial}{\partial x}$
運動エネルギー	K_x	$\hat{K}_x$	$-\dfrac{\hbar^2}{2m^2}\dfrac{\partial^2}{\partial x^2}$
	K	$\hat{K}$	$-\dfrac{\hbar^2}{2m^2}\nabla^2$
ポテンシャルエネルギー	$V(x)$	$\hat{V}_x$	$V(x)$ を掛ける
	$V(x,y,z)$	$\hat{V}$	$V(x,y,z)$ を掛ける
全エネルギー	E	$\hat{H}$	$-\dfrac{\hbar^2}{2m^2}\nabla^2 + V(x,y,z)$
z 軸方向の角運動量	L_z	$\hat{L}_z$	$-i\hbar\dfrac{\partial}{\partial \phi} = -i\hbar\left(x\dfrac{\partial}{\partial y} - y\dfrac{\partial}{\partial x}\right)$

[†] 直交座標では，$\nabla^2 = (\partial^2/\partial x^2 + \partial^2/\partial y^2 + \partial^2/\partial z^2)$.

$$\hat{P}_x = -i\hbar \frac{d}{dx}$$

式(10・41)の波動関数で記述される粒子の運動量 p_x を計算せよ.

解 式(10・41a)で与えられる波動関数が,運動量演算子の固有関数であるか試してみる.

$$\hat{P}_x \psi(x) = -i\hbar \frac{d\psi(x)}{dx} = -i\hbar \frac{d(A e^{+ikx})}{dx}$$
$$= \hbar k (A e^{+ikx}) = \hbar k \psi(x)$$

したがって,固有値方程式の関係を満たし,固有値は $\hbar k$ である.また,式(10・41b)の波動関数について同様に計算すると,$-\hbar k$ の固有値を得,これらの状態にある粒子の運動量は,$\hbar k$ と $-\hbar k$ であることがわかる.

コメント ここで考えた波動関数は,粒子に二つの可能性があることを示している.すなわち,+ と - の符号で表されているように,右方向へ動くものと,左方向へ動くものである.粒子はそれぞれ,どちらの方向へも動くことができる.数多くの粒子の動きを観察して動く方向の統計をとると,左方向へ動く粒子の方が右方向へ動く粒子より多くなるようなことはありえない.すなわち平均運動量は 0 で,期待値 $\langle p_x \rangle$ は 0 となる.

10・9 一次元の箱の中の粒子

前節において,線上を自由に動く粒子のエネルギーを求めるために,シュレーディンガー方程式をどのように適用できるか見てきた.では,粒子の運動を線上の一部分のみに制限したら,エネルギー(固有値)と固有関数はどのように表されるであろうか.この問いは"一次元の箱の中の粒子"の問題と普通よばれており,非常に単純化したモデルであるが,より複雑な問題を考える際の洞察を与えてくれる.一次元の箱の中の粒子の問題を考える利点は,その解法が簡潔ながら量子力学の基本概念の多くを理解するのに役立つことにある.後にわかるように(p. 207 参照),一次元の箱の中の粒子について学ぶことは,化学や生物学の多くの系を理解するのに役立つ.

質量 m の粒子が長さ L の一次元の箱の中に閉じ込められた系を考えよう.粒子のポテンシャルエネルギーは,箱の中(すなわち,長さ L の線分上)では 0〔$V(x)=0$〕と仮定する.したがって,粒子は運動エネルギーしかもっていない.箱の両端には無限の大きさのポテンシャルエネルギー障壁があり,粒子を障壁の中もしくはその外に見いだす確率は 0 である.問題を単純化するために線の始点を原点とし,x は $0 \leq x \leq L$(図 10・16)の値をとるものとする.その系に対するシュレーディンガー方程式は,自由粒子と同じように書き下すことができる[式(10・40)を参照].ただし,x の値が箱の長さに限定される点が異なる.

$$\frac{-\hbar^2}{2m} \frac{d^2 \psi(x)}{dx^2} = E\psi(x) \quad 0 \leq x \leq L \quad (10・43)$$

粒子は線分上しか動くことができず,その領域外に粒子を見いだす確率は 0 となる.したがって,次の自明解が得られる.

$$\psi(x) = 0 \quad x < 0 \quad \text{および} \quad x > L$$

すべての量子力学問題と同様,興味の対象は粒子がもちうる固有エネルギー(E)と固有関数(ψ)の値を知ることである.自由粒子の問題では,指数関数がシュレーディンガー方程式を満たすことを見いだしたが,一次元の箱の中の粒子ではどうであろうか.少し違った試行関数を試してみよう*.

$$\psi(x) = A\sin(kx) + B\cos(kx) \quad (10・44)$$

A, B, k が求めるべき定数になる.一次元の箱の中の粒子のシュレーディンガー方程式の解は,自由粒子の解に似ているが,無限大のポテンシャルエネルギーが箱の外に存在することにより課せられる**境界条件**(boundary condition)を考えなければならない.ポテンシャルが無限大の領域では,波動関数は 0 の値でなければならない.波動関数は連続である必要があり,箱の両端,すなわち線分の両端で同様に 0 の値をとることが求められる.すなわち,

$$\psi(x) = 0 \quad x \leq 0$$

および,

$$\psi(x) = 0 \quad x \geq L$$

$x=0$ のとき $\sin(0)=0$ および $\cos(0)=1$ であるから,式(10・44)中の定数 B は 0 でなければならず,試行関数は次のように簡略化される.

$$\psi(x) = A\sin(kx) \quad (10・45)$$

次に定数 k について考える.ψ を x で微分すると,

$$\frac{d\psi(x)}{dx} = kA\cos(kx)$$

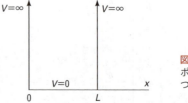

図 10・16 無限大のポテンシャル障壁をもつ一次元の箱

---
* 三角関数と指数関数は次式で関係付けられる:
$\cos(x) + i\sin(x) = e^{ix} \quad \cos(x) - i\sin(x) = e^{-ix}$

さらに二階微分をとると，

$$\frac{d^2\psi(x)}{dx^2} = -k^2 A \sin(kx) = -k^2 \psi(x) \quad (10 \cdot 46)$$

式 (10・43) と式 (10・46) から次式が得られる．

$$k^2 = \frac{2mE}{\hbar^2}$$

すなわち，

$$k = \left(\frac{2mE}{\hbar^2}\right)^{1/2} \quad (10 \cdot 47)$$

式 (10・47) を式 (10・45) へ代入して

$$\psi(x) = A \sin\left[\left(\frac{2mE}{\hbar^2}\right)^{1/2} x\right] \quad (10 \cdot 48)$$

この段階で，定数 k と B については解くことができ，求めるべき残りは定数 A だけである．数学的に A はいかなる値をもつことができ，式 (10・48) には無限個の解が存在する．しかし物理的には，波動関数 $\psi(x)$ が上述の境界条件を満たす必要があり，$x=L$ のとき，以下の関係があることを利用する．

$$\psi(L) = 0$$

この条件を式 (10・48) に適用することで，

$$0 = A \sin\left[\left(\frac{2mE}{\hbar^2}\right)^{1/2} L\right] \quad (10 \cdot 49)$$

ここで $A=0$ の自明解は，いたるところで $\psi(x)=0$，言い換えると，箱に粒子を見つける確率がないことを意味し，物理的に意味のない解を与えるから無視する．正弦関数について以下の関係があることから，

$$\sin \pi = \sin 2\pi = \sin 3\pi = \cdots = 0$$

以下の一般解が存在する

$$\left[\left(\frac{2mE}{\hbar^2}\right)^{1/2} L\right] = n\pi \quad n = 1, 2, 3, \cdots$$

したがって，

$$E_n = \frac{1}{2m}\left(\frac{n\pi\hbar}{L}\right)^2 = \frac{n^2 h^2}{8mL^2} \quad n = 1, 2, 3, \cdots \quad (10 \cdot 50)$$

E_n は n 番目の準位のエネルギーを示している．

それに対応する波動関数は，以下のように与えられる．

$$\psi_n(x) = A \sin\left(\frac{n\pi x}{L}\right) \quad n = 1, 2, 3, \cdots \quad (10 \cdot 51)$$

エネルギー E および波動関数 ψ に下つき $_n$ が付いているのは，n の値で決まる一連の解が存在することを意味する．

次に規格化定数 A を求めよう．粒子は箱の中に存在しなければならないので，粒子を $x=0$ から $x=L$ の間に見いだす確率は 1 となる．したがって，<u>規格化条件</u>または<u>正規化条件</u>は，

$$\int_0^L \psi^*(x)\,\psi(x)\,dx = 1 \quad (10 \cdot 52)$$

$\psi^*(x)\,\psi(x)$ は確率密度を表し，$\psi^*(x)\,\psi(x)\,dx$ は粒子を x と $x+dx$ の間に見いだす確率を表す．式 (10・51) の波動関数を規格化条件の式〔式 (10・52)〕に代入して，

$$A^2 \int_0^L \sin^2\left(\frac{n\pi x}{L}\right) dx = 1 \quad (10 \cdot 53)$$

上記の定積分[*1] から**規格化定数** (normalization constant)，A が得られる．

$$A^2\left(\frac{L}{2}\right) = 1$$

すなわち

$$A = \left(\frac{2}{L}\right)^{1/2} \quad (10 \cdot 54)$$

最後に，一次元の箱の中の粒子の<u>規格化した波動関数</u>は

$$\psi_n(x) = \left(\frac{2}{L}\right)^{1/2} \sin\left(\frac{n\pi x}{L}\right) \quad n = 1, 2, 3, \cdots \quad (10 \cdot 55)$$

図 10・17 は，許容なエネルギー準位 E_n について ψ_n と ψ_n^2 をプロットしたもので，このモデルから，いくつかの重要な結論が導かれる．

1. 一次元の箱の中の粒子の (運動) エネルギーは，式 (10・50) に従い量子化されている．

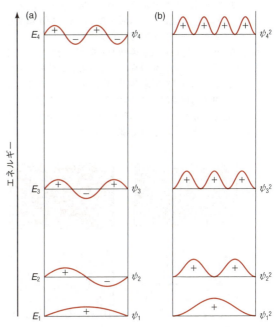

図 10・17 一次元の箱の中の粒子の，(a) 波動関数 (ψ) と，(b) 確率密度 (ψ^2) をプロットした図．最初の四つのエネルギー準位を表示している．ψ と ψ^2（これらは無次元量の関数である）の符号は＋と－で表してある．水平線は許容されるエネルギー準位を示しており，エネルギーの次元（たとえば J など）をもつ正の値をとる．

[*1] この定積分は，次の積分公式を使い求める:

$$\int \sin^2(ax)\,dx = \frac{x}{2} - \frac{\sin(2ax)}{4a}$$

2. 最低準位のエネルギーは 0 ではなく，$h^2/(8mL^2)$ に等しい．このエネルギーは，**ゼロ点エネルギー**（zero-point energy）とよばれ，ハイゼンベルクの不確定性原理により説明される．ところで，この粒子が 0 の運動エネルギーをもつと仮定するとどうなるだろうか．この場合，粒子の速度は 0 であり，不確定さなしに粒子の運動量が決まることになる．すると，式(10・27)により Δx は無限大になる．しかし，もし箱が有限の大きさの場合，粒子の位置を決める不確定さが L より大きくなることはあってはならない．したがって，この粒子に対して 0 の運動エネルギーを仮定することはハイゼンベルクの不確定性原理と矛盾することになる．ゼロ点エネルギーの存在は，一次元の箱の中の粒子は決して静止状態をとり得ず，最低エネルギー準位においても運動エネルギーをもつことを意味する．

3. 一次元の箱の中の粒子の波動性は ψ_n [式(10・55)]で記述されるが，確率密度は ψ_n^2 と表され，常に正の値をとる（実際に，この波動関数は，まさに図 10・13 に示す弦で生じる定常波のようである）．$n=1$ の場合，粒子を見いだす確率は，$x=L/2$ の位置において最大となる．$n=2$ の場合については，$x=L/4$ と $x=3L/4$ の位置において粒子を見いだす確率が最大になり，$x=L/2$ において確率は 0 になる．ψ が 0 になる点[*1]（したがって，ψ^2 も 0 になる点）を**節**とよぶ[*2]．節理論によれば，基底状態には節はなく，節の数が増えるほどエネルギーが増大することになる．

4. 古典力学では，いかなる運動エネルギーをもつ粒子であれ，それを見いだす確率は箱の中のどの位置においても同じであり，確率密度は一定の値 $1/L$ になる．しかし，量子力学では，このように一定の確率密度をとることはありえない．もし確率密度が一定値になるとすると，ψ と ψ^2 が箱の両端において不連続になるか

らである．一方で，量子数 n がとても大きい値のとき，確率密度は一定（図 10・18）に見えるようになる．これは，大きな量子数の値の極限では古典力学による解析結果と同じになるという**対応原理**（correspondence principle）を示している．量子数の大きな極限は，**古典極限**（classical limit）として知られる．

5. 式(10・50)からわかるように，系のエネルギーと粒子の質量には，反比例の関係がある．m の値が非常に大きい巨視的な物体では，準位間のエネルギー差は極度に小さくなり，系のエネルギーが量子化していないかのように振舞う．すなわち，系のエネルギーは本質的に連続的な値をとることが可能になる．エネルギーは L^2 にも反比例することから，分子を大きな容器に閉じ込めたときにエネルギーの量子化は見られず，連続的な値をとると考えられる．実際に，第 2 章において気体の並進運動エネルギーを導出したとき，エネルギーの量子化を考慮しなかったが，実験結果をよく説明できることを見てきた．まとめると，巨視的な系では量子力学的な効果があらわにならず，古典力学的な挙動を示す．

例題 10・9

電子が，長さ 0.10 nm（おおよそ原子の大きさ）の一次元の箱に閉じ込められている系を考える．

(a) 電子の $n=1$ と $n=2$ の状態間のエネルギー差を計算せよ．

(b) (a) と同様の計算（$n=1$ と $n=2$ の状態間のエネルギー差の計算）を N_2 分子について行え．ただし，N_2 分子が閉じ込められている容器の長さを 10 cm とする．

(c) $n=1$ の状態にある電子を $x=0$ から $x=L/2$ の間に見いだす確率を計算せよ．

解 (a) 式(10・50)から，$n=1$ と $n=2$ の状態のエネルギー差 ΔE を，次式のように計算できる．

$$\Delta E = E_2 - E_1 = \frac{2^2 h^2}{8mL^2} - \frac{1^2 h^2}{8mL^2}$$

$$= \frac{(4-1)(6.626 \times 10^{-34} \text{ J s})^2 [(\text{kg m}^2 \text{ s}^{-2})/\text{J}]}{8(9.109 \times 10^{-31} \text{ kg})[(0.10 \text{ nm})(10^{-9} \text{ m/nm})]^2}$$

$$= 1.8 \times 10^{-17} \text{ J}$$

このエネルギー差は，水素原子の中の電子の $n=1$ と $n=2$ の状態間のエネルギー差と同じ程度の大きさである[式(10・18) と式(10・21) を参照せよ]．

(b) N_2 分子の質量は 4.65×10^{-26} kg であるから，

$$\Delta E = E_2 - E_1$$

$$= \frac{(4-1)(6.626 \times 10^{-34} \text{ J s})^2 [(\text{kg m}^2 \text{ s}^{-2})/\text{J}]}{8(4.65 \times 10^{-26} \text{ kg})[(10 \text{ cm})(10^{-2} \text{ m/cm})]^2}$$

$$= 3.5 \times 10^{-40} \text{ J}$$

計算したエネルギー差は，(a) で計算した電子の ΔE の値と比べておおよそ 23 桁小さい．したがって，N_2

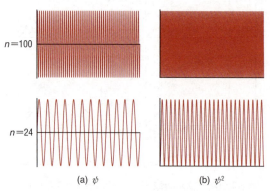

図 10・18 高いエネルギー準位にある一次元の箱の中の粒子の，(a) 波動関数（ψ）と，(b) 確率密度（ψ^2）をプロットした図．量子数が非常に大きくなると，確率密度 ψ^2 は均一な分布を示し，古典的（巨視的）な粒子と似た振舞いをするようになる．

[*1] より厳密に言うと，節は波動関数の**ゼロ交差**（zero-crossing）であり，$x=0$ と $x=L$ の箱の両端は節に相当しない．

[*2] 訳注："ふし"または"せつ"とよぶ．節点，節面のときは"せってん""せつめん"とよぶ．

分子の並進エネルギーは本質的に連続的に変化することを示している．この結果は，先に言及したように，分子を巨視的な系に閉じ込めたとき，その分子の並進運動は，古典力学によって十分良く記述できることを示している．

(c) 電子を $x=0$ から $x=L/2$ の間に見いだす確率 (P) は，

$$P = \int_0^{L/2} \psi^* \psi \, dx = \int_0^{L/2} \psi^2 \, dx$$

となる．ここに式 (10・55) で示した規格化した波動関数を使い，$n=1$ として計算すると，

$$P = \frac{2}{L} \int_0^{L/2} \sin^2\left(\frac{\pi x}{L}\right) dx$$

この式は積分表を使って簡単に解くことができる (p. 205 脚注を見よ)

$$P = \frac{2}{L}\left[\frac{x}{2} - \frac{\sin(2\pi x/L)}{(4\pi/L)}\right]_0^{L/2} = \frac{1}{2}$$

古典力学および量子力学いずれの解析においても，予想できる結果である．

一次元の箱の中の粒子の問題から，きわめて微視的な粒子が**束縛状態** (bound state) にある，すなわちその粒子の動きがポテンシャルエネルギー障壁により制約を加えられているとき，エネルギーの値は量子化されることが予測される．これはまさに，原子に含まれる電子に当てはまる．実際に，さまざまな原子の性質を，三次元の箱の中の粒子をモデルとして考えることで，説明できる．たとえば，水素原子の電子のエネルギーは，電子が微視的空間に束縛されている，そのためだけで，量子化されねばならない．以降，これに関連した系について少し議論する．

ポリエンの電子スペクトル

一次元の箱の中の粒子モデルは，ポリエンの電子スペクトルの解析に応用できる．ポリエンはπ共役系 (C−C 結合と C=C 結合が交互に配置している) の分子構造をもち，植物の光合成や生物の視覚において，重要な化学機能を果たすことが知られている．最も簡単なポリエン構造をもつ，ブタジエンについて考えてみよう．

$$\mathrm{H_2C} = \overset{H}{C} - \overset{H}{C} = \mathrm{CH_2}$$

ブタジエンは四つのπ電子をもっている．他のポリエンと同様に，ブタジエンは直線構造をもたないが，あたかもπ電子が一次元の箱の中を動くかのように，分子構造 (分子鎖) に沿って動くものと仮定する．そのとき，分子鎖に沿ったポテンシャルエネルギーは一定であるが，分子の両端において急峻に増大する．したがって，π電子のエネルギーは量子化される．この**自由電子モデル** (free-electron model) とよばれる仮定により，ブタジエンのπ電子のエネルギー準位の計算ができるようになり，準位間のエネルギー差に基づき，電子遷移に伴い吸収もしくは発光する光の波長を予測することができる．

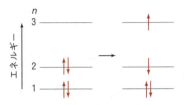

図 10・19 ブタジエンのπ軌道のエネルギー準位．最低エネルギーの電子遷移は，最高被占準位 ($n=2$) から最低空準位 ($n=3$) への電子遷移である．

ブタジエンの四つのπ電子のうち二つは，最低準位のπ軌道に存在する (図 10・19)．**パウリの排他原理** (Pauli exclusion principle) (§12・7 参照) によれば，各準位の軌道に存在する二つの電子は逆向きスピンをもたねばならない．ここで，最高被占軌道から最低空軌道への電子遷移について考えてみよう (この電子遷移は，紫外可視吸収スペクトル実験において観測される)．これは図 10・19 において，$n=2$ から $n=3$ への遷移に相当する．式 (10・50) により，電子遷移に要するエネルギーの式 (波長換算) を，次のように導くことができる．電子が満たされているエネルギー準位の数は $N/2$ で表され，ここで N はポリエン中の炭素原子の数を示す．この数字 ($N/2$) は，最高被占軌道準位の量子数と同じである．そうすると，電子遷移は $N/2$ 準位から $N/2+1$ 準位へ起こり，そのエネルギー差は以下のように計算できる．

$$\begin{aligned}\Delta E &= \frac{[(N/2)+1]^2 h^2}{8 m_e L^2} - \frac{(N/2)^2 h^2}{8 m_e L^2} \\ &= \left[\left(\frac{N}{2}+1\right)^2 - \left(\frac{N}{2}\right)^2\right]\frac{h^2}{8 m_e L^2} \\ &= (N+1)\frac{h^2}{8 m_e L^2} \quad (10 \cdot 56)\end{aligned}$$

$c = \lambda \nu$ と $\Delta E = h\nu$ の関係式を使い，遷移エネルギーを波長に換算する式が導かれる．

$$\lambda = \frac{hc}{\Delta E} = \frac{8 m_e L^2 c}{h(N+1)} \quad (10 \cdot 57)$$

ブタジエンでは $N=4$ である．また，C−C 結合長が 154 pm (1.54 Å)，C=C 結合長が 135 pm，両端の炭素原子の半径が 77 pm とすると，分子の長さ L は，$(2 \times 135\,\mathrm{pm}) + 154\,\mathrm{pm} + (2 \times 77\,\mathrm{pm}) = 578\,\mathrm{pm}$，すなわち 5.78×10^{-10} m と見積もることができる．したがって，

$$\lambda = \frac{8(9.109 \times 10^{-31}\,\text{kg})(5.78 \times 10^{-10}\,\text{m})^2(3.00 \times 10^8\,\text{m s}^{-1})}{(6.626 \times 10^{-34}\,\text{J s})(4+1)}$$
$$= 2.20 \times 10^{-7}\,\text{m} = 220\,\text{nm}$$

実験により測定された波長は 217 nm であり，単純なモデルでの計算にもかかわらず，この計算による波長は実験値と大変良く一致する．

10・10 二次元の箱の中の粒子

次に，束縛状態にある粒子が，二次元の箱の中にある場合を考えてみよう．二次元の系では，粒子は二つの独立な**直交座標**(Cartesian coordinate) x と y の中を自由に動くことができる．粒子が箱の中にあるときのポテンシャルエネルギーは 0 とし，箱の外では無限大と考える（図 10・20）．本節の目標は，再びこの粒子の波動関数とエネルギーを求めることにある．

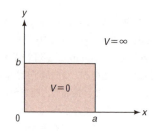

図 10・20 二次元の箱の中の粒子

時間を含まないシュレーディンガー方程式の考察から始めよう．

$$\hat{H}\psi(x,y) = E\psi(x,y) \qquad 0 \leq x \leq a,\ 0 \leq y \leq b$$

ここで，a と b は箱の大きさを表す．箱の中のポテンシャルエネルギーは 0 と考えるので，$V=0$ となる．するとシュレーディンガー方程式は，運動エネルギーの項のみを含むことになり，

$$\hat{K}\psi(x,y) = E\psi(x,y)$$
$$-\frac{\hbar^2}{2m}\left[\frac{\partial^2}{\partial x^2} + \frac{\partial^2}{\partial y^2}\right]\psi(x,y) = E\psi(x,y) \quad (10\cdot58)$$

x と y の二つの変数を含むことから，これは一次元の箱の中の粒子の問題より複雑である．式 (10・58) を解くために x と y は独立変数と考えると，次のように**変数分離**できる．

$$\psi(x,y) = X(x)Y(y) \quad (10\cdot59)$$

関数 $X(x)$ は x 座標にのみ依存し，$Y(y)$ は y 座標にのみ依存する．式 (10・59) で表される波動関数を式 (10・58) のシュレーディンガー方程式に代入すると，

$$-\frac{\hbar^2}{2m}\left[\frac{\partial^2 X(x)Y(y)}{\partial x^2} + \frac{\partial^2 X(x)Y(y)}{\partial y^2}\right] = EX(x)Y(y)$$

両辺を波動関数 $X(x)Y(y)$ で割り，式を変形すると

$$\left[\frac{1}{X(x)}\frac{\partial^2 X(x)}{\partial x^2} + \frac{1}{Y(y)}\frac{\partial^2 Y(y)}{\partial y^2}\right] = -\frac{2mE}{\hbar^2} \quad (10\cdot60)$$

x に依存する項と，y に依存する項とを，二つに分けることができた．関数 X は変数 x の関数であり，変数 y に依存しないことに注意してほしい．すなわち，関数 X は変数 y に対して一定値をとると言える．同様に，関数 Y は変数 x に対して一定であることから，式 (10・60) は次式のように書ける．

$$\frac{1}{X(x)}\frac{\partial^2 X(x)}{\partial x^2} = -\frac{2mE}{\hbar^2} - \frac{1}{Y(y)}\frac{\partial^2 Y(y)}{\partial y^2}$$

x と y を変数分離した結果，それぞれに依存する項を式の両辺に分けることができた．したがって，二つの独立変数をもつ一次元の微分方程式を解けばよい．Y と y は x に依存せず一定値をとるから，次のように書くことができる．

$$\frac{1}{X(x)}\frac{\partial^2 X(x)}{\partial x^2} = \text{定数} \quad (10\cdot61)$$

これは式 (10・40) と等価である．したがって，一次元の箱の中の粒子の問題で得た結果を使うと，解を次のように書き下すことができる．

$$X_{n_x}(x) = \left(\frac{2}{a}\right)^{1/2}\sin\left(\frac{n_x\pi x}{a}\right) \quad n_x = 1,2,3,\cdots \quad (10\cdot62)$$

および

$$E_{n_x} = \frac{n_x^2 h^2}{8ma^2} \quad (10\cdot63)$$

関数 $X(x)$ およびエネルギー E に付した n_x は量子数を表し（n に付した下つき x は，x 軸に沿った波動関数とその固有値の量子数であることを表す），n の値で決まる一連の解が存在することを意味する．関数 $Y(y)$ についても同様に扱い，

$$Y_{n_y}(y) = \left(\frac{2}{b}\right)^{1/2}\sin\left(\frac{n_y\pi y}{b}\right) \quad n_y = 1,2,3,\cdots \quad (10\cdot64)$$

および

$$E_{n_y} = \frac{n_y^2 h^2}{8mb^2} \quad (10\cdot65)$$

となる．式 (10・62) と式 (10・64) の一次元の波動関数を掛け合わせることで，平面に閉じ込められた粒子の二次元の波動関数が得られる．

$$\psi_{n_x,n_y}(x,y) = \left(\frac{4}{ab}\right)^{1/2}\sin\left(\frac{n_x\pi x}{a}\right)\sin\left(\frac{n_y\pi y}{b}\right) \quad (10\cdot66)$$

全エネルギーは，一次元について求めたエネルギーの和として表される．

$$E_{n_x,n_y} = \frac{n_x^2 h^2}{8ma^2} + \frac{n_y^2 h^2}{8mb^2} \quad (10\cdot67)$$

次に，箱の形（正方形か長方形）について考える．箱の形状は，粒子の波動関数とエネルギーに影響を与える．箱が正方形のとき，すなわち $a=b$ のとき，波動関数とエネ

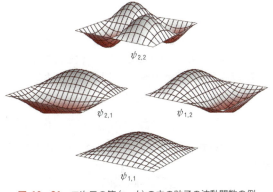

図10・21 二次元の箱($a=b$)の中の粒子の波動関数の例

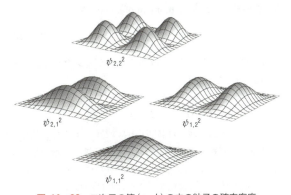

図10・22 二次元の箱($a=b$)の中の粒子の確率密度

ルギーは次のようになる.

$$\psi_{n_x, n_y}(x, y) = \frac{2}{a} \sin\left(\frac{n_x \pi x}{a}\right) \sin\left(\frac{n_y \pi y}{a}\right)$$

および

$$E_{n_x, n_y} = \frac{(n_x^2 + n_y^2)h^2}{8ma^2}$$

一次元の箱と同様に,基底状態の波動関数 $\psi_{1,1}(x, y)$ に節は存在しないが,第一励起状態〔$\psi_{1,2}(x, y)$ と $\psi_{2,1}(x, y)$〕には節が一つある(図10・21).この正方形のポテンシャルにおいては,x 座標および y 座標に依存する波動関数は,対称性が同じなので,第一励起状態(すなわち $n_x=1$ および $n_y=2$ の状態と $n_x=2$ および $n_y=1$ の状態)は,二重に**縮退**(degeneracy)している.縮退しているとは,二つ以上の状態が同じエネルギーをもつことを意味する.波動関数 $\psi_{2,1}(x, y)$ は x 座標に沿って一つの節をもつが,y 座標に沿って節を一つもつ波動関数 $\psi_{1,2}(x, y)$ と同じエネルギーをもつ.次に確率密度を見てみよう(図10・22).基底状態の粒子は箱のまさに中央に存在する確率が最も高いが,箱の端近くでは非常に低い.一方,第一励起状態では,箱の中心を挟んだ両脇で粒子を見いだしやすく,しかし中心では見いだせなくなる.量子数 n_x と n_y が非常に大きな値では,確率密度関数は箱のどの位置でも一定の確率密度

をもつ古典極限に近づく.

図10・23に示すように,エネルギー準位の縮退のパターンは,a と b により定義される箱の形状に依存する.正方形($a=b$)の箱においては,$n_x=n_y$ のすべての状態は縮退度*が1($g=1$)で縮退がないが,$n_x \neq n_y$ のすべての状態においては,x と y の量子数を入れ替えて得られる状態が,同じエネルギー準位に存在する($g=2$).箱の形が長方形のとき($a \neq b$),縮退は存在せず,$\psi_{2,1}(x, y)$ と $\psi_{1,2}(x, y)$ は異なるエネルギーをもつ.しかし a が b の整数倍のときは,偶然縮退を生じる場合もある〔図10・23(b)参照〕.このポテンシャルの箱の形と縮退度の考察を,分子系に適用してみる.ベンゼンのような高い対称性をもつ分子は,縮退した電子状態をもつと考えられるが,トルエンやナフタレンは対称性の低さから,縮退した電子状態は存在しないかもしれない.実際に,この推論は正しい.

一次元と二次元の箱の中の粒子の問題を実例として考えることで,量子力学におけるいくつかの一般化が行える.先に述べたように,一つの次元に対して一つの量子数が存在する.したがって,導出は割愛するが,三次元の箱の中

---

* 縮退度は g の記号で表す.

の粒子のシュレーディンガー方程式を解くことで得られる波動関数とエネルギーは，三つの量子数に依存する（その量子数を n_x, n_y, n_z とする）．このことから，粒子の動きを記述するそれぞれの自由度（§2・9を参照）に対して，一つずつの量子数が定義されるという量子力学の一般原理が存在することがわかる．

次に考察する一般化は，いくつかの変数に依存する波動関数を数学的に変数分離すると，系全体の波動関数はそれぞれの独立変数に依存する波動関数の積として表すことができ，かつ，エネルギーは各座標に依存するエネルギーの和として表される，ということである．したがって，三次元の箱の中の粒子の解は，次のように導かれそうである．

$$\psi_{n_x, n_y, n_z}(x, y, z) = X(x)Y(y)Z(z)$$

および

$$E_{n_x, n_y, n_z} = E_{n_x} + E_{n_y} + E_{n_z}$$

n_x, n_y, n_z は独立した量子数で，

$$n_x = 1, 2, 3, \cdots \quad n_y = 1, 2, 3, \cdots \quad n_z = 1, 2, 3, \cdots$$

各空間の座標は，次のように制限される．

$$0 \le x \le a \quad 0 \le y \le b \quad 0 \le z \le c$$

水素原子に含まれる電子は，束縛状態にある三次元の箱の中の粒子と考えることができる．したがって，電子のエネルギーは量子化され，波動関数は三つの量子数に依存すると予想できる．

10・11 環上の粒子

最後に，これまでとは異なる束縛状態をもつ粒子，すなわち環の上に閉じ込められた粒子について考えてみよう．この問題は，**環上の粒子** (particle-on-a-ring) モデルとして知られている．このモデルにおいて，粒子は二次元平面上の半径 r の環の上のみを動くことができる（図10・24）．環の上では，粒子のポテンシャルエネルギーは0とするが，環の外では無限大のポテンシャルエネルギー障壁が存在するとする．粒子が動ける領域ではポテンシャルエネルギーは0，それ以外は無限大という点で，箱の中の粒子の問題と似ている．

x-y平面にある環を考えよう．二次元の箱の中の粒子の問題のときのように，運動エネルギー演算子のみを考慮して，シュレーディンガー方程式を立てることができる［式(10・58)参照］．

$$-\frac{\hbar^2}{2m}\left[\frac{\partial^2}{\partial x^2} + \frac{\partial^2}{\partial y^2}\right]\psi(x, y) = E\psi(x, y)$$

この環上の粒子の問題を解くシュレーディンガー方程式は，変数変換 (transformation of variables) を施すことで，単純な形にできる．すなわち，x-y平面上の質量 m の粒子の座標を，半径 r と角度 ϕ の極座標で表す（図10・25）．極座標を使う利点は，r は定数なので，波動関数が単一の変数，すなわち角度 ϕ のみに依存する形になることにある．すなわち，

$$\psi = \psi(\phi)$$

極座標においては，運動エネルギー演算子も次のように簡略化される．

$$\hat{K} = \frac{-\hbar^2}{2I}\frac{\mathrm{d}^2}{\mathrm{d}\phi^2} \qquad (10\cdot68)$$

I は**慣性モーメント**[*1] (moment of inertia) で，

$$I = mr^2 \qquad (10\cdot69)$$

のように表される．こうしてシュレーディンガー方程式を次のように書くことができる．

$$\frac{-\hbar^2}{2I}\frac{\mathrm{d}^2\psi(\phi)}{\mathrm{d}\phi^2} = E\psi(\phi) \qquad (10\cdot70)$$

これまでと同様，この方程式の解は，境界条件による制限を受ける．まず粒子が環の上にないときには，波動関数は0でなければならない．次に，波動関数が環上を一周したときに，同じ値と同じ位相をもたなければならない．さもなければ，波動関数は打ち消し合うように自ら干渉して消滅する．波動関数が強め合う干渉をするための境界条件[*2] は

$$\psi(\phi) = \psi(\phi + 2\pi) \qquad (10\cdot71)$$

で，角度 ϕ は rad（ラジアン）単位で表される（付録A参照）．おなじみの三角関数，sin と cos でも，この境界条件とシュレーディンガー方程式［式(10・70)］を満足するが，より一般的な解が存在する．オイラーの公式

図 10・24 環上の粒子のモデル

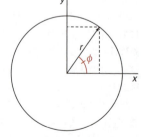

図 10・25 二次元の極座標．平面上の点は，半径 $r = \sqrt{x^2+y^2}$ と角度 $\phi = \arctan(y/x)$ で表される．ここで $x = r\cos\phi$ と $y = r\sin\phi$ である．

[*1] 慣性モーメントは，回転運動における慣性の大きさを表す量で，並進運動における質量に相当する．

[*2] 式(10・71)は ψ が1価関数である条件を満足する［訳注：関数 $f(x)$ において，変数 x の一つの値に対して関数の値がただ一つ決まるとき，この関数を1価関数という；図10・15(a)参照］．

$$e^{\pm i\phi} = \cos\phi \pm i\sin\phi \tag{10・72}$$

を使い*1，より一般的なシュレーディンガー方程式の解は次の形をとる．

$$\psi_m(\phi) = A\,e^{im\phi} \qquad m = 0, \pm1, \pm2, \cdots \tag{10・73}$$

A は規格化定数で m は量子数である．境界条件を課すことにより，再びエネルギーが量子化された．微分方程式の解は，それぞれが各量子数 m で定まる一群の波動関数となる．この量子数は，0や負の整数値をとるという点で，箱の中の粒子における量子数（正の整数値のみをとる）とは異なる．

しかしこの解はまだ完全ではなく，規格化定数 A を求めなければならない．粒子を環上に見いだす確率は1に等しいから，

$$\int_{全空間} \psi^*\psi\,d\tau = 1 \tag{10・74}$$

環上の粒子の問題では $d\tau = d\phi$ であり，規格化条件は，

$$\int_0^{2\pi} \psi_m(\phi)^*\,\psi_m(\phi)\,d\phi = 1 \tag{10・75}$$

A を求めるために，式(10・73)を式(10・75)へ代入して，

$$\int_0^{2\pi} A\,e^{-im\phi}\,A\,e^{im\phi}\,d\phi = 1$$
$$A^2 \int_0^{2\pi} d\phi = 1$$
$$A^2(2\pi) = 1$$

よって，規格化定数は，

$$A = (2\pi)^{-1/2}$$

のように与えられ，また，波動関数は，次のようになる．

$$\psi_m(\phi) = (2\pi)^{-1/2}\,e^{im\phi} \qquad m = 0, \pm1, \pm2, \cdots \tag{10・76}$$

複素関数を描画するのは難しいため，通常は波動関数の実数部分のみを描画する［図10・26(a)］．節理論の通り基底状態の実数部分の波動関数には節がなく，環上のいたるところで一定値をとる．一方，第一励起状態の波動関数の実数部分は一つの節をもつ．波動関数の実数部分の2乗も，量子数が増すにつれて節が増える様子がわかる［図10・26(b)］．確率密度関数は，波動関数の絶対値の2乗で与えられる．つまり，複素共役にその波動関数を掛けたものに等しいが，図10・26(c)に示すように，すべての量子状態に対して一定値をとることがわかる．

あと必要なのはエネルギーで，エネルギーの計算のためには，式(10・76)の波動関数を式(10・70)のシュレーディンガー方程式に代入し，ϕ について二階微分すればよい*2．

$$\frac{-\hbar^2}{2I}\frac{d^2}{d\phi^2}\left[(2\pi)^{-1/2}\,e^{im\phi}\right] = E\left[(2\pi)^{-1/2}\,e^{im\phi}\right]$$

$$\frac{-\hbar^2}{2I}\frac{d}{d\phi}\left[im(2\pi)^{-1/2}\,e^{im\phi}\right] = E\left[(2\pi)^{-1/2}\,e^{im\phi}\right]$$

$$\frac{\hbar^2 m^2}{2I}\left[(2\pi)^{-1/2}\,e^{im\phi}\right] = E\left[(2\pi)^{-1/2}\,e^{im\phi}\right]$$

式の両側を $\psi_m(\phi)$，すなわち $(2\pi)^{-1/2}\,e^{im\phi}$ で割ることで，エネルギーを得ることができる．

$$E_m = \frac{\hbar^2}{2I}m^2 \tag{10・77}$$

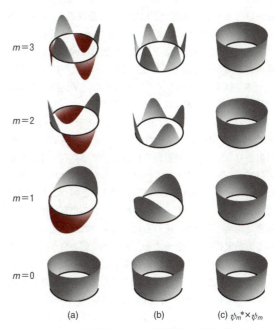

図 10・26 (a) 環上の粒子の波動関数の実数部分．(b) 波動関数の実数部分の2乗．(c) 波動関数の2乗，すなわち波動関数にその複素共役を乗じて得られる確率密度

図 10・27 環上の粒子のエネルギー準位図

---

*1 訳注: p.204 の脚注参照．

*2 求めた波動関数が，実際にシュレーディンガー方程式の固有関数となっていることを確認するよい方法である．

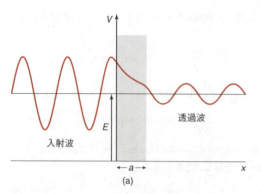
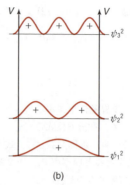

図 10・28　(a) 有限のポテンシャル障壁におけるトンネル効果の模式図．粒子は左から右へ動いている．ほとんどの入射波は障壁により跳ね返されるが，ごく一部の波が障壁を透過して振幅を弱めながら壁の反対側を伝播している様子が描かれている．(b) 有限のポテンシャル障壁をもつ一次元の箱の中の粒子の確率密度 ψ^2 の描画．図 10・17(b) と異なり，確率密度の曲線が障壁の外まで描かれていることに注目してほしい．すなわち，障壁内部や外にも粒子を見いだす確率が存在することになる．

ここで，興味深いことに気がつく．基底状態は縮退度が 1 ($g=1$) であるが，励起状態はすべて二重縮退 ($g=2$) である．なぜなら，$m=0$ を除き，ある正の m の量子数をもつ状態は，その負の値を量子数にもつ状態と同じエネルギー準位にあるからである．図 10・27 に示すように，エネルギー準位は m^2 に比例して大きくなるが，準位間の分裂の間隔 ($\Delta E = E_{m+1} - E_m$) は，m に比例する．

環上の粒子のモデルは，箱の中の粒子のモデルと異なり，0 や負の量子数をとる．正および負の量子数 m は，環上を時計回りもしくは反時計回りに動く粒子が存在することを意味する．粒子に対して，外部からの物理的な相互作用がないとき，どちらの符号がどちら周りかということは問題にはならない．しかし，二つの粒子がある相互作用を受ける系を構築したとき，それら粒子の相対的な位相は，干渉して波動関数が強め合うのか，それとも弱め合うのかを考える上で重要になる．量子数が 0 をとることは，奇妙に思えるかもしれない．一次元の箱の粒子では，0 の量子数は 0 のエネルギーを意味し，ハイゼンベルクの不確定性原理を破ることを見てきた．しかし，環上の粒子においては，量子数 $m=0$ で粒子の速さが 0 になる一方で，粒子の位置を決める角度 ϕ はいかなる値をもつことができる．したがって，不確定性原理が破られることにはならない．

10・12　量子力学的トンネル

一次元の箱の中にある粒子を囲むポテンシャル障壁が無限大ではなく，有限の大きさの場合にはどのような現象が起こるだろうか．古典力学であれ量子力学であれ，粒子の運動エネルギーがポテンシャル障壁に等しいもしくはより大きければ，粒子は箱から飛び出すことがあると考えられるであろう．しかし，量子力学の世界では驚くべきことに，運動エネルギーの大きさがポテンシャルエネルギー障壁に満たない粒子を，箱の外に見いだすことがあるのである！この現象は**量子力学的トンネル**（quantum mechanical tunneling）として知られ，類する現象は古典力学の世界にない．量子力学的トンネル現象は，粒子が波動性をもつこ

とに起因し，物理科学や生物科学のさまざまな重要な現象に関わっていることがわかっており，それら現象の理解と応用において重要な概念である[*1]．

1928 年，ロシア生まれの米国の物理学者の George Gamow (1904~1968) およびそれとは独立に他の研究者らは，原子核のトンネル効果を考慮に入れることで，原子核の α 壊変の説明がつくことを見いだした．α 壊変は，核が α 粒子，すなわちヘリウム核 (He^{2+}) を放出すると同時に壊変する現象である．たとえば，

$$^{238}_{92}U \longrightarrow\ ^{234}_{90}Th + \alpha \qquad t_{1/2} = 4.51 \times 10^9 \text{ yr}$$

当時の物理学者たちは，この現象を説明するのに，次のジレンマに陥っていた．^{238}U の壊変で放出される α 粒子の運動エネルギーは 4 MeV と測定されたが，クーロンエネルギーの障壁は 250 MeV もある[*2]（α 粒子は核の中心にあり他の陽子に取囲まれていて，すなわち，箱に捕捉された粒子と考えることができる）．ポテンシャル障壁は他の陽子による静電反発によるものと考えられ，その障壁の高さは原子核半径と原子番号から計算できる．では，いかに α 粒子がポテンシャル障壁を乗り越えて，核から飛び出してくるのであろうか？ Gamow は，量子力学的な振舞いをする α 粒子は波の性質をもつため，障壁を乗り越えず透過すると提案した（図 10・28）．その後，Gamow の理論的説明が正しいことが証明された．一般に，ポテンシャルエネルギー障壁の高さが有限の場合，粒子を箱の外に見いだす確率が常に存在する．

質量 m の粒子が障壁を透過する確率 (P) は，次の値に比例する[*3]．

$$P \propto \exp\left\{-\frac{4\pi a}{h}[2m(V-E)]^{1/2}\right\} \qquad V > E \qquad (10 \cdot 78)$$

[*1] 量子力学的トンネル効果の興味深い解説については R. C. Plumb, W. T. Scott, *J. Chem. Educ.*, **48**, 524 (1971) を参照せよ．

[*2] 原子核物理学や核化学では，エネルギーの単位として eV や MeV (1×10^6 eV) をよく使う．1 eV = 1.602×10^{-19} J である．

[*3] 式の導出は，F. L. Pilar, "Elementary Quantum Chemistry, 2nd Ed.," McGraw-Hill Book Company, New York (1990) を参照せよ．

ここで exp は指数関数を，V はポテンシャル障壁を表し，E は粒子のエネルギーを，a は障壁の厚さを表す．ポテンシャル障壁（V）もしくは障壁の厚み（a）が無限大でない限り，その確率（P）はきわめて小さいかもしれないが，粒子は常に障壁を透過する（すり抜ける）．^{238}U の α 壊変がまさにその現象に当たり，その半減期はきわめて長い．トンネル確率（P）が非常に小さいということは，α 粒子がポテンシャル障壁をすり抜けるまでに何度も何度も障壁との衝突を繰返すことを意味する．式（10・78）より，量子力学的トンネルは，電子，陽子，水素原子のような質量の小さい粒子において〔かつ，ポテンシャル障壁（V）と厚さ（a）が大きすぎない場合において〕，起こりやすくなることがわかる．

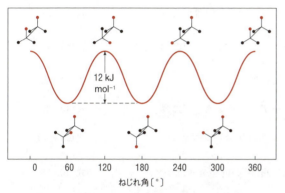

図 10・29 エタンの分子内回転のポテンシャルエネルギー図．C–C 軸の回転過程をわかりやすく図示するために，二つの水素原子を赤色で示している．

通常，化学反応のエネルギー相関図は，反応する分子が生成物になるために必要な活性化エネルギーを教えてくれる（図 15・11 参照）．しかしながら，多くの場合において，反応系に十分なエネルギーがなくとも，反応（たとえば電子交換反応など）が起こることが知られている．そのような現象は，量子力学的トンネルによるものと考えられている．他の例として，エタンの分子内回転について考えてみよう．エタンの C–C 結合軸の回転は非常に速いが自由に起こるわけではなく，活性化エネルギーを要する．そのポテンシャルエネルギーは，エタンの立体配座により正弦曲線状に変化する（図 10・29）．分光学的研究によると，反応温度を十分に低くして分子がポテンシャルエネルギー障壁を乗り越えるための運動エネルギーを得ることができないようにしても，C–C 結合軸周りの回転が起こることが見いだされている．この現象も，量子力学的トンネル効果により起こっていると説明されている．

走査（型）電子顕微鏡

量子力学的トンネル効果の応用例として，**走査（型）ト**ンネル顕微鏡（scanning tunnel microscope，STM）があげられる．その模式図を図 10・30 に示す．STM は先端がとがった精密なタングステン金属針（探針）をもち，トンネル電子，すなわち量子力学的トンネル効果により探針から試料表面へ透過する電子の供給源となる．原子レベルの分解能を得るために，探針の先端はタングステン 1 原子からつくられている！ 探針と試料表面の間に電圧を掛けることで，電子が空間（有限なポテンシャルエネルギー障壁をもつ）を透過し，探針から試料へ突き抜ける．試料表面から数原子分の高さだけ離れた位置で探針を掃引して，トンネル電流（I）を測定する．この電流は，試料と探針との間の距離 s に依存し，指数関数的に減少する．したがって，試料表面の原子レベルでの凹凸に鋭敏に応答する．

$$I \propto e^{-s} \qquad (10・79)$$

STM のフィードバック回路により，探針を試料表面（原子の大きさの凹凸がある）から一定の高さに保ち掃引することができる．観察したい試料表面を探針で走査し，その動きを画像処理することで三次元の擬色の像が得られる．STM は化学，生物学，材料科学の分野において有用な装置であるが，導電性表面をもつ試料しか測定できない．**原子間力顕微鏡**（atomic force microscope，AFM）は，同様に試料表面の構造の情報を与えるが，STM と異なる原理の測定法のため，導電性表面でなくても観察できる．

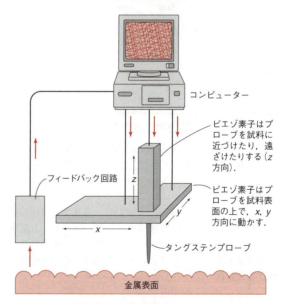

図 10・30 走査型トンネル顕微鏡（STM）．トンネル電流はプローブと試料の間に小さな電圧を掛けると流れる．この電圧を供給するフィードバック回路は電流を感知し，ピエゾ素子（z 方向の駆動装置）上の電圧を変え，プローブと試料（導電性表面）間の距離を一定に保つようにする．導電性表面上のプローブを x, y 方向に動かす電圧はコンピューターから供給される．

重要な式

$u = \lambda \nu$	波の速さ	式(10・3)
$E = nh\nu \quad n = 0, 1, 2, \cdots$	プランクの量子論	式(10・6)
$h\nu = \Phi + \dfrac{1}{2} m_e u^2$	光電効果	式(10・8)
$E_n = -\dfrac{m_e Z^2 e^4}{8h^2 \varepsilon_0^2} \dfrac{1}{n^2}$	水素原子に含まれる電子のエネルギー	式(10・18)
$\Delta E = E_f - E_i = h\nu$	共鳴条件	式(10・20)
$\tilde{\nu} = \tilde{R}_H \left(\dfrac{1}{n_i^2} - \dfrac{1}{n_f^2} \right)$	水素原子の電子遷移スペクトルの波数	式(10・22)
$\lambda = \dfrac{h}{p} = \dfrac{h}{mu}$	粒子のド・ブロイ波長	式(10・25)
$\Delta x \, \Delta p \geq \dfrac{h}{4\pi}$	ハイゼンベルクの不確定性原理	式(10・27)
$\Delta E \, \Delta t \geq \dfrac{h}{4\pi}$	ハイゼンベルクの不確定性原理	式(10・28)
$\int_{全空間} \psi_i^* \psi_j \, d\tau = \delta_{ij}$	正規直交化条件	式(10・33)
$\hat{H}\psi = E\psi$	シュレーディンガー波動方程式	式(10・37)
$E_n = \dfrac{n^2 h^2}{8mL^2}$	一次元の箱の中の粒子のエネルギー	式(10・50)
$\psi_n(x) = \left(\dfrac{2}{L} \right)^{1/2} \sin \left(\dfrac{n\pi x}{L} \right)$	一次元の箱の中の粒子の波動関数	式(10・55)
$E_{n_x, n_y} = \dfrac{n_x^2 h^2}{8ma^2} + \dfrac{n_y^2 h^2}{8mb^2}$	二次元の箱の中の粒子のエネルギー	式(10・67)
$I = mr^2$	慣性モーメント	式(10・69)
$E_m = \dfrac{\hbar^2}{2I} m^2$	環上の粒子のエネルギー	式(10・77)

補遺 10・1 量子力学におけるブラケット記法

本章では,他の多くの物理化学の教科書と同様に,微積分で波動力学を記述してきた.ここで量子力学を記述する別の方法を紹介しよう.1930年代に,英国の物理学者Paul Dirac(1902～1984)は,ブラケット記法として知られる方法を導入し,原子構造,化学結合,分光学における量子状態を記述するための基礎をつくった.ブラケット記法では,系の波動関数は**ケット**(ket)とよばれる状態ベクトルで与えられ,$|\psi\rangle$ と表記する.したがって,固有値方程式の表記は

$$\hat{A}\psi = a\psi$$

のように表記する代わりに,

$$\hat{A}|\psi\rangle = a|\psi\rangle$$

のように書ける.Dirac は複素共役 ψ^* を表すのに**ブラ**(bra)を使い,$\langle \psi |$ と表記した.このとき * はブラに記さない.したがって,正規直交化条件 [式(10・33)を参照] を次のように書くことができる.

$$\langle \psi_i | \psi_j \rangle = \delta_{ij}$$

この表記で,すべてのベクトル空間における積分であると解釈される.同様に期待値 [式(10・34)参照] は次のように書ける.

$$\langle a \rangle = \dfrac{\langle \psi_n | \hat{A} | \psi_n \rangle}{\langle \psi_n | \psi_n \rangle}$$

$\langle a \rangle$ での $\langle \ \rangle$ の表示は,a のすべての測定における平均値を表し,ブラケット記法の一部ではないことに注意する.

Dirac のブラケット記法により,複雑な積分記号を用いることなく,より簡潔に量子状態を記述できることがわかるだろう.

参 考 文 献

書　籍

P. W. Atkins, "Quanta: A Handbook of Concepts," Oxford University Press, New York (1991).

R. P. Bell, "The Tunnel Effect in Chemistry," Chapman and Hall, London (1980).

W. H. Cropper, "The Quantum Physicists," Oxford University Press, New York (1970).

D. DeVault, "Quantum-Mechanical Tunneling in Biological Systems, 2nd Ed.," Cambridge University Press, New York (1984).

R. P. Feynman, R. B. Leighton, M. Sands, "The Feynman Lectures on Physics," Volumes I, II, III, Addison-Wesley, Reading, MA (1963).

G. Herzberg, "Atomic Spectra and Atomic Structure," Dover Publications, New York (1944).

R. M. Hochstrasser, "Behavior of Electrons in Atoms," W. A. Benjamin, Menlo Park, CA (1964).

M. Karplus, R. N. Porter, "Atoms and Molecules: An Introduction for Students of Physical Chemistry," W. A. Benjamin, New York (1970).

F. L. Pilar, "Elementary Quantum Chemistry, 2nd Ed.," McGraw-Hill Book Company, NewYork (1990).

M. A. Ratner, G. C. Schatz, "Introduction to Quantum Mechanics in Chemistry," Prentice-Hall, Upper Saddle River, NJ (2001).

論　文
量子論:

R. Furth, 'The Limits of Measurement,' *Sci. Am.*, July (1950).

K. K. Darrow, 'The Quantum Theory,' *Sci. Am.*, March (1952).

E. Schrödinger, 'What Is Matter?' *Sci. Am.*, September (1953).

G. Gamow, 'The Principle of Uncertainty,' *Sci. Am.*, January (1958).

A. B. Garrett, 'The Bohr Atomic Model: Niels Bohr,' *J. Chem. Educ.*, **39**, 534 (1962).

A. B. Garrett, 'Quantum Theory: Max Planck,' *J. Chem. Educ.*, **40**, 262 (1963).

W. Laurita, 'Demonstration of the Uncertainty Principle,' *J. Chem. Educ.*, **45**, 461 (1968).

N. D. Christoudouleas, 'Particles, Waves, and the Interpretation of Quantum Mechanics,' *J. Chem. Educ.*, **52**, 573 (1975).

A. S. Goldhaber, M. M. Nieto, 'The Mass of the Photon,' *Sci. Am.*, May (1976).

T. W. Hänsch, A. L. Schawlow, G. W. Series, 'The Spectrum of Atomic Hydrogen,' *Sci. Am.*, March (1979).

B. L. Haendler, 'Centrifugal Force and the Bohr Model of the Hydrogen Atom,' *J. Chem. Educ.*, **58**, 719 (1981).

F. Castano, L. Lain, M. N. Sanchez Rayo, A. Torre, 'Does Quantum Mechanics Apply to One or Many Particles?' *J. Chem. Educ.*, **60**, 377 (1983).

G. D. Peckham, 'Illustrating the Heisenberg Uncertainty Principle,' *J. Chem. Educ.*, **61**, 868 (1984).

B. de Barros Neto, 'Dice Throwing as an Analogy for Teaching Quantum Mechanics,' *J. Chem. Educ.*, **61**, 1044 (1984).

L. S. Bartell, 'Perspectives on the Uncertainty Principle and Quantum Reality,' *J. Chem. Educ.*, **62**, 192 (1985).

G. M. Muha, D. W. Muha, 'On Introducing the Uncertainty Principle,' *J. Chem. Educ.*, **63**, 525 (1986).

F. Rioux, 'Exercises in Quantum Mechanics,' *J. Chem. Educ.*, **64**, 789 (1987).

D. C. Cassidy, 'Heisenberg, Uncertainty, and the Quantum Revolution,' *Sci. Am.*, May (1992).

O. G. Ludwig, 'On a Relation Between the Heisenberg and de Broglie Principles,' *J. Chem. Educ.*, **70**, 28 (1993).

B.-G. Englert, M. O. Scully, H. Walther, 'The Duality in Matter and Light,' *Sci. Am.*, December (1994).

G. A. Rechtsteiner, J. A. Ganske, 'Using Natural and Artificial Light Sources to Illustrate Quantum Mechanical Concepts,' *Chem. Educator* [Online], **3**, 1430 (1998). DOI: 10.1333/s00897980230a.

P. L. Muiño, 'Introducing the Uncertainty Principle Using Diffraction of Light Waves,' *J. Chem. Educ.*, **77**, 1025 (2000).

F. A. Khan, J. E. Hansen, 'The Dirac (Bracket) Notation in the Undergraduate Physical Chemistry Curriculum: A Pictorial Introduction,' *Chem. Educator* [Online], **5**, 113 (2000). DOI: 10.1333/s00897000379a.

S. Bluestone, 'The Planck Radiation Law: Exercises Using the Cosmic Background Radiation Data,' *J. Chem. Educ.*, **78**, 215 (2001).

F. Rioux, B. J. Johnson, 'Using Optical Transforms to Teach Quantum Mechanics,' *Chem. Educator* [Online], **9**, 12 (2004). DOI: 10.1333/s00897040748a.

F. Rioux, 'Bohr Model Calculations for Atoms and Ions,' *Chem. Educator* [Online], **12**, 250 (2007). DOI: 10.1333/s00897072061a.

T. Thanel, M. Morgan, 'Determining Planck's Constant Using the Vernier LabQuest Interface and Power Amplifier,' *Chem. Educator* [Online], **16**, 62 (2011). DOI: 10.1333/s00897112347a.

R. C. Dudek, N. T. Anderson, J. M. Donnelly, 'Comparing the Spectral Temperature of Incandescent and Compact Fluorescent Light Bulbs,' *Chem. Educator* [Online], **16**, 76 (2011). DOI: 10.1333/s00897112348a.

箱の中および環上の粒子:

K. M. Jinks, 'A Particle in a Chemical Box,' *J. Chem. Educ.*, **52**, 312(1975).

G. M. Muha, 'On the Momentum of a Particle in a Box,' *J. Chem. Educ.*, **63**, 761(1986).

P. G. Nelson, 'How Do Electrons Get Across Nodes?' *J. Chem. Educ.*, **67**, 643(1990).

G. L. Breneman, 'The Two-Dimensional Particle in a Box,' *J. Chem. Educ.*, **67**, 866(1990).

R. S. Moog, 'Determination of Carbon-Carbon Bond Length From the Absorption Spectra of Cyanine Dyes,' *J. Chem. Educ.*, **68**, 506(1991).

K. Volkamer, M. W. Lerom, 'More About the Particle-in-a Box System: The Confinement of Matter and the Wave-Particle Dualism,' *J. Chem. Educ.*, **69**, 100(1992).

G. M. Shalhoub, 'Visible Spectra of Conjugated Dyes: Integrating Quantum Chemical Concepts with Experimental Data,' *J. Chem. Educ.*, **69**, 1317(1992).

A. Vincent, 'An Alternative Derivation of the Energy Levels of the 'Particle on a Ring' System,' *J. Chem. Educ.*, **73**, 1001(1996).

J. R. Bocarsly, C. W. David, 'Evaluating Experiment with Computation in Physical Chemistry: The Particle-in-a-Box Model with Cyanine Dyes,' *Chem. Educator* [Online], **2**, 1(1997). DOI: 10.1333/s00897970135a.

B. D. Anderson, 'Alternative Compounds for the Particle in a Box Experiment,' *J. Chem. Educ.*, **74**, 985(1997).

J. J. C. Mulder, 'Localization and Spread of the Particle in a Box,' *Chem. Educator* [Online], **7**, 71(2002). DOI: 10.1333/s00897020545a.

T. Kippeny, L. A. Swafford, S. J. Rosenthal, 'Semiconductor Nanocrystals: A Powerful Visual Aid for Introducing the Particle in a Box,' *J. Chem. Educ.*, **79**, 1094(2002).

F. Enriquez, J. J. Quirante, 'Residual or Zero-Point Energy in Quantum Systems: Another View for Two Well-Known Cases,' *Chem. Educator* [Online], **8**, 238(2003). DOI: 10.1333/s00897030697a.

量子力学的トンネル効果:

V. I. Goldanskii, 'Quantum Chemical Reactions in the Deep Cold,' *Sci. Am.*, February(1980).

G. Binnig, H. Rohrer, 'The Scanning Tunneling Microscope,' *Sci. Am.*, August(1985).

R. J. P. Williams, 'Electron Transfer in Biology,' *Molec. Phys.*, **68**, 1(1989).

D. Beratan, J. N. Onuchic, J. R. Winkler, H. B. Gray, 'Electron-Tunneling Pathways in Proteins,' *Science*, **258**, 1740(1992).

C. M. Lieber, 'Scanning Tunneling Microscopy,' *Chem. & Eng. News*, April 18(1994).

A. Cedillo, 'Quantum Mechanical Tunneling Through Barriers: A Spreadsheet Approach,' *J. Chem. Educ.*, **77**, 528(2000).

J. J. C. Mulder, 'Localization and Spread of the Particle in a Box,' *Chem. Educ.*, **7**, 1(2002).

C.-J. Zhong, L. Han, M. M. Maye, J. Luo, N. N. Kariuki, W. E. Jones, Jr., 'Atomic Scale Imaging: A Hands-On Scanning Probe Microscopy Laboratory for Undergraduates,' *J. Chem. Educ.*, **80**, 194(2003).

M. Ellison, 'Potential Barriers and Tunneling,' *J. Chem. Educ.*, **81**, 608(2004).

K. W. Hipps, L. Scudiero, "Electron Tunneling, a Quantum Probe for the Quantum World of Nanotechnology,' *J. Chem. Educ.*, **82**, 704(2005).

M. D. Ellison, 'The Particle Inside a Ring: A Two-Dimensional Quantum Problem Visualized by Scanning Tunneling Microscopy,' *J. Chem. Educ.*, **85**, 1282(2008).

N. C. Blank, K. Clemons, R. Crowdis, C. Estridge, M. Foster, S. Gash, B. Gish, B. Gollihue, C. Henzman, D. Hernandez, T. Ijaz, A. Ivey, J. Jones, A. Loveless, S. Roberts, T. Sauley, E. Velasco, C. Wilson, M. M. Blackburn, H. E. Montgomery, Jr., 'Thinking Outside the (Particle in a) Box: Tunneling, Uncertainty and Dimensional Analysis,' *Chem. Educator* [Online], **15**, 134(2010). DOI: 10.1007/s00897102266a.

問　題

量子論

10・1 波長 500 nm の光子のエネルギーを計算せよ．

10・2 亜鉛金属表面から電子を放出させるのに必要な光のしきい振動数は 8.54×10^{14} Hz である．亜鉛金属表面から電子を放出させるのに必要なエネルギーの最小値を計算せよ．

10・3 水素原子のボーアモデルにおいて，$n=2$ と $n=3$ の量子数をもつ軌道の半径を計算せよ．

10・4 水素原子の $n=5$ から $n=3$ への遷移に伴い発する光の振動数と波長を計算せよ．

10・5 次の粒子（物体）のド・ブロイ波長はいくらか．
(a) 1.50×10^8 cm s^{-1} の速さで動く電子
(b) 1500 cm s^{-1} の速さで動く 60 g のテニスボール

10・6 光電効果を調べるために清浄な金属表面を 450 nm（青色光）と 560 nm（黄色光）のレーザーで照射し，金属表面から放出される電子の数と電子の運動エネルギーを測定した．どちらの光がより多くの電子を放出させるであろうか．また，放出電子の運動エネルギーは，どちらの光照射が大きいか．どちらのレーザーからも同じ数の光子が金属表面に照射され，かつ光の振動数は光電効果を起こす

閾値より大きいものとする.

10・7 科学者がどのようにして太陽の表面温度を正確に計測するのか説明せよ〔ヒント：太陽の放射を黒体放射として考えよ〕．

10・8 学生が，光電効果の実験をしており，ある金属表面から電子を放出させるしきい振動数より高い振動数をもつ光を照射している．しかし，照射する光の振動数を一定に保っていても，長い時間金属表面の同じ場所を照射し続けると，放出される電子の運動エネルギーが減少することに気がついた．この挙動はどのように説明されるであろうか．

10・9 陽子が静止状態から 3.0×10^6 V の電位差で加速されるとき，最終的な陽子の波長を計算せよ．

10・10 原子の中を周回する電子の位置の不確定さを 0.4 Å とするとき，速度の不確定さはどうなるか．

10・11 体重 77 kg の人が，1.5 m s^{-1} の速さでジョギングしている．

(a) この人の運動量と波長を計算せよ．

(b) この人の運動量を ±0.05 % の精度で測定したとき，位置の不確定さはどのようになるか．

(c) プランク定数が 1 J s だったら，これらの結果にどのような違いがもたらされるか．予想せよ．

10・12 回折現象は，波長がスリットのサイズと同じ程度のときに観測される．84 kg の人が 1 m の幅のドアで回折されるためには，どれくらいの速さで通り抜ければよいだろうか．

10・13 (a) 水素原子において，式 (10・18) の右辺の $1/n^2$ に掛かる係数は 2.18×10^{-18} J であることを示せ．

(b) 式 (10・23) を使い，リュードベリ定数を計算して cm^{-1} の単位で表せ．後ろ見返しに示す物理定数を使って計算せよ．〔ヒント： $\tilde{R}_\mathrm{H}$ を有効数字 6 桁として求めるには，式中のすべての定数の有効数字を少なくとも 7 桁として計算しなければいけない．実際には $\tilde{R}_\mathrm{H}$ は有効数字 14 桁まで知られている．〕

10・14 ライマン系列とバルマー系列のスペクトル線は重ならない．ライマン系列の最も長い波長と，バルマー系列の最も短い波長を計算して〔nm 単位で〕，このことが正しいことを示せ．

10・15 He$^+$ イオンは，一つの電子をもつ水素型原子イオンである．He$^+$ イオンのバルマー系列の最初の四つの遷移（n_i が小さい値から始めて）の波長を計算せよ．これらの波長を，水素原子の遷移と比較せよ．また，その違いについてコメントせよ（He$^+$ のリュードベリ定数は 8.72×10^{-18} J とする）．

10・16 励起状態にある水素原子の電子は，二つの異なる経路 (a), (b) で基底状態に戻ると考えられる．

(a) 波長 λ_1 の光子を放ち，励起状態から基底状態へ直接戻る経路

(b) 波長 λ_2 の光子を放ち中間励起状態へ遷移した後，さらに波長 λ_3 の光子を放つことで基底状態に戻る経路

λ_1 を λ_2 および λ_3 とに関係づける式を導け．

10・17 ヒトの網膜が感知できる最低の光の放射エネルギーは，4.0×10^{-17} J である．600 nm の光の場合，いくつの光子数に相当するか．

10・18 二酸化炭素レーザーが発する 1.06×10^4 nm の赤外光を，368 g の水が吸収している．吸収した光のエネルギーがすべて熱に変わると仮定すると，水の温度を 5.00 ℃ 上昇させるのに必要な光子の数はいくつか．

10・19 成層圏にあるオゾン (O$_3$) は，太陽からの有害な光を吸収すると分解反応 (O$_3 \longrightarrow$ O + O$_2$) を起こす．

(a) 付録 B を参考にして，この過程の $\Delta_\mathrm{r} H°$ を計算せよ．

(b) オゾンの光分解をすることができる光子の最大波長〔nm 単位で〕を計算せよ．

10・20 星間にある水素原子の量子数 n が数百に及ぶことが研究により見いだされた．量子数 $n=236$ から $n=235$ の準位へ遷移するときに放出される光の波長を計算せよ．この波長は電磁スペクトルのどの領域に相当するだろうか．

10・21 ある学生が水素の発光スペクトルを観測し，ボーア理論では説明できないスペクトル線がバルマー系列にあることに気がついた．水素ガスは不純物を含まないものとし，このスペクトル線が何に起因するのか提案せよ．

10・22 19 世紀の中頃，連続した波長成分を含む太陽光のスペクトルを研究していた物理学者が，地球上のいかなる発光線（輝線）とも一致しない一連の暗線の存在に気がついた．その暗線は未知なる元素に由来すると考えられたが，後にヘリウムと帰属された．

(a) 暗線はどのようにして生じるか．また，観測された暗線はヘリウムの発光線といかに関連しているか．

(b) ヘリウムはどうして地球の大気において検出するのが難しいのか．

(c) 地球上でヘリウムを見つけやすい場所はどこか．

10・23 5.0×10^2 g の氷を溶かすために，660 nm の波長をもつ光子はいくつ必要だろうか．光子一つで，H$_2$O 何分子を氷状態から液体の水へと変化させうるか〔ヒント：0 ℃ において 1 g の氷を溶かすのに，334 J の熱量が必要である〕．

量子力学の仮説

10・24 波動関数に関するコペンハーゲン解釈のほかに，"多世界解釈" が提案されている．どちらの解釈も，量子力学的な観測結果と一致する．両解釈について調べて，どちらが自分にとって好ましいか考えよ．

10・25 次のうちどの関数が，演算子 $\mathrm{d}^2/\mathrm{d}x^2$ の固有関数であろうか．

(a) $f(x) = x^3$　　(b) $f(x) = \mathrm{e}^{6x}$　　(c) $f(x) = \ln x$

(d) $f(x) = \sin x$　(e) $f(x) = \mathrm{e}^{-ix}$　(f) $f(x) = $ 定数

10・26 関数 $f(x)$ に作用する演算子として，以下のどれがエルミート演算子か．

(a) $\mathrm{d}^2/\mathrm{d}x^2$　　(b) $\mathrm{d}/\mathrm{d}x$　　(c) 恒等作用素

(d) 実数を掛ける　(e) x を掛ける

10・27 次の各関数は，[ ] で示した区間において波動関数として適切だろうか．適切でない場合，その理由を述べよ．

(a) $f(x) = \mathrm{e}^{-ix}$ [0, ∞]　　(b) $f(x) = a\mathrm{e}^{-x^2}$ [−∞, ∞]

(c) $f(x) = a \sin x$ $[0, 2\pi]$ (d) $f(x) = a \sin x \left[0, \dfrac{\pi}{2}\right]$

(e) $f(x) = \dfrac{1}{x}$ $[0, \infty]$

10・28 以下のどの関数の対が，示されている区間において直交しているだろうか．

(a) $f(x) = \sin x$, $g(x) = \cos x$ $[-\infty, \infty]$
(b) $f(x) = \sin x$, $g(x) = \cos x$ $[0, 2\pi]$
(c) $f(x) = e^{inx}$, $g(x) = e^{i2nx}$ $[-1, 1]$
(d) $f(x) = e^{inx}$, $g(x) = e^{-inx}$ $[-1, 1]$
(e) $f(x) = ix$, $g(x) = -ix$ $[-1, 1]$

10・29 以下の関数は演算子 d^2/dx^2 の固有関数である．それらの固有値を求めよ．

(a) $f(x) = e^{ax}$ (b) $f(x) = \cos \omega x$
(c) $f(x) = a \sin \omega x$ (d) $f(x) = ae^x$

10・30 以下のどの関数が，示された区間において規格化されているか．

(a) $f(x) = \dfrac{1}{\sqrt{a}}$ $[0, a]$ (b) $f(x) = x$ $[0, 1]$

(c) $f(x) = \sqrt{\dfrac{2}{a}} \sin \dfrac{5\pi x}{a}$ $[0, a]$

(d) $f(x) = \dfrac{1}{\sqrt{\pi}} e^{-ax^2}$ $[-\infty, \infty]$

(e) $f(x) = \left(\dfrac{a}{\pi}\right)^{1/4} e^{-ax^2/2}$ $[-\infty, \infty]$

一次元の箱の中の粒子

10・31 式(10・50)の両辺の次元が合っていることを確かめよ．

10・32 式(10・50)によると，エネルギーは箱の長さの2乗に反比例する．ハイゼンベルクの不確定性原理の観点から，この箱の長さとエネルギーの関係をどのように説明できるか．

10・33 長さ L の一次元の箱の中にある粒子を，$L/4$ と $3L/4$ の間に見いだす確率はいくつか．粒子は最も低いエネルギー準位にあると仮定する．

10・34 式(10・50)をド・ブロイの関係式を用いて導け[ヒント: まず，n 番目の準位にある粒子の波長を，箱の長さに対して表さなければいけない]．

10・35 一次元の箱の中の粒子の波動関数の重要な性質として，直交性があげられる．直交性とは次のように表される．

$$\int_{全空間} \psi_n^* \psi_m \, d\tau = 0 \quad m \neq n$$

したがって，一次元の箱の中の粒子について記述すると，

$$\int_0^L \psi_n \psi_m \, dx = 0 \quad m \neq n$$

式(10・55)から ψ_1 と ψ_2 を得て，この直交性を確かめよ．

10・36 式(10・57)を使い，ポリエン($N=6, 8, 10$)の電子遷移を計算せよ．分子の長さ L と共に変化する λ について，物理的意味を考察しコメントせよ．

10・37 ポリエンを一次元の箱と近似したときに，$n=1$ から $n=2$ への遷移が起こる確率は箱のどの区間で最も高いか．理由も述べよ．

10・38 本章で述べたように，一次元の箱の中に一つの粒子を見いだす確率は $\int \psi^* \psi \, dx$ で与えられる．微小区間に粒子を見いだす確率を計算する場合，積分を施すことなく $\psi^* \psi \Delta x$ で近似できる．$n=1$ の状態の一つの電子が，長さ 2.000 nm の箱の中にあるときを考える．

(a) 0.500 nm から 0.502 nm の間に電子を見いだす確率を計算せよ．

(b) 0.999 nm から 1.001 nm の間に電子を見いだす確率を計算せよ．

計算結果と近似の正当性についてコメントせよ．

二次元の箱の中の粒子

10・39 $a \times b$ の大きさの二次元の箱にある粒子のエネルギー準位は，$a=2b$ の場合と $a>2b$ の場合でどのように異なるだろうか．

10・40 二次元の箱の中にある粒子は，どのような条件において，そのエネルギー準位が縮退するか．

環上の粒子

10・41 量子数 $m=0$ をもつ環上の粒子の物理的意味を，自分の言葉で説明せよ．$m=0$ はハイゼンベルクの不確定性原理により，どのように解釈することができるか．

10・42 直径 10 pm の環上にある量子数 $m=3$ の粒子の角運動量を計算せよ．角運動量ベクトルはどちらの方向に向くか[*1]

10・43 直径 132 pm の環上（おおよそベンゼン分子の大きさ）にあり，量子数 $m=0, 1, 2$ の電子の速度を計算せよ．

10・44 重原子の内殻電子は光の速度 c に近い速度で動くため，エネルギーを計算するにはアインシュタインの相対性理論を使う必要がある．そのモデル計算として，2.0 pm の直径の環上にある量子数 $m=0, 1, 2$ をもつ電子の（非相対論的）速度を計算せよ．それぞれの量子数の電子の速度は光速度 c と比べてどのようであるか[以下の点に注意: 2.0 pm は金原子の 1s 原子軌道の大きさ程度であり，金の輝く色は相対性理論なくしては正確に説明できない；大きな量子数においては，電子の非相対論的速度は光速度 c より大きくなると計算されるが，実際には電子が光より速くなることは決してない]．

補充問題

10・45 仕事関数が 1.5 eV の金属表面を，632.8 nm（赤色）のヘリウム-ネオンレーザー（スーパーマーケットのレジのバーコードスキャナーとして使われている）で照射した．放出される電子の運動エネルギーを電子ボルト[eV]単位で計算せよ．同じ実験を 543.5 nm（緑色）のヘリウム-ネオンレーザー[*2]で行った場合についても計算せよ．

[*1] 訳注: ヒント 角運動量は x と y に右手の法則を適用するとき $+z$ の方向に向く．

[*2] 訳注: ヘリウム-ネオンレーザーは 632.8 nm 以外にもいくつかの発振線をもち，543.5 nm の光も発する．

10・46 タングステンは 4.55 eV の仕事関数をもつ．真空中にある清浄なタングステン表面から光電子を放出させることができる最大の波長を求めよ．

10・47 二つの原子を衝突させると，その運動量は片方もしくは両方の原子の電子エネルギーへと転換されることがある．もし平均運動エネルギー ($\frac{3}{2}k_BT$) の大きさが，許容な電子遷移のエネルギーとおおよそ等しい場合，多くの原子は非弾性衝突によって十分なエネルギーを獲得して励起状態になる．

(a) 298 K にある気体の 1 原子当たりの平均運動エネルギーを計算せよ．

(b) 水素原子の $n=1$ と $n=2$ の状態間のエネルギー差を計算せよ．

(c) 平均運動エネルギーをもつ水素原子間の衝突により，水素原子が $n=1$ から $n=2$ の状態へ励起するためには，温度はいくらである必要があるか．

10・48 水の光解離反応

$$H_2O(g) \xrightarrow{h\nu} H_2(g) + \frac{1}{2}O_2(g)$$

が，水素分子の発生源と提案された．この反応の Δ_rH° は，水の分解の熱力学的データより 285.8 kJ mol^{-1} と計算されている．この光解離反応を起こすことができる最大の波長 [nm 単位] を計算せよ．原理的に，この反応は太陽光のエネルギーで容易に起こるだろうか．

10・49 原子核の壊変と量子力学的トンネルの議論に基づき，放出された α 粒子のエネルギーと放射性壊変の半減期の関係について言及せよ．

10・50 電球のタングステンフィラメントに供給される電気エネルギーのごく一部が，可視光へ変換される．残りのエネルギーは赤外光として放射される．たとえば 75 W 電球では，15.0 % のエネルギーが可視光へと変換される．もし可視光の波長を 550 nm としたとき，電球から毎秒何個の光子が発せられるだろうか [1 W = 1 J s^{-1} である]．

10・51 水素原子の中の電子が，基底状態から $n=4$ の状態へと励起されるとする．以下の記述が正しいか否かコメントせよ．

(a) $n=4$ の状態は第一励起状態である．

(b) 基底状態からよりも，$n=4$ の励起状態から電子を取除く（イオン化する）方が，より大きなエネルギーを必要とする．

(c) 電子は $n=4$ の方が基底状態よりも（平均として）核から離れて存在する．

(d) 電子が $n=4$ から $n=1$ の状態へ脱励起（失活）するときに発する光の波長は，$n=4$ から $n=2$ の状態へ遷移するときに発せられる光の波長より長い．

(e) $n=1$ から $n=4$ へ励起するときに原子が吸収する光の波長は，$n=4$ から $n=1$ へ脱励起するときに発せられる光の波長と同じである．

10・52 ある元素のイオン化エネルギーは 412 kJ mol^{-1} である．しかし，この元素が第一励起状態にあるとき，そのイオン化エネルギーは 126 kJ mol^{-1} にまで減少する．この情報をもとに，第一励起状態から基底状態へ遷移するときに発せられる光の波長を計算せよ．

10・53 日焼けの原因となる紫外光の波長は 320～400 nm の領域にある．この波長域の光子が，1 cm^2 当たりの地球の表面に毎秒 2.0×10^{16} 個降り注いでいるとすると，地上のヒト（日にさらされている体の表面積を 0.45 m^2 とする）が 2 時間に吸収する光子の全エネルギー [J 単位] はどれだろうか．ただし降り注ぐ光子の半分が体により吸収され，残り半分は反射されると仮定せよ [ヒント：平均波長 360 nm として，光子のエネルギーを計算せよ]．

10・54 1996 年に物理学者たちは水素の反原子を生成した．反物質の性質をもつ反原子において，原子を構成するすべての粒子の電荷は反転する．したがって，反原子の核は反陽子から構築され陽子と同じ質量をもつが，負の電荷をもつ．また，電子に取って代わり，電子と同じ質量をもつ反電子（ポジトロンとよぶ）が存在し，正の電荷をもつ．反水素原子のエネルギー準位，発光スペクトル，原子軌道は，水素原子のそれらの性質とどのように異なるか．また，反水素原子が水素原子と衝突したら何が起こるか．

10・55 学生が清浄なセシウム金属表面に可視光を照射し，光電効果の実験をしている．彼女は放出した光電子に阻止電圧を印加していき，光電子による電流値が完全に 0 になるときの電圧を読み取り，その値から運動エネルギーを算出した．電流値が 0 になるとき，阻止電圧と運動エネルギーの間に $eV = \frac{1}{2}m_eu^2$ の関係がある．e は電子の電荷であり，V は阻止電圧である．また，彼女の実験結果は以下のとおりである．

λ/nm	405	435.8	480	520	577.7	650
V/V	1.475	1.268	1.027	0.886	0.667	0.381

式 (10・8) を変形すると，次のように表すことができる．

$$\nu = \frac{\Phi}{h} + \frac{e}{h}V$$

プランク定数 h と仕事関数 Φ をグラフから求めよ．

10・56 式 (2・7) を使い，300 K にある窒素分子のド・ブロイ波長を計算せよ．

10・57 肺胞は肺にある小さな嚢であり，肺胞内部の気体と血液中の気体の交換が行われている．その平均直径は，5.0×10^{-5} m である．肺胞に閉じ込められた酸素分子 1 個（5.3×10^{-26} kg）の速度の不確定さの最小値を計算せよ [ヒント：酸素分子の位置の不確定さの最大値は，肺胞の直径に相当する]．

10・58 太陽はコロナとよばれる白色のガス層に覆われており，皆既日食のときに見ることができる．コロナの温度は何百万度にも達し，分子を破壊し，かつ原子から一部もしくはすべての電子を放出させるのに十分な温度であることが知られている．天文学者がコロナの温度を見積もる方法の一つに，ある元素のイオンの発光線の解析を行うというのがある．たとえば，コロナにおいて Fe^{14+} イオンの発光スペクトルが観測され，解析されている．Fe^{13+} から電子を奪い Fe^{14+} を生成するには，3.5×10^4 kJ mol^{-1} のエネルギーが必要であることがわかっているとして，太陽のコロナの温度を見積もれ [ヒント：1 mol の気体の平均運

動エネルギーは，$\frac{3}{2}RT$ である］．

10・59 周期表からわかる元素の性質により，亜鉛とバナジウムのどちらからつくられた光カソードが，より赤色光に対して感度が高い（より低いエネルギーの光子を検知できる）と考えられるか．

10・60 清浄な金属表面を，1 W の橙色光もしくは紫色光にて照射する．両色光の光子のエネルギーは，金属表面の仕事関数より大きいものとする．

（a）橙色光の照射で放出される電子の数は，紫色光の照射で放出される電子の数と比べて大きいか，小さいか，それとも等しいか．

（b）橙色光の照射で放出される電子の運動エネルギーは，紫色光の照射で放出される電子の運動エネルギーと比べて大きいか，小さいか，それとも等しいか．

10・61 太陽が 5800 K の温度で黒体放射すると仮定するとき，可視光領域の放射エネルギーが占める割合を計算せよ（％で表せ）．このとき，X 線から γ 線の領域の電磁波の放射は無視できるとする．［ヒント：可視光の領域は 400 から 750 nm と仮定して，黒体放射エネルギー密度の式を積分せよ．Mathematica, Maple, Mathcad などのソフトウエアがこの問題を解くのに適している．］

10・62 2006 年のノーベル物理学賞は，"黒体形状の発見と宇宙マイクロ波背景放射の異方性の発見" に対して John C. Mather と George F. Smoot へ授与された．宇宙背景放射の微小な変化を研究することは，宇宙創成の起源を知る上で重要であり，宇宙物理学においてホットな分野である．宇宙空間の "空っぽ" の部分からの背景放射は 2.7 K の黒体としてモデル化できることがわかった．この放射における最大の発光波長はいくらだろうか．また，それはどの電磁スペクトル領域に相当するだろうか．

10・63 下に示す，一次元の箱の中の粒子について考えよ．

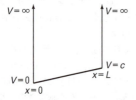

箱の中のポテンシャルエネルギーはどこでも 0 ではなく，位置 x により変わる．

（a）この系についてシュレーディンガー方程式を記述せよ．

（b）いかなる量子数 n であっても，波動関数 ψ_n は箱の中心点において対称性をもたない．ポテンシャルが 0（$V=0$）の一次元の箱の中の粒子の $n=10$ の波動関数は，下に示すように描けるとした上で，

上述の箱の粒子の波動関数を描いてみよ．そして，描いた波動関数について，物理的な考察をせよ［ヒント：波動関数の振幅と波長は，どちらも箱に沿って一定ではない］．

10・64 次に示す波動関数で記述される基底状態 ψ_1 および第一励起状態 ψ_2 の一次元の箱の中の粒子について考えよ．それぞれの波動関数について，位置の期待値 $\langle x \rangle$，位置の2乗の期待値 $\langle x^2 \rangle$，運動量の期待値 $\langle p \rangle$，運動量の2乗の期待値 $\langle p^2 \rangle$ を計算せよ．

(a) $\psi_1(x) = \sqrt{\dfrac{2}{a}} \sin \dfrac{\pi x}{a}$ $\quad 0 \leq x \leq a$

(b) $\psi_2(x) = \sqrt{\dfrac{2}{a}} \sin \dfrac{2\pi x}{a}$ $\quad 0 \leq x \leq a$

10・65 位置に関する標準偏差 σ_x は，その不確定さ（Δx）を表す．標準偏差とは分散の平方根であり，次の式で計算できる．

$$\sigma_x = [\langle x^2 \rangle - \langle x \rangle^2]^{1/2}$$

問題 10・64 の結果を使って，一次元の箱の中の粒子の基底状態と第一励起状態の位置と運動量の不確定さを計算せよ．さらに，ハイゼンベルクの不確定性原理との整合性についてコメントせよ．

10・66 下の図は気相中の水素型イオンの発光スペクトルを示している．すべてのスペクトル線は，励起状態から $n=2$ の状態への遷移を示している．

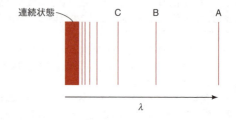

（a）スペクトル線 B と C に相当する電子遷移は何か．

（b）スペクトル線 C の波長が 27.1 nm であるとき，スペクトル線 A と B の波長を計算せよ．

（c）$n=4$ の状態にある水素型イオンから電子を放出させるのに必要なエネルギーを計算せよ．

（d）連続状態の物理的意味は何か．

［ヒント：水素のリュードベリ定数を計算に使え．］

10・67 20 世紀初頭に，原子核は電子と陽子の両方を含んでいると考えた科学者たちがいた．ハイゼンベルクの不確定性原理を使い，電子は原子核内に閉じ込められないことを示せ．同様の計算を陽子について行い，それらの結果についてコメントせよ．

10・68 ベンゼン分子は 6 回回転軸の対称性をもつから，円環として近似できる．したがって，環上の粒子モデルを適用して，ベンゼンの電子状態を記述できる．

（a）ベンゼンの C－C 結合長から，環の半径は 132 pm と考えることができる．式（10・77）より，この系の遷移エネルギーを波数の単位［cm^{-1} 単位］で計算せよ．

（b）$m=1$ から $m=2$ の状態への遷移エネルギー（$m=-1$ から $m=-2$ の状態への遷移も同じエネルギーで起こる）を計算せよ．

（c）実験により測定した遷移エネルギーは 37 900 cm^{-1} である．計算値と実験値が一致しない理由についてコメン

トせよ.

10・69 下の図は太陽の放射スペクトルを表し,黒体放射として考えることができる.

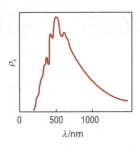

ウィーンの放射法則によると,黒体放射において最大強度をもつ電磁波の波長は次式で与えられる.

$$\lambda_{max} = \frac{b}{T}$$

b は定数 (2.898×10^6 nm K) で,T は放射体の温度 [K単位] である.

(a) 太陽の表面温度を見積もれ.
(b) この曲線から,太陽の放射が地球上の生物に与えた二つの大きな影響についてどのようなことがわかるだろうか.

10・70 下に示すのは,$a \times 2a$ の大きさの二次元の箱の中に閉じ込められた粒子の波動関数の等高線である.どの順で波動関数のエネルギーが増すか,またどの波動関数が縮退しているか(もしあれば)示せ.

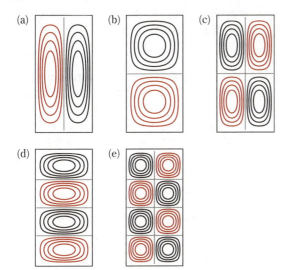

10・71 (a) 水素原子の基底状態にある電子の平均速度は 5×10^6 m s^{-1} である.もし速度に 1% の不確定さがある場合,電子の位置の不確定さはどのぐらいか.水素原子の基底状態の半径は 5.29×10^{-11} m として,結果についてコメントせよ.電子の質量は 9.1094×10^{-31} kg とする.

(b) 3.2 g の卓球の球が 50 マイル毎時で動くとき,その運動量は 0.073 kg m s^{-1} である.もし運動量の測定において不確定さが 1×10^{-7} であるとき,卓球の球の位置の不確定さを計算せよ.

10・72 水素原子の発光スペクトルにおいて,一つのスペクトル線は 1280 nm に観測される.この発光はどの状態からどの状態への遷移に相当するか.

10・73 フクロウの目は,5.0×10^{-13} W m^{-2} ほどの微弱な光を感知できることから,夜の暗がりにおいても視覚が優れている.フクロウの目の瞳孔の直径が 9.0 mm で,光が 500 nm の波長のとき,毎秒何個の光子があれば光を感知できるだろうか(1 W=1 J s^{-1} を使う).

10・74 ある学生が,大きな板チョコレートを電子レンジの中に入れて,ガラス受け皿を回転させることなく 1 分弱温めたところ,等しい大きさのくぼみが(熱によりチョコレートが部分的に溶けて)6 cm の等間隔に離れてできることに気がついた.彼女の観察をもとに光の速度を求めよ.ただし電子レンジから発せられるマイクロ波の振動数は 2.45 GHz とする[*1].

10・75 動いている粒子の位置の不確定さの最小値は,ド・ブロイ波長に相当する.粒子の速度が 1.2×10^5 m s^{-1} のとき,その速度の不確定さの最小値はいくつか.

10・76 ある学生が光電効果の実験において,亜鉛表面から電子を放出させるのに 351 nm の光が最長の波長であることを見いだした.313 nm の光を使ったときに放出される電子の速度はどれほどか.

10・77 大型ハドロン[*2]衝突型加速器にて,光速度の 99.5% の速さで動いている陽子の質量を計算せよ.アインシュタインの特殊相対性理論によれば,動いている粒子の質量はその静止質量と次式で関係づけられる.

$$m_{運動} = \frac{m_{静止}}{\sqrt{1-(u/c)^2}}$$

u は粒子の速度である(光子の静止質量は 0 である).動いている陽子の質量を静止質量に対する割合(%)で示せ.

[*1] 訳注:ヒント 電子レンジの中に定常波ができると考える.チョコレートにできる等間隔のくぼみ間の長さが,マイクロ波の半波長分の長さに相当する.

[*2] 訳注:ハドロン(hadron)は相互作用の強い一群の素粒子で,陽子,中性子,パイ中間子などに代表される.

11 量子力学の分光学への適用

> 動きほど内面を伝えるものはない.
> Martha Graham*

第10章では，シュレーディンガー方程式を解くことで，箱の中の粒子モデルの波動関数の解析解と対応するエネルギー準位が得られることを学んだ．本章では，剛体回転子と調和振動子について量子力学的に取扱う．剛体回転子は分子回転，調和振動子は分子振動のモデルとなり，それらの性質を解析するマイクロ波分光学と赤外分光学の解釈に役立つ．本章ではさらにラマン分光法についても紹介する．このように物理化学の授業で学ぶ知識の多くは，研究室に備わっている分光装置の原理と関わっていて，また，分光学の実験は量子力学の原理を理解するのに役立つのである．ただし，ここではまず分光学で一般的に使う用語について学ぶことにする．

11・1 分光学で使う用語

ここでは，分光学において一般的に使う用語を紹介する．

吸収と発光(放出)

分光法はおもに吸収もしくは発光(放出)の二つに分類される．吸収と発光に関する基本式は以下のように表される．

$$\Delta E = E_2 - E_1 = h\nu \tag{11・1}$$

E_1 と E_2 は遷移に関わる量子化されたエネルギー準位のエネルギーである (図10・10参照)．h はプランク定数で，ν は光の振動数である．原子もしくは分子の二つのエネルギー準位間のエネルギー差が，光子のエネルギーと等しくなったときに，分光学的な遷移が起こる．マイクロ波分光法，赤外分光法，電子分光法，核磁気共鳴，電子スピン共鳴は，通常吸収の過程を解析する．蛍光やりん光は発光過程である．レーザー (laser) は，light amplification by stimulated emission of radiation の略語で，誘導放出という特別な発光を意味する (これについては，§14・4においてさらに議論する)．

単 位 系

スペクトル線の位置は，遷移に関わる二つのエネルギー準位間のエネルギー差に相当する．この位置は，いくつかの単位で表すことができ，単位間の変換は容易である．

1. **波長** (wavelength)：波長 (λ) はメートル [m] の単位で表されるが，紫外可視分光では，ナノメートル [nm] が一般的に使われる．

$$1 \text{ nm} = 1 \times 10^{-9} \text{ m}$$

2. **振動数** (frequency)：振動数 (ν) は1秒間に起こる振動の繰返し回数 (1秒当たりの波の数) で，s^{-1} もしくは Hz 単位で表す．

3. **波数** (wavenumber)：波数 ($\tilde{\nu}$) は，単位長 (1 cm) 当たりに含まれる波の数を表す．

$$\tilde{\nu} = \frac{1}{\lambda} = \frac{\nu}{c} \tag{11・2}$$

ここで c は光の速度を表す．波数は通常センチメートルの逆数 [cm^{-1}] で表す．波数単位で表した変数には，チルダ (~) を上に付けることが多い．

4. **エネルギー** (energy)：スペクトル線は，エネルギーとしても報告される．そのエネルギー値を読むとき，次式のように，遷移一つに必要なエネルギーとして表されているのか，

$$E = h\nu = \frac{hc}{\lambda} = hc\tilde{\nu} \tag{11・3a}$$

それとも次式のように，遷移 1 mol モル当たりのエネルギーなのか，注意が必要である．

$$E = N_A h\nu = \frac{N_A hc}{\lambda} = N_A hc\tilde{\nu} \tag{11・3b}$$

N_A はアボガドロ定数である．エネルギーは波数に比例することに着目しよう．さらにエネルギーは振動数にも比例する．しかし，振動数は波数と異なり実際使うには値が大きすぎる．たとえば，ヘリウム-ネオンレーザー (身近な場所ではスーパーマーケットのバーコードスキャナーに使われている) から発する赤色光

---

* Martha Graham (1894〜1991) は米国のダンサー，振付師である．

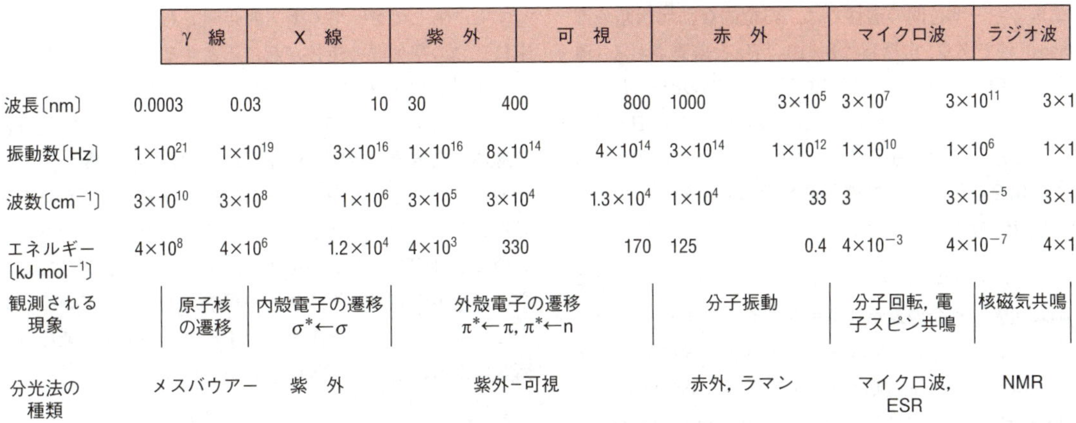

11・1 分光学で使う用語

	γ線	X線	紫外	可視	赤外	マイクロ波	ラジオ波
波長 [nm]	0.0003　0.03	10　30	400	800　1000	$3×10^5$　$3×10^7$	$3×10^{11}$	$3×10^{13}$
振動数 [Hz]	$1×10^{21}$　$1×10^{19}$	$3×10^{16}$　$1×10^{16}$	$8×10^{14}$	$4×10^{14}$　$3×10^{14}$	$1×10^{12}$　$1×10^{10}$	$1×10^{6}$	$1×10^{4}$
波数 [cm^{-1}]	$3×10^{10}$　$3×10^{8}$	$1×10^{6}$　$3×10^{5}$	$3×10^{4}$	$1.3×10^{4}$　$1×10^{4}$	33　3	$3×10^{-5}$	$3×10^{-7}$
エネルギー [kJ mol^{-1}]	$4×10^{8}$　$4×10^{6}$	$1.2×10^{4}$　$4×10^{3}$	330	170　125	0.4　$4×10^{-3}$	$4×10^{-7}$	$4×10^{-9}$
観測される現象	原子核の遷移	内殻電子の遷移 $σ^*←σ$	外殻電子の遷移 $π^*←π, π^*←n$		分子振動	分子回転,電子スピン共鳴	核磁気共鳴
分光法の種類	メスバウアー	紫外	紫外–可視		赤外, ラマン	マイクロ波, ESR	NMR

図 11・1　分光法の種類. メスバウワー分光法は本書で議論しない.

の波長 (633 nm) は，次に示すように各単位に変換して表すことができるが*，振動数の値は大きいことがわかる．

$$633 \text{ nm} ≅ 4.74 × 10^{14} \text{ Hz} ≅ 1.58 × 10^4 \text{ cm}^{-1}$$
$$≅ 3.14 × 10^{-19} \text{ J} ≅ 189 \text{ kJ mol}^{-1}$$

スペクトル領域

原子や分子の性質を分析するための分光法は，ほぼすべての電磁波領域にわたっている（図 11・1）．化学や生物学の系において最も一般的に使われている分光手法は，赤外，紫外可視，核磁気共鳴，蛍光分光である．しかし，本書においては，分光法を広く俯瞰するために，マイクロ波，電子スピン共鳴，りん光の各分光法についても議論する．

線　幅

すべてのスペクトル線は有限な線幅をもち，通常，ピークの半値全幅として定義される．もし，分光学的遷移に関わる二つの準位のエネルギーが正確に定まる場合，そのエネルギー差は分光法により正確に測定されるはずである．この場合，無限小のスペクトル線幅が観測されるであろう．しかし実際には，すべてのスペクトル線は有限の幅（図 11・2）をもつ．次に，線幅をもたらす最も基本的な物理的機構について議論する．

自　然　幅　いわゆるスペクトル線の**自然幅**（natural linewidth）は，ハイゼンベルクの不確定性原理の結果生じるもので，次のように表される［式 (10・28) 参照］．

$$ΔE\,Δt > \frac{h}{4π} \quad (11・4)$$

この式は，ある特定の状態をとる系のエネルギーの不確定さ（線幅として表れる）と，その状態の寿命 (t_{ex}) とを関係づける．その状態にある系のエネルギーを測定する時間

---
* 記号 "≅" は "に対応する" という意味に使う．

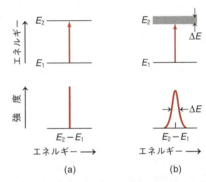

図 11・2　(a) 線幅がない仮想的な吸収線．(b) 実際に観測される吸収線は，ピーク値の半分の値（半値）において $ΔE$ の線幅をもつ（半値全幅が $ΔE$）．基底状態の寿命は非常に長いので，そのエネルギーははっきり決まる．

($Δt$) が長いほど，自然幅 ($ΔE$) は小さくなる．したがって，二つの状態間で遷移が起こるとき，それらの状態の寿命について考えなければいけない．実際には，遷移に関わる2準位のうち，一つの状態の寿命のみを考慮すればよい．吸収過程において，終状態（励起状態）の寿命は有限なので，励起状態のエネルギーを測定する時間 ($Δt$) は，t_{ex} より長くすることはできない．したがって，その状態のエネルギーの不確定さは次のように与えられる．

$$ΔE ≥ \frac{h}{4π\,Δt} \quad \text{および} \quad ΔE ≥ \frac{h}{4π\,t_{ex}}$$

$E = hν$ であるから $ΔE = h\,Δν$ となる．すなわち，これを代入し，等号を使い $Δν$ の最小値を求めると，

$$Δν = \frac{1}{4π\,Δt} = \frac{1}{4π\,t_{ex}} \quad (11・5)$$

になる．ある状態のエネルギーの不確定さ［通常 Hz で表す］は，スペクトル線幅として現れる．この幅は系に固有の性質であり，温度や濃度のような外部の因子によって影響を受ける（減少する）ことはないので，自然幅とよばれる．自然幅は遷移の種類に応じて大きく変わる．たとえば，

回転エネルギー準位間の遷移では，典型的な励起状態の寿命は約10^3秒であり，自然幅は$8×10^{-5}$ Hzと換算される（遷移振動数は約10^{10} Hz）．一方，電子励起状態の寿命は10^{-8}秒のオーダーであり，不確定さ（自然幅）は$8×10^6$ Hzにもなる！ しかし，ある電子遷移の振動数は$8×10^{14}$ Hzであり，この場合，不確定さは遷移振動数に対してたったの1億分の1（10^8分の1）である．

ドップラー効果 実験で観測されるスペクトル線幅は，励起状態の寿命のみから予想されるものより常にかなり大きい．したがって，線幅を広げる他の物理的機構が作用しているはずである．線幅の**ドップラー広がり**（Doppler broadening）は，**ドップラー効果**（Doppler effect）［オーストリアの物理学者 Christian Doppler（1803～1853）にちなむ］により起こる興味深い現象である．原子や分子から放射される電磁波の振動数は，検出器に対する原子や分子の相対速度により変化する*1．身近な例として，近づいてくる列車の警笛は，本来の発する音の振動数より高く聞こえ，遠ざかる列車から聞こえる警笛は，低い振動数の音として聞こえる．ドップラー効果を記述する式は次のように表される．

$$\nu = \nu_0\left(1 \pm \frac{u}{c}\right) \quad (11 \cdot 6)$$

ここで，ν_0 は分子が発した光の振動数であり，ν は検出器により測定された振動数，u は試料中の分子の平均速度であり，c は光の速度である．$\pm$ の符号は，検出器に向かってくる分子（$+$）と，遠ざかる分子（$-$）を表している．

ドップラー効果によりどのくらい吸収線が広がるのか，見積もることができる．300 Kの温度下にある窒素分子について，式(2・7)を使い根平均二乗速度（平均二乗速度の平方根）を517 m s^{-1} と計算できる．この値を式(11・6)に代入して，

$$\nu = \nu_0\left(1 \pm \frac{517 \text{ m s}^{-1}}{3.00 \times 10^8 \text{ m s}^{-1}}\right) = \nu_0(1 \pm 1.72 \times 10^{-6})$$

を得る．窒素分子の典型的な電子遷移の振動数（ν_0），$1×10^{15}$ Hzを使うと，振動数のシフトは全体で約$±2×10^9$ Hzと見積もられ，自然幅の400倍大きいことが理解される．ドップラー効果による線幅の広がりは温度に伴い大きくなる．それは，温度の上昇と共に，分子の速度の分布が広がるためである．この効果を抑えたければ，可能な限り，冷却した試料のスペクトルデータを取ればよい．

圧力効果 スペクトル線幅へ影響を与える他の機構として，圧力広がりもしくは衝突広がりが知られている．分子の衝突は，励起状態を失活させ，励起状態の寿命を短くする．もし t が平均の衝突間時間であり，かつ各衝突の末に二つの準位間の遷移が起こるとすると，ハイゼンベルクの不確定性原理により，線幅の広がり（$\Delta\nu$）は $1/(4\pi t)$ で与えられる．§2・5より，Z_1 を衝突頻度として $t=1/Z_1$ であることを思い出そう．Z_1 は，気体の数密度ひいては圧力に比例することから，圧力の増大は線幅の広がりを生じることがわかる．図11・3に，蒸気と溶液状態のベンゼンの電子吸収スペクトルを示す．気相中より衝突頻度の大きい溶液中の方が，スペクトル線幅が広くなっている．低圧の気相中のスペクトルを測定すると（測定が可能なら），衝突による線幅の広がりは最も小さくなる．

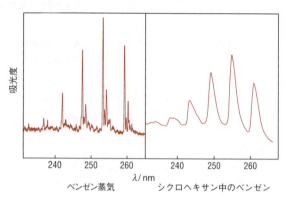

図11・3 ベンゼンの電子吸収スペクトル．ベンゼン蒸気（左），およびシクロヘキサン中のベンゼン（右）．シクロヘキサンは，この波長域において電子遷移吸収をほとんどもたない〔提供: Varian Associates Palo Alto, CA.〕．

他の線幅広がりの機構 解離，回転，電子移動，プロトン移動などの反応速度過程*2 も，線幅の広がりの原因となる．このような効果の例を，後の章で議論する．ある状態間の遷移と同じスペクトル領域で起こる多様な遷移により，線幅に広がりを生じる場合もある．たとえば，多原子からなるベンゼン分子（図11・3参照）の紫外光領域の電磁波スペクトルでは，電子遷移に伴い分子の振動準位と回転準位の遷移が同時に起こる［**回転振電**（rovibronic）**遷移**とよばれる］ため純粋な電子遷移を示さない．同様に，赤外スペクトルにおいても，振動準位間の遷移に伴い，回転準位間の遷移が同時に起こると［**回転振動**（rovibrational）**遷移**］，分解能が低い観測条件では見かけ上，幅の広いスペクトル線が観測されることがある．

分 解 能

あるスペクトル線を他と分離することを**分解**（resolution）

---

*1 吸収過程においても同様な効果が見られる．すなわち，ドップラー効果は，発光と吸収の両方のスペクトル線幅に影響を与える（線幅を広げる）．

*2 訳注：（反応）速度過程は，時間と共に変化する，ある速度で進行する化学反応．

とよび（図11・4），線幅が影響する．すべての分光法において，装置の**分解能**（resolving power），R とは，近接するスペクトル線を互いに分離して観測できる機器の性能を指す．高い分解能を示す機器は，近接した二つのスペクトル線を分離して観測できるが，低い分解能の機器では，それらのスペクトル線を区別できない．二つのスペクトル線として観測が可能な最小の波長差を $\Delta\lambda$ とすると，分解能は次式で表される．

$$R = \frac{\lambda}{\Delta\lambda} \quad (11\cdot 7\mathrm{a})$$

ここで，λ は分離される二つのスペクトル線の波長を平均した値である．また分解能を振動数で表すときは，

$$R = \frac{\Delta\nu}{\nu} \quad (11\cdot 7\mathrm{b})$$

となる*．

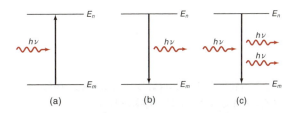

図 11・5 (a) 誘導吸収．(b) 自然放出．(c) 誘導放出．入射および放出される光子のエネルギーは $h\nu$ である．

coefficient of stimulated absorption）$[\mathrm{J^{-1}\,m^3\,s^{-2}}$ の単位]である．分光放射エネルギー密度は，状態間の遷移を誘起するのに適した振動数をもつ光のエネルギー密度を表す．Einstein はさらに，電磁波の照射により励起状態にある分子が低い状態へ遷移することも理解していた．この誘導放出の速度 N_{nm} を表す式は，

$$N_{nm} = N_n B_{nm} \rho_\nu \quad (11\cdot 9)$$

B_{nm} は**誘導放出のアインシュタイン係数**（Einstein coefficient of stimulated emission）であり，N_n は励起状態にある分子数を表す．励起状態 n の占有数が，低い状態 m より多いとき，振動数 ν の光を分子に照射すると，励起状態から基底状態への遷移が誘導される．遷移エネルギーに相当する振動数の電磁波を照射したときのみ，励起状態から低い状態への遷移はひき起こされる．二つの係数 B_{mn} と B_{nm} は等しい．この誘導放出機構に加えて，励起状態にある分子は，放射の振動数に依存しない速度で，自然放出によりエネルギーを失う．この速度は，$N_n A_{nm}$ で与えられ，A_{nm} は**自然放出のアインシュタイン係数**（Einstein coefficient of spontaneous emission）とよばれ，単位は $[\mathrm{s^{-1}}]$ で表される．これら三つの状態を図 11・5 に示す．平衡状態において，状態 m から n へ遷移する数は，n から m の状態へ移る分子の数に等しい．したがって，

$$N_m B_{mn} \rho_\nu = N_n B_{nm} \rho_\nu + N_n A_{nm}$$

$B_{mn} = B_{nm}$ であるから，すなわち，

$$\rho_\nu = \frac{A_{nm}}{B_{nm}}\left(\frac{N_n}{N_m - N_n}\right) = \frac{A_{nm}}{B_{nm}}\left(\frac{1}{N_m/N_n - 1}\right) \quad (11\cdot 10)$$

N_n/N_m の比は，ボルツマン分布則により与えられ［式（2・33）を参照］，

$$\frac{N_n}{N_m} = \mathrm{e}^{-h\nu/(k_\mathrm{B}T)} \quad (11\cdot 11)$$

その逆数は，

$$\frac{N_m}{N_n} = \mathrm{e}^{h\nu/(k_\mathrm{B}T)} \quad (11\cdot 12)$$

式（11・12）を式（11・10）に代入して，次式を得る．

$$\rho_\nu = \frac{A_{nm}}{B_{nm}}\left(\frac{1}{\mathrm{e}^{h\nu/(k_\mathrm{B}T)} - 1}\right) \quad (11\cdot 13)$$

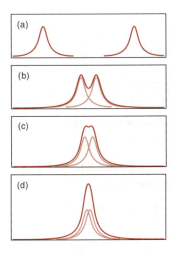

図 11・4 (a) よく分離した二つのスペクトル線．(b)〜(d) 二つが重なったスペクトル線で，観測されたスペクトル線は，二つのスペクトル線を足し合わせた形になっている．

強　度

分光学的遷移には多数の分子が関わり，いくつもの要因が吸収線の強度に影響する．ここで，Einstein が 1917 年に発表した，スペクトル線の強度を表す式について考えてみよう．まず，エネルギー差が $\Delta E = E_n - E_m$ で表される二準位系について考察する．$\Delta E = h\nu$ となる振動数 ν の電磁波を分子に照射すると，低い状態 m から高い状態 n へ遷移が起こる．高い状態への遷移速度 N_{mn} は，低い状態にある分子の数（N_m）に比例し，かつ，この振動数 ν における**分光放射エネルギー密度**（spectral radiant energy density），$\rho_\nu\,[\mathrm{J\,s\,m^{-3}}$ の単位]にも比例する．よって，

$$N_{mn} \propto N_m \rho_\nu = N_m B_{mn} \rho_\nu \quad (11\cdot 8)$$

ここで，B_{mn} は**誘導吸収のアインシュタイン係数**（Einstein

＊ 訳注：分解能を振動数で表すときは一般に $\Delta\nu$ そのものを分解能という．

Planck により，単位振動数当たりの分光放射エネルギー密度は，次のように示されている．

$$\rho_\nu = \frac{8\pi h\nu^3}{c^3}\left(\frac{1}{e^{h\nu/(k_BT)}-1}\right) \quad (11\cdot14)$$

式 (11・14) を式 (11・13) に代入することで，アインシュタインの A 係数と B 係数の関係が得られる．

$$A_{nm} = B_{nm}\frac{8\pi h\nu^3}{c^3} \quad (11\cdot15)$$

A_{nm} の振動数への依存性に着目して欲しい．電子分光では ν は大きな値をとるため，自然放出の確率は誘導放出の確率よりも高い．これは，先に述べたように，電子励起状態の寿命が短いことを説明している．マイクロ波分光や磁気共鳴分光のように，電磁波の振動数が電子分光のときと比べてかなり小さい場合，誘導放出がおもに起こる．誘導放出については，第 14 章で再び考察しよう．

吸収もしくは発光のいずれのタイプの分光法でも，実際のスペクトルは，各分子で起こる非常に数多くの遷移の重ね合わせの結果であることを知っておいて欲しい．ほとんどの分光計は，単一分子のエネルギーの吸収や発光を検出できない[*1]．さらには，一つの分子が一つの光子と相互作用するごとに遷移が 1 回起こり，それが一つのスペクトル線をもたらす．実際のほとんどのスペクトルでは複数のスペクトル線が見られるが，それらは，各分子において起こるすべての遷移の統計的な和として観測されているのである．

選 択 律

原子や分子の二つの準位間のエネルギー差が ΔE のとき，共鳴条件 ($\Delta E = h\nu$) を満たす振動数 ν の光を照射したとしても，2 準位間の遷移がいつも起こるとは限らない．観測される遷移は，ある**選択律** (selection rules) に従っているということが，実験により明らかにされている．この選択律は，時間を含む量子力学により理論的に説明される．遷移は，選択律に従って起こるかどうかで，**許容遷移** (allowed transition；高い確率で起こる) か**禁制遷移** (forbidden transition；低い確率で起こる) に分類される．理論的には，禁制遷移の遷移確率は，ある仮定の下では 0 になるが，実験的には，禁制遷移も低い確率ながら観測され，許容遷移との確率の比は百万分の 1 あるいはそれ以下である．次に，二つの禁制遷移の例（スピン禁制遷移と対称禁制遷移）について説明する．

スピン禁制遷移　スピン禁制遷移には，**スピン多重度** (spin multiplicity) の変化が伴う．スピン多重度は ($2S+$

表 11・1　原子・分子のスピン多重度

不対電子の数	電子のスピン, S	$2S+1$	多重度
0	0	1	一重項
1	$\frac{1}{2}$	2	二重項
2	1	3	三重項
3	$\frac{3}{2}$	4	四重項
⋮	⋮	⋮	⋮

図 11・6　(a) 2s←1s 遷移では，電荷分布は球対称的に変動するので，この遷移の過程で双極子モーメントは発生しない．結果として，この遷移は対称禁制である．(b) 2p←1s 遷移では，遷移に伴う電荷分布の変動が双極子を発生させる．これは許容遷移である．

1) で与えられ (表 11・1；S は系のスピン量子数)，この値は，不対スピンが外部磁場中でとりうる配向数（整列する仕方が何通りか）を教えてくれる．選択律によると，遷移においてスピン多重度の変化は起こってはいけない．すなわち，$\Delta S = 0$ でなければいけない．たとえば，通常は一重項から三重項の遷移もしくは三重項から一重項の遷移は禁制である．

対称禁制遷移　遷移強度は定量的に，**遷移双極子モーメント** (transition dipole moment)，μ_{ij} で与えられる．

$$\mu_{ij} = \int_{\text{全空間}} \psi_i \hat{\mu} \psi_j \, d\tau \quad (11\cdot16)$$

ψ_i と ψ_j は i 番目と j 番目の状態の波動関数であり，$\hat{\mu}$ は遷移双極子モーメント演算子で，二つの状態を結びつける．積分は全空間座標について行い，$d\tau$ は無限小の体積要素 ($d\tau = dxdydz$) を表す．許容遷移になるには，この積分が 0 にならない，すなわち $\psi_i \hat{\mu} \psi_j$ が偶関数にならなければいけない[*2]．$\hat{\mu}$ は座標について一次の依存性をもつので，奇関数である．したがって，積が偶関数になるためには，ψ_i と ψ_j は互いに異なる対称性（偶関数-奇関数もしくは奇関数-偶関数）をもたなければならない．

遷移双極子モーメントについての洞察を得るために，水素原子における電子遷移を考えよう．双極子モーメントベクトルの物理的な重要性は，電子遷移の間に起こる電荷の偏りを記述できる点にある．図 11・6 は，水素の 1s から 2s 軌道と，1s から 2p 軌道への電子遷移に伴う電荷分布の

[*1] 特別に設計した装置においては，十分なエネルギーをもつ単一光子が検出できる．単一分子からの光子を検出することは，より難しく挑戦的な課題である．

[*2] 偶関数 $f(x)$ は，x の符号を反転させても符号は変わらない．すなわち $f(x) = f(-x)$ である．奇関数の場合はその逆で，x の符号の反転により関数の符号が変わる．すなわち $f(x) = -f(-x)$ である．したがって，x^2 は偶関数であり，x^3 は奇関数である．

偏りを示している．この図から，2s←1s 遷移[*1]において，電荷の分布が球対称のままであることから禁制であることがわかる．一方で，2p←1s 遷移は，電荷の移動により双極子を形成し，許容であることがわかる．これらの考察より，$\Delta l=\pm 1$ という選択律が導かれ一般化できる．l は軌道角運動量を示す方位量子数である．また，次のように，角運動量の保存について考察することでも，この選択律について洞察を得ることができる．各光子は1単位の角運動量をもつので，水素原子の 2s←1s 遷移のように角運動量の変化を伴わない遷移（$\Delta l=0$）は，1光子過程において禁制となる．同様に，水素原子の 3d←1s 遷移は，2単位の角運動量の変化が必要で（$l=2 \leftarrow l=0$），1光子過程において禁制である．

ここで説明するには難しいいくつかの複雑な機構により，程度の差こそあれ選択律が破られることがある．その結果，禁制遷移と予測される遷移が，弱いスペクトル線として観測されることもある．

信号対雑音比

記録されたスペクトルには，信号検出の際に生じる**雑音**（noise）とよばれる電気信号の不規則な変動が常に見られる．分析する試料の信号と雑音の区別しやすさにより，信号の検出感度が決まる．大きな信号を観測しても，それと共に雑音が大きければ，信号の検出は難しくなる．したがって，信号検出を判断するうえで重要な値は，**信号雑音比**（<u>s</u>ignal-to-<u>n</u>oise ratio, **SN 比**ともいう）という無次元数であり，観測時に可能な限り大きくなるようにしたい．信号雑音比を大きくするには，同じスペクトルの測定を繰返し行って足し合わせ，信号を平均化することが有効な手段となる．理論的には，スペクトルを N 回測定して平均すると，信号強度は N に比例して大きくなり，雑音は $\sqrt{N}$ に比例して大きくなるから，信号雑音比は $N/\sqrt{N}$，すなわち $\sqrt{N}$ 倍だけ大きくなり，10 回の積算では $\sqrt{10}$，すなわち 3.2 倍良くなる．

ランベルト・ベールの法則

光の吸収を定量的に考察するのに，ランベルト・ベール則は有用である．たとえば，単色光線（単一波長をもつ光）が，溶液のような均一な媒質を透過する状況を考えてみよ

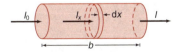

図 11・7 光路長 b の均一な媒質による光の吸収

[*1] 分光学の慣習により，高いエネルギー状態は左側に，低い状態は右側に書く．したがって，左への矢印は吸収を，右への矢印は発光を表す．しかし，この慣習はさほど守られていない．

う．I_0 を入射光強度，I を溶液を透過した後の光の強度とし[*2]，I_x を距離 x の位置における光の強度とする（図 11・7）．光の強度の減衰率は $-dI_x$ であり，$I_x\,dx$ に比例する．すなわち，

$$-dI_x \propto I_x\,dx$$
$$-dI_x = kI_x\,dx \qquad (11 \cdot 17)$$

ここで k は光を吸収する媒質の性質に依存する比例定数である．式（11・17）を変形して，

$$\frac{dI_x}{I_x} = -k\,dx$$

積分することで，下式が得られる．

$$\ln I_x = -kx + C \qquad (11 \cdot 18)$$

C は積分定数である．$x=0$ で $I_x=I_0$ であるから，$C=\ln I_0$ となる．光を吸収する媒質の全長を考えるには，I_x を I（透過光の強度）に，x を b に置き換えればよい．したがって，

$$\ln I = -kb + \ln I_0$$
$$-\ln \frac{I}{I_0} = kb$$

すなわち，

$$-\log \frac{I}{I_0} = k'b \qquad (11 \cdot 19)$$

$k = 2.303 k'$ である．I/I_0 で表される比は，**透過率**（transmittance），T とよばれ，媒質を透過する光量の割合に相当する．式（11・19）は，以下のように，より扱いやすい形に書き換えられる．

$$-\log T = \varepsilon bc$$

もしくは

$$A = \varepsilon bc \qquad (11 \cdot 20)$$

A が**吸光度**（absorbance）であり，ε が**モル吸光係数**（molar absorption coefficient）〔**モル消光係数**（molar extinction coefficient）ともよばれる〕，b が**光路長**（pathlength）〔単位 cm〕，c は濃度〔単位 mol L^{-1}〕である．

式（11・20）は，**ランベルト・ベールの法則**（Lambert-Beer's law）[*3]として知られ，ドイツの天文学者 Wilhelm Beer (1797〜1850) とドイツの数学者 Johann Heinrich Lambert (1728〜1777) にちなんで命名された．この法則はまた，ベールの法則，もしくは，フランス人数学者であり天文学者でもある Pierre Bouger (1698〜1758) にちなみ，ブーゲ・ランベルト・ベール則とよばれることもある．

[*2] 光の強度は 1 s，1 cm^2 当たりの光子の数により求める．

[*3] ランベルト・ベールの法則の記憶術：グラスが深くなる（b が大きい）ほどビール (beer) の色が濃く見え，グラスを透過する光量が減る（A が大きい）．

吸光度は，10を底とする透過率の対数をとり，負の符号を付けることで得られる．したがって，透過率が小さいほど（すなわち $-\log T$ が大きな値となるほど），光の吸収は大きいことになる．吸光度は無次元数なので，ε は L mol^{-1} cm^{-1} の単位となる．原理的には，A はいかなる正の値もしくは 0 をも取りうるが，汎用の紫外可視分光計では，A の値が 0.001 から 3 の間で計測できる．実際の定量分析においては，A の値が 0.1 から 0.9 の間になるように測定することが望ましく，そうなるように光路長もしくは試料濃度を調節する．

ランベルト・ベールの法則は，すべての吸収分光法において定量的な解析をするための基礎となっている．この法則は，二量体化やイオン対形成など，溶質分子間の相互作用がない限り適用できる．式 (11・20) の興味深い応用例に，パルスオキシメーター（患者のヘモグロビン分子の酸素化の程度を，血液を採取することなく測定する装置）がある．指先に光を当て，動脈中の血液の吸光度を，照射する光の波長や時間を変えて測定する．酸素化したオキシヘモグロビンと脱酸素したデオキシヘモグロビンの既知のモル吸光度より，血液中で酸素化したオキシヘモグロビンの割合を決めることができる[*1]．

11・2 マイクロ波分光法

本章では，分子の回転運動について学ぶ．理解を容易にするために，主として二原子分子に着目する．

剛体回転子モデル

二原子分子は，質点 m_1 と m_2 が距離 r の固定長で離れている剛体回転子[*2]と近似することができる［図 11・8(a)］．分子はどの方向へも回転することができる．純粋な回転運

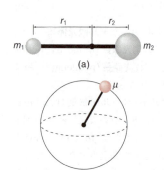

図 11・8　剛体回転子モデル．(a) 二つの質点が固定長 r で離れており，重心は質点 m_1 から r_1 離れた点に位置する．質点は重心を中心に自由に回転できる．(b) (a) と等価な系．換算質量 μ が端点から固定長 r 離れて回転する．

表 11・2　直線運動系と回転運動系

直線運動		回転運動	
質量	m [kg]	慣性モーメント	$I = mr^2$ [kg m^2]
速度	u [m s^{-1}]	角速度	$u_{rot} = u/r$ [rad s^{-1}]
運動量	$p = mu$ [kg m s^{-1}]	角運動量	$l = Iu_{rot}$ [kg m^2 s^{-1}]
運動エネルギー	$K = mu^2/2$ [kg m^2 s^{-2}]	回転エネルギー	$K = Iu_{rot}^2/2$ [kg m^2 s^{-2}]

動について考察するために，**質量中心**（center of mass）すなわち重心を定義する．重心は，そこを中心として剛体が回転する点である．質点 m_1 は重心から距離 r_1 の位置にあり，m_2 は距離 r_2 の位置にある．したがって，この二原子分子では

$$r = r_1 + r_2$$

である．重心の位置は，公園のシーソーにおいてバランスを取るために座る位置を決めるように，次に示す力のモーメントの釣り合いの式で求まる．

$$m_1 r_1 = m_2 r_2$$

m_1 と m_2 がわかっている場合，r_1 と r_2 は代数計算により次式のように求めることができる．

$$r_1 = \frac{(m_2/m_1)r}{1+(m_2/m_1)} \qquad r_2 = \frac{(m_1/m_2)r}{1+(m_1/m_2)}$$

系の運動エネルギーは回転運動エネルギーであり（表 11・2），下式の**慣性モーメント**（moment of inertia），I で表される．

$$I = \sum_i m_i r_i^2 = \mu r^2 \tag{11・21}$$

μ は換算質量であり，次のように定義される．

$$\frac{1}{\mu} = \frac{1}{m_1} + \frac{1}{m_2} \tag{11・22}$$

すなわち，

$$\mu = \frac{m_1 m_2}{m_1 + m_2} \tag{11・23}$$

回転系の運動エネルギーは，

$$K = \frac{1}{2} I u_{rot}^2 \tag{11・24}$$

と表され，ここで u_{rot} は角速度を表し，単位は回転数（毎秒）より rad s^{-1} である．

次に，回転系のシュレーディンガー方程式を立て，エネルギーと波動関数を求める．

$$\hat{H}\psi = E\psi$$
$$[\hat{K}+\hat{V}]\psi = E\psi$$

回転運動に何も制限がないとすると，ポテンシャルエネルギーの項は 0 になり，この系に対しては運動エネルギー演算子についてのみ考慮すればよいことになる．

[*1] 訳注：可視光（赤色光）では，デオキシ Hb の吸光度が高く，赤外光ではオキシ Hb の吸光度が高い．吸光度既知の 2 種類の波長での測定からオキシ Hb とデオキシ Hb の相対濃度が求まり，全 Hb に占めるオキシ Hb の割合（酸素飽和度）を計算することができる．

[*2] 剛体回転子モデルは，球面上の粒子モデルと等価である．

$$\hat{K}\psi = E\psi$$

$$-\frac{\hbar^2}{2I}\left(\frac{\partial^2\psi}{\partial x^2} + \frac{\partial^2\psi}{\partial y^2} + \frac{\partial^2\psi}{\partial z^2}\right) = E\psi \quad (11\cdot25)$$

このシュレーディンガー方程式は，三次元の箱の中の粒子のものと似ているが，質量に代わり慣性モーメントを用いていることが異なる．式(11·25)の括弧中に示す項*は，**ラプラシアン演算子**（Laplacian operator）とよばれ，よく使われる（ここでは ψ に作用している）．ラプラシアン演算子は ∇^2 という記号で表される．直交座標系では，

$$\nabla^2 = \frac{\partial^2}{\partial x^2} + \frac{\partial^2}{\partial y^2} + \frac{\partial^2}{\partial z^2} \quad (11\cdot26)$$

であり，式(11·25)は次式のように書くことができる．

$$-\frac{\hbar^2}{2I}\nabla^2\psi = E\psi \quad (11\cdot27)$$

式(11·27)の解の導出はかなり複雑になる．ここでは，おもな計算過程を説明し，結果に着目するだけにしよう．式(11·27)は三つの変数 (x, y, z) を含むが，それらは独立変数ではない．剛体回転子モデルは，半径 r の球面を自由に動く換算質量 μ の質点に等価とみなすことができる[図11·8(b)参照]．このモデルにおいては，二つの変数（球面上の緯度と経度に相当する変数）のみで質点の位置を記述でき，ひいては剛体回転子の向きも定まる．まず，変数を球面極座標系に変換し，回転子の方向を記述する二つの角度と固定長 r とを分離しよう（図11·9）．化学者の慣習に従い，**余緯度**（co-latitude）として知られる角度 θ を導入し，z 軸からの角度を表すようにする（地球で言えば，北極点からの角度）．角度 ϕ は方位角として知られ，x 軸に対する経度を表す．この新たな座標系で，ラプラシアン演算子は次のように表される．

$$\nabla^2 = \frac{1}{r^2}\frac{\partial}{\partial r}\left(r^2\frac{\partial}{\partial r}\right) + \frac{1}{r^2\sin\theta}\frac{\partial}{\partial\theta}\left(\sin\theta\frac{\partial}{\partial\theta}\right)$$
$$+ \frac{1}{r^2\sin^2\theta}\left(\frac{\partial^2}{\partial\phi^2}\right) \quad (11\cdot28)$$

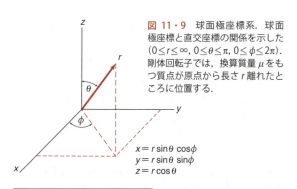

図 11·9 球面極座標系．球面極座標と直交座標の関係を示した（$0 \leq r \leq \infty$, $0 \leq \theta \leq \pi$, $0 \leq \phi \leq 2\pi$）．剛体回転子では，換算質量 μ をもつ質点が原点から長さ r 離れたところに位置する．

$x = r\sin\theta\cos\phi$
$y = r\sin\theta\sin\phi$
$z = r\cos\theta$

---

*訳注：三次元で $(\partial/\partial x, \partial/\partial y, \partial/\partial z)$ の微分演算子はナブラ演算子 (∇) と定義されている．$\nabla\cdot\nabla = \nabla^2 = \Delta$ の関係がある．ラプラシアン演算子は Δ の記号でも表す．

新しいパラメーター β を次のように定義し，

$$\beta = \frac{2IE}{\hbar^2} \quad (11\cdot29)$$

式(11·27)，式(11·28)，式(11·29)を組合わせることで，簡略化された次の方程式が導かれる．

$$\sin\theta\frac{\partial}{\partial\theta}\left(\sin\theta\frac{\partial\psi}{\partial\theta}\right) + \left(\frac{\partial^2\psi}{\partial\phi^2}\right) + (\beta\sin^2\theta)\psi = 0 \quad (11\cdot30)$$

r は定数なので，式(11·28)中の r に依存する項は除かれる．よって，二つの変数 θ と ϕ に依存する微分方程式になる．二次元の箱の中の粒子の問題で行ったように（§10·10を見よ），二つの変数が独立と仮定することで変数分離を行い，微分方程式を解くことにする．

$$\psi(\theta, \phi) = \Theta(\theta)\Phi(\phi) \quad (11\cdot31)$$

全体の波動関数 $\psi(\theta, \phi)$ は，二つの新たな関数 $\Theta(\theta)$, $\Phi(\phi)$（それぞれ，θ と ϕ のみに依存する）の積として表される．式(11·31)を式(11·30)に代入することで，$\psi(\theta, \phi)$ が実際に変数分離できることが確かめられ，少し代数計算することで次式が得られる．

$$\left[\frac{\sin\theta}{\Theta(\theta)}\frac{d}{d\theta}\left(\sin\theta\frac{d\Theta(\theta)}{d\theta}\right) + \beta\sin^2\theta\right]$$
$$+ \left[\frac{1}{\Phi(\phi)}\frac{d^2\Phi(\phi)}{d\phi^2}\right] = 0 \quad (11\cdot32)$$

はじめの [ ] は θ のみに依存し，二つ目の [ ] は ϕ のみに依存する．

ここで式(11·32)は，二つの部分を別々に解いて構わない．二つ目の [ ] 内の式には見覚えがあるかもしれない．これは，§10·11の環上の粒子の問題で導いた式に等しく，次の解をもつ．

$$\Phi(\phi) = Ae^{im\phi} \qquad m = 0, \pm 1, \pm 2, \cdots \quad (11\cdot33)$$

A は規格化定数であり，m は量子数である．式(11·32)のはじめの [ ] 内を解くには，さらに労力を要する．幸い，量子力学においてこの式が導かれる前に，数学者がこのタイプの微分方程式の解法を見いだしていた．その解とは，**随伴ルジャンドル多項式**（associated Legendre polynomials）[フランス人数学者 Adrien-Marie Legendre (1752～1853) にちなむ] とよばれ，量子化された解の集まりからなる．したがって，剛体回転子の波動関数 $\psi(\theta, \phi)$ は，ルジャンドル多項式と環上の粒子の波動関数 [式(11·33)] の積 $\Theta(\theta)\Phi(\phi)$ として得られる．こうして剛体回転子の全波動関数が得られ，これは，球面調和関数 $Y_l^{m_l}(\theta, \phi)$ によって与えられる量子化された一群の関数である．

$$\psi_{l, m_l}(\theta, \phi) = Y_l^{m_l}(\theta, \phi)$$
$$l = 0, 1, 2, \cdots \qquad m_l = 0, \pm 1, \pm 2, \cdots, \pm l \quad (11\cdot34)$$

上式から分かるように，剛体回転子は二つの変数（θ と ϕ）

表 11・3　量子数 l が 0〜2 の球面調和関数

l	m_l	$Y_l^{m_l}(\theta, \phi)^\dagger$	l	m_l	$Y_l^{m_l}(\theta, \phi)^\dagger$
0	0	$\left(\dfrac{1}{4\pi}\right)^{1/2}$	2	0	$\left(\dfrac{5}{16\pi}\right)^{1/2}(3\cos^2\theta - 1)$
1	0	$\left(\dfrac{3}{4\pi}\right)^{1/2}\cos\theta$	2	±1	$\mp\left(\dfrac{15}{8\pi}\right)^{1/2}(\sin\theta)(\cos\theta)\,e^{\pm i\phi}$
1	±1	$\mp\left(\dfrac{3}{8\pi}\right)^{1/2}(\sin\theta)\,e^{\pm i\phi}$	2	±2	$\left(\dfrac{15}{32\pi}\right)^{1/2}(\sin^2\theta)\,e^{\pm 2i\phi}$

† $Y_1^1(\theta, \phi)$ と $Y_2^1(\theta, \phi)$ における負の符号は単に決めごとである〔訳注：各 l に対する $2l+1$ 個の球面調和関数を表す式より, $Y_l^{m_l}(\theta, \phi)$ の符号は量子数 m_l によって決まることがわかる. 詳しくは量子力学の専門書を参考にされたい〕.

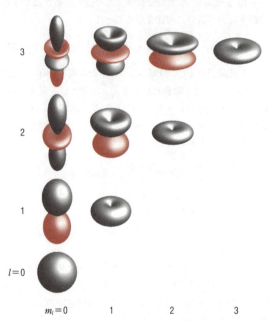

図 11・10　はじめから 10 個の球面調和波動関数 $Y_l^{m_l}(\theta, \phi)$ の可視化. 原点（各波動関数の中心）から表面までの距離が波動関数のその方向に対する大きさを表す. ■と■の色は波動関数の位相（符号）を表す〔訳注：本図では，波動関数の実関数部のみがもたらす位相の違いが色で区別されている．しかし，$m_l \geq 1$ の量子数をもつ球面調和波動関数では，複素関数 $\Phi(\phi)$ も波動関数の位相に寄与する．Φ が 2π 変化する間に位相が m_l 回変化するが，その様子は本図において色付けして表されていない〕.

で記述され，二つの量子数 l と m_l が存在する[*1]. この系には二つの自由度があることから，それらの変数について量子化が起こっていることに着目してほしい．同様な議論は §10・10 で行った．表 11・3 に示す量子数 $l=0$ から $l=2$ ($m_l=0$ から $m_l=\pm 2$) までの球面調和関数とそのプロット図（図 11・10）より，球面調和関数に共通するいくつかの傾向を見ることができる．たとえば，節の数は量子数 l により与えられ，節の方向は量子数 m_l により与えられることがわかる．また剛体回転子では，節の形はそれぞれ円状

である．

剛体回転子のエネルギー準位

剛体回転子の波動関数 $\psi_{l,m_l}(\theta, \phi)$ を得たので，シュレーディンガー方程式を使い，各波動関数のエネルギー E_l を解くことができる．

$$\hat{H}\psi_{l,m_l}(\theta, \phi) = E_l \psi_{l,m_l}(\theta, \phi)$$
$$l = 0, 1, 2, \cdots \qquad m_l = 0, \pm 1, \pm 2, \cdots, \pm l \quad (11\cdot 35)$$

エネルギー E に下つき文字 l を含めたのは，エネルギーが量子数 l に依存することを示すためである（しかし，量子数 m_l には依存しない）．この解は次のようになる[*2].

$$E_l = l(l+1)\frac{\hbar^2}{2I} \qquad l = 0, 1, 2, \cdots \quad (11\cdot 36)$$

量子数 l で定められる各エネルギー準位には，m_l という量子数で定められる状態がある．m_l は $-l$ から l までの値をとり，$(2l+1)$ 個の異なる値をとることになる．つまり，E_l のエネルギー準位には，$(2l+1)$ 個の状態が存在することになり，縮退度 g は $2l+1$ となる．

量子数 l は系の全エネルギーを決める．剛体回転子ではポテンシャルエネルギーはなく，l は（回転）運動エネルギーを記述する．したがって，l は**角運動量量子数** (angular momentum quantum number) とよばれる．ここで角運動量の大きさ（言わば回転子がどれほど早く回転するか）を決めるために，角運動量を 2 乗した演算子，$\hat{L}^2$ を使う．剛体回転子の波動関数（球面調和関数）は，$\hat{L}^2$ の固有関数になっており，

$$\hat{L}^2 \psi_{l,m_l}(\theta, \phi) = \hbar^2 l(l+1)\,\psi_{l,m_l}(\theta, \phi) \quad (11\cdot 37)$$

したがって，角運動量の 2 乗（固有値）は，

$$L^2 = \hbar^2 l(l+1) \quad (11\cdot 38)$$

角運動量の大きさは，次のように表される．

$$L = \hbar\sqrt{l(l+1)} \quad (11\cdot 39)$$

角運動量ベクトルがどちらの方向に向いているのか，すなわち，剛体回転子がどの方向に回っているのか知りたくなる．しかしながら，ハイゼンベルクの不確定性原理により，このベクトル量を知ることはできない．もし回転の方向を正確に決めることができるとすると，角運動量の不確定さが 0 となるからである．よって，角運動量を表す三つの直交座標成分のうち一つの成分のみ知ることができる．慣習により，z 軸の回転成分を測定できるものとしよう．z 軸の成分を選んだ理由は，剛体回転子の波動関数は，z 軸成分の角運動量演算子 $\hat{L}_z$ の固有関数でもあるからであ

[*1] m_l の下付きの l は，m が l と相関していることを示している．

[*2] 式 (11・29) より．$\beta = l(l+1)$．

る.直交座標系では,z軸成分の角運動量演算子は複雑な形をしているが(表10・2参照),球面極座標ではずっと簡単な形をしている.

$$\hat{L}_z = -i\hbar \frac{\partial}{\partial \phi} \quad (11\cdot40)$$

計算によると,剛体回転子の波動関数は,次の固有値方程式の関係を満たし,

$$\hat{L}_z \psi_{l,m_l}(\theta, \phi) = \hbar m_l \psi_{l,m_l}(\theta, \phi) \quad (11\cdot41)$$

固有値は,測定できるz軸成分の角運動量を表す.

$$L_z = \hbar m_l \quad (11\cdot42)$$

以上により,剛体回転子の量子数lとm_lについて,次のように物理的に解釈することができる——系の全エネルギー,運動エネルギー,全角運動量,そして回転速度はlで記述されるが,回転の方向はm_lで記述される.

マイクロ波分光法

マイクロ波分光法は,分子の回転準位間の遷移を利用して行われる.この遷移は一般的に,剛体回転子モデルにより,よく説明される.通常の分光学的な表記法では,量子数はlに代えて回転量子数Jを使う.したがって,回転エネルギーは次式のように与えられる[式(11・36)参照].

$$E_J = \frac{\hbar^2}{2I} J(J+1) = BhJ(J+1) \quad J = 0, 1, 2, \cdots \quad (11\cdot43)$$

Bは**回転定数**(rotational constant)で,$\hbar/(4\pi I)$で与えられる.回転定数はヘルツ[Hz]もしくは[s^{-1}]の単位をもつ.波数[cm^{-1}]の単位で表すこともあり,そのときにはチルダ(~)をBの上に付ける.

$$\tilde{B} = \frac{B}{c} \quad (11\cdot44)$$

cは光の速度である.

低エネルギー準位から高エネルギー準位への遷移は,適した振動数をもつマイクロ波を分子試料に照射すると誘起できる.$\Delta J = \pm 1$という選択律があるため,すべての準位間の遷移が許容というわけではない.この選択律は時間を含む量子力学により導かれる.しかし,詳細に立ち入らず,以下の考察をすることでも理解できる.分子と相互作用する光子は1単位の角運動量をもっており,これはエネルギーと同様に保存される量である.したがって,分子が一つの光子を吸収したとき,分子は角運動量を1単位(量子数)のみ増やすことができる($\Delta J = +1$).一方,一光子を発するときには,$\Delta J = -1$となる.式(11・43)から,$J=0$から$J=1$の状態への遷移に伴うエネルギー変化ΔEは,

$$\Delta E_{\text{rot}} = E_1 - E_0 = 2Bh$$

$J=2 \leftarrow 1$遷移についてΔEは,

$$\Delta E_{\text{rot}} = Bh[2(2+1) - 1(1+1)] = 4Bh$$

などと与えられる.回転量子数J'とJ''がそれぞれ高い準位と低い準位を表すとすると,遷移に伴うエネルギー変化ΔE_{rot}の一般式が導かれる.

$$\begin{aligned}\Delta E_{\text{rot}} &= BhJ'(J'+1) - BhJ''(J''+1) \\ &= Bh[J'(J'+1) - J''(J''+1)]\end{aligned}$$

$J' - J'' = 1$であるから,上記の式は次のようになる.

$$\Delta E_{\text{rot}} = 2BhJ' \quad J' = 0, 1, 2, 3, \cdots \quad (11\cdot45)$$

したがって,$J = 1 \leftarrow 0, 2 \leftarrow 1, 3 \leftarrow 2, \cdots$のエネルギー差は,$2Bh, 4Bh, 6Bh\cdots$となり,マイクロ波による回転スペクトルを測定すると,$2Bh$の等間隔で分離した回転線が観測される(図11・11).

高分解能の測定を行うと,Jの値が大きくなると共に,隣り合う回転線の間隔が小さくなる様子が見られる.高いエネルギー準位にある分子はより速く回転するため,強い遠心力により原子間の結合の距離が伸びる.結合長rが増すことで慣性モーメントIが増し,それによりE_{rot}が減少する[式(11・43)参照]ためである.式(11・43)に補正項を入れることで,遠心力の効果を回転エネルギー準位に反映させることができる.

$$E_J = BhJ(J+1) - Dh[J(J+1)]^2 \quad (11\cdot46)$$

Dは**遠心力定数**(centrifugal constant)で,回転定数Bの1/1000程度の大きさである.したがって,Jが大きな数でない限り,2番目の項は無視できる.

マイクロ波分光法は分子構造を決める上で重要な手法である.回転線の間隔から回転定数Bが見積もられ,それにより慣性モーメントが計算により求まり,そして,原子間距離rがわかる.

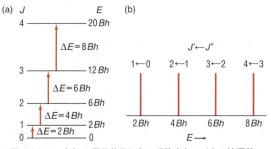

図11・11 (a) 二原子分子において許容なマイクロ波遷移の共鳴条件.エネルギー準位の縮退は示していない.(b) マイクロ波吸収スペクトルで観測される等間隔に分離した回転線.実際には,遷移ごとに回転線の強度が異なる.

例題 11・1

一酸化炭素のマイクロ波スペクトルでは,1.15×

10^{11} Hz の間隔で回転線が見られる。$^{12}C^{16}O$ の結合長を計算せよ。

解 隣り合う回転線の間隔は $2Bh$ であり、ΔE_{rot} に等しい（図11・11）。したがって、回転線の間隔を振動数の単位で表す（$\Delta \nu$）と、

$$\Delta \nu = \frac{\Delta E_{rot}}{h} = 2B = 2\left(\frac{\hbar}{4\pi I}\right)$$

慣性モーメント I について解くと、

$$I = \frac{\hbar}{2\pi \Delta \nu} = \frac{(1.055 \times 10^{-34} \text{ J s})}{2\pi (1.15 \times 10^{11} \text{ s}^{-1})}\left(\frac{\text{kg m}^2 \text{ s}^{-2}}{\text{J}}\right)$$
$$= 1.46 \times 10^{-46} \text{ kg m}^2$$

式（11・21）より、

$$I = \mu r^2 = \frac{m_1 m_2}{m_1 + m_2} r^2$$

代数計算により、r を求める。

$$r^2 = \frac{I(m_1 + m_2)}{m_1 m_2}$$
$$= \frac{(1.46 \times 10^{-46} \text{ kg m}^2)[(0.0120 + 0.0160) \text{ kg mol}^{-1}]}{(0.0120 \text{ kg mol}^{-1})(0.0160 \text{ kg mol}^{-1})}$$
$$\times 6.022 \times 10^{23} \text{ mol}^{-1}$$
$$= 1.28 \times 10^{-20} \text{ m}^2$$
$$r = 1.13 \times 10^{-10} \text{ m} = 1.13 \text{ Å}$$

コメント 精度の高い計算をするために、同位体の質量で平均した原子量を使うのではなく、特定の同位体の質量を使った（本例題では ^{12}C と ^{16}O）。マイクロ波分光により多くの結合長が5桁以上の精度で決められている。

多原子分子マイクロ波スペクトルの解析は複雑なので、本書では取扱わない。より上級の教科書を参照してほしいが、三次元の（かつ非直線）分子には三つの回転の自由度があり、それに伴い三つの回転量子数と回転定数（A, B, C）があることは知っておいてほしい。三つの回転の自由度は、x, y, z 軸周りの回転として考えることができる。ここで、直線三原子分子の硫化カルボニル（OCS）について少し議論する。硫化カルボニルは二つの回転自由度を有するが[*1]、それらは等価であり、一つの量子数で表すことができる。一酸化炭素と同様に、硫化カルボニルのマイクロ波分光でも、隣り合う回転線が等間隔の多くの回転線からなるスペクトルが得られる。ただし、硫化カルボニルは二つの結合長をもつため、慣性モーメントは二つの未知数 r_{CO} と r_{CS} で表される[*2]。この問題を解決するには、硫化カルボニルを同位体置換しても結合長が変化しないと合理的に仮定すればよい。たとえば、$^{16}O^{12}C^{32}S$ と $^{16}O^{12}C^{34}S$ のスペクトルを測定することで、二つの慣性モーメントが得られ、二つの未知数を含んだ式を二つ立てることができる。これにより二つの結合長 r_{CO} と r_{CS} が求められる。

無極性分子（たとえば、窒素分子（N_2）や酸素分子（O_2）のような等核二原子分子）はマイクロ波を吸収せず、**マイクロ波不活性**（microwave inactive）とよばれる。一酸化炭素（CO）のような極性分子が無極性分子と異なる挙動を示す理由を理解するために、分子の双極子と振動している電磁波の電場との相互作用について考えてみよう（図11・12）。図11・12（a）に示すように、分子の双極子の負の電荷をもつ端は、伝播する電磁波の正の領域に追従し、時計回りに回転する。分子が180°回転したとき、電磁波もちょうど半波長進むと〔図11・12（b）〕、今度は正の電荷をもつ分子の端が電磁波の負の領域に向かって回転し、分子の負の端が正の領域に押し上げられる。マイクロ波の振動数が分子回転の振動数と等しいときに、回転速度は速くなり、等しくなければ双極子はエネルギーを吸収できず回転も速まらない。このように古典力学的な電磁波と双極子の相互作用のモデルを考えることは、量子力学的現象である回転準位の低準位から高準位への遷移について理解する助けになる。また、無極性分子が、電磁波の電場成分と相互作用できないために、マイクロ波不活性となる理由が理解できる。

次に、回転スペクトル線の強度に着目しよう。先に（p. 225）述べたように、吸収分光のスペクトル線の強度はボルツマン分布に依存するが、回転スペクトルではもう一つの因子、すなわち回転準位の縮退度も考慮されなければいけない。回転量子数 J をもつ回転エネルギー準位には $2J+1$ の状態が存在する。外部電場の影響がないとき、この縮退度をボルツマンの式に含めなければいけない。した

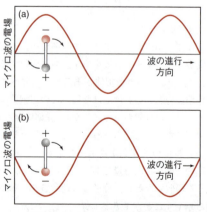

図11・12 マイクロ波の電場成分と電気双極子との相互作用。(a) 双極子の負の端が伝播する電磁波（正の領域）に追従して時計回りに回る。(b) 双極子が180°回転した後も、電磁波が半波長進むことで、今度は正の電荷をもつ双極子の端が電磁波の負の領域に向かって回転し、双極子の負の端が正の領域に押し上げられる。この周期的な相互作用により、分子の回転は速くなる。無極性分子ではこのような相互作用は起こらない。

[*1] 直線分子の結合軸に沿った回転は原子の変位を伴わないので、回転自由度の一つとはみなされない。

[*2] 訳注：二つの未知数を求めるには二つの式が必要になり、例題11・1のように一つの式で結合長を求めることができない。

がって，$J=J$ 準位 (N_J) と $J=0$ 準位 (N_0) にある分子数の比率は，次のように与えられる．

$$\frac{N_J}{N_0} = (2J+1)\,e^{-\Delta E/(k_BT)} = (2J+1)\,e^{-(E_J-E_0)/(k_BT)}$$
$$= (2J+1)\,e^{-BhJ(J+1)/(k_BT)}$$

図 11・13 は，300 K の温度下にある CO の N_J/N_0 を J についてプロットした図である．J が小さいとき ($J<7$) は，指数関数の項は 1 に近く，N_J/N_0 は 1 より大きい．一方で，J が大きくなるにつれ，指数関数の (E_J-E_0) の項が重要になり，N_J/N_0 は減少し始める．CO のマイクロ波吸収スペクトルに現れる回転線は，図 11・13 に表すような強度のパターンを示す．

最後に注意しておきたいが，マイクロ波分光は一般に気相中の分子の分析にのみ使う．溶液中では，分子間の衝突頻度が分子の回転振動数を上回る．その結果，マイクロ波の吸収による回転運動が妨げられるために，マイクロ波スペクトルを得ることができない．

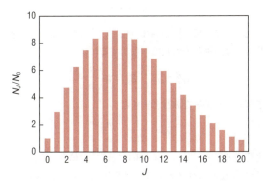

図 11・13　300 K の温度下にある CO の N_J/N_0 を回転量子数 J（最初から 20 の状態）についてプロットした図〔訳注: J の値が大きくなるにつれ，$J=0$ 準位にある分子数が $J=J$ 準位の分子数より圧倒的に多くなり，N_J/N_0 は 0 に近づく〕．

11・3　赤 外 分 光 法

マイクロ波分光法については議論したので，次に分子振動を分析の対象とする赤外分光法に着目しよう．まず，解析解をもつもう一つの単純な量子力学モデルである調和振動子を考察する必要がある．

調 和 振 動 子

古典力学，すなわちニュートン力学に従い振舞う系の考察から始めることは，量子力学の系を理解するのに役立つ．図 11・14 に示すように，質量 m の物体がばねについている系（調和振動子）を考える．**フックの法則** (Hooke's law)〔英国の自然哲学者，物理学者である Robert Hooke (1635〜1703) にちなむ〕によれば，物体に働く力 F は平衡位置からの変位 x に比例する．

$$F \propto -x = -kx \quad (11 \cdot 47)$$

この k は**力の定数** (force constant) で，ばねの頑丈さを表し，N m^{-1} の単位をもつ．負の符号が付いているのは，力

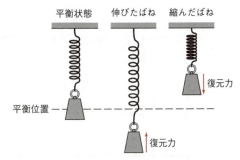

図 11・14　調和振動子では，ばねの付いたおもりは，下向きに引っ張って離すと単振動を示す．理想的なばねはフックの法則 ($F=-kx$) に従い，重力は無視できる．

が変位 x と反対方向に働くことを意味する．x が正のとき（ばねが伸ばされた），F は負となり復元力が働き，物体は上方向へ引っ張られる．ばねが縮んだときはその逆で，F は正となり，物体には下向きの力が働く．もしこの物体を下へ引っ張り手を放すと，単純な調和振動，略して**単振動** (simple harmonic oscillation) とよばれる周期的な振動が起こり，時刻 t における物体の変位 x は次の正弦関数

$$x = A\sin 2\pi\nu t \quad (11 \cdot 48)$$

で与えられる．A は振動の振幅であり，ν は振動数に相当する定数でヘルツ [Hz] の単位（SI 単位では [s^{-1}]）で表す．

$$\nu = \frac{1}{2\pi}\sqrt{\frac{k}{m}} \quad (11 \cdot 49)$$

式 (11・49) の右辺の項はすべて定数なので，一つの固有な振動数が存在することを示している．一周期の振動の間に，物体の運動エネルギーはばねのポテンシャルエネルギーへ変換されたり，またその逆も起こる．系のポテンシャルエネルギー V は次式で与えられる．

$$V = \frac{1}{2}kx^2 \quad (11 \cdot 50)$$

この単振動のモデルを分子振動に適用するために，式 (11・49) の質量 m を換算質量 μ に置き換える．

$$\nu = \frac{1}{2\pi}\sqrt{\frac{k}{\mu}} \quad (11 \cdot 51)$$

ν は分子の基本振動数である．二原子分子が調和振動子として振舞うとき，ポテンシャルエネルギーは次のように表される．

$$V = \frac{1}{2}k(r-r_e)^2 \quad (11 \cdot 52)$$

r は二つの原子間の結合の長さで，r_e は平衡結合距離である．したがって，変位 x を次式に従い置き換え，

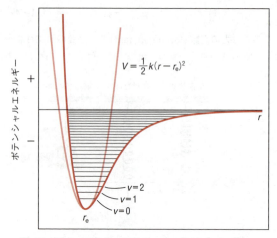

図 11・15 二原子分子のポテンシャルエネルギー曲線．対称的な放物線は式 (11・52) により与えられ，非対称的な曲線は実際の分子のポテンシャルエネルギーを表す．$v=0$ から r 軸へ引いた垂線の距離が，分子の結合解離エネルギーを表す．水平な線は振動エネルギー準位を示す．

$$x = r - r_e$$

V を x に対してプロットすると放物線になる．

図 11・15 は，式 (11・52) により描いたポテンシャルエネルギー曲線と実際の分子のポテンシャルエネルギー曲線の比較を，一酸化炭素 (CO) を例として示している．r_e からの変位が微小なとき，二つの曲線はよく一致しており，分子振動は単振動で記述できることが示されている．しかし，r が大きくなり，振動のエネルギーが高まるにつれ両曲線は一致しなくなる．この不一致は分子振動の**非調和性** (anharmonicity) によるものであり，結合が縮まったときと伸長したときでポテンシャルの形が異なる．この点については後で再び議論する．

調和振動子の量子力学的解

量子力学的な系のエネルギーと波動関数を得るために，これまで行ってきたやり方に倣う．まず一次元の調和振動子のシュレーディンガー方程式を立てることから始める．

$$\hat{H}\psi(x) = E\psi(x)$$
$$(\hat{K} + \hat{V})\psi(x) = E\psi(x)$$

運動エネルギーとポテンシャルエネルギーの演算子を代入して，

$$\left(-\frac{\hbar^2}{2\mu}\frac{d^2}{dx^2} + \frac{1}{2}kx^2\right)\psi(x) = E\psi(x) \quad (11・53)$$

式 (11・53) の解から，調和振動子のエネルギーは量子化されていることがわかる．

$$E_v = \left(v + \frac{1}{2}\right)h\nu \quad v = 0, 1, 2, \cdots \quad (11・54)$$

v は振動量子数である＊．箱の中の粒子モデルと同様に（ただし環上の粒子モデルとは異なり），最低の振動エネルギー ($v=0$) は 0 ではなく，基底状態にある調和振動子のエネルギーは $h\nu/2$ である．これは，分子が絶対零度でも振動し続けることを意味する．このゼロ点エネルギーの存在は，ハイゼンベルクの不確定性原理と矛盾しない．もし分子が絶対零度で振動しないと仮定すると，振動に伴う分子のエネルギーと運動量は 0 になり，運動量の不確定さも 0 となるから原子の位置の不確定さが無限大になる．しかし，分子における原子はある有限の結合長だけ離れて位置しており，不確定さが結合長程度あったとしても無限大になることはありえない．古典的な調和振動子の基底状態では，粒子は動かず運動量 p は 0 である．このとき運動量の不確定さは $\Delta p = 0$ であり，量子力学と相容れない状態となる．

量子力学的な調和振動子では，エネルギー準位間は $h\nu$ だけ等しく離れている (図 11・16)．共鳴条件は，

$$\Delta E = h\nu$$

したがって，量子力学的な調和振動子において，基底振動状態を第一励起振動状態へ励起するには

$$\Delta E = E_1 - E_0 = \hbar\left(\frac{k}{\mu}\right)^{1/2} \quad (11・55)$$

遷移エネルギーを波数で表すと，

$$\tilde{\nu} = \frac{1}{2\pi c}\left(\frac{k}{\mu}\right)^{1/2} \quad (11・56)$$

実際の分子で，$\tilde{\nu}$ は 400〜3000 cm^{-1} の値をとる．この波数は，電磁波スペクトルにおいて赤外光の領域に相当する．

エネルギー E_v をもつ調和振動子の波動関数は次式で与えられる．

$$\psi_v(x) = N_v H_v(\alpha^{1/2}x)\,e^{-\alpha x^2/2} \quad v = 0, 1, 2, \cdots \quad (11・57)$$

ここで，

$$\alpha = \left(\frac{k\mu}{\hbar^2}\right)^{1/2} \quad (11・58)$$

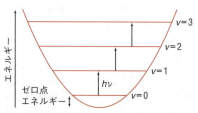

図 11・16 量子力学的な調和振動子のエネルギー準位．各エネルギー準位間は $h\nu$ 離れていて，ゼロ点エネルギーは $h\nu/2$ である．この対称的な曲線は式 (11・52) で与えられる．

＊ 振動量子数 v（小文字のブイ）と振動数 ν（ギリシャ文字のニュー）を混同しないこと．

表 11・4　はじめから四つのエルミート多項式[†]

$H_0(\xi) = 1$	$H_2(\xi) = 4\xi^2 - 2$
$H_1(\xi) = 2\xi$	$H_3(\xi) = 8\xi^3 - 12\xi$

[†] 変数 ξ は $\alpha^{1/2}x$ に等しく，ξ は $(k\mu)^{1/4}\hbar^{-1/2}x$ にも等しい.

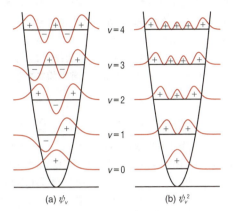

図 11・17　(a) 調和振動子の波動関数($v=0$ から 4 までの準位) および，(b) 対応する確率密度 (波動関数の 2 乗)

ら，量子力学的な調和振動子では，古典的転回点を越えた位置，すなわち，"負の運動エネルギー"をとる領域に粒子の確率密度をもつ．これは §10・12 で見たように，量子力学的トンネル現象である．ただし，赤外分光法によりこのトンネル現象に関する直接証拠が得られた研究例はない (原子核の α 壊変では実験結果と箱の中の粒子モデルの理論解析によりトンネル現象が証明されたが)．それでも，実験により見積もられたポテンシャルエネルギー曲線が，単純な調和振動子モデルのポテンシャル曲線と一致しないのは，少なくとも部分的には，トンネル効果が働き結合長が増したためと考えることができる (ポテンシャル曲線が非対称になる他の要因として，後で説明するが，非調和性があげられる).

量子力学的な調和振動子が古典的調和振動子と異なるもう一つの点は，粒子の最大確率密度が存在する位置である．量子力学的調和振動子では，基底状態の波動関数と波動関数の 2 乗により得られる確率密度の最大値は共に $x=0$ の位置 (平衡の位置) にあるが (図 11・17 参照)，古典的な調和振動子ではその平衡位置に質点を見いだす確率は最も低く，古典的転回点近傍において確率が最大となる．古典的振動子では，$x=0$ の点で質点の速度が最も速く，かつ転回点で最も遅くなるからである．この状況は励起状態の量子力学的な調和振動子では変わってくる．大きな振動量子数 v では，量子論的な確率密度関数は古典的な確率密度関数

であり，規格化定数 N_v は次式で表され，

$$N_v = \frac{1}{(2^v v!)^{1/2}} \left(\frac{\alpha}{\pi}\right)^{1/4} \quad (11 \cdot 59)$$

$v! = 1 \times 2 \times 3 \times \cdots \times v$ である[*]．$H_v(\alpha^{1/2}x)$ の項はエルミート多項式を表し，関数の集まりからなり (表 11・4)，図 11・17 に示すような形をもつ調和振動子の波動関数を与える．$H_v(\alpha^{1/2}x)$ は $\alpha^{1/2}x$ に関する v 次の多項式であり，波動関数 ψ_v には v 個の節が存在する．基底状態の調和振動子の波動関数 ($v=0$) には節がなく，ガウス関数の形をしている．

$$\psi_0(x) = \left(\frac{\alpha}{\pi}\right)^{1/4} e^{-\alpha x^2/2} \quad (11 \cdot 60)$$

調和振動子の波動関数とトンネル効果

量子力学的な調和振動子の波動関数は (したがって，その確率密度関数も)，エネルギー準位を示す水平線がポテンシャルエネルギー曲線と交差した点の外の領域においても，0 ではない値をとる．基底状態 $\psi_0(x)$ について考えよう (図 11・18)．基底状態の全エネルギー E_0 は，$h\nu/2$ の位置にある水平線で表されており，x の位置に関係なく一定である．ポテンシャルエネルギー (V) は位置の関数で $V=kx^2$ と表され，運動エネルギー (K_0) は全エネルギーからポテンシャルエネルギーを引くことで得られる ($K_0 = E_0 - V$)．**古典的転回点** (classical turning point) は，運動エネルギーが 0 の点で生じ，ばねが最も縮んだとき，もしくは最も伸びたときの質点の位置に相当し，系の全エネルギーはポテンシャルエネルギーに等しくなる．しかしなが

---

[*] $0! = 1$ であることを思い出そう．

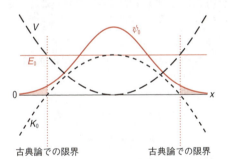

図 11・18　量子力学的な調和振動子のトンネル効果．水平線 (―) はゼロ点エネルギー ($\frac{1}{2}h\nu$) を表す．■ は $K_0 < 0$ で，古典的には許容されない領域である．

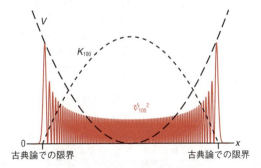

図 11・19　量子力学的な調和振動子の $v=100$ の状態の確率密度のプロット図

と似てくる（図11・19）．そのとき，振動子は平衡点（$x=0$）より古典的転回点において見いだす確率が高くなる．

赤外スペクトル

これまでに，調和振動子モデルにより分子の基本振動数を予測する方法や，その振動数が電磁スペクトル中の赤外領域に相当し，振動状態間の遷移が赤外光で誘起される様子を示してきた．かくして，調和振動子モデルは赤外スペクトルを解釈するのに，非常に有用であることがわかった．例題11・2で，赤外スペクトルにより分子の基本振動数が決められ，化学結合の硬さ（おおむね結合の強さを示す）の情報が得られることを示そう．

例題 11・2

$H^{35}Cl$分子の振動の基本振動数は 2886 cm^{-1}である．この分子の力の定数を計算せよ．

解 まず，^{35}Cl同位体であることに注意して，分子の換算質量 μ を計算する．^1H, ^{35}Clのモル質量は *Nucl. Phys.* などで調べる．

$$\mu = \frac{m_H \, m_{Cl}}{m_H + m_{Cl}}$$
$$= \frac{(0.001\,008 \text{ kg mol}^{-1})(0.034\,97 \text{ kg mol}^{-1})}{(0.001\,008 + 0.034\,97) \text{ kg mol}^{-1}(6.022 \times 10^{23} \text{ mol}^{-1})}$$
$$= 1.627 \times 10^{-27} \text{ kg}$$

式（11・51）を変形かつ，$\nu = c\tilde{\nu}$ であることを使い，次のように書くことができる．

$$k = 4\pi^2 c^2 \tilde{\nu}^2 \mu$$
$$= 4\pi^2 (2.998 \times 10^{10} \text{ cm s}^{-1})^2 (2886 \text{ cm}^{-1})^2$$
$$(1.627 \times 10^{-27} \text{ kg})$$
$$= 480.8 \text{ kg s}^{-2}$$

$1 \text{ N} = 1 \text{ kg m s}^{-2}$ であることから，

$$k = 480.8 \text{ N m}^{-1}$$

コメント 力の定数は，結合を単位長当たり（mもしくはÅ当たり）伸長させるのに必要な力を表す．当然ながら，三重結合の力の定数が一番大きく，二重結合，単結合の順に力の定数は小さくなる．たとえば，C−C単結合の力の定数は約 500 N m^{-1}, C=C二重結合では約 1000 N m^{-1}, C≡C三重結合では約 1500 N m^{-1}である．ちなみに力の定数が 500 N mm^{-1}のばねの上に体重50 kgの人が乗ると，約1 mmばねが縮む［このばねの硬さは，大型ピックアップトラックのばね（サスペンション）の硬さに相当する*1］．

厳密には，分子が調和振動子のようには振舞うことはない．たとえば，平衡結合長よりも結合長 r が増すにつれて，化学結合は弱まりついには解離する．また図11・15に示すように，実際の分子の振動のポテンシャルエネルギー曲線は非対称的な形になる．ポテンシャルエネルギー曲線の中に描かれている各横線は振動準位を示しており，隣り合う準位間の間隔は量子数 v が大きくなるにつれ減少している様子がわかる．これは分子振動の非調和性によるものである．式（11・54）に補正項を加えて非調和性を考慮すると，

$$E_v = \left(v + \frac{1}{2}\right) h\nu - x_e \left(v + \frac{1}{2}\right)^2 h\nu \quad (11 \cdot 61)$$

と表せ，x_e は**非調和定数**（anharmonicity constant）である*2．分子の回転により働く遠心力の補正項を考慮したときの式（11・46）と同様に，式（11・61）の非調和性の補正は通常は無視できる．なぜなら，二原子分子の x_e は0.002から0.02程度で非常に小さいからである．しかし，振動量子数 v が大きくなるにつれ，非調和項による補正が重要になる．

振動エネルギー準位間の遷移の選択律は $\Delta v = \pm 1$ と表される．したがって，1単位の振動量子数の変化を伴う準位間で遷移が許容となる．この選択律も，マイクロ波分光の選択律と同様に，時間を含む量子力学により導かれる．振動エネルギー準位間の間隔は大きいので，室温下にある分

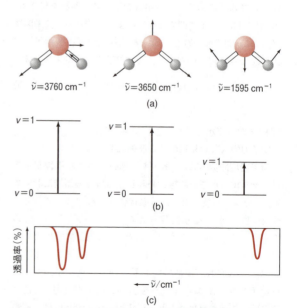

図11・20 (a) 水分子の三つの基準振動モード．これらのすべてが赤外活性である．これらの振動において分子の重心の位置は変わらないことに注意する［訳注：左から逆対称伸縮振動，全対称伸縮振動，変角振動という］．(b) エネルギー準位．(c) 赤外分光スペクトル（縦軸は赤外光の透過率を，横軸は波数を表す）．

---

*1 訳注：分子（C_2H_6のエタン分子）のばね（C−C結合を力の定数 500 N m^{-1}のばねと考える）と，車のばね（力の定数 500 N mm^{-1}のサスペンションで体重50 kgの人を質点と考える）とでは，質点の質量は約 2.5×10^{27} 倍異なるが，ばねの硬さ（力の定数）は1000倍程度しか違わない（すなわち化学結合はきわめて硬い）．

*2 x_e は定数．座標を表しているのではない．

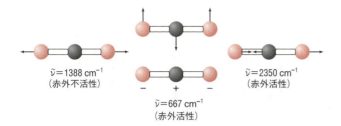

$\tilde{\nu}=1388\ \mathrm{cm}^{-1}$
（赤外不活性）

$\tilde{\nu}=667\ \mathrm{cm}^{-1}$
（赤外活性）

$\tilde{\nu}=2350\ \mathrm{cm}^{-1}$
（赤外活性）

図 11・21　CO_2 の四つの基準振動モード．中央の二つの振動モードは同じ振動数（同じエネルギー）をもち縮退している．"＋"と"－"の記号は，原子が紙面の上もしくは下に向かって動くことを意味する．赤外不活性な振動モードは，ラマン散乱法（§11・5を参照）により観測できる．

子のほとんどは基底状態をとる．したがって，赤外光の吸収による遷移の多くは $v=1←0$ 遷移である［**基本バンド**（fundamental band）とよばれる[*1]］．分子が調和振動子のように振舞う場合，$v=2←1$ 遷移［温度を上げるにつれてバンド強度が増大するため**ホットバンド**（hot band）とよばれる］が基本バンドと同じ振動数で起こる．しかし，分子振動に非調和性がある場合，ホットバンドは基本バンドより少し小さい振動数をもつことから，それらを区別できる．また非調和性は，選択律の破綻をももたらす．したがって，$v=2←0$ や $v=3←0$ の遷移［これらを**倍音**（overtone）とよぶ］が禁制ではなくなる．最初の倍音 $v=2←0$ に由来するバンドは，基本振動数のちょうど2倍の振動数としては観測されない．例題11・2で言及したように，HCl の基本バンドは 2886 cm^{-1} に観測されるが，最初の倍音は 5668 cm^{-1} に現れる（この振動数は基本振動数の2倍，$2×2886\ \mathrm{cm}^{-1}=5772\ \mathrm{cm}^{-1}$ よりいくぶん小さい）．この違いは非調和性によりもたらされている．

ある分子振動が赤外光を吸収するためには，つまり**赤外活性**（IR active）であるためには，下式が成り立たねばならない．

$$\frac{\mathrm{d}\mu}{\mathrm{d}x} \neq 0 \tag{11・62}$$

この式は，分子振動による原子の変位 x に伴い，電気双極子モーメント μ が変化しなければならないことを示している．つまり，分子振動（伸縮，変角，ひねり）によって電気双極子モーメントが変化するとき赤外活性となる．電磁波と振動する双極子の相互作用のモデルを考えると，ある振動モードが励起されるためには，赤外光の電場成分の振動数と分子の双極子の振動数が一致する必要があることがわかる．また，分子により赤外光のエネルギーが吸収されても，分子振動の振動数は変わらずに，その振幅が増すだけであることを心に留めておいてほしい[*2]．一方，すべての等核二原子分子は，振動により結合長が変化しても双極子モーメントが変化しないので，赤外不活性となる．

二原子分子の振動の自由度は一つしかないから，一つの基本振動数をもつ．N 個の多原子からなる非直線分子は $3N-6$ 個の振動の自由度をもつ（§2・9を参照）から，H_2O と SO_2 にはそれぞれ，$3×3-6$ つまり三つの異なる振動モードがある．これら分子の一見複雑な振動運動は，三つの基本振動数を用いて解析できる（図11・20）．したがって，各振動モードで $v=1←0$ 遷移のみが起こるとした場合，赤外スペクトルには三つのスペクトル線が観測されると予測できる．この三つの振動モードは**基準振動**（normal mode）とよばれる．いかなる分子振動も，基準振動の線形結合で表すことができる．

他の例として CO_2 を考えてみよう．3原子からなる直線分子であるから，四つ（$3N-5=4$）の振動自由度がある（図11・21）．CO_2 は永久双極子モーメントをもたないが，四つのうちの三つの振動モードにおいて原子の変位により双極子モーメントの変化を生じ，赤外活性となる．また，四つのうち二つの振動モードは**縮退**（degeneracy）しており，同じ振動数とエネルギーをもつ．したがって，CO_2 の赤外分光スペクトルでは，逆対称伸縮振動（2350 cm^{-1}）と変角振動（~667 cm^{-1}）に由来する二つの振動バンドが観測される．多くの赤外分光測定では（分光装置内を窒素もしくはアルゴンにて十分にガス交換するか，測定データからバックグランドを差し引かないと），空気中に含まれる CO_2 による赤外吸収が原因の振動バンドが観測されてしまう．また，多原子分子においては，基本バンド以外に，**結合（音）バンド**（combination band）とよばれ，二つの異なる振動モードが同時に励起されることにより生じる振動バンドが観測されることがある．結合音バンドの振動数は，二つの振動モードの振動数を足し合わせた値となる[*3]．また，赤外光吸収による結合音を生じる遷移確率は非常に小さいため，基本バンドと比べて非常に小さい強度で観測される．

振動・回転の同時遷移

分子の各（量子数の）振動状態 v には，一群の回転エネルギー準位が存在する．そのため，分子は常に振動運動と回

[*1] 訳注：基音の吸収（$v=1←0$）により観測されるので，基音（バンド）とも言う．
[*2] この効果をより理解しやすくするために，公園のブランコに乗っている人の背中を押す状況を想像してほしい．ブランコの振動に同調して（"位相を合わせて"）背中を押すと，そのエネルギーによりブランコの振幅が大きくなる．このとき，ブランコが振れる大きさは増すが，振動数は変わらない．

[*3] 訳注：和の場合と差の場合がある．

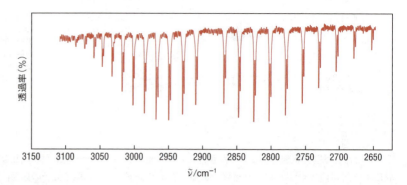

図 11・22 HCl(g) の赤外吸収スペクトル．この波数領域のスペクトルでは，基本振動遷移 ($v=1\leftarrow 0$) が観測される．高分解能測定により，各回転遷移に由来する微細構造が観測されている．それぞれの回転遷移には二つの線が見られるが，試料の HCl に二つの同位体（H^{35}Cl と H^{37}Cl）が含まれることに起因する〔訳注：2本のうち低波数側の強度の小さいピークが H^{37}Cl のもの〕〔出典：J. L. Hollenberg, *J. Chem. Educ.*, **47**, 2 (1970)〕．

転運動を伴う．図 11・11 に示した回転エネルギー準位が，振動準位 $v=0$ の状態にあるとする．振動・回転の同時遷移が起こるときには，$v=1\leftarrow 0$ の振動準位の遷移に伴い，回転エネルギー準位間の遷移も同時に起こる．この振動の励起を伴った回転準位の遷移の選択律は $J=\pm 1$ であり，純粋な回転遷移のときと同様である．ただし，溶液中では分子間の衝突により，回転運動は妨げられ，一方，分子振動の振動数は衝突の頻度（単位時間の衝突回数）よりかなり大きいため，振動運動には隣接分子との衝突の影響はほとんどない*1．気相中の分子では状況が異なり，回転と振動エネルギー準位の同時遷移が起こる．たとえば，高分解能スペクトルにおいて，気相中の二原子分子の回転遷移に由来する超微細構造を見ることができる（図 11・22）．

式 (11・43) と式 (11・54) より，振動と回転のエネルギー準位の同時遷移におけるエネルギー差を表す式を次のように書くことができる．

$$\Delta E = \left(v' + \frac{1}{2}\right)h\nu + BJ'(J'+1)h - \left(v'' + \frac{1}{2}\right)h\nu - BJ''(J''+1)h \quad (11\cdot 63)$$

v' と v'' はそれぞれ高振動状態，低振動状態を表し，J' と J'' は v' と v'' における回転準位を表す．$v=1\leftarrow 0$ 遷移，すなわち $v'=1$ かつ $v''=0$ について，

$$\Delta E = h\nu + Bh[J'(J'+1) - J''(J''+1)] \quad (11\cdot 64)$$

が得られ，これを波数で表すことにより下式が得られる．

$$\tilde{\nu}_{obs} = \tilde{\nu} + \tilde{B}[J'(J'+1) - J''(J''+1)] \quad (11\cdot 65)$$

$\tilde{\nu}_{obs}$ は実測される振動数で，赤外スペクトルでは波数として振動準位間の遷移を観測する．赤外スペクトルは，多くの場合，その回転遷移の性質によって，次に示す条件に従い P 枝および R 枝に分類される*2（図 11・23）．

---

*1 訳注：問題 11・8 参照．
*2 記憶術：P 枝は J が減少する遷移であるが，Poor の P に掛けることで回転量子数がどのように変化するか連想しやすい．一方，R 枝では J が増えるが，Rich の R に掛けることで覚えやすい．

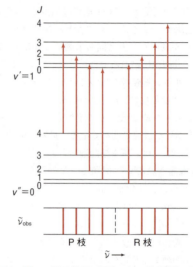

図 11・23 二原子分子の振動エネルギー準位の遷移（$v=1\leftarrow 0$）に伴う回転エネルギー準位の同時遷移

P 枝： $J' = J''-1$　　$\tilde{\nu}_{obs} = \tilde{\nu} - 2\tilde{B}J''$
　　　$J'' = 1, 2, 3, \cdots$ (11・66)

R 枝： $J' = J''+1$　　$\tilde{\nu}_{obs} = \tilde{\nu} - 2\tilde{B}(J''+1)$
　　　$J'' = 0, 1, 2, \cdots$ (11・67)

多原子分子では，$\Delta v=1$ で $\Delta J=0$ の遷移を観測することがある．この遷移による赤外吸収線は Q 枝とよばれ，P 枝と R 枝の間に観測される．

Q 枝： $J' = J''$　$\tilde{\nu}_{obs} = \tilde{\nu}$　$J'' = 0, 1, 2, \cdots$ (11・68)

どの J でも，$\Delta J=0$ の遷移エネルギーはほぼ等しいため，赤外スペクトルにおいて Q 枝は P 枝および R 枝と比べて狭いピーク幅を有する．赤外スペクトルをより詳細に解析すると，振動準位により回転定数 $\tilde{B}$ が異なり，通常振動準位が上がるほど回転定数は大きくなる（$\tilde{B}' > \tilde{B}''$）ことがわかる．したがって，Q 枝に含まれる異なる J'' の遷移エネルギーは厳密には同じではない．

赤外分光法は化学分析においてきわめて有用な分光法である．分子振動は分子構造の違いを鋭敏に反映するため，

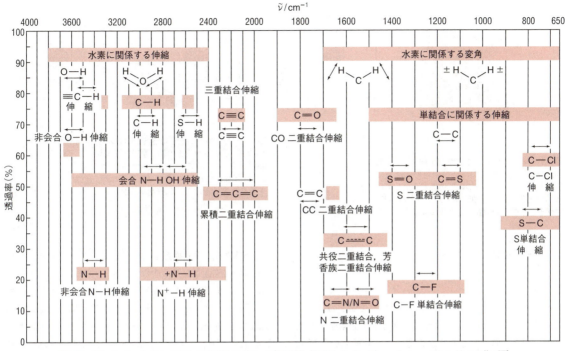

図 11・24　いくつかのよく出合う官能基のグループ振動数〔提供：Perkin-Elmer Coorporation, Norwalk, CT〕

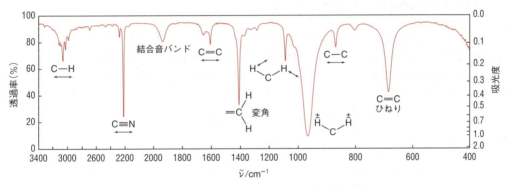

図 11・25　2-プロペンニトリル（$CH_2=CHCN$）の赤外スペクトル

分析する分子が異なれば，赤外スペクトルは同じにならない．未知の試料を赤外分光法で解析し，標準物質のスペクトルデータと照合することで，試料の同定ができる．この方法を**指紋法**（fingerprinting）とよぶ[*1]．現在までに，300 000 以上の参照スペクトルが記録され，指紋法に使われている．また，赤外スペクトルを詳細に解析することで，分子の構造と化学結合について多くの有用な情報を得ることができる．官能基のグループ振動数[*2] を図 11・24 にま

とめた．図 11・25 には比較的単純な分子構造をもつ 2-プロペンニトリル（$CH_2=CHCN$）の赤外スペクトルと，おもなピークの帰属を示した．

11・4　対称性と群論[*3]

分子の対称性は，分子の形，すなわち分子の中の原子の三次元的な配置により生じる．本節では，分子の振動モードの記述と振動準位の遷移における選択律を考える上で有

[*1] 訳注：赤外スペクトルの低波数領域（500～1500 cm^{-1}）には，**指紋領域**（finger-print region）とよばれ，官能基の違いを鋭敏に反映したスペクトルが観測される領域がある．この指紋領域のデータをもとに分子を同定することから，このようによばれる．
[*2] 訳注：複数の原子団の振動運動により決まる基準振動の振動数で，分子中の特定の原子団の存在の確認に役立つ．

[*3] 本節は群論の入門であり，さらなる勉強には次のテキストを勧める．D. M. Bishop, "Group Theory and Chemistry," Dover, New York (1993)．および　F. A. Cotton, "Chemical Applications of Group Theory, 3rd Ed.," Wiley, New York (1990)．

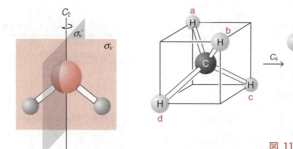

図 11・26 水分子の対称性．分子は二つの対称面 (σ_v と σ_v') をもつ．一つの対称面は三つの原子を含み，もう一つの対称面と直交している．C_2 と印を付けた軸回りに分子を 180° 回転させると，もとの配置と区別がつかなくなる．

図 11・27 メタン分子は S_4 軸をもつ．分子軸の周りに 90° 回転させ，その軸に垂直な平面に関して鏡映を施すと，もとの分子と区別がつかない〔訳注：C_4 回映軸は立方体の中心を通る垂直な線．σ 面は C を含む立方体を水平に 2 分割する面〕．

用な分子の対称について学ぶ．

対 称 要 素

水分子は平面構造をもち，分子の対称性を学ぶのに適している．図 11・26 に示すように，水分子の酸素原子を貫く仮想的な軸の回りどちらかの方向に，分子を 180° 回転させると，回転させる前の水分子と区別がつかなくなる．このような分子の回転を**対称操作**(symmetry operation) とよぶ．また，分子を回転させる回転軸を**対称要素**(symmetry element) とよぶ．対称要素とは，対称操作を行うための点，線，面のような幾何学的なものを指す．**恒等要素**(identity element) は E で表され，対称操作をせず，もとの形をそのままにする対称要素であり，すべての分子がこの要素をもっている．以下に対称要素をまとめる．

回 転 軸 分子をある軸の回りに $2\pi/n$ (360°/n) 回転させたとき，等価な形に移りもとの配置と区別できなくなる場合，この分子は n 次 (n 回) 回転軸 C_n をもつと言う．たとえば，水分子は C_2 軸，アンモニアは C_3 軸，ベンゼン

は C_6 軸をもつ．すべての分子はある軸回りに 360° 回転するともとの位置に戻るので，C_1 軸をもつ．直線分子は，結合軸の回りの回転によって常に同じ形を保つので，C_∞ 軸をもつと言う．

対 称 面 ある平面に対して分子に鏡映操作をし (鏡像をつくる)，それがもとの分子の形と区別がつかないとき，この分子は**対称面** (plane of symmetry)，σ をもっている*．したがって，水分子は二つの対称面をもっている (図

---
* σ はドイツ語の "Spiegel(鏡)" に由来する〔ギリシャ文字の σ は文字 s に相当〕．

11・26 参照). 平面構造をもつ分子は，すべての原子を含む平面が対称面となり，少なくとも一つの対称面をもつことになる．分子に対する対称面の配向を表すために，記号 σ に下付き文字をつける．最も次数の高い回転軸を含む対称面は垂直面 σ_v とよばれ，回転軸に直交する対称面は水平面 σ_h とよばれる．たとえば水分子の二つの対称面はどちらも σ_v と記される．また，平面構造をもつ三フッ化ホウ素

には三つの σ_v があり，各対称面 σ_v は B–F 結合の一つと C_3 回転軸を含む．さらに，水平面 σ_h が一つあり，すべての原子を含む分子平面それ自体である．

対 称 心 分子中の各原子の座標 (x, y, z) を原点に対して反転させ，$(-x, -y, -z)$ としたとき，もとの分子中の原子の配置と区別がつかないとき，原点となる $(0, 0, 0)$ を**対称心** (center of symmetry)，i とよぶ．i は**反転** (inversion) を表す．たとえば，二酸化炭素やベンゼンは対称心をもつが，水分子や三フッ化ホウ素はもたない．一つの分子がもつことができる対称心は一つだけである．

回 映 軸 **回映軸** (improper rotation axis)，S_n は，二つの対称操作を含むため，回転軸，対称面，対称心よりも複雑である．分子をある軸の回りに $2\pi/n$ (360°/n) 回転させ，その軸に垂直な平面に関して鏡映を施し，もとの形と区別がつかないとき，その分子は n 回の回映軸をもつと言う．図 11・27 に示すように，メタンは S_4 軸をもつ．

分子の対称性と双極子モーメント

分子の対称性から，分子の性質について興味深く有用な情報が導かれる．たとえば，分子の対称要素から，分子の永久双極子モーメントについて推測できる．双極子モーメントはベクトル量でありかつ対称操作に関して不変である

から，分子の対称要素に沿って存在すると考えられる．したがって，対称心をもつ分子は，双極子モーメントをもつことはできない．なぜなら，ベクトル量は点となり得ないからである．たとえば，エチレン(C_2H_4)やアセチレン(C_2H_2)は対称心をもつから，双極子モーメントをもたず無極性である．同様に，二つ以上の C_n 軸（n は2以上）をもつ分子は，双極子モーメントをもつことができない．なぜなら，ベクトルは二つの異なる回転軸に沿って存在することができないためである．たとえば，三フッ化ホウ素は C_2 と C_3 軸をもつために，対称心はないが無極性である．

点群

分子は，それがもつ対称要素により分類できる．たとえば，水分子は対称要素として，C_2 軸，二つの対称面（そのどちらも C_2 軸を含む），恒等要素 E をもち，これら四つの対称要素をもつことから C_{2v} 点群に属すると分類される．**点群**(point group)は，数学的概念に基づき構築されており，ある形がもつ対称要素により決まる．点群は，分子構造の対称性を簡明に記述できるために有用であるが，加えて分子の電子状態や結合を論じたり，化学反応を予測するのにも応用できる．また，群論として知られる数学の一分野を使うことで，たとえばある振動モードが赤外活性なのか，換言すれば振動遷移が許容か否か，すなわち分光学的選択律について考察できる．詳細な数学的な背景は，他の専門書を参照されたい．本書では，定性的な記述で，群論による考察が一般にどのように使えるのかを解説する．

指標表

分子の並進，回転，振動による動きの対称性を記述するために，群の**表現**(representation)を使う．その最も簡単な例に，いわゆる**既約表現**（irreducible representation）というものがあり，**指標表**（character table）に記載されている．例として C_{2v} 点群に属する水分子について考えよう．分子の動きが，その点群が含む対称要素によりどのように変わるのかをそれぞれ考察する．水分子は三つの原子からなるから，系を定義するために 3×3，すなわち9個の座標が必要になる．この数は自由度の数でもある．

各原子に x, y, z 方向の三つのベクトルで印を付ける（図 11・28）．それぞれの対称操作による各原子の動きが対称か逆対称（反対称）かで分類し，対称であれば**指標**（character）を $+1$ とし，逆対称であれば -1 とする．水分子の並進運動を考えよう．x 方向への並進は，恒等演算子による対称操作を施しても動きが変わらないので，指標は 1 となる．C_2 軸回りに回転させると x 方向への動きは $-x$ 方向への動きと変わる．したがって指標は -1 となる．三つの原子を含む面（xz 面）で分子を鏡映しても x 方向の動きは変わらないから，指標は 1 になる．最後に，もう一つの

鏡映面（yz 面）で対称操作をすると，x 方向の動きは $-x$ 方向の動きに変わる．ゆえに指標は -1 となる．これら四つの指標，1, -1, 1, -1 が一つの既約表現を構成する．こうして得た既約表現をそれぞれ指標表の行として書く．C_{2v} 点群では，x 方向への並進運動は B_1 という既約表現をもち，指標表（表 11・5）の3行目に記されている．指標表の右端の欄には，x という表記があり，どの既約表現が x 方向への並進運動に対応するのかが示されている．同じことを水分子が z 方向に並進運動する場合について行えば，どの四つの対称操作を行っても動きは変わらないことがわかる．したがって，既約表現は 1, 1, 1, 1 になり，これは A_1 という記号[*1]で指標表の最初の行に示してある．このような作業を続けていけば，C_{2v} の指標表は完成できるだろう．

では，赤外分光法の選択律はどのように決められるだろうか．ある振動遷移が許容であるためには，その分子の振動モードの既約表現が，x, y, z 軸方向の並進運動の既約表現のいずれかと同じでなければならない（この選択律は，遷移双極子モーメントの積分において要求される波動関数の対称性から導かれる[*2]）．水は，変角，対称伸縮，逆対

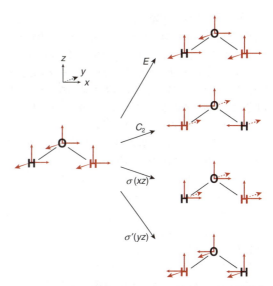

図 11・28 水分子の九つのベクトルに対する四つの対称操作

表 11・5 C_{2v} 点群の指標表

C_{2v}	E	C_2	$\sigma(xz)$	$\sigma'(yz)$		
A_1	1	1	1	1	z	x^2, y^2, z^2
A_2	1	1	-1	-1		xy
B_1	1	-1	1	-1	x	xz
B_2	1	-1	-1	1	y	yz

*1 訳注：A_1, A_2, B_1, B_2 などは既約表現の対称種ともよばれる．
*2 訳注：遷移確率を求めるために，遷移双極子モーメント演算子を含む積分を計算するが〔式(11・16)〕，波動関数と遷移双極子演算子の直積の対称性を考慮することにより，この条件が生じる．詳しくは専門書を参照してほしい．

称伸縮の三つの振動モードをもつ（図11・20参照）．変角振動モードは，C_{2v} 点群のどの四つの対称操作を施しても変わらないので，A_1 の既約表現と表される．z 軸に沿った並進運動も A_1 の既約表現をもつから変角振動は赤外活性となり，赤外吸収分光法により水分子の変角振動モードを観測できる．同様にして対称伸縮振動も，A_1 の既約表現となり赤外活性となる．最後に，逆対称伸縮モードの既約表現は B_1 であり，x 軸方向の並進運動の既約表現と同じであることから，赤外活性となる．したがって，この群論による考察から，水分子ではすべての振動モードが赤外吸収分光法により検出されると考えられる．もし C_{2v} 点群に属する分子で対称要素により A_2 の既約表現をもつ振動モードがあるとしたら，そのモードは赤外吸収分光により観測されないであろう．C_{2v} 点群では，A_2 振動モードは x, y, z 軸のいずれかに沿って動くことはないので，赤外不活性となり，その振動準位の遷移は禁制となる[*1]．しかしながら，次節で述べるラマン散乱を使うことで，A_2 モードの観測が可能になる．

11・5 ラマン分光法

等核二原子分子は振動による双極子モーメントの変化がないことから赤外不活性であることを§11・3で説明した．では，N_2 や O_2 のような単純な等核二原子分子の振動の振動数を測定し，ひいては力の定数を求めることは，どのようにしたら，できるのだろうか．そのための実験手法の一つがラマン分光法で，ラマン分光は光の**散乱**(scattering)現象を使う点で，赤外吸収分光とは原理が異なる．この分光法は，1928 年にインドの物理学者 Chandrasekhara Venkata Raman (1888〜1970) によってはじめて報告された[*2]．彼の初期の実験では太陽光を光源として，また自身の目を検出器代わりに使いラマン散乱を観測した．その後，レーザー光源と高感度な検出器の発展により，ラマン分光は有用な分光法として使われるようになった．

赤外吸収分光では，振動遷移を誘起するために，分子の振動準位間のエネルギー差（基本振動数に相当する）と照射する光の波数（したがってエネルギー）が一致することが必要であった．一方，ラマン分光は光の散乱現象を使うため，分子に照射する光のエネルギーが振動準位間のエネルギーに相当しなくとも分光測定ができる．ラマン分光で用いる光が分子と相互作用すると，低い確率であるが分子は光子を吸収して，**仮想的状態** (virtual state) を中間的に

生成し，その後すぐさま光子が放出され，分子は終状態へと至る（仮想的状態とは，きわめて寿命が短い励起状態と考えてもよい）．放出された光子の大部分は入射光と同じエネルギーをもち [**弾性散乱** (elastic scattering)]，レイリー散乱とよぶ（図11・29）．レイリー散乱の強度は，光の波長の 4 乗に反比例する．したがって，短い波長の光が強く散乱される（空が青く見えるのは，大気中の分子が可視光領域の光では青色光を強く散乱するためである）．一方で，低い確率であるが，**非弾性散乱** (inelastic scattering) も起こり，この現象を**ラマン効果** (Raman effect) とよぶ．ラマン散乱は，振動回転スペクトルとして一般的に応用されている．

単色光線を分子に照射すると，$h\nu$ のエネルギーをもつ光子が分子と衝突し，次のことが起こりうる[*3]．もし衝突が弾性的な場合，散乱した光子は入射した光子と同じエネルギーをもつ．一方，衝突が非弾性的な場合，散乱した光子は入射した光子と比べて高いもしくは低いエネルギーをもちうる．エネルギーの保存則から，

$$h\nu + E = h\nu' + E' \qquad (11 \cdot 69)$$

E は光子との衝突前の分子の回転，振動，電子エネルギーで，E' は衝突後の回転，振動，電子エネルギーを表す．式 (11・69) を変形して，

$$\frac{E' - E}{h} = \nu - \nu' \qquad (11 \cdot 70)$$

が得られ，散乱光は次のように分類される．

$E < E'\ (\nu > \nu')$ 　　ストークスラマン散乱
$E = E\ \ (\nu = \nu)$ 　　レイリー散乱
$E > E''\ (\nu < \nu')$ 　　反ストークスラマン散乱

よってラマン散乱では，分子と光子の相互作用の末に，エネルギーが光子から分子へ，もしくは分子から光子に移る．図11・29 (a) は，エネルギー準位と光散乱過程を示している．

光子との相互作用により，振動基底状態から不安定な高い電子状態に励起された分子は，脱励起（失活ともいう）過程でもとの状態もしくは異なる振動準位を終状態とすることができる．もとの状態に戻るときはレイリー散乱を生じ，振動準位が変わる場合はラマン散乱を生じる．振動基底状態からの励起のラマン散乱の場合，**ストークス線** (Stokes line) を生じる [英国の物理学者 George Gabriel Stokes 卿 (1819〜1903) にちなむ]．一方，分子が第一振動励起状態から励起された場合，振動基底状態に戻ることができる．これもラマン散乱であり，**反ストークス線** (anti-Stokes line) を生じる．レイリー線はストークス線より

[*1] 訳注：基音が観測されることはないが，先に説明した非調和性による結合音や倍音などの振動遷移を介して，本来不活性な振動準位励起が起こることはある．

[*2] ラマンはアジア人としてははじめて，自然科学の分野でのノーベル賞を受賞した [訳注：1930 年ノーベル物理学賞]．

[*3] 光化学反応は起こらないと仮定する．

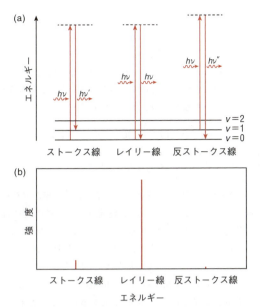

図11・29 光散乱過程．(a) レイリー散乱，ラマン散乱（ストークス，反ストークス線）におけるエネルギー準位の変化．-- は仮想的状態を示す．(b) 三つの散乱光の相対強度（正確な強度比ではない）．光の振動数は横軸の左から右へ向かって増加する．

ずっと強く，またストークス線は反ストークス線よりも強い［図11・29(b)］．ラマン散乱過程では振動準位の変化に加え，回転準位の変化も同様に起こる．

ラマン分光は赤外分光と同様に，分子振動の解析に使うことができる．しかし，ラマン分光の選択律は赤外分光のものとは異なる．ラマン散乱が許容になるためには，分子振動に伴い分子の**分極率**(polarizability)が変化しなければいけない．分極率は，外部からの電場によって，原子や分子内の電子がどれほど容易に移動できるのかを示す物理量である．例として，中性で無極性なヘリウム原子について考えてみる．この原子において電荷密度は球対称に存在するが，電場 (E) を掛けると電子雲との静電的相互作用により，電荷密度の分布が変形する．ヘリウム原子は電場との相互作用により，次式で与えられる誘起双極子 μ_{ind} をもつことになる．

$$\mu_{\text{ind}} \propto E = \alpha E \quad (11\cdot 71)$$

ここで α がヘリウム原子の分極率である（同様な現象は極性をもつ分子についても起こる）．また，たとえばヨウ素分子の電子のように比較的弱く束縛されている電子は，強く束縛されているフッ素分子の電子と比べて分極しやすい（図11・30）．等核二原子分子の電荷分布は，分子振動による原子の変位により，結合軸に沿って細長い状態と短く丸まった状態に変化することから，それぞれの状態で分極しやすさは変わる．したがって，ラマン分光で振動遷移の観測が可能になる．

分子振動と共に分極率が変化するか否かを，あらゆる分子について予測することは容易ではないが，最小の分子である二原子分子については考察できる．幸いに群論を使うことで，この考察が容易になる．ラマン許容な振動モードは，**分極率テンソル***(polarizability tensor)，α と同じ既約表現，すなわち指標表の行の数字をもつ．再び C_{2v} 点群の指標表（表11・5）を見てほしい．分極率テンソルは xy, xz, x^2 など，二つの直交座標で示されるが，表の最も右のところにそれがあることがわかる．このような分極率テンソルと同じ既約表現をもつ分子振動モードは**ラマン活性**(Raman active)であり，振動遷移を伴ったラマン散乱が検出される．したがって，指標表に基づき，分子振動モードがどの既約表現に属するのか同定すれば，ラマン活性化か否かがわかる．水分子の変角振動は A_1 の既約表現で表せて，指標表から x^2, y^2, z^2 の既約表現と同じであることがわかり，この振動モードはラマン活性と言える．C_{2v} 点群の分子では，赤外活性なすべての振動モード（A_1, B_1, B_2 の既約表現）は，ラマン活性でもあることがわかる．一方，ラマン活性ではあるが，赤外不活性となる振動モードもある（A_2 の既約表現）が，ラマン，赤外どちらについても不活性の振動モードはない．同様に，N_2 や O_2 のような等核二原子分子についても，振動モードの既約表現が分極率テンソルのものと等しいことが指標表からわかり，ラマン活性と結論できる．

対称心 (i) をもつ分子については一般的な選択則があり，赤外吸収もしくはラマン散乱のいずれかが許容となる．ただし，両方が許容となることはない．たとえば，赤外分光法とラマン分光法により，o-ジフルオロベンゼンと p-ジフルオロベンゼンを判別できる．

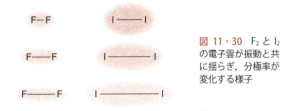

p-ジフルオロベンゼンは対称心をもち，赤外とラマンの両方において活性となる振動モードは存在しない．一方，

図11・30 F_2 と I_2 の電子雲が振動と共に揺らぎ，分極率が変化する様子

---

* ここでは，テンソルは，あるベクトルがどのように第二のベクトルへと変換されるかを記述している．関数が，あるスカラー量を第二のスカラー量に変換するのと似ている．

o-ジフルオロベンゼンは C_{2v} 点群に属し対称心はなく，赤外とラマンの両方において活性なモードがたくさん存在する．ただし，o-ジフルオロベンゼンと m-ジフルオロベンゼンはどちらも C_{2v} 点群に属するため，群論の考察では区別できない．

ラマン分光法は，赤外分光法と比べてあまり一般的に使われていない．その理由は，分光装置が高価であることと，分析法として簡便な方法ではないからである[*1]．しかし，ラマン分光には赤外分光に勝るいくつかの利点がある．たとえば，水分子は，幅広い波数領域において非常に大きい赤外光の吸収強度（吸収断面積）をもつため，水を含む試料の場合，問題になる．一方，水分子によるラマン散乱の強度は比較的小さいので，水溶液試料の測定ができる．ここで注意してもらいたいのだが，群論による考察で，水分子の三つの振動モード（変角，対称伸縮，逆対称伸縮）すべてが赤外とラマンの両方において活性であることはわかったが，赤外光吸収もしくはラマン散乱の強度についてはわからなかった．群論は，振動モードが活性（許容）なのか不活性（禁制）なのかについての情報は与えるが，相対的な遷移確率については教えてくれない．また，ラマン分光では，赤外光より波長の短い可視光を使うため，顕微鏡法を併用することで，高い空間分解能による測定が可能になり，たとえば，生体細胞を研究するために用いることができる．しかし，ラマン分光では，しばしば試料が発する強い蛍光が分光測定を妨げる．一方，赤外分光では，試料の蛍光は問題にならない．

回転ラマンスペクトル

高分解能のレーザー励起光源と高分解能の分光光度計を使うことで，ラマン分光でも回転遷移を検出することができる．ただし，それぞれの回転線を分離して観測できるのは，気相中の小分子に対してのみである．ラマン回転遷移のエネルギー差は次式のように表される．

$$\Delta E_{回転} = BJ'(J'+1)h - BJ''(J''+1)h \quad (11\cdot72)$$

ストークス線： $B(4J+6)h$
反ストークス線： $-B(4J+2)h$

J は遷移前の回転量子数を表す．マイクロ波分光と異なり，選択律は $\Delta J = \pm 2$ であることに注意する[*2]．その理由は，一つの光子は1単位の角運動量をもつが，ラマン散乱は2光子過程であるため，遷移ごとに角運動量量子が2単位，増えるか減るかにより変化しなければならないためである．回転ラマン分光法で得られる情報は，マイクロ波分光法と本質的に同様で，回転線の間隔を解析することで回転定数や慣性モーメントを見積もることができ，分子構造について詳細な情報を得ることができる．回転ラマン分光法は，分子の回転に伴い分極率が変化するときに観測が可能で，永久双極子モーメントをもたない分子にも適用できるであろう．等核二核分子の O_2 や N_2 は，マイクロ波を吸収せず，純回転（吸収）スペクトルでは検出できないだろう．しかし，回転ラマン分光法を使えば，それらの回転スペクトルを解析することで，結合長に関する情報が得られるだろう．

[*1] 訳注：現在では光源や検出器が改善され，赤外分光と同じレベルの容易さで一般的に使われるようになっている．

[*2] $\Delta J = +2$ がストークス回転散乱，$\Delta J = -2$ が反ストークス回転散乱である〔訳注：問題 11・63 参照〕．

重 要 な 式

$\tilde{\nu} = \dfrac{1}{\lambda} = \dfrac{\nu}{c}$	波 数	式 (11・2)
$\mu_{ij} = \displaystyle\int_{全空間} \psi_i \hat{\mu} \psi_j \, d\tau$	遷移双極子モーメント	式 (11・16)
$A = \varepsilon bc$	ランベルト・ベールの法則	式 (11・20)
$\dfrac{1}{\mu} = \dfrac{1}{m_1} + \dfrac{1}{m_2}$	換算質量	式 (11・22)
$E_J = \dfrac{\hbar^2}{2I} J(J+1)$	量子化した回転エネルギー	式 (11・43)
$\nu = \dfrac{1}{2\pi} \sqrt{\dfrac{k}{\mu}}$	基本振動数	式 (11・51)
$E_v = \left(v + \dfrac{1}{2}\right) h\nu$	量子化した振動エネルギー	式 (11・54)
$\Delta E = \left(v' + \dfrac{1}{2}\right) h\nu + BJ'(J'+1)h - \left(v'' + \dfrac{1}{2}\right) h\nu - BJ''(J''+1)h$	振動・回転の同時遷移	式 (11・63)

補遺 11・1　フーリエ変換赤外分光法

近年，フーリエ変換によるデータ収集技術が，さまざまな電磁波の波長域を使う分光法（たとえば，NMR，マイクロ波，赤外，紫外可視など）の発展に大きく貢献してきた．現在最も普及しているNMRや赤外分光装置はフーリエ変換型である．ここでは，**フーリエ変換赤外分光法**（Fourier transform infrared spectroscopy，FT-IR）について議論する．FT-IRは有機化学において官能基の同定によく用いられる．

FT-IRについて議論する前に，従前の赤外分光装置がどのようにして働くのか知っておく必要がある．フーリエ変換を使わない赤外分光装置は，<u>分散型</u>とよばれる．それはこの方法では，赤外光源が発する（黒体放射による）さまざまな振動数を含む光を，プリズムもしくは回折格子により，振動数に応じて空間的に分離（分散）するからである．赤外光用プリズムは，可視光をそれぞれの色に分離するガラスプリズムと同様に機能する．回折格子はより近代的な分散光学素子で，より高分解能で赤外光を各振動数成分ごとに空間的に分離する．検出器は，試料を透過した各振動数をもつ赤外光のエネルギーを検出する．スペクトルは，振動数，波長，もしくは波数に対してプロットした吸光度もしくは透過率として表示される．この技術は信頼できるとして長年使われたが，いくつか大きな問題点があった．まず，分散型装置は，振動数ごとに測定を重ねるため，一つのスペクトルを記録するのに数分かかる．この長い測定時間だと，たとえば環境分析において，数百もの試料を測定しようとすると容易ではない．次に，そのような分光計の感度はかなり低い．最後に，分光装置が多くの機械的な可動部をもつため，故障しやすい．

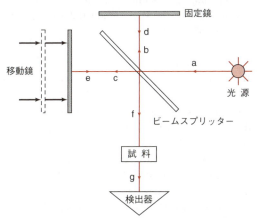

図 11・31　FT-IR分光計．移動鏡が動いた距離（数mm）は，ヘリウム−ネオンレーザー（図示していない）により正確にモニターされる．

FT-IR分光装置は分散型の装置と比べて，よりよい感度と短い測定時間，そしてより正確な波長測定を可能にする．**干渉計**（interferometer）とよばれる光学装置により，赤外光の全振動数領域の分光データ収集を<u>同時に</u>行うことができる．もはやプリズムも回折格子も要らなくなった．干渉計により得られる独特な形の分光シグナルには，赤外光の全振動数領域のデータが含まれている．このシグナルはきわめて短時間に，通常1秒かそこらで，測定できる．したがって，FT-IRでは，時間をかけずにスペクトルの積算を重ね，良質のスペクトルを得ることができる．

図 11・31 は FT-IR 分光装置の概略図である．光源が発するすべての振動数を含む赤外光aは，**ビームスプリッター**（beam splitter）に当たる．ビームスプリッターに，光源からの赤外ビームaが当たると，ビームbとcに分かれる．ビームbは固定された平面鏡により反射し，ビームdになる．ビームcは平板型の移動鏡により反射し，ビームeになる．ビームdとeはビームスプリッターに戻ると，一部が透過または反射する．透過したビームdと反射したビームeが重ね合わさり，ビームfができる．ビームfは試料を透過してビームgになり，検出器に到達する．

一つの光路（abd）長は固定されているが，もう片方の光路（ace）では移動鏡が動き，光路長が常に変わる．したがって，干渉計から出るシグナルは，二つの光路から来たビームが"干渉し合う*"ことででき，そのシグナルは**インターフェログラム**（interferogram）とよばれ［図11・32(a)］，シグナル中のどのデータ点（移動鏡の位置の関数）も，光源が発するすべての赤外振動数の情報を含むという独特な性質を有している．それゆえ，インターフェログラムが試料を透過すると，すべての振動数が同時に測定される．FT-IR分光装置が従来の分散型装置と比べ，はるかに高速にスペクトルを記録できるのはこのためである．

インターフェログラムを振動数スペクトル（スペクトルの強度を各振動数に対してプロットしたもの）に変換するのはフーリエ変換により行われるが，その数学的な詳細は本書の範囲を超えており，他の専門書に譲る．以下の二つの式は，検出器に当たる放射強度 $I(\delta)$（δは，ビーム c, e とビーム b, d との光路差）とスペクトル密度 $B(\tilde{\nu})$（検出器に届く放射強度を波数の関数として表したもの）とを関係付ける．

$$I(\delta) = \int_{-\infty}^{+\infty} B(\tilde{\nu}) \cos(2\pi\tilde{\nu}\delta)\, d\tilde{\nu} \quad (1)$$

および

$$B(\tilde{\nu}) = \int_{-\infty}^{+\infty} I(\delta) \cos(2\pi\tilde{\nu}\delta)\, d\delta \quad (2)$$

の二つの式は相互に変換できることから，フーリエ変換対として知られる．実際のFT-IR測定では，得られたインターフェログラムのシグナル $I(\delta)$ はデジタル化してコンピューターに転送され，式(2)に従いフーリエ変換される．得られた赤外スペクトル $B(\tilde{\nu})$ は，波数に対して透過率をプロットして表示されることが多い［図11・32(b)］．

---

* 可視光の干渉現象は，シャボン玉や，濡れた路上に落ちたガソリンがつくる薄い油膜から反射される虹のような色彩において，身近に見ることができる．

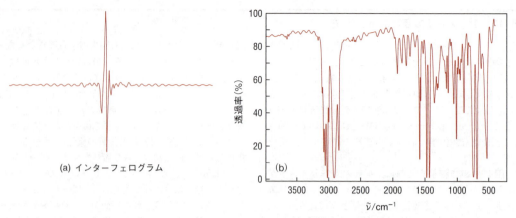

図 11・32 (a) フィルム状のポリスチレンのインターフェログラム．距離に対する強度がプロットされている〔訳注：縦軸 I，横軸 δ として，検出器に入る光量の δ に対するプロット〕．$\delta=0$ では，センターバーストとよばれる強いシグナルが観測されることに着目しよう．(b) インターフェログラムをフーリエ変換して得られる赤外分光スペクトル．波数に対して透過率をプロットしている〔提供: Nicolet Instruments のご厚意による〕．

参 考 文 献

書　籍

G. M. Barrow, "Introduction to Molecular Spectroscopy," McGraw-Hill, New York(1962).

H. B. Dunford, "Elements of Diatomic Molecular Spectra," Addison-Wesley, Reading, MA(1968).

D. C. Harris, M. D. Bertolucci, "Symmetry and Spectroscopy: An Introduction to Vibrational and Electronic Spectroscopy," Dover, New York(1989).

E. Heilbronner, J. D. Dunitz, "Reflections on Symmetry," VCH Publishers, New York(1993).

H. H. Jaffe, M. Orchin, "Symmetry in Chemistry," Dover, New York(2002).

D. R. Lide, "CRC Handbook of Chemistry and Physics, 94th Ed.," Taylor-Francis/CRC Press, Boca Raton, FL (2013). 有用な参考図書であり，新しい版が定期的に刊行される．

D. A. McQuarrie, "Quantum Chemistry, 2nd Ed.," University Science Books, Sausalito, CA(2008).

M. A. Ratner, G. C. Schatz, "Introduction to Quantum Mechanics in Chemistry," Prentice-Hall, Upper Saddle River, NJ(2001).

J. I. Steinfeld, "Molecules and Radiation: An Introduction to Modern Molecular Spectroscopy, 2nd Ed.," MIT Press, Cambridge, MA(1985).

P. H. Walton, "Beginning Group Theory for Chemistry," Oxford University Press, New York(1998).

論　文

一般分光法：

D. C. Luehrs, J. M. Luehrs, 'Demonstration of the Doppler Effect,' *J. Chem. Educ.*, **52**, 567(1975).

R. C. Hilborn, 'Einstein Coefficients, Cross Sections, *f* Values, Dipole Moments, and all that,' *Am. J. Phys.*, **50**, 982(1981).

N. C. Thomas, 'The Early History of Spectroscopy,' *J. Chem. Educ.*, **68**, 631(1991).

P. Lykos, 'The Beer-Lambert Law Revisited,' *J. Chem. Educ.*, **69**, 730(1992).

V. B. E. Thomsen, 'Why Do Spectral Lines Have A Linewidth?,' *J. Chem. Educ.*, **72**, 616(1995).

R. S. Macomber, 'A Unified Approach to Absorption Spectroscopy at the Undergraduate Level,' *J. Chem. Educ.*, **74**, 65(1997).

マイクロ波分光法と剛体回転子：

S. Dushman, 'Elements of the Quantum Theory: V. The Rigid Rotator,' *J. Chem. Educ.*, **12**, 436(1935).

R. Rich, 'An Approximate Wave Mechanical Treatment of the Harmonic Oscillator and Rigid Rotator,' *J. Chem. Educ.*, **40**, 365(1963).

G. W. Ewing, 'Microwave Absorption Spectroscopy,' *J. Chem. Educ.*, **43**, A683(1966).

C. T. Moynihan, 'Rationalization of the $\Delta J=\pm 1$ Selection Rule for Rotational Transitions,' *J. Chem. Educ.*, **46**, 431 (1969).

R. H. Schwendeman, H. N. Volltrauer, V. W. Laurie, E. C. Thomas, 'Microwave Spectroscopy in the Undergraduate Laboratory,' *J. Chem. Educ.*, **47**, 526(1970).

C. Pye, 'On the Solution of the Quantum Rigid Rotor,' *J. Chem. Educ.*, **83**, 460(2006).

M. Fischetti, 'Dinner and a Show,' *Sci. Am.*, November (2008).

赤外分光法，ラマン分光法，調和振動子：

C. J. H. Schutte, 'An Elementary Approach to the Wave-Mechanical Harmonic Oscillator,' *J. Chem. Educ.*, **45**, 567(1968).

D. P. Strommen, K. Nakamoto, 'Resonance Raman Spectroscopy,' *J. Chem. Educ.*, **54**, 474(1977).

B. D. Joshi, S. E. LaGrou, D. W. Spooner, 'Integral of ξ^ν Over Harmonic Oscillator Wave Functions,' *J. Chem. Educ.*, **58**, 39(1981).

C. L. Berg, R. Chang, 'Demonstration of Maxwell Distribution Law of Velocity by Spectral Line Shape Analysis,' *Am. J. Phys.*, **52**, 80(1984).

R. Woods, G. Henderson, 'FTIR Rotational Spectroscopy,' *J. Chem. Educ.*, **64**, 921(1987).

B. Boulil, O. Henri-Rousseau, 'From Quantum Mechanical Oscillators to Classical Ones Through Maximization of Entropy,' *J. Chem. Educ.*, **66**, 467(1989).

H. F. Blanck, 'Introduction to a Quantum Mechanical Harmonic Oscillator Using a Modified Particle-in-a-Box Problem,' *J. Chem. Educ.*, **69**, 98(1992).

H. H. R. Schor, E. L. Teixeira, 'The Fundamental Rotational–Vibrational Band of CO and NO: Teaching the Theory of Diatomic Molecules,' *J. Chem. Educ.*, **71**, 771 (1994).

B. A. DeGraff, T. C. DeVore, D. Sauder, 'Vibrational Spectroscopy: An Integrated Experiment,' *Chem. Educator* [Online], **1**, 6(1997). DOI: 10.1333/s00897970069a.

O. Sorkhabi, W. M. Jackson, I. Daizadeh, 'Extending the Diatomic FTIR Experiment: A Computational Exercise to Calculate Potential Energy Curves,' *J. Chem. Educ.*, **75**, 238(1998).

M. G. Comstock, J. A. Gray, 'Raman Spectroscopy of Symmetric Oxyanions,' *J. Chem. Educ.*, **76**, 1272(1999).

B. L. McClain, S. M. Clark, R. L. Gabriel, D. Ben-Amotz, 'Educational Applications of IR and Raman Spectroscopy: A Comparison of Experiment and Theory,' *J. Chem. Educ.*, **77**, 654(2000).

G. C. Weaver, R. W. Schwenz, 'The Raman Effect: A Large-Scale Lecture Demonstration,' *Chem. Educator* [Online], **6**, 164(2004). DOI: 10.1007/s00897010476a.

K. F. Lim, 'The Effect of Anharmonicity on Diatomic Vibration: A Spreadsheet Simulation,' *J. Chem. Educ.*, **82**, 1263(2005).

M. S. Bryant, S. W. Reeve, W. A. Burns, 'Observation and Analysis of N_2O Rotation-Vibration Spectra,' *J. Chem. Educ.*, **85**, 121(2008).

K. L. Borgsmiller, D. J. O'Connell, K. M. Klauenberg, P. M. Wilson, C. J. Stromberg, 'Infrared and Raman Spectroscopy: A Discovery-Based Activity for the General Chemistry Curriculum,' *J. Chem. Educ.*, **89**, 365(2012).

対照と群論：

M. Zeldin, 'An Introduction to Molecular Symmetry and Symmetry Point Groups,' *J. Chem. Educ.*, **43**, 17(1966).

J. E. White, 'An Introduction to Group Theory for Chemists,' *J. Chem. Educ.*, **44**, 128(1967).

C. A. Coulson, 'Symmetry,' *Chem. Brit.*, **4**, 113(1968).

M. Orchin, H. H. Jaffe, 'Symmetry, Point Groups, and Character Tables. Three Parts,' *J. Chem. Educ.*, **47**, 246 (1970).

C. H. Thomas, 'The Use of Group Theory to Determine Molecular Geometry from IR Spectra,' *J. Chem. Educ.*, **51**, 91(1974).

M. Herman, J. Lievin, 'Group Theory: From Common Objects to Molecules,' *J. Chem. Educ.*, **54**, 596(1977).

S. M. Condren, 'Group Theory Calculations of Molecular Vibrations Using Spreadsheets,' *J. Chem. Educ.*, **71**, 487 (1994).

N. C. Craig, N. N. Lacuesta, 'Applications of Group Theory: Infrared and Raman Spectra of the Isomers of 1,2-Dichloroethylene,' *J. Chem. Educ.*, **81**, 1199(2004).

問　題

分光学で使う用語

11・1 15 000 cm^{-1} を波長〔nm〕と振動数に換算せよ．

11・2 450 nm を波数〔cm^{-1}〕と振動数に換算せよ．

11・3 次に示す透過率を吸光度に換算せよ．
(a) 100％，(b) 50％，(c) 0％

11・4 次に示す吸光度を透過率に換算せよ．
(a) 0.0，(b) 0.12，(c) 4.6

11・5 ある溶質の 664 nm におけるモル吸光係数は 895 L mol^{-1} cm^{-1} である．この溶質の溶液を入れた光路長 2.0 cm のセルに 664 nm の波長の光を透過させたとき，74.6％ の光が吸収された．溶質の濃度を計算せよ．

11・6 分子が放射エネルギーを吸収すると励起状態になる．十分な時間の後には，試料中のすべての分子が励起状態になり，もはや吸収が起こらなくなると思われる．しかし，実際には，試料による光の吸収は時間と共に変わらない．なぜか．

11・7 電子的に励起された分子の平均寿命は 1.0×10^{-8} 秒である．脱励起に伴う光の放射が 610 nm で起こるとすると，その振動数（$\Delta\nu$）と波長（$\Delta\lambda$）の不確定さはいくらか．

11・8 溶液中の分子の衝突の頻度は約 1×10^{13} s^{-1} である．他の機構により線幅が広がらないものとして，(a) 衝突ごとに振動状態が脱励起される場合，および，(b) 40 回の衝突のうち 1 回の割合で振動状態が脱励起される場合について，振動遷移における線幅をヘルツ〔Hz〕の単位で

計算せよ．

11・9 ドップラー効果による線幅の広がりについて解析したところ，半値幅 ($\Delta\lambda$) は次式で与えられることがわかった．

$$\Delta\lambda = 2\left(\frac{\lambda}{c}\right)\left(\frac{k_B T}{m}\right)^{1/2}$$

c は光の速さで，T は温度 [K 単位]，m は遷移に関わる種の質量である．太陽のコロナは約 677 nm の輝線を発し，イオン化した ^{57}Fe 原子（モル質量は 0.0569 kg mol^{-1}）が関与することが知られている．もし，輝線の線幅が 0.053 nm なら，コロナの温度はいくらか．

11・10 よく知られたナトリウムの黄色の D 線は，実際には 589.0 と 589.6 nm の二重線である．これら二本の線のエネルギー差をジュール単位 [J] で計算せよ．また，得られた値を波数単位 [cm^{-1}] に換算せよ．

11・11 可視光と紫外光のスペクトルの分解能は，通常低温下でスペクトルを測定すると改善される．なぜ，そうなるのか．

11・12 スペクトル線幅が寿命広がりによってのみ生じたと仮定し，(a) 1.0 cm^{-1}，(b) 0.50 Hz の線幅をもつときの状態の寿命を計算せよ．

11・13 0.16 M の溶質が入っている光路長 1.0 cm のセルに，ある波長の光を透過させると，86% の光が吸収されることがわかった．この溶質のモル吸光係数はいくらか．

11・14 ある有機化合物のベンゼン溶液中におけるモル吸光係数は，422 nm において 1.3×10^2 L mol^{-1} cm^{-1} である．0.0033 M の濃度の溶液が入った光路長 1.0 cm のセルにビームを透過させるとき，その波長の光の強度の減衰率を計算せよ．

11・15 ある希釈した試料の NMR スペクトルを一度掃引 (スキャン) すると，信号対雑音比 (S/N 比) は 1.8 であった．各スキャン時間が 8.0 分とすると，S/N 比が 20 のスペクトルを得るのに必要な時間を見積もれ．

11・16 波長 1064 nm の光子の 4 倍のエネルギーをもつ光子の波長はいくらか．

11・17 次に示す各電磁波放射源の振動数 [Hz]，波数 [cm^{-1}]，エネルギー [eV]，電磁スペクトルの領域（赤外，可視，など）を表にまとめよ．

(a) 2 倍波 Nd：YAG レーザー (532 nm)
(b) CO_2 レーザー (10.6 μm)
(c) クライストロン (klystron) (1.23 cm)
(d) Cu K$_\alpha$ 線 (154.1 pm)
(e) NMR で使われる 1.5 m の波長の電磁波

マイクロ波分光法と剛体回転子

11・18 次のどの分子がマイクロ波活性か．

(a) C_2H_2 (b) CH_3Cl (c) C_6H_6
(d) CO_2 (e) H_2O (f) HCN

11・19 二原子分子の剛体回転子モデルにおける $J=7$ の回転エネルギー準位の縮退度はいくつか．

11・20 ある二原子分子の $J=4\leftarrow 3$ 遷移は 0.50 cm^{-1} で起こる．この分子の $J=7\leftarrow 6$ 遷移の波数はいくつか．二原子分子は剛体回転子であると仮定せよ．

11・21 温度 T において，二原子分子（剛体回転子モデル）が最大の分布を示す回転エネルギー準位 J を表す式を導け．その式を 25℃ の温度下にある HCl ($\tilde{B}=10.59$ cm^{-1}) に適用せよ [ヒント：縮退度を考慮に入れることを忘れずに行う]．

11・22 一酸化窒素 ($^{14}N^{16}O$) の平衡結合長は 1.15 Å である．

(a) NO の慣性モーメントを計算せよ．
(b) $J=1\leftarrow 0$ の遷移エネルギーを計算せよ．
(c) $J=1$ の準位において一酸化窒素分子は毎秒何回転するか．

11・23 HD ($^1H^2H$) 分子はマイクロ波領域に吸収線をもつだろうか．説明せよ．

11・24 ある二原子分子において，1 本の吸収線が電磁波スペクトルのマイクロ波領域において観測されている．このスペクトルは結合長を決めるのに十分な情報を与えるだろうか．

11・25 HF 分子の純回転スペクトルは 41.878 cm^{-1} の間隔で分離した一連のスペクトル線からなる．この分子の結合長を計算せよ．

11・26 例題 11・1 において，CO の原子間距離を計算した．純粋な $^{12}C^{16}O$ 同位体において観測される吸収線の間隔の精密な値は，$1.152\,70 \times 10^{11}$ Hz である．同位体置換により結合長が変化しないと仮定し，$^{13}C^{16}O$ の吸収線の間隔を計算せよ．同様に $^{12}C^{18}O$ についても計算せよ．これらの計算には，次の相対原子質量を使え ($^{12}C=12.000\,000$, $^{13}C=13.003\,355$, $^{16}O=15.994\,915$, $^{18}O=17.999\,160$)．

赤外分光法と調和振動子

11・27 次の分子のうち，どれが赤外活性か．

(a) N_2 (b) HBr (c) CH_4
(d) HD (e) H_2O_2 (f) NO

11・28 次の分子の基準振動数を求めよ．

(a) O_3 (b) C_2H_2 (c) CBr_4 (d) C_6H_6

11・29 赤外不活性な BF_3 の基準振動モードを描け．

11・30 500 g の質量をもつ物体がゴムバンドにつり下げられており，その振動数は 4.2 Hz である．ゴムバンドの力の定数を計算せよ．

11・31 二酸化炭素の基本振動数は 2143.3 cm^{-1} である．炭素-酸素結合の力の定数を求めよ．

11・32 もし分子がゼロ点エネルギーをもたないとした場合，$v=1\leftarrow 0$ 遷移は可能だろうか．

11・33 どのような条件下において，ホットバンドを赤外スペクトルにおいて観測できるだろうか．

11・34 (a) 二硫化炭素 (CS_2) と，(b) 硫化カルボニル (OCS) のすべての基本振動モードを図示して，どのモードが赤外活性か示せ．

11・35 9272 原子を含むヘモグロビン分子の振動自由度の数を計算せよ．

11・36 H_2, D_2, HD ($D=^2H$) 分子のうち，どれが最も高

い基本振動数をもつか．

11・37 $D^{35}Cl$ の振動の基本波数は $\tilde{\nu}=2081.0\ cm^{-1}$ で与えられる．力の定数 k を計算して，例題 11・2 において計算した $H^{35}Cl$ の力の定数と比較せよ．結果についてコメントせよ．

11・38 $H^{79}Br$ は $405.7\ N\ m^{-1}$ の力の定数をもつ．$H^{79}Br$ はどの波数の赤外光を吸収するか．

11・39 ある二原子分子において，1本の吸収線が赤外光領域に観測されている．この情報から，分子の結合長を求めることができるだろうか．また，力の定数を決めることはできるだろうか．説明せよ．

11・40 2-プロペンニトリル（図 11・25 に赤外スペクトルを示す）について考えよ．300 K において占有されるエネルギー準位の数が最も多くなるのは電子準位か，それとも次のどの分子運動のエネルギー準位であろうか：C-H 伸縮振動，C=C 伸縮振動，H-C-H 変角振動，回転．

ラマン分光法

11・41 SO_2 分子について，次に示す振動モードがラマン活性か不活性かを決めよ．
　(a) 変角，(b) 対称伸縮，(c) 逆対称伸縮

11・42 BeH_2 分子について，次に示す振動モードがラマン活性か不活性かを決めよ．
　(a) 変角，(b) 対称伸縮，(c) 逆対称伸縮
問題 11・41 の結果と比較して議論せよ．

11・43 ラマン散乱の断面積が，分子振動に伴う分極率の変化に比例するものとして，一連の等核二原子分子（F_2, Br_2, Cl_2, I_2）のラマン散乱強度の傾向について予測せよ．ついで，C_2, N_2, O_2, F_2 におけるラマン散乱強度の傾向を記述せよ．

11・44 ラマン散乱では，ストークス光が反ストークス光よりもかなり強い強度を示す．理由を説明せよ．

11・45 <u>ラマンシフティング</u>（Raman shifting）とよばれるラマン散乱原理を用いることで，レーザー光源からの光の波長を変換してスペクトル領域を広げることができる．高圧の水素ガス〔$H_2(g)$〕を充填した気体セルに集光したレーザー光を入射すると，水素の振動数（$\tilde{\nu}=4155\ cm^{-1}$）の整数倍の波数だけ，ストークスシフトもしくは反ストークスシフトした光が得られる．Nd:YAG レーザーの 532 nm の光をラマンシフティングしたとき，最初から三つのストークス線および反ストークス線の波長を計算せよ．それらの中で，可視光領域にあるラマン線の色は何色か．

11・46 ベンゼンは $992\ cm^{-1}$ に特徴的な振動モードをもつ．ベンゼン溶液を He-Ne レーザーが発する 633 nm の光で照射したとき，三つの型の散乱光（レイリー，ストークスラマン，反ストークスラマン）の絶対波長と相対強度を記述せよ．

11・47 水銀ランプはいくつかの波長のスペクトル線（輝線）を発することから，分光法において有用な光源である．その水銀線は，紫外光源の波長標準として使われ，歴史的にはラマン散乱の励起光源として使われた．清浄な CCl_4 溶液試料に水銀ランプが発する 435.83 nm の光を照射したところ，447.57 と 442.19, 440.05 nm に主たる散乱光を観測した．CCl_4 の各振動モードの波数は，ここで観測したどの散乱光に対応するか．

11・48 なぜラマン分光は，多色光や黒体放射（たとえばタングステンフィラメントの白熱電球）を光源とするのではなく，単色光の励起光で実験を行うのか．

補充問題

11・49 典型的な回転遷移の波数は $1\ cm^{-1}$ のオーダーであり，振動遷移の波数は $1000\ cm^{-1}$ のオーダーである．典型的な回転遷移および振動遷移のエネルギー [$kJ\ mol^{-1}$ 単位で] を計算せよ．回転の周期（1回転に要する時間）と振動の周期を比較せよ．

11・50 この問題では，基底状態にある二原子分子の分子振動の振幅について考察する．

(a) 分子が平衡結合長より x だけ伸ばされたとすると，ポテンシャルエネルギーの増分は次の積分で与えられる．
$$\int_0^x kx\,dx$$
k は力の定数である．この積分を行え．

(b) 基底状態の振動エネルギーがポテンシャルエネルギーと等しいとして，振動の振幅を計算せよ．振動の最大振幅を表す記号として，x_{max} を用いよ．

(c) $H^{35}Cl$（^{35}Cl 34.97 u）の力の定数を $4.84×10^2\ N\ m^{-1}$ として，$v=0$ の振動準位の振幅を計算せよ．

(d) 結合長（1.27 Å）に対する振幅の割合は何 % か．

(e) 同様の計算を，一酸化炭素 (CO) について行え．CO の力の定数は $1.85×10^3\ N\ m^{-1}$ で，結合長は 1.13 Å とする．

11・51 一酸化炭素-ヘモグロビン複合体の IR スペクトルは，カルボニル伸縮振動に起因するピークを約 $1950\ cm^{-1}$ に示す．

(a) この値を，複合体を形成していない CO の基本振動数 $2143.3\ cm^{-1}$ と比較せよ．その違いについてコメントせよ．

(b) この振動数を $kJ\ mol^{-1}$ 単位に変換せよ．

(c) 一つのバンドのみが観測されることから，どのような結論が導かれるか．

11・52 C_{60} 分子〔フラーレン（C_{60}）分子は "バッキーボール（Buckyball）" として知られ，アメリカ人発明家の R. Buckminster Fuller（1895～1983）にちなむ〕の電子吸収スペクトルを予測するに当たり，以下のどのモデルが，最初の三つの遷移を最も正確に予測できるだろうか．またその理由はなぜか．

　環上の粒子，剛体回転子，調和振動子，箱の中の粒子

11・53 マイクロ波分光は，水の二量体のようなファンデルワールス錯体*の平衡構造を決めるのにも使われる．水の二量体がとりうるいくつかの分子構造を，マイクロ波

---
* 訳注：**ファンデルワールス錯体**（van der Waals complex）はファンデルワールス力による弱い相互作用で結合した原子，分子の会合体．

分光法でどのようにして区別できるのか，説明せよ．少なくとも三つの可能な水の二量体の分子構造を描け．どの分子構造を最もとりそうか．理由についても述べよ．

11・54 分子が絶対零度においても振動するのはなぜか．自分自身の言葉で説明せよ．

11・55 ランタノイド元素は，室温の気相中において二原子水素化体および二原子酸素化体を生成することが知られている．ランタノイドの二原子水素化体と二原子酸素化体とで，赤外吸収およびマイクロ波吸収スペクトルの形は，どのように異なるか．

11・56 振動励起状態にある分子の回転定数 B' は，振動基底状態の回転定数 B'' と比べて大きいか，小さいか，それとも等しいか．その理由も述べよ．

11・57 振動励起状態 ($v'=1$) にある二原子分子の振動数は，基底状態 ($v''=0$) にあるその分子の振動数と比べて大きいか，小さいか，それとも等しいか．説明せよ．

11・58 分子振動の振動数は，分子が占める回転準位に依存するだろうか．説明せよ．

11・59 ある小さな有機分子の水素原子 ($-H$) をメチル基 ($-CH_3$) で置換したとき，基準振動モードの数はどれだけ増えるか．また回転モードはどれだけ増えるか．

11・60 次に示す各関数は，偶関数か，奇関数か，あるいは偶奇どちらの関数でもないか．

(a) $f(x) = $ 定数
(b) $f(x) = -x$
(c) $f(x) = \sin x$
(d) $f(x) = \cos x$
(e) $f(x) = \sin x \cos x$
(f) $f(x) = 3\cos^2 x - 1$
(g) $f(x) = \sin^2 x\, e^{2ix}$

11・61 テラヘルツ分光法は比較的新しい研究領域であり，つい近年開発されたテラヘルツ光源と検出器の技術により実現された．テラヘルツ光は，多くの物質に対して透過性を有しており，イメージングにおいて応用されている．たとえば，衣服の内部に隠した銃器や，レーズンブランシリアルの箱の中のレーズン（干しぶどう）を"透かして見る"ことができる．

(a) 1 THz (1×10^{12} s^{-1}) の振動数をもつ "T-Ray"（テラヘルツ光線）の波長と波数を計算せよ．
(b) このテラヘルツ光は，マイクロ波，赤外，可視，紫外線と比べ，相対的にどの電磁スペクトル領域に位置するか．
(c) テラヘルツ光によって励起されるのは，どのタイプの分子運動か．

11・62 次に示す分子において，回転挙動を表すのに必要となる，分子に固有な回転量子数の数はいくつか．

(a) NO (b) CH_4 (c) CH_3Cl (d) CO_2
(e) SO_2 (f) OCS (g) SF_6 (h) SF_4

11・63 回転エネルギー準位は，マイクロ波分光法に加えて，回転ラマン分光法という光散乱法により研究できる．回転ラマン散乱は，回転エネルギー準位と2光子の相互作用により起こり，かつそれぞれの光子は1単位の角運動量をもつ．この知識に基づいて，回転ラマン分光法の選択律を推測せよ [ヒント: 本問の答えが，許容遷移における量子数 J の変化量を制限する]．

11・64 次に示す水素分子同位体について，ゼロ点エネルギーが増える順に並べよ．また，解離エネルギーが増える順に並べよ．ただし，すべての同位体が，同じポテンシャルエネルギー曲線をもつと仮定する．

H_2, HD, D_2, HT, T_2, DT [注意: H=^{1}H, D=^{2}H, T=^{3}H である]

11・65 XY_2 と表される直線分子においては，X–Y–Y と Y–X–Y の二つの可能な分子構造がある．振動分光法を用いて，どのようにそれらの構造を見分けることができるか．

11・66 小分子中のある原子を同位体で置換すると，その原子の変位を含む振動モードの振動数が変化する．この原理を利用して，ある振動モードにおいて，どの原子の変位が含まれるのか同定することができる．^{1}H を ^{2}H で置換した場合と，^{12}C を ^{13}C で置換した場合では，どちらの同位体置換による振動数変化の方が大きいか．

11・67 剛体回転子が基底状態にあるとき，その運動エネルギーは0である．ハイゼンベルクの不確定性原理により，この現象をどのように解釈できるか．

11・68 ラマン分光法および赤外分光法により，ジクロロベンゼンのオルト，メタ，パラ異性体をどのようにして区別できるか，説明せよ．

11・69 コヒーレント反ストークスラマン散乱 (coherent anti-Stokes Raman scattering, CARS) は，車 (car) のエンジン（内燃機関）中の気体の温度を測定するのに使える．CARS に関する文献調査をして，この分光法が通常のラマン分光法や赤外分光法と比べて，どのような利点があるか説明せよ．

11・70 ある剛体回転子の波動関数は次式で与えられる．

$$\psi(\theta, \phi) = \left(\frac{15}{8\pi}\right)^{1/2} \sin\theta \cos\theta\, e^{-i\phi}$$

この波動関数に相当する量子数 l と m_l はいくつか．この波動関数で記述される剛体回転子のエネルギー，角運動量の大きさ，z 軸方向の角運動量はいくらか．解を $\hbar$ と I（慣性モーメント）で示せ．

11・71 分子が，赤外，ラマンのいずれも活性ではない振動モードをもつことは可能だろうか [ヒント: そのような振動モードをもつ分子の指標表は，どのような特徴を示すと考えられ，どのような性質を欠いているだろうか]．

11・72 次元解析を行い，ρ_λ と ρ_ν の単位を決めよ [ヒント: 式 (10・5) と式 (11・14) を参照せよ]．

12 原子の電子構造

> 物理学の大部分と化学全体の数学理論に必要な基礎をなす物理法則はこのように完全に理解されている．唯一の難点は，これらの法則を適用すると，方程式が複雑すぎて解が得られなくなることである．
> P. A. M. Dirac, *Proc. Roy. Soc.*, **A123**, 714 (1929).

本章を始めるに当たり，1900 年頃の古典物理学者を悩ませた実験の一つ，すなわち原子発光の実験に話を戻そう．水素原子の発光スペクトルについては Bohr の理論で説明できた（§10・5）が，2 個以上の電子をもつ原子やイオンの振舞いについては説明できなかった．本章ではシュレーディンガー方程式を使い，水素の原子構造を考察しよう．多電子原子に対しては厳密な解析解は得られないので，近似解を得るのに使える方法を示そう．

12・1 水 素 原 子

最も単純な原子系である水素原子は，一つの電子と一つの陽子からなる．他の単純系に対する場合と同様，シュレーディンガー方程式を用いて水素原子のエネルギーと波動関数に対する解析解を見つけよう．これは三次元の問題であるから電子の波動関数 ψ は x, y, z 座標で記述する．原子核を空間中に固定して考察[*1]するので，この系の運動エネルギーは電子の運動のみで決まる．

運動エネルギー演算子は，箱の中の粒子，調和振動子，剛体回転子の系に用いたものと同じである．ポテンシャルエネルギーは電子と原子核の間のクーロン相互作用によるので，$-e^2/(4\pi\varepsilon_0 r)$ である．ここで e は電子の電荷，r は電子と原子核の距離，ε_0 は空間（真空）の誘電率である．時間を含まないシュレーディンガー波動方程式は式 (12・1) で与えられる．

$$\hat{H}\psi = E\psi$$
$$(\hat{K}+\hat{V})\psi = E\psi$$
$$\frac{-\hbar^2}{2m_e}\nabla^2\psi - \frac{e^2\psi}{4\pi\varepsilon_0 r} = E\psi \quad (12\cdot1)$$

ここで m_e は電子の質量である．引力は球対称である（すなわち，r だけで決まる）ので，この系は中心力の問題として認識される．式 (12・1) を解こうとしても変数分離できないので，直交座標系 (x, y, z) は不便である．そこで，剛体回転子のシュレーディンガー方程式の場合と同様に，式 (12・1) を (r, θ, ϕ) の極座標（図 11・9 参照）を用いて表す．極座標への変換は長々しいが複雑ではない．この変換をすると，式 (12・1) は次式のように書き換えられる．

$$\frac{-\hbar^2}{2m_e}\left[\frac{1}{r^2}\frac{\partial}{\partial r}\left(r^2\frac{\partial}{\partial r}\right) + \frac{1}{r^2\sin\theta}\frac{\partial}{\partial \theta}\left(\sin\theta\frac{\partial}{\partial \theta}\right) + \frac{1}{r^2\sin^2\theta}\left(\frac{\partial^2}{\partial \phi^2}\right)\right]\psi - \frac{e^2\psi}{4\pi\varepsilon_0 r} = E\psi \quad (12\cdot2)$$

幸いにも，この多変数方程式はすでに解かれているので，ここではその結果に関心をもつだけでよい．二次元の箱の中の粒子の問題（§10・10 参照）でやったように，変数は分離され，全波動関数は 3 種類の 1 座標関数の積で表せると仮定する．

$$\psi(r, \theta, \phi) = R(r)\,\Theta(\theta)\,\Phi(\phi) \quad (12\cdot3)$$

こうすると，ψ は二つの独立な関数である，波動関数の動径部分 $R(r)$ と角度部分 $\Theta(\theta)\Phi(\phi)$ の積で与えられる．

式 (12・2) の解は自明ではない[*2]．しかしながら，その解が，整数の量子数で規定される量子化された一群の波動関数を与えることは驚くに当たらないはずだ．水素原子の波動関数の角度部分は剛体回転子に対する式と同じ形になり，この一連の関数は球面調和関数とよばれる（§11・2 参照），

$$\Theta(\theta)\,\Phi(\phi) = Y_l^{m_l}(\theta, \phi) \quad (12\cdot4)$$

ここで，$l=0, 1, 2, \cdots$ で $m_l=0, \pm1, \pm2, \cdots, \pm l$ である．剛体回転子のときと同様，量子数 m は下付き l を加え m_l とした．水素原子のシュレーディンガー方程式に対する完全な解は，三つの量子数，n, l, m_l で規定される一連の関数からなる．

[*1] ここでは原子核固定座標系で問題を取扱う．より正確な取扱いでは，重心座標系が用いられる．

[*2] 式 (12・2) の解に関する詳細な議論は，p. 272 にあげた物理化学の教科書を参照されたい．

$$\psi_{n,l,m_l}(r,\theta,\phi) = \underbrace{R_{nl}(r)}_{\text{動径部分}} \underbrace{Y_l^{m_l}(\theta,\phi)}_{\text{角度部分}} \quad (12\cdot 5)$$

この波動関数の動径部分については次節で論ずる．ψ は三つの空間座標の関数であるから，時間を含まない解に対しては三つの量子数 (n, l, m_l) が期待されるはずである．これら量子数は，水素原子の波動関数（軌道とよばれる）を記述するのに次の値をとりうる．

$$n = 1, 2, 3, \cdots \quad (12\cdot 6a)$$
$$l = 0, 1, 2, \cdots, (n-1) \quad (12\cdot 6b)$$
$$m_l = 0, \pm 1, \pm 2, \cdots, \pm l \quad (12\cdot 6c)$$

主量子数（principal quantum number），n は波動関数の大きさと電子のエネルギーを決める．**方位量子数**（azimuthal quantum number）〔**軌道角運動量量子数**（orbital angular momentum quantum numbe）〕，l は波動関数の形を決める．最後に**磁気量子数**（magnetic quantum number），m_l は角運動量の z 成分を表し，空間における波動関数の方向を決める．水素原子の電子を記述するのに，これらの量子数をどのように使うかについては，すぐ後で詳しく見る．

ある n の値をもつ軌道はすべて一つの**電子殻**（electron shell）を形成する．電子殻は大文字で表す．

n	1	2	3	4	5	6	⋯
電子殻の名称	K	L	M	N	O	P	⋯

n の値は同じだが，l の値が異なる軌道は，その電子殻の**副殻**（subshell）を形成する．副殻は一般的に小文字，s, p, d, … で次のように表す．

l	0	1	2	3	4	5
副殻の名前	s	p	d	f	g	h

もし $n=2$ で $l=1$ ならば，2p 副殻ということになり，その三つの軌道（$m_l = +1, 0, -1$ に対応するもの）が 2p 軌道とよばれる．s, p, d, f というあまりなじみのない文字順序は歴史的な理由による．原子発光スペクトルを調べた物理学者は，観測した発光線をその遷移が関係する特定のエネルギー状態と関連づけようとし，"ある発光線は鋭く（sharp），あるものは広がって（diffuse），またあるものは非常に強く主要（principal）な線として参照される"と記録した．結果としてそれぞれの特徴を表す頭文字をそのエネルギー状態に帰属した．しかし，f（fundamental に対応；その土台をなす形状から）より後は，軌道表示はアルファベッド順になった．

12・2 動径分布関数

水素原子に対するシュレーディンガー方程式の動径部分の解 $R_{nl}(r)$ を求めるため，再び数学者の業績を利用しよう．解の全セットは，ラゲールの陪多項式，$L_{n+l}^{2l+1}(x)$ という一

表 12・1 ラゲールの陪多項式の最初の数項†

n	l	ラゲールの陪多項式 $L_{n+l}^{2l+1}(x)$
1	0	$L_1^1(x) = -1$
2	0	$L_2^1(x) = -2(2-x)$
2	1	$L_3^3(x) = -6$
3	0	$L_3^1(x) = -6\left(3 - 3x + \frac{1}{2}x^2\right)$
3	1	$L_4^3(x) = -24(4-x)$
3	2	$L_5^5(x) = -120$

$$L_n^k(x) = \sum_{m=0}^{n}(-1)^m \frac{(n+k)!}{(n-m)!(k+m)!m!}x^m$$

† 水素原子の波動関数にラゲールの陪多項式を使うときは，$x = 2r/(na_0)$ で，a_0 はボーア半径である〔出典：D. A. McQuarrie, J. D. Simon, "Physical Chemistry: A Molecular Approach," University Science Books, Sausalito, CA(1997)〕．

群の関数を含む*1〔フランスの数学者，Edmond Nicolas Laguerre（1834～1886）にちなむ〕：

$$R_{nl}(r) = \underbrace{N_{nl}}_{\text{規格化定数}} \times \underbrace{r^l \mathrm{e}^{-r/(na_0)}}_{\text{指数関数}} \times \underbrace{L_{n+l}^{2l+1}\left(\frac{2r}{na_0}\right)}_{\text{ラゲールの陪多項式}} \quad (12\cdot 7)$$

ラゲールの陪多項式の最初の数項を調べてみると，それらは表 12・1 に示すような x の多項式であり，波動関数の動径部分 $R_{nl}(r)$ においては，$x = 2r/(na_0)$ とする〔a_0：ボーア半径（0.529 Å），n：主量子数〕．また，波動関数の動径部分は，量子数 l に依存するが量子数 m_l には依存しない．

表 12・2 に $n = 1, 2, 3$ に対する波動関数の動径部分と角度部分を示す．剛体回転子を取扱ったとき（§11・2），角度部分については考察したので，ここでは水素原子の波動関数の動径部分を少し詳しく見てみよう．電子の原子核に対する位置を知りたいので，波動関数の動径部分の 2 乗をプロットする（図 12・1）．$R(r)^2 \mathrm{d}r$ という項は，原子核からある方向に離れていくとき r と $r + \mathrm{d}r$ の間に電子が存在する確率を表す．しかし，これが本当に知りたいと思っていることではない．というのは，水素原子の 1s 軌道の場合，核（$r=0$）のところで $R(r)^2 \mathrm{d}r$ は最大になってしまうからで，全方向の r と $r + \mathrm{d}r$ の体積要素に電子が存在する全確率の方が，より情報量の多いプロットであるはずだ．これを得るために，半径 r と $r + \mathrm{d}r$ の二つの同心球（図 12・2）を考える．この二つの同心球の間の体積は $4\pi r^2 \mathrm{d}r$*2 であり，その球殻内の電子の存在確率は $4\pi r^2 R(r)^2 \mathrm{d}r$ である．$4\pi r^2 R(r)^2$ という関数は**動径分布関数**（radial distribution function）とよばれ，1s, 2s, 2p, 3s, 3p, 3d 軌道および，実際にはより高次の軌道の動径分布関数も，原子核の位置では 0 である（図 12・3）．ここで注目すべきは，1s 軌道の動

---

*1 訳注：**ラゲールの陪多項式**（associated Laguerre polynomial）の陪は associated に対応し，"付き従う"といった意味である．
*2 この関数は，二つの体積の差 $(4\pi/3)(r+\mathrm{d}r)^3 - (4\pi/3)r^3$ を計算し，$\mathrm{d}r$ の項に比べ $(\mathrm{d}r)^2$ と $(\mathrm{d}r)^3$ の項は非常に小さいとして無視すると得られる．

12・2 動径分布関数

表 12・2 $n=1, 2, 3$ に対する水素原子の複素波動関数表現

n	l	m_l	ψ_{n,l,m_l}	$R_{nl}(r)$ [†1]	$\Theta_{l,m_l}(\theta)$	$\Phi_{m_l}(\phi)$ [†2]
1	0	0	$1s$	$\dfrac{2}{\sqrt{a_0^3}}e^{-\rho}$	$\dfrac{1}{\sqrt{2}}$	$\dfrac{1}{\sqrt{2\pi}}$
2	0	0	$2s$	$\dfrac{1}{\sqrt{2a_0^3}}\left(1-\dfrac{\rho}{2}\right)e^{-\rho/2}$	$\dfrac{1}{\sqrt{2}}$	$\dfrac{1}{\sqrt{2\pi}}$
2	1	0	$2p_0$	$\dfrac{1}{\sqrt{24a_0^3}}\rho\,e^{-\rho/2}$	$\sqrt{\dfrac{3}{2}}\cos\theta$	$\dfrac{1}{\sqrt{2\pi}}$
2	1	± 1	$2p_{\pm 1}$	$\dfrac{1}{\sqrt{24a_0^3}}\rho\,e^{-\rho/2}$	$\sqrt{\dfrac{3}{4}}\sin\theta$	$\dfrac{1}{\sqrt{2\pi}}e^{\pm i\phi}$
3	0	0	$3s$	$\dfrac{2}{\sqrt{27a_0^3}}\left(1-\dfrac{2}{3}\rho+\dfrac{2}{27}\rho^2\right)e^{-\rho/3}$	$\dfrac{1}{\sqrt{2}}$	$\dfrac{1}{\sqrt{2\pi}}$
3	1	0	$3p_0$	$\dfrac{8}{27\sqrt{6a_0^3}}\rho\left(1-\dfrac{\rho}{6}\right)e^{-\rho/3}$	$\sqrt{\dfrac{3}{2}}\cos\theta$	$\dfrac{1}{\sqrt{2\pi}}$
3	1	± 1	$3p_{\pm 1}$	$\dfrac{8}{27\sqrt{6a_0^3}}\rho\left(1-\dfrac{\rho}{6}\right)e^{-\rho/3}$	$\sqrt{\dfrac{3}{4}}\sin\theta$	$\dfrac{1}{\sqrt{2\pi}}e^{\pm i\phi}$
3	2	0	$3d_0$	$\dfrac{4}{81\sqrt{30a_0^3}}\rho^2 e^{-\rho/3}$	$\sqrt{\dfrac{5}{8}}(3\cos^2\theta-1)$	$\dfrac{1}{\sqrt{2\pi}}$
3	2	± 1	$3d_{\pm 1}$	$\dfrac{4}{81\sqrt{30a_0^3}}\rho^2 e^{-\rho/3}$	$\dfrac{\sqrt{15}}{2}\sin\theta\cos\theta$	$\dfrac{1}{\sqrt{2\pi}}e^{\pm i\phi}$
3	2	± 2	$3d_{\pm 2}$	$\dfrac{4}{81\sqrt{30a_0^3}}\rho^2 e^{-\rho/3}$	$\dfrac{\sqrt{15}}{4}\sin^2\theta$	$\dfrac{1}{\sqrt{2\pi}}e^{\pm 2i\phi}$

†1 変数 $\rho=r/a_0$ で, a_0 はボーア半径である. †2 記号 i は虚数単位で $\sqrt{-1}$ を表す.

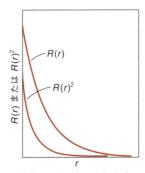

図 12・1 水素の 1s 軌道の $R(r)$ と $R(r)^2$ の r に対するプロット

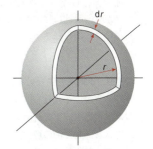

図 12・2 動径分布関数は, 原子核から距離 r 離れた厚さ dr の球殻中に電子を見いだす確率を与える. 殻の体積は r^2 に比例し, $r=0$ (原子核の位置) では 0 である.

径分布関数の最大値は $r=0.529$ Å (5.29 pm), つまりボーア半径の位置にあるということだ. 図 12・3 のプロットから, どの軌道でも電子の存在位置ははっきり決まっていないことがわかり, それゆえ, **電子密度** (electron density) という言葉を用いて電子をある場所に見つける確率を記述する方が便利である. 数学的には, 電子の存在確率が 0 になるのは, r が無限大になったときのみだが, 一方, 物理的には, r が大きくなるとこの関数は指数関数的に急速に小さくなるから, 各軌道を比較的短い距離 (数オングストローム) にわたり考察するだけでよい.

2s 軌道は二つの極大値をもつが, この場合, 二つの同心球があり, その間のどこかに動径節をもつ状況を想像するとよい. 動径節の形は半径 $r=2a_0$ の球である. 3s 軌道は動径節を二つもち, 動径節の半径は波動関数の動径部分を 0 に等しいとおき, 求めることができる.

例題 12・1

3s 軌道の動径節の位置を決めよ.

解 節は波動関数の値が 0 のところにある. 波動関数の動径部分 (表 12・2 を参照) を 0 に等しいとおき,

$$0 = R_{3s}(r)$$
$$0 = \dfrac{2}{\sqrt{27a_0^3}}\left(1-\dfrac{2}{3}\rho+\dfrac{2}{27}\rho^2\right)e^{-\rho/3}$$
$$0 = \left(1-\dfrac{2}{3}\rho+\dfrac{2}{27}\rho^2\right)$$

ρ に関する多項式の根を二次方程式の根の公式を用いて得る.

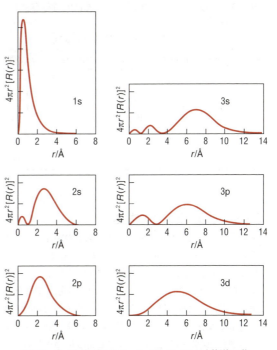

図 12・3 水素原子の 1s, 2s, 2p, 3s, 3p, 3d 軌道の動径分布関数. 1s 軌道は, ボーア半径である $r=0.529$ Å (52.9 pm) において最大となることに注意せよ.

$$\rho = \frac{-b \pm \sqrt{b^2 - 4ac}}{2a}$$

$$\rho = \left[-\left(-\frac{2}{3}\right) \pm \sqrt{\left(-\frac{2}{3}\right)^2 - 4\left(\frac{2}{27}\right)}\right] \bigg/ \left[2\left(\frac{2}{27}\right)\right]$$

$$\rho = \frac{9 \pm \sqrt{27}}{2}$$

$$\rho = 1.90,\ 7.10$$

$\rho = r/a_0$ であるから，$r = 1.90\,a_0$ と $7.10\,a_0$ に動径節があって，これらはそれぞれ，半径 $r = 1.01$ Å と $r = 3.76$ Å の節球面に対応する．

コメント 波動関数が 0 値を横切るところにしか節はできないので，$r = 0$（原子核の位置）にも $r = \infty$ にも節は存在しない（図 12・3）．ここでは動径節を求めたが，一般的には波動関数の角度部分にも節（方位節という）が存在する．

p 軌道，d 軌道の動径分布関数のプロットは形がもっと複雑であるが，それらも同様に説明できる．この動径節の位置は，例題 12・1 で説明したのと同じ方法で見つけることができる．動径節の数は，ラゲールの陪多項式の性質を考慮して一般化でき，動径分布関数をプロットして確認できる．動径節の数は $n-l-1$ で与えられ，節の総数は $n-1$ で，それゆえ，角度部分における節の数は l となる（表 12・3）．節の総数が主量子数 n のみで決まることは，水素原子のエネルギーが（外部磁場のない場合）主量子数 n のみで決まる事実とつじつまが合う〔式 (10・18) 参照〕．

表 12・3 水素様原子の波動関数の節の数

n	l	動径部分の節の数	角度部分の節の数	節の総数
1	0	0	0	0
2	0	1	0	1
2	1	0	1	1
3	0	2	0	2
3	1	1	1	2
3	2	0	2	2
n	l	$(n-l-1)$	l	$(n-1)$

12・3 水素原子の軌道

水素原子の完全な波動関数は，波動関数の動径部分（軌道の大きさを決める）と角度部分（軌道の形を決める）の積で与えられる〔式 (12・5)〕．軌道は図 12・4 に示すようないくつかのやり方で表現できる．境界面表示法が最も簡単に使えるが，情報量は最も少ない．水素原子の波動関数は無限遠まで広がるので，境界面表示は全確率密度に対して任意の割合，典型的には 90 %，を含むように描かれる．等高線面や電子密度での表現はより詳しい情報を与えるが，それらの図示には手間がかかる．画像表示の多くは，波動

関数の値ひいては確率密度の値が下式のようにある定数をとるよう選んだ等高線や等高面で描かれる．

$$\psi(r, \theta, \phi) = 定数$$

実際の仕事は，1 枚の平らな紙に四つの変数（三つの座標と，波動関数の値または確率密度関数の値）を示すことであり，波動関数の位相をそのうえ表示しようとすると，さらに困難な仕事となる．コンピューターグラフィックスや偽色表示はこれらの可視化の助けになる．

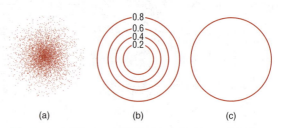

図 12・4 水素原子の 1s 軌道の (a) 電荷雲表示，(b) 等高線面表示（数字は相対的な電荷密度を表す），(c) 境界面表示

軌道の形を決める波動関数の角度部分を表 12・4 にも示した．s 軌道の角度分布関数は定数であり，それゆえ，s 軌道は球対称になる．一方，p 軌道は θ と ϕ に依存するだけでなく，複素関数でもあるから表示がより難しい．そこで以下のやり方で複素関数を実関数に変換しよう．表 12・2 を見ると，$l=1$ 状態の角度部分は次式で与えられる．

$$p_1 = \sqrt{\frac{3}{8\pi}} \sin\theta\, e^{i\phi} \quad (12\cdot 8a)$$

$$p_0 = \sqrt{\frac{3}{4\pi}} \cos\theta \quad (12\cdot 8b)$$

$$p_{-1} = \sqrt{\frac{3}{8\pi}} \sin\theta\, e^{-i\phi} \quad (12\cdot 8c)$$

p_1 と p_{-1} に対する確率密度は同じであり，

$$|p_1|^2 = \frac{3}{8\pi}\sin^2\theta \quad \text{および} \quad |p_{-1}|^2 = \frac{3}{8\pi}\sin^2\theta$$

p_1 と p_{-1} は同じエネルギーをもつ関数であるので，p_1 と p_{-1} でどんな線形結合をつくっても，同じエネルギーを与える関数になる．それゆえ，次に示すように軌道を実関数で表す[*]こともできる．

$$p_x = \frac{1}{\sqrt{2}}(p_1 + p_{-1}) = \sqrt{\frac{3}{4\pi}}\sin\theta\cos\phi \quad (12\cdot 9a)$$

$$p_y = \frac{1}{i\sqrt{2}}(p_1 - p_{-1}) = \sqrt{\frac{3}{4\pi}}\sin\theta\sin\phi \quad (12\cdot 9b)$$

$$p_z = p_0 = \sqrt{\frac{3}{4\pi}}\cos\theta \quad (12\cdot 9c)$$

p_0 は複素関数の軌道ではなく，p_z に等しいことに注意されたい．図 12・5 に三つの p 軌道の x, y, z 座標で表した

---

[*] オイラーの公式 $e^{\pm ix} = \cos x \pm i \sin x$ を思い起こそう．

12・3 水素原子の軌道

表 12・4　$n=1, 2, 3$ に対する水素原子の実波動関数表現

n	l	m_l	ψ_{n,l,m_l}	$R_{nl}(r)$ [†1]	$\Theta_{l,m_l}(\theta)$	$\Phi_{m_l}(\phi)$ [†2]
1	0	0	$1s$	$\dfrac{2}{\sqrt{a_0^3}}\,e^{-\rho}$	$\dfrac{1}{\sqrt{2}}$	$\dfrac{1}{\sqrt{2\pi}}$
2	0	0	$2s$	$\dfrac{1}{\sqrt{2a_0^3}}\left(1-\dfrac{\rho}{2}\right)e^{-\rho/2}$	$\dfrac{1}{\sqrt{2}}$	$\dfrac{1}{\sqrt{2\pi}}$
2	1	0	$2p_z$	$\dfrac{1}{\sqrt{24a_0^3}}\,\rho\, e^{-\rho/2}$	$\sqrt{\dfrac{3}{2}}\cos\theta$	$\dfrac{1}{\sqrt{2\pi}}$
2	1	± 1	$2p_x$	$\dfrac{1}{\sqrt{24a_0^3}}\,\rho\, e^{-\rho/2}$	$\sqrt{\dfrac{3}{4}}\sin\theta$	$\dfrac{1}{\sqrt{\pi}}\cos\phi$
2	1	± 1	$2p_y$	$\dfrac{1}{\sqrt{24a_0^3}}\,\rho\, e^{-\rho/2}$	$\sqrt{\dfrac{3}{4}}\sin\theta$	$\dfrac{1}{\sqrt{\pi}}\sin\phi$
3	0	0	$3s$	$\dfrac{2}{\sqrt{27a_0^3}}\left(1-\dfrac{2}{3}\rho+\dfrac{2}{27}\rho^2\right)e^{-\rho/3}$	$\dfrac{1}{\sqrt{2}}$	$\dfrac{1}{\sqrt{2\pi}}$
3	1	0	$3p_z$	$\dfrac{8}{27\sqrt{6a_0^3}}\,\rho\left(1-\dfrac{\rho}{6}\right)e^{-\rho/3}$	$\sqrt{\dfrac{3}{2}}\cos\theta$	$\dfrac{1}{\sqrt{2\pi}}$
3	1	± 1	$3p_x$	$\dfrac{8}{27\sqrt{6a_0^3}}\,\rho\left(1-\dfrac{\rho}{6}\right)e^{-\rho/3}$	$\sqrt{\dfrac{3}{4}}\sin\theta$	$\dfrac{1}{\sqrt{\pi}}\cos\phi$
3	1	± 1	$3p_y$	$\dfrac{8}{27\sqrt{6a_0^3}}\,\rho\left(1-\dfrac{\rho}{6}\right)e^{-\rho/3}$	$\sqrt{\dfrac{3}{4}}\sin\theta$	$\dfrac{1}{\sqrt{\pi}}\sin\phi$
3	2	0	$3d_{z^2}$	$\dfrac{4}{81\sqrt{30a_0^3}}\,\rho^2 e^{-\rho/3}$	$\sqrt{\dfrac{5}{8}}(3\cos^2\theta-1)$	$\dfrac{1}{\sqrt{2\pi}}$
3	2	± 1	$3d_{xz}$	$\dfrac{4}{81\sqrt{30a_0^3}}\,\rho^2 e^{-\rho/3}$	$\dfrac{\sqrt{15}}{2}\sin\theta\cos\theta$	$\dfrac{1}{\sqrt{\pi}}\cos\phi$
3	2	± 1	$3d_{yz}$	$\dfrac{4}{81\sqrt{30a_0^3}}\,\rho^2 e^{-\rho/3}$	$\dfrac{\sqrt{15}}{2}\sin\theta\cos\theta$	$\dfrac{1}{\sqrt{\pi}}\sin\phi$
3	2	± 2	$3d_{x^2-y^2}$	$\dfrac{4}{81\sqrt{30a_0^3}}\,\rho^2 e^{-\rho/3}$	$\dfrac{\sqrt{15}}{4}\sin^2\theta$	$\dfrac{1}{\sqrt{\pi}}\cos 2\phi$
3	2	± 2	$3d_{xy}$	$\dfrac{4}{81\sqrt{30a_0^3}}\,\rho^2 e^{-\rho/3}$	$\dfrac{\sqrt{15}}{4}\sin^2\theta$	$\dfrac{1}{\sqrt{\pi}}\sin 2\phi$

†1　変数 $\rho=r/a_0$ で，a_0 はボーア半径である．
†2　訳注：複素波動関数と異なる実波動関数表現を ■ で強調した．

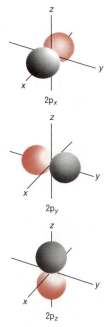

図 12・5　水素原子の波動関数の $l=1$ に対する実数表現の角度部分のプロット．$2p_x, 2p_y, 2p_z$ 軌道を示す．● は波動関数の位相 + を，● は − をそれぞれ表す．

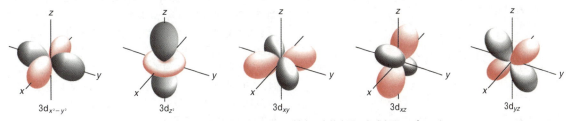

図 12・6　水素原子の波動関数の $l=2$ に対する実数表現の角度部分のプロット．全部が d 軌道である．● は波動関数の位相 + を，● は − をそれぞれ表す．

境界面図を示す．それぞれの軌道は，二つの隣接するローブとよぶ領域が亜鈴形配置をなしている．さらに，波動関数の位相は，一方のローブが正で，他方が負であり，その間に節面がある．波動関数の値は節面内では0で，原子核も節面内にある．この三つの p 軌道は，その向きを除くと完全に等価であり，したがって，三つの軌道すべてが全部同じエネルギーをもち，**縮退**（degeneracy，縮重）している*

といわれる．位相の正負それ自体には物理的な意味はなく，2p 軌道のローブは正も負も同じ電荷分布をもつ．物理的に重要な量は，波動関数の2乗で与えられる電子の存在確率で，それは常に正である．一方，ローブの符号は，たとえば化学結合の形成のような，軌道間で起こる相互作用を考察する際に役立つであろう．

五つの d 軌道を図12・6に示す．これらの軌道はエネルギー的には等価であるが，その空間配向が異なる．p 軌道の場合と同様，d 軌道もまた実関数としても複素関数としても書き表せる（表12・2，12・4）が，方向性のある化学結合を記述するには実関数による軌道（実軌道）が役立つ．これこそが実関数による記述の利点である．

---
* 量子力学では，"状態"と"エネルギー準位"とで，言葉の意味が異なる．一つの（定常）状態は特定の波動関数 ψ によって規定され，ψ が異なるとき状態が異なる．一方，エネルギー準位はエネルギーの値によって規定され，E が異なるとき，エネルギー準位が異なる．本文の例で言えば，三つの 2p 軌道が生み出す三つの異なる状態は，同じエネルギー準位に属することになる．

12・4 水素原子のエネルギー準位

水素原子の波動関数（軌道）に対する解を得たので、シュレーディンガー方程式を用い，対応する軌道のエネルギーを求めることができる．波動関数はハミルトニアン演算子の固有関数であり，エネルギーは固有値である．

$$\hat{H}\psi_{n,l,m_l} = E_n \psi_{n,l,m_l}$$

水素原子の電子のエネルギーは

$$E_n = -\frac{m_e e^4}{8h^2 \varepsilon_0^2} \frac{1}{n^2} \quad n = 1, 2, 3, \cdots \quad (12・10)$$

で与えられ，これは式(10・18)で $Z=1$ としたのと同じである．それゆえ外部電場や磁場のないところに置かれた孤立した水素原子に対しては，ある特定の電子殻内の軌道はすべて同じエネルギーをもち，したがって，水素原子の $2s, 2p_x, 2p_y, 2p_z$（または $2s, 2p_{-1}, 2p_1, 2p_0$）軌道は厳密に同じエネルギーをもっている，すなわち，縮退している．ある電子殻の縮退度 g_n は，ある量子数 n に対して同じエネルギーをもっている状態の数であるが，許容される量子数〔式(12・6)〕に基づいて次式のように決まる．

$$g_n = n^2 \quad (12・11)$$

例題 12・2

$n=3$ に対する水素原子軌道の名前を決め，その縮退度を求めよ．

解 縮退度は

$$g_n = n^2 = 3^2 = 9$$

$n=3$ に対しては $l=0, 1, 2$ が許容であり，それぞれの l に対して

$$m_l = 0, \pm 1, \cdots, \pm l$$

が許される．よって九つの軌道は

$$3s, 3p_0, 3p_{\pm 1}, 3d_0, 3d_{\pm 1}, 3d_{\pm 2}$$

コメント 孤立した水素原子においては，これら九つの原子軌道は同じエネルギーをもつ．上記の解は，シュレーディンガー方程式の解となる一組の複素軌道であるが，次の九つの実軌道を解としてもよい．

$$3s, 3p_x, 3p_y, 3p_z, 3d_{xy}, 3d_{xz}, 3d_{yz}, 3d_{z^2}, 3d_{x^2-y^2}$$

後でわかるように，一電子原子または一電子イオンを外部電場や外部磁場中に置くと，あるいは第二の電子を加えると，副殻の縮退は取除かれる．たとえば，多電子原子では，2s 軌道は 2p 軌道より低いエネルギーをもつ．

調和振動子や剛体回転子と同様，水素原子のエネルギー準位間の遷移に対する一連の選択律が，時間を含むシュレーディンガー方程式を用いて誘導される．その選択律は

$$\Delta l = \pm 1 \quad (12・12)$$
$$\Delta m_l = 0, \pm 1 \quad (12・13)$$

で量子数 n に関する制限はない．かくして，発光過程に関して 2s→1s 遷移は，量子数 l の変化を含まないから許容でない．しかし，2p→1s 遷移は $\Delta l = -1$ なので許容である．$\Delta l = \pm 1$ の選択律は，角運動量保存を考えることによってもまた理解できる．1個の光子は1単位の角運動量をもつので，水素原子は1光子を吸収すると1単位の角運動量を得ねばならず（$\Delta l = 1$），1光子を放出すると1単位の角運動量を失わねばならない（$\Delta l = -1$）．

12・5 スピン角運動量

水素原子のシュレーディンガー方程式の解では，一つの電子に対して三つの量子数が示される．しかし，電子を完全に記述するには，第四の量子数が必要で，このためには電子を粒子とみなし，各電子がその固有の軸の周りに，時計回りまたは反時計回りに自転（スピン運動）していると考えると便利である＊（図12・7）．電荷をもつ粒子のスピン運動は磁場をつくりだすので，各電子は小さな磁石のように振舞う．量子力学では，電子のスピンは $S=\frac{1}{2}$ で，スピン量子数は $m_s = \pm \frac{1}{2}$ と考える．m_s の値により，電子の磁気双極子モーメントの向き，すなわち磁石の S 極から N 極に向くベクトル量の向きが決まる．このように m_s は，軌道の空間配向を決める m_l に似ている．$m_s = \pm \frac{1}{2}$ のスピンをもつ電子をエネルギー準位図に描く際には，普通，↑または↓の矢印で示す．

結果として，一つの電子の波動関数を完全に記述するには，空間部分以外にスピン部分も含まないといけないが，波動関数のスピン部分と空間部分を分離してもよいという仮定は，近似的に正しい．ここでは，スピン角運動量について，各空間軌道が二つの電子を含むことが可能で，一方が上向きスピン，他方が下向きスピンであることを注意す

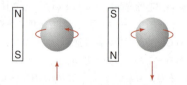

図 12・7 電子スピンの類推による説明．↑や↓の矢印は，電子スピンの方向を記述するのに一般的に用いられる記号である．スピン運動により生じる磁場は二つの棒磁石の磁場に等価である．

＊ 電子が固有の軸の周りに自転するというモデルは便利ではあるが，物理的には正確でない．スピン角運動量（S）は純粋に量子力学的な現象である．

スピン角運動量に対する実験的証拠は、ドイツの物理学者 Otto Stern (1888～1969) と Walther Gerlach (1889～1979) が行った重要な実験で得られた。Stern と Gerlach は、銀を炉の中で 1000°C に加熱して銀原子ビーム（不対電子をもつ）とし、それが狭いスリットの間を通り抜けるようにした（図 12・8）。銀原子ビームは次いで不均一な磁場中を通り抜け、ガラス板上に沈着する。磁気双極子モーメント μ_z と磁場 B_z の相互作用に基づくポテンシャルエネルギー V はその内積*で与えられる。

$$V = -\mu_z \cdot B_z \qquad (12 \cdot 14)$$

ここで z は磁場の方向で、μ_z は不対電子がつくる磁気モーメントの z 成分である。銀原子は次式で与えられる変位力 F_z を受ける。

$$\frac{\partial V}{\partial z} = F_z$$
$$F_z = -\mu_z \frac{\partial B_z}{\partial z} \qquad (12 \cdot 15)$$

負の符号は力が引力であることを示す。もし均一な磁場（すなわち $\partial B_z/\partial z = 0$）が掛けられるならば、銀原子は力を受けないので、変位しないであろう。古典論によれば、沈着する銀原子は磁気モーメントが z 軸に対してあらゆる可能な方向に向くので、ビーム軸に対して対称的かつ連続的に沈着するであろうと期待される。Stern と Gerlach が観測したのは、原子ビームの分裂、すなわち、連続的な分布ではなく 2 本のはっきり異なる線であった（図 12・8 参照）。それは量子化された結果であった。実験の当時は、銀原子の磁気モーメントは軌道角運動量 (l) に基づくと説明され

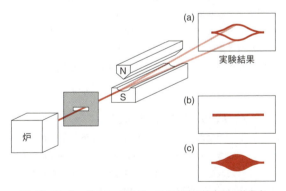

図 12・8 シュテルン・ゲルラッハの実験の概念図。装置全体が真空室中にある。銀原子のビームは炉内でつくられ、不均一磁場を通り抜けた後、スライドガラス上に沈着する。(a) 実際の実験でスライドガラス上に生じた像。(b) 磁場がないときに見られる像。(c) もし銀原子のスピン角運動量が量子化されていなかったら見られるかもしれない像

* 二つのベクトルの内積は実数（大きさのみを表すスカラー量）である。

たが、後の理論的取扱いにより、銀原子の軌道角運動量は 0 であり（なぜなら、不対電子は s 軌道にあるので、$l=0$）、磁気モーメントは銀原子の不対電子の量子化されたスピン角運動量 ($S=\frac{1}{2}$) によることがわかった。観測された 2 本の線は、磁気モーメントが外部磁場方向または反対方向に向いた電子の磁気モーメント ($m_s = \pm \frac{1}{2}$) に対応する。

12・6 ヘリウム原子

水素原子に対するシュレーディンガー方程式の解析解を調べたので、次にヘリウムのような、より複雑な原子に注意を向けよう。ヘリウム原子は、いわゆる**三体問題** (three-body problem) の例であり、厳密な解析解をもたない。実際、厳密な解析解のある 2 電子以上の原子は存在しない。幸いにも量子力学は、実験結果とよい一致を与えるような近似計算をする方法をいくつか与えてくれる。その近似法を概説するために、すべての多電子原子の例としてヘリウムを考える。

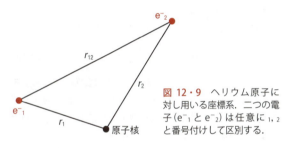

図 12・9 ヘリウム原子に対し用いる座標系。二つの電子 (e^-_1 と e^-_2) は任意に 1, 2 と番号付けして区別する。

ヘリウムは $Z=2$ の核と、原子核からの距離 r_1 と r_2 のところに二つの電子をもつ（図 12・9）。ベクトル r_{12} は二つの電子の距離である。シュレーディンガー方程式をつくってみると難しさがどこにあるかがわかるだろう。運動エネルギーとポテンシャルエネルギーを書くことから始め、水素原子に対して行ったのと同様、原子核の運動を無視し、固定した原子核の基準座標系でこの問題を考察する。

$$\hat{H}\psi = E\psi$$
$$(\hat{K} + \hat{V})\psi = E\psi$$
$$\underbrace{-\frac{h^2}{2m_e}\nabla_1^2\psi - \frac{h^2}{2m_e}\nabla_2^2\psi}_{\substack{\text{電子の}\\\text{運動エネルギー項}}} \underbrace{-\frac{Ze^2\psi}{4\pi\varepsilon_0 r_1} - \frac{Ze^2\psi}{4\pi\varepsilon_0 r_2} + \frac{e^2\psi}{4\pi\varepsilon_0 r_{12}}}_{\substack{\text{クーロンポテンシャル}\\\text{エネルギー項}}}$$
$$= E\psi \qquad (12 \cdot 16)$$

ここで下添字 $_1$ と $_2$ は、二つの電子のそれぞれを意味する。式 (12・16) の最初の 2 項は二つの電子の運動エネルギー項で、第三、第四項は電子–原子核引力のポテンシャルエネルギー項、第五項が電子–電子反発によるポテンシャルエネルギー項である。

この時点で新しい表記法を採用するのが便利である．ここからすべてを原子単位（表 12・5）で記述する[*1]が，そうすると式 (12・16) は非常に簡単になる．原子単位では，電子の質量や電荷のような量が，$\hbar$ や $4\pi\varepsilon_0$ と同様，すべて 1 に等しい（すなわち，1 原子単位である）．エネルギーの原子単位は**ハートリー**（hartree）[*2] とよばれ，1 ボーア半径（$=0.529$ Å 距離の原子単位）にある陽子と電子を無限遠に離すのに必要なエネルギーの 2 倍量である．これを用いると，1 ハートリー（E_h）というのは，水素原子の基底状態エネルギー（E_H）の -2 倍に等しく，すなわち，$E_h = -2E_H$，つまり $E_h = -2 \times 1312.75$ kJ mol$^{-1} = -2625.5$ kJ mol^{-1} である[*3]．そうするとシュレーディンガー方程式は次のようになる．

$$-\frac{1}{2}\nabla_1^2 \psi - \frac{1}{2}\nabla_2^2 \psi - \frac{Z\psi}{r_1} - \frac{Z\psi}{r_2} + \frac{\psi}{r_{12}} = E\psi \quad (12\cdot17)$$

こうすると，ヘリウムの場合は核電荷が $Z=2$ であるが，第一項と第三項はちょうど一電子の水素様原子系と同じであることがわかる．同様に，式 (12・17) の第二，第四項は水素様原子を記述する．したがって，ヘリウム原子のシュレーディンガー方程式は次のように書ける．

$$\hat{H}_1 \psi + \hat{H}_2 \psi + \frac{\psi}{r_{12}} = E\psi \quad (12\cdot18)$$

ここで，ハミルトニアン，$\hat{H}_1$ と $\hat{H}_2$ は水素様原子に対するものである．これら一電子ハミルトニアン（$\hat{H}_1$, $\hat{H}_2$）の解き方はわかっているが，電子-電子反発の項，$1/r_{12}$ を回避する方法はない．このように，多電子シュレーディンガー方程式においては，水素原子でやったような変数分離ができないので，近似に頼らざるを得ない．

ここで有効な近似法は**軌道近似法**（orbital approximation）で，系の全波動関数 ψ を一電子波動関数 ϕ の積で書き表す方法である．そうすると，2 電子をもつヘリウム原子に対しては，

$$\psi(\tau_1, \tau_2) = \phi_1(\tau_1)\,\phi_2(\tau_2) \quad (12\cdot19)$$

と書ける．ここで τ は一電子の三次元空間座標を表す．球面極座標 r, θ, ϕ を用いると式 (12・19) は

$$\psi(r_1, \theta_1, \phi_1, r_2, \theta_2, \phi_2) = \phi_1(r_1, \theta_1, \phi_1)\,\phi_2(r_2, \theta_2, \phi_2)$$
$$(12\cdot20)$$

となる[*4]．ここで一電子波動関数 ϕ_1 と ϕ_2 は水素様波動関数である．

波動関数を分離すると，**独立電子近似**（independent electron approximation）を適用することが可能になる．これは粗い近似だが，比較のためには役立つ．まず，$1/r_{12}$ の項を除いて，電子-電子反発を完全に無視する．ヘリウム原子に対しては，それぞれの電子は $Z=2$ をもつ水素原子の電子のように独立に振舞う．ヘリウムの原子軌道は，原子核の引力が大きくなった分だけ r 座標が小さくなっていることを除くと，水素原子の軌道と同じように見える．独立電子近似においては，ヘリウム原子のエネルギーはヘリウムカチオンのエネルギーの 2 倍に等しい．

$$E_{He} = E_{He^+} + E_{He^+} = -4E_h \quad (12\cdot21)$$

He$^+$ は水素原子様イオンであるので，そのエネルギーは計算できることに注目しよう．ヘリウム原子のエネルギーの実験値（イオン化エネルギー測定より）は -2.9033 ハートリーであり，-4 ハートリーというここでの粗い近似値より "たった" 31% しかずれてない．これは，非常に単純化されたモデルにしてはそれほど悪くないが，観測値を説明するには，より正確な近似が必要である．

上に述べた近似法は，電子-電子反発を無視した以外にも不十分な点があり，たとえば，電子スピンやパウリの排他原理をさらに考察する必要がある．これらを考えれば，可能な電子配置のどういうものが許容され，どれが許容されないかがわかるだろう．それについては次節で論ずる．

12・7 パウリの排他原理

スピンが対になった，すなわち，一つが上向きで，もう一つが下向きのときだけ，二つの電子が一つの軌道を占有できる．これはパウリの排他原理［オーストリアの物理学者，Wolfgang Pauli (1900～1958) にちなむ］のよく目にする結論である．電子を軌道に入れるとき，一つの軌道に電子は 2 個しか収容できない．パウリの排他原理を少し普遍的に表すと，"二つの電子は四つとも同じ量子数（n, l, m_l,

表 12・5 原子単位系とそれに等価な SI 単位系の値

物理量	原子単位の記号と名称	SI 単位で表した数値
質量	m_e, 電子質量	9.1094×10^{-31} kg
電荷	e, 電気素量	1.6022×10^{-19} C
長さ	a_0, ボーア半径	5.2918×10^{-11} m
エネルギー	$E_h = (m_e e^4)/(4\varepsilon_0^2 h^2)$, ハートリーエネルギー	4.3597×10^{-18} J
角運動量	$\hbar$, プランク定数/2π	1.0546×10^{-34} J s
誘電率	$4\pi\varepsilon_0$	1.1127×10^{-10} C^2 J^{-1} m^{-1}

[*1] 原子単位系を用いるということは，計算をチェックするための次元解析および単位をもはや用いないことを意味する．

[*2] ハートリーという単位は，英国の物理学者 Douglas Rayner Hartree (1897～1958) にちなむ．

[*3] ここで使う E_H は，換算質量を用いたリュードベリ定数に基づく．もし，陽子が回転運動の中心に固定されていると考えると，リュードベリ定数は少し異なる（問題 12・38 を参照）．

[*4] 式 (12・20) においては極座標と波動関数の両方に同じ記号 (ϕ) を使っていることに注意．

m_s) をもつことはない"となる．一つの原子内では，各電子は固有のラベルを付けて，すなわち四つの量子数の組合わせにより一つに決まり，区別される．ただし，この原理はさらに一般的に記述できる．パウリの排他原理の拡大定義を説明するために，再びヘリウム原子を例として考えてみよう．

ヘリウム原子の基底電子状態は二つの電子をもち，それぞれが 1s 水素様軌道にある．これらの電子を任意に 1, 2 とよび，それらがスピンを上向き（α 電子とよぶ）と下向き（β 電子とよぶ）にしてどのように配置されうるかの可能性を五つ書き出してみる．

1. $\alpha(1)\beta(2)$
2. $\alpha(1)\alpha(2)$
3. $\beta(1)\beta(2)$
4. $[\alpha(1)\beta(2)+\alpha(2)\beta(1)]$
5. $[\alpha(1)\beta(2)-\alpha(2)\beta(1)]$

電子に数字 1 と 2 を任意に付けたことを考えると，それぞれの電子を実際に見分ける方法はない．電子は区別できないので，電子を区別する可能性 1 は許容されない．可能性 2 と 3 は電子を区別しないが，それらは両方の電子に厳密に同じ組の量子数を与えることになり，それはパウリの排他原理を破るので許容されない．可能性 4 と 5 は**重ね合わせの状態**（§10・7参照）で，これらは電子を区別しないし，二つの電子に同じ量子数を与えないから，一見したところでは，これらは両方ともよい候補に見える．しかし実際は，パウリの排他原理の拡大表現と合致する可能性 5 のみが観測される．パウリの排他原理の拡大表現とは，許容される電子波動関数は電子対の交換に関して<u>反対称</u>（すなわち符号を変える）でなければならないという記述で，もし電子 1 と 2 とを交換すれば，可能性 5 の波動関数は $[\alpha(2)\beta(1)-\alpha(1)\beta(2)]$，すなわち $-[\alpha(1)\beta(2)-\alpha(2)\beta(1)]$ となり，もとの波動関数の符号を変えたものになる．一方，可能性 4 の波動関数で電子 1 と 2 とを交換すると，もとと同じ波動関数を得るので，量子力学の言葉で言えば，可能性 4 の波動関数は電子の交換に関して<u>対称</u>である，となる．パウリの排他原理の記述は，"すべての電子波動関数はどの二つの電子の交換に関しても反対称でなければならない"という量子力学の仮説（§10・7参照）の一つとみなされることもある．

電子がたくさんあるときに，厳密に反対称の波動関数を書くことは面倒である．幸いなことに，米国の物理学者，化学者の John Clarke Slater (1900〜1976) がパウリの排他原理に従うことを保証する波動関数の簡単な書き方を開発した．その方法は，**行列式** (determinant) という数学の概念を用いるもので，その結果生まれる波動関数は**スレーター行列式** (Slater determinant) として知られている．n 次の行列式というのは，$n\times n$ の数字列の正方形を縦の直線で挟んだものである．たとえば，2×2 の行列式は次式の形で与えられる．

$$\begin{vmatrix} a_1 & b_1 \\ a_2 & b_2 \end{vmatrix} = a_1 b_2 - b_1 a_2$$

また 3×3 の行列式は

$$\begin{vmatrix} a_1 & b_1 & c_1 \\ a_2 & b_2 & c_2 \\ a_3 & b_3 & c_3 \end{vmatrix} = a_1\begin{vmatrix} b_2 & c_2 \\ b_3 & c_3 \end{vmatrix} - b_1\begin{vmatrix} a_2 & c_2 \\ a_3 & c_3 \end{vmatrix} + c_1\begin{vmatrix} a_2 & b_2 \\ a_3 & b_3 \end{vmatrix}$$

$$= a_1 b_2 c_3 - a_1 b_3 c_2 - b_1 a_2 c_3 + b_1 a_3 c_2 + c_1 a_2 b_3 - c_1 a_3 b_2$$

の形をとる．N 電子系に対するスレーター行列式は，N 個の列それぞれに異なる一電子波動関数を導入し，N 個の行それぞれに異なる電子番号を割り当てる．その波動関数の規格化（正規化）を確実にするために，行列に規格化定数，$1/\sqrt{N!}$ を掛けてある．ヘリウム原子（$N=2$）に対してスピン部分と空間部分を共に含んだ波動関数は，スレーター行列式を用いると

$$\psi_{\text{He}} = \frac{1}{\sqrt{2!}} \begin{vmatrix} 1s\alpha(1) & 1s\beta(1) \\ 1s\alpha(2) & 1s\beta(2) \end{vmatrix} \quad (12 \cdot 22)$$

の形に書ける．式 (12・22) のスレーター行列式を展開し，2! を計算して

$$\psi_{\text{He}} = \frac{1}{\sqrt{2}}[1s\alpha(1)\,1s\beta(2) - 1s\alpha(2)\,1s\beta(1)] \quad (12 \cdot 23)$$

が得られる．この波動関数は上に示した可能性 5 の式と同じ形をもち，かつ規格化されている．スレーター行列式は，簡単な形というだけでなく，パウリの排他原理をも満たしている．二つの電子を交換することは，二つの行を交換することと同じになるので，式 (12・22) は

$$\psi'_{\text{He}} = \frac{1}{\sqrt{2!}} \begin{vmatrix} 1s\alpha(2) & 1s\beta(2) \\ 1s\alpha(1) & 1s\beta(1) \end{vmatrix}$$

となり，それを展開すると

$$\psi'_{\text{He}} = \frac{1}{\sqrt{2}}[1s\alpha(2)\,1s\beta(1) - 1s\alpha(1)\,1s\beta(2)]$$
$$= -\frac{1}{\sqrt{2}}[1s\alpha(1)\,1s\beta(2) - 1s\alpha(2)\,1s\beta(1)]$$
$$= -\psi_{\text{He}} \quad (12 \cdot 24)$$

を得る．この波動関数は式 (12・23) の波動関数に -1 を掛けることに等しい．このように，この波動関数は電子の交換に関して反対称である．

例 題 12・3

基底状態のリチウム原子の反対称化された波動関数を空間部分，スピン部分を共に含んで書け．

解 まず，三つの最低エネルギー原子軌道にそれぞれ電子を入れる．

$$1s\alpha(1)\,1s\beta(2)\,2s\alpha(3)$$

次に，電子の交換に対して反対称化された波動関数に書き換えることに挑戦する．スレーター行列式をつくると適当な波動関数が出てくる．

$$\psi_{Li} = \frac{1}{\sqrt{3!}} \begin{vmatrix} 1s\alpha(1) & 1s\beta(1) & 2s\alpha(1) \\ 1s\alpha(2) & 1s\beta(2) & 2s\alpha(2) \\ 1s\alpha(3) & 1s\beta(3) & 2s\alpha(3) \end{vmatrix}$$

この行列式を積の形に書き下すと，下のように式は確かに長くなる．それゆえ実際には厳密な反対称化波動関数をあえて書かないのがなぜかわかるだろう．

$$\psi_{Li} = \frac{1}{\sqrt{6}} [1s\alpha(1)1s\beta(2)2s\alpha(3) - 1s\alpha(1)1s\beta(3)2s\alpha(2)$$
$$- 1s\alpha(2)1s\beta(1)2s\alpha(3) + 1s\alpha(3)1s\beta(1)2s\alpha(2)$$
$$+ 1s\alpha(2)1s\beta(3)2s\alpha(1) - 1s\alpha(3)1s\beta(2)2s\alpha(1)]$$

コメント 上述したように，行列式のどの二つの行を交換しても，それはもとの行列式に -1 を掛けることに等しい．確かめてみよ．

パウリの排他原理は，電子以外のものにも適用され，つまり，**フェルミ粒子** (fermion) の任意の波動関数に適用できる．フェルミ粒子は，半奇数スピン $\left(\frac{1}{2}, \frac{3}{2}, \frac{5}{2}, \cdots\right)$ をもつ粒子で，陽子と中性子も電子と同様フェルミ粒子である．一方，スピンが0か正の整数 $(1, 2\cdots)$ の粒子は**ボース粒子** (boson) とよばれ，その例は光子，ヘリウム原子，水素分子などである．パウリの排他原理で述べたように，フェルミ粒子は同じ場所を"占有できない"が，一方，ボース粒子にはそのような制限がなく，結果として，同じ波長と位相をもった光子が同時に同じ空間を占有できる．この状況は，実在光源の中で最も明るいレーザー光で実現された．1920年代には，インドの物理学者 Satyendra Nath Bose (1894~1974) と Einstein が，ボース粒子からなる物質は極低温で単一の実体に合体し，新しい型の物質を形成すると予言していた．1995年になってはじめて，コロラドの科学者 Eric Cornell (1961~) と Carl Wieman (1951~) が，**ボース・アインシュタイン凝縮** (Bose-Einstein condensate) とよばれる，その新しい物質状態を，数千の ^{87}Rb 原子を集めて実現することができた．その業績に対して彼らは2001年のノーベル物理学賞を Wolfgang Ketterle (1957~) と共に得た．

12・8 構成原理

水素原子および水素様イオンに対しては，電子のエネルギーは主量子数 n のみによって決まる [式 (12・10) 参照] ので，軌道をエネルギー増加の順（安定性減少の順）に並べると次のようになる．

$$1s < 2s = 2p < 3s = 3p = 3d < 4s = 4p = 4d < 5s \cdots$$

しかしながら，多電子原子に対しては電子のエネルギーは n と l の両方によって決まるので，エネルギー増加の順序は

$$1s < 2s < 2p < 3s < 3p < 4s < 3d < 4p < 5s < 4d < \cdots$$

図 12・10 は多電子原子において原子軌道副殻 (1s, 2s, 2p など) が満たされていく順序を示す．水素原子と多電子原子との違いは定性的に次のように説明される．2s と 2p 軌道を考えてみると，図 12・3 からわかるように，たとえ 2p 電子の最もあり得そうな存在位置が 2s 電子のそれより原子核に近いとしても，原子核の近くでの電子密度は実際には 2s 電子の方が大きい．別の言い方をすると，s 電子の方が p 電子より多く**貫入** (penetrating) しており，このため 2p 電子は，その逆の考え方で，おもに 2s 電子により原子核から**遮へい** (shielding) されている．かくして，2s 電子が原子核の全引力をいくらか遮断するために，2p 電子のエネルギーは 2s 電子のそれより高い．一般的に，同じ n 値に対して，貫入力は次の順序で減少する．

$$s > p > d > f > \cdots \quad (12 \cdot 25)$$

遮へいの結果の意味するところは，各電子が異なる大きさの**有効核電荷** (effective nuclear charge)，ζ を感じるということで，それは次式で与えられる．

$$\zeta = Z - \sigma \quad (12 \cdot 26)$$

ここで Z は原子の核電荷で，σ は遮へい定数とよばれている．炭素 ($Z=6$) の場合，有効核電荷は 1s 電子に対して 5.7，2s 電子に対して 3.2，2p 電子に対しては 3.1 である．水素原子または水素様イオンにおいては，電子は1個しかないので，遮へいは生じない．有効電荷は一般的傾向として，同一周期を左から右に横切って行くに従い，また同一族内では上から下に行くに従い増加する．

水素原子において電子が可能な最低エネルギー準位（基底状態）にあるとき，その電子配置を $(1s)^1$ と書き表し，1s 軌道に電子が1個あることを意味する．その電子の四つの量子数 (n, l, m_l, m_s) は，$\left(1, 0, 0, +\frac{1}{2}\right)$ または $\left(1, 0, 0, -\frac{1}{2}\right)$ である．磁場がなければ，$m_s = +\frac{1}{2}$ でも $m_s = -\frac{1}{2}$ でも電子のエネルギーは同じである．

ヘリウム原子は 2 電子をもつので，基底状態の電子配置は $(1s)^2$ である．ヘリウム原子は**反磁性** (diamagnetic) で，その意味するところは，つくりだす正味の磁場が 0 ということである（反磁性物質は磁石に少し反発する）．ヘリウムの二つの電子は逆スピンをもたねばならず，一つの電子は $m_s = +\frac{1}{2}$ でもう一つが $m_s = -\frac{1}{2}$ になる．他の三つの量子数は同じである．

パウリの排他原理によれば，リチウム原子において 3 番目の電子は 1s 軌道には入れないので，それは 2s 軌道に入

れ，リチウムの電子配置は $(1s)^2(2s)^1$ となる．

最外殻電子（原子の最も外側の電子殻にある電子）は，その原子が形成する化学結合に大いに関係するから**価電子**（valence electron）[*1] とよばれることに注目しよう．たとえば，水素原子は 1s 軌道に価電子を 1 個もち，リチウムは 2s 軌道に価電子を 1 個もつ．

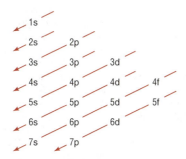

図 12・10 多電子原子において，電子が軌道を占有する順序を記憶する方法

フントの規則

軌道に電子を入れる作業を周期表の第 2 周期についても続けていくと，炭素原子 $[(1s)^2(2s)^2(2p)^2]$ のところで三つの p 軌道に二つの価電子を入れるのに別の選択肢が可能になる．どの電子配置が最低エネルギーを生じるかを決めるには，次のフントの規則〔ドイツの物理学者，Frederick Hund (1896〜1997) にちなむ〕を参照する．

1. スピン角運動量 S の値が最大値になるような配置が最も安定である．ここで S は
$$S = \sum_i m_{s,i}$$
ここで $m_{s,i}$ は i 番目の電子のスピン量子数である．S が最大値となるには，電子は同じ m_s 値 ($+\frac{1}{2}$ あるいは $-\frac{1}{2}$) をもたねばならない．閉殻では，全電子が対をつくるので，S は 0 になる．
2. ある決まった S 値に対しては，軌道角運動量 L が最大値となる準位が最も安定である．ここで L は
$$L = \sum_i m_{l,i}$$
$m_{l,i}$ は i 番目の電子の磁気量子数である．
3. 同じ S と L 値をもつ場合の，最低エネルギー準位は副殻が満たされている度合いにより決まる．
a. 副殻が半分以下しか満たされていない場合は，全角運動量量子数 J ($L+S$ の値) が最小の状態が最も安定になる．
b. 副殻が半分以上満たされている場合は，J が最大の状態が最も安定になる．

規則 1 を理解すると，二つの電子に対する S の最大値は平行スピン ($S=1$) を意味する．それゆえ，パウリの排他原理によれば，その二つの電子は別々の軌道を占めねばならず，その配置が電子反発を最小にする．規則 2 もまた静電的相互作用に起因するが，規則 3 は，スピン−軌道（磁気）相互作用に基づく．基底状態の炭素原子に対しては，三つの選択肢が可能で，各 □ で一つの軌道を表すと

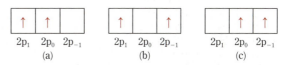

となる．規則 1 によれば，これらは $S=1$ となり，スピン多重度は $2S+1$ すなわち 3 で，三重項状態である．2p 副殻では，$l=1$ で m_l 値は 1，0，−1 である．炭素原子に対しては，L の最大値は二つの電子の m_l の和の最大値であり，それは $1+0$ すなわち 1 である．ここで規則 2 を適用すると，最も安定な基底状態は (a) ということになる．予想通り，実験的にも，基底状態の炭素原子は二つの不対電子をもち，**常磁性**（paramagnetism）である（常磁性物質は 1 個以上の不対電子をもち，それゆえ磁石の及ぼす力（磁場）の方向に平行に磁化を生じる）．2p 軌道を $2p_x$，$2p_y$，$2p_z$ と表す場合は

となり，x，y，z 表示は任意なので，三つの配置は等価になる．この表現法では規則 1 だけ適用できる．

構成原理（Aufbau principle, building-up principle）[*2] は元素の電子配置を書くためのルールで，元素をつくりあげるのに，陽子を 1 個ずつ原子核に加え，電子もまた同様に原子軌道に加えていく方法である．表 12・6 に，元素の基底状態電子配置を H ($Z=1$) から Cn ($Z=112$) まで示す．水素とヘリウム以外のすべての元素の電子配置は**希ガス型の芯**を使って，すなわちその元素より周期表で前にある最も近い希ガス元素を〔 〕でくくり，それに最外殻にある最高占有副殻の記号までを付け足す形で，表示できる．ナトリウム ($Z=11$) からアルゴン ($Z=18$) に対する元素の最外殻の最高占有副殻の電子配置は，リチウム ($Z=3$) からネオン ($Z=10$) までのものとよく似たパターンを示す．周期的な傾向がひとたびわかれば，大部分の電子配置を周期表から直接読み取れるようになる．

多電子原子においては 3d 副殻 (3d 軌道) より先に 4s 副殻 (4s 軌道) が占有される．したがって，カリウム ($Z=19$) の電子配置は $(1s)^2(2s)^2(2p)^6(3s)^2(3p)^6(4s)^1$ であり，

[*1] 訳注: 価電子（原子価電子ともよばれる）の valence（原子価）は，他の原子との共有結合を何本つくれるかを水素原子を基準にして数えた値．

[*2] Aufbau はドイツ語で，building up (積み上げる) を意味する．

表 12・6　元素の基底状態の電子配置†

原子番号	元素記号	電子配置	原子番号	元素記号	電子配置	原子番号	元素記号	電子配置
1	H	$(1s)^1$	39	Y	$[Kr](5s)^2(4d)^1$	77	Ir	$[Xe](6s)^2(4f)^{14}(5d)^7$
2	He	$(1s)^2$	40	Zr	$[Kr](5s)^2(4d)^2$	78	Pt	$[Xe](6s)^1(4f)^{14}(5d)^9$
3	Li	$[He](2s)^1$	41	Nb	$[Kr](5s)^1(4d)^4$	79	Au	$[Xe](6s)^1(4f)^{14}(5d)^{10}$
4	Be	$[He](2s)^2$	42	Mo	$[Kr](5s)^1(4d)^5$	80	Hg	$[Xe](6s)^2(4f)^{14}(5d)^{10}$
5	B	$[He](2s)^2(2p)^1$	43	Tc	$[Kr](5s)^2(4d)^5$	81	Tl	$[Xe](6s)^2(4f)^{14}(5d)^{10}(6p)^1$
6	C	$[He](2s)^2(2p)^2$	44	Ru	$[Kr](5s)^1(4d)^7$	82	Pb	$[Xe](6s)^2(4f)^{14}(5d)^{10}(6p)^2$
7	N	$[He](2s)^2(2p)^3$	45	Rh	$[Kr](5s)^1(4d)^8$	83	Bi	$[Xe](6s)^2(4f)^{14}(5d)^{10}(6p)^3$
8	O	$[He](2s)^2(2p)^4$	46	Pd	$[Kr](4d)^{10}$	84	Po	$[Xe](6s)^2(4f)^{14}(5d)^{10}(6p)^4$
9	F	$[He](2s)^2(2p)^5$	47	Ag	$[Kr](5s)^1(4d)^{10}$	85	At	$[Xe](6s)^2(4f)^{14}(5d)^{10}(6p)^5$
10	Ne	$[He](2s)^2(2p)^6$	48	Cd	$[Kr](5s)^2(4d)^{10}$	86	Rn	$[Xe](6s)^2(4f)^{14}(5d)^{10}(6p)^6$
11	Na	$[Ne](3s)^1$	49	In	$[Kr](5s)^2(4d)^{10}(5p)^1$	87	Fr	$[Rn](7s)^1$
12	Mg	$[Ne](3s)^2$	50	Sn	$[Kr](5s)^2(4d)^{10}(5p)^2$	88	Ra	$[Rn](7s)^2$
13	Al	$[Ne](3s)^2(3p)^1$	51	Sb	$[Kr](5s)^2(4d)^{10}(5p)^3$	89	Ac	$[Rn](7s)^2(6d)^1$
14	Si	$[Ne](3s)^2(3p)^2$	52	Te	$[Kr](5s)^2(4d)^{10}(5p)^4$	90	Th	$[Rn](7s)^2(6d)^2$
15	P	$[Ne](3s)^2(3p)^3$	53	I	$[Kr](5s)^2(4d)^{10}(5p)^5$	91	Pa	$[Rn](7s)^2(5f)^2(6d)^1$
16	S	$[Ne](3s)^2(3p)^4$	54	Xe	$[Kr](5s)^2(4d)^{10}(5p)^6$	92	U	$[Rn](7s)^2(5f)^3(6d)^1$
17	Cl	$[Ne](3s)^2(3p)^5$	55	Cs	$[Xe](6s)^1$	93	Np	$[Rn](7s)^2(5f)^4(6d)^1$
18	Ar	$[Ne](3s)^2(3p)^6$	56	Ba	$[Xe](6s)^2$	94	Pu	$[Rn](7s)^2(5f)^6$
19	K	$[Ar](4s)^1$	57	La	$[Xe](6s)^2(5d)^1$	95	Am	$[Rn](7s)^2(5f)^7$
20	Ca	$[Ar](4s)^2$	58	Ce	$[Xe](6s)^2(4f)^1(5d)^1$	96	Cm	$[Rn](7s)^2(5f)^7(6d)^1$
21	Sc	$[Ar](4s)^2(3d)^1$	59	Pr	$[Xe](6s)^2(4f)^3$	97	Bk	$[Rn](7s)^2(5f)^9$
22	Ti	$[Ar](4s)^2(3d)^2$	60	Nd	$[Xe](6s)^2(4f)^4$	98	Cf	$[Rn](7s)^2(5f)^{10}$
23	V	$[Ar](4s)^2(3d)^3$	61	Pm	$[Xe](6s)^2(4f)^5$	99	Es	$[Rn](7s)^2(5f)^{11}$
24	Cr	$[Ar](4s)^1(3d)^5$	62	Sm	$[Xe](6s)^2(4f)^6$	100	Fm	$[Rn](7s)^2(5f)^{12}$
25	Mn	$[Ar](4s)^2(3d)^5$	63	Eu	$[Xe](6s)^2(4f)^7$	101	Md	$[Rn](7s)^2(5f)^{13}$
26	Fe	$[Ar](4s)^2(3d)^6$	64	Gd	$[Xe](6s)^2(4f)^7(5d)^1$	102	No	$[Rn](7s)^2(5f)^{14}$
27	Co	$[Ar](4s)^2(3d)^7$	65	Tb	$[Xe](6s)^2(4f)^9$	103	Lr	$[Rn](7s)^2(5f)^{14}(6d)^1$
28	Ni	$[Ar](4s)^2(3d)^8$	66	Dy	$[Xe](6s)^2(4f)^{10}$	104	Rf	$[Rn](7s)^2(5f)^{14}(6d)^2$
29	Cu	$[Ar](4s)^1(3d)^{10}$	67	Ho	$[Xe](6s)^2(4f)^{11}$	105	Db	$[Rn](7s)^2(5f)^{14}(6d)^3$
30	Zn	$[Ar](4s)^2(3d)^{10}$	68	Er	$[Xe](6s)^2(4f)^{12}$	106	Sg	$[Rn](7s)^2(5f)^{14}(6d)^4$
31	Ga	$[Ar](4s)^2(3d)^{10}(4p)^1$	69	Tm	$[Xe](6s)^2(4f)^{13}$	107	Bh	$[Rn](7s)^2(5f)^{14}(6d)^5$
32	Ge	$[Ar](4s)^2(3d)^{10}(4p)^2$	70	Yb	$[Xe](6s)^2(4f)^{14}$	108	Hs	$[Rn](7s)^2(5f)^{14}(6d)^6$
33	As	$[Ar](4s)^2(3d)^{10}(4p)^3$	71	Lu	$[Xe](6s)^2(4f)^{14}(5d)^1$	109	Mt	$[Rn](7s)^2(5f)^{14}(6d)^7$
34	Se	$[Ar](4s)^2(3d)^{10}(4p)^4$	72	Hf	$[Xe](6s)^2(4f)^{14}(5d)^2$	110	Ds	$[Rn](7s)^2(5f)^{14}(6d)^8$
35	Br	$[Ar](4s)^2(3d)^{10}(4p)^5$	73	Ta	$[Xe](6s)^2(4f)^{14}(5d)^3$	111	Rg	$[Rn](7s)^2(5f)^{14}(6d)^9$
36	Kr	$[Ar](4s)^2(3d)^{10}(4p)^6$	74	W	$[Xe](6s)^2(4f)^{14}(5d)^4$	112	Cn	$[Rn](7s)^2(5f)^{14}(6d)^{10}$
37	Rb	$[Kr](5s)^1$	75	Re	$[Xe](6s)^2(4f)^{14}(5d)^5$			
38	Sr	$[Kr](5s)^2$	76	Os	$[Xe](6s)^2(4f)^{14}(5d)^6$			

† [He] はヘリウムの芯で $(1s)^2$ を示す．[Ne] はネオンの芯で $[He](2s)^2(2p)^6$ を示す．[Ar] はアルゴンの芯で $[Ne](3s)^2(3p)^6$ を示す．[Kr] はクリプトンの芯で $[Ar](4s)^2(3d)^{10}(4p)^6$ を示す．[Xe] はキセノンの芯で $[Kr](5s)^2(4d)^{10}(5p)^6$ を示す．[Rn] はラドンの芯で $[Xe](6s)^2(4f)^{14}(5d)^{10}(6p)^6$ を示す．

$(1s)^2(2s)^2(2p)^6(3s)^2(3p)^6$ はアルゴンの電子配置なので，これを単純化して $[Ar](4s)^1$ と書ける（$[Ar]$ はアルゴンの芯）．同様にカルシウム（$Z=20$）の電子配置は $[Ar](4s)^2$ と書ける．カリウムの最外殻電子を 4s 軌道（3d 軌道ではなくて）におくことは実験的証拠に照らし合わせ，強く支持されている．カリウムの化学的性質がリチウムやナトリウム，すなわちアルカリ金属に非常に似ている点も，4s 軌道を占める配置が正しいことを示唆する．リチウムもナトリウムも最外殻電子は s 軌道（その電子配置の帰属にあいまいさはない）に含まれ，それゆえ，カリウムの価電子は 3d 軌道ではなく 4s 軌道を占めると期待できる．

スカンジウム（$Z=21$）から銅（$Z=29$）までの元素は**遷移金属**（transition metal）である．遷移金属は，d 軌道が不完全に満たされている原子またはそのような陽イオンを容易に生じる元素かのいずれかである．スカンジウムから銅までの，遷移金属の第一系列を考えよう．第一系列では，フントの規則によれば，さらなる電子は 3d 軌道に入る．しかしながら，例外が二つある．クロム（$Z=24$）の電子配置は $[Ar](4s)^1(3d)^5$ であり，期待される $[Ar](4s)^2(3d)^4$ ではない．同様の規則の例外が銅でも見られ，銅の電子配置は $[Ar](4s)^2(3d)^9$ でなく $[Ar](4s)^1(3d)^{10}$ である．これらの例外を完全に説明するには古典的類似性に頼らない量子力学的記述が必要である．しかしながら，ちょうど半分充填 $[(3d)^5]$ された副殻と，完全充填 $[(3d)^{10}]$ された副殻は，安

定性が少し大きくなるということに注意すれば，大部分の元素の基底状態電子配置が予測できる．フントの規則の1によると，Crの軌道は

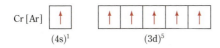

と表せて，d電子を別々の軌道に入れることで静電的な反発を減少させて，その結果，Crは全部で6個の不対電子をもつことになる．また，銅の軌道は

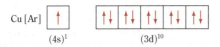

と表せて，この配置に対する定性的説明は次のようになる．同じ副殻にある電子は同じエネルギーをもつが，空間分布は異なる．その結果，互いの遮へいは比較的少ない．有効核電荷は実際の核電荷の増加に伴い大きくなるので，それゆえ完全に充満した副殻 $[(d)^{10}]$ の安定性は高くなり，電荷も球状に分布する．

亜鉛 ($Z=30$) からクリプトン ($Z=36$) までは，電子は4sと4p副殻に普通の順番で入っていく．ルビジウム ($Z=37$) で電子は $n=5$ のエネルギー準位に入り始める．遷移金属の第二系列 [イットリウム ($Z=39$) から銀 ($Z=47$) まで] の電子配置もまた規則的ではないが，ここでは詳しく議論しない．

周期表の第6周期はセシウム ($Z=55$) とバリウム ($Z=56$) で始まるが，それらの電子配置はそれぞれ $[Xe](6s)^1$ と $[Xe]6s^2$ である．次のランタン ($Z=57$) では，5dと4f軌道のエネルギーは非常に近く，実際，ランタンに対しては4fが5dよりエネルギーが少しだけ高い．そのためランタンの電子配置は $[Xe](6s)^2(5d)^1$ であって $[Xe](6s)^2(4f)^1$ ではない．ランタンに続くのが，**ランタノイド** (lanthanoids) や **希土類元素** (rare earth elements) として知られている14元素 [セリウム ($Z=58$) からルテチウム ($Z=71$)] で[*1]，希土類は4f副殻が不完全に満たされているか，あるいは4f副殻が不完全に満たされた陽イオンを容易に生ずる元素である．ランタノイドでは，電子を加えると4f副殻に入り，4f副殻が完全に埋まるとルテチウムのように5d副殻に入る．ただし，ガドリニウム ($Z=64$) の電子配置は $[Xe](6s)^2(4f)^7(5d)^1$ で，$[Xe](6s)^2(4f)^8$ ではないことを注意しておく．ガドリニウムは，クロムのように半充填副殻 $[(4f)^7]$ をもつことで余分の安定性を得ている．ランタンとハフニウム ($Z=72$) を含み金 ($Z=79$) まで伸びる遷移金属の第三系列は5d軌道を満たしていくところが特色である．次に6sと6p副殻に電子が入り，ラドン ($Z=86$) にたどり着く．次の行（第7周期）にはトリウム ($Z=90$) から始まり不完全充填の5f副殻をもつ**アクチノイド** (actinoids) が含まれる．アクチノイド元素の大部分は自然界には存在せず，人工的につくられたものである．

最後にイオンの電子配置を書く手順を見ていこう．陽イオンに対しては，まずp軌道の価電子，次にs軌道の価電子，最後にd電子を必要な電荷になるまで取除く．たとえば，Mnの電子配置は $[Ar](3d)^5(4s)^2$ なので，Mn^{2+} は $[Ar](3d)^5$ である．陰イオンの電子配置は，次の希ガスの芯に達するまで電子をその原子に入れていくことで得られる．したがって，酸化物イオン (O^{2-}) では $[He](2s)^2(2p)^4$ に2電子を加えた $[He](2s)^2(2p)^6$ となり，これはネオンの電子配置と同じになる．

原子の性質の周期的変化

電子配置の周期性が，結果として化学的および物理的性質の周期性[*2]となる．ここでは，原子半径，イオン化エネルギー，電子親和力を考えよう．一般的な周期性としては，周期表の左から右に行くに従い金属的性質は減少し，同族では上から下に行くに従い，金属的性質は強くなる．この傾向は遷移元素には当てはまらず，遷移元素はすべて金属で，良く似た性質をもつ．

原子半径 原子ははっきりした大きさをもっていない．数学的には原子の波動関数は無限遠まで広がっているので，原子の大きさをやや任意なやり方で定義する必要がある．一つの方法は，原子の大きさの尺度として **共有結合半径** (covalent radius) を用いるもので，共有結合半径は分子における原子核間の距離の測定から得られる．図12·11は原子半径の原子番号に対するプロットである．第2周期の元素を考えてみよう．LiからNeまで原子番号が増え，電子が2sと2p軌道に加えられていく．同じ副殻内の電子は互いにあまり遮へいしないので，有効核電荷 ζ は増加し，電子密度を集めるので，原子の大きさは減少する．また一つの族内では原子番号が増えると原子半径も大きくなる．たとえば1族のアルカリ金属では，最外殻電子は ns 軌道にあって，主量子数 n が増加すると軌道の大きさも増加するので，最外殻電子は原子核からより離れる．その結果，たとえ有効核電荷が LiからCsへと増加していっても，原子の大きさはLiからCsへと大きくなる．

[*1] 訳注: IUPAC命名法でのランタノイドの定義では，ランタンを含めた15元素の総称としている．**ランタニド** (lanthanide) の名称も許されている (1990年規則)．また，希土類はランタノイド元素にスカンジウムとイットリウムを加えた17元素を指すのが普通である．アクチノイド [**アクチニド** (actinide)] についても同様 (アクチニウムを含む)．

[*2] 大部分の周期性について，F ($Z=9$) と Fr ($Z=87$) がその両端である．

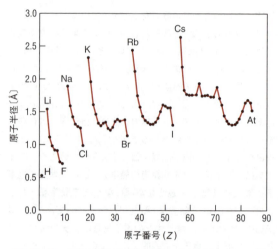

図 12・11 原子半径の原子番号 (Z) に対するプロット．一般に原子半経は，同一周期内では左から右に行くに従い小さくなり，同一族内では下に行くほど大きくなる．$1 Å = 0.1$ nm.

表 12・7 最初の 20 元素のイオン化エネルギー [kJ mol^{-1}]

Z	元 素	第1	第2	第3	第4	第5	第6
1	H	1312					
2	He	2373	5251				
3	Li	520	7300	11 815			
4	Be	899	1757	14 850	21 005		
5	B	801	2430	3660	25 000	32 820	
6	C	1086	2350	4620	6220	38 000	47 300
7	N	1400	2860	4580	7500	9400	53 000
8	O	1314	3390	5300	7470	11 000	13 000
9	F	1680	3370	6050	8400	11 000	15 200
10	Ne	2080	3950	6120	9370	12 200	15 000
11	Na	495.9	4560	6900	9540	13 400	16 600
12	Mg	738.1	1450	7730	10 500	13 600	18 000
13	Al	577.9	1820	2750	11 600	14 800	18 400
14	Si	786.3	1580	3230	4360	16 000	20 000
15	P	1012	1904	2910	4960	6240	21 000
16	S	999.5	2250	3360	4660	6990	8500
17	Cl	1251	2297	3820	5160	6540	9300
18	Ar	1521	2666	3900	5770	7240	8800
19	K	418.7	3052	4410	5900	8000	9600
20	Ca	589.5	1145	4900	6500	8100	11 000

イオン化エネルギー　　イオン化エネルギー (ionization energy) は基底状態にある気体原子から電子を一つ取除くのに必要な最小のエネルギーである．

$$\text{エネルギー} + X(g) \longrightarrow X^+(g) + e^- \quad (12 \cdot 27)$$

ここで，X はどの元素でもよいが原子を表す．イオン化は常に吸熱過程であり，上式の測定値から第一イオン化エネルギーが得られる．第二，第三イオン化エネルギーは同様の手順で決まる．

$$\text{エネルギー} + X^+(g) \longrightarrow X^{2+}(g) + e^-$$
$$\text{エネルギー} + X^{2+}(g) \longrightarrow X^{3+}(g) + e^-$$

任意の元素に対して，第三イオン化エネルギーは第二イオン化エネルギーより常に大きく，第二イオン化エネルギーは第一イオン化エネルギーより大きい．正電荷が大きいほど電子を取除くのに必要なエネルギーは大きくなるからで

ある．表 12・7 に最初の 20 元素のイオン化エネルギーを，図 12・12 に第一イオン化エネルギーの原子番号に対するプロットをあげた．図 12・12 は図 12・11 の原子半径と同様に解釈できる．有効核電荷は，同一周期内を左から右へと増加し，最外殻電子がより強く保持されるため，イオン化エネルギーもまた大きくなる．同一族内を下へ進むと，最外殻電子は原子核からさらに離れたその次の電子殻にいる．結果として，たとえ有効核電荷が上から下へと増加しても，最外殻電子は上段にある元素のものより下段の方が容易に取除ける．

電子親和力　　電子親和力 (electron affinity) は，気体状態にある原子に1個の電子が結合し，下式の陰イオ

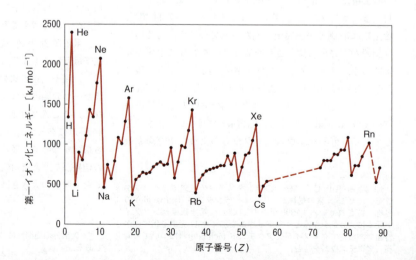

図 12・12 第一イオン化エネルギーの原子番号 (Z) に対するプロット

表 12・8　典型元素と希ガスの電子親和力† [kJ mol^{-1}] の例

1	2	13	14	15	16	17	18
H 73							He <0
Li 60	Be ≤0	B 27	C 122	N ≤0	O 141	F 328	Ne <0
Na 53	Mg ≤0	Al 44	Si 134	P 72	S 200	Cl 349	Ar <0
K 48	Ca 2.4	Ga 29	Ge 118	As 77	Se 195	Br 325	Kr <0
Rb 47	Sr 4.7	In 29	Sn 121	Sb 101	Te 190	I 295	Xe <0
Cs 45	Ba 14	Tl 30	Pb 110	Bi 110	Po 183	At 270	Rn <0

† 希ガス，Be，N，Mg の電子親和力は実験的には決められていないが，0 に近いか負であると考えられている．

ンが生じる際の放出エネルギーの値と定義される*．

$$X(g) + e^- \longrightarrow X^-(g) \tag{12・28}$$

−1 を超える電荷の孤立陰イオンは不安定なことが多いので，電子親和力はイオン化エネルギーと比べて測定するのが難しい．表 12・8 に多くの元素の電子親和力をあげた．電子親和力は正か 0 に近い値をとるが，電子親和力が大きいほど，その原子は電子を受け取りやすい．

12・9　変分原理

2 電子以上をもつ原子やイオンに対しては，シュレーディンガー方程式の厳密な解析解を得る方法はないことを先に述べた．この困難は，**変分原理** (variation principle) に基づく**変分法** (variation method) という非常に強力な方法を用いると乗り越えられる．ある系の基底状態エネルギーを計算したいとする．波動関数を知らなくても，系のハミルトニアンを書くことはできる．計算のためにもっともらしそうな試行波動関数を使って，合理的な推測をすることができる．変分原理によると，試行波動関数を使って計算されるエネルギーは，その系の真の（実験的に決められる）基底状態のエネルギーより低いことはあり得ない．変分原理では，その試行波動関数に**変分パラメーター** (variational parameter) とよばれるパラメーターを使いたいだけ用いることができるが，パラメーターの値を最適化して計算されるエネルギー (E_ϕ) は，常に真の基底状態エネルギー (E_0) より大きいか，最も良くても等しいであろう〔式 (12・29) の証明は補遺 12・1 を参照〕．

$$E_\phi \geq E_0 \tag{12・29}$$

計算したエネルギーが実験で求まったエネルギーより小さい場合は，用いたハミルトニアンが間違っていることになる．

変分法を説明するために，ヘリウム原子に戻ろう．軌道近似をし，二つの電子を独立なものとして取扱う．すなわちヘリウム原子の波動関数を二つの水素波動関数の積

$$\psi_{He}(1,2) = \phi_H(1)\phi_H(2)$$

とする．ここで各水素波動関数は

$$\phi_H = N_H e^{-Zr/a_0}$$

で N_H は規格化定数であるが，水素原子の波動関数はそのまま使わず，もう一つの電子による核の遮へいを考慮するように，水素 1s 軌道を修正する．すなわち，本来整数の核電荷 Z を有効核電荷 ζ〔式 (12・26) 参照〕に置き換え，式 (12・30) のようにする．

$$\phi_{He} = N_{He} e^{-\zeta r/a_0} \tag{12・30}$$

N_{He} は規格化定数で，したがって $\psi_{He}(1,2) = \phi_{He}(1)\phi_{He}(2)$ となる．次に ζ を変分パラメーターとみなして，最小エネルギーを見つける．ヘリウムは $Z=2$ であり，たった 1 個の電子が，他の電子から原子核を遮へいするので，予測としては

$$1 < \zeta < 2$$

がもっともらしい結果であろう．変分原理によれば，変分パラメーターの最良値は最小エネルギー値を与えるものである．それで，量子力学の仮説を用い，普通の方法でエネルギーを計算してみる (§10・7 参照)．エネルギーの平均値すなわち期待値は次式で与えられる．

$$E_\psi = \langle E \rangle = \frac{\int \psi_{He}^* \hat{H} \psi_{He} d\tau}{\int \psi_{He}^* \psi_{He} d\tau} \tag{12・31}$$

これは 1 パラメーターの問題なので，エネルギーを変分パラメーター (ζ) に対してプロットし，そのグラフ（図 12・13）からエネルギー最小値を得ることができる．式 (12・31) の積分を解く数学は，少々長いが簡単である．その結果は次式になる．

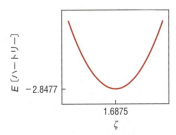

図 12・13　ヘリウムの平均エネルギーの計算値の変分パラメーター ζ（有効核電荷）に対するプロット

---

* X の電子親和力を定義するもう一つの方法は，陰イオン X$^-$ の第一イオン化エネルギーに等しいとすることである．

$$E_\psi(\zeta) = \underbrace{\frac{m_e e^4}{4\varepsilon_0^2 h^2}}_{1\,ハートリー}\left(\zeta^2 - \frac{27}{8}\zeta\right) \quad (12\cdot 32)$$

上式の括弧の前の項は，たまたま1原子単位，すなわち1ハートリー（表12・5参照）に等しいので，試行エネルギー値を原子単位で表して，

$$E_\psi(\zeta) = \left(\zeta^2 - \frac{27}{8}\zeta\right) \quad (12\cdot 33)$$

が得られる．一般に，変分パラメーターの最適値を見つけるには，エネルギーをそのパラメーターで微分し，それが0に等しいと置いて，パラメーターの値を求める．複雑な問題に対しては，その微分は数値的に計算するが，ここでは，解析解が容易に求まる．ヘリウムの例では，変分パラメーターはζで，

$$\frac{dE_\psi(\zeta)}{d\zeta} = 0 \quad (12\cdot 34)$$

と置き，式(12・33)から次の解が得られる*．

$$0 = \frac{d[\zeta^2 - (27/8)\zeta]}{d\zeta} = 2\zeta - \frac{27}{8}$$

それゆえ，$\zeta_{min} = 27/16 = 1.6875$で，これが最低エネルギーを与える$\zeta$の値である．

ζ_{min}を式(12・33)に代入すると

$$E_{\psi,min} = \left[\left(\frac{27}{16}\right)^2 - \frac{27}{8}\left(\frac{27}{16}\right)\right]$$
$$= -2.8477\,ハートリー\ すなわち -7476\,kJ\,mol^{-1} \quad (12\cdot 35)$$

を得る．このヘリウム原子のエネルギー試算値は，Heの第一および第二イオン化エネルギーの和としての実験値，-2.9033ハートリー（$-7624\,kJ\,mol^{-1}$）より上にあるが，-4ハートリーという独立電子近似の値よりかなりよい．

その計算の正確さを高めるために，第二の変分パラメーターを加えて，エネルギーの期待値を最小にする二つの変分パラメーターの値を見つけてみよう．原子，分子，イオンに共通な方法として**スレーター型原子軌道**(Slater-type atomic orbital, STO)を使うが，要するに，主量子数nとζの二つを変分パラメーターとして取扱う．STOは

$$\psi = Nr^{n-1}e^{-\zeta r}Y_l^{m_l} \quad (12\cdot 36)$$

の形をもち，ここでNは規格化定数，$Y_l^{m_l}$は球面調和関数である．lとm_lは普通の整数量子数であるが，nは実数の変分パラメーターである．ヘリウム原子に対する最適解を見つけるために

$$\left[\frac{\partial E_\psi(\zeta, n)}{\partial \zeta}\right]_n = 0 \quad (12\cdot 37)$$

および

$$\left[\frac{\partial E_\psi(\zeta, n)}{\partial n}\right]_\zeta = 0 \quad (12\cdot 38)$$

とおく．数学的取扱いをもう少し行うと，最適解（最小エネルギー）として，$n_{min}=0.995$, $\zeta_{min}=1.6116$のときに$E_{\psi,min}=2.8542$ハートリーを得る．これは単一パラメーターの結果よりは改善されているが，かなりな量の計算が必要である．物理化学の多くの分野と同様，パラメーターを増やすとより正確な結果は得られるが取扱いが面倒になり，パラメーターに対する物理的意味はぼやけてくる．計算化学者は，分光学的測定と一致する結果を得るために，一つの軌道を記述するのに，二，三（あるいはそれ以上）の有効核電荷を用いて計算することもある（いわゆる，<u>ダブルゼータ型</u>や<u>トリプルゼータ型</u>の計算）．

例題 12・4

変分原理を適用し，次の形の試行波動関数を用いて，水素原子の基底状態エネルギーを求めよ．

$$\phi(r) = Ne^{-ar^2}$$

ここで，Nは規格化定数，rは原子核からの距離，aは最適値に調整されるべき変分パラメーターである．球対称の基底状態を探しているので，θやϕを含む項を取除き，水素原子に対するハミルトニアン演算子［式(12・2)］は次式のように単純化される．

$$\hat{H} = \frac{-\hbar^2}{2m_e}\frac{1}{r^2}\frac{d}{dr}\left(r^2\frac{d}{dr}\right) - \frac{e^2}{4\pi\varepsilon_0 r}$$

また球状の体積要素は

$$d\tau = 4\pi r^2 dr$$

となる．

解 試行エネルギーの期待値は次のように書ける．

$$E_\phi = \frac{\int (\phi^*\hat{H}\phi)4\pi r^2 dr}{\int \phi^*\phi\, 4\pi r^2 dr} =$$

$$= \frac{4\pi N^2\int_0^\infty e^{-ar^2}\left[\frac{-\hbar^2}{2m_e r^2}\frac{d}{dr}\left(r^2\frac{d}{dr}\right) - \frac{e^2}{4\pi\varepsilon_0 r}\right]e^{-ar^2}r^2 dr}{4\pi N^2\int_0^\infty e^{-ar^2}r^2 dr}$$

$$= \frac{\dfrac{-\hbar^2}{2m_e}\int_0^\infty (4a^2r^4 - 6ar^2)e^{-2ar^2}dr - \dfrac{e^2}{\varepsilon_0}\int_0^\infty r e^{-2ar^2}dr}{\dfrac{1}{8a}\left(\dfrac{\pi}{2a}\right)^{1/2}}$$

$$= \frac{\dfrac{-\hbar^2}{2m_e}\left[-\dfrac{3}{8}\left(\dfrac{\pi}{2a}\right)^{1/2}\right] - \dfrac{e^2}{4\pi\varepsilon_0}\dfrac{1}{4a}}{\dfrac{1}{8a}\left(\dfrac{\pi}{2a}\right)^{1/2}}$$

$$= \frac{3\hbar^2 a}{2m_e} - \frac{e^2 a^{1/2}}{2^{1/2}\pi^{3/2}\varepsilon_0}$$

エネルギーを変分パラメーターaの関数として表す

---

* 注意しておきたいのは，式(12・34)の条件が意味するのは，ζが最大値か最小値のどちらかである，ということだけである．しかしながら，この場合にはエネルギーの最小値を与える．

ことができたので，その a に対する微分をとって 0 と置き，試行エネルギーに対する最小値を見つける．

$$\frac{dE_\phi}{da} = \frac{3\hbar^2}{2m_e} - \frac{e^2}{(2\pi)^{3/2}\varepsilon_0(a_{min})^{1/2}} = 0$$

最小エネルギーを与える変分パラメーターを求めると，

$$a_{min} = \frac{m_e^2 e^4}{18\pi^3 \varepsilon_0^2 \hbar^4}$$

となる．a_{min} をエネルギー式に代入すると，最適試行エネルギーが得られる．

$$E_\phi = \frac{3\hbar^2}{2m_e}\left(\frac{m_e^2 e^4}{18\pi^3 \varepsilon_0^2 \hbar^4}\right) - \frac{e^2}{2^{1/2}\pi^{3/2}\varepsilon_0}\left(\frac{m_e^2 e^4}{18\pi^3 \varepsilon_0^2 \hbar^4}\right)^{1/2}$$

$$= -\left(\frac{1}{3\pi}\right)\frac{m_e e^4}{\varepsilon_0^2 h^2}$$

コメント 水素原子の基底状態の真のエネルギーは式 (12・10) より

$$E_H = -\left(\frac{1}{8}\right)\frac{m_e e^4}{\varepsilon_0^2 h^2}$$

であり，上で得た簡単な試行関数でも，真のエネルギーよりわずか 15 % 高いだけである．水素原子の基底状態の真の波動関数 (表 12・2 参照) は，a_0 をボーア半径として

$$\psi_{1s}(r) = \frac{2}{\sqrt{a_0^3}} e^{-r/a_0}$$

となることに注意されたい．

例題 12・5

変分原理を適用し，次の試行波動関数を用いて，長さ L の一次元の箱の中の質量 m の粒子の基底状態エネルギーを推定せよ．

$$\phi(x) = Nx(L-x)$$

ここで N は規格化定数である．

解 一次元の箱の中の粒子のハミルトニアンは式 (10・43) より

$$\hat{H} = \frac{-\hbar^2}{2m}\frac{d^2}{dx^2}$$

と書けるので，試行関数に対するエネルギー期待値は

$$E_\phi = \frac{\int_0^L \phi^* \hat{H} \phi \, dx}{\int_0^L \phi^* \phi \, dx} = \frac{N^2 \frac{\hbar^2}{m}\int_0^L x(L-x)\,dx}{N^2 \int_0^L [x(L-x)]^2\,dx}$$

$$= \frac{\hbar^2}{m}\left(\frac{L^3/6}{L^5/30}\right) = \left(\frac{5}{4\pi^2}\right)\frac{h^2}{mL^2}$$

となる．

コメント 試行エネルギー値は $0.126\,65\,h^2 m^{-1} L^{-2}$ であり，真の基底状態エネルギー [式 (10・50) 参照] は $h^2/(8mL^2) = 0.125\,00\,h^2 m^{-1} L^{-2}$ なので，試行エネルギーはわずか 1.321 % 高いだけである．本問では，最適化すべき変分パラメーターはなかったことになる．

12・10 ハートリー・フォックのつじつまのあう場の方法

前述したように，ヘリウムや他の多電子原子のシュレーディンガー方程式を解くには近似法を用いる必要がある．広く用いられている方法として**ハートリー・フォックのつじつまのあう場の方法** (Hartree-Fock self-consistent-field method)，略して HF-SCF 法というのがある*．HF-SCF 法は，N 個の電子を含む系のシュレーディンガー方程式に対する近似解を見つけるための変分法で，個々の電子を軌道とよぶ波動関数で記述する，軌道近似法を用いている．

一般的に HF-SCF 法を用いるとき，全波動関数，ψ を N 個の一電子波動関数の積

$$\psi = \phi_1 \phi_2 \phi_3 \cdots \phi_N$$

とおいてスタートする．一電子を除いて各電子の波動関数を推定で，たとえば，電子 2, 3, 4, $\cdots$, N の波動関数を，ϕ_2, ϕ_3, ϕ_4, $\cdots$, ϕ_N とする．そうしておいて，原子核と軌道 ϕ_2, ϕ_3, ϕ_4, $\cdots$, ϕ_N にある電子によってつくりだされるポテンシャル場の中を動く電子 1 に対するシュレーディンガー方程式を解く．電子 1 と残りの電子との反発は，空間の各点でその点の周囲の平均電子密度の和から計算される．この手順で電子 1 の波動関数が得られ，ϕ_1' とする．次に，波動関数 ϕ_1', ϕ_3, ϕ_4, $\cdots$, ϕ_N で記述される電子のポテンシャ

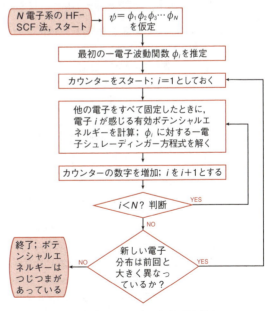

図 12・14 多電子系の波動関数を得るための SCF 法のフローチャート表現

---

* Vladimir Fock (1898～1974) はロシアの化学者，物理学者で，電子交換に関して反対称 ("§12・7 パウリの排他原理"を参照) である波動関数を用いて，ハートリーの式を一般化した．

ル場を動く電子2に対して，同様の計算をする．この手順で，電子2の新しい関数，ϕ_2' が決まる．この手順を残りの電子に対して繰返し，全電子の新しい波動関数の組 ϕ_1'，ϕ_2'，ϕ_3'，…，ϕ_N' を決める．この全手順を繰返し実行し，新たに得られた波動関数の組が前回の計算で得られたのと実質的に同じ組となるまで続ける．同じ組となった段階で，つじつまのあう場が得られたことになり，さらなる計算は不要になる．図12・14に上記の手順をまとめた．高速電子計算機の出現のお蔭で，こうした複雑な原子の軌道とエネルギーを正確に計算できるようになり，その結果，多電子原子の軌道は，定性的には水素原子の軌道に似ていることがわかった．そのため，水素原子軌道を記述するのに使ったのと同じ量子数を多電子原子軌道に付けて表すことができる．

さて，ハートリー・フォック法をヘリウム原子の電子構造問題に適用してみよう．再び軌道近似［式(12・19)］から始める．

$$\psi(\tau_1, \tau_2) = \phi(\tau_1)\phi(\tau_2)$$

ここで τ_1 と τ_2 はそれぞれ電子1と2の三次元座標を表す．基底状態のヘリウムに対しては両電子とも同じ原子軌道を占める．ハートリー・フォック近似では，電子1は，電子2の電荷分布すなわち確率分布に基づく**有効ポテンシャル** (effective potential)，V^{eff} を"感じる"．

$$V_1^{\text{eff}}(\tau_1) = \int \phi^*(\tau_2) \frac{1}{r_{12}} \phi(\tau_2)\, d\tau_2 \quad (12\cdot39)$$

ここで r_{12} は二つの電子間の距離で，積分は全空間にまたがり行う．こうして，有効一電子ハミルトニアンを原子単位系で，次式のように，運動エネルギー演算子，電子–原子核クーロン相互作用，有効ポテンシャルを用いて書き表せる．

$$\hat{H}_1^{\text{eff}}(\tau_1) = -\frac{1}{2}\nabla_1^2 - \frac{2}{r_1} + V_1^{\text{eff}}(\tau_1) \quad (12\cdot40)$$

$\hat{H}$ に付けた ^{eff} は演算子の有効的，平均的性質をここでも強調している．この有効ハミルトニアンを電子1のシュレーディンガー方程式に用いると，

$$\hat{H}_1^{\text{eff}}(\tau_1) \phi(\tau_1) = \varepsilon_1 \phi(\tau_1) \quad (12\cdot41)$$

となり，ε_1 は電子1の軌道エネルギーである．ヘリウムに対しては，電子2のシュレーディンガー方程式も同じになる．この表現は循環論法でなされていると気づいただろうか．式(12・41)の一電子波動関数 ϕ のシュレーディンガー方程式を解くのに，式(12・40)の有効ハミルトニアンが必要だが，有効ハミルトニアンを求めるには式(12・39)の有効ポテンシャルが必要になり，有効ポテンシャルを得るには波動関数 ϕ が必要で…と循環してしまう．どこから始めたらよいのだろう．ここでは，知識と経験に基づき，関数 ϕ の形を高い正確性をもって推定することか

ら始める．この最初の推定を使い，有効ポテンシャルと有効ハミルトニアンを求める．そうしてシュレーディンガー方程式を解き，新しい ϕ を得る．さらにその新しい電子波動関数を使って有効ポテンシャルを再計算し，ϕ が前回の結果とあまり変わらなくなるまでこのサイクルを繰返す．それを成就したとき，"解は収束した"と言い，"その場は**つじつまのあう場** (self-consistent field) である"と表現する．こうして得られる一電子波動関数 ϕ が**ハートリー・フォック軌道** (Hartree–Fock orbital) とよばれる．

計算化学では，軌道は原子軌道の線形結合として書かれる．使われる原子軌道の集まりが計算の際の**基底(関数)系** (basis set) となる．基底系を無限大に拡張するときに，**ハートリー・フォック極限** (Hartree–Fock limit) に達するが，それが，全波動関数を一電子波動関数の積で書くときに得られる最良の解である．とはいえ，ハートリー・フォック極限でも，系の真の(すなわち厳密な，分光学的な)エネルギー値(表12・9参照)よりまだ高い．その理由は，ハートリー・フォック近似が**電子相関** (electron correlation, EC) を十分に取入れてはいないからである．ハートリー・フォック近似では，"電子は相関していない"と考える．それは，電子が平均的な，言い換えると実際に有効なという意味でのみ，互いを"感じる"とするからである．エネルギーの厳密な値とハートリー・フォックエネルギーとの相違は，**相関エネルギー** (correlation energy, CE) とよばれ，

$$E_{\text{CE}} = E_{\text{厳密}} - E_{\text{HF}} \quad (12\cdot42)$$

表12・9 ヘリウム原子の基底状態エネルギー

方法	エネルギー[†1] $[E_{\text{h}}]$	イオン化エネルギー[†1] $[E_{\text{h}}]$
実測値[†2] (^{4}He)	$-2.903\,570\,59$	$0.903\,570\,59$
$1/r$ をまったく考慮せず (§12・6)	-4.000	2.000
変分法, $\zeta=1.6875$ (§12・9)	-2.8477	0.8477
変分法, $\zeta=1.611\,62$, $n=0.995$	-2.8542	0.8542
変分法, パラメーター1078個[†3]	$-2.903\,724\,375$	$0.903\,724\,375$
ハートリー・フォック法[†4] (§12・10)	-2.8617	0.8617
一次摂動論 (§12・11)	-2.7500	0.7500
二次摂動論	-2.9077	0.9077
13次摂動論[†5]	$-2.903\,724\,33$	$0.903\,724\,33$

[†1] エネルギーは原子単位系である．$E_{\text{h}}=1$ ハートリー．理論値は非相対論的，"原子核固定"，"断熱"，"ボルン–オッペンハイマー"近似法で計算されたものである．

[†2] 出典: G. Herzberg, *Proc. R. Soc. London, Ser. A*, **248**, 309 (1958). ^{3}He の実測値は 4.78×10^{-5} ハートリーだけ小さい．エネルギーの実測値は二つのイオン化ポテンシャルの和である．

[†3] 出典: C. L. Pekeris, *Phys. Rev.*, **115**, 1126 (1959).

[†4] 出典: E. Clementi, C. Roetti, *At Data Nucl. Data Tables*, **14**, 177 (1974). この値は基底系を無限に大きくしたときに得られるハートリー・フォック極限である．

[†5] 出典: C. W. Scheer, R. E. Knight, *Rev. Mod. Phys.*, **35**, 426 (1963).

となる．ヘリウムの相関エネルギーは 0.0419 ハートリーで，厳密なエネルギーの 1.44% に当たる．これは % としては小さいが，0.0419 ハートリーは 110 kJ mol^{-1} であり，化学結合のエンタルピー値と同程度である．

一般的なハートリー・フォック近似は，ヘリウムに対して例示したよりもっと複雑である．ヘリウムの場合は二つの電子が同じ軌道を占有するので，全波動関数の空間部分とスピン部分とを分離することができたが，より複雑な系に対しては，空間部分とスピン部分を共に含んだ形で完全な波動関数を書く必要がある（例題 12・3 を参照）．このことは，有効ハミルトニアンがヘリウム原子の場合よりもっと複雑になることを意味するが，ハートリー・フォック法は適当な計算コスト（計算時間と記憶容量）内で実測値とよい一致を与えるので，計算化学では最も一般的に用いられている方法である．

12・11 摂 動 論

厳密な解析解が得られない系のシュレーディンガー方程式の近似解を見つけるもう一つの方法が摂動論である．摂動論の計算で得られるエネルギー値は系の基底状態の真のエネルギー値より高いという保証はない点が，摂動論法と変分法の相違点である．それにもかかわらず，摂動論法は多くの系に合理的な定量的結果を与えるので，非常に役立つ．箱の中の粒子，調和振動子，剛体回転子，水素原子などのよくわかっている量子力学モデルに似た系に対して，摂動論法は有効である．たとえば，一つの粒子が，小さな隆起（すなわちポテンシャル障壁）が中央にあるポテンシャル箱の中にある場合，その系のモデルをまず障害なしの箱の中の自由粒子として立て，次に隆起をその系に対する小さな**摂動**（perturbation）[*1] として取扱う．摂動論を説明するために，ここではまず方法論の一般的記述から始め，次にそれをいくつかのなじみある系に適用してみる．

摂動論における一般的な手順としては，まず問題とする系を近似する簡単な零次[*2]波動関数 $\psi^{(0)}$ を選び，完全で正しいハミルトニアンを用いて，量子力学の仮説 4（§10・7 参照）で定義したエネルギーの期待値を計算する．

$$\langle E \rangle = \frac{\int \psi^{(0)*} \hat{H} \psi^{(0)} \, d\tau}{\int \psi^{(0)*} \psi^{(0)} \, d\tau} \tag{12・43}$$

上添字$^{(0)}$ は零次の項であることを表す．しかしこの段階では，摂動があるために，波動関数はハミルトニアンの固有関数ではない．

$$\hat{H}\psi^{(0)} \neq E\psi^{(0)}$$

[*1] 訳注：摂動とは，系の状態を大きく変えない程度の外部からの相互作用のこと．

[*2] "零次"は"摂動なし"を意味する．

完全で正しいハミルトニアン $\hat{H}$ は，零次のハミルトニアンに一次の摂動項を加えた和として書ける．

$$\hat{H} = \hat{H}^{(0)} + \hat{H}^{(1)} \tag{12・44}$$

ここで零次波動関数は零次ハミルトニアンの固有関数であり，

$$\hat{H}^{(0)} \psi_n^{(0)} = E_n^{(0)} \psi_n^{(0)} \tag{12・45}$$

となる．上添字$^{(1)}$ は小さな摂動を含む項に添え，これを予想の一次項とよぶが，理論レベルが高くなると，二次項，三次項と摂動項が続く．一次の摂動論では，エネルギーの期待値は零次のエネルギーと一次摂動項の和となる．

$$\langle E \rangle = E^{(0)} + E^{(1)} \tag{12・46}$$

"摂動"という言葉から予想されるように，摂動エネルギー $E^{(1)}$ は，一般的に零次のエネルギー $E^{(0)}$ よりずっと小さい．エネルギーに対する一次の修正は式（12・43）に示すように計算される．

$$E^{(1)} = \langle E^{(1)} \rangle = \frac{\int \psi^{(0)*} \hat{H}^{(1)} \psi^{(0)} \, d\tau}{\int \psi^{(0)*} \psi^{(0)} \, d\tau} \tag{12・47}$$

摂動論の成否を決める因子の一つは，零次ハミルトニアンとそれに関わる零次波動関数を適切に選ぶことにある．計算がスムーズに進むようにするために，たいていは零次系に厳密な解析解のある系を選ぶが，今まで考えてきた簡単な量子力学系（箱の中の粒子，環の上の粒子，剛体回転子，調和振動子，水素原子）がよく使われる．

それでは，本章で取扱ってきたヘリウム原子の問題に摂動論を適用してみよう．零次の出発点として，水素原子のハミルトニアンと水素原子の波動関数を選ぶ．以前にやったように，ヘリウム原子の波動関数を，独立電子（すなわち独立軌道）近似で書き表し，

$$\psi_{He}^{(0)}(\tau_1, \tau_2) = \psi_1^{(0)}(\tau_1) \psi_2^{(0)}(\tau_2) \tag{12・48}$$

ここで τ_1 と τ_2 は電子 1 と 2 の空間座標である．ハミルトニアン [式 (12・16) 参照] を原子単位系で書き表して，

$$\hat{H} = \hat{H}_{厳密} = \underbrace{-\frac{1}{2}\nabla_1^2 - \frac{Z}{r_1}}_{\text{H 原子 ハミルトニアン}} \underbrace{-\frac{1}{2}\nabla_2^2 - \frac{Z}{r_2}}_{\text{H 原子 ハミルトニアン}} + \underbrace{\frac{1}{r_{12}}}_{\text{摂動}}$$

上式では項を並べ換えて，最初の四つの項は電子 1 と 2 に対する水素原子のハミルトニアン（ただし $Z=2$）にすぎないことを強調してある．すなわち，

$$\hat{H} = \hat{H}_1^{(0)} + \hat{H}_2^{(0)} + \frac{1}{r_{12}} \tag{12・49}$$

であり，$1/r_{12}$ という項は厳密な解析解を得ることを防げているので，一次摂動項として取扱う．

$$\hat{H} = \hat{H}_1^{(0)} + \hat{H}_2^{(0)} + \hat{H}_{12}^{(1)} \quad (12\cdot50)$$

上式の下添字 $_{12}$ は，摂動演算子が電子1と2両方の座標により決まることを強調するために付けた．さて，量子力学の仮説4［式(10・34)参照］をエネルギーの期待値を得るのに適用する準備ができた．まず，零次の波動関数［式(12・48)］を式(12・43)のエネルギー式に代入すると，一見恐ろしく見える次式が得られる．

$$\langle E \rangle = \frac{\iint \psi_1^{(0)*}(\tau_1)\,\psi_2^{(0)*}(\tau_2)\,[\hat{H}_1^{(0)}+\hat{H}_2^{(0)}+\hat{H}_{12}^{(1)}]\,\psi_1^{(0)}(\tau_1)\,\psi_2^{(0)}(\tau_2)\,\mathrm{d}\tau_1\mathrm{d}\tau_2}{\iint \psi_1^{(0)*}(\tau_1)\,\psi_2^{(0)*}(\tau_2)\,\psi_1^{(0)}(\tau_1)\,\psi_2^{(0)}(\tau_2)\,\mathrm{d}\tau_1\mathrm{d}\tau_2}$$
$$(12\cdot51)$$

しかしながら，零次の関数を賢く選んであるので，この式は容易に簡素化できる．規格化波動関数を選んだので，分母は1になる．分子はハミルトニアンの三つの部分に基づき三つの項に分けることができて，

$$\langle E \rangle = \int \psi_1^{(0)*}(\tau_1)\hat{H}_1^{(0)}\psi_1^{(0)}(\tau_1)\,\mathrm{d}\tau_1 \int \psi_2^{(0)*}(\tau_2)\,\psi_2^{(0)}(\tau_2)\,\mathrm{d}\tau_2 +$$
$$\int \psi_2^{(0)*}(\tau_2)\hat{H}_2^{(0)}\psi_2^{(0)}(\tau_2)\,\mathrm{d}\tau_2 \int \psi_1^{(0)*}(\tau_1)\,\psi_1^{(0)}(\tau_1)\,\mathrm{d}\tau_1 +$$
$$\iint \psi_1^{(0)*}(\tau_1)\,\psi_2^{(0)*}(\tau_2)\hat{H}_{12}^{(1)}\psi_1^{(0)}(\tau_1)\,\psi_2^{(0)}(\tau_2)\,\mathrm{d}\tau_1\mathrm{d}\tau_2$$
$$(12\cdot52)$$

となる．このうち，第一項の最初の積分は水素原子の問題で，次の積分は規格化条件である（1に等しい）．第二項でも同じことがいえるので，式(12・52)は次式に整理される．

$$\langle E \rangle = E_1^{(0)} + E_2^{(0)} +$$
$$\iint \psi_1^{(0)*}(\tau_1)\,\psi_2^{(0)*}(\tau_2)\hat{H}_{12}^{(1)}\psi_1^{(0)}(\tau_1)\,\psi_2^{(0)}(\tau_2)\,\mathrm{d}\tau_1\mathrm{d}\tau_2$$
$$(12\cdot53)$$

残る二重積分は解かねばならない課題であるが，これは解析解[*1]をもつ．その結果を原子単位系で書くと

$$\langle E \rangle = E_1^{(0)} + E_2^{(0)} + \frac{5}{8}Z$$

ここで，Z は核電荷であり，ヘリウムに対しては，

$$\langle E \rangle = -2 - 2 + \frac{5}{8}(2) = -2.75\ \text{ハートリー}$$

となり，実測値（-2.9033 ハートリー）に非常に近い．

例題 12・6

摂動論を適用して，次のポテンシャルエネルギー関数に支配される振動子の基底状態エネルギーを求めよ．

$$V(x) = \frac{k}{2}x^2 + bx^4$$

ここで k と b は定数であり，b は摂動で取扱えるほど十分小さいと仮定する．

解 まず無摂動系として調和振動子を選び，ポテンシャルの4次の項（x^4 を含む項）を摂動として取扱う．

$$\hat{H}^{(1)} = bx^4$$

零次ハミルトニアンは調和振動子に対するもの［式(11・53)］と同じであるが，わざわざ書き出す必要はない．零次のエネルギーは調和振動子［式(11・54)］の振動量子数を $v=0$ としたもので，すなわち

$$E_0 = \left(v + \frac{1}{2}\right)h\nu = \frac{1}{2}h\nu$$

で，ν は調和振動子の基本振動数である．零次の波動関数に対しては，調和振動子の基底状態波動関数［式(11・60)］から

$$\psi_0(x) = \left(\frac{\alpha}{\pi}\right)^{1/4} \mathrm{e}^{-\alpha x^2/2}$$

となり，ここで

$$\alpha = \left(\frac{k\mu}{\hbar^2}\right)^{1/2}$$

で，μ は換算質量である．ここで一次の摂動エネルギーは次のように計算できて，

$$E^{(1)} = \int \psi^{(0)*} \hat{H}^{(1)} \psi^{(0)}\,\mathrm{d}\tau = \int_{-\infty}^{\infty} bx^4 \left(\frac{\alpha}{\pi}\right)^{1/2} \mathrm{e}^{-\alpha x^2}\,\mathrm{d}x$$
$$= 2b\left(\frac{\alpha}{\pi}\right)^{1/2} \int_0^{\infty} x^4\,\mathrm{e}^{-\alpha x^2}\,\mathrm{d}x$$

上式は標準的な積分表（たとえば Handbook of Chemistry and Physics を参照）の助けを借りると，

$$E^{(1)} = \frac{3b}{4\alpha^2} = \frac{3b\hbar^2}{4k\mu} = \frac{3bh^2\nu^2}{4k^2}$$

となり[*2]，系の全エネルギーは次のように求まる．

$$E = E^{(0)} + E^{(1)} = \frac{h\nu}{2} + \frac{3bh^2\nu^2}{4k^2}$$

コメント 次元解析をして，解答が正しい単位をもつことを確認してみよう．

一次摂動論は，有効核電荷 ζ を唯一の変分パラメーターとして用いる変分近似法ほどうまくは働かない［式(12・35)参照］．摂動論の結果を改良するために，高次の摂動論を用いる．一般的に次の式を解くことが目標である．

$$\hat{H}\psi_n = E_n \psi_n$$

一次摂動論の場合と同様，まず零次のハミルトニアンとその固有関数を選ぶ．

$$\hat{H}^{(0)} \psi_n^{(0)} = E_n^{(0)} \psi_n^{(0)}$$

厳密なハミルトニアンは，零次のハミルトニアンに摂動を加えたもので表せると仮定するが，ここで，その値が摂動の大きさを決める新しいパラメーター λ を導入する．

[*1] たとえば, M.Karplus, R. N. Porter, "Atoms and Molecules: An Introduction for Students of Physical Chemistry," W. A. Benjamin, New York (1970) の p. 174～177 を参照せよ．

[*2] 訳注：式(11・51)の $\nu=(1/2\pi)\sqrt{k/\mu}$ から μ を求め，$E^{(1)}$ に代入して整理する．

$$\hat{H} = \hat{H}^{(0)} + \lambda \hat{H}^{(1)} \quad (12\cdot54)$$

式 (12・54) を高次の項を含むよう展開する．波動関数の一般解は

$$\psi_n = \psi_n^{(0)} + \lambda \psi_n^{(1)} + \lambda^2 \psi_n^{(2)} + \cdots \quad (12\cdot55)$$

そして，そのエネルギーは

$$E_n = E_n^{(0)} + \lambda E_n^{(1)} + \lambda^2 E_n^{(2)} + \lambda^3 E_n^{(3)} + \cdots \quad (12\cdot56)$$

となる．ここで $^{(1)}, ^{(2)}, ^{(3)} \cdots$ は，一，二，三次 $\cdots$ の摂動をそれぞれ表す．これらの高次波動関数 $[\psi_n^{(2)}, \psi_n^{(3)}, \cdots]$ とエネルギー $[E_n^{(2)}, E_n^{(3)}, \cdots]$ は，一次摂動ハミルトニアン $[\hat{H}^{(1)}]$ を用いるだけで決めることが可能である．普通は波動関数より一次だけ高次のエネルギーを計算する．ここで取扱ったヘリウム原子の例では，$\lambda = 1$ として，一次の摂動エネルギー $E_n^{(1)}$ と零次の波動関数 $\psi_n^{(0)}$ を得た．ヘリウム原子の零次波動関数は，単に $Z=2$ とした水素原子の波動関数である．

摂動論の次数を上げていくと（表 12・9 参照），計算結果の精度と共に計算量も上昇するため，時にこのことは結局，摂動項の物理的意義を次第に下げることになる．計算科学では一般に，正確さを上げようとするとその代償として計算コストが高くつく．最終的に何を目標としているのか，計算をいつ打ち切るかは自分で判断しないといけない．

摂動論は，前節に述べた変分法とはかなり異なる近似法である．摂動論が変分原理よりも有利な点は，変分法は基底状態に適用できるだけだが，摂動論はそのままの形で励起状態に適用可能な点である．変分法は真のエネルギー値より大きな値を与えることが保証されている点で，優れていると思うかもしれない．先にも述べたように，摂動論は変分法と違って，真のエネルギー値より低い値を与えるかもしれない．しかしながら，摂動論の次数を上げていくか，変分パラメーターの数を増やしていくと，摂動論も変分法も共に真のエネルギー値と真の波動関数（表 12・9）に収束する．この場合，たとえば 13 次の摂動論計算と実測値との差は，一部は摂動論計算で用いられた近似のせいである．摂動論と変分法の計算はどちらも相対論効果*を無視していて，さらに "原子核固定"，"断熱"，"ボルン・オッペン・ハイマー" 近似を用いている．原子核の動きと相対論効果は，実測値と高レベルの理論値との差の大部分を説明すると考えられている．

---

* 周期表の下方に行くと核電荷が大きくなる．その結果，内核電子の速さは増加する．重元素では電子の速さが光速に近づくので，電子の質量や軌道サイズのようなその他の電子的性質に対して，補正をしないといけない．

重要な式

$\frac{-\hbar^2}{2m_e}\left[\frac{1}{r^2}\frac{\partial}{\partial r}\left(r^2\frac{\partial}{\partial r}\right) + \frac{1}{r^2\sin\theta}\frac{\partial}{\partial \theta}\left(\sin\theta\frac{\partial}{\partial \theta}\right) + \frac{1}{r^2\sin^2\theta}\left(\frac{\partial^2}{\partial \phi^2}\right)\right]\psi - \frac{e^2\psi}{4\pi\varepsilon_0 r} = E\psi$	水素原子に対するシュレーディンガー波動方程式	式 (12・2)
$\psi_{n,l,m_l}(r,\theta,\phi) = \underbrace{R_{nl}(r)}_{\text{動径部分}}\underbrace{Y_l^{m_l}(\theta,\phi)}_{\text{角度部分}}$	水素の波動関数の分離	式 (12・5)
$E_n = -\frac{m_e e^4}{8h^2\varepsilon_0^2}\frac{1}{n^2}$	水素原子の電子エネルギー	式 (12・10)
$\underbrace{-\frac{h^2}{2m_e}\nabla_1^2\psi - \frac{h^2}{2m_e}\nabla_2^2\psi}_{\text{電子の運動エネルギー項}} \underbrace{- \frac{Ze^2\psi}{4\pi\varepsilon_0 r_1} - \frac{Ze^2\psi}{4\pi\varepsilon_0 r_2} + \frac{e^2\psi}{4\pi\varepsilon_0 r_{12}}}_{\text{クーロンポテンシャルエネルギー項}} = E\psi$	ヘリウム原子に対するシュレーディンガー波動方程式	式 (12・16)
$\zeta = Z - \sigma$	有効核電荷	式 (12・26)
$E_\phi \geq E_0$	変分法	式 (12・29)

補遺 12・1 変分原理の証明

目標は，解析解が得られないような系の基底状態の波動関数 ψ_0 とエネルギー E_0 の近似解を得ることである．変分原理では $E_\phi \geq E_0$ [式 (12・29)] が成立し，すなわち試行波動関数のエネルギー E_ϕ は，常に基底状態の真のエネルギー値より大きいか，等しい．ここでは，式 (12・29) の証明を概説する．

ψ_n は，問題にしている系を記述する真の波動関数（すなわち未知であり，多分永久にわからない波動関数）とする．ψ_n は，次式を満たし，

$$\hat{H}\psi_n = E_n \psi_n \quad n = 0, 1, 2, \cdots \quad (1)$$

$\hat{H}$ はその系のハミルトニアン，E_n が真のエネルギーであ

る．ϕ を，系の真の基底状態を記述する波動関数 ψ_0 を近似する試行波動関数とし，試行波動関数は真の波動関数の線形結合として書き表せる．

$$\phi = \sum_n c_n \psi_n \quad (2)$$

ここで c_n は実数または虚数の係数である．

$$0 \leq |c_n|^2 \leq 1 \quad (3)$$

量子力学の仮説 4（§10・7 参照）を用い，任意の波動関数のエネルギーの平均値を書いたのと同様に，試行波動関数のエネルギー E_ϕ を書き表す．

$$E_\phi = \frac{\int \phi^* \hat{H} \phi \, d\tau}{\int \phi^* \phi \, d\tau} \quad (4)$$

次に，試行波動関数を記述する真の波動関数の線形結合［式(2)］を式(4)に代入する．

$$E_\phi = \frac{\int (\sum_m c_m^* \psi_m^*) \hat{H} (\sum_n c_n \psi_n) \, d\tau}{\int (\sum_m c_m^* \psi_m^*)(\sum_n c_n \psi_n) \, d\tau} \quad (5)$$

ここで，分子と分母それぞれで 2 種の和をとることを忘れないように．複素共役の変数を名目上 n から m に変えた．分子でハミルトニアンを作用させる［式(1)］と，次式を得る．

$$E_\phi = \frac{\int (\sum_m c_m^* \psi_m^*)(\sum_n c_n E_n \psi_n) \, d\tau}{\int (\sum_m c_m^* \psi_m^*)(\sum_n c_n \psi_n) \, d\tau} \quad (6)$$

二重和を書き換えて，

$$E_\phi = \frac{\sum_m \sum_n [c_m^* c_n E_n \int \psi_m^* \psi_n \, d\tau]}{\sum_m \sum_n [c_m^* c_n \int \psi_m^* \psi_n \, d\tau]} \quad (7)$$

真の波動関数 ψ は正規直交化または規格直交化されていることを思い起こせば，積分は簡単になり，

$$E_\phi = \frac{\sum_m \sum_n [c_m^* c_n E_n \delta_{mn}]}{\sum_m \sum_n [c_m^* c_n \delta_{mn}]} \quad (8)$$

ここで δ_{mn} はクロネッカーのデルタ*である．もう一度規格直交化条件を使い，和を簡単にする．二重和は，$m=n$ のときのみ 0 でない項を集めたものなので，これを一つの和に書き換えることができ，下式が得られる．

$$E_\phi = \frac{\sum_n c_n^* c_n E_n}{\sum_n c_n^* c_n} \quad (9)$$

次に両辺から，真の基底状態エネルギー E_0 を差し引いて

$$E_\phi - E_0 = \frac{\sum_n c_n^* c_n (E_n - E_0)}{\sum_n c_n^* c_n} \quad (10)$$

が得られる．ここで

$$c_n^* c_n \geq 0 \quad (11)$$

に気づき，そして，定義から

$$E_n \geq E_0 \quad (12)$$

である．式(9)の分母は正で，また分子の各項は 0 に等しいかそれより大きい．それゆえ，式(10)の右辺全体は 0 か正である．かくして，

$$E_\phi \geq E_0$$

これで変分原理の重要な結果［式(12・29)］が証明できた．この結果は，試行関数に何を選んだか，どれほど多くの変分パラメーターを用いたか，試行波動関数に真の波動関数を選んだかどうかに無関係である．試行波動関数のエネルギーは真の基底状態のエネルギー値より大きいか等しい．もし変分エネルギー値が真のエネルギー値より低ければ，それは間違った（または多分，単に不完全な）ハミルトニアンを用いたためである．不連続であったり規格化されていないなど，正しくない波動関数を選んでしまった場合も，真のエネルギーより低い変分エネルギー値を得るかもしれない．したがって，試行波動関数を選択する際に注意しないといけないだろう．

* 訳注：§10・7 参照

参考文献

書籍

R. P. Feynman, R. B. Leighton, M. Sands, "The Feynman Lectures on Physics," Volumes I, II, III, Addison-Wesley, Reading, MA (1963).

G. Herzberg, "Atomic Spectra and Atomic Structure," Dover Publications, New York (1944).

M. Karplus, R. N. Poter, "Atoms and Molecules: An Introduction for Students of Physical Chemistry," W. A. Benjamin, New York (1970).

I. N. Levine, "Quantum Chemistry, 7th Ed.," Prentice-Hall, New York (2013).

D. A. McQuarrie, "Quantum Chemistry, 2nd Ed.," University Science Books, Sausalito, CA (2008).

D. A. McQuarrie, J. D. Simon, "Physical Chemistry: A Molecular Approach," University Science Books, Sausalito, CA (1997).

F. L. Pilar, "Elementary Quantum Chemistry, 2nd Ed.," Dover Publications, New York (2001).

M. A. Ratner, G. C. Schatz, "Introduction to Quantum Mechanics in Chemistry," Dover Publications, New York (2002).

論文

水素原子：

F. Rioux, 'The Stability of the Hydrogen Atom,' *J. Chem. Educ.*, **50**, 550 (1973).

L. Lain, A. Toree, J. M. Alvariño, 'Radial Probability Density and Normalization in Hydrogenic Atoms,' *J.*

Chem. Educ., **58**, 617(1981).

F. P. Mason, R. W. Richardson, 'Why Doesn't the Electron Fall into the Nucleus?,' *J. Chem. Educ.*, **60**, 40(1983).

P. Blaise, O. Henri-Rousseau, N. Merad, 'Some Further Comments about the Stability of the Hydrogen Atom,' *J. Chem. Educ.*, **61**, 957(1984).

E. Peacock-López, 'On the Problem of the Exact Shape of Orbitals,' *Chem. Educator* [Online], **8**, 96(2003). DOI: 10.1333/s00897030676a.

P. F. Newhouse, K. C. McGill, 'Schrödinger Equation Solutions That Lead to the Solution for the Hydrogen Atom,' *J. Chem. Educ.*, **81**, 424(2004).

B. K. Teo, W. K. Li, 'The Scales of Time, Length, Mass, Energy, and Other Fundamental Physical Quantities in the Atomic World and the Use of Atomic Unites in Quantum Mechanical Calculations,' *J. Chem. Educ.*, **88**, 921(2011).

原 子 構 造:

G. Gamow, 'The Exclusion Principle,' *Sci. Am.*, July(1959).

R. S. Berry, 'Atomic Orbitals,' *J. Chem. Educ.*, **43**, 283(1966).

R. E. Powell, 'The Five Equivalent d Orbitals,' *J. Chem. Educ.*, **45**, 45(1968).

L. Pauling, V. McClure, 'Five Equivalent d Orbitals,' *J. Chem. Educ.*, **47**, 15(1970).

R. L. Snow, J. L. Bills, 'The Pauli Principle and Electronic Repulsion in Helium,' *J. Chem. Educ.*, **51**, 585(1974).

F. L. Pilar, '4s is Always Above 3d! or, How to tell the Orbitals from the Wavefunctions,' *J. Chem. Educ.*, **55**, 2(1978).

D. Kleppner, M. G. Littman, M. L. Zimmerman, 'Highly Excited Atoms,' *Sci. Am.*, May(1981).

R. D. Allendoerfer, 'Teaching the Shapes of the Hydrogenlike and Hybrid Atomic Orbitals,' *J. Chem. Educ.*, **67**, 37(1990).

P. G. Nelson, 'Relative Energies of 3d and 4s Orbitals,' *Educ. Chem.*, **29**, 84(1992).

L. G. Vanquickenborne, K. Pierloot, D. Devoghel, 'Transition Metals and the Aufbau Principle,' *J. Chem. Educ.*, **71**, 469(1994).

J. C. A. Boeyens, 'Understanding Electron Spin,' *J. Chem. Educ.*, **72**, 412(1995).

M. Melrose, E. R. Scerri, 'Why the 4s is Occupied Before the 3d,' *J. Chem. Educ.*, **74**, 498(1996).

P. F. Lang, B. C. Smith, 'Ionization Energies of Atoms and Atomic Ions,' *J. Chem. Educ.*, **80**, 938(2003).

R. Schmid, 'The Noble Gas Configuration–Not the Driving Force but the Rule of the Game in Chemistry,' *J. Chem. Educ.*, **80**, 931(2003).

G. Ashkenazi, 'The Meanig of d-Orbital Labels,' *J. Chem. Educ.*, **82**, 323(2005).

D. Keeports, 'How is an Orbital Defined?' *Chem. Educator* [Online], **11**, 1(2006). DOI: 10.1333/s00897060992a.

F. Rioux, 'Hund's Multiplicity Rule Revisited,' *J. Chem. Educ.*, **84**, 358(2007).

J. E. Harriman, 'Hund's Rule in Two-Electron Atomic Systems,' *J. Chem. Educ.*, **85**, 451(2008).

P. E. Fleming, 'Applying Electron Exchange Symmetry Properties to Better Understand Hund's Rule,' *Chem. Educator* [Online], **13**, 141(2008). DOI: 10.1333/s00897082137a.

C. W. David, 'Cartesian Approach to Atomic and Molecular Orbitals,' *Chem. Educator* [Online], **13**, 270(2008). DOI: 10.1333/s00897082159a.

D. Castelvecchi, 'The Shape of Atoms,' *Sci. Am.*, December(2009).

Y. Liu, Y. Liu, M. G. B. Drew, 'Aspects of Quantum Mechanics Clarified by Lateral Thinking,' *Chem. Educator* [Online], **16**, 272(2011). DOI: 10.1333/s00897112390a.

周 期 的 な 傾 向:

J. Mason, 'Periodic Contraction Among the Elements: or, On Being the Right Size,' *J. Chem. Educ.*, **65**, 17(1988).

R. T. Meyers, 'The Periodicity of Electron Affinity,' *J. Chem. Educ.*, **67**, 307(1990).

N. C. Pyper, M. Berry, 'Ionization Energies Revisited,' *Educ. Chem.*, **27**, 135(1990).

J. C. Wheeler, 'Electron Affinities of the Alkaline Earth Metals and the Sign Convention for Electron Affinity,' *J. Chem. Educ.*, **74**, 123(1997).

E. A. Cornell, C. E. Weiman, 'The Bose-Einstein Condensate,' *Sci. Am.*, March(1998).

E. R. Scerri, 'The Evolution of the Periodic System,' *Sci. Am.*, September(1998).

I. Noval, 'Two Particles in a Box,' *J. Chem. Educ.*, **78**, 395(2001).

B. Friedrich, D. Herschbach, 'Stern and Gerlach: How a Bad Cigar Helped Reorient Atomic Physics,' *Physics Today*, December(2003).

W. Eck, S. Nordholm, G. B. Bacskay, 'Screened Atomic Potential: A Simple Explanation of the Aufbau Model,' *Chem. Educator* [Online], **11**, 235(2006). DOI: 10.1333/s00897061050a.

E. R. Scerri, 'The Past and Future of the Periodic Table,' *Am. Scientist*, January-February(2008).

変 分 原 理:

R. L. Snow, J. L. Bills, 'A Simple Illustration of the SCF-LCAO-MO Method,' *J. Chem. Educ.*, **52**, 506(1975).

F. Rioux, 'Atomic Variational Calculations: Hydrogen to Boron,' *Chem. Educator* [Online], **4**, 40(1999). DOI: 10.1333/s00897990292a.

J. I. Casaubon, G. Doggett, 'Variational Principle for a

Particle in a Box,' *J. Chem. Educ.*, **77**, 1221(2000).
W. T. Gribbs, 'Variational Methods Applied to the Particle in a Box,' *J. Chem. Educ.*, **78**, 1557(2001).

摂動論:
W. B. Smith, 'The Perturbation MO Method. Quantum Mechanics on the Back of an Envelope,' *J. Chem. Educ.*, **48**, 749(1971).
H. E. Montgomery, Jr., 'Helium Revisited: An Introduction to Variational Perturbation Theory,' *J. Chem. Educ.*, **54**, 748(1977).

F. Freeman, 'Applications of the Perturbational Molecular Orbital Method,' *J. Chem. Educ.*, **55**, 26(1978).
P. L. Goodfriend, 'Simple Perturbation Example for Quantum Chemistry,' *J. Chem. Educ.*, **62**, 202(1985).
K. Sohlberg, D. Shreiner, 'Using the Perturbed Harmonic Oscillator to Introduce Rayleigh-Schrödinger Perturbation Theory,' *J. Chem. Educ.*, **68**, 203(1991).
H. E. Montgomery, Jr., W. P. Crummett, 'Perturbation Theory for a Particle in a Box,' *Chem. Educator* [Online], **10**, 169(2005). DOI: 10.1333/s00897050896a.

問　題

水素原子

12・1 次の水素原子軌道 $3s$, $4d_{xy}$, $5p_z$, $6f_0$ の量子数 n, l, m_l を同定せよ．

12・2 水素原子の $4s$ 軌道の概略を描き，おおよその大きさと節の明確な位置を示せ．

12・3 水素原子の $3p_0$ 軌道の概略を描き，おおよその大きさと節の明確な位置を示せ．

12・4 水素原子 $5d$ 軌道の動径波動関数は次の形である．

$$R_{52}(r) = \frac{1}{150\sqrt{70a_0^3}}(42 - 14\rho + \rho^2)\rho^2 e^{-\rho/2}$$

$5d$ 軌道には動径節はいくつあるか．また，動径節が現れるのは半径がいくつのところか．

12・5 主量子数 $n=6$ に対して，水素原子の副殻のうちどれが動径節をまったくもたないか．軌道角運動量量子数 l の値と，それを表現するのに使われる文字を書け．

12・6 水素原子の複素波動関数 $2p_{-1}$, $2p_0$, $2p_1$ を実波動関数 $2p_x$, $2p_y$, $2p_z$ を用いて書き表せ．

12・7 水素原子の実波動関数 $3d_{z^2}$, $3d_{xy}$, $3d_{xz}$, $3d_{yz}$, $3d_{x^2-y^2}$ を複素波動関数 $3d_{-2}$, $3d_{-1}$, $3d_0$, $3d_1$, $3d_2$ を用いて書き表せ．

12・8 水素原子軌道 $6s$, $5s$, $4s$, $4p_z$, $4p_x$, $5d_{xy}$, $5d_{xz}$ をエネルギーの高くなる順番に並べ，縮退度を示せ．外部場はないものとする．

12・9 電子が水素原子の $1s$ 軌道を占有するとき，電子の存在確率の最も高い半径を式で表せ〔ヒント: 表12・2の $1s$ 波動関数を r について微分せよ〕．

12・10 表12・2に与えられた水素の $2s$ 波動関数を用い，その波動関数が 0 になる r の値 ($r=\infty$ 以外) を計算せよ．

電子配置と原子の性質

12・11 ヒトの体内の生化学過程において重要な働きをする(a)〜(h)のイオンの基底状態電子配置を書け．
(a) Na^+　(b) Mg^{2+}　(c) Cl^-　(d) K^+
(e) Ca^{2+}　(f) Fe^{2+}　(g) Cu^{2+}　(h) Zn^{2+}

12・12 Mn^{2+} が Mn^{3+} に酸化されるよりずっと容易に Fe^{2+} が Fe^{3+} に酸化される理由を，それらの電子配置を用いて説明せよ．

12・13 イオン化エネルギーは，基底状態 ($n=1$) の電子を原子から取除くのに必要なエネルギーで，普通 $kJ\,mol^{-1}$ の単位系で表される．
(a) 水素原子のイオン化エネルギーを計算せよ．
(b) 電子が $n=2$ の状態から取除かれるとした場合のイオン化エネルギーはどうなるか．

12・14 式 (10・18) は水素様イオンの電子エネルギーの計算式であるが，これは多電子原子には適用できない．この式をより複雑な原子に適用するための修正法の一つは，Z を $Z-\sigma$ で置き換えることである．ここで Z は原子番号，σ は遮へい定数とよばれる無次元の正の値である．ヘリウム原子を例として考えよ．σ は物理的には，二つの $1s$ 電子が互いに相手に及ぼす遮へいの程度を表す．したがって，$Z-\sigma$ という量を有効核電荷とよぶが，適切な名称である．ヘリウムの第一イオン化エネルギーが1原子当たり $3.94\times 10^{-18}\,J$ であるときの σ の値を計算せよ（計算においては，式中のマイナス符号を無視してよい）．

12・15 プラズマというのは，気体状の正に荷電したイオンと電子からなる物質の状態である．プラズマ状態では，水銀原子は，その80個の電子がもぎ取られているので，Hg^{80+} として存在する．最後のイオン化過程，すなわち，

$$Hg^{79+}(g) \longrightarrow Hg^{80+}(g) + e^-$$

に必要なエネルギーを計算せよ．

12・16 光電子分光法 (§14・5 参照) を用いると原子のイオン化エネルギーが測定できる．試料に紫外光を照射すると，電子が原子価殻から放出され，放出電子の運動エネルギーを測定できる．紫外光の光子エネルギーと放出電子の運動エネルギーがわかっていれば，次式のように書ける．

$$h\nu = IE + \left(\frac{1}{2}\right)m_e u^2$$

ここで，ν は紫外光の振動数であり，m_e と u はその電子の質量と速さである．ある実験で，波長 $162\,nm$ の紫外光を用いたところ，カリウムから放出された電子の運動エネルギーは $5.34\times 10^{-19}\,J$ であった．カリウムのイオン化エネルギーを求めよ．このイオン化エネルギーが原子価殻の電子 (つまり，最も弱く結合している電子) のものであることはどうしたら確かめられるか．

12・17 次の過程に必要なエネルギーは 1.96×10^4 kJ mol^{-1} であった.

$$\text{Li(g)} \longrightarrow \text{Li}^{3+}\text{(g)} + 3\text{e}^-$$

リチウムの第一イオン化エネルギーが 520 kJ mol^{-1} のとき, リチウムの第二イオン化エネルギー, すなわち,

$$\text{Li}^+\text{(g)} \longrightarrow \text{Li}^{2+}\text{(g)} + \text{e}^-$$

の過程に必要なエネルギーはいくらか. 計算せよ.

12・18 実験的には, ある元素の電子親和力は, レーザー光を用いてその元素の陰イオンを気相中で非イオン化して決める.

$$\text{X}^-\text{(g)} + h\nu \longrightarrow \text{X(g)} + \text{e}^-$$

表 12・8 を参照し, 塩素の電子親和力に対応する光子の波長を nm 単位で表せ. その波長は電磁波スペクトルのどの領域にあるか.

12・19 ある元素の原子化エンタルピーは, その元素 1 mol を, 25 °C における最も安定な状態から単原子気体に変換するのに要するエネルギーである. ナトリウムの原子化エンタルピーが 108.4 kJ mol^{-1} のとき, 25 °C にある金属ナトリウム 1 mol を気体状 Na$^+$ イオンに変換するのに何 kJ のエネルギーが必要か.

12・20 窒素の両側の元素である炭素と酸素がかなり正の電子親和力をもつにもかかわらず, 窒素の電子親和力がほぼ 0 なのはなぜか. 説明せよ.

12・21 ナトリウム原子 1 個をイオン化するのに必要な光の最大波長を nm 単位で表せ.

12・22 ある元素の最初の四つのイオン化エネルギーの値が, およそ 738 kJ mol^{-1}, 1450 kJ mol^{-1}, 7.7×10^3 kJ mol^{-1}, 1.1×10^4 kJ mol^{-1} であった. この元素は周期表のどの族か. 理由も述べよ.

変分原理

12・23 量子力学における変分法の主要な原理を自分の言葉で説明せよ.

12・24 長さ L の一次元の箱にある粒子のエネルギーを, 次の試行関数

$$\phi(x) = Nx^2(L^2 - x^2)$$

を用いて, 変分法で計算せよ. N は決めるべき規格化定数である. 真のエネルギーは $h^2/(8mL^2)$ であることを思い起こし, 誤差を % で計算せよ.

12・25 系のエネルギーを計算するのに変分法を用いるとき, 自分の答えが実際に正しいエネルギー値に等しいかもしれないということを忘れてはいけない. 次の試行波動関数

$$\phi(x) = Ne^{-cx^2}$$

を用い, 変分法を調和振動子に適用せよ. ここで N は規格化定数, c は変分パラメーター, x は平衡位置からの変位である. まず規格化定数 N を決め, 次にエネルギーの式を定数 c を含む形に変形し, c に関して最小エネルギーを求めよ〔ヒント: $N = (2c/\pi)^{1/4}$, $E_\phi(c) = k/8c + (c\hbar^2)/(2m)$ (k は力の定数, m は質量) という解を見いだすはずだ〕.

12・26 次の試行波動関数

$$\phi(x) = Ne^{-c|x|}$$

を用い, 調和振動子に変分法を適用せよ. ここで N は規格化定数, c は変分パラメーター, $|x|$ は平衡位置からの変位の絶対値である. 試行関数の微分の $x=0$ における不連続性のため, この試行関数が良い解を与えないと思うかもしれないが, これは試行波動関数として使える. 変分エネルギーを計算して, それを厳密な解と比較してみよ〔ヒント: まず $\langle E \rangle$ を c の関数として計算し, 次に微分 $\text{d}\langle E \rangle/\text{d}c$ をとって, エネルギーの最小値を与える c の値を見つけよ〕.

12・27 変分法を水素原子に適用し, 試行波動関数として

$$\phi(r) = c\,e^{-ar} + d\,e^{-br^2}$$

の形を選んだ. ここで a, b, c, d は変分パラメーターである. これで系の最小エネルギーを計算できる. 計算をしないで, 水素原子の a, b, c, d と $E_{\min}$ を検証せよ.

摂動論

12・28 摂動論では解析解をもつ系への小さな影響を考える. 次の (a)〜(g) について, 零次ハミルトニアン $\hat{H}^{(0)}$, 摂動ハミルトニアン $\hat{H}^{(1)}$, 零次波動関数 $\psi^{(0)}$, 零次エネルギー $E^{(0)}$ を書け. 零次の実体としては, モデルとなる量子力学系 (箱の中の粒子, 環の上の粒子, 剛体回転子, 調和振動子, 水素原子など) を用いよ. 解を計算する必要はない.

(a) リチウムイオン Li$^+$, 1 個

(b) ヘリウム原子 He, 1 個

(c) 長さ L の線上の粒子で, 次のポテンシャルエネルギー関数をもつ場合. b は定数である.

$$V(x) = \infty \quad x < 0 \text{ または } x > L$$
$$V(x) = bx \quad 0 \leq x \leq L$$

(d) 非調和振動子で, 次のポテンシャル関数をもつ場合. a, b, c は定数である.

$$V(x) = ax^2 + bx^3 + cx^4$$

(e) モース振動子で, 次のポテンシャルエネルギー関数をもつ場合. D と β は定数である.

$$V(x) = D(1 - e^{-\beta x})^2$$

〔ヒント: マクローリン級数展開

$$e^{-x} = 1 - x + \frac{x^2}{2!} - \frac{x^3}{3!} + \cdots$$

を用い, x^4 項以上高次の項は無視し, x^3 項を摂動項とする〕.

(f) 強さ E の電場におかれた剛体回転子で, この系を記述するハミルトニアンが次式の場合. I は慣性モーメン

ト，μ は双極子モーメント，θ は電場と双極子モーメントベクトルのなす角度である．

$$\hat{H} = -\frac{\hbar^2}{2I}\nabla^2 + \mu E \cos\theta$$

(g) z 方向の磁場の強さが B_z のところに置かれた水素原子で，この系を記述するハミルトニアンが次式の場合．μ_B はボーア磁子（定数）で，他の記号は通常の意味をもつ．

$$\hat{H} = -\frac{\hbar^2}{2m_e}\nabla^2 - \frac{e^2}{4\pi\varepsilon_0 r} - \mathrm{i}\mu_B B_z\left(x\frac{\partial}{\partial y} - y\frac{\partial}{\partial x}\right)$$

12・29 次のポテンシャルエネルギー関数

$$V(x) = cx^4$$

をもつ四次の振動子（c は定数）に対して，摂動論を使って基底状態エネルギーを得ることができる．比較として，例題 12・6 の振動子を考え，一次の摂動論を使うと，これら二つの振動子の基底状態エネルギーはどのように異なるか．

12・30 長さ a の箱の中の質量 m の粒子のポテンシャルエネルギー関数が次のステップ関数で記述される．零次の系として箱の中の粒子を用い，摂動論を適用して粒子のエネルギーを計算せよ．c は定数である．

$$V(x) = 0 \qquad 0 \leq x \leq \frac{a}{2}$$
$$V(x) = c \qquad \frac{a}{2} \leq x \leq a$$
$$V(x) = \infty \qquad x < 0 \text{ または } x > a$$

12・31 長さ a の箱の中の質量 m の粒子のポテンシャルエネルギー関数が次のようなポテンシャルで記述される．摂動論を適用して，一次摂動エネルギー補正項を計算せよ．c は定数である．

$$V(x) = cx \qquad 0 \leq x \leq a$$
$$V(x) = \infty \qquad x < 0 \text{ または } x > a$$

12・32 次のポテンシャル関数をもつ換算質量 μ の非調和振動子の基底状態エネルギーを，一次摂動論を使い求めよ．k と b は定数である．

$$V(x) = \frac{k}{2}x^2 + bx$$

bx 項が摂動として取扱えるほど b は十分小さいと仮定せよ．

12・33 零次系として調和振動子を用い，次のポテンシャル関数で支配される振動子の基底状態への一次摂動エネルギーを求めよ．k は定数である．

$$V(x) = \frac{k}{2}x^2 \qquad -a \leq x \leq a$$
$$V(x) = \infty \qquad x < -a \text{ または } x > a$$

補 充 問 題

12・34 水素原子や水素様イオンにおいては，電子エネルギー準位は主量子数 n だけで決まる．一方，多電子原子では，エネルギー準位は主量子数 n と軌道角運動量量子数 l の両方に依存する．この違いを自分の言葉で説明せよ．

12・35 シュテルン・ゲルラッハの実験において，不均一磁場の代わりに均一磁場が用いられたら，どのような結果になっただろうか．

12・36 変分法は一般的に基底状態波動関数に適用される．試行波動関数が厳密な基底状態波動関数に直交している条件下では，この方法は励起状態にも拡張できる．この場合，試行波動関数は第一励起状態エネルギーの上限値を与える．次の波動関数（N は規格化定数），

$$\phi(x) = N\left(x^3 - \frac{3}{2}Lx^2 + \frac{1}{2}L^2x\right)$$

が，長さ L の箱の中の粒子に対して，上記の条件を満足する場合，最低励起状態の変分エネルギーに対する式を誘導せよ．次に 0.80 nm の箱の中の電子のエネルギーを計算し，0.80 nm の箱の中の第一励起状態にある電子の厳密なエネルギーを計算せよ．この試行関数はどれほどよい近似であろうか．

12・37 基底状態（$n=1$）にある He^+ イオンの半径を pm 単位で求めよ．

12・38 式 (10・23) を用い，水素（$^1\mathrm{H}$）原子のリュードベリ定数の値を確認せよ．次に電子の質量 m_e の代わりに換算質量 μ を代入し，水素（$^1\mathrm{H}$）原子のリュードベリ定数を計算せよ．もう一度換算質量を用い，重水素（$^2\mathrm{H}$）原子のリュードベリ定数を計算せよ．計算結果を比べよ．重水素原子核の質量は $3.343\,583\,20 \times 10^{-27}$ kg である．

12・39 ウンゼルトの定理によると，原子の副電子殻が完全に，または半分占有されているとき，これらの電子の分布は球対称である．つまり，ある量子数 l に対して，電子の存在確率密度の和は角度 θ と ϕ に無関係である．換言すると，

$$\sum_{l, m_l} [\Theta_{l, m_l}(\theta)\Phi_{m_l}(\phi)]^2 = \text{定数}$$

複素 2p 原子軌道に対するこの和を計算し，それが θ と ϕ に依存しないことを示せ．同じ計算を，実 2p 原子軌道に対してもやってみよ．

12・40 ある元素のイオン化エネルギーは 412 kJ mol^{-1} である．一方，その元素の中性原子が第一電子励起状態にあるときのイオン化エネルギーはわずか 126 kJ mol^{-1} である．この情報に基づいて，第一励起状態から基底状態への電子遷移で放出される光の波長を求めよ．

13 分子の電子構造と化学結合

> 化学結合というものは，ある人たちが思うほど
> 単純なものではないと，私は考えている．
> Robert S. Mulliken

いくつかの単純なモデル系（箱の中の粒子，剛体回転子，調和振動子）と一つの実在系（水素原子）に対するシュレーディンガー方程式の正確な解を得たので，次は化学結合を取上げよう．共有結合の性質を理解することは化学の本質を理解することになる．まず，水素分子イオン（H_2^+）から始め，次に水素分子（H_2），等核および異核二原子分子，そして最後に多原子分子と展開していこう．

13・1 水素分子イオン

水素分子イオン（H_2^+）は 2 個のプロトンと 1 個の電子からなり，最も単純な共有結合種である．しかしこの化学種ですら，古典物理の方法では記述できない．NaClのような化合物に存在するイオン結合の記述はクーロンの法則で十分だが，共有結合を説明するには量子化学が必要である．第 12 章で述べたモデル系と同様に H_2^+ の波動関数を書き，そのエネルギーを計算したいものだが，残念なことに，水素分子イオンにはそのような数学的解はなく，厳密な解析解の見つけられない "三体問題*" の一例である．しかしながら，なす術がまったくないわけではない．単純化近似をすることができ，数学的記述と物理的洞察，さらには信頼できる予測が可能になるからだ．

H_2^+ イオンに用いる近似は，これ以降分子系に広く用いるものである．電子の質量はプロトンの質量の約 1/2000 である．そのため，電子は原子核よりずっと速く動く．ボルン・オッペンハイマー近似（Born-Oppenheimer approximation）[Max Born と，米国の物理学者 J. Robert Oppenheimer（1904～1967）による] では，まず動く速さの違いに注目し，原子核を動かないものと考える．そう考えることで，分子のエネルギー準位についての解を得るのに必要なのは，この基準座標系内でシュレーディンガー方程式を解くことだけになる．シュレーディンガー方程式を解く

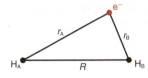

図 13・1 水素分子イオンに対する座標

と，電子に対するエネルギー準位と波動関数が得られる．H_2^+ の場合，二つの原子核の位置は一つのパラメーター，結合距離 R で記述でき，加えて，原子核 A および B から電子までの距離をそれぞれ r_A, r_B とする（図 13・1）．ボルン・オッペンハイマー近似を用い，変数 R, r_A, r_B を独立に取扱う．二次元の箱の中の粒子の問題と似て，全波動関数 $\psi(r_A, r_B, R)$ は，電子と原子核それぞれの波動関数 ϕ と χ の積として書ける．

$$\psi(r_A, r_B, R) = \phi(r_A, r_B)\chi(R) \qquad (13・1)$$

全エネルギーは，電子と原子核のエネルギーの和になる．

$$E = E_{電子} + E_{原子核} \qquad (13・2)$$

変数は分離できており，原子核をある結合距離 R に固定して電子の波動関数 ϕ とエネルギー E に対する下式の単純化されたシュレーディンガー方程式を解く．

$$\hat{H}\phi(r_A, r_B) = E\phi(r_A, r_B) \qquad (13・3)$$

この全ハミルトニアン $\hat{H}$ は三つの運動エネルギー項と三つのポテンシャルエネルギー項からなり，

$$\hat{H} = \underbrace{\hat{H}_{\text{kin A}} + \hat{H}_{\text{kin B}} + \hat{H}_{\text{kin e}^-}}_{\text{運動エネルギー}} + \underbrace{\hat{H}_{\text{e-A}} + \hat{H}_{\text{e-B}} + \hat{H}_{\text{AB}}}_{\text{ポテンシャルエネルギー}}$$

ここで，A と B は二つの原子核（プロトン）を表し，e^- は電子を意味する．ボルン・オッペンハイマー近似を用いると，原子核の運動エネルギーの項（$\hat{H}_{\text{kin A}} + \hat{H}_{\text{kin B}}$）は無視できて，電子の運動エネルギー項は電子の質量 m_e，$h/2\pi$ ($=\hbar$)，ラプラシアン ∇^2 を用いて書き表せる．

$$\hat{H}_{\text{kin e}^-} = \frac{-\hbar^2}{2m_e}\nabla^2$$

---
* もともとの三体問題は太陽を周回する二つの惑星を記述するためのものであった．

三つのポテンシャルエネルギー項は，クーロンの法則を用いて書ける．原子核 A, B の電荷をそれぞれ Z_A, Z_B とし[*1]，原子単位系を用いると，ハミルトニアンは次のようになり，

$$\hat{H} = -\frac{1}{2}\nabla^2 - \frac{Z_A}{r_A} - \frac{Z_B}{r_B} + \frac{Z_A Z_B}{R} \quad (13\cdot 4)$$

シュレーディンガー方程式は下式となる．

$$-\frac{1}{2}\nabla^2\phi - \frac{Z_A}{r_A}\phi - \frac{Z_B}{r_B}\phi + \frac{Z_A Z_B}{R}\phi = E\phi \quad (13\cdot 5)$$

先に述べたように，核間距離 R は定数として取扱うので，電子の位置が唯一の変数になる．問題は単純化されたが，式 (13・5) はまだ三次元微分方程式である．問題をさらに単純化するために，剛体回転子問題を解く際に用いた数学的テクニックを用いて，その空間座標を新しい座標系に変換する．というのは，ここには二つの原子核があり，必然的に水素分子イオンは一つの直交座標系 (x, y, z) では表現されないからである．この系を記述するには，原子核を楕円の焦点においた楕円体座標の方がより適切である．新しい座標系に変換する利点は，解析解が得られることで，二次元の箱の中の粒子の例のように，変数分離により二つの一次元問題を独立に解くことが可能になる．

H_2^+ のシュレーディンガー方程式の解法の詳細は省略し，ここでは結果を定性的に述べる．エネルギーを原子核の幾何的な配置の関数としてプロットしたものは，**ポテンシャルエネルギー面** (potential energy surface) として知られ，今の問題では，原子核の配置を記述するための変数は一つだけ（結合長 R）なので，化学結合を記述するのにポテンシャルエネルギー曲線を描けばよい（図 13・2）．核間距離 R の各数値に対して系のエネルギー $E(R)$ を計算するが，R は正の値のみが意味をもつ．核間距離無限大のところは，化学結合していないので，そこでの E を 0 とおき，ポテンシャルエネルギーの大きさを定める．ポテンシャルエネルギーの値には正も負もある．負のポテンシャルエネルギーは，ばらばらの原子核よりも安定である系を意味し，化学的に結合している状況である．

ポテンシャルエネルギー曲線からは二つの重要な値，すなわち，結合長（平衡核間距離）と結合エネルギーが引き出せる．**結合長** (bond length) はポテンシャルエネルギー曲線の最小値を与える R の値で，平衡核間距離ともいわれ，R_e という記号で示される．化学結合では典型的に 100 pm 程度の大きさである（100 pm=10^{-10} m=1 Å）．**結合エネルギー** (binding energy) は結合の強さを示し，ポテンシャルエネルギー井戸の深さ (D_e)[*2]，すなわち R_e と無限大の原子間距離でのポテンシャルエネルギーの差である．実際的な目的のためには無限大の核間距離は，およそ 10 Å と考えておけばよい．1 mol 当たりの化学結合エネルギーは 100 kJ 程度の大きさである．

シュレーディンガー方程式の解法の詳細がわかると，共有結合へのある種の洞察が得られる．基本的には，原子核と電子の間にクーロン引力による結合が生まれると考えるが，実際には，結合によって起こる電子の運動エネルギーの減少がより重要になる．箱の中の粒子モデルから類推すると，電子の動ける空間（箱）がより大きくなり，ひいては運動エネルギーがより小さくなるから，H_2^+ 分子は R_e に近い R で結合する．また，R の大きな値のところでは，電子は一方のプロトンの近くに局在するために，H_2^+ 系のエネルギーは高くなる．

H_2^+ の波動関数を，単に二つの原子核のところにある水素原子様 1s 軌道の和（規格化したもの）と考えてみる．この簡単な選択でも，H_2^+ に対するシュレーディンガー方程式の解は実験値と適度に一致する．結合長の計算値は 132 pm で，実測値は 106 pm である．一方，結合エネルギーの計算値は 170 kJ mol^{-1} で，実測値 269 kJ mol^{-1} と

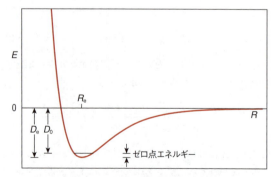

図 13・2 H_2^+ のポテンシャルエネルギー曲線．D_0 は最低振動準位から測定した結合解離エネルギー．D_e はポテンシャル井戸の深さ．$D_e - D_0$ がゼロ点エネルギー．エネルギー最小値の R の値が結合長 R_e．

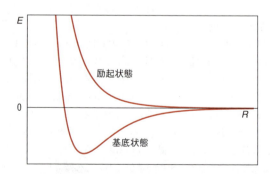

図 13・3 H_2^+ のエネルギーの低い方から二つの状態に対するポテンシャルエネルギー曲線．基底状態は結合性で，励起状態は解離性である．

[*1] 任意の原子核に解法を適用するために一般化して Z_A, Z_B とした．H_2^+ では $Z_A = Z_B = 1$ となる．

[*2] D_e は実験的に測定される結合解離エネルギー (D_0) とは，ゼロ点エネルギー（§11・3 参照）分だけ異なる．ここでは $D_e = D_0 + h\nu/2$．

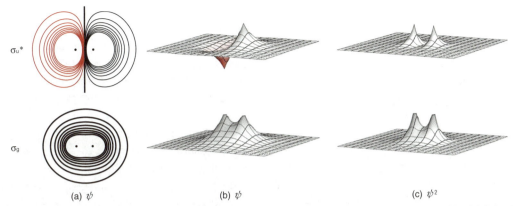

(a) ψ (b) ψ (c) ψ^2

図 13・4 H_2^+ の基底状態 (σ_g) および第一励起状態 (σ_u^*) の，(a) 波動関数の等高線図，(b) 波動関数，(c) 確率密度

同程度である．次節で中性の水素分子に対してより詳しい理論を述べるが，それを用いると，H_2^+ イオンの結合長や結合エネルギーでも，より正確な値が得られる．

水素原子の場合と同様，H_2^+ に対するシュレーディンガー方程式を解くと，異なるエネルギーをもつ一群の波動関数が得られる．図 13・2 に示した解は基底状態で，最低エネルギー状態をもつ．次に低いエネルギーをもつ解が第一励起状態となり，そのポテンシャルエネルギー曲線は解離性である（図 13・3）．図 13・3 から，第一励起状態の最も安定な核間距離は無限大であることがわかるから，H_2^+ がこの状態に励起されれば，すぐさま水素原子とプロトンに解離するだろう．

どうして一方が結合性で他方が解離性なのかを理解するために，基底状態，第一電子励起状態の波動関数を定性的に考えてみよう．基底状態の波動関数は，二つの水素 1s 軌道の重なった状態に似ている（図 13・4）．基底状態と励起状態の両方とも σ 軌道と表示され，大雑把に言うなら，σ 軌道は核間軸の周りに局在し，円筒対称である．基底状態の σ 軌道は二つの原子核の間で電子密度が高く，この電子密度が互いに相手の核電荷を遮へいし，原子核間の反発を弱めている．これが，**結合性軌道** (bonding orbital) の例である．それとは対照的に，励起状態の波動関数は核間軸を二等分する節面（そこでは波動関数が 0 である）をもっていて，二つの別々の水素 1s 軌道によく似ている．これが**反結合性軌道** (antibonding orbital) を生み，* を付けて σ* と表示する（シグマスターと発音する）．

基底状態 H_2^+ 軌道は，その波動関数が結合中心を通る反転操作に対して対称であるから，下添字 $_g$（g は "gerade" の意味) を付け，逆に，励起状態の波動関数は今度は反転操作に対して反対称であるから，下添字 $_u$ ("ungerade" の意味) を付ける*．核間軸の中点を原点とするなら，ψ_u

---

* gerade は "偶" を，ungerade は "奇" を意味するドイツ語．

("奇"の波動関数) の符号は，点 (x, y, z) と点 $(-x, -y, -z)$ とで反対になる．すなわち "偶" 関数に対しては $\psi_g(x, y, z) = \psi_g(-x, -y, -z)$，"奇" 関数に対しては，$\psi_u(x, y, z) = -\psi_u(-x, -y, -z)$ となる．

13・2 水素分子

安定な中性分子系の中で最も小さく単純な水素分子 (H_2) は，共有結合で保持された 2 個のプロトンと，共有された一対の電子からなる（図 13・5）．ボルン・オッペンハイマー近似は，H_2^+ のエネルギーと波動関数の解析解の決定は可能にしたが，H_2 を形成するには第二の電子を導入する必要があり，もはやこれは実行可能ではない．H_2 に対するシュレーディンガー方程式を解くには，さらに近似をする必要がある．H_2 分子系のエネルギーと波動関数を合理的に予言する道筋に沿って，いくつかの段階を概括しよう．

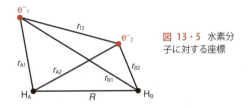

図 13・5 水素分子に対する座標

H_2 に対するハミルトニアンは，4 個の亜原子粒子（2 個のプロトンと 2 個の電子）の相互作用を記述する．

$$\hat{H} = \underbrace{\hat{H}_{\text{kin A}} + \hat{H}_{\text{kin B}} + \hat{H}_{\text{kin 1}} + \hat{H}_{\text{kin 2}}}_{\text{運動エネルギー項}} +$$

$$\underbrace{\hat{H}_{1A} + \hat{H}_{1B} + \hat{H}_{2A} + \hat{H}_{2B} + \hat{H}_{AB} + \hat{H}_{12}}_{\text{ポテンシャルエネルギー項}}$$

上式で $_A$ と $_B$ は原子核を，$_1$ と $_2$ は電子を意味する．ボルン・オッペンハイマー近似を適用して，原子核の運動エネル

ギーを無視すると次式の形に書ける.

$$\hat{H} = \hat{H}_{kin\,1} + \hat{H}_{kin\,2} + \hat{H}_{1A} + \hat{H}_{1B} + \hat{H}_{2A} + \hat{H}_{2B} + \hat{H}_{AB} + \hat{H}_{12}$$

H_2^+ に対して用いた手順に従い, 原子核の電荷を $Z_A = Z_B = 1$ とし, 原子単位系を用いれば,

$$\hat{H} = -\frac{1}{2}\nabla_1^2 - \frac{1}{2}\nabla_2^2 - \frac{1}{r_{1A}} - \frac{1}{r_{1B}}$$
$$-\frac{1}{r_{2A}} - \frac{1}{r_{2B}} + \frac{1}{R} + \frac{1}{r_{12}} \quad (13\cdot6)$$

となる. H_2 分子に対するハミルトニアン[式(13・6)]は H_2^+ のもの[式(13・4)参照]と非常に似ている. 式(13・6)に $1/R$ 項を加えたり引いたりして書き換えると

$$\hat{H} = \underbrace{-\frac{1}{2}\nabla_1^2 - \frac{1}{r_{1A}} - \frac{1}{r_{1B}} + \frac{1}{R}}_{\text{電子1についての } H_2^+}$$
$$\underbrace{-\frac{1}{2}\nabla_2^2 - \frac{1}{r_{2A}} - \frac{1}{r_{2B}} + \frac{1}{R}}_{\text{電子2についての } H_2^+} - \frac{1}{R} + \frac{1}{r_{12}} \quad (13\cdot7)$$

となり, H_2 に対するハミルトニアンは, H_2^+ に対するハミルトニアンを 2 倍して, さらに $1/r_{12}$ を足し, 余分の定数項 $1/R$ を引いたものであることがわかる. $1/R$ 項は, 原子核間反発を表し, これは, ボルン・オッペンハイマー近似の下では定数パラメーターである. 電子間反発項 $1/r_{12}$ は 2 個の電子間距離により決まり, この項を 1 変数 (1 電子の座標) のみに依存する部分に分離できないから, またもや苦労の原因となる. 結果として, H_2 分子のシュレーディンガー方程式の解析解はないので, H_2 分子の波動関数やエネルギーを決めるには, さらなる近似をしなければならない. 現在一般的に使われている二つの近似法は, 原子価結合 (valence bond, VB) 法と分子軌道 (molecular orbital, MO) 法である. VB 理論は, 電子対を点で表すルイス構造の定量化といった面をもつ. VB 理論では, 化学結合は二つの原子軌道の強めあう重なりあいにより形成され, 結合は二つの原子の間に局在する. 一方, MO 理論では, 結合性軌道 (および反結合性軌道) は, 分子内の全原子の原子軌道の一次結合によってつくられる. VB 理論の電子はもとの原子軌道の性質を保持しているが, MO 理論の電子は分子軌道により記述される. VB と MO の両近似法共に, 利点と欠点をもっていることがわかるだろう. さらなる近似を行うと, 二つの方法は実際には収束していき, 水素分子に対して同じ結果を与え, それらの理論値は実験値とよく一致する.

13・3 原子価結合法

原子価結合法は, ルイス構造のより定量的な記述と考えることができ, ドイツ生まれのアイルランドの物理学者 Walter Heitler (1904~1981) と, やはりドイツ生まれの米国の物理学者 Fritz London (1900~1954) にちなみ, **ハイトラー・ロンドン法** (Heitler-London method) とも言われる. Linus Pauling と John Slater もまた VB 理論に重要な寄与をした*. VB 理論はいくつかの単純な仮定に基づいている. まず, 共有結合は, 一対の (原子) 価電子 (外殻電子) が二つの原子の間に局在するときに形成される. そして, 結合性軌道は原子軌道の重なりによってつくられる. さらに, それぞれの原子が完全な電子殻をもつときに, 最も安定な結合が形成されるといった仮定である.

水素分子に対しては, 三つの単純なルイス構造式を書いて電子構造を記述できる (図 13・6). 水素は等核二原子分子であるから, 化学結合は共有結合性で, 二原子間の相互作用は図 13・6(a) の形で描けると思われる. 水素分子の化学結合を正確に記述するには, イオン結合の形 [図 13・6(b)] からの寄与を少し考える必要がある. しかしながら, VB 理論ではイオン形の寄与を無視し, 局在化共有結合のみを考えて, ルイス構造では —— で表す.

H_2^+ イオンの電子の波動関数は, 解析解によれば, 二つの水素原子の波動関数の重ねあわせに似ている. 水素分子に対しても, これを念頭において話を進める. 最初の推定として, 次のように書く.

$$\psi_{\text{trial VB}}(1,2) = N\, 1s_A(1)\, 1s_B(2) \quad (13\cdot8)$$

ここで N は規格化定数, $1s_A$ と $1s_B$ はそれぞれ核 A と B の水素の $1s$ 軌道を表し, 1 と 2 は二つの電子を意味する. しかしながら, 電子は区別できないから, この試行波動関数は不十分で, 電子 1 と電子 2 のどちらが核 A の軌道にあるかは問題にするべきでない. そこでさらに別の原子価結合型関数

$$\psi_{\text{trial VB+}}(1,2) = N\,[\underbrace{1s_A(1)\, 1s_B(2)}_{\psi_{\text{trial VB}}(1,2)} + \underbrace{1s_A(2)\, 1s_B(1)}_{\psi_{\text{trial VB}}(2,1)}] \quad (13\cdot9)$$

を考える. ここで, VB+ は, その波動関数が二つの等価な波動関数の和からなり, それゆえ電子を識別していないことを意味する. しかしながら, この波動関数でもまだ水素分子の完全な記述はできていない. というのは, 式(13・9) はパウリの原理 (§12・7 参照) を満たしていないから

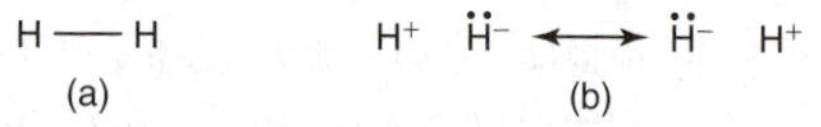

H —— H H^+ $\ddot{H}^-$ ⟷ $\ddot{H}^-$ H^+
(a)   (b)

図 13・6 水素分子のルイス構造式. (a) 1 本の共有結合で表した場合. (b) 2 本の等価なイオン結合で表した場合. H_2 の実際の電子構造においては, 共有性の寄与がイオン性の寄与よりずっと大きい.

---

* 訳注: ハイトラー・ロンドン・スレーター・ポーリング法 (HLSP 法) とよばれる.

13・3 原子価結合法

である. 式 (13・9) の二つの電子を交換しても, 波動関数は下式に示すように同じままで,

$$\psi_{\text{trial VB+}}(1,2) = \psi_{\text{trial VB+}}(2,1)$$

すなわち, この波動関数は電子交換に対して対称である. パウリの原理を満たすには, 波動関数は電子交換に対して反対称でなければならず, 二つの電子 (この場合は 1 と 2) を取替えたら, もとの波動関数の値にマイナスを付けた値が得られないといけない. パウリの原理を満たす波動関数をつくるには, さらに電子スピンを考慮する必要がある. 慣例に従って, $\alpha(1)$ は電子 1 のスピンが "上向き", $\beta(2)$ は電子 2 のスピンが "下向き" などを表すとする. かくして, 水素分子の正しい原子価結合波動関数は

$$\psi_{\text{VB+}}(1,2) = N_+ \underbrace{[1s_A(1) 1s_B(2) + 1s_A(2) 1s_B(1)]}_{\text{空間部分}} \underbrace{[\alpha(1)\beta(2) - \beta(1)\alpha(2)]}_{\text{スピン部分}}$$
(13・10)

となる. ここで N_+ は規格化定数である. これで波動関数 $\psi_{\text{VB+}}$ は, 下に示すようにパウリの原理を満たすようになった.

$$\psi_{\text{VB+}}(1,2) = -\psi_{\text{VB+}}(2,1)$$

このいく分長い式 (13・10) は, ルイス構造で表現された共有結合 [図 13・6 (a) 参照] —— 2 個の電子は二つの原子核に共有されていて, 一つは上向きスピン, もう一つは下向きスピンである —— を意味している.

水素分子の波動関数を書くのに, 空間部分を波動関数の和でなく差で表すことも可能である. 波動関数の空間部分が反対称のときは, 全波動関数が電子交換に対して反対称であるためには, スピン部分は対称でなければならない. それを達成するには下式の三つの方法がある.

$$\psi_{\text{VB}-1}(1,2) = N_-[s_A(1)s_B(2) - s_B(1)s_A(2)] \frac{1}{\sqrt{2}} [\alpha(1)\beta(2) + \beta(1)\alpha(2)]$$
(13・11)

$$\psi_{\text{VB}-2}(1,2) = N_-[s_A(1)s_B(2) - s_B(1)s_A(2)][\alpha(1)\alpha(2)]$$
(13・12)

$$\psi_{\text{VB}-3}(1,2) = N_-[s_A(1)s_B(2) - s_B(1)s_A(2)][\beta(1)\beta(2)]$$
(13・13)

ここで VB− は, 波動関数が二つの等価な波動関数の差であることを示しており, N_- は規格化定数である. 規格化定数 N_+ と N_- は

$$N_\pm = (2 \pm 2S^2)^{-1/2}$$
(13・14)

という簡潔な形で書くことができる. ここで ± は複号同順で, 右辺の + 記号は N_+ に対して, − 記号は N_- に対して適用する. S は **重なり積分** (overlap integral) とよばれ, 分子の電子構造計算に頻繁に出てくる項で, 次式で与えられる[*1].

$$S = \langle s_A | s_B \rangle = \int s_A^* s_B \, d\tau$$
(13・15)

* は複素共役を示している. 重なり積分 S は数値として 1 (二つの原子核が同じところに存在する極限) から 0 (二つの原子核が無限遠に離れて存在する極限) まで変わる (図 13・7). 物理的には, S は二つの波動関数の重なりと説明されるが, S はまた二つの波動関数の相対的な位相も考慮していることに注意しておく必要がある.

上記の三つの $\psi_{\text{VB}-}$ 波動関数 [式 (13・11)〜式 (13・13)] は, スピン部分は異なるが空間部分は同一で, それゆえ, これらは縮退しており, 外部電場や外部磁場がなければ同じエネルギーをもっていることを意味する. 波動関数 $\psi_{\text{VB+}}$ と $\psi_{\text{VB}-}$ のエネルギーを計算するために, ハミルトニアンを用い期待値を計算する. 前述したように, 水素分子に対するシュレーディンガー方程式には解析解はない. ここでは摂動論近似を用いて H_2 のエネルギーを求めることにする. H_2 のハミルトニアン [式 (13・6) 参照] の項を, 二つの水素原子ハミルトニアン [式 (12・1) 参照] に摂動項を加えた形に並べ替える.

$$\hat{H} = \underbrace{-\frac{1}{2}\nabla_1^2 - \frac{1}{r_{1A}}}_{\text{H 原子 (電子 1)}} \underbrace{-\frac{1}{2}\nabla_2^2 - \frac{1}{r_{2B}}}_{\text{H 原子 (電子 2)}} \underbrace{-\frac{1}{r_{1B}} - \frac{1}{r_{2A}} + \frac{1}{R} + \frac{1}{r_{12}}}_{\text{摂動項}}$$
(13・16)

ボルン・オッペンハイマー近似の下では, 核間距離 R は固定パラメーターであり, 系のエネルギーが求まった. ここで再び, 計算の詳細は省略し, 重要な結果に焦点を当てる. 簡潔な表記法を用い, 系のエネルギーの期待値[*2]を次のように表す.

$$\langle E_\pm \rangle = 2E_{1s} + \frac{J \pm K}{1 \pm S^2}$$
(13・17)

ここで J は **クーロン積分** (Coulomb integral), K は **交換積分** (exchange integral) (以下に議論する), S は重なり積分, E_{1s} は水素原子のエネルギーである. $E_\pm$ は, 波動関数 $\psi_{\text{VB+}}$ [式 (13・10)] および $\psi_{\text{VB}-}$ [式 (13・11)〜式 (13・13)] のど

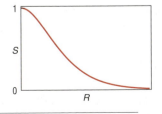

図 13・7 重なり積分 S は核間距離 R に伴い単調に減少する.

[*1] 訳注: p. 214, 補遺 10・1 参照.
[*2] §10・7 仮説 4 で学んだ.

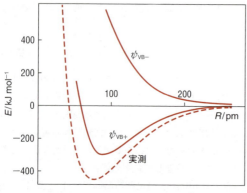

図 13・8 水素分子の実測および計算によるポテンシャルエネルギー曲線

れでも]のエネルギーに対する簡略表記である．この計算を一連の核間距離 (R) について繰返せば，図 13・8 に示したようなポテンシャルエネルギー曲線が得られる．ψ_{VB+} 波動関数はポテンシャル井戸の深さが 300 kJ mol^{-1} の結合型であるが，実験的にこの曲線は 458 kJ mol^{-1} の深さの井戸をもつことが見いだされている．一方，ψ_{VB-} は反結合型である（曲線が極小値をもたないことに注意せよ）．

J 項（クーロン積分）は，次式で与えられる．

$$J = \iint 1s_A(1)^2 \left[-\frac{1}{r_{1B}} - \frac{1}{r_{2A}} + \frac{1}{R} + \frac{1}{r_{12}} \right] 1s_B(2)^2 \, d\tau_1 \, d\tau_2 \quad (13 \cdot 18)$$

式 (13・18) は電子 1 と 2 の空間座標 ($d\tau_1$ と $d\tau_2$) にわたる二重積分である．$1s_A(1)^2$ は，原子核 A を中心にした水素原子 1s 軌道に局在する電子 1 の電荷密度を表し，$1s_B(2)^2$ は原子核 B の周りの電子 2 のものである．クーロン積分は，荷電粒子間のクーロン相互作用を<u>全部</u>（電子-電子，原子核-原子核，電子-原子核）取込む．分子状水素において J は，化学結合のたった 10% にすぎないことは注目に値する．主となる項は，一般に交換積分 K で，次式

$$K = \iint 1s_A(1) \, 1s_B(1) \left[-\frac{1}{r_{1B}} - \frac{1}{r_{2A}} + \frac{1}{R} + \frac{1}{r_{12}} \right] 1s_A(2) \, 1s_B(2) \, d\tau_1 \, d\tau_2 \quad (13 \cdot 19)$$

で与えられる．交換積分もまた二重積分であるが，それは純粋に量子力学的現象（交換相互作用）を記述しており，学習に当たり物理的な描像をつかむことは難しいかもしれない．一面では，K は電子の確率密度の広がりと共有の両方またはいずれか一方によるエネルギー低下を説明している．箱の中の粒子の場合（§10・9 参照）に似て，電子が動き回れる空間が広くなるため，系のエネルギーは低くなる．交換積分は共鳴積分とよばれることもあり，古典物理学に由来し，軌道の重なりがなくなると消失する．重なり積分は常に正の値であるが，クーロン積分と交換積分は両方共

負の値である．ψ_{VB-} に対するポテンシャルエネルギー曲線が常に正であることは，交換積分がクーロン積分より負の値が大きい（絶対値が大きい）ことを例示している*．

水素分子の VB 波動関数 ψ_{VB+} と ψ_{VB-} を詳しく調べると，予想通り，それらは水素分子イオンの基底状態と励起状態の波動関数に非常によく似ていることがわかった（図 13・9）．エネルギーの低い VB 波動関数 ψ_{VB+} は結合性 σ_g 軌道であり，エネルギーの高い VB 波動関数 ψ_{VB-} は，反結合性 σ_u^* である．ψ_{VB+} 波動関数は，二つの水素原子 1s 軌道の重ね合わせの場合（━）より，二つの原子核間に電子密度が局在している．これは共有結合における電子密度の定性的な考え方と一致する．

VB 理論は，回りくどくなく，多くの重要な化学の概念が説明できる点で，役立つ近似法である．VB 理論はルイス構造式による予測を定量化するが，これにたとえばイオン性の寄与（図 13・6 で暗に示した）を取入れると，改良できる．一例として摂動論を用いてイオン結合性を取入れると，結合エネルギーの予測値と実験値の一致はもっとよくなる．しかしながら，単純な VB 理論では，光電子スペクトル（§14・5 参照）や磁気的性質（常磁性などで，§13・5 で扱う）の予測は必ずしも実験値と一致しない．次節では，もう一つの近似である分子軌道理論を取扱って，VB 理論のいくつかの欠点に取組む．

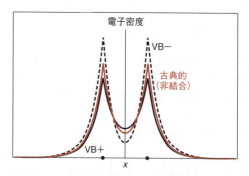

図 13・9 H_2 に対する電子密度を波動関数 ψ_{VB+} より計算した場合（━），ψ_{VB-} より計算した場合（--），相互作用しない二つの水素原子の 1s 波動関数の和（━）

13・4 分子軌道理論

共有結合に対する分子軌道 (MO) 近似では，電子対を分子軌道に入れていく．VB 理論においては価電子は二つの隣りあう原子核の間に局在するのに対して，分子軌道は分子全体に広がっている．本節では，水素分子についての考察を続ける．MO 近似は，主として Friedrich Hund と米国の化学者 Robert Mulliken (1896〜1986) が発展させた．

---

* $K < J < 0$ および $0 \leq S \leq 1$.

MOを組立てる共通の操作は，原子軌道の一次[*1]結合 (linear combinations of atomic orbitals) をつくり，近似することで，その頭文字をとって LCAO-MO とよばれる．水素分子に対しては，水素の 1s AO を用いる．酸素など他の原子に対しては，水素様軌道を用いる．表記法は VB 理論に用いたものと同様で，$1s_A(1)$ は，原子核 A に中心のある水素様 1s 原子軌道に電子 1 があることを意味する．同様に $1s_B(2)$ は，原子核 B に中心のある水素様 1s 原子軌道に電子 2 があることを意味する．水素分子に対しては，MO を組立てる簡単な方法が二つあり，すなわち，原子核 A と B の水素 1s 軌道の和と差をとる．電子 1 に対しては次の通りで，

$$\phi_g(1) = N_g [1s_A(1) + 1s_B(1)] \quad (13 \cdot 20)$$
$$\phi_u(1) = N_u [1s_A(1) - 1s_B(1)] \quad (13 \cdot 21)$$

ここで，N_g と N_u は規格化定数である．同様の式は電子 2 に対しても書ける．簡単にするために，規格化定数を省略することがしばしばある．このような ϕ が LCAO-MO[*2] の一電子波動関数である．この水素分子の LCAO-MO は，予想通り，水素分子イオンに対する基底状態および励起状態の波動関数に似ている．AO の和により組立てられる MO は偶 (gerade) の対称性をもつ結合性 σ 軌道で，ϕ_g と書き表す．AO の差で組立てられる MO は，奇 (ungerade) の対称性の反結合性 σ 軌道 ϕ_u[*2] である．ϕ_g，ϕ_u 軌道のエネルギーは下式に示す通りで，

$$E_g = \frac{J' + K'}{1 + S} \quad E_u = \frac{J' - K'}{1 - S} \quad (13 \cdot 22)$$

S は前節で述べた重なり積分である．クーロン積分 (J') および交換積分 (K') は，VB 近似で述べたものとは異なるので，$'$ を付けてある．ここでは J' と K' は，問題にしている電子の空間座標全体にわたる 1 電子積分である．

$$J' = \int 1s_A(1) \left[-\frac{1}{r_{1B}} - \frac{1}{r_{2A}} + \frac{1}{R} + \frac{1}{r_{12}} \right] 1s_A(1) \, d\tau \quad (13 \cdot 23)$$

$$K' = \int 1s_A(1) \left[-\frac{1}{r_{1B}} - \frac{1}{r_{2A}} + \frac{1}{R} + \frac{1}{r_{12}} \right] 1s_B(1) \, d\tau \quad (13 \cdot 24)$$

この二つの式は，VB 法のところで取扱った 2 電子のクーロン積分 J [式 (13・18)] と交換積分 K [式 (13・19)] と似ている．ここでもやはり量子力学現象である交換積分が結合エネルギーの大部分の原因である．

[*1] ここで用いた一次という言葉は，1乗の原子軌道項に重みを付けてその和をとった (加重和，線形和) ことを意味する．
[*2] ここの説明では，最小基底関数系 (minimal basis set) を用い 1s 軌道のみを用いて分子軌道を組立てた．より正確な結果を得るには，計算化学のプログラムでは常識であるように，さらなる原子軌道 (より大きな 1s 様軌道の 2s や，2p 原子軌道) の寄与を分子軌道に取込んだ大きな基底関数系を用いればよい．

H_2 分子の基底状態の波動関数は，スピン部分と規格化定数を無視すると次式で与えられる．

$$\psi_{MO}(1,2) = \phi_g(1) \phi_g(2)$$
$$= [1s_A(1) + 1s_B(1)][1s_A(2) + 1s_B(2)]$$

多項式を展開すると，次の四つの積の項が得られる．

$$\psi_{MO}(1,2) = [1s_A(1) 1s_B(2) + 1s_A(2) 1s_B(1) + 1s_A(1) 1s_A(2) + 1s_B(1) 1s_B(2)] \quad (13 \cdot 25)$$

これら四つの項を，VB 理論 [式 (13・9) 参照] で得た二つの項

$$\psi_{VB}(1,2) = [1s_A(1) 1s_B(2) + 1s_A(2) 1s_B(1)] \quad (13 \cdot 26)$$

と比べると，式 (13・25) の最後の 2 項は，両方の電子が一つの原子核にあるイオン項であることがわかる．そこで，H_2 分子を記述するイオン性波動関数は，あたかも純粋なイオン結合の $H^- H^+$ や $H^+ H^-$ であると考えて

$$\psi_{イオン}(1,2) = \underbrace{1s_A(1) 1s_A(2)}_{H^- H^+} + \underbrace{1s_B(1) 1s_B(2)}_{H^+ H^-} \quad (13 \cdot 27)$$

と表す．さらに，水素分子の MO 波動関数は，電子が等しく共有されている VB での描像と，電子が完全に偏ったイオン性の描像の和として

$$\psi_{MO} = \psi_{VB} + \psi_{イオン} \quad (13 \cdot 28)$$

と表せる．ここで注意しておきたいが，MO [式 (13・25)]，VB [式 (13・26)]，イオン [式 (13・27)] 波動関数に対し，パウリの原理を満たすには，$[\alpha(1)\beta(2) - \beta(1)\alpha(2)]$ のような適切なスピン波動関数を含める必要がある．ある意味では，VB での描像もイオン性の描像も二つの極限であり，化学結合の真の姿はその間のどこかにある．化学結合は，100 % イオン性でもなければ，100 % 共有結合性でもない．VB での描像はイオン性を 0 % としてあるので小さく見つもりすぎで，一方，MO での描像は，イオン性を 50 % としていて，大きく見つもりすぎである．水素分子のエネルギー予測の場合は，VB での近似の方が MO での近似より良い結果を与えるという事実は，H_2 結合がイオン性をほとんどもたないということを示唆している．次節では，結合のイオン性の見積もり方を述べる．

構成原理を用いて，AO で行ったのと同様に，MO を電子で満たしてみよう．その手順を，それぞれ 1, 2, 3, 4 電子をもつ一連の二原子水素，H_2^+, H_2, H_2^-, H_2^{2-} を用いて説明しよう (図 13・10)．二つの水素 1s AO を組合わせると，結合性 MO (σ_g) と反結合性 MO (σ_u^*) ができ，その基底状態電子配置は，H_2^+: $(\sigma_g 1s)^1$; H_2: $(\sigma_g 1s)^2$; H_2^-: $(\sigma_g 1s)^2 (\sigma_u^* 1s)^1$; H_2^{2-}: $(\sigma_g 1s)^2 (\sigma_u^* 1s)^2$ となる．ここで * は，反結合性 MO を意味し，上添字はその MO を占める電子の数を表す．結合の強さは定性的には結合次数 (bond order,

BO) で表され，これは結合性軌道の電子数から反結合性軌道の電子数を引き，それを2で割ったものである．

$$結合次数 = \frac{(結合性軌道電子数 - 反結合性軌道電子数)}{2} \quad (13\cdot29)$$

かくして，分子状水素 (H_2) は結合次数1，すなわち，単結合と予測される．二重結合は結合次数2で，三重結合は結合次数3である．結合次数 $\frac{1}{2}$ の H_2^+ や H_2^- は，VB 理論では記述しにくかった．H_2^{2-} や He_2 のように結合次数0の分子種は，共有結合をまったくもたないので，存在しないと予測される．ヘリウム二量体 He_2 は実験室では低温で観測されているが，最も弱いファンデルワールス力で結びついているだけで，化学的に結合した分子種とは考えられない．

結合次数は，その分子種の定性的安定性を予測できることに加えて，結合長，結合の強さ，結合の硬さ（すなわち力の定数）の予測に用いることができる．一般に，結合の強さや結合の硬さは結合次数が大きくなるほど増すが，結合長は結合次数が大きくなると減少する．したがって，二重結合は単結合より短く，強く，硬い．大雑把に言うと，二重結合は単結合の2倍の強さをもつが，硬さが2倍であったり，長さが半分というわけではない．次節では，結合の強さや結合長を結合次数と定量的に関連付けた例をいくつか述べよう．

2周期の等核二原子分子 ($Li_2, Be_2, B_2, C_2, N_2, O_2, F_2$) から始めよう．MO をつくるときは，いくつかの一般原則に従って進む．まず，一般に，MO をつくるのに使われる AO は同じ程度のエネルギーをもっているべきである．この原理から，等核二原子分子に対しては，同じ主量子数 n の軌道しか使えないことになる．次に，構成要素となる AO と比べた結合性 MO の安定化（エネルギーの低下）は，反結合性 MO の不安定化と大体同じである．もう一つ，一般に，MO をつくるには，AO は正しい対称性と配向性を備えていなければならない．また，軌道を波動関数として眺めると，二つの AO を組合わせて結合性軌道をつくるには，AO は強めあう干渉のできる位相[*1]をもたねばならない．

これまでは 1s 軌道から MO をつくることを考えてきたが，状況は 2p 軌道で少し複雑になる．その理由は，2p 軌道には相互作用の仕方が二つあり，それらが異なる様式だからである．二つの 2p 軌道の"正面から端を向けた"接近の仕方を考えてみよう．慣例に従い z 軸を核間軸とし，紙面を xz 面とする．図 13・11 (a) は，二つの軌道の強めあう干渉から $\sigma_g 2p_z$ 結合性 MO が，弱めあう干渉から $\sigma_u^* 2p_z$ 反結合性 MO が，それぞれつくられていることを示している．あるいはまた，これら二つの 2p 軌道は互いに横を向いた形で近づくこともできる（すなわち互いに平行に並ぶ）．この場合，強めあう干渉から $\pi_u 2p_x$ 結合性 MO が，弱めあう干渉から $\pi_g^* 2p_x$ 反結合性 MO がつくられる〔図 13・11 (b)〕．

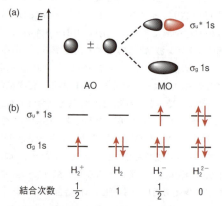

図 13・10 (a) 二つの水素 1s AO の相互作用により結合性および反結合性 σ 軌道ができる．(b) 4種の二原子水素の電子配置と結合次数

13・5 等核二原子分子と異核二原子分子

本節では，分子軌道 (MO) 理論を水素分子以外の二原子分子への応用に拡張していく．

等核二原子分子

ここでまた，LCAO-MO を用いた MO の組立てを，第

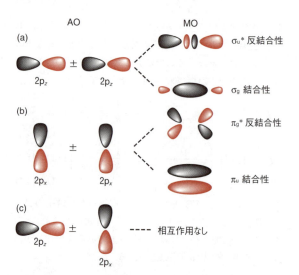

図 13・11 (a) 二つの 2p AO の端の間の相互作用から結合性および反結合性 σ MO がつくられる．(b) 二つの 2p AO の横向きでの相互作用から結合性および反結合性 π MO がつくられる．(c) この相互作用からは MO はつくられない．

[*1] 本書の AO と MO の模式図の表現では，今後，灰色は波動関数の位相の＋を，赤色は－をそれぞれ表すものとする．

例題 13・1

一つの原子の 2s AO ともう一つの原子の 2p AO から，どのような MO がつくられるか．

解 一つの原子の 2s 軌道と，もう一つの原子の 2p 軌道を組合わせてできあがる MO は，二つの AO の相対的な配向と位相により決まる．核間軸を z 軸とするなら，図 13・12(a) に示したような "正面から" の重なりから，一つの結合性 MO (σ 軌道) と一つの反結合性 MO (σ^* 軌道) ができる[*1]．2s と 2p 軌道が図 13・12(b) に示したように近づく場合，MO はつくられない．

コメント s AO の相互作用では，σ MO（結合性 σ MO もしくは反結合性 σ^* MO）ができるか，あるいは MO ができない．いずれにしても π MO はつくられない．

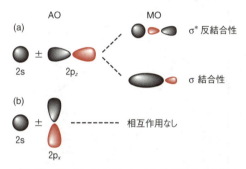

図 13・12 (a) 2s AO と 2p AO が "正面から" 相互作用すると，結合性 σ MO と反結合性 σ^* MO ができる．(b) この相互作用からは MO はできない．

等核二原子分子の MO のエネルギー論は，いくつかの道しるべになる原則を知れば理解できる．まず，一般に節理論[*2] が成り立つと思われ，すなわち，MO は，その節面が少なければ少ないほどエネルギーが低く，かくして構成原理に従い，はじめに満たされていくと考える．また，MO のエネルギーは，対応する AO のエネルギーから大雑把に予測できると考える．まずはこれらの一般原則を，MO とそれをつくるのに使われる AO とそのエネルギーを示した<u>分子軌道エネルギー準位図</u>を用いて検証してみよう（図 13・13）．等核二原子分子の例では，σ_g 1s 軌道は σ_g 2s 軌道よりエネルギーがずっと低い（より安定である）ので，図 13・13 では省いてある．

酸素分子を例に用い，この一般原則について，またつくった MO が実際とよく合う様子を見ていこう．ルイス構造と VB 理論によれば，分子状酸素は結合次数が 2 で，不対電子のない次の形になると思われる．

$$\ddot{\text{O}}=\ddot{\text{O}}$$

不対電子をもたない分子は正味の電子スピンをもたないので，磁場には弱く反発する．その性質は**反磁性**（diamagnetism）とよばれる．ところが，実験的には，分子状酸素は外部磁場に引き寄せられることが知られている．外部磁場を掛けたとき引き寄せられる分子の性質は**常磁性**（paramagnetism）とよばれ，常磁性は不対電子を 1 個以上もつ分子が示す．O_2 は MO 法で取扱うと（図 13・13 参照），2 個の不対電子をもつことが示され，実験とよく合う．これらの不対電子は π_g^* 2p MO を占めることが予測される．すなわち基底状態の電子配置は

$$(\sigma_g 1s)^2 (\sigma_u^* 1s)^2 (\sigma_g 2s)^2 (\sigma_u^* 2s)^2 (\sigma_g 2p_z)^2 (\pi_u 2p_x)^2$$
$$(\pi_u 2p_y)^2 (\pi_g^* 2p_x)^1 (\pi_g^* 2p_y)^1$$

と書ける．この MO による予測では，O_2 は正味 4 個の結合電子がある（10 個の結合電子と 6 個の反結合電子から）ことになり，結合次数 2 となる．このように，MO 理論は，

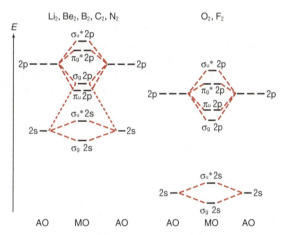

図 13・13 第 2 周期の等核二原子分子の分子軌道エネルギー準位図．----- はどの AO が LCAO-MO 近似の MO をつくるのに使われているかを示す．(a) Li_2, Be_2, B_2, C_2, N_2 は，そのエネルギー準位が互いに十分近いので，----- で示すように 2s AO が σ_g 2p MO に寄与し，σ_g 2p MO のエネルギーを π_u 2p MO より上に上げる．(b) O_2 と F_2 では，2s AO と 2p AO のエネルギーが十分離れているので，2s AO は 2p AO でつくられる MO にあまり寄与しない．

表 13・1 二原子酸素分子種の結合次数，結合長，結合エネルギー

分子種	結合次数	結合長 [pm]	結合エネルギー [kJ mol^{-1}]	磁性
O_2^+	$\frac{5}{2}$	112	647.8	常磁性
O_2	2	121	497.4	常磁性
O_2^-	$\frac{3}{2}$	135	395.9	常磁性
O_2^{2-}	1	167†	67.8	反磁性

† 過酸化物イオン O_2^{2-} は気相では不安定であり，高度な理論計算 [H. Nakatsuji, H. Nakai, *Chem. Phys. Letts.*, **197**, 339 (1992)] によると，準安定電子状態では，表に示した結合長と結合エネルギーをもつ．他のすべての値は実験値である．

[*1] 2s AO と $2p_z$ AO からつくられる MO は，対称中心を欠くため，偶 (g) でも奇 (u) でもない．

[*2] 訳注：§10・9 参照．

結合次数に関してはVB理論と一致し，この結合次数は実験に基づく結合長や結合の強さと矛盾しない．結合次数は測定できないが，結合次数と大まかには関連している結合長や結合の強さは測定できることに注目しよう（表13・1）．

> **例題 13・2**
>
> MO理論を用い，N_2 と N_2^+ の，(a) 結合次数，(b) 磁性，(c) 結合長を比較せよ．
>
> **解** 図13・13を参照する．N_2 には14個の電子があり，電子配置は
>
> $(\sigma_g 1s)^2 (\sigma_u^* 1s)^2 (\sigma_g 2s)^2 (\sigma_u^* 2s)^2 (\pi_u 2p_x)^2 (\pi_u 2p_y)^2 (\sigma_g 2p_z)^2$
>
> となる．N_2^+ は電子が1個少ないので，電子配置は下の通りである．
>
> $(\sigma_g 1s)^2 (\sigma_u^* 1s)^2 (\sigma_g 2s)^2 (\sigma_u^* 2s)^2 (\pi_u 2p_x)^2 (\pi_u 2p_y)^2 (\sigma_g 2p_z)^1$
>
> (a) N_2 は10個の電子を結合性MOに，4個の電子を反結合性MOにもつので，結合次数は $(10-4)/2=3$．N_2^+ の結合次数は $(9-4)/2=2.5$．
>
> (b) N_2 には不対電子はないので反磁性であり，N_2^+ には不対電子が1個あるので常磁性である．
>
> (c) N_2^+ は結合次数が低いので結合長は N_2 より長いと思われる．実際に，分光学的測定によると，N_2 の結合長は110 pm，一方，N_2^+ は112 pmである．

異核二原子分子

異核二原子分子へのMO理論の適用の仕方は，等核二原子分子に適用したのと同じである．新しく考えに入れなければいけないのは，構成要素としてのAOが異核二原子分子では同じエネルギーをもってはいないことで，そのため相対的なエネルギー安定化の大きさは小さくなる．一般に，構成するAOのエネルギーが近いほど，AOに対するMOの安定化は大きくなる（ただし前述のように対称性や位相を考察に入れる必要はある）．

CO分子 一酸化炭素のルイス構造式は

$$-:C\equiv O:+$$

で，負の形式電荷が，電気陰性度がより小さい炭素原子上にあることに注意されたい．このことはCOの双極子モーメントが約0.1 Dで，かなり小さいという事実と矛盾しない[*1]．COは N_2 と**等電子**(isoelectronic)，すなわち電子の数が等しい．図13・14にCOのエネルギー準位図を示す．COの電子配置は

$(\sigma 1s)^2 (\sigma^* 1s)^2 (\sigma 2s)^2 (\sigma^* 2s)^2 (\pi 2p_x)^2 (\pi 2p_y)^2 (\sigma 2p_z)^2$

で，MOの順序は O_2 ではなく N_2 と同じである．式(13・29)により，COの結合次数は3となる[*2]．異核二原子分子は反転中心をもたないので，COのMOには"偶""奇"の表記法は用いない．この二つのAOの線形結合でMOをつくると，できた $\sigma 2s$ 軌道は酸素の2s AOよりエネルギーが低く，$\sigma^* 2s$ 軌道は炭素の2s AOよりエネルギーが高い．MOがAOからつくられるとき，安定化と不安定化の大きさは同じである必要はないことが，COのMOの例からもわかるだろう．

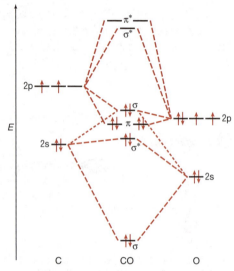

図 13・14 異核二原子分子COのエネルギー準位図

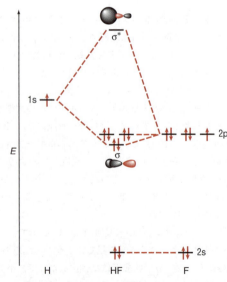

図 13・15 異核二原子分子HFのエネルギー準位図

[*1] 訳注：電気陰性度により，$^{\delta+}C-O^{\delta-}$ の分極が起こり，ルイス構造の電荷が相殺されると考える．

[*2] COの炭素−酸素三重結合は既知の結合のうち最強である．COは無色，無臭のガスで，ヘモグロビン分子に対する大きな親和性のために毒性である．

HF 分子 フッ化水素のルイス構造式には，単結合一つと F 原子上に非共有電子対が三つある．

$$\text{H}-\ddot{\text{F}}:$$

図 13・15 は HF 分子のエネルギー準位図である．フッ素の 1s, 2s 原子軌道は水素の 1s 軌道よりエネルギー的にずっと低い位置にあるため，F 原子が HF 分子になっても本質的には変わらない．フッ素の 2p 軌道は水素の 1s 軌道とエネルギーが近いけれども，$2p_z$ 軌道だけが結合するのに適切な対称性をもつので，結果としてできる σ 結合性 MO の波動関数は，H 1s と F $2p_z$ の重なりにより

$$\psi_\sigma = c_H \phi_{H\,1s} + c_F \psi_{F\,2p_z} \qquad (13 \cdot 30)$$

となる．ここで $c_F > c_H$ で，F 原子上の電子密度の方が高い．F $2p_x$, F $2p_y$ 軌道は大きな変化はせず，F 2s 同様，非結合性 MO を構成し，そこには三つの非共有電子対が入っている．

電気陰性度，極性，双極子モーメント

H_2, N_2 といった等核二原子分子においては，電子密度は分子全体に均一に分布し，これら二つの原子に均等に共有されている．CO や HF といった異核二原子分子においては状況は異なり，この場合の電子密度の分布の不均等さは，**電気陰性度** (electronegativity)，χ の差から直接知ることができる．χ は，分子の中である原子がどれだけ電子を引きつけやすいかという傾向を表す量である．元素の電気陰性度を比較する方法にはいくつかある．Mulliken の定義した電気陰性度は第一イオン化エネルギー (E_i) と電子親和力 (E_{ea}) の平均値で，

$$\chi = \frac{1}{2}(E_i + E_{ea}) \qquad (13 \cdot 31)$$

である．一方，最も一般的に使われている電気陰性度の定義は Linus Pauling が 1932 年に提案したもので，Pauling は A-B の平均結合エネルギーは A-A，B-B の結合エネルギーの平均よりも，A-B 結合の極性が増えるにつれ，その増分だけ大きくなることを観察した．ポーリングの電気陰性度は，元素 A, B 間の電気陰性度の差を次式のように定義した尺度で[*1]，

$$|\chi_A - \chi_B| = 0.102 \sqrt{D_{AB} - 0.5(D_{A_2} + D_{B_2})} \qquad (13 \cdot 32)$$

D_{AB}, D_{A_2}, D_{B_2} はそれぞれ分子 AB, A_2, B_2 の結合解離エネルギー [kJ mol^{-1}] である．式 (13・32) からは電気陰性度の差しか得られないので，ある元素について電気陰性度の値を規定する必要がある．そうするとその他の元素について電気陰性度が容易に求まる．Pauling は水素での値を $\chi_H = 2.1$ と決め，図 13・16 に示すような電気陰性度の値を求めた．電気陰性度は実験的に測定可能な量ではないが，化学結合を記述する有用な概念であることに注意して欲しい．

異核二原子分子では電子は均等に共有されておらず，化学結合は極性で，分子は永久電気**双極子モーメント** (dipole moment) をもつ．数学的に，正電荷中心 $+Q$ と負電荷中心 $-Q$ が距離 R だけ離れているとき，双極子モーメント μ の大きさは次式のように定義される．

$$\mu = QR \qquad (13 \cdot 33)$$

双極子モーメントのベクトルは正電荷中心から負電荷中心へ向くように書く[*2]．

分子の双極子モーメントは実験で測定でき，理論的な計算もできる．双極子モーメントの単位は Peter Debye にちなんだデバイ [D] で，1 D は電気素量の電荷 (1.602×10^{-19} C) が 1 Å (100 pm) 離れた電気陰性度を単位として 0.208 に相当し，すなわち

$$1 \text{ D} = 3.336 \times 10^{-30} \text{ C m}$$

となる．多原子分子の正味の双極子モーメントは，個々の**結合モーメント** (bond moment) のベクトルの和として計算される．結合モーメントは分子内の二つの結合原子間の双極子モーメントである．

双極子モーメントの実験による測定値は，共有結合のイオン性 (% 単位) を計算するのに使える．異核二原子分子 HF の例に戻ろう．実験的に HF の結合長は 91.7 pm，双極子モーメントは 1.92 D である．HF が純粋に共有結合で結ばれていれば価電子は均等に共有され，双極子モーメントは 0 になる．一方，HF が，純粋なイオン結合を球状イオン H^+ と F^- の間でつくる場合，各電荷の大きさを電気素量 e (1.602×10^{-19} C) に等しく，電荷間の距離を実験で求まった核間距離 91.7 pm とすれば，仮想的な H^+F^- の双極子モーメント μ_{ion} は

$$\begin{aligned}\mu_{ion} &= QR \\ &= (1.602 \times 10^{-19} \text{C})(91.7 \text{ pm})\left(\frac{10^{-12} \text{m}}{\text{pm}}\right)\left(\frac{1 \text{ D}}{3.336 \times 10^{-30} \text{C m}}\right) \\ &= 4.40 \text{ D}\end{aligned}$$

となり，イオン性 (%) は次式で定義できる．

$$\text{イオン性}(\%) = \frac{\mu_{exp}}{\mu_{ion}} \times 100\% = \frac{\mu_{exp}}{eR} \times 100\% \qquad (13 \cdot 34)$$

[*1] 訳注: 式 (13・32) は算術平均を用いた定義だが幾何平均による定義 $|\chi_A - \chi_B| = 0.208 \sqrt{D_{AB} - (D_{A_2}D_{B_2})^{1/2}}$ もある．

[*2] 物理学者は慣例として，双極子モーメントを負電荷中心から正電荷中心へ向かう矢印として，化学者と反対の向きに書く．〔訳注: IUPAC グリーンブックでは，"双極子ベクトルは負電荷から正電荷に向かうベクトルと定義し，逆向きの定義は使うべきではない．イオンの双極子モーメントは，原点の取り方に依存する" とある．本書では原著の記述に従う．〕

1																	18
H 2.1	2											13	14	15	16	17	He
Li 1.0	Be 1.5											B 2.0	C 2.5	N 3.0	O 3.5	F 4.0	Ne
Na 0.9	Mg 1.2	3	4	5	6	7	8	9	10	11	12	Al 1.5	Si 1.8	P 2.1	S 2.5	Cl 3.0	Ar
K 0.8	Ca 1.0	Sc 1.3	Ti 1.5	V 1.6	Cr 1.6	Mn 1.5	Fe 1.8	Co 1.9	Ni 1.9	Cu 1.9	Zn 1.6	Ga 1.6	Ge 1.8	As 2.0	Se 2.4	Br 2.8	Kr 3.0
Rb 0.8	Sr 1.0	Y 1.2	Zr 1.4	Nb 1.6	Mo 1.8	Tc 1.9	Ru 2.2	Rh 2.2	Pd 2.2	Ag 1.9	Cd 1.7	In 1.7	Sn 1.8	Sb 1.9	Te 2.1	I 2.5	Xe 2.6
Cs 0.7	Ba 0.9	La~Lu 1.0~1.2	Hf 1.3	Ta 1.5	W 1.7	Re 1.9	Os 2.2	Ir 2.2	Pt 2.2	Au 2.4	Hg 1.9	Tl 1.8	Pb 1.9	Bi 1.9	Po 2.0	At 2.2	Rn 2.0
Fr 0.7	Ra 0.9	Ac~Lr 1.1~1.4	Rf	Db	Sg	Bh	Hs	Mt	Ds	Rg	Cn	Nh	Fl	Mc	Lv	Ts	Og

図 13・16　元素のポーリングの電気陰性度の値

ここで μ_{exp} は実験的に決定された双極子モーメントである．HF については

$$\text{イオン性}(\%) = \frac{1.92\,\text{D}}{4.40\,\text{D}} \times 100\,\% = 43.6\,\%$$

となり，イオン性 (%) は H と F の電気陰性度の間に大きな違いがあることと矛盾しない．

例題 13・3

LiF ガスの双極子モーメントは 6.28 D，結合長は 153 pm である．結合のイオン性 (%) を計算し，結果について説明せよ．

解　式 (13・34) より

$$\text{イオン性}(\%) = \frac{\mu_{exp}}{\mu_{ion}} \times 100\,\%$$

$$= \frac{6.28\,\text{D}}{(1.602 \times 10^{-19}\,\text{C})(153\,\text{pm})} \times 100\,\% \times \frac{3.336 \times 10^{-30}\,\text{C m}}{1\,\text{D}} \times \frac{10^{12}\,\text{pm}}{\text{m}}$$

$$= 85.5\,\%$$

LiF 分子は純粋にイオン性ではなく，いくらかの共有結合性をもつ．

13・6　多原子分子

多原子分子の研究では，結合のでき方と原子の立体配置の両方を説明できることが必要である．はじめに簡単だが効果的な方法で原子の配置を論じ，次に分子内の結合を取扱ってみよう．

原子の配置

ルイス構造式の中心原子を囲む電子数がわかれば，原子の全体的な配置をかなりうまく予言できる簡単な手順がある．この方法は，原子価殻*内で電子対同士が反発しているという仮定に基づいている．多原子分子では中心原子とそれを取囲む原子の間に二つ以上の結合があり，種々の結合電子対の電子間の反発のために，結合はできるだけ離れるように配置される．分子が最終的に取ろうとする原子の配置は，(全原子の位置により定義される) 反発を最小にするものになる．この考えで分子における原子の配置を研究するのが**原子価殻内電子対反発モデル**や **VSEPR モデル** (valence shell electron pair repulsion model, VSEPR model) とよばれる方法である．

VSEPR モデルを使う際に支配的な二つの一般則は次のとおりである．

1. 電子の反発に関する限り，二重結合，三重結合は単結合と同じように取扱える．
2. 中心原子が，結合電子対のほかに，非共有電子対ももつ場合，反発の大きさは次の順で減少する：

非共有電子対－非共有電子対反発 > 非共有電子対－結合電子対反発 > 結合電子対－結合電子対反発

非共有電子対はより大きな空間を占めるから，隣接する非共有電子対や結合電子対からのより大きい反発を受けるためである．

表 13・2 に VSEPR モデルで予想した分子の形の例をあげた．メタン (CH_4) は四つの共有結合をもち，109.5°の結合角 (問題 13・49 参照) をもつ四面体配置になる．アンモニア (NH_3) は三つの共有結合に加え，非共有電子対をもつ．四つの電子対は四面体配置をとり，分子は三方錐形になる．非共有電子対－結合電子対間の反発が大きいため，結合角は 107.3°まで小さくなる．四フッ化硫黄 (SF_4) 分子には五つの電子対があるので，三方両錐に配置し，電子対のうち一

---

*原子価殻は原子の電子殻のうち電子で占有されている最外殻である．結合にあずかる電子はふつう原子価殻に存在する．

表 13・2　VSEPR 理論により予測された分子の形

表記法[†]	電子対の数	非共有電子対	中心原子の混成	分子の形	分子の列	分子の構造
AB_2	2	0	sp	直 線	BeH_2	H—Be—H
AB_3	3	0	sp^2	三角形	BF_3	
AB_2E	3	1	sp^2	折れ線 ~120°	SO_2	
AB_4	4	0	sp^3	四面体	CH_4	
AB_3E	4	1	sp^3	三方錐	NH_3	
AB_2E_2	4	2	sp^3	折れ線 ~109.5°	H_2O	
AB_5	5	0	sp^3d	三方両錐	PF_5	
AB_4E	5	1	sp^3d	シーソー	SF_4	
AB_2E_3	5	3	sp^3d	直 線	XeF_2	
AB_6	6	0	sp^3d^2	八面体	SF_6	
AB_5E	6	1	sp^3d^2	正方錐	ClF_5	
AB_4E_2	6	2	sp^3d^2	平面四角形	XeF_4	

[†] A は中心原子, B は結合電子対, E は非共有電子対を表す.

対は非共有電子対だから，分子は次の形のどちらかをもっているに違いない.

(a) は非共有電子対がエクアトリアル位を占め，(b) ではアキシアル位を占める. アキシアル位の場合は隣接する三つの電子対と 90° をなし，もう一つは 180° である. 一方，エクアトリアル位の場合は隣接する二つの電子対と 90° をなし，さらに二つの電子対と 120° をなす. 反発は (a) についての方が小さく，実際に (a) が実験で観測された構造だった. この分子の形は"シーソー形"とよばれる.

原子軌道の混成

VSEPR モデルはルイス構造式に基づいており，役に立つ一方で，化学結合がつくられる理由についても方法についても何も教えてくれない. ここで，VB 理論に基づく原子軌道の混成によって，化学結合の生成と配置の両方を取

扱ってみよう．混成*1 という概念は現代の計算化学では用いられないが，ルイス構造式を使って化学結合を理解するには便利なモデルである．無機錯体を記述するには MO 理論を用いることが多いが，有機分子の記述には混成も役割を担っている．メタン，エチレン，アセチレンという最も簡単な有機分子三つに注目して見ていこう．

メタン（CH₄） メタンは炭化水素の中で最も簡単な分子である．物理的および化学的研究により，4本のC-H結合の長さ，強さはすべて同じで，分子は四面体対称をもつことがわかっている．HCH結合角は109.5°である．炭素の原子価が4になることは，どうやったら説明できるだろうか．基底状態の炭素原子では4本の単結合の形成は説明できない．そこで2s電子を一つ，空の2p軌道に引き上げると，不対電子が四つできて $[(2s)^1(2p)^3]$，これらが4本のC-H結合を形成できるであろう．ただ，もしこれが本当なら，メタンにはある種のC-H結合が三つと別種のC-H結合が一つ存在することになる．この構造は実験事実に反する．四つの結合が同一であるという事実は，炭素の結合性原子軌道がすべて等価であることを示唆し，s軌道とp軌道が混ざった，あるいは掛け合わさった，すなわち**混成軌道**が形成されていることを意味する．s軌道が一つ，p軌道が三つ関与するので，これをsp³混成とよぶ．

図 13・17 に，軌道混成の過程で起こるエネルギー変化を示した．$(2s)^1(2p)^3$ と記した励起状態が実在の準位で，分光学的に検出可能である．**原子価状態***2，つまり四つの等価な混成軌道が形成された状態は，孤立した炭素原子においては存在しない，という意味で実際にはない．しかし，メタン分子の形成の際にそのような準位を想定すると便利である．図 13・17 に示すように，原子価状態になる，すなわち原子軌道を混成させるには，余分なエネルギーが必要になる．しかし結合の形成により放出されるエネルギーは，この余分なエネルギーを十分補償するものである．

数学的には，四つの原子軌道が混合して四つの混成軌道 $\phi_1, \phi_2, \phi_3, \phi_4$ を形成する様子は，次のように記述できる*3．

$$\phi_1 = \frac{1}{2}(2s + 2p_x + 2p_y + 2p_z)$$
$$\phi_2 = \frac{1}{2}(2s - 2p_x - 2p_y + 2p_z)$$
$$\phi_3 = \frac{1}{2}(2s + 2p_x - 2p_y - 2p_z)$$
$$\phi_4 = \frac{1}{2}(2s - 2p_x + 2p_y - 2p_z)$$
(13・35)

式中 $2s, 2p_x, 2p_y, 2p_z$ は炭素の原子軌道であり，$\frac{1}{2}$ は規格化定数である．各混成軌道に対する s 軌道，p 軌道の寄与はそれぞれ $\frac{1}{4}$ と $\frac{3}{4}$ になることに注意．これらの sp³ 混成軌道は図 13・18 に示すような形状をしている．軌道の伸びる方向は式 (13・35) での相対的な係数の符号によって決まる．C-H の σ 結合は，炭素原子の sp³ 混成軌道と水素原子の 1s 軌道の重なりにより形成される．計算による sp³ 混成軌道の断面図は図 13・19 のようになる．

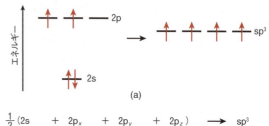

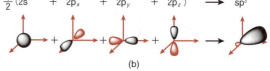

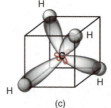

図 13・18 (a) sp³ 混成時の炭素の 2s, 2p 電子配置．(b) 式 (13・35) に従う sp³ 混成軌道の生成．(c) sp³ 混成軌道と水素の 1s 軌道による C-H 結合形成

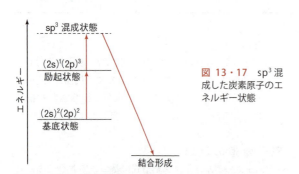

図 13・17 sp³ 混成した炭素原子のエネルギー状態

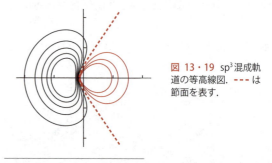

図 13・19 sp³ 混成軌道の等高線図．--- は節面を表す．

---

*1 Linus Pauling は "混成" という術語を 1931 年に提案した．
*2 訳注：**原子価状態** (valence state) は，VB 法で表した結合電子の原子軌道の配置を固定したまま結合を無限大に離したとき得られると思われる仮想的な（原子の分光学的状態を平均した）状態．

*3 ここで述べた原子軌道の線形結合と前述の LCAO-MO 法を混同しないように．すべての原子軌道は同じ原子のものだから，できた軌道 ($\phi_1, \phi_2, \cdots$) も原子軌道である．ただしもはや "純粋な" s 軌道や p 軌道ではない．ここでは MO はまったくつくられていない．

13・6 多原子分子

エチレン（C_2H_4） エチレンは平面分子であり，HCHの角度は約 $120°$ である．メタンと異なり，各炭素原子は三つの原子と結合する．このような分子構造と結合を同時に理解するには，それぞれの炭素原子が sp^2 混成状態にあると考えればよい．図 13・20(a) に示すように，s 軌道とp 軌道を二つだけ（たとえば $2p_x$ と $2p_y$）混合することにすれば，三つの sp^2 混成軌道（これらは三つとも xy 平面内に含まれる）と，純粋な p 軌道（$2p_z$ 軌道）が生まれる．三つの混成軌道のうち，二つが水素原子と σ 結合を形成し，一つが隣の炭素原子と σ 結合をつくる〔図 13・20(b)〕．二つの炭素原子上の $2p_z$ 軌道は側面で重なりをもつことにより π 結合を形成する〔図 13・20(c)〕．三つの混成軌道は次のように記述できる．ここで $\sqrt{\frac{1}{3}}$ は規格化定数である．

$$\phi_1 = \sqrt{\frac{1}{3}}(2s + \sqrt{2}\,2p_x)$$
$$\phi_2 = \sqrt{\frac{1}{3}}\left(2s - \sqrt{\frac{1}{2}}\,2p_x + \sqrt{\frac{3}{2}}\,2p_y\right) \quad (13 \cdot 36)$$
$$\phi_3 = \sqrt{\frac{1}{3}}\left(2s - \sqrt{\frac{1}{2}}\,2p_x - \sqrt{\frac{3}{2}}\,2p_y\right)$$

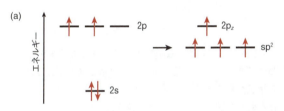

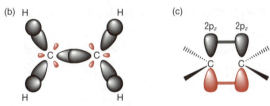

図 13・20 (a) sp^2 混成時の炭素の 2s, 2p 電子配置．(b) エチレンにおける炭素-水素間および炭素-炭素間の σ 結合．(c) 二つの $2p_z$ 軌道の側面重なりにより形成された π 結合

アセチレン（C_2H_2） アセチレンは直線形分子である．図 13・21(a) のように，2s 軌道が p 軌道 1 個だけ（$2p_x$ としよう）と混じって，二つの sp 混成軌道および二つの純粋な p 軌道（$2p_y$, $2p_z$）が得られる．その結果，炭素原子はそれぞれ σ 結合を二つ（水素原子と一つ，もう一つの炭素原子と一つ）形成し，π 結合を二つ（どちらももう一つの炭素原子と）形成する．この様子を図 13・21(b), (c) に示す．これら二つの混成軌道は

$$\phi_1 = \sqrt{\frac{1}{2}}(2s + 2p_x)$$
$$\phi_2 = \sqrt{\frac{1}{2}}(2s - 2p_x) \quad (13 \cdot 37)$$

と記述できて，ここでも $\sqrt{\frac{1}{2}}$ は規格化定数である．

混成という概念は，炭素以外の元素に関しても同様に適用できる．たとえばアンモニアでは，各 N–H 結合が，やや変形した正四面体の頂点の方向を向く．このとき二つのN–H 結合軸のなす角度は，すべて $107.3°$ である．窒素の電子配置は $(1s)^2(2s)^2(2p)^3$ であるため，NH_3 がもつ結合は三つの p 軌道と水素 1s 軌道の重なりと考えて説明できるようにもみえる．しかしその場合には，p 軌道はそれぞれ互いに垂直であるため，結合角は $90°$ になってしまう．窒素が sp^3 混成をすると仮定すればもっと説得力がある．混成軌道のうちの一つは窒素の非共有電子対が占有する．非共有電子対の電子と，結合軌道を占める電子との反発により，結合角が四面体角の $109.5°$ から $107.3°$ にわずかだが小さくなるのである．この非共有電子対はアンモニアの塩基性の原因でもある．すなわち，アンモニアが水に溶けると，アンモニアの非共有電子対はプロトンを受容して NH_4^+ イオンになるが，このとき完全な正四面体構造をもつようになる．ここまで混成に関して s 軌道，p 軌道のみを用いて検討してきたが，第 3 周期以降の元素では d 軌道が関与することもある（表 13・2 参照）．

最後に，原子 A と B が共有結合をつくる場合，どんな分子中でも A と B の原子間距離はほぼ一定の値をとることに注意しよう．r_A, r_B を原子 A, B の**共有結合半径**（covalent radius）とすると，結合長は和 $r_A + r_B$ で与えられる．たとえば C–C 結合の距離は多くの化合物中でおよそ 1.54 Å であり，それゆえ炭素の単結合に関しての共有結合半径は $1.54/2 = 0.77$ Å と見積もられる．C–Cl 結合は多くの化合物においておよそ 1.76 Å である．したがって Cl の共有結合半径は $(1.76 - 0.77)$ Å $= 0.99$ Å となる．このような手順でいろいろな原子について共有結合半径を見積もることができる．いくつかの原子の共有結合半径を表 13・3 に示す．

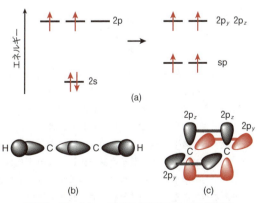

図 13・21 (a) sp 混成時の炭素の 2s, 2p 電子配置．(b) アセチレンにおける C–H 間および C–C 間の σ 結合．(c) 二つの $2p_y$，二つの $2p_z$ 間の π 結合

表 13・3　原子の共有結合半径† [Å]

	単結合半径	二重結合半径	三重結合半径
H	0.37		
C	0.772	0.667	0.603
N	0.70	0.62	0.55
O	0.66	0.62	
F	0.64		
Si	1.17	1.07	1.00
P	1.10	1.00	0.93
S	1.04	0.94	0.87
Cl	0.99	0.89	
Br	1.14	1.04	
I	1.33	1.23	

† 出典: L. Pauling, "The Nature of the Chemical Bond, 3rd Ed.," p. 224, Copyright 1939 and 1940, 3rd Ed. Copyright 1960 by Cornell University.

13・7　共鳴と電子非局在化

軌道混成の利点は，分子の形を説明できるだけではなく，化学結合は電子対の形成である，という考え方がなお許される点にある．一方，分子の性質はいつも単一の構造式で完全に表現できるわけではない．これにぴったりの例が炭酸イオンである．

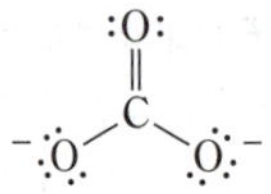

このイオンは平面構造をとり，OCO 結合角は 120°である．これらの性質は，炭素原子が sp^2 混成していると考えれば容易に説明できる．しかし実験的に三つの炭素－酸素結合はすべて同じ結合長をもち，同じ強さの結合であることがわかっているので，炭酸イオンを表現するには，上に示した構造式では不十分である．C=O の二重結合の位置は任意に選べるから，次式のように三つの構造式を一緒に考慮せねばならない．

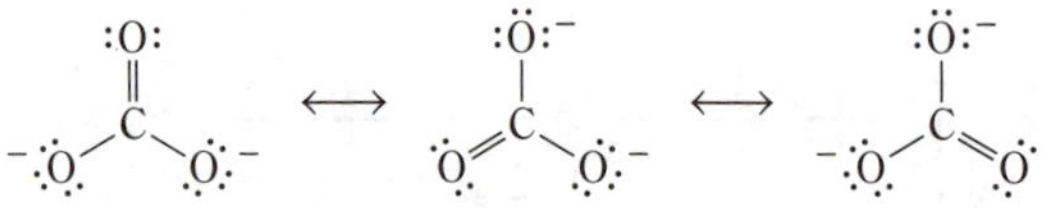

$\longleftrightarrow$ は，これらの構造が炭酸イオンの **共鳴構造** (resonance structure) であることを意味する．**共鳴** (resonance) という単語は，単一のルイス構造では表現が不完全である分子（やイオン）に対して，二つ以上のルイス構造を用いることを意味する．重要な点は，個々の共鳴構造のうち，どれ一つとしてそれだけでは炭酸イオンを正しく表現するものではない，という点である．つまりこのイオンは，三つの共鳴構造すべての重ね合わせとして最も適切に表現されるのである．したがって，それぞれの炭素－酸素結合の性質は単結合と二重結合の間にあり，これはまた測定結果と一致する．分子構造が，これら三つの構造間を行ったり来たりしていることを示す証拠はまったくない．実際，これらの共鳴構造のそれぞれは実在しないイオンである．ただ，上の共鳴モデルを用いれば，結合長や結合の強さといった性質を説明しようとする際にうまくいく，というだけのことである．VB 理論によると，炭酸イオンの波動関数は次のように書ける．

$$\psi = c_A \psi_A + c_B \psi_B + c_C \psi_C \quad (13 \cdot 38)$$

式中の ψ_A, ψ_B, ψ_C はそれぞれ三つの共鳴構造 ($A \sim C$) に関する波動関数であり，c_A, c_B, c_C はみな等しい．

共鳴の概念は芳香族炭化水素に対して最もよく適用される．1865 年ドイツの化学者，August Kekulé (1829～1896) が，はじめてベンゼンの環状構造[*1]を提案した．それ以来芳香族炭化水素に関する研究が大きく前進した．ベンゼンの炭素－炭素間の結合長の測定値は 1.40 Å であり，これは C-C 単結合 (1.54 Å) と C=C 二重結合 (1.33 Å) の間の値である．そこで，次のように，二つのケクレ構造の共鳴で表すのがより現実的である．

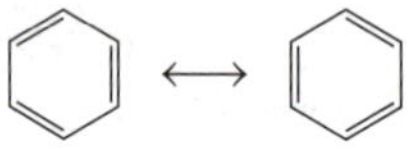

VB 理論においては，電子分布は二つの共鳴構造の重ねあわせである，という見方をする．単結合は σ 結合であり，二重結合は 1 本の σ 結合と 1 本の π 結合からなる．重ね合わせた状態では，炭素－炭素の結合次数は 1.5 で，これは二つの共鳴構造の平均である．隣りあう炭素原子間の結合は，二つの共鳴構造の平均（$\frac{2}{3}$ の σ 性と，$\frac{1}{3}$ の π 性をもつ）で記述できる．各炭素原子を取囲む電子は，3 種類[*2]に分けられ，それゆえ，各炭素原子は sp^2 混成である．炭素－水素の結合次数は 1（1 本の σ 結合）で，予期される対称性は六角形であり，実験と一致する．AO を混合させて，よりエネルギーの低い MO をつくったときと同様に，共鳴の概念を使うと，結果として電子構造の **共鳴安定化** (resonance stabilization) が生ずる．ベンゼンは一つのルイス構造に基づいて予測するよりずっと安定である．

MO 理論では，上で議論した性質を説明するのに別の方法をとる．つまり，6 個の MO をつくるのに 6 個の炭素 2p AO を使うが，できた MO のうち三つが π 軌道，三つが π* 軌道である（図 13・22）．MO のエネルギーの順序は，節理論とつじつまが合っている．つまり節面の数が多い方が不安定である．6 個の MO のそれぞれは，分子面

[*1] ベンゼンの平面六角形は，アイルランドの結晶学者 Kathleen Lonsdale (1903～1971) の中性子回折および X 線回折を用いた研究できっちり確認された．

[*2] 訳注: 炭素－炭素 σ 結合にあずかる二つと，炭素－水素 σ 結合にあずかる一つ．

と一致する節面をもっている．最低エネルギーのπ軌道は，それ以外に節面をもたないし，すべての隣接炭素原子との間は結合性である．それ以外に二つの縮退した結合性軌道があり，どちらも分子面に垂直な節面が一つある．垂直な節面をもつことで，この二つの軌道の反結合性の性質が示唆されるが，それらは正味では結合性軌道である．エネルギーを上方に進むと，次の2個の縮退軌道は分子面に垂直な節面を二つもっている．これらMOには，まだ少し結合性の性質があるが，それらは実際に正味では反結合性軌道である．さらにエネルギーの最上段には，分子面と一致する節面に加えて，分子面に垂直な節面を3個もつMOが一つある．これは純粋に反結合性軌道である（その節面のせいで，どの炭素原子も残りの原子と解離してしまう）．MO理論の枠組みの中では，ベンゼン分子はしばしば

のように表記される．ここで円が描かれているが，これは炭素原子間のπ結合が特定の二つの原子の間に存在するのではないこと，むしろπ電子の密度がベンゼン分子全体にわたって平均的に分布していることを表すものである．このような表現でも，ベンゼンにおいてすべての炭素−炭素結合が同じ結合長や結合強度をもつことがうまく説明できる．

例題 13・4

VB理論を用いて，オゾン分子(O_3)の形，中心原子の混成，および結合次数を記述せよ．

解 オゾンでは，3個のO原子のそれぞれが価電子を6個もつから，計18個の価電子がある．オクテット則を満たす二つの等価な共鳴構造を描くことができて [図13・23(a)]，各共鳴構造は，1本のO−O単結合と1本のO=O二重結合をもつ．それゆえ，酸素−酸素の正味の結合次数は1.5である．中心の酸素原子を取囲む電子は，3種類（酸素−酸素の結合にあずかる二つ，非共有電子対一つ）に分けられるから，sp^2混成で，分子の形は約120°の折れ線形である．

コメント 結合次数は実験的に測定できる量ではないことを思い出そう．1.5という結合次数は，その結合長や結合強さが，典型的な単結合と二重結合の間にあることを意味している．

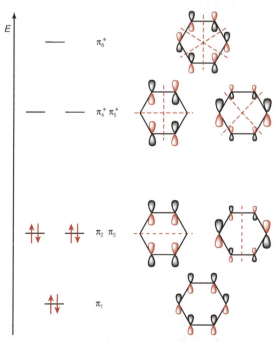

図 13・22 ベンゼンの結合性πMOおよび反結合性πMOはそれぞれ三つある．これらをπ電子波動関数と共に示す．ローブの大きさはMO中のAOの係数の大きさに比例させてある．

図 13・23 オゾン(O_3)の電子構造．(a) ルイス構造では，等価な共鳴構造が二つある．(b) 三つのAOが結合して，三つのMOを形成する．電子雲の大きさは，MOにおけるそのAOの係数に比例する．

例題 13・5

オゾン分子(O_3)のπMOの概略図を描き，それらをエネルギーの増す順に並べよ．

解 例題13・4において，オゾンが折れ線形分子で，3個の原子全部に非局在化するπ結合を一つもつことがわかった．単純なMO理論では，3個の原子それぞれが一つの2p AOを出してMOを形成するので，3個のMOができる．AOと同様，各MOは分子面を節面とする．節理論により，最低エネルギーのπMOは，分子面以外の節面をもたないと予測される．他のMOは分子面に垂直な節面を一つ，あるいは二つもち，MOのエネルギーは節面の数が多いほど高くなる [図13・23(b)]．これら三つのMOのうち，最低エネルギー軌道はπ結合性軌道で，最高エネルギー軌道はπ*(反結合性)MOである．第三の軌道は，結合性でも反結合性でもないので，エネルギー的にはπ, π*軌道の中間にある．これが"n"軌道で，非結合性であり，VB描像の非共有電子対に当たる．

13・8 ヒュッケル法の分子軌道理論

ここまでは，定性的な議論によって分子軌道とエネルギーを記述してきた．本節では近似を取入れて，有機分子の重要な一群をなすπ共役系を，定量的に記述していこう．π結合をもつ平面系を定量的に記述する簡単な方法として，**ヒュッケル法**〔Hückel molecular orbital (HMO) method〕がある．ヒュッケル法では全体にわたるいくつかの仮定をするが，それにもかかわらず，π共役系をうまく記述できる．より高度な分子の電子構造計算においては，電子構造の最初の推定をするのに，ヒュッケル法（あるいは拡張ヒュッケル法[*1]）が，よく使われる．

Erich Hückel（§7・5参照）が定式化したヒュッケル法でも，電子を分子軌道に入れる点は，ここまで考えてきた他の理論でやったのと同じである．ヒュッケル法では，価電子をσネットワークとπネットワークの2種類に分け，σネットワークはまったく考えないことにする．この仮定は，π共役系をもつ分子の化学および紫外・可視吸収分光法の電子遷移を担うのはπ電子系である，という理由で正しいとされる．ヒュッケル法では，π電子のエネルギーと波動関数を得るのにシュレーディンガー方程式を用いる．まず，分子軌道 ψ を原子軌道 ϕ の一次結合で表すことから始めよう．

$$\psi = \sum_i c_i \phi_i \quad (13 \cdot 39)$$

ここで，c_i は原子 i の 2p 原子軌道（ϕ_i）の寄与を表す係数で，この軌道はσ骨格に垂直である．一般的に，係数 c は複素数であるが，規格化されている MO に対しては，次の条件がある．

$$0 \le c_i^* c_i \le 1 \quad (13 \cdot 40)$$

エチレン（C_2H_4）

エチレンのヒュッケル法による取扱いから始め，次に最も単純なπ共役系の一つであるブタジエンを調べよう．エチレンには2個の炭素原子があるので，二つの 2p AO（ϕ_1 と ϕ_2）を組合わせ

$$\psi = c_1 \phi_1 + c_2 \phi_2 \quad (13 \cdot 41)$$

とする．次にハミルトニアンの期待値によりエネルギーを得る．

$$E = \frac{\langle \psi | \hat{H} | \psi \rangle}{\langle \psi | \psi \rangle} \quad (13 \cdot 42)$$

式（13・41）の ψ を式（13・42）に代入すると次式となる．

$$E = \frac{c_1^2 \langle \phi_1 | \hat{H} | \phi_1 \rangle + c_2^2 \langle \phi_2 | \hat{H} | \phi_2 \rangle + 2 c_1 c_2 \langle \phi_1 | \hat{H} | \phi_2 \rangle}{c_1^2 + c_2^2}$$
$$(13 \cdot 43)$$

分母はたった2項しかない．それは，ヒュッケルモデルでは，AO の ϕ_i はすべて規格直交系であるから，つまり，同じ 2p 軌道の ϕ_i 同士は完全に重なるが，他の 2p 軌道とはまったく重ならないからである．重なり積分 S は 0 か 1 のいずれかで，このことをクロネッカーのデルタ記号 δ_{ij}[*2] で表す．

$$S_{ij} = \langle \phi_i | \phi_j \rangle = \delta_{ij} \quad (13 \cdot 44)$$

それゆえ，$S_{11} = S_{22} = 1$ で $S_{12} = S_{21} = 0$ になる．式（13・43）を簡単にするために，積分に次のような慣習的表記法を用いる．

$$H_{11} = \langle \phi_1 | \hat{H} | \phi_1 \rangle \qquad H_{22} = \langle \phi_2 | \hat{H} | \phi_2 \rangle$$
$$H_{12} = \langle \phi_1 | \hat{H} | \phi_2 \rangle \qquad H_{21} = \langle \phi_2 | \hat{H} | \phi_1 \rangle$$

ここで，H_{11} と H_{22} はクーロン積分であり，H_{12} と H_{21} は交換（または共鳴）積分（p. 283参照）である．式（13・43）は次のようになり，

$$E = \frac{c_1^2 H_{11} + c_2^2 H_{22} + 2 c_1 c_2 H_{12}}{c_1^2 + c_2^2} \quad (13 \cdot 45)$$

それを並び替えると，次式になる

$$c_1^2 (H_{11} - E) + c_2^2 (H_{22} - E) + 2 c_1 c_2 H_{12} = 0 \quad (13 \cdot 46)$$

次に変分原理を適用する．基底状態波動関数は，係数 c_i の変分に対して最低エネルギーのものになることを思い起こそう．この問題では，係数 c_i が変分パラメーターである．エネルギーを表す式の偏微分をそれぞれの変分パラメーターに関してとり，各パラメーターに対してそれを 0 に等しいとおく．係数 c_1 に対しては

$$\left(\frac{\partial E}{\partial c_1} \right)_{c_2} = 0$$

と表せて，これより式（13・46）は次のように簡単になる．

$$2 c_1 (H_{11} - E) + 2 c_2 H_{12} = 0$$

すなわち，

$$c_1 (H_{11} - E) + c_2 H_{12} = 0 \quad (13 \cdot 47)$$

同様に，c_2 に対しては，

$$c_1 H_{21} + c_2 (H_{22} - E) = 0 \quad (13 \cdot 48)$$

が得られる．ここで，$\langle E \rangle$ ではなく E という文字を使って最低エネルギーを表していることに注意して欲しい．というのは，ここで表しているのは，最もよいエネルギー値が

[*1] 訳注: ヒュッケル法に対して，分子中のすべての価電子を考慮に入れ，重なり積分も近似計算する．

[*2] $i = j$ で $\delta_{ij} = 1$，$i \ne j$ で $\delta_{ij} = 0$ を思い起こそう．

得られた場合であるからだ．式 (13・47) と式 (13・48) は**永年方程式** (secular equation) として知られるもので，ここでは二つの未知係数 (c_1 と c_2) を含む二つの式があるが，係数についての永年行列式が 0 に等しいときだけ，二つの式は自明でない解をもつ*1．

$$\begin{vmatrix} H_{11} - E & H_{12} \\ H_{21} & H_{22} - E \end{vmatrix} = 0 \quad (13 \cdot 49)$$

ここで，ヒュッケル法にいくつかの仮定を追加しよう．すべての炭素原子を同様に取扱うので，炭素原子のクーロン積分 (H_{ii}) はすべて同一であるとする．慣例としてその積分の値を α と表して

$$H_{ii} = \alpha \quad (13 \cdot 50)$$

となる．先に述べたように，α は軌道 i にある一つの電子のエネルギーで，原子核や他の電子との相互作用に依存する．ヒュッケル法を炭化水素分子に適用する際，α は近似的に炭素原子の 2p 軌道のエネルギーとみなす．ヘテロ原子*2 については，α は異なる値となる．

ヒュッケル法のもう一つの近似は，最近接炭素の p 軌道間の共鳴積分 (H_{ij}) が同じ値をとると仮定することで，その値を慣習的に β とする．

$$H_{ij} = \beta \quad (i \text{ と } j \text{ は近接}) \quad (13 \cdot 51)$$

近接していない原子に対する共鳴積分は 0 で，

$$H_{ij} = 0 \quad (i \text{ と } j \text{ は近接していない}) \quad (13 \cdot 52)$$

となる．エチレンに対しては，最近接炭素原子は二つあるので，式 (13・49) は次のようになる．

$$\begin{vmatrix} \alpha - E & \beta \\ \beta & \alpha - E \end{vmatrix} = 0 \quad (13 \cdot 53)$$

これは行列式としては十分小さいので，単純な置換により，手計算で解くことができる．行列式の各項を β で割り，$x = (\alpha - E)/\beta$ とすると，行列式は，

$$\begin{vmatrix} x & 1 \\ 1 & x \end{vmatrix} = 0 \quad (13 \cdot 54)$$

となり，それを展開すると

$$x^2 - 1 = 0 \quad (13 \cdot 55)$$

を得る．この二次方程式は二つの解をもち，

$$x = \pm 1 \quad (13 \cdot 56)$$

である．この解を x の定義式に代入すると，MO のエネルギー（図 13・24）が得られ

$$E = \alpha \pm \beta \quad (13 \cdot 57)$$

となる．α も β も負の量なので，最低エネルギーのヒュッケル MO は

$$E_1 = \alpha + \beta$$

のエネルギーをもつ．ここで，下添字は軌道番号であり，添字 1 は最低エネルギー軌道にあて，番号に伴い軌道エネルギーが高くなるという慣習に従う．ヒュッケル法の近似では，エチレン分子はもう一つの π 軌道（反結合性の π^* 軌道）をもち，そのエネルギーは

$$E_2 = \alpha - \beta$$

である．全 π 電子エネルギーは，占有軌道それぞれの π 軌道エネルギーの和で，

$$E = \sum_{j=1}^{2} n_j E_j \quad (13 \cdot 58)$$

となる．ここで n_j は，j 軌道にある電子の数 ($n_j = 0, 1, 2$) である．エチレンに対しては，低いエネルギーの軌道に 2 個の π 電子を入れて，全 π 電子エネルギーを計算する．

$$E = 2E_1 = 2\alpha + 2\beta \quad (13 \cdot 59)$$

それぞれの炭素原子のエネルギーは α なので，ばらばらの炭素原子二つでエネルギーは 2α となり，エチレンの結合エネルギーは 2β となる．

パラメーター β は分光学的に測定できる．E_1 と E_2 のエネルギー差は 2β で，この遷移は，1 個の電子の一つの軌道 (HOMO*3) から次の軌道 (LUMO*4) への励起を伴い，最低エネルギーの電子遷移である．一般に，このような π-π 遷移は，紫外・可視吸収分光法で測定できる．

さて次なる段階は波動関数を解くことで，式 (13・47) と式 (13・48) の c_1 と c_2 に対する方程式は

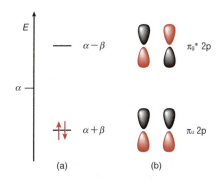

図 13・24　(a) エチレンの π MO のエネルギー準位図．(b) 結合性 π MO と反結合性 π MO の波動関数

---

*1 この方程式の自明な解とは，$c_1 = 0$ と $c_2 = 0$ で，行列式については §12・7 で論じた．

*2 **ヘテロ原子** (heteroatom) とは，炭素，水素以外の原子を意味する．

*3 HOMO は highest occupied molecular orbital（最高被占軌道）の略．

*4 LUMO は lowest unoccupied molecular orbital（最低空軌道）の略．

$$c_1(\alpha-E)+c_2\beta=0 \quad \text{と} \quad c_1\beta+c_2(\alpha-E)=0$$

であり，結合性 π MO に対しては $E=\alpha+\beta$ であるから，上記のいずれの式からも $c_1=c_2$ が得られ

$$\psi_1 = c_1\phi_1 + c_1\phi_2$$

となる．ψ_1 が規格化されている，すなわち $\int \psi_1^* \psi_1 \mathrm{d}\tau = 1$ を条件として課することにより，$c_1^2(1+2S+1)=1$ という式が得られる．ヒュッケル近似においては，原子軌道 ϕ_1 と ϕ_2 は重ならないので $S=0$ で，それゆえ，$c_1 = 1/\sqrt{2}$ となる．かくして，

$$\psi_1 = \sqrt{\frac{1}{2}}\,\phi_1 + \sqrt{\frac{1}{2}}\,\phi_2 \tag{13・60}$$

反結合性 π MO に対しては，$E=\alpha-\beta$ で，$c_1=-c_2$ となり，それゆえ

$$\psi_2 = \sqrt{\frac{1}{2}}\,\phi_1 - \sqrt{\frac{1}{2}}\,\phi_2 \tag{13・61}$$

となる．ここで得た結果は節理論に合致している．すなわち，最低エネルギー軌道は炭素原子のつくる面に垂直な節面をもたず，エネルギーのより高い軌道には節面が一つある（図13・24）．

係数 c_i が得られると，ヒュッケル法を用いて**電荷密度** (charge density) が計算できる．特定の原子 i の電荷密度 q_i は，各分子軌道 j について総和をとったもので，

$$q_i = \sum_{j=1}^{2} n_j (c_{ji})^2 \tag{13・62}$$

ここで c_{ji} は j 番目の MO にある原子 i の AO の係数で，n_j はその MO を占める電子の数である．エチレンの場合，二つの分子軌道だけを考えているので，$j=1$ か 2 である．式(13・62)をエチレンの原子 1 に適用する際，結合性 π MO を 2 電子が占め，π^*MO には電子がないことを考慮すると，電子密度は次式となる．

$$q_1 = n_1(c_{11})^2 + n_2(c_{21})^2 = 2\left(\frac{1}{\sqrt{2}}\right)^2 + 0\left(\frac{1}{\sqrt{2}}\right)^2 = 1$$

二つめの炭素原子に対しても，同じ計算をすると

$$q_2 = n_1(c_{12})^2 + n_2(c_{22})^2 = 2\left(\frac{1}{\sqrt{2}}\right)^2 + 0\left(\frac{-1}{\sqrt{2}}\right)^2 = 1$$

となる．これらの結果から π 電子密度が二つの炭素原子間に等しく分布していることがわかり，エチレンのルイス構造とつじつまが合う．

ヒュッケル法は 2 原子間の結合次数を計算するのにも使うことができる．ヒュッケル法では，原子 i と k の間の π 結合次数 P_{ik}^{π} は，二つの炭素原子の係数に電子の数 n を掛け，分子軌道 j について総和をとったものである．

$$P_{ik}^{\pi} = \sum_{j=1}^{2} n_j\, c_{ji}\, c_{jk} \tag{13・63}$$

エチレンに対しては，考えるべき分子軌道は二つなので $j=1$ か 2 であり，炭素原子が二つあるので $i=1$ か 2，そして $k=1$ か 2 である．炭素原子 1 と 2 間の π 結合次数は

$$\begin{aligned}
P_{12}^{\pi} &= n_1(c_{11})(c_{12}) + n_2(c_{21})(c_{22}) \\
&= 2\left(\frac{1}{\sqrt{2}}\right)\left(\frac{1}{\sqrt{2}}\right) + 0\left(\frac{1}{\sqrt{2}}\right)\left(\frac{-1}{\sqrt{2}}\right) = 1
\end{aligned}$$

全結合次数は単純に σ と π の結合次数の和で，

$$P_{ik}^{\text{全}} = P_{ik}^{\sigma} + P_{ik}^{\pi} \tag{13・64}$$

エチレンに対しては

$$P_{12}^{\text{全}} = 1 + 1 = 2$$

となる．したがって，単純なヒュッケル法では，エチレンは二つの炭素原子間に一つの二重結合をもつことになり，その二重結合は一つの σ 結合と一つの π 結合からなる．この結論は VB 理論とつじつまが合う．

ブタジエン (C_4H_6)

ヒュッケル法の威力は，ブタジエン*のような非局在化 MO をもつ系にそれを適用すると，よりいっそうわかる．炭素原子を次式のように番号付けし，

$$\underset{1}{H_2C}{=\!=}\underset{2}{\overset{H}{C}}{-\!-}\underset{3}{\overset{H}{C}}{=\!=}\underset{4}{CH_2}$$

π 電子に対する分子軌道を，原子の C $2p_z$ 軌道の一次結合として書き表す．

$$\psi = c_1\phi_1 + c_2\phi_2 + c_3\phi_3 + c_4\phi_4 \tag{13・65}$$

エチレンの場合と同様に，変分原理を適用してエネルギーを最小にする係数の最適値を見つける．結果として得られる方程式は

$$\begin{aligned}
&c_1(H_{11}-ES_{11}) + c_2(H_{12}-ES_{12}) + c_3(H_{13}-ES_{13}) \\
&\quad + c_4(H_{14}-ES_{14}) = 0
\end{aligned} \tag{13・66}$$

$$\begin{aligned}
&c_1(H_{21}-ES_{21}) + c_2(H_{22}-ES_{22}) + c_3(H_{23}-ES_{23}) \\
&\quad + c_4(H_{24}-ES_{24}) = 0
\end{aligned} \tag{13・67}$$

$$\begin{aligned}
&c_1(H_{31}-ES_{31}) + c_2(H_{32}-ES_{32}) + c_3(H_{33}-ES_{33}) \\
&\quad + c_4(H_{34}-ES_{34}) = 0
\end{aligned} \tag{13・68}$$

$$\begin{aligned}
&c_1(H_{41}-ES_{41}) + c_2(H_{42}-ES_{42}) + c_3(H_{43}-ES_{43}) \\
&\quad + c_4(H_{44}-ES_{44}) = 0
\end{aligned} \tag{13・69}$$

自明でない解を得るには，次の永年行列式が 0 に等しい必要がある．

$$\begin{vmatrix}
H_{11}-ES_{11} & H_{12}-ES_{12} & H_{13}-ES_{13} & H_{14}-ES_{14} \\
H_{21}-ES_{21} & H_{22}-ES_{22} & H_{23}-ES_{23} & H_{24}-ES_{24} \\
H_{31}-ES_{31} & H_{32}-ES_{32} & H_{33}-ES_{33} & H_{34}-ES_{34} \\
H_{41}-ES_{41} & H_{42}-ES_{42} & H_{43}-ES_{43} & H_{44}-ES_{44}
\end{vmatrix} = 0 \tag{13・70}$$

---

* ブタジエンには，シス形とトランス形の二つがあるが，ここでは直線分子として取扱う．

α と β の項を前と同様に定義し,$S_{ij}=\delta_{ij}$ を思い起こすと,

$$\begin{vmatrix} \alpha-E & \beta & 0 & 0 \\ \beta & \alpha-E & \beta & 0 \\ 0 & \beta & \alpha-E & \beta \\ 0 & 0 & \beta & \alpha-E \end{vmatrix} = 0 \quad (13\cdot71)$$

のように書き換えられる.次に,各要素を β で割り,$x=(\alpha-E)/\beta$ とすると,行列式は簡単になり,次式を得る.

$$\begin{vmatrix} x & 1 & 0 & 0 \\ 1 & x & 1 & 0 \\ 0 & 1 & x & 1 \\ 0 & 0 & 1 & x \end{vmatrix} = 0 \quad (13\cdot72)$$

この 4×4 の行列式は展開することができて

$$x^4 - 3x^2 + 1 = 0$$

を得る.この方程式は四つの解をもつが,x^2 に対する二次式として扱い,その平方根をとると解が得られ,

$$x = \pm 1.62 \quad と \quad x = \pm 0.62$$

となる.基底電子状態では,ブタジエンは 4 個の π 電子が二つの最低エネルギー MO を占める(図 13・25).したがって,ブタジエンの全 π 結合エネルギーは式 (13・58) を用いて

$$E = 2(\alpha + 1.62\beta) + 2(\alpha + 0.62\beta) = 4\alpha + 4.48\beta$$

となる.エチレン分子の全エネルギーは $(2\alpha+2\beta)$ であったことを思いだそう.ブタジエン分子と二つのエチレン分子の差は次式のように求まる.

$$E_{ブタジエン} - 2E_{エチレン} = (4\alpha + 4.48\beta) - 2(2\alpha + 2\beta)$$
$$= 0.48\beta$$

したがって,ブタジエンは二つのエチレン分子より 0.48β だけ安定で,これを**非局在化エネルギー**(delocalization energy)または**共鳴エネルギー**(resonance energy)という.VB 理論では,π 電子は炭素原子対の間に局在するものとした.一方,ヒュッケル法では,π 電子は分子全体にわたって非局在化していると見る.箱の中の粒子の場合に学んだように,電子が動ける空間が大きければ,それだけ系のエネルギーは低くなる.

次なるステップは,π MO に対する波動関数を求めることである.ヒュッケル近似を適用し,再び $x=(\alpha-E)/\beta$ とすると,式 (13・66)〜式 (13・69) を次のように簡単にできる.

$$c_1 x + c_2 = 0 \quad (13\cdot73)$$
$$c_1 + c_2 x + c_3 = 0 \quad (13\cdot74)$$
$$c_2 + c_3 x + c_4 = 0 \quad (13\cdot75)$$
$$c_3 + c_4 x = 0 \quad (13\cdot76)$$

式 (13・73) と式 (13・74) から下式が得られる.

$$c_2\left(x - \frac{1}{x}\right) + c_3 = 0$$

最低 π MO に焦点を合わせると,$E_1=\alpha+1.62\beta$,すなわち $x=-1.62$ を得る.式 (13・73) より $c_2=1.62c_1$ となり,x の値を上式に代入すると,$c_2=c_3$ を得る.同様にして,$c_1=c_4$ を示すことができて,波動関数は規格化されているので次式のように書ける.

$$c_1^2 + c_2^2 + c_3^2 + c_4^2 = c_1^2 + (1.62c_1)^2 + (1.62c_1)^2 + c_1^2 = 1$$

これを解くと,$c_1=0.37$ と $c_2=0.60$ が得られるので,波動関数 ψ_1 は式 (13・77) で表される.

$$\psi_1 = 0.37\phi_1 + 0.60\phi_2 + 0.60\phi_3 + 0.37\phi_4 \quad (13\cdot77)$$

同様の手続きで,残り三つの π MO の波動関数は次のように書ける.

$$\psi_2 = 0.60\phi_1 + 0.37\phi_2 - 0.37\phi_3 - 0.60\phi_4 \quad (13\cdot78)$$
$$\psi_3 = 0.60\phi_1 - 0.37\phi_2 - 0.37\phi_3 + 0.60\phi_4 \quad (13\cdot79)$$
$$\psi_4 = 0.37\phi_1 - 0.60\phi_2 + 0.60\phi_3 - 0.37\phi_4 \quad (13\cdot80)$$

係数がわかると,式 (13・63) を用いて π 結合次数を計算できる.

$$P_{ik}^\pi = \sum_{j=1}^{4} n_j\, c_{ji}\, c_{jk}$$

炭素原子 1 と 2 の間については,

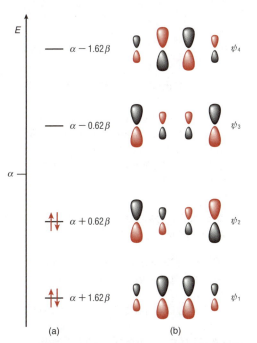

図 13・25 (a) ブタジエンの π MO のエネルギー準位図.(b) 結合性および反結合性 π MO の波動関数.電子雲のローブの大きさは,MO 中の AO の係数に比例させてある.

$$P_{12}^\pi = n_1(c_{11})(c_{12}) + n_2(c_{21})(c_{22}) + n_3(c_{31})(c_{32}) + n_4(c_{41})(c_{42})$$
$$= 2(0.37)(0.60) + 2(0.60)(0.37) + 0 + 0$$
$$= 0.89$$

対称性を考慮すると $P_{34}^\pi = 0.89$ が得られる．これらの結果とは対照的に，簡単なルイス構造からは，π結合次数は1になる．また，炭素原子2と3の間のπ結合次数は

$$P_{23}^\pi = n_1(c_{12})(c_{13}) + n_2(c_{22})(c_{23}) + n_3(c_{32})(c_{33}) + n_4(c_{42})(c_{43})$$
$$= 2(0.60)(0.60) + 2(0.37)(-0.37) + 0 + 0$$
$$= 0.22$$

となる．このように，炭素原子2と3の間の結合は，ルイス構造ではσ結合のみで，π結合はまったく示されないにもかかわらず，ヒュッケル法ではある程度のπ結合性の存在が推測される．

シクロブタジエン (C_4H_4)

最後に，上記のブタジエンの結果をシクロブタジエン (C_4H_4) と比べてみると興味深い．シクロブタジエンもまた4個の炭素原子をもつ環式の系である．

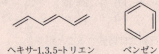

シクロブタジエンの行列式は次のように書ける．

$$\begin{vmatrix} \alpha-E & \beta & 0 & \beta \\ \beta & \alpha-E & \beta & 0 \\ 0 & \beta & \alpha-E & \beta \\ \beta & 0 & \beta & \alpha-E \end{vmatrix} = 0 \quad (13 \cdot 81)$$

各炭素原子が二つの最近接原子をもつので，直鎖化合物のブタジエンの行列式[式(13・71)]とは，行列式の左下と右上にもさらなるβ項のある点が異なる．例によって各項をβで割り，$x=(\alpha-E)/\beta$とおいて，

$$\begin{vmatrix} x & 1 & 0 & 1 \\ 1 & x & 1 & 0 \\ 0 & 1 & x & 1 \\ 1 & 0 & 1 & x \end{vmatrix} = 0 \quad (13 \cdot 82)$$

を得る．これは単純な

$$0 = x^4 - 4x^2$$

の形になる．この四次方程式は四つの解

$$x = 2, 0, 0, -2 \quad (13 \cdot 83)$$

をもち，したがって，系のエネルギーは

$$E = (\alpha - 2\beta), \alpha, \alpha, (\alpha + 2\beta) \quad (13 \cdot 84)$$

となり，シクロブタジエンの基底電子状態のエネルギーは

$$E = 2E_1 + E_2 + E_3$$
$$= 2(\alpha + 2\beta) + \alpha + \alpha = 4\alpha + 4\beta \quad (13 \cdot 85)$$

となる．しかしながらこれは，ヒュッケル法で二つのエチレン分子に対して予想したエネルギーと同じである．つまり，非局在化エネルギーは0であり，シクロブタジエンは，二つのエチレン分子に比べて共鳴安定化されていない．

> **例題 13・6**
>
> ヘキサ-1,3,5-トリエンとベンゼンに対し，ヒュッケル法を用いて永年行列式をつくれ（ただし，解く必要はない）．
>
> ヘキサ-1,3,5-トリエン　　ベンゼン
>
> **解** ブタジエンに対する行列式の類推から，ヘキサ-1,3,5-トリエンの行列式は次のように書ける．
>
> $$\begin{vmatrix} \alpha-E & \beta & 0 & 0 & 0 & 0 \\ \beta & \alpha-E & \beta & 0 & 0 & 0 \\ 0 & \beta & \alpha-E & \beta & 0 & 0 \\ 0 & 0 & \beta & \alpha-E & \beta & 0 \\ 0 & 0 & 0 & \beta & \alpha-E & \beta \\ 0 & 0 & 0 & 0 & \beta & \alpha-E \end{vmatrix} = 0$$
>
> シクロブタジエンと同様，ベンゼンは環式の系である．ベンゼンでは，各炭素原子は二つの最近接原子をもつので，行列式の左下隅と右上隅にβを加える．
>
> $$\begin{vmatrix} \alpha-E & \beta & 0 & 0 & 0 & \beta \\ \beta & \alpha-E & \beta & 0 & 0 & 0 \\ 0 & \beta & \alpha-E & \beta & 0 & 0 \\ 0 & 0 & \beta & \alpha-E & \beta & 0 \\ 0 & 0 & 0 & \beta & \alpha-E & \beta \\ \beta & 0 & 0 & 0 & \beta & \alpha-E \end{vmatrix} = 0$$
>
> **コメント** 上記の行列式の数値解から，ヘキサ-1,3,5-トリエンに比べて，ベンゼンが2βだけ共鳴安定化エネルギーをもつことがわかる．ここで学んだいくつかの例から，多くの平面π分子系に対して，ヒュッケル法の単純な行列式は書けるようになって欲しい．エネルギーを計算することは簡単でないかもしれないが，今では代数式を簡単にできる多くのコンピュータープログラムが手に入る．

まとめると，π系に対するヒュッケル法は，次のような簡単な仮定に基づいている．

1. σ電子とπ電子を分けて，π電子だけを考慮する．
2. π電子は，原子軌道の一次結合でつくった分子軌道に入れる．
3. 2p原子軌道は規格直交系である．すなわち，$S_{ij} = \delta_{ij}$となる．
4. 炭素原子はすべて同等のものとして取扱い，それゆえ，クーロン積分はすべて同じ値をもつとする．すなわち，全炭素原子，iに対して，$H_{ii} = \alpha$とする．

5. 最近接の炭素原子に対して，共鳴積分は常に同じ値である．すなわち，$H_{ij} = \beta$ で，原子が最近接でなければ $H_{ij} = 0$ となる．

これらの仮定の下に，多くの分子群に対して，原子の電荷密度，結合次数，HOMO-LUMO エネルギーギャップ，共鳴安定化エネルギーを計算することができる．

13・9 計算機化学の方法

箱の中の粒子モデルやヒュッケル法の MO 理論を用いて，小さな分子の電子構造を記述することには成功した．それらのモデルは，"手計算できる" ほど十分に単純であったが，正確さのレベルは十分には高くなかったかもしれない．そのため分子のエネルギーや形をより正確に予測するには，他の理論もしくは，他の近似を探さないといけない．本節では，定性的にはもちろんのこと，定量的予測をするのに使える計算法（分子力学法，経験的計算法，アブイニシオ法）を三つ概括する．計算法が複雑になるに従い，その予測はより正確になるが，その目標の達成には，より多くの計算時間とメモリーの負担が必要になる．理論がより複雑になると，それだけ物理的洞察も失われる．たとえば，摂動論を用いた理論計算では，1～2 個の摂動項は，外部磁場といった物理的現象と相関している．しかし摂動項が 10 以上とか，変分パラメーターが 1000 以上（たとえば，ヘリウムの基底状態のエネルギーの計算の場合）になると，各項や各パラメーターに物理的な意味を対応させることは，道理に合ってもいないし現実的でもない．ここでは，計算機化学の最も単純な方法から始めよう．

分子力学法（分子力場法）

分子力学 (molecular mechanics, MM) 法または分子力場 (force field, FF) 法は，分子の基底電子状態の最小エネルギー構造を見つけるのに使われる．分子のエネルギーは，経験的に原子座標の関数として計算され，最も安定な配置は最小エネルギーをもつ構造である．MM 計算では，あたかも分子が球とばねでできていると考えて，特定の幾何構造のエネルギーを，古典力学を用いて計算する．全エネルギー E_{MM} は，種々の相互作用のエネルギーの和として書き表され，全エネルギーの極小を見つけるために分子の幾何構造をさまざまに変えていく．

$$E_{MM} = E_{伸縮} + E_{変角} + E_{ねじれ} + E_{ファンデルワールス} + E_{電子} (+ \cdots) \tag{13・86}$$

個々の相互作用エネルギーをそれぞれパラメーター化し，既知の分子相互作用のデータセットと合うように変えていく．最初の項，$E_{伸縮}$ を例として考えよう．調和振動子を用いると，必要なパラメーターはばね定数 k と平衡結合長 R_e のたった二つである．化学結合のそれぞれの型に対して，パラメーターの値は異なるだろう．C–Cl 結合は C–H 結合より短く，"硬い"（ばね定数 k の値がより大きい）が，第一近似としては，すべての C–Cl 結合が C–H 結合と同じポテンシャルエネルギー関数をたどるとして取扱う．同様のやり方で，変角運動，ねじれ運動，ファンデルワールス相互作用，クーロン相互作用などもまた，力場パラメーターと合うようにする．MM 計算は非常に速いので，どの大きさの巨大分子にも適用できる．

経験的方法と半経験的方法

経験的方法と半経験的方法では，実験的に得られたパラメーターを信頼して分子の性質を計算する．分子力学法も経験的方法であると思うかもしれないが，ここでは MM は，電子構造を考慮する経験的方法とは異なるものとみなす．経験的方法は，パラメーター化の程度や採用する近似の程度によって特徴づけられる．半経験的方法の例には，ヒュッケル (HMO) 法や，拡張ヒュッケル法 (extended Hückel theory, EHT) がある．前説で学んだようにヒュッケル法は π 軌道のみを考慮するが，拡張ヒュッケル法は原子価 σ 軌道も同様に考慮する．たとえばヒュッケル法や拡張ヒュッケル法では，積分 α [式 (13・50) 参照] を決めるのに，数学的計算はせずに，炭素 2p 軌道の負のイオン化エネルギーを用いてパラメーター表示を行う．半経験的方法は大きな分子には最良の方法と思われ，また，次項で見る第一原理計算の出発段階で，分子の幾何構造を最適化することにも利用される．

アブイニシオ法

ラテン語の *ab initio* というフレーズは，"最初から" という意味であるが，計算化学の世界でアブイニシオ法 (*ab initio* method) とは "第一原理から" 非経験的計算を行う方法である．第一原理計算（アブイニシオ計算）は，経験的パラメーターをまったく用いないので，原理的には大変正確であるが，計算すべき積分が多数あるので時間が非常にかかる．ここで第一原理計算を，ハートリー・フォック (HF) 法（§12・10 参照）に基づく計算と，いわゆる "ポストハートリー・フォック法" に基づく計算とに分けて考える．HF 計算の正確さ（および計算に必要な時間とメモリー容量）を決める要素の一つは，計算に用いる基底 (関数) 系の大きさである．基底系としては，計算に使われる原子軌道のすべてが考えられる．最も単純な計算レベルでは，最小基底系 (minimal basis set, MBS) が採用され，どの電子に対しても，分子軌道をつくるのに必要な数だけ原子軌道を含む．炭化水素に対する最小基底系の場合，各水素原子の 1s 軌道と各炭素原子の 1s, 2s, 2p 軌道でつくれる．より大

きな基底系では，たとえば，水素様 3s, 3p, さらには 3d 軌道（基底関数）まで含めて，分子内の基底状態の炭素原子を記述することもある．ユーモラスに言うなら，計算化学者の数と同じ数だけ基底系の種類がある．より大きな基底系が，計算の正確さ（とさらには計算時間）を増大させることは一般に正しいが，一方，努力に対する見返りは，その割に増えない．とはいえ結局のところ，HF 法は電子-電子相関を無視している点に限界がある．ハートリー・フォック極限（基底関数の数を無限大に補外した場合）においてさえ，分子のエネルギーの計算値は，実験的に測定された値よりまだ大きい．

ポストハートリー・フォック法　エネルギー計算の正確さをハートリー・フォック極限を超えるレベルまで改善し，電子相関（EC）を取込む試みはいくつかある．EC は，HF 近似を適用するときに考慮されていないエネルギーを記述するのに用いられる言葉である．EC が生じる原因は一つには，HF 法が本質的には一電子近似法で，電子が互いに避ける運動が原因で系に生じるエネルギー部分を除外しているからである．一般に EC の相関エネルギー（E_{CE}）は次式で表現できる*．

$$E_{CE} = E_{その基底系での最低値} - E_{その基底系でのHF法計算値} \quad (13 \cdot 87)$$

EC を説明する一つの方法は，§12・11 で学んだ摂動論を用いることである．メラー・プレセット理論（Møller-Plesset theory）は，広く用いられている摂動論のタイプの一つで，考慮する摂動のレベルによって，MP2, MP3, … とよばれる．電子相関を取込む他の方法には，結合クラスター（coupled cluster, CC）法や配置間相互作用（configuration interaction, CI）法がある．CC 法もまた摂動論を含んでいるが，CI 法は，基底状態に寄与する励起状態を基底系の一次結合に取入れる変分法（§12・9 参照）である．

密度汎関数理論（DFT）　計算機化学で最もよく使われている方法の一つが，密度汎関数理論（density functional theory, DFT）で，その理由は，CC 法や CI 法に比べて，電子相関をかなり低費用で取込めるからである．DFT は，パラメーター表示を行わないが，しばしばアブイニシオ法の一つとみなされる．DFT が他の方法と異なる点は，電子を個々の軌道に入れる代わりに，全電子密度を考えることにある．本質的な話として，もし電子密度が正確にわかるなら，原理的には全エネルギー（そして系の他の性質すべて）を正確に決めることができる．しかしながら，電子密度をエネルギーに関係づける数学的関数がわからないので，それを誘導するというよりは，想像することが必要となる．

使える計算方法を全部手にし，また連続的に発展する新しい方法を手に入れたとして，どの方法を採用するかをどのようにして決めれば良いのか？　常に存在する妥協点は，"正確さ" 対 "時間" の選択である．小さな分子に高レベル理論を用いると，分子の立体構造，エネルギー，そして分光学的性質を相当正確に予測することが可能である．大きな分子に対しては，アブイニシオ法によるコンピューターの計算時間は，無茶苦茶に長くなる．幸いにも今は，計算機もプログラムも非常に速い速度で発展し続けているので，計算法の最前線は常に広がり続けるであろう．現在は，一連の計算化学パッケージソフトが，使い勝手のよいインターフェースで市販されているので，計算化学は，今では関心のある科学者なら手の届くところにある．

＊ 訳注: 電子相関，相関エネルギーについては p. 268 も参照．

重要な式

$\psi_{MO}(1,2) = [1s_A(1)\,1s_B(2) + 1s_A(2)\,1s_B(1) + 1s_A(1)\,1s_A(2) + 1s_B(1)\,1s_B(2)]$	H_2 の MO 波動関数	式 (13・25)
$\psi_{VB}(1,2) = [1s_A(1)\,1s_B(2) + 1s_A(2)\,1s_B(1)]$	H_2 の VB 波動関数	式 (13・26)
$\psi_{イオン}(1,2) = \underbrace{1s_A(1)\,1s_A(2)}_{H^-\ H^+} + \underbrace{1s_B(1)\,1s_B(2)}_{H^+\ H^-}$	イオン結合した H_2 の波動関数	式 (13・27)
$\psi_{MO} = \psi_{VB} + \psi_{イオン}$	MO 法と VB 法の関係	式 (13・28)
結合次数 $= \dfrac{(結合性軌道電子数 - 反結合性軌道電子数)}{2}$	結合次数の定義	式 (13・29)
$\|\chi_A - \chi_B\| = 0.102\sqrt{D_{AB} - 0.5(D_{A_2} + D_{B_2})}$	ポーリング電気陰性度の尺度	式 (13・32)

参 考 文 献

書　籍

C. A. Coulson, "Valence, 3rd Ed.," Oxford University Press, New York(1979). ペーパーバック版は "Coulson's Valence, 3rd Ed.," ed. by R. McWeeny, Oxford University Press(1980).

R. L. DeKock, H. B. Gray, "Chemical Structure and Bonding," University Science Books, Sausalito, CA(1989).

J. B. Foresman, A. Frisch, "Quantum Exploring Chemistry with Electronic Structure Methods, 2nd Ed.," Gaussian, Inc., Pittsburgh, PA(1996).

W. J. Hehre, L. Radom, P. von R. Schleyer, J. Pople, "Ab Initio Molecular Orbital Theory," John Wiley & Sons, New York(1986).

M. Karplus, R. N. Porter, "Atoms & Molecules: An Introduction For Students of Physical Chemistry," Benjamin/Cummings, Menlo Park, CA(1970).

I. N. Levine, "Quantum Chemistry, 7th Ed.," Prentice-Hall, New York(2013).

D. A. McQuarrie, "Quantum Chemistry, 2nd Ed.," University Science Books, Sausalito, CA(2008).

L. Pauling, "The Nature of the Chemical Bond, 3rd Ed.," Cornell University Press, Ithaca, NY(1960).

L. Pauling, E. B. Wilson, Jr., "Introduction to Quantum Mechanics," Dover Publications, New York (1985; 最初の版は ©1935).

A. Szabo, N. S. Ostlund, "Modern Quantum Chemistry," Dover Publications, New York(1996).

F. Weinhold, C. R. Landis, "Discovering Chemistry with Natural Bond Orbitals," John Wiley & Sons, Hoboken, New Jersey(2012).

論　文

M. Born, J. R. Oppenheimer, 'Quantum Theory of Molecules' *Ann. Physik*, **84**, 457(1927).

F. O. Ellison, C. A. Hollingsworth, 'The Probability Equals Zero Problem in Quantum Mechanics,' *J. Chem. Educ.*, **53**, 767(1976).

P. G. Nelson, 'How do Electrons Get Across Nodes?,' *J. Chem. Educ.*, **67**, 643(1990).

C. A. Leach, R. E. Moss, 'Spectroscopy and Quantum-Mechanics of the Hydrogen Molecular Cation — A Test of Molecular Quantum Mechanics,' *Ann. Rev. Phys. Chem.*, **46**, 55(1995).

F. Rioux, 'Kinetic Energy and the Covalent Bond in H_2^+,' *Chem. Educator* [Online], **2**, 40(1997). DOI: 10.1333/s00897970153a.

G. B. Kauffman, L. M. Kauffman, 'Quantum Chemistry Comes of Age,' *Chem. Educator* [Online], **4**, 259(2001). DOI: 10.1007/s00897990337a.

F. Rioux, 'The Covalent Bond in H_2,' *Chem. Educator* [Online], **6**, 288(2001). DOI: 10.1007/s00897010509a.

J.-P. Grivet, 'The Hydrogen Molecular Ion Revisited,' *J. Chem. Educ.*, **79**, 127(2002).

D. Tudela, V. Fernandez, 'The Excited States of Molecular Oxygen,' *J. Chem. Educ.*, **80**, 1381(2003).

R. Hoffman, S. Shaik, P. C. Hiberty, 'A Conversation on VB vs MO Theory: A Never-Ending Rivalry?,' *Acc. Chem. Res.*, **36**, 750(2003).

J. W. Hovick, J. C. Poler, 'Misconceptions in Sign Convention: Flipping the Electric Dipole Moment,' *J. Chem. Educ.*, **82**, 889(2005).

S. K. Knudson, 'The Old Quantum Theory for H_2^+: Some Chemical Implications,' *J. Chem. Educ.*, **83**, 464(2006).

D. G. Truhlar, 'The Concept of Resonance,' *J. Chem. Educ.*, **84**, 781(2007).

J. M. Galbraith, 'On the Rule of d Orbital Hybridization in the Chemistry Curriculum,' *J. Chem. Educ.*, **84**, 783(2007).

L. L. Lohr, S. M. Blinder, 'The Weakest Link: Bonding Between Helium Atoms,' *J. Chem. Educ.*, **84**, 860(2007).

S. G. Lieb, 'Simple Molecular Orbital Calculations for Diatomics: Oxygen and Carbon Monoxide,' *Chem. Educator* [Online], **13**, 333(2008). DOI: 10.1333/s00897082173a.

R. J. Martine, J. J. Bultema, M. N. Vander Wal, B. J. Burkhart, D. A. Vander Griend, R. J. DeKock, 'Bond Order and Chemical Properties of BF, CO, and N_2,' *J. Chem. Educ.*, **88**, 1094(2011).

Y. Liu, B. Liu, M. G. B. Drew, 'Connections between Concepts Revealed by the Electronic Structure of Carbon Monoxide,' *J. Chem. Educ.*, **89**, 355(2012).

問　題

水素分子と水素分子イオン

13・1　水素分子イオンに対するシュレーディンガー方程式［式(13・5)］の解において、HD^+ や D_2^+ に対する解と H_2^+ に対する解とは異なるか、同じか。定性的に記述せよ。

13・2　H_2^+、HHe^{2+}、He_2^{3+}、LiH^{3+} のような一連の一電子イオンに対するシュレーディンガー方程式［式(13・5)］の解において、結合エネルギーと結合長は、これらの間でどのように変わるか。定性的に記述せよ。

13・3 H_2^+ に対するシュレーディンガー方程式 [式 (13・5)] の解析解を見つけるために，電子の座標系を直交座標から楕円座標 (λ, μ, ϕ) に変数変換する．ただし，$\lambda = (r_A + r_B)/R$，$\mu = (r_A - r_B)/R$，ϕ は核間軸周りの角度である．ベクトル r_A と r_B はそれぞれ原子核 A および B から電子へ向くベクトルで，R は核間距離（図 13・1 参照）である．座標 ϕ の範囲は $0 \le \phi \le 2\pi$ である．λ と μ の範囲を求めよ．

13・4 結合性 σ MO は，二つの水素の 1s AO の和をとり，

$$\sigma(1) = N[s_A(1) + s_B(1)]$$

と表される．ここで，"1" は任意に番号づけした電子 1 の座標を意味する．水素の原子軌道は規格化されていると仮定して，この σ 軌道に対する規格化定数 N を算出せよ．答えは，式 (13・15) で定義した重なり積分 S を用いて表せ．

13・5 反結合性 σ MO は，二つの水素の 1s AO の差をとり，

$$\sigma^*(1) = N^*[s_A(1) - s_B(1)]$$

と表される．ここで，"1" は任意に番号づけした電子 1 の座標を意味する．水素の原子軌道は規格化されていると仮定して，反結合性 σ 軌道の規格化定数 N^* を算出せよ．答えは，重なり積分 S を用いて表せ．

13・6 結合性 σ 軌道と反結合性 σ* 軌道は，問題 13・4, 13・5 で定義してある．この二つの軌道が直交していることを示せ．

13・7 化学結合を記述する一つの方法に，イオン性 (%) を用いることがある．イオン性は，電子が完全に移った 100% イオン性のイオン結合から，電子対を完全に共有したイオン性 0% の共有結合まであるが，式 (13・25) の H_2 の分子軌道は何 % のイオン性をもつだろうか．

13・8 VB 法と MO 法は，化学結合を記述する二つの方法である．VB 法ではイオン性が小さすぎ，MO 法ではイオン性が高すぎるという面があり，これに対し適用できるかもしれない方法の一つは，イオン結合を原子価結合の摂動として取込む摂動論である．摂動論を用いて，化学結合系のエネルギーの問題に対し，どのように解を得るか．概括せよ．

13・9 反結合性軌道は，核間軸を二分する節面をもっている．このことは，電子を見つける確率が 0 の面が存在することを意味する．反結合性軌道にある電子は，どのようにこの節面を横切っているか，自分の言葉で説明せよ [この問題を広範に論じるには次の論文を参照するとよい：*J. Chem. Educ.*, **53**, 767 (1976); *ibid.*, **67**, 643 (1990); *ibid.*, **70**, 345, 346 (1993)]．

13・10 二つの水素原子の 1s 軌道に対して，重なり積分 S [式 (13・15)] が，決して 0 にはならないのはなぜか．説明せよ．

13・11 重なり積分 S [式 (13・15)] の値は，どういった条件下で厳密に 0 になるか．

13・12 4 電子化学種 H_2^{2-} は，電子基底状態では共有結合していないが，低い電子励起状態では結合次数が 1 である．この現象を，水素の 1s と 2s 軌道からつくった分子軌道エネルギー準位図を描き，電子を分子軌道に入れることで説明せよ．

13・13 次の (a)〜(d) の水素分子の励起状態電子配置は均一結合開裂（二つの H 原子を生ずる）と不均一結合開裂（H^+ と H^- を生ずる）のどちらで開裂しそうか．予測せよ．
 (a) $(\sigma_g 1s)(\sigma_u^* 1s)$ (b) $(\sigma_u^* 1s)^2$
 (c) $(\sigma_g 1s)(\sigma_g 2s)$ (d) $(\sigma_g 2s)^2$

13・14 "分子軌道" と "分子波動関数" という（区別せずに使うことも多い）術語の違いを説明せよ．

等核二原子分子と異核二原子分子

13・15 二原子リチウム (Li_2) は，空想科学小説の宇宙船の燃料である．
 (a) 水素様 AO 1s, 2s を用い，Li_2 の分子軌道エネルギー準位図をつくれ．それぞれの軌道に，σ か π，結合性か反結合性，偶・奇を表す g か u を標示せよ．
 (b) 作成した分子軌道エネルギー準位図を用いて，Li_2 は常磁性か反磁性かを答えよ．
 (c) MO 理論により予測される結合次数は，ルイス構造に基づく VB 理論と一致するだろうか．

13・16 二原子ネオン (Ne_2) の基底状態は解離的で，単純な分子軌道理論では結合次数 0 と予測される．一方，二原子ネオンの励起状態は，0 でない結合次数をもつかもしれない．二原子ネオンの分子軌道エネルギー準位図を描き，軌道に電子を入れて 0 でない結合次数をもつ励起状態をつくれ．その励起状態の結合次数はいくつになるか．

13・17 電子基底状態にある一連の二原子窒素化学種 (N_2^+, N_2, N_2^-) に対して，結合次数を求め，常磁性か反磁性かを決めよ．どの化学種が結合長が最も長いか．また，結合の強さが最も強いか．分子軌道エネルギー準位図を用いて，その結論を立証せよ．

13・18 電子基底状態にある等核二原子イオン (Be_2^+, B_2^+, C_2^+) に対して結合次数を求め，常磁性か反磁性かを決めよ．どの化学種が結合長が最も長いか．また，結合の強さが最も強いか．分子軌道エネルギー準位図を用いて，その結論を立証せよ．

13・19 LiH 分子に対してハミルトニアンを書け．ボルン・オッペンハイマー近似を用いるとき，ハミルトニアンの中のどの項を無視しても構わないだろうか．

13・20 HeH^+ は最も単純な異核二原子種の一つである．この化学種の分子軌道エネルギー準位図を描き，電子基底状態の結合次数を予測せよ．この化学種が，基底状態のポテンシャルエネルギー面にとどまったままで熱的に解離したら，$He + H^+$ または $He^+ + H$ のどちらの原子種が生成するか．次に，電子が一つ HOMO（最高被占分子軌道）から LUMO（最低空分子軌道）に励起された電子配置を描け．その電子励起状態は，結合的だろうか解離的だろうか．HeH^+ が励起状態で解離する場合，$He + H^+$ または $He^+ + H$ のどちらが生じるだろうか．

13・21 表 13・1 に一連の二原子酸素種に対する結合次数，結合長，結合エネルギーを示す．この表に O_2^{2+} の行

を加え，分子軌道理論に基づく予測でその行を埋めよ．

13・22 等核二原子分子と異核二原子分子について以下の問題を考えよ．各分子に対して，1s 原子軌道と 2s 原子軌道の組合わせで分子軌道をつくることは可能か？ もし可能なら，分子軌道は σ か π か，あるいはそのどちらでもないか？ g(偶)か u(奇)か，あるいはそのどちらでもないか？ 結合性か，反結合性か，非結合性か？

13・23 気相の臭化カリウムは，二原子分子の中で最大の双極子モーメント (10.5 D) をもつ分子の一つである．回転振動分光法を用いると，臭化カリウムの結合長は 282 pm と観測される．結合のイオン性 (%) は何 % か．計算せよ．

13・24 二原子化学種が取りうる双極子モーメントの最大値を定量的に見積もれ．そのために行った仮定を明確に述べよ．より正確に見積もるために必要なら，学術文献からどのような情報を見つけてもよい．

13・25 二原子分子である水素化リチウムは，携帯電話や電気自動車の水素化リチウム電池での技術的利用のため，科学の世界で関心を集めている．LiH の双極子モーメントは 6.00 D で，HF の双極子モーメントは 1.92 D である．この二つの分子の違いを説明せよ．

13・26 次の表に基づいて，これらの化学結合のイオン性 (%) の周期的傾向について記述せよ．どの中性二原子分子種が，最も高い共有結合性をもっているだろうか．それは，電気陰性度の違いに基づく予想と一致するだろうか．

分子種	μ/D	eR/D	R/pm
BH	1.733	5.936	123.6
CH	1.570	5.398	112.4
NH	1.627	4.985	103.8
OH	1.780	4.661	97.05
FH	1.942	4.405	91.71

多原子分子

13・27 三原子リチウムは，空想科学小説では星を破壊する物質である．Li_3, Li_3^+, Li_3^- のような一連の三原子化学種を考え，その各化学種に対し，ルイス構造を書き，形を予測し，Li-Li の結合次数を求めて，中心の Li 原子の混成を同定せよ．

13・28 LiH, BeH_2, BH_3, CH_4, NH_3, H_2O, HF のような一連の水素化物分子を考える．各分子に対し，水素原子への単結合の共有結合は，単純な VB 理論あるいは MO 理論を用いてうまく説明できるだろうか．一連の分子に対し，VB 理論で最もうまく説明できる分子の性質を述べよ．ここで，VB 理論は共有結合におけるイオン性を過小評価し，MO 理論は過大評価することを思い起こせ．イオン性に周期的傾向はあるだろうか．

13・29 八フッ化キセノン XeF_8^{2-} は，中心にキセノン原子があって，それがフッ素原子に囲まれている [注意：この構造は表 13・2 には含まれていない]．VSEPR 理論を用い，このイオンの形を予測せよ．フッ素原子はすべて等価だろうか．換言すると，Xe-F 結合はすべて同じ長さで，その結合エネルギーは同じ値だろうか．このイオンを原子価結合法で考えると，中心のキセノン原子の混成はどうなるはずだろうか．

13・30 表 13・2 は，VSEPR 理論を小分子に適用する場合の共通した状況をほとんど含んでいる．この表で省略しているのは，四つの電子群が中心原子を囲み，そのうち三つの電子群は非共有電子対の場合である．

(a) 表で省略した中心原子の混成はどうなっているか．
(b) 分子の形はどうなっているか．
(c) この電子構造によって記述できる分子の例をあげよ．
(d) このような状況に VSEPR 理論を適用する場合の有利な点，不利な点について議論せよ．

13・31 表 13・2 で考慮した分子の形に対し，予測される最小結合角はいくつか．最大結合角はいくつか．末端原子-中心原子-末端原子 (B-A-B) の結合角だけ考えればよい．

13・32 表 13・2 を拡張して，六つの電子群が中心原子を囲み，そのうち三つの電子群が非共有電子対であるような分子あるいはイオンを考える．

(a) この状況下では，中心原子の混成はどうなっているか．
(b) 分子の形はどうなっているか．

ヒュッケル法の分子軌道理論

13・33 炭化水素にヒュッケル法を適用するとき，同位体置換はその結果にどのような影響を与えるだろうか．

13・34 芳香族炭化水素分子に単純ヒュッケル法を適用し計算する場合，水素原子 1 個をフッ素原子で置換すると，結果はどのようになるだろうか．全部の水素原子をフッ素原子で置換した場合はどうなるか．

13・35 一連のベンゼン化学種 ($C_6H_6^{2+}$, $C_6H_6^+$, C_6H_6, $C_6H_6^-$, $C_6H_6^{2-}$) に単純ヒュッケル法を適用し，HOMO-LUMO エネルギーを計算せよ (ヒュッケル法のパラメーター α と β で表せ).

13・36 ヒュッケル法を用い，二つのエチレン分子 (2 個の C_2H_4) とブタジエン (C_4H_6) およびシクロブタジエン (C_4H_4) とを比較せよ．これら三つの系のエネルギーをヒュッケル法のパラメーター α と β を用いて表せ．また単純なヒュッケル近似では，どの系が最も低い π エネルギーをもつだろうか．

13・37 どのようにすればヒュッケル法の β 項の値を実験的に決められるか．自分の言葉で説明せよ．

13・38 下に示す一連の C_8H_8 分子に対してヒュッケル法を適用し行列式をつくれ (ただし解く必要はない)．それらのうち，芳香族性をもつ分子はどれか．予測せよ．

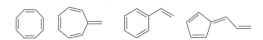

ヒュッケル則によると，芳香族分子は，環状共役した平面環 (単環および特別な多環) 内に $(4n+2)$ 個 ($n=1, 2, 3\cdots$)

の非局在化π電子をもっている．

13・39 単純なヒュッケル法で，ここに示す 1,3,5-ヘキサトリエンの Z 配置（シス形）と E 配置（トランス形）を区別できるだろうか．理由も説明せよ．

13・40 単純ヒュッケル法で電子構造計算を実行できるコンピュータープログラムを手に入れよ（入手可能なそのようなプログラムは多数ある）．下に示す二環式化合物 $C_{10}H_8$ の構造異性体（ナフタレンとアズレン）についてこの計算を行い，違いを説明せよ．それぞれが芳香族分子だろうか．

ナフタレン　　アズレン

13・41 単純ヒュッケル法で電子構造計算を実行できるコンピュータープログラムを手に入れよ．一連の芳香族炭化水素のベンゼン，ナフタレン，アントラセン，テトラセンについて計算し，HOMO-LUMO エネルギーの傾向を予測せよ．ここで求めた結果を，二次元の箱（ベンゼンに対しては $d \times d$ 正方形，ナフタレンに対しては $2d \times d$ 長方形，アントラセンに対しては $3d \times d$ 長方形，テトラセンに対しては $4d \times d$ 長方形）の中の粒子モデルの結果と比較し，相違を明確にせよ（§10・10 参照）．ベンゼンに対する正方形の大きさは $d = 278$ pm とする．

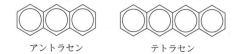

アントラセン　　テトラセン

補 充 問 題

13・42 H_2^+ 分子イオンに対して，$\sigma_g 1s$ と $\sigma_g 2s$ 軌道の形を念頭におき，$\sigma_g 3s$ 分子軌道の形を図示せよ．$\sigma_g 3s$ 軌道には，節はいくつあり，どのような形状をしているか．

13・43 H_2^+ 分子イオンに対して，$\pi_u 2p$ 軌道の形を念頭におき，$\pi_u 3p$ 軌道の形を図示せよ．$\pi_u 3p$ 軌道には節はいくつあり，それぞれどのような形状をしているか．

13・44 次の化学種*それぞれに対して，ボルン・オッペ

＊訳注：各化学種の左に上つきで質量数を，下つきで原子番号を付けた．

ンハイマー近似を用いた，電子についての時間を含まないシュレーディンガー方程式の解析解を得ることは可能だろうか．説明せよ．
$_1^2H$, $_1^2H_2^+$, $_1^2H_3^{2+}$, $_2^3He$, $_2^4He^+$, Li_2^{5+}, C_2, N^{6+}, α粒子（$_2^4He^{2+}$）

13・45 フッ化水素 HF(g) 分子の共有結合を説明するため，水素原子上の 1s 軌道がフッ素原子上のある軌道と重なりをもつと考える．フッ素原子の軌道に対しては，いくつかの選択の可能性がある．(a) $2p_z$ 原子軌道，(b) sp 混成軌道，(c) sp^2 混成軌道，(d) sp^3 混成軌道のうち，どれが最も合理的で，どれも最も合理的でないか．理由も説明せよ．これらの結合モデルのうちどれが実在分子を最もよく記述するかを決めるには，どのような測定実験をしたらよさそうだろうか．

13・46 共鳴という概念は，馬とロバの交配で生まれるラバのたとえで説明されることがある．このたとえと，グリフィンと一角獣を交配したのがサイであるという記述とを比べ，どちらの記述がより適切かを説明せよ．

13・47 N_2H_4，N_2O，N_2，N_2O_4 分子のうち，窒素-窒素の結合長が最も短いのはどれか．

13・48 単結合はほとんどいつも σ 結合で，二重結合はほとんどいつも σ 結合と π 結合でできている．この規則にはほとんど例外がない．B_2 と C_2 分子が例外であることを示せ．

13・49 表 13・2 で論じた分子の形では，いずれの場合も容易に結合角を知ることができた．例外は四面体であり，この場合，結合角を図示することは難しい．例として CCl_4 を考えてみよう．これは四面体構造をもっていて無極性である．ある C-Cl 結合の結合モーメントが，残り三つの C-Cl 結合モーメントの合成と逆向きで，大きさが等しいものだとして，結合角がすべて等しく 109.5° になることを示せ〔ヒント：Cl 原子は，図 13・18 (c) のように立方体の隅に置く〕．

13・50 O_2 分子に関して，分子軌道理論を用いて，下のルイス構造が実際は励起状態を表すものであることを示せ．

$$\ddot{\mathrm{O}}=\ddot{\mathrm{O}}$$

13・51 ピリジン（C_6H_5N）についてヒュッケル法で永年行列式を組立てよ．ただし，解を得る必要はない．N はヘテロ原子なので，クーロン積分（α）と共鳴積分（β）の記号に $α_C$，$β_{CC}$，$α_N$，$β_{CN}$ の記号を使え．N 原子の位置番号を 1 とせよ．

13・52 HBrC=C=CBrH という分子は双極子モーメントをもつだろうか．説明せよ．

14 電子スペクトルと磁気共鳴スペクトル

警告：残った片眼でレーザーをのぞきこまないように（Laserの安全標識より）

　分光学とは，電磁放射と物質との間の相互作用を研究する学問である．原子や分子のスペクトルを解析することで，分子内および分子間のさまざまな過程だけでなく，構造や結合についての詳細な情報が得られる．第11章では，分子の回転と振動を取扱うマイクロ波，赤外，ラマンの各分光法を論じた．本章では，分光法の残る二つの主要部門である電子スペクトルおよび磁気共鳴（核磁気共鳴と電子スピン共鳴）スペクトルに焦点を合わせる．電子スペクトルを論じる際に，吸収スペクトル，発光スペクトル，光電子スペクトルを取扱う．レーザーとその応用についてはさらに詳細に論じる．

14・1　分子の電子スペクトル

　紫外（UV）や可視領域における光の吸収は電子遷移と関係しており，電子スペクトルを生じる．二原子分子と多原子分子の電子スペクトルには，一見大きな相違がある．二原子分子は回転の自由度*が2，振動の自由度は1であるが，非直線形の多原子分子は回転の自由度が3，振動の自由度は$3N-6$（Nは分子中の原子の数）となる．電子遷移は振動遷移，回転遷移の両方に同時に関係しうるから，多原子分子の電子スペクトルはかなり複雑になる傾向がある．はじめに，話を簡単にするために二原子分子について議論しよう．

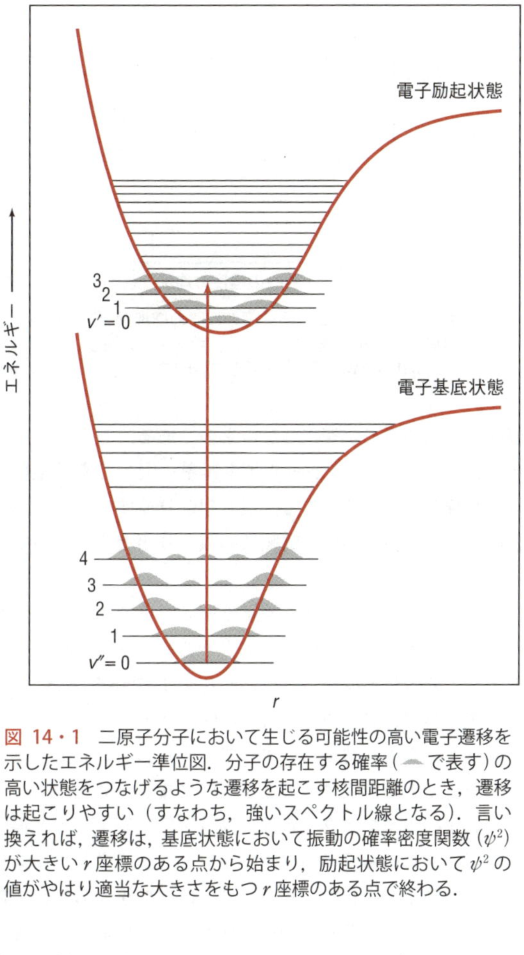

　図14・1に二原子分子の電子基底状態と電子励起状態のポテンシャルエネルギー曲線とそれぞれの振動エネルギー準位v''とv'とを示す．ボルツマン分布［式（2・33）参照］によると，室温では$h\nu > k_B T$で，その結果，ほとんどの場合で，事実上すべての遷移が振動基底状態から生じる．電子遷移についての次の二つの特徴は注目に値する．第一に，ある電子状態内での振動遷移において成り立つ選択律$\Delta v = \pm 1$は成り立たず，電子遷移においてはΔvは任意の値を仮定できる（図14・1参照）．第二に，バンドの相対強

---
* 自由度は§2・9で論じた．

図 14・1　二原子分子において生じる可能性の高い電子遷移を示したエネルギー準位図．分子の存在する確率（⌢で表す）の高い状態をつなげるような遷移を起こす核間距離のとき，遷移は起こりやすい（すなわち，強いスペクトル線となる）．言い換えれば，遷移は，基底状態において振動の確率密度関数（ψ^2）が大きいr座標のある点から始まり，励起状態においてψ^2の値がやはり適当な大きさをもつr座標のある点で終わる．

度を予想する上で，**フランク・コンドン原理**（Franck-Condon principle）［ドイツの物理学者James Franck（1882〜1964）と，米国の物理学者Edward Uhler Condon（1902〜1974）にちなむ］を用いることができる．フランク・コンドン原理によると，電子遷移にかかる時間（約10^{-15} s）よりも分子の振動周期（約10^{-12} s）の方が非常に長いため，原子核は電子遷移の間にその位置をほとんど変えない（補遺14・1参照）．したがって，最も起こりやすい（最も強い）

表 14・1 代表的な発色団とそのおよその吸収極大波長

発色団	λ_{max}/nm
C=C	190
C=C−C=C	210
（ベンゼン環）	190, 260
C=O	190, 280
−C≡N	160
−COOH	200
−N=N−	350
−NO$_2$	270

表 14・2 可視光の波長と対応する色および補色†

可視光の波長 [nm]	色	補色
400～435	紫	黄+緑
435～480	青	黄
480～490	青+緑	橙
490～500	緑+青	赤
500～560	緑	紫+赤
560～580	黄+緑	紫
580～595	黄	青
595～650	橙	青+緑
650～750	赤	緑+青

† 虹の色 (赤橙黄緑青藍紫) は光子のエネルギーが小さいものから増大する順になっている。補色は色相環で反対側にある色になる。

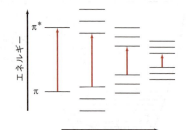

図 14・2 ポリエンの共役の程度の増加が $\pi^* \leftarrow \pi$ 遷移に及ぼす効果。エネルギーギャップの減少は，一次元の箱の中の粒子モデルで説明できる。

遷移は，核間距離が変化しないものである。したがって図 14・1 のようなポテンシャルエネルギー図上で電子遷移は垂直な線で表される。また，最も起こりやすい遷移は，遷移前後の二つの状態の波動関数の重なりが大きいものである。

等核二原子分子は永久双極子モーメントをもたず，純回転スペクトル（マイクロ波スペクトル）も回転振動スペクトル（IR スペクトル）も示さない。しかしながら，この一般的な選択律は，電子スペクトル（UV-可視スペクトル）での回転と振動の同時遷移に対しては成立しないので，等核二原子分子の形を決めることが可能になる。気相中での二原子分子の電子スペクトルは，高分解能で測定すると振動バンドと回転の微細構造の両方が見られる。これらのスペクトルは非常に複雑で，数百，さらには数千もの線から構成されているが，それらの線は多くの分子において特定の振動遷移や回転遷移に帰属される。そのような解析から，N_2 や I_2 のような等核二原子分子の結合長を決定できる*。HCl, NO のような異核二原子分子の結合長は純回転スペクトルや回転振動スペクトルで決定できるかもしれない（§ 11・2, 11・3 参照）。

---

* 等核二原子分子の結合長は回転ラマンスペクトルからも決定できる。

多原子分子では状況は大きく異なる。慣性モーメントが大きく，スペクトルが密集しているため，これらの分子の回転の微細構造を分解するのが困難になっている。溶液では，多原子分子，二原子分子共に，通常，電子スペクトルは幅広で分解できないバンドになる。有機分子および電荷移動相互作用をもつ分子の電子スペクトルについて，簡単にふれよう。

有 機 分 子

アルカンのような飽和有機分子においては，電子遷移は $\sigma^* \leftarrow \sigma$ 型である。これは，結合性 σMO から反結合性で非占有の σMO に電子が励起されたことを示す。芳香族分子や C=C, C=O 基をもつ化合物は，$\pi^* \leftarrow \pi$, $\pi^* \leftarrow \sigma$, $\pi^* \leftarrow n$ 遷移ももっている。ここで，n は非結合性軌道を示す。典型的には，$\pi^* \leftarrow \sigma$, $\pi^* \leftarrow n$ 遷移は対称禁制であるため弱い遷移である。電子スペクトルは，**発色団**（chromophore）とよばれる特別な原子団の吸収によって特徴づけ

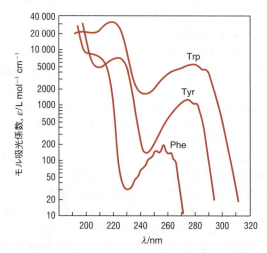

図 14・3 フェニルアラニン(Phe)，トリプトファン(Trp)，チロシン(Tyr) の UV スペクトル〔出典: D. C. Neckers, *J. Chem. Educ.*, **50**, 164 (1973)〕

られることが多い（これは IR におけるグループ振動数と似ている）．表 14・1 に代表的な発色団の吸収波長をあげる．これらの発色団の特異的な吸収極大波長は，溶媒や温度が変わることによっても影響されるため，関与する化合物だけではなく環境にも依存する．

§10・9 において，ブタジエンの電子スペクトルを解析するため自由電子モデルを用いた．ブタジエンは，共役二重結合をもつポリエンとよばれる一群の分子の最も簡単な例である．図 14・2 に，ジフェニルポリエン C_6H_5-(CH=CH)$_n$-C_6H_5 の $\pi^* \leftarrow \pi$ 遷移に及ぼす共役の数が増した場合の効果を示す．$n=1, 2$ では，吸収は紫外領域で起こるため，この化合物は無色である．n が増加するにつれ，しだいに可視の領域にシフトし，化合物の色は $n=3$ の薄黄色から $n=15$ の緑がかった黒まで変化する．ある化合物の色は，吸収した色の補色であることを思い起こそう．すなわち，ある分子が電磁スペクトルで赤の領域を吸収すれば緑色を呈する（表 14・2）．下に示す色相環は，補色を知るための役に立つ道具である．

色相環

たいていのアミノ酸の電子スペクトルは，230 nm 以下の遠紫外領域で起こる $\sigma^* \leftarrow \sigma$ 遷移により生じる．例外はフェニルアラニン，トリプトファン，チロシンであり，それらはすべてフェニル（$-C_6H_5$）発色団を有するため 250 nm 以上に強い吸収をもつ（図 14・3）．おもにトリプトファンとチロシン残基に起因する 280 nm における吸光度は，タンパク質溶液の濃度を測定するうえで有用である．

DNA や RNA の光学特性について学ぶため，研究者は図 14・4 に示すようなプリン（アデニンとグアニン）やピリミジン（シトシン，チミン，ウラシル）の電子スペクトルを研究してきた．核酸溶液の濃度は 260 nm における吸光度測定で決定される．

DNA, RNA 共に，**淡色効果**（hypochromism）とよばれる興味深い現象を示す．一般に，（未変性の DNA のモル吸光係数は，存在するヌクレオチドの数から予想されるより 20〜40% 低い．たとえば，仔ウシの胸腺の DNA の 260 nm におけるモル吸光係数は，高分子鎖が熱的な変性を受けると約 6500 から 9500 L mol^{-1} cm^{-1} まで増加する．淡色効果の理論は本書の範囲を超えているが，この現象は，光吸収により塩基対中に誘起された，電気双極子間のクーロン相互作用のためであるとされている．この相互作用は互いの双極子の相対的な配向に依存する．ランダムな配向では，相互作用はほとんどないか，まったくないため，吸収スペクトルに影響は現れない．未変性の状態では，双極子は互いの真上に平行に積まれているので，吸光度が減少することになる．この淡色効果は，DNA 中におけるヘリックス-コイル遷移のモニターとして使うことができる．図 14・5 に DNA 溶液の**融解曲線**（melting curve）を示す．ここでの**融解**とは，二重らせん構造がほどけることを指す．融点 T_m は融解曲線の変曲点に当たり，その値は DNA の塩基対の組成に依存する．

電荷移動相互作用

一対の分子の間の**電荷移動**（charge-transfer）相互作用

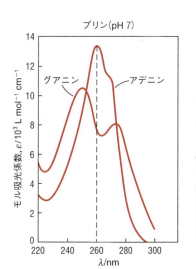

図 14・4　プリンとピリミジンの UV スペクトル〔出典：A. L. Lehninger, "Biochemistry, 2nd Ed.," Worth Publishers, New York (1975)〕

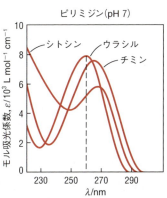

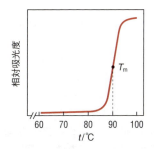

図 14・5　温度を横軸にとった，260 nm における DNA の相対吸光度．融点（T_m）は約 90℃ である．

により，特殊なタイプの電子スペクトルが生じる．電子受容体であるテトラシアノエチレン $[(CN)_2C=C(CN)_2]$

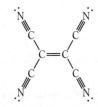

テトラシアノエチレン
(tetracyanoethylene, TCNE)

を四塩化炭素中に溶かすと，得られる溶液は無色だが，その理由は，テトラシアノエチレンの $\pi^* \leftarrow \pi$ 遷移が紫外領域に存在するからである．この溶液に電子供与体（ベンゼンやトルエンのような芳香族炭化水素）を少量加えると，溶液は直ちに黄色に変わる（図 14・6）．多くの同様な反応が，たとえばヨウ素とベンゼンの間などで観測されているが，1952 年，Robert Mulliken は，電荷移動錯体のスペクトルを説明した．次式のスキームを提案し，

$$D + A \rightleftharpoons \underset{\text{基底状態}}{[(D, A)]} \xrightarrow{h\nu} \underset{\text{励起状態}}{[(D^+, A^-)]^*} \quad (14 \cdot 1)$$

ここで，D は供与体分子，A は受容体分子であり，(D, A) と (D^+, A^-) はそれぞれ，電荷移動錯体の共有結合型およびイオン結合型共鳴構造を表す．基底状態では，ファンデルワールス力が分子を結合させており，D から A への実際の電荷移動は，あったとしてもほとんどない．しかしながら，この錯体が適当な波長で励起されると，大きな電荷移動が生じ，励起状態ではイオン構造がおもな寄与を示す．励起波長が可視領域まで下がってくると，溶液は着色するであろう．この電子遷移と通常の吸収には興味深い違いが

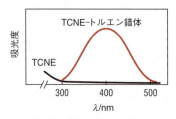

図 14・6 四塩化炭素中におけるテトラシアノエチレン (TCNE)-トルエン電荷移動錯体の可視吸収スペクトル

ある．この電子遷移の場合，電子は供与体分子の低い状態（結合性分子軌道）から受容体分子の高い状態（反結合性分子軌道）へと励起されるのである．電荷移動の形成のしやすさは，一般に供与体のイオン化エネルギーと受容体の電子親和力に依存する．多くの遷移金属錯体もまた電荷移動スペクトルを示す．これは分子内電荷移動過程によるが，その場合，吸収過程は配位子から金属，もしくは金属から配位子への電子移動を伴う．これらの電荷移動遷移は，しばしば強い吸収帯を生じるが[*1]，金属-配位子の電荷移動遷移が遠紫外領域に位置するため，d-d 遷移[*2] とは区別できる．一方，たいていの d-d 遷移は可視領域で起こる（したがって，これらの錯イオンに色を与える）．

ランベルト・ベールの法則の応用

化合物の同定に関して，紫外-可視分光法は，IR や NMR ほど信頼性が高くない（第 11 章，§14・6 参照）．なぜなら，電子スペクトルは一般に IR や NMR スペクトルがもつような微細構造をもたないためである．しかしながら，電子スペクトルは定量的な分析には有用な手法である．ランベルト・ベールの法則（§11・1 参照）を用いると，吸光度の測定により，（モル吸光係数が既知の場合）溶液の濃度を容易に決めることができる．分析する溶液がしばしば X と Y という 2 種類の化学種を含んでおり，しかもそれぞれの吸収帯が重なっている場合がある．それぞれの波長 λ における吸光度 (A) は加成性があるので，ランベルト・ベールの法則から次式を得る．

$$A_\lambda = A_\lambda{}^X + A_\lambda{}^Y = \varepsilon_\lambda{}^X b[X] + \varepsilon_\lambda{}^Y b[Y]$$
$$= b(\varepsilon_\lambda{}^X[X] + \varepsilon_\lambda{}^Y[Y]) \quad (14 \cdot 2)$$

ここで，ε はモル吸光係数であり，b は光路長である[*3]．異なる二つの波長 λ_1 と λ_2 において，X と Y 両方のモル吸光係数がわかっている場合，それぞれの波長における吸光度は次のように表される．

$$A_1 = b(\varepsilon_1{}^X[X] + \varepsilon_1{}^Y[Y]) \quad (14 \cdot 3a)$$
$$A_2 = b(\varepsilon_2{}^X[X] + \varepsilon_2{}^Y[Y]) \quad (14 \cdot 3b)$$

式 (14・3a) と式 (14・3b) を [X] と [Y] について解くことで，次の結果を得る．

$$[X] = \frac{1}{b} \frac{\varepsilon_2{}^Y A_1 - \varepsilon_1{}^Y A_2}{\varepsilon_1{}^X \varepsilon_2{}^Y - \varepsilon_2{}^X \varepsilon_1{}^Y} \quad (14 \cdot 4a)$$

$$[Y] = \frac{1}{b} \frac{\varepsilon_1{}^X A_2 - \varepsilon_2{}^X A_1}{\varepsilon_1{}^X \varepsilon_2{}^Y - \varepsilon_2{}^X \varepsilon_1{}^Y} \quad (14 \cdot 4b)$$

ここで，吸収が重なっている波長帯の中のある波長において，二つの化学種のモル吸光係数が等しくなっている状況を考えよう．その場合，溶液中の二つの化合物のモル濃度の和が一定であれば，両者の比率が変わったとしても，その波長における吸光度は不変に保たれることになる．この不変点は等吸収点 (isosbestic point) とよばれる．等吸

[*1] 電荷移動吸収は大きなモル吸光係数をもつ傾向があり，したがって強い吸収帯となる．これは遷移に伴う双極子モーメントの大きな変化が原因である．
[*2] 訳注：金属錯体の d 軌道の配位子場分裂により生じた軌道間の電子遷移．
[*3] 一般的な実験室で用いるセルでは $b=1.00$ cm である．

収点では，

$$A_{\text{iso}} = \varepsilon_{\text{iso}} b [\text{X}] + \varepsilon_{\text{iso}} b [\text{Y}] \quad (14\cdot 5)$$

のように書けて，すなわち

$$[\text{X}] + [\text{Y}] = \frac{A_{\text{iso}}}{\varepsilon_{\text{iso}} b} \quad (14\cdot 6)$$

となる．したがって，等吸収点の波長に加え，二つの化合物のモル吸光係数が異なる別の波長で測定すれば，[X] と [Y] を両方決定できるであろう．

14・2 蛍光とりん光

電子吸収スペクトルでは，分子は UV-可視光を吸収して電子励起状態に励起されるが，電子励起状態にいる分子は反応し，解離や転位を経て，新しい化学種になることもあれば，電子基底状態に戻ることもある．基底状態に戻るには無放射遷移と放射遷移の二つの経路があり，無放射遷移では典型的には，溶媒分子のような他の分子へ衝突エネルギーとしてエネルギーを移動する過程が含まれ，放射遷移では光子のエネルギー $h\nu$ としてエネルギーを放出する過程が含まれる．放出された光子はルミネセンス（発光）として表れる．ルミネセンスには，励起状態の分子がエネルギーを失って基底状態に戻るうえでの二つの経路，すなわち蛍光とりん光とが存在する．

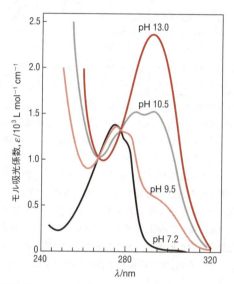

図 14・7 四つの pH 値でのチロシンの吸収スペクトル．267 nm と 277.5 nm に等吸収点がある〔出典：D. Schugar, *Biochem. J.*, **52**, 142 (1952)〕．

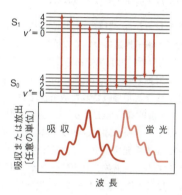

図 14・8 吸収と蛍光の関係〔出典：D. A. McQuarrie, J. D. Simon, "Physical Chemistry," University Science Books, Sausalito, CA (1997) を改変〕

ある系において，一つ以上の等吸収点が存在することは，2 種類の化合物が化学平衡にあることを示す指標となりうる．図 14・7 は pH を変えて測定したアミノ酸（チロシン）の吸収スペクトルであるが，以下に示す平衡過程のために，267 nm と 277 nm に実際に二つの等吸収点が存在している．

解析からヒドロキシ基の pK_a（酸解離定数 K_a の逆数の常用対数）は 10.1 であることが示された．チロシンの総濃度（プロトン化種，脱プロトン種の濃度の合計）を測定したい場合，式 (14・6) を用いて 267 nm か 277 nm で吸光度を追跡すればよいだろう．

蛍　光

蛍光（fluorescence）とは，電子励起状態から基底状態への，スピン多重度が変化しない電子遷移により起こる，光の放射である．分子中の電子はパウリの排他原理に従い対をなしており，たいていの分子は正味の電子スピンをもたないため，はじめの吸収は基底一重項状態，S_0 から第一励起一重項，S_1（もしくはそれよりいくらか高い一重項準位）への遷移により起こる．一見，蛍光は吸収過程のちょうど逆過程のように見える．これは孤立した原子のレベルでは正しいが，分子の吸収スペクトルと発光スペクトルを比較すると重ねることができず，代わりに，それらは通常互いに鏡像をなし，さらに発光スペクトルはより長波長側に移動している（図 14・8）．振動エネルギー移動に要する時間（約 10^{-13} s）は蛍光状態の減衰もしくは平均寿命（約 10^{-9} s）より非常に短いので，過剰エネルギーのほとんどは熱として周囲に散逸し，電子的に励起された分子は振動基底状態まで緩和した後失活する．

蛍光の**量子収率**（quantum yield），Φ_F は，最初に吸収さ

れた全光子数に対する蛍光で放出された光子数の比として定義される．Φ_F の最大値は 1 であるが[*1]，通常そうであるように，励起された分子を失活させる他の過程があるならば，1 より相当小さくなりうる．見掛け上，$\Phi_F > 1$ の値となる場合は，連鎖反応であることの指標かもしれない (p. 347，§15・4 参照)．励起光が消された後に放射される光強度は次式で与えられる．

$$I = I_0 e^{-t/\tau} \quad (14 \cdot 7)$$

ここで，I は時刻 t における強度，I_0 は $t=0$ における強度，τ は蛍光状態の平均寿命である．平均寿命は，もとの強度が $1/e$ すなわち 0.368 倍まで減少する時間に等しい ($t=\tau$ のとき $I=I_0/e$ である)．式 (14・7) は，蛍光の減衰が一次反応の速度論 [式 (15・7) 参照] に従うことを示しており，減衰の速度定数 k は $1/\tau$ で与えられる．

液体シンチレーション計数 蛍光を用いた技術は，励起状態の分子の電子構造についての情報を与えるほか，化学的・生化学的分析にも有用である．たとえば，**液体シンチレーション計数** (liquid scintillation counting) という，^3H，^{14}C，^{32}P，^{35}S などで標識された放射性化合物 (同位体トレーサー) の一般的な分析法でも，蛍光技術が用いられている．シンチレーターは固相中もしくは溶液中で励起される化合物で，蛍光を発するが，この発光強度は，励起源の量と関係づけられる．液体シンチレーション計数の一般的な手順では，はじめにシンチレーター (蛍光体とよばれる) を溶媒 (トルエンやジオキサン，研究する試料の性質に依存する) に溶かし，"カクテル" とよばれるものをつくる．次に，放射性の試料を "カクテル" に加えると，以下の一連の事象が起こる：1) 放射性核から放出される β 粒子の衝突で溶媒分子が励起する；2) 励起した溶媒分子がシンチレーターにエネルギーを移す；3) シンチレーター分子の蛍光を測定する；4) 前もって校正してある蛍光強度対濃度の測定から，もとの試料中に存在する放射性核の量が決定される．

大きな Φ_F により特徴づけられる蛍光体は，衝突のような無放射な機構を通して溶媒 (たとえばトルエン) からもらったエネルギーにより，励起される．この一重項－一重項エネルギー移動は次のように表される．

$$D(S_1) + A(S_0) \longrightarrow D(S_0) + A(S_1) \quad (14 \cdot 8)$$

ここで，供与体分子 (D) は励起されたトルエン，受容体分子 (A) は蛍光体である．蛍光体から放出された光子の波長が検出器の最も感度の高い領域になければ，もう一つ蛍光体を加える．二つめの蛍光体は，はじめの蛍光体から放出

された光子を吸収し，検出器により適した，より長波長の蛍光として再放出する．第一蛍光体で最も一般的に使われるのは 2,5-ジフェニルオキサゾール (略称 PPO) であり，第二蛍光体では 1,4-ビス [2-(5-フェニルオキサゾリル)] ベンゼン (略称 POPOP) である．

PPO

POPOP

励起分子の失活に対する機構には，もう一つ FRET (蛍光共鳴エネルギー移動) がある．FRET はドイツの物理学者 Theodor Förster (1910~1974) にちなむ Förster resonance energy transfer の頭文字で[*2]，長距離[*3] 分子間エネルギー移動の原因となる機構である．供与体分子 (FRET ドナー) の蛍光波長と受容体分子 (FRET アクセプター) の励起波長が近く，蛍光スペクトルと励起スペクトルの重なりが大きい必要がある．励起された FRET ドナーは双極子－双極子機構で基底状態の FRET アクセプターと相互作用する．FRET はドナーとアクセプター，両分子間の距離に非常に敏感で，そのためタンパク質のコンホメーション変化など，分子の動態を探るためのプローブとして役に立つ．

りん光

りん光 (phosphorescence) は，励起された分子が光を放出して電子基底状態へ戻る，今一つの経路である．りん光は二つの特徴により蛍光と容易に区別される．第一に，りん光は蛍光より非常に長い寿命 (約 10^{-3}~数秒) をもっている．第二に，りん光状態の分子は常磁性であり，二つの不対電子をもっている．すなわち，三重項状態である．励起一重項と励起三重項の電子状態の間の関係は，**ジャブロンスキー図** (Jablonski diagram) [ポーランドの物理学者 Alexander Jablonski (1898~1980) にちなむ] で簡便に図解できる (図 14・9)．はじめに，電子は S_0 (基底一重項状態) から S_1 (最低励起一重項状態) へと励起される．励起後**無放射遷移** (radiationless transition) とよばれる過程が起こるが，その際電子はスピンを引っくり返し，光を放出せずに S_1 から T_1 (最低励起三重項状態) へと落ちる．この無放射遷移は，分子が一つの項 (一重項状態) から別の項 (三重項状態) に移動することから，**項間交差** (intersystem cross-

---

[*1] フルオレセインは緑色の光 (~520 nm) を発っする蛍光分子で，$\Phi_F = 0.95$ である．

[*2] 訳注：fluorescence resonance energy transfer の略としてあることも多い．
[*3] ここでいう "長距離" は 1~10 nm である．

ing, ISC) とよばれる．最終的に，T_1 から S_0 への放射遷移が起こる．この放射過程がりん光とよばれる．遷移にはスピン多重度の変化（三重項から一重項）が関与しているのでスピン禁制であり，それゆえ遷移確率が低いので，これがりん光が長寿命で観測されることの理由になる*1．励起状態 (T_1) は，長寿命のため衝突により容易に失活するため，りん光は蛍光と違って液相で研究することが困難である．りん光は，液体窒素温度 (77 K) かそれ以下で，試料が透明なガラス状に凍結した状態で，最もよく研究される．

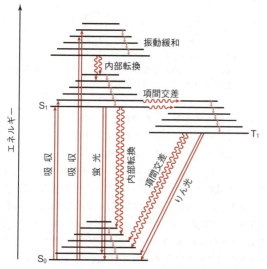

図 14・9　吸収，蛍光，りん光，内部転換，項間交差を示すジャブロンスキー図．〰 は無放射遷移を示す．間隔の密な線は振動準位を示す．一重項は S で，三重項は T で標示した．

14・3 レーザー

レーザー (laser) は放射の誘導放出による光の増幅 (<u>l</u>ight <u>a</u>mplification by <u>s</u>timulated <u>e</u>mission of <u>r</u>adiation) の頭文字である．レーザーは，原子もしくは分子（または両者のイオン形）の関与する特別な形態の放射である．レーザー発光は，励起状態にある化学種が光の放出を誘導され，光放出しながら低いエネルギー準位に落ちるときに起こる現象で，その光子のエネルギーは，二つのエネルギー準位の差に等しい．レーザー発振が起こるには，その化学種が，下のエネルギー状態より多量に上の励起状態に存在していなければならない．この状態を，**反転分布** (population inversion) とよぶが，普通には実現しない．はじめに 2 準位系を考える．N 個の分子が分光放射エネルギー密度 ρ_ν の光で照射されたとする．§11・1 では，誘導吸収の速度が $B_{mn}\rho_\nu N(1-x)$，誘導放出の速度が $B_{nm}\rho_\nu Nx$ で与えられ

---

*1 多くの"暗闇で光るおもちゃ"は，銅をドープした硫化亜鉛 (ZnS:Cu) による黄緑色のりん光である．

た．ここで，x は励起状態の分子の割合である．さらに，励起された分子は自然放出も起こし，その速度は $A_{nm}Nx$ で与えられる．A_{nm}, B_{nm} は放出のアインシュタイン係数である．平衡状態では吸収と放出の速度は等しいので，次式が成立する．

$$B_{mn}\rho_\nu N(1-x) = B_{nm}\rho_\nu Nx + A_{nm}Nx \quad (14 \cdot 9)$$

すなわち

$$x = \frac{B_{mn}\rho_\nu}{2B_{mn}\rho_\nu + A_{nm}} \quad (14 \cdot 10)$$

となる ($B_{mn} = B_{nm}$ であることを思い出せ)．それゆえ，x の最大値は 0.5 であり，これは ρ_ν が無限大に近づいたときにのみ達成される．

上の議論で意味することは，一つの吸収過程では，励起状態の占有数が基底状態の占有数を超えることは 2 準位系では決して起こらないということである．しかし，もし通常の放射過程を用いずに，なんとかして上準位に分布をつくることができたら，反転分布が起こって x が 0.5 を超えるかもしれない．そのような場合，系に適当な振動数の光子を照射することにより，強い放出を誘起できる．実はこの目標は，3 準位や 4 準位系を用いると達成でき，たいていのレーザー動作はこれに基づいている．

広く使われている 4 準位系レーザーの例に，Nd:YAG レーザーがある．イットリウムアルミニウムガーネット ($Y_3Al_5O_{12}$)*2 の固体の棒 (ロッド) に，Nd^{3+} イオンをドープすると，結晶格子中の Al^{3+} のいくらかが Nd^{3+} と入れ替わる．Nd:YAG の模式図 (図 14・10) には，すべてのレーザーに共通の要素，すなわち，励起光源 (フラッシュランプ)，利得媒質 (Nd^{3+} でドープした YAG ロッド)，光共振器 (一対の鏡) を示してある．図のレーザーにはいわゆる Q スイッチ*3 も付いており，ナノ秒の時間幅のレーザーパルスがつくりだせる．一般に利得媒質は原子，分子，イオン，固体でできており，エネルギーを蓄える．蓄積されたエネルギーは誘導放出で一気に放出される．Nd:YAG レーザーは，俗にただ YAG レーザーとよばれているが，レーザー動作を起こす 4 準位系 (図 14・11) を構成するのは，Nd^{3+} イオンのエネルギー準位である．まず最初に，短く，強い可視光または近赤外光の照射（たとえばフラッシュ

---

*2 訳注：$Y_3Al_5O_{12}$ はガーネット型構造の酸化イットリウムアルミニウムで，<u>y</u>ttrium <u>a</u>luminum <u>g</u>arnet の頭文字をとり，YAG レーザーとよぶ．

*3 レーザー空洞（キャビティー）内にシャッターを置き，誘導放出が起こらないようにすることで，利得媒質中に多くの反転分布状態をつくることができる．十分な状態ができたらシャッターを開いて空洞を共振器として機能させ，利得媒質中に蓄積されたエネルギーを，強いレーザー光の一つのパルス光として放出する．Q スイッチ法という言葉は，レーザーの発振を最初抑えておき，励起状態の原子数が大きくなったら急激に (quickly) 共振器の Q 値を上げる操作から来ている．

ランプの光)によって,このレーザー系は励起される.これは**光ポンピング**(optical pumping)とよばれており,Nd^{3+} の E_0 から E_3 への遷移がひき起こされる.次に,励起状態は無放射遷移により E_2 状態へと落ちる.$E_2 \to E_0$ 遷移はスピン禁制であるので,E_2 状態の蛍光寿命は比較的長く,室温で約 230 μs である.もしポンピングが有効に起こると,E_2 状態の分布が E_1 状態の分布より多くなり,波長 1064 nm の赤外領域の光子を伴う遷移が誘導され,レーザー遷移がもたらされる.最初の 1064 nm の光子は,自然放出でつくられるが,わずかの数しかないその光子が,急速に増幅されてレーザー光を形成する.

現在,多種多様な実用的なレーザーが市販されている.固相*,液相,気相の媒質で作動し,赤外から紫外,X 線までの光が放出できる構成になっている(とはいえ,単一レーザーの放出はどれも狭い電磁スペクトル領域である).ここではレーザーの種類について広く解説することはしないが,反転分布を達成する機構にはいくつかあるということは指摘しておく.たとえば,気体レーザーの一例であるヘリウム–ネオンレーザーでは,まず He 原子が電子との衝突によってより高い電子状態に励起され,それから Ne 原子と衝突することで失活する(図 14·12).Ne の電子励起状態 $[(2p)^5(5s)^1]$ は,励起 He $[(1s)^1(2s)^1]$ のそれに近い

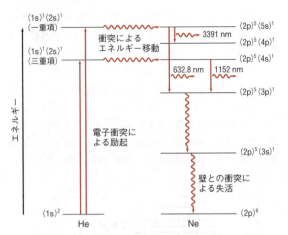

図 14·12 ヘリウム–ネオン (He-Ne) レーザーのエネルギー準位図.適切な反射鏡を使うことで,発振波長は特徴的な 632.8 nm のほか,3391, 1152 nm も得られる.

ので,このエネルギー移動過程は有利である.Ne の上の方の励起状態における分布は増大し,下の方の励起状態の分布を上回ると,レーザー発振が生じる.

表 14·3 にいくつかのレーザーの特性をまとめた.レーザーは,異なる二つの方式のうちのどちらか一つで動作する.すなわち連続波 (cw) 動作もしくはパルス動作である.名前が示す通り,cw 動作ではレーザー光は連続して放出され,一方パルス動作では光はパルスとして放出される.その中には 1×10^{-14} s すなわち 10 fs (1 フェムト秒 = 10^{-15} 秒) 程度の短いものもある.2012 年現在で,最も発展したレーザーは,パルス幅がわずか 67 as (1 as = 1 アト秒 = 10^{-18} 秒) の光パルスを生み出した.そのような短パルス

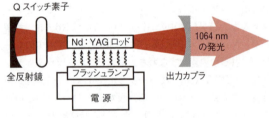

図 14·10 Nd:YAG レーザーの模式図

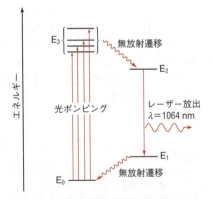

図 14·11 Nd:YAG レーザーで用いる Nd^{3+} イオンのエネルギー準位図

表 14·3 一般的な波長固定レーザー系

レーザー	放出波長 [nm]	モード
$F_2(g)$	157	パルス
ArF(g)	193	パルス
XeCl(g)	308	パルス
$N_2(g)$	337.1	パルス
$Ar^+(g)$	457	cw
	488	
	514.5	
ルビー[†1]	694.3	パルス
He-Ne(g)	632.8	cw
	1152	
	3391	
Nd:YAG[†2]	1064	cw/パルス
$CO_2(g)$[†3]	10 600	cw/パルス

[†1] ルビーはクロムでドープしたコランダム (Al_2O_3) で,レーザー光を放出するのは Cr^{3+} である.
[†2] このレーザー系は,イットリウムアルミニウムガーネット結晶 (yttrium aluminum garnet, $Y_3Al_5O_{12}$) 中にトラップされたネオジムイオン (Nd^{3+}) からできている.
[†3] CO_2 レーザーは振動遷移に基づく.本表のそれ以外のすべてのレーザーは電子遷移に基づく.

---

* 赤色レーザーポインタや CD,DVD を読むためのレーザーには固体半導体ダイオードが使われている.

幅では，ハイゼンベルクの不確定性原理のために，波長の（そしてそれゆえ，線幅の）不確定性がそれ相応に大きくなる．一般的なレーザーでは，レーザー動作のモードは，系，ポンピング方式，装置の設計に依存する．たとえば，もしポンピング速度が上のレーザー準位からの失活速度より小さいならば，反転分布は維持されず，パルス動作することになり，パルス幅は失活の速度論に支配される．もしレーザーが生み出す熱が容易に散逸し，反転分布が維持できるなら，レーザーは連続的に動作する．しかしそれ以外ではパルス動作となる．

レーザー光の特性

レーザービームを特徴づける特性に，高強度，高コヒーレンス，高単色性，高指向性などがある．これらの特性とそれに基づいた応用について簡単に議論する．

強　度　レーザー光は地球上の光の中で最も高い強度をもつ．例として，150 ps（1 ps＝10^{-12} s）持続するパルス中，1064.1 nm において，7.0×10^{15} の光子を出す Q スイッチ Nd：YAG レーザーについて考える．$E = h\nu = hc/\lambda$ であるので，パルス当たりの全エネルギー出力は次式で与えられる．

$$E = \left(\frac{hc}{\lambda} 光子^{-1}\right)(7.0 \times 10^{15} 光子)$$
$$= \frac{(6.626 \times 10^{-34}\, \text{J s})(3.00 \times 10^{8}\, \text{m s}^{-1})(7.0 \times 10^{15})}{1064.1 \times 10^{-9}\, \text{m}}$$
$$= 1.3 \times 10^{-3}\, \text{J}$$

1.3×10^{-3} J は大きい値に思えないが，非常に短い時間に出されている．そのようなビームのピークパワーは次式のように計算される．

$$パワー（出力） = \frac{エネルギー}{時　間} = \frac{1.3 \times 10^{-3}\, \text{J}}{150 \times 10^{-12}\, \text{s}}$$
$$= 8.7 \times 10^{6}\, \text{J s}^{-1} = 8.7 \times 10^{6}\, \text{W}$$

パワーの単位はワットで，W と表示され，1 W＝1 J s^{-1} だから 8.7×10^{6} W が，パルスレーザー動作中に放出されたパワーになる．そのようなレーザービームが 0.01 cm^2 の領域の小さな標的に集光されると，**パワー密度**（power flux density）はたとえば，次式で与えられる．

$$パワー密度 = \frac{出　力}{面　積} = \frac{8.7 \times 10^{6}\, \text{W}}{0.01\, \text{cm}^2} = 8.7 \times 10^{8}\, \text{W cm}^{-2}$$

これは，瞬間的に 1 cm^2 当たり約 1 ギガワットのパワー密度であり，ほとんどすべての物に穴を空けられるほど大きなエネルギーである．短パルスで集光領域が小さいほど，いっそう高いパワー密度が生じる．

高強度のレーザービームは，金属の切断，溶接のほか，核融合にも使われている．医学面では，レーザーは手術に使われている．たとえば，剝離した網膜を，網膜を支えている脈絡膜に"スポット溶接する"ため，パルスアルゴンイオンレーザーが使われる．この手法が，伝統的な手法を凌ぐ利点として，非侵襲性で麻酔薬投与の必要がないという点があげられる．紫外パルス光を出すフッ化アルゴンエキシマ（excimer は excited dimer，すなわち励起ダイマーより）レーザーは，LASIK（laser-assisted in situ keratomileusis，レーザー光線による角膜切削形成術）という，眼球の角膜の曲率を変えて視力矯正する手術で使われている．

高強度なレーザービームは，また**多光子吸収**（multiphoton absorption），すなわち，1個の分子が2個以上の光子を吸収して分光学的に遷移する過程を起こしやすくする．従来の分光測定では，原子や分子は基底状態と励起状態間の間隔と同じエネルギーの光子を一つ吸収していた．これは通常の1光子過程である．しかしながら，系に高出力のレーザービーム（振動数 ν'）が照射されると，系はある決まった方式（図 14・13）で2光子を吸収して励起状態に到達するという，2光子吸収が起こることがある．二つの光子が一つの分子に占められた空間領域を本質的に同時に通過しなければならないため，2光子過程には非常に高強度のレーザービームを必要とする．多光子分光学の興味深い面の一つに，選択律が異なる，ということがあり，その結果，1光子吸収では厳密に禁制であった遷移が2光子過程では起こる可能性がある（逆も同様）*．たとえば，水素原子では，2s←1s，3s←1s という禁制遷移が2光子過程では許容になる．加えて，振動数が加算されるために，紫外領域で起こる遷移を可視レーザー光の2光子吸収を用いて調べることができる．

コヒーレンス　コヒーレント（coherent）とは波動が互いに干渉できる性質をもつ意で，レーザー中の光子は互いに同位相で放出され，厳密に同じ方向に動く．高度のコ

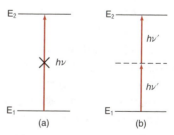

図 14・13　(a) 1光子吸収過程では禁制の遷移．(b) 2光子吸収過程では同じ遷移が許容になる．$\nu = 2\nu'$ に注意せよ．

---

* §11・1で述べたように，許容遷移の場合には ψ_i と ψ_f とは互いに異なる対称性をもたねばならない．2光子過程については，始状態と終状態間に中間状態の存在を考えることができる．すなわち，遷移は2段階で起こる．したがって，始状態と終状態とは同じ対称性をもたねばならない（偶偶もしくは奇奇）．各光子が1単位の角運動量をもつことに注意すれば，原子や分子が光子との衝突の結果，いかにして角運動量の2単位か0単位だけ変化するかも理論的に説明できる．

ヒーレンスは，誘導放出により個々の分子の放射が同期している結果であり，ある分子から放出された光子はさらなる分子を刺激して，はじめの光子と正確に同位相で同じ波長の光子を放出させ，これが続いていく．レーザーのコヒーレンスの応用の一つに，**ホログラフィー**(holography)という三次元像をつくりだす技術がある．コヒーレントなレーザー光を物体に当て，その反射光に，同じ光源の光を干渉させると干渉縞ができる．この干渉縞を感光材料に記録したものが**ホログラム**(hologram)で，物体からの反射光の強度（従来の二次元の写真がもつ）だけでなく，その位相の情報も含むため，ホログラムに光を照射すると，三次元像が再構成できる．ホログラフィーは，たとえば芸術作品の三次元構造を記録するのに使われている．また，X線レーザーは，完成すれば生きている細胞の中身のホログラムを高い空間分解能でつくりだすことが可能で，開発が続けられている．

単色性 レーザー光は非常に単色性がよい（すなわち同一の波長をもつ）が，その理由は，すべての光子の放出が，原子もしくは分子の，同一の二つのエネルギー準位間の遷移の結果だからである．したがって，レーザーは同一の振動数および波長をもち，たとえばNd：YAGレーザーでは，放出される光は1064 nmを中心とし，0.5 nmより狭い幅をもつ．狭い線幅は，通常の光（たとえば白熱電球の光）とモノクロメーター(monochromator, 異なる波長の光を分けるプリズムや回折格子）とを用いても得られるが，ある特定の波長におけるレーザービーム強度は，従来型の光源由来の光より6桁以上大きい．

レーザー光は，その高単色性のために，多くの分子における電子，振動，さらには回転エネルギー準位間における特定の遷移の誘起および識別を可能にし，それゆえ高分解能吸収スペクトルを与える．ただし，ここまで議論してきたレーザーシステムはすべて振動数固定のレーザーで，一つもしくはいくつかの別個の波長の光を放出するものだった．したがって，連続した波長域をスキャンする必要がある通常の吸収法には不向きである．こういった応用に適しているのは有機色素レーザーで，波長可変，すなわち，連続した波長で発振できる．最も広く使われている有機色素の一つに，多くの振動モードをもつローダミン6Gがある．

ローダミン6G溶液の電子スペクトル（図14・14）は，液相状態での強い分子間相互作用により，幅広いピークを示す．溶媒分子との衝突により，遷移における振動構造は広がり，分解できないバンドになる．結果として，より長波長で起こる色素の蛍光も，幅広なピークとして表れる．この溶液をレーザーで**ポンピング**（電子励起状態に）すると，ローダミン6Gの反転分布によりレーザー動作が可能になる．光共振器の一部として回折格子のような波長同調素子を用いると，色素レーザーの出力波長を変えることが可能になる．たとえば，利得媒質としてのメタノール溶液中のローダミン6Gを用いた色素レーザーは570 nmから660 nmの範囲で連続的に波長可変である．有機色素を変えることで，色素レーザーの波長可変領域は310 nmから1200 nmまで広がる．この技術は，高分解能分光法の領域を大きく広げている．チタンをドープしたサファイア（Ti：Al_2O_3，"Ti：sapph"と書くことも多い）のような，波長可変の固体利得媒質が入手可能な場合は，色素レーザーの便利な代替品になりうる．チタンサファイアレーザーは，650〜1100 nmの範囲で波長可変であり，cwモードとしても，パルスモードとしても発振できる．

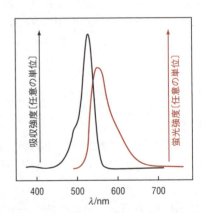

図14・14 レーザー色素，ローダミン6Gのアルコール溶液の吸収および蛍光スペクトル．吸収極大波長（λ_{max}）は，しばしば色素を励起するのに使われる2倍波Nd：YAGレーザーの波長（532 nm）に近いことに注目されたい．発光波長の範囲は，大まかには，レーザー発振が可能な範囲に対応している．

空間指向性 多くのレーザーの特性として，発光の空間発散性が小さいことがある．つまりレーザー光は空間指向性が高い．距離が離れると強度が減少する白熱電球とは異なり，レーザー光は小さいスポットを維持する光ビームである．この指向性の有利性を生かして，宇宙飛行士が設置した月面の反射装置を狙ってパルスレーザーを発振し，反射したレーザー光が地球に戻ったら，レーザーパルスの往復時間の測定により，地球と月との距離を1 cmの精度で求めることができる．月でのレーザースポットの大きさは，直径にしてたった数kmである．これは，発散角が$5×10^{-4}$°より小さいことを意味する．

14・4 レーザー分光学の応用

1960年に最初のレーザーが現れて以来,レーザーは,さまざまな種類の応用(一般消費者向け,産業用,医学用,科学用)に用いられてきた.本節では,レーザー光の独特な性質を生かした分光学的応用のいくつかを解説する.

レーザー誘起蛍光法

レーザー光は,その高強度性,高単色性,波長可変性により原子や分子を励起し,さらにひき続き生ずる蛍光をモニターすることを可能にした.通常の光源より生じた蛍光に比べ,**レーザー誘起蛍光**(laser-induced fluorescence, LIF)の利点とは,非常に高感度かつ高選択性なことである.たとえば,元素分析では,試料溶液は炉や火炎の中で原子化され(原子種に分解され),それからレーザービームを照射されて原子蛍光が誘起される.この方法により,10^{-11} g mL^{-1}の濃度(もとの溶液の)で検出が可能である.レーザー光源の高単色性と狭い線幅により,分子を電子励起状態の特定の振動準位に励起し(特定の回転準位に励起することもある),その後に起こる蛍光を観測することができる.この方法により,励起状態の電子構造について価値ある情報が得られる.特に,火炎(フレーム)の中で生成したり,環境化学に関わるラジカルのような小さい過渡種を研究するうえで,この方法は有用である.

レーザー光に直角方向の蛍光の検出により,非常に高い空間分解能が可能になった.最も単純な構成では,検出体積はレーザービームの断面積と蛍光集光のための光学素子で見える長さの積で,1 μm^{3}の空間分解能が可能である.レーザー光は円柱レンズを用いて平面状とし,デジタルカメラのようなアレイ検出器を用いて蛍光像を得ることが可能である.この**平面レーザー誘起蛍光**(planar laser-induced fluorescence, PLIF)法は火炎中のOHラジカルの分布像を得るのに使われてきたが,この結果,火炎の前面のいろいろな点のLIFの観測から多くの化学反応と化学種の分布が明らかになった.

超高速分光法

レーザー技術の発展より前には,非常に速い化学過程の時間スケールを直接測定する方法はほとんどなかった.高速レーザーの技術が発展していくに従い,結合開裂や分子内エネルギー再分配といった,最も根本的な化学過程の時間スケールを,今では直接測定できるようになってきた.アメリカの電気技師 Harold Edgerton(1903〜1990)によるマイクロ秒フラッシュ撮影法は,飛行中の銃弾や,牛乳の飛沫が王冠状に飛び散る様子など,巨視的な対象物の運動を"凍り付かせ"て記録したが,分子の運動を"凍り付かせる"ためには,さらに5桁高速のフラッシュ光源が必要である.分子の基本的な動きを観測するのに必要な,時間スケールを考えてみよう.3000 cm^{-1}の波数で振動している典型的なC-H伸縮運動の場合,振動の周期は,約10^{-14}秒,すなわち10 fs(フェムト秒)に相当する.結合の直接解離は,結合伸縮の周期の半分の時間で起こると考えられるので,フェムト秒の時間スケールで起こる可能性がある.同様に,波数1 cm^{-1}の回転運動は,周期33 ps(ピコ秒)に相当する.ピコ秒およびフェムト秒の時間スケールは,一般に"超高速"とよばれるが,1970年代および1980年代以来の超高速レーザー技術の発展は,興味がもたれる化学の問題点の性質を変えてしまった.エジプト系アメリカ人化学者の Ahmed Zewail(1946〜2016)は,**フェムト秒化学**(femtochemistry)における業績,すなわち,超高速反応の速度論および動力学の研究に対して,1999年のノーベル化学賞を受賞した.典型的な超高速実験では,二つのレーザーパルスを用いる.第一のパルスは,化学反応を始めたり,分子の励起状態をつくりだしたりする**ポンプ**(励起)パルスで,第二は,それと同時に系に起こることを測定する**プローブ**(観測)パルスである.その実験のために,二つの別々な超高速レーザーを,調子を合わせて同期させることは実現困難なので,ポンプパルスとプローブパルスは,多くの場合同じレーザーで発生させる.ポンプパルスとプローブパルス間の時間遅延は,典型的には鏡を移動させて,プローブパルスの通過する経路長を変えることによって制御されている.光速は 3×10^8 ms^{-1}であるから[*1],1 psの遅延は0.3 mm(すなわち典型的なヒトの毛髪の太さの約3倍)の光路差に相当する.

Zewailとその共同研究者によってなされた実験は,かつてないほど詳細に化学反応を調べる機会を提供するものであった.超高速分光法を用いると,反応物から遷移状態を経て生成物を得るまでの,化学反応の道筋を追跡できる.この実験法の最初の実例は,ヨウ化シアンの気相光開裂(光フラグメンテーション)反応であった.

$$\text{ICN} \xrightarrow{\lambda_1} \text{ICN}^* \longrightarrow \text{I} + \text{CN} \qquad (14 \cdot 11)$$

ICNの反応は,分子を電子励起状態(*で示す)に励起(すなわち**ポンプ**)するフェムト秒レーザーパルスλ_1によって開始する.分子はこの励起状態に上げられると,直ちに二つの光フラグメント(ヨウ素原子とCNラジカル)に解離し始める.この解離過程は,ICN*をさらに高いエネルギー状態(**で示す)のICN**に励起する第二のフェムト秒レーザーパルスλ_2(あるいはλ_3)によるレーザー誘起蛍光を用いて観測(**プローブ**)される.ICN**はICN*状態に戻る際に,蛍光λ_{fl}を放射する.

[*1] 光は近似的には,1ナノ秒(1 ns = 10^{-9} s)に1フィート(約30 cm)進む.

$$\text{ICN}^* \xrightarrow{\lambda_2(\text{または}\lambda_3)} \text{ICN}^{**} \longrightarrow \text{ICN}^* + \lambda_{fl} \quad (14\cdot 12)$$

結果として放射される蛍光 λ_{fl} は，プローブパルスのポンプパルスからの遅延時間の関数として測定する．I-CN 結合の長短に応じて，それぞれ λ_2 と λ_3 を用いると，結合開裂が約 200 fs の時間領域で起ることが，観測データからわかる（図 14・15）．

フェムト化学は，光合成や視覚といった，多くの化学反応や生物学的過程のメカニズムを解明するのに応用されている．これは化学反応速度論に新しい次元を加えることになった．

単一分子分光法

1959 年に，米国の物理学者 Richard Feynman（1918~1988）は，"plenty of room at the bottom（底にはたくさんの空間がある，すなわちナノスケールの世界には多くの興味深いことがある）"と題した先進的な講演を行い，かなり長い時間をかけて，装置を小さく小さくし続けて，やがて物理的極限に到達できるであろうと語った．彼の講演は，ナノテクノロジーという新分野に向かう原動力が生まれた瞬間の一つであった．彼の示した将来像のある部分は，今や実現されている．レーザー誘起蛍光法の利用により，検出限界の究極の目標は**単一分子分光法**（single molecule spectroscopy）で成し遂げられた．光技術および検出器技術の進歩の結果として，1 分子ずつ検出することは容易になったが，そのような測定装置の一つは，レーザービームを小さい体積に照射し，それより生じる蛍光を集める，高倍率の光学顕微鏡を利用している（図 14・16）．この単一分子分光法は，その感度を達成するために，二つの一般原理を前提にしている．第一に，プローブされる領域には分子 1 個しか存在しない，第二に，検出系の SN 比（信号雑音比）が十分高い，ということが必要とされる．視野に分子を一つにすることは，希薄試料と，1 μm³ オーダー[*1]の試料体積を扱う顕微プローブを用いることで，確実なものにする．量子収率の高い（1 光子に応答する）検出器を用い，試料分子および検出技術を注意深く選択すれば，検出感度と SN 比は実現できる．多くの単一分子分光法の技術で，レーザー色素のレーザー誘起蛍光が用いられている．たとえば，ローダミン 6G の緑色光による励起は，量子収率 0.95 で赤色蛍光を生じる（図 14・14 参照）．蛍光の発光色は，励起光の色と相当に異なるので，励起光はフィルターを用いて，容易に取除ける．このようにすれば，検出器に到達する背景散乱光は非常に弱い．

単一分子分光法では，多くの分子のアンサンブル平均[*2]をとらないので，普通の方法では得られない情報が得られる．つまりバルクな試料で起こっていることの平均ではなくて，測定値の実際の分布（一種のヒストグラム）が示されて，分子一つ一つが，特に不均一系の場合に重要な局所的ナノ環境に関するリポーターの役割を果たす．単一分子分光法を用いると，バルクの試料が，均一な組成か，あるいは局所的ドメインか，どちらで特徴づけられるかを決めることが可能である．蛍光の発光を詳細に解析すると，試料分子について，拡散係数，配向やコンホメーション変

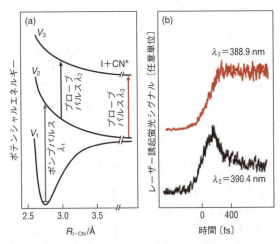

図 14・15 (a) ヨウ化シアン (ICN) 分子系のポテンシャルエネルギー面．超高速レーザーパルス λ_1 が，I-CN の結合距離が 2.75 Å である基底状態エネルギー面 V_1 から，解離的励起状態 V_2 に ICN を励起する．短い時間遅れて，第二の超高速レーザーパルス λ_2 あるいは λ_3 で，さらに高いエネルギー面 V_3 に励起することにより，励起状態にある ICN を調べる．プローブパルスの波長は変えることができて，I-CN 結合の長さが約 3 Å のときは λ_2 を吸収し，I-CN 結合の長さが 6 Å を超えるとき（効率的に I 原子と CN ラジカルへの解離が起こる）は λ_3 が吸収される．(b) λ_2 や λ_3 で励起されるレーザー誘起過渡蛍光シグナルから，I-CN の解離が 205±30 フェムト秒で起こることが示される［出典: Ahmed Zewail Collections, California Institute of Technology］．

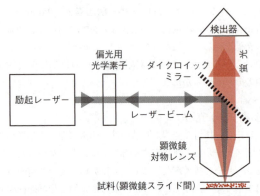

図 14・16 単一分子分光法の実験装置．レーザーのオン・オフのシャッターとして，またレーザー光の跳ね返り光を防ぐ遮へいとして，偏光用光学素子が使われている．ダイクロイックミラー（二色性鏡）は，レーザー光は反射するが蛍光は通過させる［出典: W. E. Moerner, *J. Phys. Chem. B*, **106**, 910 (2002), Figure 14b］．

[*1] 1 μm³ 中の 1 分子はおおむね 1 nmol L⁻¹ の濃度に相当する．
[*2] 訳注: ある瞬間の分子集団の平均．

化,項間交差,反応速度論,寿命などを求めることが可能である.

14・5 光電子分光法

ここまで議論してきた電子スペクトルは,容易に得られる分子の電子状態,すなわち,典型的には紫外可視光 (200〜700 nm) のエネルギーをもつ許容電子遷移を通して得られる状態に関する情報を提供するものである.波長 100〜200 nm の真空紫外領域で電子状態を調べることも確かに可能ではあるが,空気 (特に分子状酸素) がこの波長域の光を強く吸収するから,実験的に扱いにくい電磁スペクトル領域である.一方,低エネルギー軌道をもつ分子の電子構造を調べる鋭敏な方法には,**光電子分光法**(photoelectron spectroscopy, PES)がある.光電子分光法は,§10・3 で説明した光電効果に基づいている.

ここでは,原子価軌道を調べる**紫外光電子分光法**(ultraviolet photoelectron spectroscopy, UPS)と,内殻軌道と原子価軌道の両方を調べる**X 線光電子分光法**(X-ray photoelectron spectroscopy, XPS)を区別して見ていく.XPS は表面の元素組成の分析に適用できるので,**ESCA**(electron spectroscopy for chemical analysis)とよばれることも多い.

光電子分光法の実験では,気体状試料に特定振動数 ν の光を照射し,飛び出してくる電子の運動エネルギーを測定する(図 14・17).光電子分光法を記述する基本式は,本質的には,光電効果に対する式と同じであり,エネルギー保存則に基づいている.衝突する光子のエネルギーは,電子の結合エネルギーと飛び出す電子の運動エネルギーの和に等しい.すなわち,

表 14・4 光電子分光法のための光源

光源	エネルギー [eV]	波長 [nm]	分光法の型	調べる電子殻
He I	21.22	58.46	UPS	原子価殻
He II	40.80	29.23	UPS	原子価殻
Mg K_α	1253.6	0.989	XPS	内殻
Al K_α	1486.6	0.833 86	XPS	内殻
Cr K_α	5409	0.2292	XPS	内殻
Cu K_α	8040	0.1542	XPS	内殻
シンクロトロン	可変	可変	UPS, XPS	原子価殻, 内殻

$$E_{光子} = E_{電子,イオン化} + E_{電子,運動}$$
$$h\nu_{光子} = E_{電子,イオン化} + \frac{1}{2}m_e u^2 \quad (14・13)$$

ここで $E_{電子,イオン化}$ は内殻準位のイオン化エネルギーを意味する.UPS では,原子価軌道に含まれる電子を調べるために,10〜45 eV 領域のエネルギーをもつ真空紫外の光子を用いる(表 14・4).XPS では,原子価電子のほかに内殻電子も調べるので,200〜2000 eV 領域の光子エネルギーをもつ軟 X 線を光源に用いる.光電子の式によると,励起波長を固定している場合,光電子の運動エネルギーが小さいほどより強く捕捉されていた電子に対応し,逆もまた同様(大きければ捕捉は弱い)である.以上のことから早く動く光電子は緩く結合していた電子に対応することになる.クープマンスの定理 [オランダの大学者,Tjaling Charles Koopmans (1910〜1985)[*1] にちなむ] によると,ある電子をイオン化するのに要したエネルギーは,近似的に,その電子がもともといた軌道のエネルギー (ε) にマイナスを付けた値に等しい.

$$(E_{電子,イオン化})_j \approx -\varepsilon_j \quad (14・14)$$

ここで,下添字 j は,j 番目の軌道を意味する.上式が近似式となるのは,1 個の電子が抜けたときに,残っている電子の緩和が起こらないと仮定したためである.この緩和は,結果として生じるイオンのエネルギーを最小にするために起こる.電子-電子の反発エネルギーが異なるために,軌道エネルギーは,中性分子とイオンとで同じではない.ハートリー・フォック近似(§12・10 参照)でも,イオン化エネルギーは軌道エネルギーにマイナスを付けた値に等しい[*2].それゆえ,クープマンスの定理を光電子分光法に一般に適用できて,スペクトルの各ピークは軌道エネルギーと関係づけることができる.

分子の光電子スペクトルに対しては,親分子とそのカチオンの内部エネルギーについても説明できないといけな

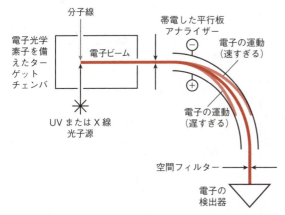

図 14・17 紫外光電子分光計の模式図.装置全体が真空中にあるので,電子は気体分子とは衝突しない.電子の運動エネルギーは,カーブした平行板の間に掛ける電圧を変えて測定する.X 線光電子分光計は,He I 光源を X 線光源と交換する.

[*1] Koopmans は,1975 年,経済学賞(ノーベル記念経済学賞)を共同受賞している.
[*2] 訳注: 気体ではこの考えで実験結果を説明できるが,固体では分極エネルギーとよばれる緩和が寄与する.

い．典型的には，分子源を室温あるいはそれより低温におくので，親分子の振動励起は無視でき，実験的には，たいていの光電子スペクトルは，回転構造を観測できるほど分解能は高くない．それで関係するエネルギー式は，

$$h\nu_{光子} = E_{電子,イオン化} + E_{vib} + E_{rot} + \frac{1}{2}m_e u^2 \quad (14・15)$$

となり，E_{vib} と E_{rot} は，それぞれ，カチオンの振動および回転のエネルギーである．ここで，断熱遷移と垂直遷移のイオン化エネルギー $E_{電子,イオン化}$ を区別して考えよう（図14・18）．断熱遷移のイオン化エネルギーは，分子をイオン化するのに必要な最小のエネルギーを意味するが，中性分子とイオン種の間の構造変化のエネルギー（緩和エネルギー）を含んでいない．一方，垂直遷移でのイオン化エネルギーは，光電子分光法で実測されるもので，ボルン・オッペンハイマー近似（§13・1参照）と矛盾しない．分子状水素の紫外光電子スペクトルは一連の密集したピーク群からなり，これらピークの間隔は，水素分子カチオンの振動エネルギー準位のエネルギー差に相当する（図14・19）．

気相光電子スペクトルは分子軌道に関する情報を与えてくれる．例として水分子を考えよう．水には電子が10個あり，2電子が酸素の1s内殻軌道に，4電子が二つのOH結合性軌道に，4電子が二つの非共有電子対として非結合

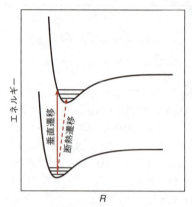

図 14・18 垂直遷移と断熱遷移の区別を示したポテンシャルエネルギー図〔訳注：断熱遷移は基底状態の $v=0$ から励起状態の $v=0$ への遷移〕．

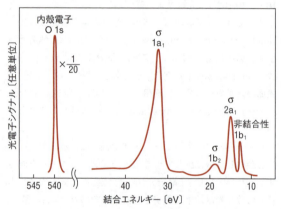

図 14・20 水のX線光電子スペクトル〔訳注：本図は実測強度の1/20で描いてある〕．

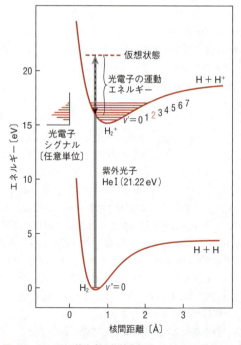

図 14・19 分子状水素の紫外光電子スペクトルを生じる遷移〔訳注：仮想状態から $v'=2$ に落ちる遷移を下向き矢印（↓）で示すが，それ以外のいろいろな v' 準位にも落ちるので，電子の運動エネルギーはそれに応じて変わる．その運動エネルギーを横軸に，電子の数を縦軸にプロットすると，左の挿入図の光電子スペクトルになる〕．

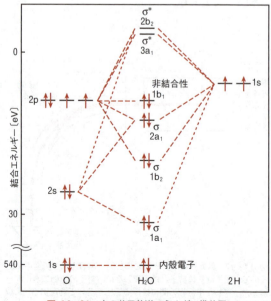

図 14・21 水の分子軌道エネルギー準位図

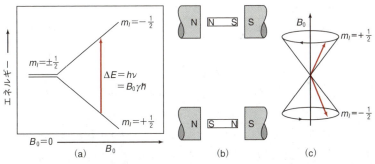

図 14・22 (a) 外部磁場 B_0 中での核スピンのエネルギー準位の差. (b) 外部磁場に平行・反平行な核スピンの配列の古典的な描像. (c) ラーモア周波数での核スピンの歳差運動

表 14・5 核スピンを予測する法則

陽子数 (Z)	中性子数†	核スピン (I)
偶	偶	0
偶	奇	$\frac{1}{2}, \frac{3}{2}, \frac{5}{2}, \cdots$
奇	偶	$\frac{1}{2}, \frac{3}{2}, \frac{5}{2}, \cdots$
奇	奇	$1, 2, 3, \cdots$

† 原子核が中性子をもたない (すなわち, ^{1}H 同位体) ときのみ "0" は偶数として扱い, $I=\frac{1}{2}$ となる.

性軌道にある. したがって光電子スペクトルでは, 内殻軌道, 結合性軌道, 非結合性軌道に対応して, 三つのピークが期待される. しかしながら, 実験では五つのピークが観測されていて (図 14・20), 各ピークが軌道一つ一つに対応する. 水分子の結合に対しては, 分子軌道描像の方が, 原子価結合描像 (ルイス構造) よりも, 明確な説明を与えてくれる (図 14・21). 二つの等価な原子価結合よりは, 三つの σ 分子軌道と一つの非結合性軌道で記述した方が, この共有結合をうまく説明できる[*1].

14・6 核磁気共鳴分光法

電子と同様に, ある種の原子核はスピンをもつので, それに起因する磁気モーメントをもつことになる. 核スピン I は以下の値の中の一つをとる.

$$I = 0, \frac{1}{2}, 1, \frac{3}{2}, 2, \cdots$$

0 は, 原子核がスピンをもたないことを意味する. 表 14・5 には原子番号と中性子数から核スピンを決める法則を示す. 核スピンを I とすると, 均一な外部磁場中では, 配向可能なスピンの数は $(2I+1)$ 通りとなり, この値を<u>核スピン量子数</u> m_I で表す. 磁場がないときには対応するエネルギー準位はすべて縮退している. $I=\frac{1}{2}$ であるプロトン (^{1}H) について考える. 二つの m_I の値はそれぞれ $+\frac{1}{2}$ と $-\frac{1}{2}$ である. 外部磁場を印加すると縮退は解ける. ある核スピン状態のエネルギー E_{m_I} は, m_I と磁場の強さ B_0 に正比例し,

$$E_{m_I} = -m_I B_0 \gamma \hbar \quad (14 \cdot 16)$$

となる. ここで, γ は磁気回転比 (magnetogyric ratio または gyromagnetic ratio) であり, 着目している原子核を特徴づける定数である. マイナスを付けてあるのは, 正の m_I をもつ状態がより低い (負の) エネルギーをもつようにするという慣例による. $I=\frac{1}{2}$ の核スピンのエネルギー準位が磁場強度により分裂する様子を図 14・22 (a) に示す. エネルギー差 ΔE は次式で与えられる.

$$\begin{aligned}\Delta E &= E_{-\frac{1}{2}} - E_{+\frac{1}{2}} \\ &= -\left[\left(-\frac{1}{2}\right) - \left(+\frac{1}{2}\right)\right] B_0 \gamma \hbar \\ &= B_0 \gamma \hbar \end{aligned} \quad (14 \cdot 17)$$

核磁気共鳴 (NMR), すなわち, $m_I = +\frac{1}{2}$ の準位から $m_I = -\frac{1}{2}$ の準位への遷移は, 印加した電磁波の振動数 (周波数) ν [$\Delta E/h$ または $B_0 \gamma/(2\pi)$ で与えられる] もしくは磁場強度 B_0 を, 共鳴条件が満たされる ($\Delta E = h\nu$) まで変化させることにより観測することができる[*2]. 核スピンのエネルギー準位間の遷移における選択律は $\Delta m_I = \pm 1$ である.

$m_I = \pm \frac{1}{2}$ である二つの磁気モーメントは, 外部磁場方向に, あるいはその逆方向に沿って静的に並んでいるわけではなく, 印加された場の軸の周りを, 回転しているコマのように揺れ動いている. つまり, 軸の周りで歳差運動しているのである [図 14・22 (c)]. この<u>ラーモア歳差運動</u>の振動数は, ラーモア角振動数 (Larmor angular frequency)[*3], ω とよばれ, 次式で与えられる.

$$\omega = B_0 \gamma \quad (14 \cdot 18)$$

ラーモア角振動数は 1 秒当たりのラジアン [rad s^{-1}] で与えられるが, 次式のように<u>ラーモア周波数</u> $\nu_{周波}$ にも変換可能である (付録 A 参照). 以後 $\nu_{周波}$ を単に ν と書く.

$$\nu_{歳差} = \frac{\omega}{2\pi} = \frac{B_0 \gamma}{2\pi} \quad (14 \cdot 19)$$

この歳差周波数は m_I によらないため, 核のスピンはどの状態にあっても, この周波数で磁場中を歳差運動する. 式

[*1] 訳注: $2a_1$ の分子軌道では, 酸素の 2p 軌道 (2s 軌道と混成している) が水素の 1s 軌道と σ 型の相互作用をしているが, 酸素の軌道が二つの水素原子とは反対方向に大きく張り出しており, 非結合性軌道に近い性質をもつと言える.

[*2] マイクロ波, IR, 電子スペクトルと違い, NMR 分光法では, 電磁波の磁場成分と原子核の磁気モーメントとの相互作用が関与していることに注意せよ.

[*3] 訳注: ラーモア角周波数ともいう.

表 14・6 磁気回転比，NMR 周波数（磁場 4.7 T の場合），同位体の自然存在比

同位体	I	$\gamma/10^7\,\mathrm{T}^{-1}\,\mathrm{s}^{-1}$	ν/MHz	自然存在比(%)†	同位体	I	$\gamma/10^7\,\mathrm{T}^{-1}\,\mathrm{s}^{-1}$	ν/MHz	自然存在比(%)
^{1}H	$\frac{1}{2}$	26.75	200	99.985	^{17}O	$\frac{5}{2}$	3.63	27.2	0.037
^{2}H	1	4.11	30.7	0.015	^{19}F	$\frac{1}{2}$	25.17	188.3	100
^{13}C	$\frac{1}{2}$	6.73	50.3	1.108	^{31}P	$\frac{1}{2}$	10.83	81.1	100
^{14}N	1	1.93	14.5	99.63	^{33}S	$\frac{3}{2}$	2.05	15.3	0.76
^{15}N	$\frac{1}{2}$	2.71	20.3	0.37					

† 訳注: IUPAC 同位体存在度測定小委員会発表の値は，本表の F, P 以外の同位体について変動範囲で示してある．たとえば ^{1}H は 99.972〜99.999, ^{2}H は 0.001〜0.028．

(14・19) は，上で述べた核磁気共鳴を観測する周波数と同じになっていることに注意する．その理由は，共鳴は，印加した電磁波の周波数がラーモア周波数と等しくならなければ起こらないからである．

磁場の強さは，セルビアの技術者であり発明家である Nikola Tesla[*1] (1856〜1943) にちなんで，テスラ (tesla)，T という単位で測定される．非 SI 単位のガウス (G) とは次の関係がある．

$$1\,\mathrm{T} = 10^4\,\mathrm{G}$$

磁気回転比の単位は $\mathrm{T}^{-1}\,\mathrm{s}^{-1}$ である．表 14・6 に磁気回転比，NMR 周波数（磁場 4.7 T の場合），いくつかの同位体の自然存在比をあげる．これらの周波数はラジオ波の領域にある．ある原子核について考えるならば，その核の γ が大きな値であるほど，対応する NMR シグナルは検出しやすい．したがって，最も容易に研究できる核は ^{1}H, ^{19}F, ^{31}P である．ただし，最新の装置 (p. 326 参照) を用いれば，^{13}C のような（γ が小さく非常に低い自然存在比でありながら有機化学や生化学においてきわめて重要な）物質における NMR も，研究することができる．

例題 14・1

^{1}H における，400 MHz の歳差周波数に対応する磁場 B_0 を計算せよ．

解 式 (14・19) と表 14・6 から，

$$B_0 = \frac{2\pi\nu}{\gamma} = \frac{2\pi(400\times 10^6\,\mathrm{s}^{-1})}{26.75\times 10^7\,\mathrm{T}^{-1}\,\mathrm{s}^{-1}} = 9.40\,\mathrm{T}$$

コメント 200 MHz かそれ以上の周波数をもつ核を NMR で研究するためには，強磁場を必要とする．したがって，これらの実験には超伝導磁石を使わなければならない．

ボルツマン分布

NMR は吸収分光法の一つであるため，その感度はボルツマン分布に依存する．磁場 9.40 T, 300 K 中の ^{1}H 核の試料を考える．式 (14・17) から，

$$\Delta E = \frac{(9.40\,\mathrm{T})(26.75\times 10^7\,\mathrm{T}^{-1}\,\mathrm{s}^{-1})(6.626\times 10^{-34}\,\mathrm{J\,s})}{2\pi}$$
$$= 2.65\times 10^{-25}\,\mathrm{J}$$

となり，また $k_\mathrm{B}T = 4.14\times 10^{-21}\,\mathrm{J}$ である．したがって，下準位に対する上準位の核スピンの個数比は[*2]

$$\frac{N_{-\frac{1}{2}}}{N_{+\frac{1}{2}}} = \mathrm{e}^{-\Delta E/(k_\mathrm{B}T)} = \exp\left(\frac{-2.65\times 10^{-25}\,\mathrm{J}}{4.14\times 10^{-21}\,\mathrm{J}}\right) = 0.999\,94$$

この数は 1 に非常に近く，2 準位の分布はほぼ個数が等しいことを意味する[*3]．この分布は試料における大きな熱運動の結果であり，磁場中でスピンをそろえようとする傾向を上回る．にもかかわらず，下準位におけるスピンがほんの少量過剰であれば，検出可能な NMR シグナルを生ずるには十分である．

化学シフト

ここまでの議論からは，すべてのプロトンが同じ周波数で共鳴しているように思えたかもしれないが，実際はそうではなく，ある ^{1}H 核に対する共鳴周波数は，適当な磁場強度の下，対象としている分子のどの位置にその ^{1}H 核があるかによる．**化学シフト** (chemical shift) とよばれるこの効果は，NMR 分光法を非常に有用なものとする．

図 14・23(a) にエタノール (CH_3CH_2OH) の ^{1}H NMR スペクトルを示す．相対面積で 1 : 2 : 3 の三つのピークは，それぞれヒドロキシプロトン，メチレンプロトン，メチルプロトンである．三つの分離したピークが観測されることから，3 種の核がおかれている局所磁場 B は外部磁場 B_0 とは異なることがわかる．局所磁場と外部磁場の関係は

$$B = B_0(1-\sigma) \qquad (14\cdot 20)$$

で与えられ，ここで σ は無次元の定数で，**遮へい定数** (shielding constant または screening constant) とよばれる．この遮へいの結果，ある原子核に対する共鳴周波数は

[*1] テスラコイル（高電圧，高周波，低電流を放電し，蛍光灯の出荷検査に今でも応用されている）を発明した．

[*2] 訳注：p. 30, 式 (2・33) 参照．
[*3] IR や電子スペクトルでは，エネルギー準位間の間隔が比較的大きいため，この比は非常に小さい（吸収過程に有利に働く）．

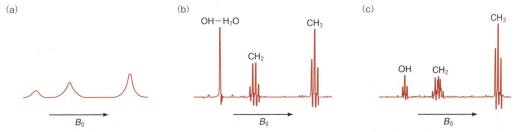

図 14・23 (a) エタノールの低分解能 ¹H NMR スペクトル，(b) エタノールの高分解能 ¹H NMR スペクトル，(c) 無水純エタノールの NMR スペクトル〔出典：(b), (c) G. Glaros, N. H. Cromwell, *J. Chem. Educ.*, **48**, 202(1971)〕

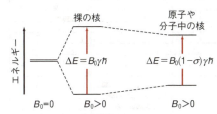

図 14・24 核磁気共鳴条件における電子遮へい効果．グラフの縮尺は正確でない．

次式のようになる．

$$\nu = \frac{B_0(1-\sigma)\gamma}{2\pi} \quad (14 \cdot 21)$$

原子または分子中の原子核に対する共鳴周波数は，裸の原子核，すなわち孤立したプロトンに対する共鳴周波数より小さい．一般に σ は小さく（プロトンで約 10^{-5}），その大きさは，問題にしている原子核の周りの電子構造に依存する．上記を考慮して修正した共鳴条件を図 14・24 に示す．

一般には，裸の核で予想される NMR ピークの値からの絶対的なシフトには関心がなく，ピークの相対位置の方に関心がある．したがって一般には，注目している核(ν)と参照用核($\nu_{参照}$)との共鳴周波数の差を用い，化学シフトパラメーター(δ)として，この化学シフトを定義する．ここで，

$$\delta = \frac{\nu - \nu_{参照}}{\nu_{観測}} \times 10^6 \text{ ppm} \quad (14 \cdot 22)$$

であり，$\nu_{観測}$ は分光計の観測周波数である．ν と $\nu_{参照}$ の違いは典型的には数百 Hz のオーダーであり，$\nu_{観測}$ は典型的には数百 MHz であるので，その比に 10^6 を掛けると，δ は扱いやすい便利な数となる．このため，化学シフトは ppm（百万分率）の単位で表される．周波数差($\nu - \nu_{参照}$)は $\nu_{観測}$ で割ってあることに注意する．このことは，δ がそれを測定するのに用いる磁場によらないということを意味する．たいていの有機物の測定に対しプロトンの基準物質として選ばれるのはテトラメチルシラン（tetramethylsilane, TMS），$(CH_3)_4Si$ である[*1]．

なぜなら，これは次に述べるような利点をもっているからである[*2]：1) TMS は同じタイプのプロトンを 12 個もっているので，ごく少量で基準物質として鋭いシグナルが得られる；2) 化学的に不活性である；3) 他のたいていのプロトンで観測される共鳴周波数より小さいため，観測物質の化学シフトを正の値とすることができる．図 14・25 には，プロトンの種類別の化学シフトを TMS を基準として ppm 単位で示した．

慣例として，NMR スペクトルは右から左に ν（そして δ）が増加するようにプロットする．したがって，より遮へいされている（σ がより大，ν と δ がより小の）プロトンほど，スペクトルの右側に向かって現れる．化学シフトを参照する際，"高磁場" もしくは "低磁場" とよぶこともあるがそれぞれ "より遮へいされている"，もしくは "あまり遮へいされていない" という意味である[*3]．化学シフトは，式(14・22)を用いると，試料と参照ピークの周波数間隔に容易に変換し直すことができる．たとえば，ベンゼンの化学シフトは約 7.30 ppm であるので，もし分光計が 200 MHz で操作されていれば，

$$\nu_{ベンゼン} - \nu_{TMS} = \delta \times \nu_{観測}$$
$$= (7.30 \times 10^{-6})(200 \times 10^6 \text{ Hz})$$
$$= 1.46 \times 10^3 \text{ Hz}$$

となる．もしシグナルを 400 MHz の分光計で記録するならば，周波数差は 2.92×10^3 Hz となる．このように，ある NMR スペクトルにおけるそれぞれのピークは，分光計の周波数（すなわち磁場の強さ）に比例して分離される（ただし，δ は周波数とは無関係である）．このため，意味のある解析を行ううえで多くの重なったピークの分離が重要

[*1] 訳注：慣習的に，TMS の化学シフトを 0 ppm とする．

[*2] TMS はここにあげた以外に，測定溶媒（有機溶媒）によく溶け，また揮発性がきわめて高いため（沸点 27℃），測定がすんだら簡単に除去できるという利点がある．

[*3] 訳注：低磁場で吸収する核は共鳴に必要な磁場強度が低い，すなわちあまり遮へいされていない．高磁場についても同様．

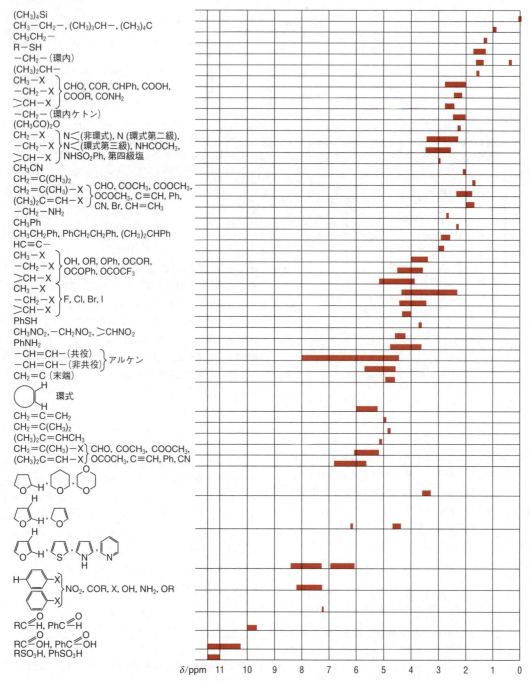

図 14・25 さまざまな有機化合物の化学シフト (ppm). TMS は基準物質であるため化学シフトは 0 である [出典: E. Mohacsi, *J. Chem. Educ.*, **41**, 38 (1964)].

であるタンパク質溶液の研究分野において, 高磁場 NMR (2013 年現在 1000 MHz が間近) がますます一般に広まってきている.

スピン-スピン結合

高分解能では, エタノールの NMR スペクトルは図 14・23 (b) に示すようになる. $-CH_2$ と $-CH_3$ のピークは, 実際はそれぞれ相対強度 1:3:3:1 と 1:2:1 の, 四つおよび三つの線から構成されている. 一群の線同士の間隔は, 分光計の周波数には依存しないから, これは先に述べた化学シフトの効果ではありえない. では, この観測結果はどのように説明できるだろう. $I \neq 0$ であるそれぞれの

原子核は核磁気モーメントをもっており，この核につくられた磁場は隣の核の感じる磁場に影響を及ぼす．それゆえ，隣の核が NMR 吸収を起こすときの周波数は若干違ったものになる．液相もしくは気相中では，分子が高速に回転しているので，双極子相互作用である直接の核スピン-核スピン相互作用は平均すると 0 になる．

しかしながらさらに，結合電子を介した核スピン間の間接の相互作用も存在する．この相互作用は分子回転の影響を受けず，NMR のピークを分裂させる．エタノールでは，メチレン基におけるそれぞれの核スピンに対して二つの可能な配向が存在するため，メチレン基の一つめのプロトンにより生じた磁場により，メチル基のピークは 2 本に分裂する．メチレン基の二つめのプロトンにより，これら 2 本の線はそれぞれがさらに分裂し，合計で四つの線が生じる．$-CH_3$ について 3 本の線しか観測されないのは，二つの線が互いに重なっているからであり，1:2:1 の強度分布になっている．同様に，$-CH_2$ 基に対しては，メチル基のプロトンによる分裂のため，四つの線が得られる（図 14・26）．それぞれの基における線の間隔から**スピン-スピン結合定数**（spin-spin coupling constant），J が得られ，その大きさは磁気相互作用の程度により決まる．スピン-スピン相互作用については，次の点に注意する．

1. スピン-スピン結合が生じるには，核は磁気的に非等価でなければならない．たとえば，エタノールのメチル基におけるプロトンは磁気的に等価であるので，互いに相互作用しない．メチル基のプロトンがメチレン基のピークを分裂させるのは，メチレン基のプロトンがメチル基のプロトンに対して単に磁気的に非等価であるためである．
2. 化学結合として四つ以上離れていない二つの核に対してのみ，スピン-スピン結合は観測される．
3. ^1H（もしくは $I=\frac{1}{2}$ をもつ任意の核）について，一群の n 個の等価な隣接プロトンにより，ピークは $n+1$ 本に分裂し〔$(n+1)$ 則〕，その強度は**二項展開**（binomial expansion）の係数（表 14・7）で与えられる．ここで見たエタノールおよび他の水素を含んだ化合物でも，NMR の分裂パターンは二項係数でよく説明できる．

表 14・7 二項展開†の係数

n	強度比	多重線
0	1	一重線
1	1 1	二重線
2	1 2 1	三重線
3	1 3 3 1	四重線
4	1 4 6 4 1	五重線
5	1 5 10 10 5 1	六重線

† 二項係数は式 $(1+x)^n$ を展開して得られる．強度比は 1 から始め，x, x^2 の係数と続ける．

NMR と反応速度過程

エタノールのスペクトルについての議論を終えるためには，メチレン基とヒドロキシ基との間のスピン-スピン相互作用が存在しないことを説明しなければならない．実際は，純粋なエタノールでは，ヒドロキシ基のピークはメチレン基により 1:2:1 の三重線に分裂し，メチレン基の四つの線はヒドロキシ基のプロトンによりさらにそれぞれ等強度の二重線に分裂する〔図 14・23 (c)〕．$-OH$ 基と $-CH_3$ 基の間では，これらのプロトンが 4 結合以上離れているから，分裂が観測できない．少量の水が存在すると，$-OH$ 基と H_2O 間，C_2H_5OH とプロトン化した $C_2H_5OH_2^+$ 間で，下式の高速プロトン交換反応が起こり，$-OH$ 基と $-CH_2$ 基のスピン-スピン相互作用が実際に消滅する．

$$C_2H_5-\overset{H}{O} + \overset{H}{\underset{\oplus}{H-O}}-H \rightleftharpoons C_2H_5-\overset{H}{\underset{\oplus}{O-H}} + \overset{H}{O-H}$$

$$C_2H_5-\overset{H}{\underset{\oplus}{O-H}} + \overset{H}{O-H} \rightleftharpoons C_2H_5-\overset{H}{O} + \overset{H}{\underset{\oplus}{H-O-H}}$$

$$C_2H_5-\overset{H}{\underset{\oplus}{O-H}} + \overset{H}{O-C_2H_5} \rightleftharpoons C_2H_5-\overset{H}{O} + \overset{H}{\underset{\oplus}{H-O-C_2H_5}}$$

H は，交換反応に関与するプロトンを示す．

実際に，NMR 分光法は，プロトン交換反応の速度や，化学結合周りの回転，環反転のような他の多くの化学過程の速度を研究するうえで便利な方法である．たとえば，下式に示すシクロヘキサンで生じる構造変化，すなわち"環反転"について考えてみよう．

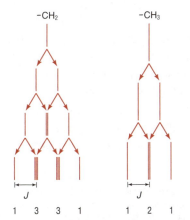

図 14・26 NMR スペクトルにおいて四重線と三重線を生じる，エタノールの $-CH_2$ 基と $-CH_3$ 基におけるスピン-スピン分裂．結合定数 (J) はどちらの場合も同じである．

シクロヘキサンのNMRスペクトルは、スピン-スピン相互作用のため、かなり複雑である。しかしながら、重水素化化合物のC₆D₁₁Hを用い、(選択的)スピンデカップリング〔(selective) spin decoupling〕という方法*1 を適用することにより、スピン-スピン相互作用を無くし、アキシアル位プロトンとエクアトリアル位プロトンにそれぞれ対応するたった二つの線だけを残して観測できる(図14・27)。-89℃では環反転速度は非常に遅いので、試料中のプロトンの半数がアキシアル位に、もう半分がエクアトリアル位にある状態に対応して2本の線が観測される。試料を温めるとピークは広幅化する。-60℃ではピークは単一の線になり、温度がさらに上昇するにつれ先鋭になる。この化学交換(アキシアル位とエクアトリアル位の間の)は、ハイゼンベルクの不確定性原理により理解される(§10・6参照).

$$\Delta E = \frac{h}{4\pi\tau}$$

すなわち

$$\Delta \nu = \frac{1}{4\pi\tau}$$

ここで、τはある磁気環境下におけるプロトンスピンの平均寿命であり、$\Delta\nu$はNMRの線幅である。交換過程により寿命は短くなり、大きな$\Delta\nu$、すなわち自然線幅(寿命広がり)を越える線の広がりが生じる。環反転速度は温度と共に急速に増加する。交換速度$1/\tau$が、二つの線の間の周波数差に比べて大きいとき、スペクトルは一つの線にまとまる。反転の速度がさらに大きくなると、二つのプロトンは非常に高速に位置を変えるので、系はあたかも1種類のプロトンが存在しているかのように振舞う。観測されたスペクトルは、いわゆる交換による先鋭化領域にある(-49℃で記録されたピーク)。温度による線幅変化を解析することにより、シクロヘキサンの環反転のための活性化エネルギーは42 kJ mol⁻¹であることがわかっている.

¹H以外の核のNMR

プロトンNMRは最もよく見られるNMRであるが、化学、生物学系を研究するうえで、他の核種もまた重要である。フーリエ変換分光法の発展のおかげで、^{13}Cは^{1}Hに次いで2番目にNMR活性核としてよく使われる。プロトンについて議論したスピン-スピン結合は、^{13}C核とそれに結び付いた任意のプロトン間でも生じる。したがって、メチレン基の^{13}C NMRスペクトルは、^{13}Cと二つのプロトンとの相互作用により、三重線として観測される。ここで、^{13}C同位体の自然存在比が低いことが有利に働く――二つの^{13}C原子が互いに結合している確率は非常に小さいため、^{13}C-^{13}C分裂が観測されない。実際の^{13}C NMRスペクトルではスペクトルがより簡単に解析できるようすべての^{13}C-^{1}H分裂を消滅させ*2 ており、**¹Hデカップル**(proton-decoupled)^{13}C NMRとよばれる。^{13}C NMRの化学シフトは約250 ppmの領域に広がっており、それはプロトンNMRの領域よりも1桁大きい.

^{13}Cのほかに、^{15}N, ^{19}F, ^{31}P同位体もNMR分光法に重要である。なぜなら、これらの元素は化学、生物学で扱う多くの化合物中に存在するからである。興味深い例として、

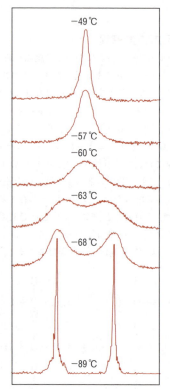

図14・27 さまざまな温度(℃)での重水素化シクロヘキサン(C₆D₁₁H)の¹H NMRスペクトル。磁場は左から右に大きくなる〔出典: F. A. Bovey, "Nuclear Magnetic Resonance Spectroscopy," Academic Press, Inc., New York (1969)〕.

---

*1 訳注: 核スピン間にスピン-スピン結合があるとき、一方の核の共鳴周波数に近い周波数をもったラジオ波磁場を照射しつつ、他方の核のスペクトルを別のラジオ波で測定すると、第一の核とのスピン-スピン分裂が消失する。この現象および方法のことを(選択的)スピンデカップリングという.

*2 このデカップリング〔訳注: 広帯域デカップリングとよぶ〕は、¹H共鳴周波数を試料に照射しながら、^{13}Cスペクトルを測定することにより得られる。C-H基の^{13}C NMRスペクトルは二重線を示す(ほかに磁性核がないと仮定している)が、デカップリング周波数における電磁波のパワーが十分大きいと、¹Hスピン配向変化の速度が結合定数よりもずっと大きくなり、二重線は一つのピークになる.

1990年代に，水素結合すなわちN−H⋯Nに寄与している，二つの¹⁵N核間のスピン-スピン結合が検出されたことは注目に値する．この発見は，この水素結合，そして実際には一般のすべての水素結合が，いくらか共有結合性をもつというはっきりした証拠を与えたため，重要である．スピン-スピン結合が結合電子を介して起こることを先に述べた．したがって，水素結合が純粋に静電引力であるとすると，そのような相互作用は起こらない．このため，プロトン供与体基(N−H)とプロトン受容体(N)間には，いくらか波動関数の重なりがなければならないと結論されるのである．

図14・28に，重要な生体小分子であるアデノシン5′-三リン酸(ATP)の ¹H, ¹³C, ³¹P NMRスペクトルを示す．

固体核磁気共鳴

液体と固体のNMRスペクトルの違いは，その線幅にある．NMRスペクトルの線幅に主として寄与するのは，二つの近接核の間の磁気双極子-磁気双極子相互作用で，これは共鳴周波数を上げることも下げることもでき，結果として線幅は広がる．理論によると，双極子相互作用により

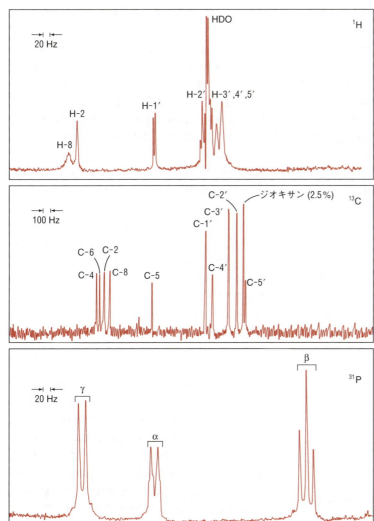

図14・28 アデノシン5′-三リン酸(ATP)の ¹H, ¹³C, ³¹P NMRスペクトル．¹Hデカップル ¹³C NMRでは，異なる種類の炭素原子の化学シフトだけを見ていることに注意する〔提供: Varian Associates, Palo Alto, CA〕〔訳注: 横軸のスケールは図中左上に示されている〕．

生ずる周波数シフト $\Delta\nu$ は次式で与えられる.

$$\Delta\nu \propto \frac{\mu_i \mu_j}{r_{ij}^3}(3\cos^2\theta_{ij} - 1) \quad (14\cdot 23)$$

ここで, μ_i と μ_j は核 i と j の磁気双極子で, r_{ij} は核間距離, θ_{ij} は外部磁場と二つの核を結ぶ線のなす角度である. 液体中では分子の回転運動がランダムで速く, 双極子相互作用は平均されて 0 になり, 分解能のよいスペクトルになる. しかし, その状況は固体では異なる. ここで, 分子がある位置に固定され, 運動による平均化は起こらないと仮定する. その結果, 10^4 Hz オーダーの線幅は, 固体では珍しくない (液体の 1 Hz 以下の値と比較せよ).

固体NMR実験では, 固体物質を含む試料管を回転させるが, その回転軸を外部磁場 B_0 から角度 χ に傾ける (図 14・29). 解析結果によると, $(3\cos^2\theta_{ij}-1)$ の項の時間平均 [〈 〉で表す] は次式で与えられる.

$$\langle 3\cos^2\theta_{ij} - 1\rangle = (3\cos^2\chi - 1)\left(\frac{3\cos^2\beta_{ij} - 1}{2}\right) \quad (14\cdot 24)$$

ここで β_{ij} は, 磁気双極子 i と j を結ぶベクトル (r_{ij}) と回転軸のなす角度である. $\chi = 54.74°$ のときに $3\cos^2\chi - 1 = 0$ となり, これをマジック角という. もし試料管を高速で回転するならば, 相互作用する磁気双極子の組は, たとえそれらの β_{ij} が異なっていてもすべて同じ χ 値をもつであろう. このようにして, 磁気双極子相互作用などによる線幅の広幅化を, 実質的に 0 近くまで減らすことができる. この技術は**マジック角度回転**(magic angle spinning, MAS) とよばれるが, 回転の周波数がスペクトル幅より大きいことが条件である. 現在これはガス駆動回転器を用いて行われている*. 図 14・30 に, MAS の有無で比較したリン酸二水素アンモニウム ($NH_4H_2PO_4$) の ^{31}P NMR スペクトルを示す.

フーリエ変換 NMR

近年, フーリエ変換の技術がいくつかの分光法に絶大な影響を与えている. 補遺 11・1 で FT-IR については詳しく学んだ (p. 245). ここでは, フーリエ変換 NMR (FT-

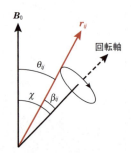

図 14・29 マジック角度回転 NMR 実験における角の関係

---

* 初期の MAS の実験では, 歯科用ドリルが用いられていた.

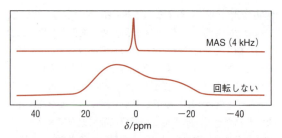

図 14・30 リン酸二水素アンモニウム ($NH_4H_2PO_4$) の ^1H デカップル ^{31}P NMR スペクトル. 下は粉末試料スペクトル. 上は 4 kHz のマジック角度回転で測定. 回転しない場合 (下) のスペクトルが非対称形になるのは, 化学シフト異方性による. すなわち化学的に等価な核の化学的環境の違いのため化学シフトに生ずる広がりである [出典: Glenn A. Facey, "University of Ottawa NMR Facility BLOG," http://www.u-of-o-nmr-facility.blogspot.ca, accessed 1-Apr-2013].

NMR) について議論する.

原理的には NMR は, 共鳴条件が満足されるまで, 外部磁場を一定に保って印加するラジオ波の周波数 (rf) を変化させても, あるいはラジオ波の周波数を一定に保って磁場を掃引しても, 観測できる. 技術的には, ラジオ波を一定に保ち, 磁場を変化させる方が簡単である. しかしながらどちらの場合でも, ラジオ波は試料に絶えず照射されているので, 分光計は cw (連続波) モードで動作する. 結果として, そのような装置で NMR スペクトルを測定すると数分はかかる. 一方, FT-NMR はラジオ波のパルスを用い, 測定も速い.

FT-NMR がどのように機能するかを理解するために, $I = \frac{1}{2}$ という多くの同一スピンからなる試料を考える. 強い外部磁場 B_0 下におくと, 核は印加された場に平行もしくは反平行に整列するが, 低エネルギー準位に相当する平行配列の方がわずかに多い. 正味の磁化 M は B_0 (z 軸) の周りをラーモア周波数で歳差運動する [図 14・31(a)]. パルス NMR の実験では, x 軸方向の強さ B_1 の, 単一で短く高強度のバースト磁場が試料に印加される [図 14・31(b)]. 結果として, 正味の磁化は次式で与えられる角度 α だけ回転する.

$$\alpha = \gamma B_1 t_p \quad (14\cdot 25)$$

ここで, γ は磁気回転比, t_p は印加したパルスの幅で, マイクロ秒の桁である. t_p を適当に選ぶと, 磁化が z 軸から y 軸へと回転する ($\alpha = 90°$ なので, これは 90°パルスとよばれる). NMR シグナルは, y 軸に沿った検出用コイルにより測定される. パルス照射後すぐに (B_1 が切られたとき), 磁化ベクトルは xy 平面内をラーモア周波数で回転し始める [図 14・31(c)]. 引き続き, 緩和機構により y 軸方向の磁化は減少し, その結果, 熱平衡状態では z 軸方向に戻る. 時間の関数としての NMR シグナルの減衰は**自由誘導減衰**

(free induction decay, FID) とよばれる．最終的に，フーリエ変換（後述）を適用することで，FID は吸収ピークに変換される．

図 14・31 (d) は，核が同一でラジオ波磁場 (B_1) がラーモア周波数に合致するよう選ばれている状況に当たる．化学シフトやスピン-スピン結合の結果としてラーモア周波数が異なっている核を研究することはしばしばあるが，そのような場合，異なる核の一群は異なる周波数で歳差するので干渉効果が生じ，その結果 FID はずっと複雑な様相を呈する．

パルス NMR の本質的な特徴は，たとえ単一周波数のラジオ波パルスを印加したとしても，異なる化学シフトをもつ核を同時に励起できるという点である．10 μs（1 μs = 10^{-6} s）幅のパルスについて考える．ハイゼンベルクの不確定性原理 [式(10・28)参照] から，

$$\Delta E \, \Delta t = \frac{h}{4\pi}$$

$\Delta E = h \, \Delta \nu$ であるので，次式のようになる．

$$\Delta \nu = \frac{1}{4\pi \, \Delta t} = \frac{1}{4\pi \, (10 \times 10^{-6} \, \text{s})} \approx 8 \times 10^3 \, \text{s}^{-1} = 8 \, \text{kHz}$$

この周波数領域は，たいていのプロトンの化学シフトをカバーする十分な広さである．FID に相当する，時間に伴うシグナルの強度変化を記述する関数 $f(t)$ を解釈することは困難であるので，より認識可能な形である，周波数に伴う強度の変化を記述する関数 $I(\nu)$ に変換しなければならない．これら二つのスペクトル関数は次式のようなフーリエ変換の関係にある．

$$f(t) = \int_{-\infty}^{+\infty} I(\nu) \cos(\nu t) \, d\nu \quad (14 \cdot 26)$$

$$I(\nu) = \int_{-\infty}^{+\infty} f(t) \cos(\nu t) \, dt \quad (14 \cdot 27)$$

図 14・32 (a) にアセトアルデヒド (CH_3CHO) の FID を示す．FID の曲線は，六つの成分（六つのピーク）から構成される磁化ベクトルの歳差運動により生じ，各成分が特有の

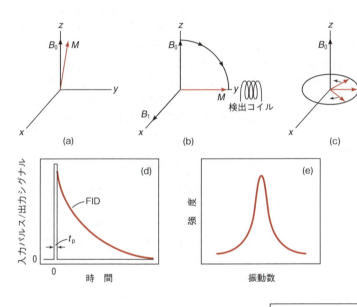

図 14・31 (a) スピン集団の正味の磁化 M の，z 軸方向の外部磁場 B_0 周りの歳差運動．(b) 90°パルス（x 軸方向のラジオ波磁場 B_1 による）は，検出用コイルの置かれた y 軸まで磁化ベクトルをフリップさせる．(c) パルス直後から，スピンは xy 平面内で歳差運動し始める．歳差運動が続く間，磁化ベクトルのシグナルは最大と最小を交互に繰返す．(d) 90°パルスとそれに続いて起こる FID（自由誘導減衰）の時間的な順序．(e) FID [$f(t)$] のフーリエ変換により，振動数に対する強度のスペクトルが得られる．

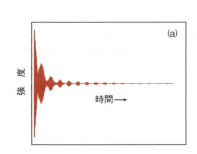

図 14・32 アセトアルデヒド (CH_3CHO) の FID (a) と，そのフーリエ変換スペクトル (b)

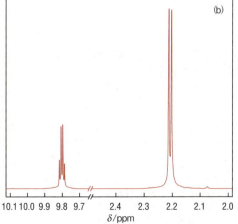

周波数で歳差運動するため非常に複雑になっている．ピーク強度を周波数に対してプロットしたアセトアルデヒドの通常のNMRスペクトルは式（14・27）を用いてフーリエ変換を行うことにより得られる［図14・32(b)］．

FT-NMRは高速でデータを収集，処理できるので，これを用いると，比較的短い時間間隔で数百本や数千本といった類似のスペクトルを記録することができて，それらをシグナル加算平均に供することできれいなピークが得られる．さらに，近年の機器化の進歩により，NMRは最も強力で，かつ幅広く用いられる分光技術の一つとなっている．

磁気共鳴画像（MRI）

MRIは人体の断層図を見るための非侵襲的な手法であり，X線CT（X線コンピューター断層撮影法，CTスキャン）とは違って，患者を電離放射線にさらすこともない．図14・33はMRIの基礎的な概念を図示したものである．二つの水の試料が空間的に離れて置かれている（これは，人体の中における異なる部位の水に対応している）．通常のNMRスペクトルの場合では，これら二つの水のプロトンは磁気的に等価であるので，水の示すピークは1本である．ここで，通常の磁場 B_0 に加えて，x 軸方向に磁場勾配 G_x をさらに加えたとしよう．この磁場勾配の強さは位置

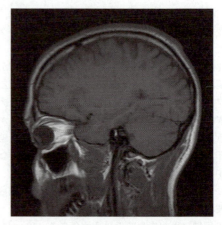

図14・34　ヒト頭部の切片（スライス）のMRI像

に依存して変わるので，左の円筒管の場所での磁場の強さは，右の円筒管の場所での磁場の強さとはわずかに異なったものとなる．このため，パルスNMRの実験をすると，FIDをフーリエ変換して得られるスペクトルに，今度は1本ではなく，2本のピークが現れることになる．ただし，三次元画像を得るためには，x, y, z 軸方向に磁場勾配を加える必要がある．さらに，MRIでは，シグナル強度を周波数に対して表示するのではなくて，位置に対して表示する．図14・34にはMRIの医学的応用を示した．

14・7　電子スピン共鳴分光法

電子スピン共鳴（<u>e</u>lectron <u>s</u>pin <u>r</u>esonance, ESR）は**電子常磁性共鳴**（<u>e</u>lectron <u>p</u>aramagnetic <u>r</u>esonance, EPR）ともよばれ，理論的にはNMRときわめて類似している．電子は $S=\frac{1}{2}$ のスピンをもつ．電子のスピン運動は磁場を生じ，外部磁場（B_0）中での電子の磁気モーメントの配向は電子スピン量子数 $m_s=\pm\frac{1}{2}$ により特徴づけられる．共鳴条件は次式で与えられる［図14・35(a)］．

$$\Delta E = h\nu = g\mu_B B_0 \tag{14・28}$$

ここで，g はランデの g 因子とよばれる無次元の定数であり，自由電子では2.0023に等しい*．μ_B はボーア磁子であり，$(eh)/(4\pi m_e)$ で与えられる．e と m_e はそれぞれ電子の電荷と質量である．

電子の磁気モーメントはプロトンのそれより約600倍大きく，ESR測定は通常，約0.34 Tの磁場下で，マイクロ波領域である 9.5×10^9 Hzすなわち9.5 GHzの周波数で行われる．たいていの分光計は，ESRの遷移が吸収線の一次微

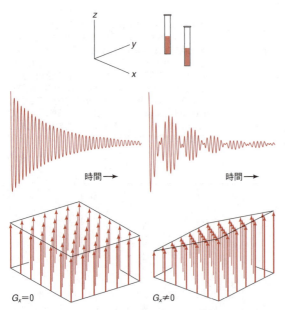

図14・33　上段: 水の入った二つの小さな円筒管．左下: 磁場勾配が存在しない場合，B_0 磁場（z 軸方向）は，矢印の集合で示したように，円筒管内のすべての場所において同じ強さである．ここに短いラジオ波のパルスを照射するとFID（左中）が得られるが，このフーリエ変換は1本のピークを与える．右下: x 軸方向に磁場勾配 G_x が加えられると，二つの円筒管内の水分子はそれぞれ異なる強さの磁場にさらされることになる．この結果得られるFID（右中）のフーリエ変換は2本のピークを与える．

＊ g 因子は電子の磁気モーメントとスピン角運動量との比である．

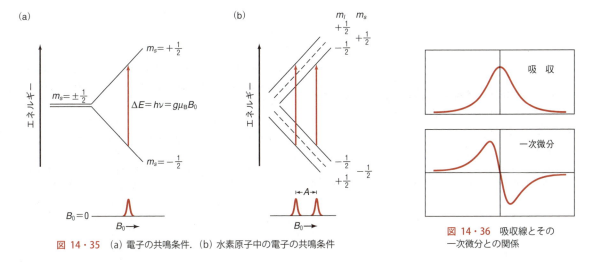

図 14・35 (a) 電子の共鳴条件．(b) 水素原子中の電子の共鳴条件

図 14・36 吸収線とその一次微分との関係

分として表示されるよう設計されている（図 14・36）．

孤立電子，あるいは媒質（マトリックス）中に孤立状態で閉じ込められた電子は一つの遷移しかないので，ただ一つの線しか観測されないが，水素原子の ESR スペクトルは図 14・35 (b) に示すように等強度の二つの線から構成されている．この**超微細分裂** (hyperfine splitting) は不対電子と原子核との磁気的相互作用の結果生じるが，それは先に NMR で議論したスピン-スピン相互作用と類似のものである．しかしながら，選択律 $\Delta m_s = \pm 1$ と $\Delta m_I = 0$ のために，ただ二つの遷移しか許容ではない．この選択律の一つの解釈として，原子核の運動が電子の運動よりずっと遅いため，電子スピンがその方向を変える時間の間，核スピンは再配向しない，と考えることができる．これら二つの線の間隔が**超微細結合定数** (hyperfine coupling constant)，A である．一般に，超微細分裂により，$2nI+1$ 本の吸収線が予想される．ここで，n は等価な原子核の数，I は核スピンである．NMR のときと同様に，プロトンの超微細分裂により生じる線の強度は二項展開の係数で与えられる．

パウリの排他原理が要求するように，たいていの分子において電子は反対のスピンをもつ電子と規則的に対をなしている．したがって，ESR の実験はそのような分子に対しては行うことはできない．一方，NO, NO₂, ClO₂, O₂ を含むいくつかの分子は，電子基底状態に一つ以上の不対電子をもっていて，これらの分子の ESR スペクトルが研究されている．また，化学的もしくは電気化学的手法により反磁性分子を還元し，アニオンラジカルに変換することも可能である．たとえば，ベンゼンとナフタレンをテトラヒドロフランのような不活性有機溶媒に溶かし，無酸素および無水状態でカリウム金属を用いて処理すると，ベンゼンとナフタレンのアニオンラジカルが生成する [図 14・37 (a), (b)]．

$$C_6H_6 + K \longrightarrow C_6H_6\cdot^- K^+$$
$$C_{10}H_8 + K \longrightarrow C_{10}H_8\cdot^- K^+$$

安定な中性ラジカルのうち重要なのはニトロキシド類である．ニトロキシド類では，不対電子は窒素原子と酸素原子に局在している．一つの例が次のような構造をもつジ-*tert*-ブチルニトロキシルラジカルである．

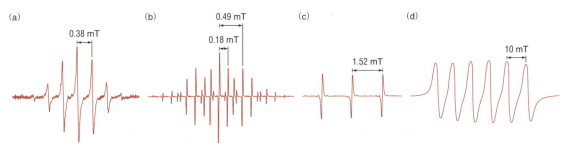

図 14・37 (a) ベンゼンアニオンラジカル，(b) ナフタレンアニオンラジカル，(c) ジ-*tert*-ブチルニトロキシルラジカル，(d) 水中の Mn^{2+} の ESR スペクトル．ナフタレンには 2 種類のプロトンがあるので，二つの異なる結合定数が存在することに注意

^{16}O は磁気モーメントをもたないため ($I=0$)，超微細分裂は ^{14}N 核のみにより，等強度の三つの線がすべて観測されている [図 14・37(c)]*1．安定性と ESR スペクトルの単純さゆえ，ニトロキシルラジカルはタンパク質の構造や動態を探るためのスピンラベルとして，広く使われている．

多くの遷移金属イオンは不対 d 電子をもっているので，ESR の研究に特に適している*2．生体系に存在するため，特に興味深いのは Cu^{2+}, Co^{2+}, Fe^{3+}, Ni^{3+}, Mn^{2+} イオンである．$Mn^{2+}\left(I=\frac{5}{2}\right)$ の ESR スペクトルには六つの等間隔な線が現れる [図 14・37(d)]．Cu^{2+} イオンはただ一つの不対電子しかもたないため，ESR の研究には特に適している．^{63}Cu と ^{65}Cu は共に核スピン $I=\frac{3}{2}$ をもつので，そのスペクトルは超微細相互作用のため，4 本線のパターンになる．

---

*1 ^{14}N の核スピンは 1 であるので，$(2nI+1)$ 則に従い，$2\times1\times1+1=3$ となる．

*2 オランダの物理学者，Hendrik Kramers (1894～1952) の定理によると，ESR の研究に最も適したイオンは奇数の電子数をもつものである．

重 要 な 式

$I = I_0\,e^{-t/\tau}$	蛍光強度の減衰	式 (14・7)
$h\nu_{光子} = E_{電子,イオン化} + \dfrac{1}{2}m_e u^2$	光電子分光法	式 (14・13)
$\Delta E = h\nu = B_0\gamma\hbar$	NMR におけるエネルギー準位の分裂（共鳴条件）	式 (14・17)
$\delta = \dfrac{\nu - \nu_{参照}}{\nu_{観測}} \times 10^6$ ppm	化学シフト（ppm 単位）	式 (14・22)
$\Delta\nu \propto \dfrac{\mu_i\mu_j}{r_{ij}^3}(3\cos^2\theta_{ij} - 1)$	双極子相互作用による周波数シフト	式 (14・23)
$\Delta E = h\nu = g\mu_B B_0$	ESR におけるエネルギー準位の分裂（共鳴条件）	式 (14・28)

補遺 14・1　フランク・コンドン原理

フランク・コンドン原理とは，分子の振動周期 ($\sim 10^{-12}$ s) が，電子遷移に要する時間 ($\sim 10^{-15}$ s) よりずっと長いので，原子核は電子遷移の間は実質的に動かない，というものである．このことは，核間距離 R が電子遷移の間に変わらないことを意味しており，したがって，吸収帯の強度は，ポテンシャルエネルギー面上での垂直遷移で予測できる．第 11 章で述べたように，分光学的遷移の強度は，波動関数 ψ_1 と ψ_2 で記述される状態を関係付ける遷移双極子モーメント μ_{12}

$$\mu_{12} = \int \psi_1\,\hat{\mu}\,\psi_2\,d\tau \tag{1}$$

によって決まる．ここで $\hat{\mu}$ は遷移双極子モーメント演算子である．この波動関数は，電子部分，振動部分，回転部分に分離できると仮定し，

$$\psi = \psi_e\,\psi_{vib}\,\psi_{rot} \tag{2}$$

そうしてから，回転部分の遷移双極子モーメント*への寄与は無視できるとする．電子スペクトル測定実験では，多くの分子で個々の回転遷移を分離できないのが現実であるために，回転運動を別扱いする考え方は，理にかなっている．上側のエネルギー準位は′，下側のエネルギー準位は″で示すと，遷移双極子モーメントは次のように書ける．

$$\mu_{12} = \int \psi'_e\,\psi'_{vib}\,\hat{\mu}\,\psi''_e\,\psi''_{vib}\,d\tau \tag{3}$$

全体的な遷移双極子モーメント演算子 $\hat{\mu}$ を，電子部分と核部分の和として表し，

$$\hat{\mu} = \hat{\mu}_e + \hat{\mu}_n \tag{4}$$

---

* 記述を完全にするために付け加えるが，遷移双極子モーメントの回転状態依存性は，フランク・コンドン因子に類似のヘンル・ロンドン因子 (Hönl-London factor) $\int \psi'_{rot}\,\psi''_{rot}\,d\tau_n$ によって決まる．

有限の体積要素 $d\tau$ を，電子成分と核成分の積として表す．

$$d\tau = d\tau_e \, d\tau_n \quad (5)$$

式 (4)，式 (5) を代入し，式 (3) を展開すると

$$\mu_{12} = \underbrace{\int \psi'_e \hat{\mu}_e \psi''_e \, d\tau_e}_{\text{ある一つの電子遷移に対しては定数}} \underbrace{\int \psi'_{\text{vib}} \psi''_{\text{vib}} \, d\tau_n}_{\text{フランク・コンドン因子}} + \underbrace{\int \psi'_e \psi''_e \, d\tau_e}_{\text{波動関数の直交性のため 0}} \underbrace{\int \psi'_{\text{vib}} \hat{\mu}_n \psi''_{\text{vib}} \, d\tau_n}_{\text{一つの数}} \quad (6)$$

となる．これより，重要な結果，

$$\mu_{12} \propto \int \psi'_{\text{vib}} \psi''_{\text{vib}} \, d\tau_n \quad (7)$$

を得る*．ある電子状態から別の電子状態への分光学的遷移に対して，遷移の強さ（遷移双極子モーメントによって決まる）は振動波動関数の重なりに依存する（図 14・1 を参照）．

---

* 式 (7) の積分を，フランク・コンドン因子とよぶ．

補遺 14・2　FT-IR と FT-NMR との比較

第 11 章 (p. 245) で FT-IR を，また本章 (p. 326) で FT-NMR を論じた．IR と NMR はエネルギーに大きな違いがあるため，これら二つの技術の操作方法を比較することは教育上有益である[*1]．

ここまで見てきたように，FT-NMR 分光計は時間領域での $f(t)$ を記録する．ハイゼンベルクの不確定性原理［式 (10・28) 参照］を思い起こすと

$$\Delta E \, \Delta t = \frac{h}{4\pi} \quad (1)$$

$$h \, \Delta\nu \, \Delta t = \frac{h}{4\pi}$$

すなわち

$$\Delta\nu \, \Delta t = \frac{1}{4\pi} \quad (2)$$

となる．これは，$f(t)$ に含まれている情報が，振動数領域の $I(\nu)$ へとフーリエ変換できることを意味している．一方，FT-IR 分光計は，位置変数の関数である $I(\delta)$ を測定する．$I(\delta)$ のフーリエ変換は，波数 $\tilde{\nu}$ の関数である，より便利な IR スペクトル $B(\tilde{\nu})$ を与える．ここでもハイゼンベルクの不確定性原理を使うことで，距離と波数は共役な変数であることが示せる．

$$\Delta x \, \Delta p = \frac{h}{4\pi} \quad (3)$$

ここでド・ブロイの関係 ($\lambda = h/p$) を用いると，

$$p = \frac{h}{\lambda} = h\tilde{\nu}$$

および

$$\Delta p = h \, \Delta\tilde{\nu}$$

のように書ける．その結果

$$\Delta x \, \Delta\tilde{\nu} = \frac{1}{4\pi} \quad (4)$$

したがって，フーリエ変換は常に共役な変数同士で行われる．

原理的には，スペクトルは四つの変数（振動数，時間，距離，波数）の一つにより定義された任意の領域で記録することが可能である．ある分光計ではじめに検出すべきスペクトル関数をどれにするかは，個々の装置の設計に依存する．cw NMR 分光計では，周波数領域での $I(\nu)$ を測定する．これは欲しい情報ではあるが，その過程は遅い．パルス NMR を用いると，次式のように指数関数的に減衰する FID が得られる［図 14・31(d) 参照］．

$$f(t) = f(0) \, e^{-t/T_2} \quad (5)$$

ここで，$f(0)$ は $t=0$ におけるシグナル強度である．T_2 という量は**スピン-スピン緩和時間**（spin-spin relaxation time）とよばれ[*2]，90°パルスで生ずる y 軸方向の（スピンの集団による）磁化が，どのくらい高速で xy 面上に広がるかの尺度となる特性を示す時間である．NMR の線の周波数上での不確定さ $\Delta\nu$ は半値幅と関係し，時間領域での不確定さは T_2 と関係する．もし NMR の線が 10 Hz の幅（かなり広い線である）をもつと，不確定性関係から $T_2 = 8$ ms (1 ms $= 10^{-3}$ s) が得られる．もし指数減衰により，シグナルが消失するベースラインに至るまで，10 倍の時間を要する場合，スペクトル全域は 10×8 ms すなわち 0.08 s で得られる．これは，分光計が適切なデータをすべて記録するのに十分長い時間間隔である．

対照的に FT-IR では，測定するエネルギー準位間の遷移はより大きい尺度をもつ．幅 $\Delta\tilde{\nu} = 10$ cm^{-1} の赤外吸収線について考える．$\Delta\nu = c \, \Delta\tilde{\nu}$ という関係を用いると，線幅について 3×10^{11} Hz を得る．振動数のこの不確定さから，時間の不確定さについて約 3×10^{-13} s が得られるが，これはデータを集積するには短すぎる．そこでそうする代わりに，スペクトル $I(\delta)$ を位置変数の関数としてはじめに記録し，その後で，$I(\delta)$ のフーリエ変換から，波数 $\tilde{\nu}$ の関数である，より便利な IR スペクトル $B(\tilde{\nu})$ を得る．

[*1] 本補遺の議論は M. K. Ahn, *J. Chem. Educ.*, **66**, 802 (1989) による素晴らしい説明に厳密に従っている．

[*2] 訳注：横緩和時間ともいう．

参 考 文 献

書 籍

一般的な分子の電子スペクトル:

G. M. Barrow, "Molecular Spectroscopy," McGraw-Hill, New York (1962).

J. M. Hollas, "Modern Spectroscopy, 4th Ed.," John Wiley & Sons, New York (2004).

J. R. Lakowicz, "Principles of Fluorescence Spectroscopy," Springer, New York (2006).

D. A. Skoog, F. J. Holler, S. R. Crouch, "Principle of Instrumental Analysis, 6th Ed.," Thomson Brooks/Cole, Belmont, CA (2006).

J. I. Steinfeld, "Molecules and Radiation, 2nd Ed.," MIT Press, Cambridge, MA (1996).

H. H. Willard, L. L. Merritt, Jr., J. A. Dean, F. A. Settle, Jr., "Instrumental Methods of Analysis, 7th Ed.," Wadsworth Publishing Co., Belmont, CA (1988).

レーザーとレーザー分光学:

D. L. Andrews, "Lasers in Chemistry, 3rd Ed.," Springer-Verlag, New York (1997).

W. Demtroder, "Laser Spectroscopy: Basic Concepts and Instrumentation, 3rd Ed.," Springer-Verlag, New York (2002).

R. N. Zare, "Laser: Experiments for Beginners," University Science Books, Sausalito, CA (1995).

光電子分光法:

A. D. Baker, D. Betteridge, "Photoelectron Spectroscopy: Chemical and Analytical Aspects," Pergamon Press, New York (1972).

A. M. Ellis, M. Feher, T. G. Wright, "Electronic and Photoelectron Spectroscopy: Fundamentals and Case Studies," Cambridge University Press, Cambridge, UK (2005).

S. Hüfner, "Photoelectron Spectroscopy: Principles and Applications, 3rd Ed.," Springer-Verlag, New York (2003).

磁気共鳴分光法:

A. Carrington, A. D. McLachlan, "Introduction to Magnetic Resonance," Harper & Row Publishers, New York (1967).

R. Freeman, "Magnetic Resonance in Chemistry and Medicine," Oxford University Press, New York (2003).

P. J. Hore, "Nuclear Magnetic Resonance," Oxford University Press, New York (1995).

R. S. Macomber, "A Complete Introduction to Modern NMR Spectroscopy," John Wiley & Sons, New York (1998).

J. D. Roberts, "ABCs of FT-NMR," University Science Books, Sausalito, CA (2000).

J. E. Wertz, J. R. Bolton, "Electron Spin Resonance: Elementary Theory and Practical Applications," Wiley-Interscience, New York (2007).

論 文

総 説:

P. E. Stevenson, 'The Ultraviolet Spectra of Aromatic Molecules,' J. Chem. Educ., **41**, 234 (1964).

H. H. Jaffé, A. L. Miller, 'The Fates of Electronic Excitation Energy,' J. Chem. Educ., **43**, 469 (1966).

G. R. Penzer, 'Applications of Absorption Spectroscopy in Biochemistry,' J. Chem. Educ., **45**, 692 (1968).

G. Feinberg, 'Light,' Sci. Am., September (1968).

V. F. Weisskopf, 'How Light Interacts With Matter,' Sci. Am., September (1968).

N. J. Turro, 'The Triplet State,' J. Chem. Educ., **46**, 2 (1969).

W. Yang, E. K. C. Lee, 'Liquid Scintillation Counting,' J. Chem. Educ., **46**, 277 (1969).

J. L. Hollenberg, 'Energy States of Molecules,' J. Chem. Educ., **47**, 2 (1970).

M. V. Orna, 'The Chemical Origin of Color,' J. Chem. Educ., **55**, 478 (1978).

K. Nassau, 'The Causes of Color,' Sci. Am., October (1980).

D. Onwood, 'A Time Scale for Fast Events,' J. Chem. Educ., **63**, 680 (1986).

L.-F. Olsson, 'Band Breadth of Electronic Transitions and the Particle-in-a-Box Model,' J. Chem. Educ., **63**, 756 (1986).

H. D. Burrows, A. C. Cardoso, 'Radiationless Relaxation and Red Wine,' J. Chem. Educ., **64**, 995 (1987).

R. N. Bracewell, 'The Fourier Transform,' Sci. Am., June (1989).

E. Grunwald, J. Herzog, C. Steel, 'Using Fourier Transform to Understand Spectral Line Shape,' J. Chem. Educ., **72**, 210 (1995).

G. C. Lisensky, M. N. Patel, M. L. Reich, 'Experiments with Glow-in-the-Dark Toys: Kinetics of Doped ZnS Phosphorescence,' J. Chem. Educ., **73**, 1048 (1996).

R. S. Macomber, 'A Unified Approach to Absorption Spectroscopy at the Undergraduate Level,' J. Chem. Educ., **74**, 65 (1997).

P. B. O'Hara, C. Engleson, W. St. Peter, 'Turning on the Light: Lessons from Luminescence,' J. Chem. Educ., **82**, 49 (2005).

D. P. Richardson, R. Chang, 'Demonstrations for Fluorescence and Phosphorescence,' Chem. Educator [Online], **12**, 279 (2007). DOI: 10.1333/s00897072049a.

レーザー:

D. L. Rousseau, 'Laser Chemistry,' *J. Chem. Educ.*, **43**, 566(1966).

K. S. Pennington, 'Advances in Holography,' *Sci. Am.*, February(1968).

A. L. Schawlow, 'Laser Light,' *Sci. Am.*, September(1968).

D. R. Harriott, 'Applications of Laser Light,' *Sci. Am.*, September(1968).

P. Sorokin, 'Organic Lasers,' *Sci. Am.*, February(1969).

M. S. Feld, V. S. Letokhov, 'Laser Spectroscopy,' *Sci. Am.*, December(1973).

S. R. Leone, 'Applications of Lasers to Chemical Research,' *J. Chem. Educ.*, **53**, 13(1976).

A. M. Ronn, 'Laser Chemistry,' *Sci. Am.*, May(1979).

W. F. Coleman, 'Laser — An Introduction,' *J. Chem. Educ.*, **59**, 441(1982).

E. W. Findsen, M. R. Ondrias, 'Lasers: A Valuable Tool for Chemists,' *J. Chem. Educ.*, **63**, 479(1986).

V. S. Letokhov, 'Detecting Individual Atoms and Molecules With Lasers,' *Sci. Am.*, September(1988).

A. H. Zewail, 'The Birth of Molecules,' *Sci. Am.*, December(1990).

M. W. Berns, 'Laser Surgery,' *Sci. Am.*, June(1991).

M. G. D. Baumann, J. C. Wright, A. B. Ellis, T. Kuech, G. C. Lisensky, 'Diode Lasers,' *J. Chem. Educ.*, **69**, 89(1992).

P. Brumer, M. Shapiro, 'Laser Control of Chemical Reactions,' *Sci. Am.*, March(1995).

G. R. van Hecke, K. K. Karukstis, J. M. Underhill, 'Using Lasers to Demonstrate the Concept of Polarizability,' *Chem. Educator* [Online], **2**, 5(1997). DOI: 10.1333/s00897970147a.

L. J. Kovalenko, S. R. Leone, 'Innovative Laser Techniques in Chemical Kinetics,' *J. Chem. Educ.*, **65**, 681(1998).

レーザー分光学:

D. R. Crosley, 'Laser-Induced Fluorescence in Spectroscopy, Dynamics, and Diagnostics,' *J. Chem. Educ.*, **59**, 446(1982).

X. S. Xie, J. K. Trautman, 'Optical Studies of Single Molecules at Room Temperature,' *Ann. Rev. Phys. Chem.*, **49**, 441(1998).

J.-M. Hopkins, W. Sibbett, 'Ultrashort-Pulse Lasers: Big Payoffs in a Flash,' *Sci. Am.*, September(2000).

J. S. Baskin, A. H. Zewail, 'Freezing Atoms in Motion: Principles of Femtochemistry and Demonstration by Laser Stroboscopy,' *J. Chem. Educ.*, **78**, 737(2001).

J. E. Whitten, 'Blue Diode Lasers: New Opportunities in Chemical Education,' *J. Chem. Educ.*, **78**, 1096(2001).

W. E. Moerner, 'A Dozen Years of Single-Molecule Spectroscopy in Physics, Chemistry, and Biophysics,' *J. Phys. Chem. B*, **106**, 910(2002).

J. Zimmerman, A. van Dorp, A. Renn, 'Fluorescence Microscopy of Single Molecules,' *J. Chem. Educ.*, **81**, 553(2004).

光電子分光法:

T. L. James, 'Photoelectron Spectroscopy,' *J. Chem. Educ.*, **48**, 712(1971).

H. Bock, P. D. Mollere, 'Photoelectron Spectra. An Experimental Approach to Teaching Molecular Orbital Models,' *J. Chem. Educ.*, **51**, 506(1974).

S. Suzer, 'Multiplets in Atoms and Ions Displayed by Photoelectron Spectroscopy,' *J. Chem. Educ.*, **59**, 814(1982).

E. I. von Nagy-Felsobuki, 'Hückel Theory and Photoelectron Spectroscopy,' *J. Chem. Educ.*, **66**, 821(1989).

J. Simons, 'Why Equivalent Bonds Appear as Distinct Peaks in Photoelectron Spectra,' *J. Chem. Educ.*, **69**, 522(1992).

核磁気共鳴:

I. L. Pykett, 'NMR Imaging in Medicine,' *Sci. Am.*, May(1982).

R. G. Bryant, 'The NMR Time Scale,' *J. Chem. Educ.*, **60**, 933(1983).

R. G. Brewer, E. L. Hahn, 'Atomic Memory,' *Sci. Am.*, December(1984).

D. L. Rabenstein, 'Sensitivity Enhancement by Signal Averaging in Pulsed/Fourier Transform NMR Spectroscopy,' *J. Chem. Educ.*, **61**, 909(1984).

R. S. Macomber, 'A Primer on Fourier Transform NMR,' *J. Chem. Educ.*, **62**, 213(1985).

L. Glasser, 'Fourier Transforms for Chemists. Part 1. Introduction to the Fourier Transform,' *J. Chem. Educ.*, **64**, A228(1987).

L. Glasser, 'Fourier Transforms for Chemists. Part 2. Fourier Transforms in Chemistry and Spectroscopy,' *J. Chem. Educ.*, **64**, A260(1987).

L. Glasser, 'Fourier Transforms for Chemists Part 3. Fourier Transforms in Data Treatment,' *J. Chem. Educ.*, **64**, A306(1987).

L. J. Schwartz, 'A Step-by-Step Picture of Pulsed (Time-Domain) NMR,' *J. Chem. Educ.*, **65**, 959(1988).

D. J. Wink, 'Spin-Lattice Relaxation Times in ^{1}H NMR Spectrscopy,' *J. Chem. Educ.*, **66**, 810(1989).

L. A. Hull, 'A Demonstration of Imaging on an NMR Spectrometer,' *J. Chem. Educ.*, **67**, 782(1990).

C. Suarez, 'Gas-Phase NMR Spectroscopy,' *Chem. Educator* [Online], **3**, 1(1998). DOI: 10.1007/s00897980202a.

S. E. Anderson, D. Saiki, H. Eckert, K. Meise-Gresch, 'A Solid-State NMR Experiment: Analysis of Local Structural Environments in Phosphate Glasses,' *J. Chem. Educ.*, **81**, 1034(2004).

W. E. Steinmetz, M. C. Maher, 'Using an NMR Spectrometer To Do Magnetic Resonance Imaging,' *J. Chem. Educ.*, **84**, 1830 (2007).

S. Veeraraghavan, 'NMR Spectroscopy and Its Value: A Primer,' *J. Chem. Educ.*, **85**, 537 (2008).

電子スピン共鳴:

R. Chang, 'ESR Study of Organic Electron Transfer Reactions,' *J. Chem. Educ.*, **47**, 563 (1970).

R. Chang, W. R. Moomaw, 'Phosphorescence and Electron Paramagnetic Resonance Study of a Photoexcited Triplet State: Advanced Undergraduate Experiment in Molecular Physics,' *Am. J. Phys.*, **44**, 455 (1976).

M. Geoffroy, J. H. Hammons, 'Structural Information from Liquid- and Solid-Phase ESR: The Example of Triphenyl-Substituted Radicals $(C_6H_5)_3A\cdot$ of Group IVB Elements,' *J. Chem. Educ.*, **58**, 389 (1981).

M. P. Eastman, 'EPR Studies of Spin-Spin Exchange Processes: A Physical Chemistry Experiment,' *J. Chem. Educ.*, **59**, 677 (1982).

R. Beck, J. W. Nibler, 'ESR Studies and HMO Calculations on Benzosemiquinone Radical Anions,' *J. Chem. Educ.*, **66**, 263 (1989).

R. A. Butera, D. H. Waldeck, 'An EPR Experiment for the Undergraduate Physical Chemistry Laboratory,' *J. Chem. Educ.*, **77**, 1489 (2000).

P. Basu, 'Use of EPR Spectroscopy in Elucidating Electronic Structures of Paramagnetic Transition Metal Complexes,' *J. Chem. Educ.*, **78**, 666 (2001).

問 題

分子の電子スペクトル,蛍光,りん光

14・1 次の分子を最大吸収波長 λ_{max} が大きくなる順に並べよ.理由も説明せよ.

$$CH_2=CHC(O)CH_3,\ CH_3CH_2CH_2CH_3,$$
$$CH_3CH=CHCH_3,\ CH_3CH_2C(O)CH_3$$

14・2 フランク・コンドン原理を用いて,次のポテンシャルエネルギー図がもとになる電子スペクトルがどのように異なるかを定性的に説明せよ.

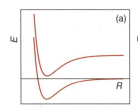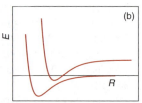

14・3 等吸収点が存在しないことは何を意味するか?

14・4 速度の順に次の項目を並べよ(いくつかは大体同じ速度で起こるかもしれない):吸収,蛍光,りん光,振動エネルギー遷移,内部変換,項間交差

14・5 水溶液がA, Bの二つの種を含んでいる.吸光度は 300 nm において 0.372,250 nm において 0.478 である.AとBのモル吸光係数は

A: $\varepsilon_{300} = 3.22 \times 10^4$ L mol^{-1} cm^{-1}
$\varepsilon_{250} = 4.05 \times 10^4$ L mol^{-1} cm^{-1}
B: $\varepsilon_{300} = 2.86 \times 10^4$ L mol^{-1} cm^{-1}
$\varepsilon_{250} = 3.76 \times 10^4$ L mol^{-1} cm^{-1}

セルの光路長が 1.00 cm であるとき,AとBの濃度を mol L^{-1} 単位で計算せよ.

14・6 蛍光法は一般に,吸収法やりん光法よりも高感度な検出技術であるが,その理由を説明せよ.

14・7 $\pi^* \leftarrow \pi$,$\pi^* \leftarrow n$ による吸収および電荷移動過程はどうやって区別できるか.

14・8 蛍光とりん光の重要な違いについていくつかあげよ.

14・9 ナフタレン($C_{10}H_8$)における最低三重項は 77 K において最低励起一重項電子状態より約 11 000 cm^{-1} 低い.平衡でのこれら二つの状態の分布比を計算せよ〔ヒント:ボルツマン分布の式は $N_2/N_1=(g_2/g_1)\exp[-\Delta E/(k_B T)]$ で与えられる.ここで,g_1 と g_2 は準位1と2における縮退度である〕.

14・10 ある有機分子のルミネセンス(発光)の一次の減衰から以下のデータが得られた.

t/s	0	1	2	3	4	5	10
I	100	43.5	18.9	8.2	3.6	1.6	0.02

ここで,I は相対強度である.この過程における平均寿命 τ を計算せよ.これは蛍光か,りん光か.

14・11 なぜ PPO は POPOP よりも短波長の光を吸収するのか,定性的に説明せよ(§14・2, p.310 参照).

14・12 タンパク質の蛍光はトリプトファン,チロシン,フェニルアラニンによるとする(タンパク質は蛍光を発する補欠分子族を含まないと仮定する).また,ヨウ化物イオンはトリプトファンの蛍光を消光することが知られている.あるタンパク質がただ一つのトリプトファン残基をもつことがわかっており,ヨウ化物でその蛍光を消光することができないならば,トリプトファン残基の位置についてどのようなことが結論できるだろうか.

14・13 四重項状態の分子にはいくつの不対電子があるか.

14・14 正味の電子スピン $S=\frac{1}{2}$ をもつ分子は,多重度が $2S+1=2$ となるため,二重項状態とよばれる電子基底状態をもつ.基底二重項状態をもつ分子では,りん光が生じる電子状態の多重度はいくつか〔注意:多重度は一重項,二重項,三重項,四重項…となる〕.

14・15 分子状酸素のようないくつかの分子は三重項の電子基底状態をもつ.基底三重項状態をもつ分子では,蛍

光が生じる励起状態の多重度はいくつか．

レーザーとレーザー分光学

14・16 レーザーの四つの特性をあげよ．

14・17 二つの安定なエネルギー準位のみをもつ2準位系では，なぜレーザー光をつくれないのか．説明せよ．

14・18 3準位のレーザー系で，準位Aから準位Cへの吸収に対応する波長は466 nmであり，準位BとC間の遷移に対応する波長は752 nmである．準位AとB間の遷移に対応する波長はいくらか．

14・19 1光子過程と多光子過程との相違は何か．2光子過程などを観測するうえで，レーザーを用いることが望ましいのはなぜか．

14・20 ラマン効果はレーザーの発明に先んじて発見された．現在では本質的にすべてのラマン分光法はレーザーを用いて行われているが，それはなぜか（§11・5にラマン分光法を説明してある）．

14・21 次のレーザーのうちどれが波長可変レーザーか．
(a) Nd:YAG (b) ダイオードレーザー
(c) 色素レーザー (d) He-Neレーザー

14・22 レーザーの波長領域を拡張するために，波長変換過程に利用できる適切な結晶性物質が手に入る場合は，振動数を2倍，3倍，4倍にすることがある．Nd:YAGレーザーは1064 nmで動作するが，振動数2倍では532 nmの緑色の光になる．振動数3倍，4倍のNd:YAGレーザーでは波長はいくつになるか，計算せよ．これらは電磁スペクトルのどの領域にあるか．

14・23 Nd:YAGポンプ式色素レーザーはパルスの時間幅が6 nsである．このようなレーザーのパルス波長を[m単位で]計算せよ．

14・24 10 Hzで動作中のレーザーは，波長600 nmで，時間幅 8 ns のパルスを発振する．レーザーの平均出力を測定すると 400 mW であった．レーザー1パルス当たりのエネルギー，レーザーパルスのピーク出力，1パルスに含まれる光子の数を計算せよ．

14・25 ある超高速レーザーは，時間幅 80 fs のパルスを 2 kHz の繰返し周波数で，平均出力 100 mW で発振する．このレーザーパルスに対して，(a) 波長をメートル単位で，(b) エネルギーをジュール単位で，(c) ピークパワーをワット単位で算出せよ．

光電子分光法

14・26 紫外光電子分光学法（UPS）とX線光電子分光法（XPS）を比較対照せよ．

14・27 光電子スペクトルを測定する場合に，励起波長を短くすると，次の量はそれぞれ増加するか，減少するか，変わらないか．
(a) 放出される光電子の速度
(b) 放出される光電子の運動エネルギー
(c) 放出される光電子の結合エネルギー
(d) 光電子スペクトルに表れている振動構造の間隔

14・28 なぜメタン（CH_4）は，その光電子スペクトルにおいてC-H結合に相当するピークを2本（だけ）与えるのか．自分の言葉で説明せよ．

14・29 ある種の内殻軌道は光電子スペクトルに決して現れない．それはなぜか．

14・30 高度な分子の電子構造計算によると，酸素の外殻分子軌道は，0.5389, 0.60354, 0.7171 ハートリー（1 ハートリー = 27.211 eV）の結合エネルギーをもつことが予測される．波長 58.46 nm の光子源を用いて光電子スペクトルを測定する．対応する電子の運動エネルギーはどれほどか．eV単位で答えよ．

14・31 分子状水素の高分解能光電子スペクトルでは 0.515 eV の間隔でピークが観測されていて，これは，水素分子イオン（H_2^+）の振動エネルギー準位の間隔に相当する．
(a) このスペクトルに基づくと，水素分子カチオンの振動数はどれくらいか．波数で答えよ．
(b) この振動の波数はFT-IR分光法で求まるだろうか．
(c) 光電子分光法は，水素分子カチオンの回転定数 B を測定するのに用いることができるか．答えを説明せよ．

14・32 放出された光電子の運動エネルギーを測定する一つの方法は，光電子を静止させる電圧を測定することである．すなわち，光電子放出を止め，生ずる電流値を0にする電圧を決めることである．アルミニウムの K_α 線をX線源に用いて測定すると，ある試料からの光電子放出を止める電圧は 952.9, 1083.9, 1201.2 eV であった．対応する分子軌道の結合エネルギーはどれほどか．これらの結合エネルギーに基づくと，光電子が放出されたのはどのようなタイプの原子軌道または分子軌道からと見込まれるか（内殻軌道か原子価軌道か）．

14・33 光電子スペクトルを測定するのに何の光源が使われているかを，図14・20のx軸目盛りに基づき答えよ（答は複数でもよい）．

磁気共鳴分光法

14・34 ある化合物のNMRシグナルが，60 MHzで作動している分光計を用いると，TMSピークから 240 Hz 低磁場側にあった．TMSに対する化学シフトをppm単位で計算せよ．

14・35 ^1H のラーモア周波数を 600 MHz にするには，磁場の強さはいくら必要か［テスラ単位で］．

14・36 アセトアルデヒド（図14・32参照）のNMRスペクトルを200 MHzと400 MHzとで測定したとする．次のそれぞれの量は，200 MHzと400 MHzとで変わらないか，もしくは異なるか．
(a) 検出感度 (b) $|\delta_{CH_3} - \delta_H|$
(c) $|\nu_{CH_3} - \nu_H|$ (d) J

14・37 印加磁場が 9.4 T のとき（400 MHz NMR分光計を用いている），δ の値が 2.5 ppm だけ異なる二つのプロトンにおける周波数の違いを計算せよ．

14・38 次のそれぞれの分子に対して，^1H NMRのピークはいくつあるか，また，どのピークが一重線，二重線，三重線… であるか述べよ．

(a) CH₃OCH₃ (b) C₂H₅OC₂H₅ (c) C₂H₆
(d) CH₃F (e) CH₃COOC₂H₅

14・39 次に示す化学シフトのデータから，イソブチルアルコール（2-メチルプロパン-1-オール）(CH₃)₂CHCH₂OH の NMR スペクトルの概略を描け．

−CH₃ 0.89 ppm, −CH 1.67 ppm,
−CH₂ 3.27 ppm, −OH 4.50 ppm

14・40 メチルプロトンと芳香族プロトンによる二つのピークをもつ，トルエンの ^{1}H NMR スペクトルを，60 MHz, 1.41 T で測定した．

(a) 300 MHz では磁場はいくつになるか．
(b) 60 MHz では，共鳴周波数は，メチルプロトンが 140 Hz，芳香族プロトンが 430 Hz である．300 MHz の分光計で測定すると，共鳴周波数はそれぞれいくつになるか．
(c) 60 MHz と 300 MHz のデータを両方用いて，二つのシグナルの化学シフト（δ）を計算せよ．

14・41 メチルラジカルは平面形である．·CH₃ の ESR スペクトルでは何本の線を観測するか．·CD₃ ではどうか．

14・42 図 14・37 に示したベンゼンとナフタレンのアニオンラジカルの ESR スペクトルについて，観測されるスペクトル線の数について説明せよ．ナフタレンの 2 種類の超微細結合定数を帰属するのに，同位体置換をどのように用いればよいか．

14・43 膜の構造を研究する方法の一つに，以下の構造をもつニトロキシルラジカルのようなスピンラベルを用いる方法がある．

ここで，R はホスファチジン酸誘導体の疎水性尾部を表す．このスピンラベルの ESR スペクトルは，ジ-tert-ブチルニトロキシルラジカルと同様に等強度の 3 本線を示す．ニトロキシルラジカルが，アスコルビン酸塩のような還元剤と接触したとき，ESR シグナルは急速に消滅する．ある実験では，これらスピンラベルされた分子は，約 5% の濃度で生体膜の脂質二重層構造に取込まれている．ニトロキシルラジカルの ESR シグナル振幅は，アスコルビン酸塩を加えて数分以内に初期値の 35% まで減少する．残りのスペクトルの振幅は約 7 時間の半減期で指数関数的に減衰する．これらの観測を説明せよ．

14・44 NMR と ESR 分光法は共に，本章で議論した他の分光法と異なる重要な点が一つある．説明せよ．

補 充 問 題

14・45 ある 10^{-10} M 溶液につき，プローブ体積をいくつにすれば 1 分子を含むだろうか．計算せよ．

14・46 あるレーザー色素を高分子に溶解して濃度を $5.5×10^{-9}$ M とし，1.0 μm の厚さのこの高分子膜を顕微鏡のスライドガラス上に沈着させた．プローブレーザーの半径をいくつにすればレーザー色素 1 分子を含むか．計算せ

よ．

14・47 マイクロ波分光法，赤外分光法，電子スペクトル法における，遷移の典型的なエネルギー差は $5×10^{-22}$ J，$0.5×10^{-19}$ J，$1×10^{-18}$ J である．それぞれの場合について，300 K における二つの隣り合った準位（たとえば，基底状態と第一励起状態など）に存在する分子数の比を計算せよ．

14・48 664 nm における溶質のモル吸光係数は 895 L mol⁻¹ cm⁻¹ である．その波長の光が，溶質を含む溶液の入った 2.0 cm のセルを通過するとき，74.6% の光が吸収された．溶液の濃度を計算せよ．

14・49 N,N-ジメチルホルムアミド

の NMR スペクトルは，25°C において二つのメチルピークを示す．130°C まで加熱すると，メチルプロトンに起因するピークは一つだけになる．説明せよ．

14・50 液相における分子の衝突頻度は約 $1×10^{13}$ s⁻¹ である．次の (a), (b) 以外の線幅に寄与する他のすべての機構を無視し，振動遷移のスペクトル幅 [Hz 単位] を計算せよ．

(a) すべての衝突によって振動緩和を介して分子が失活する場合．
(b) 40 回に 1 回の衝突で分子が失活する場合．

14・51 図 11・25 (p. 239) に IR スペクトルが示されている 2-プロペンニトリル分子について考える．300 K では，以下のエネルギーのうちどれが，占有したエネルギー準位を最も多くもつか．

(a) 電子 (b) C−H 伸縮振動
(c) C=C 伸縮振動 (d) H−C−H 変角振動
(e) 回転

14・52 フルオレセイン分子は，着色添加物"D&C イエロー 7"（名前は水溶液が黄色を呈することから）として知られる赤色の固体である．また，励起状態では緑色の蛍光（～520 nm）を発する．エネルギー準位図の模式図を描き，これらの色が生ずる理由を説明せよ．

14・53 図 14・28 に示した，ATP の ^{31}P NMR スペクトルを分析せよ．

14・54 ランベルト・ベールの法則から，吸光度の濃度に対する比例関係が予測できる．この法則は，非常に高濃度においてしばしば破綻するが，これはなぜか．

14・55 電子スペクトルにおいて，発色団の吸収波長は溶媒の影響を受けることが多い．たとえば，極性溶媒は π*←n 遷移において，励起状態と比べて基底状態をより大きく安定化する．一方，π*←π 遷移の場合には，逆に励起状態をより大きく安定化する．これらの電子遷移について，発色団の環境が無極性溶媒中から極性溶媒中に変わった場合のエネルギー準位の変化の様子を図示し，吸収波長のシフトを予測せよ．

14・56 (a) 4.7 T の磁場中における ^{1}H と ^{13}C の二つの

スピン状態間のエネルギー差を計算せよ．

(b) この磁場中における ^{1}H 核，および ^{13}C 核の歳差運動の周波数を求めよ．

(c) プロトンの歳差運動周波数が 500 MHz となる磁場の強さを求めよ．

14・57 DNA 溶液の 260 nm における吸光度は，25℃以下（完全に二重らせん構造）では 0.120 であり，90℃以上（完全に変性）では 0.142 である．70℃において，吸光度が 0.131 であった場合，残っている二重らせん構造の割合を計算せよ．

14・58 酸素はその電子基底状態が三重項であるため有効な消光剤である．O_2 の不対電子のスピンは，蛍光分子の励起状態に，一重項から三重項への項間交差，すなわち $S_1 \to T_1$（図14・9参照）をひき起こすことが可能である．

(a) 実験的にはどのようにしてその機構を証明できるだろうか．

(b) 消光の速度定数（すなわち，O_2 と蛍光分子の間の衝突の速度定数）が 25℃で 1×10^{10} M^{-1} s^{-1} であると仮定する．溶液中において，蛍光分子それぞれは平均して毎秒何回の衝突をしているか．濃度は，$[O_2] = 3.4 \times 10^{-4}$ M，$[F] = 0.50$ M である（F は蛍光分子を意味する）．

(c) 生体系のプローブとしてしばしば用いられるピレン分子の蛍光寿命は，500 ns であるが，トリプトファンの蛍光寿命は約 5 ns である．通常の大気中では，O_2 はピレンの蛍光を妨害するがトリプトファンの蛍光は妨害しない．その理由を説明せよ．

(d) 蛍光消光の定量的関係は，次のシュテルン・フォルマーの式で記述される．

$$\frac{I_0}{I} = 1 + k_Q \tau_0 [Q]$$

ここで I_0 と I は，それぞれ消光剤のない場合とある場合の蛍光強度であり，k_Q は消光の速度定数，τ_0 は消光剤のない条件下での蛍光分子の平均寿命，$[Q]$ は消光剤の濃度である．この式を用い，(c) における結論を立証せよ．

(e) 溶液中のトリプトファンの蛍光を 50% 消光するのに必要な大気圧はどれほどか．

15 化学反応速度論

化学反応速度はとても複雑な研究分野である――この発言の意味は敗北の悲しみのため息としてではなく，熱狂的で精力的な化学者たちの挑戦と解釈すべきである．
Harold S. Johnston*

化学反応速度論を学ぶ目的は，反応速度および，濃度，温度，触媒といったパラメーターに対する反応速度の依存性を実験的に決定し，関与する素過程の数や生成する中間体の性質などの反応機構を理解することである．

化学反応速度論という分野は，熱力学や量子力学などの他の物理化学の項目よりも概念的に理解しやすいが，エネルギー論による厳密な理論的取扱いは気相中での非常に単純な系でしかできない．しかし，反応速度論に対する巨視的，経験的なアプローチであっても，非常に有用な情報を与えてくれる．

本章では，化学反応速度論の一般的な項目を扱い，高速反応，酵素反応速度論を含めたいくつかの重要な例について考察する．

15・1 反応速度

反応速度は，時間に対する反応物の濃度変化として表される．化学量論的に単純な次の反応を考える．

$$R \longrightarrow P$$

反応物 R の時刻 t_1, t_2 ($t_2 > t_1$) における濃度 [mol L^{-1}] を $[R]_1$, $[R]_2$ とする．時刻 t_1 から t_2 の間の反応速度は，次式で与えられる．

$$\frac{[R]_2 - [R]_1}{t_2 - t_1} = \frac{\Delta[R]}{\Delta t}$$

$[R]_2 < [R]_1$ なので，－の符号を付けて反応速度を正の量として定義する．

$$反応速度 = -\frac{\Delta[R]}{\Delta t}$$

同様に，反応速度は生成物の量の変化によっても表現できる．

$$反応速度 = \frac{[P]_2 - [P]_1}{t_2 - t_1} = \frac{\Delta[P]}{\Delta t}$$

この場合，$[P]_2 > [P]_1$ である．この表現は単に，特定の時間 Δt における反応物や生成物の量変化の平均でしかない．

実際には，速度はある時間間隔における濃度の変化でなく，ある時刻 t での瞬間の速度として表されるものである．微積分の表現を用いて，Δt をどんどん小さくしていき，最終的に 0 に近づけたとき，特定の時刻 t での前述の反応の速度は，次式により与えられる．

$$反応速度 = -\frac{d[R]}{dt} = \frac{d[P]}{dt}$$

通常，反応速度の単位は，M s^{-1} か M min^{-1} である．

化学量論的に，より複雑な反応では，反応速度を一意的に定義する必要がある．次の反応を考える．

$$2R \longrightarrow P$$

$-d[R]/dt$ や $d[P]/dt$ は，やはり，それぞれ反応物や生成物の濃度変化の速度を示すが，反応物は生成物の生成速度の 2 倍の速さで消失するため，この二つはもはや等しくない．このため，反応速度は以下のように定義される．

$$反応速度 = -\frac{1}{2}\frac{d[R]}{dt} = \frac{d[P]}{dt}$$

一般的に，次のような反応

$$aA + bB \longrightarrow cC + dD$$

では，その反応速度は

$$反応速度 = -\frac{1}{a}\frac{d[A]}{dt} = -\frac{1}{b}\frac{d[B]}{dt}$$
$$= \frac{1}{c}\frac{d[C]}{dt} = \frac{1}{d}\frac{d[D]}{dt} \quad (15 \cdot 1)$$

で与えられる．[ ] は，反応開始から時間 t が経過した時刻での反応物，生成物の濃度を表している．

15・2 反応次数

化学反応の速度と反応物の濃度との関係は，実験的に決

---

* 出典: H. S. Johnston, "Gas Phase Reaction Rate Theory," The Ronald Press, New York (1966). 許諾を得て転載．

定する必要のある複雑なものである．しかしながら，必ずしもいつもというわけではないが，先の一般的な反応式において，反応速度は通常，次式のように表すことができる．

$$\text{反応速度} \propto [A]^x[B]^y = k[A]^x[B]^y \quad (15\cdot2)$$

この式は，**反応速度式**（rate equation, rate law）として知られており，反応速度は一定ではなく，任意の時刻 t での反応速度はAやBの濃度の累乗に比例した値となる．比例定数 k は**速度定数**（rate constant）とよばれる．反応速度式は，反応物の濃度によって定義されるが，速度定数は反応物の濃度に依存しない．後で取扱うように，速度定数は温度のみに依存する定数である．

式(15·2)のような反応速度の表現から，**反応次数**（order of reaction）の定義が可能である．式(15·2)の反応は，反応物Aに関して x 次，反応物Bに関して y 次であるという．反応の全次数は $(x+y)$ 次である．理解する上で大事なのは，一般的に速度表現における反応物の次数と化学方程式の化学量論係数との間には何の関係もないことである*．たとえば，

$$2\,N_2O_5(g) \longrightarrow 4\,NO_2(g) + O_2(g)$$

の反応では，反応速度は，

$$\text{反応速度} = k[N_2O_5]$$

で与えられる．実際の反応は N_2O_5 に関して一次であり，化学方程式から推定される二次ではない．

反応次数は，経験的にわかる速度の濃度依存性を数値として示す．反応次数は，0，正の整数，負の整数だけでなく，整数値でない値までとりうる．反応速度式を用いれば，反応中の任意の各時刻における反応物の濃度を決定できる．そのためには反応速度式を積分する必要があるが，簡単のために，正の整数値の次数の反応だけを取上げる．

零 次 反 応

次式

$$A \longrightarrow \text{生成物}$$

が零次反応の場合，その反応速度式は，

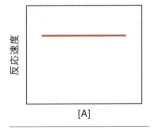

図 15·1 零次反応．反応速度は濃度に依存しない．

---
* 化学方程式は多様な方法で釣り合いがとれているからであろう．

$$\text{反応速度} = -\frac{d[A]}{dt} = k[A]^0 = k \quad (15\cdot3)$$

で与えられる．$k\,[\mathrm{M\,s^{-1}}]$ が零次反応の速度定数である．この式からわかるように，反応速度は反応物の濃度に依存しない（図 15·1）．式(15·3)を書き直すと，

$$d[A] = -k\,dt$$

となる．$t=0$ から $t=t$ まで（濃度 $[A]_0$ から $[A]$ まで）積分すると，

$$\int_{[A]_0}^{[A]} d[A] = [A] - [A]_0 = -\int_0^t k\,dt = -kt$$

すなわち

$$[A] = [A]_0 - kt \quad (15\cdot4)$$

式(15·4)は，$[A]$ が時間に依存することを示しているが，この式は，反応速度に影響するすべての因子を記述できるものではないことに注意せよ．タングステン表面上でのアンモニアガスの分解反応を例として，この点を考えよう．

$$NH_3(g) \longrightarrow \frac{1}{2}N_2(g) + \frac{3}{2}H_2(g)$$

ある条件下では，この反応は零次反応速度式に従う．たとえば，触媒の濃度により速度が決まってしまう場合は，零次反応になりうる．この反応の反応速度は次式

$$\text{反応速度} = k'\theta A$$

のようになり，k' は定数，θ は吸着されたアンモニア分子による金属表面の被覆率，A は触媒の全表面積である．アンモニアの圧力が十分に高いときは，$\theta=1$ で，反応はアンモニアに対し零次になる．逆に，圧力が十分に低いときは θ は気相中のアンモニアの濃度 $[NH_3]$ に比例し，反応はアンモニアに対し一次となる．また，反応速度は，触媒の量，すなわち表面積 A にも依存することに注意せよ．

一 次 反 応

一次反応は，反応速度が反応物の濃度にのみ1乗の形で依存するものである．

$$\text{反応速度} = -\frac{d[A]}{dt} = k[A] \quad (15\cdot5)$$

$k\,[\mathrm{s^{-1}}]$ は一次反応の速度定数である．式(15·5)を変形すると，

$$-\frac{d[A]}{[A]} = k\,dt$$

となる．$t=0$ から $t=t$ まで（濃度 $[A]_0$ から $[A]$ まで）積分すると，次式が得られる．

$$\int_{[A]_0}^{[A]} \frac{d[A]}{[A]} = -\int_0^t k\,dt$$

$$\ln \frac{[A]}{[A]_0} = -kt \tag{15.6}$$

または

$$[A] = [A]_0 e^{-kt} \tag{15.7}$$

$\ln([A]/[A]_0)$ を t に対してプロットすると，図 15・2 (a) のような勾配 $-k$ (負の値) の直線となる．また式 (15・7) から，一次反応での反応物の濃度は，時間と共に指数関数的に減少することがわかる [図 15・2 (b)].

放射壊変も一次反応速度式に従う．一例が次式で，

$$^{222}_{86}\text{Rn} \longrightarrow ^{218}_{84}\text{Po} + \alpha$$

α はヘリウムの原子核 (He^{2+}) を表している．前述の N_2O_5 の熱分解は，N_2O_5 に関して一次である．ほかにも，イソシアノメタン (メチルイソニトリル) からアセトニトリルへの転位がこれに属する．

$$\text{CH}_3\text{NC(g)} \longrightarrow \text{CH}_3\text{CN(g)}$$

反応の半減期 反応速度論研究の中で，実質的に非常に重要な量は，反応の**半減期** (half-life)，$t_{1/2}$ である．反応の半減期は，反応物の濃度がその初期値の半分に減少するまでの時間として定義される．たとえば一次反応では，$[A]=[A]_0/2$ になる時間を $t=t_{1/2}$ とすると，式 (15・6) から，

$$\ln \frac{[A]_0/2}{[A]_0} = -kt_{1/2}$$

すなわち

$$t_{1/2} = \frac{\ln 2}{k} = \frac{0.693}{k} \tag{15.8}$$

これより，一次反応における半減期は，初濃度に<u>依存しない</u>ことがわかる (図 15・3)．つまり，A が 1 M から 0.5 M まで減少するのにかかる時間は，0.1 M から 0.05 M まで減少するのにかかる時間と同じである．表 15・1 に，生化学の研究や医学によく用いられる放射性同位体の半減期をまとめた*．

一次反応とは対照的に，他のタイプの反応の半減期は，すべて初濃度に依存する．一般的に，n を反応次数として次式の関係が成り立つことが示せる (p. 364, 補遺 15・1 参照)．

$$t_{1/2} \propto \frac{1}{[A]_0^{n-1}} \tag{15.9}$$

---

* 訳注: 放射壊変する核種のはじめの数 (N_0) と，ある時間 (t) 経過後の残存数 N との間に統計確率的な指数法則 (壊変法則，$N = N_0 e^{-\lambda t}$) が成立する．λ は放射同位元素によって決まる一次の速度定数 (壊変定数) で時間の逆数の単位をもつ．放射能 (R) は単位時間に壊変する原子核の数で，$R = \lambda N$ であり，やはり指数法則に従い変化する．すなわち $R = R_0 e^{-\lambda t}$, または $\ln(R/R_0) = -\lambda t$.

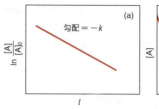
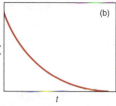

図 15・2 一次反応．(a) 式 (15・6) をプロットしたもので勾配が $-k$ に相当する．(b) 式 (15・7) に従うプロット．時間に対して [A] は指数関数的に減少する．

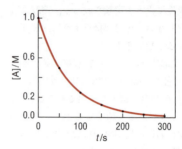

図 15・3 一次反応 (A → 生成物) の半減期．初濃度は任意に 1 M に固定し，A は一定の半減期 50 s で反応するとした．

表 15・1 おもな放射性同位体の半減期

同位体	壊変過程	$t_{1/2}$
$^{3}_{1}\text{H}$	$^{3}_{1}\text{H} \longrightarrow ^{3}_{2}\text{He} + ^{0}_{-1}\beta$	12.3 年
$^{14}_{6}\text{C}$	$^{14}_{6}\text{C} \longrightarrow ^{14}_{7}\text{N} + ^{0}_{-1}\beta$	5.73×10^3 年
$^{24}_{11}\text{Na}$	$^{24}_{11}\text{Na} \longrightarrow ^{24}_{12}\text{Mg} + ^{0}_{-1}\beta$	15 時間
$^{32}_{15}\text{P}$	$^{32}_{15}\text{P} \longrightarrow ^{32}_{16}\text{S} + ^{0}_{-1}\beta$	14.3 日
$^{35}_{16}\text{S}$	$^{35}_{16}\text{S} \longrightarrow ^{35}_{17}\text{Cl} + ^{0}_{-1}\beta$	88 日
$^{60}_{27}\text{Co}$	γ 放射線	5.26 年
$^{99m}_{43}\text{Tc}^\dagger$	γ 放射線	6.0 時間
$^{131}_{53}\text{I}$	$^{131}_{53}\text{I} \longrightarrow ^{131}_{54}\text{Xe} + ^{0}_{-1}\beta$	8.05 日

† 上つき文字 ^{m} は，原子核が準安定な励起エネルギー状態にあることを意味する．

例題 15・1

2,2'-アゾビスイソブチロニトリル (2,2'-azobisisobutyronitrile, AIBN) の熱分解

$$\text{N} \equiv \text{C} - \underset{\underset{\text{CH}_3}{|}}{\overset{\overset{\text{CH}_3}{|}}{\text{C}}} - \text{N} = \text{N} - \underset{\underset{\text{CH}_3}{|}}{\overset{\overset{\text{CH}_3}{|}}{\text{C}}} - \text{C} \equiv \text{N} \xrightarrow{\Delta}$$

$$2\, \text{N} \equiv \text{C} - \underset{\underset{\text{CH}_3}{|}}{\overset{\overset{\text{CH}_3}{|}}{\text{C}}} \cdot \ + \ \text{N}_2$$

は不活性有機溶媒中，室温で研究されている．反応の進行は，350 nm での AIBN の光吸収により追跡することができ，以下のデータが得られた．

t/s	A	t/s	A
0	1.50	8000	0.81
2000	1.26	10 000	0.72
4000	1.07	12 000	0.65
6000	0.92	∞	0.40

A は吸光度である．反応が AIBN に関して一次であるとして，速度定数を求めよ．

解 式 (15・6) から，次式が得られる．

$$\ln \frac{[\text{AIBN}]}{[\text{AIBN}]_0} = -kt$$

$t=0$ と $t=\infty$ での吸光度の差 $(A_0 - A_\infty)$ は，溶液中の AIBN の初濃度に比例する．同様に，A_t を時刻 t での AIBN の吸光度とすれば，$(A_t - A_\infty)$ という差も t における濃度 [AIBN] に比例する*．反応速度式は次のように表せる．

$$\ln \frac{A_t - A_\infty}{A_0 - A_\infty} = -kt$$

$A_0 = 1.50$, $A_\infty = 0.40$ であるので，次表が得られる．

t/s	$\ln \dfrac{A_t - A_\infty}{A_0 - A_\infty}$	t/s	$\ln \dfrac{A_t - A_\infty}{A_0 - A_\infty}$
2000	-0.246	8000	-0.987
4000	-0.496	10 000	-1.23
6000	-0.749	12 000	-1.48

一次反応の速度定数を求めるには，図 15・4 のように，t に対してこの自然対数値をプロットすればよい．直線の勾配が速度定数に相当するので，求める値は，$1.24 \times 10^{-4}\,\text{s}^{-1}$ となる．

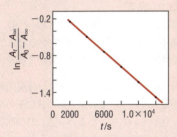

図 15・4 AIBN の分解．一次式 $y = -0.000\,124\,x - 0.001\,67$ でフィッティング．したがって一次反応速度定数は，負の勾配の値から，$1.24 \times 10^{-4}\,\text{s}^{-1}$ になる．

二 次 反 応

ここでは，二つのタイプの二次反応を考える．反応物が 1 種類の場合と二つの異なる反応物が関与する場合である．前者の反応は，一般的に次のようなものである．

$$A \longrightarrow \text{生成物}$$

反応速度は，

$$\text{反応速度} = -\frac{d[A]}{dt} = k[A]^2 \quad (15 \cdot 10)$$

となる．速度は A の濃度の 2 乗に比例し，$k\,[\text{M}^{-1}\,\text{s}^{-1}]$ は二次反応の速度定数とよばれる．変数分離して積分すると，

---

* これは，時刻 t を無限大にしたとき，反応していない AIBN がほとんどないかまたはまったく残存せず，なおかつ生成物の吸収帯が 350 nm での AIBN の吸収帯と重ならない場合に正しいと言える．

$$\int_{[A]_0}^{[A]} \frac{d[A]}{[A]^2} = -\int_0^t k\,dt$$

$$\frac{1}{[A]} - \frac{1}{[A]_0} = kt$$

すなわち

$$\frac{1}{[A]} = kt + \frac{1}{[A]_0} \quad (15 \cdot 11)$$

$[A]_0$ は初濃度である．$1/[A]$ を t に対してプロットすると，勾配が k に相当する直線が得られる [図 15・5 (a)]．このタイプの二次反応の半減期を導くために，式 (15・11) に，$[A] = [A]_0/2$ を代入して，

$$\frac{1}{[A]_0/2} = kt_{1/2} + \frac{1}{[A]_0}$$

すなわち

$$t_{1/2} = \frac{1}{k[A]_0} \quad (15 \cdot 12)$$

前述の通り，一次反応以外の他の反応の半減期はすべて濃度に依存する．

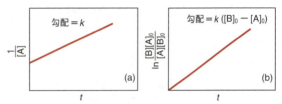

図 15・5 二次反応．(a) 式 (15・11) に基づいたプロット．(b) 式 (15・14) に基づいたプロット

一方，後者の二次反応は，次式のような形で表される．

$$A + B \longrightarrow \text{生成物}$$

$$\text{反応速度} = -\frac{d[A]}{dt} = -\frac{d[B]}{dt} = k[A][B] \quad (15 \cdot 13)$$

この反応は A に関して一次，B に関して一次，全体として二次になる．$x\,[\text{mol L}^{-1}]$ を時刻 t までに消費された A, B の量とすると，

$$[A] = [A]_0 - x \qquad [B] = [B]_0 - x$$

式 (15・13) から

$$-\frac{d[A]}{dt} = -\frac{d([A]_0 - x)}{dt} = \frac{dx}{dt} = k[A][B]$$
$$= k([A]_0 - x)([B]_0 - x)$$

これを書き直すと

$$\frac{dx}{([A]_0 - x)([B]_0 - x)} = k\,dt$$

少し面倒だが回り道をせずに積分を用いて計算すると，最

表 15・2　A ⟶ 生成物の反応における速度式のまとめ

次 数	微分形	積分形	半減期	速度定数の単位
0	$-\dfrac{d[A]}{dt} = k$	$[A]_0 - [A] = kt$	$\dfrac{[A]_0}{2k}$ [†2]	$M\,s^{-1}$
1	$-\dfrac{d[A]}{dt} = k[A]$	$[A] = [A]_0\,e^{-kt}$	$\dfrac{\ln 2}{k}$	s^{-1}
2	$-\dfrac{d[A]}{dt} = k[A]^2$	$\dfrac{1}{[A]} - \dfrac{1}{[A]_0} = kt$	$\dfrac{1}{k[A]_0}$	$M^{-1}\,s^{-1}$
2 [†1]	$-\dfrac{d[A]}{dt} = k[A][B]$	$\dfrac{1}{[B]_0-[A]_0}\ln\dfrac{[B][A]_0}{[A][B]_0} = kt$	—	$M^{-1}\,s^{-1}$

†1　A + B ⟶ 生成物の反応.　　†2　訳注：積分形速度式より $[A]_0 - \tfrac{1}{2}[A]_0 = \tfrac{1}{2}[A]_0 = kt$.

終的には次式が得られる[*1].

$$\frac{1}{[B]_0-[A]_0}\ln\frac{([B]_0-x)[A]_0}{([A]_0-x)[B]_0} = kt$$

または

$$\frac{1}{[B]_0-[A]_0}\ln\frac{[B][A]_0}{[A][B]_0} = kt \qquad (15\cdot14)$$

式 (15・14) は，$[A]_0 < [B]_0$ の仮定の下に導かれたものである[*2]．$[A]_0 = [B]_0$ のときは，積分の解法は式 (15・11) と同じになる．式 (15・14) において $[A]_0 = [B]_0$ としても，式 (15・11) は得られないことに注意せよ．式 (15・14) をプロットしたものが図 15・5(b) である．

二次反応の例をいくつかあげておく．

$$CH_3CHO(g) \longrightarrow CH_4(g) + CO(g)$$
$$2\,NO_2(g) \longrightarrow 2\,NO(g) + O_2(g)$$
$$C_2H_5Br(aq) + OH^-(aq) \longrightarrow C_2H_5OH(aq) + Br^-(aq)$$

擬 一 次 反 応　二次反応の興味深く特殊な場合として，一方の反応物が大過剰に存在する例がある．次の塩化アセチルの加水分解が一例である．

$$CH_3COCl(aq) + H_2O(l) \longrightarrow CH_3COOH(aq) + HCl(aq)$$

塩化アセチル水溶液中の水の濃度は非常に高く（純水の濃度は約 55.5 M）[*3]，また塩化アセチルの濃度は 1 M 以下のオーダーなので，消費される水の量はもともと存在する水の量に比べて無視できる．したがって反応速度は

$$-\frac{d[CH_3COCl]}{dt} = k'[CH_3COCl][H_2O]$$
$$= k[CH_3COCl] \qquad (15\cdot15)$$

と表せる．ここで $k = k'[H_2O]$ であり，こうすると反応は一次反応速度式に従うように見えるので，**擬一次反応** (pseudo-first-order reaction) とよばれる．（二次速度定数の k' を求めるには，H_2O の初濃度を変えて k を多数測定する必要があり，k を $[H_2O]$ に対してプロットして得た直線の勾配が k' に等しいことになる）．

表 15・2 は，零次，一次，二次の各反応について，反応速度式と半減期をまとめたものである．三次反応は知られているもののあまり一般的でないためここでは取扱わない．

反応次数の決定

反応速度論の研究でまずすべきことの一つは，反応次数の決定である．このためにはいくつかの方法が利用できる．ここでは四つの一般的な方法について簡単に述べる．

1. 積 分 法　反応中にさまざまな時間間隔で反応物の濃度を測定し，表 15・2 の積分形の式にそのデータを代入するわかりやすい方法である．一連の時間間隔で速度定数の値ができるだけ一定になる式が，正確な反応次数に最も近い式である．実際には，この積分法は一次，二次反応を区別できるほどには正確でない．

2. 微 分 法　この方法は，1884 年，van 't Hoff が発展させたものである．n 次反応の速度 (v) は，反応物の濃度の n 乗に比例するので，次式のように書き表せる．

$$v = k[A]^n \qquad (15\cdot16)$$

両辺の常用対数をとって

$$\log v = n\log[A] + \log k \qquad (15\cdot17)$$

これから，A の濃度を変えて v を測定し，$\log[A]$ に対して $\log v$ をプロットすることで n の値を求めることができる．満足のいくやり方の一つは，A の初濃度を変えて反応の初速度 (v_0) を測定することで，図 15・6 のようになる．初速度を利用する利点としては，1) 生成物の存在により起こりうる複雑性を避ける（反応次数に影響を与える可能性があるため），2) この時点での反応物の濃度が最も正確

---

*1 訳注：$\dfrac{1}{[B]_0-[A]_0}\left[\dfrac{1}{[A]_0-x} - \dfrac{1}{[B]_0-x}\right]dx = k\,dt$
と変形する．左辺の [ ] 中の第 1 項の積分は $\ln[A]_0/([A]_0-x)$．第 2 項も同様．

*2 訳注：$[A]_0 > [B]_0$ のときは同様に
$$\frac{1}{[A]_0-[B]_0}\ln\frac{[B]_0[A]}{[A]_0[B]} = kt$$
となる．

*3 訳注：1 L の水は $(1000\,g)/(18.02\,g\,mol^{-1})$，すなわち，55.5 mol である．

にわかる，という二つがあげられる．

3. 半減期法　反応次数を決定するもう一つの簡便な方法は，表15・2の式や式（15・9）を用いて，反応の半減期の初濃度に対する依存性を見つける方法であり，反応の半減期の測定値から反応次数が決定できる．この方法は半減期が濃度に依存しない一次反応で特に有効である．

4. 分離法　反応が2種類以上の反応物を含んでいるときは，一つの反応物の濃度を除いてすべての反応物の濃度を一定にしてしまい，速度をその一つの反応物濃度の関数として測定する．速度変化はすべて，その反応物だけに依存することになる．この反応物の反応次数を決定したら，次の反応物についてこの操作を繰返していく．すべての反応物についてこの方法を行うことで，全体の反応次数がわかることになる．

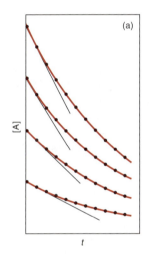
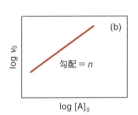

図 15・6　(a) 濃度を変えて反応の初速度 v_0 を測定するためのプロット [訳注：反応初期の接線の勾配から初速度を求める]．(b) $\log [A]_0$ に対する $\log v_0$ のプロット

以上述べた四つの方法は，理想的な系にのみ適用できる．初速度決定の際にわずかな濃度変化が起こるなど，濃度測定における不確かさのためや，可逆反応や反応物と生成物とで反応が起こってしまうなどの，反応の複雑性のために，実際の反応次数の決定はとても困難である．ある程度までは次数決定の手順は試行錯誤で行い，反応速度データの分析にはコンピューターの利用が非常に適している．

反応次数がひとたび決まれば，特定の温度での反応の速度定数は，反応速度と反応物の濃度（それぞれが反応次数の累乗の形で寄与する）の比から計算できる．さらに反応次数と速度定数がわかれば，反応速度式を記述できる．

15・3　反応分子数

反応次数を調べることは，反応がどのように起こるのかを詳細に理解する上での第一段階でしかない．化学方程式に書かれた通りに反応が進行していることはほとんどなく，一般に，全反応はいくつかの素過程の集まりになる．反応を起こす一連の素過程の流れは，**反応機構**（reaction mechanism）とよばれる．反応機構がわかるというのは，反応物分子同士が非常に接近したときに，分子が他の分子にどのように衝突していくのか，化学結合がどのように切れどのように形成されるのか，どのように電荷が移動するのか，などを理解することに相当する．ある反応に対して提案された反応機構は，全体の化学量論の関係，反応速度式，その他の既知の事実をすべて満たさねばならない．下式の過酸化水素の分解反応を考えてみよう．

$$2\,H_2O_2(aq) \longrightarrow 2\,H_2O(l) + O_2(g)$$

この反応はヨウ化物イオンで触媒され，反応速度式は次のようになることがわかっていて，

$$\text{反応速度} = k\,[H_2O_2][I^-]$$

反応は，H_2O_2 と I^- の両方に関して一次である．

次数（order）という語が，反応物から生成物への変化全体に対して適用される語であるのに対して，**反応分子数**（molecularity）は明確に速度論的な単一の過程（全反応の中の一つの過程にすぎないこともある）について用いられる．たとえば，過酸化水素の分解反応は次式の2段階から成り立っていることが証明されている．

過程(1)：$H_2O_2 + I^- \xrightarrow{k_1} H_2O + IO^-$
過程(2)：$H_2O_2 + IO^- \xrightarrow{k_2} H_2O + O_2 + I^-$

これらは**素過程**（elementary step）とよばれ，分子レベルで実際に起こっていることを意味している．実験から得られた速度の依存性を，これら二つの素過程を用いて説明するにはどのようにすればよいのだろうか．簡単に，過程1の反応速度が過程2に比べて，著しく遅い場合（$k_1 \ll k_2$）を考える．そのとき，分解の全体の速度は，**律速段階**（rate-determining step）とよばれる過程(1)の速度によって完全に制御されてしまい，反応速度$= k_1[H_2O_2][I^-]$（$k_1 = k$）となる．注意してほしいのは，過程(1)と過程(2)の和をとると IO^- 種が相殺されて全反応式が得られることで，このような種は，反応機構には現れるものの全反応の化学方程式には出てこないため，**反応中間体**（reaction intermediate）とよばれている．中間体は常に先に起こる素過程で生成し，後に起こる素過程で消費される．一方，触媒（ここでは I^-）は先に起こる素過程の反応物として現れ，例外なく中間体を生成し，反応の終わりには再生される．

前述のように，化学反応に対する知見は反応次数からではなく，反応分子数の理解から得られる．反応機構と律速段階についてわかれば，反応速度式を書くことができるが，それらは実験で決定された反応速度式と合致しなくてはい

けない．ほとんどの反応は速度論的には複雑であるが，その中には，分子レベルで議論できるほど十分に反応機構が理解されているものもある．しかしながら，一般的には，個々の反応機構について議論することは非常に難しく[*1]，とりわけ複雑な反応についてはほとんど不可能である．

ここで，三つの異なるタイプの反応分子数について説明しよう．反応次数とは異なり，反応分子数は0もしくは非整数値はとらない．

単分子反応

シス-トランス異性化反応，熱分解反応，開環反応，ラセミ化反応などの反応は，普通，素過程に一つの反応物分子しか含まない**単分子反応**（unimolecular reaction）である．たとえば，次の気相反応の素過程は単分子反応である．

$$N_2O_4(g) \longrightarrow 2\,NO_2(g)$$

$$\underset{\text{シクロプロパン}}{H_2C\!\!-\!\!\overset{CH_2}{\underset{}{}}\!\!CH_2} \longrightarrow \underset{\text{プロペン}}{CH_3CH=CH_2}$$

単分子反応は一次反応速度式に従うことが多い．一方，これらの反応は多分，2分子の衝突（反応物分子が変形に必要なエネルギーをその衝突により得る）の結果起こるから，反応は二分子反応で，それゆえ二次反応になるという予想もあろう．この予測と実測の反応速度式の違いはどのように説明できるだろうか．この疑問に答えるために，英国の化学者，Frederick Alexander Lindemann（1886〜1957）によって1922年[*2]に提案された取扱いについて考えてみよう．反応物分子Aと別の分子Aが時々衝突して，片方の分子のエネルギーを消費してもう一方の分子がエネルギー的に励起される過程

$$A + A \xrightarrow{k_1} A + A^*$$

を考える．*は活性化された分子を示す．活性化された分子は，次式の素過程によって望みの生成物を生じる．

$$A^* \xrightarrow{k_2} 生成物$$

もう一つの起こってしまう可能性のある反応過程は，A^* 分子の失活である．

$$A^* + A \xrightarrow{k_{-1}} A + A$$

生成物の生成速度は，次式で与えられる．

$$\frac{d[生成物]}{dt} = k_2[A^*] \qquad (15\cdot18)$$

あと，すべきなのは，$[A^*]$ に関する式の誘導である．活性種 A^* はエネルギー的に励起された化学種であるため，安定性が非常に低く寿命も短い．気相中での濃度は低いだけでなく，加えて多分かなり一定である．この仮定の下に，以下のように**定常状態近似**（steady-state approximation）を適用することが可能である[*3]．$[A^*]$ の濃度変化の速度は A^* の生成に至る過程から A^* の消失に至る過程を差し引いて与えられる．しかしながら，この定常状態近似に従うと，濃度変化の速度は0であるはずで，数式的には，

$$\frac{d[A^*]}{dt} = 0$$
$$= k_1[A]^2 - k_{-1}[A][A^*] - k_2[A^*] \qquad (15\cdot19)$$

になる．これを $[A^*]$ について解くと，下式が得られる．

$$[A^*] = \frac{k_1[A]^2}{k_2 + k_{-1}[A]} \qquad (15\cdot20)$$

これにより生成物の生成速度は下式のようになる．

$$\frac{d[生成物]}{dt} = k_2[A^*] = \frac{k_1 k_2[A]^2}{k_2 + k_{-1}[A]} \qquad (15\cdot21)$$

二つの重要な極限的な場合が上の式に適用できる．1 atm 以上の高圧では，たいていの A^* 分子が生成物を生じるのではなく失活する．これは以下のような条件になる．

$$k_{-1}[A][A^*] \gg k_2[A^*]$$

すなわち

$$k_{-1}[A] \gg k_2$$

この場合の反応速度は，

$$\frac{d[生成物]}{dt} = \frac{k_1 k_2}{k_{-1}}[A] \qquad (15\cdot22)$$

となり，反応はAについて一次反応である．一方，反応が低圧（<0.01 atm）で行われている場合，A^* の多くが失活されずに生成物を生じる．このとき次の不等式が成立する．

$$k_{-1}[A][A^*] \ll k_2[A^*]$$

すなわち

$$k_{-1}[A] \ll k_2$$

反応速度は次式となり，反応はAについて二次になる．

$$\frac{d[生成物]}{dt} = k_1[A]^2 \qquad (15\cdot23)$$

リンデマン機構は，多くの反応系について試されており基本的には正しいことがわかっている．二つの条件の中間の場合（すなわち $k_{-1}[A][A^*] \approx k_2[A^*]$）は，解析が複雑で

[*1] 法廷におけるのと同様，合理的疑問（合理的な疑い）を差し挟む余地のない程度の証拠のみが要求される．

[*2] 同様の取扱いが，Lindemann とは別に，デンマークの化学者，Jens Anton Christiansen（1888〜1969）によってほとんど同時期に提案された．

[*3] 定常状態近似は反応中間体に常に適用できるとは限らないことに注意せよ．この近似を使うには，実験的な証拠か理論的考察のどちらかで正しいことを確かめなくてはならない．

あるため，ここでは言及しない．

二分子反応

二つの反応物分子が関わる素過程はすべて，**二分子反応**（bimolecular reaction）に相当する．気相での反応例には，以下の反応がある．

$$H + H_2 \longrightarrow H_2 + H$$
$$NO_2 + CO \longrightarrow NO + CO_2$$
$$2\,NOCl \longrightarrow 2\,NO + Cl_2$$

溶液相での反応例には次のようなものがある．

$$2\,CH_3COOH \longrightarrow (CH_3COOH)_2 \text{(無極性溶媒中)}$$
$$Fe^{2+} + Fe^{3+} \longrightarrow Fe^{3+} + Fe^{2+}$$

三分子反応

最後に，三つの反応物分子が同時に衝突する素過程である**三分子反応**（termolecular reaction）について述べる．三体衝突の可能性は通常かなり低く，このような反応はいくつかが知られているに過ぎない．面白いことに，次式の反応はすべて，反応物の一つとして一酸化窒素が関与している．

$$2\,NO(g) + X_2(g) \longrightarrow 2\,NOX(g)$$

X は Cl, Br, I である．他の三分子反応のタイプとしては，気相での原子の再結合がある．たとえば

$$H + H + M \longrightarrow H_2 + M$$
$$I + I + M \longrightarrow I_2 + M$$

M は，通常，N_2 や Ar などの不活性気体である．原子が結合して二原子分子になるとき，この分子は過剰な運動エネルギーをもち，これが振動運動に変換され，その結果，結合解離が起こる．三体衝突では，M 種がこの過剰なエネルギーをもち去ることが可能なため，生成した二原子分子の解離を防ぐことができる．

3 を超える反応分子数をもつ素過程は知られてない．

15・4 より複雑な反応

これまで議論したすべての反応は，それぞれの場合で一つの反応だけが起こるという意味で簡単なものであった．あいにく現実には，この条件が成立しないことが多い．本節では，より複雑な反応について三つの例を取上げる．

可逆反応

多くの化学反応はある程度可逆的であり，このような場合，正反応，逆反応の反応速度の両方について考えなければならない．二つの素過程で進行する可逆反応

$$A \underset{k_{-1}}{\overset{k_1}{\rightleftharpoons}} B$$

では，[A] の正味の変化の速度は次式のように表される．

$$\frac{d[A]}{dt} = -k_1[A] + k_{-1}[B] \quad (15 \cdot 24)$$

平衡状態では，時間に対する A の正味の濃度変化はないため，$d[A]/dt = 0$ となり

$$k_1[A] = k_{-1}[B] \quad (15 \cdot 25)$$

となる．これから

$$\frac{[B]}{[A]} = \frac{k_1}{k_{-1}} = K \quad (15 \cdot 26)$$

が導かれ，K は平衡定数である．

反応速度と平衡定数の関係は，反応速度論における非常に重要な原理に基づいて議論される．それが**微視的可逆性の原理**（principle of microscopic reversibility）で，その意味することは，平衡状態では正反応と逆反応の速度はどの素過程が起こる際にも等しいということである[*1]．これは，A⟶B の過程と B⟶A の過程が正確に釣り合っているという意味で，このことから，循環過程

による平衡状態は，正反応 A⟶B, 逆反応 B⟶C⟶A の間で保たれるのではなく，すべての素反応に対して，次のような逆反応を書く必要がある．

$$
\begin{array}{c}
\text{（三角形の循環図: } A \underset{k_{-3}}{\overset{k_3}{\rightleftharpoons}} C,\ B \underset{k_{-1}}{\overset{k_1}{\rightleftharpoons}} A,\ B \underset{k_{-2}}{\overset{k_2}{\rightleftharpoons}} C\text{）}
\end{array}
\quad
\begin{array}{l}
k_1[A] = k_{-1}[B] \\
k_2[B] = k_{-2}[C] \\
k_3[C] = k_{-3}[A]
\end{array}
$$

これらの速度定数はすべてが独立というわけではない．簡単な代数的な操作により $k_1 k_2 k_3 = k_{-1} k_{-2} k_{-3}$（問題 15・65 参照）が得られる．微視的可逆性の原理は，平衡における逆反応の反応経路が正反応の反応経路と正確に逆になることを示し，有用である．それゆえ，正反応と逆反応の遷移状態[*2] は，まったく同じである．

塩基触媒による酢酸とエタノールのエステル化反応について考えよう．

[*1] 微視的可逆性の原理は，系の微視的な動力学についての基本的な式（すなわちニュートンの法則やシュレーディンガー方程式）が，時刻 t を $-t$ に置き換えたり，すべての反応速度の符号を逆にしても同じ形をもっているという事実から導かれたものである．B. H. Mahan, *J. Chem. Educ.*, **52**, 299 (1975) 参照．

[*2] 反応の遷移状態は，反応座標上の反応物と生成物の間に生成する活性錯合体である（§15・7 でさらに述べる）．

B は塩基（たとえば OH^-）である．一番はじめに生成する化学種は，四面体形中間体である．ここで，先の微視的可逆性の原理を考えると，逆反応は，すなわち酢酸エチルの加水分解であり，酸触媒によって正反応と同じ四面体形中間体からエトキシドイオンが取れる過程のはずである．

かくして，ある反応機構の可能性を考えるときには，常に指針となる微視的可逆性の原理に立ち戻ろう．もし，逆反応の機構が正しくないように思われたら，提案された反応機構が間違っている可能性があり，別の反応機構を探す必要がある．

逐次反応

逐次反応は，第一の過程の生成物が第二の過程の反応物となる（以降も同様）反応である．気相中におけるアセトンの熱分解がこの例に相当する．

$$CH_3COCH_3 \longrightarrow CH_2=CO + CH_4$$
$$CH_2=CO \longrightarrow CO + \frac{1}{2} C_2H_4$$

多くの原子核壊変もまた逐次反応に属する．たとえば ^{238}U 放射性同位体が中性子を獲得して ^{239}U へ変換されると，次式のように壊変する．

$$^{239}_{92}U \longrightarrow {}^{239}_{93}Np + {}^{0}_{-1}\beta$$
$$^{239}_{93}Np \longrightarrow {}^{239}_{94}Pu + {}^{0}_{-1}\beta$$

二つの反応過程からなる逐次反応

$$A \xrightarrow{k_1} B \xrightarrow{k_2} C$$

では，各過程は一次反応であるので，反応速度式は次のようになる．

$$\frac{d[A]}{dt} = -k_1[A] \qquad (15 \cdot 27)$$

$$\frac{d[B]}{dt} = k_1[A] - k_2[B] \qquad (15 \cdot 28)$$

$$\frac{d[C]}{dt} = k_2[B] \qquad (15 \cdot 29)$$

始状態では A のみが存在すると仮定し，その濃度を $[A]_0$ とすると，

$$[A] = [A]_0 e^{-k_1 t} \qquad (15 \cdot 30)$$

となる．

反応中間体 B に対する反応速度式は非常に複雑であり，ここではあまり議論しない．しかしながら，B に対して定常状態近似を用いると，取扱いは非常に簡単になる．すなわちある程度の時間，B の濃度は一定であると仮定することによって，下式のように書ける．

$$\frac{d[B]}{dt} = 0 = k_1[A] - k_2[B] \qquad (15 \cdot 31)$$

すなわち

$$[B] = \frac{k_1}{k_2}[A] = \frac{k_1}{k_2}[A]_0 e^{-k_1 t} \qquad (15 \cdot 32)$$

式（15・32）は $k_2 \gg k_1$ のとき成り立つ．この条件下で B 分子は生成するとすぐに C に変換される．そのため [B] は一定であり，また [A] に比べて小さい．

[C] を表す式を得るに当たり，どんなときも $[A]_0 = [A] + [B] + [C]$ であることに注意せよ．それゆえ，式（15・30）と式（15・32）より

$$[C] = [A]_0 - [A] - [B]$$
$$= [A]_0 \left(1 - e^{-k_1 t} - \frac{k_1}{k_2} e^{-k_1 t}\right)$$
$$\approx [A]_0 (1 - e^{-k_1 t}) \qquad (15 \cdot 33)$$

が得られる．$(k_1/k_2)\exp(-k_1 t)$ の項は 1 よりもずっと小さいので省いた．

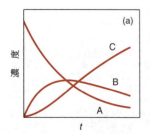
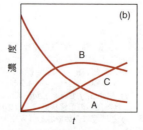
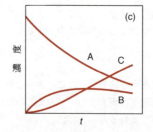

図 15・7　逐次反応 $A \xrightarrow{k_1} B \xrightarrow{k_2} C$ における，A, B, C の濃度の時間に伴う変化．(a) $k_1 = k_2$; (b) $k_1 = 2k_2$; (c) $k_1 = 0.5k_2$

図 15・7 は，時間に対する [A], [B], [C] を速度定数の比を変えてプロットしたものである．どの場合でも，[A] は $[A]_0$ から 0 へと着実に減少し，一方，[C] は 0 から $[A]_0$ まで増加する．B の濃度は 0 から最大値まで増加したのち 0 まで減少する．k_2 が k_1 より大きくなっているとき，[B] が一定である間は定常状態近似が妥当となることに注意されたい [図 15・7 (c)]．

より複雑ではあるが一般的な逐次反応に次式のようなものがある．

$$A + B \underset{k_{-1}}{\overset{k_1}{\rightleftarrows}} C \xrightarrow{k_2} P$$

P は生成物を表す．この反応には，一つの反応中間体が反応物と平衡にある**前駆平衡** (pre-equilibrium) が，含まれている．前駆平衡は，反応中間体の生成速度と反応物に戻ってしまう分解速度が，生成物の生成速度よりも十分に速いとき，すなわち $k_{-1} \gg k_2$ のときに起こる．A, B, C は平衡にあると考えられ，次式

$$K = \frac{[C]}{[A][B]} = \frac{k_1}{k_{-1}}$$

が成り立ち，P の生成速度は下式のようになる．

$$\frac{d[P]}{dt} = k_2 [C] = k_2 K [A][B]$$
$$= \frac{k_1 k_2}{k_{-1}} [A][B] \quad (15 \cdot 34)$$

連 鎖 反 応

最もよく知られた気相中での連鎖反応の一つは，230〜300℃ で分子状の水素と臭素から臭化水素が生成する反応である．

$$H_2(g) + Br_2(g) \longrightarrow 2\,HBr(g)$$

この反応が複雑であることは，反応速度式

$$\frac{d[HBr]}{dt} = \frac{\alpha [H_2][Br_2]^{1/2}}{1 + \beta [HBr]/[Br_2]} \quad (15 \cdot 35)$$

からわかる．α, β は定数である．これから，反応は整数の反応次数ではないことがわかる．数多くの実験と化学的な考察が行われ，式 (15・35) が導かれた．連鎖反応は次のように進行していると考えられている．

$$\begin{aligned}
Br_2 &\xrightarrow{k_1} 2\,Br & \text{連鎖開始} \\
Br + H_2 &\xrightarrow{k_2} HBr + H & \text{連鎖成長} \\
H + Br_2 &\xrightarrow{k_3} HBr + Br & \text{連鎖成長} \\
H + HBr &\xrightarrow{k_4} H_2 + Br & \text{連鎖阻害} \\
Br + Br &\xrightarrow{k_5} Br_2 & \text{連鎖停止}
\end{aligned}$$

次の反応は，反応速度にはほとんど影響しない．

$$\begin{aligned}
H_2 &\longrightarrow 2\,H & \text{連鎖開始} \\
Br + HBr &\longrightarrow Br_2 + H & \text{連鎖阻害} \\
H + H &\longrightarrow H_2 & \text{連鎖停止} \\
H + Br &\longrightarrow HBr & \text{連鎖停止}
\end{aligned}$$

そのため，これら反応過程は速度論的考察には含めない．反応中間体 H と Br について，定常状態近似を適用することで，上記の五つの素過程を用いて，式 (15・35) を導くことができる（問題 15・20 参照）．

15・5　反応速度に対する温度の影響

図 15・8 は，速度定数に対する反応温度の依存性を表す四つのタイプである．(a) は，温度の増加と共に反応速度が増加する通常の一般的な反応である．(b) は，はじめは温度の増加と共に反応速度が増加し，最大値をとった後，さらなる温度上昇で反応速度が下がるものである．(c) は，温度増加と共に着実に反応速度が減少する例である．反応速度は，1 秒当たりの反応分子の衝突数と，分子がその反応を起こせるように活性化できる衝突の割合という二つの要因によると考えられるため，(b), (c) の振舞いは意外に思われるかもしれない．この二つの値は共に，反応温度の増加に伴って増大するはずだからである．このように表向き異常な振舞いをする場合，反応機構が複雑な性質をもっていることを意味する．たとえば，酵素触媒反応では，酵素分子は基質分子とある特異的なコンホメーションをとって反応しているに違いない．酵素が未変性状態で存在していれば，反応速度は温度と共に上昇する．高温では，酵素分子が変性してしまい，触媒としての機能を失ってしまうこともあろう．その結果，反応速度は温度上昇と共に減少することになる．

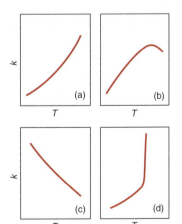

図 15・8　速度定数の温度依存性の四つのタイプ．本文参照

図 15・8 (c) のように振舞う反応系は数例しか知られていない．一酸化窒素と酸素から二酸化窒素が生成する反応を考える．

$$2\,\text{NO}(g) + \text{O}_2(g) \rightleftharpoons 2\,\text{NO}_2(g)$$

反応速度式は，

$$\text{反応速度} = k[\text{NO}]^2[\text{O}_2]$$

となる．反応機構には次式の二つの二分子過程が関与すると考えられている．

速い過程*1： $2\,\text{NO} \rightleftharpoons (\text{NO})_2 \quad K = \dfrac{[(\text{NO})_2]}{[\text{NO}]^2}$

遅い律速過程： $(\text{NO})_2 + \text{O}_2 \xrightarrow{k'} 2\,\text{NO}_2$

かくして全反応速度は

$$\text{反応速度} = k'[(\text{NO})_2][\text{O}_2] = k'K[\text{NO}]^2[\text{O}_2]$$
$$= k[\text{NO}]^2[\text{O}_2]$$

となり，ここで $k = k'K$ である．さらに言えば，$2\,\text{NO}$ と $(\text{NO})_2$ の間の平衡は，$(\text{NO})_2$ 生成方向で発熱反応であり，温度上昇における平衡定数 K の減少が k' の増加よりも大きいため，全反応速度はある温度範囲では温度増加に伴って減少する．

最後の図 15・8(d) に示す振舞いは連鎖反応に相当する．はじめは，温度と共に反応速度は次第に増加する．ある温度になると連鎖成長反応が顕著になり，反応速度は文字通り爆発的に増大する．

アレニウス式

1889 年，Arrhenius は，多くの反応の温度依存性が次式で表せることを発見した．

$$k = A\,\text{e}^{-E_a/(RT)} \tag{15・36}$$

k は速度定数，A は頻度因子もしくは前指数因子とよばれる定数であり，E_a は活性化エネルギー $[\text{kJ mol}^{-1}]$，R は気体定数，T は絶対温度である．**活性化エネルギー** (activation energy) は，化学反応を開始するのに必要なエネルギーの最小値である．頻度因子 A は，反応物分子間の衝突の頻度を表している．指数部分 $\exp[-E_a/(RT)]$ は，ボルツマン分布則 [式 (2・33) 参照] に似ており，活性化エネルギー (E_a)（図 15・9）以上のエネルギーをもった分子の衝突の割合を示す．指数項は数値であるから，A の単位は速度定数の単位と同じになる（一次反応なら s^{-1}，二次反応なら $\text{M}^{-1}\text{s}^{-1}$，…というように）．

後ほどわかるように，頻度因子 A は分子の衝突と関係するため，温度に依存する．しかしながら，ある限られた温度範囲 ($\leq 50\,\text{K}$) では，指数項による温度依存性が優勢になる．式 (15・36) の自然対数をとると，

$$\ln k = \ln A - \dfrac{E_a}{RT} \tag{15・37}$$

が得られる．これから，$1/T$ に対する $\ln k$ のプロットは直線になり，その勾配は負であり $-E_a/R$ に相当する（図 15・10）．式 (15・37) では k と A は，無次元の量として取扱っていることに注意せよ．

あるいは，温度 T_1，T_2 における速度定数 k_1，k_2 がわかっているならば，式 (15・37) から，

$$\ln k_1 = \ln A - \dfrac{E_a}{RT_1} \qquad \ln k_2 = \ln A - \dfrac{E_a}{RT_2}$$

であり，2 式の差をとって，

$$\ln\dfrac{k_2}{k_1} = -\dfrac{E_a}{R}\left(\dfrac{1}{T_2} - \dfrac{1}{T_1}\right) \tag{15・38}$$

が得られる*2．E_a がわかっているときは，異なる反応温度における速度定数を，式 (15・38) を用いて計算できる．

アレニウス式の見地から，反応の速度定数を決めている因子について完全に理解するには，A と E_a の両方の値を計算できることが必要不可欠である．以下見ていくように，かなりの努力がこの問題のために費やされてきたのである．

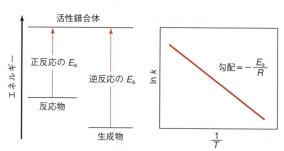

図 15・9　発熱反応における活性化エネルギーの概略図

図 15・10　アレニウスプロット．直線の勾配は $-E_a/R$ に等しい．

15・6　ポテンシャルエネルギー面

活性化エネルギーについてより詳しく議論するには，反応のエネルギー論について学ぶ必要がある．最も単純な反応の一つに，$\text{H} + \text{H} \longrightarrow \text{H}_2$ のような二つの原子が結合して二原子分子を生じる反応があげられる．根本的には，より複雑な反応を図 3・15 に示したようなポテンシャルエネルギー曲線を用いて記述したい．しかしながら，ポテンシャルエネルギー図は，最も単純な系を除けば複雑すぎて手が出ない．そこで最も単純で，かつよく研究されている系の一つとして，水素原子と水素分子の間の水素原子交換反応を考えよう．

$$\text{H} + \text{H}_2 \longrightarrow \text{H}_2 + \text{H}$$

---

*1 この反応も p.347 に述べた前駆平衡の例である．

*2 反応次数や速度定数が何であっても，この式は成り立つ．

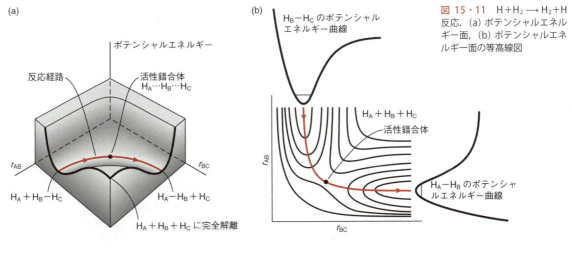

図 15・11 H+H₂ ⟶ H₂+H 反応．(a) ポテンシャルエネルギー面，(b) ポテンシャルエネルギー面の等高線図

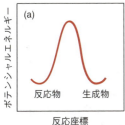
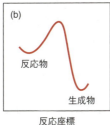
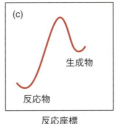

図 15・12 エネルギー最小の経路に沿ったポテンシャルエネルギー図．(a) H+H₂ 反応，(b) 発熱反応，(c) 吸熱反応

このような三原子系でさえ，三つの結合長，もしくは二つの結合長と一つの結合角を，エネルギーに対してプロットするには，四次元プロットが必要である．最小エネルギーの立体配置は直線形になることを仮定すると問題は非常に簡単になり，二つの結合長を特定するだけでよくなる．結果として，プロットは三次元で十分である（図 15・11）．三つの水素原子を A, B, C と表記すると，反応は次のようになる．

$$H_A + H_B - H_C \longrightarrow [H_A \cdots H_B \cdots H_C] \longrightarrow H_A - H_B + H_C$$
$$\text{活性錯合体}$$

ポテンシャルエネルギー面（potential energy surface）とよばれる図は，二つの原子間の間隔 r_{AB} と r_{BC} の値を変えて対応するポテンシャルエネルギーをプロットしたものである．反応はどんな反応経路を通っても進行できるが，エネルギーの最小値をとるには，図の赤の曲線上を通らなければならない．この反応経路に沿って，系は最初の谷を通り，活性錯合体に相当する鞍点を通過し，次の谷を降りていく．このエネルギー最小の反応経路は，反応座標（反応過程における原子の位置を示す）に対してポテンシャルエネルギーをプロットして表す．図 15・12(a) は，H+H₂ 反応におけるプロットである．図 15・12(b), (c) は，反応物と生成物が異なる一般的な反応によく用いられるプロットである．これらのプロットは，大きな分子が複数関与するという複雑さのせいで，定性的な反応経路の記述しか示せないということを理解してほしい．

H+H₂ 反応についての活性化エネルギーの計算には，多くの研究が行われてきた．図 15・11(a) の反応経路に対する E_a の計算値*と実測値（36.8 kJ mol⁻¹）はほとんど同じであることから，活性錯合体が直線形をとっているというモデルの妥当性が裏付けられる．これに対し，H₂ 分子が一度解離してから再結合することによって反応が進行する場合には，432 kJ mol⁻¹ ものエネルギーを必要とすることは非常に興味深い．

15・7 反応速度論

ここまで学んできて，衝突理論と遷移状態理論という二つの重要な反応速度論について考察する用意が整った．これら二つの理論は，反応に関してエネルギー論的な面でも反応機構の面でも多くの知見を与えてくれる．

衝突理論

反応速度に関わる衝突理論は，第 2 章で議論した気体分子運動論に基づいたものである．最も簡単なのは，気相における二分子反応への適用である．次式の二分子素反応を

---

* 理論的解析から，この反応の活性化エネルギーは 40.2 kJ mol⁻¹ であることがわかっている．この単純な反応ですら，その計算には 80 日をも要した．D. D. Diedrich, J. B. Anderson, *Science*, **258**, 786 (1992) 参照．

考える．

$$A + A \longrightarrow 生成物$$

式 (2・17) から，1秒当たりの 1 m³ 区画での二つの"剛体球" A 分子間の衝突数は

$$Z_{AA} = \frac{\sqrt{2}}{2} \pi d^2 \bar{c} \left(\frac{N_A}{V}\right)^2$$

で与えられる[*1]．式 (2・14) から，平均速さは

$$\bar{c} = \sqrt{\frac{8k_BT}{\pi m}}$$

であるので下式のようになる．

$$Z_{AA} = 2\left(\frac{N_A}{V}\right)^2 d^2 \sqrt{\frac{\pi k_B T}{m_A}} \quad (15・39)$$

二つの異なる分子が反応するタイプの二分子反応

$$A + B \longrightarrow 生成物$$

での衝突数は，

$$Z_{AB} = \left(\frac{N_A}{V}\right)\left(\frac{N_B}{V}\right) d_{AB}^2 \sqrt{\frac{8\pi k_B T}{\mu}} \quad (15・40)$$

となる．ここで，d_{AB} は，A, B 間での衝突直径であり，μ は次式で与えられる**換算質量** (reduced mass) である．

$$\mu = \frac{m_A m_B}{m_A + m_B} \quad (15・41)$$

ここで，衝突が 100% 有効である，つまり，二体衝突 1 回ごとに生成物が一つ生じるとすると，反応速度は，Z_{AA} もしくは Z_{AB} のどちらかに等しくなるはずである．しかし，このようなことは起こらない．1 atm の気体中では，衝突数は 298 K で約 10^{31} L⁻¹ s⁻¹ にも相当し[*2]，もし衝突ごとに生成物が一つ生じるとしたなら，すべての気相反応は約 10^{-9} s で完結してしまうことになり，これは経験上現実とは異なる．式 (15・39)，式 (15・40) に活性化エネルギーを含む項を加えることが必要である．A+B ⟶ 生成物の反応では

$$反応速度 = Z_{AB} \, e^{-E_a/(RT)}$$
$$= \left(\frac{N_A}{V}\right)\left(\frac{N_B}{V}\right) d_{AB}^2 \sqrt{\frac{8\pi k_B T}{\mu}} \, e^{-E_a/(RT)} \quad (15・42)$$

と書き表せる．この速度を $(N_A/V)(N_B/V)$ で割ると，1分子単位での速度定数 [SI 単位系: m³ 分子⁻¹ s⁻¹][*3] が得られる．

$$k = \frac{反応速度}{(N_A/V)(N_B/V)} = z_{AB} \, e^{-E_a/(RT)} \quad (15・43)$$

よって

[*1] 訳注: ここの N_A は A 分子の個数の意．アボガドロ定数ではない．

[*2] 訳注: p.25, 例題 2・2 を参照．

[*3] 式 (15・43) は，[(6.022×10²³ 分子 mol⁻¹)/(10⁻³ m³ L⁻¹)] の項を掛けて，モルを基準にした単位 [M⁻¹ s⁻¹] で表すこともできる．

$$z_{AB} = d_{AB}^2 \sqrt{\frac{8\pi k_B T}{\mu}}$$

であり，式 (15・36) と式 (15・43) を比較することによって次式を得る．

$$A = z_{AB} = d_{AB}^2 \sqrt{\frac{8\pi k_B T}{\mu}}$$

この式から，頻度因子 A は，温度依存性をもつことがわかる．実際には，E_a 値を計算するときには，普通，A は温度依存性をもたないものとして取扱う．その理由は，指数項，$\exp[-E_a/(RT)]$ が頻度因子 A に含まれる平方根の項よりもずっと温度依存性が高いため，このような取扱いをしても決して深刻な誤差は生じないからである．

衝突理論 [式(15・43)] では，活性化エネルギーが既知であるならば，原子や単純な分子の関与する反応については，反応速度定数をかなり正確に予測することができる．しかしながら，複雑な分子の関与する反応では，予測値は実測値とかなりの隔たりが見られる．これらの反応については速度定数は，式 (15・43) から求まる値よりも小さくなる傾向があり，10^6 分の 1，もしくはそれ以下になることもある．これは，単純な分子運動論では，エネルギー的に十分な衝突をすべて有効なものとして取扱っているためである．実際には，たとえ十分なエネルギーをもっていたとしても，反応を起こすのに都合のよい向きで互いに接近できないこともあろう．このずれを補正するために，式 (15・43) を次式のように修正する[*4]．

$$k = Pz \, e^{-E_a/(RT)} \quad (15・44)$$

P は**確率因子** (probability factor) もしくは**立体因子** (steric factor) とよばれ，衝突による錯体中で反応が進行するためには，分子同士は反応に適した方向に配向される必要がある，という事実を考慮に入れたものである．この修正により改良はなされるが，P の見積もりはかなり難しい．また，式 (15・44) と式 (15・36) を比較すると，$A=Pz$ であることがわかる．

遷移状態理論

衝突理論は，複雑な数学的取扱いを用いず，直観的に受け入れやすい理論であるが，いくつかの重大な欠点がある．気体分子運動論に基づいているため，反応する化学種を剛体球であると仮定し，分子の構造をまったく考慮していない．このため，分子レベルで立体因子を十分に説明することができない．加えて，量子力学なしでは，衝突理論を使って活性化エネルギーを計算することはできない．一方，別法として，遷移状態理論（活性錯合体理論とも言う）とよばれるものがあり，これは米国の化学者，Henry Eyring

---

[*4] 二分子反応を一般化するために z の下つき文字は省略した．

(1901〜1981) らによって 1930 年代に提唱されたもので，分子レベルでの化学反応の詳細に，さらに大きな知見を与え，この理論から，かなり正確に速度定数を計算することも可能である．

遷移状態理論の出発点は，衝突理論と似ている．二分子衝突で，相対的に高いエネルギーをもった活性錯合体（遷移状態ともよばれる）が生成する．以下の素反応を考える．

$$A + B \rightleftharpoons X^{\ddagger} \xrightarrow{k} C + D$$

で，A, B は反応物，$X^{\ddagger}$ は活性錯合体を表す．遷移状態理論における基本的な仮定（そして衝突理論との相違を生み出す仮定）として，反応物が常に $X^{\ddagger}$ と平衡にあるという仮定がある．分解過程中に常に存在を仮定しているからといって，活性錯合体は安定で単離可能な中間体である，と考えてはいけない．実際には活性錯合体は安定でもないし単離もできない[*1]．かくして，反応物と活性錯合体の間の平衡は今まで考えてきたようなタイプではない．それにもかかわらず，平衡定数は次式のように書き表せる．

$$K^{\ddagger} = \frac{[X^{\ddagger}]}{[A][B]} \quad (15 \cdot 45)$$

反応速度は，エネルギー障壁の最上部に位置する活性錯合体の濃度に活性障壁を越える頻度 ν を掛けたものと等しく，次式のように書き表せる．

反応速度 = 1 秒当たりに分解して生成物を生じる活性錯合体の数
     = $\nu [X^{\ddagger}] = \nu [A][B] K^{\ddagger}$

また，反応速度は速度定数 k を用いて

反応速度 = $k[A][B]$

のようにも書き表せるので，次式が得られる．

$$k = \nu K^{\ddagger}$$

ν は s^{-1} の単位をもち，生成物の形成に向かう活性錯合体の振動運動（自由度の一つ）の頻度を表す．この式から，k の算出は ν と $K^{\ddagger}$ を見積もれるか否かに依存することがわかる．統計熱力学（第 20 章参照）を用いると，$\nu = k_{\mathrm{B}} T/h$ （h はプランク定数）と書き表せる[*2]ので，一般化して

$$k = \frac{k_{\mathrm{B}} T}{h} K^{\ddagger} [\mathrm{M}^{1-m}] \quad (15 \cdot 46)$$

[*1] これは普遍的に正しいものではない．近年では，高速レーザーを使って，活性錯合体の存在の証拠を分光学的に得ている．§14・4 参照．

[*2] 熱エネルギー（$k_{\mathrm{B}} T$）が振動エネルギー（$h\nu$）と同程度の大きさであるとき，活性錯合体は生成物に解離する．298 K では $k_{\mathrm{B}} T \cong 208\,\mathrm{cm}^{-1}$．

となる．式 (15・46) の両辺が同じ単位をもつように，$K^{\ddagger}$ の単位を表す M^{1-m} の項を付け加えたことに注意せよ．ここで，M はモル濃度，m は反応分子数である．単分子反応では，$m = 1$，$\mathrm{M}^{1-1} = 1$ であり，一次反応速度定数 k は，$k_{\mathrm{B}} T/h$ と同じ単位をもつ（298 K で $k_{\mathrm{B}} T/h = 6.21 \times 10^{12}\,\mathrm{s}^{-1}$）．二分子反応では，$m = 2$ であり，右辺は $\mathrm{M}^{-1}\,\mathrm{s}^{-1}$ の単位をもち，二次反応速度定数の単位と等価になる．平衡定数 $K^{\ddagger}$ は，反応物や活性錯合体の結合長，原子質量，振動運動の振動数などの基本的な物理的性質からもまた計算できる．この方法は**絶対反応速度論**（absolute rate theory, theory of absolute reaction rate）ともよばれるが，それは，絶対的な，あるいは，基本的な分子の性質から k の値が求まるためである．

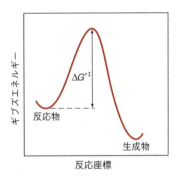

図 15・13　反応における $\Delta G^{\circ \ddagger}$ の定義

遷移状態理論の熱力学的記述

式 (15・46) で表された速度定数は，反応の熱力学的な性質と関係づけることができる．

$$\Delta G^{\circ \ddagger} = -RT \ln K^{\ddagger}$$

であるので，

$$K^{\ddagger} = e^{-\Delta G^{\circ \ddagger}/(RT)} \quad (15 \cdot 47)$$

となる．$\Delta G^{\circ \ddagger}$ は標準活性化ギブズエネルギー（図 15・13）であり，次式で与えられる．

$$\Delta G^{\circ \ddagger} = G^{\circ}(\text{活性錯合体}) - G^{\circ}(\text{反応物})$$

速度定数は，次式のように書き表せる．

$$k = \frac{k_{\mathrm{B}} T}{h} e^{-\Delta G^{\circ \ddagger}/(RT)} [\mathrm{M}^{1-m}] \quad (15 \cdot 48)$$

$k_{\mathrm{B}} T/h$ は A, B の性質に依存しないので，ある温度ではどんな反応の速度も $\Delta G^{\circ \ddagger}$ によって決まる．さらに，

$$\Delta G^{\circ \ddagger} = \Delta H^{\circ \ddagger} - T \Delta S^{\circ \ddagger}$$

であるので，式 (15・48) は

$$k = \frac{k_{\mathrm{B}} T}{h} e^{\Delta S^{\circ \ddagger}/R} e^{-\Delta H^{\ddagger}/(RT)} [\mathrm{M}^{1-m}] \quad (15 \cdot 49)$$

となる．$\Delta S^{\circ\ddagger}$, $\Delta H^{\circ\ddagger}$ は，標準活性化エントロピー，標準活性化エンタルピーである．式(15・49)は，遷移状態理論の熱力学的な記述であり，より厳密に取扱う際は式(15・49)の右辺に透過係数という補正因子を加えるが，この透過係数は一般的に1であり考慮しなくても構わない．

ここまで述べてきた，速度定数の三つの式を比べてみると役に立つ．

$$k = A\,\mathrm{e}^{-E_a/(RT)} \qquad (15 \cdot 36)$$

$$k = Pz\,\mathrm{e}^{-E_a/(RT)} \qquad (15 \cdot 44)$$

$$k = \frac{k_\mathrm{B}T}{h}\mathrm{e}^{\Delta S^{\circ\ddagger}/R}\mathrm{e}^{-\Delta H^{\circ\ddagger}/(RT)}\,[\mathrm{M}^{1-m}] \qquad (15 \cdot 49)$$

一番上の式(15・36)は経験的なものであり，A, E_a 共に実験で決定しなくてはならない．二つ目の式(15・44)は部分的に衝突理論に基づいたもので，気体分子運動論からzの値が求まるが，一方，Pの大きさを正確に見積もることは一般的に非常に難しい．最後の式(15・49)は遷移状態理論に基づいたもので，この式から，反応速度定数を熱力学的に記述することが可能になり，三つの式の中で最も信頼できるものである．また，適用が最も難しい式でもある．

$\Delta S^{\circ\ddagger}$, $\Delta H^{\circ\ddagger}$ の意味するところは何なのであろうか．式(15・49)と式(15・44)を比較し，$\Delta H^{\circ\ddagger} = E_a$ とすれば，次式が得られる．

$$A = Pz = \frac{k_\mathrm{B}T}{h}\mathrm{e}^{\Delta S^{\circ\ddagger}/R} \qquad (15 \cdot 50)$$

この式は，立体因子が標準活性化エントロピーで記述できることを示している．反応物が原子や単純な分子であるならば，相対的に小さなエネルギーが活性錯合体の種々の自由度に再分配されることになる．結果として，$\Delta S^{\circ\ddagger}$ は小さな正の値か小さな負の値をとることになり，$\exp(\Delta S^{\circ\ddagger}/R)$ すなわち P は1に近い値となる．しかし，複雑な分子が反応系に関与している場合は，$\Delta S^{\circ\ddagger}$ は大きな正の値か大きな負の値をとることになる．前者の場合，衝突理論から予測されるよりもずっと速く反応は進行し，後者の場合にはずっと遅くなることが観測される．

標準活性化エンタルピー $\Delta H^{\circ\ddagger}$ は，活性錯合体ができるときの結合の切れやすさとできやすさに大きく関係する．$\Delta H^{\circ\ddagger}$ が小さいときは反応速度が速くなる．式(15・49)と式(15・44)において $1/T$ の係数を比較すると，$E_a = \Delta H^{\circ\ddagger}$ が得られるが，より厳密な取扱い (p.364, 補遺15・2参照) では，次式

$$E_a = \Delta U^{\circ\ddagger} + RT \qquad (15 \cdot 51)$$

のようになる．$\Delta U^{\circ\ddagger}$ は，標準活性化内部エネルギーである．定圧下では，

$$\Delta H^{\circ\ddagger} = \Delta U^{\circ\ddagger} + P\Delta V^{\circ\ddagger}$$

であり，$\Delta V^{\circ\ddagger}$ は標準活性化体積として知られる量である．式(15・51)から，

$$E_a = \Delta H^{\circ\ddagger} - P\Delta V^{\circ\ddagger} + RT \qquad (15 \cdot 52)$$

が得られる．溶液反応では，$P\Delta V^{\circ\ddagger}$ の項は $\Delta H^{\circ\ddagger}$ に比べてかなり小さく，通常無視することができる．このため，$\Delta H^{\circ\ddagger} \approx E_a - RT$ となり，式(15・49)は，次式のように書き表せる．

$$k = \frac{k_\mathrm{B}T}{h}\mathrm{e}^{\Delta S^{\circ\ddagger}/R}\mathrm{e}^{-(E_a-RT)/(RT)}\,[\mathrm{M}^{1-m}]$$

$$= \mathrm{e}\,\frac{k_\mathrm{B}T}{h}\mathrm{e}^{\Delta S^{\circ\ddagger}/R}\mathrm{e}^{-E_a/(RT)}\,[\mathrm{M}^{1-m}] \quad (溶液中) \qquad (15 \cdot 53)$$

気相反応では，式(15・52)に対して $P\Delta V^{\circ\ddagger} = \Delta n^{\ddagger}RT$ の関係式を用いて，

$$E_a = \Delta H^{\circ\ddagger} - \Delta n^{\ddagger}RT + RT \qquad (15 \cdot 54)$$

となる．単分子反応では，$\Delta n^{\ddagger} = 0$ であり，式(15・49)は，

$$k = \mathrm{e}\,\frac{k_\mathrm{B}T}{h}\mathrm{e}^{\Delta S^{\circ\ddagger}/R}\mathrm{e}^{-E_a/(RT)}\,[\mathrm{M}^{1-m}] \quad (単分子，気相) \qquad (15 \cdot 55)$$

となり，式(15・53)と等しくなる．二分子反応では，$\Delta n^{\ddagger} = -1$ であり，$E_a = \Delta H^{\circ\ddagger} + 2RT$ となり，式(15・49)は次式のようになる．

$$k = \mathrm{e}^2\,\frac{k_\mathrm{B}T}{h}\mathrm{e}^{\Delta S^{\circ\ddagger}/R}\mathrm{e}^{-E_a/(RT)}\,[\mathrm{M}^{1-m}] \quad (二分子，気相) \qquad (15 \cdot 56)$$

例題 15・2

次に示す式

$$\mathrm{CH_3NC(g)} \longrightarrow \mathrm{CH_3CN(g)}$$

の単分子反応の頻度因子と活性化エネルギーは，それぞれ $4.0 \times 10^{13}\,\mathrm{s}^{-1}$ と $272\,\mathrm{kJ\,mol^{-1}}$ になる．300 K での $\Delta H^{\circ\ddagger}$, $\Delta S^{\circ\ddagger}$, $\Delta G^{\circ\ddagger}$ を計算せよ．

解 式(15・55)の頻度因子を与えられた実験値に等しいとおくと

$$\mathrm{e}\,\frac{k_\mathrm{B}T}{h}\mathrm{e}^{\Delta S^{\circ\ddagger}/R} = 4.0 \times 10^{13}\,\mathrm{s}^{-1}$$

であるので

$$\mathrm{e}^{\Delta S^{\circ\ddagger}/R} = \frac{(4.0 \times 10^{13}\,\mathrm{s}^{-1})\,h}{\mathrm{e}\,k_\mathrm{B}T}$$

$$= \frac{(4.0 \times 10^{13}\,\mathrm{s}^{-1})(6.626 \times 10^{-34}\,\mathrm{J\,s})}{(2.718)(1.381 \times 10^{-23}\,\mathrm{J\,K^{-1}})(300\,\mathrm{K})}$$

$$= 2.354$$

$$\Delta S^{\circ\ddagger} = 7.1\,\mathrm{J\,K^{-1}\,mol^{-1}}$$

$\Delta n^{\ddagger} = 0$ であるので，式(15・54)から，

$$\Delta H^{\circ\ddagger} = E_a - RT$$
$$= 272 \text{ kJ mol}^{-1} - \left[\frac{8.314}{1000} \text{ kJ K}^{-1} \text{ mol}^{-1} (300 \text{ K})\right]$$
$$= 270 \text{ kJ mol}^{-1}$$

最後に,
$$\Delta G^{\circ\ddagger} = \Delta H^{\circ\ddagger} - T\Delta S^{\circ\ddagger}$$
$$= 270 \text{ kJ mol}^{-1} - (300 \text{ K})\left(\frac{7.12}{1000} \text{ kJ K}^{-1} \text{ mol}^{-1}\right)$$
$$= 268 \text{ kJ mol}^{-1}$$

コメント 単分子反応では, $\Delta S^{\circ\ddagger}$ は正負どちらかの小さな値をとるので, 大部分, エンタルピー駆動過程である (気相での二分子反応では, 2分子が結合して活性錯合体という単一の種になるため, $\Delta S^{\circ\ddagger}$ は負の値をとるだろう). 一般的に, 反応分子数に関わらず, $\Delta H^{\circ\ddagger}$ は近似的に E_a と等しい.

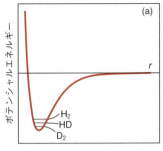
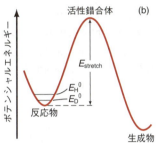

図 15・14 エネルギー準位図 (模式図). (a) H_2, HD, D_2 についての基底状態の振動エネルギー準位. (b) H_2 と D_2 の結合解離についての活性化エネルギー. E_H^0 と E_D^0 は, H_2 と D_2 の基底状態の振動エネルギーである (本文参照).

15・8 化学反応における同位体効果

反応物分子中の原子をその原子の同位体の一つに置き換えると, 反応の平衡定数と速度定数の両方が変わることがある. **静的同位体効果** (static isotope effect) という言葉は, 同位体置換によって平衡定数の変化を生じることを表す. 一方, 同位体の置換によって反応速度の変化を生じる場合は **動的同位体効果** (kinetic isotope effect) とよばれる. 反応機構は化学の諸分野に適用されているが, 同位体効果を調べることによって, それについての情報を得ることができる. 根底にある理論は複雑で, 量子力学と統計力学の両方が必要とされる. したがって, ここでは定性的な説明のみにとどめることにする.

ある分子中で同位体置換をしても, その分子の電子構造や, その分子が進みうるいかなる反応のポテンシャルエネルギー面も変化しないが, それにもかかわらず, 反応速度は置換による影響を大きく受けることがある. それがなぜかを知るために, H_2, HD, D_2 分子について考えてみよう. それぞれのゼロ点エネルギー, すなわち基底状態の振動エネルギーは 26.5 kJ mol^{-1}, 21.6 kJ mol^{-1}, 17.9 kJ mol^{-1} である*. D_2 のゼロ点エネルギーが最も小さい (換算質量が最も大きいことによる) ので, 解離させるには H_2 や HD に比べて大きなエネルギーが必要となる [図 15・14 (a)]. 結果として, $D_2 \longrightarrow 2D$ の反応速度が他の二つの対応する解離と比較して最も遅くなる. 大まかな概算として H_2 と D_2 の解離の速度定数の比, k_H/k_D を以下のように計算することができる. 図 15・14 (b) から, この二つの過程の活性化エネルギー, E_H と E_D は

$$E_H = E_{stretch} - E_H^0 \qquad E_D = E_{stretch} - E_D^0$$

で与えられる. ここで E_H^0 と E_D^0 はゼロ点エネルギー, $E_{stretch}$ はポテンシャルエネルギーの取りうる最小値と活性錯合体のポテンシャルエネルギーとの差である. 300 K ではアレニウス式 [式 (15・36)] を使うと次のように書ける.

$$\frac{k_H}{k_D} = \frac{A\,e^{-(E_{stretch}-E_H^0)/(RT)}}{A\,e^{-(E_{stretch}-E_D^0)/(RT)}} = e^{(E_H^0-E_D^0)/(RT)}$$
$$= e^{[(26.5-17.9)\times 1000 \text{ J mol}^{-1}]/[(8.314 \text{ J K}^{-1}\text{mol}^{-1})(300 \text{ K})]} \approx 31$$

これは非常に大きな値である.

上記の例では D_2 と H_2 の速度定数の間の差をちょっと大げさに表現した. しかしながら実際は, 水素とそれ以外の原子 (炭素など) との間の結合の切断を扱うことの方が多い. 例として次のような反応を考えてみよう.

$$\begin{array}{c}\diagdown\\\diagup\end{array}\!\!C\!-\!H + B \longrightarrow \begin{array}{c}\diagdown\\\diagup\end{array}\!\!C\cdot + H\!-\!B$$

$$\begin{array}{c}\diagdown\\\diagup\end{array}\!\!C\!-\!D + B \longrightarrow \begin{array}{c}\diagdown\\\diagup\end{array}\!\!C\cdot + D\!-\!B$$

ここで B は水素原子を引き抜くことのできる基である. C–H と C–D 結合では基準振動数が異なるため, 今度もまた動的同位体効果を予測することができる. しかしこの場合は, 換算質量の値が近いため, H_2 と D_2 のときほど大きな違いは現れない (問題 15・39 参照). それでも k_{C-H}/k_{C-D} の比は 5 倍程度なので容易に測定することができる.

---

* ゼロ点エネルギーは, 基準振動数を ν として, $E_{vib} = \frac{1}{2}h\nu$ と表される. この基準振動数は $\nu = 1/(2\pi)\sqrt{k/\mu}$ と表される. ここで k は結合の力の定数, μ は $m_1 m_2/(m_1+m_2)$ で与えられる換算質量である. D_2 は μ の値が最も大きいため, 振動数が最も小さく, つまり, E_{vib} が最小となる. 逆のことが H_2 にも成り立つ [訳注: §11・3 参照].

結合の開裂過程[*1]に関与する原子の同位体置換により見られる同位体効果のことを一次動的同位体効果とよぶ．この効果は H, D, T といった軽い元素で最も顕著になる．たとえば水銀の同位体（^{199}Hg と ^{201}Hg）が関与する反応では，速度に測定できるほどの差が現れることはほぼないだろう．同位体が結合の切断に直接関わらないときは二次動的同位体効果が現れる．この場合は反応速度の違いは小さいと予想され，実際に実験的に確かめられている．

同位体効果は平衡過程にどのような変化を与えるのだろうか．平衡過程の正反応と逆反応では同じ反応経路をたどるはずだが，二つの速度定数に及ぼす同位体効果は等しくなくてもよい．結果として平衡定数にも同位体効果が生じうる．簡単な例として，H_2O や D_2O 中での一塩基酸（酢酸など）の解離を考えてみよう．この解離は

$$CH_3COOH \rightleftharpoons CH_3COO^- + H^+$$
$$K_H = \frac{[H^+][CH_3COO^-]}{[CH_3COOH]}$$

$$CH_3COOD \rightleftharpoons CH_3COO^- + D^+$$
$$K_D = \frac{[D^+][CH_3COO^-]}{[CH_3COOD]}$$

のようになる［D_2O 中ではイオン化されうるプロトン（陽子）のすべてが重陽子（ジュウテロン）で置換されている］．実験では $K_H/K_D = 3.3$ となる．CH_3COOH の方が CH_3COOD よりも酸強度が大きくなるのは，重水素化されていない分子が（O−H 結合について）高いゼロ点振動準位をもち，解離に必要なエネルギーが，CH_3COOD の重水素より水素解離で小さいことに注目すれば説明できる．平衡における同位体効果に関する有用な一般則は，より重い同位体との置換はより強い結合をつくりやすい，というものである．酢酸について言うなら，H を D と置き換えると O−D 結合は強くなり，得られた分子はより解離しづらい傾向になる．

15・9 溶液中での反応

気相反応と溶液中の反応との大きな違いは溶媒の役割にある．多くの場合，溶媒の果たす役割は小さく，気相と液相で速度はそれほど変わらない．単純な分子運動論に基づけば，反応する分子同士の衝突頻度は反応物の濃度にのみ依存し，溶媒分子には影響されないからだ．しかし，溶液中での反応物分子同士の出会いと，気相での分子衝突とでは，その結果に違いが現れる．もし二つの分子が気相中で衝突して反応しなかった場合，普通は互いに離れていくだろう．同じ組合わせでもう一度衝突する可能性はほとんどありえない．それに比べて溶液中の溶質分子が拡散中に衝突したときは，周囲をびっしりと溶媒分子に囲まれているため一度出会った後すぐにまた別れ別れになることはできない．この場合，反応物分子は一時的に溶媒の"かご"に閉じ込められる（図 15・15）．もちろん溶媒分子は絶えず動き回り位置を変えているため，このかごは固定されたものではない．それでもやはりこのかご効果によって反応物分子は気相中にあるよりも長い間一緒にいて，離れていくまでに何百回も互いにぶつかり合うことになる[*2]．比較的小さな活性化エネルギーをもつ反応では，実際にかご効果により，反応は出会いのたびに保証される．反応分子は衝突を繰返すうちに遅かれ早かれ反応に適した配向をとるため，もはや立体因子は重要な役割をもたなくなる．こういった状況では反応速度はどれだけ速く拡散中に出会うかによってのみ制限される．この種の反応については次節で改めて述べよう．

反応物が電荷を帯びた化学種である場合，状況はまったく変わってくる．イオンの溶媒和は，$\Delta S^\ddagger$ の正負と大きさを決定する際に容易に評価できる因子である．帯電した化学種が含まれている場合，$\Delta S^\ddagger$ の値は活性錯合体の相対的な総電荷に依存する．活性錯合体が反応物より大きな電荷をもっている場合，錯合体周辺の溶媒和が増加するため $\Delta S^\ddagger$ は負になると考えられる．

$$(C_2H_5)_3N + C_2H_5I \longrightarrow (C_2H_5)_4N^+I^-$$
$$\Delta S^\ddagger = -172 \text{ J K}^{-1} \text{ mol}^{-1}$$

一方，活性錯合体が反応物より小さな総電荷を帯びている場合，$\Delta S^\ddagger$ は正の値をもつことが予測される．

$$[Co(NH_3)_5Br]^{2+} + OH^- \longrightarrow [Co(NH_3)_4Br(OH)]^+ + NH_3$$
$$\Delta S^\ddagger = 83.7 \text{ J K}^{-1} \text{ mol}^{-1}$$

立体因子などの他の因子の寄与もこの大きなエントロピー変化にさらに加わる．

予想されるように，イオンが関与する反応速度は溶液のイオン強度に大きく影響される．この傾向は**速度論的塩効果**（kinetic salt effect）として知られている．速度定数に

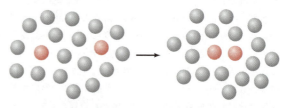

図 15・15 溶質分子（●）が溶媒の"かご"の中で拡散して互いに出会う様子．かごが壊れるまでに溶質分子同士の衝突は何百回も起こる．

[*1] この結合の開裂過程が律速段階でもあると仮定する．

[*2] 気相での分子衝突と溶液中での分子の出会いについて述べている．その違いは，分子は溶液中での出会いの後には互いに離れ離れになる前に何度も衝突するかもしれない，ということである．

及ぼすイオン強度の効果は次式により与えられる[*1].

$$\log \frac{k}{k_0} = z_A z_B B \sqrt{I} \qquad (15 \cdot 57)$$

ここで，B は温度と溶媒の性質のみに依存する定数，k と k_0 はそれぞれイオン強度 I（反応物でない，系に添加された中性塩の）と無限希釈（$I=0$）での速度定数，z_A と z_B は反応物 A と B のイオンの電荷数である．式 (15・57) から以下のことが予想される．

1) A と B が同じ符号をもつ場合，$z_A z_B$ は正になり速度定数 k は $\sqrt{I}$ と共に増加する．
2) A と B が反対の符号をもつ場合，$z_A z_B$ は負になり k は $\sqrt{I}$ と共に減少する．
3) A か B のどちらかが電荷をもたない場合，$z_A z_B = 0$ で k は溶液のイオン強度に依存しない．

これらの予想が正しいことが図 15・16 より確かめられる．

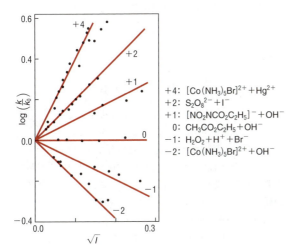

図 15・16　イオン強度が二つの反応する化学種の反応速度へ及ぼす効果．勾配は $z_A z_B$ によって決まる〔出典: V. K. LaMer, *Chem. Rev.*, **10**, 179 (1932)〕.

15・10　溶液中での高速反応

大まかに言うと，10 から 10^9 の速度定数をもつ一次および二次反応は高速反応とよばれる．高速反応の例には，気相中や溶液中での反応性の化学種の再結合，酸塩基中和反応，電子交換反応，プロトン交換反応などが含まれる．これらの反応が化学的，生物学的に重要であるため，さらには，それら反応の半減期が数秒かそれ未満で，その過程を測定するための実験の設計が広く望まれているために，高速反応は著しい興味をひいてきた．

溶液中で反応はどのくらい速く起こるのだろうか．律速は反応分子が近づく速度で，近づく速度は拡散速度によって支配される．したがって最も速い反応は，反応物分子が出会うたびに反応が起こる**拡散律速反応**（diffusion controlled reaction）である．半径 r_B と r_C の帯電していない 2 種類の反応物分子 B, C の溶液があるとしよう．ポーランド人の物理学者 Marian Smoluchowski (1872〜1917) は，拡散律速の素反応，B + C ⟶ 生成物，の速度定数 k_D は次式のように表されることを示した．

$$k_D = 4\pi N_A (r_B + r_C)(D_B + D_C)$$

ここで N_A はアボガドロ定数，D_B と D_C は拡散係数[*2]である．$D_B = D_C = D$, $r_B = r_C = r$ と仮定し，η を溶液の粘性率として $D = (k_B T)/(6\pi \eta r)$ を用いると下式のようになる．

$$\begin{aligned} k_D &= 4\pi N_A (2D)(2r) \\ &= \frac{16\pi N_A k_B T r}{6\pi \eta r} = \frac{8}{3} \frac{RT}{\eta} \end{aligned} \qquad (15 \cdot 58)$$

完全な拡散律速反応には二つの特徴がある．第一にこのような反応は活性化エネルギーが 0 であること〔式 (15・58) に $\exp[-E_a/(RT)]$ 項が含まれないことに注意〕で，第二に速度が溶媒の粘性率に反比例することである．粘性率に及ぼす依存性で興味深いのは，η 自体が次式のように温度に依存するということである．

$$\eta = B\, e^{E_a/(RT)}$$

ここで E_a は粘性率の"活性化エネルギー"（温度が上昇すると η は減少することに注意），B は溶媒に特有の定数である．したがって式 (15・58) は

$$k_D = \frac{8RT}{3B} e^{-E_a/(RT)} \qquad (15 \cdot 59)$$

と書ける．式 (15・59) はアレニウス式の形になっている．

例題 15・3

298 K における水中での拡散律速反応の速度定数を見積もれ．水の粘性率は $8.9 \times 10^{-4}\,\mathrm{N\,s\,m^{-2}}$ とせよ．

解　1 J = 1 N m であるから，粘性率の単位は J s m^{-3} とも表される．式 (15・58) より，

$$\begin{aligned} k_D &= \frac{8\,(8.314\,\mathrm{J\,K^{-1}\,mol^{-1}})\,(298\,\mathrm{K})}{3\,(8.9 \times 10^{-4}\,\mathrm{J\,s\,m^{-3}})} \\ &= 7.4 \times 10^6\,\mathrm{m^3\,mol^{-1}\,s^{-1}} = 7.4 \times 10^9\,\mathrm{M^{-1}\,s^{-1}} \end{aligned}$$

コメント　式 (15・12) より，拡散律速過程の半減期は，出発物質が同一の反応物であり，その濃度が 1 M に等しいとすると，

$$\begin{aligned} t_{1/2} &= \frac{1}{k\,[A]_0} = \frac{1}{7.4 \times 10^9\,\mathrm{M^{-1}\,s^{-1}} \times 1\,\mathrm{M}} \\ &= 1.4 \times 10^{-10}\,\mathrm{s} = 0.14\,\mathrm{ns} \end{aligned}$$

と，非常に小さな値となる．

[*1] 式 (15・57) はデバイ・ヒュッケルの極限則（§7・5 参照）から導かれ，それゆえに希薄溶液にのみ適用される．

[*2] 拡散係数を求める式は §19・4 で導出する．

高速反応を研究するために工夫に富んださまざまな手法が考案されてきた．二つの例を簡単に述べよう．

流 通 法

流通法の装置には2種類ある．連続流通法の装置では2種類の反応物溶液ははじめに一緒に混合室に導入され，それから混合溶液が測定管に沿って流される．反応物または生成物のどちらかの濃度を管に沿って異なる何点かで分光測光法により観測（反応物か生成物のどちらかの光の吸収を測定）することによって，反応の進行度を時間に対してプロットすることができる（図15・17）．この場合の限界を決める要因は混合にかかる時間であり，0.001秒まで短縮することができる．この手法の大きな欠点は，実験を行うたびに溶液を大量に使うことである．

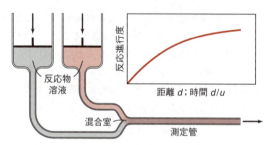

図 15・17　連続流通法実験の概略図．混合溶液の速度が u．測定は管長に沿って行われる〔出典: E. F. Caldin, "Fast Reactions in Solution," John Wiley & Sons, New York (1964)〕．

図15・18にはストップトフロー法装置を示す．ストップトフロー法の長所は，必要な反応物試料が少なくてすむ点である．したがって，酵素触媒反応などの生化学過程に非常に適している．

化 学 緩 和 法

もともと平衡状態にある系に，外部から温度変化や圧力変化といった摂動を加えた場合，変化が急に加えられると，系が新しい平衡に近づく（平衡に向かって緩和する）までに時間を要する．この要した時間は**緩和時間**（relaxation time）とよばれ，正反応と逆反応の速度定数に関係がある．系にもよるが，化学緩和法によって半減期が $1 \sim 10^{-10}$ s の反応を調べることができる．

反応の進行度に対して線形変化するすべての性質 X（たとえば電気伝導率やスペクトルの吸収）は，下記の減衰の式に従い，時間の関数として測定される．

$$X_t = X_0\, e^{-t/\tau}$$

ここで X_t と X_0 はそれぞれ時間 $t=t$ と $t=0$ におけるその性質の値であり，τ は緩和時間である．$t=\tau$ のとき

$$X_t = \frac{X_0}{e} = \frac{X_0}{2.718}$$

したがって，X_0 から $X_0/2.718$ まで減少するのにかかる時間を測定することにより，緩和時間を決定することができる（図15・19）．

ある温度において溶液中で平衡状態にある化学的な系を用いて，τ と速度定数の関係を導くことができる．

$$A + B \underset{k'_r}{\overset{k'_f}{\rightleftharpoons}} C$$

平衡状態においては，

$$\frac{d[C]}{dt} = k'_f[A][B] - k'_r[C] = 0$$

ここで k'_f と k'_r は正反応と逆反応の速度定数である．温度ジャンプ法という実験では，コンデンサーに蓄えた電気を溶液を通して放電させたり，短く強力なパルスレーザー光を当てるなどして，溶液の温度を 10^{-6} s 以内に 5 K 程度上昇させる．温度ジャンプを起こした後，上昇した温度での新たな平衡状態に向かって系が"緩和"するのに伴い，A, B, C の濃度が変化する（このとき速度定数は k_f と k_r に変化する）．時間依存の反応の進行を示す変数として x を導入し，濃度で表そう．反応を化学量論的に考えて，温度ジャンプ後の任意の時間 t において，

$$[A] = [A]_{eq} + x$$
$$[B] = [B]_{eq} + x$$
$$[C] = [C]_{eq} - x$$

となる．ここで下つき文字 $_{eq}$ は新しい平衡状態での濃度であることを示す．平衡のずれる方向によって x の値は正にも負にもなりうることに注意．すると [C] の変化の速度

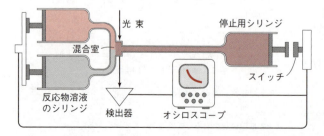

図 15・18　ストップトフロー法実験の概略図．普通は連結した二つのシリンジを使い，連続流通法の装置と同様に，異なる反応物を含む2種類の溶液を混合室に注入する．右側のもう一つのシリンジは流れてくる溶質を受けるためのもので，ピストンに付いた棒がスイッチに当たると流れを止める仕組みになっている．同時にオシロスコープが起動して時間の原点を設定する．時間の尺度はオシロスコープの掃引振動数により与えられ，オシロスコープは時間に対する透過光強度のプロットを表示する．このような仕組みにより混合室と測定点（すなわち光の吸収を観測する点）間の距離が短くてすむ．

は次式のように与えられる.

$$\frac{d[C]}{dt} = \frac{d([C]_{eq} - x)}{dt} = -\frac{dx}{dt}$$
$$= k_f([A]_{eq} + x)([B]_{eq} + x) - k_r([C]_{eq} - x)$$
$$= \underbrace{k_f[A]_{eq}[B]_{eq} - k_r[C]_{eq}}_{第1項} +$$
$$\underbrace{\{k_f[A]_{eq} + k_f[B]_{eq} + k_r\}}_{第2項}x + \underbrace{k_f x^2}_{第3項}$$

平衡状態においては,正反応と逆反応の速度は等しくなるため第 1 項は 0 に等しい.また x の値が小さく(温度上昇が小さいため),$k_f x^2 \ll k_f[A]_{eq}x$, $k_f x^2 \ll k_f[B]_{eq}x$ であることから,第 3 項も無視できる.それゆえ

$$\frac{dx}{dt} = -\{k_f[A]_{eq} + k_f[B]_{eq} + k_r\}x = -\frac{x}{\tau}$$

ここで τ は次のように表される.

$$\tau = \frac{1}{k_f([A]_{eq} + [B]_{eq}) + k_r} \quad (15 \cdot 60)$$

$[A]_{eq}$ と $[B]_{eq}$ は別の実験で求めることができ,τ は温度ジャンプ直後の時間の濃度変化を観測することにより測定できる(図 15・19 参照)ので,上昇後の温度における反応の平衡定数($K = k_f/k_r$)と組合わせて,これらの値から k_f と k_r の両方の値を決定することができる(未知数二つに対して方程式が二つ).

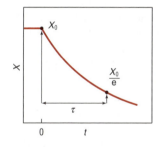

図 15・19 緩和時間 τ の定義

例題 15・4

純水を試料として温度ジャンプを行った.この系(水)が 25℃ において新たな平衡に到達する緩和時間は 36 μs(36×10^{-6} s)であった.次の反応における k_f と k_r の値を計算せよ.

$$H^+ + OH^- \underset{k_r}{\overset{k_f}{\rightleftharpoons}} H_2O$$

解 式(15・60)より,

$$\tau = \frac{1}{k_f([H^+]_{eq} + [OH^-]_{eq}) + k_r}$$

平衡状態では下式が成り立つ.

$$k_f[H^+]_{eq}[OH^-]_{eq} = k_r[H_2O]_{eq}$$

上式を変形した $k_r = k_f[H^+]_{eq}[OH^-]_{eq}/[H_2O]_{eq}$ を代入し,$[H^+]_{eq} = [OH^-]_{eq}$ を用いると,次の式が得られる.

$$\tau = \frac{1}{k_f(2[H^+]_{eq}) + k_f[H^+]_{eq}^2/[H_2O]_{eq}}$$
$$= \frac{1}{k_f(2[H^+]_{eq} + [H^+]_{eq}^2/[H_2O]_{eq})}$$

$[H^+]_{eq} = 1.0 \times 10^{-7}$ M と $[H_2O]_{eq} = 55.5$ M であることを用いると,次のように書くことができる.

$$36 \times 10^{-6} \text{ s}$$
$$= \frac{1}{k_f[2(1.0 \times 10^{-7} \text{ M}) + (1.0 \times 10^{-7} \text{ M})^2/55.5 \text{ M}]}$$

すなわち

$$k_f = 1.4 \times 10^{11} \text{ M}^{-1} \text{ s}^{-1}$$

k_r の値を計算するには,次式で与えられる解離定数 K_d の値をまず求める必要がある.

$$K_d = \frac{k_r}{k_f} = \frac{[H^+]_{eq}[OH^-]_{eq}}{[H_2O]_{eq}}$$
$$= \frac{(1.0 \times 10^{-7} \text{ M})(1.0 \times 10^{-7} \text{ M})}{(55.5 \text{ M})} = 1.8 \times 10^{-16} \text{ M}$$

それゆえ

$$k_r = K_d k_f = (1.8 \times 10^{-16} \text{ M})(1.4 \times 10^{11} \text{ M}^{-1} \text{ s}^{-1})$$
$$k_r = 2.5 \times 10^{-5} \text{ s}^{-1}$$

コメント 1) 解離定数 K_d は水のイオン積(K_w)と $K_d = K_w/[H_2O]_{eq}$ の関係にあることに注意せよ.単位にも気をつけること.k_f は二次の速度定数 [M^{-1} s^{-1}] だが,k_r は一次の速度定数 [s^{-1}] である.k_f の値が非常に大きいということは,溶液中での H^+ と OH^- イオンの結合が拡散律速であることを示している.
2) 通常,K_d は無次元の量として扱われるが,速度定数を計算するために,ここでは M の単位が当てられている.K. J. Laidler, *J. Chem. Educ.*, **67**, 88 (1990) 参照.

上述したような単純な反応というのはめったにあるものではない.しばしば一つの反応にいくつもの緩和時間が存在し,解析が非常に複雑になることがある.それでもやはり,化学緩和法は,速度の速い化学的,生化学的過程の研究に最も有用かつ応用範囲の広い手法の一つである.

15・11 振動反応

通常,化学反応は反応物が使い果たされるか,平衡状態に達するまで進行する.しかしながら,ある複雑な反応においては中間体の濃度が振動することがある.このような

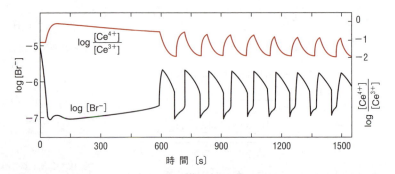

図 15・20 BZ 反応における log[Br⁻] と log([Ce⁴⁺]/[Ce³⁺]) の振動. Br⁻, Ce⁴⁺, Ce³⁺ は, 全反応において反応物でも生成物でもないことに注意せよ〔出典: R. J. Field, E. Körös, R. M. Noyes, *J. Am. Chem. Soc.*, **94**, 8649 (1972). Copyright 1972 American Chemical Society〕.

振動反応(oscillating reaction)は 19 世紀の終わりから知られていたが,再現性のない現象,または不純物が原因の見せかけの現象であるとされ,長い間ほとんどの化学者から相手にされなかった.熱力学第二法則から,閉じた系で一定温度,一定圧力においては,反応が平衡に近づく際に反応混合物のギブズエネルギー,G は減少し続けるはずであり,振動反応は第二法則に反しているように思われる.

最終的に懐疑派を納得させた振動反応は 1959 年にロシアの化学者 B. P. Belousov によって発見され,後にロシアの化学者 A. M. Zhabotinskii によって詳細に研究されたものである.今日,一般的に,ベローゾフ・ジャボチンスキー反応,または BZ 反応とよばれるこの反応は,マロン酸 [CH₂(COOH)₂] と硫酸を臭素酸カリウム (KBrO₃) とセリウム塩 (Ce⁴⁺ を含むもの) と一緒に水に溶かしたときに起こる.全反応は次式のように表される.

$$2\,H^+ + 2\,BrO_3^- + 3\,CH_2(COOH)_2 \longrightarrow \\ 2\,BrCH(COOH)_2 + 3\,CO_2 + 4\,H_2O$$

この反応の機構は 30 年以上にわたって広範に調査され,18 個の素過程と 20 種類の異なる化学種が含まれている(!)と信じられている.反応の間,溶液の色は淡黄色 (Ce⁴⁺) から無色 (Ce³⁺) へと周期的に変化する.図 15・20 に log[Br⁻] と log([Ce⁴⁺]/[Ce³⁺]) の振動を示す.

振動反応の熱力学的な説明はベルギーの化学者 Ilya Prigogine (1917〜2003) によってなされた.微視的可逆性の原理 (p. 345 参照) に反するため,閉じた系内の反応では平衡状態の周りで振動することはできない.しかしながら,Prigogine によれば,系が平衡から大きく外れていれば,化学反応中に中間体化学種の濃度の周期的な振動が起こりうる.これらの振動は系が平衡状態に近づくにつれて最終的には消滅する.はじめの反応物と最後の生成物は振動にあずかることはできない.それらは中間体ではないからである.しかしながら,外界とのエネルギーおよび物質の交換が共に許されている開いた系においては,平衡状態よりもむしろ定常状態が存続するため,振動が起こり,いつまでも続くことがある.

振動反応の研究は化学反応速度論に新たな次元を加え,また最も急速に発展した化学分野の一つでもあり,化学動力学や反応機構に有用な知見をもたらしてきた.このような反応は,生体系においても大きな重要性をもつだろう.心臓の規則正しい鼓動はその一例である.解糖においても振動する反応が検出されている*.さらに,大気も,さまざまな気体成分の濃度が周期的な振動を示す開いた系である(第 16 章参照).

15・12 酵素反応速度論

触媒とは,その過程において自身が消費されることなく反応速度を増加させる物質である.触媒が関係する反応は触媒反応とよばれ,その過程は触媒作用とよばれる.触媒作用を学ぶに当たり,次の特徴を記憶にとどめておこう.

1. 触媒は異なる反応機構をもたらすことによって活性化ギブズエネルギーを低くする (図 15・21).その機構は反応速度を高めるものであるが,そのことは正反応,逆反応の両方に適用される.
2. 触媒は反応機構の最初の段階において反応物と共に反応中間体を形成し,生成物形成段階において外れる.触媒は反応全体としては表に現れない.
3. どのような反応機構や反応エネルギー論を考えようとも,触媒は反応物と生成物のエンタルピーやギブズエネルギーを変えるものではない.すなわち,触媒は平衡へ到達する速度を速くするが,熱力学平衡定数を変えることはない.

触媒作用には不均一系,均一系の二つの型がある.不均一系触媒反応においては,反応物と触媒は異なる相にある (普通は気体/固体か液体/固体).よく知られた例はアンモニア合成のハーバー・ボッシュ法や硝酸合成のオストワルト法である.酸を触媒とするアセトンの臭素化

$$CH_3COCH_3 + Br_2 \xrightarrow{H^+} CH_2BrCOCH_3 + HBr$$

は,均一系触媒作用の例である.なぜなら反応物と触媒

---

* 出典: A. Gosh, B. Chance, *Biochem. Biophys. Res. Commun.*, **16**, 174 (1964).

(H^+) の両方が水という媒体中に均一に分散しているからである. 酵素の触媒作用は普通, 本質的には均一系触媒作用である[*1].

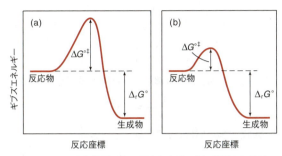

図 15・21 (a) 触媒のない反応および, (b) 触媒のある反応に対するギブズエネルギー変化. 触媒のある反応は, 反応物と触媒の間に少なくとも一つの反応中間体の形成が必ず含まれている. $\Delta_r G°$ は両方の場合で同じである.

酵素の触媒作用

1926 年, 米国の生化学者, James Sumner (1887~1955) がウレアーゼ (尿素の, アンモニアと二酸化炭素への分解を触媒する酵素) を結晶化して以来, 大部分の酵素がタンパク質であると認識されるようになった[*2]. 酵素は普通, 基質との反応が起こる**活性部位** (active site) を一つ以上含んでいる. 活性部位はほんの数個のアミノ酸残基からなり, タンパク質の残りの部分は完全な三次元のネットワークを維持するために必要とされている. 基質に対する酵素の特異性は分子ごとに異なる. 多くの酵素は立体化学的特異性を示す. すなわち, 一方の立体配置の関わる反応は触媒するが, 他方は触媒しない. たとえば, タンパク質分解酵素は L-アミノ酸からなるペプチドの加水分解のみを触媒するし, ある金属イオンのないときには触媒作用が不活性になる酵素もある.

1890 年代にドイツの化学者 Emil Fischer (1852~1919) は酵素の特異性に関して鍵と鍵穴理論を提唱した. Fischer は, 活性部位は形の固定された硬い構造をもち鍵穴に似ていると考えた. そして基質分子は相補的な構造をもち, 鍵として機能する. いくつかの点でこの理論は魅力的であったが, 溶液中でのタンパク質の柔軟性と協同性という現象を説明できるように修正された. **協同性** (cooperativity) とは多くの結合部位をもった酵素へ基質が結合するとき, 基質の結合によって酵素の残りの部位への基質の結合の親和性が変わることを指している.

[*1] 細胞膜に埋め込まれた酵素もあり, この場合, 酵素反応は均一系というより不均一系とみなすべきである.
[*2] 1980 年代前半に化学者はリボザイムとよばれるある RNA 分子もまた触媒の性質をもつことを発見した.

他の触媒と同様に酵素もまた反応速度を増大させる. 式 (15・49) を考察すると酵素の効率についての理解が進む.

$$k = \frac{k_B T}{h} e^{-\Delta G°\ddagger/(RT)} [M^{1-m}]$$
$$= \frac{k_B T}{h} e^{\Delta S°\ddagger/R} e^{-\Delta H°\ddagger/(RT)} [M^{1-m}] \quad (15 \cdot 49)$$

速度定数へは二つの項, $\Delta H°\ddagger$ と $\Delta S°\ddagger$ が寄与する. 活性化エンタルピーは近似的にアレニウス式における活性化エネルギー (E_a) に等しい [式 (15・36) 参照]. 触媒の作用による E_a の減少は間違いなく反応速度定数を増大させるであろう. 実際, 一般の触媒の作用の仕方は通常このように説明されるが, 酵素の触媒作用に対しては, これだけでは必ずしも十分ではない. というのは, 活性化エントロピー, $\Delta S°\ddagger$ もまた, 酵素の触媒作用の効率の決定には重要な因子であるかもしれないからである.

二分子反応を考えてみよう.

$$A + B \longrightarrow AB^\ddagger \longrightarrow 生成物$$

ここで A と B は共に非直線形分子であるとする. 活性錯合体 ($AB^\ddagger$) の形成前では, 各 A, B 分子は三つの並進, 三つの回転, およびいくつかの振動自由度をもつ. これらの運動はすべて分子のエントロピーに寄与する[*3]. 25℃ では最大の寄与は並進運動 (約 120 J K^{-1} mol^{-1}), 続いて回転運動 (約 80 J K^{-1} mol^{-1}) から来ている. 振動運動は最も小さい寄与でしかない (約 15 J K^{-1} mol^{-1}). 活性錯合体の並進と回転のエントロピーは個々の A, B 分子のそれらよりもわずかに大きいだけである (これらのエントロピーは分子の大きさと共に緩やかに増大する). それゆえ, 活性錯合体が形成されるとき 1 分子相当分, つまり正味 200 J K^{-1} mol^{-1} のエントロピーの損失がある. エントロピーにおけるこの損失は, 活性錯合体に生じる内部回転や振動の新しいモードにより少しは補償される. これとは違って, アルケンのシス-トランス異性化反応のような単分子反応の場合には, 活性錯合体が単一分子種から形成されるのでほとんどエントロピー変化がない. 単分子反応と二分子反応の理論的比較から, 単分子反応を有利にする $e^{\Delta S°\ddagger/R}$ 項について 3×10^{10} もの大きな違いが示される場合がある.

ある基質 (S) がある生成物 (P) に変換される単純な酵素触媒反応を考えてみよう. その反応は次のように進行する.

$$E + S \rightleftharpoons ES \rightleftharpoons ES^\ddagger \rightleftharpoons EP \rightleftharpoons E + P$$

このスキームにおいて, 酵素と基質は酵素-基質複合体, ES を形成するために, 溶液中で互いにまず出会わなければならない. これは可逆反応であるが, S の濃度 [S] が高いとき, ES の形成が有利になる. 基質が結合すると, 活

[*3] 分子の運動と熱力学関数の関係は第 20 章で論じる.

性部位内での力によって，基質と酵素の反応基が適当な向きに並び，活性錯合体($ES^{\ddagger}$)が生じる．その反応は単分子反応と同じように，単一の実体である酵素–基質複合体(ES)で起こり，酵素–基質活性錯合体($ES^{\ddagger}$)に活性化される．そのため，エントロピーの損失は非常に小さい．言い換えれば，並進と回転のエントロピーの損失はESの形成中に起こるものであり，$ES \longrightarrow ES^{\ddagger}$ の段階で起こるものではない（このエントロピーの損失は基質の結合エネルギーによって大部分は補償される）．いったん $ES^{\ddagger}$ が形成されれば，$ES^{\ddagger}$ は酵素–生成物複合体(EP)へのエネルギー的な下り坂を進行し，最終的に酵素の再生を伴って生成物まで進行する．

酵素反応速度論の式

酵素反応速度論においては，可逆反応と生成物による酵素の阻害とを最小にするために，反応の**初速度**(initial rate)，v_0 を測定することがよく行われる．なお，初速度は実験で既知の一定基質濃度に対して求められる．基質濃度は時間が経つにつれて減少するからである．

図 15・22 は基質濃度[S]に対する酵素触媒反応の初速度(v_0)の変化を示している．ここで下添字の $_0$ は化学反応の開始時の値ということを表す．低い基質濃度では，反応速度は基質濃度[S]に比例して急速に増加する．しかし高い基質濃度では漸近値に向かって徐々に水平に近づく．この領域ではすべての酵素分子は基質分子と結合しており，反応速度は基質濃度に関して零次になる．数学的解析から，v_0 と[S]の関係は直角双曲線の式によって表されることがわかる．

$$v_0 = \frac{a[S]}{b+[S]} \quad (15 \cdot 61)$$

ここで a と b は定数である．次項では実験データを説明するために必要な式を導くことにする．

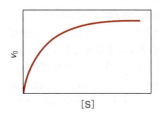

図 15・22　基質濃度[S]に対する酵素触媒反応の初速度(v_0)のプロット

ミカエリス・メンテン速度論

1913 年に，フランスの化学者 Victor Henri (1872~1940) の研究をもとにして，ドイツの生化学者 Leonor Michaelis (1875~1949) とカナダの生化学者 Maud L. Menten (1879~1960) は酵素触媒反応の初速度の濃度依存性を説明するための反応機構を提案した．彼らは次に示すスキームを考えた．ここで ES は酵素–基質複合体である．

$$E + S \underset{k_{-1}}{\overset{k_1}{\rightleftharpoons}} ES \overset{k_2}{\longrightarrow} P + E$$

生成物形成の初速度 v_0 は次式によって与えられる．

$$v_0 = \left(\frac{d[P]}{dt}\right)_0 = k_2[ES] \quad (15 \cdot 62)$$

より簡単に測定可能な基質濃度を使って，反応速度式を表すために，Michaelis と Menten は，第一の段階(ES の形成)は速い平衡過程として取扱えるように $k_{-1} \gg k_2$ を仮定した．定常状態では解離定数 K_S は次式で与えられる．

$$K_S = \frac{k_{-1}}{k_1} = \frac{[E][S]}{[ES]}$$

反応開始直後の酵素の全濃度は，

$$[E]_0 = [E] + [ES]$$

それゆえ，

$$K_S = \frac{([E]_0 - [ES])[S]}{[ES]} \quad (15 \cdot 63)$$

[ES]について解くと次式を得る．

$$[ES] = \frac{[E]_0[S]}{K_S + [S]} \quad (15 \cdot 64)$$

式(15・62)へ式(15・64)を代入すると初速度 v_0 に対して次の式を得る．

$$v_0 = \left(\frac{d[P]}{dt}\right)_0 = \frac{k_2[E]_0[S]}{K_S + [S]} \quad (15 \cdot 65)$$

このように，反応速度はいつも酵素の全濃度に比例する．

式(15・65)は，$a = k_2[E]_0$ と $b = K_S$ とすると式(15・61)と同形である．低い基質濃度 $[S] \ll K_S$ では式(15・65)は $v_0 = (k_2/K_S)[E]_0[S]$ になる．すなわちこれは二次反応である($[E]_0$ に対して一次，[S]に対して一次)．この反応速度式は図 15・22 における図の最初の直線部分に相当する．高い基質濃度，$[S] \gg K_S$ では式(15・65)は次のように表現される．

$$v_0 = \left(\frac{d[P]}{dt}\right)_0 = k_2[E]_0$$

この条件の下ではすべての酵素分子が酵素–基質複合体の形になっている．すなわち，反応系が S で飽和している．したがって，初速度は[S]に対して零次になる．この反応速度式は図の水平な部分に相当する．図 15・22 における曲線の部分は低基質濃度から高基質濃度への移行を表している．

すべての酵素分子が ES として基質と複合体をつくっている場合，測定される初速度は最大値(V_{max})であるはずである．つまり，

$$V_{max} = k_2[E]_0 \quad (15 \cdot 66)$$

ここで V_{max} は**最大速度**(maximum rate)とよばれる．[S] = K_S のときを考えてみると，式(15・65)からこの条件が

$v_0=V_\text{max}/2$ を与えることがわかる．したがって初速度が最大速度の半分であるときのSの濃度はK_Sと等しい．

定常状態速度論

英国の生物学者，George Briggs（1893〜1985）とJohn Haldane（1892〜1964）は 1925 年に，式(15・65)を導くのに酵素と基質が酵素-基質複合体と熱力学平衡状態にあると仮定する必要はないことを示した．彼らは，酵素と基質が混合された後すぐに，酵素-基質複合体の濃度が一定値に達していると仮定した．したがって次のような定常状態近似を適用することができる（図15・23参照）*．

$$\frac{d[\text{ES}]}{dt} = 0 = k_1[\text{E}][\text{S}] - k_{-1}[\text{ES}] - k_2[\text{ES}]$$
$$= k_1([\text{E}]_0 - [\text{ES}])[\text{S}] - (k_{-1}+k_2)[\text{ES}]$$

[ES]について解くことによって次式が得られる．

$$[\text{ES}] = \frac{k_1[\text{E}]_0[\text{S}]}{k_1[\text{S}] + k_{-1} + k_2} \quad (15 \cdot 67)$$

式(15・67)を式(15・62)へ代入し次式を得る．

$$v_0 = \left(\frac{d[\text{P}]}{dt}\right)_0 = k_2[\text{ES}] = \frac{k_1 k_2 [\text{E}]_0 [\text{S}]}{k_1[\text{S}] + k_{-1} + k_2}$$
$$= \frac{k_2[\text{E}]_0[\text{S}]}{[(k_{-1}+k_2)/k_1] + [\text{S}]}$$
$$= \frac{k_2[\text{E}]_0[\text{S}]}{K_\text{M} + [\text{S}]} \quad (15 \cdot 68)$$

ここで K_M は次式で定義される**ミカエリス定数**（Michaelis constant）である．

$$K_\text{M} = \frac{k_{-1}+k_2}{k_1} \quad (15 \cdot 69)$$

式(15・65)と式(15・68)を比較すると，それらが似たような基質濃度依存性をもっていることがわかる．しかしながら，$k_{-1} \gg k_2$ でなければ一般に $K_\text{M} \neq K_\text{S}$ である．

ブリッグス・ホールデンの取扱いでは，式(15・66)と同じように正確に最大速度を定義する．$[\text{E}]_0 = V_\text{max}/k_2$ であるので式(15・68)もまた次のように表せる．

$$v_0 = \frac{V_\text{max}[\text{S}]}{K_\text{M} + [\text{S}]} \quad (15 \cdot 70)$$

式(15・70)は酵素反応速度論の基本式である．初速度が最大速度の半分に等しいとき，式(15・70)は

$$\frac{V_\text{max}}{2} = \frac{V_\text{max}[\text{S}]}{K_\text{M} + [\text{S}]}$$

となり，すなわち

$$K_\text{M} = [\text{S}]$$

である．このように図15・24のようなプロットからV_maxとK_Mの両方が，少なくとも原理的には決定されうる．しかしながら実際には，[S]に対してのv_0のプロットはV_maxの値を決める際にはそれほど有益ではないことがわかる．なぜなら非常に高い基質濃度で漸近値V_maxを定めることはしばしば困難であるからである．より便利な方法が米国の化学者，Hans Lineweaver（1907〜2009）とDean Burk（1904〜1988）により提起され，それは$1/[\text{S}]$対$1/v_0$の二重逆数プロットを利用するというものである．式(15・70)から次の式を得る．

$$\frac{1}{v_0} = \frac{K_\text{M}}{V_\text{max}[\text{S}]} + \frac{1}{V_\text{max}} \quad (15 \cdot 71)$$

図15・25が示すように，K_MとV_maxの両方が直線の勾配と切片から得られる．

このラインウィーバー・バークプロットは，酵素反応速度論研究において有益で広く使われているが，高い基質濃度での測定点を狭い領域に圧縮し，しばしば最も正確さに欠ける低い基質濃度での測定点を強調してしまう欠点をもっている．反応速度データをプロットする方法は他にもいくつかあり，ここではそのうちイーディー・ホフステープロットについて述べる．式(15・71)の両辺に$v_0 V_\text{max}$を掛けると次式が得られる．

$$V_\text{max} = v_0 + \frac{v_0 K_\text{M}}{[\text{S}]}$$

上式を変形して，

$$v_0 = V_\text{max} - \frac{v_0 K_\text{M}}{[\text{S}]} \quad (15 \cdot 72)$$

この式は$v_0/[\text{S}]$対v_0のプロット，いわゆるイーディー・ホフステープロットが，$-K_\text{M}$に等しい勾配をもち，v_0軸で

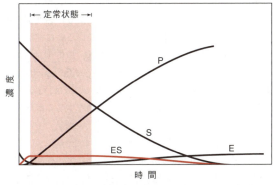

図15・23 酵素触媒反応，E+S ⇌ ES → E+P における各分子種の濃度の，時間に対するプロット．ここでは基質の初濃度は酵素濃度よりもずっと高く，速度定数 k_1, k_{-1}, k_2（本文を参照）の大きさは同程度であると仮定している．

---

* 化学者の関心は**前定常状態速度論**（pre-steady-state kinetics）にも向けられている．すなわち，定常状態に到達する前の段階である．前定常状態速度論を研究するのはより困難であるが，酵素触媒作用の反応機構に関して有用な情報を与える．しかし代謝の理解のためには定常状態速度論はもっと重要である．なぜなら細胞内に存在する定常状態条件での酵素触媒反応の速度を評価できるからである．

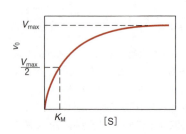
図15・24 グラフを利用した V_{max} と K_M の求め方

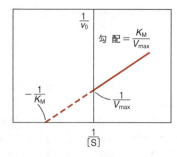
図15・25 ミカエリス・メンテン速度論に従う酵素触媒反応に関するラインウィーバー・バークプロット

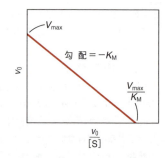
図15・26 図15・24に示した反応のイーディー・ホフステープロット

の切片が V_{max}, $v_0/[S]$ 軸での切片が V_{max}/K_M となる直線を与えることを示している (図15・26).

K_M と V_{max} の重要性

ミカエリス定数, K_M は, 酵素の種類によりかなり変化し, また同じ酵素でも基質が異なるとかなり変化する. 定義によりミカエリス定数は最大速度の半分の値を与える基質濃度に等しい. 言い換えれば, K_M は, 酵素の活性部位の半分が基質分子によって満たされているような基質濃度を表している. K_M の値は酵素-基質複合体, ES の解離定数と同一視されることがある (K_M が大きければ大きいほど酵素-基質複合体の結合は弱い). しかしながら式 (15・69) からわかるように, このことは $k_2 \ll k_{-1}$, つまり $K_M = k_{-1}/k_1$ のときのみ正しく, 一般に K_M は三つの速度定数によって表現しなくてはならない. にもかかわらず, K_M (モル濃度単位) は酵素触媒反応で他の速度論パラメーターと共に報告されることが慣習となっている. その理由はまず第一に K_M は容易にかつ直接測定できる量であることがあげられる. さらに K_M は温度や基質の性質, pH, イオン強度や他の反応条件に依存する. それゆえ, その値 (K_M) は特定の条件での特定な酵素-基質系を特徴づけるのに役に立つ. K_M (同じ酵素と基質に対する) の多様性はしばしば阻害剤あるいは活性化剤の存在の指標となる. その上, 同様の反応を触媒する, 異なる種由来の酵素の K_M 値を比較することで進化に関する有益な情報も得られる. 大部分の酵素では K_M は 10^{-1} M と 10^{-7} M の間にある.

最大速度 V_{max} は理論的にも実験的にもはっきりと定義された意味のある量である. V_{max} は到達できる最大速度を表す. すなわち, V_{max} は全酵素が酵素-基質複合体として存在するときの速度である. 式 (15・66) に従って, もし $[E]_0$ が既知なら, 前述したプロットの一つから得られた V_{max} の値から k_2 の値を決定できる. k_2 は一次の反応速度定数で, 時間の逆数の次元をもつ (s^{-1} あるいは min^{-1}) ことに注意しよう. k_2 は **代謝回転数** (turnover number) とよばれる [k_{cat}, **触媒定数** (catalytic constant) とよばれ

ることもある]*1. 酵素の代謝回転数は, 酵素が基質で十分に飽和しているとき, 1分子の酵素によって単位時間当たりに生成物へ転換される基質分子の数 (あるいは基質の物質量) である. 大部分の酵素では, 生理的条件下で代謝回転数は $1 \sim 10^6$ s^{-1} の幅をもつ. 二酸化炭素の水和と炭酸の脱水*2

$$CO_2 + H_2O \rightleftarrows H_2CO_3$$

を触媒する酵素である炭酸デヒドラターゼは, 25°C において知られている最大の代謝回転数 ($k_2 = 1 \times 10^6$ s^{-1}) をもつ酵素の一つである. したがって 1×10^{-6} M の酵素溶液で CO_2 (代謝産物) と H_2O から毎秒 1 M の H_2CO_3 の生成を触媒することができる. すなわち,

$$V_{max} = (1 \times 10^6 \text{ s}^{-1})(1 \times 10^{-6} \text{ M}) = 1 \text{ M s}^{-1}$$

である. 酵素がなければ擬一次速度定数はおよそ 0.03 s^{-1} にすぎない. 酵素の純度あるいは分子当たりの活性部位数が不明の場合, 代謝回転数は計算できないことに注意しよう. その場合においては, 酵素の活性は, 単位タンパク質量 [mg] 当たりの活性単位 [比活性 (specific activity) とよばれる] で与えられる. 国際単位の一つでは, 1分間当たり1マイクロモル (1 μmol) の生成物を生じる酵素の量を 1 単位と決めている*3.

このようにして, 基質の飽和状態, すなわち $[S] \gg K_M$ の条件下で反応速度を測定することによって, 代謝回転数を決めることができる [式 (15・68) 参照]. 生理的条件下では, $[S]/K_M$ の比はめったに 1 よりも大きくならない. 事実, 1よりはるかに小さくなることがしばしばである. $[S] \ll K_M$ のとき, 式 (15・68) は次のようになる.

---

*1 訳注: 酵素の分子活性, 分子触媒活性とよぶことも多い.
*2 訳注: これはヒトの体内で常に起こっている反応である.
*3 訳注: これは U で表される国際単位である. 酵素の国際単位には, これ以外にカタール (kat と略記される) がある. カタールは1秒間に 1 mol の基質を生成物に転換する酵素活性の量と定義される. 1 U は 16.67×10^{-9} kat = 16.67 nkat に相当する.

表 15・3　いくつかの酵素と基質に対する K_M, k_{cat}, k_{cat}/K_M の値

酵 素	基 質	K_M/M	k_{cat}/s^{-1}	(k_{cat}/K_M)/M^{-1} s^{-1}
アセチルコリンエステラーゼ	アセチルコリン	9.5×10^{-5}	1.4×10^4	1.5×10^8
カタラーゼ	H_2O_2	2.5×10^{-2}	1.0×10^7	4.0×10^8
炭酸デヒドラターゼ	CO_2	0.012	1.0×10^6	8.3×10^7
キモトリプシン	N-アセチルグリシンエチルエステル	0.44	5.1×10^{-2}	0.12
フマル酸ヒドラターゼ	フマル酸塩	5.0×10^{-6}	8.0×10^2	1.6×10^8
ウレアーゼ	尿 素	2.5×10^{-2}	1.0×10^4	4.0×10^5

$$v_0 = \frac{k_2}{K_M}[E]_0[S] = \frac{k_{cat}}{K_M}[E]_0[S] \quad (15 \cdot 73)$$

式(15・73)が二次反応速度式を表していることに注意しよう．k_{cat}/K_M の比〔M^{-1} s^{-1} の単位をもつ〕が酵素の触媒効率の尺度になることは興味深いところである．この比が大きいと生成物の生成が有利になり，比が小さいと反応物が有利になる．

最後に，酵素の触媒効率の上限はどのくらいであろう．式(15・69)から次式を得る．

$$\frac{k_{cat}}{K_M} = \frac{k_2}{K_M} = \frac{k_1 k_2}{k_{-1} + k_2}$$

この比は $k_2 \gg k_{-1}$ のとき，すなわち，k_1 が律速で，ES 複合体が形成されたらすぐに酵素が生成物を生じるときに最大となる．しかしながら，k_1 は酵素と基質分子間の衝突頻度よりも大きくはなりえない．なぜなら k_1 は溶液中の拡散速度によって律速されているからである*．拡散律速反応の速度定数は 10^8 M^{-1} s^{-1} のオーダーである．それゆえ，そのような k_{cat}/K_M 値をもった酵素は，基質分子と衝突するごとに毎回反応を触媒していることになる．表 15・3 から，アセチルコリンエステラーゼ，カタラーゼ，フマル酸ヒドラターゼ，そしておそらく炭酸デヒドラターゼが，触媒作用についてそのような完璧の域に達していることがわかる．

---

* 実際には酵素触媒反応の速度が拡散律速の極限を超えることがある．酵素が組織的集合体と結合している（たとえば細胞膜にある）ときは，一つの酵素の生成物は，流れ作業で進むものもあるが，それと同程度に次の酵素へチャネルで運ばれるものもある．そのような場合，触媒作用の速度は溶液中の拡散速度によって制限されない．

重 要 な 式

$[A] = [A]_0 - kt$	零次反応の速度式（積分形）	式(15・4)
$\ln \frac{[A]}{[A]_0} = -kt$	一次反応の速度式（積分形）	式(15・6)
$[A] = [A]_0 \, e^{-kt}$	一次反応の速度式（積分形）	式(15・7)
$t_{1/2} = \frac{\ln 2}{k}$	一次反応の半減期	式(15・8)
$t_{1/2} \propto \frac{1}{[A]_0^{n-1}}$	半減期の一般表記	式(15・9)
$\frac{1}{[A]} = kt + \frac{1}{[A]_0}$	二次反応の速度式（積分形）	式(15・11)
$k = A \, e^{-E_a/(RT)}$	アレニウス式	式(15・36)
$\ln k = \ln A - \frac{E_a}{RT}$	アレニウス式	式(15・37)
$\ln \frac{k_2}{k_1} = -\frac{E_a}{R}\left(\frac{1}{T_2} - \frac{1}{T_1}\right)$	アレニウス式	式(15・38)
$k = Pz \, e^{-E_a/(RT)}$	修正アレニウス式	式(15・44)
$k = \frac{k_B T}{h} e^{\Delta S^{\ddagger}/R} e^{-\Delta H^{\ddagger}/(RT)} \, [\text{M}^{1-m}]$	反応速度の熱力学的記述	式(15・49)
$\log \frac{k}{k_0} = z_A z_B B \sqrt{I}$	速度論的塩効果	式(15・57)

$k_D = \dfrac{8}{3}\dfrac{RT}{\eta}$	拡散律速反応の速度定数	式(15·58)
$V_{max} = k_2[E]_0$	最大速度	式(15·66)
$K_M = \dfrac{k_{-1} + k_2}{k_1}$	ミカエリス定数	式(15·69)
$\dfrac{1}{v_0} = \dfrac{K_M}{V_{max}[S]} + \dfrac{1}{V_{max}}$	ラインウィーバー・バークプロット	式(15·71)
$v_0 = V_{max} - \dfrac{v_0 K_M}{[S]}$	イーディー・ホフステープロット	式(15·72)

補遺 15·1 式(15·9)の誘導

次式のような反応を考えよう.

$$A \longrightarrow 生成物$$

速度は

$$-\frac{d[A]}{dt} = k[A]^n \tag{1}$$

で与えられる. ここで n は反応次数である. ここでは $n \neq 1$ であると仮定して, 式(1)を次のように積分する.

$$-\int \frac{d[A]}{[A]^n} = \int k\, dt$$

$$-\frac{[A]^{1-n}}{1-n} = kt + C \tag{2}$$

ここで C は積分定数である. $t=0$ においては $[A]=[A]_0$ なので

$$C = -\frac{[A]_0^{1-n}}{1-n} \tag{3}$$

すると式(2)は次式のように表される.

$$kt = -\frac{[A]^{1-n}}{1-n} - C = -\frac{[A]^{1-n}}{1-n} + \frac{[A]_0^{1-n}}{1-n}$$

$t=t_{1/2}$ においては $[A]=[A]_0/2$ なので

$$kt_{1/2} = -\frac{([A]_0/2)^{1-n}}{1-n} + \frac{[A]_0^{1-n}}{1-n}$$

$$= -\frac{2^{n-1}[A]_0^{1-n}}{1-n} + \frac{[A]_0^{1-n}}{1-n} = \frac{1 - 2^{n-1}}{1-n}[A]_0^{1-n}$$

すなわち

$$t_{1/2} = \frac{2^{n-1} - 1}{k(n-1)} \frac{1}{[A]_0^{n-1}} \tag{4}$$

式(4)の右辺第1項は定数であるから, 次のようになる.

$$t_{1/2} \propto \frac{1}{[A]_0^{n-1}}$$

式(4)は $n \neq 1$ であるとして導かれたものである. しかしながらすでに $n=1$ のとき

$$t_{1/2} = \frac{\ln 2}{k}$$

となることがわかっており[式(15·8)参照], $[A]_0$ にはまったく依存しない. したがって, 一次反応も含めてすべての反応次数で

$$t_{1/2} \propto \frac{1}{[A]_0^{n-1}} \tag{5}$$

となり, これが式(15·9)である.

補遺 15·2 式(15·51)の誘導

まず式(15·49)の自然対数をとることから始める.

$$\ln k = \ln \frac{k_B T}{h} + \frac{\Delta S^{\circ \ddagger}}{R} - \frac{\Delta H^{\circ \ddagger}}{RT} \tag{1}$$

理想気体として振舞うと仮定すると, 定圧下における活性化エンタルピーは

$$\Delta H^{\circ \ddagger} = \Delta U^{\circ \ddagger} + P\Delta V^{\circ \ddagger} = \Delta U^{\circ \ddagger} + RT\Delta n^{\ddagger} \tag{2}$$

で与えられる. いかなる気体反応においても,

$$\begin{aligned}\Delta n^{\ddagger} &= 活性錯合体の物質量(モル数) \\ &\quad - 反応物の物質量(モル数) \\ &= 1 - m\end{aligned} \tag{3}$$

ここで m は反応分子数である. たとえば, 単分子反応については $m=1$ なので $\Delta n^{\ddagger} = 1-1 = 0$ となる. 他も同様である. したがって式(2)は

$$\Delta H^{\circ \ddagger} = \Delta U^{\circ \ddagger} + (1-m)RT \tag{4}$$

となる. ここで式(1)を T について微分する.

$$\frac{d\ln k}{dT} = \frac{1}{T} + \frac{\Delta H^{\circ \ddagger}}{RT^2} - \frac{1}{RT}\frac{d\Delta H^{\circ \ddagger}}{dT} \tag{5}$$

式(4)を式(5)に代入して

$$\begin{aligned}\frac{d\ln k}{dT} &= \frac{1}{T} + \frac{\Delta H^{\circ \ddagger}}{RT^2} - \frac{1}{RT}\frac{d[\Delta U^{\circ \ddagger} + (1-m)RT]}{dT} \\ &= \frac{1}{T} + \frac{\Delta H^{\circ \ddagger}}{RT^2} - \frac{1}{RT}(1-m)R \\ &= \frac{\Delta H^{\circ \ddagger} + mRT}{RT^2}\end{aligned} \tag{6}$$

が得られる．式(6)を導く際に $\Delta U^{\circ\ddagger}$ と $\Delta S^{\circ\ddagger}$ のどちらも T に依存しないと仮定していることに注意（これはしばしばかなり良い近似である）．

次に式(15・37)を T について微分する（A は温度に依存しないとする）

$$\frac{d \ln k}{dT} = \frac{E_a}{RT^2} \tag{7}$$

式(6)と式(7)について，$1/(RT^2)$ 項の係数を比較すると

$$E_a = \Delta H^{\circ\ddagger} + mRT \tag{8}$$

が得られる．式(4)を式(8)に代入して

$$\begin{aligned} E_a &= \Delta U^{\circ\ddagger} + (1-m)RT + mRT \\ &= \Delta U^{\circ\ddagger} + RT \end{aligned} \tag{9}$$

が得られる．これが式(15・51)である．

参 考 文 献

書　籍

M. Brouard, "Reaction Dynamics," Oxford University Press, New York (1998).

J. H. Espenson, "Chemical Kinetics and Reaction Mechanism, 2nd Ed.," WCB/McGraw-Hill, New York (1995).

A. Fersht, "Enzyme Structure and Mechanism, 2nd Ed.," W. H. Freeman, San Francisco (1985).

D. N. Hague, "Fast Reactions," Wiley-Interscience, New York (1971).

G. G. Hammes, "Principles of Chemical Kinetics," Academic Press, New York (1978).

P. L. Houston, "Chemical Kinetics and Reaction Dynamics," Dover, New York (2006).

K. J. Laidler, "Chemical Kinetics, 3rd Ed.," Harper & Row, New York (1987).

A. G. Marangoni, "Enzyme Kinetics: A Modern Approach," Wiley-Interscience, New York (2002).

J. Nicholas, "Chemical Kinetics," John Wiley & Sons, New York (1976).

M. J. Pilling, P. W. Seakins, "Reaction Kinetics," Oxford University Press, New York (1995).

S. K. Scott, "Oscillations, Waves, and Chaos in Chemical Kinetics," Oxford University Press, New York (1994).

I. W. M. Smith, "Kinetics and Dynamics of Elementary Gas Reactions," Butterworths, London (1990).

J. I. Steinfeld, J. S. Francisco, W. L. Hase, "Chemical Kinetics and Dynamics, 2nd Ed.," Prentice Hall, Englewood Cliffs, NJ (1999).

M. R. Wright, "An Introduction to Chemical Kinetics," John Wiley & Sons, New York (2004).

論　文

総　説：

H. K. Zimmerman, 'Method for Determining Order of a Reaction,' *J. Chem. Educ.*, **40**, 356 (1963).

O. T. Benfey, 'Concepts of Time in Chemistry,' *J. Chem. Educ.*, **40**, 574 (1963).

B. Perlmutter-Hayman, 'Unimolecular Gas Reactions at Low Pressures,' *J. Chem. Educ.*, **44**, 605 (1967).

D. D. Drysdale, A. C. Lloyd, 'Tables of Conversion Factors for Reaction Rate Constants,' *J. Chem. Educ.*, **46**, 54 (1969).

J. P. Birk, 'Mechanistic Ambiguities of Rate Laws,' *J. Chem. Educ.*, **47**, 805 (1970).

W. F. Sheehan, 'Along the Reaction Coordinate,' *J. Chem. Educ.*, **47**, 853 (1970).

K. J. Laidler, 'Unconventional Applications of Arrhenius's Law,' *J. Chem. Educ.*, **49**, 343 (1972).

C. D. Eskelson, 'Drinking Too Fast Can Cause Sudden Death,' *J. Chem. Educ.*, **50**, 365 (1973).

M. R. J. Dack, 'The Influence of Solvents on Chemical Reactivity,' *J. Chem. Educ.*, **51**, 231 (1974).

L. Volk, W. Richardson, K. H. Lau, M. Hall, S. H. Lin, 'Steady State and Equilibrium Approximations in Reaction Kinetics,' *J. Chem. Educ.*, **54**, 95 (1977).

R. K. Boyd, 'Some Common Oversimplifications in Teaching Chemical Kinetics,' *J. Chem. Educ.*, **55**, 84 (1978).

R. T. McIver, Jr., 'Chemical Reactions Without Solvation,' *Sci. Am.*, November (1980).

J. R. Murdoch, 'What is the Rate-Determining Step of a Multistep Reaction?' *J. Chem. Educ.*, **58**, 32 (1981).

S. R. Logan, 'The Origin and Status of the Arrhenius Equation,' *J. Chem. Educ.*, **59**, 279 (1982).

D. C. Tardy, D. C. Cater, 'The Steady State and Equilibrium Assumptions in Chemical Kinetics,' *J. Chem. Educ.*, **60**, 109 (1983).

H. Maskill, 'The Extent of Reaction and Chemical Kinetics,' *Educ. Chem.*, **21**, 122 (1984).

V. I. Goldanskii, 'Quantum Chemical Reactions in the Deep Cold,' *Sci. Am.*, February (1986).

R. Logan, 'The Meaning and Significance of 'the Activation Energy' of a Chemical Reaction,' *Educ. Chem.*, **23**, 148 (1986).

D. Onwood, 'A Time Scale for Fast Events,' *J. Chem. Educ.*, **63**, 680 (1986).

'The Transition State,'（著者名なし）*J. Chem. Educ.*, **64**, 208 (1987).

K. J. Laidler, 'Rate-Controlling Step: A Necessary and

Useful Concept ?' *J. Chem. Educ.*, **65**, 250(1988).

K. J. Laidler, 'Just What Is a Transition State ?' *J. Chem. Educ.*, **65**, 540(1988).

R. T. Raines, D. E. Hansen, 'An Intuitive Approach to Steady-State Kinetics,' *J. Chem. Educ.*, **65**, 757(1988).

A. H. Zewail, 'The Birth of Molecules,' *Sci. Am.*, December(1990).

H. Maskill, 'The Arrhenius Equation,' *Educ. Chem.*, **27**, 111(1990).

C. Reeve, 'Some Provocative Opinions on the Terminology of Chemical Kinetics,' *J. Chem. Educ.*, **68**, 728 (1991).

G. F. Swiegers, 'Applying the Principles of Chemical Kinetics to Population Growth Problems,' *J. Chem. Educ.*, **70**, 364(1993).

G. Eberhardt, E. Levin, 'A Simplified Integration Technique for Reaction Rate Laws of Integral Order in Several Substances,' *J. Chem. Educ.*, **72**, 193(1995).

B. Carpenter, 'Reaction Dynamics in Organic Chemistry,' *Am. Sci.*, **85**, 138(1997).

A. J. Alexander, R. N. Zare, 'Anatomy of Elementary Chemical Reactions,' *J. Chem. Educ.*, **75**, 1105(1998).

J. Y. Lee, 'The Relationship between Stoichiometry and Kinetics Revisited,' *J. Chem. Educ.*, **78**, 1283(2001).

L. O. Haustedt, J. M. Goodman, 'How Accurate Is the Steady State Approximation?,' *J. Chem. Educ.*, **80**, 839 (2003).

R. A. Alberty, 'Principle of Detailed Balance in Kinetics,' *J. Chem. Educ.*, **81**, 1206(2004).

K. T. Quisenberry, J. Tellinghuisen, 'Ambiguities in Chemical Kinetics Rates and Rate Constants,' *J. Chem. Educ.*, **83**, 510(2006).

F. W. Nyasulu, R. Barlag, 'Gas Pressure Sensor Monitored Iodide-Catalyzed Decomposition Kinetics of Hydrogen Peroxide: An Initial Rate Approach,' *Chem. Educator* [Online], **13**, 227(2008). DOI: 10.1333/s00897082150a.

A. K. Grafton, 'Determining Reaction Orders by Measuring Half-Life: A Simple Introduction to Experimental Kinetics,' *Chem. Educator* [Online], **14**, 19(2009). DOI: 10.1333/s00897092187a.

A. Mills, D. MacPhee, K. Lawrie, 'Blue Bottle Light Experiments for Demonstrating Basic Kinetics Features of Homogeneous and Heterogeneous Photoinduced Redox Reactions,' *Chem. Educator* [Online], **15**, 150 (2010). DOI: 10.1007/s00897102267a.

M. Levitus, 'Chemical Kinetics at the Single-Molecule Level,' *J. Chem. Educ.*, **88**, 162(2011).

動 的 同 位 体 効 果：

M. M. Kreevoy, 'The Exposition of Isotope Effects on Rates and Equilibria,' *J. Chem. Educ.*, **41**, 636(1964).

V. Gold, 'Application of Isotope Effects,' *Chem. Brit.*, **6**, 292(1970).

A. M. Rouhi, 'The World of Isotope Effects,' *Chem. Eng. News*, December 22(1997).

R. Chang, 'Primary Kinetic Isotope Effect — A Lecture Demonstration,' *Chem. Educator* [Online], **2**, 3(1997). DOI: 10.1333/s00897970121a.

緩 和 速 度 論：

J. H. Swinehart, 'Relaxation Kinetics,' *J. Chem. Educ.*, **44**, 524(1967).

J. E. Finholt, 'The Temperature-Jump Method for the Study of Fast Reactions,' *J. Chem. Educ.*, **45**, 394(1968).

L. Faller, 'Relaxation Methods in Chemistry,' *Sci. Am.*, May(1969).

E. Caldin, 'Temperature-Jump Techniques,' *Chem. Brit.*, **11**, 4(1975).

振 動 反 応：

A. T. Winfree, 'Rotating Chemical Reactions,' *Sci. Am.*, June(1974).

I. R. Epstein, K. Kustin, P. De Kepper, M. Orbán, 'Oscillating Chemical Reactions,' *Sci. Am.*, March(1983).

R. M. Noyes, 'Some Models of Chemical Oscillators,' *J. Chem. Educ.*, **66**, 190(1989).

R. J. Field, F. W. Schneider, 'Oscillating Chemical Reactions and Nonlinear Dynamics,' *J. Chem. Educ.*, **66**, 195(1989).

W. Jahnke, A. T. Winfree, 'Recipes for Belousov-Zhabotinsky Reagents,' *J. Chem. Educ.*, **68**, 320(1991).

R. F. Melka, G. Olsen, L. Beavers, J. A. Draeger, 'The Kinetics of Oscillating Reactions,' *J. Chem. Educ.*, **69**, 596(1992).

J. J. Weimer, 'An Oscillating Reaction as a Demonstration of Principles Applied in Chemistry and Chemical Engineering,' *J. Chem. Educ.*, **71**, 325(1994).

O. Benini, R. Cervellat, P. Fetto, 'The BZ Reaction : Experimental and Model Studies in the Physical Chemistry Laboratory,' *J. Chem. Educ.*, **73**, 865(1996).

E. Peacock-López, 'Introduction to Chemical Oscillations Using a Modified Lotka Model,' *Chem. Educator* [Online], **5**, 216(2000). DOI: 10.1333/s00897000413a.

E. Peacock-López, 'Chemical Oscillations: The Templator Model,' *Chem. Educator* [Online], **6**, 202(2001). DOI: 10.1333/s00897010483a.

酸 素 反 応 速 度 論：

G. E. Linehard, 'Enzyme Catalysis and Transition-State Theory,' *Science*, **180**, 149(1973).

A. Ault, 'An Introduction to Enzyme Kinetics,' *J. Chem. Educ.*, **51**, 381(1974).

W. W. Cleland, 'What Limits the Rate of an Enzyme-Catalyzed Reaction ?' *Acc. Chem. Res.*, **8**, 145(1975).

- G. K. Radda, R. J. P. Williams, 'The Study of Enzymes,' *Chem. Brit.*, **12**, 124 (1976).
- I. M. Klotz, 'Free Energy Diagrams and Concentration Profiles for Enzyme-Catalyzed Reactions,' *J. Chem. Educ.*, **53**, 159 (1976).
- W. G. Nigh, 'A Kinetic Investigation of an Enzyme-Catalyzed Reaction,' *J. Chem. Educ.*, **53**, 668 (1976).
- M. I. Page, 'Entropy, Binding Energy, and Enzyme Catalysis,' *Angew. Chem. Int. Ed.*, **16**, 449 (1977).
- J. A. Cohlberg, 'K_M as an Apparent Dissociation Constant,' *J. Chem. Educ.*, **56**, 512 (1979).
- O. Moe, R. Cornelius, 'Enzyme Kinetics,' *J. Chem. Educ.*, **65**, 137 (1988).
- S. T. Oyama, G. A. Somorjai, 'Homogeneous, Heterogeneous, and Enzymatic Catalysis,' *J. Chem. Educ.*, **65**, 765 (1988).
- J. Krant, 'How Do Enzymes Work?' *Science*, **242**, 533 (1988).
- A. Haim, 'Catalysis: New Reaction Pathways, Not Just a Lowering of Activation Energy,' *J. Chem. Educ.*, **66**, 935 (1989).
- K. L. Queeney, E. P. Marin, C. M. Campbell, E. Peacock-López, 'Chemical Oscillations in Enzyme Kinetics,' *Chem. Educator* [Online], **1**, S1430-4171 (1996). DOI: 10.1333/s00897960035a.
- D. B. Northrop, 'On the Meaning of K_M and V/K in Enzyme Kinetics,' *J. Chem. Educ.*, **75**, 1153 (1998).
- J. M. Goodman, 'How Do Approximations Affect the Solutions to Kinetic Equations?' *J. Chem. Educ.*, **76**, 275 (1999).
- A. K. Johnson, 'A Simple Method for Demonstrating Enzyme Kinetics Using Catalase from Beef Liver Extract,' *J. Chem. Educ.*, **77**, 1451 (2000).
- K. Bendinskas, C. DiJiacomo. A. Krill, E. Vitz, 'Kinetics of Alcohol Dehydrogenase-Catalyzed Oxidation of Ethanol Followed by Visible Spectroscopy,' *J. Chem. Educ.*, **82**, 1068 (2005).
- M. T. Ashby, 'Appreciating Formal Similarities in the Kinetics of Homogeneous, Heterogeneous, and Enzyme Catalysis,' *J. Chem. Educ.*, **84**, 1515 (2007).
- R. A. Alberty, 'Rapid-Equilibrium Enzyme Kinetics,' *J. Chem. Educ.*, **85**, 1136 (2008).
- J. C. Aledo, S. Jiménez-Riveres, M. Tena, 'The Effect of Temperature on the Enzyme-Catalyzed Reaction: Insight From Thermodynamics,' *J. Chem. Educ.*, **87**, 296 (2010).
- A. Ault, 'An Introduction to Enzyme Kinetics, Part Deux,' *J. Chem. Educ.*, **88**, 63 (2011).
- J. S. Barton, 'A Comprehensive Enzyme Kinetic Exercise for Biochemistry,' *J. Chem. Educ.*, **88**, 1336 (2011).

問 題

反応次数,反応速度式

15・1 次の反応について,反応物の消失と生成物の出現に関してその速度を記せ.
 (a) $3 O_2 \longrightarrow 2 O_3$
 (b) $C_2H_6 \longrightarrow C_2H_4 + H_2$
 (c) $ClO^- + Br^- \longrightarrow BrO^- + Cl^-$
 (d) $(CH_3)_3CCl + H_2O \longrightarrow (CH_3)_3COH + H^+ + Cl^-$
 (e) $2 AsH_3 \longrightarrow 2 As + 3 H_2$

15・2 次の反応

$$NH_4^+(aq) + NO_2^-(aq) \longrightarrow N_2(g) + 2 H_2O(l)$$

の速度式は,速度 $= k [NH_4^+][NO_2^-]$ で与えられる.25℃において速度定数は 3.0×10^{-4} M^{-1} s^{-1} である.$[NH_4^+] = 0.26$ M, $[NO_2^-] = 0.080$ M のとき,25℃における反応速度を計算せよ.

15・3 三次反応における速度定数の単位は何になるか.

15・4 次の反応は A について一次であることがわかっている.

$$A \longrightarrow B + C$$

A のはじめの量の半分が 56 秒後に消費されるとして,6.0 分後に消費される割合を計算せよ.

15・5 ある一次反応は 298 K において 49 分後に 34.5 % 完了していた.速度定数はいくらになるか.

15・6 (a) 放射性 ^{14}C の壊変(一次反応)の半減期は約 5720 年である.この反応の速度定数を計算せよ.

 (b) 生体内での ^{14}C 同位体の天然存在度はモル分率にして 1.1×10^{-13} % である.ある考古学的な発掘中から得られた物体について放射化学分析を行ったところ,^{14}C 同位体存在度はモル分率にして 0.89×10^{-14} % であった.この物体の年代を計算せよ.どのような仮定をおいたかを明示せよ.

15・7 ジメチルエーテルの気相分解

$$(CH_3)_2O \longrightarrow CH_4 + H_2 + CO$$

について,450℃における一次速度定数は 3.2×10^{-4} s^{-1} である.反応は一定体積の容器内で行われた.始状態ではジメチルエーテルのみが存在し,圧力は 0.350 atm であった.この系の 8.0 分後の圧力はいくらになるか.理想気体として振舞うと仮定する.

15・8 反応 $A \longrightarrow B$ において A の濃度を 1.20 M から 0.60 M にすると,25℃における半減期は 2.0 分から 4.0 分に増加した.反応次数と速度定数を計算せよ.

15・9 さまざまな時間における反応物の吸光度により,

水溶液相での反応進行度を観測した．

時間 [s]	0	54	171	390	720	1010	1190
吸光度	1.67	1.51	1.24	0.847	0.478	0.301	0.216

反応次数と速度定数を決定せよ．

15・10 シクロブタンは，反応式

$$C_4H_8(g) \longrightarrow 2\,C_2H_4(g)$$

に従ってエチレンへと分解する．下表の圧力に基づいて反応次数と速度定数を決定せよ．これらは 430 ℃ において一定体積の容器内で反応を行ったときの記録である．

時間 [s]	0	2000	4000	6000	8000	10 000
$P_{C_4H_8}$/mmHg	400	316	248	196	155	122

15・11 与えられたある化合物試料の 75% が 60 分で分解したとすると，この化合物の半減期はいくらになるか．一次の速度論に従うものとする．

15・12 二次反応

$$2\,NO_2(g) \longrightarrow 2\,NO(g) + O_2(g)$$

の 300 ℃ における速度定数は $0.54\ M^{-1}\ s^{-1}$ である．NO_2 濃度が 0.62 M から 0.28 M に減少するのにかかる時間(秒)を求めよ．

15・13 N_2O の N_2 と O_2 への分解は一次反応である．この反応の 730 ℃ における半減期は 3.58×10^3 分である．N_2O の初期圧が 730 ℃ で 2.10 atm であるとして，最初の半減期後の全圧を計算せよ．ただし体積は一定であるとする．

15・14 零次反応 A $\longrightarrow$ B における反応速度式 (積分形) は，$[A]=[A]_0-kt$ である．
 (a) 次のグラフを描け： (i) [A] に対する反応速度
 (ii) t に対する [A]
 (b) この反応の半減期を求める式を導け．
 (c) 積分形の反応速度式がもはや意味をなさなくなるとき，つまり [A]=0 となるときの時間を半減期で表せ．

15・15 原子力産業において労働者の間には，どんな試料の放射能も半減期を 10 回繰返した後は比較的無害になる，という大ざっぱな経験則がある．この時間周期の後に残っている放射性試料の割合を求めよ [ヒント：放射壊変は一次反応速度式に従う]．

15・16 不均一系触媒が関わる反応の多くは零次である，つまり反応速度=k である．一つの例がタングステン (W) 上でのホスフィン (PH_3)*1 の分解である．

$$4\,PH_3(g) \longrightarrow P_4(g) + 6\,H_2(g)$$

ホスフィンの圧力が十分に高い ($\geq 1\ atm$) 限り，この反応の速度は [PH_3] に依存しない．理由を説明せよ．

15・17 零次反応の最初の半減期が 200 s であったとすると，次の半減期の長さはいくらになるか．

15・18 次式のような放射壊変を考える．

$$^{64}Cu \longrightarrow\ ^{64}Zn + _{-1}^{0}\beta \qquad t_{1/2} = 12.8\ h$$

はじめに 1 mol の ^{64}Cu があったとして，25.6 時間後に生成されている ^{64}Zn は何 g かを計算せよ*2．

反応機構

15・19 下式

$$S_2O_8^{2-} + 2\,I^- \longrightarrow 2\,SO_4^{2-} + I_2$$

の反応は水溶液中においてはゆっくりと進行するが，Fe^{3+} イオンを触媒として促進される．Fe^{3+} が I^- を酸化し，Fe^{2+} が $S_2O_8^{2-}$ を還元できることがわかっているとして，この反応をうまく説明することのできる 2 段階反応機構を示せ．なぜ触媒が存在しないときの反応が遅いのか説明せよ．

15・20 H と Br の両方について定常状態近似を用いて式 (15・35) を導け．

15・21 大気中の励起オゾン分子 O_3^* では，次式の反応のうちどれか一つが進行する．

$$O_3^* \xrightarrow{k_1} O_3 \qquad (1)\ 蛍光$$
$$O_3^* \xrightarrow{k_2} O + O_2 \qquad (2)\ 分解$$
$$O_3^* + M \xrightarrow{k_3} O_3 + M^* \qquad (3)\ 失活$$

ここで M は不活性分子である．分解が起こるオゾン分子の割合を，速度定数を用いて計算せよ．

15・22 次のデータは 700 ℃ における水素と一酸化窒素の間の反応について得られたものである．

$$2\,H_2(g) + 2\,NO(g) \longrightarrow 2\,H_2O(g) + N_2(g)$$

実験	[H_2]/M	[NO]/M	初速度 [$M\ s^{-1}$]
1	0.010	0.025	2.4×10^{-6}
2	0.0050	0.025	1.2×10^{-6}
3	0.010	0.0125	0.60×10^{-6}

 (a) この反応の速度式はどのようになるか．
 (b) 反応の速度定数を計算せよ．
 (c) 反応速度式と矛盾しない，適した反応機構を提案せよ [ヒント：酸素原子が中間体であると仮定せよ]．
 (d) この反応をさらに詳細に調べたところ，反応物について広い濃度範囲にわたる反応速度式は

$$反応速度 = \frac{k_1[NO]^2[H_2]}{1+k_2[H_2]}$$

となることがわかった．水素濃度が非常に高いときと非常に低いとき，反応速度式はどのようになるか．

15・23 オゾンの分子状酸素への分解

$$2\,O_3(g) \longrightarrow 3\,O_2(g)$$

の反応速度式は，

$$反応速度 = k\frac{[O_3]^2}{[O_2]}$$

---

*1 訳注：IUPAC 名はホスファン (phosphane)．

*2 訳注：^{64}Zn のモル質量を $63.93\ g\ mol^{-1}$ として計算せよ．

である．この過程の機構は

$$O_3 \underset{k_{-1}}{\overset{k_1}{\rightleftharpoons}} O + O_2$$
$$O + O_3 \xrightarrow{k_2} 2O_2$$

であると考えられている．これらの素過程から反応速度式を導け．誘導の際に用いた仮定を明示すること．なぜ O_2 の濃度が増加すると反応速度が低下するのか説明せよ．

15・24 H_2 と I_2 から HI を生成する気相反応は次式のように2段階機構が関与している．

$$I_2 \underset{k_{-1}}{\overset{k_1}{\rightleftharpoons}} 2I$$
$$H_2 + 2I \xrightarrow{k_2} 2HI$$

(a) 1段階目の反応は迅速な平衡であると仮定して，反応速度式を導け．

(b) HI の生成速度は可視光の強度と共に増大する．この事実は与えられた2段階機構をどのように支持するか説明せよ．

15・25 近年，クロロフルオロカーボン(chlorofluorocarbon, CFC)類のせいで成層圏のオゾンが恐ろしいほどの速さで激減している．$CFCl_3$ などの CFC 分子はまずはじめに紫外光の照射により分解される．

$$CFCl_3 \longrightarrow CFCl_2 + Cl$$

次に塩素ラジカルがオゾンと以下のように反応する．

$$Cl + O_3 \longrightarrow ClO + O_2$$
$$ClO + O \longrightarrow Cl + O_2$$

(a) 後の二つの過程について全反応を書け．

(b) Cl と ClO はどのような役割を果たしているか．

(c) この機構においてはフッ素ラジカルが重要でないのはなぜか．

(d) 塩素ラジカル濃度を減少させるための提案の一つは，エタン(C_2H_6)などの炭化水素を成層圏に添加することである．この方法はどのように作用するであろうか．

(e) オゾン破壊，$O_3 + O \longrightarrow 2O_2$ について，(Cl による)触媒作用がある場合とない場合の，反応進行度に対するポテンシャルエネルギーのグラフを描け．反応が発熱的か吸熱的かを決めるために，付録 B の熱力学データを用いよ．

活性化エネルギー

15・26 式(15・36)を用いて，$E_a = 0, 2, 50 \text{ kJ mol}^{-1}$ のときの 300 K における速度定数を計算せよ．どの場合も $A = 10^{11} \text{ s}^{-1}$ であるとする．

15・27 多くの反応は温度が 10 ℃ 上昇するごとに速度が 2 倍になる．そのような反応が 305 K と 315 K で起こっていると仮定する．ここで述べたことが成り立つには活性化エネルギーはどのようにならなければいけないか．

15・28 正常な体温から約±3℃ の範囲における代謝速度，M_T は $M_T = M_{37}(1.1)^{\Delta T}$ で与えられる．ここで M_{37} は正常な速度，ΔT は T の変化量である．この式について，可能な分子レベルでの解釈を用いて，議論せよ〔出典: J. A. Campbell, 'Eco-Chem,' *J. Chem. Educ.*, **52**, 327(1975)〕．

15・29 細菌による魚の筋肉の加水分解の速度は，2.2 ℃ においては −1.1 ℃ の 2 倍にもなる．この反応の E_a の値を概算せよ．魚を食料として貯蔵するときの問題とも何か関係があるだろうか〔出典: J. A. Campbell, 'Eco-Chem,' *J. Chem. Educ.*, **52**, 390(1975)〕．

15・30 溶液中での有機化合物の分解（一次反応）について，いくつか温度を変えて速度定数を測定した．

k/s^{-1}	4.92×10^{-3}	0.0216	0.0950	0.326	1.15
$t/\text{℃}$	5.0	15	25	35	45

この反応の頻度因子（前指数因子）と活性化エネルギーをグラフを描いて決定せよ．

15・31 反応，$2HI \longrightarrow H_2 + I_2$ の 556 K における活性化エネルギーは 180 kJ mol^{-1} である．式(15・36)を用いて速度定数を計算せよ．HI の衝突直径は 3.5×10^{-8} cm である．圧力は 1 atm とする．

15・32 ある一次反応の速度定数は，350 ℃ において $4.60 \times 10^{-4} \text{ s}^{-1}$ である．活性化エネルギーが 104 kJ mol^{-1} であるとしたときに，速度定数が $8.80 \times 10^{-4} \text{ s}^{-1}$ となる温度を計算せよ．

15・33 コオロギの鳴く速度は 27 ℃ においては毎分 2.0×10^2 回だが，5 ℃ においてはわずか 39.6 回である．これらのデータから，コオロギが鳴く過程の"活性化エネルギー"を計算せよ〔ヒント: 速度の比は速度定数の比に等しい〕．15 ℃ における鳴く速度を求めよ．

15・34 次のような並発反応を考える．

$$A \begin{array}{c} \xrightarrow{k_1} B \\ \xrightarrow{k_2} C \end{array}$$

活性化エネルギーは k_1 について 45.3 kJ mol^{-1}，k_2 について 69.8 kJ mol^{-1} である．320 K において速度定数が等しいとすると，$k_1/k_2 = 2.00$ となる温度はいくらか．

遷移状態理論の熱力学的記述

15・35 気相中でのシクロプロパンのプロペンへの熱異性化の速度定数は，500 ℃ において $5.95 \times 10^{-4} \text{ s}^{-1}$ である．この反応の $\Delta G^{\circ\ddagger}$ の値を計算せよ．

15・36 有機溶媒中，ナフタレン($C_{10}H_8$)とそのアニオンラジカル($C_{10}H_8^-$)の間の電子交換反応の速度は拡散律速である．

$$C_{10}H_8^- + C_{10}H_8 \rightleftharpoons C_{10}H_8 + C_{10}H_8^-$$

反応は二分子反応で二次である．速度定数は，下表

T/K	307	299	289	273
$k/10^9 \text{M}^{-1}\text{s}^{-1}$	2.71	2.40	1.96	1.43

の通りである．この反応の 307 K における E_a, $\Delta H^{\circ\ddagger}$, $\Delta S^{\circ\ddagger}$, $\Delta G^{\circ\ddagger}$ の値を計算せよ〔ヒント: 式(15・49)を変形して $\ln(k/T)$ 対 $1/T$ のグラフを描け〕．

15・37 (a) 塩化 t-ブチルの加水分解における頻度因子

と活性化エネルギーは，それぞれ 2.1×10^{16} s^{-1} と 102 kJ mol^{-1} である．この反応の 286 K における $\Delta S^{\circ\ddagger}$ と $\Delta H^{\circ\ddagger}$ の値を計算せよ．

(b) 気相中での無水マレイン酸とシクロペンタジエンの付加環化*の頻度因子と活性化エネルギーは，それぞれ 5.9×10^7 M^{-1} s^{-1} と 51 kJ mol^{-1} である．この反応の 293 K における $\Delta S^{\circ\ddagger}$ と $\Delta H^{\circ\ddagger}$ の値を計算せよ．

動的同位体効果

15・38 ヒトは H_2O の代わりに D_2O を長期的に（何日間という長さで）飲みつづけたら死んでしまうかもしれない．理由を説明せよ．D_2O と H_2O は実質的に同じ性質をもっているので，D_2O が被害者の体内に大量に存在することをどうやって調べればよいか．

15・39 アセトンの臭素化の律速段階には，炭素–水素結合の切断が関与している．この反応の 300 K における速度定数の比，k_{C-H}/k_{C-D} を見積もれ．これらの結合の振動は $\tilde{\nu}_{C-H}\approx3000$ cm^{-1} と $\tilde{\nu}_{C-D}\approx2100$ cm^{-1} である［ν を振動数，c を光速度として，波数（$\tilde{\nu}$）は ν/c で与えられる］．

15・40 時計やその他の機械製品に用いられる潤滑油は長鎖の炭化水素でできている．長期間にわたる自動酸化を受けて，これらの油は固体の重合体となる．この過程の開始段階には水素の引き抜きが関与する．これら油の日持ちを延ばすための化学的な方法を考案せよ．

酵素反応速度論

15・41 触媒が両方向の反応速度に影響を及ぼすのが避けられないのはなぜか．説明せよ．

15・42 ある酵素触媒反応の測定を行い，$k_1=8\times10^6$ M^{-1} s^{-1}，$k_{-1}=7\times10^4$ s^{-1}，$k_2=3\times10^3$ s^{-1} を得た．この酵素–基質結合は平衡の機構に従うか，あるいは定常状態の機構に従うか．

15・43 アセチルコリンの加水分解は，酵素であるアセチルコリンエステラーゼによって触媒され，25 000 s^{-1} の代謝回転速度をもっている．アセチルコリンエステラーゼがアセチルコリン 1 分子を切断するのに，どのくらいの時間がかかるか計算せよ．

15・44 式（15・70）から次式を導出せよ．

$$\frac{v_0}{[S]} = \frac{V_{max}}{K_M} - \frac{v_0}{K_M}$$

この式から，グラフを使って K_M と V_{max} の値を得るにはどのようにしたらよいか．示せ．

15・45 K_M の値が 3.9×10^{-5} M である酵素が，最初の基質濃度 0.035 M で研究された．1 分後 6.2 μM の生成物が生じたことがわかった．V_{max} の値と 4.5 分後に形成される生成物の量を計算せよ．

15・46 N–グルタリル–L–フェニルアラニン–p–ニトロアニリド（GPNA）の p–ニトロアニリンと N–グルタリル–L–フェニルアラニンへの加水分解は，α–キモトリプシンによって触媒される．次のデータが得られた．

[S]/10^{-4} M	2.5	5.0	10.0	15.0
$v_0/10^{-6}$ M min^{-1}	2.2	3.8	5.9	7.1

ここで，[S] は GPNA の濃度である．ミカエリス・メンテン速度論を仮定し，ラインウィーバー・バークプロットを使って V_{max}, K_M, k_2 の値を計算せよ．そのデータを処理する別の方法は $v_0/[S]$ に対して v_0 をプロットする方法であり，これはイーディー・ホフステープロットである．$[E]_0=4.0\times10^{-6}$ M としたとき，イーディー・ホフステーの取扱いから V_{max}, K_M, k_2 の値を計算せよ［出典: J. A. Hurlbut, T. N. Ball, H. C. Pound, J. L. Graves, *J. Chem. Educ.*, **50**, 149 (1973)］．

15・47 基質としてヘキサ–N–アセチルグルコサミンが与えられたときリゾチームの K_M 値は 6.0×10^{-6} M である．リゾチームが次に示す濃度で分析された: (a) 1.5×10^{-7} M，(b) 6.8×10^{-5} M，(c) 2.4×10^{-4} M，(d) 1.9×10^{-3} M，(e) 0.061 M．0.061 M で測定された初速度は 3.2 μM min^{-1} であった．他の基質濃度での初速度を計算せよ．

15・48 尿素の加水分解

$$(NH_2)_2CO + H_2O \longrightarrow 2NH_3 + CO_2$$

は，多くの研究者によって研究されている．100 ℃では，（擬）一次速度定数は 4.2×10^{-5} s^{-1} である．その反応は酵素であるウレアーゼによって触媒され，そして 21 ℃では速度定数は 3×10^4 s^{-1} である．触媒されていない反応と触媒された反応に対する活性化エンタルピーは，それぞれ 134 kJ mol^{-1} と 43.9 kJ mol^{-1} である．

(a) 21 ℃での酵素による加水分解と同じ速度で，酵素なしの尿素の加水分解が進行するとした場合，そのときの温度を計算せよ．

(b) ウレアーゼによる $\Delta G^{\ddagger}$ の低下を計算せよ．

(c) 酵素触媒反応と触媒されていない反応につき，$\Delta S^{\ddagger}$ の符号について説明せよ．$\Delta H^{\ddagger}=E_a$ で，$\Delta H^{\ddagger}$ と $\Delta S^{\ddagger}$ は温度に依存しないと仮定せよ．

15・49 ある酵素触媒反応に対するさまざまな基質濃度での初速度が次のように得られている．

[S]/M	$v_0/10^{-6}$ M min^{-1}
2.5×10^{-5}	38.0
4.00×10^{-5}	53.4
6.00×10^{-5}	68.6
8.00×10^{-5}	80.0
16.0×10^{-5}	106.8
20.0×10^{-5}	114.0

(a) この反応はミカエリス・メンテン速度論に従うか．

(b) この反応の V_{max} 値を計算せよ．

(c) この反応の K_M 値を計算せよ．

(d) $[S]=5.00\times10^{-5}$ M と $[S]=3.00\times10^{-1}$ M での初速度を計算せよ．

(e) $[S]=7.2\times10^{-5}$ M で最初の 3 分間に生成する生成物の全量はいくらか．

(f) 酵素濃度が 2 倍に増大すると，K_M, V_{max}, v_0 はそれ

---

* 訳注: ディールス・アルダー反応である．

それどうなるか（[S]＝5.00×10⁻⁵ Mで計算せよ）．

補 充 問 題

15・50 フラスコの中には化合物AとBの混合物が入っている．どちらの化合物も一次速式に従って分解する．半減期はAが50.0分，Bが18.0分である．AとBの最初の濃度が等しいとして，Aの濃度がBの濃度の4倍になるのにどれだけの時間が必要だろうか．

15・51 可逆的という語は熱力学の章（第3章を参照）と本章の両方で使われている．どちらの場合にも同じ意味をもっているだろうか．

15・52 四塩化炭素などの有機溶媒中におけるヨウ素原子の再結合は拡散律速過程である．

$$I + I \longrightarrow I_2$$

20℃におけるCCl₄の粘性率が9.69×10^{-4} N s m⁻²であるとして，20℃における再結合の速度定数を計算せよ．

15・53 溶存CO₂と炭酸の間の平衡は次のように表される．

$$H^+ + HCO_3^- \underset{k_{21}}{\overset{k_{12}}{\rightleftharpoons}} H_2CO_3$$
$$k_{13} \updownarrow k_{31} \qquad k_{23} \updownarrow k_{32}$$
$$CO_2 + H_2O$$

このとき，

$$-\frac{d[CO_2]}{dt} = (k_{31} + k_{32})[CO_2] - \left(k_{31} + \frac{k_{23}}{K}\right)[H^+][HCO_3^-]$$

であることを示せ．$K = [H^+][HCO_3^-]/[H_2CO_3]$である．

15・54 ポリエチレンは水道管，瓶，電気絶縁体，玩具，郵便の封筒など，さまざまな物に使われている．ポリエチレンは数多くのエチレン分子[この基本単位のことは**単量体**（monomer）とよぶ]が一つにつながってできていて，非常に大きな分子量をもつ**重合体**（polymer）である．重合の開始段階は

$$R_2 \xrightarrow{k_i} 2R\cdot \qquad 連鎖開始$$

である．R・種（ラジカルとよぶ）がエチレン分子（M）と反応すると，また一つラジカルが生じる．

$$R\cdot + M \longrightarrow M_1\cdot$$

M₁・ともう一つの単量体との反応が重合体鎖の成長につながっていく．

$$M_1\cdot + M \xrightarrow{k_p} M_2\cdot \qquad 連鎖成長$$

この過程が何百もの単量体単位と繰返される．連鎖成長は二つのラジカルが結合することで停止してしまう．

$$M'\cdot + M''\cdot \xrightarrow{k_t} M'-M'' \qquad 連鎖停止$$

エチレン重合の一般的な開始剤は過酸化ベンゾイル[(C₆H₅COO)₂]である．

$$[(C_6H_5COO)_2] \longrightarrow 2\,C_6H_5COO\cdot$$

これは一次反応である．過酸化ベンゾイルの100℃における半減期は19.8分である．

(a) 反応の速度定数を計算せよ[min⁻¹単位で]．

(b) 過酸化ベンゾイルの半減期が70℃において7.30時間，つまり438分であるとすると，過酸化ベンゾイルの分解の活性化エネルギーはいくらか[kJ mol⁻¹単位で]．

(c) 上記の重合過程の素過程について反応速度式を書き，反応物，生成物，中間体を明らかにせよ．

(d) 長くて分子量の大きなポリエチレンの成長にはどのような条件が適しているだろうか．

15・55 不均一系触媒が関与する工業的過程において，触媒の体積（形状は球形）は10.0 cm³である．

(a) 触媒の表面積を計算せよ．

(b) もしその球が，それぞれ体積1.25 cm³の八つの球に分裂したとすると，それらの球の表面積の合計はいくらになるか．

(c) 2種類の幾何学的形状のうち，より効果的な触媒なのはどちらか[ヒント: 球の表面積はrを球の半径として$4\pi r^2$である]．

15・56 なぜカントリーエレベーター（大穀物倉庫）内の穀物の粉塵が爆発性をもちうるのか，説明せよ．

15・57 温度があるところまで上昇すると，アンモニアは金属タングステン表面上で次式のように分解する．

$$NH_3 \longrightarrow \frac{1}{2}N_2 + \frac{3}{2}H_2$$

速度論的データがNH₃の初期圧に対する半減期の変化として下のように得られた．

P/Torr	264	130	59	16
$t_{1/2}$/s	456	228	102	60

(a) 反応次数を決定せよ．

(b) 反応次数は初期圧にどのように依存するか．

(c) 反応機構は圧力と共にどのように変化するか．

15・58 放射性試料の放射能とは1秒当たりの原子核の壊変の数であり，存在する放射性原子核の数に一次速度定数を掛けたものに等しい．放射能の基本単位に**キュリー**（curie），Ciがあり，1 Ciは正確に毎秒3.70×10^{10}回の壊変に等しい．この壊変速度は1 gの²²⁶Raのそれに相当する．ラジウムの壊変の速度定数と半減期を計算せよ．はじめ1.0 gのラジウム試料の，500年後の放射能はいくらになるか．²²⁶Raのモル質量は226.03 g mol⁻¹である．

15・59 X⟶Yの反応エンタルピーは-64 kJ mol⁻¹，活性化エネルギーは22 kJ mol⁻¹である．Y⟶X反応の活性化エネルギーはいくらか．

15・60 次のような並発一次反応を考える．

$$A \begin{array}{c} \xrightarrow{k_1} B \\ \xrightarrow{k_2} C \end{array}$$

(a) $t=0$におけるAの濃度を[A]₀として，時間tにおけるd[B]/dtの式を書け．

(b) 反応終了時の[B]/[C]の比はいくらになるか．

15・61 チェルノブイリ原子力発電所の事故の間に放出された放射線にさらされた結果，ある人は体内のヨウ素 ^{131}I のレベルが 7.4 mCi (1 mCi＝1×10^{-3} Ci) に等しくなってしまった．この放射能に相当する ^{131}I 原子の数を計算せよ．原子力発電所の付近に住んでいた人達が，事故の後に大量のヨウ化カリウムを摂取するように勧められたのはなぜか．

15・62 モル質量 M のタンパク質分子 P は，室温で溶液中に置いておくと二量化する．もっともらしい反応機構は二量化の前にまずタンパク質分子が変性するというものである．

$$P \xrightarrow{k_1} P^* \text{（変性）} \quad \text{遅い}$$
$$2P^* \xrightarrow{k_2} P_2 \quad \text{速い}$$

この反応の進行度は，平均モル質量 $\overline{M}$ に関係する粘性率測定を行うことによって追跡できる．初濃度 $[P]_0$，時間 t における濃度 $[P]$，そして M を用いて，$\overline{M}$ についての式を導け．この機構と矛盾しない反応速度式を記せ．

15・63 アセトンの臭素化には酸触媒が作用する．

$$CH_3COCH_3 + Br_2 \xrightarrow{H^+} CH_3COCH_2Br + H^+ + Br^-$$

ある温度において，アセトン，臭素，H^+ イオンの濃度をいくつか変えて臭素の減少速度を測定した．

	$[CH_3COCH_3]$ M	$[Br_2]$ M	$[H^+]$ M	Br_2 の減少速度 M s^{-1}
(1)	0.30	0.050	0.050	5.7×10^{-5}
(2)	0.30	0.10	0.050	5.7×10^{-5}
(3)	0.30	0.050	0.10	1.2×10^{-4}
(4)	0.40	0.050	0.20	3.1×10^{-4}
(5)	0.40	0.050	0.050	7.6×10^{-5}

(a) この反応の反応速度式はどうなるか．
(b) 速度定数を決定せよ．
(c) この反応には以下の機構が提案されている．

$$CH_3-\overset{O}{\underset{\|}{C}}-CH_3 + H_3O^+ \rightleftharpoons$$

$$CH_3-\overset{+OH}{\underset{\|}{C}}-CH_3 + H_2O \quad \text{（速い平衡）}$$

$$CH_3-\overset{+OH}{\underset{\|}{C}}-CH_3 + H_2O \longrightarrow$$

$$CH_3-\overset{OH}{\underset{|}{C}}=CH_2 + H_3O^+ \quad \text{（遅い）}$$

$$CH_3-\overset{OH}{\underset{|}{C}}=CH_2 + Br_2 \longrightarrow$$

$$CH_3-\overset{O}{\underset{\|}{C}}-CH_2Br + HBr \quad \text{（速い）}$$

この機構から導かれる反応速度式が (a) で示したものと一致することを示せ．

15・64 反応，$2NO_2(g) \longrightarrow N_2O_4(g)$ の反応速度式は，反応速度＝$k[NO_2]^2$ である．k を変化させるのは次のうちどれか．
(a) NO_2 圧を2倍にする．
(b) 有機溶媒中で反応を行う．
(c) 反応容器の体積を2倍にする．
(d) 温度を下げる．
(e) 反応容器に触媒を加える．

15・65 §15・4 (p. 345) の循環過程について，$k_1k_2k_3=k_{-1}k_{-2}k_{-3}$ であることを示せ．

15・66 代謝に必要な酸素は次の簡略化した式に従って，ヘモグロビン (Hb) がオキシヘモグロビン (HbO$_2$) を形成することによって摂取される．

$$Hb(aq) + O_2(aq) \xrightarrow{k} HbO_2(aq)$$

このとき 37 ℃ における二次の速度定数は 2.1×10^6 M^{-1} s^{-1} である．平均的な成人の場合，肺の中の血液に含まれる Hb と O_2 の濃度はそれぞれ 8.0×10^{-6} M と 1.5×10^{-6} M である．
(a) HbO_2 の生成速度を計算せよ．
(b) O_2 の消費速度を求めよ．
(c) 運動している間は代謝速度を上げようとする要求を受けて，HbO_2 の生成速度は 1.4×10^{-4} M s^{-1} に増加する．Hb 濃度は一定であるとして，この HbO_2 生成速度を満たすためには酸素濃度はどれくらい必要か．

15・67 スクロース ($C_{12}H_{22}O_{11}$) は一般に砂糖とよばれているが，加水分解 (水との反応) を経て，フルクトース ($C_6H_{12}O_6$) とグルコース ($C_6H_{12}O_6$) を生成する．

$$C_{12}H_{22}O_{11} + H_2O \longrightarrow \underset{\text{フルクトース}}{C_6H_{12}O_6} + \underset{\text{グルコース}}{C_6H_{12}O_6}$$

この反応はキャンデーの製造にとりわけ重要である．第一にフルクトースはスクロースよりも甘い．第二にフルクトースとグルコースの混合物〔転化糖 (invert sugar) とよばれる〕は結晶化しないので，これらを組合わせてつくったキャンデーは柔らかく粘りがあって結晶性のスクロースのように崩れない．スクロースは右旋性（＋）なのに対し，転化によって得られるグルコースとフルクトースの混合物は左旋性（－）である．したがって，スクロース濃度が減少すれば旋光角も比例して減少する．

(a) 以下の速度論データから反応が一次であることを示し，速度定数を決定せよ．

時間 [min]	0	7.20	18.0	27.0	∞
旋光角 (α)	+24.08°	+21.40°	+17.73°	+15.01°	−10.73°

(b) 水は反応物であるにもかかわらず，なぜ反応速度式に $[H_2O]$ が含まれないのか，説明せよ．

15・68 タリウム（I）は溶液中でセリウム（IV）によって次式のように酸化される．

$$Tl^+ + 2Ce^{4+} \longrightarrow Tl^{3+} + 2Ce^{3+}$$

マンガン（II）が存在するときの素過程は次式の通りであ

る.

$$Ce^{4+} + Mn^{2+} \longrightarrow Ce^{3+} + Mn^{3+}$$
$$Ce^{4+} + Mn^{3+} \longrightarrow Ce^{3+} + Mn^{4+}$$
$$Tl^{+} + Mn^{4+} \longrightarrow Tl^{3+} + Mn^{2+}$$

(a) 反応速度式が，反応速度 $= k\,[Ce^{4+}][Mn^{2+}]$ であるとき，触媒，中間体，律速段階を明らかにせよ．
(b) 触媒がない場合，この反応が遅い理由を説明せよ．
(c) 触媒の種類を分類せよ（均一系か不均一系か）．

15・69 次式の三次反応につき，反応速度式（積分形）と半減期の式を導け．

$$A \longrightarrow 生成物$$

15・70 次の反応

$$CH_2=CH-CH=CH_2 + CH_2=CH-CHO \longrightarrow$$ (シクロヘキセン-カルバルデヒド)

の速度定数を温度を変えて測定した．

$10^3\,k/M^{-1}\,s^{-1}$	0.138	1.63	7.2	36.8	81
$t/°C$	155.3	208.3	246.5	295.8	330.8

反応の頻度因子，E_a, $\Delta S^{°\ddagger}$, $\Delta H^{°\ddagger}$ の値を計算せよ．計算の際には，平均温度として 516 K を用いよ〔データは G. B. Kistiakowsky, J. R. Lacher, *J. Am. Chem. Soc.*, **58**, 123 (1936) より〕．

15・71 CH_3 断片，C_2H_6 分子，He を含む気体混合物を 600 K，全圧 5.42 atm においた．素反応は

$$CH_3 + C_2H_6 \longrightarrow CH_4 + C_2H_5$$

の二次反応で，速度定数は $3.0 \times 10^4\,M^{-1}\,s^{-1}$ である．モル分率はそれぞれ，CH_3 が 0.000 93，C_2H_6 が 0.000 77 であるとして，反応の初速度を計算せよ．

15・72 心停止に陥った人の脳の損傷を防ぐための思い切った医療処置の一つに体温を下げることがある．この処置の物理化学的な根拠を述べよ．

15・73 過酸化水素の分解

$$2\,H_2O_2(aq) \longrightarrow 2\,H_2O(l) + O_2(g)$$

に対する活性化エネルギーは 42 kJ mol^{-1} である．一方，酵素であるカタラーゼによって反応が触媒されるとき，活性化エネルギーは 7.0 kJ mol^{-1} である．酵素触媒による 20 °C での分解速度と同じ速度で，酵素触媒を用いずに分解を進行させようとすると，温度を何度にしなければならないか．計算せよ．頻度因子は両方で同じであると仮定する．

15・74 気体反応

$$H_2(g) + I_2(g) \longrightarrow 2\,HI(g)$$

の速度定数は 400 °C で，$2.4 \times 10^{-2}\,M^{-1}\,s^{-1}$ である．H_2 と I_2 の両試料を，はじめ 400 °C の容器中に等モル入れ，全圧は 1658 mmHg であった．
(a) HI 生成反応の初速度 [M min^{-1}] はいくつか*．
(b) 10.0 min 後の HI の生成速度と濃度はいくつか．

15・75 反応 $A \longrightarrow B$ の A の濃度を 1.20 M から 0.60 M まで変えると，25 °C での半減期は 2.0 min から 4.0 min に増加する．反応次数と速度定数を計算せよ．

15・76 メチルラジカル（・CH_3）の直径は 3.80 Å である．二次の気相反応

$$2\cdot CH_3 \longrightarrow C_2H_6$$

について 50 °C で速度定数を計算せよ．これはとりうる最大の速度定数だろうか．説明せよ．

---

* 訳注：問題 15・24 を参照．

16 光化学

Here comes the sun (ほら太陽が昇るよ)
George Harrison[*1]

光化学の研究者は電子励起状態にある分子がたどる運命に興味がある．光励起された分子がたどる道筋は，光励起された条件やその分子の属する系（分子系）によって異なる．光励起された分子は，他の分子との衝突によってそれ自身がもつエネルギーを熱として放出する場合もあるし，光（量）子を放出することによって，すなわち，蛍光やりん光を出すことによって基底状態へと戻ることもある．それらとは別に，化学反応──たとえば異性化や解離，イオン化──を起こす場合もある．第14章では蛍光やりん光といった現象を取扱ったが，本章ではその他のいくつかのタイプの光化学過程について論ずる．

16・1 はじめに

まず，本章で用いられるいくつかの術語を紹介しつつ，光化学過程で起こる事象について学ぼう．

熱反応と光化学反応

化学反応は，熱反応と光化学反応に分けることができる．**熱反応** (thermal reaction)（第15章参照）[*2] は，電子基底状態における原子や分子を取扱ったものであった．一方，**光化学反応** (photochemical reaction) は，光照射下の電子励起状態で起こる現象と定義される．ここで光とは通常，可視や紫外領域の放射や，X線やγ線といったより高エネルギーの放射を指す．

電子励起状態にある分子が余分にもつエネルギーの一般的な値を 4×10^{-19} J と仮定した場合，ボルツマン分布則［式(2・33)参照］を用いると室温25℃において $N_2/N_1 \approx 6 \times 10^{-43}$ となることから，無視できるほどわずかな分子しか電子励起状態には存在しないことがわかる．熱的に分子を電子励起するには，電子励起状態にある分子の濃度をたった1％にするのでさえ，およそ6000℃もの高温が必要とされる．そのような温度においては，実際にはほとんどすべての分子が電子基底状態（振動励起状態）のまま素早く熱分解を起こしてしまうので，電子励起状態として十分な濃度を生成することは不可能であろう．

一方，電子遷移に必要とされるおよそ500 nm の波長の放射を吸収すると，分子は電子励起される．電子励起状態にある分子の濃度は，放射の強度や励起状態の分子が基底状態へ戻る速度といったいくつかの要因に依存する．さらには，励起エネルギーが化学結合を切るために使われる場合もあり，そのときには化学変化が起こりうる．このように，光化学反応にとっての励起のエネルギーは熱反応にとっての活性化エネルギーに類似している．

光化学初期過程と後続過程

光化学反応は**光化学初期過程**（photochemical primary process，一次過程）と**光化学後続過程**（photochemical secondary process，二次過程）とに分類される．初期過程とは振動緩和や他分子との衝突による振動エネルギーの損失，蛍光，りん光，異性化や解離などを含む．励起分子の解離は反応性に富んだ中間体を生み出すことがあり，それが熱反応である後続過程を起こすこともある．

気相中におけるヨウ化水素の分解について初期過程と後続過程を示そう．反応の全体は次のようなものである．

$$2\,\text{HI} \longrightarrow \text{H}_2 + \text{I}_2$$

適切な波長の光が照射されたとき，反応は次のように進む．

$$\text{HI} \xrightarrow{h\nu} \text{H} + \text{I} \quad \text{光化学反応（初期過程）}$$
$$\text{H} + \text{HI} \longrightarrow \text{H}_2 + \text{I} \quad \text{熱反応（後続過程）}$$
$$\text{I} + \text{I} \longrightarrow \text{I}_2 \quad \text{熱反応（後続過程）}$$
$$\text{反応全体として}: 2\,\text{HI} \longrightarrow \text{H}_2 + \text{I}_2$$

ここで $h\nu$ は吸収される光子のエネルギーを表す．

[*1] ビートルズのメンバー George Harrison (1943〜2001) 作の曲名．

[*2] 訳注：ほとんどの化学変化は，熱エネルギーによってひき起こされる物質の化学変化である熱反応に属する．第15章で見たように，熱反応は熱の作用によって活性化エネルギーが与えられ，分子の衝突によって反応が起こる．

量子収率

光化学反応を研究するうえで有用な比率を表す量が**量子収率**(**量子収量**, quantum yield), Φ であり, それは生成した分子数 (あるいは消費された反応物の分子数) と吸収された光(量)子の数との比である.

$$\Phi = \frac{\text{生成した分子の数}}{\text{吸収された光量子の数}} \quad (16 \cdot 1)$$

式 (16・1) は 1 モル当たりの量として次式のように表すこともできる.

$$\Phi = \frac{\text{生成物の量 [mol]}}{\text{吸収された光量子の量 [アインシュタイン]}} \quad (16 \cdot 2)$$

ここで, **1 アインシュタイン** (einstein, 記号 E) は, 光量子 1 モルに等しい.

光化学反応における量子収率は系によって大きく変化するものであり, Φ の値から光化学過程に関与する機構についてしばしば情報が得られる. 先に論議したヨウ化水素の反応では, 1 個の光子が吸収されることによって 2 個の反応分子 HI が消費されるので量子収率は 2 である. 一方, アセトン分子におよそ 280 nm の紫外光を照射すると, 高い量子収率でメチルラジカルとアセチルラジカルを次式のように生成する.

$$(CH_3)_2CO \xrightarrow{h\nu} CH_3\cdot + CH_3CO\cdot$$

しかし, 液相においては溶媒のかご効果 (p. 354 参照) のためにこれらのラジカルは再結合しやすい. そのために, この反応の全体としての量子収率は 0.1 以下である.

水素と塩素の混合気体は室温で安定であるが, 可視光または紫外光 (≤ 400 nm) が照射されると, 混合気体は爆発的に反応して塩化水素を生成する. その反応機構は次式の通りである.

$$Cl_2 \xrightarrow{h\nu} Cl + Cl$$
$$Cl + H_2 \longrightarrow HCl + H \quad (a)$$
$$H + Cl_2 \longrightarrow HCl + Cl \quad (b)$$

この反応は連鎖反応 (p. 347) であり, その成長段階は (a) と (b) である. この反応における量子収率はおよそ 10^5 にもなる. 一般に量子収率が 2 よりも大きいことが反応が連鎖機構であることの証拠となる.

上での議論とは別に, 光化学反応は速度定数の観点からも解析できる. 次のような状況を考えてみる.

$$A \xrightarrow{h\nu} A^*$$
$$A^* \xrightarrow{k_1} A$$
$$A^* \xrightarrow{k_2} \text{生成物}$$

ここで A は反応物であり, A^* は電子的に励起された分子である. 定常状態であるとすると, 次式のように書ける.

$$A^* \text{の生成速度} = A^* \text{の消滅速度} = k_1[A^*] + k_2[A^*]$$

反応生成物についての量子収率 Φ_P は次式のように与えられる.

$$\Phi_P = \frac{\text{生成物の } A^* \text{からの生成速度}}{A^* \text{の全生成速度}}$$
$$= \frac{k_2[A^*]}{k_1[A^*] + k_2[A^*]} = \frac{k_2}{k_1 + k_2} \quad (16 \cdot 3)$$

Φ で評価される光化学反応の効率と, 速度定数で評価される光化学反応の反応性とは, まったく関係がないことに注意しないといけない. 異なる分子の光反応の量子収率がほとんど同じ値であっても, 反応速度定数が大きく異なることはありうることである. 次の光化学分解反応を考えてみる.

$$C_6H_5COCH_2CH_2CH_3 \xrightarrow{k} C_6H_5COCH_3 + CH_2=CH_2$$
$$\Phi = 0.40 \qquad k = 3 \times 10^6 \text{ s}^{-1}$$

$$CH_3COCH_2CH_2CH_3 \xrightarrow{k} CH_3COCH_3 + CH_2=CHCH_3$$
$$\Phi = 0.38 \qquad k = 1 \times 10^9 \text{ s}^{-1}$$

Φ と反応速度の間の差異について洞察するために, 光化学反応の速度に影響を及ぼす因子に注目する必要が生じるが, それは次のように表される.

$$\text{反応速度} = IFf\Phi_P \quad (16 \cdot 4)$$

ここで I は入射光の強度であり, F は全入射光のうち吸収される光の割合, f は吸収された光のうちで反応性のある状態を生み出すものの割合で, Φ_P は反応生成物の量子収率である. 反応物の F と f が異なると, たとえ二つの反応の Φ 値が同様であっても反応速度は大きく異なるが, その理由は式 (16・4) からわかるであろう.

光強度の測定

光化学反応における反応機構がいかなるものであれ, 光化学反応の速度は光吸収の速度に比例するはずである. したがって, 光化学反応の速度論的研究においては, 用いる光の強度の正確な測定が要求されることになる. 光強度は化学**感光計** (actinometer) で測定する. 感光計は光化学的な振舞いが定量的に理解されている化学系で, 液相感光計中, 最も便利なものの一つに, トリオキサラト鉄(Ⅲ)酸カリウム化学感光計がある. この感光計では, $K_3[Fe(C_2O_4)_3]$ の硫酸溶液に 250 nm から 470 nm の領域の光が照射されると, Fe^{3+} イオンが Fe^{2+} イオンへと還元され, 同時にシュウ酸イオンが一部, 二酸化炭素へと酸化される. この過程を簡潔に表す化学式は次式のようになる.

$$2\,[Fe(C_2O_4)_3]^{3-} \xrightarrow{h\nu} 2\,Fe^{2+} + 5\,C_2O_4^{2-} + 2\,CO_2$$

この反応は詳細に研究され, その量子収率は波長の関数として知られている. 生成される Fe^{2+} イオンの量は, フェナントロリン滴定によりモル吸光係数が既知である赤色の

1,10-フェナントロリン*-鉄(II)錯イオンの形成から容易に決定することができる．このようにして所定の時間内で吸収される光子の総量を決定することができる．

例題 16・1

35 mL の $K_3[Fe(C_2O_4)_3]$ 溶液に，468 nm の単色光を 30 分間照射する．そしてその溶液を，赤色の 1,10-フェナントロリン-鉄(II)錯体を形成する 1,10-フェナントロリンで滴定する．この錯イオンの吸光度は，セル長 1 cm，波長 510 nm において 0.65 ($\varepsilon_{510}=1.11\times 10^4$ L mol^{-1} cm^{-1}) と測定されている．この波長での分解の量子収率を 0.93 と仮定して，1 秒間当たりに吸収される光量子の数（アインシュタイン単位）と吸収された全エネルギーを計算せよ．

解 式 (11・20) から

$$c = \frac{A}{\varepsilon b} = \frac{0.65}{(1.11\times 10^4 \text{ L mol}^{-1}\text{ cm}^{-1})(1\text{ cm})}$$
$$= 5.86\times 10^{-5}\text{ M}$$

吸収される光量子の数（アインシュタイン単位）は次式のように与えられる〔式 (16・2) 参照〕．

$$= \frac{\text{生成した Fe}^{2+}\text{の量(モル単位)}}{\text{量子収率}}$$
$$= \frac{(5.86\times 10^{-5}\text{ mol/L})(1\text{ L}/1000\text{ mL})(35\text{ mL})}{0.93}$$
$$= 2.2\times 10^{-6}\text{ mol} = 2.2\times 10^{-6}\text{ E (アインシュタイン)}$$

光吸収の速度は次式のように与えられる．

$$\frac{2.2\times 10^{-6}\text{ E}}{30\times 60\text{ s}} = 1.2\times 10^{-9}\text{ E s}^{-1}$$

したがって最終的に，

吸収された全エネルギー
$= $ 光子の数 $\times h\nu$
$= (2.2\times 10^{-6}\text{ mol})(6.022\times 10^{23}\text{ mol}^{-1})$
$\quad\times (6.626\times 10^{-34}\text{ J s})\left(\dfrac{3.00\times 10^8\text{ m s}^{-1}}{468\times 10^{-9}\text{ m}}\right)$
$= 0.56$ J

コメント 光強度は，光子数 cm^{-2} s^{-1}（あるいは J cm^{-2} s^{-1}）を単位として測定する．光化学の観点において，より興味がもたれるのは，試料に注がれた光エネルギーの量であって，それは吸収強度とよばれる．吸収強度は，単位体積，単位時間当たりに反応系に投入されたエネルギーであり J cm^{-3} s^{-1} の単位をもつ．上の例における吸収強度は次のようになる．

$$\frac{0.56\text{ J}}{(35\text{ cm}^3)(30\times 60\text{ s})} = 8.9\times 10^{-6}\text{ J cm}^{-3}\text{ s}^{-1}$$

---

*1 訳注: 1,10-フェナントロリンは，多くの金属イオンと安定なキレート化合物をつくるので，分析試薬として使われる．

作用スペクトル

系の応答や効率を，照射する光の波長の関数として測定すると，光化学過程や光生物学過程に直接関与する化学種についての非常に有用な情報を得られることがしばしばある．この手法からは**作用スペクトル** (action spectrum) が得られる．一般的に，1 種類の分子のみを含む単純な系ならば，作用スペクトルは吸収スペクトルによく似たはずのものであり，まさにそうなっている．一方，複雑な生物系においては，関心のある波長領域全体にわたって，入射光を強く吸収するいくつかの異なった化合物が存在するのが普通である．光化学反応を担う分子は非常に低い濃度でしか存在しない場合があり，その結果，吸収スペクトルを必ず検出できるとは限らない．しかし，通常の吸収スペクトルの代わりに作用スペクトルを測定することで，それらの分子の存在を明らかにすることができる（図 16・1）．

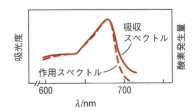

図 16・1 単細胞性緑藻類のクロレラの吸収スペクトルと作用スペクトルの比較．種々の光の波長に対する光合成効率（酸素の発生を縦軸に目盛る），つまり作用スペクトルは，クロロフィル分子の吸収スペクトルとほぼ一致している．700 nm 近傍における差異は"レッドドロップ*2"として知られている．この比較により，クロロフィルが光合成において重要な役割を果たしていることが強く示唆される〔出典: R. K. Clayton, "Light and Living Matter," Vol.2, Copyright 1971 by McGraw-Hill Book Company〕．

16・2 地球の大気

温室効果，光化学スモッグの発生，オゾン層の減少は地球上の生命の存続に大きく関係する三つの光化学過程である．これらの重要な現象は大部分が人間の活動の副産物といえるが，突き詰めていくとそれら現象は，地球大気中のガスと太陽光との間の相互作用が原因で生じている．

大気の組成

地球は，化学的に活性で酸素に富んだ大気が存在しているという点で，太陽系の惑星の中でも特異な惑星である．たとえば火星にはおよそ 90 % が二酸化炭素のずっと薄い大気があるだけであるし，木星には固体表面はなく，90 % の水素と 9 % のヘリウムと 1 % のその他の物質が存

---

*2 訳注: 長波長側の単色光照射で光化学系 II がほとんど励起されないため，光化学系 II における律速で全体の電子伝達速度が小さくなり，量子収量が急激に低下する現象．

するだけである*1.

地球の大気の総重量はおよそ $5×10^{18}$ kg である. 表16・1 には海面の乾燥空気の組成を示してある. 空気中の水分の濃度は場所により大きく変化しうるので, 表16・1 には水分は含めていない. 窒素(N_2) と酸素(O_2) および希ガスが大気の 99.9% 以上を構成していて, これらのガスの濃度は, 人類が地球上に存在しているよりもずっと長い間ほぼ一定であることに注目されたい. これから議論する光化学効果は, いく種類かの微量の大気構成成分 —— 二酸化硫黄(SO_2) や, NO_x と総称される2種の窒素酸化物 (NO と NO_2), 数種のクロロフルオロカーボン (chlorofluorocarbon, CFC) 類などの微量のガス —— の濃度変化 (主として増加) によっておもにひき起こされているのである. 二酸化硫黄は酸性雨の主原因であるが, 大気中には体積比で 50 ppb 存在するに過ぎない. NO_x 化合物は酸性雨と光化学スモッグを両方形成してしまうことから重要である. クロロフルオロカーボン類, メタン(CH_4), 一酸化二窒素(N_2O), 大気微量成分ガスの中では飛び抜けて大量に存在する二酸化炭素(CO_2) の増加は温室効果の原因となる.

表 16・1 海面の乾燥空気の組成

ガス	組成(体積比)(%)	ガス	組成(体積比)(%)
N_2	78.03	Ne	0.0015
O_2	20.99	He	0.000 524
Ar	0.94	Kr	0.000 14
CO_2	0.040	Xe	0.000 006

大気の層

大気は温度の違いや成分に従っていくつかの層に分類される (図16・2). 目に見える現象の点で最も活発な領域は**対流圏**(troposphere) であり, 大気の全重量のおよそ 80% と, 事実上大気中の水蒸気のすべてを含む層である. 対流圏は大気圏の中で最も薄い層 (10 km) であるが, 雨や雷や嵐といったすべての劇的な気象現象が起こる場所である. この領域においては高度が増すに従って温度はほぼ直線的に低下する.

対流圏の上には窒素, 酸素, オゾンからなる**成層圏** (stratosphere) が存在する*2. 成層圏においては大気の温度は高度と共に上昇する. この温度上昇効果は, 太陽からの紫外線照射によって誘起される発熱反応の結果である (§16・5参照). この一連の反応の生成物の一つがオゾン (O_3) であり, すぐ後に述べるように有害な紫外光が地表に到達するのを防いでいる.

---

*1 訳注: 大気の下には液体金属水素の層が広がり, 中心部には岩石と鉄, ニッケルなどの合金でできた核があるとされる.
*2 対流圏と成層圏の境界である**対流圏界面** (tropopause) の高度は緯度と天候で変わる.

成層圏の上にある**中間圏** (mesosphere) ではオゾンや他のガスの濃度は低く, 中間圏における温度は高度の上昇につれて下降する. **熱圏** (thermosphere) は, **電離圏** (ionosphere) ともよばれ, 大気の最上層部である. この領域での高度に伴う温度上昇は, 太陽から飛来する電子やプロトンといったエネルギーをもった粒子が, 酸素分子や窒素分子, 原子種と衝突する結果生じる. 典型的な反応は

$N_2 \longrightarrow 2N$ $\Delta_r H° = 941.4$ kJ mol^{-1}
$N \longrightarrow N^+ + e^-$ $\Delta_r H° = 1400$ kJ mol^{-1}
$O_2 \longrightarrow O_2^+ + e^-$ $\Delta_r H° = 1176$ kJ mol^{-1}

であり, 逆反応で, 等価量のエネルギーが大部分熱として放出される. また, イオン化した粒子によって地上へのラジオ波 (電波) の反射が起こる.

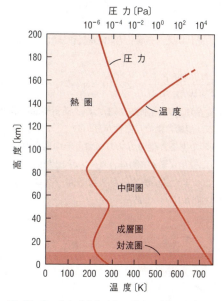

図 16・2 さまざまな大気の層 [エベレスト (チョモランマ) 山は標高およそ 8.8 km であることに注目]. 圧力は対数目盛りで示してある.

滞留時間

地球大気は動的な系であり, 大気圏 (対流圏から熱圏まで) で絶え間なく生成され, 地球表面に放出される成分もある. 大気中から増えたガスを取除き, 全体の流入と流出を釣り合わせる機構が存在するので, いくつかの例外を除いて, 大気の全体としての組成はあまり変化しない. この定常状態の状況は水のあふれ出たバケツと似ている. バケツが満水の状態で水の流入が続くのならば, その流入量と流出量は等しくなるだろう.

図16・3 のような大気の体積要素を考えよう. F_i と F_o はそれぞれ, ある物質の体積要素への流入と体積要素からの流出を表す質量流量である. これに加え, 地球上の活動

によるこの体積要素内におけるその物質の導入速度を P, 除去速度を R と定義する. Q を体積要素内のその物質の総質量とすると, 質量は保存されるので,

$$\frac{dQ}{dt} = (F_i - F_o) + (P - R)$$

定常状態においては, $dQ/dt=0$ なので,

$$F_i + P = F_o + R$$

である. 考慮している体積が大気全体の場合には, $F_i=0$ および $F_o=0$ で $P=R$ となる. ここで大気中でのある物質の**滞留時間**(residence time), τ を次式のように定義する[*1].

$$\tau = \frac{Q}{P} = \frac{Q}{R} \quad (16 \cdot 5)$$

式 (16・5) の実例をあげると, 大気中に存在する全硫黄含有化合物の質量 (Q) はおよそ 4×10^{12} g である. 天然および人工的に産生する硫黄含有物質の P は 2×10^{14} g yr^{-1} である. それゆえ, 硫黄化合物の滞留時間は次式のようになる.

$$\tau = \frac{4 \times 10^{12} \text{ g}}{2 \times 10^{14} \text{ g yr}^{-1}} = 2 \times 10^{-2} \text{ yr (年)}, \text{ つまり, 1週間}$$

窒素や希ガスは不活性であるため, 滞留時間は数百万年を超える. 酸素はより反応性が高いので, 滞留時間はおよそ 5000 年である. 他のガスのおおよその滞留時間を列挙すると, 二酸化炭素が 100 年, メタンが 10 年, NO$_x$ が数日, N$_2$O が 200 年, SO$_2$ が数日から数週間, クロロフルオロカーボン類は 100 年である.

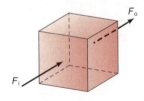

図 16・3 大気の体積要素に, ある物質が流入および流出する場合の質量流量 (それぞれ F_i, F_o)

16・3 温室効果

太陽表面からの放射 (図 16・4) は 3×10^8 m s^{-1} の速さで, およそ 8 分で太陽表面から地球へと到達する. 太陽光に垂直な面を透過する入射光束 (太陽放射照度, 日射照度とよばれる) I_i は, 1.4×10^3 J m^{-2} s^{-1} と見積もれる. 大雑把には太陽放射の $\frac{1}{3}$ が地表と大気 (雲と粒子) によって反射される. 1 秒当たりに地球に吸収される全エネルギー (R_i) は次式のように与えられる.

$$R_i = (1 - 0.3) I_i (\pi r^2) = 0.7 I_i (\pi r^2) \quad (16 \cdot 6)$$

ここで r は地球の半径である. πr^2 という量は地球の全表面積ではなく, 入射光にさらされる断面積であることに注意しよう. 地球の温度は一定のままであるので, 地球が受け取るエネルギーは外部へ放射するエネルギーと等しくなければならない. そこで地球が黒体放射体であると仮定して, 地球の実効的な温度 T_e を次のように見積もることができる. 単位時間, 単位面積当たり, 黒体が放射するエネルギー[*2] I_0 は, シュテファン・ボルツマンの法則 [Boltzmann とオーストリアの物理学者 Josef Stefan (1835~1893) にちなむ] で与えられ,

$$I_0 = \sigma T_e^4 \quad (16 \cdot 7)$$

となる. ここで σ はシュテファン・ボルツマン定数である (5.67×10^{-8} J s^{-1} m^{-2} K^{-4}). 地球の全表面積は $4\pi r^2$ で, それはまた全放射領域でもあるので, 単位時間 (1 秒当たり) に地球から発せられる放射エネルギー R_0 は次のようになる.

$$R_0 = 4\pi r^2 \sigma T_e^4 \quad (16 \cdot 8)$$

エネルギー収支により $R_i = R_0$ が要求されるから

$$0.7 I_i (\pi r^2) = 4\pi r^2 \sigma T_e^4$$

$$T_e^4 = \frac{0.7 I_i (\pi r^2)}{4\pi r^2 \sigma} = \frac{0.7 I_i}{4\sigma}$$

$$T_e = \left[\frac{0.7 (1.4 \times 10^3 \text{ J m}^{-2} \text{ s}^{-1})}{4 (5.67 \times 10^{-8} \text{ J s}^{-1} \text{ m}^{-2} \text{ K}^{-4})} \right]^{1/4} = 256 \text{ K}$$

となる. しかしながら, 地球の平均表面温度は 288 K であるので 32 K の相違があることになる.

上述の計算においては, 外部へ逃げる放射のいくらかを閉じ込めうるガスの存在を省略してしまっている. 32 K という温度差は**温室効果** (greenhouse effect) の結果生じたのである. 温室のガラス屋根は日差しが屋内に降り注ぐのを妨げず, 一方, 主として温室内の暖かい空気が外部の空気と混ざり合うのを妨げることによって, 熱が逃げないようにしている. それと同様に, 二酸化炭素やいくつかの他のガスは, 日光を比較的透過しやすいうえ, 地球から放

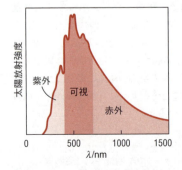

図 16・4 6000 K における太陽の発光スペクトル. これは黒体放射のスペクトルに近い. 強度の極大はおよそ 500 nm にある.

[*1] 毎年 500 人が入学し, 500 人が卒業する大学の定員が 2000 人のとき, 滞留時間は 2000 [人]/500 [人 yr^{-1}] = 4 yr (年) となる.

[*2] 黒体放射の議論については §10・2 を参照のこと.

射される波長のより長い赤外放射をさらに効率的に吸収することによって，熱を閉じ込めているのである．

図16・5は地球表面（288 K）の黒体放射曲線と，2種類の最も存在量の多い温室効果ガスである水と二酸化炭素の赤外光吸収領域を示している．§11・3で見たように，水の3個の振動モードすべてと二酸化炭素の4個の振動モードのうち3個が赤外活性である．赤外領域の光子を受け取ることによって，これらの分子は高い振動エネルギー準位へと励起される．

$$CO_2 \xrightarrow{h\nu} CO_2^*$$
$$H_2O \xrightarrow{h\nu} H_2O^*$$

ここで*で表した振動励起された分子は，自然放出あるいは他分子との衝突によって直ちに自身がもつ過剰なエネルギーを失い，それによって平均並進運動エネルギーが増加することになる．こうして閉じ込められたエネルギーは地球大気を暖め，熱伝導によって結果的に地表も暖めることになる．

大気中における水蒸気の総量の顕著な変化は何年も見られないが，CO_2の濃度は，化石燃料（石油，天然ガス，石炭）の燃焼が原因で20世紀初頭から着実に上昇している．図16・6は1960年から2012年までの間でのCO_2レベルの上昇を示している．図16・5から，波長が2850 nmから4000 nmの間と8300 nmから12 500 nmの間において，地球の放射は宇宙へ最も逃げやすいことが見てとれる．しかしながら，CO_2やH_2Oに加えて，CH_4やクロロフルオロカーボン類，N_2O（一酸化二窒素），そして他の温室効果ガスも，地球の温暖化に相当影響している[*1]．これらの多くは滞留時間が長く，H_2OやCO_2が吸収しない波長領域で赤外放射を強く吸収する．全体的な効果としては，外部へ向かう放射のわずか5％しか宇宙へ逃げることができない．その残りはガスや雲に吸収され，吸収された放射の90％以上が地球表面へ向けて再放射されるのである．

温室効果ガスの増大が現在の速さで進行すると，地球の平均気温は2～4℃上昇すると予測されている．この温度上昇は見かけは小さいが，精妙な地球の熱収支を大きく乱し，氷河や氷山の氷が溶け出すこともありうる．その場合，海面の上昇が起こり，海岸沿いの土地は水浸しになるだろう．地球温暖化を遅らせる最も効果的な方法は，すべての温室効果ガスの放出を（とりわけCO_2の放出を）減少させることである．工業および輸送分野で化石燃料をより効率的に利用することでこの目的が達成され，その他の環境面での利益ももたらされるだろう．

地球温暖化に関する興味の高まりに応えて，京都議定書という国際協定が1997年に採択された．京都議定書の大きな特徴は，温室効果ガスの排出削減のために先進国に拘束力のある目標を設定したことで，2013年の時点で，190を超える国々が京都議定書を採択，批准している．米国は採択はしたが批准しないことを明確にし，このことは京都議定書に従う排出上限値を認めないことを意味する[*2]．

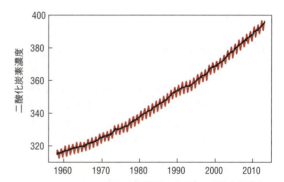

図16・6　ハワイ，マウナロア観測所における二酸化炭素濃度の年次変化．大気中の二酸化炭素は，全体として明らかに増加傾向を示す．2013年5月に記録された平均濃度は400 pmであった．

16・4　光化学スモッグ

温室効果と同様に，光化学スモッグの生成も対流圏で起こる．スモッグ（smog）という言葉は，そもそもは1900年代にロンドンを覆い尽くしていた，煙（smoke）や霧（fog）の混ざり合った様を描写するための造語であり，ロンドンを覆ったスモッグの原因は，主として石炭を燃やした結果生じた大気中の二酸化硫黄であった．光化学スモッグは1950年代にロサンゼルスではじめて見られた．光化学スモッグは交通量が多ければどんな都市でも起こるが，ロサンゼルスは，他に抜きん出て光化学スモッグが発生しやすい街のようである．世界で最も交通量が多い都市の一つであり，1年のほとんどを強烈な日差しが照りつける．さら

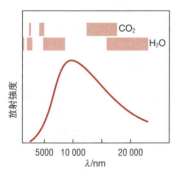

図16・5　地球の黒体放射曲線（約288 K）と二酸化炭素と水による赤外光吸収領域

[*1] どのような多原子分子も赤外活性の振動モードを少なくとも一つもつ．

[*2] 訳注：先進国のみに温室効果ガスの排出削減義務を課していた京都議定書に対し，すべての国に排出量目標の設定と定期的な見直しを求めたパリ協定が2016年に採択された．

に，ロサンゼルスの街は山と海に囲まれた盆地に位置し，空気がよどんで汚染物質がたまりやすい場所なのである．結果的に，光化学スモッグの初期の研究の大部分は，この地域でとられたデータに基づいている．今日では，ヒトの健康に及ぼす光化学スモッグの影響は世界的に大きな問題となっている．

　光化学スモッグの形成はそれ自身では比較的反応性に乏しい一次汚染物質から始まる．これらの一次汚染物質から光化学的に形成される二次汚染物質が，光化学スモッグの増大の原因となる．一次物質は主として，窒素酸化物や**揮発性有機化合物***(<u>v</u>olatile <u>o</u>rganic <u>c</u>ompounds, VOC)と総称される大気中で気体状の汚染物質である．

窒素酸化物の生成

　常温では窒素と酸素から一酸化窒素が生成することはほとんどない．

$$N_2(g) + O_2(g) \rightleftharpoons 2\,NO(g) \qquad \Delta_r G° = 173.4\ \text{kJ mol}^{-1}$$

この大きな正の $\Delta_r G°$ 値は，25℃での順反応の平衡定数 (K_P) が 4.0×10^{-31} であることに相当する．上記の反応は，1000℃を超す温度で自動車のエンジンを動かす場合や，稲光により促進される．一酸化窒素はいったん大気中へと放出されると，光化学的に生成した化学種や VOC 類が関わる複雑な一連の気相反応によって二酸化窒素 (NO_2) へと酸化される．たとえば VOC であるエタン (C_2H_6) は下にまとめた段階を経て NO を NO_2 へと変化させる．

$$CH_3CH_3 + \cdot OH \longrightarrow CH_3CH_2\cdot + H_2O$$
$$CH_3CH_2\cdot + O_2 \longrightarrow CH_3CH_2O_2\cdot$$
$$CH_3CH_2O_2\cdot + NO \longrightarrow CH_3CH_2O\cdot + NO_2$$
$$CH_3CH_2O\cdot + O_2 \longrightarrow HO_2\cdot + CH_3CHO$$
$$HO_2\cdot + NO \longrightarrow \cdot OH + NO_2$$

ここで，$CH_3CH_2O_2\cdot$ はアルキルペルオキシラジカルの一つ，$CH_3CH_2O\cdot$ はアルコキシドラジカルの一つ，$HO_2\cdot$ はヒドロペルオキシラジカル，$\cdot OH$ はヒドロキシルラジカルである．

　光化学スモッグにおける NO から NO_2 の生成を実験室での生成方法と比較するのは有益である．銅線の切れ端を 30％の硝酸溶液に入れると次の反応が起こる．

$$3\,Cu(s) + 8\,HNO_3(aq) \longrightarrow$$
$$3\,Cu(NO_3)_2(aq) + 4\,H_2O(l) + 2\,NO(g)$$

無色の NO ガスは直ちに褐色に変化し，これは下式のように NO_2 が生成したことを示す．

---

* 訳注：工場，自動車（エンジンからの未燃焼物質），塗料や溶剤由来の，沸点が 50〜260℃の有機化合物（WHO 基準）の総称．トルエン，キシレン，酢酸エチル，トリクロロエチレン，テトラクロロエチレン，ベンゼンなど多種多様な物質からなる．

$$2\,NO(g) + O_2(g) \rightleftharpoons 2\,NO_2(g)$$

ところが，この反応には次式のような高速の前駆平衡が関与している．

$$2\,NO(g) \rightleftharpoons N_2O_2(g)$$
$$N_2O_2(g) + O_2(g) \longrightarrow 2\,NO_2(g)$$

NO の濃度が高いときのみ NO 二量体が十分生じて 2 段目の反応が速められ，NO_2 が観測される．大気中においては NO の濃度が非常に低いので，この反応は重要ではない（また直接的な反応である $2\,NO + O_2$ は三分子反応であり，非常に遅いので問題にはならない）．もう一つの一般的な窒素酸化物である一酸化二窒素 (N_2O) は温室効果ガスであるが，光化学スモッグの形成には関与しない．

オゾン (O_3) の生成

　いったん NO_2 が生成すると，さまざまな経路によってオゾンのような他の二次汚染物質が形成される．オゾンは 242 nm よりも短い波長で，O_2 の光解離により生成する（§16・5 参照）が，そのような放射は成層圏およびその上層にしか存在しないので，この機構でのオゾン生成は対流圏では起こりえない．対流圏ではその代わりに波長 420 nm 以下の光の存在下で次の反応が起こる．

$$NO_2 \xrightarrow{h\nu} NO + O^* \qquad (a)$$
$$O^* + O_2 + M \longrightarrow O_3 + M \qquad (b)$$

ここで O^* は電子励起状態にある酸素原子であり，M は不活性ガス（たとえば N_2）で，O_3 と衝突して余剰エネルギーを取去り，O_3 が O と O_2 に再び解離するのを防ぐ役割をもつ．O_3 はいったん生成すると，次式のように容易に NO を NO_2 へと酸化する．

$$O_3 + NO \longrightarrow O_2 + NO_2 \qquad (c)$$

以上の反応 (a)，(b)，(c) を一巡しても，正味の O_3 生成には至らない．しかしながら，先に示した VOC 類との反応で NO が NO_2 へと変わると，オゾンを除く NO が部分的に失われるのでオゾンの正味の生成が起こることになる．

ヒドロキシルラジカルの生成

　ヒドロキシルラジカルは，有機化合物および無機化合物に対する高い反応性のために対流圏の化学において中心的な役割を果たしている．ヒドロキシルラジカルはオゾンが 320 nm よりも短い波長の太陽放射にさらされたときに生成する．

$$O_3 \xrightarrow{h\nu} O^* + O_2$$
$$O^* + H_2O \longrightarrow 2\cdot OH$$

ほかには，400 nm 以下の波長での亜硝酸（NO_2 が水蒸気と反応するときに生成する）の光分解でも $\cdot OH$ は発生する．

$$HNO_2 \xrightarrow{h\nu} \cdot OH + NO$$

ヒドロキシルラジカルは以下に示す性質のために"大気の洗剤"とよばれることが多い．・OHは安定な水分子の断片であり，分子から水素原子を引き抜いて水分子に戻る．

$$RH + \cdot OH \longrightarrow R\cdot + H_2O$$

ここでRHはC_2H_6やC_3H_8のようなアルカンである．R・ラジカルはひとたび生成すると，さらに反応を起こして最終的には大気中から取除かれることになる．このようにヒドロキシルラジカルはさまざまな汚染物質を取除いて大気を浄化するのに役立つ．この浄化作用は，大気における割合が典型的には約2×10^{-14}という非常に希薄なヒドロキシルラジカル濃度でなされており，驚くべきことである．もしヒドロキシルラジカルが存在しなければ，大気中の微量ガスの組成はまったく異なって，おそらく地球上のほとんどの生命にとって危険なものになっていたに違いない．

ヒドロキシルラジカルはまた，SO_2をH_2SO_4に，NO_2をHNO_3に酸化するが，それらは酸性雨の主成分である．たとえば，次式のように反応する．

$$\cdot OH + SO_2 \longrightarrow HOSO_2\cdot$$

$HOSO_2\cdot$ラジカルはさらに酸化されてSO_3になる．

$$HOSO_2\cdot + O_2 \longrightarrow HO_2\cdot + SO_3$$

生成したSO_3は次に水と素早く反応して硫酸(酸性雨のもと)になる．

$$SO_3 + H_2O \longrightarrow H_2SO_4$$

他の二次汚染物質の形成

エタンの酸化でNOがNO_2へ変換される際(p.380左段参照)，四番目の段階でアセトアルデヒドが生成する．このアセトアルデヒドがヒドロキシルラジカルと次式のように反応する．

$$CH_3CHO + \cdot OH \longrightarrow CH_3CO\cdot + H_2O$$

アセチルラジカルは次式のような経路で酸化される．

$$CH_3CO\cdot + O_2 \longrightarrow CH_3COO_2\cdot$$
$$CH_3COO_2\cdot + NO_2 \longrightarrow CH_3COO_2NO_2\cdot$$

最終的な生成物は，硝酸ペルオキシアセチル(PAN)であり，これは最も有害な二次汚染物質の一つである．

一酸化炭素は，自動車の排気ガス中に不完全燃焼の結果として放出されたり，次のような反応によって大気中で生成する．

$$HCHO \xrightarrow{h\nu} HCO\cdot + H\cdot$$
$$HCO\cdot + O_2 \longrightarrow CO + HO_2\cdot$$

ここでホルムアルデヒド(HCHO)は，エタンが酸化されてアセトアルデヒドが生成するのとほぼ同様に，ヒドロキシルラジカルによるメタンの酸化で生成する．

上記の議論により，光化学スモッグの形成に関わる反応が複雑で相互に関連していることは明白である．さらに，反応速度と反応機構は太陽光や場所によって左右される．にもかかわらず，過去40年以上にわたる猛烈な研究努力のお陰で，光化学スモッグの生成についてはより多くのことが明らかになってきた．表16・2は光化学スモッグにおける微量成分の一覧であり，図16・7は光化学スモッグ発生日における汚染物質濃度の経時変化である．

表 16・2　光化学スモッグにおける微量成分の濃度[†1]

構成成分	濃度 (pphm[†2])	構成成分	濃度 (pphm)
窒素酸化物[†3]	20	高級パラフィン[†4]	25
NH_3	2	C_2H_4	50
H_2	50	高級オレフィン[†4]	25
H_2O	2×10^6	C_2H_2	25
CO	4×10^3	C_6H_6	10
CO_2	4×10^4	アルデヒド	60
O_3	50	SO_2	20
CH_4	250		

[†1] 出典: R. D. Cadle, E. R. Allen, *Science*, **167**, 243〜249(1970). Copyright 1970 by the American Association for the Advancement of Science.
[†2] 大気中の成分濃度は体積比で，大気の体積の1億分の1 (parts per hundred million)を単位として計測される．
[†3] 都市部の大気汚染地域ではPANは数ppbv(parts per billion by volume, 体積比で十億分の一)の濃度で認められる．
[†4] 訳注: パラフィンは脂肪族飽和炭化水素，オレフィンは脂肪族不飽和炭化水素．

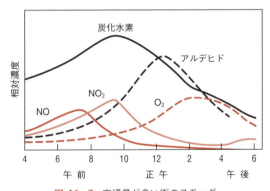

図 16・7　交通量が多い街のスモッグの多い日における汚染物質の平均濃度

光化学スモッグの有害作用と防止

二次汚染物質は生物的環境と物理的環境の両方に対して有害である．オゾンの毒性はよく語られている．肺にとって刺激物であるオゾンは，肺水腫をひき起こし，また上部呼吸器系にも激しい炎症を起こすことがある．オゾンは葉を茶色にし，植物の成長速度や生理学的な活動を低下させる．

加えて，オゾンは次のようにゴムの C=C 結合を攻撃する．

$$\underset{R}{\overset{R}{C}}=\underset{R}{\overset{R}{C}} + O_3 \longrightarrow \begin{array}{c} R \quad O \quad R \\ C \quad C \\ R \quad O-O \quad R \end{array} \xrightarrow{H_2O}$$

$$\underset{R}{\overset{R}{C}}=O + O=\underset{R}{\overset{R}{C}} + H_2O_2$$

ここで R はアルキル基を表す．スモッグが立ち込める地域では，この反応により自動車のタイヤがひび割れることがある．同様の反応によって，肺組織や他の生体物質も破壊される．PAN は強力な催涙物質であり呼吸を困難にする．ヘモグロビンへの高い親和性のため，一酸化炭素は眠気や頭痛をひき起こす．

光化学スモッグの解決法は原理的には明白である．それは，有害な自動車の排気ガスを減少させるもっと効果的な触媒コンバーター*1 を開発すること，交通量を減少させること（たとえば，公共交通機関利用の励行），燃焼効率の良い車を運転し，より汚染物質を含まない燃料を用いること，電気自動車あるいは大量使用可能な燃料電池で走行する車を開発することなどである．温室効果をなくそうと努める場合に，これらの対処法の多くは，現在の生活様式を習慣的に続けていくことにかなりの変化を強いるであろうし，どんなにうまく行ったとしてもわれわれの社会で大規模に達成することは難しいだろう．さらに言えば，先進国が犯してきた，いくつかの代償の高い環境問題上の誤りを，開発途上国が繰返すことがないように説得しなければならない．

16・5 成層圏オゾン

大気中の全オゾン分子を 1 bar（≈1 atm），25 ℃ の条件で地球を覆う単一の層に圧縮したとすると，その層の厚みはたったの 3 mm にしかならない．それにもかかわらず，対流圏と成層圏にオゾンが存在すること*2 は，地球にとって重大な意義がある．対流圏における二次汚染物質として

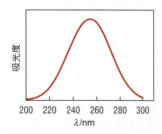

図 16・8 紫外領域におけるオゾンの吸収スペクトル

*1 訳注：自動車の排気系に設けられる触媒装置で，排気ガス内の炭化水素や一酸化炭素を酸化し無害の二酸化炭素と水分にし，窒素酸化物も併せて窒素（N_2）に還元する三元触媒装置．

*2 オゾンは，成層圏においてはジキル博士であり，対流圏においてはハイド氏である．

のオゾンの役割はすでに説明したが，一方，成層圏においては，オゾンは太陽からの紫外線を吸収するという有益な役割をもつのである．強い紫外線は人類に対し皮膚癌や遺伝子の突然変異，その他の生理学上の問題をひき起こす恐れがある．ここでは，成層圏オゾンの化学とその存在量が減少している意味について考えよう．

オゾン層の生成

多くの科学者は一般に，30 億から 40 億年前には，地球の大気は主としてアンモニアとメタンと水から構成されていたと信じている．そして遊離の酸素はたとえあったにせよ，量的にはわずかしか存在していなかった．太陽からの紫外放射は，おそらく大気を通り抜け地球表面を無菌状態にしていたが，同時にその紫外放射が，結果的には地球生命の誕生に至る化学反応（おそらく地表下で起こる反応）の引き金を引いたのかもしれない．

原始生命体は，炭素を得るために太陽からのエネルギーを用いて二酸化炭素（それは火山活動により産出された）を分解し，得られた炭素を自身の細胞へと取入れていた．この**光合成**（photosynthesis）とよばれる過程における主要な副生物は酸素である．また，他の重要な酸素の発生源は，紫外光による水蒸気の**光分解**（photodecomposition）である．長い時間をかけて徐々に，アンモニアやメタンのようなより反応性のあるガスは大部分が消滅して，今日では大気はおもに酸素ガスと窒素ガスとから構成されている．そして，オゾンは成層圏において，酸素が 242 nm よりも短い波長の太陽放射を吸収することにより，しだいに生成されてきた．

$$O_2 \xrightarrow{h\nu} O + O$$
$$O + O_2 + M \longrightarrow O_3 + M$$

100 nm よりも短い波長の太陽放射のほとんどは，高高度（>100 km）にある N_2, O_2, N, O に吸収される．O_2 による吸収は，高度 50 km かもっと高い場所での 210 nm よりも短い波長の放射に限定される．210 nm よりも長波長の放射は，O_2 にはわずかしか吸収されないので，O_3 がおもに吸収の役割を担う．図 16・8 が示すように，O_3 は 200 nm から 300 nm の間で効果的に紫外光を吸収する．

$$O_3 \xrightarrow{h\nu} O + O_2$$

例として λ＝250 nm においては，入射してくる太陽放射の $1/10^{30}$ 未満しか"オゾン層"を透過しないと見積もられる．O と O_2 の再結合は O_3 を生成するが，これは発熱反応であり成層圏を暖めることになる．

オゾンの破壊

自然による，オゾン生成と破壊の過程は，成層圏におけ

る O_3 の濃度を一定に保つ繊細かつ動的な平衡である．この平衡が，数多くの物質（その中には窒素酸化物，NO_x がある）によってかく乱されることを，科学者はずっと前から知っていた．NO_x の源は N_2O であり，それは土壌（とりわけ，肥料を豊富に含んだ）中の細菌の活動で放出される．N_2O は対流圏ではまったく反応性がないので徐々に成層圏へと拡散し，そこで O_2 と O_3 の光解離で生成した O 原子と次のように反応する．

$$N_2O + O \longrightarrow 2\,NO$$

そして，一酸化窒素は O_3 を破壊する触媒サイクルに加わる．

$$NO + O_3 \longrightarrow NO_2 + O_2$$
$$O_3 \xrightarrow{h\nu} O + O_2$$
$$O + NO_2 \longrightarrow NO + O_2$$

これら 3 段階の過程の全体としての反応は，正味 O_3 の除去であり，次式のようになる．

$$2\,O_3 \longrightarrow 3\,O_2$$

成層圏における他の NO の発生源としては，高高度飛行のジェット機やロケットがあり，大気中での高温の燃焼により N_2 と O_2 から NO が生成する．

1970 年代には，科学者は，ある種のクロロフルオロカーボン（CFC）類がオゾン層に有害な影響を及ぼすことを心配するようになった．CFC は，商品名である Freon や俗にフロンの名で一般に知られているが*，1930 年代にはじめて合成された．一般的なもののいくつかとして，$CFCl_3$（CFC-11），CF_2Cl_2（CFC-12），$C_2F_3Cl_3$（CFC-113），$C_2F_4Cl_2$（CFC-114）などがある．これらの化合物は容易に液化し，比較的不活性で無毒，不燃性，揮発性なので，非常に有毒な二酸化硫黄やアンモニアの代わりに冷蔵庫やエアコンの冷媒として使われてきた．また大量の CFC が，使い捨てカップや皿などをつくる際の発泡剤，スプレー缶のエアロゾル（噴射剤），半導体の洗浄剤としても使用されていた．1977 年には 1.5×10^6 トン近い CFC が米国で生産され，フロンの生産は頂点に達した．商用および工業用に製造されたこれら CFC のほとんどは，結果的に大気圏へ放出されることとなった．

CFC は比較的不活性なので，対流圏における滞留時間は長い（約 100 年）．それらは上層の成層圏へとゆっくり拡散し，成層圏で波長 175 nm から 220 nm の間の波長の放射にさらされて次式のような解離を起こす．

$$CFCl_3 \xrightarrow{h\nu} CFCl_2 + Cl$$
$$CF_2Cl_2 \xrightarrow{h\nu} CF_2Cl + Cl$$

反応性のある塩素原子は次のようにオゾンを酸素分子へと破壊する．

$$Cl + O_3 \longrightarrow ClO + O_2$$
$$ClO + O \longrightarrow Cl + O_2$$
全反応: $$O_3 + O \longrightarrow 2\,O_2$$

ここで O 原子は前に述べたように，O_2 あるいは O_3 の光化学的分解で供給される．反応全体としては，成層圏から実質 O_3 が除かれることとなる．Cl が均一系触媒の役目を果たしていて，ClO（一酸化塩素）が上記の段階の反応中間体であることに注目しよう．平均して 1 個の Cl 原子は，他の不可逆反応により永久に除去されるまでに 100 000 個の O_3 分子を破壊できると見積もられている．

実際の過程は，Cl と ClO を一時的に除く反応が存在するため，もっと複雑である．主要な反応は次の通りである．

$$Cl + CH_4 \longrightarrow HCl + CH_3$$
$$ClO + NO_2 + M \longrightarrow ClONO_2 + M$$
$$Cl + HO_2 \longrightarrow HOCl + O\cdot$$

$ClONO_2$ は硝酸塩素，HOCl は次亜塩素酸である．HCl, $ClONO_2$, HOCl の 3 種の物質は，すべて Cl の貯蔵物質として働く．しかるべき条件下で，これらは次のように塩素原子を放出する．

$$HCl + OH \longrightarrow Cl + H_2O$$
$$ClONO_2 \xrightarrow{h\nu} Cl + NO_3$$
$$HOCl \xrightarrow{h\nu} Cl + OH$$

臭素を含む化合物もまた成層圏オゾンに影響を与える可能性がある．臭素の主要な発生源は臭化メチルで，その大部分が天然由来（海洋環境から）だが，土壌燻蒸剤としても使用されている．CFC 類と同様に CH_3Br も成層圏へと拡散して，光分解で Br と CH_3 となり，そして BrO へと変化する．そして一酸化塩素と一酸化臭素は，オゾンの破壊につながる触媒サイクルに加わる．

$$BrO + ClO \longrightarrow Br + Cl + O_2$$
$$Br + O_3 \longrightarrow BrO + O_2$$
$$Cl + O_3 \longrightarrow ClO + O_2$$
全反応: $$2\,O_3 \longrightarrow 3\,O_2$$

Br や BrO は，Cl や ClO より除きにくい．それは反応物である HBr や $BrONO_2$ 分子の光分解がかなり速いからである．このような理由から，O_3 を破壊する触媒としての働きは臭素の方が塩素よりも大きい．幸運なことに，大気中における臭素の濃度はまだかなり低いので，オゾンの破

---

* 訳注: 低級炭化水素の水素原子を，フッ素などのハロゲン原子で置換した化合物の化学工業製品としての慣用名で，米国の du Pont 社の商品名 Freon® の名でよばれたが，同じ製品を日本ではフロンとよぶ．種類が多く，フロン *lmn*，CFC-*lmn* のような番号で区別するが，*l* は炭素原子数から 1 を引いた数（炭素が 1 個のときは何も入れない），*m* は水素原子に 1 を足した数，*n* はフッ素原子数で，残りは塩素になる．

壊においては主要な役割を果たしてはいない．

極のオゾンホール

1980年代半ば，晩冬に発生する"南極のオゾンホール"において南極大陸上空の成層圏オゾンの量が50％ほどにまで減っているという証拠が集まり始めた．南極上空の成層圏では，冬になると"極夜渦"として知られる空気の流れが吹き回る．極夜渦中に閉じ込められた空気は極夜にわたり著しく冷えるが，こういった条件のために，極域成層圏雲(PSC)として知られる氷粒子からなる雲が成層圏に形成されることとなる．PSCの重要性は，それが不均一系触媒として働き，その表面においていくつかの異常な反応が起こりうることである．たとえば，貯蔵分子からのCl原子の放出は通常ずっと遅いが，氷粒子の存在下では

$$ClONO_2 + HCl \longrightarrow Cl_2 + HNO_3$$

となり，硝酸が氷粒子に残る一方，塩素分子はガスとして放出される．春季になり太陽光が南極上空に戻ってくると次式のような反応が後続する．

$$Cl_2 \xrightarrow{h\nu} Cl + Cl$$
$$Cl + O_3 \longrightarrow ClO + O_2$$

ただしO原子の濃度は（強い太陽放射が長時間なかった後なので）ずっと低く，次の反応は顕著には起こらない．

$$ClO + O \longrightarrow Cl + O_2$$

そのため先に見た触媒サイクルは完結しないが，代わりに，次式の新たな触媒サイクルが起こると考えられている．

$$ClO + ClO + M \longrightarrow (ClO)_2 + M$$
$$(ClO)_2 \xrightarrow{h\nu} Cl + ClOO$$
$$ClOO + M \longrightarrow Cl + O_2 + M$$
$$\underline{2(Cl + O_3 \longrightarrow ClO + O_2)}$$
$$\text{全反応:} \quad 2O_3 \longrightarrow 3O_2$$

ここで鍵となる段階は一酸化塩素二量体，$(ClO)_2$の形成である．一酸化塩素二量体は南極の空気の特徴である低温でのみ安定である．図16・9は極夜渦におけるClOとO_3の濃度間の相関関係を示している．

南極ほどには寒くない北極地域では極夜渦が南極ほど長く持続するわけではないため，状況は南極ほど深刻ではない．最近の研究から同様の過程が北極でもまた起こっていることがわかっているが，その規模は南極よりも小さい．

オゾン破壊の阻止方法

成層圏におけるオゾン減少の深刻な影響を認識して，世界中の国々がCFC類の生産を徹底的に削減するか完全に停止する必要性を承認した．国際的な取り決である"オゾン層を破壊する物質に関するモントリオール議定書"は，1987年，ほとんどの工業国により採択され，CFC類生産の削減に対し目標を定めている．この削減を可能にするため，オゾン層に害のないCFC代替品を見つける懸命な努力が進行中である．CFC類の代わりとして有望な化合物の一群がハイドロフルオロカーボン(HFC)類であり，CF_3CFH_2, CF_3CF_2H, CF_3CH_3, CF_2HCH_3を含む．これら化合物は，水素原子をもつお陰で，対流圏でのヒドロキシルラジカルによる酸化を受けやすい．たとえば，

$$CF_3CFH_2 + \cdot OH \longrightarrow CF_3CFH\cdot + H_2O$$

$CF_3CFH\cdot$の断片は酸素と反応し，結局，CO_2，水，フッ化水素へと分解して雨水によって除去される．これらの化合物は塩素を含まないので，たとえ成層圏へと拡散しても，HFC類はO_3の破壊を促進しないであろう．

CFC類の生産量を規制しようとする努力にもかかわらず，現時点で大量のCFCが冷蔵庫やエアコンや発泡製品の中に存在していて，結局それが大気中へと放出されることになるので，大気中の塩素濃度は今後何十年かにわたって増加を続けるであろう*．オゾン層破壊の及ぶ範囲は依然として観測されるが，CFC類を削減しない場合の結果と異なる点には疑いの余地はない．

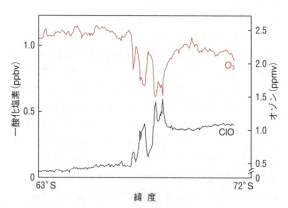

図16・9 緯度に伴う極夜渦内のClOとO_3の濃度変化．ClOがO_3を破壊する様子がわかる〔提供: James G. Anderson氏のご厚意による〕．

16・6 化学発光と生物発光

化学反応で放出されるエネルギーは，熱の代わりに光として現れてもよい．たとえば，電子励起状態で生成した生成物分子が光を放出しながら基底状態に戻ったり，その余分なエネルギーを別の分子に渡したりできて，そのとき，

---

* 訳注: 2016年には米国の科学者らにより，オゾンホール縮小の論文が*Science*に発表されている．

発光体になる．この種の発光は，光の放出が化学反応の結果であり，分子からの直接的な照射によるのではないという点で，§14・2で述べた蛍光やりん光と異なる．

化学発光

多分，最も簡単な化学発光反応[*1]であり，広く研究されているのは，下式の一酸化窒素とオゾンとの反応である．

$$NO + O_3 \longrightarrow NO_2^* + O_2$$
$$NO_2^* \longrightarrow NO_2 + h\nu$$

電子励起状態の分子（*を付けた分子）は橙色の光を放出しながら基底状態に緩和する．この反応は，大気中のNO濃度のモニタリングを光強度測定によって行う際に実際に応用される．

他のよく研究された化学発光反応の例としてルミノール（5-アミノ-2,3-ジヒドロフタラジン-1,4-ジオン）の酸化がある．ルミノールは塩基性条件下，過酸化水素，ヘキサシアノ鉄(III)酸カリウムで処理すると強い青色の発光を示す．反応過程は次のようになる．

分光学的研究から，光の放出を招く化学種は電子励起状態にある3-アミノフタル酸イオン（*で示す）であることがわかり，第一励起一重項から基底状態への遷移により発光する．

生物発光

生物発光反応は一般に，酸素存在下の酵素触媒反応が関与する．細菌，菌類，サンゴ，二枚貝など多数の生物が発光の能力を発達させてきた．これらのうち最もよく知られているのはホタルとその幼虫（ツチボタル）であるのは疑いようもないであろう．ホタルの生物発光の化学はかなりよく解明されてきた．反応にはルシフェリン，ATP，酸素，酵素であるルシフェラーゼ（モル質量，約 100 000 g）が関与し，最初の過程は次式に示すルシフェリルアデニン酸の生成である．

酸素分子の存在下，ルシフェリルアデニン酸は生物発光過程を経る[*2]．*Photinus pyralis* というホタルは，黄～緑色の領域である約 560 nm の光を放出するが，他のホタルはもう少し長い波長の光を放出する．すべての種が同じルシフェリン分子をもっているのだから，観測される色の違いは多分，酵素であるルシフェラーゼの構造とコンホメーションの両方あるいはどちらかが，種ごとに異なることが原因であろう．*in vitro* の研究では実際の発光の波長は溶媒のpHに依存することも示された．

生物発光はしばしば"冷光"とよばれてきた．これは，生化学反応の結果，光を発するが熱は放出しないという意味で，量子収率が確かにほぼ100％のホタルに対しては正確な記述である．一方，ルミノール酸化のような化学発光の反応は全体の量子収率が約1％，すなわち，ルミノール分子数に対する発光光子の比は 0.01 である．

生物発光の重要性とは何であろうか．動物の進化の研究によりこの質問に対して部分的な答えが得られた．地球の環境に酸素がしだいに現れてくる間，そのとき存在していた嫌気性生物は非常に毒性のある O_2 を取除く必要があった．O_2 を除去する方法の一つはそれを水に還元することである．そのような反応で放出されるエネルギーは特定の分子や中間体を励起するのに十分であり，励起された分子や中間体が今度は発光することが可能であった．これらの生物はすでに嫌気的代謝経路から好気的代謝経路へと変わり，酸素を除くこの機構は明らかに今日では必要なものではなくなった．それにもかかわらず，この不要な副生物であるはずの光は有益な目的へと進化した．というのは，ホタルの明滅する光が交尾のためのシグナルとして今でも役に立っているからである[*3]．

16・7 放射の生物学的影響

放射の有害な影響については本章の他節でいくつか見てきた．また，放射は病気を治療するのにもうまく利用されている．本節では，放射の有害な作用と有益な作用の両方について議論しよう．

[*1] 市販の"ケミカルライト"は化学発光の反応で光る．

[*2] ルシフェリン-ルシフェラーゼの組合わせはATPアッセイに用いることができる．

[*3] J. Buck, E. Buck, 'Synchronous Fireflies,' *Sci. Am.,* May (1976).

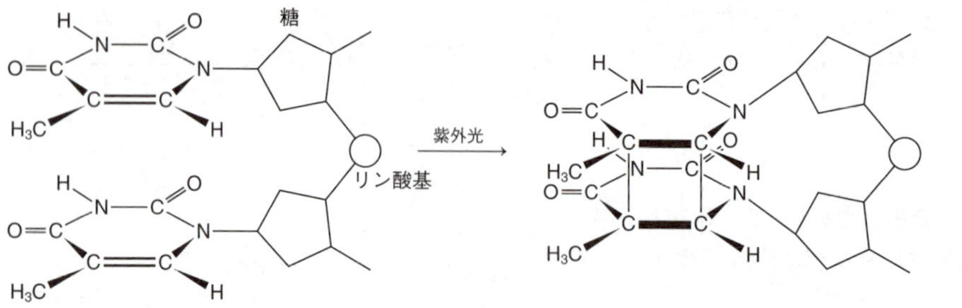

図 16・10　DNA 分子の同じ鎖上にある隣接チミン塩基の光二量体化反応

太陽光と皮膚癌

米国では，毎年およそ百万人の皮膚癌患者が発生し，他のすべての種類のがんを合わせた発生率に匹敵するといわれる．これらのうちでおよそ 4 万人が悪性のメラノーマであり，死亡率は 18％ に及ぶ．皮膚癌の症例の多くにおいて，原因は太陽光放射と考えられる．

太陽からの有害な放射は主として紫外 (UV) 領域にあって，UV-C (200〜280 nm) と UV-B (280〜320 nm)，UV-A (320〜400 nm) とよばれる三つの領域に分けられる．最も有害な放射は UV-C であるが，幸運なことに，ほとんどの UV-C 放射は成層圏のオゾン層に吸収される．UV-B 放射は少量が地球表面まで到達し，皮膚が赤くなってひりひり痛い，水泡や日焼け（サンバーン）を起こし，皮膚が剝離する原因となる（皮膚が赤くなるのは，皮膚下の血管が放射に応答して拡張し，血流が増加することが原因である）．UV-B 放射は，また皮膚癌の原因でもある*．最もエネルギーの低い放射である UV-A は，いわゆる"日焼け（サンタン）"をひき起こす．

UV-A や UV-B が，皮膚の表皮の下部の基底層にあるメラノサイト細胞という色素細胞に当たると，**メラニン** (melanin) とよばれる紫外光を吸収する黒色色素が生まれる．メラニンは放射の一部を遮り，皮膚の下層の損傷を最小にするのを助ける．これに加え，基底層の外にある損傷した細胞を取替えるサイクルが速まるため，メラノサイト細胞は普段よりも急速に分裂し始める．通常では，皮膚の新しい細胞が表面に到達するまでには数週間かかり，表面では皮膚の更新サイクルの役割として古い皮膚ははがれていく．このターンオーバーの過程は，太陽光に長時間さらされることで速まり，その結果多数のメラニンを含んだ細胞が数日のうちに皮膚表面に達し，日焼けが生じる．

光によりひき起こされる皮膚癌を理解するには，UV 放射が DNA に及ぼす影響を見なければならない．DNA 分子は 260 nm に吸収極大をもち，200 nm から 300 nm の間の放射を強く吸収する（図 14・4 を参照）．UV 光に対する感受性は，ピリミジンの方が，プリン（アデニンとグアニン）より高い．ピリミジンの一つであるチミンの二量体化が，DNA 分子中で起こる最も重要な光化学反応であるということが，実験でわかっている．通常チミン溶液の UV 光に対する感受性は比較的低いが，凍結したチミン溶液に UV 光を照射するとチミン二量体が高収率で生成する．チミン二量体が凍結状態でのみ形成される事実から，二量体化反応には，二つのチミン分子が互いに接近しているのみならず，ある配向をもって保持されていることが必要であることが示唆される．DNA 分子中では，二つの隣接したチミン塩基の対は，互いに接近していてかつ，同じ鎖上の位置に固定されている．以上のことから，DNA 分子は UV 光にさらされるとチミン二量体が形成されると予想されるが，まさに実際そうなっている（図 16・10）．おそらくこのことが，皮膚細胞中の特定の遺伝子の突然変異における第一段階である．たとえば，この突然変異が正常な遺伝子を細胞増殖を促進するがん遺伝子へと変えた場合，細胞は異常に再生する可能性がある．また別の可能性として，通常は細胞の増殖を制限する遺伝子（がん抑制遺伝子）が，突然変異により不活性化されることもある．

チミン二量体は，光回復を経て単量体の形へ回復することができる．光回復とは，光回復酵素または DNA フォトリアーゼとよばれる光吸収する酵素が，二量体のシクロブタン環を可視光のエネルギーを利用して切断し，DNA を修復する過程のことである．光回復酵素は単量体のタンパク質で，葉酸型とデアザフラビン型があるが，いずれも還元型 FAD (FADH$_2$) が活性部位である．光回復酵素は光に依存しない反応で DNA 基質と結合する．そして結合した酵素の光吸収補因子がまず可視光の光子を吸収し，続いて FADH$_2$ へとエネルギー移動を起こし，さらに DNA 中のチミン二量体へと電子を伝達する．その結果，二量体は切断される．開環で生じたピリミジン陰イオンからの逆向きの電子伝達によって，FAD は機能できる形態へと回復し，酵素は次の触媒サイクルに対する準備が整う．二量体の分裂においては正味の酸化還元の変化はない．興味深いことに，光回復酵素は光によって駆動される酵素の中で光合成に関与しない酵素である．

---

* 訳注: UV-A も皮膚癌を誘発するという研究結果もある．

光 医 学

　光医学とは，光化学と光生物学の原理を病気の治療と診断に応用することである．光医学への関心は，皮膚結核による顔面の損傷をUV光を照射して治療することが発見された19世紀までさかのぼり，UV光が微生物を殺し，太陽光がビタミンD欠乏症（くる病）の治療や予防に有効であることが発見され活発化した．以下の2例について簡潔に議論しよう．

　光線力学的療法　光線力学的療法は光を利用して活性物質を生産し，がん化した細胞を壊死させる治療法である．患者には**光増感剤**（photosensitizer）や光感受性物質とよばれる化合物の溶液を静脈注射する．1日ほどたつと，この溶液は体中に行き渡る．その後，特別に設計された光ファイバーのプローブを治療したい細胞を含む領域に差し込んでレーザー光を照射すると，光増感剤 (S) を励起する次式のような反応が起こる．

$$S_0 \xrightarrow{h\nu} S_1 \qquad \text{一重項} \longrightarrow \text{励起一重項}$$
$$S_1 \longrightarrow S_0 + h\nu \qquad \text{蛍　光}$$
$$S_1 \longrightarrow T_1 \qquad \text{項間交差}^{*1}$$
$$T_1 + {}^3O_2 \longrightarrow S_0 + {}^1O_2 \qquad \text{エネルギー移動による一重項酸素の生成}$$

ここで S_0 と S_1 は光増感剤の基底状態と第一励起一重項状態，T_1 は最低三重項状態，${}^3O_2$ と ${}^1O_2$ は酸素分子の三重項状態と一重項状態である^{*2}．一重項酸素には高い反応性があるので，近隣の腫瘍細胞を破壊することができる．

　光線力学的療法における薬品として成功を収めるために光増感剤は三つの要件を満たさなければならない．第一に無害でなるべく水に可溶でなくてはならない．第二に光増感剤は，可視スペクトルにおける赤色領域から近赤外領域において強い吸収をもたねばならない．なぜならば，注射の後，光増感剤を含んだ溶液は皮膚を含む体中に行き渡るので，もし化合物が短波長の可視光や紫外光を強く吸収するとしたら，患者は太陽光による光傷害を受けやすくなり，明らかに望ましくない副作用を起こしてしまうだろう．第三に，健康な組織への損傷をできるだけ減らすために，光増感剤は選択的にがん細胞にとどまっていなければならない．このために，その蛍光を調べることで光増感剤の位置を監視することができることが望ましい．

　光線力学的療法の前途は有望である．がん治療以外に，光増感剤は細菌の殺傷にもまた大きな効果があるらしい^{*3}．

---

^{*1} 項間交差とは，分子がある電子状態からスピン多重度の異なった別の電子状態へと遷移する無放射遷移のことである（§14・2参照）．
^{*2} フントの規則に従うと，O_2 の最低電子状態，すなわち基底電子状態は，二つの不対電子をもつ三重項である．
^{*3} 訳注：我が国では加齢黄斑変性症の治療にも保険が適用されている．

現在のところ，医療への適用に関して適切な光化学的および化学的な性質をもった，光増感剤（たいていの場合，ポルフィリン環を含んだ複雑な構造をもつ化合物である）の合成に多大な努力が払われている．

　光活性化薬剤　古代エジプト人は，*Ammi majus* とよばれるありふれた植物が，光により引き出される薬効をもつことに気づいていた．*Ammi majus* はナイル川の岸に生育する雑草である．当時の医者は，*Ammi majus* を摂取した後では異常ないほどに日焼けしやすくなることに気づき，そのために，*Ammi majus* はある種の皮膚疾患を治療するのに用いられた．化学的分析から，*Ammi majus* における有効成分はソラレン類とよばれる一群の化合物の一つであることがわかった．その例として，8-メトキシソラレン（8-methoxypsoralen, 8-MOP）がある．

8-メトキシソラレン（8-MOP）

治験により 8-MOP は光によって活性化する効果的な抗がん剤の一つであることが明らかになった．

　皮膚T細胞性リンパ腫（cutaneous T-cell lymphoma, CTCL）は白血球（T細胞）由来の皮膚に生じる悪性リンパ腫であり，予後不良である．しかしながら，8-MOP と光による治療法は CTCL 治療における有望な結果を出している．典型的な方法では，およそ 500 mL の血液（これは1回の献血の量とほぼ同じである）が患者から採取される．遠心分離によって患者の血液を赤血球と白血球と血漿の3成分に分離し，白血球と血漿を，8-MOP を加えた食塩水に混ぜる．次に，この溶液に高強度の UV-A 光を照射する．光照射後，赤血球を，光照射した溶液に混合した後，全体を患者に輸血する．光がないと 8-MOP は不活性であり人体にまったく害はない．

　図16・11に，8-MOP がその大きさと形のお陰で白血球の細胞核中の DNA 分子の塩基対の間に滑り込むことを可能にした様子を示す．光照射によって 8-MOP は DNA 二重鎖の両方の鎖上の塩基と化学結合をつくり架橋する．すると強力な化学結合が DNA の複製を妨げ，細胞死に至る．この治療法は非選択的であり，悪性腫瘍細胞にも健康な細胞にも両方共に損傷を与える．興味深いことに，損傷を受けた悪性腫瘍細胞が患者の血液中に戻されると，それらは何らかの形で，8-MOP と光照射による治療を受けていない腫瘍細胞を破壊する免疫系を誘導する．DNA に対するより大きな親和性をもつ薬とそれらを体内で活性化する方法を見いだすために，より多くの研究がなされる必要があるが，がんや他の病気に対する治療薬として，光活性化薬品が重要な役割を果たすであろうことはまず疑いない．

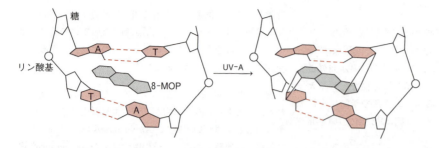

図 16・11 異なる DNA 分子鎖上にあるチミン (T) 分子と 8-MOP との間の化学結合形成の概略図. この架橋結合のために, 複製の際に鎖の巻き戻しが起こらない.

重要な式

$\Phi = \dfrac{\text{生成した分子の数}}{\text{吸収された光量子の数}}$	光化学量子収率	式(16・1)
$\Phi = \dfrac{\text{生成物の量[mol]}}{\text{吸収された光量子の量[アインシュタイン]}}$	光化学量子収率	式(16・2)
$\Phi_P = \dfrac{\text{生成物の A* からの生成速度}}{\text{A* の全生成速度}}$	生成物の量子収率	式(16・3)

参考文献

書籍

"The Chemistry of the Atmosphere: Its Impact on Global Change," ed. by J. W. Birks, J. G. Calvert, R. E. Sievers, American Chemical Society, Washington, DC (1993).

G. P. Brasseur, J. J. Orlando, G. S. Tyndall, "Atmospheric Chemistry and Global Change," Oxford University Press, New York (1999).

P. Brimblecombe, "Air Composition and Chemistry," Cambridge University Press, New York (1986).

J. G. Calvert, J. N. Pitts, Jr., "Photochemistry," John Wiley & Sons, New York (1966).

B. J. Finlayson-Pitts, J. N. Pitts, Jr., "Chemistry of the Upper and Lower Atmosphere," Academic Press, New York (1999).

T. E. Graedel, P. J. Crutzen, "Atmospheric Change: An Earth System Perspective," W. H. Freeman, New York (1993).

W. Harm, "Biological Effects of Ultraviolet Radiation," Cambridge University Press, New York (1980).

V. A. Isidorov, "Organic Chemistry of the Earth's Atmosphere," Springer-Verlag, New York (1990).

A. M. Middlebrook, M. A. Tolbert, "Stratospheric Ozone Depletion," University Science Books, Sausalito, CA (2000).

J. H. Seinfeld, S. N. Pandis, "Atmospheric Chemistry and Physics: From Air Pollution to Climate Change," John Wiley & Sons, Inc., New York (1998).

P. Suppan, "Chemistry and Light," Royal Society of Chemistry, London (1994).

N. J. Turro, V. Ramamurthy, J. C. Scaiano, "Principles of Molecular Photochemistry: An Introduction," University Science Books, Sausalito, CA (2009).

R. P. Wayne, "Chemistry of Atmospheres: An Introduction to the Atmospheres of Earth, the Planets, and Their Satellites, 2nd Ed.," Clarendon Press, Oxford (1991).

論文

総説:

H. H. Jaffé, A. L. Miller, 'The Fates of Electronic Excitation Energy,' J. Chem. Educ., **43**, 469 (1966).

N. J. Turro, 'Photochemical Reactivity,' J. Chem. Educ., **44**, 536 (1967).

G. Oster, 'The Chemical Effects of Light,' Sci. Am., September (1968).

J. S. Swenton, 'Photochemistry of Organic Compounds,' J. Chem. Educ., **46**, 7 (1969). p. 217 も参照.

D. C. Neckers, 'Photochemical Reactions of Natural Macromolecules,' J. Chem. Educ., **50**, 164 (1973).

A. D. Baker, A. Casadavell, H. D. Gafney, M. Gellender, 'Photochemical Reactions of Tris(oxalato)Iron(Ⅲ),' J. Chem. Educ., **57**, 317 (1980).

A. Vogler, H. Kunkely, 'Photochemistry and Beer,' J. Chem. Educ., **59**, 25 (1982).

J. H. Fendler, 'Photochemistry in Organized Media,' J. Chem. Educ., **60**, 872 (1983).

F. W. Taylor, 'Atmospheric Physics,' "Encyclopedia of Applied Physics," ed. by G. L. Trigg, Vol. 1, p. 489, VCH Publishers, New York (1994).

K. L. Stevenson, O. Horváth, 'Reactions Induced by Light,' "Encyclopedia of Applied Physics," ed. by G.

L. Trigg, Vol. 16, p. 117, VCH Publishers, New York (1996).

S. Toby, 'Does a Photochemical Reaction Have a Kinetic Order?,' *J. Chem. Educ.*, **82**, 37(2005).

J. S. S. de Melo, C. Cabral, H. D. Burrows, 'Photochemistry and Photophysics in the Laboratory. Showing the Role of Radiationless and Radiative Decay of Excited States,' *Chem. Educator* [Online], **12**, 403(2007). DOI: 10.1333/s00897072096a.

E. Bernard, P. Britz-McKibbin, N. Gernigon, 'Resveratrol Photoisomerization: An Integrative Guided-Inquiry Experiment,' *J. Chem. Educ.*, **84**, 1159(2007).

R. Oyola, R. Arce, 'Nanosecond Laser Induced Transient Absorption Flash Photolysis Experiment for Undergraduate Physical Chemistry,' *Chem. Educator* [Online], **15**, 365(2010). DOI: 10.1007/s00897102303a.

大気の化学:

B. Bolin, 'The Carbon Cycle,' *Sci. Am.*, September(1970).

C. C. Delwiche, 'The Nitrogen Cycle,' *Sci. Am.*, September(1970).

P. Cloud, A. Gibor, 'The Oxygen Cycle,' *Sci. Am.*, September(1970).

B. M. Fung, 'Molecular Orbitals and Air Pollution,' *J. Chem. Educ.*, **49**, 26(1972). p. 654 も参照.

A. P. Ingersoll, 'The Atmosphere,' *Sci. Am.*, September (1983).

A. G. Russell, 'Air Pollution: Components, Causes, and Cures,' "Encyclopedia of Applied Physics," ed. by G. L. Trigg, Vol. 1, p. 489, VCH Publishers, New York(1991).

S. K. Lower, 'Thermal Physics (and Some Chemistry) of the Atmosphere,' *J. Chem. Educ.*, **75**, 837(1998).

温室効果:

G. M. Woodwell, 'The Carbon Dioxide Question,' *Sci. Am.*, January(1978).

R. Revelle, 'Carbon Dioxide and World Climate,' *Sci. Am.*, August(1982).

S. H. Schneider, 'Climate Modeling,' *Sci. Am.*, May(1987).

J. F. Kasting, O. B. Toon, J. B. Pollack, 'How Climate Evolved on the Terrestrial Planets,' *Sci. Am.*, February (1988).

R. A. Berner, A. C. Lasaga, 'Modeling the Geochemical Carbon Cycle,' *Sci. Am.*, March(1989).

R. A. Houghton, G. M. Woodwell, 'Global Climate Change,' *Sci. Am.*, April(1989).

S. H. Schneider, 'The Changing Climate,' *Sci. Am.*, September(1989).

R. E. Newell, H. G. Reichle, Jr., W. Seiler, 'Carbon Monoxide and the Burning Earth,' *Sci. Am.*, October (1989).

R. M. White, 'The Great Climate Debate,' *Sci. Am.*, July (1990).

W. M. Post, T-H Peng, W. R. Emanuel, A. W. King, V. H. Dale, D. L. DeAngelis, 'The Global Carbon Cycle,' *Am. Sci.*, **78**, 310(1990).

P. D. Jones, T. M. L. Wigley, 'Global Warming Trends,' *Sci. Am.*, August(1990).

F. Keppler, 'Methane, Plants, and Climate Change,' *Sci. Am.*, February(2007).

W. Collins, R. Colman, J. Haywood, M. R. Manning, P. Mote, 'The Physical Science behind Climate Change,' *Sci. Am.*, August(2007).

光化学スモッグ:

A. J. Haagen-Smit, 'The Control of Air Pollutants,' *Sci. Am.*, January(1964).

B. J. Huebert, 'Computer Modeling of Photochemical Smog Formation,' *J. Chem. Educ.*, **51**, 644(1974).

T. E. Graedel, P. J. Crutzun, 'The Changing Atmosphere,' *Sci. Am.*, September(1989).

B. J. Finlayson-Pitts, J. N. Pitts, Jr., 'Tropospheric Air Pollution: Ozone, Airborne Toxics, Polycyclic Aromatic Hydrocarbons, and Particles,' *Science*, **276**, 1045(1997).

成層圏でのオゾン破壊:

S. Elliot, F. S. Rowland, 'Chlorofluorocarbons and Stratospheric Ozone,' *J. Chem. Educ.*, **64**, 387(1987).

R. S. Stolarski, 'The Antarctic Ozone Hole,' *Sci. Am.*, January(1988).

E. Koubek, J. O. Glanville, 'The Absorption of UV Light by Ozone,' *J. Chem. Educ.*, **66**, 338(1989).

O. B. Toon, R. P. Turco, 'Polar Stratospheric Clouds and Ozone Depletion,' *Sci. Am.*, January(1991).

M. J. Molina, 'Polar Ozone Depletion,' *Ang. Chem. Int. Ed.*, **35**, 1778(1996).

化学発光と生物発光:

W. D. McElroy, H. H. Seliger, 'Biological Luminescence,' *Sci. Am.*, December(1972).

H. H. Seliger, 'The Origin of Bioluminescense,' *Photochem. Photobiol.*, **21**, 355(1975).

W. Adam, 'Biological Light: α-Peroxylates as Bioluminescent Intermediates,' *J. Chem. Educ.*, **52**, 97(1975).

S. Gill, K. L. Brice, 'Chemiluminescence,' *J. Chem. Educ.*, **61**, 713(1984).

P. B. O'Hara, C. Engelson, W. St. Peter, 'Turning on the Light: Lessons from Luminescence,' *J. Chem. Educ.*, **82**, 49(2005).

H. E. Prypsztejn. 'Chemiluminescent Oscillating Demonstrations: The Chemical Buoy, the Lighting Wave, and the Ghostly Cylinder,' *J. Chem. Educ.*, **82**, 53(2005).

S. Uchiyama, A. P. de Silva, K. Iwai, 'Luminescent Molecular Thermometer,' *J. Chem. Educ.*, **83**, 720(2006).

放射の生物学的影響:

R. A. Deering, 'Ultraviolet Radiation and Nucleic Acid,' *Sci. Am.*, December(1962).

P. C. Hanawalt, R. H. Haynes, 'The Repair of DNA,' *Sci. Am.*, February(1967).

G. Oster, 'The Chemical Effects of Light,' *Sci. Am.*, September(1968).

R. J. Wurtman, 'The Effects of Light on the Human Body,' *Sci. Am.*, July(1975).

J. Bland, 'Biochemical Effects of Excited State Molecular Oxygen,' *J. Chem. Educ.*, **53**, 274(1976).

P. Howard-Flanders, 'Inducible Repair of DNA,' *Sci. Am.*, November(1981).

C. L. Greenstock, 'Radiation Sensitization in Cancer Therapy,' *J. Chem. Educ.*, **58**, 156(1981).

A. C. Upton, 'The Biological Effects of Low-Level Ionizing Radiation,' *Sci. Am.*, February(1982).

A. C. Wilbraham, 'Phototherapy and the Treatment of Hyperbilirubinemia: A Demonstration of Intra- versus Intermolecular Hydrogen Bonding,' *J. Chem. Educ.*, **61**, 540(1984).

R. L. Edelson, 'Light Activated Drugs,' *Sci. Am.*, August(1988).

C. M. Lovett, Jr., T. N. Fitsgibbon, R. Chang, 'Effect of UV Irradiation on DNA as Studied by Its Thermal Denaturation,' *J. Chem. Educ.*, **66**, 526(1989).

J. S. Taylor, 'DNA, Sunlight, and Skin Cancer,' *J. Chem. Educ.*, **67**, 835(1990).

D. W. Daniel, 'A Simple UV Experiment of Environmental Significance,' *J. Chem. Educ.*, **71**, 83(1994).

A. Sancar, 'Structure and function of DNA photolyase,' *Biochemistry*, **33**, 2(1994).

D. J. Leffell, D. E. Brash, 'Sunlight and Skin Cancer,' *Sci. Am.*, July(1996).

D. R. Kimbrough, 'The Photochemistry of Sunscreens,' *J. Chem. Educ.*, **74**, 51(1997).

C. Walters, A. Keeney, C. T. Wigal, C. R. Johnston, R. D. Cornelius, 'The Spectrophotometric Analysis and Modeling of Sunscreens,' *J. Chem. Educ.*, **74**, 99(1997).

A. M. Rouhi, 'Let There Be Light and Let It Heal,' *Chem. & Eng. News*, **76**, 22(1998).

J. Miller, 'Photodynamic Therapy: The Sensitization of Cancer Cells to Light,' *J. Chem. Educ.*, **76**, 592(1999).

E. P. Zovinka, D. R. Sunseri, 'Photochemotherapy: Light-Dependent Therapies in Medicine,' *J. Chem. Educ.*, **79**, 1331(2002).

N. Lane, 'New Light on Medicine,' *Sci. Am.*, January(2003).

W. J. Schreier, T. E. Schrader, F. O. Koller, P. Gilch, C. E. Crespo-Hernández, V. N. Swaminathan, T. Carell, W. Zinth, B. Kohler, 'Thymine Dimerization in DNA is an Ultrafast Photoreaction,' *Science*, **315**, 625(2007).

問題

一般

16・1 ある化学結合を光化学反応で切るのに 428.3 kJ mol^{-1} のエネルギーが必要である．どのぐらいの波長の光で光照射するのが適当だろうか．

16・2 450 nm を kJ E^{-1} 単位に換算せよ（E は光量子 1 mol を表す単位のアインシュタイン）．

16・3 溶液による光吸収の速度を測定する実験系を考えよ．

16・4 ある有機分子が 549.6 nm の光を吸収する．0.031 mol の分子が 1.43 E の光で励起された場合，この過程の量子収率はどれほどであろうか．またこの過程で吸収された全エネルギーを計算せよ．

16・5 ある化合物を光化学分解するのに，5.4×10^{-6} E s^{-1} の強度の光を用いた．最も理想的な条件を仮定して 1 mol の化合物を分解するのに要する時間を見積もれ．

16・6 ナフタレン（$C_{10}H_8$）の蛍光とりん光の一次速度定数はそれぞれ 4.5×10^7 s^{-1} と 0.50 s^{-1} である．光励起終了後，1.0 % の蛍光とりん光が放出されるのにどのくらいの時間がかかるか計算せよ．

大気の化学

16・7 断面積が 1 cm^2 の水銀気圧計が，海面で 76.0 cm の圧力を示した．この水銀柱に加わる圧力は，すべての空気分子が地球表面の 1 cm^2 の領域に及ぼす圧力に等しい．水銀の密度が 13.6 g mL^{-1} で地球の平均半径が 6371 km だとして，地球大気の全質量を kg 単位で計算せよ．得られた結果は，大気の全質量を多く見積もっているか，少なく見積もっているか？　説明せよ〔ヒント：半径 r の球の表面積は $4\pi r^2$ である〕．

16・8 地球から放出される熱のおもな発生源をあげよ．

16・9 高い反応性のある・OH ラジカル（不対電子をもった分子種である）は大気のいくつかの過程に関与していると考えられている．表 3・4 より，OH における酸素と水素の結合エンタルピーは 460 kJ mol^{-1} である．次の反応をひき起こせる放射のうち最も長い波長を決定せよ．

$$\cdot OH(g) \longrightarrow O(g) + \cdot H(g)$$

16・10 大気中のヒドロキシルラジカルは次式のような二次反応に従って，メタンのような炭化水素により最も効果的に除去される．

$$\cdot OH + CH_4 \longrightarrow H_2O + CH_3\cdot$$

二次反応速度定数が 4.6×10^6 L mol^{-1} s^{-1} であるとして，CH_4 の濃度が体積比で 1.7×10^3 ppb である場合の，25 ℃

でのラジカルの寿命を計算せよ〔ヒント: ラジカルの寿命は, $1/k[CH_4]$ で与えられる〕.

16·11 二酸化炭素を生み出す三つの人間活動を述べよ. 二酸化炭素を取込む二つの主要な機構をあげよ.

16·12 森林破壊は温室効果に対して二つの方法で影響を及ぼす. それは何か.

16·13 世界人口の増加はどのように温室効果を増大させるか.

16·14 オゾンは温室効果ガスだろうか. オゾン分子が振動する3通りの様子を書け.

16·15 大気中の CO_2 濃度が着実に増加してきているという事実を実証するには, 二酸化炭素以外のどんなガスを研究すればよいか提案せよ.

16·16 次の状況のうち, 光化学スモッグが最も発生しやすいのはどれか. 選んだ理由も説明せよ.
 (a) 6月正午のゴビ砂漠
 (b) 7月午後1時のニューヨーク
 (c) 1月正午のボストン

16·17 スモッグが発生した街で, オゾンの濃度は体積比で 0.42 ppm であった. 温度と気圧がそれぞれ 20.0℃ と 748 mmHg である場合のオゾン分圧〔atm 単位で〕と空気 1 L 当たりのオゾン分子の数を計算せよ.

16·18 硝酸ペルオキシアセチル (PAN) の気相での分解は一次反応速度論に従う.

$$CH_3COOONO_2 \longrightarrow CH_3COOO + NO_2$$

反応速度定数は $4.9\times10^{-4}\ s^{-1}$ である. PAN の濃度が体積比で 0.55 ppm である場合, 分解の速度を $M\ s^{-1}$ 単位で計算せよ. その際, 標準温度・圧力 (STP) 条件を仮定せよ.

16·19 次の二酸化窒素の生成

$$2\,NO(g) + O_2(g) \longrightarrow 2\,NO_2(g)$$

が, 素反応であると仮定して, 以下の問いに答えよ.
 (a) この反応の反応速度式を書け.
 (b) ある温度の空気試料が体積比で 2.0 ppm の NO に汚染されている. この条件下で反応速度式を単純化できるだろうか. 可能ならば, 単純化した反応速度式を書け.
 (c) (b) の条件で, 反応の半減期は 6.4×10^3 分と見積もられた. NO の初濃度が 10 ppm の場合は, 半減期はどうなるか.

16·20 オゾンと一酸化炭素の安全基準値は, 体積比でそれぞれ 120 ppb と 9 ppm である. なぜオゾンの限界の方がより低いのだろうか.

16·21 対流圏におけるオゾンは次の段階で生成する.

$$NO_2 \xrightarrow{h\nu} NO + O \quad (1)$$
$$O + O_2 \longrightarrow O_3 \quad (2)$$

式(1)の反応は可視光の吸収により始まる (NO_2 は褐色のガスである). 25℃ において式(1)の反応に必要とされる最長の波長を計算せよ〔ヒント: まずはじめに式(1) の Δ_rH の値, それから Δ_rU の値を計算する必要がある. 次に Δ_rU から, NO_2 分解のための波長を決定せよ〕.

16·22 成層圏におけるオゾンの量は, 1 atm, 25℃の, 地球を覆う厚さわずか 3 mm のオゾン層と等価であると仮定し, 成層圏にある O_3 分子の数とその質量〔kg 単位で〕を計算せよ. ほかに必要な情報については問題 16·7 を参照せよ.

16·23 問題 16·22 の答えを参照し, 成層圏中のオゾン濃度がすでに 6.0 % 低下していると仮定して, 100 年間でオゾンをもとの濃度まで回復させるには, 毎日何 kg のオゾンを生産しなければならないか. オゾンが $3\,O_2(g) \longrightarrow 2\,O_3(g)$ の過程でつくられるとして, この反応を進めるのに何 kJ のエネルギーを供給しなければならないか. 計算せよ.

16·24 なぜクロロフルオロカーボン (CFC) 類は, 対流圏における UV 照射で分解しないのだろうか.

16·25 C−Cl 結合と C−F 結合の平均結合エンタルピーはそれぞれ, 340 kJ mol^{-1} と 485 kJ mol^{-1} である. この情報に基づき, なぜ CFC 分子における C−Cl 結合が, 250 nm の太陽光放射で選択的に壊れるのかを説明せよ.

16·26 CFC 類と同じく, CF_3Br のようなある種の臭素含有化合物は, Br 原子から始まる同様な機構でオゾンの破壊にあずかる.

$$CF_3Br \xrightarrow{h\nu} CF_3 + Br$$

C−Br の平均結合エンタルピーは 276 kJ mol^{-1} で与えられるとして, この結合を切るために必要とされる最も長い波長を見積もれ. CF_3Br の分解は対流圏で起こるのか, それとも対流圏と成層圏の両方で起こるのか.

16·27 硝酸塩素 ($ClONO_2$) と一酸化塩素 (ClO) のルイス構造を書け.

16·28 なぜ CFC 類はメタンや二酸化炭素よりも影響の大きい温室効果ガスなのだろうか.

16·29 成層圏におけるオゾン破壊を遅らせるための一つの提案は, エタンやプロパンのような炭化水素を成層圏に噴霧することである. この方法はどのように作用するのか. 長期間, 大規模にこの方法を行うと, どんな不都合が起こるだろうか.

16·30 ClO の標準生成エンタルピー ($\Delta_f\overline{H}°$) を次の結合解離エンタルピーから計算せよ. Cl_2: 242.7 kJ mol^{-1}; O_2: 498.8 kJ mol^{-1}; ClO: 206 kJ mol^{-1}.

補 充 問 題

16·31 いくつかの光化学反応では, 励起電子状態の寿命がマイクロ秒やナノ秒の桁であるにもかかわらず, 十分な収量を得るためには, 数時間あるいは数日間にもわたる試料照射が必要である. 光吸収の速度が 2.0×10^{19} 光子 s^{-1} であると仮定し, その理由を述べよ.

16·32 調光レンズの透明性は, 環境中の光強度に依存している. 薄暗い部屋ではレンズは透明であるが, 屋外では色が少し黒くなる. この変化の原因となる物質は, ガラス中に埋め込まれた微小な AgCl 結晶である. この変化を説明する光化学的機構を提案せよ.

16·33 ある励起一重項状態 S_1 が, 速度定数が k_1, k_2, k_3

の三つの異なった機構により失活しうると仮定する．S_1 の減衰速度は，$-d[S_1]/dt=(k_1+k_2+k_3)[S_1]$ で与えられる．

(a) τ が平均寿命，すなわち，$[S_1]$ がもともとの値の $1/e$ つまり 0.368 倍に減少するのに要する時間であるとして，$(k_1+k_2+k_3)\tau=1$ であることを示せ．

(b) 全体の速度定数 k は次式で与えられる．

$$\frac{1}{\tau}=k=k_1+k_2+k_3=\frac{1}{\tau_1}+\frac{1}{\tau_2}+\frac{1}{\tau_3}$$

量子収率 Φ_i が次式で与えられることを示せ．

$$\Phi_i=\frac{k_i}{\sum_i k_i}=\frac{\tau}{\tau_i}$$

ここで i は i 番目の減衰機構を示している．

(c) $\tau_1=10^{-7}$ s, $\tau_2=5\times10^{-8}$ s, $\tau_3=10^{-8}$ s の場合に，一重項状態の寿命および τ_2 をもつ経路についての量子収率を計算せよ．

16・34 光異性化 $A \rightleftharpoons B$ を考える．650 nm において，順反応と逆反応の量子収率はそれぞれ 0.73 と 0.44 である．A と B の 650 nm におけるモル吸光係数がそれぞれ 1.3×10^3 L mol^{-1} cm^{-1} と 0.47×10^3 L mol^{-1} cm^{-1} である場合に，光定常状態における $[B]/[A]$ の比率はいくらか*．

16・35 二原子分子のモル熱容量は 29.1 J K^{-1} mol^{-1} である．大気が窒素ガスのみからなり，熱損失がないと仮定し，仮に次の 50 年の間に大気が 3 ℃ だけ暖まるとして，取込まれる全熱量 [kJ 単位] を計算せよ．1.8×10^{20} mol の二原子分子が存在するとして，この熱量が，0 ℃ において何 kg の氷（北極と南極の）を解かすだろうか（氷のモル融解熱は 6.01 kJ mol^{-1} である）．

16・36 1991 年に，一酸化二窒素 (N_2O) がナイロンの合成中に生成することが発見された．この化合物は，大気中へ放出されると，成層圏におけるオゾン破壊と温室効果の両方に寄与する．

(a) N_2O と成層圏中の酸素原子とが反応して一酸化窒素を生成する式を書け．この一酸化窒素は，さらにオゾンによる酸化を受けて二酸化窒素を生成する．

---

* 訳注: I_A, I_B を A, B が吸収する光の強度とする．A から B が生成する反応速度は $I_A\Phi_A$，B から A が生成する速度は $I_B\Phi_B$ で与えられるが，光定常状態では両者は等しくなる ($I_A\Phi_A=I_B\Phi_B$)．吸収される光強度 $[=I_0(1-10^{-\varepsilon bc})]$ において，$\varepsilon bc\ll1$ では $10^{-\varepsilon bc}\approx 1-2.303\,\varepsilon bc$ で近似できるものとして濃度 c の比を求める．

(b) N_2O は一酸化炭素よりも効果の強い温室効果ガスだろうか．説明せよ．

(c) ナイロン製造過程における中間体の一つがアジピン酸，$HOOC(CH_2)_4COOH$ である．毎年およそ 2.2×10^9 kg のアジピン酸が消費されている．見積もりによると，アジピン酸 1 mol が生産されるごとに，1 mol の N_2O が生成する．この過程の結果破壊されうる O_3 は 1 年当たり最大何 mol だろうか．

16・37 ヒドロキシルラジカルは次式の反応で生成する．

$$O_3 \xrightarrow{\lambda<320 \text{ nm}} O^* + O_2$$
$$O^* + H_2O \longrightarrow 2\cdot OH$$

ここで O^* は電子励起された酸素原子を表す．

(a) 対流圏においては O_3 と H_2O の濃度は非常に高いにもかかわらず，・OH ラジカルの濃度が低い理由を説明せよ．

(b) どんな性質が・OH ラジカルを強力な酸化剤にするのか．

(c) ・OH と NO_2 の反応は酸性雨の原因となる．この過程の化学式を書け．

(d) ヒドロキシルラジカルは SO_2 を H_2SO_4 へと酸化できる．第 1 段階として中性の HSO_3 種が形成し，続いてそれが O_2 および H_2O と反応することで H_2SO_4 とヒドロペルオキシルラジカル ($HO_2\cdot$) が生成する．これらの過程を表す反応式を書け．

16・38 オゾンの衝突直径をおよそ 4.2 Å として，海面 (1 atm, 25 ℃) および成層圏 (3×10^{-3} atm, -23 ℃) におけるオゾンの平均自由行程を計算せよ．

16・39 ヒドロキシルラジカルはいくつかの点でヒトの体内の白血球と似た振舞いをする．両者を比較してこれを説明せよ．

16・40 図 16・6 に見られる大気中の CO_2 濃度の変動について説明せよ．

16・41 エチレンのりん光は決して観測されることがないが，それはなぜかを説明せよ．

16・42 出力が 2×10^{-16} W の光源は，ヒトの眼で検出できるのに十分な強さである．光の波長が 550 nm であるとして，ロドプシンが 1 秒当たり吸収せねばならない光子の数を計算せよ〔ヒント: 視覚はたった 1/30 秒しか持続しない〕．

17 分子間力

団結して立つ —— United we stand.[*1]

第13章では，共有結合を論じ，"原子"を結合させる力と原子軌道間の重なりとを関連づけた．"分子"間の相互作用を説明するには，いく種類かの分子間力によって論じるのが最もよいだろう．この分子間力はたとえば気体の液化，タンパク質の安定化，といった現象の原因で，特に，水素結合という特別な相互作用は，DNAや水の構造や性質を決める重要な役割を果たす．

17・1 分子間相互作用

二つの中性分子が互いに接近すると，一方の分子の電子・原子核と他方の分子の電子・原子核のさまざまな相互作用により，ポテンシャルエネルギーが生じる．距離が十分離れていて分子間相互作用[*2]がない場合の系のポテンシャルエネルギーを任意に0とすることができる．その状態から分子を互いに近づける間，静電的な引力が反発力を上回っていれば分子は互いに引きつけあい，このとき相互作用のポテンシャルエネルギーは負の値になる．ポテンシャルエネルギーが極小になるまでこの傾向が続く．極小点を過ぎると（つまり原子間距離がさらに小さくなると）反発力が優勢になり，ポテンシャルエネルギーは増大する（正の向きに大きくなる）．

分子間相互作用を議論するためには，力とポテンシャルエネルギーを区別するのがよい．力学ではなされた仕事は力と距離の積で与えられる．相互作用しあう二つの分子を微小距離（dr）だけ離すとき，なされた仕事（dw）は次式で表される．

$$dw = -F\,dr \qquad (17・1)$$

仕事に関する符号は，分子同士が互いに引きつけあい（つまり F が負値），dr が正である（つまり分子同士が離れてゆく）場合に，dw を正とするように決めてある．距離が r 離れた分子間のポテンシャルエネルギー（V）は次のように求める．一方の分子を固定し，この分子に対して無限遠から距離 r の地点までもう一方の分子を運んでくるときになされる仕事がわかれば，この仕事が系のもつポテンシャルエネルギーであり，

$$V = \int_{\infty}^{r} dw$$

で与えられる．式(17・1)より

$$V = -\int_{\infty}^{r} F\,dr \qquad (17・2)$$

である．式(17・2)は相互作用のポテンシャルエネルギーと2分子間に働く力とを関係づける式である．式(17・2)を変数 r で微分すると

$$F = -\frac{dV}{dr} \qquad (17・3)$$

が得られる．つまり力は，V の r 依存性を描く曲線の勾配にマイナス符号を付けたものになる．図17・1にポテ

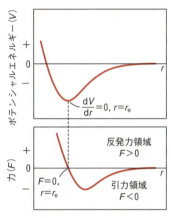

図17・1　ポテンシャルエネルギーと力の関係．$F = -dV/dr$ であるため，r の関数である $V(r)$ の極小では $F=0$ となる．r が r_e より小さくなるとポテンシャルエネルギーがまだ負値であっても，力は反発力になる．

[*1] 訳注："United We Stand, Divided We Fall（団結すれば立ち，分裂すれば倒れる）"の一部．米国でよく使われる聖書由来の標語．
[*2] 分子間力の存在を簡単に実証するには，ステッキの握りを持ち上げたとき石突が一緒に持ち上がる理由を問うてみるとよい．

ンシャルエネルギーと力の関係を示す．

17・2 イオン結合

電荷を帯びていない分子間の相互作用を検討する前に，比較のためにイオン対の間での結合を調べることにしよう．高温条件下ではNaClのようなイオン化合物は蒸発してイオン対を形成する．このイオン対や類似のハロゲン化アルカリ金属のイオン対は，ハロゲン化水素の約10倍程度の大きな双極子モーメントをもっていることから，結合が大きなイオン性をもっていることがわかる．一対のNa$^+$とCl$^-$の間の引力に由来するポテンシャルエネルギーはクーロンの法則（p.135参照）から誘導され，

$$V = -\frac{q_{\mathrm{Na}^+} q_{\mathrm{Cl}^-}}{4\pi\varepsilon_0 \varepsilon_r r} \tag{17・4}$$

である．ここで r は2イオン間の距離であり，電荷については絶対値で示してある（符号を含まず大きさのみ）[*1]．一方，これらイオン間の電子同士，原子核同士の反発を表す項も取入れねばならない．この項は通常 be^{-ar} や b/r^n といった形をとり，a, b はイオン対ごとに決まる定数，n は8～12の数である．反発項を含めてポテンシャルエネルギーの式を完全な形にすると，

$$V = -\frac{q_{\mathrm{Na}^+} q_{\mathrm{Cl}^-}}{4\pi\varepsilon_0 r} + \frac{b}{r^n} \tag{17・5}$$

となる[*2]．ポテンシャルエネルギー曲線の極小点では $dV/dr = 0$ である（図17・1参照）ことに気がつけば b の値を求めることができる．すなわち，極小点の r を r_e（イオン対の平衡結合距離に対応するから）とおくと

$$\left(\frac{dV}{dr}\right)_{r_e} = \frac{q_{\mathrm{Na}^+} q_{\mathrm{Cl}^-}}{4\pi\varepsilon_0 r_e^2} - \frac{nb}{r_e^{n+1}} = 0$$

すなわち

$$b = \frac{q_{\mathrm{Na}^+} q_{\mathrm{Cl}^-}}{4\pi\varepsilon_0 n} r_e^{n-1} \tag{17・6}$$

となる．式(17・6)を式(17・5)に代入すれば，原子が最も安定な距離（r_e）にある場合のポテンシャルエネルギー（V_0）が得られる．

$$\begin{aligned}V_0 &= -\frac{q_{\mathrm{Na}^+} q_{\mathrm{Cl}^-}}{4\pi\varepsilon_0 r_e} + \frac{q_{\mathrm{Na}^+} q_{\mathrm{Cl}^-}}{4\pi\varepsilon_0 n r_e} \\ &= -\frac{q_{\mathrm{Na}^+} q_{\mathrm{Cl}^-}}{4\pi\varepsilon_0 r_e}\left(1 - \frac{1}{n}\right)\end{aligned} \tag{17・7}$$

NaCl(g)の結合長が2.36 Å(236 pm)であること，電気素量が1.602×10^{-19} Cであること，反発力に関して $n=10$ と

[*1] 訳注: 符号を含めた電荷の場合，分数の先頭のマイナスは削除する．

[*2] ここでは空気が媒質であるとして，どの場合も比誘電率 ε_r は1とする［訳注: 20℃付近の物質の ε_r は，真空で1, 空気は1.000 536である］．

することを用い，1 mol のNa$^+$とCl$^-$のイオン対に関して

$$\begin{aligned}V_0 &= -\frac{(1.602\times10^{-19}\,\mathrm{C})^2(6.022\times10^{23}\,\mathrm{mol}^{-1})}{4\pi(8.854\times10^{-12}\,\mathrm{C}^2\,\mathrm{N}^{-1}\,\mathrm{m}^{-2})(236\times10^{-12}\,\mathrm{m})} \\ &\quad \times\left(1 - \frac{1}{10}\right) \\ &= -5.297\times10^5\,\mathrm{N\,m\,mol}^{-1} = -529.7\,\mathrm{kJ\,mol}^{-1}\end{aligned}$$

という計算値が得られ，この値が気相でNa$^+$とCl$^-$から1 mol のNaClイオン対が形成される際の反応

$$\mathrm{Na}^+(g) + \mathrm{Cl}^-(g) \longrightarrow \mathrm{NaCl}(g)$$

によって放出されるエネルギーである．

一方，解離される系の基底状態はイオンではなく原子からなり，

$$\mathrm{NaCl}(g) \longrightarrow \mathrm{Na}(g) + \mathrm{Cl}(g)$$

である．この過程の結合解離エンタルピーを計算するには図17・2に示すような**ボルン・ハーバーサイクル**（Born-Haber cycle）を用いる［Max Bornとドイツの化学者Fritz Haber(1868～1934)による］．ヘスの法則に基づき，この方法では，NaCl(g)の形成をNaのイオン化エネルギーおよびClの電子親和力からなる別個の段階に分割して考える．NaCl(g)をNa(g)とCl(g)にするための結合解離エネルギーを D としよう．つまり

$$-D = I_1 - E_{ea} + V_0 \tag{17・8}$$

このとき I_1 はNaの第一イオン化エネルギー，E_{ea} はClの電子親和力である．表12・7および表12・8のデータを用いて

$$\begin{aligned}-D &= 495.9\,\mathrm{kJ\,mol}^{-1} - 349\,\mathrm{kJ\,mol}^{-1} - 529.7\,\mathrm{kJ\,mol}^{-1} \\ &= -383\,\mathrm{kJ\,mol}^{-1}\end{aligned}$$

ゆえにNaClの結合を切ってNa原子とCl原子にするためのエンタルピーは383 kJ mol^{-1}である．この値は実験値(414 kJ mol^{-1})とやや異なる．反発を表す項が不正確であること，現実の結合には少し共有結合的性質があることが理由として考えられる．

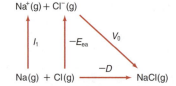

図17・2 気体状態のNaClのイオン対［NaCl(g)］の形成を求めるための，ボルン・ハーバーサイクル

17・3 分子間力の様式

ここからはさまざまなタイプの分子間力を見ていこう．完全を期して，分子間相互作用だけではなく，イオン-分

双極子-双極子相互作用

双極子-双極子相互作用 (dipole-dipole interaction) は，永久双極子モーメントをもった極性分子間に起こる．距離が r 離れた場所にある二つの双極子 μ_A および μ_B の間に働く静電的相互作用を考えよう．代表的な場合，二つの双極子は図17·3に示したように配向する．上側の例では相互作用のポテンシャルエネルギーは

$$V = -\frac{2\mu_A \mu_B}{4\pi\varepsilon_0 r^3} \quad (17 \cdot 9)$$

で与えられ，下側の例では

$$V = -\frac{\mu_A \mu_B}{4\pi\varepsilon_0 r^3} \quad (17 \cdot 10)$$

である．ここで − 符号は相互作用が引力として働くことを示す．つまり，これら二つの分子が相互作用するとエネルギーが放出されるのである．一方の双極子の電荷を逆符号にすると V は正の値になり，このとき二分子間の相互作用は反発力になる．

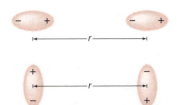

図 17·3 引力相互作用を行う二つの永久双極子の代表的な配向を示す概略図

例題 17·1

2個の HCl 分子 ($\mu = 1.08$ D) が空気中 4.0 Å (400 pm) 離れた距離にある．これらの分子が端と端を向き合わせて，すなわち H−Cl···H−Cl のように並んでいるとした場合の双極子-双極子相互作用エネルギーを kJ mol^{-1} 単位で計算せよ．

解 式 (17·9) を用い，下記のデータ

$\mu = 1.08$ D $= 3.60 \times 10^{-30}$ C m (§13·5参照)[*1]
$r = 4.0$ Å $= 4.0 \times 10^{-10}$ m

を代入する．この相互作用に基づくポテンシャルエネルギーは

$$V = \frac{2(3.60 \times 10^{-30} \text{ C m})(3.60 \times 10^{-30} \text{ C m})}{4\pi(8.854 \times 10^{-12} \text{ C}^2 \text{ N}^{-1} \text{ m}^{-2})(4.0 \times 10^{-10} \text{ m})^3}$$
$$= -3.6 \times 10^{-21} \text{ N m} = -3.6 \times 10^{-21} \text{ J}$$

ポテンシャルエネルギーを 1 mol 当たりの数値で表すと

$$V = (-3.6 \times 10^{-21} \text{ J})(6.022 \times 10^{23} \text{ mol}^{-1})$$
$$= -2.2 \text{ kJ mol}^{-1}$$

となる．

コメント ここでは空気の比誘電率を1と考えた．一般的には相互作用する双極子の間にある媒質の比誘電率 (ε_r) を式 (17·9) の分母に入れる (§7·2 参照)．

巨視的な系では，すべての可能な双極子の配向が存在し，引力と反発力が同じだけ働くため，V の平均値は 0 になると期待するかもしれない．しかし液体や気体で自由回転が可能な条件の下であっても，ポテンシャルエネルギーが低くなるような配向は高くなるような配向より，ボルツマン分布則 (§2·9 参照) に従って多くなる．やや複雑な式展開により，永久双極子の相互作用は平均値，あるいは合計値として次式のようになることが示される．

$$\langle V \rangle = -\frac{2}{3} \frac{\mu_A^2 \mu_B^2}{(4\pi\varepsilon_0)^2 r^6} \frac{1}{k_B T} \quad (17 \cdot 11)$$

ここで k_B はボルツマン定数，T は絶対温度である．V が r^6 に反比例すること，つまり相互作用エネルギーは距離が離れると急に小さくなることに注意しよう[*2]．また V は T にも反比例する．これは高温では分子の平均運動エネルギーが大きくなり，引力相互作用により双極子を配向するには不利になるからである．言い換えると，双極子-双極子相互作用の平均値は，温度上昇と共に徐々に 0 に近づいていくのである．

イオン-双極子相互作用

イオンと極性分子の間の相互作用は，先に第7章でイオンの水和に関連して論じた．双極子 μ と，距離 r 離れた場所にある電荷 q をもつイオンとの相互作用によるポテンシャルエネルギーは次式のように与えられる．

$$V = -\frac{q\mu}{4\pi\varepsilon_0 r^2} \quad (17 \cdot 12)$$

式 (17·12) はイオンと双極子とが同じ軸上にある場合にのみ適用できる．イオン化合物が極性溶媒に溶解することは，おもにこの引力相互作用により説明される．

例題 17·2

ナトリウムイオン (Na$^+$) が空気中で，1.08 D の双極子モーメントをもった HCl 分子から 4.0 Å (400 pm) の距離にあるとする．式 (17·12) を用いて，相互作用のポテンシャルエネルギーを kJ mol^{-1} 単位で求めよ．

解 用いる数値は

[*1] 1 D ≈ 3.336×10^{-30} C m を思い出そう．

[*2] 訳注: 結晶中の双極子-双極子相互作用の距離依存性は $1/r^3$ となる．

$$\mu = 1.08 \text{ D} = 3.60 \times 10^{-30} \text{ C m}$$
$$r = 4.0 \text{ Å} = 4.0 \times 10^{-10} \text{ m}$$

式 (17・12) より

$$V = -\frac{(1.602 \times 10^{-19} \text{ C})(3.60 \times 10^{-30} \text{ C m})}{4\pi(8.854 \times 10^{-12} \text{ C}^2 \text{ N}^{-1} \text{ m}^{-2})(4.0 \times 10^{-10} \text{ m})^2}$$
$$= -3.23 \times 10^{-20} \text{ J} \approx -3.2 \times 10^{-20} \text{ J}$$

1 mol 当たりでは

$$V = (-3.23 \times 10^{-20} \text{ J})(6.022 \times 10^{23} \text{ mol}^{-1})$$
$$= -19.5 \text{ kJ mol}^{-1} \approx -20 \text{ kJ mol}^{-1}$$

となる.

イオン−誘起双極子および双極子−誘起双極子相互作用

ヘリウム原子のような中性の無極性化学種においては, 電子の電荷分布は原子核に対して球対称である〔図 17・4 (a)〕. 帯電した物体, たとえば正イオンをヘリウム原子の近くに置いたとすると, 静電的相互作用により電荷密度の再分布が起こる〔図 17・4 (b)〕. そのためヘリウム原子は, 荷電粒子により誘起された双極子モーメントをもつことになる. **誘起双極子モーメント** (induced dipole moment), μ_{ind} の大きさは電場の大きさ E に正比例する. すなわち

$$\mu_{\text{ind}} \propto E \qquad \mu_{\text{ind}} = \alpha' E \qquad (17 \cdot 13)$$

式中の比例定数 α' は**分極率** (polarizability) とよばれる. 相互作用に由来するポテンシャルエネルギーは, ヘリウム原子を無限遠 ($E=0$) から r の距離 ($E=E$) まで運ぶのにされる仕事から計算され,

$$V = -\int_0^E \mu_{\text{ind}} \, dE = -\int_0^E \alpha' E \, dE$$
$$= -\frac{1}{2}\alpha' E^2 \qquad (17 \cdot 14)$$

である. 電荷 q をもったイオンが原子上につくる電場は

$$E = \frac{q}{4\pi\varepsilon_0 r^2}$$

で与えられる (補遺 7・1 参照). この E の式を式 (17・14) に代入して,

$$V = -\frac{1}{2}\frac{\alpha' q^2}{(4\pi\varepsilon_0)^2 r^4} \qquad (17 \cdot 15)$$

を得る. 定性的には分極率は, 原子や分子の電子密度分布が外部電場によりどれだけひずみやすいかの尺度である. C=C や C=N などの不飽和結合, ニトロ基 ($-\text{NO}_2$), フェニル基 ($-\text{C}_6\text{H}_5$), DNA の塩基対, 負イオンなどは非常に分極しやすい. 一般に, 電子数が多く分子内での電子雲の広がりが大きいほど分極率は大きくなる. しかし, 式 (17・13) で定義される α' の単位は, $\text{C m}^2 \text{ V}^{-1}$ というふうにやや扱いにくいものである. そのため次式で与えられるような, 単位が m^3 である分極率 α を用いるのがより便利である.

$$\alpha = \frac{\alpha'}{4\pi\varepsilon_0}$$

式 (17・15) は, これにより下式のように表せる.

$$V = -\frac{1}{2}\frac{\alpha q^2}{4\pi\varepsilon_0 r^4} \qquad (17 \cdot 16)$$

永久双極子モーメントが, 無極性分子に双極子モーメントを誘起することもある〔図 17・4 (c) 参照〕. 双極子−誘起双極子相互作用のポテンシャルエネルギーは

$$V = -\frac{\alpha'\mu^2}{(4\pi\varepsilon_0)^2 r^6} = -\frac{\alpha\mu^2}{4\pi\varepsilon_0 r^6} \qquad (17 \cdot 17)$$

となる. ここで α は無極性分子の分極率, μ は極性分子の双極子モーメントである. 式 (17・16) および式 (17・17) は温度に無関係であることに注意しよう. これは, 双極子モーメントの誘起が瞬時に起こるため, V の値は分子の熱運動に影響されないからである. 表 17・1 に, 原子および簡単な分子について分極率の値を示す.

一般に, イオン−誘起双極子相互作用も双極子−誘起双極子相互作用も, イオン−双極子相互作用に比べるとかなり弱いものである. NaCl のようなイオン化合物やアルコールのような極性分子がベンゼンや四塩化炭素といった無極性溶媒に難溶であるのはそのためである.

例題 17・3

ナトリウムイオン (Na^+) が空気中で, 窒素分子から 4.0 Å (400 pm) の距離にある. 式 (17・16) を用い

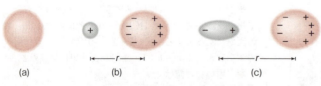

図 17・4 (a) 孤立したヘリウム原子は球対称な電子密度をもつ. (b) 正イオンとの静電的相互作用によるヘリウムの誘起双極子モーメント. (c) 永久双極子との静電的相互作用によるヘリウムの誘起双極子モーメント. ヘリウム中の +, − の符号は電荷密度の移動による部分電荷を表す.

表 17・1 原子・分子の分極率

原子	$\alpha/10^{-30}\text{ m}^3$	分子	$\alpha/10^{-30}\text{ m}^3$
He	0.20	H_2	0.80
Ne	0.40	N_2	1.74
Ar	1.66	CO_2	2.91
Kr	2.54	NH_3	2.26
Xe	4.15	CH_4	2.61
I	4.96	C_6H_6	10.4
Cs	42.0	CCl_4	11.7

てイオン−誘起双極子相互作用のポテンシャルエネルギーを kJ mol^{-1} 単位で計算せよ.

解 用いる数値は（表 17・1 参照）

$$\alpha(N_2) = 1.74 \times 10^{-30} \text{ m}^3 \quad r = 4.0 \text{ Å} = 4.0 \times 10^{-10} \text{ m}$$

である. 式 (17・16) より

$$V = -\frac{1}{2} \frac{(1.74 \times 10^{-30} \text{ m}^3)(1.602 \times 10^{-19} \text{ C})^2}{4\pi (8.854 \times 10^{-12} \text{ C}^2 \text{ N}^{-1} \text{ m}^{-2})(4.0 \times 10^{-10} \text{ m})^4}$$
$$= -7.8 \times 10^{-21} \text{ J}$$

1 mol 当たりでは

$$V = (-7.8 \times 10^{-21} \text{ J})(6.022 \times 10^{23} \text{ mol}^{-1})$$
$$= -4.7 \text{ kJ mol}^{-1}$$

となる.

コメント 本問の答は, 例題 17・2 のイオン−双極子相互作用の値の約 1/4 である.

分散力（ロンドンの分散力）

これまで考えてきた系は, 相互作用する化学種のうちに, 荷電したイオンか永久双極子モーメントを少なくとも一つ含んでいた. これらは古典物理学によりうまく説明することができた. さて, ここで, 次のような問題を考えなければならない. すなわち, ヘリウムや窒素などの無極性気体を凝縮させることができるが, 一体どのような引力的相互作用が原子間, 無極性分子間に働いているのであろうか, という問題である.

ヘリウムの電荷密度が球対称に分布している, と言った場合, それはある時間（たとえばわれわれがこのような系に関して物理的測定を行う際の十分長い時間）の間で平均した場合に, 原子核からある距離離れた位置での電子密度がどの方向においても同じであるということを意味する. 実際には不可能であるが, もしも個々のヘリウム原子の瞬間的な原子配置を写真に収めることができたならば, それぞれの原子の球対称性が, 原子間の相互作用を受けて, さまざまな程度で崩れている様子をおそらく見いだすことができるはずである. そのような各瞬間に生成される一時的な双極子であっても, 周囲の原子に双極子を誘起することができるので, 原子間には引力的相互作用が生じることになるであろう. この相互作用は弱いものであると考えられる. 実際, ヘリウムの沸点 (4 K) は低く, これは液体状態において原子間に働く力が非常に弱いことを示している. しかし分極率が非常に大きい分子に関しては, この相互作用は双極子−双極子相互作用や双極子−誘起双極子相互作用と同程度, もしくはむしろ大きいぐらいである. たとえば無極性分子の四塩化炭素 (CCl_4) は大きな分極率をもち（表 17・1 参照), 沸点は 76.5 ℃ であるが, これは極性分子であるフッ化メチル (CH_3F) の沸点（−141.8 ℃）よりも

かなり高い.

無極性分子間の相互作用に関する量子力学的取扱いは, ドイツの物理学者, Fritz London (1900〜1954) により 1930 年に行われ, 二つの同種原子あるいは無極性分子の相互作用により生じるポテンシャルエネルギーが

$$V = -\frac{3}{4} \frac{\alpha'^2 I_1}{(4\pi\varepsilon_0)^2 r^6} = -\frac{3}{4} \frac{\alpha^2 I_1}{r^6} \quad (17 \cdot 18)$$

で与えられることが示された. 式中の I_1 は着目している原子または分子の第一イオン化エネルギーである. 等価でない二つの原子や分子 (A, B) に対しては式 (17・18) は

$$V = -\frac{3}{2} \frac{I_A I_B}{I_A + I_B} \frac{\alpha'_A \alpha'_B}{(4\pi\varepsilon_0)^2 r^6}$$
$$= -\frac{3}{2} \frac{I_A I_B}{I_A + I_B} \frac{\alpha_A \alpha_B}{r^6} \quad (17 \cdot 19)$$

となる. このような相互作用により生ずる力は**分散力** (dispersion force) あるいは**ロンドンの分散力** (London dispersion force) とよばれる.

例題 17・4

二つのアルゴン原子が空気中で 4.0 Å 離れている場合の原子間の相互作用によるポテンシャルエネルギーを計算せよ.

解 用いる数値は

$$\alpha = 1.66 \times 10^{-30} \text{ m}^3 \quad (\text{表 17・1 より})$$
$$I_1 = 1521 \text{ kJ mol}^{-1} \quad (\text{表 12・7 より})$$

であり, 式 (17・18) より

$$V = -\frac{3}{4} \frac{(1.66 \times 10^{-30} \text{ m}^3)^2 (1521 \text{ kJ mol}^{-1})}{(4.0 \times 10^{-10} \text{ m})^6}$$
$$= -0.77 \text{ kJ mol}^{-1}$$

となる.

双極子−双極子型の力, 双極子−誘起双極子型の力および分散力は, まとめて**ファンデルワールス力** (van der Waals force) とよばれる. 気体の振舞いが第 1 章で論じた理想的なものから外れる理由は, これらの力による.

反発相互作用と全相互作用

これまでに論じてきた引力相互作用に加えて, 原子や分子は互いを遠ざける相互作用をもたなければならない. そうでなければこれらはついには融合してしまうであろう. 電子雲同士, 原子核同士の間に強い反発が働くことにより[*], このような融合が起こらないようになっている. 反発によるポテンシャルエネルギーは極端に近距離的（短距

---

[*] 原子間および分子間の反発は, 電子が空間の同じ位置を占めることを禁じたパウリの排他原理（§12・7 参照）からの帰結である.

離的）であり，n を 8~12 の数として，$1/r^n$ に比例する．英国の物理学者，John Edward Lennard-Jones 卿（1894〜1954）[*1] は，非イオン系での引力相互作用と反発（斥力）相互作用を合わせた全相互作用を表すため，次の式を提案した．

$$V = -\frac{A}{r^6} + \frac{B}{r^{12}} \quad (17\cdot20)$$

ここで A, B は相互作用する二つの原子，分子により決まる定数である．式 (17·20) の右辺第 1 項は引力を表す（これまで見てきたように，双極子-双極子，双極子-誘起双極子および分散力はすべて $1/r^6$ の依存性をもつ）．第 2 項は非常に短距離で影響をもつ（$1/r^{12}$ 依存性）ものであり，分子間の反発を記述する．式 (17·20) のより一般的な形はレナード-ジョーンズ(12, 6)ポテンシャル [Lennard-Jones (12, 6) potential] とよばれ，次式で与えられる．

$$V = 4\varepsilon\left[\left(\frac{\sigma}{r}\right)^{12} - \left(\frac{\sigma}{r}\right)^6\right] \quad (17\cdot21)$$

2 分子間のレナード-ジョーンズ(12, 6)ポテンシャルを図 17·5 に示す．1 組の分子を考えるとき，ε はポテンシャル井戸の深さ[*2]，σ は $V=0$ になるときの距離である．表 17·2 にいくつかの原子・分子に関しての ε 値，σ 値を示す．レナード-ジョーンズ(12, 6)ポテンシャルは計算化学で広く用いられているが，反発ポテンシャルを表すには $1/r^{12}$ 項は不十分な表現で，正確な計算のためには，この項を $e^{-ar/\sigma}$ の形で表す方がよい（a は定数）．

全相互作用ポテンシャルに関して三点ほど指摘しておこう．第一に，第二ビリアル係数 B'（§1·7 参照）は，分子

表 17·2 原子・分子のレナード-ジョーンズパラメーター

物質	ε/kJ mol^{-1}	σ/Å	物質	ε/kJ mol^{-1}	σ/Å
Ar	0.997	3.40	O_2	0.943	3.65
Xe	1.77	4.10	CO_2	1.65	4.33
H_2	0.307	2.93	CH_4	1.23	3.82
N_2	0.765	3.92	C_6H_6	2.02	8.60

表 17·3 原子およびメチル基のファンデルワールス半径

原子	半径 [Å]	原子	半径 [Å]	原子	半径 [Å]
H	1.2	P	1.9	Br	1.95
C	1.5	S	1.85	I	2.2
N	1.5	F	1.35	$-CH_3$	2.0
O	1.4	Cl	1.80		

間ポテンシャルと間接的に関係づけることができる．式 (1·12) によると，B' は（三次および高次のビリアル係数を無視するとして）$Z-P$ プロットの勾配から実験的に求まる．したがって，B' を求めることで分子間ポテンシャルを決定することができる．第二に，σ 値は結合していない原子が互いにどの程度まで接近できるかの尺度である．これは**ファンデルワールス半径**（van der Waals radius）とよばれ，ファンデルワールス力で結びついてはいるが結合していない二つの同種原子が結晶内でとる核間距離の半分の数値である．たとえば Cl_2 結晶中で，近接しているが結合していない Cl 原子間の平均距離は 3.60 Å であり，このとき Cl のファンデルワールス半径は 3.60 Å/2 つまり 1.80 Å となる．この値は Cl 原子の共有結合半径 1.01 Å よりかなり大きい．表 17·3 にいくつかの原子とメチル基のファンデルワールス半径を示す．空間充填模型での原子の大きさはファンデルワールス半径に基づいていることを注記しておく．第三に，分子間ポテンシャルと分子内ポテンシャルの相対的な大きさを比較してみると興味深い．一対の H_2 分子間の相互作用と，H_2 分子のポテンシャルエネルギーを考えよう．前者のポテンシャル井戸の深さは約 0.3 kJ mol^{-1}，"結合長" は 3.4 Å (340 pm) である．後者の井戸の深さは 432 kJ mol^{-1}，結合長は 0.74 Å (74 pm) である（図 3·15 参照）．このように通常の化学結合は，分子間力により結びついた場合よりも 2~3 桁安定であり，また結合した原子は，分子の中で非常に近接している．

17·4 水素結合

表 17·4 に，本節で議論する水素結合を含め，いろいろなタイプの分子間相互作用をまとめてある．水素結合は特別なタイプの分子間相互作用であり，水素原子を含む極性の結合（たとえば O-H や N-H）が酸素，窒素，フッ素などの電気陰性原子と相互作用してできる．この相互作用は A-H⋯B と表され，A と B が電気陰性原子で，⋯ は水素

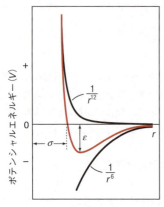

図 17·5 2 分子間，あるいはファンデルワールス力で結びついてはいるが，結合をもたない 2 原子間でのポテンシャルエネルギー曲線（—）は，$1/r^6$（引力）項と $1/r^{12}$（反発）項との和からなる．ε は井戸の深さ，σ は $V=0$ となる分子の中心間の距離である．

[*1] John Edward Jones は 1926 年 Kathleen Lennard と結婚し，妻の名字を加えて Lennard-Jones となった．

[*2] 訳注: V を r について微分し，勾配 0 になる点を求めると $r = 2^{1/6}\sigma$ となる．これを式 (17·21) に代入して V を求めると $-\varepsilon$ となる．問題 17·10 参照．

17・4 水素結合

表 17・4 分子間相互作用

相互作用のタイプ	距離依存性	例	エネルギーの大きさ[†1] [kJ mol^{-1}]
共有結合[†2]	単純な表現はない	H–H	200〜800
イオン–イオン	$\dfrac{q_A q_B}{4\pi\varepsilon_0 r}$	Na$^+$Cl$^-$	40〜400
イオン–双極子	$\dfrac{q\mu}{4\pi\varepsilon_0 r^2}$	Na$^+$(H$_2$O)$_n$	5〜60
双極子–双極子	$\dfrac{2}{3}\dfrac{\mu_A^2 \mu_B^2}{(4\pi\varepsilon_0)^2 r^6}\dfrac{1}{k_B T}$	SO$_2$ SO$_2$	0.5〜15
イオン–誘起双極子	$\dfrac{1}{2}\dfrac{\alpha q^2}{4\pi\varepsilon_0 r^4}$	Na$^+$ C$_6$H$_6$	0.4〜4
双極子–誘起双極子	$\dfrac{\alpha\mu^2}{4\pi\varepsilon_0 r^6}$	HCl C$_6$H$_6$	0.4〜4
分散力	$\dfrac{3}{4}\dfrac{\alpha^2 I}{r^6}$	CH$_4$ CH$_4$	4〜40
水素結合	単純な表現はない	H$_2$O⋯H$_2$O	4〜40

†1 実際の値は,間隔,電荷,双極子モーメント,分極率,媒体の比誘電率に依存する.
†2 比較の目的のためあげた.

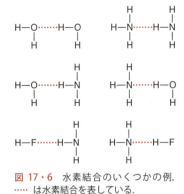

図 17・6 水素結合のいくつかの例. ⋯⋯ は水素結合を表している.

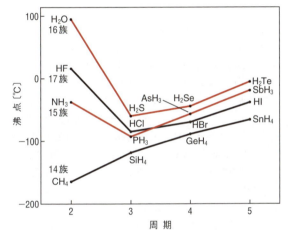

図 17・7 14, 15, 16, 17 族元素の水素化合物の沸点. 規則通りなら,同族内では下ほど沸点は増加すると予想されるが,分子間水素結合のために,NH$_3$, H$_2$O, HF は異なった振舞いをすることがわかる.

結合を表している*. 図 17・6 に水素結合の例をいくつか示す. 水素結合は比較的弱い(およそ 40 kJ mol^{-1} 以下)けれども,多くの化合物の性質を決めるうえで中心的な役割を果たしている.

水素結合についての証拠は,はじめ化合物の沸点の研究から得られた. 通常,同族元素を含む一連の類似化合物の沸点は分子量が増えるに従い(したがって分極率が増えるに従い)高くなる. しかし,図 17・7 に示すように,15, 16, 17 族元素の二元水素化合物はこの傾向に従わない. そ

それぞれの系列では,最も軽い化合物(NH$_3$, H$_2$O, HF)が最も高い沸点をもつが,それはこれらの化合物の分子間に広範囲の水素結合が存在するからである.

このタイプの結合は水素に独特のものであり,それはおもに水素原子が電子を 1 個しかもっていないことによる. その電子が電気陰性原子と共有結合をつくるのに使われると,水素の原子核は部分的に遮へいが無くなって,その結果,別の分子の電気陰性原子と直接相互作用できるようになる. 相互作用の強さによっては,そのような結合は,固相や液相と同様に気相においても存在しうる. 固相や液相では,HF は次のようにつながった鎖を形成する.

$$\cdots F \diagdown_H \cdots F \diagdown_H \cdots F \diagdown_H \cdots F \diagdown_H \cdots F \diagdown$$

最も安定なのは,普通は H 供与体(AH)と受容体(B)が一直線上にある配置(すなわち∠AHB=180°)であるが,直線からずれた構造(∠AHB=150°まで)も知られている.

一つの分子でも**分子内**(intramolecular)水素結合をつくることができる. フマル酸とマレイン酸でその例を見てみよう. 両者は互いに異性体の関係にあり,その第一,第二酸解離定数,K_1 および K_2 は

フマル酸
$K_1 = 9.6 \times 10^{-4}$
$K_2 = 4.1 \times 10^{-5}$

マレイン酸
$K_1 = 1.2 \times 10^{-2}$
$K_2 = 6.0 \times 10^{-7}$

である. マレイン酸の第一解離定数は,シス体での立体的な相互作用のためにプロトンの脱離が促進され,フマル酸のそれよりも高い. フマル酸の第二解離定数は第一解離定数のたった 1/20 程度であるが,マレイン酸では K_2 は K_1

---
* X 線を使った氷の詳細な研究によると,O⋯H の水素結合やおそらく他のタイプの強い水素結合も,相当の共有結合性をもっている. この結論は量子力学計算によって支持されている. E. D. Isaacs, A. Shukla, P. M. Platzmann, et al., *Phys. Rev. Lett.*, **82**, 600 (1999), および *Science*, **283**, 614(1999)を参照.

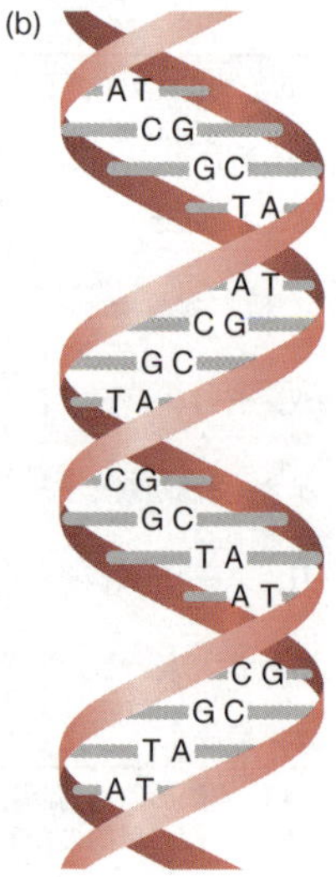

図 17・8 (a) アデニン (A)・チミン (T) 間, シトシン (C)・グアニン (G) 間の塩基対形成. (b) 最も一般的な DNA の構造である右巻き二重らせん. 2 本の鎖は水素結合と他の分子間力によって一つになっている.

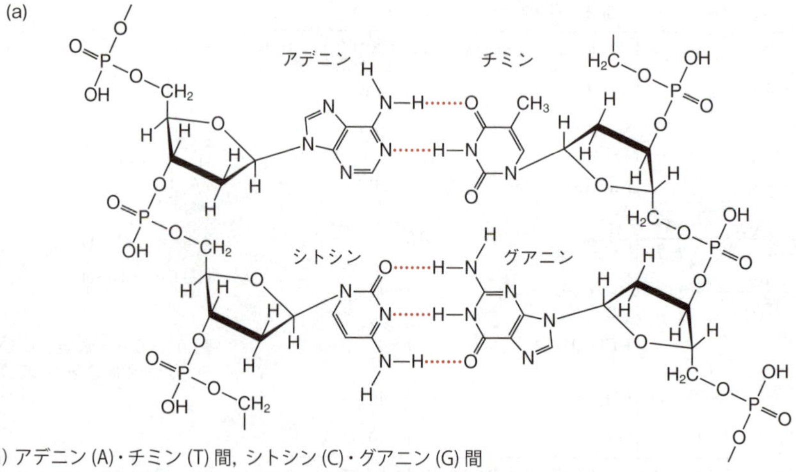

に比べて 1/20 000 も小さい. この現象は, マレイン酸の −COOH 基と −COO⁻ 基との間に下式のような安定な分子内水素結合が存在すると仮定すれば説明できる.

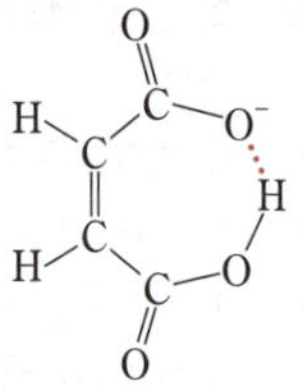

いくつかの物理的手法が水素結合を検出するのに用いられる. 結晶については, X 線回折測定が普通最も直接的な証拠を与える. 比較的強い水素結合では AH と B との間の距離は予想される距離 (それらのファンデルワールス半径の和) に比べ, 0.2 から 0.3 Å 短くなる. 液体中の水素結合については赤外 (IR) および核磁気共鳴 (NMR) 分光法によって研究が容易になる. たとえば, 水素結合が形成されると IR で観測される伸縮振動の振動数は低くなり*¹, 変角振動の振動数は高くなる.

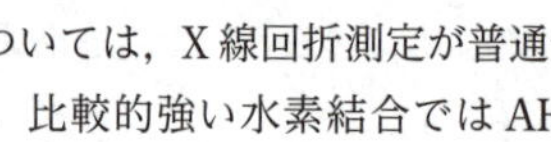

A−H 伸縮によるピークの幅や強度が水素結合の形成によって増す場合もある. NMR を使った研究では, プロトンの化学シフトが水素結合によってかなり変化すると予測され, 観測もされている.

水素結合はタンパク質のコンホメーションの安定性に大きく関与している. 一つのポリペプチド鎖の ⟩C=O 基と ⟩N−H 基との間の分子内水素結合によって α ヘリックスが生じる. 一方, 二つのポリペプチド鎖の間の分子間水素結合によって β 構造 (プリーツシート) が生じる.

ここで, DNA 中の水素結合の重要性について考えよう. DNA 分子はモル質量が数百万～数百億 g の高分子である. DNA は三つの部分 —— リン酸基, 糖 (デオキシリボース), およびプリン塩基 (アデニン, グアニン) あるいはピリミジン塩基 (シトシン, チミン) からなる. 図 17・8 に DNA 二重らせんのワトソン・クリックモデルを示す. これは米国の生物学者 James Dewey Watson (1928～) と英国の生物学者 Francis Harry Compton Crick (1916～2004) が見いだしたものである. 分子の骨格は糖とリン酸基が交互に並んだもので, それぞれの糖はプリンあるいはピリミジン塩基につながっている. 水素結合は, DNA の 2 本の鎖上の塩基間にでき, それが二重らせん構造を生み出している. 塩基はらせん軸にほぼ垂直であり, それぞれは 4 種類の塩基のうちただ一つとだけ強い水素結合をつくることができる. 遺伝暗号の保管場所としての機能に必要な DNA 分子の安定性は, 塩基対形成にこのような特異性があるためにもたらされる.

エネルギー的に DNA において最も有利な対形成は, アデニン (A)・チミン (T) とシトシン (C)・グアニン (G) であり, 図 17・8(b) に示すように, 2 本の DNA 鎖は互いに塩基対を形成しうる塩基配列 (相補的塩基配列) をもつ. 水素結合を壊すのに必要なエネルギーの量はかなり小さい (約 5 kJ mol⁻¹) が, DNA の二重らせん構造は通常の生理的条件では安定で, この安定性は水素結合形成の協同的な性質によっている. 室温で溶液中の二つのヌクレオチド, C と G の対形成について考える*². "水素結合塩基対" に対する "結合していない塩基" の比はボルツマン分布則から計算することができる. (　) で塩基 (対) の数を表すと,

---

*¹ 訳注: 波数 $\tilde{\nu}$ ($=c\nu$) を用いて, 低波数シフトとよぶ.

*² シトシン−グアニン塩基対は三つの水素結合をもっているので以下の計算で考慮する.

$$\frac{(C, G)_{水素結合していない塩基}}{(C \cdot G)_{水素結合塩基対}} = e^{-\Delta E/(RT)} =$$

$$\exp\left(\frac{-3 \times 5000 \text{ J mol}^{-1}}{8.314 \text{ J K}^{-1} \text{mol}^{-1} \times 300 \text{ K}}\right) = 0.00244$$

このように1対の水素結合していない塩基に対して410対の水素結合をした塩基がある．それぞれの鎖が二つのシトシンとグアニンからなるジヌクレオチドでは，水素結合(塩基対)体は水素結合していない塩基をもつものに比べて 410×410 倍すなわち 1.68×10^5 倍有利である．明らかに，何千もの塩基を含むポリヌクレオチドでは平衡は圧倒的に水素結合のある構造に有利になる．

DNA構造の解明によって，細胞分裂の度ごとにDNAがどのように複製すなわち再生されるかが示された．複製の間，二つの鎖は分かれて，二つの同一のDNA分子ができる．DNAが複製の際に正しく写し取られる理由は，おもに，アデニンはチミンと，シトシンはグアニンと，というように特異的な水素結合様式をつくることにある．

ここまで行った，水素結合形成についての議論は，非常に電気陰性度の高い原子，N, O, Fが中心であったが，これらの原子を含まない化合物においても水素結合が存在するという証拠が豊富にある．H_2O, NH_3, HFでの水素結合に比べてエネルギーの大きさが小さいという意味で"弱い"水素結合の例を下に示す．

クロロホルムとアセトンの間に水素結合があるため，沸点の極大で共沸混合物が生じる（§6・6参照）．興味深いことに，多くの電子をもつアセチレンの三重結合はフッ化水素と水素結合をつくる．同様に，ベンゼンの非局在化したπ電子は弱い水素結合をつくる．

最後に，留意してほしいのは，水素原子は質量が小さいため，いくつかの水素結合系でおそらく量子力学的トンネル効果が起こるということである．無極性溶媒中ではカルボン酸は次式のように二量化する．

図 17・9 はこの系の二つの極小点をもったポテンシャルエネルギー曲線を示している．水素原子のトンネル効果は水素原子の箱を"長くし"，H移動に対するポテンシャル障壁を低くするので，水素結合をおそらく安定化するのであろう．

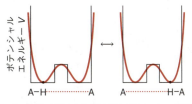

図 17・9 "一次元の箱の中の粒子"モデルによって近似される A—H……A 系のポテンシャルエネルギー曲線．Hは障壁をトンネル効果で通り抜けることができ，A……H—A 構造をつくる．

17・5 水の構造と性質

水はあまりにおなじみの物質すぎて，しばしばそのユニークな性質が見落とされてしまう．たとえば，その分子量からすると，水は室温では気体になりそうなものだが，水素結合のために，1 atm では 373.15 K の沸点をもつ．本節では，氷と液体の水の構造を調べ，水の生物学的に重要な点について考える．

氷 の 構 造

水の振舞いを理解するために，まず氷の構造について調べよう．氷には12を超える結晶形が知られていて，その多くは高圧下でのみ安定である．普通に見られる結晶形は氷 I で，研究も徹底的にされており，その密度は 273 K, 1 atm で 0.924 g mL^{-1} である．

H_2O と，NH_3, HF のような他の極性分子との間には，重要な違いがある．水の場合，水素結合の正側の端となる水素原子の数は，負側の端となる酸素原子の非共有電子対の数に等しい．

その結果，それぞれの酸素原子が二つの共有結合と二つの水素結合によって四つの水素原子と四面体のように結合し，広範囲の三次元ネットワークが生じる．プロトンと非共有電子対の数が等しいというこの性質は，NH_3 や HF には見られない性質である．その結果，NH_3 や HF は，それぞれ環や鎖をつくりうるのみで，広範囲の三次元構造をつくることはできない．

図 17・10 は氷 I の構造を示している．隣り合う酸素原子間の距離は 2.76 Å である．O—H の距離は 0.96 Å から 1.02 Å で，O…H の距離は 1.74 Å から 1.80 Å である．すき間の多い格子であるために氷は水よりも密度が低く，この事実は深遠な生態学的意義をもつ．氷の水素結合がこのような独特なタイプのものでなければ，他のたいていの固

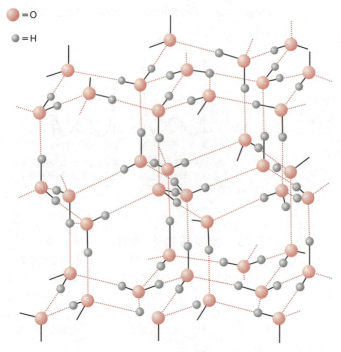

図 17・10 氷の構造，……は水素結合を表している．

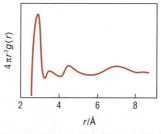

図 17・11 実験から得られた 4 ℃ の水の動径分布関数．高温ではピークは幅広くなる．

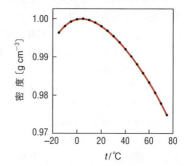

図 17・12 液体の水の，温度に対する密度のプロット．水の密度の最大値は 3.98 ℃ での 0.999 97 g cm^{-3} で，0 ℃ での氷の密度は 0.9167 g cm^{-3} である．

体の物質のように，その対応する液体よりも密度が高かったであろう．そうすると，氷は凍るに当たり湖や池の底に沈み，そして次第にすべての水が凍ってしまい，水中のほとんどの生き物が死んでしまうだろう．幸運にも，水は 277.15 K (融点よりも 4 K 上) で最大の密度をもつ．277.15 K 以下に冷やすと，水の密度は減少し，そのために表面に上昇し，そこで凍結する．表面の氷の層は沈まない —— それはまさしく重要なことで，表面にある氷はその下にある生物環境を守る断熱材として働くのである．

水 の 構 造

液体について議論するときに構造という言葉を使うのは奇妙であるけれども，多くの液体は近距離秩序をもっている．液体の構造を調べるのに便利な方法は動径分布関数，$g(r)$ を用いることである．この関数の定義は，$4\pi r^2 g(r)\,dr$ が，ある分子の中心を原点にとったとき原点から距離 r 離れた所で幅 dr の球殻内にもう一つの分子が見いだされる確率を与えるというものである*．結晶固体では r に対する $4\pi r^2 g(r)$ のプロットは一連の鋭い線を与える．それは結晶には長距離秩序があるためである．対照的に図 17・11 に示すように，4 ℃ での水の動径分布曲線は 2.90 Å に大きなピークを，3.50，4.50，7.00 Å に弱いピークをもつ．7.00 Å 以上では，この関数は本質的に一定で，局所秩序はこの距離を越えて広がっていないことを意味する．氷 I の X 線回折による研究によると O–O 距離は 2.76 Å である．2.90 Å の強いピークは液体においても非常に似た四面体配列があることを意味している．3.50 Å にあるピークは氷 I のいかなる結合長にも対応しない．しかしながら，氷 I ではそれぞれの O 原子から 3.50 Å の距離に侵入できる格子間間隙がある．それゆえ氷が溶けるとき，いくつかの水分子は束縛を脱してこれらの間隙に閉じ込められ，これが 3.50 Å にあるピークの原因となる．4.50 Å，7.00 Å のピークも四面体配列と合う．

上の議論は，結合は曲がったりゆがんだりしているかもしれないが，氷 I を特徴づける広範な三次元水素結合構造が，水においても大部分そのままであることを示す．融解するときは，単量体の水分子が残りの "氷様" 格子の間隙に入る．そのため水の密度は氷に比べて大きい．温度が上がるにつれて水素結合が壊れていくが，同時に分子の運動エネルギーが増加する．その結果，より多くの水分子が間隙に入るものの，運動エネルギーが増えて分子の占める体積が増えるために，水の密度は減少する．最初，単量体の水分子が間隙に入ることによる体積減少は運動エネルギーの増加による体積膨張に勝る．したがって 0 ℃ から 4 ℃ まで密度は上昇する．この温度を超えると，膨張が優位とな

---

* この動径分布関数は第 12 章 (p. 252 参照) で水素原子について適用したものに似ている．動径分布関数は，液体の X 線回折パターンの強度から組立てることができる．

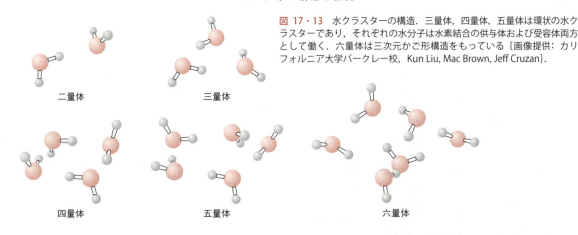

図 17・13 水クラスターの構造．三量体，四量体，五量体は環状の水クラスターであり，それぞれの水分子は水素結合の供与体および受容体両方として働く．六量体は三次元かご形構造をもっている〔画像提供：カリフォルニア大学バークレー校，Kun Liu, Mac Brown, Jeff Cruzan〕．

二量体　三量体　四量体　五量体　六量体

表 17・5　水の物理化学的性質[†]

融　点	0 ℃ (273.15 K)
沸　点	100 ℃ (373.15 K)
水の密度	0.999 87 g mL^{-1} (0 ℃)
氷の密度	0.9167 g mL^{-1} (0 ℃)
モル熱容量	75.3 J K^{-1} mol^{-1}
モル融解エンタルピー	6.01 kJ mol^{-1}
モル蒸発エンタルピー	40.79 kJ mol^{-1} (100 ℃)
比誘電率	78.54 (25 ℃)
双極子モーメント	1.82 D
粘性率	0.001 N s m^{-2}
表面張力	0.072 75 N m^{-1} (20 ℃)
拡散係数	2.4×10^{-9} m^2 s^{-1} (25 ℃)

[†] 粘性率，表面張力，拡散係数は第 19 章で論じる．

る．したがって温度が上がるにつれて密度が減少する（図 17・12）．

水クラスター　分子レベルで水構造を研究するための強力な実験的方法は"1 分子ずつ"固体および液体の水をつくること，すなわち**水クラスター**（water cluster）を生成することである．大きくなっていくと，クラスターの性質や振舞いはバルクの水のそれらに収束する．超音速分子線の中で水クラスターを生成し，絶対零度近くに冷やして，クラスターをつくる水分子間の水素結合の振動を赤外分光法によって調べることができる*．こうして得た小さな水クラスターの構造を図 17・13 に示す．

水の物理化学的性質

表 17・5 に水の重要な物理化学的性質をあげた．いくつかの性質が異常に高い値をもつために，水は独特の溶媒となり，とりわけ生命系を支えるのに適した溶媒となった．

* 訳注：超音速ジェット赤外分光法という．高圧の気体を小孔を通して真空中に噴出すると速度のそろった超音速の分子流が得られる．希ガスの中に他の分子を微量に入れて超音速の分子流にすると，分子を極低温（1〜10 K）に冷却することができる．この方法では極低温においても固体になることなく 1 分子の観察が可能な上，熱の影響を抑えることが可能になる．

その理由を以下に簡潔に議論する．

1. 水はすべての液体の中で最も高い比誘電率をもつものの一つである（表 7・3 参照）．この性質のためにイオン化合物にとっては非常に優れた溶媒になる．加えて，水素結合をつくることができるため，水は炭水化物，カルボン酸，アミンを溶かすことができる．

2. その強い水素結合のために水は非常に高い熱容量をもつ．$\Delta H = C_P \Delta T$〔式（3・18）参照〕より，$\Delta T = \Delta H/C_P$ となるが，このことは水溶液の温度を 1 K 上昇させるのに大量の熱が必要であることを意味する．この性質は代謝の過程で発生する熱により細胞の温度が変わらないようにするのに重要である．環境の見地から言っても，大きな温度上昇を伴わず大量の熱を吸収する水の能力は，地球の気候に大きな影響を与えている．湖や海は太陽の放射を吸収したり大量の熱を放出しても温度変化の量は小さい．このため，海に近いところでは内陸に比べて気候が穏やかである．

3. 水は高いモル蒸発エンタルピーをもっている（41 kJ mol^{-1}）．このため，発汗は体温を調節する効果的な方法である．ただし，発汗は体温を下げる唯一の機構ではなく，過剰な熱の一部は体の周囲に放射される．というのは，平均して，60 kg のヒトは $1×10^7$ J の熱を代謝によって毎日発生する．もし，発汗が体温を下げる唯一の機構であるならば，一定温度を保つために $(1×10^7 \text{ J})/(41×1000 \text{ J mol}^{-1}) = 244$ mol，つまり約 4.4 L の水を蒸発させなければならない．普通ヒトはこれほどは汗をかかない（たとえば，7 月の中旬にテキサス州ヒューストンでマラソンの練習をするなどという場合を除けば）．また，氷のモル融解エンタルピーは特別高くはないけれども（6 kJ mol^{-1}），それでも相当大きく，体が凍ることを防ぐ．

4. 氷に比べて高い，水の密度の生態学的な重要性については，すでに議論した（p. 402）．

5. 水素結合による強い分子間相互作用のため，水はさらにまた，高い表面張力（第 19 章参照）をももつ．この

表 17・6 25℃で無極性溶質を有機溶媒から水へ移行させた場合の熱力学関数

過程[†]	ΔH/kJ mol^{-1}	ΔS/J K^{-1} mol^{-1}	ΔG/kJ mol^{-1}
CH$_4$ (CCl$_4$) → CH$_4$ (H$_2$O)	−10.5	−75.8	12.1
CH$_4$ (C$_6$H$_6$) → CH$_4$ (H$_2$O)	−11.7	−75.8	10.9
C$_2$H$_6$ (C$_6$H$_6$) → C$_2$H$_6$ (H$_2$O)	−9.2	−83.6	15.7
C$_6$H$_{14}$ (C$_6$H$_{14}$) → C$_6$H$_{14}$ (H$_2$O)	0.0	−95.3	28.4
C$_6$H$_6$ (C$_6$H$_6$) → C$_6$H$_6$ (H$_2$O)	0.0	−57.7	17.2

[†] 訳注: ( ) は有機溶媒および水を表す.

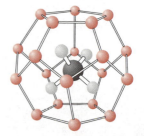

図 17・14 メタンハイドレートの構造. メタン分子は水素結合により集まった水分子 (●) のかごに閉じ込められている.

ため，生物器官は表面張力を下げるよう洗剤様の化合物（界面活性物質とよばれる）を生産しなければならない．さもなければ表面張力によって機能が阻害されてしまうことがあるだろう．たとえば肺には肺胞界面活性物質があって，肺胞空間を広げるのに必要な仕事量を減らし，効果的な呼吸を可能にしている（p. 431参照）．

6. 水の粘性率は，水の多くの特異的な性質とは異なり，他の多くの液体と同程度である．巨大分子（たとえばタンパク質や核酸）があると溶液の粘性率はかなり増加してしまうので，水が粘性率の高い流体ではないという事実は，血液の流れや媒質中での分子やイオンの拡散にとって都合がよい．

17・6 疎水性相互作用

経験から，水と油は混じり合わないことを知っていると思う．一見，これは水と無極性の油分子との間の双極子−誘起双極子相互作用や分散力が弱いということが理由のように思える．この観察から混合エンタルピー（ΔH）は正であり，ΔG が正（$\Delta G=\Delta H-T\Delta S$）になると結論してしまうかもしれない．このため水への油の溶解度は非常に低い，というように．しかし，この説明は正しくない．溶解を不利にする相互作用は，おもに**疎水性相互作用**（hydrophobic interaction）〔**疎水性効果**（hydrophobic effect）あるいは**疎水結合**（hydrophobic bond）ともよばれる〕である．疎水性相互作用は，無極性物質が水との接触をできるだけ小さくしようと寄り集まる作用を表す術語である．セッケンや洗剤の洗浄作用，生体膜の形成，タンパク質構造の安定化などの多くの重要な化学および生物学的現象は，疎水性相互作用に基づいている．

表 17・6 に，無極性溶媒から水へ小さな無極性分子を移したときの熱力学関数を示す．この表の最も際立った特徴は，すべての化合物について ΔS が負であるということである．無極性分子を水性媒質に入れるには，この溶質のための空き空間をつくるためにいくつかの水素結合を壊さなければならない．壊される水素結合は双極子−誘起双極子相互作用や分散相互作用よりもはるかに強いので，この部分に関しては吸熱的である．それぞれの溶質分子はこのと

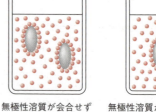

無極性溶質が会合せずに溶解している状態
$\Delta H < 0$
$\Delta S < 0$
$\Delta G > 0$

無極性溶質が疎水性相互作用によって会合している状態
$\Delta H > 0$
$\Delta S > 0$
$\Delta G < 0$

図 17・15 （左）水の中への無極性分子の溶解は発熱過程（$\Delta H<0$）であるが，クラスレート形成による大きなエントロピー減少を伴うので不利である．その結果，$\Delta G>0$ となる．（右）疎水性相互作用の結果として，無極性分子は寄り集まり，クラスレート中の秩序立ったいくつかの水分子を放出し，そのためエントロピーが増大する．この過程は，つくられる水素結合よりも壊される水素結合の方が多いので，吸熱過程（$\Delta H>0$）であるが，熱力学的には有利になる（$\Delta G<0$）．

き氷に似たかご形構造（包接化合物とかクラスレートモデルとよばれる）に閉じ込められる．このかごは水素結合により保持された一定数の水分子からなる．包接化合物の生成によって二つの重要なことが起こる．第一に，新しく生成した水素結合（発熱過程）は空孔をつくるために最初に壊される水素結合を，部分的にあるいはすべて補償する．このため，全過程についての ΔH は負，0，正のいずれにもなりうる．さらに，かご形構造は非常に秩序立っている（微視的状態の数の減少）ので，かご形構造形成によるエントロピーの減少はかなり大きく，溶質と水分子の混合によるエントロピーの増大をはるかにしのぐ．したがって ΔS は負になる．このように，無極性分子と水とが混じり合わないということ，すなわち疎水性相互作用は，エンタルピー駆動というよりむしろエントロピー駆動である*．

---

* 無極性分子の溶解度を水中のイオン化合物と比べると有益である．イオン化合物では，強いイオン−双極子相互作用による大きなエンタルピー減少（$\Delta H<0$）があり，水が荷電イオンの周りでより構造化したときに，エンタルピー減少がエントロピー減少（$\Delta S<0$）をしのぎ $\Delta G<0$ となる．イオンを取巻く水和殻の構造はクラスレートのかご形構造とは異なることに注意せよ．

炭化水素のクラスレートの形成にはいくつかの実用上の重要性がある．海底の堆積物中の細菌は有機物を消費しメタンガスを発生する．高圧低温条件において，メタンの水への溶解度は上昇する（すなわち，ΔG は T が下がるにつれて負に大きくあるいは正に小さくなる）．こうしてできたメタンクラスレートは俗にメタンハイドレート（図17・14）とよばれ，灰色の氷片のように見える．しかし，火の付いたマッチを近づけると燃える．世界中の海底にあるメタンハイドレートの全蓄積量は約 10^{13} トンの炭素を含むと見積もられ，それは陸地にある石炭，石油，天然ガスすべてに含まれる炭素量の約2倍である．しかしながら，メタンハイドレートに貯蔵されるエネルギーを入手することは技術的に非常に大変な難問を提起する．興味深いことに，石油会社では，寒い気候の下で天然ガスを運ぶために高圧パイプラインを使い始めた1930年代からメタンハイドレートについて知っていた．天然ガスがパイプラインに入る前に水を注意深く取除いておかないと，メタンハイドレート塊のためにガスの流れが悪くなるのである．

疎水性相互作用がタンパク質の構造に及ぼす影響は意味深い．タンパク質のポリペプチド鎖が溶液中で三次元構造に折りたたまれるとき，疎水性（側鎖をもつ）アミノ酸（たとえば，グリシン，アラニン，プロリン，フェニルアラニン，バリン）はタンパク質内部にあって水と少し接触するかあるいはまったく接触しない．一方で親水性アミノ酸残基（たとえば，アスパラギン酸，グルタミン酸，アルギニン，リシン）は表面に出てくる．水溶液中に無極性分子が二つあるモデルを考えるだけで，このエントロピー駆動の過程への洞察が得られる（図17・15）．無極性分子は，疎水性相互作用のために一つの空孔へ寄り集まって，表面積を減らすことで水との不利な相互作用を減らす．これに対応してかご形構造の一部が壊れ，$\Delta S>0$ と，ゆえに $\Delta G<0$ を生じる．なお，もともとのかご形構造のいくつかの水素結合が壊されるので，エンタルピーは増加する（$\Delta H>0$）．タンパク質の折りたたみはこれと同様の現象で，無極性表面が水へできるだけ露出しないようにタンパク質は折りたたまれる．

重要な式

式	説明	番号
$V = -\dfrac{q_{Na^+} q_{Cl^-}}{4\pi\varepsilon_0 r} + \dfrac{b}{r^n}$	NaCl イオン対中のイオン結合のポテンシャルエネルギー	式 (17・5)
$\langle V \rangle = -\dfrac{2}{3} \dfrac{\mu_A^2 \mu_B^2}{(4\pi\varepsilon_0)^2 r^6} \dfrac{1}{k_B T}$	液体中の双極子-双極子相互作用に対する平均ポテンシャルエネルギー	式 (17・11)
$V = -\dfrac{q\mu}{4\pi\varepsilon_0 r^2}$	イオン-双極子相互作用に対するポテンシャルエネルギー	式 (17・12)
$V = -\dfrac{3}{4} \dfrac{\alpha^2 I_1}{r^6}$	分散力の相互作用のポテンシャルエネルギー（同種分子間）	式 (17・18)
$V = -\dfrac{3}{2} \dfrac{I_A I_B}{I_A + I_B} \dfrac{\alpha_A \alpha_B}{r^6}$	分散力の相互作用のポテンシャルエネルギー（異種分子間）	式 (17・19)
$V = 4\varepsilon \left[\left(\dfrac{\sigma}{r}\right)^{12} - \left(\dfrac{\sigma}{r}\right)^6 \right]$	レナード・ジョーンズ(12,6)ポテンシャル	式 (17・21)

参考文献

書籍

D. Eisenberg, W. Kauzmann, "The Structure and Properties of Water," Oxford University Press, New York (2005).

F. Franks, "Water: A Matrix of Life, 2nd Ed.," The Royal Society of Chemistry, Cambridge, UK (2000).

J. N. Israelachvili, "Intermolecular and Surface Forces, 3rd Ed.," Elesevier, New York (2011).

G. A. Jeffrey, "An Introduction to Hydrogen Bonding," Oxford University Press, New York (1997).

G. A. Jeffrey, W. Saenger, "Hydrogen Bonding in Biological Structures," Springer-Verlag, New York (1994).

J. L. Kavanau, "Water and Water-Solute Interactions," Holden-Day, San Francisco (1964).

G. C. Pimentel, A. L. McClellan, "The Hydrogen Bond," W. H. Freeman, San Francisco (1960).

M. Rigby, E. B. Smith, W. A. Wakeham, G. C. Maitland, "The Forces Between Molecules," Clarendon Press, Oxford (1986).

S. N. Vinogrador, R. H. Linnell, "Hydrogen Bonding," Van

Nostrand Reinhold, New York (1971).

論文
総説:

B. V. Derjaguin, 'The Force between Molecules,' *Sci. Am.*, July (1960).

T. H. Benzinger, 'The Human Thermostat,' *Sci. Am.*, January (1961).

L. Pauling, 'A Molecular Theory of General Anesthesia,' *Science*, **134**, 15 (1961).

J. F. Brown, Jr., 'Inclusion Compounds,' *Sci. Am.*, July (1962).

M. M. Hagan, 'Clathrates: Compounds in Cages,' *J. Chem. Educ.*, **40**, 643 (1963).

H. H. Jaffé, 'A Classical Electrostatic View of Chemical Forces,' *J. Chem. Educ.*, **40**, 649 (1963).

L. Holliday, 'Early Views on Forces between Atoms,' *Sci. Am.*, May (1970).

P. C. Hiemenz, 'The Role of van der Waals Forces in Surface and Colloid Chemistry,' *J. Chem. Educ.*, **49**, 164 (1972).

G. K. Vemulapalli, S. G. Kukolich, 'Why Does a Stream of Water Deflect in an Electric Field ?' *J. Chem. Educ.*, **73**, 887 (1996).

D. Ben-Amotz, A. D. Gift, R. D. Levine, 'Updated Principle of Corresponding States,' *J. Chem. Educ.*, **81**, 142 (2004).

K. Autumn, 'How Gecko Toes Stick,' *Am. Sci.*, March-April (2006).

D. W. Mundell, 'Dancing Crystals: A Dramatic Illustration of Intermolecular Forces,' *J. Chem. Educ.*, **84**, 1773 (2007).

P. R. Burkholder, G. H. Purser, R. S. Cole, 'Using Molecular Dynamics Simulation to Reinforce Student Understanding of Intermolecular Forces,' *J. Chem. Educ.*, **85**, 1071 (2008).

水素結合/水の構造:

J. Donohue, 'On Hydrogen Bonds,' *J. Chem. Educ.*, **40**, 598 (1963).

L. K. Runnels, 'Ice,' *Sci. Am.*, December (1966).

A. L. McClellan, 'The Significance of Hydrogen Bonds in Biological Structure,' *J. Chem. Educ.*, **44**, 547 (1967).

H. S. Frank, 'The Structure of Ordinary Water,' *Science*, **169**, 635 (1970).

M. D. Joesten, 'Hydrogen Bonding and Proton Transfer,' *J. Chem. Educ.*, **59**, 362 (1982).

K. Liu, J. D. Cruzan, R. J. Saykally, 'Water Clusters,' *Science*, **271**, 929 (1996).

M. Gerstein, M. Levitt, 'Simulating Water and the Molecules of Life,' *Sci. Am.*, November (1998).

A. Martin, 'Hydrogen Bonds Involving Transition Metal Centers Acting As Proton Acceptors,' *J. Chem. Educ.*, **76**, 578 (1999).

疎水性相互作用:

G. Némethy, 'Hydrophobic Interactions,' *Angew. Chem. Intl. Ed.*, **6**, 195 (1967).

T. Aerts, J. Clauwaert, 'The Thermodynamic Parameters Involved in Hydrophobic Interaction,' *J. Chem. Educ.*, **63**, 993 (1986).

E. M. Huque, 'The Hydrophobic Effect,' *J. Chem. Educ.*, **66**, 581 (1989).

C. Tanford, 'How Protein Chemists Learned About the Hydrophobic Effect,' *Protein Science*, **6**, 1358 (1997).

T. P. Silverstein, 'The Real Reasons Why Oil and Water Don't Mix,' *J. Chem. Educ.*, **75**, 116 (1998).

E. Suess, G. Bohrmann, J. Greinert, E. Lavsch, 'Flammable Ice,' *Sci. Am.*, November (1999).

K. Oliver, L. Timm, 'Hydrophobic Solvation: Aqueous Methane Solutions,' *J. Chem. Educ.*, **84**, 864 (2007).

問題

分子間力

17・1 次の各分子につき,起こると考えられる分子間相互作用をすべて列挙せよ: Xe, SO_2, C_6H_5F, LiF.

17・2 以下のものを,融点が高いものから順に並べよ: Ne, KF, C_2H_6, MgO, H_2S.

17・3 Br_2 と ICl は同数の電子をもっている [訳注: 等電子 (p. 286 参照) である] が,Br_2 は -7.2°C で融解するのに対して,ICl の融点は 27.2°C である.この理由を説明せよ.

17・4 アラスカに住むとして,以下の天然ガス,すなわちメタン (CH_4),プロパン (C_3H_8),ブタン (C_4H_{10}) のうち,冬場,屋外の備蓄タンクに入れるものとしてはどれを選ぶのがよいか.その理由を説明せよ.

17・5 以下に示す分子(あるいは基本となる単位)の間でどのような種類の分子間相互作用が存在するか列挙せよ.
(a) ベンゼン (C_6H_6)　(b) CH_3Cl
(c) PF_3　(d) NaCl　(e) CS_2

17・6 ペンタン (C_5H_{12}) には三つの構造異性体があり,それぞれ沸点は 9.5°C,27.9°C,36.1°C である.これら三つの構造を描き,沸点が高いものから順に並べよ.またそのような順序となる理由を説明せよ.

17・7 空気中,2.76 Å の距離を隔てて水分子が二つある.式 (17・9) を用いて双極子-双極子相互作用を計算せよ.水の双極子モーメントは 1.82 D である.

17・8 クーロン力 ($1/r^2$ に比例) は通常,長距離力または遠達力とよばれるのに対して,ファンデルワールス力

($1/r^7$ に比例) は短距離力または近距離力とよばれる．

(a) 力 (F) が距離のみに依存すると考える．F が r の関数であるとして，$r=1$ Å, 2 Å, 3 Å, 4 Å, 5 Å のときの値をそれぞれプロットせよ．

(b) (a) での結果を用いて，0.2 M の非電解質溶液は通常理想的な振舞いを見せるのに，0.02 M の電解質溶液は顕著に理想からずれた振舞いを見せることを，説明せよ．

17・9 I_2 分子に関して，分子の中心から 5.0 Å 離れた場所にある Na^+ による誘起双極子モーメントを計算せよ．I_2 の分極率は 12.5×10^{-30} m^3 であるとする．

17・10 式 (17・21) を r で微分して，σ, ε で表した式を導け．平衡核間距離 r_e を σ を用いて表し，このとき $V = -\varepsilon$ であることを示せ．

17・11 LiF の結合解離エンタルピーを，ボルン・ハーバーサイクルを用いて計算せよ．LiF の結合長は 1.51 Å である．その他の数値に関しては，表 12・7 および表 12・8 を参照のこと．式 (17・7) では $n=10$ とせよ．

17・12 (a) 表 17・2 の数値を用いて，アルゴンのファンデルワールス半径を求めよ．

(b) 1 mol のアルゴンが 25 ℃, 1 atm で占める体積は，求めたファンデルワールス半径を用いるとどのくらいの割合になるか．理想気体を仮定した場合と比べて求めよ．

水 素 結 合

17・13 ジエチルエーテル ($C_2H_5OC_2H_5$) の沸点は 34.5 ℃，1-ブタノール (C_4H_9OH) の沸点は 117 ℃ である．これら二つの分子は同数，同種類の原子からできている．これらの沸点の差異を説明せよ．

17・14 水分子が直線形分子であるとして答えよ．

(a) それでも極性をもつだろうか．

(b) 水分子同士で水素結合を形成することはそれでも可能であろうか．

17・15 $(CH_3)_4NOH$ と $(CH_3)_3NHOH$ ではいずれが強塩基か．理由を説明せよ．

17・16 アンモニアは水に可溶であるのに対し，NCl_3 は不溶である．なぜか．

17・17 酢酸は水と混じり合うが，ベンゼンや四塩化炭素などの無極性溶媒にも溶ける．理由を述べよ．

17・18 以下の分子のどちらが，融点がより高いか．理由を説明せよ．

17・19 DNA の A・T 対と G・C 対を確認するには，どのような化学分析が必要か．

17・20 塩基対一つ当たりの水素結合エネルギーが 10 kJ mol^{-1} であるとしよう．それぞれ塩基対にして 100 個分を含む相補的な 2 本の DNA 鎖があるとして，溶液中 300 K において，2 本が別個に存在するものと水素結合して二重らせんになったものとが，どれぐらいの割合で存在するか計算せよ．

補充問題

17・21 溶解度を説明する際，"似たものは似たものを溶かす" という言葉がしばしば用いられる．これは何を意味するか，説明せよ．

17・22 水中でヘモグロビン分子の間に働く分子内および分子間相互作用をすべてあげよ．

17・23 水中の小さな油滴はたいてい球形である．この理由を説明せよ．

17・24 以下に述べる性質のうち，液相での強い分子間相互作用の存在を示すものはどれか．

(a) 表面張力が非常に小さいこと
(b) 臨界温度が非常に低いこと
(c) 沸点が非常に低いこと
(d) 蒸気圧が非常に低いこと

17・25 図 17・8 に示すように DNA 分子の軸に平行な方向に測った場合，塩基対間の平均距離は 3.4 Å である．ヌクレオチド対の平均モル質量は 650 g mol^{-1} である．モル質量 5.0×10^9 g mol^{-1} の DNA 分子の長さを cm 単位で計算せよ．この分子にはおよそいくつの塩基対が含まれているか．

17・26 表 17・1 や化学ハンドブックに示された値を用いて，希ガスの分極率を沸点に対してプロットせよ．同じグラフ上に，モル質量を沸点に対してプロットせよ．このときの傾向に関して解説せよ．

17・27 水およびアンモニアについて

	H_2O	NH_3
沸点	373.15 K	239.65 K
融点	273.15 K	195.3 K
モル熱容量	75.3 J K^{-1} mol^{-1}	8.53 J K^{-1} mol^{-1}
モル蒸発エンタルピー	40.79 kJ mol^{-1}	23.3 kJ mol^{-1}
モル融解エンタルピー	6.0 kJ mol^{-1}	5.9 kJ mol^{-1}
比誘電率	78.54	16.9
粘性率	0.001 N s m^{-2}	0.0254 N s m^{-2} (240 K)
表面張力	0.072 75 N m^{-1} (293 K)	0.0412 N m^{-1} (244 K)
双極子モーメント	1.82 D	1.46 D
相 (300 K)	液体	気体

のような一般的な性質があるとしよう．アンモニア媒質の中では，(知っている範囲の) 生態系は発展できたであろうか．この問題に関して解説せよ．

17・28 HF_2^- イオンは

$$[\ddot{\text{F}}\!-\!\text{H}\cdots\ddot{\text{F}}]^-$$

として存在する．二つの HF 結合の距離が同じ長さであるという事実から，プロトンのトンネル効果が起こっていると考えられる．

(a) このイオンの共鳴構造を書け．

(b) このイオンの水素結合に関して分子軌道を (エネル

ギー準位図に）記述せよ．

17・29 (a) 剛体球モデルに基づいて，2原子のポテンシャルエネルギー曲線を描け[*1]．

(b) 剛体球ポテンシャルとレナード-ジョーンズポテンシャルの中間のモデルとして，$r<\sigma$ では $V=\infty$，$\sigma \leq r \leq a$ では $V=-\varepsilon$，$r>a$ では $V=0$ で定義される箱形（井戸形）ポテンシャルがある．このポテンシャルを図示せよ[*2]．

17・30 ヘリウム二量体（He_2）のポテンシャルエネルギーは

$$V = \frac{B}{r^{13}} - \frac{C}{r^6}$$

で与えられる．式中，二量体 1 mol 当たり $B=9.29\times 10^4$ kJ Å^{13}，$C=97.7$ kJ Å^6 である．

(a) He 原子間の平衡核間距離を計算せよ．

(b) 二量体の結合エネルギーを計算せよ．

(c) 二量体は室温（300 K）で安定であるだろうか[*3]．

17・31 固体アルゴン中，最近接のアルゴン原子間の核間距離はおよそ 3.8 Å である．アルゴンの分極率は 1.66×10^{-30} m^3，第一イオン化エネルギーは 1521 kJ mol^{-1} である．アルゴンの沸点を予想せよ．〔ヒント：固体アルゴンに関して分散相互作用によるポテンシャルエネルギーを計算せよ．この量と気体アルゴン 1 mol の平均運動エネルギー，すなわち $\frac{3}{2}RT$ が等しいと考えて式を立てよ．〕

17・32 二つの水分子間の水素結合のエネルギーは二つのキセノン原子間のファンデルワールス相互作用の約 10 倍である．それにもかかわらず，空気中での水分子の二量化はキセノン原子よりも 30 % ほど多いだけである．理由を説明せよ．

17・33 25 ℃ において，(a) 真空中および (b) 水中で，Na^+ イオンと Cl^- イオンの間隔を 5 Å から 10 Å にするとき，なすべき仕事を計算せよ．

[*1] 訳注：分子を剛体球と考えるこのモデルでは，反発ポテンシャル V を，分子間距離 $r>d$（衝突直径）のとき $V=0$，$r\leq d$ で $V=\infty$ とする．

[*2] 訳注：σ, ε は式 (17・21) のパラメーター．a は距離の定数（p. 398 参照）．

[*3] 訳注：結合エネルギーが熱エネルギーより小さいと結合は切れる．300 K での熱エネルギー RT を求め，(b) の答と比較して分子の安定性を考えよ．

18 固体

どんな固体物質も結晶構造の部分を有しており，また，多くの固体物質が結晶の集合体である．それゆえ，結晶構造に関する知見を得ることで物質のもつ特性を説明できる場合が多いということが，たやすく理解できるだろう．　　　　　Sir William Henry Bragg[*1]

気体状態は完全な乱雑さによって特徴づけられ，その対極として，結晶性固体は高度に秩序立った構造をもっている．結晶は金属結晶，イオン結晶，共有結合結晶，分子結晶の4種類に分類される．本章では，結晶の三次元構造のX線回折による決定（X線回折はタンパク質や核酸の安定性と機能の理解を深めるうえで中心的な役割を果たしてきた）について論ずる．また，これら結晶の構造や結晶内の結合についても考察する．

18・1 結晶系の分類

結晶とは何であろうか．それは全ポテンシャルエネルギーが最小になるように，原子や分子が互いに近接して充填された物質である．これらの原子や分子は**結晶格子**（crystal lattice）とよばれる高度に秩序立った構造を形成しており，結晶格子中で原子や分子は三次元で周期的に配列している．図18・1(a)のような一次元格子を考えることから始めよう．幾何学的なパラメーターは原子間あるいは格子点[*2]間の繰返しの間隔だけで，これらの原子や格子点は左右両方に無限に広がっているものとする．この場合，各格子点が，基本的な反復単位である**単位格子**（unit cell）を表している．

定義からして当然，二次元格子は平面系で，図18・1(b)のような5種類の異なる配置あるいは単位格子が格子点から形成される．

図18・2に単位格子およびそれが広がって三次元格子を形成する様子を示す．単位格子中の長さ a, b, c および角 α, β, γ の値に基づいて，全部で七つの格子型が可能である（図18・3）．これら単位格子はそれぞれ，すべての格子点がその頂点に位置しているため，**単純格子**（primitive lattice, simple lattice）とよばれる．1850年，フランスの物理学者 Auguste Bravais (1811〜1863) は，いくつかの面の中心および格子の中心にある格子点を説明するためには全部で14種類の単位格子が存在すべきであることを示した．この14種類の単位格子は今では**ブラベ格子**（Bravais lattice）として知られている[*3]．

図18・1 (a) 一次元格子．(b) 二次元格子の5種類の配置

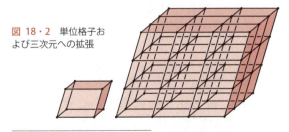

図18・2 単位格子および三次元への拡張

[*1] 出典: Sir W. H. Bragg, "The Universe of Light," Dover Publications, New York (1940).
[*2] 一般に，格子点は原子やイオンや分子とすることができる．
[*3] 訳注: 結晶格子の型を対称性によって分類した単純立方，体心立方，面心立方，単純正方，体心正方，単純六方，単純菱面体，単純直方，体心直方，面心直方，底心直方，単純単斜，底心単斜，単純三斜の14種．

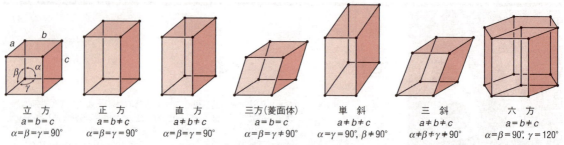

立方
$a=b=c$
$\alpha=\beta=\gamma=90°$

正方
$a=b\neq c$
$\alpha=\beta=\gamma=90°$

直方
$a\neq b\neq c$
$\alpha=\beta=\gamma=90°$

三方(菱面体)
$a=b=c$
$\alpha=\beta=\gamma\neq 90°$

単斜
$a\neq b\neq c$
$\alpha=\gamma=90°,\ \beta\neq 90°$

三斜
$a\neq b\neq c$
$\alpha\neq\beta\neq\gamma\neq 90°$

六方
$a=b\neq c$
$\alpha=\beta=90°,\ \gamma=120°$

図 18・3　七つの可能な単純格子の型

結晶学者が直面する最初の課題は単位格子の大きさと形状の測定である．結晶がきれいに形成されていれば，結晶の外側に現れる対称性は結晶面*1 のなす角を測定することによって決定できるので，結晶は図 18・3 に示した 7 種類の格子の型のうちのどれかに分類できる*2．単位格子の稜の長さと相互のなす角度（これらを格子定数とよぶ）は，X 線回折（すぐ後で述べる）により決まるはずである．

X 線結晶学では，問題にしている結晶を結晶面の組によって特徴づけると便利である．図 18・4 に示すような二次元結晶格子を考える．異なる向き（AA′, BB′, CC′ ⋯）をもつ複数の結晶面を，それぞれがいくつかの格子点を含むように描くことができる．どの結晶面も，単位格子に並進操作を施すことにより得られる面の組のどれかと平行である．AA′, BB′, ⋯ 面は a, b, c 軸の，任意にとった座標原点から測った切片の長さによって明示できる．たとえば，CC′ 面は三つの軸を $a, 4b, \infty$（二次元結晶を扱っているので，この面は c 軸に平行であり，その切片は無限大となる）のところで切ることになる．次に単位格子の長さを切片の

表 18・1　二次元格子のミラー指数

結晶面	切片の長さ	切片の長さで割る	ミラー指数(hkl)
AA′	∞, b, ∞	$\frac{1}{\infty}, \frac{1}{1}, \frac{1}{\infty}$	(010)
BB′	$2a, 2b, \infty$	$\frac{1}{2}, \frac{1}{2}, \frac{1}{\infty}$	(110)
CC′	$a, 4b, \infty$	$\frac{1}{1}, \frac{1}{4}, \frac{1}{\infty}$	(410)
DD′	a, ∞, ∞	$\frac{1}{1}, \frac{1}{\infty}, \frac{1}{\infty}$	(100)

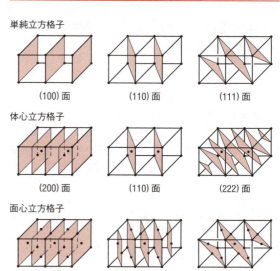

単純立方格子
(100)面　(110)面　(111)面

体心立方格子
(200)面　(110)面　(222)面

面心立方格子
(200)面　(220)面　(111)面

図 18・5　3 種類の立方格子のミラー指数

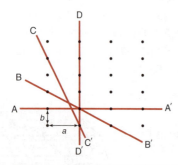

図 18・4　結晶面の組による二次元格子の特徴付け．原点は一番左下の点である．

長さで割ると，1/1, 1/4, 1/∞ となる．それぞれに分母の最小公倍数（この場合は 4）を掛けて分母を払う（この操作において無限大は除外する）．こうして三つの数(410)を得る．これを結晶面の**ミラー指数**（Miller indices）という〔英国の鉱物学者，William Miller（1801〜1880）にちなむ〕．一般に，ある結晶面のミラー指数(hkl)は，結晶中でその結晶面が 3 本の結晶軸に関してどのような方向を向いているかを与える．図 18・4 の四つの結晶面に対するミラー指数を得るための手順を表 18・1 にまとめてある．

同様の手続きは三次元結晶に拡張することができる．図 18・5 に例として，3 種類の立方格子を示したが，ミラー指数はそれぞれ，平行で等間隔な一連の結晶面の集合を表す．

---

*1 訳注：一般に結晶は少数のよく発達した面によって囲まれており，この面のことを狭義の**結晶面**（crystal face, crystal plane）という．広義には，結晶の格子点を通る平行な面の集合をいい，図 18・4 の AA′, BB′, ⋯ 面をミラー指数で表した，平行な面の集まりを結晶面(hkl)と記述する．ここでは二次元格子を考えているので，図示されている面は線になっていることに注意．二つの結晶面の交線は稜とよばれる．

*2 訳注：結晶の対称性を考慮すると，結晶格子は，三斜晶系，単斜晶系，直方晶系，正方晶系，三方晶系，六方晶系，立方晶系の七つの**結晶系**（crystal system）に分類される．

18・2　ブラッグの式

波長 λ の単色X線ビームを結晶の表面に当てたときに何が起こるかを考えてみよう（図18・6）．入射X線は透過力が強いので，結晶中の何層もの原子と相互作用する．結晶の第1層では，可視光が鏡によって反射されるのと同じように，X線ビームは原子によって反射される．

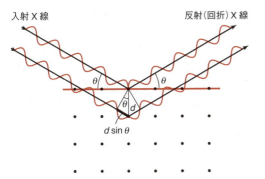

図 18・6　異なる原子層によるX線の反射

第1層で反射されたX線ビームは，第1層から距離 d だけ離れた第2層で反射されたX線ビームとどのように相互作用するだろうか．散乱されたX線ビームが互いに強めあう干渉を起こすには，すなわち，波が同位相になるには，次の条件が満たされねばならない．

$$2d \sin \theta = n\lambda \qquad n = 1, 2, \cdots \qquad (18 \cdot 1)$$

ここで $2d \sin \theta$ は二つの波の光路差である．反射X線の交互に起こる強度変化である**回折パターン**（diffraction pattern）は，特定の角度のところにX線検出器を置くことで得られる．n は回折の次数を表し $n=1$ は1次回折，$n=2$ は2次回折…である．一方，式（18・1）から，ある n と d の値に対する角度 θ は，面間隔が d/n の面の組に対する1次回折を考えたときと同じであることがわかる．たとえば，(111)面からの2次回折は，(222)面（たとえ特別な結晶でこの面が存在していなくても）からの1次回折であるかのように見ることができる．ミラー指数から，$d_{222}=d_{111}/2$ という関係*があることが容易にわかるので（図18・5参照），

$$2 \sin \theta = \frac{2\lambda}{d_{111}} = \frac{1\lambda}{d_{222}}$$

が成り立つ．こういうわけで，いつも式（18・1）で $n=1$ とし，高次の回折は互いにより近接した面からの1次回折であるとみなす．したがって，

---

* 訳注：以降，ミラー指数を下添字として付し特定の面を表すことにする．

$$2d_{hkl} \sin \theta = \lambda \qquad (18 \cdot 2)$$

を得る．この式を，英国の物理学者，Sir William Henry Bragg (1862〜1942), Sir William Lawrence Bragg (1890〜1972) 父子の名にちなみ**ブラッグの式**（Bragg equation）という．

18・3　X線回折による構造決定

ブラッグの式を使えば格子の大きさを測定することができる．立方格子に対しては，ミラー指数 (hkl) で表される平行面の組のうち隣接した2面間の鉛直方向の距離 d_{hkl} は，以下のようにして得られる．図18・3から $\alpha=\beta=\gamma=90°$，$a=b=c$ であり，三次元のピタゴラスの定理から（p. 422, 補遺18・1参照），

$$\frac{1}{d_{hkl}^2} = \frac{h^2}{a^2} + \frac{k^2}{b^2} + \frac{l^2}{c^2} = \frac{h^2+k^2+l^2}{a^2}$$

すなわち

$$d_{hkl} = \frac{a}{\sqrt{h^2+k^2+l^2}} \qquad (18 \cdot 3)$$

を得る．式（18・2）から，

$$\sin \theta_{hkl} = \frac{\lambda}{2d_{hkl}} = \frac{\lambda}{2a}\sqrt{h^2+k^2+l^2} \qquad (18 \cdot 4)$$

すなわち

$$\sin^2 \theta_{hkl} = \frac{\lambda^2}{4a^2}(h^2+k^2+l^2) \qquad (18 \cdot 5)$$

となる．$(h^2+k^2+l^2)$ の値はさまざまな平面で計算できる．

(hkl)	(100)	(110)	(111)	(200)	(210)	(211)	(220)	(221)	…
$(h^2+k^2+l^2)$	1	2	3	4	5	6	8	9	…

各平面について角度 θ_{hkl} がわかれば，$\sin \theta_{hkl}$ の目盛り上に一連の回折線の組を引くことができる．図18・7(a)は，$\lambda/a=0.274$ として計算した $\sin \theta_{hkl}$ の理論値である．$(h^2+k^2+l^2)=7$ になることはないので，7番目の線がないことに注意しよう．同様に，次々と線が並んでいる中で15番目の線もない．

図18・7(b), (c)には，体心格子および面心格子に対しての同様なプロットを示した．それを見ると，単純立方格子に比べて回折線の数が少ないことがわかる．いくつかの線が見いだされないのがなぜであるかを理解するために，体心立方格子を例にとって考えてみよう．図18・5に示すように，(110)面はすべての格子点を通っており，強い回折図形を与える．(100)面については状況が違っている．なぜなら(100)面はその面と面の間に，別の原子の層である(200)面を挟んでいるからである．(100)面で回折されたX線は互いに同位相になるが，(200)面で回折されたX線とでは半波長分ずれて逆位相になってしまう．結晶は非

常にたくさんの単位格子を含んでいるので，本質的に，(100) 面にあるのと同じくらいたくさんの原子が (200) 面にもあることになる．その結果，全体として弱めあう干渉になり，(100) 面からの回折線は無くなるのであろう．一方，(200) 面にはすべての原子が並んでいるため，この面からの回折は存在するであろう．他の線のあるなしも同様に説明できる．

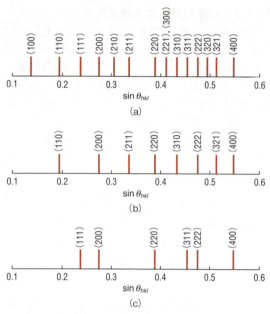

図 18・7 (a) 単純立方格子，(b) 体心立方格子，(c) 面心立方格子に対して，横軸上の $\sin\theta_{hkl} = (\lambda/2a)\sqrt{h^2+k^2+l^2}$ に X 線回折パターンの理論値をプロットしたもの．(λ/a) の項は 0.274 ととっている．それぞれの線が (hkl) の特定の組を表している．実際はこれらの線は異なった強度をもつ．

粉 末 法

結晶の X 線回折図形は，二つある方法のどちらかを用いて記録される．第一の方法では，小さな単結晶を特定の軸が X 線ビームの方向に垂直になるように固定する．結晶は角度目盛りを振ってある台の中心に置く (図 18・8)．X 線の強度は，X 線によるイオン化を検出する機器によってモニターする．そして回折 (反射) X 線の強度を角度 θ の関数として測定すると，角度がブラッグの式を満たすときは，常に強度が極大になる[*1]．この方法では，特定の面を表す回折線がいくつも得られ，それに対応した角度が測定される．

この単結晶法は，X 線回折研究の発展過程の初期に，Bragg のグループが用いたもので，それ以来いくつかの改良により，データの記録が非常に進歩してきた．単結晶法

は複雑な構造の解析に不可欠であるが，結晶の成長と固定を注意深く行わねばならないという難しさがある．

一方，単結晶に代わる方法として，Debye とスイスの物理学者 Paul Scherrer (1890～1969) およびそれと独立に米国の物理学者 Albert Hull (1880～1966) によって提出された粉末法では，単結晶ではなく粉末試料から構造を決定することができる．粉末法では，細かな粉末にした試料物質の固まりに X 線ビームを直接照射する．粉末試料は実際は無数の小さな結晶すなわち微結晶 (crystallite) であり，これらの微結晶は無秩序に配向しているので，X 線ビームはブラッグの式を満たすようなすべての可能な θ の値で結晶面に当たるであろう．各面からの回折ビームは，図 18・9 に示すように，実際は円錐形になっている[*2]．この回折図形を記録する一つの方法は，円筒状の写真フィルムを中心軸が入射 X 線に対して垂直になるように配置して用いることである．回折線間の距離およびフィルムの長さから，各回折線に対して角度 θ を計算することができる．

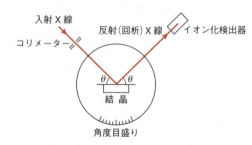

図 18・8 結晶による X 線回折を調べるための実際上の配置

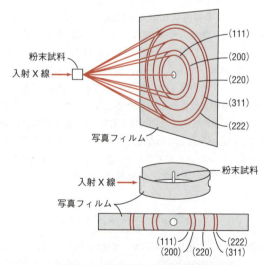

図 18・9 面心構造の微結晶からなる粉末試料による X 線回折図形

[*1] 強度は面の中にある原子の数や原子の種類に依存する．X 線はほぼ完全に原子のもつ電子によって散乱される．

[*2] 実際には，X 線のほとんどが回折されず試料をまっすぐ通り抜ける．

表 18・2 NaCl の X 線回折データ

θ_{hkl}	$\sin^2 \theta_{hkl}$	$\sin^2 \theta_{hkl}/0.0188$	(hkl)
13.68°	0.0560	3	(111)
15.83°	0.0744	4	(200)
22.70°	0.1489	8	(220)
27.05°	0.2068	11	(311)
28.33°	0.2252	12	(222)
33.13°	0.2990	16	(400)

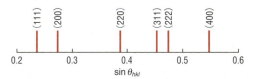

図 18・10 $\sin \theta_{hkl}$ 目盛りでプロットした NaCl 粉末試料のブラッグ回折線 ($\lambda/a = 0.274$ としている). 実際はこれらの回折線の強度は異なる.

NaCl の結晶構造の決定

ここで,NaCl の構造決定という具体例を考えてみよう.表 18・2 は,観測された何本かの回折線に対する θ_{hkl} (ブラッグ角) で,これらの回折線は $\sin \theta_{hkl}$ の目盛り上では図 18・10 に示すような位置に来る.この図形を図 18・7 のそれと比較すると,NaCl が面心格子であることがわかる.立方格子の 1 辺の長さを決めるには $\sin^2 \theta_{hkl}$ の値すべてを整数に割り切れる公約数を見つける必要があり,0.0188 であることがわかる.この値は式 (18・5) 中の $\lambda^2/4a^2$ に等しい.表 18・2 の実験データは,高エネルギーの電子を銅ターゲットに衝突させたときに発生する X 線を用いて得たものである.この X 線の特性波長は 1.542 Å (0.1542 nm) であるから,

$$0.0188 = \frac{\lambda^2}{4a^2} = \frac{(1.542 \text{ Å})^2}{4a^2}$$

となり,

$$a = 5.623 \text{ Å}$$

となる.ここで a は立方格子の一辺の長さである.

また,式 (18・5) から,各回折線を以下のように指数付けすることもできる.すなわち

$$\frac{\sin^2 \theta_{hkl}}{0.0188} = h^2 + k^2 + l^2$$

左辺の比はわかっているので,比較的容易に,表 18・2 に示すように各回折線を指数付けすることができる.

NaCl の構造を完全に記述するには,単位格子一つ当たりにいくつの原子があるかを求めねばならない.NaCl の密度は 2.16 g cm^{-3} で,モル質量が 58.44 g であるから,モル体積は (58.44 g mol^{-1})/(2.16 g cm^{-3}) で与えられ,その値は 27.06 cm^3 mol^{-1} となる.そして NaCl の組成式一つ当たりの体積は

$$\frac{27.06 \text{ cm}^3 \text{ mol}^{-1}}{6.022 \times 10^{23} \text{ mol}^{-1}} = 4.49 \times 10^{-23} \text{ cm}^3 = 44.9 \text{ Å}^3$$

となる.ここで 1 cm$^3 = 10^{24}$ Å^3 である.単位格子の体積は a^3 すなわち 178 Å^3 であるから,単位格子当たり 178 Å^3/44.9 Å$^3 = 4$ 個の NaCl があるはずである.図 18・11 に塩化ナトリウムの結晶構造を示す.一見,単位格子中に NaCl 単位が四つ以上あるように思えるかもしれない.しかし,中心にあるナトリウムイオン (●) を除いて,他のすべてのイオンは隣接した格子の間で共有されているのである.たとえば,角にある八つの塩化物イオン (●) はそれぞれ八つの格子間で共有されているし,外面の中心にある六つの塩化物イオンはそれぞれ二つの格子の間で共有されている.したがって,単位格子当たりの塩化物イオンの総数は $\left(8 \times \frac{1}{8} + 6 \times \frac{1}{2}\right) = 4$ となる.同様に単位格子当たりのナトリウムイオンの総数は,稜にある 12 個のナトリウム原子がそれぞれ四つの格子の間で共有され,中心の 1 個と合わせ $\left(12 \times \frac{1}{4} + 1\right) = 4$ となることもわかる.

粉末法は,決定すべきパラメーターが 1, 2 個しかないような,たとえば,立方晶系,正方晶系,三方晶系の結晶に対して最も有用である.その他の結晶系に対しては,この方法による回折線の指数付けの作業は,不可能とは言わないまでも非常に難しい.

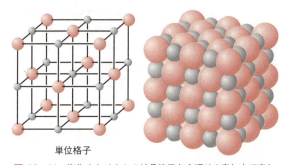

単位格子

図 18・11 塩化ナトリウムの結晶格子を 2 通りの表し方で表したもの.● が塩化物イオンを,● がナトリウムイオンを表す.

例題 18・1

$a = 2.6$ Å (2.6×10^{-10} m) の単純立方格子について,(111) 面に対する最小の回折角を求めよ.ただし $\lambda = 1.542$ Å (1.542×10^{-10} m) である.

解 式 (18・4) から

$$\theta = \sin^{-1} \frac{\lambda}{2a} \sqrt{h^2 + k^2 + l^2}$$

$$= \sin^{-1} \frac{1.542 \times 10^{-10} \text{ m}}{2(2.6 \times 10^{-10} \text{ m})} \sqrt{3} = 30.9°$$

構 造 因 子

ハロゲン化アルカリ金属のような単純な結晶では,対称

性と単位格子の大きさがわかっていれば構造を厳密に決めることができる．しかし，ほとんどの結晶に対しては各単位格子内の原子やイオンの配列を決定しなければならない．そのためには測定を行い，すでにわかっている (hkl) 面の組からの回折 X 線の強度の実測値と，この面の組の中での原子の分布とを関連づけなければならない．理論によると，観測される散乱強度 I_{hkl} は，**構造因子** (structure factor)，F_{hkl} の 2 乗に比例する．したがって，散乱強度の実測値の平方根をとると構造因子の実測値 F_{hkl}^{obs} が得られる．この F_{hkl} は，単位格子中の原子の位置と散乱能がわかっていれば計算することもできるという点で，非常に重要である．単位格子中に N 個の原子があれば，

$$F_{hkl}^{cal} = \sum_{i=1}^{N} f_i \times Q(x_i, y_i, z_i) \tag{18・6}$$

と書くことができ，ここで F_{hkl}^{cal} は (hkl) 面の組について計算された構造因子で，**幾何構造因子** (geometric structure factor) として知られている $Q(x_i, y_i, z_i)$ は i 番目の原子の座標 x_i, y_i, z_i の関数である．散乱因子 f_i[*1] は電子の波動関数から計算することができる．すべての原子の位置を仮定し，それをもとに F_{hkl} の値を計算してみて，その計算と実験データがよく合っていれば，仮定した構造が正しいものであることを確かめられる．しかし，残念ながら，この試行錯誤法は実際的でない．それは，いくら洞察力を働かせたところで，単位格子中のそれぞれの原子にはたくさんの可能な位置があるからである．実際には逆の手続きがとられている．すなわち測定された強度から原子の位置を決めるのである．このアプローチを助けるのが，フランスの数学者，Jean Fourier の名をとった有名な数学的テクニックである**フーリエ合成** (Fourier synthesis) で，これによって単位格子中の電子密度分布を描き出すことができる．原子の位置は，電子密度がピークになる場所に注目すれば決定することができる．

フーリエ合成による構造決定で一番の障害になるのが，**位相問題** (phase problem) として知られているものである．電子密度図をつくるには F_{hkl} の符号と大きさの両方がわかっていなければならないが，実験で測定できるのは F_{hkl} の大きさだけなのである．この困難は，スコットランドの化学者，John Monteath Robertson (1900〜1989) がフタロシアニンに関する 1936 年の研究において提出した**同形置換法**[*2] (isomorphous replacement technique) を用いれば，回避できる．まず，Robertson はフタロシアニンのさまざまな面からの回折強度 I_{hkl} を写真に撮って測定した．

次に，フタロシアニン分子の中心部の水素原子を重原子（たとえば水銀や金）で置換してもう一度強度を測定し直した．ここで F_{hkl} の符号は以下のように導き出された．もし重原子を導入した後で写真フィルムのスポットが強くなったとすれば（すなわち I_{hkl} が増加していれば），分子の中心に関する F_{hkl} のもともとの値は正であったはずである．逆に，スポットが弱くなったとすれば，F_{hkl} の値は負であったはずである．こうして，Robertson は F_{hkl} の符号をすべて決定した．図 18・12 にフタロシアニンの平面のフーリエ合成による電子密度図を示す．

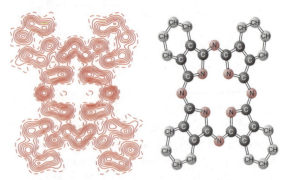

図 18・12 電子密度図（等高線図）（左）とフタロシアニンの分子構造（右）［出典：J. M. Robertson, *J. Chem. Soc.*, 1195 (1936)］

フタロシアニンは，原子を 56 個しか含まない比較的小さな分子であり（図 18・12 参照），1955 年に英国の化学者，Dorothy Hodgkin (1910〜1994) がビタミン B_{12} (181 原子) の X 線解析を成し遂げたことで，これ以上複雑な構造決定は X 線ではできないかもしれないと思われた．しかし 1953 年に，オーストリア生まれの英国の生化学者，Max Perutz (1914〜2002) が，何千ものあるいは何万もの原子を含んだヘモグロビンのようなタンパク質分子にも同形置換法が応用できることを見いだした．通常，X 線回折のデータでは**分解能** (resolution) を使って話をする．分解能 4.6 Å では電子密度図からタンパク質分子の全体の形がわかる．分解能 3.5 Å では多くの場合，骨格であるポリペプチド鎖を識別することができる．分解能 3.0 Å ではアミノ酸側鎖を認識することが可能になり始め，したがって，うまく行った場合にはタンパク質の一次配列を決定することができる[*3]．分解能 2.5 Å では ±0.4 Å の正確さで原子の位置を決めることができる．そしてついに，分解能 1.5 Å では原子の位置をおよそ ±0.1 Å まで正確に決めることができる．

一般にタンパク質の構造決定の過程は次のようなステップからなる．

[*1] 一般に，大きい散乱因子 f_i は，より多い電子数に対応する．結果として，大きな原子やイオンほど X 線回折で検出しやすいことになる．

[*2] 同形置換法は重原子への置換が結晶構造を変化させないという仮定に基づいている．

[*3] タンパク質分子の一次配列から，アミノ酸が互いにどのようにつながっているかということがわかる．

1) 未変性のタンパク質（すなわち機能状態にあるタンパク質）の結晶化と回折測定結果の収集
2) 重原子誘導体からの回折データの収集
3) 未変性のタンパク質のデータについての位相決定
4) 1)〜3)で収集したデータのコンピューターによる解析と電子密度図の作成
5) 実験データとの比較のための構造モデルの構築

このような途方もなく複雑な系の構造決定を行うためには，約50万個もの強度を正確に測定しなければならないし，おそらく100万回の計算を実行せばならない．しかし，コンピューターが利用でき，回折強度の記録と測定を行うための装置が改良されているので，X線結晶学におけるデータを解析するという作業は，もはや化学者にとっての重大な課題ではない．

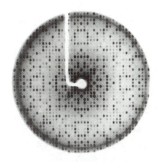

図 18・13　リゾチーム結晶のX線回折図形の写真．白く抜けたL字形の部分は試料ホルダーの影である〔提供: J. R. Knox のご厚意による〕．

図18・13にリゾチームという酵素の回折パターンを示す．2013年現在，80 000を超える巨大分子の構造がX線回折によって解析されている．実際，現在のX線結晶学の技術は，回折測定に用いるタンパク質の結晶*を適切に成長させることができれば——これは決して簡単な作業ではないが，たいていの場合その三次元構造を明らかにすることができるという状態になっている．こうしたタンパク質や核酸の三次元構造に関する知見は，それらの安定性や機能を理解するうえで，おそらく最も大きな役割を果たしてきたであろう．

中性子回折

先に述べたように，X線は主として電子によって散乱され，散乱X線の強度は原子番号の増加に伴って大きくなる．そのため，X線回折法は，X線の散乱が非常に弱いH原子の位置を決めるのには有用でない．それにひきかえ，中性子は電子によって散乱されず，それどころか，核子（陽子と中性子）同士を結合させている強い核力を通じて原子核と相互作用する．したがって中性子回折法は，軽原子（特に水素原子）をもつ分子に対するX線回折法の弱点を補うものである．この点に関して注目しておきたいのは，中性子の回折強度は同位体によって異なり，^{1}H の散乱強度が著しく強い（^{2}H, ^{12}C, ^{14}N, ^{16}O などの大抵の一般的な同位体より）ことである．

原子炉で生じた高速中性子は高い運動エネルギーをもっているが，減速材（中性子の運動エネルギーを減少させる水などの物質）との衝突により，中性子は室温の気体粒子がもつ速度（**熱運動速度**）程度まで減速される．さらに速度選別装置を用いれば，結晶の回折の研究に適した単色中性子ビームを得ることができる．この熱中性子の波長はド・ブロイの関係式を用いて以下のように求めることができる．温度 T において，エネルギー等分配の法則（§2・9 参照）により，

$$\frac{1}{2}mu^2 = \frac{3}{2}k_\mathrm{B}T$$

すなわち

$$mu = \sqrt{3mk_\mathrm{B}T} \tag{18・7}$$

である．式(10・25)から

$$\lambda = \frac{h}{p} = \frac{h}{mu}$$

である．したがって

$$\lambda = \frac{h}{\sqrt{3mk_\mathrm{B}T}} \tag{18・8}$$

となる．中性子の質量として $m=1.675\times10^{-27}$ kg を用い，$T=298$ K とすると，

$$\lambda = \frac{6.626\times 10^{-34}\,\mathrm{J\,s}}{\sqrt{3(1.675\times 10^{-27}\,\mathrm{kg})(1.381\times 10^{-23}\,\mathrm{J\,K^{-1}})(298\,\mathrm{K})}} \times \left(\frac{\mathrm{kg\,m^2\,s^{-2}}}{\mathrm{J}}\right)^{1/2}$$
$$= 1.46\times 10^{-10}\,\mathrm{m} = 1.46\,\mathrm{Å}$$

となる．この波長は化学結合の長さに匹敵し，回折実験に用いるのにまさに適した大きさである．

一般に，中性子回折は，原子炉施設で行わなければならないという理由により，X線回折ほど広くは利用されていない．それに加えて，中性子ビームは通常のX線管で発生させたX線ビームに比べて弱く，またX線と違い中性子は簡単には測定できず，計数管で検出しなくてはならない．にもかかわらず，多くの点で中性子回折はX線回折と相補的で，構造研究における有用性は増え続けるであろう．

18・4　結晶の種類

結晶の構造を研究する際に用いられる回折法について論じてきたが，ここで結晶のおもな四つの種類（金属結晶，

---

* X線回折の実験をするには，少なくとも一辺0.1 mmの単結晶が実用的である．

イオン結晶，共有結合結晶，分子結晶）について考えよう．特にそれらの構造，結合，安定性に注目しよう．

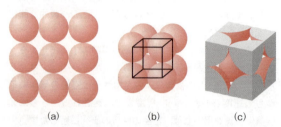

図 18・14 単純立方格子をつくる同一球の配列．(a) 一つの層を上から見たもの．(b) 単純立方格子の配列．(c) 各球は八つの単位格子で共有されていて立方体には八つの隅があるので単純立方格子の単位格子中には完全な球 1 個分が含まれる．

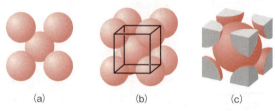

図 18・15 体心立方格子をつくる同一球の配列．(a) 単位格子を上から見たもの．(b) 体心立方格子の配列．(c) 体心立方格子の単位格子中には完全な球 2 個分が含まれる．

金属結晶

金属の結晶構造は，金属中のすべての原子が同じ大きさで電荷をもっていないため，4 種類ある結晶のうちで一番単純である．金属結合は方向をもたないので，ほとんどの金属において原子は最密充填を実現するように並んでいる（図 18・14 参照）．まず，多数の同じ球（たとえば，卓球の球）を密に詰めていくやり方を系統的に調べることにしよう．

球の充填 最も単純な詰め方では，一層だけ並べた球は図 18・14(a) のようであろう．ある層の球がその下の層にある球の直上にあるように，上下に積層することで三次元構造になる．この操作を進め，結晶中にあるのと同じくらいたくさんの層をつくりあげる．図 18・14(a) の中心の球に注目すると，この球が接しているのは，同じ層にある 4 個の球，上の層にある 1 個の球，下の層にある 1 個の球である．各球がこの配置をとっているとき，6 個の球と接しているので，**配位数**(coordination number), CN が 6 であるという．配位数は，結晶格子中で，ある原子（またはイオン）を取囲んでいる原子（またはイオン）の数として定義され，球がどれほど密に充填されているかの目安になる．つまり，配位数が大きければ大きいほど，より密に球が詰まっていると言える．前述したような球の配列における基本反復単位のことを，**単純立方格子**(simple cubic cell, scc) という［図 18・14(b), (c)］．

より効率よく球を詰める方法を図 18・15 に示す．第 1 層は scc の詰め方と同様である．第 2 層の球は第 1 層のくぼみにはまり，第 3 層の球は第 2 層のくぼみにはまる．以下同様である．この配置は**体心立方**(body-centered cube, bcc) 格子を形成する．各球の配位数は 8 である．

さらに密に（配位数が大きくなるように）球を詰めることができる．図 18・16(a) のような最密充填された第 1 層（A 層とする）から始める．周りを取囲まれた球（×）のみに注目すると，同じ層内では 6 個の球と接していることがわかる．第 2 層（B 層とする）では，球は第 1 層にある球の間のくぼみを占め，すべての球が可能な限り近づくように並んでいる［図 18・16(b)］．第 2 層の球の上を覆う第 3 層の球の並べ方には 2 通りある．一つは，第 3 層の球が第 1 層にある球の直上に来るように，くぼみを占める［図 18・16(c)］．第 1 層と第 3 層の球の配列には違いがないので，第 3 層も A とよぶ．もう一つは，第 3 層の球が第 1

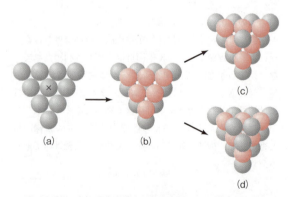

図 18・16 (a) 最密充填された第 1 層では，各球は他の六つの球と接している．(b) 第 2 層の球は第 1 層の球の間のくぼみにはまる．(c) 六方最密充填構造では，第 3 層の各球は第 1 層の球の直上にある．(d) 立方最密充填構造では，第 3 層の各球は第 1 層のくぼみの直上にあるくぼみにはまる．

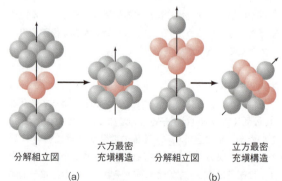

図 18・17 (a) 六方最密充填構造の分解組立図．(b) 立方最密充填構造の分解組立図．立方最密充填構造をよりわかりやすく示すために傾けて図示した．この配列は面心立方格子と同じであることに注意

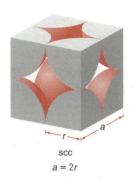
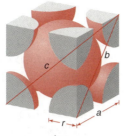
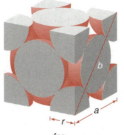

scc
$a = 2r$

bcc
$b^2 = a^2 + a^2$
$c^2 = a^2 + b^2 = 3a^2$
$c = \sqrt{3}a = 4r$
$a = \dfrac{4r}{\sqrt{3}}$

fcc
$b = 4r$
$b^2 = a^2 + a^2$
$16r^2 = 2a^2$
$a = \sqrt{8}r$

図 18・18　単純立方格子 (scc), 体心立方 (bcc) 格子, 面心立方 (fcc) 格子における, 辺の長さ (a) と原子の半径 (r) の関係

層のくぼみの直上にあるくぼみを占める場合〔図 18・16 (d)〕で，第 3 層を C とよぶことにする．

図 18・17 に，図 18・16 (c), (d) に示した配列から生じる構造を"分解組立図"で示す．ABA 配列はいわゆる**六方最密充填** (hexagonal closest packing, hcp) 構造である．また，ABC 配列はいわゆる**立方最密充填** (cubic closest packing, ccp) で，立方体の六つの面のそれぞれに球が一つあるので，**面心立方** (face-centered cube, fcc) 格子に対応している．hcp 構造では一つおきの層にある球が鉛直方向で同じ位置を占めているが (ABABAB…)，一方，ccp 構造では二つおきの層にある球が鉛直方向で同じ位置を占めている (ABCABC…) ことに注意せよ．両構造とも，各球の配位数は 12 である (各球は同じ層にある 6 個の球と接し，上層の 3 個の球と接し，下層の 3 個の球と接している)．hcp 構造，ccp 構造共に，単位格子内に同一の球を詰める最も効率のよい方法を表していて，配位数を 12 より大きくする詰め方はない．そのため，この二つの構造は**最密充填** (closest packing) といわれるのである．

図 18・18 に，scc, bcc, fcc における，立方体の辺の長さ (a) と球の半径 (r) の間に成り立つ幾何学的な関係を示す．単位格子内に球がどれだけ効率よく詰められているかを教えてくれる便利な量が**充填率** (packing efficiency, PE) で，次式で定義される．

$$PE = \dfrac{\text{単位格子中にある球の体積}}{\text{単位格子の体積}} \quad (18 \cdot 9)$$

scc では単位格子内に 1 個分に相当する球があるので，

$$PE = \dfrac{(4/3)\pi r^3}{a^3} \quad (18 \cdot 10)$$

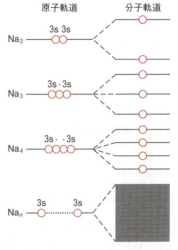

図 18・19　ナトリウム中での無数の 3s 軌道の重なりから生じる非局在化分子軌道バンド

となる．図 18・18 から $a = 2r$ であるとわかるので，

$$PE = \dfrac{(4/3)\pi r^3}{(2r)^3} = 0.524 \quad \text{すなわち} \quad 52.4\%$$

となる．同様に bcc, fcc 構造の充填率も計算することができる (問題 18・5 参照)．

表 18・3 にいくつかの金属元素の結晶構造を示す．

金属中の結合　金属には延性 (針金に引き延ばすことができる性質) と展性 (薄く平らに広げることができる性質) があり，また電気伝導性がある．こういった性質は金属結合特有の性質から来るもので，金属結合を十分に説明するため，分子軌道理論を見ていこう．

仮に金属の固まり全体を一つの巨大な分子だと考えると，結晶中の特定の型の原子軌道 (1s, 2s など) すべてが相互作用して系全体に広がった非局在化軌道の組ができる．金属ナトリウムを考えてみよう．図 18・19 は，隣接した Na 原子の間で 3s 軌道が連続して重なる様子を示している．その結果できる分子軌道は互いに非常に近接して

表 18・3　金属の結晶構造

単純立方格子	Po
体心立方格子	Li, Na, K, Rb, Cs, Ba, V, Nb, Cr, Mo, W, Fe
面心立方格子	Ca, Sr, Rh, Ir, Ni, Pd, Pt, Cu, Ag, Au, Al, Pb
六方最密充填構造	Be, Mg, Sc, La, Ti, Zr, Ru, Os, Co, Zn, Cd, Tl

いるので，それらを**バンド**（band）とよぶのが適当である．Naの分子軌道からつくられるバンドを図18・20に示す．1s, 2s, 2pバンドは完全に埋まっているが，各Na原子が3s電子を1個しかもっていないので3sバンドは半分しか埋まっていない．この半分埋まった3sバンドの存在が金属の安定性の原因となっている（結合性分子軌道に反結合性分子軌道より多くの電子がある）．さらに，電子は空の非局在化した反結合性軌道への励起に最小限のエネルギーしか必要とせず，この反結合性軌道で金属全体を自由に動くので，金属の電気伝導性が生じる．

る．イオン結晶は二つの重要な特徴をもっている．それは，アニオンとカチオンの大きさがかなり異なっていることと，それらが電荷を帯びた粒子であることである．アニオンとカチオンがほぼ同じ大きさというまれな場合でも，配位数12の最密充填構造をとることはできない．その配列では電気的中性が保たれないからである．したがって，一般的にイオン性固体は金属より密度が小さい．

イオン結晶の研究において，非常に関心がもたれる量はイオン半径である（結晶半径ともいう）．§18・3で見たようにNaClの単位格子の長さは5.623 Åであり，図18・22からこの長さはNa$^+$とCl$^-$のイオン半径の和の2倍になっていることがわかる．個々のイオンの半径を測定する方法はないが，いくつかのイオンについてはその半径を見積もることができるので，比較によって他のイオンの半径を見いだすことができる．たとえば，LiI中のI$^-$の半径は2.16 Åと見積もられていて，この値を使うと，KI中のK$^+$の半径，KCl中のCl$^-$の半径…というように決めることができる．表18・4に多くのイオンについてイオン半径をあげた．これらの値は数多くのデータから得られた平均の値である．そのため，多くの場合，カチオンとアニオンの半径の和がそのイオン化合物の格子の大きさと一致しない．たとえば，表18・4の値に基づくと，NaClの単位格子の長さは$2(r_{Na^+}+r_{Cl^-})=2(0.98+1.81)$ Å=5.58 Åとなるが，この値は5.623 Åとは異なっている．イオンが固体中で一つに決まった半径をとらない理由としては，第一にイオンが剛体球ではないので，その電子密度が対イオンの種類によって影響を受けるからであり，第二に結合の本質が決して純粋にイオン性ではないため，イオンの半径が共有結合性の割合にも影響されるからである．

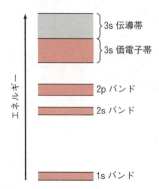

図18・20　ナトリウム中の非局在化分子軌道バンド．1s, 2s, 2pバンドは完全に埋まっている．3sバンドは半分埋まっている．3s価電子帯から金属全体に広がった3s伝導帯へ電子を励起するためには，ごく小さなエネルギーしか必要ない．それゆえナトリウムは電気伝導体である．

図18・21は，金属，絶縁体，半導体における**価電子帯**（valence band, 最もエネルギーの大きい被占軌道）と**伝導帯**（conduction band, 最もエネルギーの小さい空軌道）のバンドギャップの比較である．金属では本質的にバンドギャップは存在しない．絶縁体ではギャップが大きいので，電子の伝導帯への励起は簡単には起こらない．半導体は絶縁体よりはギャップが小さいので，温度を上げるか，バンドギャップを狭めるための不純物を加えるかして，電気伝導性をひきだすことができる．

イオン結晶

イオン化合物の構造を表す基礎として球の充填を考え

半径比則　多くのイオン結晶の構造は，大きい方のイオン（普通はアニオン）を四面体や八面体や立方体配置に充填し様子を調べ，その大きい方のイオンがつくる"穴"に電荷収支をとるようにカチオンを配置することで，理解できる（図18・23）．これらの穴（間隙）の大きさはすべて同じというわけではなく，多くの場合，**半径比則**（radius ratio rule）に従い，イオン化合物がとる構造は，次式で定義される半径比の大きさから推測が可能である．

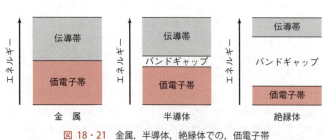

図18・21　金属，半導体，絶縁体での，価電子帯と伝導帯のバンドギャップの比較

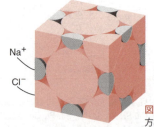

図18・22　面心立方格子内に含まれるNa$^+$とCl$^-$の部分

表 18・4　イオン半径 [Å]

					H⁻
					1.54
Li⁺	Be²⁺	B³⁺	C⁴⁺	N³⁻	O²⁻	F⁻
0.68	0.35	0.23	0.16	1.71	1.32	1.33
Na⁺	Mg²⁺	Al³⁺	Si⁴⁺	P³⁻	S²⁻	Cl⁻
0.98	0.66	0.51	0.42	2.12	1.84	1.81
K⁺	Ca²⁺	Ga³⁺	Ge⁴⁺	As³⁻	Se²⁻	Br⁻
1.33	0.99	0.62	0.53	2.22	1.91	1.96
Rb⁺	Sr²⁺	In³⁺	Sn⁴⁺	Sb⁵⁺	Te²⁻	I⁻
1.47	1.12	0.81	0.71	0.62	2.11	2.20
Cs⁺	Ba²⁺	Tl³⁺	Pb⁴⁺	Bi⁵⁺		
1.67	1.34	0.95	0.84	0.74		

表 18・5　半径比則

半径比	CN	カチオンの入る間隙	例
0.225〜0.414	4	四面体間隙	ZnS
0.414〜0.732	6	八面体間隙	NaCl
0.732〜1.000	8	立方体間隙	CsCl

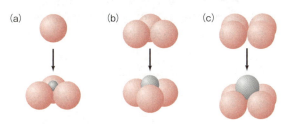

図 18・23　(a) 四面体間隙, (b) 八面体間隙, (c) 立方体間隙. どの場面も小さい方がカチオンである.

$$\text{半径比} = \frac{r_\text{小イオン}}{r_\text{大イオン}} \qquad (18\cdot11)$$

たとえば, 四面体間隙は非常に小さいので, 小さなカチオンしかその位置を占めることができず, 配位数は 4 となる. 間隙が大きくなるにつれ, 半径比と配位数が大きくなる (表 18・5). 図 18・24 に ZnS, NaCl, CsCl の単位格子を示したが, これらは多くのイオン化合物の特徴を表す典型的な構造である.

イオン結晶の安定性　イオン化合物中には, 一定で方向をもった引力は存在しない. イオン化合物が高い融点をもつことからわかるように静電力は強い力であるが, イオン固体は非常にもろく, しかし曲げたり変形させたりは容易にはできない.

イオン結晶の安定性は**格子エネルギー** (lattice energy), U_0 によって表すことができる. これは 1 mol の結晶をばらばらにして気体状態のイオンにするのに要するエネルギーとして定義される. たとえば, NaCl の場合, 格子エネルギーは

$$\text{NaCl(s)} \longrightarrow \text{Na}^+(g) + \text{Cl}^-(g)$$

という反応のエンタルピー変化に相当する. この過程は吸熱的なので, U_0 は常に正の量である. §17・2 で示したのと同様の方法を用いることで, イオンの電荷と既知である格子の大きさとから U_0 の値を求めることができる. ただ, 式 (17・7) はイオン対に対してだけ適用されることを思い出そう. NaCl 結晶中では, 各 Na⁺ イオンは存在するすべてのイオンと相互作用する. そのような結晶の格子エネルギーを計算することにたじろぐかも知れないが, 以下に示すように系統立てて取扱うことができる. NaCl 結晶中のある 1 個の Na⁺ イオンとそれに隣接したイオンのいくつかの間の距離を図 18・25 に示す. この Na⁺ イオンは r の距離にある 6 個の Cl⁻ イオンに取巻かれている. この引力相互作用によるポテンシャルエネルギーは, n を 8〜12 の数として

$$V_0 = -\frac{6e^2}{4\pi\varepsilon_0 r}\left(1-\frac{1}{n}\right)$$

である. $q_{\text{Na}^+} q_{\text{Cl}^-}$ を e^2 (e は電気素量) で置き換えて式 (17・7) を簡略化したことに注意せよ. この Na⁺ に次に近いイオンは, $\sqrt{2}r$ の距離にある 12 個の別の Na⁺ イオンである. これに対応した反発相互作用のポテンシャルエネルギーは

$$V_0 = \frac{12e^2}{4\pi\varepsilon_0\sqrt{2}r}\left(1-\frac{1}{n}\right)$$

である. そして, $\sqrt{3}r$ の距離にある 8 個の Cl⁻ イオン, $\sqrt{4}r$ の距離にある 6 個の Na⁺ イオン, $\sqrt{5}r$ の距離にある 24 個の Cl⁻ イオン, $\sqrt{6}r$ の距離にある 24 個の Na⁺ イオン, などと続いていく. 問題にしている Na⁺ イオンと格子中のすべてのイオンとの相互作用の結果生じるポテンシャルエネルギー (V) は, 各項の和で与えられ,

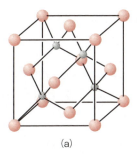
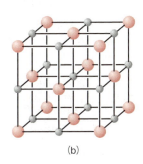
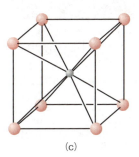

図 18・24　(a) ZnS, (b) NaCl, (c) CsCl の結晶構造. どの場合も小さい球の方がカチオンである [訳注: (a) は閃 (せん) 亜鉛鉱型構造, (b) は塩化ナトリウム型構造, (c) は塩化セシウム型構造].

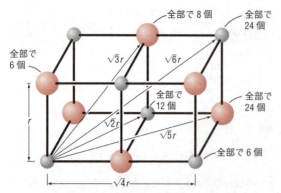

図 18・25 NaCl 格子中での，ある Na$^+$ イオン（左下隅）とその近接イオンとの間の距離．図は単位格子の $\frac{1}{4}$ しか示していない． ● が Na$^+$，● が Cl$^-$ を表す．

$$V = -\frac{e^2}{4\pi\varepsilon_0 r}\left(\frac{6}{1} - \frac{12}{\sqrt{2}} + \frac{8}{\sqrt{3}} - \frac{6}{\sqrt{4}} + \frac{24}{\sqrt{5}} - \frac{24}{\sqrt{6}} + \cdots\right)\left(1 - \frac{1}{n}\right) \quad (18\cdot 12)$$

となる．イオン間力は長距離力なので，上式の級数は非常にゆっくりと収束し，その値を求めるには特別な技法が必要となる．この級数の和は $\mathcal{M}=1.747\,56$ という値に収束し，$\mathcal{M}$ は NaCl 結晶格子の**マーデルング定数**（Madelung constant）［ドイツの物理学者 Erwin Madelung（1881～1972）にちなむ］とよばれる．NaCl 1 mol に対しては，式（18・12）は

$$\overline{V} = -\frac{N_A\,\mathcal{M}\,e^2}{4\pi\varepsilon_0 r}\left(1 - \frac{1}{n}\right) \quad (18\cdot 13)$$

となる．ここで，N_A はアボガドロ定数である．格子エネルギーの定義から，$U_0 = -\overline{V}$ となる．同じ n の値を使った 1 mol のイオン対についての式（17・7）と式（18・13）を比較すると，NaCl 結晶の格子エネルギーは，気相中で 1 mol のイオン対を維持するエネルギーに比べて約 1.47 倍大きいことがわかる*．

マーデルング定数は NaCl 以外の結晶構造についても求められている．CsCl については $\mathcal{M}=1.762\,67$，ZnS については $\mathcal{M}=1.638\,05$ である．

例題 18・2

NaCl の格子エネルギーを計算せよ．ただし，結晶中の反発項の n を $n=10$ とし，Na$^+$ と Cl$^-$ の半径の和を 2.81 Å とする．

解 式（18・13）と 1 J = 1 N m の換算を用いると，

$$\overline{V} = -\frac{(6.022\times 10^{23}\,\text{mol}^{-1})(1.747\,56)(1.602\times 10^{-19}\,\text{C})^2}{4\pi(8.854\times 10^{-12}\,\text{C}^2\,\text{N}^{-1}\,\text{m}^{-2})(2.81\times 10^{-10}\,\text{m})}$$
$$\times\left(1 - \frac{1}{10}\right)$$
$$= -7.77\times 10^5\,\text{J}\,\text{mol}^{-1} = -777\,\text{kJ}\,\text{mol}^{-1}$$

したがって，格子エネルギー U_0 は $+777\,\text{kJ}\,\text{mol}^{-1}$ である．

格子エネルギーは直接測定することはできないが，ボルン・ハーバーサイクルを用いて求めることができる．25 ℃，標準状態にある元素 Na と Cl$_2$ から始め，図 18・26 に示した操作を以下のようなステップで行う．

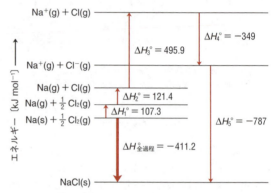

図 18・26 1 mol の NaCl(s) の生成に対するボルン・ハーバーサイクル

1. 1 mol の金属ナトリウムをナトリウム蒸気に変える．昇華エンタルピーは $\Delta H_1^\circ = 107.3\,\text{kJ}$ である．
2. $\frac{1}{2}$ mol の Cl$_2$ を Cl 原子に解離させる．Cl$_2$ の結合エンタルピーから（表3・4参照），$\Delta H_2^\circ = \frac{1}{2}(242.7\,\text{kJ}) = 121.4\,\text{kJ}$ となる．
3. 1 mol の Na 原子をイオン化させる．表 12・7 から $\Delta H_3^\circ = 495.9\,\text{kJ}$ である．
4. 1 mol の Cl 原子を Cl$^-$ イオンに変える．表 12・8 から $\Delta H_4^\circ = -349\,\text{kJ}$ である．
5. ステップ 5 は

$$\text{Na}^+(g) + \text{Cl}^-(g) \longrightarrow \text{NaCl}(s)$$

であり，格子エネルギーを定義する反応である．すなわち $\Delta H_5^\circ = -U_0$ である．

付録 B を見ると，NaCl の標準生成エンタルピーが次のようになることがわかる．

$$\text{Na}(s) + \frac{1}{2}\text{Cl}_2(g) \longrightarrow \text{NaCl}(s)$$

$$\Delta H_{\text{全過程}}^\circ = -411.2\,\text{kJ}\,\text{mol}^{-1}$$

---

* 訳注：式（18・13）と式（17・7）を比較．NaCl(g) の結合長は 2.36 Å より，$(1.747\,56/2.81)\times 2.36 = 1.47$ 倍．

ヘスの法則によれば，全過程のエンタルピー変化は個々のステップの和に等しく

$$\Delta H°_{全過程} = \Delta H°_1 + \Delta H°_2 + \Delta H°_3 + \Delta H°_4 + \Delta H°_5$$

となる．すなわち

$$\begin{aligned}\Delta H°_5 &= -411.2 \text{ kJ mol}^{-1} - 107.3 \text{ kJ mol}^{-1} - 121.4 \text{ kJ mol}^{-1} \\ &\quad -495.9 \text{ kJ mol}^{-1} + 349 \text{ kJ mol}^{-1} \\ &= -787 \text{ kJ mol}^{-1}\end{aligned}$$

したがって，NaClの格子エネルギーは $U_0 = 787$ kJ mol^{-1} となる．

計算から求まった格子エネルギーとボルン・ハーバーサイクルを用いて得られた格子エネルギーはよく一致している．不一致はおもに，イオン間の分散力，部分的な共有結合性，結晶のゼロ点エネルギーが原因であるが，これらはすべて例題18・2では考慮に入っていない．

共有結合結晶

共有結合結晶は非常に高い融点をもった硬い固体で，非局在化軌道をもっていないので，通常はよい電気伝導体ではない．共有結合結晶中では，原子は共有結合で結合している．よく知られた例は，炭素の二つの同素体であるグラファイト（黒鉛）とダイヤモンドである（図18・27）．ダイヤモンドの構造は fcc 格子に基づいている．立方体の頂点に8個の炭素原子，面の中心に6個の炭素原子，単位格子内にさらに4個の炭素原子がある．各原子は他の4個の原子と四面体的に結合している．このしっかりと固定された格子がダイヤモンドの異常な硬さの原因となっている．炭素−炭素間の距離は 1.54 Å で，エタンでの値と同じである．一方，グラファイトでは，各炭素原子は他の3個の炭素原子と結合している[*1]．炭素−炭素間の距離は 1.12 Å で，ベンゼンでの値に近い．それぞれの層はかなり弱い分散力によって保持されている．したがって，グラファイトは層に平行な方向には容易に変形する．平面内では，グラファイトもダイヤモンドと同じく，共有結合で結合した結晶である．共有結合結晶のもう一つの重要な例は，図 18・27 に示した水晶すなわち SiO_2 である[*2]．

2010年のノーベル物理学賞は二次元物質グラフェンに関する革新的実験に対して贈られた．グラフェンは本質的にはグラファイトの層一つに相当し，透明で，電気をよく通し，密度が高く，驚くほど強い．グラフェンは，なんとグラファイト表面から市販のテープを使って引きはがすことでできる[*3]．

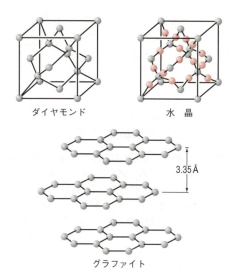

図 18・27　ダイヤモンド，水晶，グラファイトの構造．●は酸素を表す．

分子結晶

分子結晶は低い融点をもった軟らかい固体である．この種の結晶は電気伝導性がよくない．分子結晶をつくる物質の例としては Ar, N_2, SO_2, I_2, ベンゼンなどがある．分子結晶中で一般に，分子はその大きさと形状が許す程度に密に詰め込まれている．引力は主としてファンデルワールス相互作用（分散力と双極子−双極子力）である．また水素結合は，氷の結晶構造の主たる原因である（図 17・10 参照）．バックミンスターフラーレン（バッキーボール，C_{60}）の結晶構造は，C_{60} 分子が分散力のみで結合しているが，それは fcc 配置をとっている．

最後に，すべての固体が結晶の形で存在しているわけではないことを頭に入れておかなければならない．規則的な構造をもたない固体は**無定形固体**（amorphous solid）といわれ，ガラスがよく知られた例である．このような物質は規則的な構造をもたないので，その構造を研究するのはさらに難しい．

[*1] 訳注：グラファイトの炭素原子は層中，sp^2 混成で3本の結合をつくり，残りの p 軌道が層全体に非局在化した π 結合をつくるので，面に平行な方向に電気を通す．問題 18・8 参照．

[*2] ダイヤモンドと水晶の融点はそれぞれ 3550℃，1610℃ である．グラファイトの昇華点は 3652℃ である．

[*3] 訳注：実際に，2010年の受賞者 A. Geim, K. Novoselov 両博士は，2004年に鉛筆の芯のグラファイト（黒鉛）の薄片の両面に粘着テープを張り付け，引きはがすことを繰返し，シリコン基板上に擦りつけた薄片の中から単原子層のものを光学顕微鏡で探す方法でグラフェンを得た．

重要な式

$2d_{hkl}\sin\theta = \lambda$	ブラッグの式	式(18・2)
$PE = \dfrac{単位格子中にある球の体積}{単位格子の体積}$	充填率	式(18・9)
半径比 $= \dfrac{r_{小イオン}}{r_{大イオン}}$	半径比	式(18・11)

補遺 18・1 式(18・3)の誘導

式(18・3)を誘導するために，直交する(垂直な)軸をもつ任意の結晶系を考える．図18・28(a)に示す(210)面を例に考えよう．左下の面は格子点を通っている．次の面は横軸すなわち a 軸に沿って a/h の大きさだけ，縦軸すなわち b 軸に沿って b/k の大きさだけずれた位置にある．この最初の2面を拡大したものが図18・28(b)である．二つの直角三角形において，

$$\sin\alpha = \frac{d}{a/h} \tag{1}$$

$$\sin\alpha = \frac{b/k}{\sqrt{(a/h)^2+(b/k)^2}} \tag{2}$$

と書ける．したがって，

$$\frac{d}{a/h} = \frac{b/k}{\sqrt{(a/h)^2+(b/k)^2}}$$

$$d^2 = \frac{(a/h)^2(b/k)^2}{(a/h)^2+(b/k)^2} = \frac{1}{(h/a)^2+(k/b)^2}$$

$$d = \frac{1}{\sqrt{(h/a)^2+(k/b)^2}} \tag{3}$$

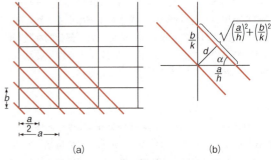

図18・28 (a) (210)面と結晶格子の関係．(b) 直交軸をもつ系に対する(210)面の (hkl) 指数とその面間隔の関係

三次元の立方格子では $a=b=c$ なので

$$d_{hkl} = \frac{1}{\sqrt{(h/a)^2+(k/b)^2+(l/c)^2}} = \frac{a}{\sqrt{h^2+k^2+l^2}} \tag{4}$$

となり，これが式(18・3)である．

参 考 文 献

書 籍

D. Blow, "Outline of Crystallography for Biologists," Oxford University Press, Oxford(2002).

W. Borchardt-Ott, "Crystallography: An Introduction, 3rd Ed.," Spring-Verlag, New York(2012).

J. K. Burdett, "Chemical Bonding in Solids," Oxford University Press, New York(1995).

C. Hammond, "The Basics of Crystallography and Diffraction, 3rd Ed.," Oxford University Press, New York(2009).

A. McPherson, "Introduction to Macromolecular Crystallography, 2nd Ed.," Wiley-Blackwell, New York(2009).

G. Rhodes, "Crystallography Made Crystal Clear: A Guide for Users of Macromolecular Models, 3rd Ed.," Academic Press, New York(2006).

D. E. Sands, "Introduction to Crystallography," Dover, New York(1994).

L. Smart, E. Moore, "Solid State Chemistry: An Introduction, 4th Ed.," CRC Press, Boca Raton, FL(2012).

D. Tabor, "Gases, Liquids, and Solids, 3rd Ed.," Cambridge University Press, New York(1991).

R. Tilley, "Understanding Solids, 2nd Ed.," John Wiley & Sons, New York(2013).

A. J. Walton, "The Three Phases of Matter, 2nd Ed.," Oxford University Press, New York(1983).

J. Wormald, "Diffraction Methods," Oxford University Press, New York(1973).

論 文

総 説:

Sir N. Mott, 'The Solid State,' *Sci. Am.*, September(1967).

W. B. Bridgman, 'Calculation of Madelung Constants,' *J. Chem. Educ.*, **46**, 592(1969).

D. Quane, 'Crystal Lattice Energy and the Madelung

Constant,' *J. Chem. Educ.*, **47**, 396 (1970).

N. J. A. Sloane, 'The Packing of Spheres,' *Sci. Am.*, January (1984).

L. C. Nathan, 'Predictions of Crystal Structure Based on Radius Ratio,' *J. Chem. Educ.*, **62**, 215 (1985).

D. R. Nelson, 'Quasicrystals,' *Sci. Am.*, August (1986).

P. J. Fagan, M. D. Ward, 'Building Molecular Crystals,' *Sci. Am.*, July (1992).

R. S. Treptow, 'Determination of ΔH for Reactions of the Born-Haber Cycle,' *J. Chem. Educ.*, **74**, 919 (1997).

J. E. Bender, 'Integrating Materials Science into the Chemistry Curriculum,' *Chem. Educator* [Online], **3**, S1430-4171 (1998). DOI: 10.1333/s00897980166a. この論文内のレポート.

C. Giomini, G. Marrow, 'Space Subdivision and Voids Inside Body-Centered Cubic Lattices,' *Chem. Educator* [Online], **16**, 232 (2011). DOI: 10.1333/s00897112382a.

R. P. Grosso, Jr., J. T. Fermann, W. J. Vining, 'An In-depth Look at the Madelung Constant for Cubic Crystal Systems,' *J. Chem. Educ.*, **78**, 1198 (2001).

N. C. Craig, 'Correspondence with Sir Lawrence Bragg Regarding Evidence for the Ionic Bond,' *J. Chem. Educ.*, **79**, 953 (2002).

B. S. Kelly, A. G. Splittgerber, 'The Pythagorean Theorem and the Solid State,' *J. Chem. Educ.*, **82**, 756 (2005).

R. C. Rittenhouse, L. M. Soper, J. L. Rittenhouse, 'Filling in the Hexagonal Close-Packed Unit Cell,' *J. Chem. Educ.*, **83**, 175 (2006).

J. A. Hawkins, J. L. Rittenhouse, 'Use of the Primitive Unit Cell in Understanding Subtle Features of the Cubic Close-Packed Structure,' *J. Chem. Educ.*, **85**, 90 (2008).

W. B. Jensen, 'The Origin of the Metallic Bond,' *J. Chem. Educ.*, **86**, 278 (2009).

M. D. Baker, A. D. Baker, 'Teaching Nanochemistry: Madelung Constants of Nanocrystals,' *J. Chem. Educ.*, **87**, 280 (2010).

W. B. Jensen, 'The Origin of the Ionic-Radius Ratio Rules,' *J. Chem. Educ.*, **87**, 587 (2010).

X線回折と中性子回折:

W. M. MacIntyre, 'X-Ray Crystallography as a Tool for Structural Chemists,' *J. Chem. Educ.*, **41**, 526 (1964).

F. P. Baer, T. H. Jordan, 'X-ray Crystallography Experiment,' *J. Chem. Educ.*, **42**, 76 (1965).

M. H. Harding, 'X-Ray Analysis of Crystal Structures,' *Chem. Brit.*, **4**, 548 (1968).

Sir L. Bragg, 'X-Ray Crystallography,' *Sci. Am.*, July (1968).

J. A. Kapecki, 'An Introduction to X-Ray Structure Determination,' *J. Chem. Educ.*, **49**, 231 (1972).

J. R. Knox, 'Protein Molecular Weight by X-ray Diffraction,' *J. Chem. Educ.*, **49**, 476 (1972).

C. Bunn, 'Macromolecules, the X-ray Contribution,' *Chem. Brit.*, **11**, 171 (1975).

P. Argos, 'Protein Crystallography in a Molecular Biophysics Course,' *Am. J. Phys.*, **45**, 31 (1977).

J. P. Glusker, 'Teaching Crystallography to Noncrystallographers,' *J. Chem. Educ.*, **65**, 474 (1988).

J. H. Enemark, 'Introducing Chemists to X-Ray Structure Determination,' *J. Chem. Educ.*, **65**, 491 (1988).

W. L. Daux, 'Teaching Biochemists and Pharmacologists How to Use Crystallographic Data,' *J. Chem. Educ.*, **65**, 502 (1988).

A. McPherson, 'Macromolecular Crystals,' *Sci. Am.*, March (1989).

T. Vogt, 'Neutron Diffraction,' "Encyclopedia of Applied Physics," ed. by G. L. Trigg, Vol. 11, p. 339, VCH Publishers, New York (1994).

C. G. Pope, 'X-Ray Diffraction and the Bragg Equation,' *J. Chem. Educ.*, **74**, 129 (1997).

P. S. Szalay, A. Hunter, M. Zeller, 'The Incorporation of Single Crystal X-ray Diffraction into the Undergraduate Chemistry Curriculum Using Internet-Facilitated Remote Diffractometer Control,' *J. Chem. Educ.*, **82**, 1555 (2005).

D. T. Crouse, 'X-ray Diffraction and the Discovery of the Structure of DNA,' *J. Chem. Educ.*, **84**, 803 (2007).

問　題

18・1 単純立方格子，面心立方格子，体心立方格子について h, k, l および $h^2+k^2+l^2$ の値を列挙した表をつくれ．この表を用いて，実験的に求まった一連の (hkl) の値から結晶格子の性質を導くにはどのようにしたらよいか．

18・2 波長 0.85 Å の X 線が，ある金属結晶によって回折され，1次回折 $(n=1)$ の角度が 14.8° と測定された．原子の層の間隔はいくらか．

18・3 波長 0.090 nm の X 線がある金属結晶によって回折され，1次回折 $(n=1)$ の角度が 15.2° と測定された．原子の層の間隔を pm 単位で求めよ．

18・4 NaCl 結晶での層間距離は 282 pm である．これらの層によって，23.0° の角度で X 線が回折される．$n=1$ を仮定して，この X 線の波長を nm 単位で計算せよ．

18・5 単純立方格子，体心立方格子，面心立方格子中の球の数を求めよ．また，それぞれの格子型について充填率を計算せよ．

18・6 アルミニウムは面心立方格子をとる．格子の大きさは 4.05 Å である．最近接原子間の距離とアルミニウムの密度を求めよ．

18・7 銀の結晶は面心立方格子である．単位格子の辺の

長さは4.08 Åで，密度は10.5 g cm^{-3}である．これらのデータからアボガドロ定数を求めよ．

18・8 ダイヤモンドがグラファイトより硬い理由を説明せよ．グラファイトには電気伝導性があって，ダイヤモンドにはないが，それはなぜか．

18・9 バリウムの結晶は体心立方格子である．剛体球モデルを仮定し，単位格子の辺の長さを5.015 Åとするとき，バリウム原子の"半径"を求めよ．

18・10 金属鉄の結晶は立方格子である．単位格子の辺の長さは287 pmである．鉄の密度は7.87 g cm^{-3}である．単位格子内に何個の鉄原子があるか．

18・11 ケイ素の結晶は立方晶構造をとる．単位格子の辺の長さは543 pm，固体の密度は2.33 g cm^{-3}である．一つの単位格子内のSi原子の個数を求めよ．

18・12 金属バリウムの結晶は体心立方格子である（Ba原子は格子点のみにある）．単位格子の辺の長さは501.5 pmで，密度は3.50 g cm^{-3}である．これらの情報をもとに，アボガドロ定数を計算せよ．

18・13 バナジウムの結晶は体心立方格子である（V原子は格子点のみを占める）．V原子は単位格子内に何個あるか．

18・14 ユウロピウムの結晶は体心立方格子である（Eu原子は格子点のみにある）．Euの密度は5.26 g cm^{-3}である．単位格子の辺の長さをpm単位で求めよ．

18・15 金属鉄は4種類の同素体で存在できて，そのうちβ-鉄はbcc，格子の大きさ＝2.90 Å，γ-鉄はfcc，格子の大きさ＝3.68 Åである．β-鉄は高圧を掛けるとγ-鉄に変化する．γ-鉄に対するβ-鉄の密度の比を計算せよ．

18・16 ある面心立方格子には，格子の頂点に8個のX原子と面に6個のY原子がある．この固体の実験式は何か．

18・17 金（Au）の結晶は立方最密構造（面心立方）であり，密度は19.3 g cm^{-3}である．金の原子半径を求めよ．

18・18 アルゴンの結晶は面心立方格子である．アルゴンの原子半径を191 pmとするとき，固体アルゴンの密度を求めよ．

18・19 固体CsClの密度が3.97 g cm^{-3}のとき，隣接したCs$^+$イオンとCl$^-$イオンの間の距離を求めよ．

18・20 ボルン・ハーバーサイクル（§17・2参照）を使って，LiFの格子エネルギーを求めよ〔Liの昇華熱は155.2 kJ mol^{-1}，$\Delta_f \overline{H}°$(LiF)＝−594.1 kJ mol^{-1}．F$_2$の結合エンタルピーは158.8 kJ mol^{-1}．その他のデータは表12・7と表12・8参照〕．

18・21 塩化カルシウムの格子エネルギーを求めよ．ただし，Caの昇華熱は121 kJ mol^{-1}，$\Delta_f \overline{H}°$(CaCl$_2$)＝−795 kJ mol^{-1}とする（その他のデータについては表12・7と表12・8参照）．

18・22 次に示すデータから，固体の塩化ナトリウムがNaCl$_2$ではなくNaClであるのに対して，固体の塩化マグネシウムがMgClではなくMgCl$_2$である理由を説明せよ．

	Mg	Na
第一イオン化エネルギー	738 kJ mol^{-1}	496 kJ mol^{-1}
第二イオン化エネルギー	1450 kJ mol^{-1}	4560 kJ mol^{-1}

MgCl$_2$の格子エネルギーは2527 kJ mol^{-1}である．

18・23 中性子の波長が1.00 Åになる温度を求めよ．

18・24 化学便覧を参照せずに，ダイヤモンドとグラファイトのうちどちらの密度が大きいかを答えよ．

18・25 結晶のX線回折図形に与える温度の影響を予想せよ．

18・26 水溶液中と金属中とで電気伝導の温度依存性を比較せよ．

18・27 次のうち分子固体はどれか．また共有結合固体はどれか：Se$_8$，HBr，Si，CO$_2$，C，P$_4$O$_6$，B，SiH$_4$．

18・28 次の物質の固体状態は，イオン結晶，共有結合結晶，分子結晶，金属結晶のどれか．分類せよ．

(a) SiO$_2$， (b) SiC， (c) S$_8$，
(d) KBr， (e) Mg， (f) LiCl， (g) Cr

18・29 ほとんどの金属がきらきらした感じに見える理由を説明せよ．

18・30 セレン化亜鉛（ZnSe）の結晶はZnS（閃亜鉛鉱）型構造（図18・24参照）をもち，密度は5.42 g cm^{-3}である．

(a) Zn^{2+}とSe^{2-}は単位格子中にいくつあるか．
(b) 単位格子の質量はいくらか．
(c) 単位格子の辺の長さはいくらか．

18・31 銅の結晶は面心立方格子で，特性波長1.542 ÅのX線による粉末法の回折図形において，はじめの二つの反射のブラッグ角はそれぞれ21.6°と25.15°である．単位格子の稜の長さと銅原子の半径を計算せよ．

18・32 O^{2-}イオンは遊離の状態では不安定であり，O$^-$イオンの電子親和力を直接測定することは不可能である．MgOの格子エネルギー（3890 kJ mol^{-1}）とボルン・ハーバーサイクルを用いて，O$^-$イオンの電子親和力を計算する方法を示せ〔ヒント：Mg(s) ⟶ Mg(g) $\Delta H°$＝148 kJ mol^{-1}のデータを参考にせよ〕．

18・33 新しく合成された物質の分析に，X線回折より中性子回折の方が役に立つのはなぜか．説明せよ．

18・34 高純度の化合物の結晶を，水素原子を重水素で置換したものとしないものに分けて成長させた．この2種類の同位体で置換された結晶の回折図形は，中性子回折とX線回折でどのようになると期待されるであろうか．比較対照して説明せよ．

18・35 次の化合物のそれぞれにつき，金属が占めているのは，四面体間隙か八面体間隙か立方体間隙か．予測せよ．

(a) KCl， (b) LiCl， (c) BaS， (d) InP

19 液　　　　体

とどまる物は何一つとしてなく，すべての物は流れゆき，素片は素片へまとわりついて —— 物は大きくなってゆく．やがてわれらはそれを知り，名付けることになるけれど．それは段々溶けてゆき，われらの知る物はもう存在しない．
Titus Lucretius Carus[*1]

　液体の構造は，完全に無秩序な気体状態と高度に秩序立った固体状態の間のどこかに位置している．この中間的な性質のために，液体中での分子間相互作用を厳密に説明することは困難である．本章では，液体の構造を論じ，三つの重要な主題である粘性，表面張力，拡散について考える．また液晶についても簡単に学ぶことにする．

19・1　液体の構造

　構造(structure)という言葉を液体に対して使うと，はじめは奇妙な感じがするかもしれない．どんな量の液体でも決まった体積を占めるが，その形は容器に従うからだ．しかし分子レベルで見ると，いくつかの物理的測定によって証明されているように，液体はある程度の構造すなわち秩序を実際にもっているのである．

　液体の構造という言葉が何を意味するのかを理解するために，一連の液体のスナップショットを撮ることができたと想像しよう．任意の点を原点にとり，その原点から半径 r の位置にある単位体積当たりの平均原子数を $\rho(r)$ とする．これは密度関数であると考えられる．すると，半径 r と $r+dr$ の球殻の内部に中心がある原子の総数は

　　球殻中の原子の数 = (球殻の体積) ×
　　　　　　　　　　　　(単位体積当たりの原子数)
　　　　　　　　　　 = $4\pi r^2 \, dr \, \rho(r)$　　　　(19・1)

で与えられる[*2]．$4\pi r^2 \rho(r)$ は**動径分布関数**とよばれ，§12・2 で最初に導入した．

　図 19・1 は，種々の温度と圧力において液体アルゴンの動径分布関数をプロットしたものである．アルゴンの結晶は面心立方で，各アルゴン原子の配位数は 12 である．結

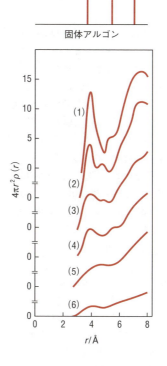

図 19・1　種々の温度と圧力における液体アルゴンの動径分布関数．条件は，(1) 84 K，0.8 atm，(2) 91.6 K，1.8 atm，(3) 126.7 K，18.3 atm，(4) 144.1 K，37.7 atm，(5) 149.3 K，46.8 atm である．曲線 (6) は，149 K，43.8 atm における気体アルゴンの動径分布曲線である．アルゴンの沸点は 1 atm で 87 K である．上にある鉛直の線は固体アルゴンの回折線を表している〔出典: A. Eisenstein, N. S. Gingrich, *Phys. Rev.*, **62**, 261 (1942) を改変して転載〕．

晶状態での動径分布関数のプロットは，種々の r の値での一連の鋭い線となり，r の値は，最近接の原子間，次に近接した原子間などの距離を意味する．アルゴンが融解すると，体積はおよそ 10% 増加し，配位数は約 10 に減少する[*3]．しかし，極大はいまだ固体アルゴンの場合と同じところにあり，その中心から離れるに従い強度が急激に減衰している．さらに温度が上がると，これらのピークはよりいっそう幅広くなり，r の値が大きくなる方に位置が移動

[*1] 原著の欧文は "No Single Thing Abides," W. H. Mallock 訳，A & C Black Ltd., London (1900)〔訳注: ローマの哲学詩人，ルクレティウスの哲学詩 "物の本質について" の中の一文 (英語への翻訳) をさらに和訳した〕．
[*2] 球殻の体積は，$(dr)^2$ と $(dr)^3$ の項を無視すれば，$(4\pi/3)(r+dr)^3 - (4\pi/3)r^3 = 4\pi r^2 \, dr$ で与えられる．

[*3] 液体状態の第一配位圏の配位数は，

$$\int_{r_1}^{r_2} 4\pi r^2 \rho(r) \, dr$$

で，最初のピーク下の面積を見積もることにより求めることができる．

する．この観測結果は，他のすべての液体と同様に液体アルゴンも短距離秩序はもっているが長距離秩序はもっていないという事実と矛盾しない．その短距離秩序も，温度が上がって原子の運動エネルギーが増加することによって壊れてしまう．**秩序**(order)という言葉が液体に対して使われたときには，固体状態を記述するのに用いたときとは違った意味をもつことに注意しよう．液体では，原子は常に動いていて，X線回折図形は原子の時間平均の位置に対応しているのである．

では，液体の三つの重要な性質である粘性，表面張力，拡散について調べよう．

19・2 粘　　性

流体――気体，純液体，溶液――の**粘性率**(粘度，viscosity)は，流れに対する抵抗の指標である．第2章では簡単な力学の理論を用いて気体の粘性率の表式を導いた[式(2・27)]．本節では液体の粘性率について考える．

粘度計は粘性率を測定する装置で，普通は毛管を流体が流れる流れやすさを測定する．流体の粘性率 η を実験的なパラメーターと結びつける式を導こう．一定の圧力 P のもとで，半径 R，長さ L の毛管を流れる液体を考えよう（図19・2）．液体の速度は壁で0で，管の中心に行くにつれて増加し中心で最大となる．半径 r と $r+dr$ の二つの同心の円柱を考える．式(2・25)によれば，この二つの円筒状の層の間での摩擦抵抗 F は，

$$F = -\eta(2\pi rL)\frac{dv}{dr} \quad (19・2)$$

となる．ここで，$2\pi rL$ は内側の円筒の表面積で，dv/dr は速度勾配である．r が大きくなるにつれて速度は減少するので dv/dr は負の量で，負の符号を式(19・2)につけて F を正の数とする．定常状態の流れに対しては，摩擦抵抗は下向きの力と正確に釣り合っていなければならない．この下向きの力は圧力 P と面積 πr^2 の積であるから，

$$P(\pi r^2) = -\eta(2\pi rL)\frac{dv}{dr}$$

$$dv = -\frac{P}{2\eta L}r\,dr$$

$v=0\,(r=R)$ から $v=v\,(r=r)$ まで積分すると，

$$\int_0^v dv = -\frac{P}{2\eta L}\int_R^r r\,dr$$

となる．したがって，

$$v = \frac{P}{4\eta L}(R^2 - r^2) \quad (19・3)$$

となる[*1]．流速は管のどこでも r に関して放物線状の関数

になっていることがわかる．式(19・3)は，管の直径が小さく流速が遅い場合に生じる**層流**(laminar flow)に対してのみ成立することを覚えておこう．この条件を満たしていないと，**乱流**(turbulent flow)が生じて，式(19・3)は正しくなくなる[*2]．乱流と層流の区別には，無次元数である**レイノルズ数**[Reynolds number, 英国の物理学者，Osborne Reynolds (1842～1912) にちなむ]が有用である．レイノルズ数は次式のように定義される．

$$レイノルズ数 = \frac{2Rv\rho}{\eta} \quad (19・4)$$

ここで ρ は液体の密度である．レイノルズ数が約2000以下は層流を表し，3500以上は乱流を表す．中間の値(2000～3500)ではどちらの流れも起こりうるので，実験的に決めなければならない．

次のステップは毛管を流れる液体の全流速を粘性率の関数として求めることである．1秒当たりに断面積要素 $2\pi r\,dr$ を流れる液体の体積は $(2\pi r\,dr)v$ という簡単な形であるから，1秒当たりに流れる液体の全体積 Q は次式で与えられる．

$$Q = \frac{V}{t} = \int_0^R v(2\pi r\,dr)$$
$$= \frac{2\pi P}{4\eta L}\int_0^R (R^2-r^2)r\,dr = \frac{\pi PR^4}{8\eta L} \quad (19・5)$$

ここで V は全体積，t は流れるのに要した時間である．式(19・5)は**ポアズイユの法則**[Poiseuille's law, フランスの

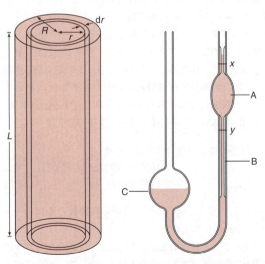

図 19・2　半径 R の毛管を流れる液体

図 19・3　オストワルト粘度計．x と y の印の間を液体が流れ落ちるのに要する時間を測定し，参照液体の時間と比べる．A: 上部液溜め，B: 毛管，C: 下部液溜め

[*1] $0 < r < R$ である．

[*2] 層流では，液体中のすべての粒子が管に平行に動き，その速度は壁での0から中心部での最大値まで規則的に増加する．このような条件は流れが乱流の場合には満たされない．

医師，Jean Poiseuille (1799~1869) にちなむ] として知られ，液体と気体どちらにも適用できる．

粘性率を測定するための比較的簡単な装置が，図 19・3 に示すオストワルト粘度計 [ドイツの化学者，Wolfgang Ostwald (1883~1943) によって考案された] で，x, y の印を付けてある上部液溜め (A)，毛管 (B)，下部液溜め (C) から構成されている．一定体積の調べたい液体を C に導入し，A に吸い上げ，液体を流れ落とし，x と y の間に要する時間 (t) を記録する．式 (19・5) を変形すると次式が得られる．

$$\eta = \frac{\pi P R^4 t}{8VL} \quad (19\cdot 6)$$

B を通って液体を動かしている圧力 P は常に $h\rho g$ に等しく，ここで h は二つの管の液体の液面の高さの差，ρ は液体の密度，g は重力加速度である．実験の間に h が小さくなるので，なるほどいかにもこの圧力は変化するが，どんな場合でも h の最初と最後の値は等しく，また g は定数なので，掛かっている圧力は液体の密度に比例する．

実際には，η の値を測定するのに式 (19・6) は用いない．それは毛管の半径 R を正確に決めることができないからである（半径は R^4 という形で現れるので，R の小さなずれが η の相当な誤差につながりうることに注意せよ）．その代わりに，流体の粘性率は次のように，正確に粘性率がわかっている参照液体と比較することで非常に簡単に求まる．試料液体 と参照液体の粘性率の比 ($\eta_{試料}/\eta_{参照}$) は，

$$\frac{\eta_{試料}}{\eta_{参照}} = \frac{\pi R^4 (Pt)_{試料}}{8VL} \times \frac{8VL}{\pi R^4 (Pt)_{参照}}$$

で与えられる．V, L, R の値は同じ粘度計では等しく，$P=$ 定数$\times \rho$ なので，上の式は

$$\frac{\eta_{試料}}{\eta_{参照}} = \frac{(\rho t)_{試料}}{(\rho t)_{参照}} \quad (19\cdot 7)$$

となる．したがって，$\eta_{参照}$ がわかっていれば，液体の密度と流れ落ちる時間とから試料の粘性率を簡単に得ることができる．表 19・1 にいくつかの一般的な液体の粘性率を示す．

一般に溶液の粘性率は純溶媒のそれよりも大きい[*1]．溶質分子があることで，流体の滑らかな流れのパターンすなわち速度勾配が壊され，結果として粘性率が増加する．この粘性率の変化は特に，巨大分子を含んだ溶液の場合に正しい．そのような溶液の粘性率は，予想されるように巨大分子のコンホメーションにも依存する．たとえば，DNA 溶液の粘性率は，溶質である DNA が天然（未変性）状態の二重らせん構造をしているかランダムコイル構造になっているかに非常に大きく依存して変化する．らせんからランダムコイルへの変性の速度論では，多くの場合，ある時間にわたっての溶液の粘性率の変化を見ることで都合よく測定できる．

ほとんどの液体の粘性率は，温度の上昇に伴って減少する[*2]．分子論的な見方では，液体には多数の間隙があり，分子は頻繁にこれらの間隙に出入りする．この過程のおかげで液体は流れることができるが，出入りにはエネルギーが必要である．ある分子が間隙に入ることが可能になるためには，間隙の周りに存在する分子による反発を乗り越えるのに十分な活性化エネルギーをもっていなければならない．高温では，より多くの分子が必要な活性化エネルギーをもつので，液体はより流れやすくなる．実際，アレニウスの式と類似の，粘性流に対する式は

$$\eta = \eta_0 \, e^{-E_v/(k_B T)} \quad (19\cdot 8)$$

で与えられる．ここで η_0 は液体に固有の定数，E_v は粘性流の"活性化エネルギー"である．液体とは反対に，気体の粘性率は温度と共に増加する[*3]．気体分子運動論によると，二つの隣接した層の間に働く粘性抵抗の起源は，一方の層の分子から他方の層の分子への運動量の移動であり，この移動の速度が温度と共に大きくなるので，気体の粘性率も増加する．

人体の血流

式 (19・5) は人体の血流の研究にも応用できる．図 19・4 は血液循環のさまざまな経路を表した概略図である．心臓は実質的に二つの巡回路に動力を供給している唯一のポンプで，四つの部屋（二つの心房と二つの心室）と 4 組の弁からなっている．新たに酸素を含んだ血液は**大動脈** (aorta) によって運ばれる．大動脈は左心室から始まり，

表 19・1　いくつかの一般的な液体の 293 K における粘性率

液　体	粘性率 [P†] (CGS 単位)	粘性率 [N s m^{-2}] (SI 単位)
アセトン	0.003 16 (298 K)	0.000 316
ベンゼン	0.006 52	0.000 652
四塩化炭素	0.009 69	0.000 969
エタノール	0.012 00	0.001 200
ジエチルエーテル	0.002 33	0.000 233
グリセリン	14.9	1.49
水　銀	0.015 54	0.001 554
水	0.0101	0.001 01
血　漿	0.015 (310 K)	0.0015
全　血	0.04 (310 K)	0.004

† 1.0 P (ポアズ) $= 0.1$ N s m^{-2}．

[*1] 純溶媒の粘性率の方が大きい例もたくさんある．たとえば，アルカリ金属，アンモニウムイオン，ある種のアニオンからなる水溶液の粘性率は，水の粘性率より小さい（§7・2 参照）．
[*2] 温かいシロップは冷たいシロップより流れやすい．
[*3] 式 (2・27) と式 (2・14) から，
$$\eta = \frac{m\bar{c}}{3\sqrt{2}\pi d^2} = \frac{2}{3d^2}\sqrt{\frac{mk_B T}{\pi^3}}$$
と書ける．

体内のさまざまな部分に血液を運ぶより小さな動脈へとつながっていく．そして，これらの動脈がさらに小さな動脈に枝分かれし，そのうち最も小さい**細動脈** (arteriole) は毛細血管の複雑なネットワークに分かれている．このような微細な構造が体の隅々まで広がることで，血液が生命維持に必要な機能 —— 細胞との間で酸素やその他の物質と二酸化炭素や老廃物とを交換する —— を果たすことができるのである．毛細血管は**細静脈** (venule) とよばれる非常に小さな静脈につながり，今度は細静脈が合流して，しだいに大きな静脈になり，心臓の右心房に酸素が減少した血液を運ぶ．

1回の拍動の間に，心房が収縮して血液は心室へ送り込まれ，それから心室が収縮して血液は心臓の外に送り出される．心臓のポンプ運動のために，血液はほとばしるように，また規則正しく脈打って動脈中に入る．脈拍のピークにおける最大圧力を**収縮期圧** (systolic pressure)，脈拍間の最低圧力を**拡張期圧** (diastolic pressure) という．健康な若い成人で，収縮期圧は約 120 mmHg (120 Torr)，拡張期圧は約 80 mmHg (80 Torr) である*．これらの値は大気圧を超えた分の圧力を表している．したがって，収縮期圧と拡張期圧の絶対値はそれぞれ 880 mmHg，840 mmHg で (大気圧は 760 mmHg とする)，血圧の平均値は約 100 mmHg である．

大動脈の半径は十分に大きい (約 1 cm) ので，小さな圧力変化でも正常な血流を保つことができる．休息時では血流の速度は大体 0.08 L s^{-1} である．式 (19・5) は次のように書き直せる．

$$Q = \frac{\pi \Delta P R^4}{8\eta L} \qquad (19 \cdot 9)$$

ここで，ΔP は大動脈上の 2 点間の圧力差で，L はその 2 点間の距離である．$L = 0.01$ m とし，Q を 8×10^{-5} m^3 s^{-1} に変えると，

$$\begin{aligned}\Delta P &= \frac{8\eta L Q}{\pi R^4}\\&= \frac{8(0.004 \text{ N s m}^{-2})(0.01 \text{ m})(8\times 10^{-5} \text{ m}^3 \text{ s}^{-1})}{\pi (0.01 \text{ m})^4}\\&= 0.8 \text{ N m}^{-2} = 6 \times 10^{-3} \text{ mmHg}\end{aligned}$$

となる (血液の $\eta = 0.004$ N s m^{-2} (表 19・1 より)；1 N m$^{-2} = 7.5 \times 10^{-3}$ mmHg を用いて換算した)．1 cm 当たり 6×10^{-3} mmHg の圧力降下は全血圧に比べれば無視できるほど小さい．しかし，血液がそれ以外の主要な動脈に入ると状況は違う．これらの血管は大動脈に比べて半径がかなり小さいので，流れを維持するためには約 20 mmHg の圧力降下が必要になる．したがって，血液が細動脈に入るときの圧力は 80 mmHg しかないのである．この細動脈の半径はさらに小さいので，新たに約 50 mmHg の圧力降下がある．血液が毛細血管を通って流れるときに，さらに 20 mmHg の圧力降下が存在する．毛細血管の半径は細動脈に比べて相当小さいが，毛細血管は非常にたくさんあるのでそれぞれを流れる血液の量はとても少ないことに注意しよう．血液が静脈に到達するころには，その圧力は約 10 mmHg に減っている．幸い静脈には，この圧力での逆流を防ぐためのお椀型の弁が付いている．静脈中での血液の動きは，周囲の骨格筋が収縮する際に押し出されたり，あるいは隣接する動脈によって促進される．最後に，血液は右心房に戻ってきて，再び循環する準備を整える．

式 (19・9)

$$Q = \frac{\Delta P}{8\eta L / (\pi R^4)}$$

とオームの法則

$$\text{電 流} = \frac{\text{電 圧}}{\text{抵 抗}}$$

との間で興味ある比較ができる．二つの式からの類推によって，流れの抵抗は $8\eta L /(\pi R^4)$ で与えられる．式 (19・9) は動脈，細動脈，毛細血管中での血液の流れの研究に応用できる．抵抗が半径の 4 乗に反比例しているので，典型的な 2×10^{-4} cm の半径の毛細血管が，コレステロールの

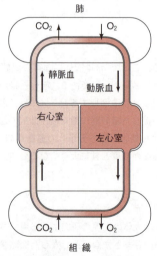

図 19・4 ヒトの循環系の概略図．酸素を結合したオキシヘモグロビンの豊富な動脈血は心臓の左心室から組織へ供給され，そこで酸素を放出し，二酸化炭素を取込む．溶存二酸化炭素の豊富な静脈血は，心臓の右心室から肺へ送られ，そこで二酸化炭素を放出し酸素を取込む．

---

* 血圧の測定には，カフ (腕帯) をひじの上の方に巻き，チューブで血圧計 (測定機器) につなぐ．血液の流れを止めるくらいきつく腕の大動脈を圧迫するまで，カフを膨張させる．測定者は動脈の上に当てた聴診器で音を聴く．次にカフをゆっくりと収縮させ，カフ圧を下げていく．動脈の圧迫が緩み血液が流れ出し最初に拍動音 (訳注: コロトコフ音という) が聴こえたときの圧力の読みを記録する．これが収縮期圧 (最高血圧) である．さらにカフ圧を下げていき，拍動音がしなくなったときにもう一度圧力を読む．それが拡張期圧 (最低血圧) である．

蓄積により半径 1.5×10^{-4} cm まで小さくなると，抵抗は 3 倍大きくなる．その際，通常の血流を保つには高い血圧が必要になり，**高血圧症** (hypertension) として知られる状態をひき起こす．反対に血圧が変化せず抵抗が減少すると，血流 Q が増加する．精力的に運動している間は，血圧と血管の半径の両方が増大する．この変化は**血管拡張** (vasodilation) として知られている．これら二つの変化は，体の高まった代謝速度に応じるために，血流がより大きくなるのを助長する．

19・3 表面張力

液体の表面が広がると，もともと液体の内部にあった分子が外に出てくる．このとき，これらの分子とその隣接分子との間の引力に逆らうため仕事がなされなければならない．この過程は液体の蒸発にいくらか似ている．しかし，蒸発においては分子は完全に液体から離れてしまうが，表面層の分子は，気相の方向からの力はないが，まだ強い分子間力の影響下にある（図 19・5）．表面層の分子が感じるこのアンバランスな相互作用のために，液体はその表面積を最小にしようとする傾向を示す．液体の小滴が球形をとるのもそのためである．

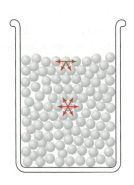

図 19・5 表面層および液体内部の，それぞれ一分子に働く分子間力

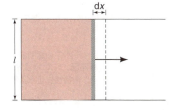

図 19・6 液体の薄膜を支えている針金の枠．膜の表面積を広げるには仕事がなされなければならない．

図 19・6 に，針金でできた枠に張られたセッケンの膜のような薄膜を示す．枠は長さ l の可動部分（ピストンとよぶ）をもつ．膜を張るために必要な力 (F) は膜の長さに比例するが，膜には表裏二つの面があるので，膜の全長は $2l$ であり，

$$F \propto 2l = 2\gamma l \qquad (19 \cdot 10)$$

となる．ここで，比例定数 γ が液体の**表面張力** (surface tension) である．したがって表面張力は単位長さ当たりの表面に働く力［単位は N m^{-1}］とみることができる．N m^{-1} は J m^{-2} に等しいので，表面張力を表面エネルギーの観点から解釈することもできる．ピストンを dx の距離だけ動かすときにされた力学的な仕事は $F\,dx$ で，表面積の変化量は $2l\,dx$ である．表面積の増加量に対するされた仕事の比は

$$\frac{F\,dx}{2l\,dx} = \frac{2\gamma l\,dx}{2l\,dx} = \gamma \qquad (19 \cdot 11)$$

となり，表面張力は単位面積当たりの表面エネルギーとしても定義できる．表面エネルギーの源は熱的というよりむしろ力学的なものである．膜を引っ張るのにされた仕事はギブズエネルギーを増加させるから，表面がその面積を減らそうとする傾向もまた，（定温，定圧で）系がよりギブズエネルギーの小さい配置をとろうとすることの例にすぎない．

毛管上昇法

毛管上昇法 (capillary-rise method) は液体の表面張力を測定するための簡単な方法である．この方法では，半径 r の毛管を調べたい液体に浸す［図 19・7(a)］．下向きに働く力は液体に掛かる重力 $\pi r^2 h \rho g$ である．ここで $\pi r^2 h$ は体積*1，ρ は液体の密度，g は重力加速度である．この重力が液体の表面張力による上向きの力と釣り合う．上向きの力は，液体とガラス壁が接する円筒の内径の周縁部に働き，その大きさは $2\pi r \gamma \cos\theta$ で与えられる．$2\pi r$ は周縁部の円周，θ はメニスカスにおける液体と毛管の接触角であり，$\cos\theta$ は力の鉛直方向（上向き）の成分を与えている．上向きの力と下向きの力が等しいとおくと，次式

$$2\pi r \gamma \cos\theta = \pi r^2 h \rho g$$

のように書ける．すなわち

$$\gamma = \frac{rh\rho g}{2\cos\theta} \qquad (19 \cdot 12)$$

一般的な液体の表面張力を表 19・2 にあげる*2．

液体が毛管を上がっていく現象は一般的に観察されるが，決して普遍的な現象ではない．たとえば，液体水銀に毛管を浸した場合は，管内の液面は管の外の液面より実際に下に来る［図 19・7(b)］．この互いに異なった二つの振舞いは，液体中の同種の分子間に分子間引力が働く場合［**凝集** (cohesion)］ と，液体とガラス壁の間に引力が働く場合［**接着** (adhesion)］を考えれば理解できる．接着が凝集より強ければ，壁は濡れやすく液体は壁に沿って上昇する．

---

*1 ここでは，メニスカスの先端にある少量の液体は無視する．厳密な研究では，計算の中で $r/3$ という補正項が h に加えられる．
*2 水がやや大きな表面張力をもっているのは強い水素結合のためであることに注意．

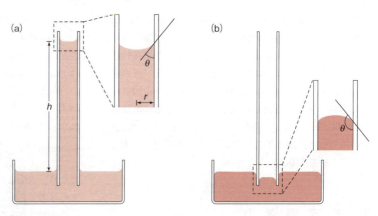

図 19・7 (a) 接着が凝集より強い液体の毛管上昇現象．(b) 凝集が接着より強い場合，毛管内の液体は下降する．

表 19・2 一般的な液体の 293 K における表面張力 (γ)

液体	γ/N m^{-1}	液体	γ/N m^{-1}
酢 酸	0.0276	エタノール	0.0223
アセトン	0.0237	ジエチルエーテル	0.0170
ベンゼン	0.0289	n-ヘキサン	0.0184
四塩化炭素	0.0266	水 銀	0.476 (298 K)
クロロホルム	0.0271	水	0.072 75

蒸気と液体の界面は引っ張られるのに逆らおうとするので，液柱の中央部の液体もまた上昇する．反対に凝集の方が接着より大きければ，毛管内の液体は下降する．

例題 19・1

植物の木部の道管は典型的に半径およそ 0.020 cm である．293 K では，水はこの道管の中をどれだけの高さまで上昇するか．

解 式 (19・12) から

$$h = \frac{2\gamma \cos\theta}{rg\rho}$$

接触角は通常かなり小さいので，$\theta = 0°$ つまり $\cos\theta = 1$ と仮定する．データは

$$\gamma = 0.072\ 75\ \text{N m}^{-1} \qquad r = 0.000\ 20\ \text{m}$$
$$g = 9.81\ \text{m s}^{-2} \qquad \rho = 1 \times 10^3\ \text{kg m}^{-3}$$

のようになっている．したがって，1 N = 1 kg m s^{-2} を考慮して

$$h = \frac{2\,(0.072\ 75\ \text{N m}^{-1})}{(0.000\ 20\ \text{m})(9.81\ \text{m s}^{-2})(1 \times 10^3\ \text{kg m}^{-3})}$$
$$= 0.074\ \text{N s}^2\ \text{kg}^{-1} = 0.074\ \text{m}$$

コメント この結果から，毛管上昇現象は植物や土壌での水の上昇の原因の一部ではあるが，それだけで全部を説明できないことがわかる．水の上昇には，§6・7 で述べた浸透が主要な機構として働いている．

水溶液の表面張力は一般的に，溶質が NaCl などの塩，あるいは空気-水の界面に集まりやすくないスクロースやそのような他の物質の場合には，純水の表面張力に近い*1．他方，溶質が脂肪酸や脂質の場合には表面張力は劇的に減少するが，このような分子は二つの領域からできている．一端は -COOH のような親水性 (水を好む) 極性基で，他端は無極性でそのため疎水性の (水を嫌う) 長い炭化水素鎖である*2．無極性基は，極性基を溶液の内部に向けて水の表面に並ぶ傾向があり (図 19・8)，このため表面張力は小さくなる．この効果は溶質分子の性質によるもので，ヘキサン酸 [CH$_3$-(CH$_2$)$_4$-COOH] の 0.01 M 溶液の表面張力は純水に比べ約 0.015 N m^{-1} ほど低下しており，デカン酸 [CH$_3$-(CH$_2$)$_8$-COOH] の 0.0005 M 溶液では約 0.025 N m^{-1} の低下が観測される．このやり方で表面張力の低下を起こす物質を **界面活性剤** (surfactant) とよぶが，最も有効な界面活性剤の一つが，セッケン (長鎖脂肪酸の塩) や表面変性したタンパク質などである．

肺の表面張力

界面活性剤の作用はまた呼吸という過程においても重要な役割を担っている．ヒトの体において，周りと接触をもつずば抜けて広い表面は，肺の内部の湿った表面である．循環している血液と大気の間で二酸化炭素と酸素の活発な交換を行い続けるには，平均的な成人の場合，肺の表面積としておよそテニスコートと同じだけの面積が必要であ

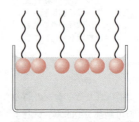

図 19・8 水中の脂肪酸分子の概略図．●: 極性基，～～: 無極性炭化水素鎖

*1 訳注: 表面や界面での分子やイオンの濃度が相の内部と異なる現象を **吸着** (adsorption) という．濃縮される場合を **正の吸着**，逆に表面，界面での濃度が相内部に比べ減少する場合を **負の吸着** という．負の吸着では表面張力は大きくなり，正の吸着では小さくなる．

*2 訳注: このような物質を両親媒性物質とよぶ．

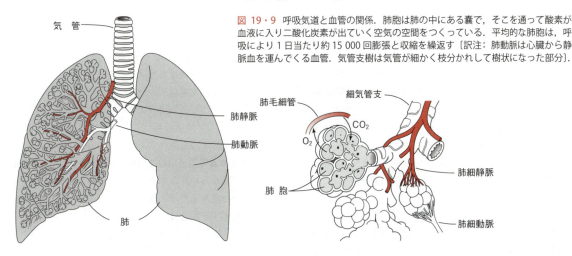

図 19・9 呼吸気道と血管の関係．肺胞は肺の中にある嚢で，そこを通って酸素が血液に入り二酸化炭素が出ていく空気の空間をつくっている．平均的な肺胞は，呼吸により1日当たり約15 000回膨張と収縮を繰返す〔訳注：肺動脈は心臓から静脈血を運んでくる血管．気管支樹は気管が細かく枝分かれして樹状になった部分〕．

る．肺胞(alveoli)とよばれる何億もの小さな空気の空間(囊)に仕切られることにより，このような面積は，比較的小さな体積の肺の中に包み込まれている．肺胞の平均半径はおよそ 50 μm で，合流通路でつながって，気管支樹，気管を通り，大気まで通じている(図 19・9)．

正常な吸入の間，肺胞の圧力は大気圧よりおよそ 3 mmHg 低く，これを -3 mmHg のゲージ圧*をもつと言うが，このおかげで，空気が気管支を通って肺胞に流れ込むことが可能になっている．肺胞は粘液性の組織液によって覆われており，正常な表面張力は 0.05 N m^{-1} である．吸入の間，肺胞の半径は約 2 倍に膨張する．肺胞を膨らませるのに必要な圧力差は次式で与えられる (誘導は p. 437，補遺 19・1 参照)．

$$P_i - P_o = \frac{2\gamma}{r} \quad (19 \cdot 13)$$

ここで，P_i と P_o はそれぞれ肺胞の内と外のゲージ圧，γ は粘性流体の表面張力，r は肺胞の半径である．肺胞の膨張が起こるには，少なくとも

$$P_i - P_o = \frac{2\,(0.05\text{ N m}^{-1})}{5 \times 10^{-5}\text{ m}}$$
$$= 2.0 \times 10^3\text{ N m}^{-2} = 15\text{ mmHg}$$

の圧力差が必要である．肺と肺を収めている胸膜腔の間の空間の圧力，P_o はわずか -4 mmHg で (すなわち絶対圧で 756 mmHg)，したがって

$$P_i - P_o = (-3\text{ mmHg}) - (-4\text{ mmHg}) = 1\text{ mmHg}$$

となり，これは肺胞を広げるのに必要な圧力のわずか 1/15 にすぎない．この問題を克服するため，肺胞細胞は特殊な界面活性剤（おもにジパルミトイルホスファチジルコリンからなる）を分泌して，表面張力を効果的に減少させ，1日に成人の肺で行われる 15 000 回ほどの呼吸の間，肺胞が困難なく膨張できるようにする．界面活性剤が不十分な場合に起こる重要な例として，新生児の呼吸窮迫症候群として知られる障害があり，しばしば界面活性剤合成細胞がまだ適当に機能していない未熟児を苦しめる．健常な新生児でさえ，産まれたては肺が非常につぶれているので，はじめにそれを膨張させるのに 25〜30 mmHg という圧力差を必要とする．したがって，生命の最初の呼吸は肺胞の表面張力に打ち勝つ多大な労力を必要とする．

上で論じた表面の活性は，米国では，治水（水の保全）にも関係している．セチルアルコール (1-ヘキサデカノール)，$CH_3(CH_2)_{14}CH_2OH$ の薄い膜を水の表面に広げることで，貯水池の水の蒸発速度を減少させることができる．固体のセチルアルコールは水に不溶である．しかし，その分子が水の上を漂い，表面を覆って広がった薄い膜（単分子膜）をつくるという意味で表面溶解度がある．もしその膜が天気や他の擾乱により破れても，容易に再生する．この物質はほんの 30 g で約 10 000 m^2 の水の表面を十分覆うことができる．

19・4 拡　散

拡散(diffusion)は，溶液中の濃度勾配が自発的に，一様で均一な分布になるまで減少する過程である．拡散過程は多くの化学的，生物学的な系にとって重要である．たとえば，拡散は二酸化炭素が葉緑体の光合成部位に到達する主要な機構である．細胞膜を横切っての溶質分子の輸送（膜輸送）を理解するためにも，拡散に関する詳細な知識が必要である．本節では，溶液中の拡散に見られるいくつかの特徴を述べる．

---

* ゲージ圧は流体(気体や液体)の絶対圧〔訳注：完全真空のときの圧力を 0 として測定した圧力〕と大気圧の差である．たとえば，タイヤの圧力を測るとき，その値はタイヤ内部の空気圧ではなく，大気圧を超えた分の圧力に対応している．同じことが先に述べた血圧にも適用される．

フィックの法則

図19・10(a)に示すような，下部に溶液，上部に純溶媒が入った容器を想像しよう*1．はじめは溶液と溶媒の間にはっきりした境界がある．時間がたつにつれて，溶質分子は拡散によってしだいに上方へ移動する．この過程は全系が均一になるまで続く．1855年にドイツの生理学者 Adolf Eugen Fick(1829～1901)は拡散現象を研究し，**流束**(flux)，J，すなわち単位時間当たりに単位面積を通って拡散していく溶質の総量が，濃度勾配に比例することを見いだした．x軸に沿った一次元でこの関係を数学的に表現すると，

$$J \propto -\left(\frac{\partial c}{\partial x}\right)_t = -D\left(\frac{\partial c}{\partial x}\right)_t \quad (19 \cdot 14)$$

と書ける．式(19・14)は一次元の**フィックの拡散の第一法則**(Fick's first law of diffusion)として知られている．$(\partial c/\partial x)_t$ という量は拡散の時間 t における拡散物質の濃度勾配で，D は考えている媒質中での拡散物質の拡散係数である．拡散係数の単位は m² s⁻¹ あるいは cm² s⁻¹ である．負の符号は拡散が高濃度から低濃度の方向へ進んでいくことを示す．なぜなら濃度勾配は拡散の方向に負だからである．したがって，流束は正の量となる．

次の問いによって拡散過程についてもう少し立ち入って調べてみよう．"x 軸上の与えられた点において，時間と共に濃度はどのように変化するのだろうか"．図19・11に示すような体積要素 $A\,dx$（A は断面積）を考えよう．原点となる境界面からの距離が x の位置において，体積要素への溶質分子の流入速度は $-DA(\partial c/\partial x)_t$ である．x と共に濃度勾配が変化する割合は

$$\frac{\partial}{\partial x}\left(\frac{\partial c}{\partial x}\right)_t = \left(\frac{\partial^2 c}{\partial x^2}\right)_t$$

で与えられるので，距離 dx を移動した後に体積要素から出ていく溶質分子の流出速度は

$$-DA\left(\frac{\partial c}{\partial x}\right)_t - DA\left(\frac{\partial^2 c}{\partial x^2}\right)_t dx = -DA\left[\left(\frac{\partial c}{\partial x}\right)_t + \left(\frac{\partial^2 c}{\partial x^2}\right)_t dx\right]$$

となる．したがって，溶質が体積要素中に蓄積されていく速度は先の二つの量の差になる．

$$\begin{aligned}
\text{溶質の体積要素への蓄積速度} &= \text{溶質の体積要素への流入速度} - \text{溶質の体積要素からの流出速度} \\
&= -DA\left(\frac{\partial c}{\partial x}\right)_t + DA\left[\left(\frac{\partial c}{\partial x}\right)_t + \left(\frac{\partial^2 c}{\partial x^2}\right)_t dx\right] \\
&= DA\left(\frac{\partial^2 c}{\partial x^2}\right)_t dx \quad (19 \cdot 15)
\end{aligned}$$

ところで，蓄積速度の表式を得るのに方法がもう一つある．時間が経過するにつれて，拡散の結果，体積要素中の溶質の濃度が絶えまなく増加するとき，この増加の速度は，体積要素と濃度の時間変化の積 $(\partial c/\partial t)_x (A\,dx)$ で与えられる．これら二つの溶質の蓄積速度を等しいとおき整理すると，

$$\left(\frac{\partial c}{\partial t}\right)_x = D\left(\frac{\partial^2 c}{\partial x^2}\right)_t \quad (19 \cdot 16)$$

を得る．式(19・16)は**フィックの拡散の第二法則**(Fick's second law of diffusion)として知られている．この法則は，原点からの距離が x の位置における濃度の時間変化が，時刻 t における x 方向の濃度勾配の変化と拡散係数との積に等しい，ということを示している．

式(19・16)は基本的な拡散方程式であるが，実際の系に適用するためには積分しなければならない．適当な計測から D の値を得るには，ふさわしい**境界条件**(boundary condition)*2 を適用しなければならない．図19・10に示したような液柱が事実上無限の長さであり，そのため実験

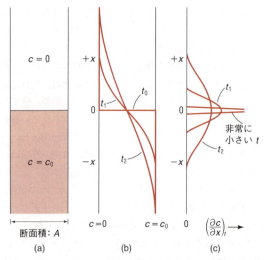

図 19・10 (a) 一定の断面積をもつ区画から純溶媒成分への，溶質の拡散．(b) xに対する濃度 c のプロット．$t=0$（t_0 の曲線）において，溶液と純溶媒成分の境界は無限に鋭い．(c) 拡散が始まってからさまざまな時刻 t での，x に対する濃度勾配 $(\partial c/\partial x)_t$ のプロット．$t=0$ において，勾配は $x=0$ の位置で無限の高さをもち，幅のない水平な線である．

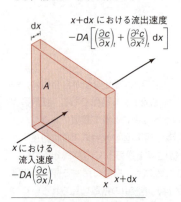

図 19・11 拡散の過程における，体積要素 $A\,dx$ 中の溶質の蓄積速度．

---

*1 この容器は無限に長い管として取扱う．

*2 境界条件は，先に箱の中の粒子を考えるときに導入した (p. 204)．

の間ずっと上面と底面の溶質の濃度がそれぞれ 0 と c_0 のままであるような場合，次の境界条件が適用される.

$t=0$ のとき: $\quad x>0$ では $\quad c=0$
$\qquad\qquad\qquad x<0$ では $\quad c=c_0$
$t=t$ のとき: $\quad x \longrightarrow +\infty$ につれて $c \longrightarrow 0$
$\qquad\qquad\qquad x \longrightarrow -\infty$ につれて $c \longrightarrow c_0$

上記の境界条件の下での，式 (19・16) の解は

$$c = \frac{c_0}{2}\left[1 - \frac{2}{\sqrt{\pi}}\int_0^\beta e^{-\beta^2}d\beta\right] \quad (19 \cdot 17)$$

である[*1]. ここで

$$\beta = \sqrt{\frac{x^2}{4Dt}}$$

である. 式 (19・17) を使うと，時間 t だけ拡散した後の，原点からの距離が x の位置での溶質の濃度を計算することができる. 図 19・10(b) は，時間 t の値を変えて式 (19・17) をグラフ表示したものである. 式 (19・17) は微分形では

$$\left(\frac{\partial c}{\partial x}\right)_t = -\frac{c_0}{\sqrt{4\pi Dt}}e^{-x^2/(4Dt)} \quad (19 \cdot 18)$$

と表せる. 式 (19・18) により，いろいろな時刻 t での x に対する濃度勾配 $(\partial c/\partial x)_t$ をプロットすることができる [図 19・10(c)].

拡散係数を正確に決めることはかなり難しい. 通常，拡散が始まった後に原点からのさまざまな位置で濃度勾配をモニターするには，屈折率測定などの光学的方法が用いられる. 一つの有効な方法は，レーザー光散乱から生体高分子の拡散係数を測定する方法である[*2]. ここで，正確さには少し欠けるが簡単な D の値の決定方法を述べよう. 式 (19・18) から，原点 ($x=0$) における濃度勾配は

$$\left(\frac{\partial c}{\partial x}\right)_t = -\frac{c_0}{\sqrt{4\pi Dt}} \quad (19 \cdot 19)$$

で与えられることがわかる. さらに，フィックの第一法則 [式 (19・14)] は

$$\frac{dn}{A\,dt} = -D\left(\frac{\partial c}{\partial x}\right)_t \quad (19 \cdot 20)$$

のように書き直せる. dn は時間 dt の間に境界 (面積 A) を通って拡散した溶質の物質量(モル数)である. したがって，

$$\left(\frac{\partial c}{\partial x}\right)_t = -\frac{dn}{AD\,dt} \quad (19 \cdot 21)$$

となり，式 (19・19) と式 (19・21) の右辺を等しいとおき変形して，

$$dn = \frac{ADc_0}{\sqrt{4\pi D}}\frac{dt}{\sqrt{t}} \quad (19 \cdot 22)$$

が得られる. $t=0$ と $t=t$ の間 ($n=0$ と $n=n$ の間) で上式を積分し

$$n = \frac{ADc_0}{\sqrt{4\pi D}}(2\sqrt{t}) \quad (19 \cdot 23)$$

これより

$$D = \frac{n^2\pi}{A^2 c_0^2 t} \quad (19 \cdot 24)$$

という結論に達する. ここで特別な装置を構築して，拡散実験後にかくはんされて濃度 c の均一な溶液になった溶媒の柱の部分を取り外すことができたとき，溶媒の柱の高さを h とすれば，

$$n = cAh$$

ということになる. n のこの表式を式 (19・24) に代入すると，

$$D = \frac{c^2 h^2 \pi}{c_0^2 t} \quad (19 \cdot 25)$$

を得る. したがって，時間 t 後の濃度 c を求め，もともとの濃度 c_0 がわかれば，D の値を計算することができる. ここで二つの点に注意を要する. 第一に，先ほどの境界条件では液柱が無限に長いとしたが，実際は比較的短い. しかし，t を短い時間にとれば，実験の終わりでも液柱の両端での溶質の濃度はまだ c_0 および 0 に近い. 第二に，厳密に言うと，拡散係数は濃度に依存するので，希薄な濃度で実験を行うのが好ましい. 表 19・3 に分子の拡散係数の例をあげる. 分子が大きければ大きいほど，その運動は遅くなると予想される. 表 19・3 のデータはこの予想を定性的に確認するものである.

拡散の研究においては，溶質分子がある与えられた時間 t の間にもといた場所から動いた距離を決めることが重要である. 拡散はある決まった方向に起こるが，個々の分子の運動は完全に乱雑で予測できない. したがって，分子が動く平均の，すなわち正味の距離 $\overline{x}$ は 0 になる. そのため，

$$\overline{x^2} = \frac{\int_{-\infty}^{+\infty}x^2\left(\dfrac{dc}{dx}\right)dx}{\int_{-\infty}^{+\infty}\left(\dfrac{dc}{dx}\right)dx}$$

で定義される平均二乗距離 $\overline{x^2}$ を考える必要がある [式 (19・

表 19・3 298 K，水中での分子の拡散係数 (D) の例

分 子	$D/10^{-9}\,m^2\,s^{-1}$	分 子	$D/10^{-9}\,m^2\,s^{-1}$
エタノール	1.10	ミオグロビン	0.113
尿 素	1.18	ヘモグロビン	0.069
グルコース	0.57	DNA (仔ウシの胸腺)	0.0013
スクロース	0.46		

[*1] 詳しくは，C. Tanford, "Physical Chemistry of Macromolecules," John Wiley & Sons, New York (1961) の p. 354 を参照.
[*2] S. B. Dubin, J. H. Lunacek, G. Benedek, *Proc. Natl. Acad. Sci. U.S.A.*, **57**, 1164 (1967) 参照.

18) 参照］. この標準的な積分の解法は"Handbook of Chemistry and Physics"の表にまとめてある. 計算結果だけ示すと

$$\overline{x^2} = 2Dt$$

となる. したがって, 根平均二乗距離 $\sqrt{\overline{x^2}}$ は

$$x_{\rm rms} = \sqrt{\overline{x^2}} = \sqrt{2Dt} \qquad (19 \cdot 26)$$

で与えられる. 式 (19・26) は, 平均拡散距離を見積もるための, 簡単ではあるが有用な関係を与えてくれる.

溶液に対しては, 溶質分子の拡散に影響する溶媒による摩擦力が考えられる. 1905 年に Einstein は次の定量的な関係 (アインシュタイン・スモルコフスキーの関係) を提案した.

$$D = \frac{k_{\rm B}T}{f} \qquad (19 \cdot 27)$$

ここで, $k_{\rm B}$ はボルツマン定数, f は溶質分子の摩擦係数である. f の単位は N s m^{-1} である. したがって, f と溶質分子の速度との積が, 溶媒が溶質粒子に及ぼす抵抗の摩擦力 (N 単位) になる. Stokes は, 球状の粒子に対して

$$f = 6\pi\eta r \qquad (19 \cdot 28)$$

であることを示した. η は溶媒の粘性率, r は溶質分子の半径で, 式 (19・28) はストークスの法則*として知られている. この関係を用い, 式 (19・27) は

$$D = \frac{k_{\rm B}T}{6\pi\eta r} \qquad (19 \cdot 29)$$

となる (ストークス・アインシュタインの式とよばれる). 式 (19・27) や式 (19・29) は拡散係数の物理的解釈を与えてくれる. $k_{\rm B}T$ という項は分子の熱エネルギーや運動エネルギーの尺度であり, 一方, f や η は拡散に対する粘性抵抗の尺度である. これら二つの相対する値の比は, 溶液中での溶質分子の拡散しやすさを決める.

式 (19・29) は, D と η がどちらもわかっている場合の分子の半径の求め方を示唆している. しかし, ストークスの法則は理想的な条件下での表式であることはしっかりと理解せねばならない. そのうえ, 分子が球のように扱えるほど十分に対称的であるとしても, 測定された半径は必ずしも真の半径に対応しているとは限らない. なぜならほとんどの溶質分子は溶液中である程度は溶媒和されているからである. そのため, 測定された半径は多くの場合, 真の半径よりも大きくなる傾向にある.

---

* ストークスの法則は球状でない分子にも適用できる. 非球状分子の摩擦係数は同体積の球状分子よりも大きい. これは, 同体積では球の方が表面積が小さく, 受ける摩擦抵抗が小さいためである.

例題 19・2

25 ℃ の水中で, 1 時間の間に拡散により尿素分子が移動する根平均二乗距離を計算せよ.

解 尿素の拡散係数は 1.18×10^{-9} m^2 s^{-1} である (表 19・3 参照). 式 (19・26) から

$$\sqrt{\overline{x^2}} = \sqrt{2(1.18 \times 10^{-9} \text{ m}^2\text{ s}^{-1})(3600 \text{ s})}$$
$$= 2.9 \times 10^{-3} \text{ m} = 2.9 \text{ mm}$$

コメント 解より, 拡散は液体中では物質の長い距離の輸送には効率的でないことがわかる. 生体系では細胞の大きさ (直径約 10^{-2} mm) くらいの短い距離の輸送に対してのみ拡散を利用している.

例題 19・3

300 K の水中での, 球状分子 (半径 1.5 Å) の拡散係数を求めよ.

解 式 (19・29) を使う. データ

$k_{\rm B} = 1.381 \times 10^{-23}$ J K^{-1}　　$T = 300$ K
$\eta = 0.001\ 01$ N s m^{-2}　　$r = 1.5 \times 10^{-10}$ m

であるから,

$$D = \frac{(1.381 \times 10^{-23} \text{ J K}^{-1})(300 \text{ K})}{6\pi(0.001\ 01 \text{ N s m}^{-2})(1.5 \times 10^{-10} \text{ m})}$$
$$= 1.5 \times 10^{-9} \text{ J N}^{-1} \text{ m s}^{-1} = 1.5 \times 10^{-9} \text{ m}^2 \text{ s}^{-1}$$

19・5 液　晶

通常, 結晶固体の高度に秩序立った状態と液体のより乱雑な分子配置の間には, 明確な区別が存在する. たとえば, 結晶である氷と液体である水はこの秩序と乱雑という点で互いに異なっている. しかし, ある種の物質は, 秩序立った配置をとる傾向が非常に強いので, 結晶の融解において, 結晶の特徴を一部もつような**中間相形態状態** (mesomorphic state) あるいは**準結晶状態** (paracrystalline state) とよばれる乳状液体をまず形成する. より高い温度では, この乳状の流体は普通の液体と同様に振舞うはっきりとした液体へと急に変化する. このような物質は**液晶** (liquid crystal) として知られている.

液晶性を示す分子は通常長くて棒状である. 4,4′-ジメトキシアゾキシベンゼン (別名の p,p'-アゾキシアニソールより PAA) はその一例で,

$$\text{CH}_3\text{O}-\bigcirc-\text{N}=\overset{+}{\underset{\text{O}^-}{\text{N}}}-\bigcirc-\text{OCH}_3$$

の構造をもち, 次のような"融解"点あるいは転移点をもつ.

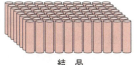
結 晶

スメクチック A

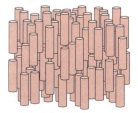
ネマチック

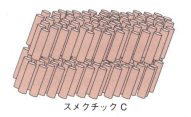
スメクチック C

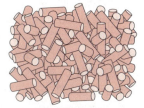
液 体

図 19・12 2 種類の液晶相，スメクチック相とネマチック相．スメクチック相には，本図のスメクチック A 相とスメクチック C 相のほかにも多様性がある．簡単にするため，液晶相中のすべての分子は同じ傾斜角をもっているように描いてある．実際には各相内で傾斜角には幅がある．スメクチック A とスメクチック C は二次元の周期性をもつ固体と同様に振舞い，ネマチック液晶は一次元の周期性をもつ固体と同様に振舞う．完全な秩序をもつ結晶固体状態と完全に無秩序の液体状態を比較のためあげた．

$$\text{固 体} \xrightarrow{118℃} \text{中間相形態状態} \xrightarrow{136℃} \text{液 体}$$

液晶には**サーモトロピック**（温度転移型，thermotropic）と**リオトロピック**（濃度転移型，lyotropic）とよばれる 2 種があることが知られている．サーモトロピック液晶はある温度範囲で液晶相を示す．これに対しリオトロピック液晶は 2 成分以上からなり，ある濃度範囲で液晶相を示す．

サーモトロピック液晶

サーモトロピック液晶は，その固体を加熱すると形成される液晶で，一般に，**スメクチック液晶**（smectic liquid crystal），**ネマチック液晶**（nematic liquid crystal），**コレステリック液晶**（cholesteric liquid crystal）の三つに分かれる．図 19・12 にスメクチック構造とネマチック構造の概略を示す．スメクチック液晶では，分子の長軸が層の平面に対して垂直になっている．層は互いの面上を自由に滑ることができ，それゆえこの物質は二次元の周期性をもつ固体の構造的性質をもっている．光学的には，スメクチック液晶は，水晶のような三次元の周期性をもつ結晶のようにも振舞い，すなわち後述するように異方性をもつ．ネマチック液晶の秩序はスメクチック液晶より小さく，分子は長軸を互いに平行にして並んでいるが，層には分かれていない．

コレステリック液晶は，分子が層状に並んでいるという点ではスメクチック液晶に似ているが，分子の長軸が層に平行であるという点が異なる（図 19・13）．コレステリック液晶は，その名の通り，種々のコレステロールエステル

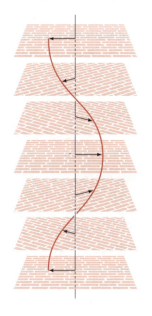

図 19・13 コレステリック液晶相は，二次元の周期性をもつ固体の層が重なったように振舞う．分子の配向方向がらせん状に回転していることに注意．配向方向はついにはもとの方向を示し，さらにらせん状に回転し続ける．らせんの周期（ピッチ）は長さにして数百 nm あり，温度に非常に敏感である．

で形成されている*．ここで R はエステル基である．層内の分子の配向はネマチック相と同様であるが，図 19・13 に示すように，この分子の配向方向はらせん状に回転している．コレステリック相のらせんのピッチ（らせん 1 巻きの距離）は普通，可視光の波長と同じオーダーであるから，コレステリック相は結晶が X 線を回折するのとほとんど同様に光を回折する．この現象は，チョウの翅が光沢をもち，見る角度で色が変わる原因になっている．興味深いことに，コレステロール誘導体のラセミ混合物はコレステリック相を形成しないが，純粋な光学異性体は形成する．したがって，コレステリック相の系はキラリティーをもっていることになる．

通常の液体と，液晶（どの種類でも）を区別する性質の

---

* コレステロール自体（R=−OH）は液晶を形成しない．

一つが異方性である．たとえば，液体の四塩化炭素では分子の配向は完全に無秩序で，空間のすべての方向が等価である．したがって，空間のある方向に沿って測定されたどんな性質も，他のすべての方向に沿って測定されたものと同じである．それゆえ，このような液体中で音波の速さを測定したら，どの方向で測定が行われようと同じ結果になるであろう．方向に関係なく同じ結果が得られるという性質を**等方性**(isotropy)，またこの性質をもつ媒質は**等方相**(isotropic phase)という．液体と気体はすべて等方性である．それに対して，液晶（および結晶性固体）はその秩序構造のゆえに方向性をもつ．液晶中の分子の配向に依存して，音速は x, y, z 軸方向で異なる．この性質を**異方性**(anisotropy, 等方的でないという意味)といい，液晶相は**異方相**(anisotropic phase)とよばれる．

図 19・12 では，液晶相中の分子がまったく同じ配向の仕方をしている，すなわち同じ傾斜角 (θ) をもっているように描かれているが，実際は，平均傾斜角を中心としてかなりの幅がある．個々の分子に対して，傾斜角は分子軸と最適な配向方向（分子の光軸でもある）を示す配向ベクトルのなす角として定義される．

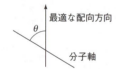

秩序の度合いを記述するには，角度 θ に代えて $(3\cos^2\theta-1)/2$ という関数が用いられる．もし分子が完全に整列していたら，θ は $0°$ で $\cos\theta$ が 1 だからこの関数は 1 となる．等方的な液体では，その配向はまったく無秩序なので，この関数は 0 になる[*1]．液晶の**秩序度**(order parameter)，S はこの関数の平均として定義される．すなわち，

$$S = \left\langle \frac{3\cos^2\theta-1}{2} \right\rangle \quad (19\cdot30)$$

であり，記号 $\langle\ \rangle$ は平均を表す．ほとんどの液晶相で，典型的な S の値は 0.3〜0.9 であり，温度の上昇と共に小さくなる．

サーモトロピック液晶の応用 サーモトロピック液晶は科学，技術，医学の分野で数多く応用されている．コレステリック相のピッチの長さは，温度や電場などといった外的なパラメーターに非常に敏感で，したがって，コレステリック液晶の色（ピッチの長さに依存する）は非常に小さな温度範囲で変化する．このため，コレステリック液晶は感度の良い温度計としての利用に適している．たとえば，冶金学では，金属ストレス（応力）や熱源，伝導経路の検出に用いているし，医療では，特定の場所の体温を決め

るのに液晶の助けを借りている．この技術は感染症や腫瘍の増殖（たとえば乳房の腫瘍）を扱う際の重要な診断手段になった．局部的な感染症や腫瘍は，冒した組織の代謝速度を増加させ，その結果として温度が上昇するので，医師は液晶の薄膜を使って色の変化を伴う温度差を見ることにより，感染症や腫瘍があるかどうかがわかるのである．

ネマチック液晶の異方性により，配向ベクトルに平行な偏光が，それに垂直な偏光と異なった速度で伝播するということが起こる．図 19・14 には，よく見かける時計や計算機のモノクロディスプレイの機構を示した．酸化スズ (SnO_2) と酸化インジウム (In_2O_3) でできた試薬（酸化スズドープ酸化インジウム）が，光を透過し偏光方向をそろえるため液晶セルの上下の内部表面に塗布されており[*2]，ネマチック相の分子を上下で $90°$ ずれるように選択的に配向させる．こうして，液晶相の中で分子は"ねじられて"[図 19・14 (a)]，きちんと調整されていれば，このねじれにより偏光面が $90°$ 回転し，二つの偏光フィルター（互いに $90°$ をなすように配置してある）を光が透過できるようになる．このモードではディスプレイは明るい．電場が印加されると[図 19・14 (b)]，ネマチック分子は電場の方向へ整列させるようなトルク（ねじれあるいは回転）を受ける．すると入射偏光は上側の偏光フィルターを透過できず，セルは暗く見える．時計や計算機では，下側の偏光フィルターの下に反射板が置かれている．電場が掛かっていないときは，反射光はどちらの偏光フィルターも通過して，セルは上から見ると明るく見える．電場が印加されると，上側からの入射光は下側の偏光フィルターを通過できず反射板に達することもできないので，セルは暗くなる[*3]．典型的には，厚さ約 10 μm ($1\ \mu m = 10^{-6}\ m$) のネマチック層に数 V の電圧が印加される．電場がオン／オフされたときの分子の整列および緩和の応答時間はミリ秒の範囲である ($1\ ms = 10^{-3}\ s$)．

コンピューター，携帯電話，テレビなどに現在使われている平面パネルディスプレーには，TFT LCD (<u>t</u>hin-<u>f</u>ilm <u>t</u>ransistor <u>l</u>iquid <u>c</u>rystal <u>d</u>isplay, 薄膜トランジスター液晶ディスプレー）の技術が使われ，広範な色のスペクトルの表示を可能にしている．

リオトロピック液晶

リオトロピック液晶は二つ以上の化合物の混合物で，そのうちの一つは普通，水のような極性分子である．ポリ(L-グルタミン酸 γ-ベンジルエステル)やポリ(L-アスパラギ

[*1] 訳注: 実用上重要な物性は $\langle\cos^2\theta\rangle$ に依存する．$\langle\cos^2\theta\rangle$ は完全配向で 1. 完全に無配向で 1/3 となる．

[*2] 訳注: 酸化インジウムスズ (<u>i</u>ndium <u>t</u>in <u>o</u>xide) より ITO と略される．導電性と透明度を兼ね備えており，電極として用いられる．

[*3] 訳注: ねじれネマチック (twisted <u>n</u>ematic) より TN 型とよばれる．

ン酸 β-ベンジルエステル)などのいくつかの合成ポリペプチドは,水やジメチルホルムアミドやピリジンに溶かすと,コレステリック液晶に似た構造を形成する.リオトロピック液晶の第二のタイプはリン脂質を含んでおり,秩序立った膜構造をつくる.リオトロピック液晶は生物学的なさまざまな系において見られ,重要な役割をもつが,それだけでなく,洗浄剤の中の界面活性剤も高濃度で水に溶かしたときにリオトロピック液晶となっている.

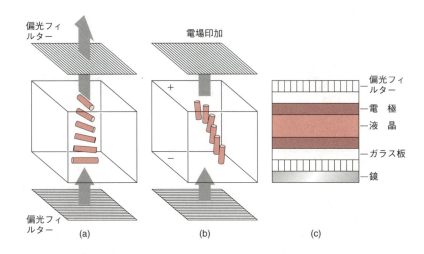

図 19・14 ネマチック液晶を用いたモノクロディスプレイ.セルの上面と底面に接している分子は互いに直角に配置されている.(a) 上の偏光フィルターを通過できるように偏光面を 90°回転させるべく,上面と底面の間での分子配向のねじれの度合いが調整されている.そのためセルは明るく見える.(b) 電場が印加されると,分子は電場に沿って配向し,偏光面はもはや上の偏光フィルターを通過できない.そのためセルは暗くなる.(c) 液晶ディスプレイの断面図

重要な式

レイノルズ数 $= \dfrac{2Rv\rho}{\eta}$	乱流と層流の区別	式 (19・4)
$Q = \dfrac{\pi P R^4}{8\eta L}$	ポアズイユの法則	式 (19・5)
$\gamma = \dfrac{rh\rho g}{2\cos\theta}$	毛管上昇法	式 (19・12)
$J = -D\left(\dfrac{\partial c}{\partial x}\right)_t$	フィックの拡散の第一法則	式 (19・14)
$\left(\dfrac{\partial c}{\partial t}\right)_x = D\left(\dfrac{\partial^2 c}{\partial x^2}\right)_t$	フィックの拡散の第二法則	式 (19・16)
$x_{\text{rms}} = \sqrt{\overline{x^2}} = \sqrt{2Dt}$	拡散における根平均二乗距離	式 (19・26)
$D = \dfrac{k_B T}{f}$	アインシュタイン・スモルコフスキーの関係	式 (19・27)
$f = 6\pi\eta r$	ストークスの法則	式 (19・28)
$D = \dfrac{k_B T}{6\pi\eta r}$	ストークス・アインシュタインの式	式 (19・29)

補遺 19・1 式(19・13)の誘導

半径 r のセッケンの泡を考えよう.泡が球形を保つには,内部の力が外部の力と釣り合わねばならない.図 19・15 は二つの半球に分けて考えた泡である.上側の半球について考察すると,外からの力に加えて,表面張力による下向きの力 F があることがわかる.この力 F は,表面張力に円周を掛けたもので与えられる(表面張力は N m^{-1} という単位をもつことを思い出そう).よって下向きの力はすべて合わせて,

$$F = P_0(\pi r^2) + 2(2\pi r \gamma) \tag{1}$$

となる.ここで P_0 は外からの圧力,πr^2 は断面積である.右辺の 2 番目の項の 2 は,泡には内外の 2 層があるため考

察した因子である．一方，上向きの力は全部で$P_i(\pi r^2)$（P_i は内からの圧力）である．したがって，これらが釣り合っている状態では

$$P_i(\pi r^2) = P_o(\pi r^2) + 2(2\pi r\gamma) \tag{2}$$

すなわち

$$P_i - P_o = \frac{4\gamma}{r} \tag{3}$$

である．肺胞の場合は1層しかないので，上の式は

$$P_i - P_o = \frac{2\gamma}{r} \tag{4}$$

となる．これが式(19・13)である．この差 $(P_i - P_o)$ は小さな泡（r が小さいとき）では大きいが，r が大きくなるにつれて小さくなることに注意せよ．

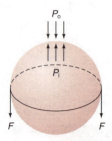

図 19・15　セッケンの泡の形を維持するためには，内部の力と外部の力が釣り合わなければならない．

参 考 文 献

書　籍

S. Chandrasekhar, "Liquid Crystals, 2nd Ed.," Cambridge University Press, New York (1992).

P. J. Collings, "Liquid Crystals," Princeton University Press, Princeton, NJ (1990).

P. J. Collings, M. Hird, "Introduction to Liquid Crystals," Taylor & Francis, Bristol, PA (1997).

D. Tabor, "Gases, Liquids, and Solids, 3rd Ed.," Cambridge University Press, New York (1991).

S. Vogel, "Life in Moving Fluids," Princeton University Press, Princeton, New Jersey (1994).

A. J. Walton, "The Three Phases of Matter, 2nd Ed.," Oxford University Press, New York (1983).

論　文
総　説：

J. D. Bernal, 'The Structure of Liquids,' *Sci. Am.*, August (1960).

R. E. Apfel, 'The Tensile Strength of Liquids,' *Sci. Am.*, December (1972).

J. A. Barker, D. Henderson, 'The Fluid Phases of Matter,' *Sci. Am.*, November (1981).

M. Contreras, J. Valenzuela, 'A Two-Dimensional Model of a Liquid: The Pair-Correlation Function,' *J. Chem. Educ.*, **63**, 7 (1986).

J. Walker, C. A. Vanse, 'Reappearing Phases,' *Sci. Am.*, May (1987).

L. J. Norrby, 'Why is Mercury a Liquid ?' *J. Chem. Educ.*, **68**, 110 (1991).

粘 性 率：

V. P. Starr, N. E. Gaut, 'Negative Viscosity,' *Sci. Am.*, July (1970).

E. M. Purcell, 'Life at Low Reynolds Number,' *Am. J. Phys.*, **45**, 3 (1977).

K. Johansen, 'Aneurysms,' *Sci. Am.*, July (1982).

G. T. Yates, 'How Microorganisms Move Through Water,' *Am. Sci.*, **74**, 358 (1986).

L. C. Rosenthal, 'A Polymer Viscosity Experiment with No Right Answer,' *J. Chem. Educ.*, **67**, 78 (1990).

E. D. Zanotto, 'Do Cathedral Glasses Flow ?' *Am. J. Phys.*, **66**, 392 ((1998).

表 面 張 力：

J. A. Clements, 'Surface Tension in the Lungs,' *Sci. Am.*, December (1962).

M. G. Verlade, C. Normand, 'Convection,' *Sci. Am.*, July (1980).

J. H. Aubert, A. M. Kraynik, P. B. Rand, 'Aqueous Foams,' *Sci. Am.*, May (1986).

R. B. Suter, 'Walking on Water,' *Am. Sci.*, **87**, 154 (1999).

H. D. Gesser, P. Krause, 'A Demonstration of Surface Tension and Contact Angle,' *J. Chem. Educ.*, **77**, 58 (2000).

S. D. Brooks, M. Gonzales, R. Farias, 'Using Surface Tension Measurements to Understand How Pollution Can Infuence Cloud Formation, Fog, and Precipitation,' *J. Chem. Educ.*, **86**, 838 (2009).

拡　散：

L. J. Gosting, 'Measurement and Interpretation of Diffusion Coefficients of Proteins,' *Advan. Protein Chem.*, **11**, 429 (1956).

M. De Paz, 'A Quantitative Diffusion Experiment for Students,' *J. Chem. Educ.*, **46**, 784 (1969). [*J. Chem. Educ.*, **47**, A204 (1970) も参照].

J. T. Edward, 'Molecular Volumes and the Stokes-Einstein Equation,' *J. Chem. Educ.*, **47**, 261 (1970).

P. W. Linder, L. R. Nassimbeni, A. Polson, A. L. Rodgers, 'The Diffusion Coefficient of Sucrose in Water,' *J. Chem. Educ.*, **53**, 330 (1976).

J. Irina, 'A Spectrophotometric Method for Measuring

Diffusion Coefficients,' *J. Chem. Educ.*, **57**, 676 (1980).

B. Clifford, E. I. Ochiai, 'A Practical and Convenient Diffusion Apparatus: An Undergraduate Physical Chemistry Experiment,' *J. Chem. Educ.*, **57**, 678 (1980).

R. Gomer, 'Surface Diffusion,' *Sci. Am.*, August (1982).

J. E. Crooks, 'Measurement of Diffusion Coefficients,' *J. Chem. Educ.*, **66**, 614 (1989).

M. E. King, R. W. Pitha, S. F. Sontum, 'A Laser Refraction Method for Measuring Liquid Diffusion Coefficients,' *J. Chem. Educ.*, **66**, 787 (1989).

L. C. Davis, 'Diffusion Confusion,' *J. Chem. Educ.*, **73**, 824 (1996).

'Learning Molecular Diffusion. A Laboratory Experiment,' *Chem. Educator* [Online], **10**, 283 (2005). DOI: 10.1333/s00897050935a.

液 晶:

J. L. Ferguson, 'Liquid Crystals,' *Sci. Am.*, August (1964).

G. H. Brown, 'Liquid Crystals and Their Roles in Inanimate and Animate Systems,' *Am. Sci.*, **60**, 64 (1972).

G. Elliot, 'Liquid Crystals for Electro-optical Displays,' *Chem. Brit.*, **9**, 213 (1973).

A. Sobel, 'Electronic Numbers,' *Sci. Am.*, June (1973).

J. R. Lalanne, F. Hare, 'Three Liquid-Crystal Teaching Experiments,' *J. Chem. Educ.*, **53**, 793 (1976).

N. Sadlej-Sosnowska, 'Imposed Orientation of Dye Molecules by Liquid Crystals and an Electric Field,' *J. Chem. Educ.*, **57**, 223 (1980).

G. H. Brown, 'Liquid Crystals —— The Chameleon Chemicals,' *J. Chem. Educ.*, **60**, 900 (1983).

G. H. Brown, P. P. Crooker, 'Liquid Crystals: A Colorful State of Matter,' *Chem. Eng. News.*, **61** (5), 24 (1983).

G. Patch, G. A. Hope, 'Preparation and Properties of Cholesteric Liquid Crystals,' *J. Chem. Educ.*, **62**, 454 (1985).

E. R. Waclawik, M. J. Ford, P. S. Hale, J. G. Shapter, N. H. Voelcker, 'Liquid-Crystal Displays: Fabrication and Measurement of a Twisted Nematic Liquid-Crystal Cell,' *J. Chem. Educ.*, **81**, 854 (2004).

G. Lisensky, E. Boatman, 'Colors in Liquid Crystals,' *J. Chem. Educ.*, **82**, 1360A (2005).

G. R. Van Hecke, K. K. Karukstis, H. Li, H. C. Hendargo, A. J. Cosand, M. M. Fox, 'Synthesis and Physical Properties of Liquid Crystals: An Interdisciplinary Experiment,' *J. Chem. Educ.*, **82**, 1349 (2005).

D. L. Lewis, M. Warren, 'Liquid Crystals Activity,' *J. Chem. Educ.*, **83**, 1602 (2006).

V. M. Petruševski, 'Liquid Crystals Activity Revisited,' *J. Chem. Educ.*, **84**, 1429 (2007).

問 題

粘 性 率

19・1 気体の粘性率は温度の上昇と共に増加するが〔式(2・27) 参照〕, 液体の粘性率は温度が上がるにつれて減少する. その理由を説明せよ.

19・2 293 K で, 水がオストワルト粘度計を流れ落ちる時間は 342.5 s であり, 同体積の有機溶媒では 271.4 s である. この有機溶媒の密度は 0.984 g cm^{-3} として, 水の粘性率から, この有機溶媒の粘性率を計算せよ.

19・3 半径 2.0×10^{-4} cm の毛管を流れる血液について, 37 ℃ における層流に対する最大速度を求めよ (血液全体の密度は約 1.2 g cm^{-3} である).

19・4 細動脈の直径は 2.4×10^{-5} m で, 血流の速度は $2.6 \times 10^{-3} \text{ m s}^{-1}$ である. 細動脈の長さが 5.0×10^{-3} m のとき, 両端の圧力差 ΔP を計算せよ.

19・5 液体の粘性率は通常温度を上げるにしたがって小さくなる. 経験式は $\log \eta = A/T + B$ で表される. 次表のデータから, 水の場合の定数 A, B を決定せよ.

T/K	273	293	310	373
η/P	0.01787	0.0101	0.00719	0.00283

19・6 レイノルズ数〔式 (19・4) 参照〕が無次元であることを示せ.

19・7 レイノルズ数〔式 (19・4)〕の定義から, 半径 0.60 cm の管を流れる 293 K の水の層流に対する v の最大値を計算せよ.

19・8 ある液体が, 内側の半径 0.12 cm, 長さ 26 cm の円筒管を 88 s 間に 364 cm³ 流れる. 管の両端の圧力差は 57 Torr である. 液体の粘性率を求めよ. この流れは層流か. 液体の密度は 0.98 g cm^{-3} である.

表 面 張 力

19・9 水は例外的に大きな表面張力をもっている. その理由を説明せよ.

19・10 温度が上がると液体の表面張力が小さくなることについて, 分子論的な解釈を与えよ.

19・11 直径 0.10 cm のガラスの毛管が, (a) 293 K の水 (接触角 10°), (b) 298 K の水銀 (接触角 170°) に漬けられている. 各場合について毛管内の液体の高さを計算せよ.

19・12 エタノールと水銀はどちらも温度計に用いられている. この 2 種類の温度計における液体のメニスカスの違いを説明せよ.

19・13 液体ナフタレンの表面張力は 127 ℃ で 0.0288 N m^{-1} で, 127 ℃ の密度は 0.96 g cm^{-3} である. ナフタレンが 3.0 cm 上昇することができる毛管の最大の半径はいくらか. 接触角は 0° とする.

19・14 20 ℃ でキノリンの表面張力はアセトンのそれの 2 倍である. キノリンの毛管上昇が 2.5 cm ならば, 同じ毛管でアセトンはどれだけ上昇するか. 接触角は 0° とする. 20 ℃ のキノリンとアセトンの密度はそれぞれ 1.09 g cm^{-3}, 0.79 g cm^{-3} である.

19・15 内側の直径 0.40 mm の毛管が 20℃ で水銀溜めに垂直に立てられている [図 19・7(b) 参照]．接触角を 146° としたとき，水銀はどれだけ下降するかを計算せよ．水銀の密度は 13.6 g cm^{-3} である．

19・16 内側の直径がそれぞれ 1.4 mm と 1.0 mm の二つの毛管が，密度 0.95 g cm^{-3} の液体に漬けられている．毛管上昇の差が 1.2 cm であるとき，この液体の表面張力を求めよ．ただし，接触角は 0° とする．

拡　散

19・17 グルコースの拡散係数は 5.7×10^{-10} m^2 s^{-1} である．グルコース分子が，(a) 10 000 Å，(b) 0.10 m を拡散するのに要する時間を計算せよ．

19・18 298 K，水中でのスクロースの拡散係数は 0.46×10^{-5} cm^2 s^{-1} で，298 K の水の粘性率は 0.0010 N s m^{-2} である．これらのデータから，スクロース分子の実効的な半径を求めよ．

19・19 表 19・3 にあげた拡散係数の値から，ミオグロビンとヘモグロビンの半径およびモル体積を求めよ．その結果からどのような結論を導き出せるか．

19・20 拡散係数は多くの固体系に対して測定されてきた．20℃ における鉛中のビスマスの拡散係数が 1.1×10^{-16} cm^2 s^{-1} であるとしたとき，ビスマス原子が 1.0 cm 移動するのにどれだけかかるか計算せよ（年単位で）．

19・21 37℃ における，モル質量 80 000 g の膜結合性タンパク質の拡散係数は，膜の粘性率が 1 P（ポアズ）（= 0.10 N s m^{-2}）のときいくらになるか．このタンパク質が 1.0 s の間に移動する平均距離はいくらか．ただし，このタンパク質は水和されておらず，密度 1.4 g cm^{-3} の剛体球であるとする．

補 充 問 題

19・22 半径が r_1, r_2 ($r_2 > r_1$) の，二つのセッケンの泡が，コックの付いた小さな管でつながれている．コックを開けると泡の大きさがどのように変化するか予想せよ．

19・23 耳に水が入ったとき，アルコール（エタノール）を 1 滴落とすと"水を抜き取"ってくれるという水泳コーチの教えについて分子の観点からコメントせよ [出典: J. A. Campbell, 'Eco-Chem', *J. Chem. Educ.*, **52**, 655 (1975)]．

19・24 一酸化炭素–ヘモグロビン錯体の，298 K，水中での拡散係数は 0.062×10^{-9} m^2 s^{-1} である．より粘性の高い細胞質では，拡散係数はわずか 0.013×10^{-9} m^2 s^{-1} である．このような錯体が 3.0 μm の長さの細菌細胞を移動するのにかかる時間はどれだけか．

19・25 オゾン（O_3）は強力な酸化剤で，金と白金を除くすべての一般的な金属を酸化することができる．オゾンに対する簡便なテストは，水銀に及ぼす反応に基づいている．オゾンに触れると，水銀は鈍い外観になり（自由に流れるのではなく）ガラス管に付着する．この反応の化学反応式を書け．オゾンと相互作用することで水銀のどんな性質が変化したのか．

19・26 皮下注射器に粘性率 1.6×10^{-3} N s m^{-2} の溶液が入っている．注射器のピストン部の面積は 7.5×10^{-5} m^2 で，針の長さは 0.026 m，針の内側の半径は 4.0×10^{-4} m である．静脈のゲージ圧を 1850 Pa（14 mmHg）として，1.2×10^{-6} m^3 の溶液を 4.0 s の間に注入するためにピストン部に掛けなければならない力を N 単位で計算せよ．

19・27 ある有機液体の膜が，図 19・6 と同じように，長方形の針金の枠に張られている．
(a) 針金の枠の幅が 9.0 cm で，ピストンを動かすのに必要な力が 7.2×10^{-3} N のとき，この液体の表面張力を計算せよ．
(b) 膜を 0.14 cm 引っ張るのになされた仕事を求めよ．

19・28 20℃ で，1 mol の水を半径 4.16×10^{-3} m の球形の水滴に分解するのに要する仕事はどれだけか [ヒント: 球の体積は $\frac{4}{3}\pi r^3$，表面積は $4\pi r^2$ である（r は球の半径）]．水の密度は 1.0 g cm^{-3} である．

19・29 流体中を落下する体積 V の球は，下向きの重力 mg を受けている．m は球の質量，g は重力加速度である．同時に，落下を遅くする摩擦力 [式 (19・28) 参照] と $m_f g$ (m_f は体積 V の流体の質量) で与えられる上向きの浮力を受けている．20℃，水中で鉄の球（半径 1.2 mm，密度 7.8 g cm^{-3}）が落下するときの終端速度を計算せよ．得られた計算結果に基づいて，液体の粘性率を測定するための実験を設計せよ．

19・30 空気中の酸素の拡散係数は 0.20 cm^2 s^{-1} で，水中では約 10^4 倍小さくなる．
(a) これほど拡散係数の大きさが違う理由を説明せよ．
(b) ほとんどの動物細胞は流体に浸されているので，細胞に O_2 を運搬し CO_2 を運び去るためにはヘモグロビンのような分子と循環系が必要である（空気中および水中での CO_2 の拡散係数は酸素のそれとほぼ同じである）．植物は循環系を有していないが，そのような系でどのように効率良く O_2 や CO_2 を運搬しているのか．説明せよ．
(c) 昆虫は確かに循環系は有しているが，ヘモグロビンのような分子はもっていない．水中での O_2 や CO_2 の拡散係数を考慮に入れると，ホラー映画に登場するヒトの大きさのアリやハチ，ゴキブリは実際に存在しうるだろうか．

19・31 液晶では，θ は配向ベクトルと分子軸のなす角である．θ の平均値がいくつのときに秩序度 S は 0.5 になるか．

19・32 内側の直径 d が一定の毛管を，温度 T，圧力 P で濃度 c の水溶液に漬けたところ，毛管内を高さ h まで溶液が上昇した．h の値をより大きくするには，実験をどのように変えたらよいか．少なくとも 5 種類の方法をあげて説明せよ．

19・33 コレステロール沈着物が原因で，ある患者の心臓の前下行枝動脈の半径は 12.0 % ほど狭窄した．動脈にわたる血圧下降は，動脈を流れる正常な血流を維持するのに必要であるが，これはどれほど上昇するか．割合を % で計算せよ．

19・34 アメンボはどのような方法で水の上を"歩く"ことができるのか．説明せよ．

20 統計熱力学

数の多いほうが安全 —— Safety in numbers.

量子力学は，原子や分子のエネルギー準位の計算の仕方（少なくとも原理的な）や分光学的な測定法を教えてくれた．また一方で，熱力学では巨視的な系を取扱った．原子や分子のエネルギー準位についての知識を使ってバルクの物質をどのように説明できるだろうか？　その答えは統計熱力学によって与えられる．統計熱力学は物質の微視的な性質とバルクの性質の間をつなぐものなのである．

本章ではボルツマン分布則の誘導から始める．その誘導から分配関数の概念が導かれ，分配関数によりすべての熱力学量と平衡定数が計算できる．

20・1 ボルツマン分布則

大きさ ε_0 のエネルギーをもつ n_0 個の粒子，ε_1 のエネルギーをもつ n_1 個の粒子など，合計 N 個の粒子からなる系を考えよう．$n_0, n_1, \cdots$ といった数の許容値には二つの束縛条件がある．一つは異なったエネルギー準位を占める粒子の数の合計は全粒子数になるというものである．

$$n_0 + n_1 + n_2 + \cdots = \sum_i n_i = N \quad (20 \cdot 1)$$

全粒子数は変化することはないから，式 (20・1) は下式のように微分形で表すこともできる．

$$dN = \sum_i dn_i = 0 \quad (20 \cdot 2)$$

もう一つの束縛条件は系のエネルギー E に関するものであり

$$E = n_0 \varepsilon_0 + n_1 \varepsilon_1 + \cdots = \sum_i n_i \varepsilon_i \quad (20 \cdot 3)$$

で与えられる．N と同様に E は定数であるから

$$dE = \sum_i \varepsilon_i \, dn_i = 0 \quad (20 \cdot 4)$$

である．それぞれの ε_i は定数なので，$d\varepsilon_i = 0$ になることに注意しよう．

熱平衡においては，W という微視的状態をもつ最も確からしい分布があることを §4・7 で学んだ．しかしながら，W は非常に大きな数なので，W を調べるより $\ln W$ の最大値を求める方が数学的に楽である．そこで式 (4・29) の自然対数をとると

$$\ln W = \ln N! - \ln \prod_i n_i! = \ln N! - \sum_i \ln n_i! \quad (20 \cdot 5)$$

となる．この段階で "$\ln \prod_i n_i!$" を "$\sum_i \ln n_i!$" としたことに注意しよう．N が非常に大きな数であるということは，すべての n_i の値もまた大きいということを意味している．それゆえ，**スターリングの近似式** (Stirling's approximation) [スコットランド出身の数学者 James Stirling (1692～1770) にちなむ]

$$\ln x! = x \ln x - x \quad (20 \cdot 6)$$

を適用できて*，式 (20・5) は

$$\ln W = N \ln N - N - \sum_i (n_i \ln n_i - n_i) \quad (20 \cdot 7)$$

となる．$\ln W$ は最大値をもち，N は定数であるから

$$\left(\frac{\partial \ln W}{\partial n_i} \right) = 0 = -\sum_i \ln n_i$$

あるいは変形して下式となる．

$$d \ln W = -\sum_i \ln n_i \, dn_i = 0 \quad (20 \cdot 8)$$

式 (20・8) を解くために，**ラグランジュの未定乗数法** (Lagrange's method of undetermined multipliers) [フランスの数学者，Joseph Louis Lagrange (1736～1813) にちなむ] とよばれる数学的方法を用いる．すなわち束縛条件それぞれ [式 (20・2)，式 (20・4)] に定数を掛け，問題の方程式 [式 (20・8)] にそれらを加える．変数 (dn_i) はすべて独立であるとして扱い，計算の最後で定数を求める．この手順にそって，式 (20・2) に α を掛け，式 (20・4) に β を掛け，それらを式 (20・8) に加え，方程式

$$-\sum_i \ln n_i \, dn_i + \alpha \sum_i dn_i + \beta \sum_i \varepsilon_i \, dn_i = 0$$

---

* 関数電卓の多くに $x!$ のファンクションキーが付いている．$x=5$ と $x=50$ とで式 (20・6) を試してみよ．

あるいは

$$\sum_i (-\ln n_i + \alpha + \beta \varepsilon_i)\, dn_i = 0 \qquad (20 \cdot 9)$$

を得る．ここで，（α と β の妥当な値をとることによって）dn_i の値は独立に変わりうるので，$d \ln W = 0$ を満たす唯一の方法はそれぞれの i の値について

$$-\ln n_i + \alpha + \beta \varepsilon_i = 0 \qquad (20 \cdot 10)$$

を満足することである．変形して

$$\ln n_i = \alpha + \beta \varepsilon_i$$

すなわち

$$n_i = e^\alpha e^{\beta \varepsilon_i} \qquad (20 \cdot 11)$$

を得る．α の値を計算するために，最低のエネルギー準位 ε_0 を任意に 0 とおく．そうすると式 (20・11) は

$$n_0 = e^\alpha \qquad (20 \cdot 12)$$

となる．e^α はまさしく一つの数となり，それゆえ α は無次元の量となることがわかる．

β を計算するには，ボルツマンの式〔式 (4・30)〕から始める．式 (20・7) より

$$\begin{aligned} S &= k_B \ln W \\ &= k_B [N \ln N - N - \sum_i (n_i \ln n_i - n_i)] \end{aligned} \qquad (20 \cdot 13)$$

再び，式 (20・11) の対数表現を用いる．

$$\ln n_i = \alpha + \beta \varepsilon_i \qquad (20 \cdot 14)$$

式 (20・13) に式 (20・14) を代入すると

$$\begin{aligned} S &= k_B [N \ln N - \sum_i n_i (\alpha + \beta \varepsilon_i)] \\ &= k_B (N \ln N - \alpha N - \beta E) \end{aligned} \qquad (20 \cdot 15)$$

ここでエネルギー E は熱力学的な内部エネルギー U であるとみなす．先に任意に $\varepsilon_0 = 0$ とおいたから，E から U の値を求めるのに $E = U - U_0$ とする必要がある．ここで U_0 は絶対温度 0 における内部エネルギーである．式 (5・9) に従って

$$dU = T\, dS - P\, dV$$

であるから

$$\left(\frac{\partial U}{\partial S} \right)_V = T$$

よって

$$\left(\frac{\partial S}{\partial U} \right)_V = \frac{1}{T} \qquad (20 \cdot 16)$$

式 (20・15) より

$$\left(\frac{\partial S}{\partial E} \right)_V = -\beta k_B = \left(\frac{\partial S}{\partial U} \right)_V = \frac{1}{T}$$

となる*．それゆえ下式が得られる．

$$\beta = -\frac{1}{k_B T} \qquad (20 \cdot 17)$$

式 (20・17) と式 (20・12) を式 (20・11) に代入すると

$$n_i = n_0 e^{\beta \varepsilon_i} = n_0 e^{-\varepsilon_i/(k_B T)} \qquad (20 \cdot 18)$$

となり，全粒子数 N は

$$N = \sum_i n_i = n_0 \sum_i e^{-\varepsilon_i/(k_B T)} \qquad (20 \cdot 19)$$

のように表すことができる．式 (20・18) を式 (20・19) で割ると

$$\frac{n_i}{N} = \frac{e^{-\varepsilon_i/(k_B T)}}{\sum_i e^{-\varepsilon_i/(k_B T)}} \qquad (20 \cdot 20)$$

となる．これはボルツマン分布則の一つの書き方である．たとえば，エネルギー状態 2 と 1 にある粒子数（占有数）の比は

$$\frac{n_2}{n_1} = \frac{e^{-\varepsilon_2/(k_B T)}}{e^{-\varepsilon_1/(k_B T)}} = e^{-(\varepsilon_2 - \varepsilon_1)/(k_B T)} = e^{-\Delta \varepsilon/(k_B T)} \qquad (20 \cdot 21)$$

で与えられる．ここで $\Delta \varepsilon = \varepsilon_2 - \varepsilon_1$ である．式 (20・21) はボルツマン分布則のもう一つの書き方で，第 2 章〔式 (2・33) 参照〕で誘導した式と同じである．

式 (20・21) は縮退度を考慮せずに導かれた．実際にはいくつかの状態が同じエネルギーをもつということがしばしば起こる（p. 209 参照）．たとえば，もし g_i 個の状態が同じエネルギー ε_i をもつとすると，エネルギー準位は g_i 重に縮退していて，式 (20・18) は

$$n_i = n_0 g_i e^{-\varepsilon_i/(k_B T)} \qquad (20 \cdot 22)$$

となる．よってボルツマン分布則〔式 (20・21)〕は

$$\frac{n_2}{n_1} = \frac{g_2 e^{-\varepsilon_2/(k_B T)}}{g_1 e^{-\varepsilon_1/(k_B T)}} = \frac{g_2}{g_1} e^{-\Delta \varepsilon/(k_B T)} \qquad (20 \cdot 23)$$

の形になる．

20・2 分配関数

式 (20・19) の総和量は理論上重要であり，**分配関数**（partition function），q とよんで

$$q = \sum_i e^{-\varepsilon_i/(k_B T)} \qquad (20 \cdot 24)$$

で定義する．ここで ε_i は状態 i のエネルギーであり，総和はすべての状態にわたってとる．この定義から q は単に数であり単位をもたないことがわかる．上で述べたように，あるエネルギー準位に対応していくつかの状態があるかもしれないので，一般に

---

* U_0 は定数なので $dE = dU$ である．

$$q = \sum_i g_i\, e^{-\varepsilon_i/(k_B T)} \qquad (20\cdot 25)$$

と書く．ここで i はエネルギー準位の区別のための標示で，g_i はエネルギー準位の縮退度である．

分配関数[*1]は統計熱力学において基礎的で重要な役割を果たす．分配関数から，問題にしている温度の分子が熱的に到達できる状態の数が求まり，それを用いて各種の熱力学量を計算できる．式 (20・25) によると，絶対零度 ($T=0$) では，到達できるのは基底状態だけだから $q=g_0$ である．あるいは基底状態が非縮退であれば1である．$T\to\infty$ というもう一方の極限では，q は分子のもつ全状態数に近づき，それは一般的には無限大となる．

例題 20・1

ある系が 0, 2.00×10^{-21} J, 8.00×10^{-21} J に，それぞれ縮退度が 1, 3, 5 という三つのエネルギー準位をもっているとする．系の 300 K における分配関数を計算せよ．

解 まず，$k_B T$ の値を計算する．

$$k_B T = (1.381\times 10^{-23}\,\mathrm{J\,K^{-1}})(300\,\mathrm{K}) = 4.14\times 10^{-21}\,\mathrm{J}$$

系の分配関数は式 (20・25) で与えられる．

$$\begin{aligned}
q &= g_0 e^{-\varepsilon_0/(k_B T)} + g_1 e^{-\varepsilon_1/(k_B T)} + g_2 e^{-\varepsilon_2/(k_B T)} \\
&= 1 + 3\exp\!\left(\frac{-2.00\times 10^{-21}\,\mathrm{J}}{4.14\times 10^{-21}\,\mathrm{J}}\right) \\
&\quad + 5\exp\!\left(\frac{-8.00\times 10^{-21}\,\mathrm{J}}{4.14\times 10^{-21}\,\mathrm{J}}\right) \\
&= 1 + 3\times 0.617 + 5\times 0.145 = 3.58
\end{aligned}$$

分配関数の重要性は，原理的には分配関数から各種の熱力学関数を計算できるということにある．この点を説明するために，q を使って系のエネルギー E の表式を導いてみよう．分子当たりの平均エネルギーは

$$\frac{E}{N} = \frac{\sum_i n_i \varepsilon_i}{\sum_i n_i} \qquad (20\cdot 26)$$

で与えられる．あるいは

$$E = \frac{N\sum_i n_i \varepsilon_i}{\sum_i n_i}$$

とも書ける．上の方程式の右辺の分子，分母を n_0 (定数) で割り，式 (20・18) を用いると

$$\begin{aligned}
E &= \frac{N\sum_i n_i \varepsilon_i/n_0}{\sum_i n_i/n_0} = \frac{N\sum_i \varepsilon_i e^{-\varepsilon_i/(k_B T)}}{\sum_i e^{-\varepsilon_i/(k_B T)}} \\
&= \frac{N\sum_i \varepsilon_i e^{-\varepsilon_i/(k_B T)}}{q} \qquad (20\cdot 27)
\end{aligned}$$

を得る．式 (20・24) について，一定体積のもとで T に関する q の偏微分をとる[*2]．

[*1] 分配関数は熱力学と量子力学との橋渡しをする．
[*2] エネルギー E は体積の関数である．

$$\left(\frac{\partial q}{\partial T}\right)_V = \left[\frac{\partial\{\sum_i e^{-\varepsilon_i/(k_B T)}\}}{\partial T}\right]_V$$
$$= \frac{1}{k_B T^2}\sum_i \varepsilon_i e^{-\varepsilon_i/(k_B T)} \qquad (20\cdot 28)$$

変形すると，

$$\sum_i \varepsilon_i e^{-\varepsilon_i/(k_B T)} = k_B T^2 \left(\frac{\partial q}{\partial T}\right)_V \qquad (20\cdot 29)$$

であり，式 (20・29) を式 (20・27) に代入すると

$$E = \frac{N k_B T^2 (\partial q/\partial T)_V}{q} \qquad (20\cdot 30)$$

を得る．

$$\frac{(\partial q/\partial T)_V}{q} = \left(\frac{\partial \ln q}{\partial T}\right)_V$$

であるので，式 (20・30) は

$$E = N k_B T^2 \left(\frac{\partial \ln q}{\partial T}\right)_V \qquad (20\cdot 31)$$

と書ける．1 mol の気体においては，$k_B N_A = R$ なので，

$$\overline{E} = R T^2 \left(\frac{\partial \ln q}{\partial T}\right)_V \qquad (20\cdot 32)$$

になる．式 (20・32) は，ある温度 T での系のモルエネルギーを与える．

E の意味を理解するうえで，最低エネルギーを 0 ととった (すなわち $\varepsilon_0=0$) ことに注目しよう．$T=0$ では q は定数であり，温度に関するその微分は 0 である．すなわち $E=0$ である．ここで，系に一定体積の下で熱を加えて上の準位へ占有を起こさせる．エネルギーはしだいに増加する．しかし仕事はなされていない (体積は一定に保たれていることに注意しよう) ので，このエネルギーの増加は内部エネルギー U におけるものである．E は

$$E = U - U_0 \qquad (20\cdot 33)$$

のように書くことができる．ここで，U_0 は $T=0$ K での内部エネルギーである．式 (20・32) は

$$\overline{U} - \overline{U}_0 = R T^2 \left(\frac{\partial \ln q}{\partial T}\right)_V \qquad (20\cdot 34)$$

のように表すことができる．式 (20・34) は熱力学量 (U) と分配関数の間の関係を示しており，統計熱力学における多くの有益な結果の一つである．

20・3 分子分配関数

いかなる熱力学量を計算するうえでも，まず分子系の分配関数を求めねばならない．一分子に焦点を絞ると，その i 番目の状態のエネルギー，ε_i は各種の運動の総和で与えられる．

$$\varepsilon_i = (\varepsilon_i)_{\mathrm{trans}} + (\varepsilon_i)_{\mathrm{rot}} + (\varepsilon_i)_{\mathrm{vib}} + (\varepsilon_i)_{\mathrm{elec}} \qquad (20\cdot 35)$$

ここで，下つき文字はそれぞれ並進，回転，振動，電子の運動を意味する．並進を除いては，これらの運動は互いに完全に独立ではない．したがって，式(20・35)は単なる近似に過ぎないが，多くの場合申し分ない．式(20・35)を式(20・24)に代入すると，分子分配関数は

$$q = \sum \exp\left[\frac{-(\varepsilon_{trans} + \varepsilon_{rot} + \varepsilon_{vib} + \varepsilon_{elec})}{k_B T}\right]$$

$$= \sum \exp\left(-\frac{\varepsilon_{trans}}{k_B T}\right) \cdot \sum \exp\left(-\frac{\varepsilon_{rot}}{k_B T}\right) \cdot$$

$$\sum \exp\left(-\frac{\varepsilon_{vib}}{k_B T}\right) \cdot \sum \exp\left(-\frac{\varepsilon_{elec}}{k_B T}\right)$$

$$= q_{trans}\, q_{rot}\, q_{vib}\, q_{elec} \quad (20・36)$$

が得られる（簡単のために下つき文字 i を省いた）．このように，分子の分配関数は個々の分配関数の積になる．次のステップは q_{trans}, q_{rot}, q_{vib}, q_{elec} の式を導くことである．

並進分配関数

分子の並進エネルギーを計算するために，第10章で学んだ"箱の中の粒子"モデルを用いる．一次元の系では，粒子のエネルギーは式(10・50)から

$$E_n = \frac{n^2 h^2}{8mL^2} \quad n = 1, 2, 3, \cdots$$

となる．したがって，並進分配関数は

$$q_{trans} = \sum_{n=1}^{\infty} e^{[-(n^2 h^2)/(8mL^2 k_B T)]} \quad (20・37)$$

のように表すことができる．もし L が巨視的な大きさであるなら，並進エネルギーの準位は互いに非常に接近している（図 2・14 参照）．したがって，上式の総和を積分に置き換えることができて，

$$q_{trans} = \int_0^{\infty} e^{[-(n^2 h^2)/(8mL^2 k_B T)]} dn \quad (20・38)$$

式を簡単にするために次のように置き換えをする．

$$x^2 = \frac{n^2 h^2}{8mL^2 k_B T}$$

すなわち

$$x = \frac{nh}{(8mk_B T)^{1/2} L}$$

x を n について微分すると

$$\frac{(8mk_B T)^{1/2} L}{h} dx = dn$$

となる．よって式(20・38)は

$$q_{trans} = \frac{(8mk_B T)^{1/2} L}{h} \int_0^{\infty} e^{-x^2} dx \quad (20・39)$$

と書け，式(20・39)の定積分は $\sqrt{\pi}/2$ の値を与える*ので

---
* 訳注：ガウス積分という公式である．

$$q_{trans} = \frac{(2\pi m k_B T)^{1/2} L}{h} \quad (20・40)$$

となる．三次元の場合，並進分配関数は

$$q_{trans}^3 = \left[\frac{(2\pi m k_B T)^{1/2} L}{h}\right]^3 = \frac{(2\pi m k_B T)^{3/2} V}{h^3} \quad (20・41)$$

となる．ここで $V = L^3$ は箱の体積である．

例題 20・2

体積 1.00 m³ の容器中の 298 K のヘリウム原子の並進分配関数を計算せよ．

解 式(20・41)を用いる．用いる定数は，

$$m = 4.003\, u \times 1.661 \times 10^{-27}\, kg\, u^{-1}$$
$$= 6.649 \times 10^{-27}\, kg$$
$$k_B = 1.381 \times 10^{-23}\, J\, K^{-1}$$
$$T = 298\, K$$
$$h = 6.626 \times 10^{-34}\, J\, s$$

である．並進分配関数は

$$q_{trans}^3 = $$
$$\frac{[2\pi(6.649 \times 10^{-27}\, kg)(1.381 \times 10^{-23}\, J\, K^{-1})(298\, K)]^{3/2}}{(6.626 \times 10^{-34}\, J\, s)^3}$$
$$\times 1.00\, m^3$$
$$= 7.75 \times 10^{30}$$

である（換算因子 1 J = 1 kg m² s⁻² を用いた）．

コメント 分配関数が非常に大きいことから，熱的に到達できるエネルギー状態の数が大変多いことがわかる．この理由は，並進エネルギー準位が巨視的容器の中で非常に接近した間隔で存在するからである．

回転分配関数

§11・2 で，二原子分子の回転エネルギーに関する式を導いた〔式(11・43)〕．

$$E_{rot} = \frac{J(J+1) h^2}{8 \pi^2 I} \quad J = 0, 1, 2, \cdots$$

p.232 で指摘したように，それぞれの回転準位は $(2J+1)$ の縮退度をもっている．つまり，各準位には $(2J+1)$ 個の状態がある．縮退度を含んだ回転分配関数は

$$q_{rot} = \sum_{J=0}^{\infty} (2J+1)\, e^{[-J(J+1) h^2]/(8\pi^2 I k_B T)}$$

で与えられる．基底状態では $J=0$ であり，総和の最初の項は 1 になる．$J=1, 2, \cdots$ についてその後の項を含めていくと

$$q_{rot} = 1 + 3 e^{(-2h^2)/(8\pi^2 I k_B T)} + 5 e^{(-6h^2)/(8\pi^2 I k_B T)} + \cdots \quad (20・42)$$

となる．残念ながら，この数列は解析的に閉じた形では総和を書けない（既知の単純な演算や関数ですぐ計算できる状態にはない）．しかし，適度に重い原子を含む分子（すなわち比較的大きな慣性モーメント I をもつ分子）が比較的

高温にある場合には，総和は次式のような積分に置き換えられる[*1]．

$$q_{\text{rot}} = \int_0^\infty (2J+1)\, e^{[-J(J+1)h^2]/(8\pi^2 I k_B T)}\, dJ \quad (20\cdot 43)$$

上の積分は適当な置換をして，"Handbook of Chemistry and Physics"（p. 23 参照）に載っている標準的な積分を参考にすると計算できる．結果は

$$q_{\text{rot}} = \frac{8\pi^2 I k_B T}{h^2} \quad (20\cdot 44)$$

となる．対称性を考慮すると，式 (20・44) を次のように修正しなければならないことがわかる[*2]．

$$q_{\text{rot}} = \frac{8\pi^2 I k_B T}{\sigma h^2} \quad (20\cdot 45)$$

ここで，σ は**対称数**（symmetry number）とよばれ，分子の重心を通る軸周りに360°以下で回転させたとき生じる区別できない配向の数である．等核二原子分子，たとえば N≡N は二つの区別できない配向をもっており（180°と360°の回転），したがって $\sigma=2$ である．σ は分配関数に寄与する項の数をその割合だけ減らす．一方，Br−Cl は Cl−Br と区別できて（360°の回転のみ区別できない），$\sigma=1$ になる．

振動分配関数

二原子分子を調和振動子として取扱うと，振動エネルギーは

$$E_{\text{vib}} = \left(v + \frac{1}{2}\right) h\nu \quad v = 0, 1, 2, \cdots$$

のように表され［式 (11・54) 参照］，ゼロ点エネルギーは $\frac{1}{2}h\nu$ である．最低エネルギー準位を0とおくとより都合がよいので下式のように書き，

$$E_{\text{vib}} = \left(v + \frac{1}{2}\right) h\nu - \frac{1}{2} h\nu = v h\nu$$

E_{vib} は $v=0$ 準位から測った値とする．振動分配関数は

$$q_{\text{vib}} = \sum_{v=0}^\infty e^{(-v h\nu)/(k_B T)}$$
$$= 1 + e^{(-h\nu)/(k_B T)} + e^{(-2h\nu)/(k_B T)} + e^{(-3h\nu)/(k_B T)} + \cdots \quad (20\cdot 46)$$

で与えられ，式 (20・46) は下式の等比級数（付録 A 参照）として表される．

$$q_{\text{vib}} = 1 + x + x^2 + x^3 + \cdots$$

ただし，$x = e^{(-h\nu)/(k_B T)}$ とおいた．並進や回転の場合とは異なり，振動エネルギー準位間の間隔は室温では $k_B T$ に比べて普通大きい．すなわち，$(h\nu) > (k_B T)$ である．等比級

[*1] 例外は最も軽い原子である水素原子を含む二原子気体である．
[*2] 訳注：直線形分子は回転の自由度が2であり，回転分配関数は q_{rot}^2 と表すこともある．

数に関しては次の公式が適用できる．

$$1 + x + x^2 + x^3 + \cdots = \frac{1}{1-x} \quad |x| < 1$$

そこで式 (20・46) は

$$q_{\text{vib}} = \frac{1}{1 - e^{(-h\nu)/(k_B T)}} \quad (20\cdot 47)$$

となる．多原子分子のようにいくつかの振動モードがあるときには，それぞれが特有の ν の値をもつすべての q_{vib} の積をとらなければならない（問題 20・11 参照）．振動分配関数は室温では普通1に近い $[(h\nu)/(k_B T) > 1$ より$]$．このことは，熱的に到達できるのは基底状態だけであるということを示している．

> **例題 20・3**
>
> 基音（$v=1 \leftarrow 0$ 遷移）の振動数を $6.40 \times 10^{13}\, \text{s}^{-1}$ として，300 K と 3000 K での CO の q_{vib} を計算せよ．
>
> **解** まず，300 K での $(h\nu)/(k_B T)$ の値を計算する．
>
> $$\frac{h\nu}{k_B T} = \frac{(6.626 \times 10^{-34}\, \text{J s})(6.40 \times 10^{13}\, \text{s}^{-1})}{(1.381 \times 10^{-23}\, \text{J K}^{-1})(300\, \text{K})} = 10.24$$
>
> 式 (20・47) から
>
> $$q_{\text{vib}} = \frac{1}{1 - e^{-10.24}} = 1.000\,04$$
>
> 3000 K では
>
> $$\frac{h\nu}{k_B T} = \frac{(6.626 \times 10^{-34}\, \text{J s})(6.40 \times 10^{13}\, \text{s}^{-1})}{(1.381 \times 10^{-23}\, \text{J K}^{-1})(3000\, \text{K})} = 1.024$$
>
> であるので
>
> $$q_{\text{vib}} = \frac{1}{1 - e^{-1.024}} = 1.56$$
>
> **コメント** 300 K では q_{vib} は1に非常に近く，振動状態は基底状態しか得られない．3000 K に温度が上がると（分子は解離しないと仮定する），熱的にいくつかの高振動状態に到達できるようになり，q_{vib} は1より明らかに大きくなる．

電子分配関数

電子分配関数は

$$q_{\text{elec}} = \sum_i g_i\, e^{-\varepsilon_i/(k_B T)}$$
$$= g_0\, e^{-\varepsilon_0/(k_B T)} + g_1\, e^{-\varepsilon_1/(k_B T)} + g_2\, e^{-\varepsilon_2/(k_B T)} + \cdots \quad (20\cdot 48)$$

で与えられる．前述したように電子基底状態のエネルギーは0ととる．すなわち $\varepsilon_0 = 0$ なので，

$$q_{\text{elec}} = g_0 + g_1\, e^{-\varepsilon_1/(k_B T)} + g_2\, e^{-\varepsilon_2/(k_B T)} + \cdots \quad (20\cdot 49)$$

となる．電子基底状態と電子励起状態のエネルギー準位の間隔は，室温では普通非常に大きい（$\Delta\varepsilon \gg k_B T$）ので，式 (20・49) の第1項以後のすべての項は約5000 K の温度ま

では無視できる程度にしか q_elec に寄与しない．ほとんどの二原子分子では，電子基底状態は非縮退であり，$g_0=1$ である．重要な例外は O_2 であり，その基底状態は三重項[*1]で，$g_0=3$ である．

20・4　分配関数から求まる熱力学量

いろいろな分配関数について個別の式を誘導し，原子系，分子系の熱力学量を計算する準備ができた．本節では，内部エネルギー，熱容量，エントロピーに注目し，続く二つの節では化学平衡と化学反応速度論の遷移状態理論について議論する．

内部エネルギーと熱容量

二つの単純な系（単原子気体と二原子気体）を考え，その結果を §2・9 で得た結果と比較する．

単原子気体　回転運動も振動運動ももたない単原子気体のアルゴン (Ar) を考えよう．それゆえ，並進運動のみを考えればよく[*2]，q_trans に関する式 (20・41) を式 (20・34) に代入して，1 mol の気体について

$$(\overline{U}-\overline{U}_0)_\text{trans} = RT^2\left[\partial\left(\ln\frac{(2\pi m k_B T)^{3/2}V}{h^3}\right)\Big/\partial T\right]_V$$
$$= RT^2\left(\frac{3}{2}\frac{1}{T}\right) = \frac{3}{2}RT$$

を得る．定容モル熱容量，$\overline{C}_V$ は

$$\overline{C}_V = \left[\frac{\partial(\overline{U}-\overline{U}_0)}{\partial T}\right]_V = \frac{3}{2}R$$

のように与えられる［式 (2・32) 参照］．これはエネルギー等分配の法則から得られた結果と同じである．

二原子気体　窒素 (N_2) のような二原子気体については，並進，回転，振動運動による熱容量への寄与を調べねばならない．並進の寄与は原子系の場合と同じである．すなわち，

$$(\overline{C}_V)_\text{trans} = \frac{3}{2}R$$

回転については式 (20・45) を式 (20・34) に代入する．

$$(\overline{U}-\overline{U}_0)_\text{rot} = RT^2\left[\partial\ln\left(\frac{8\pi^2 I k_B T}{\sigma h^2}\right)\Big/\partial T\right]_V$$
$$= RT^2\left(\frac{1}{T}\right) = RT$$

であるから，

$$(\overline{C}_V)_\text{rot} = \left[\frac{\partial(\overline{U}-\overline{U}_0)}{\partial T}\right]_V = R$$

[*1] O_2 の縮退度は $(2S+1)$ で与えられ，$(2\times1+1)=3$ である．
[*2] アルゴンは一重項 ($g_0=1$) 基底状態をもつので，電子運動は熱容量には寄与しない．

となる．$\overline{C}_V$ への振動の寄与を計算するには，式 (20・47) から始める．

$$q_\text{vib} = \frac{1}{1-e^{(-h\nu)/(k_B T)}}$$

二つの極限の場合を考える．低温では，$(h\nu)/(k_B T)\gg 1$ で，$T\to 0$ の極限では $e^{(-h\nu)/(k_B T)}\to 0$ なので $q_\text{vib}=1$ となる．それゆえ，$(\overline{U}-\overline{U}_0)_\text{vib}=0$ となり［式 (20・34) で q_vib は定数であるから］，$(\overline{C}_V)_\text{vib}=0$ となる．予想される通り，室温以下では分子振動による熱容量への寄与はない．$(h\nu)/(k_B T)\ll 1$ となるような大きな T となるもう一つの極限では，$e^{(-h\nu)/(k_B T)}$ を次式のように展開できる（付録 A 参照）．

$$e^{(-h\nu)/(k_B T)} = 1 - \frac{h\nu}{k_B T} + \frac{1}{2}\left(-\frac{h\nu}{k_B T}\right)^2 + \cdots$$

$(h\nu/k_B T)^2$ およびそれより高次の項を無視すると，

$$q_\text{vib} = \frac{1}{1-[1-(h\nu)/(k_B T)]} = \frac{k_B T}{h\nu}$$

を得る．ここで再び式 (20・34) より

$$(\overline{U}-\overline{U}_0)_\text{vib} = RT^2\left[\partial\ln\left(\frac{k_B T}{h\nu}\right)\Big/\partial T\right]_V = RT$$

であり，

$$(\overline{C}_V)_\text{vib} = \left[\frac{\partial(\overline{U}-\overline{U}_0)}{\partial T}\right]_V = R$$

となる．これはエネルギー等分配の法則と一致している．

エントロピー

分配関数を使って系のエントロピーを表現するために，式 (20・15) から始める．$\beta=-1/(k_B T)$ であったから，

$$S = k_B(N\ln N - \alpha N - \beta E)$$
$$= k_B\left(N\ln N - \alpha N + \frac{E}{k_B T}\right) \quad (20\cdot 50)$$

となる．ここで α を表す式を見つける必要があり，式 (20・12) の自然対数をとると

$$\alpha = \ln n_0 \quad (20\cdot 51)$$

を得る．式 (20・19) から

$$n_0 = \frac{N}{\sum_i e^{-\varepsilon_i/(k_B T)}} = \frac{N}{q} \quad (20\cdot 52)$$

式 (20・52) を式 (20・51) に代入すると

$$\alpha = \ln N - \ln q \quad (20\cdot 53)$$

となる．この α についての表現を式 (20・50) に用いると，

$$S = k_B\left(N\ln N - N\ln N + N\ln q + \frac{E}{k_B T}\right)$$
$$= k_B \ln q^N + \frac{E}{T} = k_B \ln Q + \frac{E}{T} \quad (20\cdot 54)$$

と書ける．ここで，**カノニカル分配関数** (canonical partition function)*，Q は

$$Q = q^N \quad (20 \cdot 55)$$

で与えられる．このように N 個の粒子のカノニカル分配関数は個々の分子分配関数の積になる．これで式 (20・54) を単原子気体や二原子気体のモルエントロピーを計算するのに使うことができるようになった．

単原子気体 前述と同様，並進分配関数だけを考えればよい．しかし，式 (20・54) は，固体中のように N 個の独立で区別できる粒子に適用される．気体中では，分子やそれを構成する原子は局在化しておらず，したがって区別できない．このため，式 (20・55) は次式のように補正せねばならない（証明については p.453 の補遺 20・1 参照）．

$$Q = \frac{q^N}{N!} \quad (20 \cdot 56)$$

スターリングの近似式を $\ln N! = N \ln N - N \ln \mathrm{e}$ のように表現すると，$N! = (N/\mathrm{e})^N$ となり，式 (20・56) は

$$Q = \left(\frac{q\mathrm{e}}{N}\right)^N \quad (20 \cdot 57)$$

となる．式 (20・41) の $q_{\mathrm{trans}}{}^3$ を使えば

$$Q_{\mathrm{trans}} = \left[\frac{(2\pi m k_\mathrm{B} T)^{3/2} V \mathrm{e}}{N h^3}\right]^N \quad (20 \cdot 58)$$

と書けて，この式 (20・58) を式 (20・54) に代入すれば

$$S_{\mathrm{trans}} = k_\mathrm{B} N \ln\left[\frac{(2\pi m k_\mathrm{B} T)^{3/2} V \mathrm{e}}{N h^3}\right] + \frac{E_{\mathrm{trans}}}{T} \quad (20 \cdot 59)$$

を得る．式 (20・59) は，次のような手順を踏むことで，よりすっきりした形に書き換えることができる．第一に，1 mol の気体については $N = N_\mathrm{A}$ および $k_\mathrm{B} N_\mathrm{A} = R$ である．第二に，熱容量についての議論でみたように，$\overline{E}_{\mathrm{trans}} = (\overline{U} - \overline{U}_0)_{\mathrm{trans}} = \frac{3}{2} RT$ で，したがって，$\overline{E}_{\mathrm{trans}}/T = \frac{3}{2} R = R \ln \mathrm{e}^{3/2}$ と書ける．第三に，理想気体の振舞いを仮定して

$$PV = nRT = RT = k_\mathrm{B} N_\mathrm{A} T \quad (n = 1)$$

であるから，

$$\frac{V}{N_\mathrm{A}} = \frac{k_\mathrm{B} T}{P} \quad (20 \cdot 60)$$

となる．これらの置き換えをすべて取入れると，式 (20・59) は 1 mol 当たり，次式の形に書ける．

$$\overline{S}_{\mathrm{trans}} = R \ln\left[\frac{(2\pi m k_\mathrm{B} T)^{3/2}}{h^3} \frac{k_\mathrm{B} T}{P} \mathrm{e}^{5/2}\right] \quad (20 \cdot 61)$$

式 (20・61) は**サッカー・テトロードの式** (Sackur-Tetrode

---
* カノニカルは "canon（法律，規則）に従う" 意味〔訳注：カノニカル分配関数は，**カノニカル集合**（canonical ensemble，正準集合）をつくるあるエネルギー状態が出現する確率を表す式の分母として現れる〕．

equation)〔ドイツの物理化学者 Otto Sackur（1880～1914）とオランダの物理学者 Hugo Martin Tetrode（1895～1931）にちなむ〕とよばれる．実例として，1 bar, 298 K でのアルゴンのモルエントロピーを計算してみよう．定数は，

$m = 39.95 \,\mathrm{u} \times 1.661 \times 10^{-27} \,\mathrm{kg\,u^{-1}} = 6.636 \times 10^{-26} \,\mathrm{kg}$
$k_\mathrm{B} = 1.381 \times 10^{-23} \,\mathrm{J\,K^{-1}}$
$T = 298 \,\mathrm{K}$
$h = 6.626 \times 10^{-34} \,\mathrm{J\,s}$
$P = P° = 1 \,\mathrm{bar} = 10^5 \,\mathrm{N\,m^{-2}}$

である．便宜上，まず式 (20・61) の項を別々に計算する．

$$\frac{(2\pi m k_\mathrm{B} T)^{3/2}}{h^3} =$$
$$\frac{[2\pi (6.636 \times 10^{-26} \,\mathrm{kg})(1.381 \times 10^{-23} \,\mathrm{J\,K^{-1}})(298 \,\mathrm{K})]^{3/2}}{(6.626 \times 10^{-34} \,\mathrm{J\,s})^3}$$
$$= 2.44 \times 10^{32} \,\mathrm{m^{-3}}$$

$$\frac{k_\mathrm{B} T}{P} = \frac{(1.381 \times 10^{-23} \,\mathrm{J\,K^{-1}})(298 \,\mathrm{K})}{10^5 \,\mathrm{N\,m^{-2}}}$$
$$= 4.11 \times 10^{-26} \,\mathrm{m^3}$$

最終的に，モルエントロピーは

$$\overline{S}_{\mathrm{trans}} = (8.314 \,\mathrm{J\,K^{-1}\,mol^{-1}}) \cdot$$
$$\ln[(2.44 \times 10^{32} \,\mathrm{m^{-3}})(4.14 \times 10^{-26} \,\mathrm{m^3})\,\mathrm{e}^{5/2}]$$
$$= 154.8 \,\mathrm{J\,K^{-1}\,mol^{-1}}$$

のように与えられる．これは第三法則エントロピー（154.8 J K^{-1} mol^{-1}）と非常によく一致している．

同様に，1 bar, 298 K でのネオンのモルエントロピーは 146.3 J K^{-1} mol^{-1} であるとわかる．ネオンとアルゴンのエントロピーの値の差は次のように説明できる．箱の中の粒子モデルによると，エネルギー準位間の間隔は質量に反比例する〔式 (10・50) 参照〕．アルゴンはより重い気体なので，並進エネルギー準位の間隔はより詰まっていて，その結果，同じ温度でネオンと比べて大きな q_{trans} の値をもつのである．

二原子気体 例として窒素を取上げる．窒素のエントロピーには，並進，回転，振動の三つの寄与がある．サッカー・テトロードの式を N_2 について用いると，$\overline{S}_{\mathrm{trans}} = 150.4$ J K^{-1} mol^{-1} であることがわかる．

エントロピーへの回転の寄与について，式 (20・54) から始める．

$$S_{\mathrm{rot}} = k_\mathrm{B} \ln Q_{\mathrm{rot}} + \frac{E_{\mathrm{rot}}}{T}$$

分子の内部運動を扱っているので，並進の場合とは違い，ここでは Q_{rot} に補正因子 $N!$ が必要ないことに注意しよう．二原子分子は二つの回転自由度をもっているので，1 mol の気体について，$Q_{\mathrm{rot}} = q_{\mathrm{rot}}{}^{N_\mathrm{A}}$ および $\overline{E}_{\mathrm{rot}} = RT$ より

$$\overline{S}_{\mathrm{rot}} = R \ln q_{\mathrm{rot}} + R$$

となる．また，式 (20・45) から

$$q_{\text{rot}} = \frac{8\pi^2 I k_\text{B} T}{\sigma h^2}$$

である*．N_2 の結合長は 1.09 Å すなわち 1.09×10^{-10} m，N 原子の質量は 14.01 u $\times 1.661 \times 10^{-27}$ kg u^{-1} すなわち 2.327×10^{-26} kg で，式 (11・23) から N_2 の換算質量は

$$\mu = \frac{m_1 m_2}{m_1 + m_2} = \frac{m}{2} = \frac{2.327 \times 10^{-26} \text{ kg}}{2}$$
$$= 1.164 \times 10^{-26} \text{ kg}$$

だから，N_2 の慣性モーメントは

$$I = \mu r^2 = (1.164 \times 10^{-26} \text{ kg})(1.09 \times 10^{-10} \text{ m})^2$$
$$= 1.38 \times 10^{-46} \text{ kg m}^2$$

となる．したがって

$$q_{\text{rot}} = \frac{8\pi^2 (1.38 \times 10^{-46} \text{ kg m}^2)(1.381 \times 10^{-27} \text{ J K}^{-1})(298 \text{ K})}{(2)(6.626 \times 10^{-34} \text{ J s})^2}$$
$$= 51.1$$

等核二原子分子であるので $\sigma=2$ とすることに注意しよう．これで下式が得られる．

$$\overline{S}_{\text{rot}} = R \ln 51.1 + R = 41.0 \text{ J K}^{-1} \text{ mol}^{-1}$$

最後に，S_{vib} を求めよう．再び，式 (20・54) が必要である．まず式 (20・31) から

$$E = Nk_\text{B} T^2 \left(\frac{\partial \ln q}{\partial T}\right)_V$$

であることがわかる．1 mol の N_2 について式 (20・54) は

$$\overline{S}_{\text{vib}} = R \ln q_{\text{vib}} + RT \left(\frac{\partial \ln q_{\text{vib}}}{\partial T}\right)_V \quad (20 \cdot 62)$$

となる ($Q_{\text{vib}} = q_{\text{vib}}^{N_\text{A}}$ を用いる)．式 (20・47) から

$$q_{\text{vib}} = \frac{1}{1 - e^{(-h\nu)/(k_\text{B} T)}}$$

であるので

$$\ln q_{\text{vib}} = -\ln [1 - e^{(-h\nu)/(k_\text{B} T)}] \quad (20 \cdot 63)$$

であり，

$$\left(\frac{\partial \ln q_{\text{vib}}}{\partial T}\right)_V = \frac{h\nu}{k_\text{B} T^2} \frac{e^{(-h\nu)/(k_\text{B} T)}}{1 - e^{(-h\nu)/(k_\text{B} T)}}$$
$$= \frac{h\nu}{k_\text{B} T^2} \frac{1}{e^{(h\nu)/(k_\text{B} T)} - 1} \quad (20 \cdot 64)$$

式 (20・63) と式 (20・64) を式 (20・62) に代入すると

$$\overline{S}_{\text{vib}} = -R \ln [1 - e^{(-h\nu)/(k_\text{B} T)}]$$
$$+ R \frac{h\nu}{k_\text{B} T} \frac{1}{e^{(h\nu)/(k_\text{B} T)} - 1} \quad (20 \cdot 65)$$

---

* 直線形分子や二原子分子であれば，慣性モーメント I は 1 種類である〔訳注：回転の自由度は 2 であり，q_{rot}^2 と表すこともある〕．

を得る．N_2 の振動数は波数単位で 2360 cm^{-1} である．それゆえ，振動数は

$$\nu = c\tilde{\nu} = (3.00 \times 10^{10} \text{ cm s}^{-1})(2360 \text{ cm}^{-1})$$
$$= 7.08 \times 10^{13} \text{ s}^{-1}$$

したがって，

$$\frac{h\nu}{k_\text{B} T} = \frac{(6.626 \times 10^{-34} \text{ J s})(7.08 \times 10^{13} \text{ s}^{-1})}{(1.381 \times 10^{-23} \text{ J K}^{-1})(298 \text{ K})} = 11.4$$

である．式 (20・65) の $(h\nu)/(k_\text{B} T)$ に 11.4 を使うと，$1 - e^{(-h\nu)/(k_\text{B} T)} \approx 1$ であることがわかるので，式 (20・65) の右辺第 1 項は 0 になり第 2 項はおよそ 1×10^{-3} J K^{-1} mol^{-1} である．このように振動運動は 298 K でのエントロピーにほんの少しの寄与しかしない．

N_2 の全モルエントロピーはすべての寄与の和で与えられる．すなわち

$$\overline{S} = \overline{S}_{\text{trans}} + \overline{S}_{\text{rot}} + \overline{S}_{\text{vib}}$$
$$= 150.4 \text{ J K}^{-1} \text{ mol}^{-1} + 41.0 \text{ J K}^{-1} \text{ mol}^{-1}$$
$$+ 1 \times 10^{-3} \text{ J K}^{-1} \text{ mol}^{-1}$$
$$= 191.4 \text{ J K}^{-1} \text{ mol}^{-1}$$

これは第三法則エントロピー (191.6 J K^{-1} mol^{-1}) とよく合う．わずかのずれは理論の不適切さよりむしろ丸め誤差によるものである．

20・5 化 学 平 衡

本節では，分配関数を使って熱力学平衡定数についての式を求め，簡単な例をあげて式の利用を説明する．

A と B との間の平衡を考える．そのエネルギー準位を図 20・1 に示す．

$$A \rightleftharpoons B$$

A あるいは B の i 番目の状態にある分子の数は

$$n_i = n_0 \, e^{-\varepsilon_i/(k_\text{B} T)}$$

で与えられる〔式 (20・18) 参照〕．到達できるのが最低準位だけなら平衡定数は

$$K = \frac{n_\text{B}}{n_\text{A}} = e^{-\Delta\varepsilon_0/(k_\text{B} T)} \quad (20 \cdot 66)$$

で与えられる．ここで，$\Delta\varepsilon_0$ は図 20・1 に示されているように，最低準位間のエネルギー差である．普通に見られることなのだが，他の (より上の) 準位にも分布できるなら，平衡定数は分配関数を使って次式のように表すべきである．

$$K = \frac{q_\text{B}}{q_\text{A}} e^{-\Delta\varepsilon_0/(k_\text{B} T)} \quad (20 \cdot 67)$$

図 20・1 から平衡定数に影響する因子に関する洞察を得ることができる．図に示すように反応 A→B は吸熱的で

あるが，ただし，B ではエネルギー準位の間隔がより詰まっている．$\Delta_r G° = -RT \ln K$ と $\Delta_r G° = \Delta_r H° - T\Delta_r S°$ から

$$K = e^{-\Delta_r H°/(RT)} e^{\Delta_r S°/R}$$

であることがわかる．正の $\Delta_r H°$ の値（吸熱的）は平衡定数を小さくするが，間隔の詰まったエネルギー準位がもたらす大きな正の $\Delta_r S°$ の値は，平衡において B を有利にする．

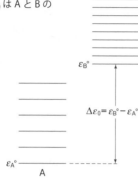

図 20・1 化学平衡における二つの化学種 A と B のエネルギー準位．$\Delta\varepsilon_0$ は A と B の最低エネルギー間の差である．

ここで次式の気体の平衡系を考えてみよう．

$$a\,\mathrm{A(g)} \rightleftharpoons b\,\mathrm{B(g)}$$

式 (8・7) と式 (8・8) から

$$\Delta_r G° = -RT \ln K_P \qquad K_P = \frac{(P_B/1\,\mathrm{bar})^b}{(P_A/1\,\mathrm{bar})^a}$$

ここで

$$\Delta_r G° = b\,G_B° - a\,G_A°$$

次の目標は，分配関数を使って $\Delta_r G°$（したがって K_P）の式を導くことである．式 (20・54) から出発する．

$$S = k_B \ln Q + \frac{E}{T} = k_B \ln Q + \frac{U - U_0}{T} \quad (20\cdot68)$$

ヘルムホルツエネルギーの定義 [式 (5・4)] と式 (20・68) とから

$$A = U - TS = U_0 - k_B T \ln Q$$

すなわち

$$A - U_0 = -k_B T \ln Q \quad (20\cdot69)$$

式 (20・69) は，絶対温度 0 では $A_0 = U_0$ であることを示している．ギブズエネルギーの定義 ($G = H - TS$)，エンタルピーの定義 ($H = U + PV$)，ヘルムホルツエネルギーの定義 ($A = U - TS$)，式 (20・69) から，理想気体の振舞いを仮定すれば，すぐに，

$$\begin{aligned} G &= A + PV \\ &= A + Nk_B T \\ &= U_0 - k_B T \ln Q + Nk_B T \end{aligned} \quad (20\cdot70)$$

であることがわかる ($nN_A = N$ および $Nk_B = nR$ の関係を用いた)．気相中の区別できない分子については，Q は式 (20・56) で与えられ，

$$Q = \frac{q^N}{N!}$$

スターリングの近似式 [式 (20・6)] を適用すると，式 (20・70) は下式のように書ける．

$$\begin{aligned} G &= U_0 - k_B T [N \ln q - \ln N!] + Nk_B T \\ &= U_0 - k_B T [N \ln q - N \ln N + N] + Nk_B T \\ &= U_0 - Nk_B T \ln \frac{q}{N} \end{aligned} \quad (20\cdot71)$$

標準状態の条件下，1 mol 当たりの量 ($N = N_A$) については

$$\overline{G}° = \overline{U}_0° - RT \ln \frac{q}{N_A} \quad (20\cdot72)$$

である．式 (20・72) において N_A は 6.022×10^{23}（単位なし）であることに注意しよう*．標準反応ギブズエネルギーは

$$\begin{aligned} \Delta_r G° &= b\overline{G}_B° - a\overline{G}_A° \\ &= b\overline{U}_{0,B}° - a\overline{U}_{0,A}° - RT \ln \frac{(q_B/N_A)^b}{(q_A/N_A)^a} \\ &= \Delta U_0° - RT \ln \frac{(q_B/N_A)^b}{(q_A/N_A)^a} \\ &= -RT \ln \left[\frac{q_B^b}{q_A^a} N_A^{-\Delta n} e^{-\Delta U_0°/(RT)} \right] \end{aligned} \quad (20\cdot73)$$

のように書けて，ここで，$\Delta U_0° = b\overline{U}_{0,B}° - a\overline{U}_{0,A}°$ および $\Delta n = b - a$ である．式 (20・73) を式 (8・7) と比較して次式が得られる．

$$K_P = \frac{q_B^b}{q_A^a} N_A^{-\Delta n} e^{-\Delta U_0°/(RT)} \quad (20\cdot74)$$

さてここで，式 (20・74) を 1000 K における次式の平衡系に適用しよう．

$$\mathrm{Na_2(g)} \rightleftharpoons 2\,\mathrm{Na(g)}$$

平衡定数を計算するために，式 (20・74) を便宜上三つの項に分ける．

<u>項 1: q_B^b/q_A^a</u>　　ナトリウム原子の分配関数は並進と電子の寄与の積である．

$$q_{\mathrm{Na}} = q_{\mathrm{trans}}^3\, q_{\mathrm{elec}}$$

理想気体の振舞いを仮定して並進の分配関数は

---

* mol^{-1} の単位をもつアボガドロ定数 N_A を，ここではアボガドロ数（単位なし）として使用した．

$$q_{\text{trans}}^3 = \frac{(2\pi m k_B T)^{3/2} V}{h^3}$$
$$= \frac{(2\pi m k_B T)^{3/2} (RT/P)}{h^3}$$

$(V = nRT/P,\ 1\,\text{mol では}\ V = RT/P)$

で与えられる．定数,

$m = 22.99\,\text{u} \times 1.661 \times 10^{-27}\,\text{kg}\,\text{u}^{-1} = 3.819 \times 10^{-26}\,\text{kg}$
$k_B = 1.381 \times 10^{-23}\,\text{J}\,\text{K}^{-1}$
$T = 1000\,\text{K}$
$R = 8.314\,\text{J}\,\text{K}^{-1}\,\text{mol}^{-1}$
$h = 6.626 \times 10^{-34}\,\text{J s}$
$P = P° = 1\,\text{bar} = 10^5\,\text{N m}^{-2}$

を使うと

$$q_{\text{trans}}^3 = 5.542 \times 10^{31}$$

が得られる．ナトリウム原子は 3s 軌道に 1 個の不対電子をもっている．したがって，二重項 $(S=\tfrac{1}{2})$ であり，$q_{\text{elec}} = g_0 = (2S+1) = 2$ である．ナトリウム原子の分配関数は下式となる．

$$q_{\text{Na}} = (5.542 \times 10^{31}) \times 2 = 1.090 \times 10^{32}$$

Na_2 の分子分配関数は

$$q_{\text{Na}_2} = q_{\text{trans}}^3\, q_{\text{rot}}\, q_{\text{vib}}\, q_{\text{elec}}$$

である．並進の分配関数を計算する上で，Na に関する定数を使い，$m = m_{\text{Na}_2} = 2\,m_{\text{Na}} = 2 \times 3.819 \times 10^{-26}\,\text{kg} = 7.638 \times 10^{-26}\,\text{kg}$ とおく．結果として下式が得られる．

$$q_{\text{trans}}^3 = 1.542 \times 10^{32}$$

回転分配関数は，式 (20・45) によって

$$q_{\text{rot}} = \frac{8\pi^2 I k_B T}{\sigma h^2}$$

で与えられる．Na_2 の換算質量は $m_{\text{Na}}/2$ で $1.91 \times 10^{-26}\,\text{kg}$，結合長は 3.078 Å つまり $3.078 \times 10^{-10}\,\text{m}$ なので，慣性モーメントは $1.81 \times 10^{-45}\,\text{kg m}^2$ となる [式 (11・23) 参照]．それゆえ

$$q_{\text{rot}} = \frac{8\pi^2 (1.81 \times 10^{-45}\,\text{kg m}^2)(1.381 \times 10^{-23}\,\text{J K}^{-1})(1000\,\text{K})}{(2)(6.626 \times 10^{-34}\,\text{J s})^2}$$
$$\times \frac{\text{J}}{\text{kg m}^2\,\text{s}^{-2}}$$
$$= 2248$$

である．Na_2 は等核二原子分子なので $\sigma = 2$ とすることに注意しよう．

振動分配関数について，Na_2 の振動数として $159.1\,\text{cm}^{-1}$ を使う．まず，$(h\nu)/(k_B T)$ を計算する．

$$\frac{h\nu}{k_B T} = \frac{hc\tilde{\nu}}{k_B T}$$
$$= \frac{(6.626 \times 10^{-34}\,\text{J s})(3.00 \times 10^{10}\,\text{cm s}^{-1})(159.1\,\text{cm}^{-1})}{(1.381 \times 10^{-23}\,\text{J K}^{-1})(1000\,\text{K})}$$
$$= 0.229$$

式 (20・47) から

$$q_{\text{vib}} = \frac{1}{1 - e^{(-h\nu)/(k_B T)}} = \frac{1}{1 - e^{-0.229}} = 4.89$$

Na_2 の基底状態は一重項 ($S=0$) であるから，$q_{\text{elec}} = g_0 = (2S+1) = 1$ である．

最終的に，次式を得る．

$$\frac{q_{\text{Na}}^2}{q_{\text{Na}_2}} = \frac{(1.090 \times 10^{32})^2}{(1.542 \times 10^{32})(2248)(4.89)(1)} = 7.01 \times 10^{27}$$

項 2： $N_A^{-\Delta n}$

$$\Delta n = 2 - 1 = 1$$

であるから下式のようになる．

$$N_A^{-\Delta n} = (6.022 \times 10^{23})^{-1} = 1.661 \times 10^{-24}$$

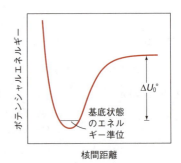

図 20・2　$\Delta U_0°$ は Na_2 の結合解離エネルギーに等しい．

項 3： $e^{-\Delta U_0°/(RT)}$　　$\Delta U_0°$ は，Na 2 原子分と Na_2 分子の最低エネルギー間の差であり，ちょうど Na_2 の解離エネルギーに当たる (図 20・2)．実験的に，この値は 70.4 kJ mol^{-1} であることがわかっている．それゆえ，

$$e^{-\Delta U_0°/(RT)} = \exp\left[-\frac{70.4 \times 1000\,\text{J mol}^{-1}}{(8.314\,\text{J K}^{-1}\,\text{mol}^{-1})(1000\,\text{K})}\right]$$
$$= 2.10 \times 10^{-4}$$

ここで，項 1, 2, 3 を組合わせ，式 (20・74) を使って 1000 K での K_P の値を計算する．

$$K_P = (7.01 \times 10^{27})(1.661 \times 10^{-24})(2.10 \times 10^{-4}) = 2.45$$

これは実験的に測定された平衡定数とよく合っている．K_P は無次元の値であることに注意しよう．

20・6 遷移状態理論

本章の最終節では，前節の結果を使い速度定数 k の式を導く．§15・7 で最初に紹介した反応についてまず考える．

$$A + B \rightleftharpoons X^\ddagger \xrightarrow{k} C + D$$

平衡定数は A, B の濃度に対する活性錯合体の濃度の比であり，式 (20・67) に従って，下式のように書くことができる．

$$K^\ddagger = \frac{[X^\ddagger]}{[A][B]} = \frac{q^\ddagger}{q_A q_B} e^{-\Delta E_0/(RT)} \quad (20 \cdot 75)$$

ここで ΔE_0 は活性錯合体と反応物との間の 1 mol 当たりのゼロ点エネルギーの差である．式 (20・75) を変形すると次式が得られる．

$$[X^\ddagger] = [A][B] \frac{q^\ddagger}{q_A q_B} e^{-\Delta E_0/(RT)} \quad (20 \cdot 76)$$

$q^\ddagger$ は活性錯合体の分配関数であることに注意しよう．もし分子 A が N_A 個の原子からなり，分子 B が N_B 個の原子からなっているとすると，活性錯合体は $(N_A + N_B)$ 個の原子からなることになる．活性錯合体が非直線構造であると仮定すると，活性錯合体は三つの並進自由度，三つの回転自由度，および $[3(N_A+N_B)-6]$ 個の振動自由度をもつことになる．これらの振動モードのうち一つは異なる性格をもつ．なぜなら，それは活性錯合体を分解して生成物を生じる運動に対応しているからで，それゆえ，そのような運動は $(h\nu)/(k_B T) \ll 1$ となるような緩やかな振動である．p. 446 の手順に従うと，この振動モードの分配関数は $(k_B T)/(h\nu)$ で与えられることがわかる[*1]．活性錯合体の分配関数は

$$q^\ddagger = q_\ddagger \frac{k_B T}{h\nu} \quad (20 \cdot 77)$$

のように書くことができて，$q_\ddagger$ は振動分配関数の残りの積である．そこで式 (20・76) は下式のようになる．

$$[X^\ddagger] = [A][B] \frac{k_B T}{h\nu} \frac{q_\ddagger}{q_A q_B} e^{-\Delta E_0/(RT)} \quad (20 \cdot 78)$$

反応速度は $[X^\ddagger]$ の時間変化で，$\nu [X^\ddagger]$ と書ける (p. 351 参照) から，

$$反応速度 = \nu [X^\ddagger] = [A][B] \frac{k_B T}{h} \frac{q_\ddagger}{q_A q_B} e^{-\Delta E_0/(RT)}$$

となる．また，速度定数 k は，反応速度 $=k[A][B]$ で定義され

$$k = \frac{k_B T}{h} \frac{q_\ddagger}{q_A q_B} e^{-\Delta E_0/(RT)} \quad (20 \cdot 79)$$

で与えられる．因子

$$\frac{q_\ddagger}{q_A q_B} e^{-\Delta E_0/(RT)}$$

は，式 (20・75) に現れる活性錯合体と反応物との間の平衡定数 ($K^\ddagger$) を表す因子に似ていることに注意しよう．違いは，$q_\ddagger$ においては活性錯合体の分解に対する寄与は除かれていることで，式 (20・75) の平衡定数は活性錯合体の完全な分配関数を含んでいる．ここで，$q^\ddagger$ でなく $q_\ddagger$ を用いて修正した平衡定数を下式のように定義する．

$$K^\ddagger = \frac{q_\ddagger}{q_A q_B} e^{-\Delta E_0/(RT)} \quad (20 \cdot 80)$$

すると式 (20・79) は

$$k = \frac{k_B T}{h} K^\ddagger \quad (20 \cdot 81)$$

のようになる．この式をもって，p. 351 で概略を述べた遷移状態理論の熱力学的表現の説明に到達できたことになる．

衝突理論と遷移状態理論との比較

第 15 章において，反応物が原子の場合，衝突理論は反応速度をかなりよく予測すると述べた．しかし，分子の場合重大なずれがみられる．遷移状態理論に関して分配関数を適用すると，このずれの原因を理解できる．二つの場合を以下で考える．

　ケース 1: 原子同士の反応　　原子 A と B との間の反応を考える．

$$A + B \rightleftharpoons X^\ddagger \longrightarrow 生成物$$

それぞれの原子は三つの並進自由度をもっている．活性錯合体は三つの並進自由度，二つの回転自由度をもっている[*2]．通常の二原子分子は一つの振動自由度をもっているが，活性錯合体では，この振動モードは分解に対応しており，それゆえ対応する分配関数は除かれる．こうして，活性錯合体の分配関数は

$$q_\ddagger = q_{\text{trans}}{}^3 q_{\text{rot}}$$
$$= \frac{[2\pi (m_A + m_B) k_B T]^{3/2}}{h^3} \left(\frac{8\pi^2 I k_B T}{h^2} \right)$$

となる．ここで m_A と m_B は原子 A と B の質量，I は活性錯合体の慣性モーメントで，μ を換算質量 $[m_A m_B /(m_A + m_B)]$，d_{AB} を結合長として慣性モーメントは $\mu d_{AB}{}^2$ である．A と B の並進分配関数は

$$q_A = \frac{(2\pi m_A k_B T)^{3/2}}{h^3} \quad および \quad q_B = \frac{(2\pi m_B k_B T)^{3/2}}{h^3}$$

である[*3]．式 (20・79) に従うと，速度定数は

[*1] 訳注: p. 446 の右段の q_{vib} を参照．

[*2] 回転の自由度は 2 であり，$q_{\text{rot}}{}^2$ と表すこともある．

[*3] すべての並進分配関数は単位体積当たりの単位 [m^{-3}] にしてある．

$$k_{原子} = \frac{k_B T}{h} \frac{q_\ddagger}{q_A q_B} e^{-\Delta E_0/(RT)}$$

$$= \frac{k_B T}{h} \left\{ \frac{[2\pi(m_A+m_B)k_B T]^{3/2}}{h^3} \frac{8\pi^2 \mu d_{AB}^2 k_B T}{h^2} \right\} \Big/$$

$$\left\{ \frac{(2\pi m_A k_B T)^{3/2}}{h^3} \frac{(2\pi m_B k_B T)^{3/2}}{h^3} \right\} \times e^{-\Delta E_0/(RT)}$$

で与えられる.$k_{原子}$は原子の速度定数である.項を約分,並べ換えして式を整理すると

$$k_{原子} = d_{AB}^2 \sqrt{\frac{8\pi k_B T}{\mu}} e^{-\Delta E_0/(RT)} \quad (20 \cdot 82)$$

となることがわかる.式(20・82)は衝突理論から導かれた式(15・43)とまったく同じである($\Delta E_0 = E_a$ とする).したがって,原子に対してはどちらの理論も同じ結果を予測する.

ケース2: 分子同士の反応　反応物AとBがそれぞれN_A個とN_B個の原子を含む非直線形分子であるという,より複雑な状況を考える.

$$A + B \rightleftarrows X^\ddagger \longrightarrow 生成物$$

それぞれの分子は三つの並進自由度,三つの回転自由度,$(3N_A-6)$個と$(3N_B-6)$個の振動自由度をもっている.活性錯合体は(N_A+N_B)個の原子を含んでいる.通常の分子であれば$[3(N_A+N_B)-6]$個の振動自由度をもっているが活性錯合体では,これらの振動モードのうち一つは錯体の分解に対応しており,$[3(N_A+N_B)-7]$個の振動自由度が分配関数に含まれる.よって活性錯合体の分配関数は[*1]

$$q_\ddagger = q_{trans}^3 q_{rot}^3 q_{vib}^{3(N_A+N_B)-7}$$

式(20・79)から分子の速度定数$k_{分子}$は

$$k_{分子} = \frac{k_B T}{h} \frac{q_{trans}^3 q_{rot}^3 q_{vib}^{3(N_A+N_B)-7}}{q_{trans}^3 q_{rot}^3 q_{vib}^{3N_A-6} q_{trans}^3 q_{rot}^3 q_{vib}^{3N_B-6}} e^{-\Delta E_0/(RT)} \quad (20 \cdot 83)$$

―――――――――――――
[*1] 非直線形の多原子分子には三つの慣性モーメントがある.

のように書ける.複雑な計算を避けるために反応物と活性錯合体との間ですべての並進,回転,振動の自由度は等しいと仮定すると,式(20・83)は下式のように簡単になる.

$$k_{分子} = \frac{k_B T}{h} \frac{q_{vib}^5}{q_{trans}^3 q_{rot}^3} e^{-\Delta E_0/(RT)} \quad (20 \cdot 84)$$

反応物が原子である場合は,ケース1についてと同様の式を得ることができる.分配関数

$$q_A = q_{trans}^3 \quad q_B = q_{trans}^3 \quad q_\ddagger = q_{trans}^3 q_{rot}$$

と式(20・79)とから,速度定数は

$$k_{原子} \approx \frac{k_B T}{h} \frac{q_{trans}^3 q_{rot}}{q_{trans}^3 q_{trans}^3} e^{-\Delta E_0/(RT)} \quad (20 \cdot 85)$$

で与えられる.再び,活性錯合体と原子との間で並進の自由度は等しいと仮定すると

$$k_{原子} \approx \frac{k_B T}{h} \frac{q_{rot}}{q_{trans}^3} e^{-\Delta E_0/(RT)} \quad (20 \cdot 86)$$

と書ける.

ケース1と2の速度定数を比較するために,式(20・84)を式(20・86)で割る[*2].

$$\frac{k_{分子}}{k_{原子}} \approx \frac{q_{vib}^5/(q_{trans}^3 q_{rot}^3)}{q_{rot}/q_{trans}^3} \approx \frac{q_{vib}^5}{q_{rot}^4} \quad (20 \cdot 87)$$

300 K近辺の見積もりとして,q_{vib}は通常1に近く,一方でq_{rot}は10～100の間にあるということがわかっている.したがって,式(20・87)から,分子の速度定数は原子の速度定数に比べ10^{-4}～10^{-8}ほど小さいことが予想される.この差は実験による観測値に合っている.それに対して,衝突理論は原子も分子も剛体球として扱っているので,分子の速度定数と原子の速度定数が同程度であると誤って予測してしまうのである(p. 350参照).統計熱力学は分子と原子の速度定数の違いを立体因子を用いずに説明できることがわかる.

―――――――――――――
[*2] ここでも,原子と分子の両方のΔE_0がほぼ同等の大きさであると仮定した.

重要な式

$\ln x! = x \ln x - x$	スターリングの近似式	式(20・6)
$\dfrac{n_2}{n_1} = \dfrac{g_2}{g_1} e^{-\Delta \varepsilon/(k_B T)}$	ボルツマン分布則	式(20・23)
$q = \sum_i g_i e^{-\varepsilon_i/(k_B T)}$	分配関数	式(20・25)
$\overline{U} - \overline{U}_0 = RT^2 \left(\dfrac{\partial \ln q}{\partial T}\right)_V$	モル内部エネルギー	式(20・34)
$q_{trans}^3 = \dfrac{(2\pi m k_B T)^{3/2} V}{h^3}$	三次元の並進分配関数	式(20・41)

$q_{\text{rot}} = \dfrac{8\pi^2 I k_B T}{\sigma h^2}$	回転分配関数（二原子分子・直線形分子）	式 (20・45)
$q_{\text{vib}} = \dfrac{1}{1 - e^{(-h\nu)/(k_B T)}}$	振動分配関数	式 (20・47)
$q_{\text{elec}} = g_0 + g_1 e^{-\varepsilon_1/(k_B T)} + g_2 e^{-\varepsilon_2/(k_B T)} + \cdots$	電子分配関数	式 (20・49)
$Q = q^N$	カノニカル分配関数：区別できる分子	式 (20・55)
$Q = \dfrac{q^N}{N!}$	カノニカル分配関数：区別できない分子	式 (20・56)
$\overline{S}_{\text{trans}} = R \ln \left[\dfrac{(2\pi m k_B T)^{3/2}}{h^3} \dfrac{k_B T}{P} e^{5/2} \right]$	サッカー・テトロードの式	式 (20・61)
$K_P = \dfrac{q_B{}^b}{q_A{}^a} N_A{}^{-\Delta n} e^{-\Delta U_0^\circ/(RT)}$	平衡定数	式 (20・74)
$k = \dfrac{k_B T}{h} \dfrac{q_\ddagger}{q_A q_B} e^{-\Delta E_0/(RT)}$	速度定数	式 (20・79)

補遺 20・1　区別できない分子について $Q=q^N/N!$ となることの証明

　まず，容器内にエネルギー a, b, c をもった三つの同一の分子が存在する状況を考えよう．これらの分子の位置は 1, 2, 3 と標識された三つの箱で示すことで互いに区別できると仮定する（図 20・3）．これらの箱は固体中の格子点とみなすことができ，それぞれの配置はある一つの分布に当たる．この三つの箱に分子を分布させるやり方は 3! すなわち 6 通りある．四つの分子では，可能な分布の数は 4! すなわち 24 になり，N 個の分子では $N!$ 個の分布になる．
　気相中では状況は異なる．分子は局在化していないので，どの分子にとってもすべての場所を占めることが可能になる．それゆえ，N 個の粒子に対してたった一つの分布しかなく，カノニカル分配関数 (Q) は分布の数を過大に評価しないよう $N!$ で割らなければならない．結果は次式のようにまとめられる．

$$Q = q^N \quad （区別できる分子）$$
$$Q = \dfrac{q^N}{N!} \quad （区別できない分子）$$

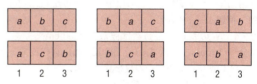

図 20・3　三つの箱に a, b, c のエネルギーをもった三つの分子を分配する 6 通りの方法

参考文献

書籍

E. A. Guggenheim, "Boltzmann's Distribution Law," Interscience, New York (1959).

A. Maczek, "Statistical Thermodynamics," Oxford University Press, New York (1998).

L. K. Nash, "Elements of Statistical Thermodynamics," Addison-Wesley, Inc., Reading, MA (1968).

B. Widom, "Statistical Mechanics: A Concise Introduction for Chemists," Cambridge University Press, New York (2002).

論文

J. Braunstein, 'States, Indistinguishability, and the Formula $S=k \ln W$ in Thermodynamics,' *J. Chem. Educ.*, **46**, 719 (1969).

V. A. Bloomfield, 'Applications of Statistical Mechanics in Molecular Biology,' *J. Chem. Educ.*, **49**, 462 (1969).

G. C. Lie, 'Boltzmann Distribution and Boltzmann Hypotheses,' *J. Chem. Educ.*, **58**, 603 (1981).

L. K. Nash, 'On the Boltzmann Distribution Law,' *J. Chem. Educ.*, **59**, 824 (1982).

I. F. Silvera, J. Walraven, 'The Stabilization of Atomic Hydrogen,' *Sci. Am.*, January (1982).

E. J. O'Reilly, 'The Crystal and Gas Partition Functions and the Indistinguishability of Molecules,' *J. Chem. Educ.*, **60**, 216 (1983).

P. G. Nelson, 'Derivation of the Second Law of Thermodynamics from Boltzmann's Distribution Law,' *J. Chem. Educ.*, **65**, 390 (1988).

P. G. Nelson, 'Statistical Mechanical Interpretation of

Entropy,' *J. Chem. Educ.*, **71**, 103 (1994).

K. Gardner, E. Croker, S. Basu-Dutt, 'A Statistical Mechanical Analysis of Energy and Entropy,' *Chem. Educator* [Online], **8**, 70 (2003). DOI: 10.1333/s00897030648a.

E. I. Kozliak, 'Introduction of Entropy via the Boltzmann Distribution in Undergraduate Physical Chemistry: A Molecular Approach,' *J. Chem. Educ.*, **81**, 1595 (2004).

M. M. Francl, 'An Introduction to Statistical Mechanics,' *J. Chem. Educ.*, **82**, 867 (2005).

E. I. Kozliak, 'Consistent Application of the Boltzmann Distribution to Residual Entropy in Crystals,' *J. Chem. Educ.*, **84**, 493 (2007).

L. Eno, 'Deriving the Boltzmann Energy Distribution: An Alternate Approach,' *Chem. Educator* [Online], **12**, 215 (2007). DOI: 10.1333/s0089707204a.

D. C. Ellis, F. B. Ellis, 'An Experimental Approach to Teaching and Learning Elementary Statistical Mechanics,' *J. Chem. Educ.*, **85**, 78 (2008).

E. I. Kozliak, 'Overcoming Misconceptions about Configurational Entropy in Condensed Phases,' *J. Chem. Educ.*, **86**, 1063 (2009).

R. W. Kugel, P. A. Weiner, 'Energy Distributions in Small Populations: Pascal versus Boltzmann,' *J. Chem. Educ.*, **87**, 1200 (2010).

S. F. Cartier, 'The Statistical Interpretation of Classical Thermodynamic Heating and Expansion Processes,' *J. Chem. Educ.*, **88**, 1531 (2011).

R. M. Macrae, B. M. Allgeier, 'Quirks of Stirling's Approximation,' *J. Chem. Educ.*, **90**, 731 (2013).

問　題

20・1 1.5×10^{-22} J 離れた二つのエネルギー準位間の占有数の比が 0.74 である。この系の温度はどれだけか。

20・2 式 (20・23) は，高温の極限（すなわち $T \to \infty$）ではどうなるか。

20・3 結合長が 1.128 Å のとき，一酸化炭素の $J=0$ に対する $J=1$ の占有数の比を，(a) 300 K，(b) 600 K について計算せよ。

(c) $T \to \infty$ の極限で，この値はどうなるか［ヒント：p. 231，例題 11・1 参照］。

20・4 N_2 の基音の振動数は波数で 2360 cm^{-1} である。N_2 分子 1 mol について，(a) 298 K，(b) 1000 K で $v=0$ と $v=1$ の準位にある分子の数を計算せよ。

20・5 三つのエネルギー準位――基底準位 ($\varepsilon_0 = 0$, $g_0 = 4$)，第一励起準位 ($\varepsilon_1 = k_B T$, $g_1 = 2$)，第二励起準位 ($\varepsilon_2 = 4 k_B T$, $g_2 = 2$)――からなる系がある。系の分配関数を計算せよ。第二励起準位の存在確率はどうなるか。

20・6 なぜ q_{trans} は，(a) m，(b) T と共に増加するのか。説明せよ。

20・7 $P = -(\partial A/\partial V)_T$ の関係［p. 101, 補遺 5・1, 式 (12) 参照］から出発して，$P = k_B T (\partial \ln Q/\partial V)_T$ であることを示せ。アルゴンを理想単原子気体の例として使い，理想気体の式 ($PV = nRT$) を導け。

20・8 1 bar, 298 K での HCl のエントロピーを計算せよ。結合長は 1.275 Å，^{1}H と ^{35}Cl の質量はそれぞれ 1.008 u と 34.97 u とする。振動数は波数で 2886 cm^{-1} である。

20・9 一酸化炭素について $q_{\text{vib}} = 5.0$ となるような温度を計算せよ。振動数は波数で $\tilde{v} = 2135$ cm^{-1} である。

20・10 1.00 m^3 の容器中の 1 bar のヘリウムの並進分配関数を計算せよ。q_{trans} の値が大きいということは運動が古典的に扱えるということを意味する。しかしながら，$q_{\text{trans}} \leq 10$ では，運動は量子力学的に扱わねばならない。この変化が起こる温度を計算せよ。

20・11 298 K における水分子の q_{vib} の値を計算せよ［ヒント：p. 236, 図 11・20 参照］。

20・12 次の分子それぞれについて対称数 (σ) を求めよ。Cl_2, N_2O (NNO), H_2O, HDO, BF_3, CH_4, CH_3Cl［ヒント：CH_4 の四つの C–H 結合それぞれは 3 回回転軸となり，その周りに 3 回の連続的な 120°の区別できない回転が可能であることに注意せよ］。

20・13 1274 K での次の反応の平衡定数を計算せよ。

$$I_2(g) \rightleftharpoons 2 I(g)$$

I_2 の結合長は 2.67 Å で，振動数は 213.7 cm^{-1} である。I_2 の結合解離エネルギーは 149.0 kJ mol^{-1} である［ヒント：電子基底状態でのヨウ素原子の縮退度を計算するうえで 5p 軌道に不対電子があることに注意せよ。縮退度は $(2J+1)$ で与えられる。ここで J は全角運動量であり，それは軌道角運動量とスピン角運動量の和で与えられる (p. 261 参照)］。

20・14 $\Delta_r S°$ の近似値を

$$^{16}O_2(g) + ^{18}O_2(g) \longrightarrow 2\, ^{16}O^{18}O(g)$$

について計算せよ。その際，分子量，慣性モーメント，振動数の違いは無視できるものとする。

20・15 1.00 bar, 298 K のヘリウムのモルエントロピーを計算し，ネオンとアルゴンについての本章の結果 (p. 447) と比較せよ。

20・16 分配関数について簡単な物理的な解釈を示せ。

20・17 (a) 298 K において最も大きい電子分配関数をもつのは H_2, O_2, NO_2 分子のうちどれか。

(b) 298 K において最も大きい並進分配関数をもつのは H_2, O_2, NO_2 分子のうちどれか。

20・18 普通，モルエントロピーは N_2 から F_2 へ周期表の第 2 周期を右に行くにつれて増加すると考えるだろう。しかしながら付録 B によれば，O_2 の方が F_2 よりも実際にモルエントロピーが大きい。理由を説明せよ。

付録 A 物理化学で有用な数学と物理学の復習

この付録 A では,物理化学で有用な基礎的な式や公式のいくつかを手短に復習する.

数 学

指数と累乗

大きな数は 10 の累乗として表すとより扱いやすくなる.たとえば

$$1 = 10^0 \qquad 100 = 10^2$$
$$0.1 = 10^{-1} \qquad 100\,000 = 10^5$$
$$0.000\,23 = 2.3 \times 10^{-4} \qquad 3.1623 = 10^{0.5}$$

一般に a^n と書き,a を**底**(base),n を**指数**(exponent)とよぶ.この表現は "a の n 乗" と読み,次式の関係がある.

演 算	例
$a^m \times a^n = a^{m+n}$	$10^{0.2} \times 10^3 = 10^{3.2}$
$(a^m)^n = a^{m \times n}$	$(10^4)^2 = 10^8$
$\dfrac{a^m}{a^n} = a^{m-n}$	$\dfrac{10^3}{10^7} = 10^{-4}$

ここで a^0(a の 0 乗)は $a=0$ を除くすべての数 a に対して 1 であり,$0^n=0$(どんな n に対しても)である.さらに,$1^n=1$ であり,どんな n に対しても成立する.

対 数

対数の概念は指数の概念が自然に発展したものである.a を底とする x の対数を y とすると,y は a を底とする指数に等しく,$x=a^y$ の関係が成立する.つまり,

$$x = a^y$$

ならば

$$y = \log_a x$$

である.たとえば,$3^4=81$ ならば

$$4 = \log_3 81$$

である.10 を底とする対数は以下の通りである.

対 数	指 数
$\log_{10} 1 = 0$	$10^0 = 1$
$\log_{10} 2 = 0.301$	$10^{0.301} = 2$
$\log_{10} 10 = 1$	$10^1 = 10$
$\log_{10} 100 = 2$	$10^2 = 100$
$\log_{10} 0.1 = -1$	$10^{-1} = 0.1$

10 を底とする対数を**常用対数**(common logarithm)とよぶ.慣例により a の常用対数を $\log_{10} a$ ではなく $\log a$ と表す.

ある数の対数は指数であり,したがって指数と対数は似た性質をもつ.常用対数においては以下の関係がある.

対 数	指 数
$\log AB = \log A + \log B$	$10^A \times 10^B = 10^{A+B}$
$\log \dfrac{A}{B} = \log A - \log B$	$\dfrac{10^A}{10^B} = 10^{A-B}$
$\log A^n = n \log A$	$(10^A)^n = 10^{A \times n}$

e を底とする対数は**自然対数**(natural logarithm)とよばれる.e(**ネイピアの数**という)は次式で与えられる数である.

$$\mathrm{e} = 1 + \frac{1}{1!} + \frac{1}{2!} + \frac{1}{3!} + \cdots$$
$$= 2.718\,281\,828\,459\cdots$$
$$\simeq 2.7183$$

物理化学において指数関数 $y=\mathrm{e}^x$ は非常に重要である.両辺の自然対数をとると,

$$\ln y = x \ln \mathrm{e} = x$$

が得られる.ここで,"ln" は $\log_\mathrm{e}$ を表す.自然対数と常用対数の関係は以下の通りである.

$$y = \mathrm{e}^x$$

この式から始めよう.両辺の常用対数をとり,$x=\ln y$ の関係を用いると,

$$\log y = x \log \mathrm{e}$$
$$= \ln y \, \log \mathrm{e}$$

が得られる.$\log \mathrm{e} = \log 2.7183 = 0.4343$ であるから,

$$\log y = 0.4343 \ln y$$

また,

$$\ln y = 2.303 \log y$$

となる.

簡単な方程式

一次方程式

一次方程式を

$$y = mx + b$$

と表し, x に対して y をプロットすると, 勾配 m と切片 b (y 軸上, すなわち $x=0$ のときの y の値) の直線になる. 方程式の解は x 軸 ($y=0$) の交点より求める.

二次方程式　　二次方程式を
$$y = ax^2 + bx + c$$
の形で表す. ここで, a, b, c は定数であり $a \neq 0$ である. x に対して y をプロットすると放物線が得られる.

次の二次方程式について考えよう.
$$y = 3x^2 - 5x + 2$$
x に対して y をプロットすると図 1 になる. 方程式の解は x 軸 ($y=0$) の交点より求める. この曲線と x 軸との交点は $x=1, 0.67$ の二つある. あるいはまた, 二次方程式の根の公式を用いて, この方程式を解くことができる. $y=0$ とおき
$$3x^2 - 5x + 2 = 0$$
$$x = \frac{-b \pm \sqrt{b^2 - 4ac}}{2a} = \frac{5 \pm \sqrt{25 - 4 \times 3 \times 2}}{2 \times 3}$$
$$= 1.00 \quad \text{または} \quad 0.67$$
が得られる.

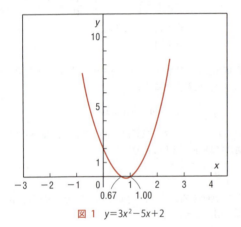

図 1　$y = 3x^2 - 5x + 2$

平　均　値

測定を繰返すと, 前回得られた値と異なった値を得ることがしばしばあり, この場合二つの平均により結果を表すことが適当である. 最も一般的な平均値は**相加平均** (arithmetic mean) である. a と b の二つの値に対して相加平均は $(a+b)/2$ によって得られる. 測定値のばらつきがランダムでないときには, **相乗平均** (geometric mean) を使う方がよい場合もある. 相乗平均は $\sqrt{ab}$ によって得られる. ある量 a を n 回測定した場合, a_i が i 番目の読みとすれば,

$$\text{相加平均} = \frac{1}{n} \sum_{i=1}^{n} a_i$$
$$\text{相乗平均} = \sqrt[n]{a_1 a_2 \cdots a_n} = \left(\prod_{i=1}^{n} a_i \right)^{1/n}$$

級 数 と 展 開

等差数列
$$1, 2, 3, 4, \cdots \quad \text{または} \quad a, 2a, 3a, 4a, \cdots$$
のような数列, すなわち
$$a_{i+1} = a_i + \text{定数}$$
で表される無限数列において, その第 n 項は
$$a_n = a_1 + (n-1)d$$
と表される. ここで d は数列の差となる定数で, 等差数列の公差とよばれる.

等差級数　　無限数列の項の和を無限級数または単に級数という. 等差級数の第 n 項までの部分和は次の公式で求まる.
$$\frac{n}{2}(a_1 + a_n) = a_1 + a_2 + \cdots + a_n$$

等比数列
$$1, 2, 4, 8, \cdots \quad \text{または} \quad a, 2a, 4a, 8a, \cdots$$
のような数列, すなわち
$$\frac{a_{i+1}}{a_i} = r (\text{定数})$$
で表される数列. r は等比数列の公比とよばれる.

等比級数　　無限等比級数では次式が成り立つ*.
$$\frac{1}{1-x} = 1 + x + x^2 + x^3 + \cdots \quad |x| < 1$$

二項展開　　表 14・7 も参照せよ.
$$(1+x)^n = 1 + nx + \frac{n(n-1)}{2!}x^2 + \frac{n(n-1)(n-2)}{3!}x^3 + \cdots + x^n$$

指数の展開
$$e^x = 1 + \frac{x}{1!} + \frac{x^2}{2!} + \frac{x^3}{3!} + \cdots$$
$$e^{\pm ax} = 1 + \frac{(\pm ax)}{1!} + \frac{(\pm ax)^2}{2!} + \frac{(\pm ax)^3}{3!} + \cdots$$

三角関数の展開
$$\sin x = x - \frac{x^3}{3!} + \frac{x^5}{5!} - \frac{x^7}{7!} + \cdots$$
$$\cos x = 1 - \frac{x^2}{2!} + \frac{x^4}{4!} - \frac{x^6}{6!} + \cdots$$

対数の展開
$$\ln(1+x) = x - \frac{x^2}{2} + \frac{x^3}{3} - \frac{x^4}{4} + \cdots \quad |x| < 1$$

---

* 訳注: 一般に $a + ar + ar^2 + \cdots + ar^{n-1} + \cdots$ の和は, $a \neq 0$, $|r| < 1$ のとき $a/(1-r)$, $|r| \geq 1$ のとき発散する.

角度とラジアン

一般に使われる角度の単位に**度**(degree)があり，1度は円の1/360として定義される．物理化学では，**ラジアン**(radian)〔単位記号，rad〕とよばれる別の角度単位を用いると便利になることも多い．角度とラジアンの関係は次式のように理解される．半径rの円の円周の一部について考える．円弧の長さ(s)は角度θと半径rに比例するから，

$$s = r\theta$$

であり，ここでθはラジアン単位で表した角度である．1 rad は，弧の長さsが半径rに正確に等しいときの対応する角と定義される．

円全体を弧として考えたとき

$$s = 2\pi r = r\theta \quad \text{すなわち} \quad 2\pi = \theta$$

となるから，$\theta = 2\pi$ rad は $\theta = 360°$ に対応することを意味する．よって，

$$1 \text{ rad} = \frac{360°}{2\pi} \approx \frac{360°}{2 \times 3.1416} = 57.3°$$

であり，他方では

$$1° = \frac{2\pi}{360°} \approx \frac{2 \times 3.1416}{360°} = 0.0175 \text{ rad}$$

である．

ラジアンは角度の単位であるが，物理的次元はないことに注意せよ．たとえば，半径 5 cm の円の円周は 2π 〔rad〕×5 cm=31.42 cm と与えられる．

面積と体積

三角形 辺 a, b, c，高さ h（a を底辺としたとき）の三角形について考える．半周 s は

$$s = \frac{a+b+c}{2}$$

で得られる．三角形の面積(A)は

$$A = \frac{1}{2}ah = \sqrt{s(s-a)(s-b)(s-c)} = \frac{1}{2}ab\sin\gamma$$

で得られる*．ここで角 γ は辺 c の対角である．辺 a, b, c をもつ直角三角形で辺 c を斜辺とすれば

$$c^2 = a^2 + b^2$$

となる．これはピタゴラスの定理である．

長方形 辺 a, b の長方形の面積は ab である．

平行四辺形 辺 a, b の平行四辺形の面積は ah である．ここで h は，長さが a である二つの平行な辺の間の垂線の長さである．

円 半径を r とすると，円周は $2\pi r$ で，円の面積は πr^2 である．

---

* 訳注: $A=\sqrt{s(s-a)(s-b)(s-c)}$ の関係はヘロンの公式という．$(1/2)ab\sin\gamma$ を $\cos\gamma$ に変換し，余弦定理と因数分解で得られる．

球 半径を r とすると，球の表面積は $4\pi r^2$ で，体積は $\frac{4}{3}\pi r^3$ である．

円柱 半径 r，高さ h の円柱の側面積は $2\pi rh$ であり，体積は $\pi r^2 h$ である．

円錐 円錐の側面積は πrl である．ここで r は底面の半径で，l は斜高（斜面の長さ）である．体積は $\frac{1}{3}\pi r^2 h$ で h は鉛直方向の高さ（底面から頂点まで）である．

演算子

§10·7で演算子の使い方について述べた．演算子は具体的に数や関数にどのような操作を行うかを表す数学的記号である．以下は演算子の例である．

演算子	数や関数	結果
log	24.1	$\log 24.1 = 1.382$
$\sqrt{\ }$	974.2	$\sqrt{974.2} = 31.21$
sin	61.9°	$\sin 61.9° = 0.882$
cos	x	$\cos x$
$\dfrac{d}{dx}$	e^{kx}	$\dfrac{de^{kx}}{dx} = ke^{kx}$

微分学と積分学

一変数関数 以下に示すのは，一般的な関数の導関数である．

$y = f(x)$	dy/dx	$y = f(x)$	dy/dx
x^n	nx^{n-1}	$\cos x$	$-\sin x$
e^x	e^x	$\cos(ax+b)$	$-a\sin(ax+b)$
e^{kx}	ke^{kx}	$\ln x$	$\dfrac{1}{x}$
$\sin x$	$\cos x$		
$\sin(ax+b)$	$a\cos(ax+b)$	$\ln(ax+b)$	$\dfrac{a}{ax+b}$

よく使われる積分

$$\int x^n \, dx = \frac{1}{n+1}x^{n+1} + C \qquad \int \cos x \, dx = \sin x + C$$

$$\int \frac{dx}{x} = \ln x + C \qquad \int \ln x \, dx = x \ln x - x + C$$

$$\int \frac{dx}{ax+b} = \frac{1}{a}\ln(ax+b) + C \qquad \int e^x \, dx = e^x + C$$

$$\int \sin x \, dx = -\cos x + C \qquad \int e^{kx} \, dx = \frac{e^{kx}}{k} + C$$

これらすべての積分は不定積分であり，結果に定数項 C を加えなくてはならない．

物理学
力学

ここでは力学において重要な物理量について述べる．

速度 速度(v)は，運動する物体の位置(x)の時間変化を比として定義したものである．すなわち，

$$v = \frac{dx}{dt}$$

単位は cm s^{-1} または m s^{-1}(SI 単位)である．**速度** (velocity)と**速さ** (speed)はよく同じ意味で使われるが，異なった量である．速度は大きさと方向をもつ**ベクトル** (vector) 量で，速さは大きさはもつが方向性はない**スカラー** (scalar) 量である．この二つの量の違いについては第 2 章でも議論した．

加速度 加速度 (a) は速度の時間変化を比で表したものである．

$$a = \frac{dv}{dt}$$

単位は cm s^{-2} または m s^{-2}(SI 単位)である．

線運動量 物体の線運動量 (p) または単に物体の運動量は，その物体の質量と速度の積である．

$$p = mv$$

SI 単位で p は kg m s^{-1} である．

角速度・角運動量 図 2 のように半径 r の円周上を質量 m の粒子が運動しているとしよう．この粒子は，時間 t の間に角 θ だけ動くとすると，角速度 ω は

$$\omega = \frac{\theta}{t}$$

である．ここで θ の単位は rad，ω の単位は rad s^{-1} である．

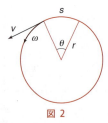

図 2

角速度と線速度の間の関係は以下のように導ける．線速度は質点の瞬間速度であり，どの瞬間も，線速度は円の接線方向を向いている．p. 457 左段より，

$$s = r\theta$$

距離＝速度×時間なので，

$$s = vt$$

よって，

$$r\theta = vt \quad \text{または} \quad \frac{r\theta}{t} = r\omega = v$$

質点の角運動量は，$m\omega r^2$ または mvr であり，しばしば $I\omega$ と表される．ここで I は円の中心の周りに回転した場合の慣性モーメントである (mr^2 に等しい)．

古典力学では系の角運動量は連続的に変化することができる．しかしながら量子力学では原子や分子の系の角運動量は量子化され，ある許される値に制限されている．第 10 章で議論したように，この制限は水素原子のボーア理論の基本的な仮定の一つである．

力 ニュートンの運動の第二法則はよく知られた力 (f) の定義である．

$$f = ma$$

この式は，物体に作用する力が物体の質量と加速度の積に等しいことを示している．力の SI 単位はニュートン [N] である．

$$1\,\text{N} = 1\,\text{kg m s}^{-2}$$

あるいは，力は運動量の時間変化を比として定義したものである．

$$f = \frac{dp}{dt}$$

仕事 仕事 (w) は力 (f) と距離 (x) の積である．すなわち，

$$w = fx$$

で，その単位は N m または kg m^2 s^{-2} である．

ニュートンの万有引力の法則 ニュートンの万有引力の法則によれば，距離 r 離れた質量 m_1, m_2 をもつ二つの質点の間に働く力は，

$$f \propto -\frac{m_1 m_2}{r^2} = -G\frac{m_1 m_2}{r^2}$$

で与えられる．ここで G は万有引力定数(重力定数ともいう)であり 6.674×10^{-11} N m^2 kg^{-2} である．注意してほしいのは－符号で，これは物体間に<u>常に</u>引力が働いていることを示している．

付録 B　熱力学データ

1 bar，298 K の元素と無機化合物の熱力学データ[†]

物　質	$\Delta_f \overline{H}°$ kJ mol^{-1}	$\Delta_f \overline{G}°$ kJ mol^{-1}	$\overline{S}°$ J K^{-1} mol^{-1}	$\overline{C}_P°$ J K^{-1} mol^{-1}	物　質	$\Delta_f \overline{H}°$ kJ mol^{-1}	$\Delta_f \overline{G}°$ kJ mol^{-1}	$\overline{S}°$ J K^{-1} mol^{-1}	$\overline{C}_P°$ J K^{-1} mol^{-1}
Ag (s)	0	0	42.7	25.4	CrO$_4^{2-}$ (aq)	−881.2	−727.8	50.2	——
Ag$^+$ (aq)	105.9	77.1	72.68	——	Cr$_2$O$_7^{2-}$ (aq)	−1490.3	−1301.1	261.9	——
AgCl (s)	−127.0	−109.8	96.2	56.8	Cu (s)	0	0	33.15	24.47
AgBr (s)	−100.4	−96.9	107.1	52.38	Cu$^+$ (aq)	51.9	50.2	−26	——
AgI (s)	−61.8	−66.3	115.5	54.43	Cu^{2+} (aq)	64.8	65.5	−99.6	——
AgNO$_3$ (s)	−124.4	−33.41	140.9	93.05	Cu$_2$O (s)	−168.6	−146.0	93.14	63.6
Al (s)	0	0	28.32	24.34	CuO (s)	−157.3	−129.7	42.63	44.35
Al^{3+} (aq)	−524.7	−485	−313	——	CuS (s)	−53.1	−53.6	66.53	47.82
AlCl$_3$ (s)	−704.2	−628.8	110.67	91.84	F$_2$ (g)	0	0	202.8	31.3
Al$_2$O$_3$ (s)	−1675.7	−1582.3	50.9	78.99	F (g)	79.4	62.3	158.8	22.7
Ar (g)	0	0	154.8	20.79	F$^-$ (aq)	−329.1	−276.5	−13.8	——
Ba (s)	0	0	62.5	28.1	HF (g)	−273.3	−275.4	173.5	29.08
Ba^{2+} (aq)	−537.6	−560.8	10	——	Fe (s)	0	0	27.2	25.23
BaCl$_2$ (s)	−858.6	−810.9	123.7	75.31	Fe^{2+} (aq)	−89.1	−78.9	−137.7	——
BaO (s)	−548.0	−520.3	72.1	47.3	Fe^{3+} (aq)	−48.5	−4.7	−315.9	——
BaSO$_4$ (s)	−1473.2	−1362.2	132.2	101.8	FeO (s)	−272.0	−251.4	60.75	49.92
BaSO$_3$ (s)	−1213.2	−1134.4	112.1	86.0	Fe$_2$O$_3$ (s)	−824.2	−742.2	90.0	104.6
Br$_2$ (l)	0	0	152.2	75.69	H$_2$ (g)	0	0	130.6	28.8
Br$_2$ (g)	30.9	3.1	245.5	36.0	H (g)	218.2	203.3	114.7	——
Br (g)	111.7	82.4	175.0	20.8	H$^+$ (aq)	0	0	0	——
Br$^-$ (aq)	−121.6	−104.0	82.4	——	H$_3$O$^+$ (aq)	−285.8	−237.2	69.9	——
HBr (g)	−36.4	−53.4	198.7	29.12	OH$^-$ (aq)	−229.6	−157.3	−10.75	——
C (グラファイト)	0	0	5.7	8.52	H$_2$O (g)	−241.8	−228.6	188.7	33.6
C (ダイヤモンド)	1.90	2.87	2.4	6.11	H$_2$O (l)	−285.8	−237.2	69.9	75.3
CO (g)	−110.5	−137.3	197.9	29.14	H$_2$O$_2$ (l)	−187.8	−120.4	109.6	89.1
CO$_2$ (g)	−393.5	−394.4	213.6	37.1	He (g)	0	0	126.1	20.79
CO$_2$ (aq)	−413.8	−386.0	121	——	Hg (l)	0	0	75.9	27.98
CO$_3^{2-}$ (aq)	−677.1	−527.8	−56.9	——	Hg (g)	60.78	31.8	175.0	20.8
HCO$_3^-$ (aq)	−692.0	−586.8	91.2	——	Hg^{2+} (aq)	171.1	164.4	−32.2	——
H$_2$CO$_3$ (aq)	−698.7	−623.1	191	——	HgO (赤色)	−90.8	−58.5	70.29	44.06
HCN (g)	135.1	124.7	201.8	35.9	I$_2$ (s)	0	0	116.13	54.44
CN$^-$ (aq)	151.6	172.4	94.1	——	I$_2$ (g)	62.4	19.3	260.7	36.9
Ca (s)	0	0	41.6	25.9	I$^-$ (aq)	55.19	51.57	111.3	——
Ca^{2+} (aq)	−542.8	−553.6	−53.1	——	HI (g)	26.48	1.7	206.3	29.16
CaO (s)	−635.6	−604.2	39.8	42.8	K (s)	0	0	64.18	29.58
Ca(OH)$_2$ (s)	−986.6	−896.8	83.4	84.52	K (g)	89.2	60.7	160.2	——
CaCl$_2$ (s)	−795.8	−748.1	104.6	72.63	K$^+$ (aq)	−252.4	−283.3	102.5	——
CaCO$_3$ (方解石)	−1206.9	−1128.8	92.9	83.5	KOH (s)	−424.8	−379.1	78.9	68.9
Cl$_2$ (g)	0	0	223.0	33.93	KCl (s)	−436.8	−409.1	82.6	51.3
Cl (g)	121.4	105.3	165.2	21.8	KClO$_3$ (s)	−397.7	−296.3	143.1	100.3
Cl$^-$ (aq)	−167.2	−131.2	56.5	——	KNO$_3$ (s)	−494.6	−394.9	133.1	96.3
HCl (g)	−92.3	−95.3	186.5	29.12	Kr (g)	0	0	164.1	20.79
Cr (s)	0	0	23.77	23.35	Li (s)	0	0	28.03	23.64
Cr$_2$O$_3$ (s)	−1139.7	−1058.1	81.2	118.74	Li$^+$ (aq)	−278.5	−293.8	14.23	——

[†] ほとんどが "The NBS Tables of Chemical Thermodynamic Properties" [D. O. Wagman et al., *J. Phys. Chem. Ref. Data*, **11**, Supplement No. 2(1982)] からのデータである。Li$^+$(aq) のような水溶液中のイオン (1 M) についての値は，慣例に従い，表に示すように H$^+$(aq) の値を基準 (0) とした相対値で表されている。　　　　　　　　　　　　　　　　　　　　　　　　　　　　　　　　　　　　　[次ページにつづく]

1 bar, 298 K の元素と無機化合物の熱力学データ（つづき）

物質	$\Delta_f \overline{H}°$ / kJ mol^{-1}	$\Delta_f \overline{G}°$ / kJ mol^{-1}	$\overline{S}°$ / J K^{-1} mol^{-1}	$\overline{C}_P°$ / J K^{-1} mol^{-1}	物質	$\Delta_f \overline{H}°$ / kJ mol^{-1}	$\Delta_f \overline{G}°$ / kJ mol^{-1}	$\overline{S}°$ / J K^{-1} mol^{-1}	$\overline{C}_P°$ / J K^{-1} mol^{-1}
LiOH (s)	−487.2	−443.9	50.21	——	Ne (g)	0	0	146.3	20.79
Mg (s)	0	0	32.68	24.9	O$_2$ (g)	0	0	205.0	29.4
Mg^{2+} (aq)	−466.9	−454.8	−138.1	——	O$_3$ (g)	142.7	163.4	237.7	38.2
MgCO$_3$ (s)	−1095.8	−1012.1	65.7	75.5	O (g)	249.4	231.7	161.0	21.9
MgO (s)	−601.8	−569.6	26.78	37.41	P (黄リン)	0	0	41.1	23.22
MgCl$_2$ (s)	−641.3	−591.8	89.62	71.3	P (赤リン)	−18.4	12.1	29.3	21.2
N$_2$ (g)	0	0	191.6	29.12	PO$_4^{3-}$ (aq)	−1277.4	−1018.7	−221.8	——
N (g)	470.7	455.5	153.3	20.8	P$_4$O$_{10}$ (s)	−2984.0	−2697.0	228.86	211.7
NH$_3$ (g)	−46.3	−16.6	192.5	35.66	PCl$_3$ (g)	−287.0	−267.8	311.78	71.84
NH$_4^+$ (aq)	−132.5	−79.3	113.4	——	PCl$_5$ (g)	−374.9	−305.0	364.6	112.8
NH$_4$Cl (s)	−314.4	−202.87	94.6	——	PH$_3$ (g)	5.4	13.5	210.2	37.1
N$_2$H$_4$ (l)	50.63	149.4	121.2	139.3	S (斜方)	0	0	31.88	22.59
NO (g)	90.4	86.7	210.6	29.9	S (単斜)	0.30	0.10	32.55	23.64
NO$_2$ (g)	33.9	51.84	240.5	37.9	SO$_2$ (g)	−296.1	−300.1	248.5	39.79
N$_2$O$_4$ (g)	9.7	98.3	304.3	79.1	SO$_3$ (g)	−395.2	−370.4	256.2	50.63
N$_2$O (g)	81.56	103.6	220.0	38.7	SO$_4^{2-}$ (aq)	−909.3	−744.5	20.1	——
HNO$_3$ (l)	−174.1	−80.7	155.6	109.9	H$_2$S (g)	−20.63	−33.56	205.8	33.97
HNO$_3$ (aq)	−207.6	−111.3	146.4	——	H$_2$SO$_4$ (l)	−814.0	−690.0	156.9	——
Na (s)	0	0	51.21	28.41	H$_2$SO$_4$ (aq)	−909.27	−744.53	20.1	——
Na (g)	107.5	77.0	153.7	20.8	SF$_6$ (g)	−1209	−1105.3	291.8	97.3
Na$^+$ (aq)	−239.7	−261.9	59.0	——	Si (s)	0	0	18.83	19.87
NaF (s)	−576.6	−546.3	51.1	46.9	SiO$_2$ (s)	−910.9	−856.6	41.84	44.43
NaCl (s)	−411.2	−384.1	72.13	50.5	Xe (g)	0	0	169.6	20.79
NaBr (s)	−361.06	−348.98	86.82	51.4	Zn (s)	0	0	41.63	25.06
NaI (s)	−287.8	−286.1	98.53	52.1	Zn^{2+} (aq)	−153.9	−147.1	−112.1	——
Na$_2$CO$_3$ (s)	−1130.9	−1047.7	135.98	110.5	ZnO (s)	−348.3	−318.3	43.64	40.25
NaHCO$_3$ (s)	−947.7	−851.9	102.1	87.6	ZnS (s)	−202.9	−198.3	57.74	45.19
NaOH (s)	−425.6	−379.5	64.46	59.54	ZnSO$_4$ (s)	−978.6	−871.6	124.9	117.2

1 bar, 298 K の有機化合物の熱力学データ[†]

化合物	状態	$\Delta_f \overline{H}°$ / kJ mol^{-1}	$\Delta_f \overline{G}°$ / kJ mol^{-1}	$\overline{S}°$ / J K^{-1} mol^{-1}
酢 酸 (CH$_3$COOH)	l	−484.2	−389.9	159.8
	aq	−485.8	−396.5	178.7
アセトアルデヒド (CH$_3$CHO)	l	−192.3	−128.1	160.2
アセトン (CH$_3$COCH$_3$)	l	−248.1	−155.4	200.4
アセチレン (C$_2$H$_2$)	g	226.6	209.2	200.8
ベンゼン (C$_6$H$_6$)	l	49.04	124.5	172.8
	g	82.93	129.7	269.3
安息香酸 (C$_6$H$_5$COOH)	s	−385.1	−245.3	167.6
エタノール (C$_2$H$_5$OH)	l	−277.0	−174.2	161.0
エタン (C$_2$H$_6$)	g	−84.7	−32.9	229.5
エチレン (C$_2$H$_4$)	g	52.3	68.12	219.5
ギ 酸 (HCOOH)	l	−424.7	−361.4	129.0
グルコース (C$_6$H$_{12}$O$_6$)	s	−1274.5	−910.6	210.3
メタン (CH$_4$)	g	−74.85	−50.79	186.2
メタノール (CH$_3$OH)	l	−238.7	−166.3	126.8
プロパン (C$_3$H$_8$)	g	−103.8	−23.5	269.9
2-プロパノール (C$_3$H$_7$OH)	l	−317.9	−180.3	180.6
スクロース (C$_{12}$H$_{22}$O$_{11}$)	s	−2221.7	−1544.3	360.2
尿 素 [(NH$_2$)$_2$CO]	s	−333.5	−197.3	104.6

[†] ほとんどが "The NBS Tables of Chemical Thermodynamic Properties" [D. O. Wagman et al., *J. Phys. Chem. Ref. Data*, **11**, Supplement No. 2 (1982)] からのデータである．すべての溶液は濃度 1 M である．

用 語 解 説[*]

あ 行

アインシュタイン(einstein) 光(量)子 1 mol の単位(§16・1).

アクチノイド元素(actinoids) 5f 副殻が不完全に占有されている元素,または 5f 副殻が不完全に占有されているカチオンに容易になる元素(§12・8).

圧縮因子 Z(compressibility factor) $(P\bar{V})/(RT)$ によって与えられる量.この因子の 1 からのずれは,気体が非理想的に振舞うことを示す(§1・8).

圧 力(pressure) 単位面積当たりに働く力(§2・1).

アボガドロ定数 N_A(Avogadro constant) 6.022×10^{23} mol^{-1}.1 mol の粒子数(§1・4).

アボガドロの法則(Avogadro's law) 圧力,温度が一定なら,気体の体積は分子数に比例するという法則(§1・5).

アレニウス式(Arrhenius equation) 速度定数 k を,頻度因子または前指数因子 (A) と活性化エネルギー (E_a) で表す関係式. $k = A \exp[-E_a/(RT)]$(§15・5).

イオン移動度(ionic mobility) 単位電場当たりのイオンの移動速度(§7・1).

イオン化エネルギー E_i(ionization energy) 電子基底状態にある孤立した原子(またはイオン)から電子を 1 個取除くのに必要な最小のエネルギー(§12・8).

イオン強度 I(ionic strength) $I = \frac{1}{2}\sum_i m_i z_i^2$ で定義される電解質溶液を特徴づける量(§7・5).

イオン-双極子相互作用(ion-dipole interaction) イオンと分子の電気双極子との間に働く静電的相互作用(§17・3).

イオンの平均活量係数 $\gamma_\pm$(mean ionic activity coefficient) 溶液中のイオンの振舞いを理想的な振舞いからのずれとして記述する量(§7・4).

イオン雰囲気(ionic atmosphere) 電解質溶液中の各イオンを取囲む逆符号の電荷の層(§7・5).

イオン-誘起双極子相互作用(ion-induced dipole interaction) イオンと(イオンによって)無極性分子に誘起された電気双極子との間に働く静電的相互作用(§17・3).

位 相(phase) 原点から波がどれだけ進んだかを周期に対する割合として述べたもの.0〜360°(0〜2π) の角で表す(§10・1).

一次反応(first-order reaction) 反応速度が,反応物の濃度の一次に比例する反応(§15・2).

一重項状態(singlet state) 全スピン角運動量の量子数 S が 0 の原子,分子の電子状態(§11・1).

ウィーン効果(Wien effect) 非常に高いポテンシャル勾配下で電解質の電気伝導率が顕著な増加を示すこと(§7・5).

エキサゴニック過程(exergonic process) ギブズエネルギーの負の変化 ($\Delta G < 0$) を伴う過程.それゆえ熱力学的に有利である(§5・1).

液 晶(liquid crystal) 異方性の大きい分子が,結晶と等方性液体の間の温度で示す中間相状態(§19・5).

液体シンチレーション計数(liquid scintillation counting) 放射線指示薬で標識された化合物を蛍光によって検出する分析法(§14・2).

SI → 国際単位系(§1・2).

SCF 法(self-consistent field method) 繰返し操作により,多電子原子や分子についてつじつまのあう波動関数の組を得る方法(§12・10).

X 線回折(X-ray diffraction) 単色 X 線ビームを結晶に照射すると,結晶構造の反復単位により散乱された X 線が特有のパターンをつくり,そのパターンから分子構造に関する情報が得られる(§18・3).

XPS X-ray photoelectron spectroscopy(X 線光電子分光法)の略.X 線照射により化学種をイオン化し,放出された光電子の運動エネルギーを測定することで内殻電子エネルギーを調べる実験技術(§14・5).

エネルギー(energy) 仕事をするまたは変化を生じる能力(§1・2).

エネルギー準位(energy level) エネルギー準位は量子化された系の許されたエネルギーのことである.いくつかの状態が同じエネルギーをもつとき,エネルギー準位は縮退しているという(§10・4).

エネルギー等分配の法則(equipartition of energy theorem) 分子のエネルギーが,すべての型の運動(並進,回転,振動),すなわち自由度に等しく分配されることを述べる理論(§2・9).

エルミート演算子(Hermitian operator) 量子力学において観測可能な物理量はエルミート演算子で表される.自己共役な性質をもち,その固有値は実数である(§10・7).

演算子(operator) ある関数に作用させて演算を行い,他の関数へと変換するための数学的なツール.演算子は記号の上にキャレット(caret) ^ を付けて表す.量子力

---

[*] ( ) の中は,その項の初出の節または補遺を表している.

遠心力定数 D (centrifugal constant)　分子の回転で生じる遠心力により，化学結合が伸長する．その際に起こる回転準位のエネルギー変化を記述するための回転分光法のパラメーター（§11・2）．

塩析効果 (salting-out effect)　イオン強度の高い電解質で溶解度が低下する現象（§7・5）．

エンダーゴニック過程 (endergonic process)　ギブズエネルギーの正の変化（$\Delta G>0$）を伴う過程．それゆえ熱力学的に不利である（§5・1）．

エンタルピー H (enthalpy)　定圧で起こる熱変化を記述する熱力学量．U を系の内部エネルギー，P を系の圧力，V を系の体積として $H=U+PV$ によって定義される（§3・3）．

エントロピー S (entropy)　系全体がもちうるエネルギーを，系内粒子に分配するのに，どのような異なるやり方があるか，すなわち系の微視的配置における乱雑さの尺度で，孤立系での自発的変化では増大する（§4・2）．

塩溶効果 (salting-in effect)　イオン強度の高い電解質で溶解度が上昇する現象（§7・5）．

オブザーバブル (observable)　量子力学で，観測とよばれる物理的操作により決定できるような系の物理量（§10・7）．

温室効果 (greenhouse effect)　大気中の特定の気体（特に CO_2）は太陽からの可視光は透過させ，地球から放射される赤外線は吸収する．この働きにより，大気（および地表）が温められること（§16・3）．

か 行

外界 (surroundings)　系の外部である宇宙の残りの部分（§1・2）．

回転振動遷移 (rovibrational transition)　回転遷移と振動遷移が同時に起こり，異なる回転振動準位に遷移する意味（§11・3）．

回転振動電子遷移 (rovibronic transition)　回転，振動，電子遷移が同時に起こり，異なる回転振動電子準位に遷移する意味（§11・3）．

回転定数 B (rotational constant)　回転分光法で隣り合う遷移の間隔は $2B$ に等しい（§11・2）．

界面活性剤 (surfactant)　表面張力を低下させる物質（§19・3）．

化学シフト δ (chemical shift)　基準物質と注目している核の NMR 共鳴周波数の差を，分光計の観測周波数で割った比（§14・6）．

化学ポテンシャル μ (chemical potential)　部分モルギブズエネルギーともいう．混合物中の i 番目の成分の化学ポテンシャルは，

$$\mu_i = \left(\frac{\partial G}{\partial n_i}\right)_{T,P,n_j}$$

として定義される．化学ポテンシャルは，単一成分系のギブズエネルギーと同様に，混合系の自発過程の方向を予測するのに用いられる（§6・2）．

可逆過程 (reversible process)　可逆過程では系は常に限りなく平衡に近い．実際には実現困難であるが理論的に興味ある過程である（§3・1）．反応速度論の分野では，反応がどちらの方向にも進めるときに可逆過程（可逆反応）とよぶ（§15・4）．

拡散 (diffusion)　ある気体分子が運動によって他の気体分子と徐々に混ざっていくこと（§2・8）．濃度勾配を減らすように粒子が移動すること（§19・4）．

拡散係数 D (diffusion coefficient)　一定温度で特定の濃度勾配があるとき，ある媒質中をどれくらい速く物質が拡散するかを示す係数（§19・4）．

拡散律速反応 (diffusion-controlled reaction)　反応物の衝突ごとに生成物が生じるため，反応物分子の拡散速度が反応の律速段階となっている反応（§15・10）．

確率密度関数 (probability density function)　量子力学で，ある粒子（たとえば特定の位置にいる電子のような）を見いだす尤度（もっともらしさ）を記述する数学の関係式（§10・7）．

活性化エネルギー E_a (activation energy)　化学反応を起こすのに必要な最小のエネルギー（§15・5）．

活性錯合体 (activated complex)　化学反応において反応物と生成物の中間にあり，エネルギー的に高い状態．遷移状態ともよばれる（§15・7）．

活性部位 (active site)　活性サイト．酵素分子の部位で，基質が結合し，触媒作用を受ける部位（§15・12）．

活動電位 (action potential)　刺激の瞬間に神経や筋細胞の表面に発生する一過性の電位変化（§9・7）．

活量 a (activity)　理想的振舞いからのずれを考慮した実効的な熱力学的濃度（§6・5）．

活量係数 γ (activity coefficient)　理想溶液からのずれを示す指標となる量．活量と濃度を関係づける（§6・5）．

価電子 (valence electron)　化学結合に関与する原子の最外殻電子（§12・8）．

カノニカル分配関数 (canonical partition function)　系に含まれるすべての分子分配関数の積（§20・3）．

カルノーサイクル (Carnot cycle)　熱を吸収する等温膨張，断熱膨張，熱を放出する等温圧縮，断熱圧縮の四つの連続する可逆過程からなる仮想的サイクル．このサイクルでは吸収された熱の一部が仕事に変換される．カルノーサイクルはエントロピーが状態量であることを示す際や，熱効率の式の誘導に用いられる（§4・3）．

換算質量 μ (reduced mass)　質量 m_1, m_2 の二つの粒子の換算質量は

$$\frac{1}{\mu} = \frac{1}{m_1} + \frac{1}{m_2}$$

と定義される（§11・2）．

慣性モーメント I (moment of inertia)　ある直線（多くの場合，質量中心を通る線）から垂直距離 r_i に存在する質点 m_i からなる物体の，その軸回りの慣性モーメントは，$I=\sum_i m_i r_i^2$ によって与えられる（§11・2）．

奇 u (ungerade)　波動関数が奇とは，結合の中心を対称中心とした反転に対して反対称である，すなわち一度

反転するともとの波動関数を負にしたものになること（§13・1）．

規格化定数（normalization constant） 波動関数の2乗を全空間にわたり積分した結果が1となるように関数に掛ける因子．一方，この定義から，波動関数の2乗のことを確率密度とよぶ（§10・7）．

希ガスの芯（noble gas core） 考えている元素より電子数が少なくかつ最も近い希ガス元素の電子配置（§12・8）．

期待値（expectation value） 一連の測定によって観測される物理量の平均値（§10・7）．

気体定数 R（gas constant） 理想気体の状態方程式に含まれる普遍的定数．$0.082\,06$ L atm K^{-1} mol^{-1} または 8.314 J K^{-1} mol^{-1} の値をもつ（§1・5）．

軌道関数（orbital） 原子，分子における一電子波動関数（§12・1）．

希土類金属（rare earth metals） → ランタノイド．

揮発性（volatile） 物質が測定可能な蒸気圧をもつこと（§6・7）．

ギブズエネルギー G（Gibbs energy） $G=H-TS$ によって定義される熱力学量．ここで，H, T, S はそれぞれエンタルピー，温度，エントロピーである．定温定圧下のある過程での系のギブズエネルギー変化は $\Delta G=\Delta H-T\Delta S$ で表せる．$\Delta G=0$ は系が平衡にあるときに成立し，自発的に進行する過程では $\Delta G<0$ となる（§5・1）．

ギブズ・ヘルムホルツの式（Gibbs-Helmholtz equation） 系のギブズエネルギーの温度依存性を，エンタルピーによって表す式（§5・4）．

逆浸透（reverse osmosis） 浸透圧より高い圧力を掛けて，半透膜を通して濃厚溶液から希薄溶液に溶媒を移動させる過程（§6・7）．

吸熱反応（endothermic reaction） 周囲（外界）から熱を吸収する反応（§3・6）．

球面極座標（spherical polar coordinates） 原点からの距離，緯度，経度の関数として位置を記述する座標系（§11・2）．

境界表面図（boundary-surface diagram） 電子密度の大部分（約90％）を含む原子軌道の領域を示す図（§12・3）．

凝集（cohesion） 同種の分子が分子間引力で集まること（§19・3）．

共沸混合物（azeotrope） 混合溶液を蒸留する際に，液相と気相が同一組成となるときの混合物（§6・6）．

共鳴（resonance） ある分子を表すのに二つ以上のルイス構造を用いること（§13・7）．

共鳴構造（resonance structure） ある一つの分子について，二つ以上のルイス構造を用いないと完全には記述できない場合，そのうちの一つのルイス構造のこと（§13・7）．

共役反応（coupled reaction） エキサゴニック反応を共役させてエンダーゴニック反応を進めること．生化学的共役反応では，酵素によってうまく仲立ちされるのが普通である（§8・6）．

共有結合（covalent bond） 一つ以上の電子対の共有によって形成される化学結合（§13・1）．

共有結合半径（covalent radius） 共有結合でつなげられている二つの同一な原子核間の距離の半分（§13・6）．

共融点（eutectic point） 共融混合物をつくる二成分系の相図において，固体成分が液体成分と同じ組成をもち，温度一定のまま融解する点（温度）（§6・6）．

巨視的状態（macrostate） 巨視的な性質によって記述される系の状態（§4・7）．

虚数（imaginary） 数学的に虚数単位 $i\,(=\sqrt{-1})$ の項を含む数（§10・7）．

キルヒホッフの法則（Kirchhoff's law） 熱化学において，T_1 と $T_2\,(T_2>T_1)$，二つの温度での反応エンタルピーの差が，生成物と反応物を T_1 から T_2 に加熱するために必要なエンタルピー変化の差と等しいことを記述した法則（§3・7）．

偶 g（gerade） 波動関数が偶とは，結合の中心を対称中心とした反転に対して対称である，すなわち反転しても同じ波動関数に戻ること（§13・1）．

クープマンズの定理（Koopman's theorem） 電子のイオン化エネルギーは，イオン化の始まる軌道のエネルギーの値にマイナスを付けたものに等しいという定理で，電子を一つ取除いた後，残る電子について緩和を無視しているため，近似にすぎない（§14・5）．

クラウジウス・クラペイロンの式（Clausius-Clapeyron equation） 1相が凝縮相，他相が理想気体として扱える気相のときのクラペイロンの式の近似式（§5・5）．

クラペイロンの式（Clapeyron equation） 平衡にある2相での圧力変化と温度変化の関係式．

$$\frac{dP}{dT}=\frac{\Delta\overline{H}}{T\Delta\overline{V}}$$

相図での境界線の勾配を表す（§5・5）．

グレアムの拡散の法則（Graham's law of diffusion） 定温定圧下の気体分子の拡散速度が気体のモル質量の平方根に反比例することを記述した法則（§2・8）．

グレアムの噴散の法則（Graham's law of effusion） 定温定圧下で開口部からの気体分子の噴散速度が気体のモル質量の平方根に反比例することを記述した法則（§2・8）．

クーロンの法則（Coulomb's law） 電荷 (q) を帯びた粒子が距離 r 離れているときに働く力を記述する数学的表現で，下式で表される（§7・2）．

$$F=\frac{q_1q_2}{4\pi\varepsilon_0 r^2}$$

クロネッカーのデルタ δ_{ij}（Krönecker delta） $i\neq j$ のとき 0，$i=j$ のとき 1 をとる記号（§10・7）．

系（system） 全宇宙のうち興味の対象となる特定の部分（§1・2）．

蛍光（fluorescence） 物質に励起光を当てたときに，物質から電磁波が放射される過程．蛍光は寿命が短く（約 10^{-9} s），発光状態と基底状態が同じスピン多重度をもつ（一般には一重項）ことを特徴とする（§14・2）．

蛍光共鳴エネルギー移動　FRET（fluorescent resonance energy transfer, Förster resonance energy transfer）　1〜10 Åの距離の双極子-双極子相互作用によって起こる分子内エネルギー移動．この原理を利用することでタンパク質のコンホメーション変化などの分子の動態を調べることができる（§14・2）．

蛍光体（fluor）　シンチレーション検出器に用いられる蛍光性分子で，高エネルギー放射線の光子を紫外可視光に変換する（§14・2）．

系の状態（state of the system）　たとえば組成，体積，圧力，温度など，適切に選んだ系の巨視的変数のすべての値（§1・2）．

結合エンタルピー（bond enthalpy）　ある多原子分子中の一つの化学結合を切るために必要なエンタルピー変化（§3・8, §20・1）．

結合音バンド（combination band）　振動分光法において二つ以上の振動モードが同時に励起される遷移のことで和と差の2種ある（§11・3）．

結合解離エンタルピー（bond dissociation enthalpy）　二原子分子の化学結合を切るために必要なエンタルピー変化（§3・8）．

結合次数（bond order）　結合性分子軌道を占有する電子数と反結合性分子軌道を占有する電子数の差を，2で割った数（§13・4）．

結合性分子軌道（bonding molecular orbital）　それを構成している原子軌道よりも低いエネルギーをもつ分子軌道（§13・4）．

結合モーメント（bond moment）　化学結合の極性の程度を表す量．二原子分子の場合，結合モーメントは双極子モーメントに等しく，その値は電荷の大きさと電荷間の距離の積で与えられる（§13・5）．

結晶格子（crystal lattice）　原子，分子，イオンが高度に秩序だって配置された三次元構造（§18・1）．

原子価殻内電子対反発理論（valence shell electron pair repulsion model）　VSEPRモデル．共有電子対と非共有電子対の間の反発を考慮に入れて分子における原子の配置を説明するモデル（§13・6）．

原子価結合法（valence bond method）　分子の電子構造についての理論．異なる原子の原子軌道中の電子のスピン対生成として結合を記述する（§13・3）．

原子間力顕微鏡　AFM（atomic force microscope）　原子レベルに先鋭化した探針を用い，試料表面を走査し，凹凸を原子レベルで観察する装置（§10・12）．

光化学スモッグ（photochemical smog）　自動車や工場の排気ガスが，日光の存在下，反応することによる大気の汚染状態（§16・4）．

光化学反応（photochemical reaction）　光による反応物分子の励起（通常高い電子状態へ）の結果として起こる反応（§16・1）．

項間交差（intersystem crossing）　ある電子状態からスピン多重度の異なる電子状態への分子の無放射遷移（§14・1）．

光子（photon）　光の粒子．光量子ともいう（§10・3）．

格子エネルギー（lattice energy）　1 molの粒子からなる固体を構成粒子の気体にするときのエンタルピー変化（§7・3, §18・4）．

格子点（lattice point）　単位格子の幾何構造を決める空間格子の格子の交わる点で，原子，分子，イオンの位置（§18・1）．

構成原理（Aufbau principle）　多電子原子の電子配置を書くための手順で，元素を構成していくのに，原子核に陽子を1個ずつ加え，同時に電子を原子軌道に1個ずつ加えていくルール（§12・8）．

酵素（enzyme）　生物学的触媒．タンパク質やRNA分子（§15・12）．

剛体回転子（rigid rotor）　一つの点の周りで一定の距離を保つ質点の集まりで，全体として重心の周りを自由に回転する，モデルとなる量子力学系（§11・2）．

高張液（hypertonic solution）　高い浸透圧をもつ高濃度溶液（§6・7）．

光電効果（photoelectric effect）　少なくとも最小振動数を超える振動数をもった光の照射により，金属表面から電子が飛び出す現象（§10・3）．

光電子増倍管　PMT（photomultiplier tube）　光電効果に基づいた光子の検出器と，一連の電子の増幅器からなる装置（§10・2）．

国際単位系 SI（International System of Units）　国際度量衡総会で採択されたメートル法による単位系．2018年，定義変更の見込み（§1・4）．

コヒーレント（coherent）　レーザー光におけるように電磁波が同位相にあり，波動が互いに干渉できる性質（コヒーレンス，可干渉性）をもつ状態（§14・3）．

固有関数（eigenfunction）　数学的演算子を作用させたとき，もとの関数の一定のスカラー倍になる以外の変化が起こらない関数（§10・7）．

固有値（eigenvalue）　数学的演算子を固有関数に作用させた結果は固有関数の一定のスカラー倍になるが，その比例定数のこと（§10・7）．

孤立系（isolated system）　外界と物質もエネルギーもやりとりしない系（§1・2）．

孤立電子対（lone pair）　非共有電子対．共有結合の形成に関与しない価電子対（§13・5）．

コールラウシュのイオン独立移動の法則（Kohlraush's law of independent ionic migration）　無限希釈した電解質の当量伝導率が，アニオン，カチオンの当量伝導率の和に等しいという法則（§7・1）．

コレステリック相（cholesteric phase）　分子が層状に配列している液晶相で，ネマチック相に類似するが，分子の長軸が層に平行である点が異なる（§19・5）．

混成（hybridization）　異なる空間分布をもつ新しい原子軌道をつくるために，エネルギーが近接した複数の原子軌道を混ぜる過程（§13・6）．

混成軌道（hybrid orbital）　一つの原子上で非等価な二つ以上の原子軌道を混成して得られる原子軌道（§13・

コンダクタンス C(conductance) 電解質溶液のコンダクタンスは，溶液中のイオンの電流の流しやすさの尺度である．面積 A，長さ l の媒質のコンダクタンスは，$C = \kappa A/l$ で与えられる．ここで κ は比例定数であり電気伝導率とよばれる（§7・1）．

根平均二乗速度(root-mean-square velocity) 各分子の速さの2乗（平方）の合計を存在する全分子数で割った平均値の平方根（§2・4）．

さ 行

最確の速さ(most probable speed) ある気体，ある温度で，最も分布数の大きい分子の速さ（§2・4）．

最大速度 V_{max}(maximum rate) すべての酵素が基質分子に結合したときの酵素触媒反応の速度（§15・12）．

最密構造(closest packed structure) 同一形状の球を多層に重ねて最密に詰め合わせた三次元構造．どの球も配位数は12をとる（§18・4）．

サッカー・テトロードの式(Sackur-Tetrode equation) 理想気体のモルエントロピーを算出するための式（§20・4）．

作用スペクトル(action spectrum) 系の光化学的応答や効率を用いた光の波長の関数として表示する吸収スペクトル（§16・1）．

三重項状態(triplet state) 全スピン角運動量の量子数 S が1である原子，分子の電子状態．この場合，スピン多重度が $(2S+1)=3$ となる（§14・2）．

三分子反応(termolecular reaction) 三分子が関与する素反応（§15・3）．

残余エントロピー(residual entropy) 結晶中の分子の不規則性のために，絶対零度の物質に残る0でないエントロピー（§4・8）．

しきい（閾）振動数(threshold frequency) 金属表面から電子を飛び出させるのに必要な最小の光の振動数（§10・3）．

磁気共鳴画像 MRI(magnetic resonance imaging) 物体の空間画像をもたらすNMR技術（§14・6）．

示強性(intensive property) 系の物質の量（物質量，質量，体積）に依存しない性質（§1・2）．

σ結合(σ bond) 原子軌道が端同士で重なってできる共有結合．結合した二つの原子の核と核の間に核間軸に沿って電子密度が集中している（§13・5）．

仕 事(work) 古典力学的には力×距離．熱力学的には気体の膨張（圧縮）や，電池中での電気的仕事が，典型的な例である（§3・1）．

仕事関数 Φ(work function) 1個の電子を金属表面から外部へ取出すのに必要なエネルギー量（§10・3）．

自発過程(spontaneous process) 与えられた条件で自然に起こる過程（§4・1）．

指標表(character table) 群論に基づいて，ある点群に属する分子の運動の既約表現の指標を表にまとめたもの（§11・4）．

ジャブロンスキー図(Jablonski diagram) 分子の電子状態のエネルギー関係とそれぞれの電子状態に属する振動準位を示す模式図．電子状態間の無放射および放射遷移も示す（§14・1）．

シャルルの法則(Charles' law) 定圧下で一定量の気体の体積が，気体の絶対（熱力学）温度に正比例することを記述する法則（§1・5）．

自由度(degree of freedom) 気体分子運動論および分光学においては，分子が行うことのできる運動（並進，回転，振動）の数（§2・9）．相律においては，平衡にある相の数を変えずに独立に変えることができる示強性変数（圧力，温度，組成）の数（補遺5・2）．

自由誘導減衰 FID(free induction decay) FT-NMRで磁気双極子が，その回転と同一周期の電磁波を放出すること．双極子自身の回転は電磁波の放出に伴い減衰する．FIDのシグナルをフーリエ変換すると，シグナルは周波数の関数になる（§14・6）．

縮 退(degeneracy) 二つ以上の異なったエネルギー固有状態が同じエネルギー準位をもつ状態．一つのエネルギー準位は一つ以上の状態をもちうるが，この状態の数を縮退度とよび，g で表す（§10・10）．

ジュール J(joule) エネルギーの単位で，力〔N〕×距離〔m〕で与えられる（§1・4）．

ジュール・トムソン効果(Joule-Thomson effect) 等エンタルピーで気体膨張をさせた結果起こる温度変化（§3・6）．

シュレーディンガー方程式 $\hat{H}\psi = E\psi$(Schrödinger equation) 量子力学における基本的な方程式．原子，分子のエネルギーと波動関数を解として与える（§10・8）．

準結晶状態(paracrystalline state) → 中間相形態状態

常磁性(paramagnetism) 磁石に引きつけられる性質．常磁性物質は一つ以上の不対電子をもつ（§13・5）．

状 態(state) 特定の性質の観測によって可能な限り完全に指定された系の状態．たとえば温度，圧力，組成のような熱力学的性質によって記述される熱力学的状態はその一例である（§3・1）．

状態方程式(equation of state) 流体に関して，n, P, T, V のような系の状態を決定する状態量の間に成立する数学的関係を与える式（§1・5）．

状態量(quantity of state) 状態関数とも言う．系の状態だけで決まる性質．ある過程での状態量の変化は経路に依存しない（§3・1）．

衝突頻度 Z_1(collision frequency) 単位時間当たりの分子の衝突数（§2・5）．

触 媒(catalyst) それ自体は消費されずに反応速度を増大させる物質（§15・12）．

触媒定数 k_{cat}(catalytic constant) → 代謝回転数．

示量性(extensive property) 系の物質量に依存する性質（§1・2）．

神経伝達物質(neurotransmitter) 他の神経細胞や筋細胞に結合して，その機能に影響を与える物質で，神経終末が放出する分子（§9・7）．

浸　透 (osmosis)　純溶媒または希薄溶液からより濃い溶液への, 半透膜を通る溶媒分子の正味の移動 (§6・7).

浸透圧 Π (osmotic pressure)　浸透を止めるのに必要な圧力 (§6・7).

振動反応 (oscillating reaction)　一つ以上の中間体の濃度が時間や空間での周期的変化を示す反応 (§15・10).

水素結合 (hydrogen bond)　電気陰性度の高い原子と結合している水素原子と, 電気陰性度の高い原子との間に働く特別な相互作用で, 静電的相互作用性と共有結合性をもつ (§17・4).

水和数 (hydration number)　水溶液中のイオンや溶質分子と会合している水分子の数 (§7・2).

スターリングの近似式 (Stirling's approximation)　N が大きい正の整数であるとき $\ln N! = N \ln N - N$ とする近似 (§20・1).

ストークス線 (Stokes line)　ラマン分光法で観測される入射光より低エネルギーの光. 分子の振動準位と回転準位の両方またはどちらかに共鳴エネルギー移動を起こすことによる (§11・5).

スピン-スピン結合 (spin-spin coupling)　NMR スペクトルの微細構造を与える核スピン間の相互作用 (§14・6).

スピン多重度 (spin multiplicity)　スピン多重度は $(2S+1)$ によって与えられる. ここで S は系の全スピン角運動量の量子数である (§11・1).

スメクチック相 (smectic phase)　液晶の一形態で, 分子が層状に並び, 層は互いに滑るように動きうる (§19・5).

スレーター行列式 (Slater determinant)　波動関数を行列式で書き下す方法で, パウリの排他原理を満たす (§12・7).

正規直交 (orthonormal)　二つの波動関数が直交して, かつ, 規格化されている, すなわち波動関数が次式

$$\int_{全空間} \psi_i^* \psi_j \, d\tau = \delta_{ij}$$

の数学的関係を満たすとき, 正規直交化されているという (§10・7).

成層圏 (stratosphere)　対流圏から上に広がる, 地表から約 50 km までの大気の領域 (§16・1).

静電容量 C (capacitance)　キャパシタンス. コンデンサーの一対の電極板上の電荷と電極間の電位差との比 (補遺7・1).

成　分 (component)　系の成分の数とは, 系のすべてのありうる組成の変化を記述するのに必要な最小限の数 (補遺5・2).

節 (node)　波動関数が 0 になる点, 線, 表面 (§10・9).

絶対温度目盛 (absolute temperature scale)　最低温度として絶対零度を基準にした温度目盛 (§1・5).

絶対零度 (absolute zero point)　理論的に到達可能な最低温度. 0 K (ケルビン) (§1・5).

摂動論 (perturbation theory)　複雑な量子力学系のエネルギーと波動関数を, 解析解のある単純な系 (箱の中の粒子, 剛体回転子, 調和振動子, 水素原子など) を用いて見いだすための数学的近似方法 (§12・11).

節の定理 (nodal theorem)　波動関数のエネルギーは節の数が多いほど高くなり, 基底状態の波動関数には節がないという考え (§10・9).

ゼロ点エネルギー (zero-point energy)　系がもちうる最小エネルギー. 調和振動子のゼロ点エネルギーは $\frac{1}{2}h\nu$ (§10・9).

遷移金属 (transition metal)　d 副殻が不完全に占有された元素, または d 副殻が不完全に占有されたカチオンを容易に生成する元素 (§12・8).

遷移状態 (transition state) → 活性錯体

遷移双極子モーメント (transition dipole moment)　分光学的遷移が起こっている間に生じる, 電子の電荷分布の双極的変動の大きさ. 遷移双極子モーメントが 0 でないときに遷移は許容となる (§11・1).

先験的等重率の原理 (principle of equal a priori probability)　熱平衡にある系では, すべての微視的状態は等しい確率で実現されるという原理 (§4・7).

線スペクトル (line spectrum)　特定波長の放射だけを物質が吸収あるいは放出するときに得られるスペクトル (§10・4).

選択律 (selection rule)　特定の分光学的遷移を起こす状態間変化が起こりうるかどうかを予測する法則 (§11・1).

相 (phase)　はっきりとした境界により系の他の部分と接し, かつ隔てられている, 系の均一な部分 (§5・5).

双極子-双極子相互作用 (dipole-dipole interaction)　二つの極性分子の電気双極子間の静電的相互作用 (§17・3).

双極子モーメント μ (dipole moment)　分子の双極子モーメントは, 分子の結合モーメントのベクトル和として近似的に表せる. 分子の極性を表す尺度になる (§13・5).

双極子-誘起双極子相互作用 (dipole-induced dipole interaction)　極性分子の電気双極子と, 極性分子により無極性分子に誘起された電気双極子間の静電的相互作用 (§17・3).

走査トンネル顕微鏡 STM (scanning tunneling microscope)　導電性表面に原子レベルに先鋭化した探針を近づけ, 両者の間のトンネル電流を測定し, それを一定に保つように試料表面を探針で走査し, 表面の構造を観察する顕微鏡. STM の空間分解能は原子レベルである (§10・12).

相　図 (phase diagram)　物質が固体, 液体, 気体として存在する条件 (温度, 圧力) を示す図 (§5・5).

相　律 (phase rule)　ギブズの相律ともいう. 平衡にある系の自由度 f と, 独立成分の数 c と, 相の数 p の関係式; $f = c - p + 2$ (§5・5).

素過程 (elementary step)　分子レベルで実際に進行している反応 (§15・3).

束一的性質 (colligative property)　溶液に溶けている溶質粒子数で決まり, 溶質粒子の性質には依存しない溶液

の性質（§6・7）．

速度定数（rate constant） 反応速度と反応物の濃度との間の比例定数（§15・2）．

速度論的塩効果（kinetic salt effect） 溶液中のイオン強度が反応速度に及ぼす効果（§15・9）．

疎水性相互作用（hydrophobic interaction） 水との接触を最小にするために無極性物質が寄り集まる際の相互作用（§17・4）．

た 行

対応原理（correspondence principle） 量子数が極限的に大きいとき，量子力学計算により記述される系の性質は，古典力学（ニュートン力学）の結果に対応するという概念（§10・9）．

代謝回転数（turnover number） 酵素が基質で飽和しているとき，酵素1分子によって1秒当たりに処理される基質分子の数．触媒定数（k_{cat}）ともよばれる（§15・12）．

対称操作（symmetry operation） 操作後の分子が操作前の分子と区別できないような操作（§11・4）．

対称要素（symmetry element） 対称操作がそれによって定義される点，線，面（§11・4）．

対流圏（troposphere） 大気の最も下部の層で，その全重量の約80％と，事実上すべての水蒸気を含む（§16・2）．

滞留時間（residence time） ある化学種が大気中に滞留する平均時間（§16・2）．

淡色効果（hypochromism） DNAが変性した一本鎖構造から二重らせん構造に転移すると260 nmのUV光の吸光度が減少する現象．この現象はDNAの変性，再生をモニターする目的に使われる（§14・1）．

弾性衝突（elastic collision） 弾性衝突時には，並進運動から回転や振動のような内部エネルギーへの移行は起こらない（§2・1）．

断熱過程（adiabatic process） 系とその外界との間で熱の移動を伴わない過程（§3・2）．

単分子反応（unimolecular reaction） 1分子のみが関与する素反応（§15・3）．

力（force） ニュートンの運動の第二法則によれば，力は質量と加速度の積に等しい（§1・2）．

力の定数 k（force constant） フックの法則 $F=-kx$ に従う復元力（F）と物体の変位（x）の関係の比例定数kを，調和振動子の力の定数という．化学結合の剛さの尺度としても重要である（§11・3）．

逐次反応（consecutive reaction） A→B→C…のようなタイプの反応（§15・4）．

中間圏（mesosphere） 地球の大気圏の最上層（§16・2）．

中間相形態状態（mesomorphic state） 固体と液体の中間的な性質をもつ相の状態．準結晶状態ともよばれる（§19・5）．

超高速過程（ultrafast process） ピコ秒，フェムト秒，アト秒の時間スケールで起こる過程（§14・4）．

超臨界流体（supercritical fluid） 臨界温度を超えた物質の状態（§1・8）．

調和振動子（harmonic oscillator） フックの法則に従う物体．分子振動の研究においては，分子は量子力学的な調和振動子として（よい近似で）取扱われる（§11・3）．

つじつまのあう場の方法（self-consintent field method） 多電子原子や分子の波動関数を得るために，仮定した粒子の分布のつくるポテンシャル場と計算の解のつじつまがあうまで，繰返し計算を行う手法（§12・10）．

定常状態（stationary state） 時間に伴って変動しない状態（§10・7）．

定常状態近似（steady-state approximation） 反応の進行中ほとんどの時間で中間体の濃度が一定と仮定する近似（§15・4）．

低張液（hypotonic solution） 低い浸透圧をもつ低濃度溶液（§6・7）．

デバイ・ヒュッケルの極限法則（Debye-Hückel limiting law） イオン強度の低い範囲で，電解質溶液のイオンの平均活量係数を与える計算式（§7・5）．

電気陰性度 χ（electronegativity） 化学結合している原子が，自身の側へと結合電子を引き付ける能力（§13・5）．

点群（point group） ある分子の対称性の数学的な記述のことで，ある固定点に関する対称操作の集合のこと．32個ある．点群にはその分子に当てはまる対称操作のすべてが含まれる（§11・4）．

電子親和力 E_a（electron affinity） 気体状原子が電子を1個得てアニオンになるときのエネルギー変化に−符号を付けた値（§12・8）．

電磁波（electromagnetic wave） 電場成分とそれに垂直な磁場成分をもつ波動（§10・1）．

電子配置（electron configuration） 原子や分子のさまざまな軌道に電子がどのように分布するかを示したもの（§12・7）．

電磁放射（electromagnetic radiation） 電磁波の形で吸収されたり放出されたりする放射（§10・1）．

等温（isotherm） 一定温度での気体の体積に対する圧力のプロットを等温曲線とよぶ（§1・5）．

等温過程（isothermal process） 一定温度の条件下で進行する過程（§3・5）．

等吸収点（isosbestic point） 吸収スペクトルにおいて，二つの化学種のモル吸光係数が等しくなる特別な波長の点で，その吸光度は二つの化学種の相対濃度によらず不変で，総濃度のみに依存する．一つ以上の等吸収点の存在は，化学平衡にある化学種が溶液中に存在する指標になる（§14・1）．

同形置換法（isomorphous replacement） 結晶構造を変えることなく一つの元素を重原子に置換することでX線回折パターンを変化させる手法．X線構造解析で構造因子の位相決定にこの手法を用いる（§18・3）．

統計熱力学（statistical thermodynamics） 分子の大集合の平均的振舞いとして熱力学的性質を論ずる理論（§20・1）．

動径分布関数(radial distribution function)　方向によらず r〜$r+\mathrm{d}r$ の間に粒子を見つける確率を $4\pi r^2 R(r)^2\,\mathrm{d}r$ で与える関数 $4\pi r^2 R(r)^2$ のこと．r は原子核からの距離である（§12・3, §19・1）．

透　析(dialysis)　半透膜を通す拡散により，低モル質量の溶質を溶液に加えたり，除去したりする過程（§8・5）．

等張液(isotonic solution)　同じ（粒子の）濃度，したがって同じ浸透圧をもつ溶液（§6・7）．

動的同位体効果(kinetic isotope effect)　分子中のある原子を，同位体に置換することによる反応速度の変化．ゼロ点エネルギーの変化により生じる効果（§15・8）．

閉じた系(closed system)　外界とのエネルギーの移動（通常，熱として）はあるが，物質の移動がない系（§1・2）．

ドップラー効果(Doppler effect)　発生源と観測者の相対運動によって音や電磁波の観測振動数が変化する現象（§11・1）．

ドナン効果(Donnan effect)　高分子イオンは透過することができないが低分子イオンは透過することができる膜の片側に高分子電解質が存在する場合，平衡時，膜の両側の低分子イオンの分布が不均衡になる．この現象はドナン効果による（§7・6）．

ド・ブロイの関係式(de Broglie relation)　運動量 p をもつ粒子の波長を与える $\lambda = h/p$ という関係式（§10・5）．

トルートンの規則(Trouton's rule)　ほとんどの液体の蒸発モルエントロピーが近似的に $88\,\mathrm{J\,K^{-1}\,mol^{-1}}$ であるという経験則（§4・5）．

ドルトンの分圧の法則(Dalton's law of partial pressure)　混合気体の全圧は，個々の気体がそれぞれ別個に存在するとした場合の圧力（分圧）の和に等しいことを記述する法則（§1・6）．

トンネル効果(tunneling)　→ 量子力学的トンネル効果．

な　行

内部エネルギー U (internal energy)　系の内部エネルギーは系のすべてのエネルギー成分の総和である．分子の並進，回転，振動，電子の各エネルギー，核エネルギー，さらには，分子間相互作用によるエネルギーからなる（§3・2）．

二次反応(second-order reaction)　反応速度が反応物の濃度の二乗または二つの反応物の濃度（それぞれは一次）の積に依存する反応（§15・2）．

二分子反応(bimolecular reaction)　2分子が関与する素反応（§15・3）．

熱 q (heat)　温度差によって，系の間を移動するエネルギー（§3・1）．

熱運動(thermal motion)　無秩序な分子の運動．熱運動のエネルギーが増加するほど温度は高くなる（§2・3）．

熱化学(thermochemistry)　化学反応に伴う熱変化に関する学問（§3・6）．

熱圏(thermosphere)　高度と共に温度が連続的に上昇する大気の高高度領域（§16・2）．

熱効率 η (thermodynamic efficiency)　（熱機関によりなされた正味の仕事）/（熱機関で吸収された熱）で表される比（§4・3）．

熱反応(thermal reaction)　電子基底状態にある反応物分子が起こす反応で，反応速度は反応物分子の熱運動に支配される（§16・1）．

熱容量 C (heat capacity)　物質の温度を 1 K 上げるのに必要な熱量（§2・9）．

熱容量比 γ (heat capacity ratio)　$\overline{C}_P/\overline{C}_V$ で与えられる比（§3・5）．

熱力学(thermodynamics)　熱エネルギーと他の形態のエネルギーの間の変換を取扱う自然科学の体系（§3・1）．

熱力学第一法則(first law of thermodynamics)　エネルギーは形を変えて移動はするが，生成したり消滅したりすることはないことを示す法則．化学においては，第一法則は普通 $\Delta U = q + w$ で表される．ここで U は系の内部エネルギー，q は系と外界との熱のやりとり，w は系が外界に対してする仕事または外界からされる仕事である（§3・2）．

熱力学第三法則(third law of thermodynamics)　すべての物質は有限の正のエントロピーをもつが，絶対零度では，エントロピーは 0 になりうる．そして，このことは完全な結晶状態の純物質で成立するということを記述した法則（§4・6）．

熱力学第二法則(second law of thermodynamics)　孤立系のエントロピーは不可逆過程では増大し，可逆過程では不変である．したがってエントロピーは決して減少することはない，ということを記述した法則．この法則の数学的表現は，$\Delta S_{宇宙} = \Delta S_{系} + \Delta S_{外界} \geq 0$ である（§4・4）．

熱力学第零法則(zeroth law of thermodynamics)　系 A と系 B，系 B と系 C が熱平衡にあるなら，系 C は系 A とも熱平衡にあることを述べた法則（§1・3）．

熱力学的状態方程式(thermodynamic equation of state)　温度一定の条件下における系の内部エネルギーの体積依存性を表す式（補遺6・1）．

熱力学的平衡定数(thermodynamic equilibrium constant)　活量（溶液中の溶質の場合）あるいはフガシティー（気体の場合）で濃度項を表した平衡定数の表式（§8・1）．

ネマチック相(nematic phase)　分子が互いに平行に配列しているが，それ以外には構造的に秩序立っていない液晶相（§19・5）．

ネルンスト式(Nernst equation)　電池の標準起電力（$E°$）と電極反応の反応商によって起電力（E）を表す関係式（§9・3）．

粘性(viscosity)　流体の流れにくさの尺度（§2・7）．

は　行

配位数(coordination number)　結晶中のある原子（イオン）を取囲む原子（イオン）の数（§18・4）．

倍音(overtone)　振動分光法で，倍音とは，振動量子数の変化が2以上($\Delta v>1$)の遷移のこと（§11・3）．

π結合(π bond)　軌道側面での重なりでできる共有結合．電子密度は結合軸の上下で高い（§13・5）．

ハイゼンベルクの不確定性原理(Heisenberg uncertainty principle)　ある粒子の運動量と位置を，共に同時に正確に知ることは不可能であることを述べた原理．数学的には $\Delta x \Delta p \geq h/(4\pi)$ と表現される（§10・6）．

パウリの排他原理(Pauli exclusion principle)　原子や分子中の二つの電子が四つの量子数すべてについて同じ値をもてないことを述べた原理．より厳密に言うと，原子（や分子）の波動関数は，一対の電子の交換に関して反対称である（§12・7）．

箱の中の粒子(particle in a box)　一つの粒子が井戸型ポテンシャルに収容されており，そのポテンシャルは箱の中（一次元では線分，二次元では平面）では0，それ以外のすべてでは無限大という，モデルとなる量子力学系（§10・9）．

波数 $\tilde{\nu}$(wavenumber)　単位長さ当たりの波の数．典型的には cm^{-1}（§11・1）．

発色団(chromophore)　特定波長の光を吸収する分子の一部分（§14・1）．

発熱反応(exothermic reaction)　周囲（外界）に熱を放出する反応（§3・6）．

ハートリー(hartree)　エネルギーの原子単位の一つで，1ハートリーのエネルギー $E_h=2R_H hc$ で，基底状態水素原子のポテンシャルエネルギーの -2 倍である（§12・6）．

ハートリー・フォック法(Hartree-Fock method)　多電子系のシュレーディンガー方程式を解くための，つじつまのあう場の方法．各電子は，自身以外のすべての電子がつくる平均ポテンシャルエネルギーに影響されるとして，つじつまがあうまで繰返し計算を行う（§12・10）．

ハミルトニアン $\hat{H}$(hamiltonian)　系の総エネルギーに対応する量子力学演算子．ハミルトニアンはシュレーディンガー方程式（$\hat{H}\psi=E\psi$）に現れる（§10・7）．

半径比則(radius ratio rule)　カチオンとアニオンの半径の比から結晶格子の構造と配位数についての情報が得られるという経験則（§18・4）．

反結合性分子軌道(antibonding molecular orbital)　それを構成している原子軌道より高いエネルギーをもつ分子軌道（§13・4）．

半減期 $t_{1/2}$(half-life)　反応物の濃度が初濃度の半分まで減少するのに要する時間（§15・2）．

反磁性(diamagnetism)　反磁性物質は，対になった電子のみをもち，わずかに磁石に反発する（§13・5）．

反ストークス線(anti-Stokes line)　ラマン分光法で観測される入射光より大きなエネルギーをもつ光．分子の振動励起準位と回転準位の両方またはいずれか一方からの共鳴エネルギー移動による（§11・5）．

半透膜(semipermeable membrane)　溶媒分子とある種の溶質分子は通過させるが，その他の溶質分子は通過させない膜（§6・7）．

反応機構(reaction mechanism)　生成物の生成に至る一連の素過程の流れ（§15・3）．

反応次数(order of reaction, reaction order)　反応速度式に現れるすべての反応物の濃度について，累乗の指数を合計した数（§15・2）．

反応速度式(rate law, rate equation)　速度定数と反応物の濃度で表現した反応速度の表式（§15・2）．

反応中間体(reaction intermediate)　全体の反応式には現れないが，反応機構（素過程）には現れる種（§15・3）．

反応分子数(molecularity)　素過程に関与している分子の数（§15・3）．

非局在化分子軌道(delocalized molecular orbital)　二つ以上の原子に広がる分子軌道（§13・7）．

微視的可逆性の原理(principle of microscopic reversibility)　平衡が成立しているとき，関与するすべての素反応について正反応と逆反応の速度が等しいことを述べた原理（§15・4）．

微視的状態(microstate)　原子，分子など個々の成分の実際の性質によって記述した系の状態（§4・7）．

比誘電率 ε_r(dielectric constant, relative permittivity)　媒質の比誘電率は，電極間の領域に物質があるときのコンデンサーの静電容量 C と，ないときの静電容量 C_0 との比で $\varepsilon_r=C/C_0$ である（§7・2，補遺7・1）．

ヒュッケル分子軌道法(Hückel MO theory)　共役炭化水素系の π 電子エネルギーや波動関数を計算する半経験的分子軌道法（§13・8）．

標準還元電位(standard reduction potential)　標準状態条件下の還元半反応におけるある物質の電極電位（§9・2）．

標準状態(standard state)　熱力学量を定義する際に基準にする状態．固体や液体の標準状態は1 bar，特定温度での最も安定な形である．理想気体の標準状態は1 bar，特定温度での純粋な気体である（§3・6）．

標準水素電極(standard hydrogen electrode)　次の可逆半反応；$H^+(1\,M)+e^- \rightleftharpoons \frac{1}{2}H_2(g)$ に基づく電極で，気相の圧力が1 bar，H^+イオンの濃度が1 Mのとき，電極電位を0にとる（§9・2）．

標準生成エンタルピー $\Delta_f H°$(standard enthalpy of formation)　ある温度で1 barの標準状態にある構成元素の最安定な単体から1 molの化合物を生成するときのエンタルピー変化（§3・6）．

標準生成ギブズエネルギー $\Delta_f G°$(standard Gibbs energy of formation)　ある温度で1 barの標準状態にある構成元素の最安定な単体から1 molの化合物を生成するときのギブズエネルギー変化（§5・3）．

標準反応エンタルピー $\Delta_r H°$(standard reaction enthalpy)　ある温度において標準状態の反応物が標準状態の生成物に変化するときのエンタルピー変化（§3・7）．

表面張力(surface tension)　表面の単位長さ当たりの縮まろうとする力，または液体の表面積を単位面積だけ

開いた系 (open system)　物質とエネルギー（たいていは熱）を，外界と交換することができる系（§1・2）．

ビリアル方程式 (virial equation)　実在気体の状態方程式の一つ．モル体積あるいは圧力のべき級数として展開した式（§1・7）．

頻度因子 A (frequency factor)　アレニウス式の指数項の係数．前指数因子ともよぶ（§15・7）．

ファラデー定数 F (Faraday constant)　電子 1 mol のもつ電荷量．96 485 C mol^{-1}（§9・1）．

ファンデルワールスの式 (van der Waals equation)　実在気体について，気体分子が有限の体積をもち，分子間力が働くことを説明する状態方程式（§1・7）．

ファンデルワールス力 (van der Waals force)　双極子–双極子，双極子–誘起双極子，分散力など，分子間の弱い引力の総称（§17・3）．

ファントホッフの係数 (van 't Hoff factor)　[平衡状態の溶液中の実際の粒子の数]/[電離する前の溶液中の粒子の数] の比（§7・6）．

ファントホッフの式 (van 't Hoff equation)　平衡定数の温度依存性を反応エンタルピーにより示す式（§8・5）．

$$\left(\frac{\partial \ln K}{\partial T}\right)_P = \frac{\Delta_r H^\circ}{RT^2}$$

フィックの拡散法則 (Fick's laws of diffusion)　フィックの拡散の第一法則は，粒子の流束が濃度勾配に比例することを述べる．フィックの拡散の第二法則は，体積要素を出入りする拡散の結果として，その体積要素中の濃度変化がもたらされることを述べる（§19・4）．

フェルミ粒子 (fermion)　半整数のスピンをもつ粒子．電子，陽子，重水素原子など（§12・7）．

フガシティー f (fugacity)　実在気体で実効的に働く熱力学的圧力（§8・1）．

フガシティー係数 γ (fugacity coefficient)　気体のフガシティー (f) と圧力 (P) とを関係づける係数．$f = \gamma P$（§8・1）．

不揮発性 (nonvolatile)　測定可能な蒸気圧をもたないこと（§6・7）．

複素共役 (complex conjugate)　複素数の複素共役とは i($=\sqrt{-1}$) を $-i$ で置き換えて得られる数（§10・7）．

複素数 (complex number)　数学的に実数と虚数を含む数（§10・7）．

節 (node) → せつ

付着 (adhesion)　異種の分子間に働く引力（§19・3）．

フックの法則 (Hooke's law)　物体の復元力 (F) が平衡位置からの変位 (x) に比例する，すなわち $F = -kx$ という法則．ここで，k は比例定数で力の定数とよばれる（§11・3）．

部分モル体積 $\overline{V_i}$ (partial molar volume)　温度，圧力，他の成分のモル数を一定に保ちながら i 番目の成分を n_i mol 加えたときの溶液の体積変化率（§6・2）．

ブラッグの式 (Bragg equation)　波長 λ の X 線を用いて回折が生じた際の回折角 θ と結晶格子の面間隔 d の関係式．次式のようになる（§18・2）．

$$n\lambda = 2d\sin\theta \quad n = 1, 2, 3, \cdots$$

ブラベ格子 (Bravais lattice)　三次元の結晶に存在しうる異なる 14 種の結晶格子のそれぞれ（§18・1）．

フランク・コンドン原理 (Franck–Condon principle)　分子系においては，電子状態間の遷移がきわめて速く起こるので，遷移の過程では原子核を静止しているとみなすことができるという原理．したがって垂直遷移を考えることができ，遷移確率は振動波動関数の重なり積分の 2 乗に比例する（§14・1）．

プランクの分布則 (Planck distribution law)　黒体により放射される電磁波の波長当たり，または振動数当たりの分布を温度の関数として表した式（§10・1）．

フーリエ変換 FT (Fourier transform)　時間（または位置）の関数であるシグナルと，振動数の関数であるシグナルとを互いに変換しあう数学的技法．現代の IR，NMR 機器には FT が採用されている（補遺 11・1，§14・6）．

分極率 α (polarizability)　原子（や分子）の電荷密度分布のゆがみやすさ．数学的には印加電場の強度 (E) と誘起双極子モーメント (μ_{ind}) の間の比例定数 $(\mu_{ind} = \alpha E)$（§17・3）．

分光放射エネルギー密度 (spectral radiant energy density)　単位体積当たり，波長（または振動数）間隔当たりの電磁波のエネルギー量（§10・1）．

噴散 (effusion)　エフュージョン．高圧ガスが非常に小さい間隙を通って容器の一つの区画から別の区画（低圧側）へと漏れ出る現象（§2・8）．

分散相互作用 (dispersion interaction)　電子密度のゆらぎによる引力的分子間相互作用．瞬間双極子–誘起双極子相互作用やロンドン相互作用とも言われる（§17・3）．

分子軌道 MO (molecular orbital)　分子中の電子の運動を記述する波動関数（§13・4）．

分子軌道法 (molecular orbital method)　分子の電子構造を説明する理論．電子は分子全体に広がる分子軌道を占有していると仮定する．分子軌道は分子中の原子の原子軌道の線形結合でつくられる（§13・4）．

分子分配関数 (molecular partition function)　分子のさまざまな運動による個々の分配関数の積（§20・3）．

フントの規則 (Hund's rule)　多電子原子の基底状態における電子配置を予測するための経験則で，副殻に電子を配置する場合，平行スピンが最も多い配置が最も安定である（§12・7）．

分配関数 q (partition function)　分子が熱的励起によりとりうる状態の数を示す状態量．系のすべての熱力学量を分子の分配関数から導くことができる（§20・2）．

分(別蒸)留 (fractional distillation)　沸点が異なることを利用して溶液の液体成分を分離する方法（§6・6）．

粉末法 (powder method)　ある物質の粉末試料と単色 X 線ビームとの相互作用により，その物質の単位格子の寸法と対称性を求める手法（§18・3）．

平均自由行程 λ(mean free path)　ある衝突と次の衝突との間の分子の平均移動距離（§3・5）.

平衡蒸気圧(equilibrium vapor pressure)　ある温度で蒸気と平衡にある液体の蒸気圧．しばしば単に蒸気圧とよばれる（§1・8）.

ヘスの法則(Hess's law)　反応物が生成物に変化するときのエンタルピー変化は，一段階反応でも多段階反応でも不変であることを記述した法則（§3・6）.

ヘルムホルツエネルギー A(Helmholtz energy)　$A=U-TS$ によって定義される熱力学量．定温定積下のある過程での系のヘルムホルツエネルギー変化は $\Delta A = \Delta U - T\Delta S$ で表せる．$\Delta A=0$ は系が平衡にあるときに成立し，自発的に進行する過程では $\Delta A<0$ となる（§5・1）.

変数変換(transformation of variable)　ある座標系を別の座標系へ変換する数学的過程（§10・11）.

変分原理(variational principle)　変分原理は変分法の基礎で，任意の試行波動関数を仮定して近似固有値を計算する．近似波動関数から得られるエネルギーの固有値は常に系の真に正しい固有値より低くならないという原理（§12・9）.

変分法(variational method)　基底状態の波動関数を計算するための変分原理に基づいた方法．試行波動関数の変分パラメーターは，エネルギーの期待値を最低になるように最適化する（§12・9）.

ヘンリーの法則(Henry's law)　気体が液体に溶けるとき，その溶解度が，溶液に接する気相中のその気体の圧力（分圧）に比例するという法則（§6・4）.

ボーア半径 a_0(Bohr radius)　水素原子のボーア模型での最小軌道の半径．0.529 Å に等しい（§10・4）.

ボイルの法則(Boyle's law)　等温で一定量の気体の体積が圧力に反比例するという法則（§1・5）.

ボース・アインシュタイン凝縮体 BEC(Bose-Einstein condensate)　整数のスピンをもつ粒子（ボース粒子）からなる物質のある状態で，同じ時間に同じ場所を占め，一つの波動関数で記述できる（§12・7）.

ボース粒子(boson)　整数のスピンをもつ粒子．光子，^{4}He 原子，ヒッグス粒子など（§12・7）.

ホットバンド(hot band)　振動分光法で，振動励起状態から始まる遷移のこと（§11・3）.

ポテンシャルエネルギー曲線(potential-energy curve)　ある系（分子）のポテンシャルエネルギーを，原子座標に対してプロットした曲線（§3・7）.

ポテンシャルエネルギー面(potential-energy surface)　可能なすべての原子位置が見渡せるように，系（原子の集団）のポテンシャルエネルギーを相対的な位置に対してプロットした曲面（§15・6）.

HOMO　<u>h</u>ighest <u>o</u>ccupied <u>m</u>olecular <u>o</u>rbital（最高被占軌道）の略（§13・4）.

ボルツマン分布則(Boltzmann distribution law)　温度 T で熱平衡にある系で，エネルギー E_i の状態の占有数（分子数）を記述する法則．エネルギー E_1 および E_2 をもつ二つの状態の占有数の比 (N_2/N_1) を計算するのにしばしば用いられる．式は下のようになる（§2・9）.

$$\frac{N_2}{N_1} = \exp\left(-\frac{E_2-E_1}{k_B T}\right)$$

ボルン・オッペンハイマー近似(Born-Oppenheimer approximation)　電子と原子核とでは質量と速さが大きく異なることに基づき，電子構造の計算をする目的において原子核を静止していると近似すること（§13・1）.

ホログラム(hologram)　ホログラフィーの過程で生じる像（§14・3）.

ホログラフィー(holography)　コヒーレントなレーザー光を用いた三次元像をつくる技術（§14・3）.

ま　行

マクスウェルの速度分布(Maxwell distribution of velocity)　ある温度の気体試料に対して，それぞれの速度をもつ分子の相対数を与える理論式（§2・4）.

マクスウェルの速さ分布(Maxwell distribution of speed)　ある温度の気体試料に対して，それぞれの速さをもつ分子の相対数を与える理論式（§2・4）.

膜電位(membrane potential)　膜の両側のイオンの濃度差によって生じる膜を介した電位差（§9・7）.

マジック角回転 MAS(magic angle spinning)　固体試料を高速［kHz］で，磁場に対して 54.74°で物理的に回転し，磁気双極子による広幅化を最小にすること（§14・6）.

マーデルング定数(Madelung constant)　イオンの電荷数とイオン間の距離で表された，イオン結晶の格子エネルギーを決定する無次元の定数（§18・4）.

ミカエリス・メンテン速度論(Michaelis-Menten kinetics)　酵素の触媒反応が，酵素と基質の前駆平衡状態と，それにひき続いて起こる酵素−基質複合体から生成物への変換の 2 段階で進行すると仮定した速度論的取扱い（§15・12）.

ミラー指数 hkl(Miller indices)　結晶の格子面を表記する指数（§18・1）.

毛管（現象）(capillarity)　液体中に立てた毛管の内側の液面が，液体の凝集と，液体と毛管内壁の接着の大小によって上がったり下がったりする現象（§19・3）.

モノクロメーター(monochromator)　多周波数の光を成分の周波数に分割する装置（§14・3）.

モル(mole)　^{12}C の正確な 12 g（0.012 kg）中に含まれる ^{12}C の数と等しい数の構成要素（原子，分子，粒子）を含む物質を 1 mol とする．2018 年 11 月に定義変更の見込み（§1・4）.

モル吸光係数(molar extinction coefficient)　ランベルト・ベールの法則の比例定数．1 mol の物質が特定の波長の光を吸収する能力の尺度（§11・1）.

モル質量 $\mathcal{M}$(molar mass)　1 mol の原子，分子，その他の粒子の質量［g, kg 単位］（§1・4）.

モル伝導率 Λ(molar conductivity)　モル濃度 c の溶液のモル伝導率は $\Lambda = \kappa/c$ で与えられる．κ は電気伝導率

である（§7・1）．

モル分率 x（mole fraction）　混合物中のある成分の物質量（モル数）の全成分の物質量（モル数）の総和に対する比（§1・6）．

や　行

YAG レーザー（YAG laser）　YAG ガラス〔YAG はガラスの成分，イットリウム–アルミニウム–ガーネット（yttrium aluminum garnet）を表す〕に Nd^{3+} をドープしたものを利得媒質としたレーザー．Nd:YAG レーザーとも書く（§14・3）．

UPS　紫外光電子分光法（ultraviolet photoelectron spectroscopy）の略．価電子のエネルギーを調べる実験技術の一つ．紫外光により化学種をイオン化し，生じた光電子の運動エネルギーを測定する（§14・5）．

ら　行

ラウールの法則（Raoult's law）　溶液と平衡にある溶液中のある成分の蒸気の分圧が，純粋成分の蒸気圧とモル分率との積で与えられるという法則（§6・4）．

ラプラシアン ∇^2（Laplacian operator）　デカルト座標では次の式で表される（§10・8）．
$$\nabla^2 = \frac{\partial^2}{\partial x^2} + \frac{\partial^2}{\partial y^2} + \frac{\partial^2}{\partial z^2}$$

ラマン分光法（Raman spectroscopy）　ラマン散乱光を分析することで，分子の分極率の変化を伴う分子運動を調べる分光法（§11・5）．

ラーモア角振動数 ω（Larmor angular frequency）　磁気モーメントをもつ系に磁場を掛けたとき，磁場を軸として行う磁気モーメントの歳差運動の角振動数（§14・6）．

ランタノイド（lanthanoids）　4f 副殻が不完全に占有された元素または 4f 副殻が不完全に占有されたカチオンを容易に生成する元素．希土類金属ともよばれる（§12・8）．

ランベルト・ベールの法則（Lambert–Beer's law）　特定波長の吸光度（A）を溶液濃度（c）とセルの光路長（b）とに関係づける法則，すなわち $A=\varepsilon bc$．ここで ε はその波長の光を吸収する化学種のモル吸光係数である（§11・1）．

リオトロピック相（lyotropic phase）　リオトロピック液晶（水のような極性溶媒に溶かし，二つ以上の成分混合により形成される液晶）の相（§19・5）．

理想気体の式（ideal-gas equation）　圧力，体積，温度と理想気体の量との間に成立する関係式；$PV=nRT$（R は気体定数）（§1・5）．

理想希薄溶液（ideal-dilute solution）　溶質がヘンリーの法則に従い，溶媒がラウールの法則に従う溶液（§6・5）．

理想溶液（ideal solution）　溶媒および溶質が共にラウールの法則に従う溶液（§6・4）．

律速段階（rate-determining step）　生成物に至る一連の素過程の中で最も遅い段階（§15・3）．

粒子と波の二重性（particle-wave duality）　粒子は波の性質ももち，また波も粒子の性質をもつ（§10・5）．

量子収率 Φ（quantum yield）　光化学過程において，吸収された光（量）子数に対する生成した分子数の比（§16・1）．

量子数（quantum number）　量子力学において，原子や分子などの特定の状態のエネルギー準位を指定するのに用いられる整数や半整数（§10・9）．

量子力学（quantum mechanics）　物質，電磁放射，さらには物質と放射の相互作用についての現代的な理論で，主として原子系，分子系に適用される（§10・7）．

量子力学的トンネル（quantum mechanical tunneling）　粒子の運動エネルギーがポテンシャル障壁より低いときに，古典論では禁止されているポテンシャル障壁を越えた領域に波動関数がしみ出すこと（§10・12）．

臨界温度 T_c（critical temperature）　それ以上の温度では気体が液化できなくなる温度（§1・8）．

りん光（phosphorescence）　光照射を受けた後に物質が電磁波を放出する現象．寿命が長く（秒の単位），放射状態と基底状態でスピン多重度が異なっている（典型的には三重項と一重項）ことを特徴とする（§14・2）．

ルイス構造（Lewis structure）　共有結合は，共有電子を 2 原子間の線または 1 対の点として表し，非共有電子対を個々の原子上の 1 対の点として表す方法（§13・5）．

ルシャトリエの原理（Le Châtelier's principle）　平衡にある系に外部からストレスが加わったとき，そのストレスを打ち消す方向に変化が進み，新しい平衡になるという経験則（§8・4）．

LUMO　lowest unoccupied molecular orbital（最低空軌道）の略（§13・4）．

零次反応（zero-order reaction）　反応速度が反応物の濃度に依存しない反応（§15・2）．

レイノルズ数（Reynolds number）　管に沿った流体の流れが層流か乱流かを決める無次元の数（§19・2）．

レーザー（laser）　放射の誘導放出による光の増幅（light amplification by stimulated emission of radiation）の頭文字をとった造語．レーザーの作用には，反転分布（原子や分子の高いエネルギー準位の占有数が，低いエネルギー準位の占有数より大きい分布）が必要である（§14・3）．

レーザー誘起蛍光 LIF（laser-induced fluorescence）　電子の励起にレーザーを用いて蛍光を測定する分光技術（§14・4）．

連鎖反応（chain reaction）　一つの段階で生成された中間体が他の物質と反応し新たな中間体を生成し，連鎖的に進行する反応（§15・4）．

ロンドン相互作用（London interaction）→ 分散相互作用．

問題の解答 —— 偶数番号の計算問題

第1章

1・6 32.0 g mol^{-1}
1・8 2.98 g L^{-1}
1・10 (a) $1.1 \times 10^{-7} \text{ mol L}^{-1}$,
(b) 18 ppm
1・12 (a) 0.85 L
1・14 (a) 4.9 L, (b) 6.0 atm,
(c) 0.99 atm
1・16 N_2O
1・18 3.2×10^7 個, 2.5×10^{22} 個
1・20 O_2: 28 %, N_2: 72 %
1・24 N_2: 88.9 %, H_2: 11.1 %
1・26 14 日
1・28 349 mmHg
1・30 0.45 g
1・32 4.8 %
1・38 $P_T = 1.02 \text{ atm}$, $P_{Ar} = 0.30 \text{ atm}$, $P_{He} = 0.720 \text{ atm}$,
$x_{Ar} = 0.29$, $x_{He} = 0.71$
1・42 $P_c = 50.4 \text{ atm}$, $T_c = 565 \text{ K}$,
$\overline{V}_c = 0.345 \text{ L mol}^{-1}$
1・54 (a) 1.09×10^{44} 個,
(b) 1.18×10^{22} 個, (c) 2.6×10^{30} 個,
(d) 2.4×10^{-14}; 3×10^8 個
1・56 (b) 0.54 atm
1・64 $x_{CH_4} = 0.789$, $x_{C_2H_6} = 0.211$
1・66 CH_4
1・68 46.5 m
1・70 45 ℃

第2章

2・4 0.29 atm
2・6 $6.07 \times 10^{-21} \text{ J}$; $3.65 \times 10^3 \text{ J mol}^{-1}$
2・8 460 K
2・10 42.6 K
2・14 N_2: $1.33 \times 10^4 \text{ m}$; He: $9.31 \times 10^4 \text{ m}$
2・16 $c_{rms} = 2.8 \text{ m s}^{-1}$, $\overline{c} = 2.7 \text{ m s}^{-1}$
2・20 $c_{rms} = 431 \text{ m s}^{-1}$,
$c_{mp} = 352 \text{ m s}^{-1}$, $\overline{c} = 397 \text{ m s}^{-1}$
2・26 $3.54 \times 10^{-8} \text{ m}$;
7.70×10^{31} 衝突数 $\text{L}^{-1} \text{ s}^{-1}$
2・28 12.0 K
2・30 1.0 atm では:
$Z_1 = 3.4 \times 10^9$ 衝突数 s^{-1},
$Z_{11} = 4.0 \times 10^{34}$ 衝突数 $\text{m}^{-3} \text{ s}^{-1}$.
0.10 atm では:
$Z_1 = 3.4 \times 10^8$ 衝突数 s^{-1},
$Z_{11} = 4.0 \times 10^{32}$ 衝突数 $\text{m}^{-3} \text{ s}^{-1}$.
2・32 466.2 m s^{-1}; 4.04 Å
2・36 4
2・38 0.43 %
2・40 (a) 4.40×10^{21} 衝突数 s^{-1},
(b) 2.70 min
2・44 どの場合も $7.25 \times 10^{-21} \text{ J}$
2・46 H_2: $20.79 \text{ J K}^{-1} \text{ mol}^{-1}$;
CO_2: $20.79 \text{ J K}^{-1} \text{ mol}^{-1}$;
SO_2: $24.94 \text{ J K}^{-1} \text{ mol}^{-1}$
2・48 回転: 0.89, 振動: 5.3×10^{-6},
電子: 0.
2・54 (a) 61.3 m s^{-1},
(b) $4.57 \times 10^{-4} \text{ s}$, (c) 328 m s^{-1}
2・56 脱出速度 = $1.1 \times 10^4 \text{ m s}^{-1}$.
He: $1.15 \times 10^3 \text{ m s}^{-1}$; N_2: 435 m s^{-1}
2・58 16.3
2・66 CH_4

第3章

3・4 (a) -112 J, (b) -230 J
3・6 $-2.3 \times 10^3 \text{ J}$
3・10 $\Delta U = 0$, $q = -20 \text{ J}$
3・14 (a) と (b) どちらも $\Delta U = 0$, $\Delta H = 0$.
3・20 0.71 atm
3・22 50.8 ℃
3・26 直線形
3・34 (a) 207 K, (b) 226 K
3・36 24.77 kJ g^{-1}; $602.0 \text{ kJ mol}^{-1}$
3・38 25.0 ℃
3・40 (a) $-2905.6 \text{ kJ mol}^{-1}$,
(b) $1452.8 \text{ kJ mol}^{-1}$,
(c) $-1276.8 \text{ kJ mol}^{-1}$
3・42 (a) $-167.2 \text{ kJ mol}^{-1}$,
(b) $-229.6 \text{ kJ mol}^{-1}$
3・44 -337 kJ mol^{-1}
3・46 $-23.2 \text{ kJ mol}^{-1}$
3・48 500 J mol^{-1}
3・50 -197 kJ mol^{-1}
3・52 1.9 kJ mol^{-1}
3・54 $-238.7 \text{ kJ mol}^{-1}$
3・56 0
3・58 (b) 79.4 kJ mol^{-1}
3・60 $-2758 \text{ kJ mol}^{-1}$;
$-3119.4 \text{ kJ mol}^{-1}$
3・66 $2.8 \times 10^3 \text{ g}$
3・68 $1.19 \times 10^4 \text{ K}$
3・72 (a) $-65.2 \text{ kJ mol}^{-1}$,
(b) -9.4 kJ mol^{-1}
3・74 47.8 K; $4.1 \times 10^3 \text{ g}$
3・76 7.60 %
3・78 $9.90 \times 10^8 \text{ J}$; 305 ℃
3・80 4.11 L
3・86 (a) $5.6 \times 10^2 \text{ J}$,
(b) $8.1 \times 10^2 \text{ J}$
3・88 0; $-285.8 \text{ kJ mol}^{-1}$

第4章

4・6 $5.52 \times 10^3 \text{ J}$
4・14 $\Delta U = 43.34 \text{ kJ}$, $\Delta H = 46.44 \text{ kJ}$,
$\Delta S = 126.2 \text{ J K}^{-1}$
4・16 4.5 J K^{-1}. 変わらない.
4・18 (a) 75.1 ℃,
(b) $\Delta S_A = 22.7 \text{ J K}^{-1}$,
$\Delta S_B = -20.70 \text{ J K}^{-1}$, $\Delta S_\text{全} = 2.0 \text{ J K}^{-1}$
4・20 0.36 J K^{-1}
4・22 (a) $\Delta S_\text{系} = 5.8 \text{ J K}^{-1}$,
$\Delta S_\text{外界} = -5.8 \text{ J K}^{-1}$, $\Delta S_\text{宇宙} = 0$
(b) $\Delta S_\text{系} = 5.8 \text{ J K}^{-1}$,
$\Delta S_\text{外界} = -4.16 \text{ J K}^{-1}$, $\Delta S_\text{宇宙} = 1.6 \text{ J K}^{-1}$
4・24 0
4・26 (a) $-543.8 \text{ J K}^{-1} \text{ mol}^{-1}$,
(b) $-117.0 \text{ J K}^{-1} \text{ mol}^{-1}$,
(c) $284.4 \text{ J K}^{-1} \text{ mol}^{-1}$,
(d) $19.4 \text{ J K}^{-1} \text{ mol}^{-1}$
4・28 (a) $\Delta S_\text{系} = 5.8 \text{ J K}^{-1}$,
$\Delta S_\text{外界} = -5.8 \text{ J K}^{-1}$, $\Delta S_\text{宇宙} = 0 \text{ J K}^{-1}$
(b) $\Delta S_\text{系} = 5.8 \text{ J K}^{-1}$,
$\Delta S_\text{外界} = -3.4 \text{ J K}^{-1}$, $\Delta S_\text{宇宙} = 2.4 \text{ J K}^{-1}$
4・30 $\Delta_r S° = 24.6 \text{ J K}^{-1} \text{ mol}^{-1}$,
$\Delta S_\text{外界} = -607 \text{ J K}^{-1} \text{ mol}^{-1}$,
$\Delta S_\text{宇宙} = -582 \text{ J K}^{-1} \text{ mol}^{-1}$
4・34 (a) $9.134 \text{ J K}^{-1} \text{ mol}^{-1}$,
(b) $11.53 \text{ J K}^{-1} \text{ mol}^{-1}$,
(c) $13.38 \text{ J K}^{-1} \text{ mol}^{-1}$
4・40 0.20 J K^{-1}
4・42 $\Delta U = -1.25 \times 10^3 \text{ J}$,

$\Delta H = -2.08 \times 10^3$ J, $\Delta S = -15.1$ J K^{-1}
4・44　340 °C
4・48　(a) 35 kJ, (b) 202 kJ
4・52　3.5×10^{-13} s
4・54　25.4 J K^{-1}
4・56　55 J K^{-1} mol^{-1}
4・58　113 400, 75 600

第 5 章

5・2　979.1 K
5・4　2.48 kJ mol^{-1}
5・6　-75.9 kJ mol^{-1}
5・8　(a) $\Delta_r H° = 1.90$ kJ mol^{-1}, $\Delta_r S° = -3.3$ J K^{-1} mol^{-1}, (b) 1.4×10^4 bar
5・10　-3198.5 kJ mol^{-1}
5・18　-2.20 K
5・26　89.1 Torr
5・30　$\Delta H° = -11.5$ kJ mol^{-1}, $\Delta G° = 12.0$ kJ mol^{-1}
5・40　-6.24×10^3 J

第 6 章

6・2　2.28 M
6・4　5.0×10^2 mol kg^{-1}; 18.3 M
6・8　10 mol kg^{-1}
6・10　(a) 11.53 J K^{-1}, (b) 50.45 J K^{-1}
6・14　2.59×10^{-4} mol kg^{-1}
6・20　0.85
6・22　$a = 0.9149$, $\gamma = 0.994$
6・26　(b) 67.2 mmHg, (c) $x^v_{エタノール} = 0.64$, $x^v_{プロパノール} = 0.36$
6・28　0.926 M
6・36　$P_A^* = 1.9 \times 10^2$ mmHg, $P_B^* = 4.1 \times 10^2$ mmHg
6・38　(a) $x_A = 0.524$, $x_B = 0.476$, (b) $P_A = 50$ mmHg, $P_B = 20$ mmHg, (c) $x_A = 0.71$, $x_B = 0.29$, $P_A = 68$ mmHg, $P_B = 12$ mmHg
6・42　3.5 atm
6・54　(b) 1.5 L mol^{-1}
6・56　7.2×10^5 g mol^{-1}
6・58　-14 kJ
6・64　O$_2$: 8.7 mg (kg H$_2$O)$^{-1}$; N$_2$: 14 mg (kg H$_2$O)$^{-1}$

第 7 章

7・2　1.5×10^2 Ω^{-1} mol^{-1} cm^2
7・4　390.71 Ω^{-1} mol^{-1} cm^2
7・6　2.8 Ω^{-1} mol^{-1} m^2
7・8　(a) 2.5×10^{-3} g L^{-1}, (b) 3.9×10^{-4} g L^{-1}
7・10　5.6×10^4 J mol^{-1}
7・12　(a) 5.1×10^{-5} M, (b) [Ox^{2-}] = 3.0×10^{-7} M, [Ca^{2+}] = 0.010 M
7・14　(a) 0.10 mol kg^{-1}; 0.69, (b) 0.030 mol kg^{-1}; 0.67, (c) 1.0 mol kg^{-1}; 9.1×10^{-3}
7・16　$m_\pm = 0.32$ mol kg^{-1}, $a_\pm = 0.041$, $a = 7.0 \times 10^{-5}$
7・18　2.49×10^{-9} m = 25 Å
7・20　4 %
7・22　0.30 M; -0.55 °C
7・24　(a) 0.150 atm, (b) 0.072 atm
7・26　1.1×10^{-14}
7・30　(a) 0.68, (b) $\gamma_+ = 0.88$, $\gamma_- = 0.32$

第 8 章

8・2　(a) 0.49, (b) 0.23, (c) 0.036, (d) > 0.036 mol
8・4　(b) (i) 1.4×10^5, (ii) CH$_4$: 2 atm; H$_2$O: 2 atm; CO: 13 atm; H$_2$: 38 atm
8・6　(a) $K_c = 1.07 \times 10^{-7}$, $K_P = 2.67 \times 10^{-6}$, (b) 22 mg m^{-3}
8・8　1.74×10^5 J mol^{-1}
8・10　2.59×10^4 J mol^{-1}
8・12　$\Delta_r G°/$kJ mol^{-1}: 23, 11, 0, -11, -23
8・14　$K_P = 0.116$, $\Delta_r G° = 5.33 \times 10^3$ J mol^{-1}
8・16　(b) 575.3 K
8・20　NO$_2$: 0.96 bar; N$_2$O$_4$: 0.21 bar
8・28　1.1×10^{-5}
8・32　(b) $\Delta_r G°' = 18.13$ kJ mol^{-1}. 物理化学, 生化学どちらの定義でも, $\Delta_r G = -10.3$ kJ mol^{-1}
8・34　2.6×10^{-9}
8・38　$\Delta_r H° = -39$ kJ mol^{-1}, $\Delta_r S° = -1.3 \times 10^2$ J K^{-1} mol^{-1}
8・40　[NH$_3$] = 0.042 M, [N$_2$] = 0.086 M, [H$_2$] = 0.26 M
8・42　1.3 atm
8・44　4.0
8・46　(a) 0.074, (b) 5.5×10^{-3}, (c) 0.039. 2 回の独立の抽出ほど有効でない
8・48　138 Torr

第 9 章

9・2　1.125 V; 1.115 V
9・6　0.531 V
9・8　(a) $E° = 0.913$ V, $\Delta_r G° = -1.76 \times 10^5$ J mol^{-1}; $K = 7.42 \times 10^{30}$, (b) 0.824 V, -1.59×10^5 J mol^{-1}, 7.20×10^{27}, (c) 0.736 V, -3.55×10^5 J mol^{-1}; 1.64×10^{62}
9・10　0.50 bar
9・12　2.55; -2.32×10^3 J mol^{-1}
9・14　0.010 V
9・18　(a) -59.2 mV, (b) 5.92×10^{-8} C cm^{-2}, (c) 3.69×10^{11} 個 (K$^+$イオン) cm^{-2}, (d) 左の区画: 6.022×10^{19} 個
9・20　(b) 4.2
9・24　Hg$_2^{2+}$
9・26　$\Delta_r G° = 1.19 \times 10^4$ J mol^{-1}; $K = 8.32 \times 10^{-3}$
9・28　(b) 2.93×10^{16}, (c) 0.428 V
9・32　Na: $E° = -2.714$ V; F$_2$: $E° = 2.866$ V
9・34　(a) 0.222 V, (b) 0.78
9・38　1.093 V
9・40　0.039 V, (b) アノード: 0.37 M, カソード: 1.73 M

第 10 章

10・2　5.66×10^{-19} J
10・4　2.340×10^{14} Hz, 1.281 47 $\times 10^3$ nm
10・10　1×10^6 m s^{-1}
10・12　7.9×10^{-36} m s^{-1}
10・18　4.11×10^{23}
10・20　59.5094 cm. ラジオ波
10・28　規格直交系: (a), (b), (c), (d) 規格直交系でない: (e)
10・30　規格化: (a), (c), (e) 規格化されていない: (b), (d)
10・36　$N = 6$: 354 nm; $N = 8$: 489.6 nm; $N = 10$: 625.9 nm
10・38　(a) 1×10^{-3}, (b) 0.002
10・42　3.165×10^{-34} J s ベクトルは"下向き", 環の面に垂直
10・44　$m = 0$, $u = 0$ m s^{-1}, 光速の 0 %; $m = 1$, $u = 1.2 \times 10^8$ m s^{-1}, 光速の 39 %; $m = 2$, $u = 2.3 \times 10^8$ m s^{-1}, 光速の 77 %
10・46　272 nm
10・48　418.6 nm
10・50　3.1×10^{19}
10・52　418 nm
10・56　2.76×10^{-11} m
10・58　2.8×10^6 K
10・62　1.1 mm. マイクロ波
10・64　(a) ψ_1: $\langle x \rangle = a/2$, $\langle x^2 \rangle = a^2 [1/3 - 1/(2\pi^2)]$, $\langle p \rangle = 0$, $\langle p^2 \rangle = (\hbar^2 \pi^2)/a^2$ (b) ψ_2: $\langle x \rangle = a/2$, $\langle x^2 \rangle = a^2 [1/3 - 1/(8\pi^2)]$,

問題の解答

475

$\langle p \rangle = 0$, $\langle p^2 \rangle = (4\hbar^2\pi^2)/a^2$

10・66 (a) B: $4 \to 2$; C: $5 \to 2$
(b) A: 41.0 nm; B: 30.4 nm
(c) 2.180×10^{-18} J

10・68 (a) $E_m = m^2 \times 17\,640$ cm^{-1}
(b) 5.29×10^4 cm^{-1}

10・72 $n_i = 5$ から $n_f = 3$

10・74 3×10^8 m s^{-1}

10・76 3.87×10^5 m s^{-1}

第11章

11・2 2.22×10^4 cm^{-1}; 6.66×10^{14} s^{-1}

11・4 (a) 100%, (b) 76%,
(c) 0.0025%

11・8 (a) 8×10^{11} s^{-1}, (b) 2×10^{10} s^{-1}

11・10 3.43×10^{-22} J; 17.3 cm^{-1}

11・12 (a) 2.7×10^{-12} s, (b) 0.16 s

11・14 63%

11・16 266 nm

11・20 0.87 cm^{-1}

11・22 (a) 1.64×10^{-46} kg m^2,
(b) 6.78×10^{-23} J,
(c) 1.02×10^{11} s^{-1}

11・26 ^{13}C^{16}O: $1.101\,88 \times 10^{11}$ s^{-1};
^{12}C^{18}O: $1.097\,68 \times 10^{11}$ s^{-1}

11・28 (a) 3, (b) 7, (c) 9, (d) 30

11・30 3.5×10^2 N m^{-1}

11・36 H$_2$

11・38 2630 cm^{-1}

11・46 レイリー散乱: 633 nm, 非常に強い;
ストークス線: 672 nm, より弱い;
反ストークス線: 598 nm, さらに弱い

11・50 (c) 0.109 Å, (d) 8.58%,
(e) 0.0479 Å, 4.24%

11・62 (a) 1, (b) 1, (c) 2, (d) 1,
(e) 3, (f) 1, (g) 1, (h) 3

11・64 ゼロ点エネルギー: T$_2$ < DT < D$_2$ < HT < HD < H$_2$
解離エネルギー: H$_2$ < HD < HT < D$_2$ < DT < T$_2$

11・70 $l = 2$, $m_l = -1$, $E = 3\hbar^2/I$,
$|L| = \hbar\sqrt{6}$, $L_z = -\hbar$

11・72 ρ_λ: J m^{-4}; ρ_ν: J s m^{-3}

第12章

12・4 二つ; $r = 230$ pm と $r = 510$ pm の位置

12・10 1.058 Å

12・14 0.656

12・16 4.17×10^2 kJ mol^{-1}

12・18 343 nm. 紫外領域

12・24 $E_\phi = (0.209\,h^2)/(mL^2)$,
$E_{厳} = (0.125\,h^2)/(mL^2)$,
E_ϕ は $E_{厳}$ より 67% 大きい

12・26 $\langle E \rangle_{変分} = k/(2c^2) = \sqrt{2}(\hbar/2)(\sqrt{k/m}) = \sqrt{2}\langle E \rangle_{厳密}$

12・30 $(n^2h^2)/(8ma^2) + c/2$

12・32 $(h/2)(\sqrt{k/\mu})$

12・36 $E_\phi = (21h^2)/(4\pi^2mL^2) = (0.532\,h^2)/(mL^2)$
$E_{厳密} = (2^2h^2)/(8mL^2) = (0.500\,h^2)/(mL^2)$
0.80 nm の箱の中の電子:
$E_\phi = 241$ kJ mol^{-1}, $E_{厳密} = 227$ kJ mol^{-1}

12・38 $\tilde{R}_H = 109\,737.3$ cm^{-1},
μ を用いた $\tilde{R}_H = 109\,677.6$ cm^{-1}
D の $\tilde{R}_H = 109\,707.4$ cm^{-1}

12・40 418 nm

第13章

13・4 $1/\sqrt{2+2S}$

13・32 (a) sp^{3}d^2, (b) T 形

13・36 二つのエチレン:
$E = 2(2\alpha + 2\beta)$;
ブタジエン: $E = 4\alpha + 4.48\beta$;
シクロブタジエン: $E = 4\alpha + 4\beta$
ブタジエンの π エネルギーが最も低い.

第14章

14・10 1.2 s. りん光

14・14 四重項

14・18 1225 nm

14・22 355 nm, 266 nm; どちらも紫外線領域

14・24 40.0 mJ, 5 MW, 1.2×10^{17}

14・30 6.55 eV, 4.79 eV, 1.70 eV

14・32 533.7 eV, 402.7 eV, 285.4 eV; 内殻軌道

14・34 4.0 ppm

14・38 (a) 一重線 1 本;
(b) 三重線 1 本, 四重線 1 本;
(c) 一重線 1 本;
(d) 二重線 1 本;
(e) 一重線 1 本, 三重線 1 本, 四重線 1 本

14・40 (a) 7.05 T,
(b) メチルプロトン: 700 Hz, 芳香族プロトン: 2150 Hz,
(c) 60 MHz: $\delta_{メチル} = 2.33$ ppm, $\delta_{芳香族} = 7.17$ ppm. 300 MHz: $\delta_{メチル} = 2.33$ ppm, $\delta_{芳香族} = 7.17$ ppm.
化学シフトは周波数に依存せず同じ.

14・46 310 nm

14・48 3.32×10^{-4} mol L^{-1}

14・50 (a) 8×10^{11} s^{-1},
(b) 2×10^{10} s^{-1}

14・56 (a) ^{1}H: 1.33×10^{-25} J,
^{13}C: 3.34×10^{-26} J,
(b) ^{1}H: 200 MHz; ^{13}C: 50.3 MHz;
(c) 11.7 T

14・58 (b) 2×10^6 M s^{-1}, (e) 60 atm

第15章

15・2 6.2×10^{-6} M s^{-1}

15・4 0.989

15・6 (a) 1.21×10^{-4} 年$^{-1}$,
(b) 2.1×10^4 年

15・8 二次. $k = 0.42$ M^{-1} min^{-1}

15・10 一次. 1.19×10^{-4} s^{-1}

15・12 3.6 s

15・18 47.95 g

15・22 (a) 速度 = $k[\text{NO}]^2[\text{H}_2]$,
(b) 0.38 M^{-2} s^{-1}

15・26 10^{11} s^{-1}; 4.5×10^{10} s^{-1}; 2.0×10^2 s^{-1}

15・30 $A = 3.38 \times 10^{16}$ s^{-1}, $E_a = 100$ kJ mol^{-1}

15・32 371 ℃

15・34 298 K

15・36 $E_a = 13.4$ kJ mol^{-1}
$\Delta H^{\circ\ddagger} = 10.8$ kJ mol^{-1},
$\Delta S^{\circ\ddagger} = -29.3$ J K^{-1} mol^{-1},
$\Delta G^{\circ\ddagger} = 19.8$ kJ mol^{-1}

15・46 $V_{\max} = 1.3 \times 10^{-5}$ M min^{-1},
$K_M = 1.2 \times 10^{-3}$ M,
$k_2 = 3.3$ min^{-1}
どちらのプロットも同じ値を与える.

15・48 (a) 898 K, (b) 77 kJ mol^{-1}

15・50 56.3 min

15・52 6.71×10^9 M^{-1} s^{-1}

15・54 (a) 3.50×10^{-2} min^{-1}
(b) $E_a = 110$ kJ mol^{-1}

15・58 1.4×10^{-11} s^{-1}; 1.6×10^3 yr; 3.0×10^{10} s^{-1}

15・66 (a) 2.5×10^{-5} M s^{-1},
(b) 2.5×10^{-5} M s^{-1}, (c) 8.3×10^{-6} M

15・70 $A = 6.03 \times 10^5$ M^{-1} s^{-1},
$E_a = 79.0$ kJ mol^{-1},
$\Delta S^{\circ\ddagger} = -155$ J K^{-1} mol^{-1},
$\Delta H^{\circ\ddagger} = 70.4$ kJ mol^{-1}

15・74 (a) 1.1×10^{-3} M min^{-1},
(b) 6.8×10^{-4} M min^{-1}; 8.7×10^{-3} M

15・76 1.30×10^{11} M^{-1} s^{-1}

第16章

16・2 266 kJ E^{-1}

16・4 0.022; 3.11×10^5 J

16・6 2.2×10^{-10} s, 2.0×10^{-2} s

16・10 3.1 s

16・18 1.2×10^{-11} M s^{-1}

16・22 3.8×10^{37} 個; 3.0×10^{12} kg

16・26 434 nm

16・30 165 kJ mol^{-1}

16・34 4.6

16・36 (c) 3.0×10^{10} mol

16・38 5.2×10^{-8} m; 1.4×10^{-5} m

16・42 18

第 17 章

17·12 (a) 1.70 Å, (b) 5.1×10^{-4}
17·20 0
17·30 (a) 2.98 Å,
(b) 二量体 1 mol 当たり -7.60×10^{-2} kJ
(c) 300 K では安定ではない.

第 18 章

18·2 1.7 Å
18·4 0.220 nm
18·6 2.86 Å; 2.70 g cm^{-3}
18·10 2 個
18·12 6.22×10^{23} mol^{-1}
18·14 458 pm
18·16 XY$_3$
18·18 1.68 g cm^{-3}
18·20 1021 kJ mol^{-1}
18·30 (a) それぞれ 4 個,
(b) 9.588×10^{-22} g,
(c) 5.61×10^{-8} cm
18·32 -844 kJ mol^{-1}

第 19 章

19·2 7.88×10^{-4} N s m^{-2}
19·4 3×10^3 N m^{-2}
19·8 5.8×10^{-3} N s m^{-2}; 層流である.
19·14 1.7 cm
19·16 0.20 N m^{-1}
19·18 4.7 Å
19·20 1.4×10^8 年
19·24 0.35 s
19·26 0.23 N
19·28 7.0×10^{-4} J

第 20 章

20·4 (a) $n_0 = 6.02 \times 10^{23}$;
$n_1 = 6.80 \times 10^{18}$,
(b) $n_0 = 5.82 \times 10^{23}$;
$n_1 = 1.95 \times 10^{22}$
20·8 186.5 J K^{-1} mol^{-1}
20·10 7.75×10^{30};
3.53×10^{-18} K
20·12 Cl$_2$: 2; N$_2$O: 1; H$_2$O: 2;
HDO: 1; BF$_3$: 6; CH$_4$: 12;
CH$_3$Cl: 3
20·14 11.53 J K^{-1} mol^{-1}

和文索引

あ

IR → 赤外
アインシュタイン 375
アインシュタイン係数 225, 311
アインシュタイン・スモルコフスキーの関係 434
アインシュタインの特殊相対性理論 196
アキシアル位 289
アクチニド 263
アクチノイド 263
アクチノメーター → 感光計
アセチルコリン 184
アセチレン 291
——の混成軌道 291
p,p'-アゾキシアニソール 434
2,2'-アゾビスイソブチロニトリル
——の熱分解 340
圧縮(率)因子 7
圧　力
——の SI 単位 3
気体の—— 19
フガシティーと—— 166
平衡定数と—— 159
圧力−組成図 115
アデノシン三リン酸 159, 325
ア　ト 2
アニオンラジカル 329
アノード 173
アブイニシオ計算 299
アブイニシオ法 299
アボガドロ数 4
アボガドロ定数 4
アボガドロの法則 5
アミノ酸 307
——の電子スペクトル 307
R 枝 238
アルカリ金属 177
——の標準還元電位 177
アルキルペルオキシラジカル 380
アルコキシドラジカル 380
アルゴンの芯 262
アレニウス式 348, 355
アンペア 2

い, う

ESR 328
ESCA 317
イオン 138
——の標準化学ポテンシャル 138
イオン−イオン相互作用 399

イオン移動度 133
イオン化エネルギー 264, 394
イオン強度 140, 142, 355
イオン結合 394
イオン結晶 409, 415, 418
イオン性 (%) 287
イオン選択性電極 179
イオン−双極子相互作用 395, 399
イオン対 135, 143
イオンの平均活量 139
イオンの平均活量係数 139
イオンの平均質量モル濃度 138
イオン半径 135, 418
イオン雰囲気 140
イオン−誘起双極子相互作用 396, 399
異核二原子分子
——のエネルギー準位図 286
閾　値 191
閾電位 184
位　相 255, 284
波動関数の—— 255
位相差 190
位相問題 414
一次過程
光化学反応の—— 374
一次結合 283
原子軌道の—— 283
一次元の箱の中の粒子 204, 206
一次反応 310, 339
一次反応速度定数 351
一次方程式 455
一重項 226, 309, 311, 387
一重線 323
一酸化炭素
——の MO 286
イットリウムアルミニウムガーネット 311
イーディー・ホフステープロット 361
EPR 328
異方性 436
異方相 436
インターフェログラム 245
引力相互作用 397

ウィーン効果 141
ウェストン電池 175
運動エネルギー 20, 203
気体分子の—— 20
運動量 458
運動量の変化 20

え, お

エアコン 70

永久双極子モーメント 395
永年行列式 295
永年方程式 295
エキサゴニック 90
エキサゴニック反応 158
エキシマ 313
液　晶 434, 436
——の秩序度 436
液　体
——の構造 425
液体シンチレーション計数 310
エクアトリアル位 289
SI 基本単位 2
SN 比 227
ESCA 317
STO 266
sp 混成軌道 291
sp³ 混成軌道 290
sp² 混成軌道 291
エタン 213
——の分子内回転 213
エチレン 290, 294
——の混成軌道 290
——のヒュッケル法 294
X 線
——の回折像 197
——の散乱強度 414
X 線解析
ビタミン B_{12} の—— 414
X 線回折
リゾチームの—— 415
X 線回折図形 412
X 線回折測定 400
X 線回折パターン 412
X 線結晶学 410
X 線光電子スペクトル 318
X 線光電子分光計 317
X 線光電子分光法 317
X 線コンピューター断層撮影法 328
X 線 CT 328
X 線粉末法 412
XPS 317
HF-SCF 法 267
HFC 類 384
HF 法 300
HM 法 299
HLSP 法 280
HOMO 295
ADP 159
ATP 159, 325
NMR 319
エネルギー
——の SI 単位 3
スペクトル線の—— 222
エネルギー準位 29, 230, 234, 256
剛体回転子の—— 230
水素原子の—— 256
調和振動子の—— 234

並進, 回転, 振動, 電子的な運動の—— 30
エネルギー準位図 195, 211
異核二原子分子の—— 286
エチレンの—— 295
ブタジエンの—— 297
エネルギー等分配の法則 29, 47, 446
エネルギー保存の法則 41
FID 327
FRET 310
FF 法 299
FT-IR 331
FT-NMR 326, 331
エフュージョン 27
MRI 328
MAS 326
MO 理論 280
LIF 法 315
LCAO-MO 283
エルミート演算子 201
エルミート多項式 235
LUMO 295
塩　橋 173
円鋸歯状化 124
演算子 201, 457
遠心力定数 231
延　性 417
塩析効果 142
塩素電極 179
エンダーゴニック 90
エンダーゴニック反応 158
エンタルピー 42
エンタルピー駆動 353, 404
エンタルピー変化 50
エントロピー 65, 66, 68, 99, 446
——の統計学的な定義 66
——の熱力学的な定義 68
エントロピー駆動 404
エントロピー変化
加熱による—— 74
ゴムの—— 99
相転移による—— 73
理想気体の混合による—— 73
塩溶効果 142

オイラーの公式 210, 254
オイラーの定理 58
オストワルト粘度計 427
オストワルトの希釈律 132
オゾン
——の生成 380
——の電子構造 293
オゾン層 382
オゾンホール 384
オブザーバブル 201
オームの法則 130
オリフィス 27
オングストローム 195

温室効果 378
温度 159
　　平衡定数と―― 159
温度ジャンプ法 356
温度-組成図 116
温度転移型液晶 435

か

回映軸 240
外界 1
解析解 281
回折図形 411
回折線 412
回折像 197
回折パターン 411
回転運動 30
　　――のエネルギー準位 30
　　――の自由度 29
回転振電遷移 224
回転振動遷移 224
回転スペクトル 232
回転定数 231
回転分配関数 444
回転ラマンスペクトル 244,306
回転量子数 231,233
界面活性剤 430
解離定数 163,167
解離度 132
ガウス 320
化学緩和法 356
化学結合
　　分子の―― 277
化学シフト 320
化学電池 173,175,179
　　――の種類 179
　　――の熱力学 175
化学発光 384
化学反応速度論 338
化学平衡 151,156,448
　　溶液中の―― 156
　　理想気体の―― 151
化学ポテンシャル 145,109,119,
　　　　　　　　151
化学量論係数 93,176
可干渉性 190
可観測量 201
鍵と鍵穴理論 359
可逆過程 39,72
可逆的 38
可逆電池 175
可逆反応 345
可逆膨張 46
角運動量 194,458
　　電子の―― 194
角運動量子数 230
拡散 27,431
拡散係数 432
拡散律速 363
拡散律速反応 355
核磁気共鳴 319
核磁気共鳴分光法 319
核スピン 319
核スピン量子数 319
角速度 458
拡張期初圧 428
拡張ヒュッケル法 294,299
角度 457
角度部分
　　波動関数の―― 251

確率因子 350
確率密度 200,205,279
確率密度関数 235,305
　　調和振動子の―― 235
かご形構造 404
かご効果 354
重なり積分 281
重ね合わせの状態 202
過酸化物イオン 285
可視光 190,306
　　――の波長 306
可視スペクトル→電子スペクトル
荷重平均 4
加重和 283
仮想的状態
　　ラマン分光の―― 242
加速度 458
カソード 173
カタール 362
活性化エネルギー 22,348,355
活性化エンタルピー 352
活性化エントロピー 352
活性化ギブズエネルギー 351
活性化体積 352
活性化内部エネルギー 352
活性錯体 345,348,451
　　――の分配関数 451
活性錯合体理論 350
活性部位 359
活動電位 183
活量 114,165
活量係数 114,180
価電子 261
価電子帯 418
カノニカル集合 447
カノニカル分配関数 446
ガラス 421
ガラス電極 179,181
加硫 99
カルノーサイクル 68
ガルバニ電池 173,179
過冷却 75
カロメル電極 179,181
感光計 375
換算圧力 12
換算温度 12
換算質量 350,353
換算体積 12
干渉 190
干渉計 245
干渉性 190
環上の粒子 210
慣性モーメント 210,228
完全結晶 76
完全微分 41,58
カンデラ 2
貫入 260
緩和 317
緩和機構 326
緩和時間 141,356

き，く

気圧計 3
擬一次速度定数 362
擬一次反応 342
基音バンド 237
ギガ 2
規格化条件 200,205
規格化定数 205

規格直交化 272
規格直交化条件 201
幾何構造因子 414
希ガスの芯 263
奇関数 226
基準振動 237
基準振動数 353
基準振動モード 236
キセノンの芯 262
気体 19,26,37,95
　　――の圧力 19
　　――の等温膨張 37
　　――の粘性 26
　　――の膨張 46
期待値 202,214,281,294
気体定数 6
気体電極 178
気体分子
　　――の速度分布・速さ分布 21
気体分子運動論 19
気体分子運動論モデル 19,24
基底（関数）系 268
　　最小―― 283,299
基底状態 194,279
　　ヘリウム原子の――エネル
　　　　　　　ギー 268
起電力 174
　　――の温度依存性 178
起電力測定 174
　　――の応用 180
軌道角運動量 261
軌道角運動量子数 252
軌道近似法 258
希土類元素 263
揮発性液体
　　――の二成分混合物 111
揮発性有機化合物 380
ギブズエネルギー 89,93,109,
　　　　　　　151,429
　　――の圧力依存性 93
　　――の温度依存性 93
ギブズの自由エネルギー 89
ギブズの相律 98,102
ギブズ・ヘルムホルツの式 94,
　　　　　　　119,160
基本バンド 237
逆浸透 124
逆対称伸縮振動 237
逆対称伸縮振動モード 241
逆転温度 49
逆反応 151
既約表現 241,243
キャパシタンス 147
吸光度 227,308
吸収 222
　　――のアインシュタイン係数
　　　　　　　225,311
吸収極大波長 306
吸収スペクトル 376
級数 456
吸着 430
吸熱反応 50
球の充填 416
球面極座標 258
球面極座標系 229
球面上の粒子モデル 228
球面調和関数 229,230,251,266
Q枝 238
Qスイッチ法 311
キュリー 371
鏡映 240
境界条件 204,432

凝固点降下 120
凝固点降下度 121
凝集 429
強電解質 131
協同性 359
共沸混合物 117,118,401
共鳴 292
共鳴安定化 292,298
共鳴エネルギー 297
共鳴構造 292
共鳴周波数 320
共鳴条件 195,329
共鳴積分 282
共役二重結合 307
共役反応 158
共有結合 399
共有結合結晶 409,415,421
共有結合半径 263,291,292
共融点 118
行列式 259
極限モル伝導率 131
極座標 210,251
極小沸点 117
極性 287
極性分子 395,396
　　――の双極子モーメント 396
極大沸点 118
極夜渦 384
巨視的状態 78
巨大分子 162
　　金属イオン，リガンドの――
　　　　　　　への結合 162
許容遷移 226
キルヒホッフの法則 54
キロ 2
キログラム 2
均一系触媒作用 358
禁制遷移 226
金属イオン
　　――の巨大分子への結合 162
金属結合 417
金属結晶 409,415
金属電極 178
金属-不溶性塩電極 179
偶関数 226
空洞放射 191
クープマンスの定理 317
クラウジウス・クラペイロンの式
　　　　　　　96
クラスター 403
クラスレートモデル 404
グラファイト 51,421
　　――の燃焼反応 51
グラフェン 421
クラペイロンの式 96
クリプトンの芯 262
グルコース 372
グループ振動数 239
クロネッカーのデルタ 272,294
クロロフィル 376
クロロフルオロカーボン（類）
　　　　　　　70,369,377,383
クーロン積分 281
クーロンの法則 135

け

系 1
　　――の状態 1

経験的計算法　299
蛍　光　309, 311, 387
　　──の減衰　310
蛍光共鳴エネルギー移動　310
蛍光体　310
計算機化学　299
計量計測　3
経　路　39
ケクレ構造　292
ゲージ圧　431
血圧の測定　428
血管拡張　429
結合エネルギー　54, 278, 285
結合エンタルピー　55, 56
結合(音)バンド　237
結合解離エネルギー　278
結合解離エンタルピー　55, 394
結合クラスター法　300
結合次数　283, 285
結合性軌道　279, 293, 318
結合性π分子軌道　293
結合長　278, 285, 306
　　等核二原子分子の──　306
結合電子対　289
結合部位の飽和分率　162
結合平衡　167
結合モーメント　287
結　晶
　　──の種類　415
結晶系　409, 410
　　──の分類　409
結晶格子　409
結晶性固体　409
結晶半径　418
結晶面　410
ケット　214
血　流
　　人体の──　427
ゲーリュサックの法則　5
ケルビン　2
ケルビン温度目盛　5
限界振動数　191
原　子
　　──の気体に対するエネルギーの等分配　29
　　──の電子構造　251
原子価　261
原子価殻　288
原子価殻内電子対反発モデル　288
原子核壊変　346
原子価結合法　280
原子価状態　290
原子価電子　261
原子間力顕微鏡　213
原子軌道　282
　　──の一次結合　283
　　──の混成　289
　　水素　254
原子単位系　258, 268
原子半径　263
原子量　4

こ

光化学後続過程　374
光化学初期過程　374
光化学スモッグ　379
光化学反応　374
光学顕微鏡　198

項間交差　310, 311, 387
抗がん剤　387
交換積分　281
高血圧症　429
光合成　382
公　差　456
光　子　192
格　子　417
格子エネルギー　136, 419
格子定数　410
格子点　409
高磁場　321
後水晶体線維増殖症　7
構成原理　260, 261
光線力学的療法　387
構　造　425
構造因子　414
構造形成イオン　135
構造破壊イオン　135
酵素−基質活性錯体　360
酵素−基質複合体　360
後続過程
　　光化学　　374
　　溶液中での──　355
高速反応　355
酵素触媒反応　363
酵素−生成物複合体　360
酵素の国際単位　362
酵素の分子活性　362
酵素反応速度論　358
広帯域デカップリング　324
剛体回転子モデル　228
高　張　123
光電効果　191
光電子　191
光電子増倍管　192
光電子分光法　317
光電子放出　191
光　度　2
高分解　382
高分解能 ^{1}H NMR スペクトル　321
光路長　227
固−液平衡　118
氷
　　──の構造　401
呼吸窮迫症候群　431
国際単位系　2
国際度量衡総会　2
黒　体　191
黒体輻射　191
黒体放射　191, 378
黒体放射曲線　191, 379
　　地球の──　379
五重線　323
固　体　409
固体 NMR　326
固体核磁気共鳴　325
古典極限　206
古典的転回点　235
コヒーレンス　190, 313
コヒーレント　313
コヒーレント反ストークスラマン散乱　250
コペンハーゲン解釈　202
ゴム
　　──の弾性　99
固有解離定数　163, 167
固有関数　201, 202, 204
　　──への収縮　202

固有値　201, 204
固有値方程式　201, 231
孤立系　1, 72
孤立電子対 → 非共有電子対
ゴールドマンの式　182
コールラウシュのイオン独立移動の法則　132
コレステリック液晶　435
コレステロール　435
混　合
　　──の熱力学　109
混合エントロピー　73, 91
混合ギブズエネルギー　110
混　成　289, 290
混成軌道
　　アセチレンの──　291
　　エチレンの──　291
　　メタンの──　290
コンダクタンス　130, 133
　　──測定の応用　133
コンデンサー　146
根平均二乗速度　21
根平均二乗速さ　23
金平糖状化　124
コンホメーション
　　タンパク質の──　400

さ, し

最確の速さ　22
最高被占軌道　295
最高被占準位　207
最小基底(関数)系　283, 299
細静脈　428
最大速度　360
最低空軌道　295
最低空準位　207
細動脈　428
最密充塡　417
雑　音　223
サッカー・テトロードの式　447
座標系　200
サーモトロピック液晶　435, 436
　　──の応用　436
作用スペクトル　376
酸塩基滴定　133
酸化インジウム　436
酸化還元反応　173
三角関数
　　──の展開　456
酸化スズ　436
三斜晶系　410
三重項　226, 310, 387
三重線　323
三重点　99
酸素電極　179
三体問題　257, 277
三斜反応　345
三方晶系　410
三方錐形　288, 289
三方両錐形　288, 289
残余エントロピー　81
散　乱　242
散乱強度　414
　　X 線の──　414

CI 法　300
g 因子　328
CFC 類　383
磁　化　327

紫外スペクトル → UV スペクトル, 電子スペクトル
紫外・可視吸収分光法
　　──による π-π 遷移の測定　295
紫外光電子スペクトル
　　分子状水素の──　318
紫外光電子分光計　317
紫外光電子分光法　317
紫外発散　191
時　間　2
時間を含まないシュレーディンガー(波動)方程式　200
時間を含むシュレーディンガー(波動)方程式　202
しきい振動数　191
しきい値　191
磁気回転比　319, 320
磁気共鳴画像　328
磁気共鳴スペクトル　305
色相環　307
色素レーザー　314
磁気モーメント　328
示強性　1, 30
示強性変数　102
磁気量子数　252
軸　索　181
σ*←σ 遷移　307
シクロブタジエン　298
試行波動関数　267, 272
仕　事　37
　　──の符号　41
仕事関数　192
CC 法　300
四重線　323
指　数　455
　　──の展開　456
次　数　343
自然対数　455
自然幅　223
自然放出のアインシュタイン係数　225, 311
シーソー形　289
実在気体　7, 155, 166
実在気体の状態方程式　7
実在溶液　108, 113
実波動関数　255
　　水素原子の──　255
質　量　2
質量中心　228
質量パーセント濃度　107
質量モル濃度　107, 115
CT スキャン　328
シナプス後膜　184
シナプス接合部　184
自発過程　65
自発性
　　平衡と──　89
自発変化　109
ジパルミトイルホスファチジルコリン　431
指　標　241
指標表　241
2,5-ジフェニルオキサゾール　310
4,4'-ジメトキシアゾキシベンゼン　434
ジーメンス　130
四面体間隙　419
四面体配置　288, 289
指紋法　239
指紋領域　239

ジャブロンスキー図 310
遮へい 321, 260
遮へい定数 320, 260
シャルルの法則 5
自由エネルギー 89
重合体 371
集合的性質 119
収 縮
　固有関数への―― 202
収縮期圧 428
重 心 228
重水素化シクロヘキサン 324
自由電子モデル 207
充填率 417
自由度（気体分子運動論） 29, 241
自由度（相律） 98, 99, 102
自由誘導減衰 326
重力定数 458
縮 重 255
縮 退 209, 237, 255
縮退度 232, 256, 442
　回転準位の―― 232
シュテファン・ボルツマンの法則
　　　　　　　　　　　　378
シュテルン・ゲルラッハの実験
　　　　　　　　　　　　257
主量子数 252
ジュール 3, 40
ジュール・トムソン係数 49
ジュール・トムソン効果 48
シュレーディンガーの猫 202
シュレーディンガー（波動）方程式
　　200, 202, 204, 208, 210, 278
　環上の粒子の―― 210
　時間を含まない―― 200
　時間を含む―― 202
　水素原子の―― 251
　水素分子イオンの―― 278
　水素分子の―― 279
　箱の中の粒子の―― 204, 208
　ヘリウム原子の―― 257
準結晶状態 434
純物質
　――の完全結晶 76
昇 華 98
　二酸化炭素の―― 98
蒸 気 95
蒸気圧 10
蒸気圧降下 119
蒸 散 124
硝酸ペルオキシアセチル 381
常磁性 261, 285, 310
状態関数 39
状態方程式 4, 7
　実在気体の―― 7
　理想気体の―― 4
状態量 39, 67
衝 突
　気体分子の―― 20
衝突断面積 24
衝突直径 24
衝突頻度 24
衝突理論 349, 451
蒸発エンタルピー 74
蒸発エントロピー 74
常用対数 455
蒸 留 115
初期過程
　光化学―― 374
触 媒 159, 161, 358
　平衡定数と―― 159
触媒コンバーター 382

触媒作用 358
触媒定数 362
触媒反応 358
初速度 360
初濃度 340
示量性 1, 30
示量性変数 177
芯 262
真空の誘電率 135, 146
神経インパルス 181, 183
神経筋接合部 184
神経細胞 181
神経伝達物質 184
信号雑音比 227
シンクロトロン 310
心電図 184
浸 透 122
浸透圧 122, 144
振動運動 30
　――のエネルギー準位 30
　――の自由度 29
振動・回転の同時遷移 237
振動緩和 311
浸透係数 143
振動数 189, 192, 222
振動反応 358
振動分配関数 446
振動量子数 234
振 幅 190

す

水 晶 421
水素結合 398～400
　DNA中の―― 400
水素原子
　――のエネルギー準位 196,
　　　　　　　　　　　　256
　――のエネルギーと波動関数
　　　　　　　　　　　　251
　――の実波動関数 255
　――の動径分布関数 253
　――の波動関数 265
　――の複素波動関数 253
水素原子発光スペクトル 193
水素-酸素燃料電池 180
水素分子 279～282
　――の原子価結合波動関数
　　　　　　　　　　　　281
　――の電子構造と化学結合
　　　　　　　　　　　　279
　――の電子密度 282
　――のポテンシャルエネル
　　　　　　　ギー曲線 282
　――のルイス構造式 280
水素分子イオン
　――の電子構造と化学結合
　　　　　　　　　　　　277
垂直遷移 318
随伴ルジャンドル多項式 229
水和イオン 135
　――の有効半径 135
水和エンタルピー 136
水和エントロピー 137
水和圏 143
水和数 134
スカラー 458
スキャッチャードプロット 164
スクロース 372
スターリングの近似式 441

ストークス・アインシュタイン
　　　　　　　の式 434
ストークス線 242
ストークスの法則 434
ストップトフロー法 356
スピン角運動量 261, 256, 328
スピン禁制 311
スピン禁制遷移 226
スピン-スピン緩和時間 331
スピン-スピン結合 322, 324
スピン-スピン結合定数 323
スピン-スピン相互作用 323
スピン-スピン分裂 323
スピン多重度 226, 311
スピンデカップリング 324
スピン量子数 226
スメクチック液晶 435
スモッグ 379
スレーター型原子軌道 266
スレーター行列式 259

せ，そ

正規化条件 200, 205
正規直交 201
正規直交化 214, 272
正規直交化条件 201
正準集合 447
静水圧 7
成績係数 71
成層圏 377
成層圏オゾン 382
静的同位体効果 353
静電気学 146
静電ポテンシャル 146
静電容量 147
静電力 139
正反応 151
生物発光 384
成 分 95, 102
正方晶系 410
赤外活性 237
赤外吸収スペクトル 238
赤外スペクトル 236
赤外不活性 237
赤外分光スペクトル 246
赤外分光装置 245
赤外分光法 233
積 分 457
積分形速度式 342
斥力相互作用 398
セチルアルコール 431
節 197, 206
絶縁体 418
接触角 429
絶対エントロピー 76
絶対反応速度論 351
絶対零度 5, 70, 76, 80
接 着 429
節 点 206
摂 動 269
摂動論 269, 281
節 面 206
節理論 206, 292
セルシウス温度目盛 5
セル定数 130
ゼロ交差 206
ゼロ点エネルギー 55, 206, 234,
　　　　　　　　　　　278, 353

遷移金属 262
遷移状態 345
遷移状態理論 350, 451
遷移双極子モーメント 226, 330
線運動量 458
全角運動量量子数 261
前駆平衡 347, 348
線形和 283
先験的等重率の原理 80
潜水夫病 7
全相互作用 397
選択的スピンデカップリング
　　　　　　　　　　　　324
選択律 226, 236, 243
　ラマン分光の―― 243
センチ 2
線 幅 223, 224
　――広がりの機構 224
全微分 58

相 95, 102
相加平均 456
相関エネルギー 268
双極子-双極子相互作用 395, 399
双極子モーメント 240, 287, 395,
　　　　　　　　　　　　396
　極性分子の―― 396
双極子-誘起双極子相互作用
　　　　　　　　　　396, 399
走査（型）トンネル顕微鏡 213
相乗平均 456
相 図 97, 98, 115
　二酸化炭素の―― 98
相転移 73, 81
　――によるエントロピー変化
　　　　　　　　　　　　73
相平衡 95, 115
　二成分系の―― 115
相 律 98, 102
層 流 426
素過程 343
束一的性質 118, 143
　電解質溶液の―― 143
速 度 458
速度定数 339, 451
速度分布則 21
速度ベクトル 19
速度論的塩効果 354
速度論パラメーター 362
束縛状態 207, 210
疎水結合 404
疎水性効果 404
疎水性相互作用 404
ソーラーブラインド型PMT 192

た，ち

第一イオン化エネルギー 264
第一原理計算 299
第一励起状態 279
対応原理 206
対応状態の法則 12
大 気
　――の組成 376
大気圧式 25
第三法則エントロピー 76, 448
代謝回転数 362
対称禁制遷移 226
対称種 241
対称心 240

対称伸縮振動モード 241
対称数 445
対称性 240
　分子の―― 240
対称操作 240, 241
対称面 240
対称要素 240
体心立方格子 410, 416
対　数 455, 456
　――の展開 456
体　積 457
代替フロン 70
大動脈 427
ダイヤモンド 421
太　陽
　――の発光スペクトル 378
対流圏 377
対流圏界面 377
滞留時間 378
多原子分子 288
多光子吸収 313
多重線 323
多段階平衡 158
脱分極 183
多電子原子 199, 257
　――のエネルギー波動関数 257
多電子シュレーディンガー方程式 258
ダニエル電池 173
ダブルゼータ型の計算 266
単　位 2
単位格子 409
単一分子分光法 316
単極電位 175
単原子気体 446, 447
　――の定容モル熱容量 446
　――の内部エネルギー 446
　――のモルエントロピー 447
炭酸イオン
　――の共鳴構造 292
炭酸デヒドラターゼ 362
単斜晶系 410
単純格子 409, 410
単純立方格子 410, 416
淡色効果 307
単色性 314
単振動 233
弾　性 99
　ゴムの―― 99
弾性散乱 242
断　熱 41
断熱可逆膨張 46
断熱過程 69
断熱遷移 318
断熱的 46
断熱不可逆膨張 48
断熱膨張 46
タンパク質
　――の構造決定 414
　――のコンホメーション 400
タンパク質合成
　――で起こるギブズエネルギー変化 159
単分子反応 344
単量体 371
力 3, 458
　――のSI単位 3
力の定数 233
地球の大気 376
逐次反応 346

チタンサファイアレーザー 314
秩　序 426
秩序度
　液晶の―― 436
窒素酸化物 380
窒素麻酔 7
窒素酔い 7
チミン二量体 386
中間圏 377
中間相形態状態 434
中心力の問題 251
中性子回折 415
超高速分光法 315
超微細結合定数 329
超微細構造
　回転遷移由来の―― 238
超微細分裂 329
超臨界流体 12
調和振動子 233, 235
　――の波動関数 235
調和振動子モデル 236
直線形分子 289
　――の気体に対するエネルギーの等分配 29
直線偏光 190
直方晶系 410
直交座標 200, 208

つ～と

つじつまのあう場 267, 268

底 455
定圧熱量計 44
定圧モル熱容量 45
DNA 400
　――中の水素結合 400
　――溶液の粘性率 427
DNAフォトリアーゼ 386
TMS 321
抵　抗 130
抵抗率 130
低磁場 321
定常状態 200
定常状態近似 344, 361
定常状態速度論 361
定常波 197
定積熱容量 30
低　張 123
低分解能 ^{1}H NMR スペクトル 321
定容熱容量 29
定容熱量計 42
定容ボンベ熱量計 42
定容モル熱容量 31, 45, 446
　単原子気体の―― 446
　二原子気体の―― 446
デカップリング 324
てこの規則 116
デシ 2
テスラ 320
テトラシアノエチレン 308
テトラメチルシラン 321
デバイ・シュラー環 197
デバイの熱容量式 77
デバイ・ヒュッケルの極限法則 140
デバイ・ヒュッケルの理論 140
テラ 2
テラヘルツ分光法 250

電位 146
電位差計 174
展開 456
電解質溶液 130, 143
　――の束一的性質 143
電荷移動吸収 308
電荷移動錯体 308
　――のスペクトル 308
電荷移動相互作用 307
転化糖 372
電荷密度 296
電気陰性度 287
電気化学 173
電気双極子モーメント 287
電気伝導性 417
電気伝導度 130
電気伝導率 130
電気容量 147
電　極 178
　――の種類 178
電極触媒 180
点　群 241
電　子
　――的な運動のエネルギー準位 30
　――の角運動量 194
電子殻 252
電子基底状態 305
電子吸収スペクトル
　ベンゼンの―― 224
電子顕微鏡 198
電子構造
　オゾンの―― 293
　原子の―― 251
　分子の―― 277
電子常磁性共鳴 328
電子親和力 264, 394
電子スピン 256
電子スピン共鳴 328
電子スペクトル 207, 305～307
　アミノ酸の―― 307
　等核二原子分子の―― 306
　ポリエンの―― 207
電子線
　――の回折像 197
電子遷移
　二原子分子の―― 305
電子相関 268
電磁波 190
電子配置
　――の周期性 263
電子非局在化 292
電子分配関数 446
電子密度 253, 282
　水素分子の―― 282
電子密度図 414
　フタロシアニンの―― 414
電子励起状態 305
展　性 417
テンソル 243
電池式 173
電池電位 174
伝導帯 418
伝導度測定セル 130
天然ゴム 99
電　場 146
電離圏 377
電　流 2
度 457
同位体効果 353
同位体存在度 4

同位体置換 353
同位体分離 28
統一原子質量単位 4
等エンタルピー曲線 49
等温可逆膨張 47
等温過程 69
等温気体混合 81
等温気体膨張 80
等温曲線 10
　二酸化炭素の―― 10
等温線 2
等温膨張 37, 46, 72
等核二原子分子 232, 237, 243, 284, 285, 306
　――の結合長 306
　――の電子スペクトル 306
　――の分子軌道 284
　――の分子軌道エネルギー準位図 285
透過率 227
等吸収点 308
動径節 253
同形置換法 414
統計熱力学 441
動径部分 251
　波動関数の―― 251
動径分布関数 252, 402, 425
　アルゴンの―― 425
　水の―― 402
等差級数 456
等差数列 456
同時遷移 237
　振動・回転の―― 237
同素体 51
等　張 123
動的同位体効果 353
等電子 286
等電点 145, 148
導電率 130
等比級数 456
等比数列 456
等方性 436
等方相 436
特殊相対性理論 196
独立電子近似 258
閉じた系 1
ドップラー効果 224
ドップラー広がり 224
ドナン効果 144, 147
ドナンの膜平衡 145
ド・ブロイの仮説 195
ド・ブロイの関係式 196
ド・ブロイ波 196
ド・ブロイ波長 196
トリオキサラト鉄(Ⅲ)酸カリウム化学感光計 375
トリプルゼータ型の計算 266
トルートンの規則 74
ドルトンの分圧の法則 6
トンネル効果 212, 235

な, に

内殻軌道 318
内殻電子 318
内部エネルギー 41, 100, 446
　――と定容モル熱容量 446
　ゴムの―― 100
　単原子気体の―― 446
　二原子気体の―― 446
内部転換 311

和文索引

長　さ　2
ナ　ノ　2
波
　——の干渉　189
軟X線　317
二原子気体
　——の内部エネルギー　446
　——のモルエントロピー　448
二原子酸素分子種　285
二原子分子　31, 228, 233, 234, 284, 305
　——の電子スペクトル　305
　——の電子遷移　305
　——のポテンシャルエネルギー曲線　234
　——のモル熱容量　31
二項展開　323, 456
二酸化炭素
　——の昇華　98
　——の相図　98
二次過程
　光化学反応の——　374
二次元の箱の中の粒子　208
二次反応　341
二次反応速度定数　351
二次方程式　456
二重逆数プロット　164, 361
二重線　323
二成分系
　——の相平衡　115
二成分混合物　111
　揮発性液体の——　111
二体衝突　24
二分子反応　345
ニュートン　3
ニュートンの運動の第二法則　20, 458
ニュートンの万有引力の法則　458
ニューロン　181

ね, の

ネイピアの数　455
Nd:YAGレーザー　311
ネオンの芯　262
ねじれネマチック　436
熱　40, 41
　——の符号　41
熱運動　21
熱運動速度　415
熱化学　50
熱化学カロリー　40
熱機関　68, 180
熱　圏　377
熱効率　70
熱反応　374
熱分解
　2,2′-アゾビスイソブチロニトリルの——　340
熱平衡　2
熱容量　29, 42, 446
熱力学　37, 175
　化学電池の——　175
熱力学温度　2
熱力学第一法則　37, 40
熱力学第三法則　76
熱力学第二法則　65, 72
熱力学第零法則　2

熱力学的状態方程式　101
熱力学(的)平衡定数　155, 161, 448
　——と分配関数　448
熱力学的溶解度積　141
熱量計　42
熱量測定　44
熱力学関数　65
熱力学データ　459
ネマチック液晶　435
ネルンスト式　177, 182
燃焼熱　41
燃焼反応　51
　グラファイトの——　51
粘　性　26, 426
　気体の——　26
粘性率　26, 355, 426, 427
　DNA溶液の——　427
粘　度　26, 426
粘度計　427
燃料電池　92, 180
濃淡電池　179
濃淡転移型液晶　435
濃　度
　——の単位　107

は

肺
　——の表面張力　430
配位数　416, 419
倍　音　237
π共役系　207
π*←π遷移　307
ハイゼンベルクの不確定性原理　198, 206, 212
配置間相互作用法　300
π電子波動関数　293
ハイトラー・ロンドン・スレーター・ポーリング法　280
ハイトラー・ロンドン法　280
ハイドロフルオロカーボン(類)　70, 384
π-π遷移　295
π分子軌道
　エチレンの——　295
　ブタジエンの——　297
肺胞　431
パウリの排他原理　207, 258, 329, 397
薄膜トランジスター技術　436
波　数　195, 222, 234
パスカル　3
八面体間隙　419
波　長　189, 222
バッキーボール　249, 421
バックミンスターフラーレン　421
発　光　222
発光スペクトル系列　196
パッシェン系列　193
発色団　306
発熱反応　50, 348
波動関数　200, 202, 205, 235, 279
波動性
　光の——　189
ハートリー　258, 265
ハートリー・フォック軌道　268
ハートリー・フォック極限　268, 299

ハートリー・フォック近似　317
ハートリー・フォックのつじつまのあう場の方法　267, 299
ハミルトニアン演算子　202
速　さ　458
速さ分布則　21
パラドックス　202
パール　3
バルク　28
バルクの水　135
パルスオキシメーター　228
パルス動作　312
バルマー系列　193, 195
パワー密度　313
PAN　381
半経験的方法　299
半径比　419
半径比則　418
反結合性軌道　279, 293, 418
反結合性π分子軌道　293
半減期　340
反磁性　260, 285
半　周　457
反ストークス線　242
半整数スピン　260
半値幅　331
反　転　240
反転温度　49
半電池反応　173, 175
反転分布　311, 314
バンド　418
半導体　418
半透膜　122, 144
バンドギャップ　418
反応エンタルピー　50
　——の温度依存性　54
反応機構　343
反応ギブズエネルギー
　電池反応の——　176
反応次数　339
　——の決定　342
反応商　154
反応進行度　151
反応速度　338, 347
　——に対する温度の影響　347
反応速度式　339
反応速度論　349
反応中間体　343
反応分子数　343
反相互作用　397
万有引力定数　458
万有引力の法則　458

ひ

PES　317
P　枝　238
pH　181
PLIF法　315
POPOP　310
比活性　362
光　189
　——の波動性　189
光医学　387
光回復酵素　386
光活性化薬剤　387
光強度
　——の測定　375
光検出器　192
光増感剤　387
光フラグメンテーション　315

光分解　382
光ポンピング　312
非共有電子対　289
非局在化エネルギー　297
非局在化分子軌道バンド　418
非結合性軌道　293, 318
微結晶　412
ピ　コ　2
微視的可逆性の原理　345
微視的状態　78
微視的状態の数　404
1,4-ビス[2-(5-フェニルオキサゾリル)]ベンゼン　310
BZ反応　358
ビタミンB_{12}
　——のX線解析　414
非弾性散乱　242
非調和性　234
　分子振動の——　234
非調和定数　236
非直線形分子
　——の気体に対するエネルギーの等分配　29
比抵抗　130
非電解質溶液　107
比電気伝導率　130
比導電率　130
ヒートポンプ　70
ヒドロキシルラジカル　380
ヒドロペルオキシラジカル　380
比　熱　29
比熱容量　29
ppm　321
PPO　310
皮膚癌　386
皮膚T細胞性リンパ腫　387
微　分　457
微分形速度式　342
微分方程式　203
ビームスプリッター　245
日焼け　386
比誘電率　135, 136, 147, 394
ヒューズ・クロッツプロット　164
ヒュッケル法　294, 298
秒　2
表　現　241
標準圧力　50
標準温度・圧力　6
標準エントロピー　77
標準化学ポテンシャル　145, 138
　イオンの——　138
標準活性化エンタルピー　352
標準活性化エントロピー　352
標準活性化ギブズエネルギー　351
標準活性化体積　352
標準活性化内部エネルギー　352
標準還元電位　175, 177
　アルカリ金属の——　177
標準室温・圧力　6
標準状態　50
標準水素電極　175, 178
標準生成エンタルピー　51, 53
標準生成ギブズエネルギー　92
標準大気圧　3
標準反応エンタルピー　50
標準反応エントロピー　160
標準反応ギブズエネルギー　93, 152, 449
　電池反応の——　176
　分配関数と——　449
　平衡定数と——　152

和文索引

標準沸点 3
標準モルエントロピー 77
標準融点 3
表面張力 429, 437
開いた系 1
ビリアル係数 9
ビリアルの式 9
非理想溶液 112, 156
　—— によるラウールの
　　　　法則からのずれ 112
ピリミジン 307
　—— のUVスペクトル 307
頻度因子 348

ふ

ファラデー 186
ファラデー定数 133, 186
ファラド 147
ファンデルワールス相互作用 421
ファンデルワールス定数 8
ファンデルワールスの式 8
ファンデルワールスの状態方程式 8
ファンデルワールス半径 398
ファンデルワールス力 139, 397
ファントホッフの係数 143
ファントホッフの式 160
VSEPRモデル 288
フィックの拡散の第一法則 432
フィックの拡散の第二法則 432
フィックの法則 432
VB理論 280
1,10-フェナントロリン-
　　　鉄(Ⅱ)錯イオン 376
フェムト 2
フェムト秒化学 315
フェルミ粒子 260
不可逆過程 39, 72
フガシティー 155, 166, 181
　—— と圧力 166
フガシティー係数 155
不完全微分 41, 58
不揮発性溶質 119
不均一系触媒作用 358
不均一系平衡 156
副　殻 252, 261
複素関数 200
複素共役 200, 201, 214, 281
複素数 200
複素波動関数 253
　水素原子の—— 253
ブーゲ・ランベルト・ベール則 227
節 197, 206
ブタジエン 207, 296, 307
　—— へのヒュッケル法の適用 296
フタロシアニン
　—— の電子密度図 414
不対電子 310
フッ化水素
　—— のMO 287
フックの法則 233
物質波 196
物質量 2
物質量濃度 107
沸　点 74
沸点上昇 119
沸点上昇度 120

沸点図 116
物理化学
　—— の本質 1
不定積分 457
部分モルギブズエネルギー 109
部分モル体積 108
部分モル量 108
フマル酸
　—— とマレイン酸 399
ブラケット記法 214
ブラケット系列 193
ブラッグの式 411, 412
ブラベ格子 409
フラーレン 249
フランク・コンドン因子 330
フランク・コンドン原理 305, 330
プランク定数 192
プランクの放射則 191
フーリエ合成 414
フーリエ変換 331
フーリエ変換NMR 326
フーリエ変換赤外分光法 245
ブリッグス・ホールデンの取扱い 361
プリン 307
　—— のUVスペクトル 307
FRET 310
¹H NMRスペクトル 320
¹Hデカップル¹³C NMR 324
¹Hデカップル³¹P NMRスペクトル 326
リン酸二水素アンモニウムの—— 326
プロパン-酸素燃料電池 180
プローブ 310
分　圧 6
分　解
　スペクトル線の—— 224
分解能 198, 225, 414
分極エネルギー 317
分極率 243, 396
　無極性分子の—— 396
分極率テンソル 243
分光学
　—— で使う用語 222
分光法
　—— の種類 223
分光放射エネルギー密度 225
噴　散 27
分散型赤外分光装置 245
分散力 397, 399
分　子
　—— の化学結合と電子構造 277
分子間衝突 24
分子間相互作用 393, 399
分子間力 393
分子軌道 284
　等核二原子分子の—— 284
分子軌道エネルギー準位図 285, 318
　等核二原子分子の—— 285
分子軌道法 280
分子軌道理論 282, 294
　ヒュッケル法の—— 294
分子結晶 409, 415, 421
分子状水素 318
　—— の紫外光電子スペクトル 318
分子触媒活性 362
分子内回転
　エタンの—— 213

分子内水素結合 399
分子の形
　VSEPR理論で予測した—— 289
分子ふるい 123
分子分配関数 444
分子力学法 299
分子力場法 299
分子量 4
プント系列 193
フントの規則 261
分配関数 442, 449
　—— と熱力学平衡定数 449
　—— と標準反応ギブズエネルギー 449
分　布 21, 80
　気体分子の速度—— 21
分別蒸留 117
粉末法 412
分　留 117

へ, ほ

平均活量 139
平均活量係数 139
　イオンの—— 139
平均質量モル濃度 138
平均自由行程 24
平均寿命 310
　蛍光状態の—— 310
平均値 456
平均二乗速度 20
平　衡 89
　—— と自発性 89
平衡核間距離 278
平衡結合距離 233
平衡距離 55
平衡蒸気圧 10
平衡定数 152, 159, 345
　—— と圧力 159
　—— と温度 159
　—— と触媒 159
　—— と標準反応ギブズエネルギー 152
平衡透析 164
並進運動 20, 30
　—— のエネルギー準位 30
　—— の自由度 29
並進分配関数 444
平面レーザー誘起蛍光法 315
ベクトル 458
ヘスの法則 52, 394, 421
ペタ 2
ヘテロ原子 295
ヘリウム原子 257, 265, 269
　—— のエネルギー波動関数 257
　—— の基底状態エネルギー 268
　—— の波動関数 265
ヘリウム-ネオンレーザー 312
ヘリウムの芯 262
ヘルムホルツエネルギー 90, 449
ベローゾフ・ジャボチンスキー反応 358
変角振動モード 241
変数分離 208
変数変換 210

ベンゼン 224, 293
　—— の電子吸収スペクトル 224
　—— の分子軌道 293
偏微分 29
変分原理 265, 271, 294
変分パラメーター 265, 294, 299
変分法 265
ヘンリーの法則 112
ヘンル・ロンドン因子 330
ポアズ 427
ポアズイユの法則 426
ボーアの理論 193
ボーア半径 194, 253
ボイルの法則 5, 69
方位量子数 252
放射壊変 340, 368
放射遷移 309
放射能 371
放射の誘導放出による光の増幅 311
放　出 222
　—— のアインシュタイン係数 225, 311
包接化合物 404
膨　張 37
　気体の—— 37
飽和カロメル電極 179
補　色 306
ボース・アインシュタイン凝縮 260
ポストハートリー・フォック法 300
ホスファン 368
ボース粒子 260
ホットバンド 237
ポテンシャルエネルギー 393, 203
　分子間の—— 393
ポテンシャルエネルギー曲線 54, 234, 235, 278, 282
　水素分子イオンの—— 278
　水素分子の—— 282
　二原子分子の—— 234
ポテンシャルエネルギー面 278, 349
ポテンシャル障壁 212
cis-ポリイソプレン 99
ポリエン 207, 307
　—— の電子スペクトル 207
ポーリングの電気陰性度 287
ボルタ電池 173
ボルツマン定数 20, 67
ボルツマン分布 320
ボルツマン分布則 30, 225, 441
ボルン・オッペンハイマー近似 268, 277
ボルン・ハーバーサイクル 394, 420
ホログラフィー 314
ホログラム 314
ポンピング 314

ま 行

マイクロ 2
マイクロ波不活性 232
マイクロ波分光法 228, 231

マクスウェルの関係式 101
マクスウェルの速度分布関数 21
マクスウェルの速さ分布関数 22
膜電位 145, 180, 181
膜の脱分極 183
摩擦抵抗 426
マジック角 326
マジック角度回転 326
マーデルング定数 420
マノメーター 3
マレイン酸
　フマル酸と—— 399
ミカエリス定数 361
ミカエリス・メンテン速度論 360
見かけの平衡定数 155
見かけの溶解度積 141
水
　——の構造 401
　——の相図 97
水クラスター 403
密度汎関数理論 300
ミラー指数 410
ミリ 2
ミリメートル水銀柱 3

無極性分子 232, 396
　——の分極率 396
無限級数 456
無限数列 456
無限等比級数 456
無定形固体 421
無放射遷移 309, 310

メガ 2
メタン 290
　——の混成軌道 290
メタンハイドレート 404
8-メトキシソラレン 387
メートル 2
メートル法 2
メラニン 386
メラー・プレセット理論 300
面心立方 417
面心立方格子 410
面積 457

毛管上昇法 429
モノクロディスプレイ 436
モノクロメーター 314
モル 2, 4
モルエントロピー 77, 447
　単原子気体の—— 447
　二原子気体の—— 447
モルギブズエネルギー 95, 96
　——の圧力依存性 96
モル吸光係数 227, 308

モル凝固点降下 121
モル凝固点定数 121
モル質量 4, 21
モル消光係数 227
モル蒸発エンタルピー 74, 97, 120
モル体積 5
モル伝導率 131
モル熱容量 30, 31
　二原子分子の—— 31
モル濃度 107
モル沸点上昇 120
モル分率 107, 115
モル融解エンタルピー 74
モル臨界体積 10
モレキュラーシーブ 123

や 行

YAG レーザー 311
ヤングのスリットの実験 190

融解エンタルピー 73
融解曲線 307
　DNA 溶液の—— 307
融解点 74
融解熱 73
有機色素レーザー 314
誘起双極子 243, 396
誘起双極子モーメント 396
有効核電荷 260, 265
有効ポテンシャル 268
融点 74
誘電体 146
誘導吸収 311
誘導吸収のアインシュタイン係数 225, 311
誘導放出 222, 311
誘導放出のアインシュタイン係数 225, 311
UPS 317
UV・可視スペクトル 306
UV スペクトル
　ピリミジンの—— 307
　プリンの—— 307

余緯度 229
溶液中の反応 156
溶解エンタルピー 136
溶解度積 134, 141, 157
溶解平衡 157
ヨウ化シアン
　——の気相光開裂 315
溶血 123
溶質 112
溶媒 112, 135
　——の比誘電率 135
横緩和時間 331

ら 行

ライマン系列 193
ラインウィーバー・バークプロット 361
ラウールの法則 111, 119
ラウドンの芯 262
ラグランジュの未定乗数法 441
ラゲールの陪多項式 252
ラジアン 210, 457
ラジカル 329
ラドンの芯 262
ラプラシアン演算子 229
ラマン活性 243
ラマン効果 242
ラマンシフティング 249
ラマン分光法 242
ラーモア角周波数 319
ラーモア角振動数 319
ラーモア歳差運動 319
ラーモア周波数 319
ランタニド 263
ランタノイド 263
ランデの g 因子 328
ランベルト・ベールの法則 227, 308
乱流 426

リオトロピック液晶 435, 436
リガンド 162, 167
　——の巨大分子への結合 162
理想気体 47, 69, 151, 166
　——のエネルギー分布曲線 23
　——の化学平衡 151
　——の混合によるエントロピー変化 73
　——の断熱可逆膨張と等温可逆膨張 47
理想気体の状態方程式 20
理想気体の法則 4
理想希薄溶液 114, 119
理想溶液 108, 111
リゾチーム 415
　——の X 線回折 415
律速段階 343
立体因子 350
立体化学的特異性 359
立方格子 410
立方最密充填 417
立方晶系 410
立方体間隙 419
利得媒質 311
流通法 356
リュードベリ定数 193, 195, 258
リュードベリの公式 193
量子 191
量子収率 309, 375
量子収量 375
量子数 194

量子力学 189
量子力学的トンネル 212
量子力学的トンネル効果 401
両親媒性物質 430
両性電解質 144
菱面体 410
理論段 117
臨界圧 10
臨界温度 10
臨界現象
　六フッ化硫黄の—— 11
臨界体積 10
臨界定数 11
臨界点 10, 98
りん光 310, 311
リン酸二水素アンモニウム
　——の ^{1}H デカップル ^{31}P NMR スペクトル 326
リンデの冷凍機 50
リンデマン機構 344

累乗 455
ルイス構造式 280
　水素分子の—— 280
ルシフェラーゼ 385
ルシフェリン 385
ルシャトリエの原理 160
ルミノール 385

励起状態 279
冷光 385
零次反応 339
冷蔵庫 70
レイノルズ数 426
冷媒 70
レイリー散乱 242
レイリー・ジーンズの法則 191
レーザー 222, 311
レーザー分光学 315
レーザー誘起蛍光 315
レッドドロップ 376
レドックス反応 173
レドリッヒ・クウォンの式 8
レナード-ジョーンズ (12,6) ポテンシャル 398
連鎖開始 347
連鎖成長 347
連鎖阻害 347
連鎖停止 347
連鎖反応 347, 375
連続波動作 312
連続流通法 356

六重線 323
六フッ化硫黄
　——の臨界現象 11
ローダミン 6G 314
六方最密充填 417
六方晶系 410
ロンドンの分散力 397

欧 文 索 引

A

ab initio method 299
absolute rate theory 351
absolute zero 5
absorbance 227
actinide 263
actinoids 263
actinometer 375
action potential 183
action spectrum 376
activation energy 22, 348
active site 359
activity 114
activity coefficient 114
adhesion 429
adiabatic 41
adiabatic expansion 46
adsorption 430
AFM 213
AIBN 340
allowed transition 226
alveoli 431
amorphous solid 421
ampere 2
Andrews, T. 10
angular momentum quantum number 230
anharmonicity 234
anharmonicity constant 236
anisotropic phase 436
anisotropy 436
anode 173
anti-Stokes line 242
aorta 427
apparent equilibrium constant 155
a priori 80
arithmetic mean 456
Arrhenius, S.A. 132, 348
arteriole 428
associated Legendre polynomials 229
atm 3
atomic force microscope 213
ATP 325
atto- 2
Aufbau principle 261
Avogadro, A. 4
Avogadro constant 4
Avogadro's law 5
Avogadro's number 4
axon 181
azimuthal quantum number 252
2,2′-azobisisobutyronitrile 340

B

Balmer series 193
band 418
barometric formula 26
base 455
basis set 268
bcc 416
beam splitter 245
Beer, W. 227
Belousov, B.P. 358
bimolecular reaction 345
binary collisions 24
binding energy 278
binomial expansion 323
black body 191
black-body radiation 191
BO 284
body-centered cube 416
Bohr, N. 194
Bohr radius 194
boiling-point diagram 116
Boltzmann, L.E. 20, 378
Boltzmann distribution law 30
bond dissociation enthalpy 55
bond enthalpy 56
bonding orbital 279
bond length 278
bond moment 287
bond order 283
Born, M. 19, 277, 394
Born-Haber cycle 394
Born-Oppenheimer approximation 277
Bose, S.N. 260
Bose-Einstein condensate 260
boson 260
Bouger, P. 227
boundary condition 204, 432
bound state 207
Boyle, R. 5
Boyle's law 5
Brackett series 193
Bragg, W.H. 409, 411
Bragg, W.L. 411
Bragg equation 411
Bravais, A. 409
Bravais lattice 409
Briggs, G. 361
Buckyball 249
building-up principle 261
Burk, D. 361

C

calomel electrode 179
candela 2
canonical ensemble 446
canonical partition function 446
capacitance 147
capacitor 146
capillary-rise method 429
Carnot, S. 68
Carnot cycle 69
CARS 250
Cartesian coordinate 208
catalytic constant 362
cathode 173
ccp 417
cell constant 130
cell diagram 173
cell potential 174
center of mass 228
center of symmetry 240
centi- 2
centrifugal constant 231
CFC 369, 377, 383
Chadwick, J. 194
character 241
character table 241
charge density 296
charge-transfer 307
Charles, J. 5
Charles' law 5
chemical potential 109
chemical shift 320
chlorofluorocarbon 369, 377
cholesteric liquid crystal 435
chromophore 306
Clapeyron, B-P-É. 96
classical limit 206
classical turning point 235
Clausius, R.J. 96
Clausius-Clapeyron equation 96
closed system 1
closest packing 417
CN 416
coefficient of performance 71
coherence 190
coherent 313
coherenet anti-Stokes Raman scattering 250
cohesion 429
co-latitude 229
collective property 119
colligative property 119
collision frequency 24
combination band 237
common logarithm 455
complex conjugate 200
component 102
compressibility factor 7
concentration cell 179
Condon, E.U. 305
conductance 130
conduction band 418
configuration interaction 300
cooperativity 359
coordination number 416
COP 71
Cornell, E. 260
correlation energy 268
correspondence principle 206
Coulomb, C.A. de 135
Coulomb integral 281
coupled cluster 300
covalent radius 263, 291
crenation 124
Crick, F.H.C. 400
critical point 10
critical temperature 10
crystal face 410
crystal lattice 409
crystallite 412
crystal plane 410
crystal systern 410
CTCL 387
cubic closest packing 417
curie 371
cutaneous T-cell lymphoma 387

D

Dalton, J. 6
Dalton's law of partial pressure 6
Daniell cell 173
Davisson, C. 196
de Broglie, L. 195
de Broglie relation 196
de Broglie wave 196
de Broglie wavelength 196
Debye, P. 77, 412
Debye-Hückel limiting law 140
deci- 2
degeneracy 209, 237
degree of dissociation 132
degree of freedom（気体分子運動論） 28
degree of freedom（相律） 98
delocalization energy 297
density functional theory 300
depression of freezing point 120
depression of vapor pressure 119
determinant 259
DFT 300
diamagnetic 260
diamagnetism 285
diastolic pressure 428

dielectric 146
dielectric constant 135
diffraction pattern 411
diffusion 27, 431
diffusion controlled reaction 355
dipole moment 287
dipole-dipole interaction 395
Dirac, P. 214
dispersion force 397
distribution 21
Donnan, F. G. 144
Donnan effect 144
Donnan's membrane equilibrium 145
Doppler, C. 224
Doppler broadening 224
Doppler effect 224
double reciprocal plot 164

E

ECG 184
Edgerton, H. 315
effective nuclear charge 260
effective potential 268
effusion 27
EHT 299
Einstein, A. 192, 225, 260
einstein 375
Einstein coefficient of spontaneous emission 225
Einstein coefficient of stimulated absorption 225
Einstein coefficient of stimulated emission 225
elastic 19
elastic scattering 242
electric conductivity 130
electric field 146
electric potential 146
electrocardiogram 184
electrocatalyst 180
electromotive force 174
electron affinity 264
electron correlation 268
electron density 253
electronegativity 287
electron paramagnetic resonance 328
electron shell 252
electron spectroscopy for chemical analysis 317
electron spin resonance 328
elementary step 343
elevation of boiling point 119
emf 174
endergonic 90
endergonic reaction 158
endothermic reaction 50
energy 222
enthalpy 42
enthalpy of fusion 73
enthalpy of reaction 50
entropy 65
EPR 328
equation of state 4
equilibrium dialysis 164
equilibrium distance 55
equilibrium vapor pressure 10

equipartition law of energy 28
ESCA 317
ESR 328
Euler, L. 58
eutectic point 118
exact differential 58
exchange integral 281
exergonic 90
exergonic reaction 158
eximer 313
exothermic reaction 50
expectation value 202
exponent 455
extended Hückel theory 299
extensive property 1
extent of reaction 151
Eyring, H. 350

F

face-centered cube 417
Faraday, M. 133
fcc 417
femto- 2
fermion 260
Feynman, R. 316
FF 299
Fick, A. E. 432
Fick's first law of diffusion 432
Fick's second law of diffusion 432
FID 327
fingerprinting 239
finger-print region 239
first law of thermodynamics 40
Fischer, E. 359
fluorescence 309
fluorescence resonance energy transfer 310
forbidden transition 226
force constant 233
force field 299
Förster, T. 310
Förster resonance energy transfer 310
Fourier, J. B. 190, 414
Fourier synthesis 414
Fourier transform infrared spectroscopy 245
fractional distillation 117
fractional saturation of sites 162
Franck, J. 305
Franck-Condon principle 305
free-electron model 207
free energy 89
free induction decay 327
frequency 222
FRET 310
FT-IR 245
FT-NMR 326
fuel cell 180
fugacity 155
fugacity coefficient 155
Fuller, R. B. 249
fundamental band 237

G

galvanic cell 173

Gamow, G. 212
gas 95
Gay-Lussac, J. 5
Gay-Lussac's law 5
Geim, A. 421
geometric mean 456
geometric structure factor 414
gerade 279
Gerlach, W. 257
Germer, L. 196
Gibbs, J. W. 89
Gibbs energy 89
Gibbs free energy 89
Gibbs-Helmholtz equation 94
giga- 2
glass electrode 179
Goldman, D. E. 182
Goodyear, C. 99
Graham, T. 28
greenhouse effect 378
ground state 194
gyromagnetic ratio 319

H

Haber, F. 394
Haldane, J. 361
half-cell reaction 173
half-life 340
Hamilton, W. 202
Hamiltonian operator 202
Hartree, D. R. 258
hartree 258
Hartree-Fock limit 268
Hartree-Fock orbital 268
Hartree-Fock self-consistent-field method 267
hcp 417
heat 40
heat capacity 29
heat of fusion 73
Heisenberg, W. 198
Heisenberg uncertainty principle 198
Heitler, W. 280
Heitler-London method 280
Helmholtz, H. L. 90
Helmholtz energy 90
hemolysis 123
Henry, W. 112
Henry's law 112
Hermition operator 201
Hess, G. H. 52
Hess's law 52
hexagonal closest packing 417
HFC 384
HF-SCF 267
highest occupied molecular orbital 295
HMO 299
HMO method 294
Hodgkin, D. 414
hologram 314
holography 314
HOMO 295
Honl-London factor 330
Hooke, R. 233
Hooke's law 233
hot band 237
Hückel, E. 140, 294

Hückel molecular orbital method 294
Hughes-Klotz plot 164
Hull, A. 412
Hund, F. 261, 282
hydration number 134
hydrophobic bond 404
hydrophobic effect 404
hydrophobic interaction 404
hydrostatic pressure 122
hyperfine coupling constant 329
hyperfine splitting 329
hypertension 429
hypertonic 123
hypochromism 307
hypotonic 123

I

ideal solution 111
identity element 240
improper rotation axis 240
independent electron approximation 258
indium tin oxide 436
induced dipole moment 396
inelastic scattering 242
inexact differential 58
intensive property 1
interferogram 245
interferometer 245
International System of Units 2
intersystem crossing 310
intramolecular 399
intrinsic dissociation constant 163
invariant system 99
inversion 240
inversion temperature 49
invert sugar 372
ionic atmosphere 140
ionic mobility 133
ionic radius 135
ionic strength 140
ionization energy 264
ionosphere 377
ion-selective electrode 179
IR active 237
irreducible representation 241
ISC 311
isenthalpic 49
isoelectric point 145
isolated system 1
isomorphous replacement technique 414
isosbestic point 308
isotherm 2
isothermal 46
isotonic 123
isotropic phase 436
isotropy 436

J

Jablonski 310
Jablonski diagram 310
Jeans, J. H. 191

欧文索引

Joule, J. P.　3, 48
joule　3
Joule-Thomson coefficient　49

K

Kekulé, A.　292
Kelvin, Lord　5
kelvin　2
ket　214
Ketterle, W.　260
kilo-　2
kilogram　2
kinetic isotope effect　353
kinetic salt effect　354
Kirchhoff, G. R.　54, 191
Kirchhoff's law　54
Kohlrausch, F. W. G.　131
Kohlrausch's law of independent
　　　　　ionic migration　132
Koopmans, T. C.　317
Kramers, H.　330

L

Lagrange, J. L.　441
Lagrange's method of
　undetermined multipliers　441
Laguerre, E. N.　252
Lambert, J. H.　227
Lambert-Beer's law　227
laminar flow　426
lanthanide　263
lanthanoids　263
Laplacian operator　229
Larmor angular frequency　319
laser　222, 311
laser-assisted *in situ*
　　　　keratomileusis　313
laser-induced fluorescence　315
LASIK　313
lattice energy　136, 419
law of corresponding states　12
LCAO-MO　283
Le Châtelier, H. L.　160
Le Châtelier's principle　160
Legendre, A-M.　229
Lennard-Jones, J. E.　398
Lennard-Jones (12,6) potential
　　　　　　　　　　　　398
Lewis, G. N.　140
LIF　315
light amplification by stimulated
　emission of radiation　222, 311
Lindemann, F. A.　344
linear combinations of atomic
　　　　　　　orbitals　283
Lineweaver, H.　361
liquid crystal　434
liquid scintillation counting　310
London, F.　280, 397
London dispersion force　397
Lonsdale, K.　292
lowest unoccupied molecular
　　　　　　　orbital　295
LUMO　295
Lyman series　193
lyotropic　435

M

macrostate　78
Madelung, E.　420
Madelung constant　420
magic angle spinning　326
magnetic quantum number　252
magnetogyric ratio　319
MAS　326
mass percent concentration　107
material wave　196
maximum rate　360
Maxwell, J. C.　21, 101
Maxwell speed distribution
　　　　　　　function　22
Maxwell velocity distribution
　　　　　　　function　21
MBS　299
mean free path　24
mean ionic activity　139
mean ionic activity coefficient
　　　　　　　　　　　139
mean ionic molality　138
mean-square velocity　20
mega-　2
melanin　386
melting curve　307
membrane depolarization　183
membrane potential　181
Menten, M. L.　360
mesomorphic state　434
mesosphere　377
8-methoxypsoralen　387
metre　2
metrology　3
Michaelis, L.　360
Michaelis constant　361
micro-　2
microstate　78
microwave inactive　232
Miller, W.　410
Miller indices　410
milli-　2
MM　299
mmHg　3
minimal basis set　283, 299
model for the kinetic theory of
　　　　　　　　　gases　19
mol　4
molality　107
molar absorption coefficient
　　　　　　　　　　　227
molar conductivity　131
molar constant of freezing point
　　　　　　　　　　　121
molar depression of freezing
　　　　　　　　point　121
molar elevation of boiling point
　　　　　　　　　　　120
molar extinction coefficient　227
molar heat capacity　30
molarity　107
molar mass　4
molar volume　5
mole　2, 4
molecular mechanics　299
molecular orbital　280
molecularity　343
mole fraction　107
moment of inertia　210, 228

monochromator　314
monomer　371
8-MOP　387
most probable speed　22
MRI　328
Mulliken, R.　282, 287, 308
multiphoton absorption　313
Møller-Plesset theory　300

N

nano-　2
natural linewidth　223
natural logarithm　455
nematic liquid crystal　435
Nernst, W. H.　177
Nernst equation　177
neuromuscular junction　184
neurotransmitter　184
Newton, I.　3
newton　3
NHE　175
nitrogen narcosis　7
NMR　319
node　197
noise　227
nomal hydrogen electrode　175
normalization condition　200
normalization constant　205
normal mode　237
Novoselov, K.　421
nuclear magnetic resonance　319

O

observable　201
Ohm, G. S.　130
open system　1
operator　201
Oppenheimer, J. R.　277
optical pumping　312
orbital angular momentum
　　　　　quantum number　252
orbital approximation　258
order　343, 426
order of reaction　339
order parameter　436
organic compound　380
orifice　27
orthonormal　201
orthonormalization condition
　　　　　　　　　　　201
oscillating reaction　358
osmosis　122
osmotic coefficient　143
osmotic pressure　122
Ostwald, W.　132, 427
Ostwald dilution law　132
overlap integral　281
overtone　237
oxidation-reduction reaction
　　　　　　　　　　　173

P

Pa　3

PAA　434
packing efficiency　417
PAN　381
paracrystalline state　434
paramagnetism　261, 285
partial molar quantity　108
partial molar volume　108
partial pressure　6
particle-on-a-ring　210
partition function　442
Pascal, B.　3
pascal　3
Paschen series　193
path　39
pathlength　227
Pauli, W.　258
Pauli exclusion principle　207
Pauling, L.　82, 280, 287, 290
penetrating　260
permittivity of vacuum　135
perturbation　269
Perutz, M.　414
PES　317
peta-　2
Pfund series　193
phase　95
phase diagram　97
phase difference　190
phase problem　414
phase rule　98
phosphane　368
phosphorescence　310
Photinus pyralis　385
photochemical primary process
　　　　　　　　　　　374
photochemical reaction　374
photochemical secondary
　　　　　　　process　374
photodecomposition　382
photoelectric effect　191
photoelectron spectroscopy
　　　　　　　　　　　317
photoemission　191
photomultiplier tube　192
photon　192
photosensitizer　387
photosynthesis　382
pico-　2
planar laser-induced fluorescence
　　　　　　　　　　　315
Planck, M.　189, 191, 226
Planck radiation law　191
plane of symmetry　240
PLIF　315
PMT　192
point group　241
Poiseuille, J.　427
Poiseuille's law　426
polarizability　243, 396
polarizability tensor　243
polymer　371
POPOP　310
population inversion　311
potential energy curve　54
potential energy surface　278,
　　　　　　　　　　　349
power flux density　313
PPO　310
pre-equilibrium　347
Prigogine, I.　358
primitive lattice　409
principal quantum number　252

principle of equal *a priori* probability 80
principle of microscopic reversibility 345
probability density 200
probability factor 350
proton-decoupled 324
pseudo-first-order reaction 342

Q

quanta 191
quantity of state 39
quantum yield 309, 375

R

rad 457
radial distribution function 252
radian 457
radiationless transition 310
radius ratio rule 418
Raman, C.V. 242
Raman active 243
Raman effect 242
Raman shifting 249
Raoult, F.M. 111
Raoult's law 111
rare earth elements 263
rate constant 339
rate-determining step 343
rate equation 339
rate law 339
Rayleigh, Lord 191
Rayleigh-Jeans' law 191
reaction intermediate 343
reaction mechanism 343
reaction quotient 154
Redlich-Kwong equation 8
redox reaction 173
reduced mass 350
relative permittivity 135
relaxation time 141, 356
representation 241
residence time 378
residual entropy 81
resistance 130
resistivity 130
resolution 224, 414
resolving power 225
resonance 292
resonance condition 195
resonance energy 297
resonance energy transfer 310
resonance stabilization 292
resonance structure 292
retrolental fibroplasia 7
reverse osmosis 124
reversible cell 175
Reynolds, O. 426
Reynolds number 426
Robertson, J.M. 414
root-mean-square velocity 21
rotational constant 231
rovibrational 224
rovibronic 224
Rutherford, E. 193

Rydberg, J. 193
Rydberg constant 193
Rydberg formular 193

S

Sackur, O. 447
Sackur-Tetrode equation 447
salt bridge 173
salting-in effect 142
salting-out effect 142
SATP 6
saturated calomel electrode 179
scalar 458
scanning tunnel microscopy 213
Scatchard, G. 164
Scatchard plot 164
scattering 242
scc 416
SCF 12
Scherrer, P. 412
Schrödinger, E. 200
Schrödinger equation 200
screening constant 320
second 2
second law of thermodynamics 72
secular equation 294
selection rules 226
self-consistent field 268
semipermeable membrane 122
SHE 175
shielding 260
shielding constant 320
SI 2
Siemens, W. von 130
signal-to-noise ratio 227
simple cubic cell 416
simple harmonic oscillation 233
simple lattice 409
single molecule spectroscopy 316
Slater, J.C. 259, 280
Slater determinant 259
Slater-type atomic orbital 266
smectic liquid crystal 435
smog 379
Smoluchowski, M. 355
solubility product 157
specific activity 362
specific conductvity 130
specific heat 29
specific heat capacity 29
specific resistance 130
spectral radiant energy density 225
speed 458
spin decoupling 324
spin multiplicity 226
spin-spin coupling constant 323
spin-spin relaxation time 331
spontaneous 65
standard ambient temperature and pressure 6
standard enthalpy of formation 51
standard enthalpy of reaction 50

standard entropy 77
standard hydrogen electrode 175
standard reduction potential 175
standard temperature and pressure 6
standing wave 197
state function 39
static isotope effect 353
stationary state 200
steady-state approximation 344
Stefan, J. 378
steric factor 350
Stern, O. 257
Stirling, J. 441
Stirling's approximation 441
STM 213
Stokes, G.G. 242
Stokes line 242
STP 6
stratosphere 377
structure 425
structure factor 414
structure-breaking ion 135
structure-making ion 135
subshell 252
Sumner, J. 359
supercritical fluid 12
superposition state 202
surface tension 429
surfactant 430
surroundings 1
symmetry element 240
symmetry number 445
symmetry operation 240
synaptic junction 184
system 1
systolic pressure 428

T

TCNE 308
temperature-composition diagram 116
tera- 2
termolecular reaction 345
Tesla, N. 320
tesla 320
tetracyanoethylene 308
tetramethylsilane 321
Tetrode, H.M. 447
TFT LCD 436
theoretical plate 117
theory of absolute reaction rate 351
thermal motion 21
thermal reaction 374
thermochemical calorie 40
thermodynamic equilibrium constant 155
thermodynamics 37
thermosphere 377
thermotropic 435
thin-film transistor liquid crystal display 436
third law of thermodynamics 76
Thomson, G.P. 196
Thomson, J.J. 193

Thomson, W. 5, 48
threebody problem 257
threshold frequency 191
threshold potential 184
TMS 321
Torr 3
Torricelli, E. 3
total differential 58
transformation of variables 210
transition dipole moment 226
transition metal 262
transmittance 227
transpiration 124
tropopause 377
troposphere 377
Trouton's rule 74
turbulent flow 426
turnover number 362
twisted nematic 436

U

ultraviolet catastrophe 191
ultraviolet photoelectron spectroscopy 317
ungerade 279
unified atomic mass unit 4
unimolecular reaction 344
unit cell 409
UPS 317

V

valence 261
valence band 418
valence bond 280
valence electron 261
valence shell electron pair repulsion model 288
valence state 290
van der Waals, J.D. 8
van der Waals equation (of state) 8
van der Waals force 397
van der Waals radius 398
van 't Hoff, J.H. 143
van 't Hoff equation 160
van 't Hoff's factor 143
vapor 95
vapor pressure 10
vapor-pressure depression 119
variational parameter 265
variation method 265
variation principle 265
vasodilation 429
vector 458
velocity 458
venule 428
virial equation 9
virtual state 242
viscosity 26, 426
viscosity coefficient 26
VOC 380
volatile 380
voltaic cell 173
VSEPR model 288
vulcanization 99

W～Z

water cluster 403
Watson, J.D. 400
wave function 200
wavelength 222
wavenumber 222
weighted average 4
Wieman, C. 260
Wien, W. 141
Wien effect 141
work 37
work function 192
XPS 317
X-ray photoelectron spectroscopy 317
Young, T. 190
yttrium aluminum garnet 311
zero-crossing 206
zero-point energy 55, 206
zeroth law of thermodynamics 2
Zewail, A. 315
Zhabotinskii, A.M. 358

岩澤康裕
1946年　埼玉県に生まれる
1968年　東京大学理学部 卒
現 電気通信大学燃料電池イノベーション
　　　　研究センター長・特任教授
東京大学 名誉教授
専攻 物理化学, 触媒化学, 表面科学
理学博士

北川禎三
1940年　京都市に生まれる
1963年　大阪大学工学部 卒
兵庫県立大学大学院生命理学研究科 特任教授
自然科学研究機構分子科学研究所 名誉教授
専攻 物理化学, 生体分子科学
理学博士

翻訳協力
太田雄大
1971年　東京都に生まれる
1995年　京都大学工学部 卒
現 兵庫県立大学大学院生命理学研究科 特任講師
専攻 物理化学, 生物無機化学
博士（工学）

第1版 第1刷 2018年3月30日 発行

基本物理化学

© 2018

訳　者　　岩　澤　康　裕
　　　　　北　川　禎　三

発行者　　小　澤　美奈子

発　行　　株式会社 東京化学同人
東京都文京区千石3丁目36-7（〒112-0011）
電話（03）3946-5311・FAX（03）3946-5317
URL: http://www.tkd-pbl.com/

印刷・製本　新日本印刷株式会社

ISBN 978-4-8079-0905-6
Printed in Japan
無断転載および複製物（コピー, 電子
データなど）の配布, 配信を禁じます.

基礎物理定数の値

物理量（記号）	数値
アボガドロ定数（N_A）	$6.022\,140\,857 \times 10^{23}\,\mathrm{mol^{-1}}$
気体定数（R）	$8.314\,459\,8\,\mathrm{J\,K^{-1}\,mol^{-1}}$
真空中の光速度（c）	$299\,792\,458\,\mathrm{m\,s^{-1}}$（正確な値）
真空の誘電率（ε_0）	$8.854\,187\,817 \times 10^{-12}\,\mathrm{C^2\,N^{-1}\,m^{-2}}$
中性子の質量（m_n）	$1.674\,927\,472 \times 10^{-27}\,\mathrm{kg}$
電気素量（e）	$1.602\,176\,620\,8 \times 10^{-19}\,\mathrm{C}$
電子の質量（m_e）	$9.109\,383\,56 \times 10^{-31}\,\mathrm{kg}$
統一原子質量単位（u）	$1.660\,539\,040 \times 10^{-27}\,\mathrm{kg}$
ファラデー定数（F）	$96\,485.332\,89\,\mathrm{C\,mol^{-1}}$
プランク定数（h）	$6.626\,070\,040 \times 10^{-34}\,\mathrm{J\,s}$
ボーア半径（a_0）	$5.291\,772\,106\,7 \times 10^{-11}\,\mathrm{m}$
ボルツマン定数（k_B）	$1.380\,648\,52 \times 10^{-23}\,\mathrm{J\,K^{-1}}$
陽子の質量（m_p）	$1.672\,621\,898 \times 10^{-27}\,\mathrm{kg}$
リュードベリ定数（$\widetilde{R}_H$）	$109\,737.315\,685\,08\,\mathrm{cm^{-1}}$

種々の温度の水蒸気圧

温度 [℃]	水蒸気圧 [mmHg]	温度 [℃]	水蒸気圧 [mmHg]
0	4.58	55	118.15
5	6.54	60	149.51
10	9.21	65	187.69
15	12.79	70	233.85
20	17.54	75	289.26
25	23.77	80	355.34
30	31.84	85	433.66
35	42.26	90	525.94
40	55.36	95	634.04
45	71.88	100	760.00
50	92.59		

ギリシャ文字と読み

A	α	アルファ	I	ι	イオタ	P	ρ	ロー
B	β	ベータ	K	κ	カッパ	Σ	σ	シグマ
Γ	γ	ガンマ	Λ	λ	ラムダ	T	τ	タウ
Δ	δ	デルタ	M	μ	ミュー	Y	υ	ウプシロン
E	ε	イプシロン	N	ν	ニュー	Φ	ϕ	ファイ
Z	ζ	ゼータ	Ξ	ξ	グザイ	X	χ	カイ
H	η	イータ	O	o	オミクロン	Ψ	ψ	プサイ
Θ	θ	シータ	Π	π	パイ	Ω	ω	オメガ

換　算　表

$1\ \text{Å} = 10^{-8}\ \text{cm} = 10^{-10}\ \text{m} = 0.1\ \text{nm} = 100\ \text{pm}$

$1\ \text{atm} = 760\ \text{Torr} = 1.013\ 25 \times 10^5\ \text{Pa} = 101.325\ \text{kPa} = 1.013\ 25\ \text{bar}$

$1\ \text{bar} = 1 \times 10^5\ \text{Pa} = 100\ \text{kPa} = 0.986\ 923\ \text{atm}$

$1\ \text{cal}_\text{th} = 4.184\ \text{J}$（定義された値）

$1\ \text{eV} = 1.602\ 176 \times 10^{-19}\ \text{J} = 96.485\ 34\ \text{kJ mol}^{-1}$

$1\ \text{L atm} = 101.325\ \text{J}$

$k_\text{B}T = 207.1\ \text{cm}^{-1} = 2.478\ \text{kJ mol}^{-1}$ (298 K)

$R = 8.314\ \text{J K}^{-1}\ \text{mol}^{-1} = 0.082\ 06\ \text{L atm K}^{-1}\ \text{mol}^{-1} = 0.083\ 14\ \text{L bar K}^{-1}\ \text{mol}^{-1}$

重 要 な 図 表

項　　目	図表番号
IR グループ振動数	図 11・24
イオン半径	表 18・4
NMR の化学シフト	図 14・25
オブザーバブル(可観測量)と演算子	表 10・2
共有結合半径	表 13・3
結合エンタルピー	表 3・4
元素のイオン化エネルギー	表 12・7
元素のポーリングの電気陰性度	図 13・16
元素の電子親和力	表 12・8
元素の基底状態の電子配置	表 12・6
水素原子の実波動関数表現	表 12・4
比誘電率	表 7・3
分子間相互作用	表 17・4
VSEPR 理論で予測された分子の形	表 13・2
臨界定数	表 1・4